개정판

레이다 시스템 공학

원리와 응용

개정판 머리말

레이다는 최근 4차 산업기술 물결과 함께 군용은 물론 상용의 자율주행과 무인 드론, 원격 의료에 이르기까지 인공지능과 빅데이터에 기반한 스마트 전자 눈으로 발전하고 있다. 본 교재의 1판에서는 시스템 공학기법을 바탕으로 레이다 핵심기술을 광범위하게 다루었다. 저자는 본 교재가 2018년에 대한민국 학술원의 이공계 우수학술도서로 선정됨에 따라 이를 기념하여 2019년 봄과 가을에 한국과학기술회관에서 ≪레이다 시스템 공학≫ 저자 특강을 성황리에 개최한 바 있으며, 후속으로 이들 강좌의 보완 내용과 독자들의 의견을 반영하여 레이다를 보다 더 쉽게 이해하고 활용할 수 있도록 '원리와 응용'을 부제로 개정증보판을 출간하게 되었다.

이번 개정판은 모든 장의 내용과 그림을 대부분 보완하고 설계 예제를 추가하였으며, '레이다 추적'과 '레이다 대전자전' 기술을 별도의 장으로 추가하였다. 1장에서는 레이다 역사와 최신 기술 추세를 보완하였고, 2장에서는 레이다 기본 개념에 대한 예제와 최신 레이다 추세를 사진과 함께 추가하였다. 3장에서는 AESA 위상배열 안테나와 반도체 송수신기 부분을 추가하였고, 4장에서는 레이다 방정식을 응용한 설계 예제를 추가하였다. 5장에서는 스텔스 표적 특성과 RCS 측정 분석을 추가하였다. 6장에서는 클러터에 대한 내용을 보완하고 7장에서는 새로운 레이다 파형과 설계 예제를 추가하였다. 8장에서는 레이다 탐지 방식에 따른 성능 비교와 예제를 추가하고, 9장에서는 레이다 신호처리 방식과 디지털 펄스 압축을 보완하였다. 10장에서는 레이다 추적에 대하여 새로 추가하였으며, 11장에서는 위성 SAR와 영상 품질을 추가하였다. 12장은 새롭게 레이다 전파 간섭 (EMI), 전자전 (ECM)과 대전자전 (ECCM) 기술을 추가하였다. 부록에는 레이다 시스템 설계에 유용한 주요 레이다 파라미터와 상수, 레이다 방정식과 손실 산출, 파형 설계와 탐지 확률 등에 관한 주요 설계 수식과 데이터 등을 종합적으로 요약 정리하였으며, 데시벨과 공학 단위 변환, Fourier와 Z-변환, 확률 분포 함수 등에 대한 주요 공식을 추가하였다.

이번 개정판의 1장에서 6장까지에 해당하는 전반부에는 주로 레이다 기본 원리와 주요 시스템 구성에 대한 주제를 다루었고, 7장에서 12장까지에 해당하는 후반부에서는 고급 수준의 레이다 탐지와 신호처리, 그리고 특별 주제로 레이다 추적 (Tracking), 영상 레이다 (SAR), 전자전과 대전자전 (ECCM)에 대한 기술을 다루었다. 따라서 레이다를 처음 공부하는 학부생이나 일반 독자들은 전반부에서 레이다의 개념과 원리를 쉽게 이해할 수 있고, 레이다를 전공하는 대학원생이나 연구원들은 전후반부를 통하여 설계 응용을 위한 전문기술을 습득할 수 있을 것이다. 그러나 레이다를 체계적으로 배우기 위해서는 대학이나 전문 레이다 강좌를 통하여 원리에서 설계 응용에 이르기까지 단계적으로 전문기술을 습득하는 것이 바람직하다. 최근 4차 산업기술 추세에 부응한 스마트 레이다 센서 기술은 이제 대학의 관련 학부나 대학원에서 정규 과정으로 개설할 시기가 되었다고 본다. 본 저서는 학부 및 대학원에서 한 학기 또는 두 학기 강의 교재로 활용할 수 있도록 구성되어 있다. 학부 4학년 수준에서는 1장에서 9장까지 주로 기본 원리와 개념을 중심으로, 대학원에서는 1~12장까지 설계 분석과 응용 및 알고리즘 부분을 좀 더 심도 있게 다룰 수 있을 것이다.

저자는 연구소와 대학에서 수십 년간 다양한 레이다 기술을 연구하고 개발하면서 많은 레이다 강좌 경험을 가지고 있다. 레이다 공부에 관심 있는 분들을 위하여 본 레이다 교재를 이용하여 기초에서 고급 수준에 이르기까지 단기 강좌 또는 학기 강좌를 온라인 또는 오프라인으로 제공할 수 있다. 저자의 '레이다 시스템 공학 특강'에 관심 있는 분들은 언제든 레이다 인스티튜트 (이메일: radar.inst@gmail.com)로 문의 가능하다.

그동안 본 저서가 완판되도록 성원해주신 독자 여러분들에게 감사드리며, 본 개정증보판이 앞으로 보다 더 좋은 입문서와 전문도서로서 레이다의 길잡이가 되기를 기대한다. 아울러 코로나 바이러스의 여파로 어려운 여건에서도 본 개정판을 흔쾌히 출간해주신 교문사 사장님을 비롯한 관계자 여러분에게 감사드린다.

2020. 10

강변 서재에서 圓妙 곽 영 길 교수

머리말

현대의 레이다 센서 기술은 다기능과 고성능으로 지능화하면서 감시 정찰이나 미사일 방어와 같은 군사적인 용도는 물론 상업적으로 도로 교통안전과 자율주행, 보안경계 감시, 인체의료 영상에 이르기까지 우리 일상생활 주변으로 가까이 닿아오고 있다. 레이다는 전자기파를 이용하는 전천후 능동 센서이다. 최근 4차 산업기술 물결과 함께 관심이 높은 자동차 자율주행과 무인 드론 등에 필수적인 충돌방지와 전천후 감시 센서로서 레이다는 인공지능과 빅 데이터 기술을 적용한 인지 레이다 (CR)와 고해상도 레이다 영상을 얻을 수 있는 스마트한 전자 눈으로 발전하고 있다.

본 교재는 레이다의 기본 원리와 시스템의 기초 개념에서부터 레이다의 설계 분석과 응용에 이르기까지 중요한 기술과 알고리즘을 광범위하고 심도 있게 다루고 있다. 본 교재는 단순히 레이다 기술 지식의 전달에 그치지 않고 레이다 시스템 설계를 위한 주요 요소 기술들이 서로 연계되도록 장과 절을 구성하였다. 따라서 레이다를 처음 공부하는 학부생이나 대학원 전공자는 물론 레이다를 개발하는 연구소와 산업체, 레이다를 운용하고 관리하는 정부와 군의 다양한 종사자들이 쉽게 이해할 수 있도록 개념적인 도식을 많이 삽입하여 기초에서 고급 수준에 이르기까지 단계적으로 접근이 용이하도록 배려하였다.

본 레이다 교재는 특별한 사전 지식이 반드시 필요한 것은 아니지만 레이다 원리 수준에서 기본적인 기초 물리와 전자 공학을 배경으로 하는 RF 및 디지털 통신과 신호처리 교과목 정도의 사전 지식이 있다면 학습에 도움이 될 것이다.

본 교재는 주제별로 10개의 장으로서 전반부와 후반부로 구분할 수 있다. 전반부는 1장에서 6장까지 주로 레이다의 기본 원리와 시스템 설계 분석에 관련된 주제를 다루고 있다. 후반부는 7장에서 10장까지 주로 레이다 탐지 성능에 관련된 표적 이론과 신호처리 알고리즘 등에 관한 기술을 다루고 있다. 따라서 레이다를 처음 공부하는 독자들은 전반부를, 좀 더 심도 있는 탐지 성능에 관심 있는 독자들은 후반부를 참고할 것을 권장한다. 본 교재의 구성을 세부적으로 소개하면 다음과 같다.

1장에서는 레이다의 정의와 개념을 먼저 소개하고, 레이다 역사와 스펙트럼 분류, 레이다 분류와 기술 추세 등을 소개한다. 또한 레이다 시스템 공학의 기본 개념과 레이다 개발 단계를 부록과 연계하여 소개하고, 마지막으로 레이다 전파방사의 인체 안전 기준과 레이다 국내외 활동에 대한 내용을 소개한다.

2장에서는 레이다의 기본 원리를 이해하기 위하여 레이다 주변 환경과 전파 특성을 소개하며, 레이다 표적 정보와 해상도를 정리한다. 그리고 주요 레이다 시스템 기능을 분류하여 특징을 소개하고 최신 군용과 상용의 실제 레이다 시스템을 사진과 함께 소개한다.

3장에서는 레이다 시스템의 구성과 설계 파라미터를 중심으로 레이다 시스템의 동작과 설계 분석에 대한 내용을 소개한다. 주요 시스템 구성품으로서 안테나와 송수신기, 신호처리기에 대한 구성과 설계 파라미터들을 상세히 설명하였다.

4장에서는 레이다 방정식의 기본 개념과 레이다 거리 방정식을 유도하는 과정을 단계적으로 개념도와 함께 설명하였다. 그리고 레이다의 파형과 임무의 유형별로 레이다 방정식을 소개하였다. 또한 레이다 손실의 파라미터를 설명하고 전파의 대기 감쇄, 굴절, 반사 회절 특성 등을 정리하여 설명하였다.

5장에서는 표적의 반사 특성을 RCS 관점에서 정의하고 표적의 RCS의 반사 특성에 영향을 주는 주요 요소들을 분석하였다. 그리고 RCS의 통계적 모델을 소개하고 대표적인 표적의 모양과 종류에 따른 RCS 모델을 정리하였다.

6장에서는 레이다의 주변 전파 환경으로부터 클러터 잡음에 대한 반사 특성을 면 클러터와 체적 클러터로 구분하여 설명하고, 클러터의 진폭 특성과 스펙트럼 분포에 대하여 분석하였다. 특히 항공기 레이다에서 중요한 이동 클러터의 도플러 스펙트럼 특성을 분석하였다.

7장에서는 레이다 탐지 확률과 오경보율에 대한 개념을 정립하고 수식적으로 유도하였다. 그리고 SNR을 향상하기 위한 펄스 누적 기법과 누적 탐지 확률을 설명하였다. 마지막으로 CFAR 탐지기의 원리와 구조를 소개하였다.

8장에서는 레이다 송신 파형의 펄스 및 CW 종류와 특성에 대하여 시간 및 스펙트럼 영역에서 거리/도플러 모호성 함수를 분석하였다. 또한 레이다 PRF에 따른 파형 종류와 모호성 해소 방법 등을 설명하였다.

9장에서는 레이다 신호 샘플링 이론과 데이터 구조, 그리고 각 기능별로 정합 필터를 이용한 펄스 압축 기법, MTI 필터를 이용한 클러터 필터 기법, MTD 필터를 이용한 펄스 도플러 처리 기법 등에 대한 알고리즘을 설명하였다. 표적 탐지 CFAR 알고리즘의 개념도와 각 알고리즘에 대한 성능을 비교 분석하였다.

10장에서는 영상 레이다의 기본 원리와 SAR 시스템에 대한 내용을 소개하였다. 그리고 SAR 시스템 설계 파라미터와 영상 형성 알고리즘을 설명하였다. 마지막으로 위성 SAR 시스템의 개념, 위성 SAR 개발 운용 현황과 영상 활용분야 등을 소개하였다.

부록에서는 레이다 시스템 공학 개발 절차와 개발 단계를 정리하였다. 그리고 레이다 방사 전파의 인체 안전 기준과 전력밀도 계산 방법을 정리하였다.

'레이다' 표기와 관련하여 오랫동안 관습적으로 사용되어 온 '레이더' 표기를 지난 2014

년도에 정부의 국어심의회에서 개정하여 '레이다' 표기를 공식 표준어로서 '원칙 표기'하도록 개정하였다. 2015년에는 국립국어원의 ≪표준국어대사전≫에 '레이다' 표기를 '기본 표제어'로 개정하였다. 본 저서는 개정된 '레이다'를 표준어로 통일하여 표기하였다.

학부에서 본 교재를 한 학기 강의로 사용한다면 1장에서 10장까지 각 장별로 기본적인 원리와 개념 위주로 관련된 내용을 선별하여 사용할 수 있고, 대학원 교재로 사용한다면 심도 있는 알고리즘 부분을 좀 더 선별적으로 포함할 수 있을 것이다.

저자는 연구소와 대학에서 수십 년 이상 레이다 관련 연구와 교육에 종사하면서도 국내에 우리말로 된 마땅한 레이다 공학 교재가 없어서 그 필요성을 오랫동안 많이 느껴왔다. 그동안 국내 레이다 강의는 대부분 외국의 원서에 의존하여 왔다. 그러나 막상 우리말로 레이다 전문 서적을 집필하는 것은 결코 생각처럼 쉬운 일이 아니었다. 본 교재는 오랫동안 대학 강의에서 사용한 Edde의 원서 ≪Radar Principles≫를 근간으로 저자가 교육하면서 수년 동안 준비한 원고를 타이핑하고 손수 그림을 그리면서 틈틈이 원고들을 모아서 집필하였다. 저자가 레이다를 가르치면서 직접 만든 자료 외에도 주제에 따라서는 일부 원서를 부분적으로 인용한 부분도 있음을 밝혀둔다. 본 교재에 사용한 참고문헌은 별도로 정리하여 책의 뒤편에 수록하였다.

마지막으로 감사의 글을 남기고 싶다. 본 교재를 집필하는 과정에서 참고한 많은 외국 전문서적의 저자들에게 먼저 존경과 경의를 표한다. 그분들은 저자가 수십 년간 국제 레이다 학회에 활동하면서 알게 된 지인들도 있고 또한 Tutorial에 참가하여 만난 적도 있다.

저자가 연구소에서 레이다를 연구하면서 만난 많은 산학연관군 레이다 종사자들과 대학에 와서 저자와 함께 대학원 'RSP Lab'에서 석박사 과정을 하면서 레이다 연구에 참여한 많은 제자들과 또한 국내 레이다 연구회 창립에서부터 성원해준 회원들과 교수들에게도 감사를 드리고 싶다.

무엇보다도 저자는 사랑하는 가족의 헌신에 가슴 깊이 감사를 보낸다. 특히 본 저서가 나오기까지 원고를 교정해준 사랑하는 아내와 또한 아들딸과 사위 모두에게 이 책을 바친다. 마지막으로 언제까지 내 책상 서랍과 컴퓨터 하드 디스크 속에 숨어있었을지 모르는 오랜 레이다 원고를 과감하게 꺼내서 저서로 출간하여 세상의 빛을 보게 해주신 청문각 사장님을 비롯한 관계자 여러분들에게 진심으로 감사를 드린다.

2017. 1

강변 서재에서 圓妙 곽 영 길 교수

차례

부록 638

CHAPTER 1

레이다 개요

1

레이다 개요

1.1 레이다 정의

1.1.1 레이다 어원

'레이다 (RADAR)'는 'RAdio Detection And Ranging'의 약어이다. '레이다'라는 용어는 보통명사 'Radar'로 많이 사용되고 있지만 원래는 1930년대에 미 해군에서 처음 만들어 사용한 용어이다. 레이다 약어에서 'Radio'란 무선 전자기파를 의미하고 'Detection'은 표적을 바라보고 탐지하는 것이며, 'Ranging'이란 표적 간의 거리를 측정하는 것을 의미한다. 따라서 레이다는 '전자기파를 이용하여 표적을 탐지하고 거리를 측정하는 장치'로 정의할 수 있다. IEEE 전기전자 표준용어사전에서는 '전자기파 신호를 송신하여 관측 범위에 있는 관심 표적으로부터 에코 신호를 받는 장치'로 정의하고 있다. 옥스퍼드 표준사전에서는 '무선 전파를 이용하여 멀리서 보이지 않는 항공기나 배와 같은 물체의 움직임과 위치를 찾는 시스템'으로 정의하고 있다. 원래 용어에서 의미하는 레이다의 기능은 단순히 표적의 존재 유무와 거리를 측정하는 것이었으나, 기술이 발전함에 따라 레이다를 이용하여 얻을 수 있는 정보는 표적의 거리, 방위와 고도 각과 위치, 그리고 속도 정보뿐만 아니라 표적의 크기와 종류를 식별할 수 있는 레이다 영상 정보까지 확장되었다. 따라서 레이다의 정의를 포괄적으로 정리하면 '전자기파를 보내고 반사 에코 신호를 받아서 원거리의 표적 거리와 위치, 이동 속도와 표적의 식별 정보 등을 전천후로 얻을 수 있는 전자파 센서'라고 할 수 있다.

1.1.2 ITU-R 정의

레이다 용어의 ITU-R (*International Telecommunication Union-Radio*) 정의는 무선통신서비스 (Radio Communication Service) 산하에 무선표정 (Radio-Determination)과 무선측위 (Radio-Location), 그리고 무선항행 (Radio-Navigation)으로 구분하고 있다. 무선표정 (RR. No. 1.9)은 '무선 전파 특성의 수단에 의하여 얻게 되는 물체의 위치와 속도의 결정, 또는 다른 물체의 특징이나 이러한 파라미터에 관련된 정보를 취득하는 것'으로 정의한다. 무선항행 (RR. No. 1.10)의 정의는 '항행 목적으로 사용하는 무선표정과 장애물 경보'이고, 무선측위 (RR. No. 11)는 '무선항행 이외의 목적으로 사용하는 무선표정'이다. 무선항행 서비스는 해상 무선항행과 항공 무선항행으로 구분한다.

'RADAR'의 발음은 국제적으로 통용되는 옥스퍼드 표준사전에 [ˈreɪdɑː(r)]로 표기되어 있다. 한글 외래어 표기는 2014년에 '레이다'를 국가 표준어로 '원칙 표기'하도록 개정하였고, 2015년에 표준국어대사전에 '레이다'를 기본 표제어로 개정하여 고시하였다. 2016년에는 전파법이 개정되어 '레이다'를 표준어로 시행하고 있다.

1.2 레이다 개념

1.2.1 능동 센서와 수동 센서

자유 공간에서 전자기파를 방사하여 표적으로부터 반향되는 반사파를 처리하여 표적의 위치와 속도 정보를 얻는 전자파 센서를 '레이다 (RADAR)'라고 한다. '레이다' 원리는 음파를 이용하여 박쥐가 어두운 동굴 속에서도 초음파를 보내고 반향되어 나오는 신호를 받아서 자신의 위치를 찾아내는 원리와 유사하다. 수중 공간에서도 음파를 방사하여 표적의 위치를 탐지하고 항행을 하는 음파 센서를 '소나 (SONAR)'라고 한다. 레이다는 공기 속에서 전자파 에너지를 이용하는 반면, 소나는 물속에서 음파 에너지를 이용한다. 전자파의 파장은 음파에 비하여 매우 짧기 때문에 직진성은 좋으나 수분 성분이 있는 물체를 만나면 흡수되므로 에너지 감쇄가 일어난다. 소나의 음파는 파장이 매우 길기 때문에 물속에서도 감쇄가 많이 일어나지 않고 직진성과 투과성이 좋다. 이와 같이

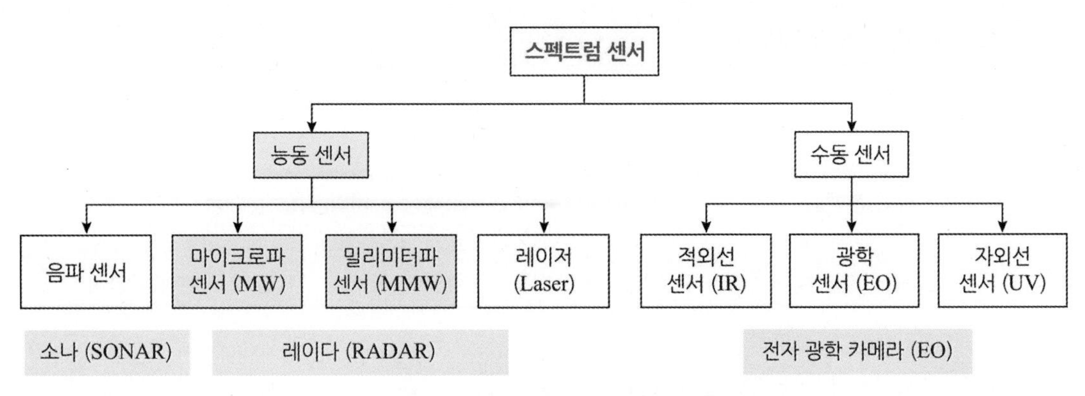

그림 1.1 능동 센서와 수동 센서

매질과 파장에 따라 에너지 투과 특성이 다르므로 센서 종류에 따라 특징과 용도가 다르다는 것을 알 수 있다.

레이다는 사람의 눈으로 볼 수 없는 먼 거리의 물체를 보고 탐지하여 표적을 식별할 수 있는 센서이므로 '전자 눈 (Electronic Eye)'에 해당된다. 일반적인 시각 센서는 외부의 빛 에너지에 의해 반사되는 물체를 인식하므로 어두운 곳에서는 볼 수가 없지만, 레이다는 스스로 에너지를 보내서 파장 단위로 물체의 표면을 촉각 센서처럼 더듬어 만져보고 반사되는 에너지를 이용하여 물체를 식별하므로 어두운 곳이나 구름이 낀 날씨에도 멀리 볼 수 있다. 일반적으로 원격 센서 (Remote Sensor)는 그림 1.1과 같이 광학 카메라처럼 외부의 빛 에너지를 수동적으로 이용하는 수동 센서 (Passive Sensor)와 레이다처럼 자신이 발생하는 전자파 에너지를 이용하는 능동 센서 (Active Sensor)로 나눌 수 있다. 수동 센서는 광학 카메라와 같이 스스로 에너지를 방사하지 않고 수신 기능만 있기 때문에 어두운 곳에서는 볼 수 없고 또한 직접 거리와 속도도 측정할 수 없다. 그러나 매우 짧은 파장의 광학 에너지를 이용하므로 고해상도 영상 사진을 얻을 수 있는 장점이 있다. 능동 센서는 레이다 (Radar)나 레이저 (Laser)와 같이 스스로 에너지를 방사하여 반사되는 에너지를 수신하므로 직접 거리와 속도를 측정할 수 있는 장점이 있다. 또한 레이다는 주로 마이크로파 대역의 파장을 이용하므로 광학 카메라에 비하여 해상도는 떨어지지만 대기 감쇄에 의한 영향이 적다. 따라서 레이다는 전천후로 밤낮에 관계없이 비가 오나 눈이 오나, 안개가 끼거나 구름이 끼는 등 기상과 관계없이 전자기파가 투과하여 먼 거리의 물체를 탐지할 수 있는 특징이 있다. 표 1.1에 능동 센서와 수동 센서의 특징을 비교하였다.

표 1.1 능동 및 수동 센서의 비교

	수동 센서	능동 센서
장점	• 낮은 전력 소모 • 은폐 위장 용이 • 구조단순, 경량 • 신뢰성 높음 • 각도 분해능 우수	• 장거리 측정 • 속도 측정 • 주야, 전천후 • 자체 에너지 발생 • 고해상도 거리 각도 분해능
단점	• 기상/주야 영향 • 단거리 범위 제한 • 속도 측정 제한 • 간접 에너지 이용	• 높은 전력 소모 • 구조복잡, 중량 • 재밍에 취약 • 고분해능 한계

표 1.2 마이크로파 센서와 광학 센서 비교

	전자파 센서		광학 센서	
	마이크로파	밀리미터파	광학 카메라	레이저
파장	cm (10^{-2} m) 1000~1 cm	mm (10^{-3} m) <1 cm	μm (10^{-6} m) 0.1~50 μm	μm (10^{-6} m) 1.06~10.6 μm
크기	매우 크다	작다	작다	작다
해상도	낮다	높다	매우 높다	매우 높다
기상 영향	거의 없다 (전천후)	약간 있다 (전천후)	매우 나쁘다 (기상 불가)	매우 나쁘다 (기상 불가)
탐지거리	제한 없음	<10 km	거리 측정 불가	거리 측정 가능 <5 km
속도 측정	가능	가능	불가능	가능
모드	능동	능동	수동	능동

레이다에서 주로 이용하는 마이크로파 및 밀리미터 대역과 광학 대역을 비교하면 표 1.2와 같다. 레이다는 센티미터에서 밀리미터 파장 범위에 속하므로 마이크로미터 파장의 광학 센서에 비하면 파장이 상대적으로 매우 길다. 따라서 광학 센서의 렌즈에 해당하는 레이다 센서의 안테나 크기는 파장에 비례적으로 커진다는 것을 알 수 있다. 그러나 레이다 센서의 가장 큰 특징은 기상과 관계없이 활용할 수 있으며 직접 관심 표적의 거리와 속도를 실시간으로 측정할 수 있고 근거리에서 장거리에 이르기까지 다양한 표적을 탐지 추적할 수 있다는 것이다.

1.2.2 레이다 개념과 특징

레이다 센서의 개념은 그림 1.2와 같이 레이다 송신기에서 펄스파 또는 연속파 에너지를 증폭시켜서 안테나를 통하여 방사하고, 공간상의 표적에 산란되어 레이다 방향으로 되돌아오는 에코 신호를 수신하여 신호처리기에서 신호를 처리하여 표적 정보를 추출하는 것이다. 레이다를 이용하여 얻을 수 있는 표적 정보는 크게 거리, 각도, 속도, 크기, 식별 영상 정보 등 5가지로 분류할 수 있다. 또한 해상도 정보는 거리 해상도, 각도 해상도 및 속도 해상도로 구분한다. 첫째, 거리 (Range) 정보는 레이다와 표적 간의 거리이며 레이다 송신 신호가 어떤 특정 거리의 표적에 반사되어 다시 되돌아오는 데 걸리는 왕복 지연 시간을 측정하여 구할 수 있다. 둘째, 각도 (Angle) 정보는 레이다와 표적이 이루는 방위 및 고도 각도이며 레이다 안테나의 중앙 빔이 방위 및 고도 방향으로 표적을 지향하는 각도를 측정하여 구할 수 있다. 셋째, 속도 (Velocity) 정보는 레이다와 이동 표적 간의 상대적인 도플러 속도이며 파장에 따라 도플러 효과에 의하여 송신 주파수와 이동 표적에 의하여 반사된 수신 주파수 간의 도플러 위상 변이를 측정하여 구할 수 있다. 넷째, 크기 (Size) 정보는 표적의 반사 단면적에 의한 표적의 크기이며 일정한 표적 거리에서 주어진 전력밀도에 의하여 반사되는 표적의 단면적 크기에 비례적인 수신 전력을 측정하여 구할 수 있다. 다섯째, 표적 식별 (Identification) 정보는 다중 주파수 및 다중 편파에 대한 표적 특성을 이용하거나 고해상도의 레이다 영상 정보를 이용하여 표적을 인식하고 식별할 수 있다. 레이다 해상도 (Resolution)는 인접한 두 표적을 구분할 수 있는 능력으로서 거리 해상도, 각도 해상도, 속도 해상도로 구분한다. 또한 표적의 정확도 (Accuracy)는 각 표적 정보의 측정 정확도를 의미한다.

이와 같이 레이다 센서가 제공할 수 있는 다양한 표적 정보와 우수한 전천후 특성 덕분에 악천후에도 선박이나 항공기의 위치를 찾아내고 항행을 도울 수 있다. 레이다 센서는 항공기의 이착륙을 위한 관제에 필수적이며, 또한 국경 감시나 미사일 방어와

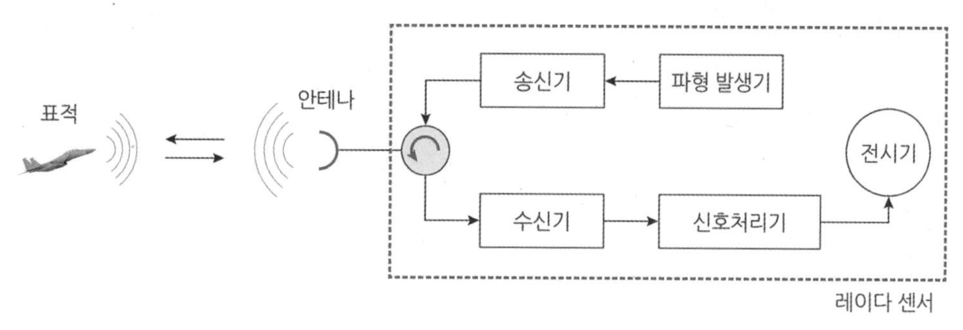

그림 1.2 레이다 개념도

그림 1.3 레이다 속도 측정

같은 국방 목적으로 매우 중요하게 활용된다. 최근에는 레이다를 이용하여 디지털카메라와 같이 사진을 촬영할 수 있는 영상 레이다 SAR (*Synthetic Aperture Radar*) 기술이 발전하여 인공위성이나 무인 드론 등에 탑재하여 지구 재난 재해 감시 등의 원격 탐사에도 많이 활용하고 있다. 특히 레이다 센서가 점차 소형화·지능화됨에 따라 디지털 정보화 시대의 무선 전파 활용과 함께 다양한 사물 인터넷 센서에 이르기까지 우리 생활 주변으로 활용이 점차 확대되고 있다. 레이다가 우리 생활 주변에 등장한 오랜 사례는 안개 속에서 자동차 안전운전을 위한 과속 감지센서이다. 지금도 미국 샌프란시스코의 금문교 (Golden Gate)를 지나가면 그림 1.3과 같이 'SPEED CHECKED BY RADAR'라고 적힌 녹슨 간판을 쉽게 볼 수 있다. 레이다는 안개나 구름과 같은 기상과 관계없이 동작하기 때문에 항상 안개가 자욱한 환경에 가장 적합한 속도 감지 센서이다.

1.3 레이다 역사

1.3.1 초기 레이다

레이다 역사는 전자파의 존재가 규명되면서 시작되었다. 1886년 독일의 헤르츠 (Hertz)는 전자파가 빛과 같이 방사되어 금속 물체에서는 반사되고 유전체 프리즘에 의하여 굴절되는 현상을 최초로 실험을 통해 입증하였다. 헤르츠는 1887년에 맥스웰의 전자계 이론을 실험적으로 증명하기 위하여 안테나에 고전압 펄스를 가하여 전자파를 송신하고 수신 탐지하는 레이다와 유사한 장치를 만들었으나 실용 장치를 만들지는 못했다. 사실상 최초의 레이다는 1904년에 독일의 엔지니어 휄스메이어 (Huelsmeyer)에 의하여 선박의 충돌방지용 장치로 처음 개발되었고, 최초로 레이다 원리를 적용한 텔리모빌로스코프 (Telemobiloscope)라는 이름으로 특허를 받았으므로 그를 레이다의 창시 발명가로 인정하고 있다. 그는 헤르츠가 사용한 장치보다 성능을 훨씬 더 향상시켜서 송수신기 일체형 (Mono-Static)의 펄스 레이다를 개발하였다. 그의 역사적인 특허 제목은 "Hertzian-Wave Projecting and Receiving Apparatus"로 등록되어 있다.

이후 1920년대에 여러 국가에서 레이다 개발을 시도하였다. 1922년에 무선통신의 선구자인 마르코니가 실험적으로 무선으로 표적을 탐지하는 것을 관측한 후 IRE (현재의 IEEE)에서 행한 연설에서 이 장치를 소개하였지만 당시에는 잘 알려지지 않았다. 1922년에 마르코니와 관계없이 미국의 해군연구소 (NRL)에서 Taylor와 Young이 우연히 레이다 장치로 선박이 탐지되는 것을 관측하고 분리 형태 (Bi-Static)의 연속파 (CW) 간섭 시스템을 이용한 선박 레이다를 개발하였다. 1925년에는 미국의 카네기 연구소에서 Breit와 Tuve가 이온층의 고도를 측정하기 위하여 펄스 레이다 기술을 처음으로 개발하였다. 1920년대 말에 군용 폭격기가 개발됨에 따라 이를 방어하기 위하여 1930년에는 미국의 Hyland가 최초로 항공기를 탐지하는 레이다를 개발하였다. 1934년부터 1939년 2차 세계대전 직전까지 영국, 독일, 미국, 러시아, 일본, 프랑스, 이탈리아, 네덜란드 등의 국가에서 극비리에 독자적으로 레이다를 개발하였다. 특히 1935년에 영국의 Watson-Watt 경이 레이다 실험 성공으로 특허를 받아 영국 Chain Home 레이다의 개발 책임자로서 근대 레이다 발명가로 인정받았다. 영국은 레이다 기술 정보를 미국과 영국 연방의 오스트레일리아, 캐나다, 뉴질랜드, 남아공, 헝가리 등 여러 국가와 공유하였다. 1936년에 미 육군은 최초로 펄스 레이다 개발을 착수하였고 진주만 공격이 일어나기 전에 이미 많은 대공 레이다를 해외 기지 등에 실전 배치하였다. 이 과정에서 1939년에 미 해군 신호군단에서 약어로 처음 만들어진 'RADAR'라는 용어가 전문 용어로 사용되고 있다. 1941년 미 육군 레이다는 진주만을 공격하는 일본군 항공기를 실제로 탐지했지만 불행하게도 명령 통제 장치가 표적 신호를 잡음이라고 간과하여 놓치는 바람에 큰 피해를 입게 되었다. 1940년에 영국 과학자들이 사절단으로 미국을 방문하여 마그네트론 기술을 전달하였고, 1940년부터 1945년까지 운영된 MIT Radiation Lab은 영국의 마그네트론을 향상시켜 S 대역의 250Kw 급 SCR-584 군용 레이다를 개발하고 전장에 배치하였다.

2차 세계대전에서 영국은 국가 방공 레이다를 급하게 개발하여 설치한 덕분에 독일군의 공습을 성공적으로 방어할 수 있었다. 2차 세계대전 이후에 미국은 MIT 대학에 Radiation Lab을 MIT Lincoln Lab으로 바꾸어서 본격적으로 레이다를 개발하기 시작했으며 28권의 레이다 기술문서를 발간하였다. 이 과정에서 4천여 명의 레이다 과학기술자를 양성하였고 이들 중에서 레이다에 관한 업적으로 9명의 과학자가 노벨상을 받았다는 기록이 있다.

1.3.2 현대 레이다

세계대전의 경험을 교훈으로 주요 기술 선진국인 미국, 영국, 독일, 러시아, 이탈리아, 프랑스, 일본, 네덜란드 등의 많은 나라에서 레이다 표적 탐지 성능을 향상시키고 고해상도의 표적을 식별할 수 있는 군사용 레이다 기술을 더욱 발전시켰다. 2000년대 레이다 기술은 100여 년의 역사를 지나면서 1, 2차 세계대전을 거치고 1970년대 디지털 반도체 기술 발전에 힘입어 다기능, 고성능의 능동 위상배열 레이다 기술로 발전하였다. 현대의 레이다는 표적의 위치와 속도는 물론 물체를 식별할 수 있는 기술 수준으로 발전하였다. 또한 영상 레이다 (SAR) 기술은 1951년에 미국의 Carl Wiley가 최초로 SAR의 초기 개념인 도플러 빔 영상 (DBS: *Doppler Beam Sharpening*) 기술을 발명하였다. 영상 레이다는 50여 년의 역사를 지나면서 인공위성과 무인 드론에 이르기까지 센티미터 정도의 초고해상도의 레이다 영상 사진을 실시간으로 촬영할 수 있는 스마트한 전자 눈의 수준으로 발전하였다. 현대의 레이다 기술은 시스템 기술과 요소 기술로 구분되어 발전하고 있으며, 1.6절에서 현대 최신 레이다 기술 발전 추세를 좀 더 상세히 소개하도록 하겠다.

국내 레이다 기술의 역사는 비교적 늦은 1980년대 후반부터 시작되었지만 현재는 상당한 기술 수준으로 성장하였다. 1970년대에는 주로 해외 군용 레이다를 도입하여 운용 정비하는 수준이었으나, 1980년대 후반부터 국방 관련 연구소와 업체를 중심으로 레이다 핵심기술 연구가 시작되었다. 1990년대 초·중반에는 2차원 대공탐색 레이다와 3차원 위상배열 레이다의 시제품을 개발하여 레이다 산업의 기반을 마련하였다. 1990년대 중반에는 위성 영상 레이다 (SAR) 개발을 착수하여 영국과 해외기술 협력을 통한 SAR 시스템 설계를 수행하였다. 2000년대는 국내 레이다 개발의 도약기로서 위상배열 레이다 기술이 상당히 정착되어 정부 주도의 중대형 대공 미사일 레이다와 함정 레이다 등을 개발하였고, 또한 산업체 주도로 저고도, 장거리, 공항, 자동차 등의 다양한 군용과 상용 레이다 개발이 활성화되었다. 특히 2013년 8월에는 국내 아리랑 위성 5호에 최초로 SAR를 탑재하여 발사하였고, 중고도 무인기 탑재 SAR 레이다도 개발하였다. 최근에는 차세대 전투기에 탑재할 능동 전자조향 배열 (AESA) 레이다 기술을 개발하고 있으며, 산업용으로 자율주행 자동차, 드론, 선박, 공항, 기상 등의 다양한 레이다를 개발하는 수준으로 발전하였다.

1.4 레이다 스펙트럼

1.4.1 스펙트럼 분류

자연계 전체의 주파수 스펙트럼 대역은 그림 1.4와 같이 초저주파 (VLF), 저주파 (LF), 고주파 (HF, VHF), 초고주파 (UHF), 극초고주파 (SHF), 적외선 (IR), 가시광선 (Visible), 자외선 (UV), X-선 (X-Ray), 우주선 (Cosmic Ray) 등으로 구분한다. 이 중에서 레이다 스펙트럼은 전체 주파수 대역 중에서 일부 마이크로 및 밀리미터 파장 대역을 주로 사용하여 왔는데, 최근 주파수 대역이 고갈됨에 따라 수백 GHz의 테라 대역 (Tera Hertz)으로 확장하고 있다. 레이다 주파수 대역은 3 MHz (HF)에서 300 GHz에 이르기까지 매우 광범위한 스펙트럼 영역에 분포되어 있지만 주로 많이 사용하는 대역은 300 MHz에서 35 GHz 범위이다. 레이다 대역을 지칭하는 기호는 2차 세계대전 전후에 군용 암호로 사용하였는데 오늘날에도 대부분의 레이다 종사자들은 전통적인 기호를 그대로 사용하고 있다. 주요 주파수 대역은 HF (3 ~ 30 MHz), VHF (30 ~ 300 MHz), UHF (300 MHz ~ 1 GHz), L (1 ~ 2 GHz), S (2 ~ 4 GHz), C (4 ~ 8 GHz), X (8 ~ 12.5 GHz), Ku (12.5 ~ 18 GHz), K (18 ~ 26.5 GHz), Ka (26.5 ~ 40 GHz), V (40 ~ 75 GHz), W (75 ~ 100 GHz)로 분류한다. 레이다 주파수 대역을 파장단위로 구분하면 HF 주파수 (미터파), UHF 주파수 (센티미터파), SHF 주파수 (밀리미터파)로 구분할 수 있다. 레이다 주파수

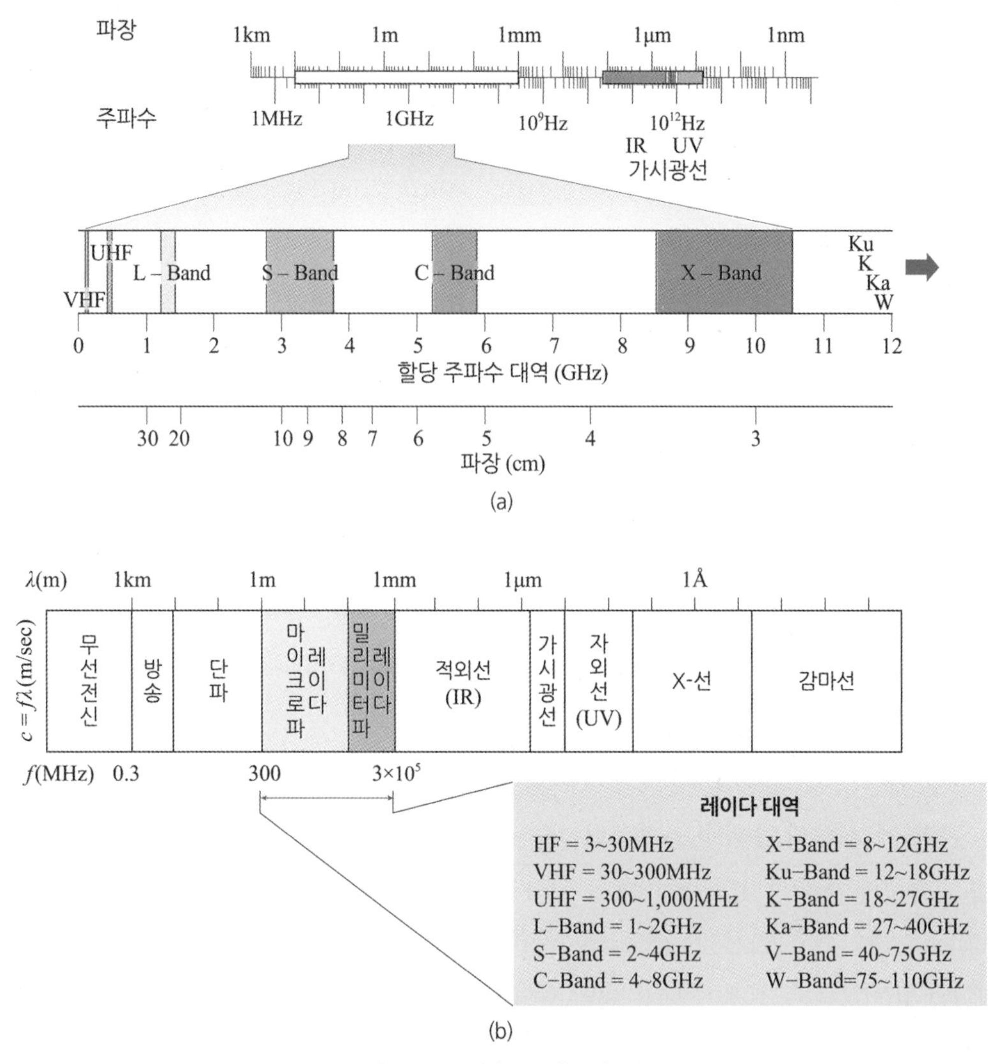

그림 1.4 주파수 스펙트럼 분포

는 전 세계적으로 상호 간섭의 영향 없이 사용되어야 하므로 국제적으로 ITU-R 기구에서 국제 표준 레이다 주파수와 사용 대역폭을 규정하고 있다. 표 1.3에 레이다 대역별 기호와 새로운 IEEE 대역별 기호를 비교하고 ITU-R의 허용 대역폭을 정리하였다. 대역폭은 정보를 최대한 보낼 수 있는 스펙트럼 공간이므로 레이다에서 대역폭이 의미하는 것은 거리의 해상도를 결정하는 단위가 된다. 대표적인 레이다 밴드별 허용 대역폭은 다음과 같다. L밴드의 대역폭은 185 MHz이고, S밴드의 대역폭은 1.2 GHz, C밴드는 700 MHz, X밴드는 광대역의 2.2 GHz의 대역폭을 점유하고 있다. Ku밴드는 2 GHz, K밴드는 24.05 ~ 24.25 GHz로서 대역폭은 200 MHz이며, Ka밴드는 33.4 ~ 36 GHz로 대역폭은

표 1.3 레이다 주파수 대역 [© IEEE & ITU-R]

레이다 대역	주파수 범위	IEEE 분류	ITU 대역
HF	3~30 MHz	A	
VHF	30~300 MHz	B	138~144 MHz
			216~225 MHz
UHF	300 MHz~1 GHz	C	420~450 MHz
			890~942 MHz
L	1~2 GHz	D	1.215~1.400 GHz
S	2~4 GHz	E, F	2.3~2.5 GHz
			2.7~3.7 GHz
C	4~8 GHz	G, H	5.250~5.925 GHz
X	8~12 GHz	I, J	8.500~10.680 GHz
Ku	12~18 GHz	K	13.4~14.0 GHz
			15.7~17.7 GHz
K	18~27 GHz	K	24.05~24.25 GHz
			24.65~24.75 GHz
Ka	27~40 GHz	K	33.4~36.0 GHz
V	40~75 GHz	L	59.0~64.0 GHz
W	75~110 GHz	M	76.0~81.0 GHz
			92.0~100.0 GHz
mm	100~300 GHz		126.0~142.0 GHz
			144.0~149.0 GHz
			231.0~235.0 GHz
			238.0~248.0 GHz

2.6 GHz 사용이 가능하다. 낮은 대역의 레이다 주파수가 점차 포화되고 있으므로 높은 주파수 대역으로 활용이 확장되면서 최근에는 근거리 활용으로 40 ~ 75 GHz의 V 대역과 75 GHz ~ 110 GHz의 W 대역의 사용이 증가하고 있다. W 대역은 파장이 짧아 감쇄가 심하므로 근거리의 자동차나 선박, 공항 노면 등의 물체 간의 충돌 방지 용도로 활용된다. 특히 자동차 사고 예방과 공항 노면의 안전용 레이다에 60 GHz, 77 ~ 81 GHz, 96 GHz 등의 주파수 사용이 권장되고 있다. 레이다는 대부분이 군용으로 개발되어 지상무기, 함정, 전투기 등의 고해상도 레이다에서 대부분 광대역의 주파수를 사용하고 있으며, 최근에는 인공위성이나 항공기, 무인 항공기에 탑재하는 영상 레이다 (SAR)의 초고해상도 수요가 증가함에 따라 500 ~ 700 MHz의 제한 대역폭을 확장하고 있다. 또한 인체 의료용이나 벽 투과용 등에 사용하는 UWB (*Ultra Wide Band*) 레이다의 대역폭은 초광대역의 수 GHz 단위로 확장되고 있다.

표 1.4 주파수 대역별 용도 [© IEEE]

대역	주파수	파장	활용 분야
VHF	30~300 MHz	1~10 m	OTH 레이다, 통신
UHF	300~1000 MHz	30~100 cm	지하 탐사 레이다, 통신
L	1~2 GHz	15~30 cm	지상 감시, 천체
S	2~4 GHz	7.5~15 cm	지상 감시
C	4~8 GHz	3.75~7.5 cm	기상 레이다
X	8~12.5 GHz	2.4~3.75 cm	항공기 위성 레이다
Ku	12.5~18 GHz	16.7~24 mm	충돌 방지 감시
K	18~26.5 GHz	11.3~16.7 mm	사격 통제, 충돌 방지
Ka	26.5~40 GHz	7.5~11.3 mm	사격 통제, 감시
Millimeter	30~300 GHz	1~10 mm	미사일 탐색기, 천체
Submillimeter		50 μm~1 mm	천체, 폭발 탐지
Far IR		14~50 μm	분자 특성
Long-wave IR		8~14 μm	레이저 레이다, IR
Near IR		1~3 μm	개연 탐지
Very near IR		0.76~1 μm	영상, 레이저 거리 측정
Visible		380~760 nm	영상카메라, 천체
UV		100~380 nm	미사일 가스 화염 감지

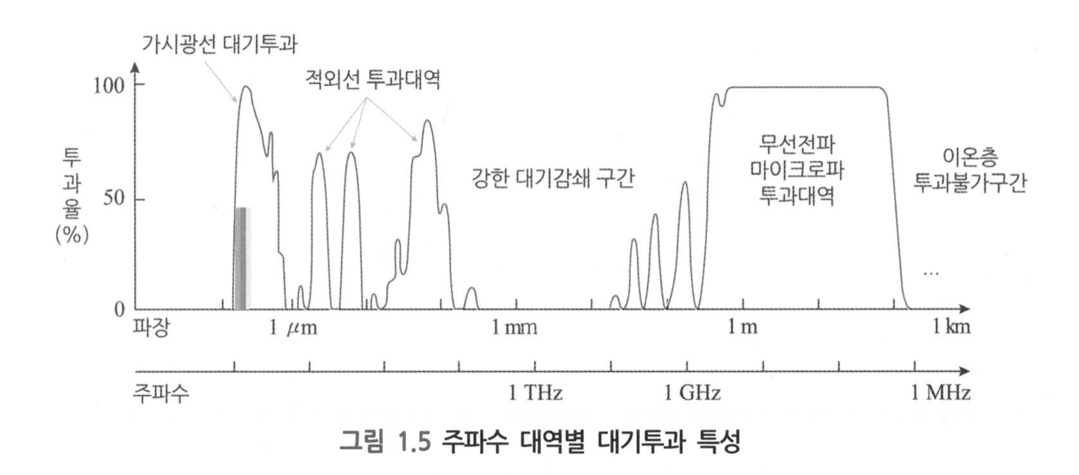

그림 1.5 주파수 대역별 대기투과 특성

1.4.2 스펙트럼 발전

초고주파 대역에서 레이다가 차지하고 있는 대역폭은 약 7 GHz 이상인데, 레이다가 1, 2차 세계대전 전후로 개발될 초기에는 사실상 매우 넓은 주파수 영역을 점유할 수 있었다. 21세기는 무선전파통신 시대로 많은 활용 분야에서 주파수 대역이 고갈되어 레이다 대역을 일반 통신과 공유하고자 하는 요구가 많아지고 있다. 레이다 분야도 고해상도 기술이 발전하면서 더 넓은 광대역을 요구하고 있다. 따라서 동일 대역에 상호 간섭을 야기하지 않는 범위에서 사용하지 않는 무선 채널 공간을 찾아서 효율적으로 공유하기 위한 CR (*Cognitive Radio*)과 같은 Overlay 방식의 주파수 공유기술에 대한 관심이 높아지고 있다. 또한 기존 주파수 대역에 간섭을 야기하지 않는 조건으로 매우 낮은 에너지를 초광대역으로 확산하는 UWB (*Ultra Wide Band*)와 같은 Underlay 기술 등이 사용되고 있다. 자연계에 주파수 스펙트럼 자원은 한정되어 있으므로 앞으로는 기존의 대역을 다양한 활용 분야에 효율적으로 공유할 수 있는 기술과 상호 간섭을 효율적으로 제거할 수 있는 기술 방향으로 레이다 스펙트럼 분야가 발전할 것이다. 스펙트럼 추세와 간섭 보호 관련 내용은 12장에서 상세하게 설명한다.

1.5 레이다 분류

1.5.1 레이다 시스템 분류

레이다는 적용하는 기술, 거리, 기능, 임무, 정보, 주파수, 파형, 처리 방식, 펄스 반복 주파수 (PRF), 대상 표적, 설치 위치, 안테나 등에 따라 표 1.5와 같이 다양하게 분류할 수 있다. 거리별로는 10 km 이내의 단거리 레이다, 50 km의 중거리 레이다, 100 km 정도의 장거리 레이다로 구분되며, 기능별로는 감시, 추적, 사격 통제 식별, 영상 레이다

표 1.5 레이다 분류

분류 기준	특징
• 거리	• 초근거리, 단거리, 중거리, 장거리, 초장거리
• 기능	• 감시, 추적, 사격 통제, 영상, 식별
• 정보	• 1차원, 2차원(거리, 방위), 3차원(거리/방위/고도), 4차원, 영상
• 주파수	• HF, UHF, L, S, C, X, Ku, 밀리미터, 테라헬즈
• 파형	• CW, 펄스, LFM, FMCW
• 처리	• MTI, DOPPLER, LPI, SAR, UWB
• PRF	• LPRF, MPRF, HPRF
• 대상	• 항공기, 선박, 미사일, 이동체, 기상, 인체
• 플랫폼	• 지상, 해상, 항공기, 위성, 자동차, 무인기
• 임무	• 항공교통, 대공방어, 조기경보, 미사일 방어
• 안테나	• 반사판, 위상배열, 전자/기계 스캔, AESA 레이다
• 기타	• 반도체, SAR, GMTI, 인터페로메트리

등으로 구분된다. 레이다로부터 얻는 정보에 따라서 1차원 레이다 (거리 정보), 2차원 레이다 (거리, 방위 정보), 3차원 레이다 (거리, 방위 및 고도 정보), 속도를 추가한 4차원 레이다, 영상 사진 정보를 얻을 수 있는 다차원 영상 레이다로 구분할 수도 있다. 사용하는 주파수 파장에 따라 3 MHz 대역의 HF 레이다부터 UHF, L, S, C, X, Ku, K, Ka, V와 100 GHz 대역의 W밴드로 구분되며 각각 허용 대역폭이 제한된다. 적용 파형에 따라 연속파 (CW) 레이다, 펄스 레이다, 펄스 도플러 레이다로 구분하며, 펄스 반복 주파수 (PRF)에 따라 수 Hz ~ 10 kHz 범위의 Low PRF 레이다, 50 kHz 범위의 중간 PRF 레이다, 100 kHz 범위의 High PRF 레이다로 구분한다. 표적의 신호처리 방식에 따라 MTI (*Moving Target Indicator*) 레이다, MTD (*Moving Target Detector*) 레이다, LPI (*Low Probability of Intercept*) 레이다, 영상 레이다 (SAR), UWB 레이다 등으로도 구분한다. 대상 표적과 설치 위치에 따라 대공 탐지 레이다, 선박 및 함정 레이다, 마시일 탐지 추적 레이다, 기상 레이다, 자동차 레이다, 인체 영상 레이다, 지하탐사 레이다 등으로도 구분하며, 활용 목적과 설치 위치에 따라 지상 레이다, 선박 레이다, 항공기 탑재 레이다, 위성 탑재 레이다, 자동차 레이다 등으로도 구분할 수 있다. 안테나 형태에 따라서는 반사판과 위상배열 레이다로 구분하며 기계스캔과 전자스캔방식으로 분류한다. 또한 위상배열 레이다는 수동 위상배열과 능동 위상배열 방식의 AESA (*Active Electronically Scanned Array*) 레이다로 구분한다. 마지막으로 임무에 따라 항공교통, 기상 관측, 대공방어, 조기경보, 위성 정찰 감시와 같이 구분한다. 레이다의 기능과 목적에 따른 분류는 그림 1.6과 같이 지상 및 해상의 감시, 사격 통제 레이다, 그림 1.7과 같이 항공기 탑재 및 항공 교통 관제 레이다, 그림 1.8과 같이 우주 천체 관측용 계측 레이다 등으로 구분할 수 있다. 레이다의 기능에 따른 분류는 2장에서 상세하게 설명한다.

그림 1.6 감시 (Surveillance) 레이다

그림 1.7 항공 (Airborne & Airport) 레이다

그림 1.8 우주 천체 관측 레이다

1.5.2 레이다 활용 분야

레이다 활용 분야는 표 1.6과 같이 군사, 민수, 과학기술로 크게 나눌 수 있다. 군사 분야는 주로 국경 지상 및 해역 감시, 군사 표적 정찰, 대공 감시 추적, 함정 및 선박 탐지, 미사일 탐지 추적, 함정 및 전투기 탑재 등에 활용된다. 민수 분야는 선박 및 해안 경비 감시, 항공기 및 선박 항행, 항공 교통관제, 인공위성 및 무인 항공기 탑재 레이다, 자동차 및 선박의 충돌 방지, 기상 관측, 지하 탐사, 환경 재해 감시, 인체 의료 사진, 보안 검색 등에 활용된다. 과학기술 분야는 항공 및 위성 탑재 원격 관측, 위성 발사 탐지 추적, 기상관측 분석, 산림 및 국토 관측, 우주 탐사, 초광대역 기술 등에 활용된다. 대표적인 최신 대형 다기능 레이다 시스템으로는 그림 1.9와 같은 지상 다기능 레이다 (PATRIOT), 그림 1.10과 같은 해상 다기능 레이다 (AEGIS), 그림 1.11과 같은 공중 다기능 레이다 (F-35), 그림 1.12와 같은 위성 영상 레이다 (Terra SAR-X) 등이 있다. 또한

표 1.6 레이다 활용 분야

군사 분야	민수 분야	과학기술 분야
• 국경 지상/해역 감시 • 군사 표적 정찰 • 대공 감시 추적 • 함정/선박 탐지 • 미사일 탐지 추적 • 함정/전투기 탑재 • 무인기/위성 탑재	• 선박/해안경비 감시 • 항공기/선박 항행 • 공항 관제 • 기상 관측 • 지하 탐사 • 원격 탐사/환경 재해 감시 • 인체 의료사진	• 항공/위성 관측 • 위성 발사 탐지 추적 • 기상관측 분석 • 산림/국토 관측 • 우주 탐사 • 초고속 소자 기술 • 초광대역 UWB 기술

천체 관측 레이다로는 그림 1.13과 같이 화성 관측 레이다 시스템이 있다. 레이다 시스템의 활용은 군용 레이다와 민수용 레이다로 나누어서 2장에서 설명한다.

그림 1.9 지상 다기능 레이다 (PATRIOT)

그림 1.10 해상 다기능 레이다 (AEGIS)

그림 1.11 공중 다기능 레이다 (F-35)

그림 1.12 위성 영상 레이다 (Terra SAR-X)

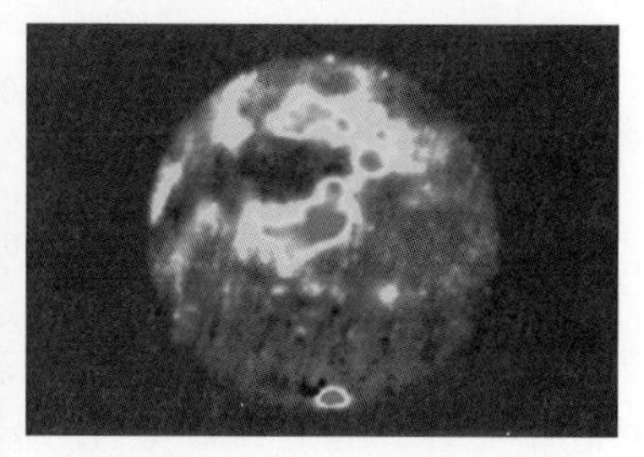

<Mars 영상>

그림 1.13 천체 관측 레이다 (화성 관측)

1.6 레이다 기술 발전

1.6.1 레이다 시스템 발전

레이다 분야의 핵심 기술은 레이다 시스템 기술, 안테나 기술, 송수신 기술, 신호처리 기술, 자료처리 기술, 그리고 레이다 환경에 관련된 표적과 클러터 및 간섭에 대한

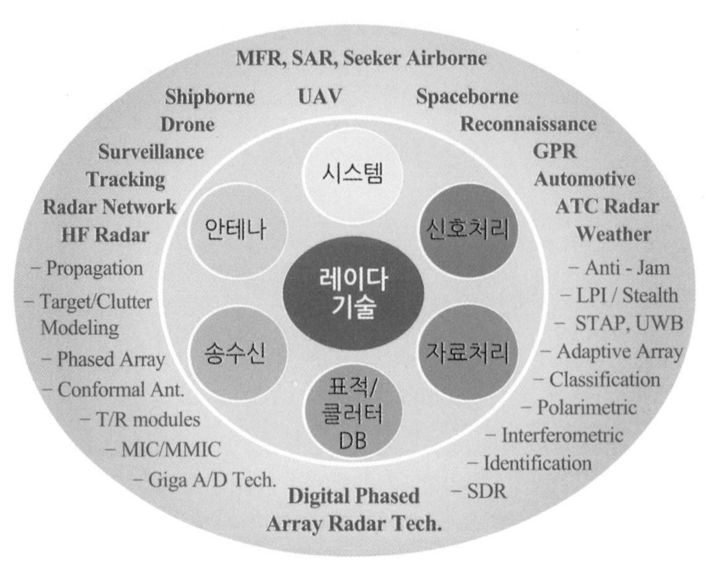

그림 1.14 레이다 기술 분류

데이터베이스 기술 등으로 구분한다. 레이다 시스템의 핵심 기술과 세부 요소 기술을 세분화하면 그림 1.14와 같이 도시할 수 있으며 이는 레이다 임무와 주변 환경과 과학기술이 발전함에 따라 날로 발전하고 있다. 레이다의 기술 발전 추세를 레이다 시스템별로 살펴보면 다음과 같다. 레이다 탐지거리별로는 초장거리의 지평선 탐지 (OTH) 레이다에서부터 초근거리의 UWB 기술을 이용한 인체 의료 영상 시스템에 이르기까지 다양하며, 최근에는 일반적인 레이다 대역의 주파수가 점차 포화됨에 따라 100 ~ 300 GHz의 테라헤르츠 영역까지 확장되고 있으며, 주로 근거리 활용 분야가 많이 개발되고 있다. 레이다의 임무별로는 종래에 개별적으로 사용하던 탐지 레이다와 추적 레이다 및 사통 레이다를 통합하여 하나의 레이다로 모든 기능과 임무를 수행할 수 있는 다기능 레이다 MFR (*Multi-Function Radar*)로 발전하고 있다. 특히 MFR의 송신 빔은 넓게 만들고 수신 빔은 디지털 빔 형성 기술을 이용하여 다중 채널 수신이 가능하도록 하여 동시 다표적과 다기능이 가능한 유비쿼터스 (Ubiquitous) 개념의 SMFR (*Simultaneous MFR*) 레이다로 발전하고 있다. 또한 레이다 표적 정보별로 분류하면 2차원과 3차원 개념의 거리, 각도 정보에서 4차원의 거리, 방위, 고도, 속도는 물론 5차원의 공간 편파 정보를 포함한 표적 식별 기능까지 가능하도록 발전하고 있다. 표적 탐지의 수준은 점 표적에서 면 표적을 넘어서 레이다 영상 사진을 이용하여 표적을 자동으로 인식할 수 있는 기술로 발전하고 있다. 특히 최근에 무선 전파의 사용이 많아지면서 전자파 스펙트럼 밀도가 높아지고 있다.

이로 인하여 전파 방해의 간섭이나 전자전 재밍으로 인한 레이다 간섭 해소와 보호를 위한 기술들이 다양하게 발전하고 있다. 예를 들면 레이다의 송신기와 수신기를 분리하여 재밍을 회피하기 위한 이중 분리형 (Bistatic) 또는 다중 분리형 (Multi-Static) 레이다 기술들, 레이다의 수신 장치만으로 레이다의 재밍을 피할 수 있는 수동 레이다 PCL (*Passive Coherent Locator*)과 다수의 셀폰을 이용하여 레이다 표적을 탐지하는 CellDar (*Cellular Radar*) 기술들이 있다. 그리고 레이다의 위치를 여러 곳에 산재하여 전파 방해나 적으로부터 위치를 은닉하기 위한 다중 사이트 레이다 시스템 MSRS (*Multi-Site Radar System*)과 다중 입력과 다중 출력을 갖는 MIMO (*Multiple Input Multiple Output*) 레이다 기술들이 있다. 또한 레이다경보수신기 RWR (*Radar Warning Receiver*)에 탐지될 확률이 낮은 저 피탐 LPI (*Low Probability of Intercept*) 레이다 기술들과 레이다의 표적을 은폐하거나 축소하기 위한 스텔스 (Stealth) 레이다 기술 등이 대표적인 대전자전 ECCM (*Electronic Counter-Countermeasures*) 기술이다. 전자전과 대전자전에 대해서는 12장에서 상세하게 설명한다. 과거 고출력 장거리 레이다를 이용하여 공중 경계 감시를 하던 개념에서 현재는 무선 중계기처럼 소형 저가 근거리 레이다를 네트워크로 연결하여 광범위한 구역의 저고도 경계 감시를 할 수 있는 네트워크 기반의 레이다 기술들이 발전하고 있다.

1.6.2 레이다 기술 발전

최근 레이다 표적과 주변 환경이 점차 지능적으로 변함에 따라 레이다 기술은 새로운 도전에 직면하였다. 레이다 표적은 점차 소형화, 고속화, 스텔스화되거나 저공비행이나 고공비행을 하여 레이다에 탐지되지 않도록 지능화되고 있다. 또한 레이다 주변 환경에 무선 전파 사용이 많아짐에 따라 전자파 밀도가 높아지며 복합적인 지형지물에 의한 클러터의 영향이 커지고 적대적인 스마트한 재머의 전파 방해도 지능화되어가고 있다. 또한 주어진 시간에 다수의 임무를 동시에 수행하고자 하므로 초고속 레이다 신호처리 성능이 요구되고 있다. 따라서 최신 레이다 기술에 고성능의 표적 탐지 성능과 우수한 클러터 적응 제거 능력, 전파 간섭 및 재밍에 대한 대전자전 능력이 요구되고 있다. 이러한 새로운 도전과 위협에 대응하기 위하여 그림 1.15와 같이 능동 전자 조향 위상배열 AESA (*Active Electronically Scanned Array*) 안테나를 적용하고 주변 환경에 적응할 수

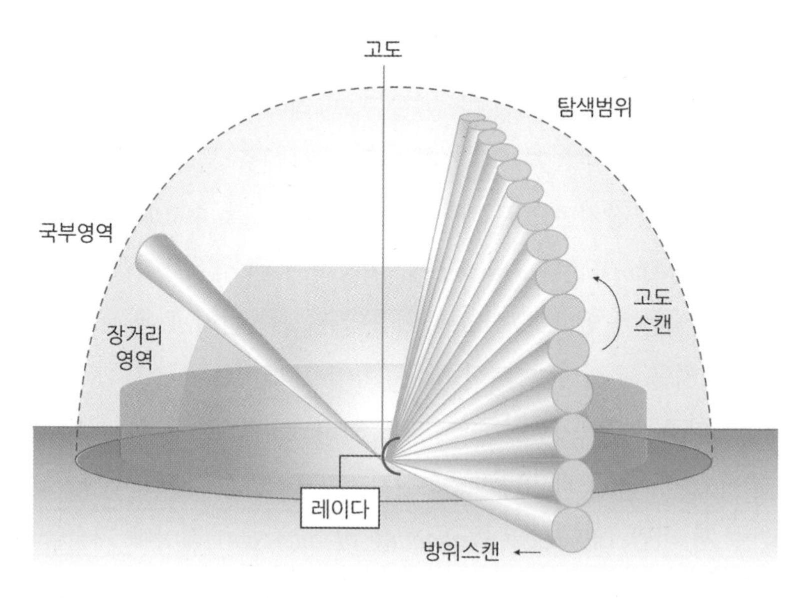

그림 1.15 디지털 빔 레이다 개념

있는 다차원의 시간-공간 (Multi-Dimensional Time-Space) 영역의 적응 신호처리 능력을 갖춘 디지털 레이다 (Digital Radar) 기술로 발전하고 있다. 또한 4차 산업혁명 시대의 스마트 기술 추세에 따라 레이다에도 인간의 두뇌와 같은 인지 능력을 부여하기 위하여 그림 1.16과 같이 인공지능 AI (*Artificial Intelligence*)를 갖춘 인지 레이다 (Cognitive Radar) 기술이 요구되고 있다. 인지 레이다 기술은 오래전부터 적응 레이다 기술과 자동 표적 인식 (ATR: *Automatic Target Recognition*) 기술을 통하여 발전해오고 있다. 최근의 인지 레이다는 레이다 주변 환경을 스마트하게 인지하여 적응할 수 있는 지식기반 적응

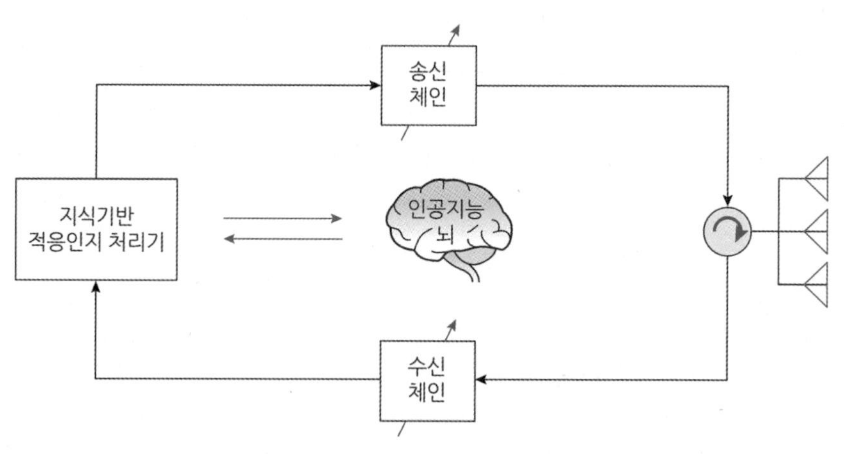

그림 1.16 인지 레이다 (CR) 개념

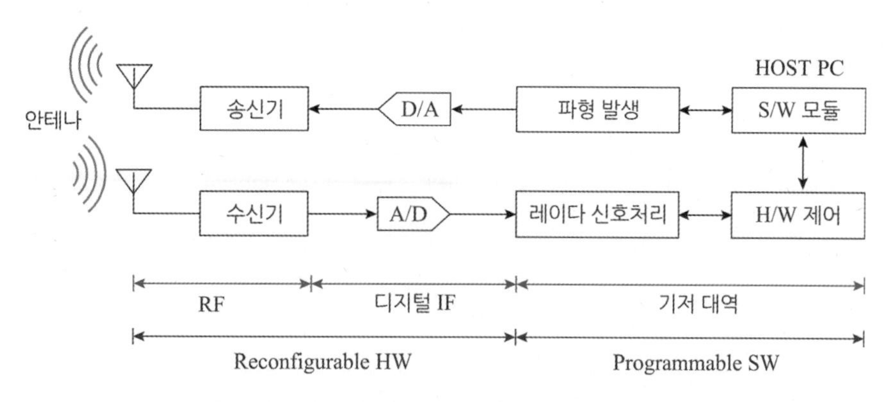

그림 1.17 소프트웨어 기반 레이다 (SDR) 개념

레이다 (Knowledge-based Adaptive Radar) 기술로 차세대 인공지능 레이다 기술로 발전하고 있다. 오늘날에는 고속 반도체 소자 기술의 발전으로 광대역의 레이다 신호 샘플링 기술이 GHz 속도로 고속화됨에 따라 RF 하드웨어를 최소화하고 RF (*Radio Frequency*) 또는 IF (*Intermediate Frequency*) 대역에서 직접 디지털로 변환이 가능해지고 있다. SDR (*Software Defined Radar*)은 그림 1.17과 같이 RF 대역과 디지털 IF 대역의 하드웨어 재구성 (Reconfigurable)이 가능하고 레이다 신호 처리와 제어 소프트웨어는 프로그램 가능한 (programmable) 구조로 구성된다. 따라서 레이다 주변 환경에 유연하게 적응할 수 있도록 소프트웨어 기반의 스마트한 SDR 개념으로 발전하고 있다.

1.7 레이다 시스템 공학

1.7.1 레이다 시스템 개념

우리가 일상생활에서 접하는 휴대폰이나 자동차, 항공기처럼 대부분의 장치나 제품들은 다양한 요소 기술들이 통합되어 하나의 목적 기능을 갖는 시스템의 형태로 세상에 존재한다. 사람이 홀로 살 수 없고 상호 의존적으로 존재하는 것처럼 기술도 홀로 존재할 수 없다. 기술은 서로 다른 기술들과 연결되고 융합되어 하나의 새로운 '시스템'의 형태로 만들어진다. 세상에는 시스템 아닌 기술이 별로 없다. 레이다도 다양한 전문 지식이 융합된 시스템이다. 레이다 기술은 앞절의 그림 1.14에서 본 바와 같이 안테나, 송

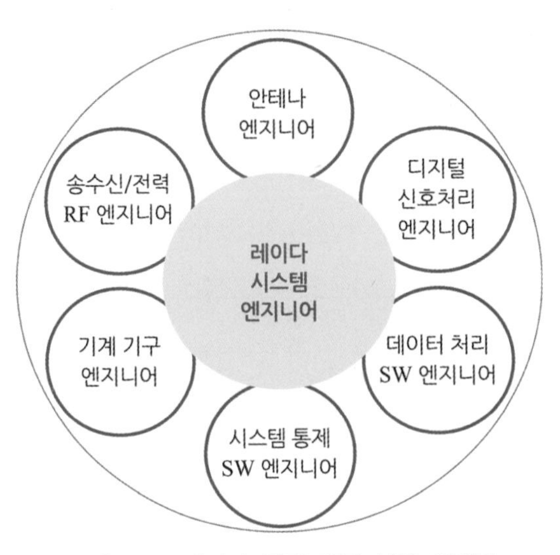

그림 1.18 레이다 체계 전문 분야 연계도

수신, 신호처리, 자료처리, 데이터베이스 등의 요소 핵심 기술들이 통합된 시스템 기술이다. 레이다 기술은 전자 공학, 전파 공학, 안테나 공학, 통신 공학, 디지털 신호처리, 제어 공학, 컴퓨터 및 인공지능 소프트웨어, 기계 구조 등의 다양한 전문 분야의 핵심 이론과 기술이 기반이 되고, 그림 1.18과 같이 이들 기술들을 체계적으로 통합하여 하나의 레이다 시스템 기능을 갖도록 해주는 '시스템 공학 기술'이라고 볼 수 있다. 일반적으로 시스템 엔지니어는 그림 1.19와 같이 특정 전문 분야의 기술 전문성을 배경으로 출발하여 소형 프로젝트에서 대형 프로젝트로 참여를 확대하면서 기술과 관리의 경험을 쌓고, 전문기술의 깊이와 주변의 광범위한 지식의 폭을 넓혀나가면서 발전해나간다. 이를 통하여 단순기술 참여에서 시작하여 수십년의 프로젝트 경험과 신뢰와 책임감을 바탕으로 시스템 엔지니어와 총괄 프로그램 책임자로 성장하게 된다. 레이다 개발에는 안테나와 송수신기 등의 하드웨어 기술이 중요하지만 이들 기술만으로 레이다를 만들 수 없으며, 레이다 신호처리와 컴퓨터 제어 등 소프트웨어 기술이 중요하지만 RF 부분에 대한 기술 없이는 레이다를 만들 수 없다. 또한 이들 요소 기술들을 통합하고 관리하고 시험하고 운용하는 시스템 기술 없이는 레이다 제품을 만들 수 없다. 이와 같이 레이다 엔지니어는 레이다에 필요한 다양한 요소 기술들을 이해하고 관련 전문 분야의 기술과 전문가를 존중하며, 서로 다른 기술들을 융합하고 통합하여 하나의 목적 기능을 갖는 '레이다 시스템'을 설계하고 구현할 수 있는 시스템 기술 능력을 갖추어야 한다. 레이다의 기

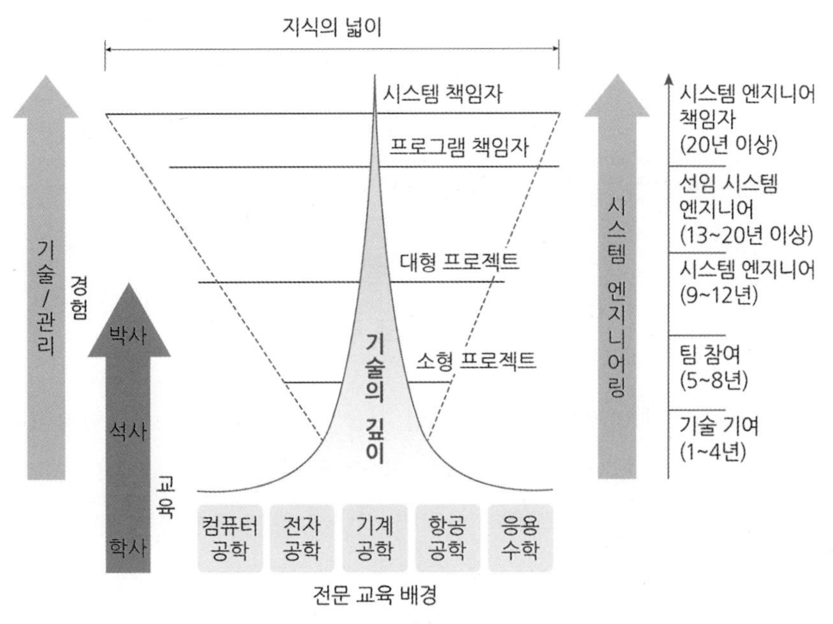

그림 1.19 시스템 엔지니어 연계도

본 원리는 비교적 간단하지만 그것을 시스템으로 구현하는 것은 결코 쉽지 않다. 레이다는 다양한 핵심 요소 기술을 기반으로 하는 통합된 '시스템 공학' 기술이기 때문이다.

1.7.2 시스템 공학 기술

'시스템'이라는 용어는 모든 과학기술 분야는 물론 인문·사회과학 분야에서도 광범위하게 사용되고 있다. 과학기술 관점에서 '시스템'의 용어를 간단하게 정의하면 '어떤 공통의 목적을 위하여 서로 연관성이 있는 다수의 요소 기술이나 부품들을 연결하고 통합하여 하나의 기능을 갖는 집합체'라고 설명할 수 있다. 사회과학에서 '시스템'이란 '모든 국가 사회단체는 물론 다수의 사람들이 모인 조직에서 하나의 공통된 목적을 위하여 서로 관련성이 있는 자원을 연결하고 통합하여 하나의 기능과 임무를 갖는 집합체로서 각자 정해진 임무와 역할이 부여되어 질서 있고 능동적인 집합체'를 의미하기도 한다. 오늘날 과학기술이 발전함에 따라 복합적인 기술의 다양한 집합체들이 모두 어떤 시스템 형태로 발전하고 있다. 자동차나 항공기, 인공위성과 같은 대형 복합 시스템은 특정 공학 기술을 가진 엔지니어 한 사람이 만들 수 없다. 수천만 개의 요소 기술 부품과 수백 명의 전문가들이 참여하여 상호 협조와 책임으로 수년 동안 만들어내는 이 대형 복합

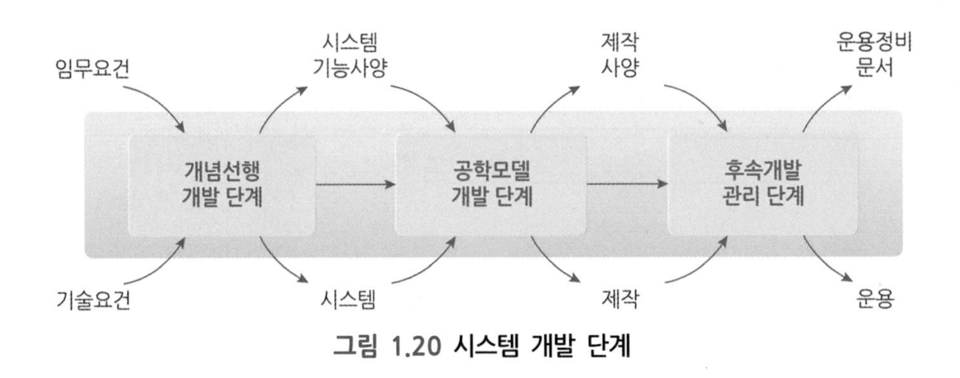

그림 1.20 시스템 개발 단계

시스템은 구체적인 개발 단계와 절차와 관리 기술 등을 체계적으로 정립하지 않으면 개발할 엄두도 낼 수 없는 것이다. 따라서 시스템 공학 기술은 특정 목적의 시스템을 개발하기 위해서 사용자의 요구조건에서 출발하여 개념설계, 개략설계, 상세설계, 제작, 체계통합, 시험 평가, 제품 생산에 이르기까지 전 과정을 체계적으로 단계별 기간과 예산과 요소 기술들을 정립하고 관리하며, 각 단계 전환에 걸림돌이 될 수 있는 위험 요소를 파악하여 사전에 문제를 해결함으로써 전체적인 시스템 개발의 위험성을 낮추고 성공 확률을 높이기 위한 일반적인 공학 기법이다.

시스템 공학의 개발 단계는 그림 1.20과 같이 일반적으로 개념선행 개발 단계, 공학모델 개발 단계, 후속개발 관리 단계의 3단계로 구분한다. 개념 단계에서는 필요성 분석, 개념 탐색, 개념 정립의 세부 단계로 구분하며 공학모델 단계에서는 공학모델 (EM) 개발, 설계 제작, 시험 평가로 구분한다. 후속개발 단계는 제품 생산과 운용, 후속 A/S 지원 등이 포함된다(부록 1.1 참조). 각 개발 단계별로 위험 요소를 검토하고 해소하기 위하여 공식적인 검토회의를 수행한다. 주요 검토회의는 사용자의 요건조건 검토 (MRR: *Mission Requirement Review*), 시스템 요구조건 검토 (SRR: *System Requirement Review*), 개념설계 검토 (SDR: *Concept Design Review*), 개략설계 검토 (PDR: *Preliminary Design Review*), 상세설계 검토 (CDR: *Critical Design Review*), 제작 시험 준비 검토 (TRR: *Test Readiness Review*) 등의 단계로 나눈다. 국제적인 표준 개발 순기에 대한 모델은 제품 특수성에 따라 다양하다. 예를 들어 미 국방성의 군용무기체계에는 MIL-STD 499B 모델, 상용 모델은 ISO 15288, IEEE 1220 모델, EIA-132 모델 등이 있다. 일반적으로 많이 사용하는 시스템 개발 모델로서 'Spiral' 모델과 'Vee' 모델은 설계 제작 단계와 시험 평가 단계를 구분하고 있다(부록 1.1 참조).

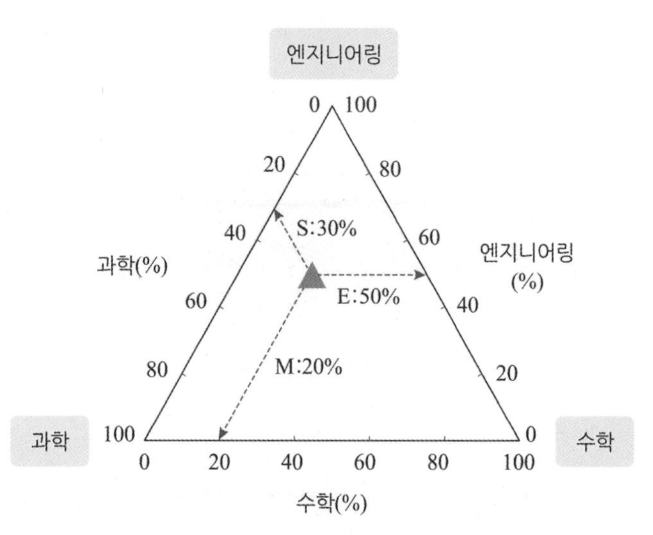

그림 1.21 시스템 엔지니어 기술 배경

개발 단계별로 체계적 수행을 하기 위해 시스템 엔지니어는 어떤 특정 요소에 치우치지 말고 시스템 전체를 균형 있게 볼 수 있어야 하며, 기술적인 깊이 (Depth)와 기술적인 넓이 (Breadth)를 가지고 시스템 전체를 균형 있게 관리 (Management)하는 능력을 갖추어야 한다. 일반적으로 시스템 엔지니어링에 필요한 자질은 그림 1.21과 같이 과학 (Science) 30%, 공학 (Engineering) 50%, 수학 (Mathematics) 20% 정도의 전문 지식을 균형 있게 갖추는 것이다.

성공적인 시스템 엔지니어가 되려면 1) 새로운 것을 배우고 문제를 푸는 것을 즐길 줄 알고, 2) 도전을 좋아하며, 3) 새로운 아이디어를 공유할 줄 알고, 4) 과학과 공학에 대한 기초 지식을 갖추고, 5) 특정 분야에서 기술적인 성취도가 있어야 하며, 6) 중요한 여러 공학 분야에 대한 지식을 갖추고, 7) 새로운 아이디어나 정보를 기민하게 파악하고, 8) 좋은 인간관계와 소통 능력을 가지고 있어야 한다고 한다. 이를 통해 시스템 엔지니어는 새로움에 대한 도전 정신으로 문제를 성공적으로 해결할 수 있으며, 광범위한 기술적인 기반을 가지고 분석적이고 체계적으로 문제에 접근하되 창의성을 발휘하며, 뛰어난 의사소통 능력으로 그룹을 리드함으로써 개발을 성공시킬 수 있게 된다.

시스템 개발의 프로젝트 관리를 위한 중요한 두 요소는 체계공학 관리와 프로젝트 기획과 조정의 역할이다. 효율적인 프로젝트 관리를 위해서 주어진 기술과 업무를 분할하는 도구에는 업무 분할 구조 (WBS: *Work Breakdown Structure*)와 기술 분할 구조

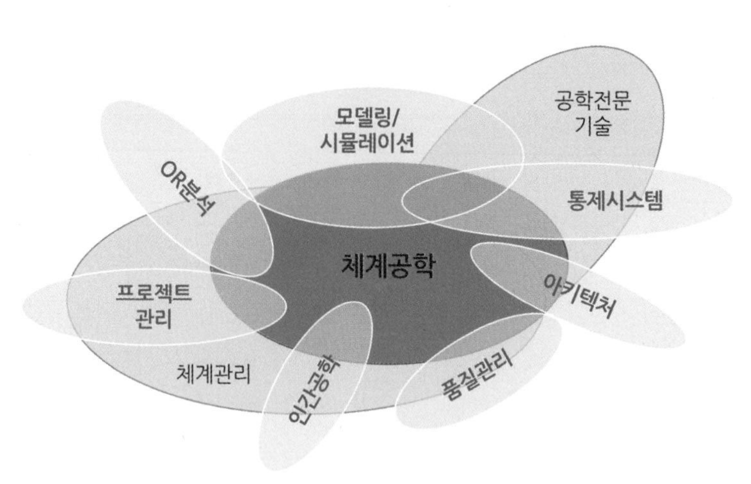

그림 1.22 체계공학 연계도

(TBS: *Technology Breakdown Structure*)가 있다. 또한 조직관리를 위한 조직 분할 구조 (OBS: *Organization Breakdown Structure*)가 있으며, 개발 비용을 예측하기 위한 비용 분할 구조 (CBS: *Cost Breakdown Structure*)가 있다. 대형 복합 시스템을 개발하기 위해서는 그림 1.22와 같이 세분화된 업무와 기술과 비용을 상호 매트릭스 구조로 연계하여 전체 프로젝트 일정과 위험 요소를 통합적으로 관리하는 것이 매우 효율적이다. 이를 위하여 '시스템 공학 관리 계획 (SEMP: *System Engineering Management Plan*)'을 작성하여 기술적인 요구사항과 관리적인 요구사항으로 나누어 단계별 업무 절차를 마련한다(부록 1.1 참조).

1.7.3 레이다 시스템 개발 단계

레이다 시스템을 설계하고 제작하여 성능을 시험 평가하는 절차는 일반적으로 앞 절에서 설명한 시스템 공학 절차에 따라 단계적으로 수행한다. 레이다 시스템 개발에 대한 세부 단계와 절차에 대한 내용은 부록 1.2에 설명하였다. 그림 1.23은 레이다 시스템 개발에 대한 단계를 요약한 것이다. 레이다 개발에 필요한 주요 단계는 1) 사용자의 요구조건 정립, 2) 시스템 분석과 설계, 3) 시스템의 구성품 설계, 4) 시스템 제작, 5) 시스템 통합 및 시험 평가, 6) 사용자 지원으로 나눌 수 있다. 세부 절차로서 첫째, 사용자 요구조건에 대한 세부 절차는 임무 필요성 검증, 주어진 환경과 제약 조건을 고려한 레이다 시스템의 최적 선택, 성능 요구조건과 계획 준비, 기술 제안서 준비와 검증 등의 절차로 수행한다. 둘째, 시스템 분석과 설계에 대한 세부 절차는 시스템 기능 정립, 부체계의 구분과 요구조건, 부체계 설계 검토, 시스템 성능 예측, 프로젝트 문서 관리 등의 순서로 수행한다. 셋째, 시스템의 구성품 설계는 송수신기 설계 시험, 안테나 설계 시험, 신호처리기 설계 시험, 자료처리기와 제어기 설계 시험, 시스템 소프트웨어 설계와 시험 순서로 진행한다. 넷째, 시스템 제작은 시제품 제작 사양 전달, 제작비용 일정 성능 관리, 제작 요건 및 특수 시험장치 등을 포함한다. 다섯째, 시스템 통합 및 시험 평가 단계의 절차는 구성품의 통합과 일정 계획, 시험 요구조건 명시, 시험 절차 개발 및 검토, 시험 지원, 성능 시험 결과 검토 등의 순서로 수행한다. 마지막으로, 사용자 지원에 대한 절차는 장비 설치 감독, 사용자 운용 교육, 현장 정비 계획과 지원, 사용자의 성능 향상 계획, 사용자와 개발자의 인터페이스 내용이 포함되어야 한다(부록 1.2 참조).

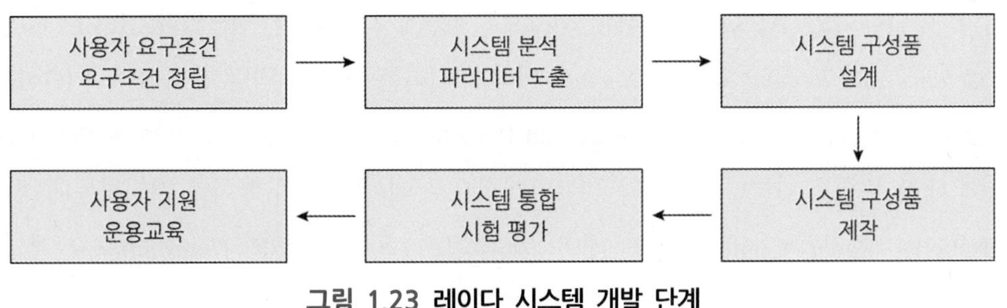

그림 1.23 레이다 시스템 개발 단계

1.8 레이다 학술 활동

레이다 국제 학술 활동은 IEEE의 AESS (*Aerospace Electronics Systems Society*)의 주관하에 1970년대 이후 5년을 주기로 미국, 중국, 영국, 호주, 프랑스에서 매년 국제 레이다 학술회의가 개최된다. IEEE 국제 레이다 학술회의는 그림 1.24에서 보는 바와 같이 1970년에 미국 워싱턴 DC에서 개최된 행사를 시작으로 중국, 영국, 호주, 프랑스, 미국의 순서로 5년 주기로 반복 개최된다. 영상 레이다 SAR 관련 국제 학술 활동은 주로 유럽 중심의 EUSAR (*European SAR*) 학술회의와 아시아 태평양 중심의 APSAR (*Asia-Pacific Synthetic Aperture Radar*) 학술회의가 2년 주기로 짝수 해와 홀수 해에 번갈아 개최되고 있다. 특히 APSAR는 중국, 한국, 일본, 싱가포르 등의 국가 순서로 홀수

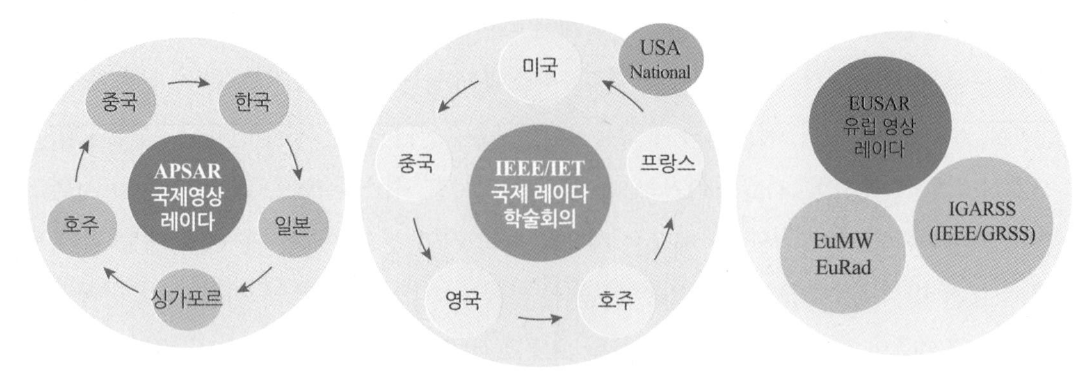

그림 1.24 국제 레이다 학술회의 사이클

해에 개최되고 있다.

한국에서도 2011년에 저자가 General Chair를 맡아서 그림 1.25와 같이 국제 영상 레이다 학술대회인 APSAR를 국내 최초로 서울에서 개최한 바 있다. IEEE GRSS (*GeoScience and Remote Sensing Society*)에서 개최하는 국제 원격탐사 학술대회 IGARSS (International Conference on GeoScience and Remote Sensing Symposium)에서는 매년 SAR 활용에 대한 주제를 다룬다. 또한 각국은 자체적으로 레이다 국제 학회를 개최하는데, 미국은 National Radar Conference를 매년 개최하고, 독일도 ISR (*International Radar Symposium*)을 개최하고 있다. 한국에서는 2002년 저자가 레이다 연구회를 설립하여, 한국전자파학회를 중심으로 레이다 단기 강좌와 워크숍을 매년 개최하고 레이다와 SAR 관련 국내외 학술 연구교류 활동을 하고 있다.

참고로 국내에서는 그동안 '레이다' 용어에 대한 표준어 통일 기준이 혼재하여 관습적으로 '레이더'로 표기하는 사례가 있어 왔다. 원래 'RADAR'는 외래어 약어로서 전문 학술 용어이다. 1983년에 정부에서 외래어 표기 일제 정비를 하는 과정에서 '레이다'를

그림 1.25 국제 영상 레이다 SAR 학회 개최 (APSAR 2011)

'레이더'로 잘못 표기하여 교과서 편수자료에 포함시키면서 현재까지 많은 혼란을 야기해오고 있다. 이에 저자가 주도하고 레이다 관련 학계와 전문 분야 종사자들의 지지를 받아 오랜 노력으로 마침내 정부의 공식적인 국어심의회를 통과하여 2014년 8월에 '레이다'를 국가의 '원칙 표기'로 개정하게 되었다. 2015년부터 국립국어원의 ≪표준국어대사전≫에도 '레이다'가 기본 표제어로 등재되었다. 국내 전파법규의 용어 표기는 2016년에 '레이다' 표기로 입법 고시를 거쳐 개정되었다. 이에 따라 본 저서에서는 개정된 '레이다' 표기를 통일하여 사용하였다.

그림 출처

- 그림 1.3 레이다 속도 측정 [출처: 저자 현지 촬영]
- 그림 1.6 감시 (Surveillance) 레이다 [출처: IEEE Radar Tutorial]
- 그림 1.7 항공 (Airborne & Airport) 레이다 [출처: IEEE Radar Tutorial]
- 그림 1.8 우주 천체 관측 레이다 [출처: IEEE Radar Tutorial]
- 그림 1.9 지상 다기능 레이다 (PATRIOT) [출처: Wikimedia Commons]
- 그림 1.10 해상 다기능 레이다 (AEGIS) [출처: Wikimedia Image]
- 그림 1.11 공중 다기능 레이다 (F-35) [출처: Wikimedia Image]
- 그림 1.12 위성 영상 레이다 (Terra SAR-X) [출처: Wikimedia Images & http://www.dlr.de]
- 그림 1.13 천체 관측 레이다 (화성 관측) [출처: NASA]
- 그림 1.25 국제 영상 레이다 SAR 학회 개최 (APSAR 2011) [출처: APSAR 2011 Photo Book]

CHAPTER 2

레이다 기본 원리

2

레이다 기본 원리

2.1 개요

레이다 (RADAR)는 '*RAdio Detection And Ranging*'의 약어이다. 레이다 원리는 초고주파의 전자파 에너지를 안테나를 통하여 공간에 방사하고 물체에 부딪혀서 다시 되돌아오는 반사 에너지를 수신하여 원하는 표적 정보를 찾아내는 것이다. 자유공간상에서 전자파 에너지가 방사되어 나가는 파동 현상을 직접 눈으로 볼 수는 없다. 그러나 파동의 관점에서 전자기파가 퍼져나가는 현상은, 잔잔한 호수에 돌을 하나 던질 때 물결 파동이 퍼지는 현상과 유사하게 비교해볼 수 있다. 물결 파동 에너지는 그림 2.1과 같이 처음에는 하나의 점에서 작은 동심원으로 시작하지만 거리가 멀어지면서 점점 동심원이 커지게 되고 결국 원의 접선 성분이 거의 평평한 평면파 형태로 진행된다. 전자기파가 동심원의 경계 내에 있는 곡면파의 전자계를 '근접 전계 (Near Field)'라고 하며, 평면파

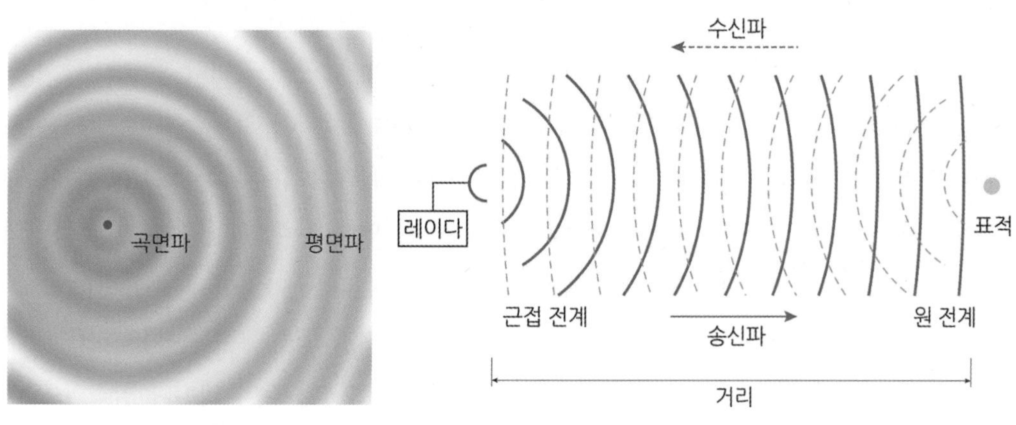

그림 2.1 파동 현상

그림 2.2 전파 반사 원리

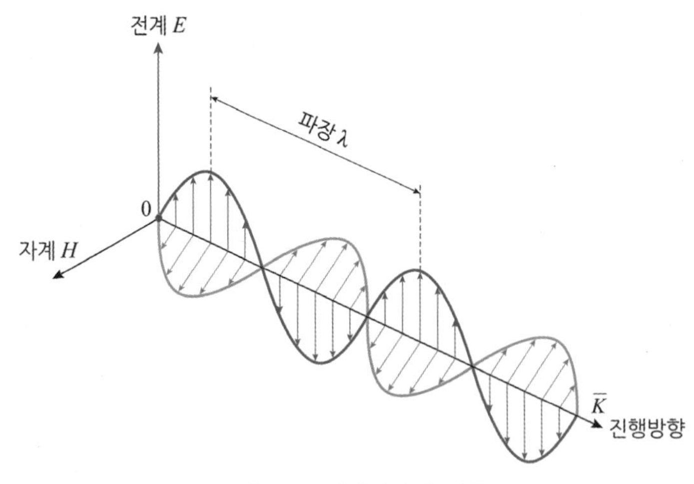

그림 2.3 전자기파의 진동

의 전자계를 '원 전계 (Far Field)'라고 한다. 레이다 표적이 근접 전계의 곡면파의 동심원 반경 이내에 있을 경우에는 그림 2.2와 같이 전자기파의 곡면이 물체에 반사되므로 물체의 반사면에 따라 상대적인 위상의 차이가 발생할 수 있다. 하지만 원 전계에 표적이 있을 경우에는 평면파에 의하여 반사되므로 위상 차이가 거의 없다. 따라서 레이다 표적은 반드시 원 전계 내에 위치해야 한다.

전자기파 (EM-Wave)는 그림 2.3과 같이 전계 (E-Field) 평면과 자계 (H-Field) 평면이 서로 직각 관계에 있다. 전계는 수직 방향으로, 자계는 수평 방향으로 주파수에 따라 자유 공간에서 진동하면서 표적을 향하여 빛의 속도로 직진한다. 선형 편파를 갖는 평면파 전계의 진폭 성분은 식 (2.1)과 같이 수학적으로 표현할 수 있다.

$$E = E_0 \cos(kz - wt + \phi) \tag{2.1}$$

여기서 E_0는 최대 진폭의 크기, ϕ는 초기 위상, z는 전파 방향의 축이다. 특히 k는 파수 (Wave Number)라고 하는 변수로서 $k = w/c$로 주어지며 w는 각 주파수, c는 빛의 속도이다. 또한 $c = \lambda f = w/k$의 관계가 있다. 따라서 진동하는 파의 주기는 $1/f$ 또는 $2\pi/w$로 주어진다. 레이다는 주파수에 따른 파장의 길이에 의하여 대기 매질의 전파 특성이 다르므로 1장에서 설명한 레이다 스펙트럼에 따라 레이다를 다양하게 분류한다.

레이다 전파의 반사 원리를 이해하기 위하여 레이다가 공중에 있는 항공기를 탐지하는 경우를 예로 들어 설명하면 다음과 같다. 우선 그림 2.4와 같이 레이다 펄스가 안테

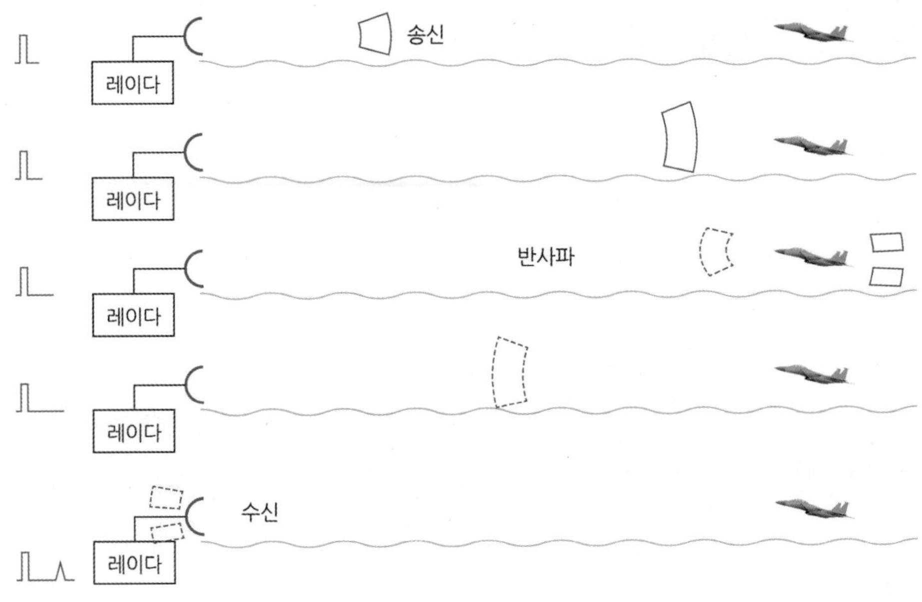

그림 2.4 레이다의 전파원리

나를 통하여 자유공간에 전자파 에너지를 방사한다. 방사된 펄스 에너지는 거리가 멀어질수록 안테나 빔폭이 점점 넓게 퍼진다. 항공기 표적에 반사된 에너지의 일부는 레이다 방향으로 되돌아오게 된다. 이때 항공기에 부딪히지 않은 에너지는 자유공간에 계속 진행하여 사라지게 된다. 마찬가지로 표적에 부딪혀서 레이다 방향으로 되돌아오는 신호도 빔폭이 거리에 따라 점차 넓게 퍼진다. 결국 표적에 반사되는 신호는 수신 안테나의 단면에 접촉되는 에너지만 신호로 수신되고 접촉되지 않는 에너지는 계속 전파되어 사라지게 된다. 이와 같이 레이다 펄스의 방사와 반사와 수신과정에는 많은 에너지 변환이 존재하며, 모든 송신 에너지가 모두 반사되는 것이 아니다. 일부 에너지는 다른 방향으로 사라져 표적 탐지에 기여하지 못하는 것을 알 수 있다. 더구나 레이다 송신 에너지는 안테나 빔폭이 점유하는 공간상의 모든 지면과 해면과 공중에 있는 물체에 의하여 반사되므로 원하는 표적뿐만 아니라 원하지 않는 많은 물체에 의한 클러터 반사 신호와 간섭잡음도 수신 안테나를 통하여 모두 들어오게 된다.

이와 같이 레이다 신호 속에는 주변 환경에 따라 복합적인 클러터 잡음이 함께 존재하므로 이들을 구분하여 원하지 않는 잡음 성분은 제거하고 원하는 표적 정보만 얻을 수 있도록 레이다 주변 환경에 대한 특성을 잘 이해하는 것이 중요하다.

2.2 레이다 주변 환경

레이다 전파 공간은 이상적으로 하나의 표적만 존재할 수 없고, 레이다 전파 빔은 이상적으로 하나의 표적에만 부딪칠 정도로 좁지 않다. 실제 레이다 주변 환경에서는 전파 공간에 많은 지형지물이 존재하며 안테나 빔폭도 비교적 넓기 때문에 표적 이외에 많은 물체에 의한 반사 신호가 존재한다. 따라서 이들 중 원하는 표적만 탐지하는 것은 쉬운 일이 아니다. 레이다가 안테나를 통하여 방사하는 전자기파 에너지는 그림 2.5와 같이 표적뿐만 아니라 레이다 주변 환경에 분포되어 있는 다수의 지형지물에 동시에 반사되어 같이 되돌아오기 때문에 이들 복합적인 레이다 클러터 (Clutter) 신호 속에 묻혀 있는 미약한 표적 신호만을 탐지하여 표적 정보를 추출하는 것은 쉽지 않다. 레이다의 표적도 시간에 따라 확률 통계적으로 변하고 있으며, 레이다 주변 환경도 시간에 따라 변하고 있다. 또한 지면이나 해수면, 또는 공중의 비구름 등과 같은 원하지 않는 물체에 부딪쳐서 반사되는 클러터 신호나 방해 전파의 간섭 신호는 표적 신호에 비하여 상대적으로 매우 크다.

레이다 표적 탐지 성능은 레이다 주변의 클러터 환경에 큰 영향을 받을 수 있다. 레이다 표적 탐지에 악영향을 주는 간섭 성분들은 매우 많다. 레이다 주변 환경에서 발생하는 시스템 열잡음 성분, 지면, 해면, 비구름 같은 다양한 공간에서 반사되어 들어오는 클러터 성분, 고의적으로 레이다를 교란시키는 재밍 전파방해 (ECM) 성분, 주변 무선국에 의한 의도하지 않은 전파 간섭 (EMI), 시스템 내부의 누설 신호 (Spillover)와 같은 내부 클러터 등이 있다. 이러한 클러터나 간섭 신호는 표적 신호에 비하여 매우 강하고 스펙트

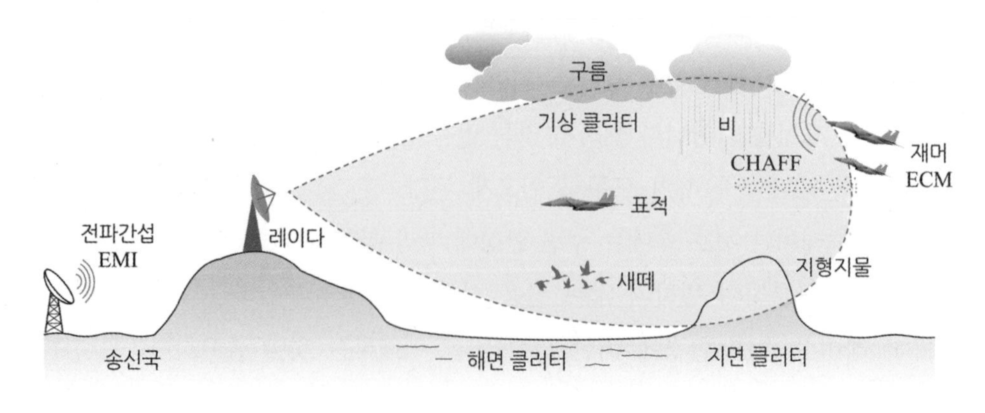

그림 2.5 레이다 주변 환경

럼 대역에 광범위하게 퍼져 있다. 이들은 항상 미약한 표적 신호의 탐지를 방해하므로 레이다 입장에서는 피할 수 없는 장애물이며, 원하지 않지만 이들 장애물 클러터 잡음과의 끝없는 생존 경쟁을 통하여 원하는 표적 목표를 향해 살아남아야 한다. 따라서 레이다의 탐지 성능을 향상시키기 위해서는 원하는 표적 신호 성분을 강화하고 레이다 주변 환경에서 들어오는 원하지 않는 클러터 잡음 신호 성분을 제거하거나 억제하여 신호 대 잡음비(SNR)를 높여주어야 한다. 이를 위해서는 레이다 환경과 표적의 RCS (*Radar Cross Section*) 특성 및 클러터 특성에 대하여 잘 이해해야 한다.

2.3 레이다 구성과 신호 모델

2.3.1 레이다 구성도

레이다 기술은 다양한 전문기술이 융합되어 원하는 기능과 성능을 만들어내는 통합 시스템 기술이다. 레이다 시스템은 그림 2.6과 같이 파형 발생기, 송신기, 안테나, 수신기, 신호처리기, 자료처리기 및 전시기로 구성된다.

파형 발생기는 다양한 송신 파형을 만들어낸다. 레이다가 사용하는 파형에 따라 불연속 펄스 (Pulse) 파를 사용하는 레이다를 '펄스 레이다'라고 하며, 연속파 (CW)를 사용하는 레이다를 'CW 레이다'라고 한다. 레이다 변조 파형에는 주파수 변조 방식 (Frequency Code)과 위상 변조 방식 (Phase Code)이 있다. 송신기에서는 기저 대역의 레이다 파형을 높은 주파수로 상향 변조 (Up-Conversion)시키고 출력 전력을 증폭한 후 안테나를 통하

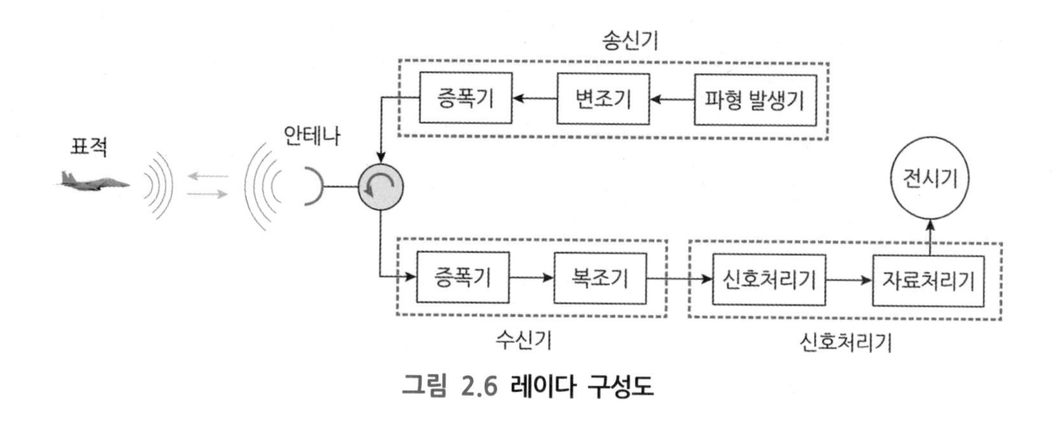

그림 2.6 레이다 구성도

여 전자파 에너지로 변환하여 공간상에 방사한다. 레이다 표적 공간상에서 반사된 수신 신호는 안테나를 통하여 들어오며, 수신기에서는 미약한 표적 및 클러터 신호를 저잡음 증폭시킨 다음 낮은 주파수로 하향 복조 (Down-Conversion)를 거쳐서 기저 대역으로 변환한다. 레이다 신호처리기는 기저 대역으로 변환된 표적 및 클러터 잡음 신호를 디지털 신호로 샘플링하여 클러터나 간섭 잡음을 제거하고 표적 신호의 거리와 도플러 속도를 탐지한다. 탐지된 신호는 자료처리기에 묻혀 있는 표적 신호를 위치와 추적 정보를 추출하여 레이다 화면에 전시한다.

레이다 구성도에서 안테나와 송수신기는 RF 하드웨어 부분으로 고주파의 전자파 신호를 발생시키고 증폭하여 안테나를 통하여 방사하고, 표적에 반사되어 수신되는 신호를 왜곡 없이 샘플링하여 신호처리기로 보내준다. 레이다 신호처리기와 자료처리기는 디지털 하드웨어와 소프트웨어 알고리즘 부분으로 표적이나 클러터 및 간섭 잡음 등의 복합적인 반사 신호 속에 묻혀 있는 표적 신호를 분리하여 탐지 식별할 수 있는 스마트한 두뇌 역할을 담당한다.

2.3.2 레이다 신호 모델

레이다 원리와 구성도에서 설명한 바와 같이 레이다 신호 파형은 송신기에서 캐리어 주파수로 변조하고 증폭시켜 안테나를 통하여 이동 표적을 향하여 방사한다. 그리고 표적에 반사되어 되돌아오는 표적 신호를 수신하여 기저 대역으로 변환하여 표적의 거리와 도플러 정보를 얻는다. 그림 2.7과 같이 레이다로부터 R_0만큼 떨어진 거리에서 항공기 표적이 속도 v로 레이다를 향하여 직진한다고 가정하고 이에 대한 송신 신호와 수신 신호의 관계를 정립해보도록 한다. 먼저 송신 신호의 캐리어 주파수를 펄스의 주기 T 시간 간격으로 펄스폭 τ 시간 동안 연속파를 보내는 경우 송신 신호는 식 (2.2)와 같

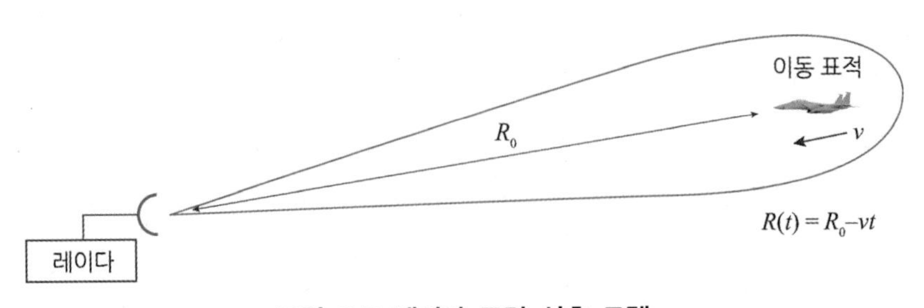

그림 2.7 레이다 표적 신호 모델

이 표현할 수 있다.

$$s_t(t) = A(t)\cos(2\pi f_0 t)$$
$$= A(t)Re[\exp(j2\pi f_0 t)], \quad -\frac{\tau}{2} \le t \le \frac{\tau}{2} \tag{2.2}$$

여기서 $A(t)$는 시간에 따른 진폭의 크기이며 초기 위상은 영으로 가정한다. 시간 $t = t_0$에서 레이다와 표적 항공기와의 거리는 R_0이므로 임의의 시간 $t = 0$에서 표적 간의 거리는 식 (2.3)과 같다.

$$R(t) = R_0 - vt \tag{2.3}$$

레이다 수신 신호는 거리에 의한 시간 지연과 항공기 이동에 의한 거리 변화에 따른 시간 지연의 함수로 식 (2.4)와 같이 표현할 수 있다.

$$s_r(t) = s_t\left[t - \frac{2}{c}R(t)\right]$$
$$= \alpha A(t - t_d)Re\left[\exp\left(2\pi f_0\left(t - \frac{2R_0}{c} + \frac{2v}{c}t\right)\right)\right] \tag{2.4}$$

여기서 $\alpha A(t - t_d)$는 수신 신호의 RCS 진폭 변화 성분, α는 진폭의 스케일 지수, t_d는 표적의 이동에 따른 표적과 레이다 간의 시간 지연이다. 지수함수의 위상성분을 살펴보면 첫째 항은 캐리어 주파수 성분으로써 수신 복조 과정에서 사라지게 되며, 둘째 항은 거리 지연 시간이 되며 셋째 항은 도플러 성분이 된다. 따라서 송신 신호와 수신 신호의 모델을 이용하여 레이다 거리 정보와 도플러 속도 정보를 찾을 수 있음을 알 수 있다. 식 (2.4)를 시간 지연과 도플러 주파수 항으로 정리하면 식 (2.5)와 같다.

$$s_r(t) = \alpha A(t - t_d)Re[\exp(2\pi(f_0 + f_d)t) + 2\pi f_0 t_d] \tag{2.5}$$

여기서 시간 지연 t_d와 f_d는 각각 식 (2.6), (2.7)과 같이 주어진다.

$$t_d = \frac{2R_0}{c} \tag{2.6}$$

$$f_d = \frac{2vf_0}{c} = \frac{2v}{\lambda} \tag{2.7}$$

따라서 레이다 거리는 식 (2.6)의 왕복 지연 시간을 이용하여 $R_0 = ct_d/2$로 구할 수 있고, 도플러 속도는 $\lambda = c/f$ 관계를 이용하여 식 (2.7)과 같이 구할 수 있다. 여기서는 기초적인 레이다 신호의 송수신 모델을 통하여 간단하게 표적의 거리 정보와 도플러 속도 정보를 구하는 방법을 살펴보았다.

2.4 레이다 표적 정보

레이다를 이용하여 얻을 수 있는 표적 정보는 레이다 신호가 송신되어 표적에 반사되어 들어온 신호를 처리하여 표적 반사 신호가 클러터 간섭 잡음 신호보다 충분히 클 경우에 탐지된다. 표적의 탐지 기준은 그림 2.8과 같이 4가지의 탐지 확률 조건에 의하여 결정된다. 첫째, 표적이 존재할 때 탐지되는 경우는 정상이며, 둘째, 표적이 없을 때 탐지되지 않는 경우도 정상이다. 셋째, 표적이 존재하는 데도 불구하고 클러터 잡음보다 표적 신호가 작아서 표적을 놓치고 탐지하지 못하는 경우는 탐지 손실이 발생한다. 넷째, 표적이 존재하지 않는데도 클러터 간섭 잡음이 표적 신호보다 커서 거짓 표적을 탐지하는 경우는 오경보에 해당한다. 이것은 레이다에서 랜덤 클러터와 표적 신호 간의 확률 문제이다. 레이다에는 표적을 놓칠 확률 (Probability of Miss)과 거짓 표적을 탐지할 오경보 확률 (Probability of False Alarm)이 공존한다. 따라서 레이다에서는 표적을 놓치는 경우보다 거짓 표적이 탐지되는 경우가 더욱 문제가 된다. 오경보율을 0%로 하고 표적 탐지 확률을 100%로 유지하는 것은 불가능하다. 그러므로 표적의 오경보율을 일정한 낮은 수준으로 허용하면서 표적의 탐지 확률을 높여주는 방법을 사용한다.

레이다를 이용하여 얻을 수 있는 표적의 정보는 크게 거리, 각도, 속도, 크기, 영상

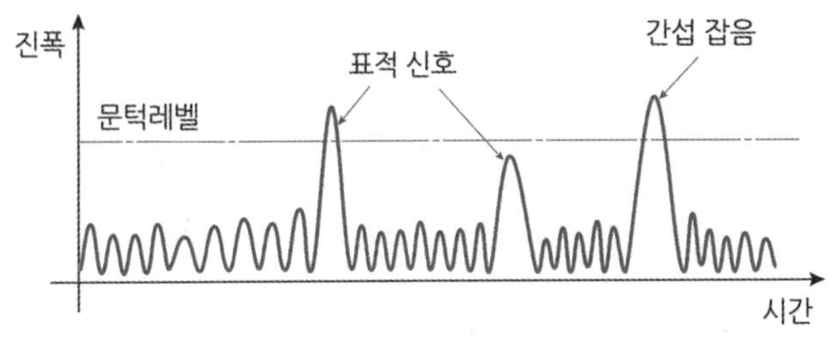

표적	탐지	결과
No	No	정상
Yes	Yes	정상
Yes	No	오류 (탐지 손실)
No	Yes	오류 (오경보)

그림 2.8 레이다 탐지 조건

정보로 분류할 수 있다. 첫째로 레이다와 표적 간의 거리 정보, 둘째로 레이다와 표적이 이루는 방위 및 고도 각도 정보, 셋째로 레이다와 움직이는 표적 간의 상대적인 도플러 속도 정보, 넷째로 표적의 반사 단면적에 의한 표적의 크기 정보, 다섯째로 표적의 고해상도 영상 정보가 있다. 각각의 레이다 표적 정보는 인접 표적을 구분할 수 있는 거리 해상도, 각도 해상도, 속도 해상도를 포함한다. 여기에서는 레이다 표적의 기본 정보로 거리, 각도, 속도 등을 측정하는 원리와 해상도를 설명한다.

2.4.1 레이다 위치 정보

레이다에서 볼 때 표적은 이동 표적이든 정지 표적이든 3차원 공간상의 한 점에 위치한다. 따라서 공간상의 한 점의 위치는 그림 2.9와 같이 레이다와의 거리와 방위 각도, 고도 각도에 의하여 결정된다. 일반적으로 레이다의 방위 각도의 기준은 그림 2.10과 같이 레이다가 설치되는 플랫폼에 따라 다르다. 지상과 같은 고정 위치에 설치되어 있는 경우는 레이다 안테나의 빔이 정북을 지향할 경우를 0도 기준으로 한다. 그러나 선박이나 항공기처럼 롤 (Roll)이나 피치 (Pitch), 요 (Yaw) 방향으로 움직이는 플랫폼에 레이다가 설치된 경우의 방위 각도는 진로 방향을 0도 기준으로 한다. 고도 각도는 지표면의 수평면을 기준으로 안테나의 빔이 지향하는 축이 이루는 각도를 기준으로 한다.

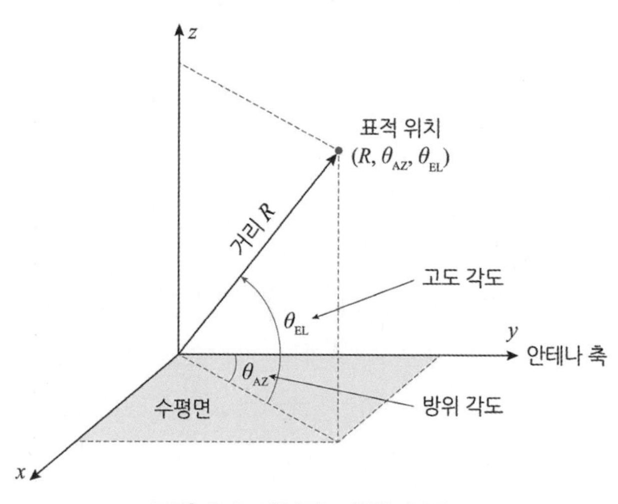

그림 2.9 레이다 3차원 공간도

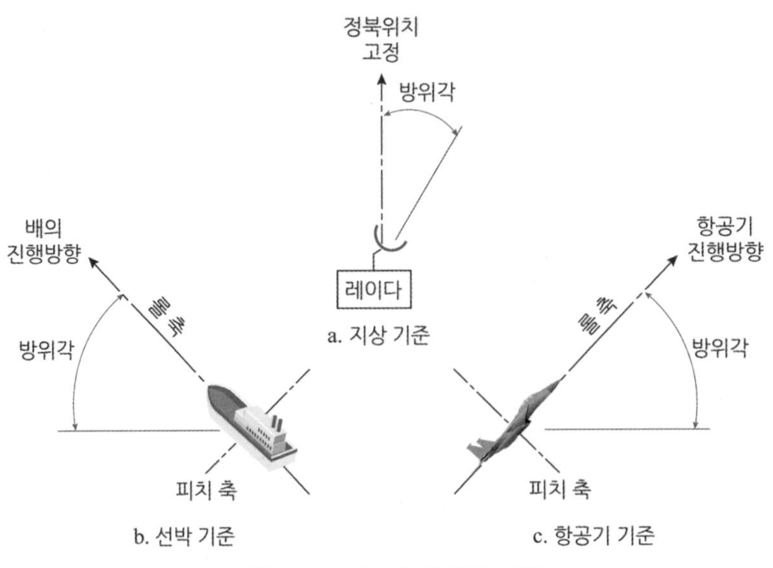

그림 2.10 레이다 방위각 기준

2.4.2 레이다 거리 정보

레이다를 이용하여 거리를 측정하는 원리는 물리적으로 매우 간단하다. 그림 2.11과 같이 레이다에서 보낸 송신 신호가 어떤 특정 거리에 위치하는 표적에 반사되어 레이다로 다시 되돌아오는 데 걸리는 왕복 지연 시간을 측정하여 빛의 속도로 곱하면 왕복 거리가 되며, 이것을 반으로 나누어주면 식 (2.8)과 같이 거리를 구할 수 있다.

$$R \simeq c\frac{T_p}{2} \ \text{(meter)} \tag{2.8}$$

여기서 R은 레이다와 표적 사이의 거리, T_p는 왕복 전파 시간, c는 공기 중에서 전파의 속도로서 빛의 속도 3×10^8 m/s와 같다.

정확한 거리를 측정하기 위해서는 정밀한 지연 시간 측정이 필요한데 펄스 레이다에서는 송신 펄스와 반사 수신 펄스의 중앙을 기준으로 측정하는 것이 이상적이지만 일반적으로 펄스의 앞쪽 시간을 측정한다. 레이다 펄스는 연속적으로 일정한 주기 단위로 반복적으로 송신하고 반사 신호를 수신하므로 펄스 주기가 느린 경우는 송신 펄스 주기 시간 이내에 반사 신호가 수신되는 시간이 곧 실제 거리로 변환될 수 있다. 만약 펄스 주기가 빠른 경우에는 반사 신호가 송신 펄스 주기 시간을 훨씬 지나서 수신되

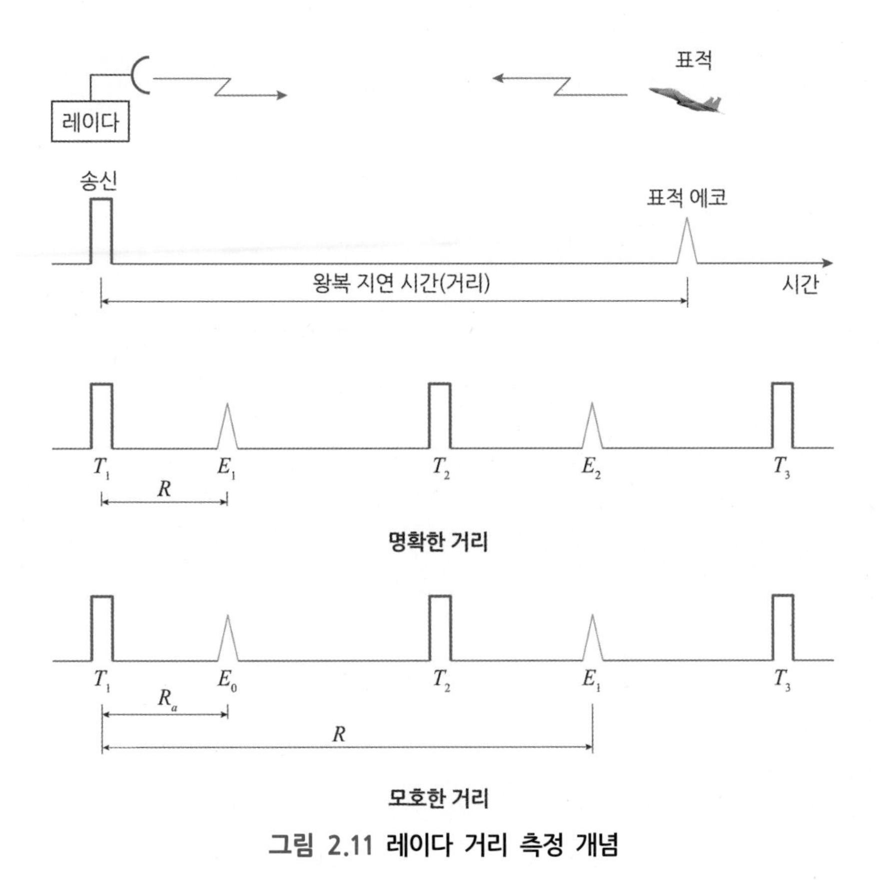

그림 2.11 레이다 거리 측정 개념

는 경우가 발생하므로 이런 경우에는 실제 수신 펄스 신호가 다른 시간 위치에 나타나서 표적 간의 거리 측정이 모호해지는 경우가 발생한다. 이와 같이 송신 파형의 주기에 따라서 거리 측정이 모호해지는 현상을 '거리 모호성 (Range Ambiguity)'이라고 하며, 이러한 문제를 해결하기 위한 다중 PRF (*Pulse Repetition Frequency*) 기법은 8장에서 설명하도록 한다.

설계 예제

펄스 도플러 레이다를 이용하여 그림 2.7과 같이 레이다 광선 방향으로 접근하는 비행표적을 향하여 단일 펄스를 송신한 후에 표적 반사 신호를 수신하는 데 걸린 시간이 0.2 msec로 측정되었다. 레이다의 송신 주파수는 10 GHz, 펄스 반복 주파수 (PRF)는 1 KHz, 펄스 대역폭은 100 MHz, 비행표적의 속도는 +300 m/s, 안테나 빔폭은 4.5도로 각각 주어진다. 다음 레이다 설계 파라미터를 구해보자.

(1) 탐지 가능 거리 (Unambiguous Range)

표적위치의 모호성이 없이 주어진 펄스 반복 주파수 (PRI)에 의하여 측정할 수 있는 최대 탐지가능 거리는 다음과 같다.

$$R_u = c(T_p/2) = c/2\,PRF = 3\times10^8/2\times10^3 = 150Km$$

(2) 표적 탐지 거리 (Detection Range)

레이다에서 표적까지 왕복한 시간이 0.2 ms이므로 탐지거리는 다음과 같다.

$$R_u = c(T_p/2) = 3\times10^8(0.2\times10^{-3}/2) = 30Km$$

(3) 송신 펄스폭 (Pulse Width)

펄스폭은 주파수 대역폭의 역수이므로 다음과 같다.

$$\tau_c = 1/B = 1/(100\times10^6) = 10\times10^{-9} = 10nsec$$

2.4.3 레이다 각도 정보

레이다 각도 정보는 레이다 거리 정보와 함께 레이다의 위치를 결정하는 데 중요한 역할을 한다. 레이다 각도 정보는 공간상에서 방위 각도와 고도 각도가 있으며, 그림 2.12와 같이 레이다 표적 위치에서 기준 각도와 이루는 각을 의미한다. 따라서 각도 정보는 표적이 탐지되는 순간에 레이다 안테나의 중앙 빔이 방위 및 고도 방향으로 정확하게 표적을 지향하는 각도를 측정하여 구할 수 있다. 그러나 실제로 안테나의 중앙 빔이 정확하게 표적을 지향하지 못하는 경우 표적의 각도 위치가 달라질 수 있다. 레이다 각

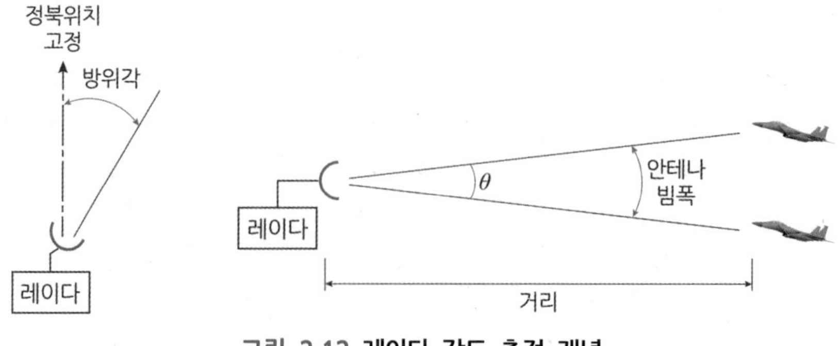

그림 2.12 레이다 각도 측정 개념

도 모호성은 별로 없으나, 배열 안테나를 사용하는 경우 다중 빔에 의해 만들어지는 주 빔이 형성될 때 나타나는 부엽에 의해 나타날 수 있다. 레이다 안테나의 표적 지향 정밀도와 빔폭은 직접 연관성은 없지만 안테나 빔이 좁을수록 비교적 표적을 정밀하게 지향할 수 있다. 안테나 빔폭은 식 (2.9)와 같이 파장에 비례하고 안테나의 크기에 반비례하는 관계가 있다.

$$\theta \simeq \frac{\lambda}{D_{eff}} \tag{2.9}$$

여기서 θ는 빔폭, λ는 파장, D_{eff}는 안테나의 유효 크기이며 실제 크기의 약 60~70% 정도 효율을 고려한다.

즉 안테나가 크면 빔폭은 좁아지고 사용하는 주파수가 높으면 파장이 작아져서 빔폭을 좁게 만들 수 있다. 빔폭이 좁으면 안테나 이득이 증가하고 두 인접 표적 사이의 방위 및 고도 각도상의 표적 구분 능력이 좋아진다.

설계 예제

안테나 방위 빔폭이 4.5도이면 방위각 방향의 안테나 길이를 구해보자.

$$D_{eff} \simeq \frac{\lambda}{\theta_{3dB}} = 0.03/(4.5 \times \pi/180) = 0.381m$$

안테나의 크기 효율을 약 60% 정도 감안하면 63.6 cm 정도가 된다.

2.4.4 레이다 속도 정보

레이다 표적의 속도는 도플러 효과에 의하여 송신 주파수와 이동 표적에 반사된 수신 주파수 사이의 도플러 위상 변이를 이용하여 측정할 수 있다. 도플러 변이는 레이다를 기준으로 표적이 가까이 접근하거나 멀어지는 경우 나타나는 반향 신호의 주파수 변이 현상이며 음파의 경우와 동일한 도플러 효과를 준다. 도플러 변이는 표적의 속도를 측정하는 데 사용할 뿐만 아니라 움직임이 거의 없는 클러터 잡음으로부터 이동 표적을 구분하려는 목적으로도 사용한다. 전자파를 이용하는 레이다에서 도플러 주파수 변이는 식 (2.10)과 같이 송신 주파수와 수신 주파수의 차이로 구할 수 있다.

$$f_d \simeq f_R - f_T \tag{2.10}$$

여기서 f_d는 도플러 주파수, f_T는 송신 주파수, f_R은 수신 주파수이다. 이러한 도플러 주파수가 양의 값을 가지면 표적이 레이다로 접근하는 경우이며, 음의 값을 가지면 레이다로부터 멀어지는 경우이므로 도플러 주파수의 부호를 이용하여 표적의 접근 방향을 알 수 있다. 항공기나 선박에 탑재된 레이다처럼 레이다와 표적이 동시에 움직이는 경우에는 상대적인 속도로 나타나며 전자파의 속도에 비하여 표적의 상대속도가 매우 작으므로 송신 주파수에 변조되어 나타나는 도플러 주파수는 식 (2.11)과 같이 속도와 파장의 함수로 주어진다.

$$f_d \simeq 2f_T \frac{v_R}{c} \simeq \frac{2v_R}{\lambda} \tag{2.11}$$

여기서 v_R은 표적과 레이다 사이의 광선 속도 차이, λ는 송신 주파수의 파장이다. 다음으로는 레이다와 표적이 이루는 각도 방향에 따라서 상대적인 도플러 속도가 달라지는 현상을 그림 2.13과 식 (2.12)에서 살펴보자.

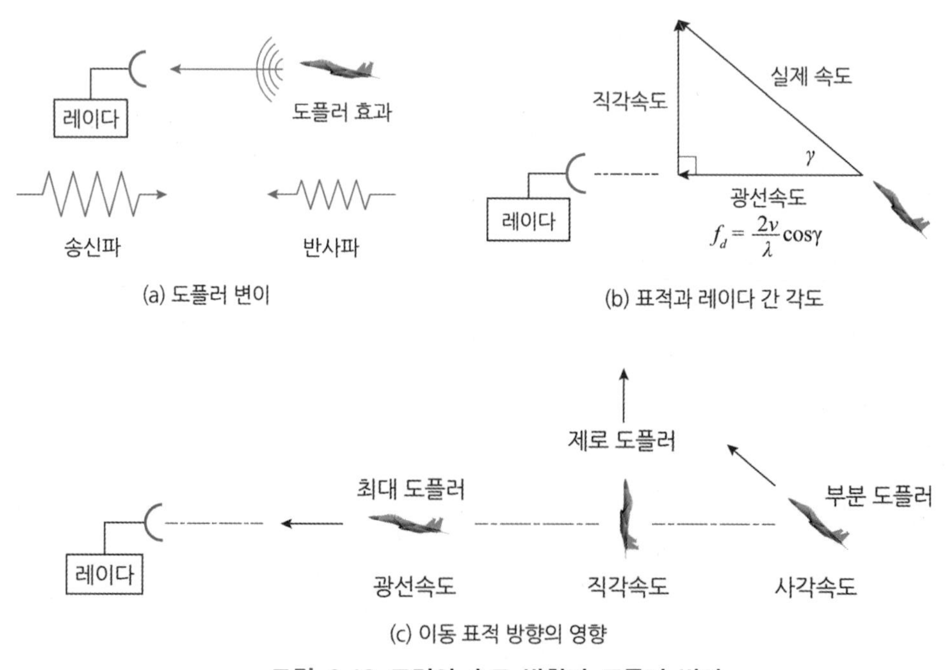

그림 2.13 표적의 속도 방향과 도플러 변이

$$f_d \simeq \frac{2v_R}{\lambda}\cos\gamma \tag{2.12}$$

여기서 γ는 레이다와 표적이 이루는 3차원 각도이며, v는 표적과 레이다와의 속도 차이이다. 표적이 레이다를 향하여 광선 방향으로 정면으로 이동하는 경우에는 표적과 이루는 각도는 0도가 되며, 이 경우에 상대적인 도플러 변이가 최대로 나타난다. 그러나 레이다와 이루는 각도가 90도가 되는 경우에는 도플러 주파수가 나타나지 않는다. 이 경우에는 움직임이 없는 클러터 잡음과 이동 표적을 구분하기 어렵다. 그러나 레이다가 움직이고 있을 경우에는 표적이나 클러터에 도플러 성분이 동시에 나타난다. 결과적으로 레이다와 표적이 움직이는 경우나 표적이 레이다를 바라보는 방위 및 고도 각도가 도플러 주파수에 영향을 미친다는 것을 알 수 있다.

설계 예제

펄스 도플러 레이다 파라미터는 앞 예제와 같다. 레이다 방향으로 접근하는 비행표적 A의 속도는 +300 m/s이고 비행표적 B는 동일 속도로 사각 60도 방향으로 비행한다. 각각 도플러 속도를 구해보자.

(1) 접근 표적 도플러 속도 주파수

표적이 광선 방향으로 레이다에 접근하는 표적의 도플러 주파수는 다음과 같다.

$$f_d = 2\,v_R/\lambda = 2\times 300/(3\times 10^{-2}) = 20\,KHz$$

(2) 상대 도플러 주파수 (Relative Doppler Frequency)

비행표적이 사각 60도 방향으로 비행하는 표적의 도플러 주파수는 다음과 같다.

$$f_d = (2\,v_R/\lambda)\cos\phi = 2\times 300/(3\times 10^{-2})\cos 60° = 10\,KHz$$

(3) 접근 표적과 멀어지는 표적 도플러 주파수

시속 210 m/s로 비행하는 항공기 레이다로부터 300 m/s로 접근하는 비행 표적과 멀어지는 비행표적을 바라보는 표적의 속도 도플러 주파수는 다음과 같다.

접근하는 표적 $f_d = 2\,(v_c + v_o)/\lambda = 2\times(300+210)/(3\times 10^{-2}) = 34\,KHz$

멀어지는 표적 $f_d = 2\,(v_c - v_o)/\lambda = 2\times(300-210)/(3\times 10^{-2}) = 6\,KHz$

2.4.5 레이다 해상도

레이다 해상도는 공간상에 다수의 표적이 존재하는 경우 인접한 두 표적을 분리하여 구분하는 능력을 의미한다. 만약 표적을 구분할 정도의 분해 능력이 없다면 다수의 표적은 하나의 표적으로 탐지될 것이다. 공간상의 표적들은 거리, 수평면의 방위각, 수직면의 고도각, 그리고 도플러 속도 등의 4차원 정보로 표현되며 이들 정보들의 분해 능력에 의해서 다수의 표적이 각각 구분될 수 있다.

(1) 거리 해상도

레이다의 거리 해상도는 그림 2.14와 같이 동일한 안테나 빔폭 안에 다수의 표적들이 서로 다른 거리에 존재할 경우 인접한 두 표적 간의 거리를 구분할 수 있는 능력을 의미한다. 송신 펄스폭이 좁을수록 표적에 반사되는 시간 차이가 짧기 때문에 거리가 다른 인접한 두 표적에 의하여 반사되는 신호가 중첩되지 않고 독립적으로 나타난다. 레이다 거리 해상도는 다음 식 (2.13)으로 주어진다.

$$\Delta R \simeq c\frac{\tau_c}{2} \tag{2.13}$$

여기서 ΔR은 거리 해상도, τ_c는 펄스폭, c는 빛의 속도이다.

펄스 압축을 하지 않을 경우에는 송신 펄스폭과 수신 처리 펄스폭은 같다. 그러나 펄스 압축을 하는 경우에는 수신 처리 펄스폭은 송신 펄스폭보다 넓다. 펄스파형의 유효 대역폭은 거의 송신 펄스폭의 역수와 같다. 레이다 해상도는 송신하는 펄스의 대역폭에 비례하여 좋아진다. 따라서 레이다 거리 해상도는 대역폭의 함수로 식 (2.14)와 같이 표현된다.

$$\Delta R \simeq \frac{c}{2B} \tag{2.14}$$

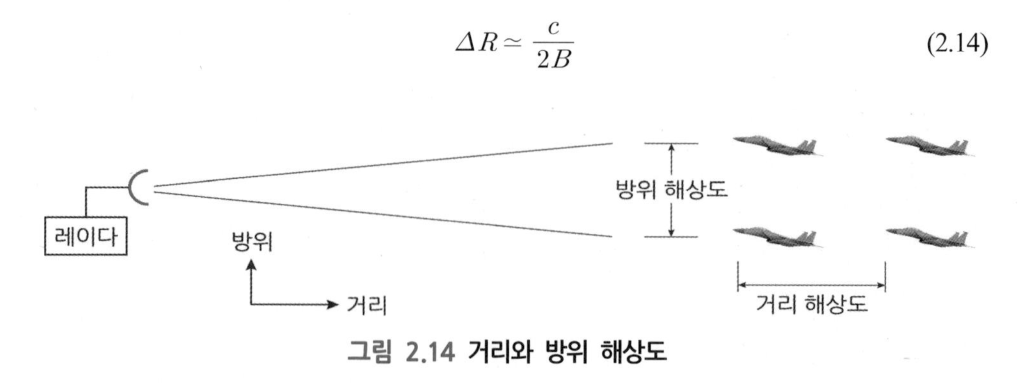

그림 2.14 거리와 방위 해상도

여기서 B는 송신 펄스의 정합 대역폭이다. 레이다의 파형 설계에서 두 가지 고려해야 할 점이 있다. 레이다 송신 펄스폭을 넓게 하여 송신 에너지를 크게 만들어야 먼 거리의 표적을 탐지할 수 있으며, 송신 대역폭을 넓게 만들어야 거리 해상도를 좋게 할 수 있다. 그러나 송신 대역폭이 넓어지면 펄스폭이 좁아지므로 송신 에너지를 크게 보낼 수 없는 문제가 동시에 존재한다. 펄스 압축을 사용하지 않는 레이다에서는 이러한 두 가지 조건을 동시에 만족하기 어렵다. 이러한 문제를 해결하기 위하여 펄스 압축 파형을 사용한다. 펄스 압축 방법은 송신할 때는 펄스폭을 확장을 하고 수신할 때는 원래의 펄스폭으로 압축하는 방법을 사용하여 원래의 대역폭을 유지하면서 동시에 원하는 거리 해상도를 얻을 수 있다.

(2) 각도 해상도

레이다의 각도 해상도는 그림 2.14와 같이 동일 거리에 있는 다수의 표적들을 각도 방향으로 구분할 수 있는 능력을 의미한다. 각도 방향은 레이다의 거리 방향에서 볼 때 거리의 횡단 방향으로 표현할 수 있다. 각도 해상도는 안테나의 유효 빔폭에 의하여 결정된다. 안테나의 빔폭이 좁으면 인접한 두 표적을 각도 방향으로 구분하기 용이하다. 따라서 동일 거리에 있는 두 개 이상의 표적들이 안테나의 빔폭보다 멀리 떨어져 있는 경우는 각각 구분할 수 있지만 빔폭 안에 두 개의 표적이 있다면 구분할 수 없다. 레이다 각도 해상도는 식 (2.15)와 같이 표현할 수 있다.

$$\Delta X \simeq R\theta_3, \quad \text{Radian}$$
$$\Delta X \simeq R\theta_3(\pi/180), \quad \text{Degree} \tag{2.15}$$

여기서 θ_{3dB}는 3 dB 빔폭이다. 레이다 안테나의 빔폭은 안테나의 길이에 반비례하고 전자파의 파장에 비례하는 관계가 있으므로 식 (2.16)과 같이 표현할 수 있다.

$$\Delta X \simeq R\lambda/D_{eff} \tag{2.16}$$

여기서 λ는 전자파의 파장, D_{eff}는 안테나 유효길이다. 레이다의 각도 해상도는 탐지거리에 비례적으로 나빠지며 안테나의 크기가 클수록 좋아진다. 레이다에서 주파수는 용도에 따라 미리 정해지는 상수이므로 각도 해상도를 좋게 하기 위해서는 안테나 크기를 키우는 수밖에 없다. 그러나 실제 안테나의 크기를 무한히 크게 할 수는 없다. 이와 같이 실제 안테나의 크기에 의하여 각도 해상도가 제한을 받는 레이다 종류를 RAR (*Real Aperture Radar*)이라고 한다. 이와 달리 레이다 안테나를 비행체에 탑재하여 이동하면서 시간적인 차이로 가상적인 배열 안테나를 형성하여 매우 큰 합성 안테나의 효과가 나도록 하여 각도 해상도를 좋게 만드는 레이다 종류를 SAR (*Synthetic Aperture Radar*)이라고 한다. SAR는 특별히 방위 각도 해상도를 향상시키는 기술이며 이를 이용하여 사진처럼 고해상도의 전파 영상을 촬영할 수 있는 기능이 있으므로 영상 레이다라고 한다. SAR의 경우는 레이다가 비행체에 탑재되어 이동하고 대상 표적은 움직임이 없는 경우이며, 반대로 레이다가 고정되고 표적이 움직이는 경우를 ISAR (*Inverse SAR*)이라고 한다.

(3) 도플러 해상도

레이다의 도플러 해상도는 공간상의 위치에서 다수의 표적이 서로 다른 속도로 이동하는 경우 인접 표적의 도플러 속도를 구분할 수 있는 분해 능력이다. 서로 다른 속도의 표적을 구분하기 위해서는 인접 표적의 도플러 주파수는 적어도 관측시간 동안 한 주기 이상 달라야 한다. 그렇지 않으면 인접 주파수 대역에 포함되어 표적의 속도를 구분할 수 없다. 표적이 안테나 빔폭에 머무르는 시간을 지속 시간 (Dwell Time) 또는 룩 시간 (Look Time)이라 한다. 도플러 해상도는 신호를 수집하는 지속 시간의 역수로 식 (2.17)과 같이 표현된다.

$$\Delta f_d \simeq 1/T_d \tag{2.17}$$

여기서 Δf_d는 도플러 해상도, T_d는 지속 시간이다.

시간 영역에서 데이터의 길이가 길면 스펙트럼 영역에서 주파수 해상도가 좋아지는 것과 같다. 따라서 신호 데이터의 처리 단위를 크게 하면 신호의 누적 이득도 많아지고 도플러 해상도도 좋아진다. 그러나 레이다 안테나가 주어진 회전 속도로 돌아가면서 한정된 시간 동안만 표적 공간을 보게 되므로 지속 시간을 임의로 길게 할 수는 없다. 또한 레이다가 이동 표적의 거리를 측정할 경우에는 짧은 지속 시간이 요구된다. 거리를 측정하는 동안에 표적의 거리 이동을 최소로 하는 것이 중요하기 때문이다.

이상과 같이 레이다의 3가지 해상도를 비교하여 요약하면 그림 2.15와 같다. 레이다

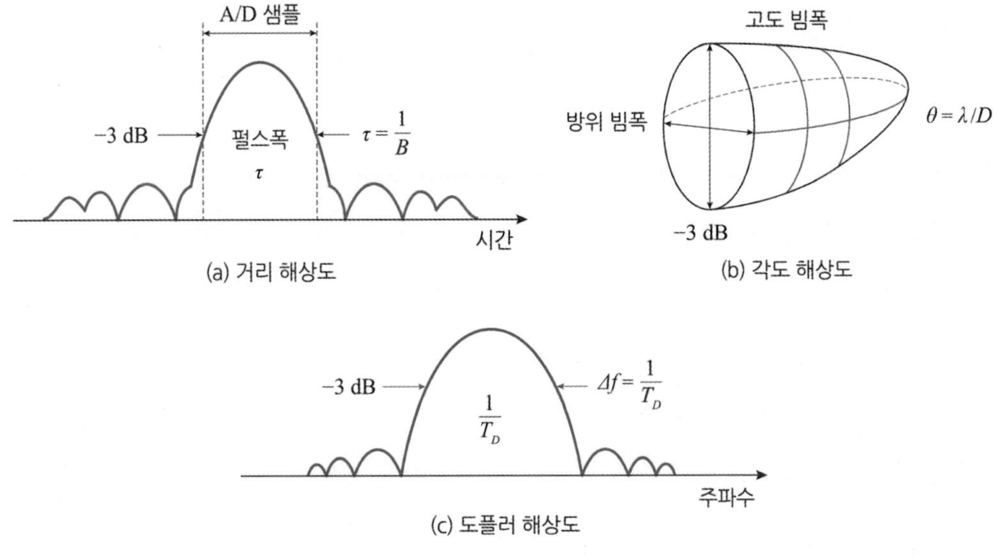

그림 2.15 레이다 분해능 정보

거리 해상도는 펄스폭이 좁을수록 좋고, 레이다 각도 해상도는 안테나 빔폭이 좁을수록 좋다. 레이다 속도 분해능은 수집 시간을 길게 할수록 좋아진다. 그러나 이들 파라미터는 레이다 성능 파라미터와 연계하여 시스템의 특성에 맞도록 조정해야 한다. 예를 들어서 레이다가 속도를 측정할 때는 수집 시간을 충분히 길게 하면 도플러 사이클이 많이 누적되어 속도를 정확하게 측정할 수 있고 도플러 해상도도 좋게 할 수 있지만 안테나의 지속 시간이 시스템에 의하여 제한되므로 임의로 수집 시간을 길게 할 수 없다.

설계 예제

펄스 도플러 레이다의 주파수는 10 GHz, 펄스 반복 주파수 (PRF)는 1 KHz, 펄스 대역폭은 100 MHz, 송신 펄스의 지속 시간 (Dwell Time)은 20개의 펄스 시간 단위로 블록 처리한다고 가정한다. 비행표적의 거리는 30 Km, 안테나 빔폭은 4.5도이다.
거리, 방위 및 도플러 해상도를 구해보자.

(1) 거리 해상도

거리 해상도는 펄스폭의 비례 관계이므로 다음과 같다.

$$\Delta R = c(\tau_c/2) = c/2B = 3\times 10^8/2\times 100\times 10^6 = 1.5m$$

즉, 두 표적 사이의 거리가 최소 1.5 m 이상 분리되어야 구분할 수 있다.

(2) 방위 해상도

표적의 거리가 30 Km로 주어지므로 다음과 같다.

$$\Delta X = R\theta_{3dB} = 30 \times 10^3 \times 4.5 \times (\pi/180) \simeq 2.25Km$$

즉, 30 Km 위치에 있는 두 표적 사이의 거리가 최소 2.25 Km 이상 분리되어야 방위 방향에서 두 표적을 구분할 수 있다.

(3) 도플러 해상도

도플러 해상도는 신호를 수집하는 지속 시간의 역수이고 단위 펄스 주기는 1 ms이므로 다음과 같다.

$$\Delta f_d \simeq 1/T_d = 1/(20 \times 1 \times 10^{-3}) = 0.5 \times 10^2 = 50Hz$$

2.4.6 레이다 표적 정확도

(1) 정확도 개념

레이다 표적 정보의 정확도 (Accuracy)는 측정된 값이 실제값에 얼마나 정확하게 나타나는지를 판단하는 기준이 된다. 레이다 정확도는 거리 (m), 각도 (°), 도플러 속도 (Hz) 절댓값으로 표시한다. 그림 2.16과 같이 실제 거리와 측정 거리의 차이는 오차로 주어지며, 오차의 종류에는 바이어스 오차 (Bias Error)와 잡음 오차 (Noise Error) 등이 있다. 바이어스 오차는 주로 장비의 검보정 오류에 의한 오차이며 시간 기준 (거리)이나 각도 기준을 잘못 선정하여 나타나는 상시 오차로 작용한다. 잡음 오차는 표적 신호에

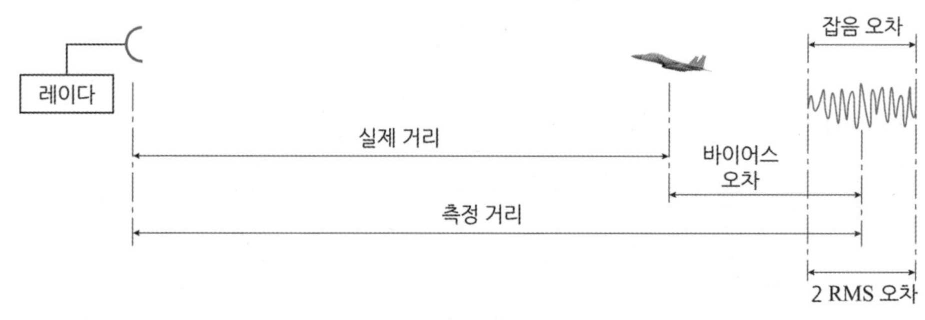

그림 2.16 거리 측정 오차

포함된 간섭 잡음에 의하여 발생하는 오차로 표준편차의 절댓값으로 표시한다. 이외에도 전파 매질의 특성에 의한 대기 굴절 등의 영향으로 거리와 고도각의 오차가 발생하며 주로 추적 레이다의 안테나 페데스탈 서보 (Pedestal Servo)의 지연 동작으로 인하여 각도 오차가 발생할 수 있다. 또한 이동 표적 자체의 요동으로 인하여 진폭이나 위상의 변동으로 오차가 발생하여 거리와 도플러의 측정 정확도 차이가 날 수 있다.

이와 같이 표적 정보의 정확도는 특정 오차의 함유 정도에 따라 달라지므로 각 레이다 정보의 특성에 따라 오차 원인을 살펴볼 필요가 있다. 이러한 레이다 정보의 오차는 레이다 설계에 고려하여 감소시킬 수 있으므로 주어진 레이다 시스템의 임무에서 요구하는 표적 정보 정확도의 허용 범위를 비용 효율 관점에서 결정하는 것이 중요하다.

(2) 거리 정확도

거리 정확도는 얼마나 정확하게 표적으로부터 반사된 수신 에코 신호의 도달 시간 (Time of Arrival)과 송수신 지연 시간을 측정하는가를 의미한다. 에코 신호의 도달 시간 측정은 수신 신호의 중심점이나 신호의 시작점을 기준으로 판단할 수 있는데 일반적인 레이다의 거리 측정은 중심점을 이용한다. 도달 시간 오차는 주로 펄스폭과 처리한 신호의 S/N의 함수로 식 (2.18)과 같이 주어진다.

$$\delta\tau = \frac{2\tau_c}{\sqrt{2\,S/N}} \tag{2.18}$$

여기서 $\delta\tau$는 도달 시간 오차의 RMS (*Root Mean Square*) 값이며, τ_c는 펄스폭 또는 펄스 압축의 경우에는 압축 펄스폭이다. S/N은 신호 대 잡음전력이다. 따라서 도달 시간 오차가 함유된 거리 오차는 식 (2.19)와 같이 표현할 수 있다.

$$\delta R = \frac{c\delta\tau}{2} \tag{2.19}$$

여기서 δR은 거리 오차의 RMS 값이며, c는 빛의 속도이다.

시간 지연 측정 오차는 거리를 측정할 때 바이어스 시간 오차와 클록 (Clock)에 의한 시간 오차에 의하여 나타난다. 바이어스 오차는 표적의 거리와는 별개이며 클록 오차는 표적 거리의 함수로 나타난다. 이러한 거리 오차는 왕복 전파 시간의 오차로 작용하므로 식 (2.20)과 같다.

$$\delta R = \frac{c\delta T_p}{2} \tag{2.20}$$

여기서 δT_p는 총 왕복 전파 지연 시간이다.

(3) 각도 정확도

각도 정확도는 얼마나 정확하게 레이다의 표적 위치를 고도와 방위 각도상에서 측정하는가를 의미한다. 각도 정확도에 관련된 주요 파라미터는 안테나 빔폭, S/N, 표적 진폭과 위상의 변동, 안테나 페데스탈 서보의 잡음 등이다. 안테나 빔폭이 좁을수록 표적의 각도 위치를 정확하게 측정할 수 있고 S/N이 높을수록 정확한 위치를 판단할 수 있다. 각도 오차는 3 dB 안테나 빔폭과 S/N의 함수로 식 (2.21)과 같이 주어진다.

$$\delta\theta = \frac{2\theta_3}{\sqrt{2S/N}} \tag{2.21}$$

여기서 $\delta\theta$는 각도 오차의 RMS 값이며, θ_3는 3 dB 빔폭이다. 또한 표적 위상의 변동에 의한 잡음 오차는 표적의 특성과 주파수의 함수로 나타난다. 오히려 각도 위상 오차는 거리와 반비례하며 표적이 레이다에 가까이 올수록 증가한다.

다중 경로에 의한 각도 오차는 주로 고도각에 영향을 준다. 특히 지면이나 수면에서 반사되는 다중 경로 신호는 저고도 위치의 레이다에서 고도각의 오차를 유발할 수 있다.

(4) 도플러 정확도

도플러 속도 정확도는 표적의 도플러 주파수 스펙트럼 분산과 표적의 도플러 발생 요인에 의한 오차를 얼마나 정확하게 측정하는가를 의미한다. 표적의 이동으로 발생하는 도플러 스펙트럼 라인과 표적의 운동으로 발생하는 평균 도플러의 변동 성분으로 구분한다. 이동 표적의 요, 피치, 롤의 불규칙 운동에 의해 도플러 변동 현상이 나타나는데, 각도 잡음의 변화율과 관계가 있다. 각도 잡음은 표적의 중심에서 반사되는 위상 성분을 기준으로 복합적인 형상에서 반사되는 에코의 위상과 다르기 때문에 발생한다. 이와 같이 왜곡된 위상 성분은 표적이 관측 각도에서 운동하는 성분으로 나타나며 이러한 위상의 변화율이 도플러 주파수가 된다.

2.4.7 레이다 표적 식별 정보

레이다 표적의 특징을 식별하기 위해서는 매우 다양한 정보가 필요하다. 레이다 표적 신호는 반사 신호의 크기와 도플러 스펙트럼 등의 형태로 시간 영역에서 진폭의 크기와 주파수 영역에서 도플러 주파수로 나타난다. 레이다 반사 단면적 RCS는 표적의 크기를 나타내며 진폭과 거리를 찾아낼 수 있다. 물론 레이다가 표적을 바라보는 각도에 따라서 반사 단면적이 달라지지만 RCS는 반사 표적의 재질이나 크기, 모양, 파장, 편파 등 많은 요소의 영향을 받는다. 도플러 스펙트럼은 중요한 표적 식별 정보 중 하나이다. 특히 이동하는 항공기와 같은 표적의 경우에는 항공기의 속도와 엔진의 수, 엔진의 RCS 크기, 기체의 반사 특성 등을 종합적으로 분석하여 표적을 식별할 수 있다. 그러나 최근의 스텔스 기술을 적용한 항공기의 경우 의도적으로 반사 단면적을 줄이므로 레이다가 표적을 탐지하기 어렵고 결국 표적 탐지 식별을 어렵게 만들고 있다.

레이다 표적 식별을 위해서는 다중 주파수와 다중 편파 특성을 이용할 수 있다. 주파수에 따른 파장의 길이가 표적 크기에 따른 산란 반사 특성을 달라지게 하며, 또한 송수신파의 수직 및 수평 편파에 따라 표적의 반사 특성이 달라지므로 이들 표적 특성을 비교하여 식별에 활용할 수 있다.

표적 식별 정보로서 표적의 크기와 모양을 알 수 있는 고해상도 레이다 영상 기법(SAR, ISAR)을 이용할 수 있다. 레이다의 해상도가 매우 좋다면 표적을 미세한 픽셀 단위로 나누어 각각의 산란 특성을 모아서 사진과 같은 영상을 만들 수 있다. 레이다 영상은 2차원의 거리와 방위각 단위로 구성되므로 거리 해상도와 방위각 해상도를 증가시키는 기술을 이용하여 레이다 영상을 만든다. 거리 해상도는 레이다의 신호 대역폭을 매우 넓게 하면 수 미터에서 수 센티미터 단위로 만들 수 있다. 방위각 해상도는 지상에서 실제적인 안테나의 길이를 매우 길게 하기 어려우므로 비행체에 레이다를 싣고 이동하면서 합성적인 방법으로 안테나를 길게 하여 방위각 해상도를 향상시키다. 이러한 영상 레이다는 위성, 항공기, 무인 항공기 등에 탑재하여 지표면 해상도가 수 센티미터 정도로 매우 좋아지고 있으므로 군사적으로 전천후 표적 식별에 매우 중요한 수단이다.

2.5 레이다 시스템 기능

2.5.1 주 감시 레이다와 2차 감시 레이다

공항 관제에서 주로 사용하는 레이다로, 주 감시 레이다 (Primary Radar)는 그림 2.17과 같이 레이다가 전파를 송신하고 항공기와 같은 표적의 표면에서 반사되는 에코 신호를 받아서 표적의 정보를 추출하는 일반적인 레이다 표적 탐지 장치이다. 이 경우에는 표적에 대한 사전 협조 없이 비협조적으로 표적을 탐지하므로 비협조적 장치 (Non-Cooperative System)라고 한다. 그러나 2차 감시 레이다 (Secondary Radar)는 일종의 트랜스폰더와 같은 질문 응답기 (Interrogator)를 통하여 관제소와 항공기 사이에 협조적으로 코드화된 정보를 주고받으므로 협조적 장치 (Cooperative System)라고 한다. 따라서 2차 감시 레이다는 능동적인 응답 신호를 주고받음으로써 주 감시 레이다와 같이 표적에 대한 정보를 얻으므로 2차 감시 레이다라고 한다. 2차 감시 레이다의 응답 주파수는 레이다와 다른 주파수를 사용하며 트랜스폰더와 비콘의 기능을 포함하므로 RACON (RAdarbeaCON)이라고 한다.

민간 공항에서 사용하는 SSR 모드는 군용으로는 피아 식별기 IFF (*Identification*

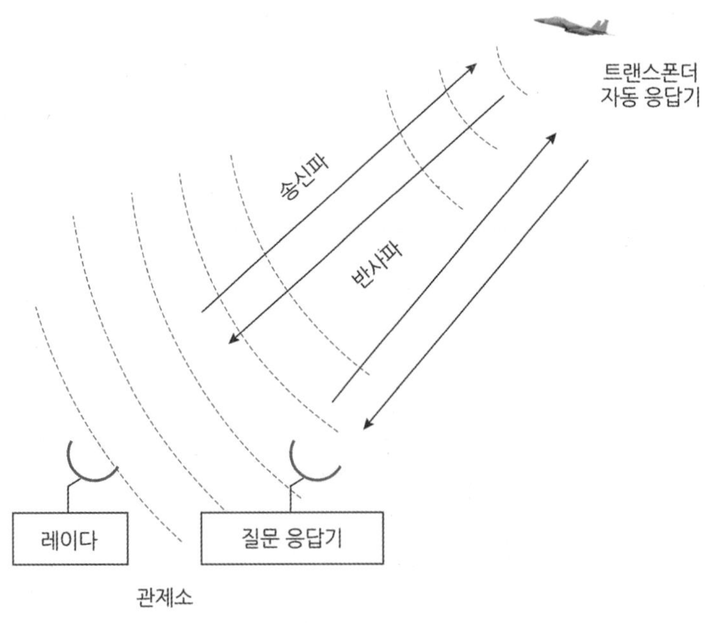

그림 2.17 주 레이다와 2차 감시 레이다

Friend or Foe)로 사용한다. 민간용 항공 교통 관제 레이다 비콘 시스템 ATCRBS (*Air Traffic Control Radar Beacon System*)은 군용 IFF와 동일한 주파수와 트랜스폰더를 사용하며, 군용만 IFF 모드를 가지고 있다. 질문 응답기는 1030 MHz로 질문하면서 트랜스폰더는 1090 MHz로 응답한다. 일반적으로 5개의 운용 모드가 있는데, Mode 1, 2, 4는 군용 ID 모드로 사용하며 Mode 3A는 식별과 추적용의 트랜스폰더에 사용하고 Mode S는 선별적으로 민군이 데이터 링크를 이용하는 질문 응답기능이다.

2.5.2 일체형과 분리형 레이다

레이다의 구조에서 안테나와 송수신기가 동일한 위치에 구성된 레이다를 일체형 (Mono-Static) 레이다라고 하며, 안테나와 송수신기가 두 개 또는 그 이상으로 분리된 레이다를 이중 분리형 (Bi-Static) 또는 다중 분리형 (Multi-Static) 레이다라고 한다. 그림 2.18과 같이 송수신기가 서로 다른 위치에 분리되어 표적에 대한 송신 방향과 수신 방향이 일정한 각도를 유지하는 경우에 이를 분리 각도라고 한다. 이중 분리형 레이다는 보통 CW 또는 FMCW 파형을 사용하는 레이다에 사용하면 송수신이 분리되므로 누설 신호 (Spillover) 간섭을 줄일 수 있다. 과거에는 펄스파형의 일체형 레이다 기술이 복잡하므로 레이다 구조가 비교적 간단한 분리형 레이다를 사용하였다. 그러나 현대에는 군사적으로 전파 간섭이나 적의 전자전 위협을 회피하기 위하여 다양한 형태의 이중 분리형 및 다중 분리형 레이다가 일반화된 분산 레이다 개념으로 사용된다. 이들은 레이다 송신기와 수신기가 분리되어 있으므로 전파를 방사하지 않는 수신기의 위치를 알 수 없기 때문에 전파 방해를 직접 하기 어렵다. 최근에는 일반 방송 무선 전파나 인공위성 또는 항공기에서 방사하는 일반적인 전파를 이용하여 지상에 수신 장치만 이용하여 표

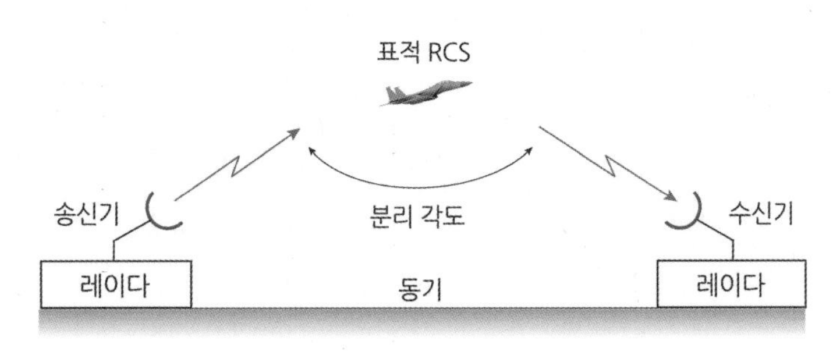

그림 2.18 이중 분리형 레이다

적 반사 신호를 수신함으로써 표적을 탐지하거나 영상을 만드는 이중 분리형 및 다중 분리형 레이다 시스템 등이 개발되고 있다. 분리형과 분산형 레이다는 12장에서 상세하게 설명한다.

2.5.3 탐색 레이다

탐색 레이다는 레이다가 위치하는 좌표를 중심으로 주변의 거리, 방위, 고도에 대한 전체 3차원 공간을 주기적으로 탐색하여 표적의 거리, 각도 및 속도 정보를 추출하는 감시 레이다이다. 이러한 감시 레이다는 사용 목적에 따라 공간을 탐색하는 스캔 방식이 다양하다. 또한 탐색하는 공간에 따라 지면이나 바다의 표적을 탐지하는 지면 감시 (Surface Search)와 항공기나 미사일과 같은 공중 감시 (Air Search)로 구분한다.

대표적인 레이다 스캔 방식은 그림 2.19와 같이 2-D 부채 모양의 팬 빔 (Fan Beam) 스캔, 연필 모양의 3-D 펜슬 빔 (Pencil Beam) 스캔, 3-D 스택 빔 (Stacked Beam) 스캔, 그리고 3-D 막대 (Bar) 스캔 방식 등으로 구분한다. 2차원 레이다는 2-D 팬 빔 레이다로, 부채와 같이 넓은 고도 빔과 상대적으로 좁은 방위 빔을 가지고 기계식으로 방위 방향으로 360도를 회전하면서 전체 공간을 탐색한다. 탐지 정보는 2차원의 거리와 방위각 정보이며, 고도 빔은 넓어서 탐색 공간을 광범위하게 커버할 수는 있지만 정확한 고도 정보는 얻을 수 없다. 3차원 레이다는 3-D 펜슬 빔 레이다로, 연필 끝과 같이 좁은 고도 빔과

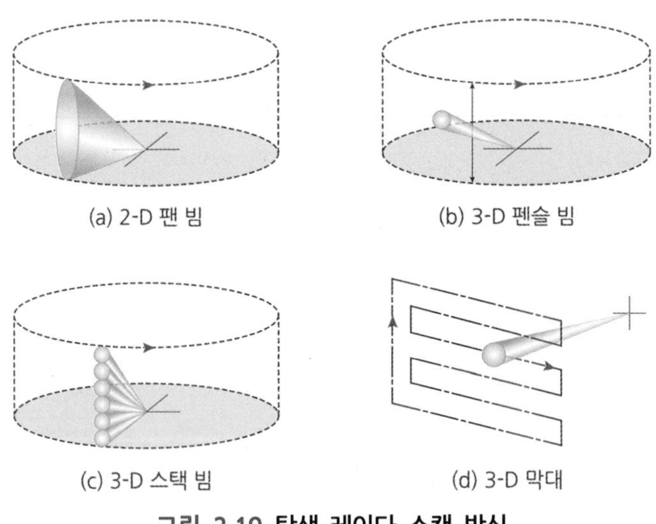

그림 2.19 탐색 레이다 스캔 방식

방위 빔을 동시에 가지고 있으며 방위 방향으로는 기계식 회전을 하고 고도 방향으로는 기계식 또는 전자식 스캔을 하면서 360도 전체 공간을 탐색한다. 3-D 스택 빔 방식은 좁은 고도 및 방위 빔을 고도 방향으로 동시에 쌓아서 방위 방향으로 기계식 회전을 하지만 고도 방향은 다수의 빔을 이용하여 고도 정보를 동시에 얻을 수 있는 방식이다.

3가지 탐색 레이다 종류를 비교하면, 2-D 레이다는 대부분의 공항 감시 레이다처럼 반사판 안테나를 이용하여 팬 빔을 사용하며 고도 정보를 얻을 수 없는 단점이 있지만 비교적 가격이 저렴하다. 3-D 펜슬 빔 방식은 위상배열 안테나를 이용하여 고도 빔을 전자스캔 방식으로 주사하므로 고도 정보를 얻을 수 있고 방위 방향은 기계식 회전을 하므로 완전 능동 위상배열 레이다와 비교하면 가격이 저렴하다는 장점이 있다. 3-D 스택 빔 레이다는 고도 빔의 숫자만큼 안테나 및 송수신 채널이 필요하므로 가격이 비싸고 복잡한 반면 고도 방향의 탐색 시간을 획기적으로 줄일 수 있어서 긴밀한 탐색 정보가 필요한 군용 레이다에 주로 사용한다.

2.5.4 추적 레이다

추적 레이다는 전체 입체 공간을 연속적으로 스캔하는 탐색 레이다와 달리 특정한 표적에 대한 거리, 방위, 고도, 속도, 가속도의 변화를 추적한다. 추적 레이다는 특정한 표적을 긴 지속 시간 동안 주사하므로 탐색 레이다보다 더 정확한 표적 위치 정보를 제공한다. 과거의 추적 레이다는 안테나가 하나의 표적을 지향하여 따라가므로 단일 표적을 추적하는 경우가 많았다. 그러나 다수의 표적을 동시에 추적하는 경우에는 기계적으로 하나의 표적을 추적하는 레이다로는 제한이 있으므로 현대에는 다수의 표적을 거의 동시에 전자적으로 안테나 빔을 원하는 방향으로 조향할 수 있는 전자 스캔 방식의 위상배열 (Electronically Scanned Phased Array) 레이다를 사용한다. 추적 레이다의 각도 추적 방식은 그림 2.20과 같이 원추 (Conical), 로빙 (Lobing), 모노 펄스 (Mono-Pulse) 스캔 방식 등이 있다.

원추 스캔 각도 추적은 안테나 빔의 축을 기울여서 안테나 축 주변으로 기울어진 빔을 회전시키는 방법으로, 각 스캔 위치에서 상대적인 에코 신호의 크기를 비교하여 안테나 축의 관점에서 표적이 어디에 위치하는지 결정한다. 즉, 가장 가까운 표적을 지시하는 빔의 에코가 가장 강하다고 판단하여 표적의 위치를 추적한다. 로빙 스캔 각도

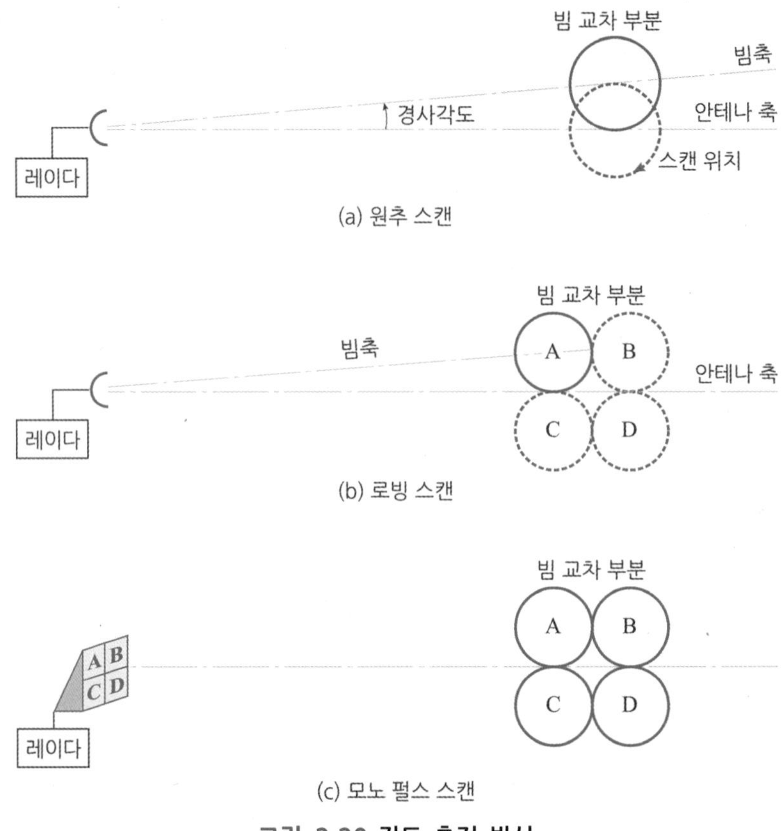

그림 2.20 각도 추적 방식

추적은 연속적으로 공간을 스캔하는 것이 아니라 안테나 축을 중심으로 기울어진 빔을 4군데 불연속적으로 움직여서 해당 빔의 위치에서 상대적인 에코의 크기를 가지고 추적 오차와 비교하여 표적의 위치를 결정한다. 진폭비교 모노 펄스 스캔 추적 방식은 로빙 스캔 방식과 유사한데, 4개의 안테나 빔을 사방으로 각각 방위와 고도 위치에 배치시키고 송신 빔은 정축 상에 보낸다. 그리고 수신 신호는 각각 빔의 위치에서 상대적인 신호 진폭의 크기를 비교하여 각도 오차를 찾아낸다. 모노 펄스 스캔 방식은 4개의 안테나를 이용하여 동시에 3개의 출력을 얻는데, 각 빔의 합의 신호 (Sum), 방위각 및 고도각 오차 (Delta) 채널을 가지고 있다. 또 다른 방법으로는 각도 오차에 따른 지연 시간을 이용하여 위상을 비교하는 위상-모노 펄스 방식 또는 인터페로메트리 방식이 있다.

탐색 레이다를 이용하여 표적을 탐지하면서 추적하는 TWS (*Track-While-Scan*) 방법도 있는데, 이는 관심 표적을 스캔하면서 각각의 표적의 위치를 저장하여 두었다가 몇 스캔 단위로 추적 프로세서가 표적 데이터를 업데이트 처리하여 다음 스캔의 표적의 위치를 예측함으로써 표적의 위치 정보를 추적하는 방법이다. 표적 위치는 스캔 단위로 업데이트되므로 추적 레이다만큼 데이터가 정확하지 않지만 탐색을 하면서 광범위한 공간의 수많은 표적을 동시에 추적 관리하고 예측할 수 있어 편리한 방식이다. 예를 들면 공항 레이다는 공항에 접근하거나 이륙하는 수백 개의 항공기를 동시에 추적하기 위하여 TWS를 이용한다. 추적 레이다는 10장에서 상세히 설명한다.

2.5.5 다기능 레이다

다기능 레이다는 그림 2.21과 같이 위상배열 안테나 기술을 이용하여 하나의 레이다로 탐색과 추적 및 사격통제 유도가 가능하므로 다기능 레이다 (MFR: *Multi-Function Radar*)라고 한다. 다기능 레이다는 다중 빔을 만들고 전자적으로 조향을 할 수 있어야 하므로 위상배열 구조의 레이다가 필수적이다. 적용하는 위상배열 안테나의 구조에 따라 하나의 고출력 송신기와 하나의 저잡음 수신기를 갖고 배열 소자의 위상만 조정이 가능한 간단한 구조의 수동 위상배열 (Passive Phased Array) 방식과 안테나 배열 소자마다 송수신 모듈을 가지고 이득과 위상을 모두 조정할 수 있는 복잡한 구조의 능동 위상배열 (Active Phased Array) 방식으로 구분한다.

최신 레이다는 짧은 임무시간 동안에 다수의 표적을 동시에 탐지·추적하고 미사일 요격이 가능한 능동 위상배열 구조로 발전하고 있다. 능동 전자조향 위상배열 (AESA:

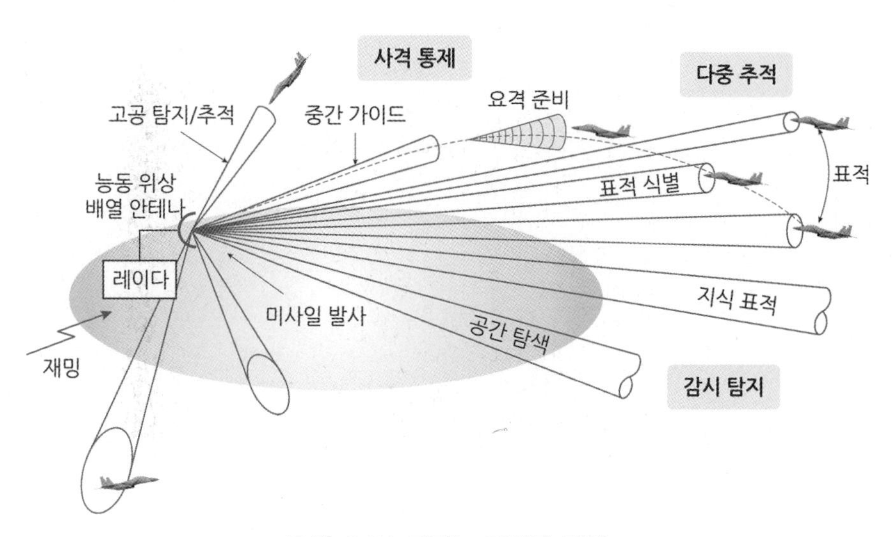

그림 2.21 다기능 레이다 개념

Active Electronically Scanned Array) 레이다는 각 안테나 배열 소자에 소형 송수신 모듈(TRM: *Transmit-Receive Module*)을 수천 내지 수만 개 집적하여 고속의 표적을 짧은 시간에 이득과 위상을 조정할 수 있다. 따라서 전자적으로 원하는 방위와 고도 방향으로 다수의 빔을 주사하고 동시에 여러 방향에서 수신되는 표적 신호를 처리하여 탐지와 추적은 물론 특정 위협 표적에 미사일을 유도하여 사격 통제를 하는 기능까지 포함하고 있다. 위상배열 레이다 안테나는 3장 4절에서 설명한다.

2.5.6 영상 레이다

영상 레이다 SAR (*Synthetic Aperture Radar*)는 레이다를 비행 플랫폼에 탑재하여 고해상도의 지표면 전파 영상을 얻는 시스템이다. 비행 플랫폼의 종류에 따라 인공위성 탑재, 항공기 탑재, 무인 항공기 탑재 SAR 등으로 구분할 수 있다. 영상 레이다는 11장에서 상세하게 설명한다. SAR의 영상 해상도는 거리 방향 해상도와 방위 방향 해상도로 구분되며 광학 영상의 2차원적인 영상과 동일한 픽셀 화소 의미를 가진다. 레이다 영상은 2차원의 거리와 방위각 단위로 구성되므로 거리 해상도와 방위각 해상도를 증가시키는 기술을 이용하여 영상을 만든다. 거리 해상도는 레이다의 신호 대역폭을 매우 넓게 하면 얻을 수 있으나, 방위각 해상도는 그림 2.22(a)와 같이 RAR (*Real Aperture Radar*)에서는 한정된 실제 안테나의 크기에 제한을 받는다. 지상에서는 실제적인 안테나의 길이를 매우 길게 만들기 어려우므로 그림 2.22(b)와 같이 비행체에 안테나와 레이다를 실

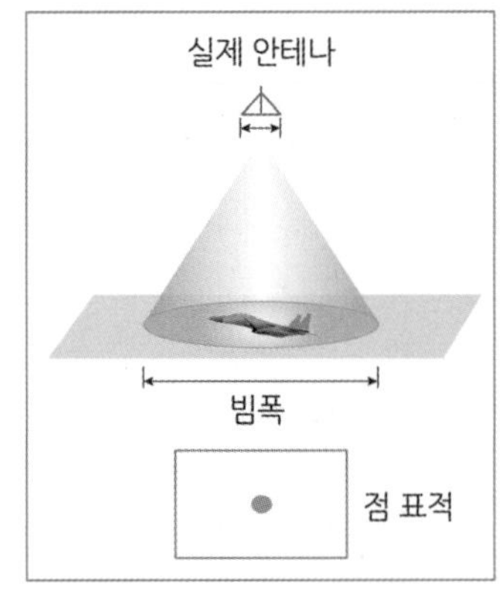

(a) RAR: Real Aperture Radar

(b) SAR: Synthetic Aperture Radar

그림 2.22 영상 레이다 개념

고 이동하면서 시간 차이 단위로 배열 안테나가 공간상에 위치하는 효과를 이용하여 합성적인 방법으로 안테나를 길게 하여 방위각 해상도를 향상시킨다.

SAR는 거리에 관계없이 동일한 해상도를 유지할 수 있다는 특징이 있고, 특히 측면 사각으로 관측할 경우 거리 해상도가 높아지므로 위험지역에 진입하지 않고 또는 국경을 침범하지 않고 사각으로 감시정찰을 할 수 있다는 장점이 있다. 활용 분야는 크게 과학, 민수 및 군사 응용 분야로 나누어지며 자세한 활용 분야는 11장 7절에서 설명한다.

2.6 레이다 시스템 활용

2.6.1 군용 레이다 시스템

(1) OTH 레이다

수평선 너머를 탐지하는 OTH (*Over-The-Horizon*) 레이다는 냉전시대에 미국이 대륙 간 탄도탄을 탐지하기 위하여 개발한 상징적인 초장거리 레이다이다. 직접 가시광선 거리로 수천 킬로미터를 탐지하기 어려우므로 그림 2.23과 같이 HF 주파수 대역의 배열 안테나를 수천 피트 길이로 송수신을 분리하여 이중 분리형 방식으로 설치한다. 이온층

그림 2.23 지평선 탐지경보 레이다 (OTH)

의 반사 효과를 이용하여 수평선을 넘어서 표적을 탐지하는 수평선 레이다 시스템이다. 대기 기상에 의한 에너지 감쇄가 적은 HF 파장 대역을 사용하지만 이온층의 굴절 특성이 주야에 따라 변동하는 현상이 발생한다.

(2) 탄도 미사일 방어 레이다

대륙 간 탄도 미사일을 탐지 경보하는 레이다는 광범위한 공간의 매우 작은 RCS의 초고속 미사일의 탄두 표적을 탐지하고 추적하는 기능을 갖고 있다. 지상의 대표적인 장거리 레이다 시스템은 그림 2.24와 같이 거대한 구조물 모양의 위상배열 안테나를 설치하여 대륙 간 탄도탄을 조기경보를 할 수 있는 VHF 대역의 BMEWS (*Ballistic Missile Early Warning System*) Pave Paw (AN/FPS-115) 레이다가 있다. 중거리 미사일 방어 시스템으로는 그림 2.25와 같은 페트리어트 (Patriot) 미사일 레이다 시스템 (MPQ-53)이 있는데, 약 5,000개의 위상배열 소자로 구성된 이 레이다는 탐지거리가 약 160 km이며, 125개의 표적을 통시에 탐지하고 9개의 미사일을 유도하여 요격할 수 있는 X 대역의 다기능 레이다 시스템이다. 최근에 미군의 한반도 설치와 관련하여 관심이 많은 고고도, 장거리 미사일 방어용인 THAAD (*Theater or Terminal High Altitude Air Defense*) AN/TPY-2 레이다 시스템은 그림 2.26과 같이 25,000개의 능동 배열 소자를 갖는 X 대역의 최신 능동 위상배열 (AESA) 다기능 레이다 기술을 적용하고 있으며, AN/FPS-115 처럼 지상에 고정되어 있지 않고 필요에 따라 이동하여 배치할 수 있는 이동형 미사일 방어 레이다 시스템이다. 해상의 대표적인 미사일 방어 레이다는 Cobra Judy와 그림

그림 2.24 대륙 간 탄도탄 조기경보 레이다 (BMEW)

2.27과 같이 해상 구조물 위에 설치한 X 밴드의 SBX 레이다 시스템이 있으며, 그림 2.28과 같이 CG-62 AEGIS 함정에 탑재되어 250 nm 이상 탐지거리를 갖는 S 대역의 AN/SPY-1 레이다 시스템 등이 모두 다기능 레이다에 속한다.

그림 2.25 중고도 미사일 방어 레이다 (Patriot MPQ-53)

그림 2.26 고고도 미사일 방어 레이다 (THAAD TPY-2)

그림 2.27 해상 미사일 방어 레이다 (SBX)

그림 2.28 함정 미사일 방어 레이다 (AEGIS AN/SPY-1)

(3) 공중 조기경보 레이다

미 공군의 공중 조기경보 시스템인 AWACS (*Airborne Warning and Control System*) 레이다는 그림 2.29와 같이 S 대역의 다기능 감시 레이다로 탐지 반경이 200 nm에 달하는 AN/APY-1/2 모델이다. 한국에 도입된 최신 조기경보 시스템은 보잉 737 민항기를 개조하여 MESA (*Mutli-Role Electronically Scanned Array*) 레이다를 탑재한 AEW&C

그림 2.29 공중 조기경보 레이다 (AN/APY-1/2)

그림 2.30 다기능 조기경보 레이다 (AWACS MESA)

(*Airborne Early Warning and Control*) 레이다이다. 이 레이다는 재래식 AWACS 항공기에 있는 돔 형태의 기계식으로 회전하는 안테나 구조를 없애고 그림 2.30과 같이 항공기 자체의 동체 형상에 직접 안테나가 내장된 최신의 Conformal Array 안테나 기술을 적용하고 있다. 탐지 반경은 375 km이며 S 대역의 전후방 감시 레이다와 양측 방향에 L 밴드의 레이다를 장착하고 있다.

(4) 전투기 사격 통제 레이다

전투기 탑재 사격 통제 레이다는 최근에는 전자적으로 빔을 조향하는 다기능 레이다로 발전하였다. F-16 Falcon 전투기는 탐지거리가 72 km인 X 대역의 AN/APG-66/68 레이다를 탑재하고 있으며, F-15 Hornet 전투기에는 최대 탐지거리가 90 km이며 최대 10개의 표적을 추적할 수 있는 X 대역의 AN/APG-65 및 개량된 AN/APG-73를 탑재하고 있다. 최근 스텔스 기능을 갖춘 미 공군의 5세대 전투기인 F-22 및 F-35 전투기가 실전 배치되고 있다. 그림 2.31과 같이 F-22 Raptor에 탑재된 그림 2.32와 같은 AN/APG-77 레이다는 다기능 저피탐 (Low Probability of Intercept) 기능을 갖춘 AESA 레이다이다. 탐지거리는 160 ~ 240 km이며 지상 표적 식별 기술들을 적용하고 있다. 차세대 전투기 F-35 Lighting II는 그림 2.33에 보이는 바와 같이 단발 엔진에 조종석도 하나이며 다중 임무를 수행할 수 있는 최신예 전투기로 Lockheed Martin에서 개발하였다. 다중 임무를 수행하는 전투기로 APG-77의 후속 개량 모델인 APG-81 AESA 레이다를 탑재하고 있다. 그림 2.34와 같은 APG-81은 공중전은 물론 지상전에 대비한 고해상

그림 2.31 차세대 전투기 (F-22 Raptor)

그림 2.32 F-22 전투기 레이다 (APG-77)

그림 2.33 차세대 전투기 (F-35 Lighting II)

그림 2.34 F-35 전투기 레이다 (APG-81)

도 SAR 지도와 다중 이동 표적 지시기 (GMTI)와 지상 이동 표적 추적 (GMTIT) 기능, 자동 표적 식별 (ATR) 기능과 전자전과 초광대역 통신 기능 등을 보유하고 있다고 알려져 있다.

(5) 대포병 레이다

대포병 (Artillery Weapon) 레이다는 지상에 설치하여 산악지형이나 수평선 너머로 날아오는 박격포나 로켓포 등을 3차원 위상배열 안테나 빔으로 탐지 추적하고 포의 탄도를 분석하여 원래 포가 발사된 지점을 찾아내는 다기능 레이다 시스템이다. 미 육군의 Firefinder AN/TPQ-36과 TPQ-37이 대표적인 시스템이다. 그림 2.35와 같이 TPQ-36은

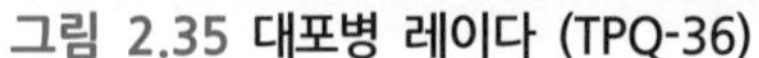

그림 2.35 대포병 레이다 (TPQ-36)

그림 2.36 신형 대포병 레이다 (ARTHUR)

1985년에 Hugh Aircraft에서 개발한 X 대역의 3차원 위상배열 다기능 레이다로서 포병 이동이 가능하고 탐지거리는 최대 24 km, 10개의 동시 표적의 위치를 찾아낼 수 있는 아날로그식이다. 최근 SABB가 개발한 ARTHUR (*Artillery Hunting Radar*)은 그림 2.36과 같이 이동이 용이하고 전자빔 스캔 방식의 C 밴드 다기능 레이다로, 포의 종류에 따라 탐지거리가 확장된 최신형 대포병 레이다 시스템이다. ARTHUR Mode는 A, B, C로 구분하며, 총 (15 ~ 20 km 거리 탐지), 120 mm 박격포 (30 ~ 35 km 거리 탐지), 로켓 (50 ~ 60 km 거리 탐지) 등 다양한 모드가 있다.

2.6.2 상용 레이다 시스템

(1) 공항 감시 레이다

공항 감시 레이다는 공항에서 이착륙하는 여러 상용 일반 항공기를 동시에 탐지하고 추적한다. 공항 레이다는 크게 공항 감시 레이다 (ASR), 항로 감시 레이다 (ARSR), 공항 지면 감시 레이다 (ASDE)로 구분한다. 주 레이다인 ASR (*Airport Surveillance Radar*)과 함께 장착된 2차 감시 레이다 SSR (*Secondary Surveillance Radar*)인 비콘 트랜스폰더는 항공 교통 관제용으로 주변 50 ~ 100마일을 감시한다. 특히 ASR 및 항공기에 장착된 비콘 트랜스폰더를 이용하여 항공기와 교신을 통하여 비행 고도와 비행 편명을 관제사에게 제공한다. 그리고 항로를 관제하는 ARSR (*Air Route Surveillance Radar*)는 200마일 정도의 장거리 항로를 감시한다. 공항 지면을 감시하는 ASDE (*Airport Surface Detection Equipment*)는 지상에서 이동하는 항공기와 택시 등을 감시한다. 공항 레이다는 일반적으로 방위와 거리 정보를 이용하는 2차원 레이다로 고도 방향으로는 넓은 빔 폭을 가지며 방위 방향으로는 좁은 빔을 360도 기계적으로 회전하면서 스캔한다. 스캔 시 탐지된 표적은 추적 파일에 저장하고 업데이트하여 관리된 비행 표적을 관제소의 전시기에 지시한다. 또한 공항 지면에 위치하여 활주로 방향으로 항공기의 고도 정보를 제공하여 착륙 접근을 도와주는 PAR (*Precision Approach Radar*) 등이 있다.

대표적인 공항 감시 레이다는 그림 2.37과 같이 L밴드의 ASR-9이며, 공항 감시 레이다 ARSR-3는 3D 레이다로 탐지거리는 240 nm 정도이다. ASDE-X는 그림 2.38과 같이 공항 지면 정보를 전시기에 제공하며, 군용 PAR인 AN/FPN-63은 그림 2.39와 같다. 또한 항공기 이착륙 시 활주로 노면에 떨어진 위험한 조각들에 의하여 항공기 타이어가

그림 2.37 공항 감시 레이다 (ASR-9)

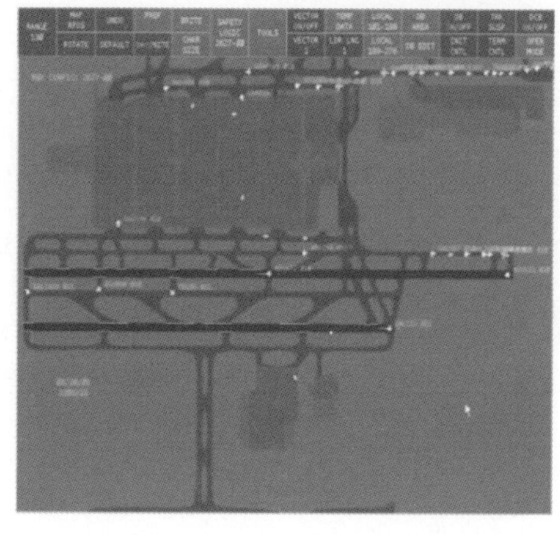

그림 2.38 공항 지면 감시 레이다 화면 (ASDE-X)

그림 2.39 정밀 접근 레이다 (PAR FPN-63)

파손될 위험이 있으므로 매우 작은 이물질을 탐지하여 경보하는 이물질 탐지용 FOD (*Foreign Object Debris*) 레이다가 있다.

(2) 기상 레이다

최신 도플러 기상 레이다는 강우에 대한 반사도를 측정할 뿐만 아니라 바람의 속도와 난류의 스펙트럼 폭까지 측정한다. 강우의 편파 특성을 이용한 도플러 측정을 통하여 비와 우박을 구분하고 돌풍이나 토네이도 등을 구별할 수 있다. 대표적인 도플러 기상 레이다는 그림 2.40과 같이 미국의 국가 기상청에서 운영하는 NEXRAD (Next-Generation Radar) 네트워크에 연결된 160대의 S 대역 WSR-88D이며, 2005년 허리케인 Katrina의 기상 반사 이미지는 그림 2.41에 예시하였다.

그림 2.40 도플러 기상 레이다 (WSR-88D)

그림 2.41 허리케인 기상 영상

(3) 선박 레이다

선박 레이다는 선박의 안전을 위한 충돌 방지 및 항행 정보를 제공한다. 일정 크기 이상의 모든 항행 선박에는 국제 해사기구 (IMO)에서 규정하는 S 대역과 X 대역의 2대의 선박 레이다를 의무적으로 장착하도록 되어 있다. 보통 선박 레이다의 방위 빔폭은 1~2도로 매우 좁은 반면 고도 방향은 10도 정도의 넓은 빔폭을 가지고 있다. 대표적인 상용 해상 항행 레이다에는 그림 2.42와 같은 X 대역의 선박 레이다가 있다.

그림 2.42 선박 항행 레이다

(4) 자동차 충돌방지 레이다

레이다를 도로 교통안전을 위하여 사용한 예는 경찰이 과속 단속 용도로 사용하는 간단한 CW 방식의 스피드 건 (Speed Gun)이다. 최근 레이다를 자동차에 장착하여 그림 2.43과 같이 전후방 차량의 충돌방지나 자율주행을 위한 근거리 레이다의 개발과 활용이 증가하고 있다. 초기에 자동차 레이다는 24 GHz 대역을 사용하여 근거리의 전후방 충돌경보에 사용하였으나, 최근 ITU-R에서 세계적인 사용 증가 추세에 따라 77 ~ 79 GHz 대역을 자동차 레이다 전용 주파수 대역으로 사용하고 있다. 도로 주행 시 자동차의 브레이크 장치와 연동하여 과속 시에 안전거리를 자동 제어하는 ACC (*Adaptive Cruise Control*) 기능이나 자동 브레이크 보조장치 및 차선 변경 경보 등의 안전 정보를 제공한다. 탐지거리는 약 30 ~ 200 m 정도의 근거리 탐지 목적으로 좁은 방위 빔폭의 안테나와 저출력의 저가 모델로 FMCW 파형이나 LFM 파형을 사용한다.

최근에는 통합 도로교통 안전 및 차량 자율주행을 위하여 도로변에 레이다를 설치

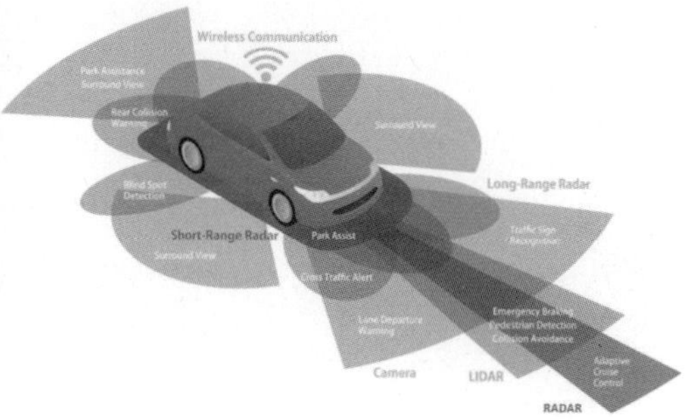

그림 2.43 자동차 충돌방지 레이다

그림 2.44 도로 장애물 경보 레이다

하고 그림 2.44와 같이 전천후로 도로상의 차량 돌발 사고나 노면의 장애물 경보를 차량에 실시간 제공해줄 수 있는 도로 경보 레이다 (Road Watch Radar)가 사용되고 있다.

(5) 지하 탐사 레이다

지하 탐사 레이다 GPR (*Ground Penetration Radar*)는 저주파수 대역으로 지표면을 투과하여 지하 수 미터의 유전체 물체를 탐지한다. 보통 송신파를 지표면으로 방사하고 반사되는 신호가 주변 지층과 비교하여 유전체 불연속 현상을 식별함으로써 물체의 존재 여부를 판단한다. 물체의 크기에 따라 2 ~ 3 cm 정도의 고해상도 성능을 얻기 위해서는 매우 넓은 대역폭의 UWB를 이용한다. GPR은 주로 지하에 매설된 파이프 탐지, 가스 유출 위치 탐지, 지뢰 탐지, 터널 탐지 및 콘크리트나 아스팔트의 균질 측정 등에 활용된다. 대표적인 GPR은 그림 2.45와 같이 지하수 탐사나 고고학의 유물을 탐사, 지뢰 탐지에 이용된다.

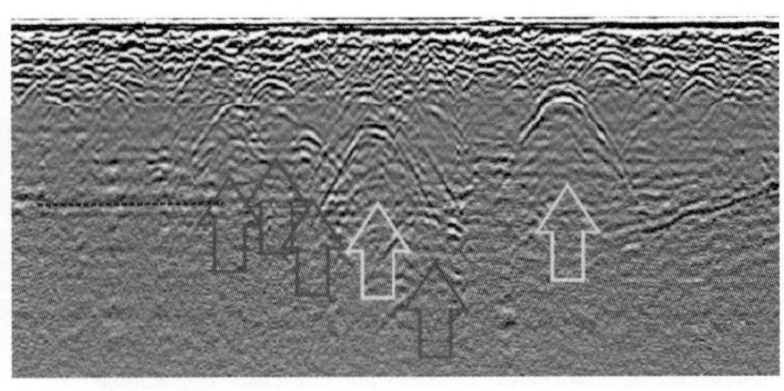

그림 2.45 지하 탐사 레이다

(6) 레이다 고도계

레이다 고도계 (Altimeter)는 그림 2.46과 같이 FMCW 레이다를 이용하여 항공기의 지상 고도 레벨 AGL (*Above Ground Level*)을 거의 0피트에서 수천 피트까지 측정한다. 레이다는 항공기로부터 직하 방향의 지면에서 강한 반사 신호를 받아서 고도 거리를 측정한다. 고도계는 항공기가 하강하거나 저공으로 비행할 때 조종사를 경고하는 지상 근접 경고 시스템 GPWS (*Ground Proximity Warning System*)에 필수적이다. 고도계는 항공기 전방의 지형지물을 직접 볼 수 없으므로 이러한 경우에는 전방 주시 지형 레이다 (Forward Looking Terrain Radar)의 도움을 받아야 한다.

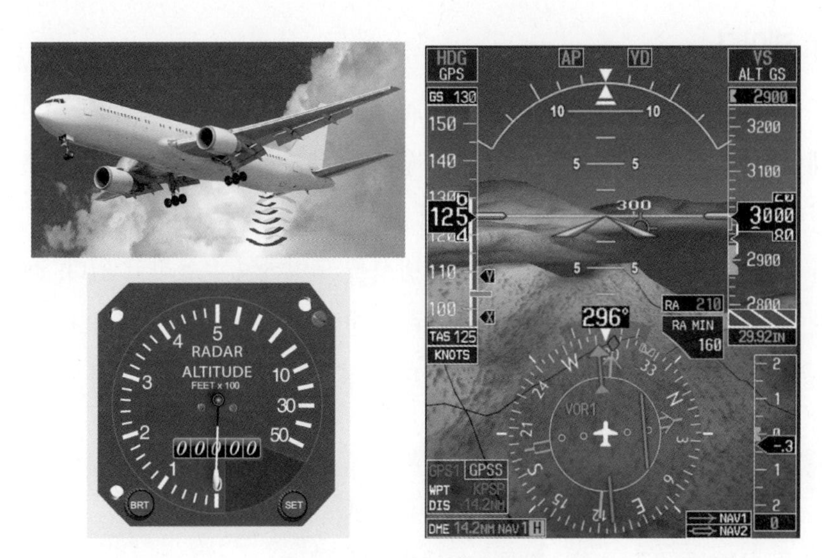

그림 2.46 레이다 고도계

(7) 레이다 유량계

레이다 유량계 (Level Meter)는 기름이나 물탱크 등의 수위를 매우 정교하게 측정하거나 제조 공정 과정에서 유액이 말라버린 상태를 제어기에 알려주는 기능을 한다. 레이다 유량계는 그림 2.47과 같이 X 밴드의 10 GHz 이상의 고주파수에 FMCW 파형을 이용하여 탱크 내에 전파를 방사하고 바닥에서 반사되는 신호를 측정하여 액체의 높이를 측정한다. 이것은 비접촉식 수위 측정 방법으로 탱크의 상단에 설치한다.

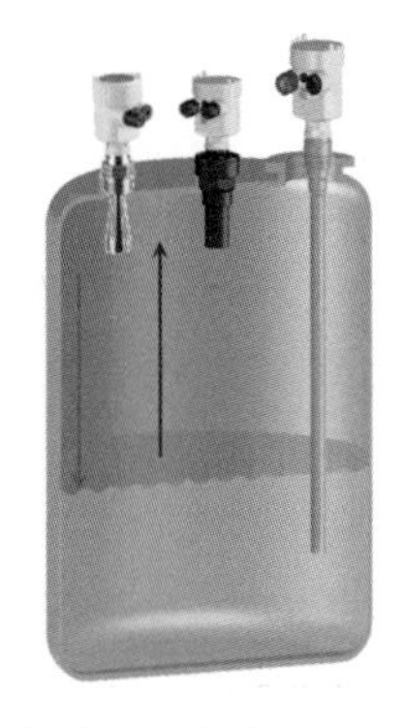

그림 2.47 유량 레벨 측정 레이다

(8) 보안 레이다

보안 레이다 (Security Radar)는 그림 2.48(a)와 같이 보안 목적상 공항이나 국가 주요 시설에 출입할 때 검색대에서 옷이나 가방에 숨겨진 불법 무기를 자동으로 찾아내는데 사용한다. 2001년 9.11 테러 이후 강화된 공항 보안 검색은 검수원에 의한 수동 방식에서 점차 레이다 스캔 장치를 이용한 자동 방식을 도입하여 운용하고 있다. 레이다 검색기는 인체에 방사능의 위해가 없고 고속으로 스캔하여 이미지로 보여준다. 최근에는 폭탄 테러 방지 목적으로 그림 2.48(b)와 같이 비접촉식 레이다 검색 장치를 이용하고 있다.

(a) 승객 보안 레이다 검색대

(b) 비접촉식 레이다 검색 장치

그림 2.48 보안 레이다 스캐너

(9) 의료 진단 레이다

밀리미터파는 인체의 피부를 투과하여 피부암이나 유사한 병을 찾아낼 수 있다. 가

(a) 레이다 유방암 진단기

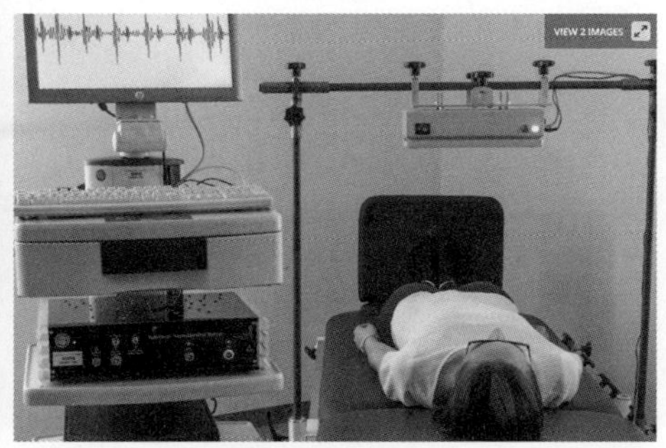

(b) 레이다 심전도기

그림 2.49 BCD 의료 영상 레이다

시광선이나 적외선으로 탐지할 수 없는 증상을 상대적으로 긴 파장의 밀리미터파를 이용하면 이들 질병을 조기에 진단할 수 있다. 그림 2.49(a)는 유방암을 진단할 수 있는 레이다 영상 의료기 BCD (*Breast Cancer Detector*)이고, 그림 2.49(b)는 레이다 심전도기로서 최근에 레이다는 의료기 개발에도 활용되고 있다.

(10) 영상 레이다

고해상도 영상 레이다 (SAR)를 위성이나 항공기에 탑재하면 원격으로 관심 지역의 레이다 영상을 촬영할 수 있다. SAR은 기상이나 밤낮에 관계없이 고해상도의 지면 영상을 얻게 해준다. 그림 2.50과 같이 무인기에 탑재되는 SAR은 소형 경량으로 SAR 영상은 4인치 정도의 초고해상도로 향상되었다. 지구 관측에는 그림 2.51과 같이 인공위성 탑재 SAR (아리랑위성 5호)에서 1 m급 영상을 제공하며, 그림 2.52(a)에는 서울 지역의 위성 SAR (Radarsat I) 10 m 해상도 영상을 예시하고, 그림 2.52(b)에는 대전 지역의 위성 SAR (Terra Sar-X)의 1 m 해상도 영상을 예시하였다. 위성 SAR의 해상도는 수십 센티미터 정도로 정밀해지고 있다. 활용 분야는 주로 군용의 감시 및 정찰과 특히 사람이 접근하기 어려운 화산 폭발이나 지진, 홍수 등 천재지변의 관측 수단으로 유용하다.

(a) Predate UAV SAR-MQ-1C (b) UAV SAR 영상

그림 2.50 무인기 SAR

(a) KOMPSAT-5 (b) SAR 영상

그림 2.51 아리랑 5호 SAR 위성

(a) 서울 한강 지역 (10 m 해상도) (b) 대전 지역 (1 m 해상도)

그림 2.52 위성 SAR 영상

(11) 골프 스포츠 레이다

스포츠 레이다는 그림 2.53과 같이 차량의 속도를 측정하는 속도계 (Police Gun)와 같은 원리를 이용하여 야구공이나 테니스공 등의 이동 속도를 측정하는 기능을 가지고 있다. 최근에는 인터페로미터 방식의 방향 탐지 기술을 이용하여 골프공의 속도뿐만 아니라 방위와 고도 각도를 측정하여 3차원 공간상에 공의 이동 궤적을 측정할 수 있다. 골프 레이다는 그림 2.54와 같이 휴대용 디스플레이에 볼의 속도, 클럽 헤드 속도, 스윙 플레인, 볼의 스핀, 볼의 궤적, 볼의 거리와 고도 등의 다양한 정보를 제공해준다. 개인 골프연습 용도는 물론 TV 중계에서 공의 궤적을 실시간으로 보여주는 데 많이 이용한다.

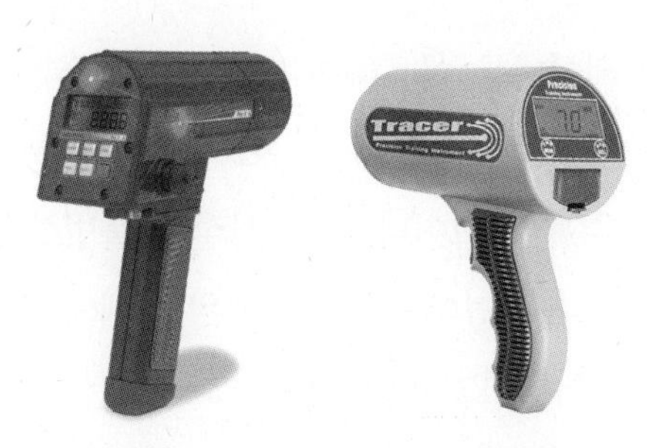

그림 2.53 스포츠 속도 레이다

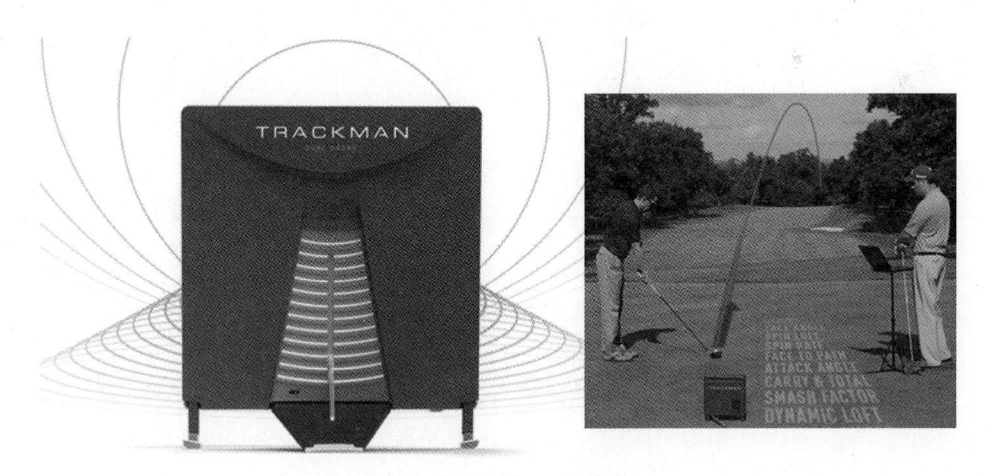

그림 2.54 골프 레이다

(12) 드론 탐지 레이다

최근 4차 산업기술의 영향으로 무인기 (UAV)나 소형 드론 (Drone)을 이용한 다양한 원격 활용 분야가 늘어나고 있다. 따라서 항공 공역을 안전하고 효율적으로 관리 통

그림 2.55 드론 탐지 레이다

제하기 위하여 드론 관제 레이다를 이용하여 드론의 이착륙은 물론 드론 식별 등의 항공 교통 관리 (ATM)의 필요성이 증가하고 있다. 또한 기존의 항공기와 달리 불특정 다수의 소형 드론이 불시에 국가 주요 시설이나 산업 시설에 불법으로 침투하여 안전을 위협하는 사례가 세계적으로 늘어나고 있다. 소형 드론은 새떼와 같이 RCS가 매우 낮아서 기존의 레이다로 탐지하거나 식별하기 쉽지 않다. 최근에는 3차원 경계 공간에 그림 2.55와 같이 저고도로 침투하는 소형 불법 드론을 탐지하고 추적하여 재머나 킬러로 무력화시킬 수 있는 안티 드론 (Anti-Drone) 시스템에 대한 관심이 높아지고 있다.

2.7 레이다 분류 코드

2.7.1 군용 분류 기호

미 군사 전자장비는 레이다를 포함하여 JETDS (*Joint Electronics Type Designation System*)의 분류 기준에 따라 장비명을 지정하여 분류한다. AN System (Joint Army-Navy Nomenclature System)을 기준으로 지정하는 장비는 AN 기호를 형식 앞에 부여한다. 군용 레이다의 지정 분류는 AN 기호 부여 방식에 따라 AN/xxx-xx의 3가지 약자로 구성된다. 첫 글자는 장비의 설치 환경, 두 번째 글자는 장비 종류, 세 번째 글자는 장비 용도를 나타낸다. 그리고 마지막에 시리얼 번호가 부여된다. 표 2.1에 레이다 관련 주요 기호를 요약하였다. 예를 들어 AN/APG-65 (F-16 Hornet 전투기 탑재 레이다)의 첫 번째 A는

표 2.1 레이다 관련 기호

첫 글자 (설치 환경)		두 번째 글자 (장비 종류)		세 번째 글자 (장비 용도)	
A	Piloted aircraft	L	Countermeasures	D	Direction finger, reconnaissance, or surveillance
F	Fixed ground	P	Radar	G	Fire control or searchlight directing
M	Ground, mobile (installed as operating unit in a vehicle which has no function other than transporting the equipment	Y	Signal/data processing	K	Computing
P	Pack or portable (animal or man)			N	Navigational aids (including altimeter, beacons, compasses, racons, depth sounding, approach, and landing)
S	Water surface craft			Q	Special, or combination of purposes
T	Ground, transportable			R	Receiving, passive detecting
U	Ground utility			S	Detecting or range and bearing, search
V	Ground, vehicular (installed in vehicle designed for functions other than carrying electronic equipment, etc., such as tanks			Y	Surveillance (search, detect, and multiple target tracking) and control (both fire control and air control)

Airborne 설치 환경을 의미하며 두 번째 P는 장비 종류로 Radar를 의미한다. 세 번째 G는 Fire Control의 사격통제 용도를 의미한다. 마지막은 제작번호를 의미한다. AN은 미 군사표준 규격서 MIL-STD-196D의 문서에 근거한다. 상세한 장비 분류 기호는 부록 2를 참조한다.

2.7.2 상용 분류 기호

민간 레이다의 분류는 AN을 따르지 않는다. 대표적으로 공항 레이다에 기호를 부여한다.

- ASR-xx : Airport Surveillance Radar (50-100mile 정도의 공항 교통관제 레이다)
- ARSR-xx : Air-Route Surveillance Radar (200mile 정도의 공항 교통관제 레이다)
- ASDE : Airport Surface Detection Equipment (단거리 공항 지면의 항공기 감시)
- TDWR : Terminal Doppler Weather Radar (공항의 기상 레이다)
- WSR : Weather Surveillance Radar – NEXRAD WAR-88D

그림 출처

- 그림 2.23 지평선 탐지경보 레이다 (OTH) [출처: Wikipedia Image]
- 그림 2.24 대륙 간 탄도탄 조기경보 레이다 (BMEW) [출처: Wikimedia Commons Images]
- 그림 2.25 중고도 미사일 방어 레이다 (Patriot MPQ-53) [출처: Wikimedia Commons Images]
- 그림 2.26 고고도 미사일 방어 레이다 (THAAD TPY-2) [출처: Wikimedia Commons Images]
- 그림 2.27 해상 미사일 방어 레이다 (SBX) [출처: Wikimedia Commons Images]
- 그림 2.28 함정 미사일 방어 레이다 (AEGIS AN/SPY-1) [출처: Wikipedia Images]
- 그림 2.29 공중 조기경보 레이다 (AN/APY-1/2) [출처: Wikimedia Commons Images]
- 그림 2.30 다기능 조기경보 레이다 (AWACS MESA) [출처: Wikimedia Commons Images]
- 그림 2.31 차세대 전투기 (F-22 Raptor) [출처: Wikipedia Commons Images]
- 그림 2.32 F-22 전투기 레이다 (APG-77) [출처: Wikimedia Commons Images]
- 그림 2.33 차세대 전투기 (F-35 Lighting II) [출처: Wikimedia Images & US Air Force]
- 그림 2.34 F-35 전투기 레이다 (APG-81) [출처: Wikipedia & National Electronics Museum]
- 그림 2.35 대포병 레이다 (TPQ-36) [출처: Wikimedia Commons Images]
- 그림 2.36 신형 대포병 레이다 (ARTHUR) [출처: Wikimedia Commons Images]
- 그림 2.37 공항 감시 레이다 (ASR-9) [출처: Wikipedia & Google Image Public Domain]
- 그림 2.38 공항 지면 감시 레이다 화면 (ASDE-X) [출처: Wikimedia Commons Images]
- 그림 2.39 정밀 접근 레이다 (PAR FPN-63) [출처: Wikimedia Commons Images]
- 그림 2.40 도플러 기상 레이다 (WSR-88D) [출처: Wikimedia Commons Images]
- 그림 2.41 허리케인 기상 영상 [출처: NASA Godard Space]
- 그림 2.42 선박 항행 레이다 [출처: Wikimedia Commons Images & nauticexpo.com]
- 그림 2.43 자동차 충돌방지 레이다 [출처: Wikimedia Commons Images]
- 그림 2.44 도로 장애물 경보 레이다 [출처: Google Image Public Domain, KAU RSP Lab]
- 그림 2.45 지하 탐사 레이다 [출처: Wikipedia Images]
- 그림 2.46 레이다 고도계 [출처: https://www.flyingmag.com/news/garmin]
- 그림 2.47 유량 레벨 측정 레이다 [출처: https://instrumentationtools.blogspot.com]
- 그림 2.48 보안 레이다 스캐너 [출처: https://apstecsystems.com]
- 그림 2.49 의료 레이다 [출처: IEEE Radar Tutorial, https://newatlas.com/radar-heart-monitoring]
- 그림 2.50 무인기 SAR [출처: Wikimedia Commons, https://www.ga-asi.com/lynx-multi-mode-radar]
- 그림 2.51 아리랑 5호 SAR 위성 [출처: (a) RadarSat-I Image, (b) www.si-imaging.com]
- 그림 2.52 위성 SAR 영상 [출처: (a) RadarSat-I Image, (b) Terra SAR-X Image]
- 그림 2.54 골프 스포츠 레이다 [출처: https://sportsradargun.com, trackmangolf.com]
- 그림 2.55 드론 탐지 레이다 [출처: https://www.dedrone.com, http://rada.com]

CHAPTER 3

레이다 시스템

3

레이다 시스템

3.1 개요

레이다 시스템은 안테나, 송신기, 수신기, 신호처리기, 자료처리기 등으로 구성되며 각각의 구성품 파라미터를 조정하여 하나의 시스템 성능 파라미터로 통합하는 체계 공학 기술이다. 다양한 파라미터로 구성된 레이다 시스템으로 최적의 레이다 성능을 얻기 위해서는 레이다의 동작 파라미터에 대한 요소와 각각의 특성을 이해하는 것이 중요하다. 레이다 시스템 파라미터는 레이다 시스템 내부 요소와 외부 요소로 구분한다. 시스템 내부 요소는 레이다의 주요 구성품으로서 RF 부분과 디지털 부분으로 나누어진다. 시스템 외부 요소는 레이다 환경에 의한 표적 및 클러터 반사 특성과 전자파 매질 특성 등에 대한 요소들로 구성된다. 3장에서는 주로 레이다 시스템 내부 구성 요소를 중심으로 시스템 성능을 결정하는 파라미터를 설명한다. 특히 위상 동기 및 비동기 레이다 시스템과 파형의 종류와 특징을 살펴보고 송신기, 안테나, 수신기, 신호처리기, 전시기에 대한 주요 설계 파라미터를 설명한다.

3.1.1 레이다 형식

레이다 시스템의 형식은 기본적으로 송신하고 수신하는 주파수의 안정도에 따라 특정 시간 단위로 파형의 위상이 일정하게 연속성을 유지될 수 있는지 여부에 따라 위상 동기 (Coherent) 레이다와 위상 비동기 (Non-Coherent) 레이다 형식으로 구분한다. 또한 송수신 파형의 종류에 따라 그림 3.1과 같이 연속파 (CW) 레이다와 펄스 파(Pulse) 레이

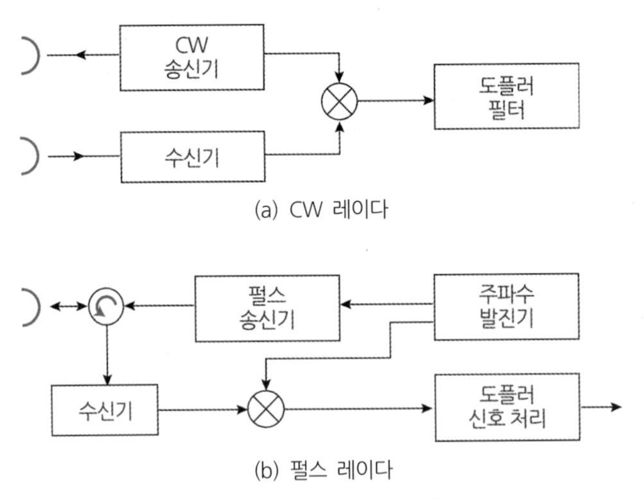

그림 3.1 CW 레이다와 펄스 레이다 구조

다로 구분할 수 있다. CW 레이다는 도플러 속도 정보 추출에 사용되며, 비교적 구조가 간단하고 가격이 저렴하므로 상용으로 많이 사용된다. 펄스 레이다는 CW 레이다에 비하여 파형발생과 신호처리가 복잡하며 주로 거리 측정에 사용된다. 위상 동기 형식의 펄스 도플러 레이다는 거리와 속도를 동시에 추출할 수 있다. 레이다 파형에 대해서는 8장에서 상세하게 설명한다.

3.1.2 레이다 시스템 구성

펄스 도플러 레이다 시스템 구성도는 그림 3.2와 같이 안테나, 송신기, 수신기, 신호처리기, 자료처리기, 전시기 등으로 구성되는 하드웨어 부분과 레이다 표적 정보를 추출하기 위한 신호처리 알고리즘과 시스템 전체의 파라미터를 제어하고 업데이트하는 소프트웨어 부분으로 구성된다. 레이다 시스템은 사용자의 요구조건을 충족하기 위하여 레이다의 전체 성능을 나타내는 시스템 파라미터 지수와 레이다 시스템을 구성하는 RF 및 신호처리 구성품의 파라미터 지수로 구분한다. 주요한 시스템 파라미터는 주로 표적 탐지 확률 (P_d)과 오경보 확률 (P_{fa}), 표적의 거리 (R), 각도 (θ), 도플러 정보 (f_d)와 각각의 해상도 및 정확도 등이 포함된다. 또한 레이다 표적 탐지에 관련된 신호처리 알고리즘과 표적 식별 성능도 중요한 파라미터에 속한다.

레이다 방정식은 탐지거리와 신호에 대한 잡음비의 관계를 정립한 일종의 거리 방

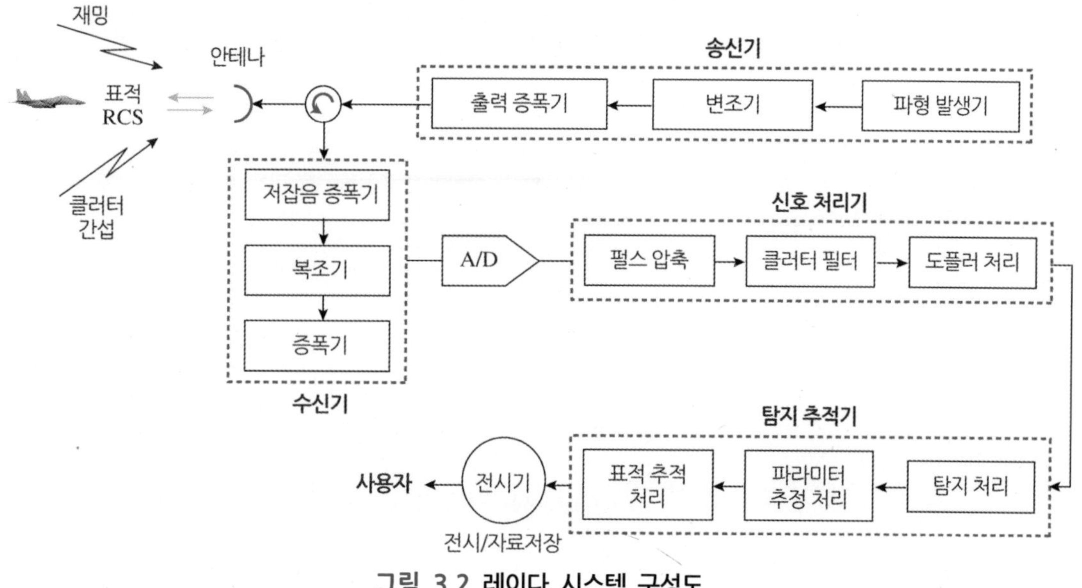

그림 3.2 레이다 시스템 구성도

정식으로 레이다의 파라미터를 결정하는 데 매우 중요하며, 레이다 시스템 파라미터와 표적 반사 특성과 탐지거리에 대한 상호 관계를 잘 나타내고 있다. 레이다 시스템 설계 단계에서는 사용자 요구조건을 레이다 설계 파라미터로 변환하여 주어진 성능을 얻을 수 있도록 해야 한다. 레이다는 용도에 따라 설계 변수들이 많이 달라지며 설치 위치에 따라 레이다의 주변 환경이 달라지므로 그 기능과 성능 또한 달라진다. 예를 들면, 지상 레이다는 지상의 클러터를 제거하는 기능이 탐지 확률을 높이는 데 중요하지만, 선박 탑재 레이다는 해상 클러터의 영향이 가장 중요한 변수이다. 따라서 레이다의 용도와 위치에 따라 주변의 공간적 환경과 전자파 반사 특성이 달라지므로 특정한 용도의 레이다를 다른 용도와 환경에서 사용하기 어렵다. 레이다의 성능 목표는 레이다 표적 정보를 추출할 때 오경보율을 최소로 하면서 탐지 확률을 최대로 만드는 것이다.

3.1.3 레이다 시스템 파라미터

레이다 시스템을 구성하는 안테나와 송수신기, 신호처리기와 시스템 제어기 등에 대한 파라미터는 구성품별로 특성이 다양하지만 전체 레이다 시스템의 목표 성능을 충족시키는 것과 직접 관련된 파라미터를 중심으로 시스템 요구조건을 반영해야 한다. 레이다 체계와 부 체계별 파라미터는 그림 3.3과 같다. 송신기 파라미터에는 주로 송신 주

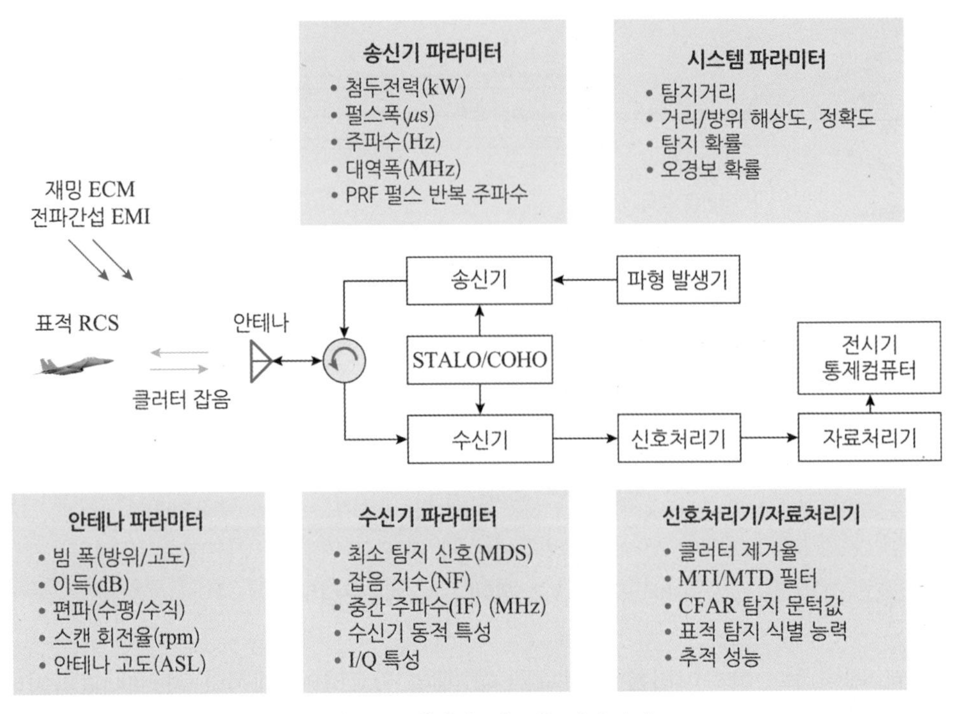

그림 3.3 레이다 시스템 파라미터

파수, 대역폭, 최대 첨두 출력, 펄스폭, 펄스 반복 주파수, 주파수 안정도 등이 포함된다. 안테나 파라미터에는 주로 안테나 이득과 방위, 고도 빔폭, 편파, 회전율 등이 포함된다. 수신기의 주요 파라미터에는 최소 탐지 신호의 레벨, 중간 주파수, 저잡음 증폭기의 잡음 지수, 채널 특성 등이 포함된다. 신호처리기는 수신기의 신호를 디지털로 샘플링하는 속도, 디지털 신호처리기의 처리 속도 능력, 클러터 감쇄 능력, 이동 표적 탐지 능력, 성능향상 지수, 탐지 CFAR (*Constant False Alarm Rate*)의 문턱값, 추적 표적의 수 등을 결정해야 한다.

3.1.4 레이다 시스템 설계

레이다의 설계는 그림 3.4와 같이 먼저 사용자의 목적과 환경에 적합한 임무 요구조건을 잘 분석하여 레이다 성능의 설계 요구조건으로 변환 가능한 조건을 도출해야 한다. 그리하여 레이다 시스템 설계 요구 규격을 결정한다. 이는 레이다의 성능 요구조건뿐만 아니라 개발에 가용한 기술과 예산과 개발기간을 고려하여 레이다 시스템 파라미터의 상

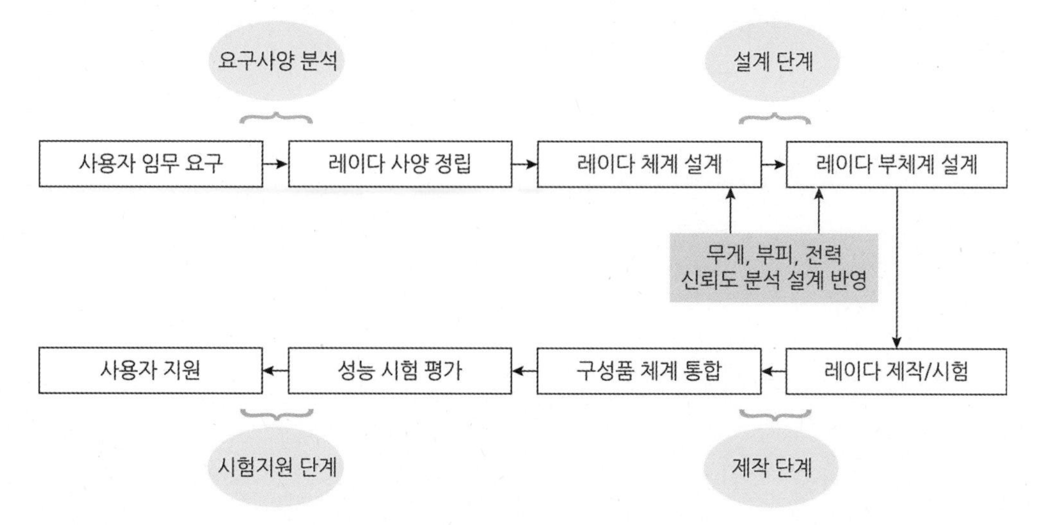

그림 3.4 레이다 시스템 설계 절차

호간 장단점을 분석하여 최적의 값들을 결정하는 것이다. 레이다 시스템 파라미터는 부체계의 세부 파라미터와 상호 연계되어 있기 때문에 각 파라미터의 특징과 장단점을 분석하여 중요도와 기술적 우선순위에 따라 절충하는 것이 중요하다. 예를 들면 대역폭을 넓게 하면 거리 해상도는 좋아지지만 펄스폭이 좁아져서 에너지 전송에 불리하고, 수신기 잡음전력 대역폭이 넓어져서 신호 대 잡음전력이 나빠질 수 있다. 또한 안테나 빔폭을 좁게 하면 각도 해상도와 안테나 이득은 좋아지지만 안테나가 커지고 공간 탐색범위가 좁아져서 긴 스캔 시간이 필요하다. 이와 같이 상호 장단점을 분석하여 시스템 파라미터가 정해지면 레이다의 설치 공간 요구조건에 적합하도록 시스템 전체의 하드웨어 무게와 부피, 크기와 소요 전력, 시스템의 수명 신뢰도 등을 결정한다.

시스템 엔지니어링 관점에서 레이다 시스템 설계 파라미터를 결정할 때의 추가적인 고려사항은 선정한 기술의 성숙도와 개발기간, 개발비용 등을 균형 있게 절충하여 선정하는 것이다. 이러한 설계 과정을 수차례 반복하여 시스템 요구조건을 만족시키는 결과를 얻게 되면 비로소 하드웨어 설계를 완료하고 제작 단계로 넘어간다. 이와 병행하여 주요 레이다 성능 요구조건을 충족할 수 있도록 M&S (*Modeling & Simulation*) 기법을 이용하여 시스템의 성능을 사전에 예측한다. 또한 주요 핵심 신호처리 알고리즘이나 시스템 제어 소프트웨어를 절차에 따라 개발하고, 각각의 모듈을 통합하여 시스템을 구성한다.

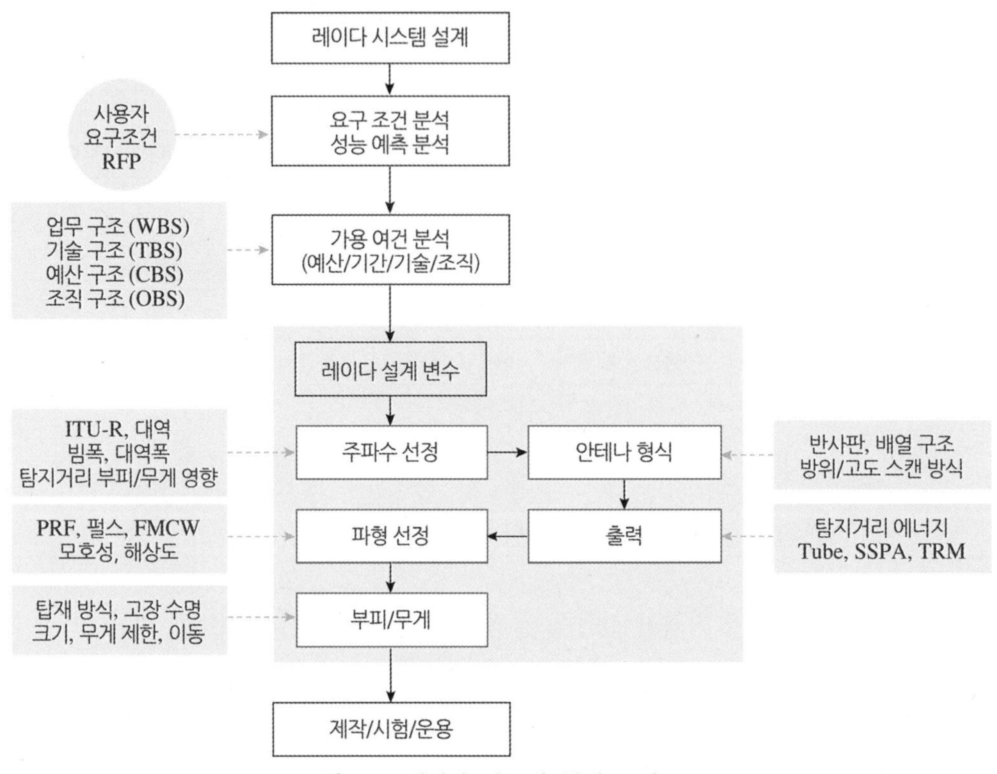

그림 3.5 레이다 시스템 설계 고려요소

예를 들어 그림 3.5와 같이 레이다 설계에서 우선적으로 결정해야 할 파라미터는 레이다 주파수이다. 레이다 주파수는 용도에 따라 전자파 특성을 다양하게 적용할 수 있다. X 대역의 높은 주파수는 파장이 짧으므로 소자의 부피가 작고 무게가 적어서 항공기 등의 제한된 공간에 사용하기 좋으며 안테나의 크기가 작아도 상대적으로 좁은 빔폭과 높은 이득을 얻을 수 있다. 또한 작은 표적에도 반사 특성이 좋아서 고해상도에 유리하지만 한편으로 대기 감쇄가 많아서 장거리 표적 탐지에 불리하다. L 대역의 낮은 주파수는 파장이 길어서 대기 감쇄가 적고 장거리 탐지에 유리하며 지표면 투과 특성이 좋으므로 숲이나 지층의 탐사에 유리한 반면, 하드웨어 소자의 부피가 크고 무거운 단점이 있다. 송신 파형은 연속파를 사용하거나 펄스와 같은 불연속파를 선택할 수 있다. 송신기의 경우 클라이스트론과 같은 고가의 고출력 단일 튜브 증폭기를 사용할 수 있고 또는 저가의 마그네트론을 사용하거나 소형 반도체 송신 모듈을 사용할 수 있다. 안테나의 경우에도 방위나 고도 방향으로 회전하는 경우에 탐색 속도와 소요 비용에 따라 기계적인 회전이나 전자적인 스캔 방식을 선택할 수 있다. 전자식 스캔 방식은 고속으로 전

방향의 표적을 탐지·추적할 수 있는 장점이 있지만 소모 전력이 많고 가격이 비싸지는 문제가 있다.

이와 같이 레이다 시스템 설계 과정에서는 다양한 기술과 부품을 선택하고 기술적 위험을 줄여야 하므로 1.7절에서 소개한 '시스템 엔지니어링'의 체계적인 절차를 통하여 수행하는 것이 바람직하다.

3.2 레이다 동작 원리

3.2.1 위상 동기 및 비동기 레이다

기본적으로 파형은 주파수 안정도에 따라 신호가 변동한다. 일정한 시간 동안 신호 변동 없이 규칙적으로 신호 위상의 연속성을 유지하면서 송수신 신호의 위상이 동기된 신호를 '위상 동기 (Coherent)' 신호라고 한다. 그림 3.6과 같이 위상 동기 신호는 시간 영역의 펄스 신호가 다음 펄스 구간에서도 위상이 변동하지 않고 규칙적으로 동위상을 유지한다. 이 경우에는 스펙트럼 영역에서 신호 에너지가 특정 시간의 주기에 일치하는 스펙트럼 성분에 에너지가 밀집하여 나타난다. 따라서 이 신호는 스펙트럼의 성분을 쉽게 추출할 수 있다. 일반적으로 위상 동기 형태의 레이다는 펄스 레이다와 펄스 도플러 레이다로 구분하며, 주파수가 매우 안정되어 진공관 형태의 TWT (*Traveling Wave Tube*)나 반도체 형태의 TRM (*Transmit-Receiver Module*)과 같은 출력 증폭기를 사용한다. 주로 정교한 거리와 속도 정보 추출에 사용되며 대부분의 군용 및 상용 등의 정교한 레이다 시스템으로 활용된다. 이와 달리 신호가 랜덤하게 변동하여 위상의 연속성이 없어서 송신과 수신이 동기되지 않은 신호를 '위상 비동기 (Non-Coherent)' 신호라고 한다. 위상 비동기 형태의 레이다는 주로 저렴한 마그네트론 출력 증폭기를 사용하며 주파수 안정도가 낮아서 도플러 속도를 추출하기 어렵지만 가격이 저렴하므로 선박 레이다 등에 많이 활용된다. 위상 비동기 신호는 그림 3.7과 같이 시간 영역의 펄스 신호가 다음 펄스 구간에서 위상이 랜덤하게 변동하므로 스펙트럼 영역에서 신호 에너지가 전 대역으로 확산되는 현상이 생긴다. 따라서 이 신호는 스펙트럼의 성분을 추출할 수 없고 에너지가 분산된다.

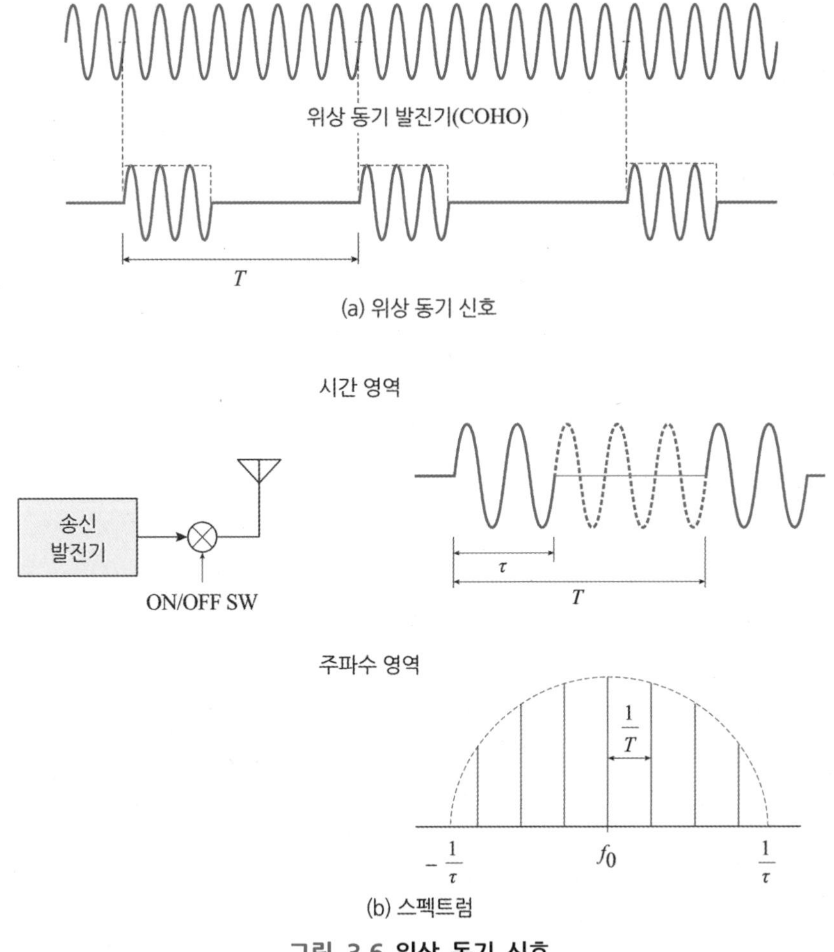

그림 3.6 위상 동기 신호

3.2.2 펄스 도플러 레이다

대표적인 위상 동기형 펄스 도플러 레이다의 원리는 그림 3.8과 같다. 기본적으로 주파수 발생기는 두 주파수 발진기 사이의 동기를 유지하기 위하여 하나의 안정된 표준 주파수 발생원 SMO (*System Master Oscillator*)로부터 높은 주파수의 STALO와 중간 주파수의 COHO (*Coherent Oscillator*)를 만들어낸다. STALO는 레이다의 송신 주파수와 수신기의 중간 주파수 사이에서 동작하며, COHO는 레이다의 송수신기의 중간 주파수로 작동한다. 따라서 기저 대역의 레이다 파형은 COHO 주파수로 1차 상향 주파수 변조되고 STALO 주파수로 2차 변조되며, 최종 송신 주파수는 COHO 주파수와 STALO 주

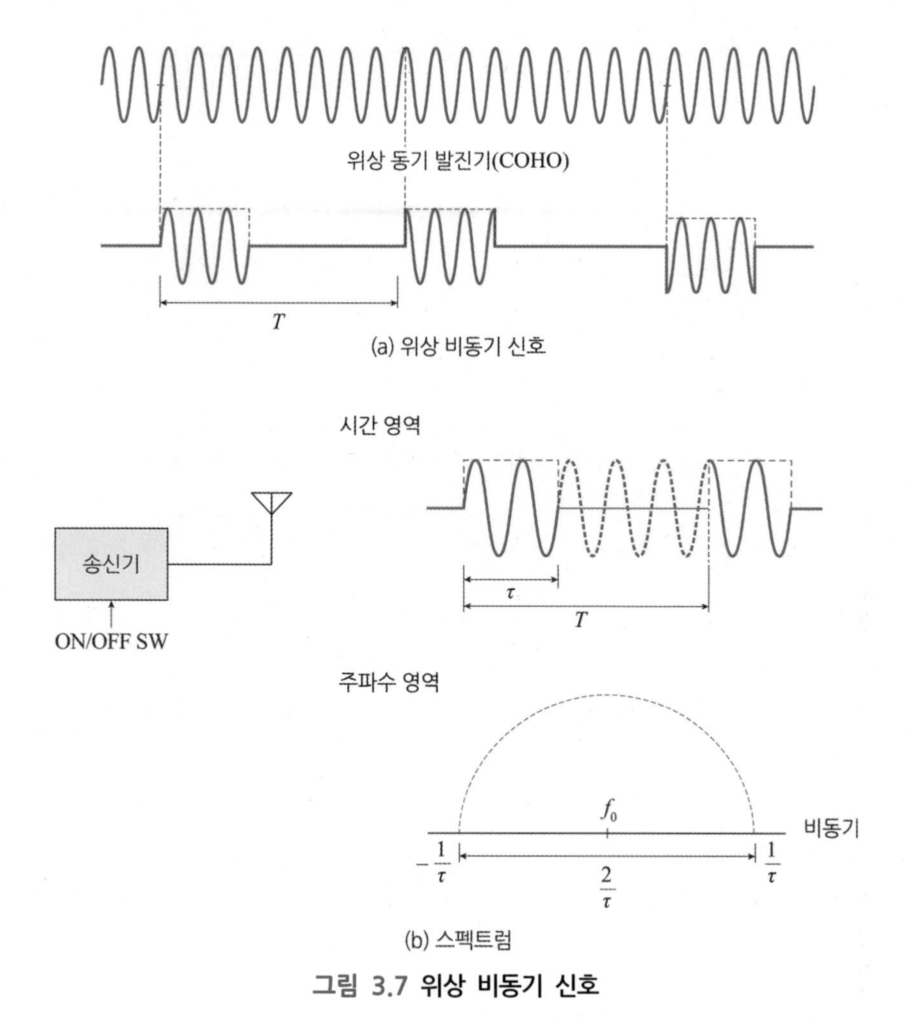

그림 3.7 위상 비동기 신호

파수의 합의 주파수로서 단일 측파 대역 성분을 분리하여 전력 증폭기를 거쳐서 안테나를 통하여 송출된다. 이 과정에서 송신 주파수는 매번 펄스 주기 단위로 일정한 위상의 연속성을 유지한다. 이동 표적에 의하여 반사되는 수신 신호는 송신 신호의 주파수와 도플러 변이된 주파수의 합으로 나타나는데, 1차 주파수 하향 복조를 통하여 수신 신호에 포함된 고주파 성분의 STALO 주파수가 제거된다. 그리고 표적 도플러 신호는 중간 증폭기를 거쳐서 I/Q 복조기에 의하여 2차 하향 주파수 복조가 이루어지면서 고주파의 COHO 주파수 성분이 제거되고 최종적으로 기저 대역에서 표적 도플러 주파수 성분이 나타난다.

이와 같은 원리에 의하여 위상 동기형 레이다 시스템은 이동 표적의 도플러 주파수를 추출하여 속도 정보를 얻을 수 있다. 그러나 위상 동기형 레이다는 비동기형보다 가

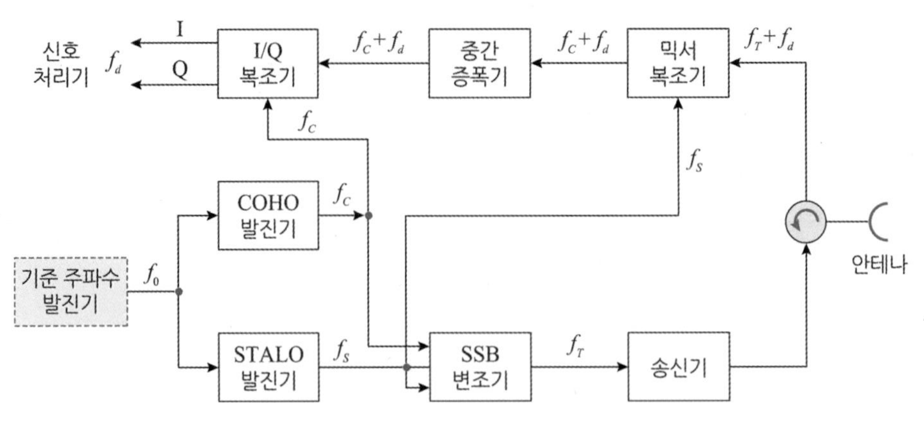

그림 3.8 위상 동기형 펄스 도플러 레이다 구성도

격이 높다. 따라서 비동기 방식의 단점을 보완하는 방식으로 그림 3.9와 같은 '수신 동기형 (Coherent-on Receiver)' 레이다가 있다. 이 경우에는 송신 펄스 순간의 위상 값을 매번 저장하여 두었다가 수신 펄스 순간의 신호 위상 값과 저장된 송신 펄스의 위상의 차이를 보정함으로써 순수한 도플러 변이에 의한 값을 얻을 수 있다.

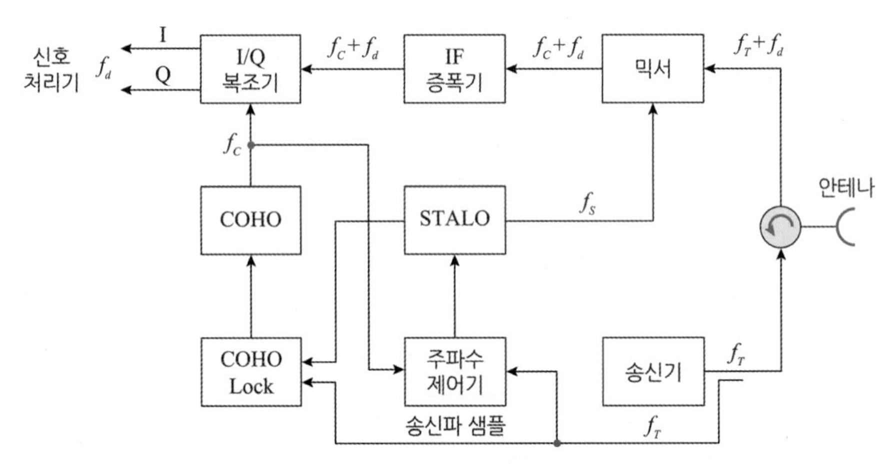

그림 3.9 수신 위상 동기형 레이다 구성도

3.3 레이다 송신기

3.3.1 개요

레이다 송수신기의 전체적인 구성도는 그림 3.10과 같이 송신단과 수신단으로 구성되어 있다. 레이다 송신기는 레이다 파형 신호를 발생하여 송신 주파수로 상향 변조시키고 출력 신호를 증폭하여 안테나로 보내는 장치이다. 송신기는 펄스 신호의 위상 연속성 특성에 따라 위상 동기형 송신기 또는 비동기형으로 나눌 수 있다. 송신기의 구성도는 그림 3.11과 같으며 파형 발생기, 송신 주파수 발생기, 중간 주파수 발생기, 주파수 상향 변조기, 출력 증폭기 등으로 구성된다. 송신기는 출력의 크기에 따라 그림 3.12와 같이 고출력단과 저출력단으로 구성된다. 주요 송신기 펄스 파라미터에는 첨두 출력과 허용 가동 지수, 펄스 반복주기와 펄스폭 등이 포함된다.

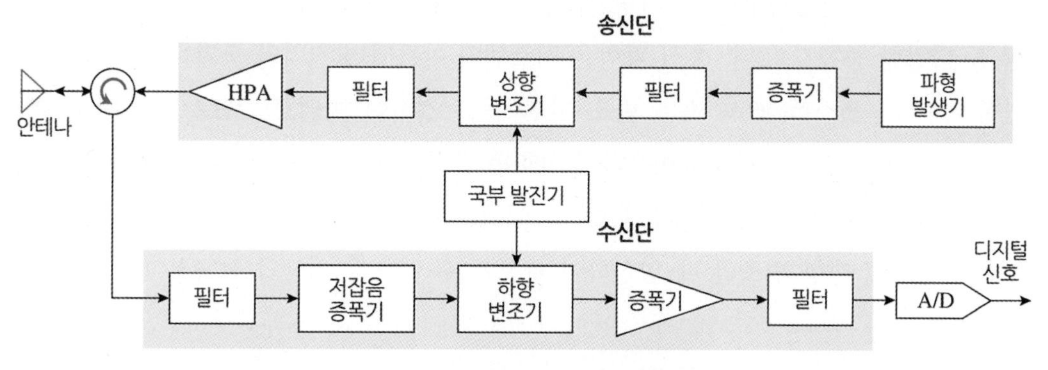

그림 3.10 레이다 송수신기 구성도

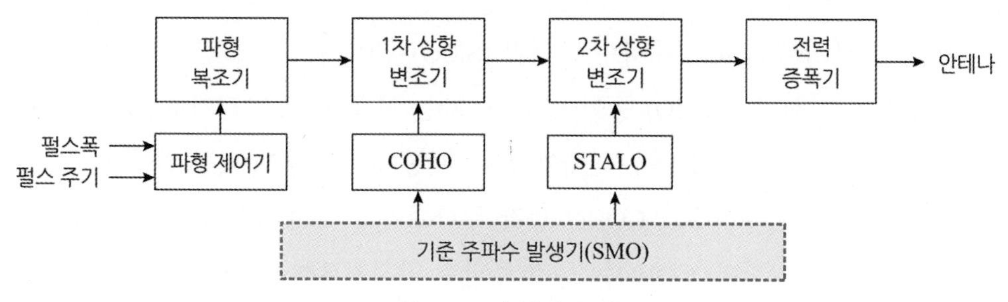

그림 3.11 송신기 구성도

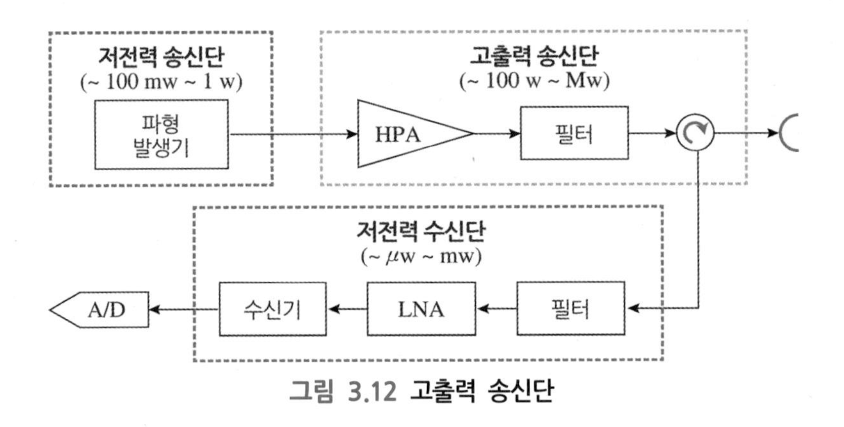

그림 3.12 고출력 송신단

3.3.2 송신기 기능

(1) 레이다 파형 발생

레이다 송신 파형은 레이다 형식과 용도에 따라 연속파와 단속 펄스파로 나누어지며, 무변조 CW 파형과 FMCW 파형, 무변조 펄스파형, 주파수 변조 파형, 위상 변조 파형 등 다양한 종류가 있다. 송신 파형은 시스템의 마스터 발진기와 동기를 맞추어 펄스 반복 주파수, 펄스폭, CW 또는 변조 파형 등을 정하여 아날로그 또는 디지털 DDS (*Direct Digital Synthesis*) 칩을 이용하여 신호를 발생시킨다. 광대역의 LFM과 같은 주파수 변조 신호의 대역폭을 일시에 생성하기 어려운 경우에는 단위 대역으로 주파수를 나누어 생성하고 상향 변조할 때 합성하여 확장할 수 있으나 위상의 선형성이 나빠질 수 있다.

(2) 주파수 발생기

주파수 발생기로는 표준 주파수 발생기 (SMO), 고주파 국부발진기 (STALO)와 중간파 위상 동기 발진기 (COHO) 등이 있다. SMO는 표준 시간 발진기로 기본 주파수를 제공하므로 주파수 안정도가 매우 높아야 한다. 보통 10 ~ 100 MHz 범위에서 동작한다. STALO는 송신 출력 주파수와 COHO 중간 주파수와의 차이 주파수를 발진하며 표준 주파수에 동기되어야 한다. COHO는 중간 주파수 발진기로서 STALO 주파수보다는 낮아야 한다. 다양한 주파수가 필요한 다중 레이다에서는 PLL (*Phase-Locked Loop*)을 이용하여 다양한 주파수 하모닉스를 만들어낸다. RF (*Radio Frequency*) 주파수는 단일 주파수 성분을 송신해야 하므로 발진기의 위상 잡음 특성이 매우 중요하다. 중심 주파수 주변의 높은 스퓨리어스 (Spurious) 위상 잡음 성분으로 중심 주파수가 달라질 수 있기 때문이다.

(3) 주파수 변조기

주파수 변조기에서는 기저 대역과 중간 IF 주파수를 상향 변환하여 송신 주파수로 만들어준다. 기저 대역의 레이다 파형 주파수는 COHO에서 만들어진 중간 IF 주파수와 믹서되어 1단계의 중간 주파수 대역으로 상향 변조된다. 그리고 중간 IF 주파수 대역폭은 STALO 주파수와 믹서되어 최종 송신 출력 주파수로 상향 변조된다. 이와 같이 중간 주파수 IF를 이용하여 주파수 상향 변조하거나 하향 변조하는 방식을 '슈퍼헤테로다인 (Superheterodyne)'이라 하며 중간 주파수가 없는 경우를 '호모다인 (Homodyne)' 방식이라고 한다.

(4) 송신 출력 증폭기

출력 증폭기는 밀리와트 정도의 저출력으로 변조된 최종 송신 주파수를 특정 거리까지 에너지가 도달할 수 있도록 고출력으로 신호를 증폭시킨다. 송신 파형을 발생하는 저출력단의 전력은 수 밀리와트에서 1 와트 정도로 낮지만 고출력단에서는 레이다의 탐지 거리에 따라 수십 와트에서 수백 메가와트까지 출력을 높일 수 있다.

일반적으로 위상의 연속성을 유지할 수 있는 증폭기를 위상 동기형 증폭기라고 하며 수백 메가와트까지 증폭할 수 있는 클라이스트론 (Klystron), 진행파관 TWT (*Travelling Wave Tube*), CFA (*Crossed Field Amplifier*) 증폭기가 있다. 클라이스트론과 진행파관의 이득은 높은 편이지만 대부분 무겁고 부피가 크다. 반면에 CFA의 이득은 낮은 반면에 효율이 좋고 가벼우며 부피도 작은 특징이 있다. 위상 비동기형 증폭기는 대표적으로 마그네트론이 있으며 수 메가와트 정도의 고출력으로 증폭이 가능하나 열이 많이 발생하므로 주로 액체냉각 방식을 사용한다. 듀티 효율이 낮고 잡음 안정도 특성이 낮다.

최근에는 반도체 증폭기 SSPA (*Solid-State Power Amplifier*)를 이용하여 위상 동기형으로 용도에 따라 고출력으로 합성 증폭한다. 반도체 증폭기는 단위소자당 출력과 이득이 낮아서 여러 개의 소자를 합쳐서 높은 출력을 얻을 수 있다. 그러나 전력소모가

적고 신뢰도가 높으므로 위상배열 안테나의 능동소자로 많이 사용한다.

3.3.3 송신 펄스 파라미터

송신기 파라미터는 펄스파형을 중심으로 주요 명칭을 설명한다. 주요 파라미터는 주파수, 첨두 출력, 평균 출력, 펄스폭, 펄스 반복 주파수 (PRF) 또는 반복주기 (PRI), 가동지수 (Duty Cycle), 지속 시간 에너지 (Look Energy) 등이 있다.

(1) 펄스 반복 주파수, PRF

PRF (*Pulse Repetition Frequency*)는 초당 송신하는 펄스의 수를 의미하며 레이다의 송신 에너지를 전송하는 단위가 된다. 일반적으로 주어진 지속 시간 동안에는 동일한 PRF를 사용하지만 용도에 따라 PRF를 펄스 주기 단위 또는 지속 시간 단위나 스캔 단위로 가변한다. PRF agility나 PRF stagger, 또는 PRF Jitter 방식이 있다 (그림 3.13 참조).

(2) 펄스 반복 구간, PRI

PRI (*Pulse Retetition Interval*)는 펄스의 반복 주기를 의미하며 펄스와 펄스 사이의 시간 간격이다. 주파수 영역의 PRF에 대한 역수로서 시간 영역에서는 PRI라고 한다. 레이다와 표적 간의 최대 지연 시간 측정 거리에 해당하므로 주어진 시간 주기 T를 비모호성 거리 단위로 사용한다 (그림 3.13 참조).

(3) 펄스폭, τ

펄스의 폭은 PRI 주기 시간 중에서 출력 신호가 송신되는 시간 구간이며 나머지 시

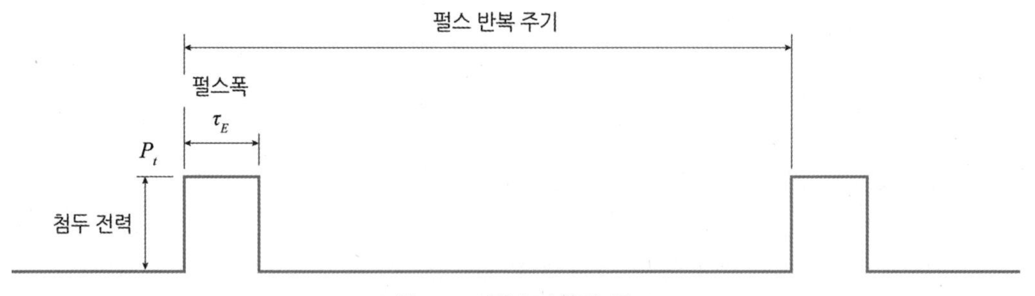

그림 3.13 펄스파형의 구조

간은 수신 신호를 받는 시간 구간에 해당한다. 펄스폭이 넓으면 송신 에너지를 많이 보낼 수 있는 장점이 있지만 레이다 거리 해상도가 나빠지거나 Blind Range 현상으로 근거리 거리 탐지가 어렵다. 반면에 펄스폭이 좁으면 거리 해상도는 좋아지지만 송신 에너지를 많이 보낼 수 없으므로 원거리 탐지가 어렵다 (그림 3.13 참조).

(4) 펄스 압축비, CR

펄스 압축 CR (*Compression Ratio*)은 고정된 펄스폭의 문제를 극복하기 위하여 송신할 때는 펄스폭을 충분히 확장하고 수신할 때는 펄스폭을 원래대로 좁게 복원한다. 기존의 해상도를 유지하면서 동시에 출력 에너지를 확장하여 탐지거리를 확보할 수 있다는 장점이 있다. 이러한 신호처리 기법을 이용하는 레이다를 펄스 압축 레이다라고 하고, 여기서 송신 확장 펄스폭과 수신 압축 펄스폭의 비를 펄스 압축비라고 하며, 시스템의 신호처리 이득으로 작용한다.

(5) 가동지수, DC

가동지수 DC (*Duty Cycle*)는 펄스의 전체 주기 시간과 펄스폭 시간 사이의 비를 말하며, 펄스 반복 주기에 비하여 송신 에너지를 보낼 수 있는 시간 비율을 의미한다. 송신기 출력관의 열 문제로 인하여 연속 동작 시간에 제한이 있는 경우 가동 비율을 충분히 낮게 유지해야 한다. 일반적으로 진공관형 출력관에 비하여 반도체 증폭기의 가동지수의 성능이 좋기 때문에 첨두 출력을 높게 하지 않고도 펄스폭을 확장하여 전체 에너지를 높일 수 있다.

(6) 최대 첨두 출력, P_t

첨두 출력 P_t (*Peak Power*)는 펄스 송신 시간 동안 낼 수 있는 최대 RMS (*Root-Mean- Square*) 전력의 크기를 나타낸다 (그림 3.13 참조).

(7) 평균 전력, P_{avg}

평균 전력 P_{avg} (*Average Power*)는 레이다 펄스 주기 단위로 펄스폭 시간 동안 송신하는 평균 전력의 크기를 말하며, 첨두 출력과 가동지수의 곱으로 식 (3.1)과 같이 표현되며, PRF와 PRI를 이용하여 다른 형태로 표현할 수 있다.

$$P_{avg} = P_t \cdot \text{Duty Cycle}$$
$$= P_t \tau / \text{PRI} = P_t \tau \, \text{PRF} \tag{3.1}$$

(8) 펄스 에너지, W_p

펄스 에너지는 각 송신 파형의 단위로 첨두 출력과 확장된 펄스폭의 곱으로 주어진다. 이 경우 단위는 와트-시간이므로 식 (3.2)와 같이 표현할 수 있다.

$$W_p = P_t \tau = P_{avg} \, \text{PRI} = P_{avg} / \text{PRF} \tag{3.2}$$

(9) 룩 (Look) 에너지 또는 지속 시간 에너지

레이다 안테나 빔폭에 의하여 주어진 지속 시간 동안에 송신한 펄스의 수를 누적한 에너지를 말하며 식 (3.3)과 같이 단위 펄스 에너지를 펄스 수로 곱하여 구한다. 대부분의 레이다는 단일 펄스를 이용하여 표적을 탐지하면 불확실하기 때문에 지속 시간 동안에 다수의 펄스를 송신하여 수신된 펄스 에너지를 누적하여 표적 탐지를 하므로 지속 시간 단위로 누적하는 펄스의 에너지가 매우 중요하다.

$$W_L = W_p N_L = P_t \tau_E N_L$$
$$= P_{avg} N_L / \text{PRF} = P_{avg} T_L \tag{3.3}$$

여기서 N_L = 지속 시간 동안의 펄스 수, T_L = 지속 시간이다.

(10) 송신 출력 효율

레이다 시스템에 소요되는 전체 평균전력 (DC, AC, RF drive 등) 중에서 RF 평균전력으로 사용되는 전력의 비를 의미하며 식 (3.4)와 같다.

$$\tau_T = \frac{P_{out-RF}}{P_{i(Total)}} \tag{3.4}$$

여기서 τ_T는 송신 전력 효율, P_{out-RF}는 송신기의 평균 RF 출력, $P_{i(Total)}$은 송신기의

총 전력으로 DC 전력, AC 전력 및 RF 입력 등을 모두 포함한다.

(11) 주파수 안정도

표적의 도플러 정보를 정확하게 얻기 위해서는 송신기의 주파수가 매우 안정되어야 한다. 불안정 변조로 인한 측파대 성분이 발생하면 고정 표적을 이동 표적으로 잘못 판단하여 오류가 생길 수 있다. 특히 위상 동기형 코히런트 레이다에서는 중심 주파수의 대역폭이 안정되어야 한다.

설계 예제

펄스 도플러 레이다가 안테나 빔의 지속 시간 동안 50개의 펄스를 Chirp 파형 변조하여 송신하고 이동 표적에 반사된 신호를 수신하여 표적을 탐지한다. 첨두 출력은 50 Watt, COHO 주파수는 300 MHz, STALO 주파수는 10 GHz, 펄스대역폭은 100 MHz, 확장 펄스폭은 5 μsec, PRF는 1 KHz, 표적의 속도는 +300 m/s, 안테나의 회전속도는 15 RPM이다. 다음의 레이다 설계 파리미터를 구해보자.

(1) 지속 시간 (Dwell Time)

레이다 안테나가 회전하는 동안 주어진 방위 빔폭으로 스캔하면서 표적에 머무르는 시간을 의미하므로 다음과 같이 구할 수 있다.

$$T_d = PRI \times \text{펄스 수} / T_d = 1 \times 10^{-3} \times 50 \times 10^{-3} = 5 \times 10^{-5} = 50ms$$

(2) 안테나 방위 빔폭 (Azimuth Beamwidth)

레이다 빔폭은 안테나 회전율과 지속 시간의 함수로 주어진다. 안테나가 360도 회전 시간을 기준으로 지속 시간 동안 빔폭의 관계를 구하면 다음과 같다.

$$\theta_{az} = 2\pi \times (15/60) \times 50 \times 10^{-3} = 25\pi \times 10^{-3}(rad) = 4.5°$$

(3) 송신 주파수 (Transmitter Frequency)

송신 주파수는 STALO+COHO 주파수이므로 다음과 같이 구할 수 있다.

$$\begin{aligned} f_R &= \text{STALO} + \text{COHO} = 10\,\text{GHz} + 300\,\text{MHz} \\ &= 10.3\,\text{GHz} \end{aligned}$$

(4) 수신 주파수 (Receiver Frequency)

수신 주파수는 송신 주파수와 도플러 주파수의 합이다. 먼저 도플러 주파수를 구하면 $f_d = 2\,v_R/(c/f) = 2\times 300/(3\times 10^8/10.3\times 10^9) = 20.6\,\mathrm{KHz}$으로 주어지므로 수신 주파수는 다음과 같다.

$$f_R = f_T + f_d = 10.3\,\mathrm{GHz} + 20.6\,\mathrm{KHz} = 10.3206\,\mathrm{GHz}$$

(5) 평균 출력 (Average Power)

평균 출력은 첨두 출력과 가동시간의 곱이므로 다음과 같다. 확장 펄스폭이 5 $\mu\mathrm{sec}$이므로 평균 전력은 다음과 같이 구할 수 있다.

$$\begin{aligned} P_{avg} &= P_t \times (\tau_E/PRI) = 50\times(5\times 10^{-6}/1\times 10^3) = 250\times 10^{-9} \\ &= 0.25\mu\,Watt \end{aligned}$$

(6) 펄스 압축비 (Compression Ratio)

압축 펄스폭은 대역폭의 역수이므로 $\tau_c = 1/100\times 10^6 = 10n\,\mathrm{sec}$이며 확장 펄스폭은 5 $\mu\mathrm{sec}$이므로 펄스 압축비는 다음과 같이 구해진다.

$$CR = 5\times 10^{-6}/10\times 10^{-9} = 500$$

(7) 스펙트럼 분포 (PRF Spectral Distribution)

송신 주파수 대역폭 내의 PRF 스펙트럼 라인의 개수는 주어진 펄스폭과 주기에 의하여 정해지며, 전체 PRF 라인의 개수는 대역폭을 PRF로 나누면 다음과 같다.

$$\text{PRF Line 수} = 1 + B_f/PRF = 1 + [100\times 10^3/(1\times 10^3)] = 101$$

3.3.4 레이다 송신 파형

레이다에서 사용하는 레이다 송신 파형은 레이다 시스템의 용도와 신호처리 방식에 따라 크게 연속파 (CW)와 펄스 (Pulse) 파로 구분할 수 있다. 연속파는 무변조 방식과 주파수 변조형 FMCW (*Fequency Modulated CW*) 파형이 있으며, 펄스파는 선형 주파수 변조형 LFM (*Linera Frequency Modulation*) 파형과 위상 변조 파형이 있다. 이 절에서는 주요 변조 파형을 중심으로 설명하며, 상세한 레이다 파형은 8장에서 설명한다.

(1) 펄스 파형

펄스 변조 파형은 그림 3.14와 같고, Gated CW 펄스 변조 과정과 스펙트럼은 그림 3.15와 같다. 시간 영역에서 곱은 주파수 영역에서는 각각의 스펙트럼을 컨볼루션(Convolution)하는 것과 같으므로 Gated 펄스와 송신 주파수의 CW 변조된 스펙트럼은 식 (3.5)와 같이 두 개의 측파 (Sideband) 대역으로 나누어진다.

$$F_{out}(w) = F_{gp}(\omega) \otimes F_{cw}(w) = \frac{1}{2}F_{gp}(\omega - \omega_o) + \frac{1}{2}F_{gp}(\omega + \omega_o) \tag{3.5}$$

따라서 송신 주파수는 그림 3.15(b)와 같이 상위 측파대 (Upper Sideband)와 하위 측파대 (Lower Sideband)로 각각 나누어진다.

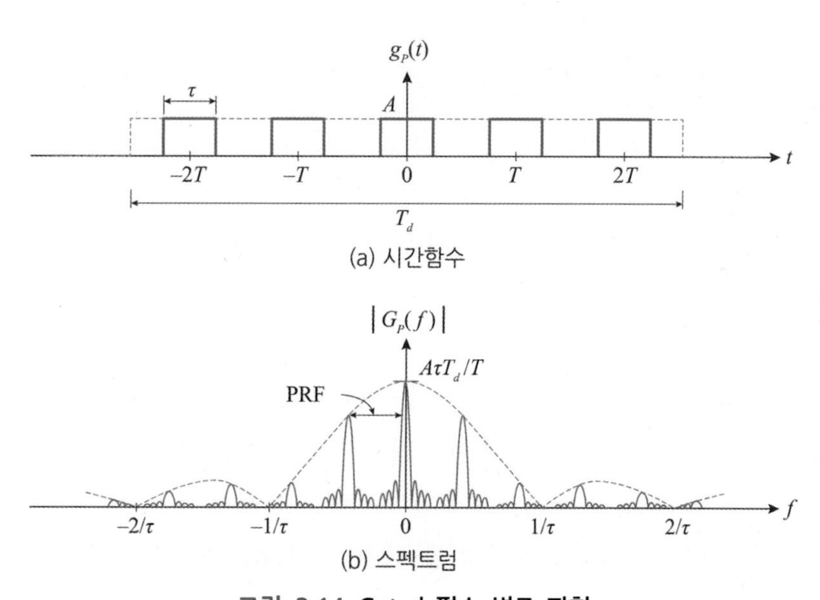

그림 3.14 Gated 펄스 변조 파형

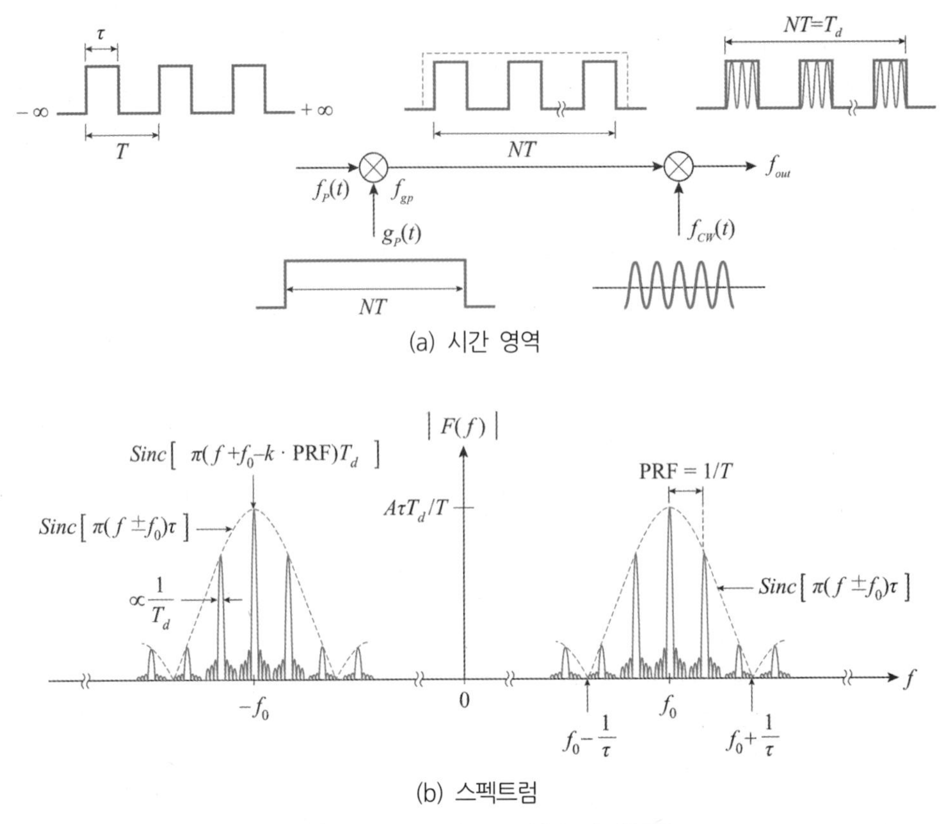

그림 3.15 Gated CW 펄스 스펙트럼

(2) 선형 주파수 변조 파형

주어진 레이다 펄스의 폭이 확장된 시간 동안 시간에 따라 주파수가 선형 비례적으로 증가하거나 감소하도록 파형을 생성한다. 첩 주파수가 상향할 때는 상향 첩 (Up-Chirp), 하향할 때는 하향 첩 (Down-Chirp)이라고 한다. 그림 3.16(a)에서 보이는 바와 같이 확장 펄스폭 τ_E 시간 동안에 선형적으로 압축 펄스폭에 해당하는 대역폭 B_c 범위에서 변하는 순간 주파수 함수를 식 (3.6)과 같이 표현할 수 있다.

$$f(t) = \frac{B_c}{\tau_E} t = \mu t, \qquad -\frac{\tau_E}{2} \leq t \leq \frac{\tau_E}{2} \tag{3.6}$$

여기서 펄스폭 시간 동안 대역폭의 변화로 주어지는 B_c/τ_E는 순시 주파수의 기울기 μ인데 이를 Sweep Rate or Ramp Rate라고 한다. 순시 선형 주파수 변조신호의 위상을 구하기 위해 양변을 시간의 함수로 적분하면 식 (3.7)과 같다.

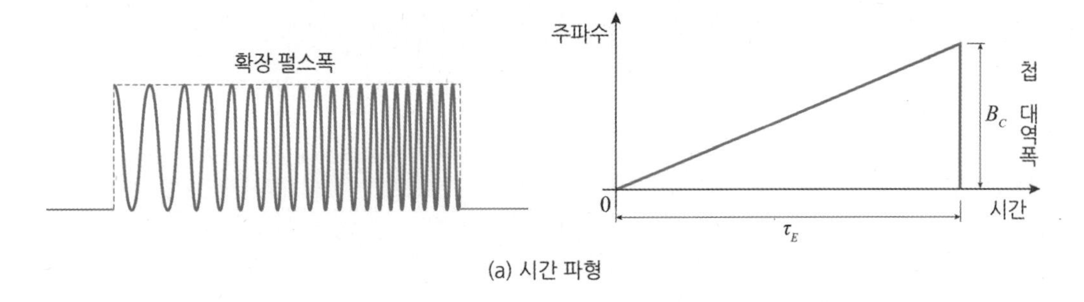

(a) 시간 파형

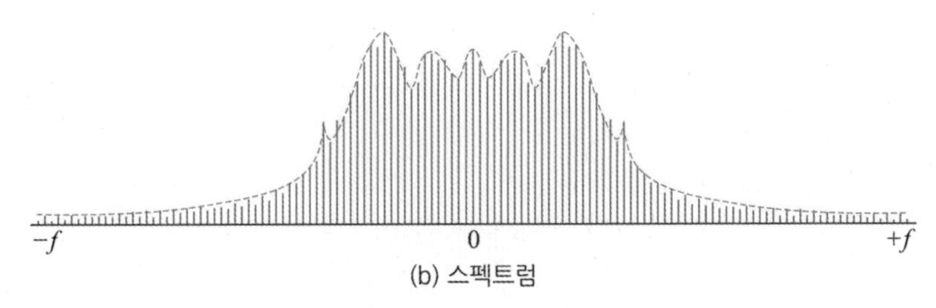

(b) 스펙트럼

그림 3.16 LFM 파형

$$\phi(t) = \pi\mu t^2 + c, \qquad -\frac{\tau_E}{2} \le t \le \frac{\tau_E}{2} \tag{3.7}$$

여기서 적분 상수를 무시하고 레이다 송신 주파수에 상향 변조된 복소수 함수는 식 (3.8)로 주어진다.

$$f(t) = Rect\left(\frac{t}{\tau_E}\right)\exp\left[j2\pi\left(f_0 t + \frac{\mu}{2}t^2\right)\right], \qquad -\frac{\tau_E}{2} \le t \le \frac{\tau_E}{2} \tag{3.8}$$

여기서 $Rect\left(\frac{t}{\tau_E}\right)$는 확장 펄스폭을 갖는 사각형 함수이다. LFM 파형의 스펙트럼은 그림 3.15(b)와 같다.

(3) 위상 변조 파형

위상 변조 파형은 확장된 펄스폭 내에 위상의 변화를 준다. 대표적인 이진 위상 변조 방식은 그림 3.17(a)와 같이 단위 펄스폭 단위로 +인 경우의 위상은 0도, −인 경우의 위상은 180도로 위상 변화를 줄 수 있다. 대표적인 이진 위상 변조 파형은 바커 (Barker) 코드인데 최대 길이는 13비트로 구성된다. 바커 코드에 대한 스펙트럼은 그림 3.17(b)에 도시되어 있다.

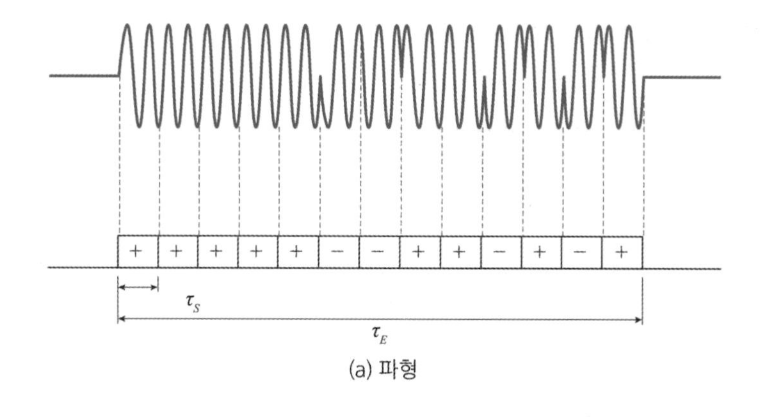

(a) 파형

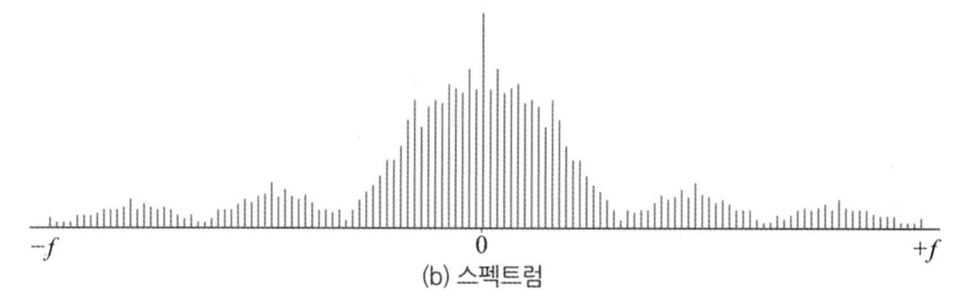

(b) 스펙트럼

그림 3.17 위상 변조 파형

(4) FMCW 파형

FMCW (*Frequency Modulated CW*) 파형은 특정 시간 주기 단위로 주파수가 변조된다. 변조 형태는 그림 3.18과 같이 삼각파 형태의 주기 신호를 이용한다. 이 경우에는 송신 파형과 수신 파형의 차이 주파수 (Beat Frequency)를 이용하여 표적의 거리와 도플러 속도 정보를 동시에 얻을 수 있다.

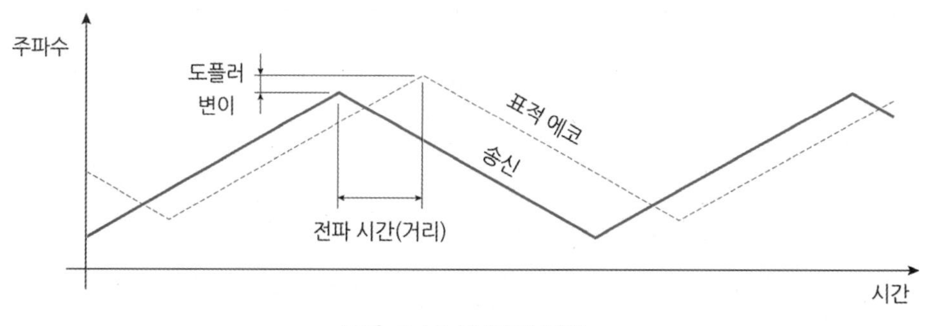

그림 3.18 FMCW 파형

3.4 레이다 안테나

3.4.1 개요

레이다 안테나는 송신기에서 나오는 전기적 신호 에너지를 전자파 에너지로 변환하여 공간에 방사하고 표적에서 반사되는 전자파 에너지를 전기 신호로 변환하는 기능을 한다. 3차원 공간에 있는 특정 표적을 탐지하기 위해서 안테나는 가능한 좁은 빔폭에 송신 출력 에너지를 집속하여 원하는 방향으로 빔을 방사하고 표적에 반사되는 에너지를 집속하여 전기 에너지로 변환하는 양방향 특성을 갖는다. 안테나 유효 반사 단면적은 상대적인 빔폭을 결정한다.

전자파 에너지를 공간상에서 모든 방향으로 방사하는 넓은 빔폭의 안테나를 그림 3.19와 같이 전방향 안테나 (Omni Direction) 또는 저이득 안테나라고 하며, 특정한 방향으로 방사하는 좁은 빔폭의 안테나를 방향성 안테나 (Directional Antenna) 또는 고이득 안테나라고 한다. 안테나의 크기 특성은 사용하는 파장과 관계가 있다. 전기적으로 크기가 작은 공진형 안테나는 사용하는 주파수의 파장에 비하여 1/2 또는 1/4 정도의 크기에서 공진이 일어나는 현상을 이용하므로 이득이 적다. 그러나 큰 안테나는 파장에 비하여 안테나가 크므로 이득이 크다. 레이다에서는 주로 파장에 비하여 크기가 매우 큰 방향성 안테나를 사용한다. 안테나의 모양은 그림 3.20과 같이 다양하다. 안테나의 유효 조사면적은 안테나의 모양과 전류의 분포와의 곱으로 나타난다.

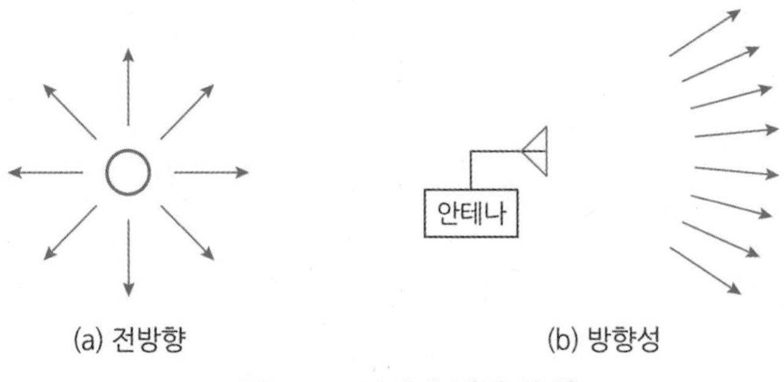

그림 3.19 안테나 방사 특성

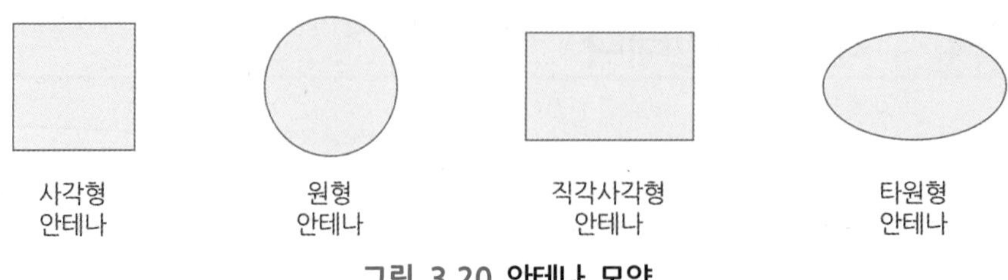

그림 3.20 안테나 모양

3.4.2 안테나 종류

(1) 안테나 형태

안테나 형태는 그림 3.21과 같이 크게 접시 모양의 반사판 안테나 (Reflector Antenna)와 다수의 배열 소자로 구성된 배열 안테나로 구분한다. 반사판 안테나는 원형 반사판이

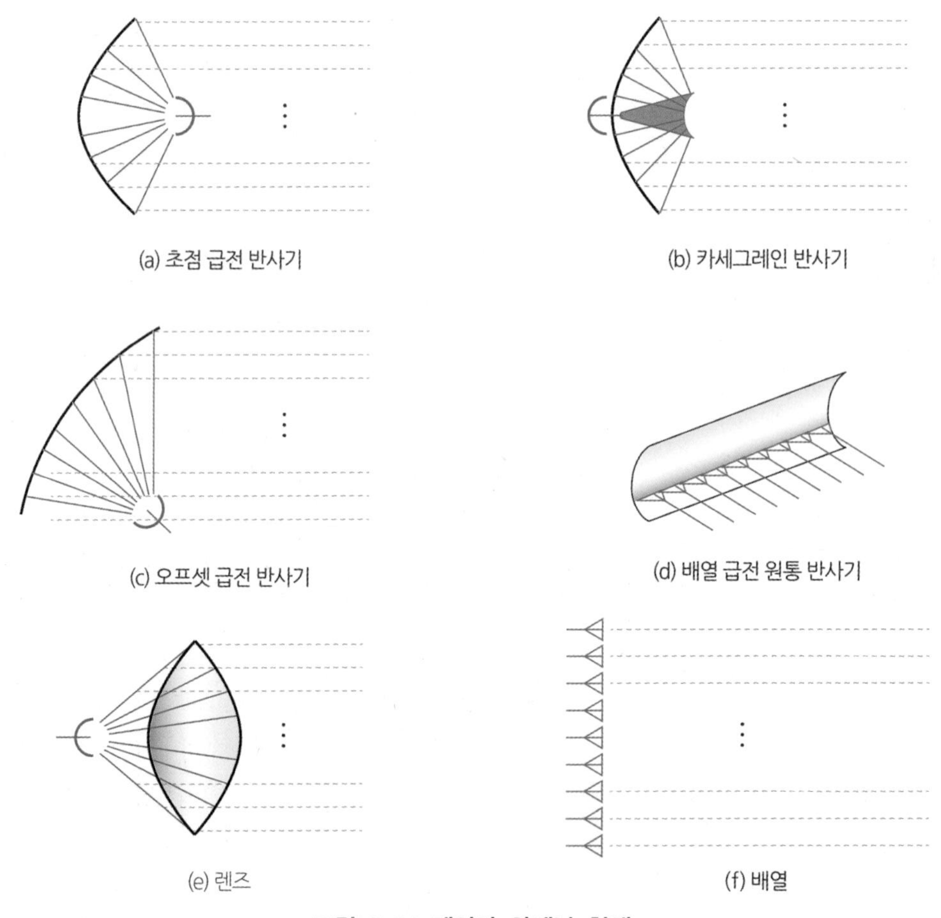

그림 3.21 레이다 안테나 형태

나 파라볼라 반사판 형태가 있으며 급전기는 대부분 반사판의 초점에 위치하지만 급전기에 의한 전자파 방해를 피하기 위하여 외부에 위치하는 반사판 (Offset-Feed Reflector)도 있다. 또한 두개의 반사판으로 구성된 Cassegrain 안테나와 원통형 파라볼라 반사판 안테나, 그리고 반사판의 유전체 굴절을 이용한 렌즈 안테나 등이 있다. 배열 안테나는 선형 배열 (Linear Array)과 2차원 평면 배열 (Planar Array) 형태가 있다. 배열 안테나는 반사판 안테나의 급전기로 인한 문제를 해결할 수 있고 상대적으로 부엽이 낮으며 빔을 기계적 또는 전자적으로 조향할 수 있다. 기계적으로 빔을 조향하는 배열 안테나는 혼 배열, 슬롯 배열, 마이크로 스트립 배열 등의 방식이 있다. 혼 배열 안테나는 혼을 수평 방향으로 일정간격으로 직선 배열을 하는 방식이며, 슬롯 안테나는 도파관에 일정하게 반 파장 간격으로 슬롯 구멍을 뚫어서 다이폴처럼 배열하는 형식이므로 일명 도파관 슬롯 안테나 (Waveguide-Slot Antenna)라고 한다. 마이크로 스트립 안테나는 마이크로웨이브 프린트 회로 기판 PCB (*Printed Circuit Board*)에 안테나 패치를 일정한 파장 간격으로 배열하여 구성한다.

전자적으로 빔을 조향하는 배열 안테나는 그림 3.22와 같이 배열 소자마다 위상을 조정할 수 있는 위상 변위기 (Phase Shifter)와 각 배열 소자의 신호를 합치고 분리하는 급전 장치 (Combiner/Divider)가 필요하며, 그림 3.23과 같이 공간 급전 렌즈를 이용한 배열 방식과 주파수 조향 배열 (Frequency-Steered Array) 방식 등이 있다.

(2) 위상배열 안테나

위상배열 안테나에는 능동배열 (Active Phased Array)과 수동배열 (Passive Phased Array) 방식이 있다. 두 방식 모두 위상 변위기를 조정하여 빔의 방향을 전자적으로 조향할 수 있으나 빔 패턴을 형성하는 능력에는 큰 차이가 있다. 수동배열 방식은 위상만 조정할 수 있기 때문에 빔 패턴을 조정할 수 없는 반면, 능동 배열 방식은 위상과 이득을 동시에 조정하여 원하는 대로 분할 빔 패턴을 형성할 수 있다는 차이가 있다.

빔 조향은 그림 3.24(b)와 같이 안테나 배열소자 A와 B에서 중앙 방향에서 빔을 θ 각도만큼 사각으로 조향하기 위하여 식 (3.9)와 같이 배열 소자 B 위치에서 위상 차이를 구한다.

$$\Delta\phi = 2\pi \frac{\Delta R}{\lambda} \tag{3.9}$$

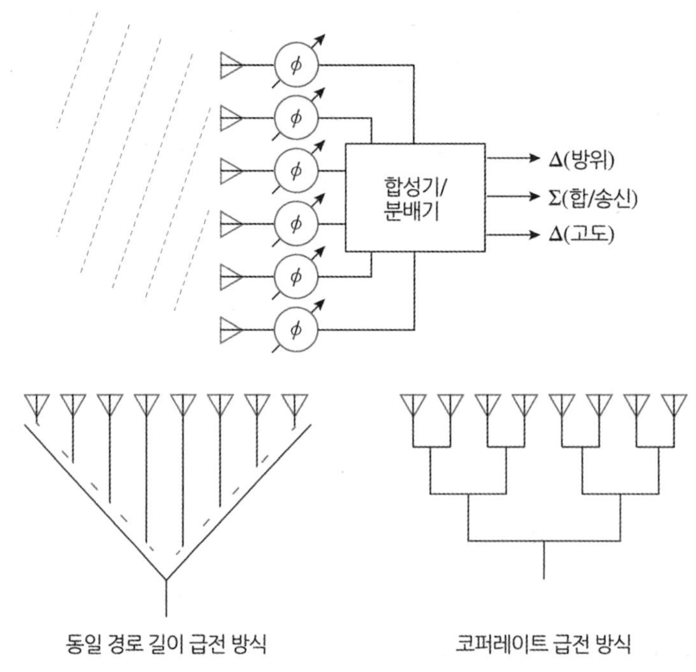

그림 3.22 배열 안테나의 기본 구조

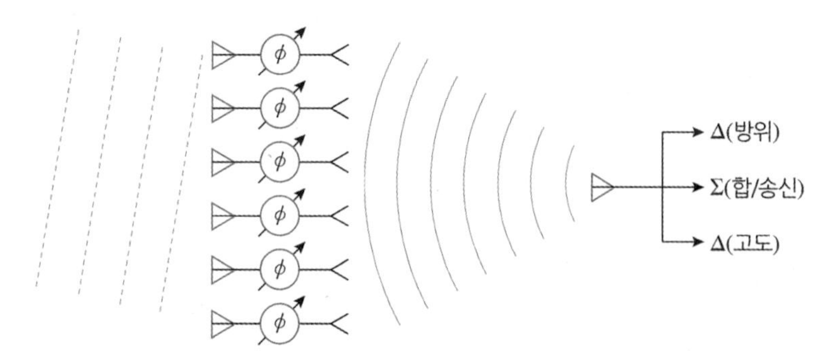

그림 3.23 공간 급전 렌즈 배열 안테나

여기서 ΔR는 사각에 의해 A와 B 소자의 경사 길이, λ는 파장이다. 따라서 두 소자 사이의 위상 차이는 식 (3.10)과 같이 표현된다.

$$\Delta\phi = 2\pi \frac{d\sin\theta}{\lambda} \tag{3.10}$$

여기서 d는 두 소자 사이의 간격이다. 따라서 배열 소자의 간격이 일정하다면 θ 각도의 빔 조향에 필요한 위상의 크기는 소자의 개수에 비례한다. 배열 소자가 2개 이상일 경우

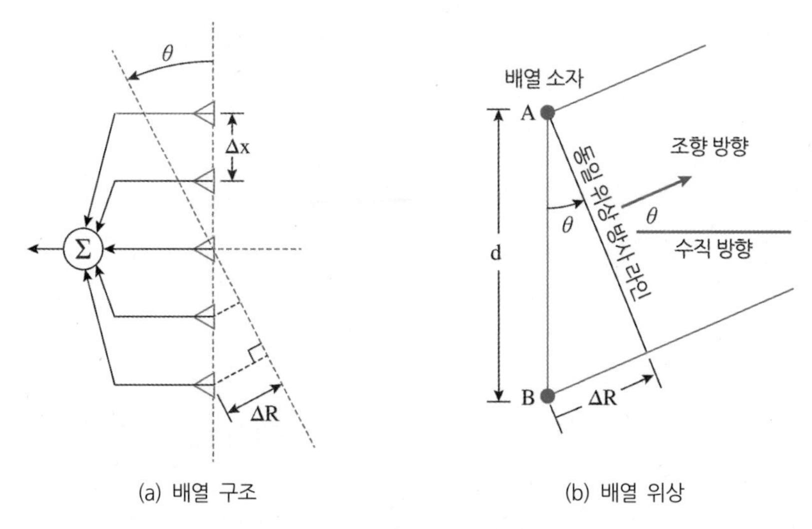

그림 3.24 배열 안테나의 빔 조향

에 원 전계에서 배열 지수 AF (*Array Factor*)는 식 (3.11)과 같이 표현할 수 있다.

$$AF(\theta)=\frac{1}{N}\sum_{n=1}^{N}\exp-j[\frac{2\pi}{\lambda}(n-1)\,d\,\sin\theta)] \tag{3.11}$$

여기서 n은 배열 변수이며 N은 최대 배열 개수이다. 위상배열 안테나의 전체 방사 패턴은 배열지수와 배열소자의 빔 패턴의 곱으로 주어진다. 배열 지수는 빔 조향 각도가 0이면 최대가 되며 이는 평면파가 배열 면으로부터 수직방향으로 방사되는 경우에 해당한다. 조향 각도가 증가할수록 배열 소자 사이의 거리 차이가 증가하므로 동 위상으로 빔이 형성되지 못하므로 배열 지수는 감소한다. 그러나 실제 안테나에서는 평면파의 입사 각도에서 배열 지수가 최대가 되도록 조정하는 방식을 사용한다.

능동 전자 조향 배열 안테나 AESA (*Active Electronically Scanned Array*)는 주어진 탐색 공간에서 빔을 형성하고 전자적으로 조향할 수 있는 기능을 가지고 있다. 능동 위상배열 안테나는 그림 3.25와 같이 모든 배열 소자마다 위상과 이득을 조정할 수 있는 송수신 모듈 TRM (*Transmit- Receiver Module*)을 가지고 있어서 송수신 모듈마다 별개의 주파수를 사용한다면 다수의 부수 빔을 형성하여 원하는 방향으로 조향할 수 있다.

수동 전자 조향 위상배열 PESA (*Passive Electronically Scanned Array*) 레이다는 그림 3.26과 같이 빔을 전자적으로 조향할 수는 있지만 배열소자들이 모두 하나의 송

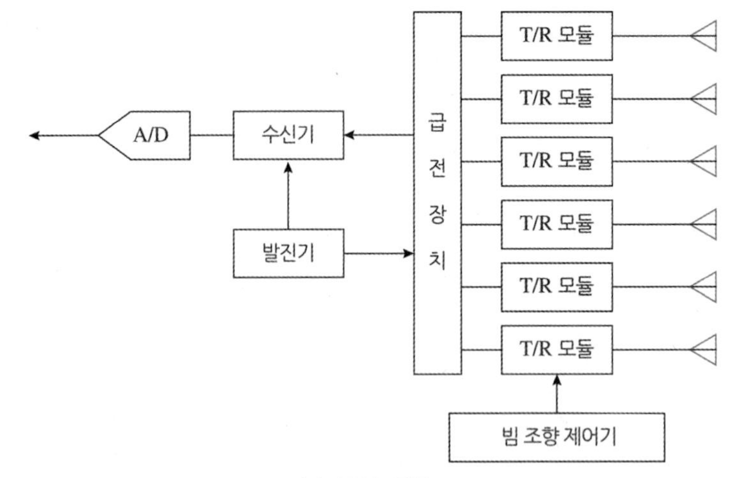

(a) AESA 구조

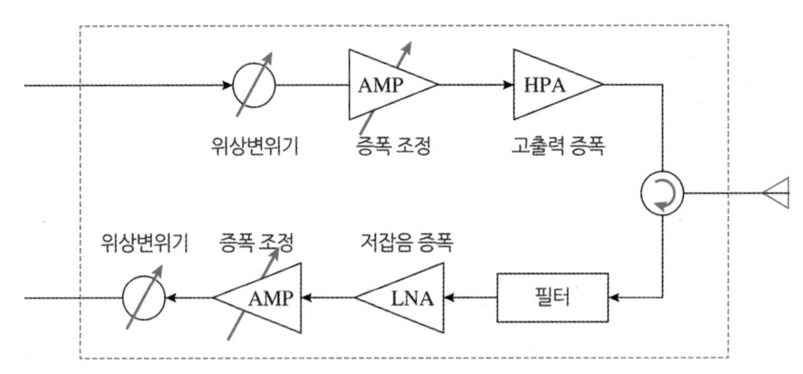

(b) TR 모듈(Transmit-Receiver Module) 구성도

그림 3.25 능동 위상 배열 구조 (AESA)

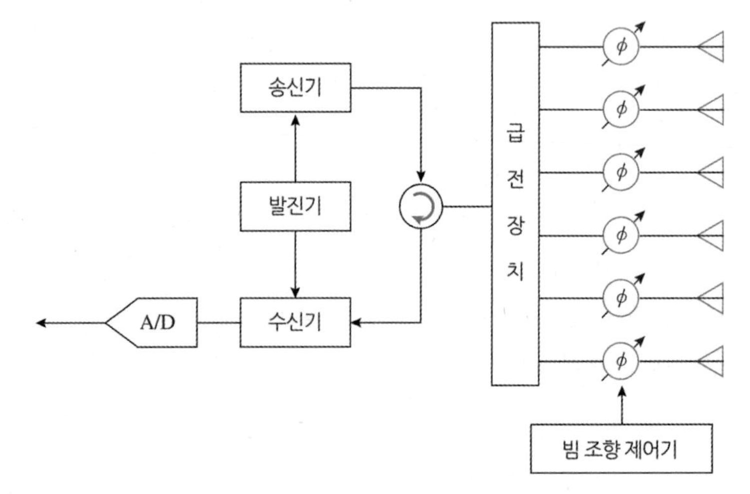

그림 3.26 수동 위상 배열 구조 (PESA)

수신기에 연결되어 개별 이득 조정이 되지 않으므로 원하는 대로 빔 패턴을 형성하기 어렵다.

3.4.3 안테나 특성

(1) 안테나 방사 패턴

안테나 방사 패턴 (Radiation Pattern)은 3차원 공간상의 주축을 중심으로 각도에 따라 방사 에너지의 크기 값 (이득)의 분포를 표현한 것이다. 일반적인 방향성 안테나 패턴은 그림 3.27과 같다. 안테나 패턴은 주축을 중심으로 정방향의 최고 방사 이득 패턴을 주엽 (Mainlobe)이라 하고, 주축에서 벗어나서 사각 방향의 이득 패턴을 부엽 (Sidelobe)이라고 한다. 단방향 안테나 패턴은 그림 3.28과 같이 주로 통신이나 전자전에 사용되며, 레이다는 송신 안테나 패턴과 수신 안테나 패턴을 두 번 거치게 되므로 양방향 안테나 패턴이라고 한다. 단방향 패턴의 3-dB 빔폭은 양방향 패턴에서서는 6-dB

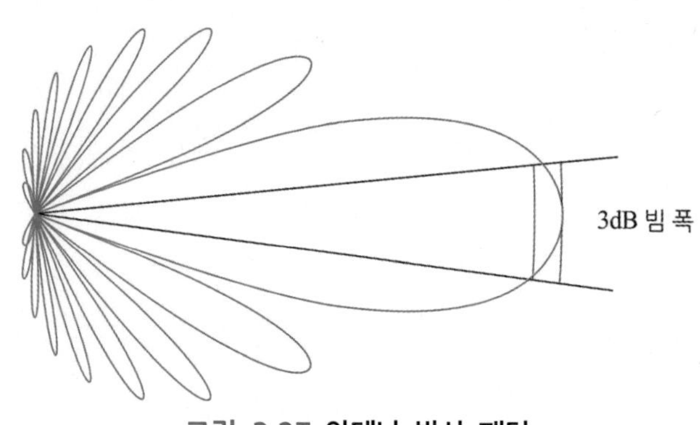

그림 3.27 안테나 방사 패턴

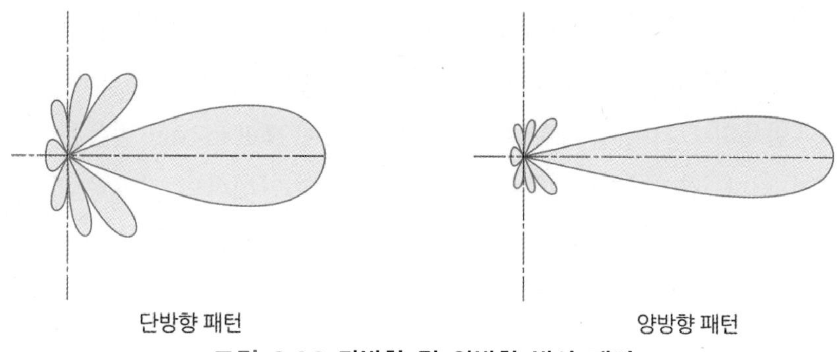

그림 3.28 단방향 및 양방향 방사 패턴

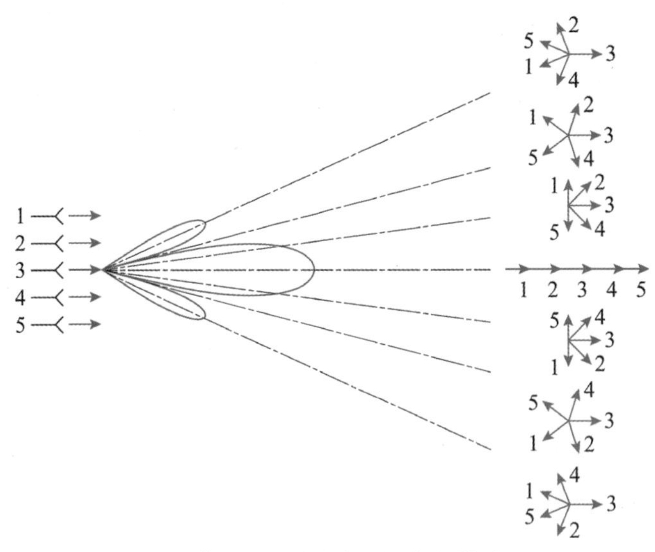

그림 3.29 안테나 빔 패턴 형성

빔폭이 되고 부엽은 두 배로 낮아져서 전체 빔폭은 좁아진다. 안테나 방사 패턴은 빔의 중심축으로부터 방위 및 고도각에 대한 공간상의 에너지의 분포를 나타낸다. 그림 3.29에서 보이는 바와 같이 안테나 패턴은 각도별로 작은 배열 소자로부터 많은 동위상의 성분들이 벡터적으로 합해져서 원 전계 지점에서 빔이 형성된다. 안테나 축의 중심 방향은 최대 이득이 되고 축의 중심에서 벗어난 각도에서는 부엽과 널 지점들이 형성된다. 원 전계의 안테나 패턴은 일반적으로 근접 전계의 패턴을 푸리에 변환하여 그림 3.30과 같이 얻는다.

(2) 안테나의 빔폭

안테나가 단방향으로 방사되고 수신되는 경우에는 일반적으로 주빔을 이용한다. 안테나 빔 폭은 주빔 축을 중심으로부터 사각으로 퍼진 각도 폭을 의미하며, 일반적으로 많이 사용하는 '3-dB 빔폭 (3-dB Beam Width)'은 주빔의 최대 크기의 3 dB 낮아진 각도 점에서 퍼진 빔폭의 크기이다. 대부분의 안테나의 경우 Null-to-Null 빔폭은 3-dB 빔폭의 두 배 정도로 넓다. 전기적으로 대형 안테나의 빔폭은 안테나의 길이와 파장의 함수로 다음 식 (3.12)와 같이 주어진다.

$$\theta = \lambda / D_{eff}\,(\text{radian}) = (\lambda / D_{eff})(180° / \pi)\ (\text{degree}) \tag{3.12}$$

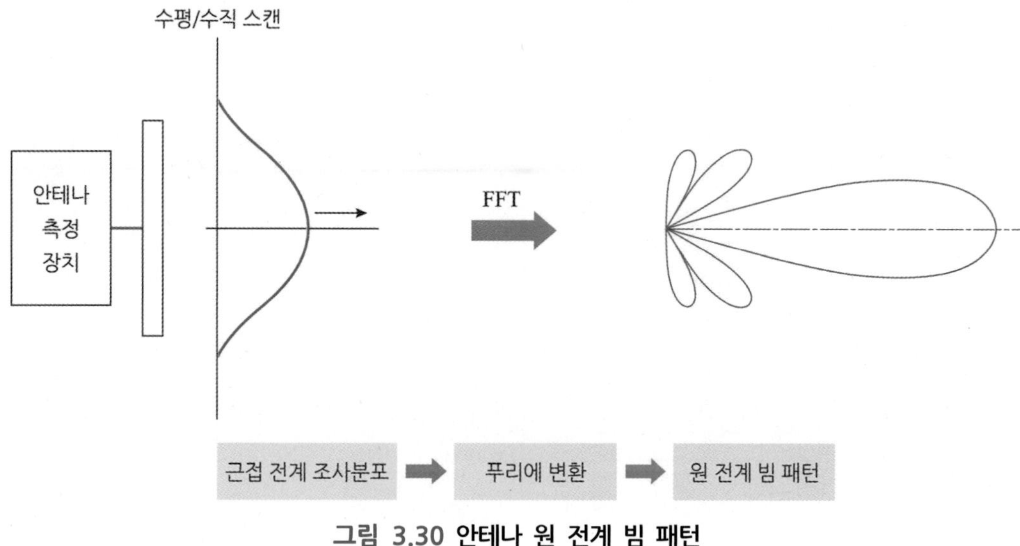

그림 3.30 안테나 원 전계 빔 패턴

여기서 D_{eff}는 유효 안테나 크기, λ는 파장, θ는 3-dB 빔폭이다.

(3) 안테나 유효 길이

안테나의 표면은 모두 균일하지 않으므로 실제 방사에 기여하는 안테나의 반사 유효 면적은 실제 물리적인 크기보다 작다. 큰 안테나의 유효한 길이가 실제 안테나의 길이에 비하여 작은 정도를 안테나 유효 길이라고 한다. 안테나 유효 길이는 식 (3.13)과 같이 주어진다. 그림 3.30(a)에 실제 안테나 크기와 유효 크기의 관계를 도시하였다. 일반적으로 전기적인 대형 안테나의 경우 안테나 유효 길이는 효율을 0.7 정도 적용한다.

$$D_{eff} = \eta_L D \quad (\mathrm{m}) \tag{3.13}$$

여기서 D_{eff}는 유효 길이, η_L은 안테나 길이에 대한 효율, D는 실제 안테나의 길이다.

(4) 안테나 빔 모양

안테나의 빔 모양 (Beam Shape)은 안테나의 물리적인 구조에 따라 달라진다. 일반적으로 레이다 안테나는 원형의 반사판 모양의 안테나 (Circular Antenna) 또는 직사각형의 평판 모양 안테나 (Rectangular Antenna)를 많이 사용한다. 그림 3.31(b)에 보이는 바와 같이 원형 안테나는 방위와 고도 방향의 길이가 같고 원형 안테나 빔의 단면적이 둥

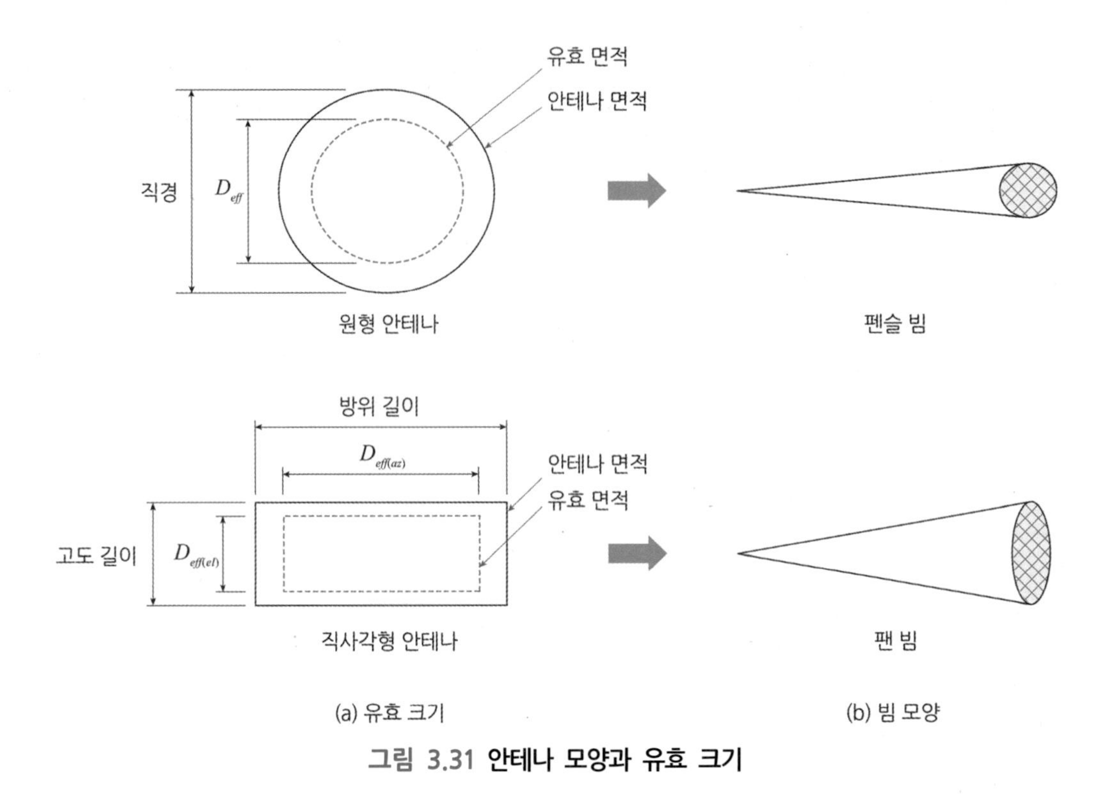

그림 3.31 안테나 모양과 유효 크기

근 연필 모양을 하고 있기 때문에 이를 '펜슬 빔'이라고 한다. 직사각형 안테나는 방위와 고도 방향이 서로 다르므로 주로 탐색 레이다에 많이 사용한다. 이는 방위 빔폭을 좁게 하고 고도 방향은 넓게 하여 사용하므로 방위 방향의 길이가 고도 방향에 비하여 길기 때문에 이 빔의 단면적은 부채꼴 모양을 하고 있으므로 이를 '팬 빔'이라고 한다. 안테나 빔의 유효 길이는 다음 식 (3.14), (3.15)와 같이 주어진다.

$$D_{eff}(az) = \eta_L D(az)\ \ (\mathrm{m}) \tag{3.14}$$

$$D_{eff}(el) = \eta_L D(el)\ \ (\mathrm{m}) \tag{3.15}$$

여기서 $D_{eff}(az)$는 방위 방향의 유효 길이, $D_{eff}(el)$은 고도 방향의 유효 길이, $\eta_L(az)$와 $\eta_L(el)$은 방위 방향과 고도 방향의 안테나 길이 효율을 나타낸다.

(5) 안테나 유효 면적

안테나의 유효 면적 (Effective Aperture)은 실제 전자파 방사에 기여하는 안테나 면적을 의미한다. 유효 안테나 면적은 방위 및 고도 방향의 유효 안테나 길이의 곱에 의하여 구해지므로 실제 물리적인 안테나의 크기보다 상대적으로 작으며, 식 (3.16)과 같이 주어진다.

$$A_e = \eta_A A \tag{3.16}$$

여기서 A_e는 유효 면적 크기 (square meter), η_A는 유효 면적, A는 실제 안테나 크기 (m^2)이다. 안테나 면적 효율은 길이 효율에 의하여 정해지므로 원형 안테나의 경우 면적 효율은 방위 및 고도 방향 길이가 같으므로 길이 효율 값을 제곱하면 구해진다. 직사각형 평판 안테나의 경우는 방위 및 고도 빔 방향의 길이가 다르므로 안테나의 면적 효율은 각각의 길이 효율을 곱한 값과 같다. 일반적으로 대형 안테나의 면적 효율은 0.5를 사용하는데 이는 방위 및 고도 길이의 효율을 0.7 정도 적용하기 때문이다. 그러나 특수한 빔 모양을 갖는 안테나의 경우에는 적용 효율이 달라질 수 있다. 예를 들어 안테나 빔을 고도 방향은 일정하게 낮게 하고 방위와 거리 방향은 매우 길도록 설계한 'Cosecant-Squared Antenna'의 경우에는 고도 방향의 효율이 약 0.5 정도만 작용하도록 설계하므로 전체 안테나 면적 효율은 0.35 정도가 된다.

(6) 안테나 이득

안테나 이득 (Gain)은 방사하는 송신 에너지를 특정 방향으로 집속시키는 능력을 의미한다. 즉, 안테나가 방사하는 전체 구 (Sphere)의 체적 공간 각도에서 특정한 공간상의 각도 방향으로 안테나의 주빔을 집속하여 방사하는 정도를 말한다. 따라서 안테나 이득은 다음 식 (3.17)과 같이 주어지며 이득의 단위는 없다.

$$\begin{aligned} \mathrm{G} &= \text{구의 체적 공간의 각도} \ / \ \text{주빔 방향의 각도} \\ &= 4\pi \ (\mathrm{steradians}) \ / \ \text{주빔 방향의 각도} \ (\mathrm{steradians}) \\ &= 4\pi \ (\mathrm{steradians}) \ / \ \theta_{az} \ \theta_{el} \ (\mathrm{steradians}) \end{aligned} \tag{3.17}$$

특별히 원형 안테나를 사용하며 균일하게 방사하는 경우의 안테나 이득은 다음 식 (3.18)과 같이 주어진다.

$$\mathrm{G} = 32{,}400 \ / \ \theta_{az} \ \theta_{el} \ (\mathrm{degree}) \tag{3.18}$$

이론적으로 이득은 안테나의 방사 패턴이 최대 크기를 갖는 방향을 의미하며 실제로 각도 방향의 비를 말한다. 그러나 이득의 의미는 안테나의 방사 손실 부분을 포함하고 있지 않으므로 송신 출력이 안테나를 통하여 열로 손실이 발생하는 경우를 고려하여 방사 효율을 식 (3.19)와 같이 정의할 수 있다.

$$G = \eta_R \cdot DIR \tag{3.19}$$

여기서 η_R은 방사 효율, DIR은 방사도이다. 일반적으로 대형 안테나는 방사 효율이 거의 1이며, 안테나 이득이나 방사도는 거의 일치한다. 그러나 소형 안테나의 경우는 방사 효율이 낮다.

레이다 방정식에서 자주 사용하는 안테나의 이득은, 주어진 방위 및 고도 빔폭의 값에 의하여 안테나의 면적 크기와 효율로 표현할 수 있다. 즉, 각각의 빔폭은 실제 안테나 길이의 함수로 주어지므로 면적은 이들의 곱의 함수로 다음 식 (3.20)과 같이 표현할 수 있다.

$$\begin{aligned} G &= 4\pi/\theta_{az} \cdot \theta_{el} \\ &= 4\pi/[\eta_L\lambda/D(az)] \cdot [\eta_L\lambda/D(el)] \\ &= 4\pi/[\eta_A\lambda^2/A] \\ &= 4\pi A_e/\lambda^2 \end{aligned} \tag{3.20}$$

(7) 실효 방사 전력

안테나의 주빔 방향으로 송신 전력과 안테나 이득을 조합하여 방사하는 전력을 실효 방사 전력 (ERP: *Effective Radiated Power*)이라고 하며, 모든 방향으로 방사하는 방사 전력을 실효 등방 방사 전력 (EIRP: *Effective Isotropically Radiated Power*)이라고 한다. 이것은 송신기 출력과 안테나 이득의 곱으로 식 (3.21)과 같이 주어진다.

$$ERP = P_t G_t \tag{3.21}$$

여기서 P_t는 안테나에 전달된 송신 출력, G_t는 송신 안테나의 이득이다.

설계 예제

펄스 도플러 레이다의 사각형 평면 안테나 크기 폭이 5.5 m, 높이가 2.4 m이며, 방위 방향과 고도 방향 길이의 효율이 각각 0.7과 0.45로 주어진다. 단, 송신 주파수는 3.08 GHz이다.

다음 레이다 안테나 파라미터를 구해보자.

(1) 안테나의 효율 길이

안테나 방위 및 고도 방향 길이에 대한 효율이 주어졌으므로 식 (3.13)을 이용하면 3.58 m ×1.08 m로 구해진다.

(2) 평판 안테나의 면적

주어진 안테나 면적의 크기에 효율을 적용하면 다음과 같다.

$$A_e = \eta_A A = (0.7 \times 0.45)(5.5 \times 2.4) = 4.158\, m^2$$

(3) 안테나 빔폭

안테나 빔폭은 주파수에 대한 파장이 9.74 cm이므로 다음과 같다.

$$\theta_{az} = (\lambda / D_{eff})(180° / \pi) = (9.74 \times 10^{-2}/3.85)(180/\pi) = 1.449 \simeq 1.45°$$

$$\theta_{el} = (\lambda / D_{eff})(180° / \pi) = (9.74 \times 10^{-2}/1.08)(180/\pi) = 5.168 \simeq 5.17°$$

(4) 안테나 이득

안테나 이득은 다음과 같이 계산된다.

$$G = 4\pi A_e / \lambda^2 = 4\pi(4.16)/(9.74 \times 10^{-2})^2 = 5,510 \Rightarrow 37.4 dB$$

(5) 실효 방사 전력

출력과 안테나 이득을 곱하면 실효방사 전력이 54.4 dB로 계산된다.

$$ERP = P_t G_t = 50 \times 5,510 = 275,500 \Rightarrow 54.4 dB$$

(8) 안테나 부엽의 영향

안테나 부엽은 주빔의 방향과 다른 방향으로 안테나 이득이 나타나는 물리적인 현상이다. 부엽은 그림 3.32와 같이 주빔보다 이득은 작지만 원하지 않는 방향으로 에너지를 방사하게 되므로 레이다의 표적이 아닌 방향에서 표적 이외의 간섭 전파방해 신호 등이 들어와서 표적 신호 탐지를 어렵게 할 수 있다. 부엽은 안테나의 모양이나 방사 함수 등에 따라 달라지므로 주빔의 최대 이득보다 매우 낮은 이득을 갖도록 설계하는 것이 중요하다.

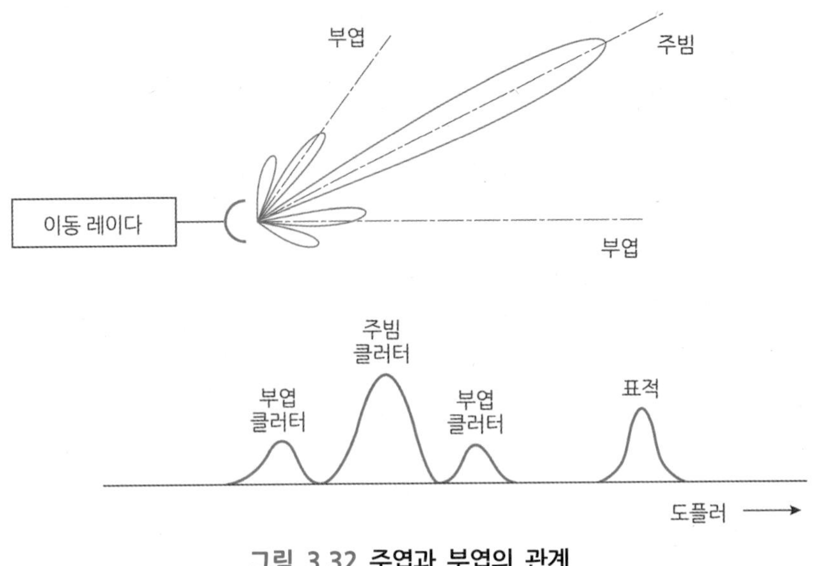

그림 3.32 주엽과 부엽의 관계

안테나 성능은 주빔의 최대 이득과 첫 번째 부엽의 최대 이득의 비가 작을수록 좋다. 비록 부엽의 이득이 낮다고 하더라도 레이다 주변에 전자파 방해, 전파 간섭, 클러터 등이 많을 경우에는 부엽을 통하여 들어오는 신호가 양방향 패턴으로 이득이 두 배가 되므로 주빔을 통하여 들어오는 미약한 표적 신호 탐지를 방해할 수 있다. 부엽을 억제하거나 제거하기 위하여 저부엽 안테나 (Low Sidelobe Antenna) 또는 초저부엽 안테나 (Ultra Low Sidelobe Antenna) 등을 사용하거나 부엽 차단 (Sidelobe Blanking) 또는 부엽 상쇄 (Sidelobe Canceller) 기술 등을 이용한다. 이들에 대해서는 12장 대전자전에서 상세하게 설명한다.

(9) 안테나 전자계 영역

안테나에서 방사되는 전자파는 원점에서 원형의 동심원 형태로 출발하기 때문에 그림 3.33과 같이 근거리의 근접 전계 (Near Field)에서는 원형으로 전파하며, 점점 거리가 멀어지면 원거리의 원 전계 (Far Field)에서는 동심원이 매우 커져서 접선면이 거의 평면파 형태로 전파된다. 이러한 전파 특성으로 인하여 근접 전계에서 반사되는 표적 신호의 위상은 일정하지 않게 된다. 따라서 표적의 반사 신호의 위상을 일정하게 유지하기 위해서는 표적이 원 전계에 위치하도록 안테나와 표적 사이에 일정한 거리를 유지해야 한다. 원 전계의 거리를 구하기 위하여 그림 3.34와 같이 안테나의 폭과 원 전계에 위치한 표

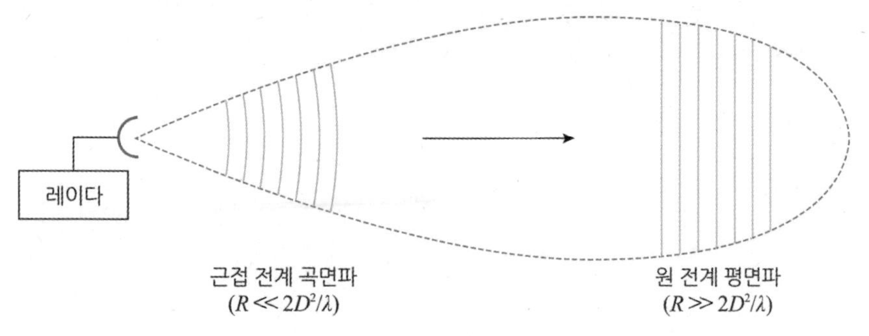

그림 3.33 근접/원 전계 전파

적 간의 거리 사이의 기하학적 구조를 이용한다. 삼각형 구조의 관계식을 이용하여 원 전계 거리를 구하면 식 (3.22)로 표현할 수 있다. 여기서 안테나의 곡률의 길이 오차는 파장의 1/16보다 작다고 정의하여 유도한다.

$$R_{ff} = 2D^2/\lambda \tag{3.22}$$

여기서 R_{ff}는 원접 전계에서 안테나와 표적 간의 거리이며, D는 안테나의 길이다. 따라서 R_{ff}보다 가까운 거리를 근접 전계 영역이라고 하며, 응용 분야에 따라서 안테나 곡률의 오차 길이가 파장의 1/16보다 크거나 작은 경우의 위상 오차를 허용하기도 한다.

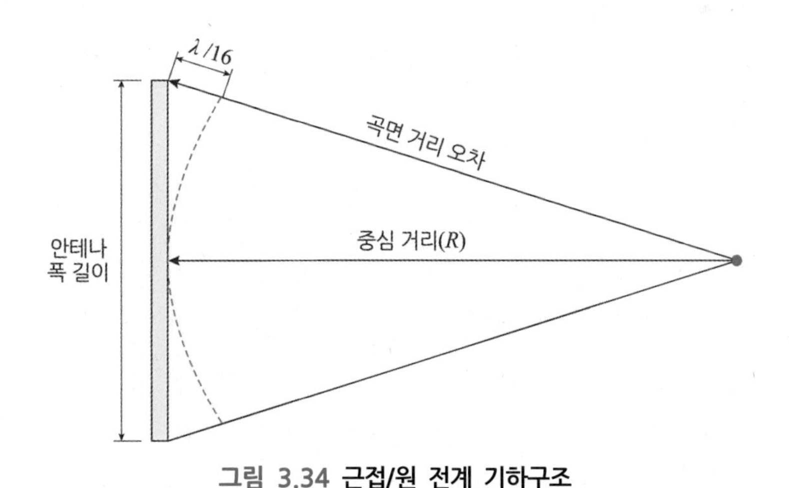

그림 3.34 근접/원 전계 기하구조

설계 예제

원형 반사판 안테나의 지름이 3.7 m이고 주파수가 8.4 GHz일 때 원 전계 거리를 구해보자. 원 전계 거리 조건은 식 (3.21)을 이용하여 구하면 다음과 같다.

$$R_{ff} = 2D^2/\lambda = 2 \times 3.7^2/0.0357 = 766.9\,m \simeq 767\,m$$

원 전계로부터 1/10 거리는 근접 전계 영역이므로 안테나로부터 가장 위험한 근접거리는 약 77 m가 된다.

(10) 안테나 편파 특성

안테나의 편파 (Polarization)는 방사하는 전자파의 전계 기준 방향과 수신하는 전계 기준 방향에 의하여 결정된다. 반사판 안테나의 편파는 혼이나 다이폴 안테나의 피더에 의하여 고정되며, 배열 안테나의 경우는 각 배열 소자의 편파 특성에 의하여 결정된다. 일반적으로 안테나 편파의 종류는 선형, 원형, 타원형 등으로 구분된다. 선형 안테나의 편파는 전계가 이루는 평면에 따라서 달라지므로, 전계 평면이 수평 방향이면 '수평 편파'라고 하며, 평면이 수직이면 '수직 편파'라고 한다. 만약 전계가 평면이 아니고 타원형이라면 두 개의 편파 성분이 상대적으로 수직으로 동시에 가지고 있다. 즉, 이러한 원형이나 타원형 편파의 경우에는 전파의 방사 방향에서 볼 때 전계의 회전 방향이 시계 방향 또는 시계 반대 방향으로 나누어진다. 안테나는 방사하는 전계의 방향과 수신하는 전계의 방향이 동일하면 편파 손실이 없지만 다르면 이득 손실이 발생한다. 선형 전파에서 편파 손실은 다음 식 (3.23)과 같이 주어진다.

$$L_{ap} = 20\log[1/\cos\phi] \tag{3.23}$$

여기서 L_{ap}는 안테나 편파 손실이며 ϕ는 안테나의 방사 편파와 수신 편파의 각도 차이를 뜻한다. 원형 편파 안테나와 선형 편파 안테나의 편파 손실은 약 3 dB 정도가 되는데, 이는 원형 편파 에너지의 1/2이 선형 편파 성분이 되기 때문이다. 상호 수직인 선형 편파의 손실은 이론적으로 무한대가 되며, 오른손 회전 방향 편파와 왼손 회전 방향 편파에서도 거의 무한대의 손실이 발생한다. 이러한 두 가지의 조건을 교차 편파라고 한다. 편파 손실에 대한 비교표는 표 3.1과 같다. 이와 같은 편파 특성을 잘 이용하면 원하지 않는 재밍 간섭이나 클러터 신호에 대하여 편파 손실을 높게 설정하여 안테나 단에서 사전에 억제할 수 있다. 예를 들면 안테나가 수직 편파 특성을 가지고 있다면 수평 편파를 갖는 재밍 신호는 억제되며, 비 클러터의 경우에도 원형 편파를 방사하면 비에 의한 반

표 3.1 편파 손실 비교표 [© Edde]

전파 편파 \ 안테나 편파	수평	수직	+45°	−45°	RHC	LHC
수평	0	∞	3	3	3	3
수직	∞	0	3	3	3	3
+45°	3	3	0	∞	3	3
−45°	3	3	∞	0	3	3
RHC	3	3	3	3	0	∞
LHC	3	3	3	3	∞	0

사 신호는 반대의 편파 특성이 나타나므로 서로 상쇄되어 억제되는 효과가 있다. 이러한 특성으로 인하여 레이다 및 전자전에서는 다양한 편파를 많이 적용하고 있다.

3.4.4 안테나 파라미터

레이다의 안테나는 송신 에너지를 표적에 방사하고 반사되는 에너지를 받아서 수신기에 전달하는 역할을 한다. 레이다 방정식에서 설계 변수로 사용하는 안테나의 주요 파라미터는 다음과 같다.

(1) 안테나 빔폭 (θ)

안테나 빔폭은 주빔을 중심으로부터 퍼진 각도 폭을 의미하며, 레이다에서는 주로 3-dB 빔폭을 사용한다.

(2) 안테나 이득 (G)

안테나에서 방사하는 에너지를 특정 표적 방향으로 집속하는 능력을 의미하며, 안테나 유효 면적에 비례하며 파장의 제곱에 반비례하는 특징이 있다.

(3) 안테나 유효 면적 (A)

안테나의 유효 면적은 실제 전자파 방사에 기여하는 안테나 면적을 의미한다. 유효 안테나 면적은 방위 및 고도 방향의 유효 안테나 길이의 곱에 의하여 구해지며, 안테나 이득과 파장의 제곱에 비례한다.

(4) 방사 효율 (η)

안테나의 의하여 흡수되는 방사 전력의 손실 크기와 수신 전력의 비로 결정되며 레이다에서 송수신되는 양방향 에너지의 손실에 영향을 미친다. 송신기 출력과 방사 출력의 비를 말한다.

(5) 부엽 비 (PSLR)

안테나 주빔으로부터 다른 방향으로 방사되는 이득 크기의 비로 부엽을 통하여 전파방해 및 클러터 신호들이 수신되므로 레이다 안테나 설계에서 부엽의 수준을 정하는 기준이 된다.

(6) 전계 영역

레이다의 표적 신호는 동일한 위상을 유지하기 위하여 안테나의 빔 패턴은 원 전계에서 측정되어야 한다. 일반적으로 원 전계에서 측정이 어려운 경우에는 근접 전계에서 빔 패턴을 측정하여 원 전계로 변환한다.

(7) 편파

전파의 진행 방향을 수평 또는 수직 방향으로 보내고 받을 수 있다. 안테나는 전계와 자계의 편파의 방향에 따라서 반사 특성이 다르게 나타나므로 활용 목적에 따라서 다양한 편파를 적용한다. 편파 특성은 안테나 피더의 편파기 형태에 따라 달라진다.

3.5 레이다 수신기

3.5.1 개요

레이다 수신기는 안테나로부터 들어오는 고주파의 미약한 반사 신호를 증폭하고 주파수를 낮게 하향 복조하여 신호처리기에 전달하는 장치이다. 안테나에서 들어오는 반사 신호는 송신 신호가 표적에 부딪혀서 자유공간을 통하여 수신되는 과정에서 많은 전파 감쇄가 일어나기 때문에 매우 미약한 신호가 수신된다. 더구나 표적 반사 단면적은 클러터에 비하여 상대적으로 작기 때문에 반사 신호는 매우 낮은 레벨의 신호가 수신된다. 실제 환경에서는 송신 파형이 표적에 반사되어 진폭이나 위상이 찌그러져서 왜곡되어 들어오게 되므로 수신기의 주요 임무는 원래의 반사 신호의 특성을 손상시키지 않고 안전하게 주어진 대역폭의 도플러 주파수 성분을 기저 대역으로 변환하도록 한다. 따라서 미약한 수신 신호는 증폭을 시키고 과도하게 큰 신호는 줄여서 수신기의 동적 특성에 맞도록 이득을 조정하며, 과도한 간섭이나 재밍 신호는 리미터나 필터를 통하여 사전에 차단하여 수신기를 보호하는 역할을 한다.

3.5.2 수신기의 기능

레이다 수신기의 기본 구성도는 그림 3.35와 같으며, 주요 기능은 저잡음 진폭, 채널 필터링, 정합 필터링, 하향 복조, I/Q 신호 복조 등으로 나눌 수 있다. 안테나로부터 중간 주파수단의 저잡음 증폭기 사이의 시스템의 잡음 레벨이 레이다 수신 감도를 결정하는 데 중요하다. 송수신기에 연결된 수신기의 구성도는 그림 3.10의 하단부와 같다. 수신기의 주요 기능은 다음과 같다.

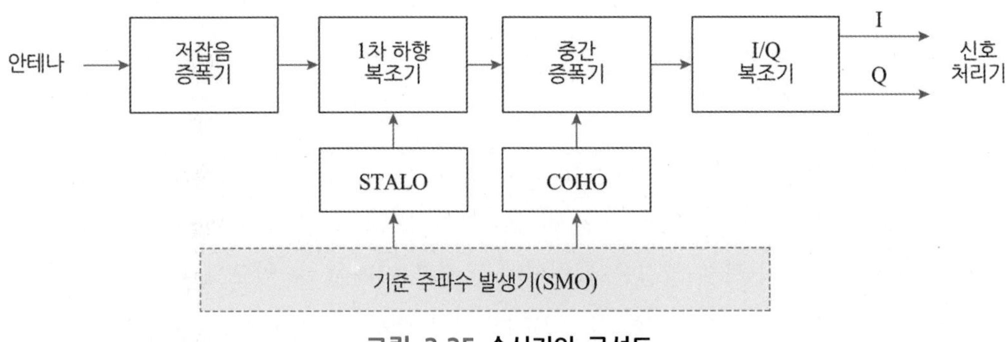

그림 3.35 수신기의 구성도

(1) 저잡음 증폭

레이다 안테나로부터 들어오는 미약한 신호를 잡음의 영향을 받지 않도록 증폭하는 기능을 한다. 반사 표적 신호의 크기는 레이다 주변 클러터에 비하여 매우 작기 때문에 아주 가까운 거리에서는 보통 −20 dBm (0.01 mW) 정도가 되고, 원거리에서는 −100 dBm (10^{-10} mW) 정도로 매우 작다. 레이다 시스템에 따라서 최소 탐지 표적 신호의 크기는 다르지만 일반적으로 대역폭이 크면 수신 잡음 감도가 높아진다. 레이다 시스템의 열잡음 수준의 신호가 들어오는 경우에도 탐지할 수 있는 능력을 최소 탐지 신호 'MDS (*Minimum Detectable Signal*)'라고 한다.

(2) 대역 필터링

레이다 수신 주파수는 다른 무선 전파 시스템과 다르기 때문에 특정 레이다 수신 대역폭 내에 있는 신호는 통과시키고 그렇지 않은 신호는 제거하는 기능을 한다. 만약 주어진 대역폭의 범위보다 넓은 필터를 사용하면 불필요한 간섭 신호가 들어올 수 있으며, 대역폭보다 좁은 채널 필터를 사용하는 경우에는 수신 신호의 크기나 위상을 왜곡시킬 수 있다.

(3) RF 프로세서

간섭 재밍이나 클러터 등의 매우 큰 신호가 들어와서 동적 영역을 포화시켜 수신기가 손상을 입거나 표적 신호의 진폭과 위상이 왜곡될 수 있으므로 이를 제한하는 하드 리미터 등을 사용한다. 여기에서는 최소한의 잡음 신호만 통과하도록 하여 전체 신호 대 잡음비에 영향을 주지 않도록 한다.

(4) 정합 필터링

정합 필터란 수신기의 최대 신호 대 잡음비를 얻을 수 있는 필터를 말한다. 미약한 수신 신호는 수신기의 자체 열잡음에 의하여 탐지가 어려울 수 있으므로 수신 시 잡음에 비하여 최대 표적 신호를 탐지할 수 있도록 정합 필터를 사용한다. 여기서 정합 필터(Matched Filter)란 기준 송신 신호 파형과 수신 신호 파형과의 정확한 합치를 이루는 경우를 말하며, 이때 SNR을 최대로 하는 시점에서 수신 신호를 탐지할 수 있다. 이 경우 잡음의 특성은 백색 잡음으로 가정하였다. 그러나 간섭 잡음의 특성이 다를 경우에는 다른 특성을 가질 수 있다.

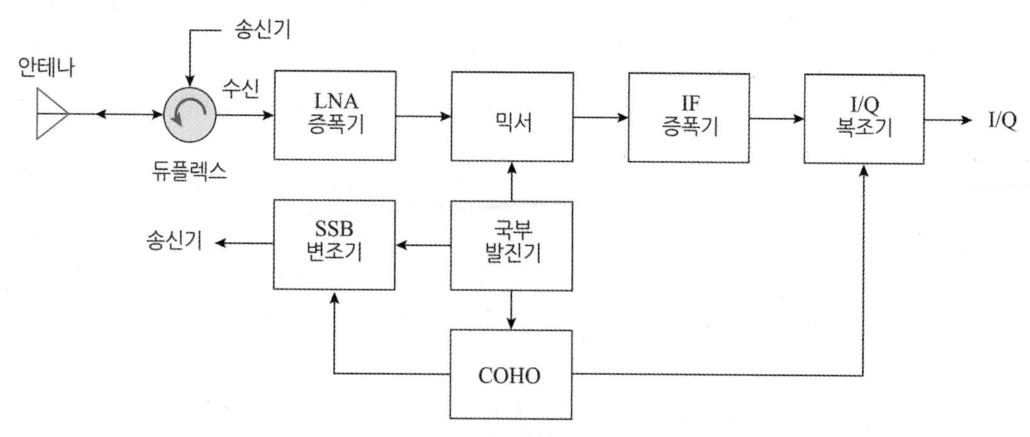

그림 3.36 슈퍼헤테로다인 수신기

(5) 슈퍼헤테로다인 수신기

송신할 때 레이다 파형은 높은 반송 주파수를 변조하여 송신하므로 수신할 때는 낮은 주파수로 변환하는데 이 기능을 복조라고 한다. 슈퍼헤테로다인 수신기의 구조는 그림 3.36과 같다. 고주파의 레이다 주파수 신호는 STALO 주파수와 믹서되어 1단 복조를 하면 중간 주파수가 만들어지며, 2단 복조기에서 COHO 주파수와 믹서되어 기저 대역의 I/Q 신호로 복조된다.

(6) 혼합기

혼합기 (Mixer)는 두 개의 주파수 성분을 혼합하여 합과 차의 신호를 만들어내는 기능을 한다. 헤테로다인 수신기의 복조기는 모두 혼합기의 기능을 이용하며, 중간 주파수 (IF)는 고주파의 입력신호와 기준 국부발진 주파수의 합과 차이 신호로 주어진다. 합(Sum)의 신호는 상측파대 (USB: *Upper Side Band*)에서, 차의 주파수는 하측파대 (LSB: *Lower Side Lobe*)에서 나타난다. 슈퍼헤테로다인 복조기의 단점은 두 개의 주파수 성분이 혼합기를 통과하면 두 배 높은 IF 주파수 성분도 나타나게 된다. 이로 인하여 식(3.24)와 같이 허상 주파수 (Image Frequency)가 나타난다. 이러한 허상 주파수 성분을 통하여 간섭이 유입될 수 있으므로 이를 사전에 제거해야 한다.

$$f(img) = f(rf) - 2f(IF) \quad \text{or} \quad f(rf) + 2f(IF) \tag{3.24}$$

여기서 $f(img)$는 허상 주파수, $f(rf)$는 고주파 주파수, $f(IF)$는 중간 주파수이다.

설계 예제

펄스 도플러 레이다에서 송신 주파수는 5.7 GHz이고 수퍼 헤테로다인 수신기의 중간 주파수 (IF)는 30 MHz이다. 다음과 같은 수신기 파라미터를 설계해보자.

(1) 국부 발진 LO (Local Oscillator) 주파수

송신 중심 주파수에서 중간 주파수와의 합과 차이를 구하면

$$f_{LO} = 5.7\,GHz \pm 0.03\,GHz = 5.730\,GHz\,(Upper) \text{ or } 5.670\,GHz\,(Lower)$$

LSB를 선택하면 5.730 GHz, USB를 선택하면 5.670 GHz가 된다.

(2) 수신 주파수와 중간 주파수 (IF)

도플러 에코 신호가 +10 KHz일 때 수신 RF 주파수와 중간 주파수는 다음과 같다.

$$f_r = f_t + f_d = 5.7\,GHz + 10\,kHz = 5.700010\,GHz\,(Upper)$$

$$f_{IF} = f_{LO} \pm f_d = 30.0\,MHz \pm 10\,kHz = 30.010\,MHz\,(Upper)$$

$$\text{or } 29.990\,MHz\,(Lower)$$

(3) 허상 주파수 (Image Frequency)

허상 주파수는 수신 주파수가 IF와 혼합될 때 실상과 대칭되는 주파수 영역에 허상주파수가 나타나므로 다음과 같이 구해진다.

$$f_{IMG} = f_r \pm 2f_{IF} = 5.70\,GHz \pm 60.0MHz = 5.640\,GHz\,(Lower)$$

$$\text{or } 5.760\,GHz\,(Upper)$$

$$f_{IMG} = f_{LO} - f_{IF} = 5.670\,GHz - 30.0MHz = 5.640\,GHz$$

허상 주파수는 레이다 신호 탐지에서 간섭으로 작용한다.

(7) 중간 주파수 증폭기

중간 주파수 증폭기는 채널 필터를 이용하여 원하는 대역의 신호를 통과시키고 간섭 신호는 제거한 다음 선정된 측파 대역의 신호 성분을 증폭시킨다. 아날로그 수신기의 경우에는 아날로그 정합 필터를 사용하여 신호 대 잡음비를 최대로 만드는 기능을 포함한다. 그러나 최근에는 디지털 정합 필터를 사용하므로 신호처리기 단에서 펄스 압축이나 디지털 상관기를 이용하여 처리한다.

(8) 기저 대역 복조기

복조기는 중간 주파수 (IF)에 포함된 표적 신호 성분을 기저 대역 (Baseband)으로 변환하는 기능이다. 수신 복조기는 진폭 복조기, 동기 복조기, I/Q 복조기 등 3가지 종류가 있다. 포락선 진폭 (Envelope) 복조기는 식 (3.26)과 같이 단일 채널에서 진폭의 크기 성분만 추출하며, 위상 동기 복조기는 식 (3.27)과 같이 진폭과 위상 성분을 동시에 추출하므로 표적의 속도는 추출할 수 있으나 이동 방향은 측정할 수 없다. 레이다에서는 주로 두 채널의 I/Q 복조기를 많이 사용하는데, I는 동위상 (In-Phase) 신호이며 Q는 90도 위상 변위된 신호 (Quadrature-Phase)이다. 두 채널로 분배된 I/Q 신호는 식 (3.28)과 같이 실수와 허수 신호로 구분하여 표적의 크기와 위상 성분을 복소수 처리하여 표적의 이동 속도뿐만 아니라 이동 방향을 측정할 수 있다는 장점이 있다.

입력 신호 $$v_S(t) = V_S \cos[2\pi f_c t + \phi_s(t) - \phi_c(t)] \tag{3.25}$$

진폭 신호 $$V_{SE} = V_S \tag{3.26}$$

동기 신호 $$V_{SS} = V_S \cos(\phi_s - \phi_c) \tag{3.27}$$

I/Q 신호 $$V_{SI} = V_S \cos(\phi_s - \phi_c) \tag{3.28}$$

$$V_{SQ} = V_S \sin(\phi_s - \phi_c)$$

여기서 V_S는 신호의 최고 진폭 크기, V_{SE}는 포락선 복조기의 최고 진폭 크기, V_{SS}는 동기 복조기의 최고 진폭 크기, V_{SI} 및 V_{SQ}는 I/Q 복조기의 I 채널과 Q 채널의 최고 진폭 크기, f_c는 COHO 주파수, ϕ_s는 중간 주파수의 위상, ϕ_c는 COHO의 위상이다.

3.5.3 수신기의 파라미터

수신기는 안테나로부터 수신되는 신호를 증폭하여 주어진 대역폭 내에서 크기와 위상 성분을 왜곡 없이 기저 대역으로 변환하여 신호처리기에 전달하는 것을 목적으로 한다. 수신기 설계 변수는 이에 필요한 요소들로 수신 감도, 잡음 특성, 대역폭, 이득 조정, 선형성 및 동적 특성 등에 관한 요소들이 있다.

(1) 수신 감도

레이다 수신 감도 (Sensitivity)는 시스템의 잡음에 비하여 얼마나 작은 표적 반사 신호를 수신할 수 있는가의 정도를 말한다. 잡음은 수신 감도의 기준을 정하는 중요한 요소로서 시스템의 잡음 레벨이 높으면 작은 신호는 잡음에 묻혀서 탐지할 수 없다. 수신 감도의 단위는 보통 1 mW의 신호를 기준으로 상대적인 로그 레벨로 dBm를 사용한다. 잡음은 피할 수 없는 성분으로 일반적인 간섭 신호보다는 작지만 최소 잡음 레벨을 기준으로 레이다의 최대 탐지거리가 정해진다.

(2) 수신기 잡음

절대 온도 0°K보다 높은 온도에서 모든 저항은 잡음 전압을 만들어낸다. 이 절대 온도 기준 이상에서 저항 소자 속에 존재하는 원자는 저항 소자 양단으로 운동하게 되고 이러한 반복 현상으로 발생한 열에너지가 전기 에너지로 변환되면서 잡음 전압이 발생한다. 임의의 개방회로의 저항 단자에 걸리는 RMS (*Root Mean Square*) 전압은 다음 식 (3.29)와 같이 주어진다.

$$V_N = \sqrt{4kTB_NR} \tag{3.29}$$

여기서 V_N은 개방회로 양단의 RMS 잡음 전압, k는 볼츠만 상수 (1.38×10^{-23} Joule/°Kelvin), T는 저항의 온도 (°Kelvin), B_N은 잡음 대역폭 (Hz), R은 저항 (Ohm)이다. 저항이 R 값으로 단락되어 있다면 RMS 잡음 전압은 식 (3.30)과 같이 개방회로의 반으로 줄어든다. 이때 저항 R에 전달되는 전력은 옴의 법칙에 따라서 다음 식 (3.31)과 같이 주어진다.

$$V_{NT} = \sqrt{kTB_NR} \tag{3.30}$$

$$P_{NT} = kTB_N \tag{3.31}$$

따라서 수신기에 있는 모든 저항 소자는 물론 안테나 단자에도 온도에 의해 잡음이 발생하고 전력을 흡수한다. 수신기 입력단에서 최소 잡음은 안테나 단에서 주어진 온도에 의하여 발생된 것이다. 잡음 전력은 주어진 수신기 대역폭에 선형으로 비례하며 잡음 대역폭과 같다. 실제 수신기의 잡음은 다른 종류의 잡음으로 인하여 이러한 열잡음보다 높기 때문에 신호 탐지를 어렵게 한다.

(3) 최소 탐지 신호 (MDS)

최소 탐지 신호 MDS (*Minimum Discernible Signal*)는 잡음으로부터 신호를 구분할 수 있는 최소 신호 전력을 의미한다. MDS는 수신기의 절대 감도를 측정하는 단위로 신호 대 잡음비를 0 dBm으로 정의한다. 즉 신호의 크기와 잡음의 크기가 동일한 레벨을 기준으로 사용한다. MDS의 측정은 원 전계 거리에 설치된 타워 안테나로부터 수신단에 입력되는 초기 표준 신호를 이용하거나 또는 시뮬레이터에서 발생시킨 표준 신호를 수신기에 주입하여 잡음과 구분될 수 있는 신호 크기를 측정하여 구할 수 있다. MDS 신호를 수신기 입력단에서 측정할 때는 안테나 후단의 신호 경로에 있는 서큘레이터(Circulator) 및 케이블 소자에 의하여 감쇄되는 신호의 손실을 감해주고 순수한 테스트 표적 신호의 전력을 측정해야 한다.

(4) 잡음 지수

수신기 잡음 지수 (Noise Figure or Noise Factor)는 수신기를 통하여 발생된 잡음이 시스템에 미치는 영향을 나타내는 지수로서 수신기 입력단의 잡음과 출력단 잡음의 비로 정의한다. 수신기 입력단 잡음은 290°K 에서 발생된 잡음이며, 수신기 후단의 잡음은 수신기 자체에 의하여 발생된 잡음이다. 수신기가 이상적이라면 잡음 지수는 1이 되지만 실제 수신기는 다양한 열잡음이 발생되기 때문에 잡음 지수는 항상 1보다 크다. 잡음 지수는 여러 소자가 결합되어 발생하는 잡음들, 즉 마이크로파 대역에서 발생하는 잡음, 안테나 저항에서 발생하는 잡음, 전송 선로에서 발생하는 잡음 등에 의하여 전체 레이다 시스템에 영향을 미친다. 앞에서 정의한 식 (3.30)을 이용하여 수신기 전체 시스템의 잡음 전력은 식 (3.32)와 같이 표현할 수 있다.

$$P_{NO} = KT_oB_NFG_o \tag{3.32}$$

여기서 T_o는 290°K, F는 잡음 지수, G_o는 시스템의 입출력 이득이다. 수신기 시스템의 잡음 지수 F는 기본적인 잡음 전력인 kTB뿐만 아니라 시스템에 추가되는 잡음을 나타내는 단위이며 식 (3.33)으로 표현할 수 있다.

$$F = (S/N)_i / (S/N)_o \tag{3.33}$$

여기서 $(S/N)_i$는 수신기 자체의 잡음이 추가되지 않은 입력 SNR이며, $(S/N)_o$는 수신기에 의하여 발생된 잡음이 추가된 출력 SNR이다. 식 (3.33)에서 보이는 바와 같이 수신기 출력 잡음이 입력 잡음보다 항상 크기 때문에 잡음 지수 F는 항상 1보다 크며, 따라서 수신기 출력 SNR도 입력보다 작게 된다. 성능이 좋은 수신기는 F가 1에 가깝지만 보통 주파수가 높아지면 잡음으로 인하여 지수가 높아진다. X 대역에서 잡음 지수는 일반적으로 3 정도를 적용한다. 시스템의 수신기 잡음이 입력단에 의하여 주어진다고 가정하면 입력 잡음 전력은 식 (3.34)와 같이 주어지며 이때 전체 잡음 지수는 식 (3.35)로 주어진다.

$$P_N = KT_o B_N F \tag{3.34}$$

$$F = P_N / KTB_N \tag{3.35}$$

시스템 잡음 전력은 온도에 의하여 정해지는데 상온에서 열잡음을 기준으로 시스템 온도를 정의하면 다음 식 (3.36)과 (3.37)로 주어진다.

$$P_N = KT_s B \ \text{(Watt)} \tag{3.36}$$

$$T_S = T_o F \tag{3.37}$$

여기서 T_S는 시스템의 켈빈 온도이며 T_o는 290°K 이다.

설계 예제

펄스 도플러 레이다의 대역폭이 상온 290°K 에서 10 MHz ~ 100 MHz가 변화할 때 레이다 수신 감도 (MDS)의 변화를 비교해보자.

(1) 낮은 대역폭

최소 탐지 가능한 신호는 잡음 전력 레벨과 같으므로 대역폭 1 MHz일 때 MDS 레벨은 다음과 같이 −144 dB로 구해진다.

$$P_{NT} = kTB_N = 1.38 \times 10^{-23} \times 290 \times 10^6 = 400.2 \times 10^{-17} = 4.0 \times 10^{-15}$$

(2) 넓은 대역폭

대역폭 100 MHz일 때 MDS 레벨은 다음과 같이 -124 dB로 구해진다.

$$P_{NT} = kTB_N = 1.38 \times 10^{-23} \times 290 \times 10^8 = 400.2 \times 10^{-15} = 4.0 \times 10^{-13}$$

(3) 잡음 지수 영향

대역폭 100 MHz일 때 잡음지수가 3인 경우 MDS 레벨은 -119.2 dB로 구해진다.

$$P_{NT} = kTB_N F = 400.2 \times 10^{-15} \times 3 = 12.0 \times 10^{-13}$$

(5) 정합 필터

수신기의 중요한 기능 중의 하나는 표적 신호와 간섭 잡음을 분리하는 정합 필터링 기능이다. 정합 필터는 신호 대 잡음비를 최적화해준다. 실제로 송신 파형 신호는 표적에 반사되어 수신되는 과정에서 일부 왜곡될 수 있다. 실제로 원래의 송신 파형 신호와 완전히 일치하지 않기 때문에 완전한 정합은 되지 않으므로 정합 손실을 감안해야 한다. 정합 필터의 구현은 아날로그 수신기에서 진폭의 정보를 이용하거나 디지털 신호처리기에서 위상 정보를 이용하여 펄스 압축을 한다. 수신기 필터를 통과한 신호는 필터의 대역폭과 대역 통과 특성 및 수신 에코의 스펙트럼의 함수로 주어진다. 신호와 잡음의 스펙트럼 특성을 안다면 최대 신호 대 잡음비를 갖는 필터를 만들 수 있다. 실제로 전송되는 송신 파형이나 에코 도플러 변이 및 거리와 간섭의 종류에 따라서 정합 필터의 특성은 달라질 수 있다. 따라서 실제 레이다에서는 이상적인 정합 필터의 특성을 평균적인 어림치로 구현하여 진폭 특성을 이용한다. 정합 필터의 특성은 유도 과정을 거쳐서 식 (3.38)과 같이 주어진다. 여기서는 백색 잡음 전력 스펙트럼을 고려하였다.

$$H(f) = G_0 S^*(f) e^{-j2\pi f t_1} \tag{3.38}$$

여기서 $H(f)$는 정합 필터의 전달 함수, G_0는 필터의 이득으로 상수이며, $S^*(f)$는 수신 에코 신호의 스펙트럼에 대한 공액복소수, t_1은 송신과 수신 에코 간의 시간 지연으로 필터의 최대 신호응답이 나올 때의 시간을 나타낸다. 즉 정합 필터는 특별한 모양을 갖는 필터가 아니라 송신 파형에 대한 수신 에코 파형 자체가 정합 필터의 스펙트럼 특성

표 3.2 정합 필터의 근삿값 [© Skolnik]

송신파형 (Gated CW)	필터 진폭 모양	최적 $B_N\tau$	S/N손실 (dB)
Rectangular	Rectangular	1.37	0.85
Rectangular	Gaussian	0.72	0.49
Gaussian	Rectangular	0.72	0.49
Gaussian	Gaussian	0.44	0 (matched)

이 된다. 사각형 펄스에 대한 이상적인 정합 필터는 싱크함수 형태의 진폭 응답이 된다.

대표적인 정합 필터의 형태는 표 3.2에 정리하였다. 예를 들어 송신 파형이 Gated CW인 경우에 대하여 사각형 모양의 송신 신호에 대한 정합 필터의 진폭 특성이 동일한 사각형 모양이면 대역폭은 1.37배 넓어지며 정합 필터의 손실은 0.85 dB이 된다는 의미이다. 이와 대조적으로 송신 파형이 가우시안이고 정합 필터가 가우시안 모양이면 대역폭은 0.44 넓어지고 정합 손실은 제로가 되어 완전한 정합이 된다는 예를 보여준다. 시간 영역에서 파형의 모양을 변화시키지 않으면서 증폭을 시킨다는 것은 대역폭을 매우 넓게 유지해야 한다는 것이다. 정합 필터는 펄스 모양이 좀 변형되더라도 대역폭을 제한시킴으로써 잡음을 제한하는 효과를 얻는다. 만약 송신 파형과 수신 에코가 모두 사각형 파형이면 정합 필터의 출력은 가우시안 모양이 된다. 백색 잡음이 아닌 경우의 일반적인 정합 필터는 식 (3.39)와 같이 주어진다.

$$H(f) = \frac{G_0 S^*(f) e^{-j2\pi f t_1}}{N_i(f)^2} \tag{3.39}$$

여기서 $N_i(f)$는 입력 잡음 스펙트럼이며 백색 잡음인 경우 $[N_i(f)]^2$은 1이 된다.

(6) 수신기 이득 조정

이득은 수신기 입력과 출력의 비를 의미한다. 수신기의 이득을 조정하는 방법은 MGC (*Manual Gain Control*), AGC (*Automatic Gain Control*), STC (*Sensitivity Time Control*), FTC (*Fast Time Constant*) 등이 있다.

① 수동 이득 조정 (MGC)

레이다 운영자가 수동으로 일정한 이득 크기를 정해주므로 출력 전력은 입력 신호와 비례적인 관계이다.

② 자동 이득 조정 (AGC)

수신기 출력단 크기를 자동으로 일정하게 유지하는 기능이다. 이득 크기는 입력 신호의 크기에 따라 비례적으로 조정하여 출력 크기가 조정된다. 레이다에서는 펄스 신호의 순간적인 크기 변화보다는 일정한 개수의 펄스를 누적하여 평균적인 크기의 변화에 따라 이득을 조정한다. 따라서 AGC의 대역폭은 입력 신호의 변동률에 따라서 출력 신호를 일정하게 유지할 수 있는 범위에서 정하는데 일반적으로 10 Hz 정도를 사용한다.

③ 감도 시간 조정 (STC)

레이다의 반사 신호의 크기는 레이다 방정식에 의하면 거리의 4제곱에 반비례적인 관계가 있으므로 가까운 거리에서는 강하고 먼 거리에서는 약하다. 큰 반사단면적 (RCS)의 표적이 가까운 거리에서 반사되면 수신 신호가 매우 커서 수신기를 포화시킬 수 있고 반대로 작은 표적이 먼 거리에 있으면 수신 신호가 매우 작아서 잡음 속에 묻힐 수 있다. STC는 이러한 문제를 보완하기 위하여 거리에 따라서 수신 시간에 비례적인 이득의 크기를 적용함으로써 가까운 거리의 표적에 대한 이득은 낮게 하고, 먼 거리의 표적에 대한 이득은 높여서 전체적인 수신 신호의 레벨을 일정하게 유지하는 기능을 한다.

따라서 STC에 적용하는 이득 곡선은 특정 반사표적의 특성에 따라서 주어지는 거리 감쇄 곡선에 대한 역의 함수로 주어진다. 그림 3.37에는 R^4 거리 감쇄 곡선에 의하여 주어지는 이득 곡선을 예시한다. 이 경우 STC 이득 곡선은 시간적으로 각 반사 펄스 시간이 2배 지날 때 16배의 이득을 줄 수 있도록 조정된다. 그림 3.38에는 입력 펄스열의 진폭 감쇄 곡선에 따라 STC 이득 곡선을 적용한 경우의 출력 결과를 도시한다. STC 이득 곡선은 R^3 곡선과 R^2 곡선에 따라 시간이 2배 경과할 때 이득은 각각 8배와 4배가 증가하도록 조정된다. 이러한 STC 기법은 시간에 따라 이득을 줄어들기 때문에 CW 레이다나 높은 PRF 레이다에는 적합하지 않고, 주로 장거리의 탐색 레이다에 적용한다.

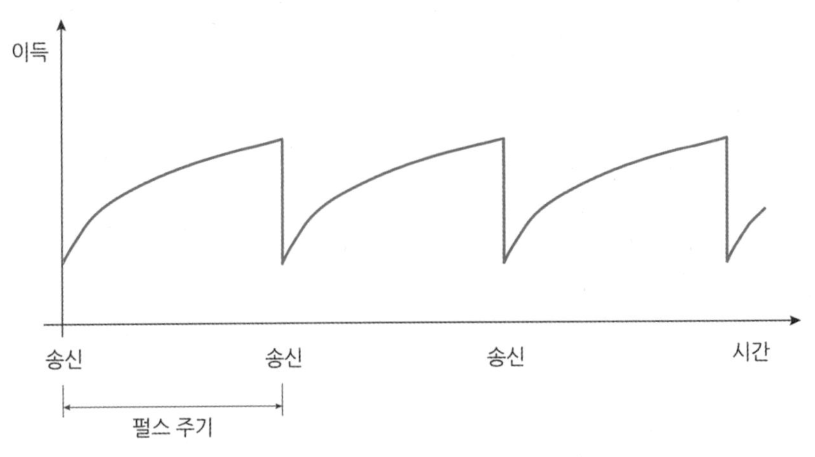

그림 3.37 수신기 STC 이득 곡선

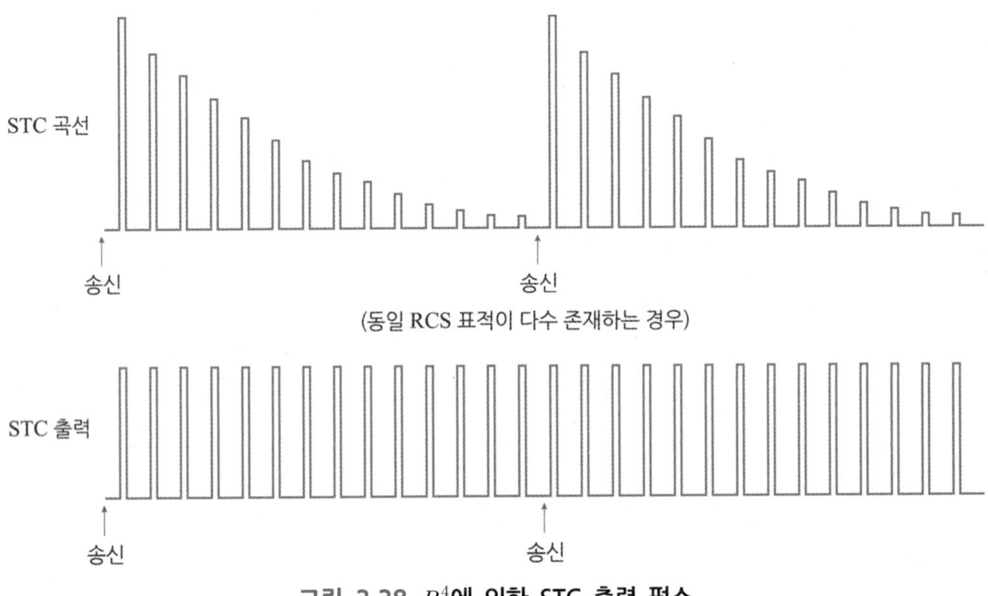

그림 3.38 R^4에 의한 STC 출력 펄스

④ 순간 자동이득조정 (IAGC) 및 시정수 (FTC)

레이다 신호는 넓은 범위의 클러터가 반사되어 큰 간섭 신호로 들어오는 경우가 많다. 이러한 경우에 표적 신호는 넓은 분포의 클러터로 인하여 구분하기 어렵다. IAGC나 FTC는 입력 전력의 변화율에 따라서 출력 신호의 크기가 비례적으로 나타나도록 해줌으로써 넓게 분포된 큰 간섭 신호의 영향을 줄일 수 있다. 그림 3.39에 FTC를 적용하기 전후의 미분 응답 특성을 도시하였다.

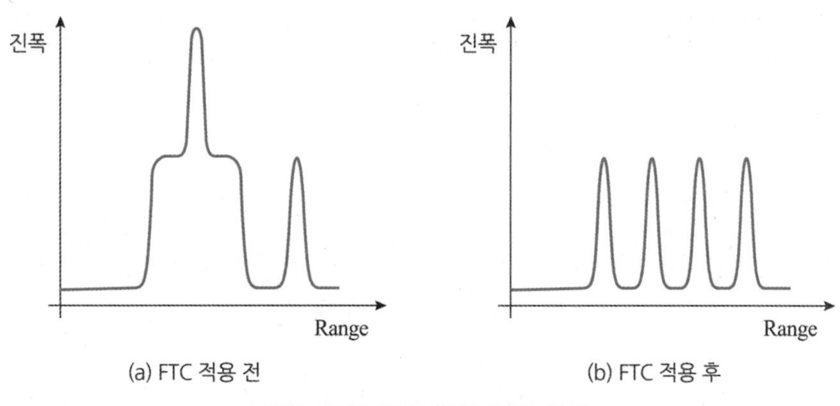

(a) FTC 적용 전 (b) FTC 적용 후

그림 3.39 FTC 적용 전후 특성

(7) 수신기 선형성 및 동적 범위

수신기는 반사 표적 신호뿐만 아니라 매우 큰 클러터나 간섭 신호를 모두 증폭하여 레이다 신호처리기로 보낸다. 이러한 수신 신호는 복합적인 성분들의 합으로 구성되어 있으므로 각 신호의 진폭과 위상 성분이 손상되지 않고 선형적으로 중첩의 원리를 적용할 수 있는 신호들만 신호처리기에서 처리하여 표적과 간섭을 분리할 수 있다. 만약 수신기가 비선형의 특성을 가지고 있다면 상호 변조 (Intermodulation)가 발생하여 새로운 변조 신호가 만들어진다. 이들 신호는 간섭 신호로 작용하며 표적의 도플러 성분이나 거리 성분을 탐지하는 데 방해가 된다. 그러나 수신기가 선형 특성을 가지게 되면 출력 신호는 입력 신호에 따라 비례적으로 나타나며 새로운 간섭 신호가 발생하지는 않는다. 수신기의 동적 범위는 가장 큰 수신 신호와 가장 작은 신호의 비를 말한다. 수신기의 동적 범위는 수신기의 출력 이득이 감소하는 지점에서 1 dB 압축되는 지점을 기준으로 정한다.

(8) Log 수신기

시간 영역에서 신호와 간섭이 동시에 존재하면 분리하기가 쉽지 않다. 보통 이동 표적 신호가 클러터와 함께 들어오는 경우 클러터가 크지 않으면 보통 선형 수신기를 사용하여도 동적 범위 내에 있으므로 큰 문제가 없다. 더구나 다른 시간대에 표적과 클러터 간섭이 분리되어 수신되는 경우는 상호 변조의 영향도 없으므로 비선형 증폭을 사용해도 가능하다. 로그 증폭기는 대표적인 비선형 증폭기이다. 로그 증폭기의 출력은 입력 진폭의 로그 값에 비례한다. 만약 서로 다른 거리 셀에서 작은 표적 신호가 매우 큰

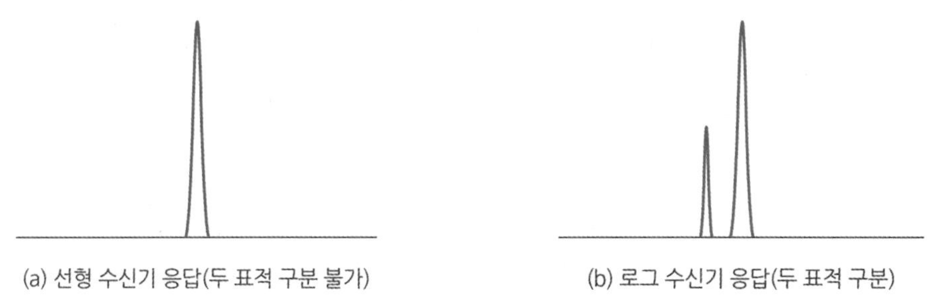

(a) 선형 수신기 응답(두 표적 구분 불가) (b) 로그 수신기 응답(두 표적 구분)

그림 3.40 수신기의 동적 특성

간섭 신호와 함께 수신되는 경우에도 로그 증폭기에서 의하여 큰 신호가 압축되므로 큰 간섭 잡음 속에서도 표적 신호를 탐지할 수 있다. 예를 들어서 그림 3.40과 같이 인접한 두 신호의 크기가 각각 −30 dBm와 −80 dBm일 경우 두 신호의 차이가 50 dBm 정도 난다. 이 경우 선형 수신기에서는 두 표적이 하나로 합쳐져 탐지할 수 없다. 그러나 로그 수신기를 사용하면 큰 신호의 압축 효과에 의하여 두 표적의 차이가 크지 않으므로 쉽게 구별할 수 있다.

3.6 레이다 신호처리기

3.6.1 개요

수신기에서 들어오는 레이다 신호는 주변의 강한 클러터 및 간섭 신호와 미약한 표적 신호가 포함된 복합적인 신호 성분으로 혼합되어 있다. 안테나와 수신기가 이러한 복합적인 반사 신호 성분이 손상되지 않게 잘 받아서 신호처리를 할 수 있도록 전달해주는 기능을 한다면, 레이다 신호처리기는 이러한 복합적인 신호를 받아서 표적 신호와 표적이 아닌 잡음 성분을 분류하여 표적 정보를 찾아내는 기능을 한다. 따라서 레이다 신호처리기는 레이다 시스템 중에서 스마트한 두뇌와 같은 역할을 담당한다.

레이다 신호처리기는 수신기에서 들어오는 아날로그 신호를 디지털로 변환한 후 디지털 프로세싱 기술을 이용하여 원하지 않는 클러터나 간섭 잡음 성분은 제거하고 원하는 표적의 거리, 방위, 속도, 표적의 크기 등의 레이다 정보를 검출하는 기능을 한다. 최신 레이다 신호처리기는 디지털 프로세서로 구성되므로 시간 영역의 디지털 레이다 데

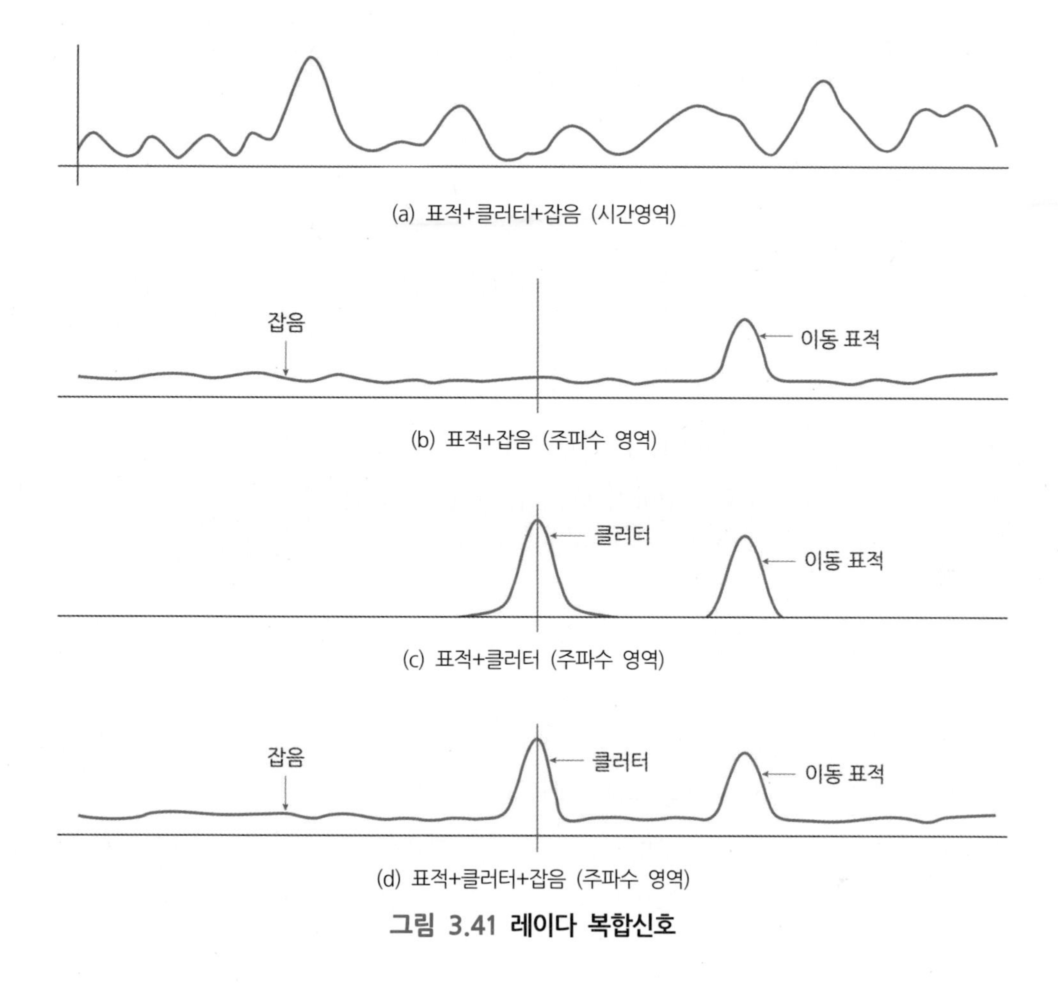

그림 3.41 레이다 복합신호

이터를 거리 셀이나 도플러 셀 등으로 재구성하여 시간 영역 필터링과 주파수 영역 필터링을 통하여 원하는 표적 정보를 추출한다. 레이다 데이터는 연속적인 펄스에 의하여 반사되는 신호를 실시간으로 받고 처리해야 하므로 데이터 분량이 매우 많고 여러 단계의 신호처리를 거쳐야 하므로 빠른 처리 시간이 필요하다.

레이다 신호는 그림 3.41과 같이 복합적인 표적과 클러터 등의 간섭 잡음으로 구성되어 있지만, 신호처리를 위한 위상 특성으로 분류한다면 위상의 연속성이 있는 표적 신호와 불규칙한 위상을 가지고 변하는 잡음 신호로 구분할 수 있다. 주어진 지속 시간 동안에 수신하는 펄스를 위상 동기 또는 위상 비동기 방식으로 표적 신호는 강화하고 잡음 성분은 약화시킴으로써 원하는 표적을 탐지할 수 있다.

레이다 신호처리는 크게 4단계로 이루어진다. 첫째, 표적 신호 성분을 강화하기 위하여 정합 필터를 이용하여 수신된 신호의 SNR을 높여주고, 둘째, 원하지 않는 클러터

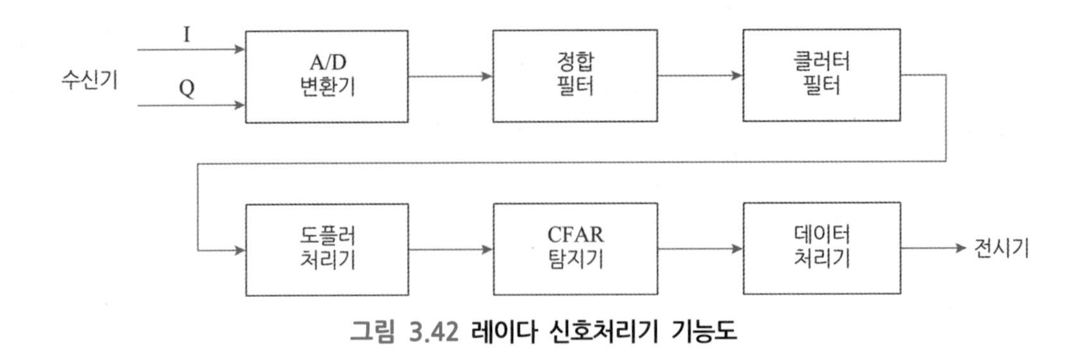

그림 3.42 레이다 신호처리기 기능도

나 간섭 잡음을 제거하기 위하여 시간 및 주파수 영역에서 필터링을 하고, 셋째, 원하는 표적의 속도 성분을 찾아내기 위하여 도플러 스펙트럼을 분석하고, 넷째, 표적 탐지 확률을 높이고 오경보율을 일정하게 유지하기 위하여 표적 탐지를 수행한다.

3.6.2 신호처리기 구성

레이다 신호처리기는 하드웨어 프로세서 구성 부분과 표적 정보를 추출하기 위한 알고리즘 부분으로 나눌 수 있다. 대표적인 디지털 레이다 신호처리기의 구성도는 그림 3.42와 같다. 신호처리기는 A/D 변환기 (*Analog-to-Digital* Converter), 디지털 정합 필터, 클러터 필터, 도플러 처리기, 표적 탐지기 등으로 구성되어 있다.

(1) A/D 변환기

수신기에서 I/Q 신호로 복조된 두 채널의 아날로그 신호를 각각 샘플링하여 디지털 데이터로 변환하는 기능을 한다. I/Q 신호는 각각 크기와 위상 성분을 가지고 있다. 레이다 신호의 샘플링은 시간 영역에서는 PRI 주기로 들어오는 펄스의 폭 단위로 샘플링하여 거리 셀 데이터로 변환한다. 스펙트럼 영역의 PRF 주파수에 대한 샘플링은 도플러 셀 데이터로 변환할 때 사용한다. 여기에서 A/D 변환기는 거리 셀의 중심에서 샘플링이 이루어지도록 해야 하며 샘플링 클락 주파수는 펄스폭에 해당하는 대역폭보다 충분히 높아야 한다.

(2) 신호 버퍼 메모리

샘플링된 I 채널 및 Q 채널 데이터를 실시간으로 저장하여 해당 신호처리 알고리즘에서 필요한 데이터를 제공한다. 레이다 신호는 레이다가 동작하는 동안 I/Q 두 개의 채널에서 연속해서 쉬지 않고 들어오므로 데이터가 손실되지 않도록 충분한 크기의 빠른 이중 버퍼 메모리에 저장한다. 레이다의 운용 모드에 따라 CPI (*Coherent Processing Interval*) 단위, 구역 (Sector) 단위, 스캔 (Scan) 단위 등으로 표적 정보를 실시간으로 추출해야 하므로 적용 신호처리 알고리즘의 구조에 적합한 버퍼 메모리 구조를 가져야 한다.

(3) 정합 필터

정합 필터는 샘플링된 신호의 거리 셀 단위로 최대의 SNR을 얻게 해준다. 레이다 표적 신호는 클러터 등의 잡음에 비하여 미약하므로 이를 강화하기 위하여 송신 파형과 수신 파형의 상관성을 이용하는 정합 필터를 사용한다. 두 파형이 정확하게 일치하는 시점에서는 잡음에 비하여 최대의 신호 에너지를 얻을 수 있다. 디지털 정합 필터는 펄스 압축 (Pulse Compression) 기법으로 구현한다.

(4) 클러터 필터링

레이다 주변의 반사 클러터 신호는 표적 신호에 비하여 상대적으로 크기 때문에 이를 사전에 제거하는 기능을 한다. 클러터는 일반적으로 고정된 지표면에서 반사되므로 도플러 성분이 거의 없고 이동 표적은 속도에 따라 도플러 위상 변이가 나타난다. 클러터 필터링 (MTI)은 도플러 성분이 없는 고정된 진폭 성분을 제거하는 기능이며, 그림 3.43과 같이 PRF 단위로 나타나는 클러터 스펙트럼은 주로 DC 성분에 분포한다. 따라서 PRF 대역폭 내에서 도플러 성분을 갖는 신호는 통과시키고 DC 성분은 제거할 수

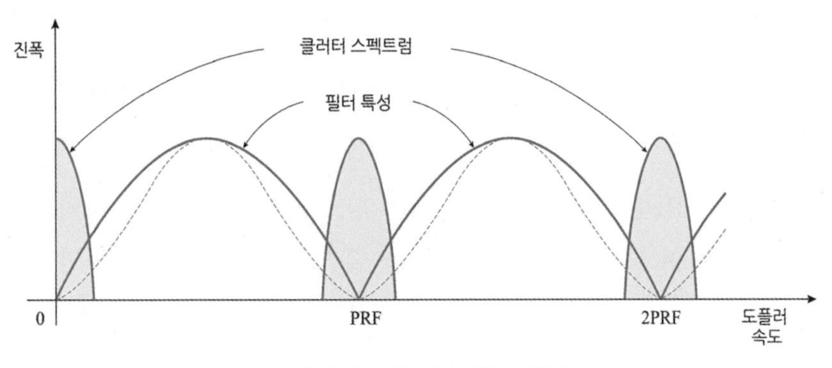

그림 3.43 클러터 필터 특성

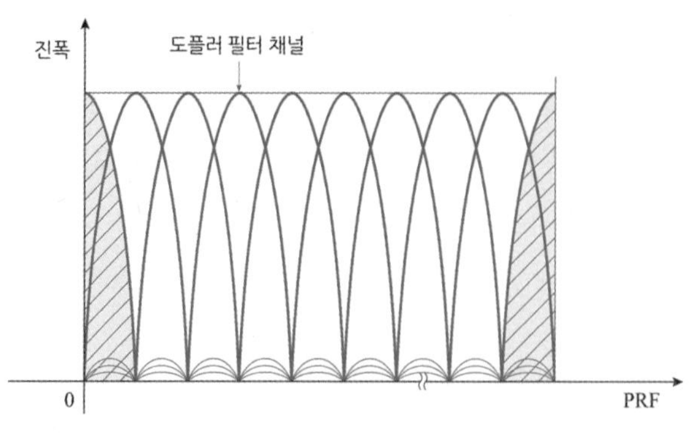

그림 3.44 도플러 필터 뱅크

있도록 일종의 대역통과 필터와 같은 MTI (*Moving Target Indicator*) 필터를 이용한다. 주로 PRF가 낮은 MTI 레이다에서 사용하며 표적의 도플러 속도 성분을 직접 측정할 수는 없다. 펄스 도플러 레이다에서 MTI 필터는 클러터 제거를 위한 전처리 필터 역할을 한다.

(5) 도플러 필터링

도플러 필터링 (MTD)에서는 도플러 변위를 측정하여 표적의 속도를 직접 구할 수 있다. 전처리 단계에서 대부분의 클러터가 제거된 후에 수신 신호의 스펙트럼을 분석하면 전체 PRF 대역폭에 잔류하는 미약한 클러터 찌꺼기 성분과 표적 성분이 같이 남게 된다. 도플러 필터링에서는 그림 3.44와 같이 속도 해상도 단위의 좁은 대역폭을 갖는 다수의 필터를 구성해주면 특정한 도플러 성분은 특정한 필터로 에너지가 집중된다. 이러한 방법으로 그림 3.45와 같이 위상 동기 펄스를 누적하면 동위상의 이동 표적 성분은 강화되고 랜덤 위상의 잡음은 약화되며 고정 클러터 성분은 분리됨으로써 이동 표적의 도플러 속도를 측정할 수 있다.

(6) 표적 탐지 처리

표적 탐지 (CFAR)는 특정 거리 셀에 있는 신호의 크기가 일정한 문턱값 기준과 비교하여 표적의 존재 여부를 판단하는 과정이다. 클러터 필터링 과정에서 남은 잔류 클러터 성분들과 불특정한 강한 간섭 잡음 등이 표적의 탐지를 어렵게 할 수 있다. 실제로 그림 3.46과 같이 특정한 거리 셀에 표적이 존재하지 않는데도 기준 문턱값을 넘는 잡음

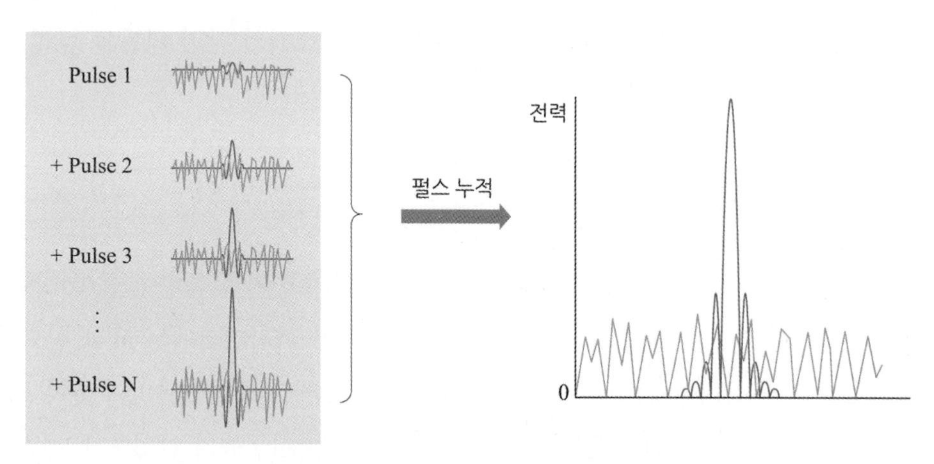

그림 3.45 위상 동기 펄스 누적 효과

신호를 표적이라고 잘못 탐지하는 경우가 발생할 수 있는데 이를 거짓 탐지 (False)라고 한다. 또한 실제 표적이 존재함에도 불구하고 문턱값보다 표적 신호가 낮아서 표적을 탐지하지 못하는 경우가 발생할 수 있는데 이를 탐지 손실 (Miss)이라고 한다. 그러나 표적 신호 크기가 문턱값보다 충분히 큰 경우에는 표적이라고 판단한다. 탐지조건은 표 3.3에 예시하였다. 따라서 표적 탐지의 확률을 정할 때 간섭 잡음에 의하여 오경보가

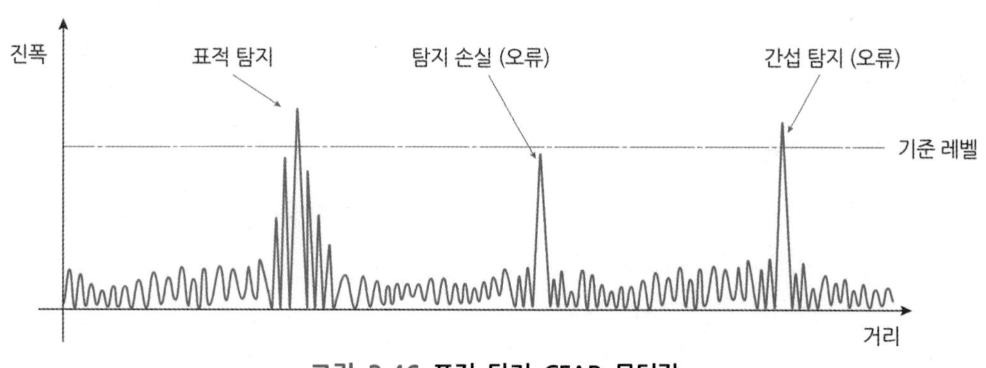

그림 3.46 표적 탐지 CFAR 문턱값

표 3.3 탐지 조건

표적	탐지	결과
No	No	정상
Yes	Yes	정상
Yes	No	오류 (탐지 손실)
No	Yes	오류 (오경보)

발생하는 경우에도 오경보 확률을 일정하게 유지하면서 표적의 탐지 확률을 높일 수 있는 방법을 CFAR (*Constant False Alarm Rate*) 탐지기라고 한다.

3.6.3 신호처리기 파라미터

레이다 신호처리는 레이다 파형이 표적에 반사되어 수신기를 통하여 들어오는 신호를 처리하여 표적 정보를 추출하는 기능이다. 신호처리기 파라미터에는 표적 신호의 대역폭과 신호처리를 통하여 얻을 수 있는 이득 및 클러터 제거에 관련된 변수들이 포함된다. 특히 코히런트 방식의 위상 동기 신호처리를 위해서는 시스템의 안정도가 매우 중요하다.

(1) 신호 대역폭

레이다 신호 속에 포함된 정보를 추출하기 위해서는 충분한 대역폭이 필요하다. 레이다 신호의 대역폭은 송신하는 펄스의 폭과 반비례 관계이다. 레이다의 거리 해상도는 대역폭이 넓을수록 좋아지나 대역폭이 넓으면 잡음 대역폭도 넓어져서 잡음 전력이 높아진다. 샘플링 주파수는 대역폭보다 충분히 높게 해주어야 원래의 레이다 파형을 손실 없이 복원할 수 있다.

(2) 프로세서 이득

신호처리 프로세서를 통하여 얻을 수 있는 이득을 말하며, 신호처리기 입력단과 출력단의 SNR의 비로서 식 (3.40)과 같이 정의한다.

$$G_p = (S/N)_o / (S/N)_i \tag{3.40}$$

여기서 G_p는 프로세서 이득, $(S/N)_o$, $(S/N)_i$는 각각 출력단과 입력단의 신호 대 잡음비이다. 재밍 마진은 식 (3.41)과 같은 신호처리기 입력단에서 재밍 신호와 표적 신호와의 비이다. 즉 재밍 잡음이 존재하더라도 신호처리가 동작할 수 있는 마진을 의미하며 출력단에서 최소로 탐지할 수 있는 신호의 크기와 관련이 있다. 주어진 $(S/N)_o$에 대한 재밍 마진은 다음 식과 같다.

$$M_j = (J/S)_j = G_p / (S/N)_{\min} \qquad (3.41)$$

여기서 M_j는 재밍 마진, $(S/N)_{\min}$은 표적을 탐지할 수 있는 프로세서 출력단에서 최소의 신호 대 간섭 재밍의 비이다.

(3) MTI 개선지수

MTI는 클러터를 억제하는 프로세서이다. MTI 개선지수는 제거된 클러터와 표적 신호와의 비율을 의미하며, 클러터 제거가 얼마나 좋아졌는지를 나타내는 지수이다. MTI 개선지수는 식 (3.42)와 같이 표현할 수 있다.

$$\mathrm{MTI}_{imp} = (S/C)_o / (S/C)_i \qquad (3.42)$$

여기서 $(S/C)_o$는 신호처리기 출력단에서 신호와 클러터 잡음의 비, $(S/C)_i$는 입력단에서 신호와 클러터 잡음의 비이다.

설계 예제

펄스 도플러 레이다에서 원거리 표적 A와 근거리 표적 B에서 수신되는 레벨이 각각 −64.0 dBm과 −21.3 dBm이라고 가정한다. 또한 근거리에서 클러터 잡음이 −4.8 dBm으로 들어오고 재밍 잡음은 모든 탐지 거리에서 −49.0 dBm으로 분포한다. 레이다의 잡음지수는 4.0이고 대역폭은 250 KHz라고 가정한다. 레이다 신호처리기를 거친 후에 표적 A에 대한 신호 대 잡음 비 (SNR)는 31 dB이고, 표적 B의 SNR은 20 dB이다. MTI 성능 지수를 설계해 보자.

(1) 신호처리 이득

원거리 표적 A에 대하여 신호처리기 전단에서 신호 대 재밍 전력비 (SJR)는 −64 dBm−(−49 dBm) = −15 dBm이다. 그러나 신호처리 후단에서 SNR이 31 dB이므로 신호처리 이득은 31 dBm−(−15 dBm) =46 dBm이 된다.

(2) 신호 대 클러터 비

근거리 표적 B의 간섭 잡음의 영향은 수신기 열잡음 (−116 dBm)과 재밍 잡음 (−45 dBm)음 클러터에 비하여 비교적 낮기 때문에 신호처리에는 영향이 없다. 따라서 신호 대 클러터 비는 −21.3−(−4.8) = −16.5 dB로 구해진다.

(3) MTI 향상지수

신호처리 이득을 MTI 향상지수로 계산하면 다음과 같다.

$$\mathrm{MTI}_{imp} = (S/C)_o/(S/C)_i = 31 - (-16.5) = 47.5\ dB$$

(4) SCV

SCV (*Sub-Clutter Visibility*)는 클러터가 존재하더라도 표적을 볼 수 있는 능력을 의미한다. 이는 클러터와 표적의 최대 비율로서 식 (3.43)과 같이 정의한다. 주어진 가시적인 신호에 대하여 SCV는 다음 식과 같다.

$$\mathrm{SCV} = C/S_i \text{ 또는 } \mathrm{SCV} = \frac{\mathrm{MTI}_{imp}}{S/C_{\min}} \tag{3.43}$$

여기서 $S/C_{\min}$은 표적을 볼 수 있는 정도의 최소 신호 대 클러터 비이다.

(5) 시스템 안정도

레이다의 표적 정보는 반사 신호의 진폭과 위상 성분 내에 포함되어 있다. 이러한 표적 정보를 추출하는 능력은 송신 신호의 진폭과 위상이 얼마나 정밀하며 내부 국부 발진기의 주파수가 얼마나 안정된 것인지에 달려 있다. 도플러 레이다에서 고정밀도의 주파수 안정성은 주파수 발진 회로에서부터 송신기, 수신기, I/Q 보조기에 이르기까지 스펙트럼상에서 매우 깨끗한 주파수 성분을 유지해야 한다는 것이다. 스퓨리어스 신호는 결국 불필요한 측파 대역을 생성하게 되므로 정지된 표적이 마치 이동하는 것처럼 보이게 할 수 있다. 송신 파형에서 진폭 변조 성분은 측파 대역을 생성하게 만들며, 스퓨리어스 주파수는 캐리어 주파수와의 합 또는 차의 신호이 만들어낸다. 또한 위상 성분의 불안정은 고정 표적을 움직이는 표적으로 오인하게 만들 수 있다. 따라서 도플러 신호처리가 요구되는 레이다 시스템에서는 주파수 안정도가 매우 중요하다.

3.7 레이다 전시기

레이다 전시기는 다양한 형태의 표적 정보를 화면상에서 볼 수 있도록 하는 장치이다. 과거에는 진공관 텔레비전과 같은 형태의 스코프 (Scope) 전시 장치를 사용하였으나 현대에는 그림 3.47과 같이 컴퓨터그래픽 스크린을 많이 이용한다. 디스플레이 방식은 표시 정보의 종류에 따라 거리와 각도, 고도 정보를 다음과 같이 구분하여 전시할 수 있다.

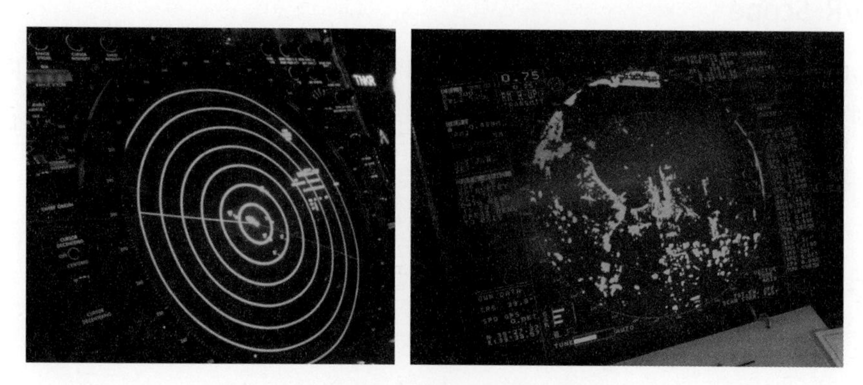

그림 3.47 다중 모드 전시 화면

(1) A-Scope

A 스코프 방식은 표적 신호의 거리와 진폭을 동시에 표시해준다. 그림 3.48과 같이 수직축은 표적의 진폭 성분을, 수평축에는 송신 시점으로부터 수신 시간 지연을 거리의 성분으로 표시한다. 레이다 개발이나 정비를 위해 신호를 측정하고 분석하는 데 용이한 디스플레이 방식이다.

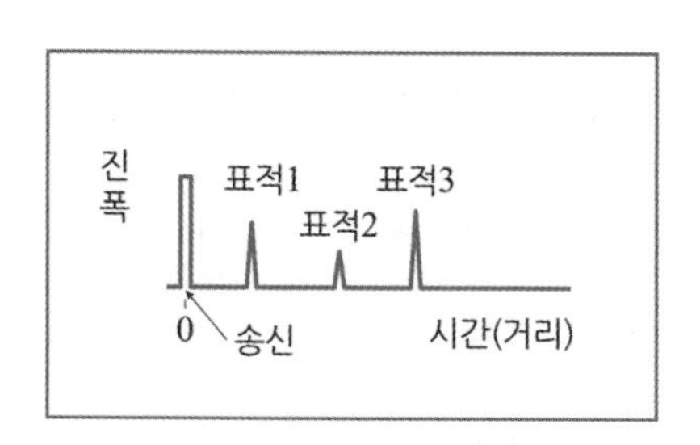

그림 3.48 A-Scope 화면

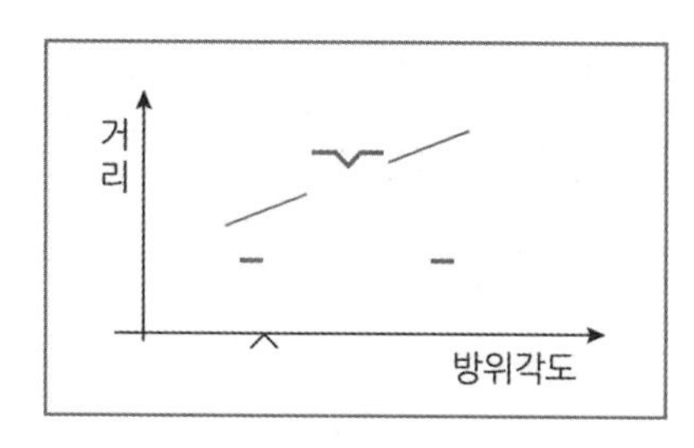

그림 3.49 B-Scope 화면

(2) B-Scope

B 스코프 방식은 거리와 방위 각도를 동시에 표시해준다. 그림 3.49와 같이 수직축에는 거리를, 수평축에는 방위 각도를 표시한다. 이러한 디스플레이 방식은 전투기에서 공중전을 할 때 상대 표적의 위치를 판단하는 데 편리하다. 가끔 비행 고도 정보를 표시하는 경우가 있다. 이러한 표적 정보는 조종석의 앞면 투명 평면 (Head-Up Display)에 전시되기도 한다.

(3) A/R Scope

A/R 스코프는 A 스코프와 유사하지만 시간축을 조정하는 기능이 있으며, R 스코프는 그림 3.50과 같이 정해진 구간의 중심을 조정하여 표적이 거리의 중심에 나타나도록 한다. 주로 추적 레이다의 게이트 조정용으로 사용한다.

(4) C-Scope

C 스코프는 사각형이나 원형의 디스플레이에 방위각과 고도각을 동시에 표시해주는 방식이다. 그림 3.51과 같이 수직축에는 고도 정보를, 수평축에는 방위 정보를 표시한다. 주로 추적 레이다에 사용되지만 F 스코프와 유사하여 현재는 별로 사용하지 않는다.

(5) F-Scope

F 스코프는 C 스코프와 유사하게 방위와 고도를 수평과 수직축에 각각 표시하지만

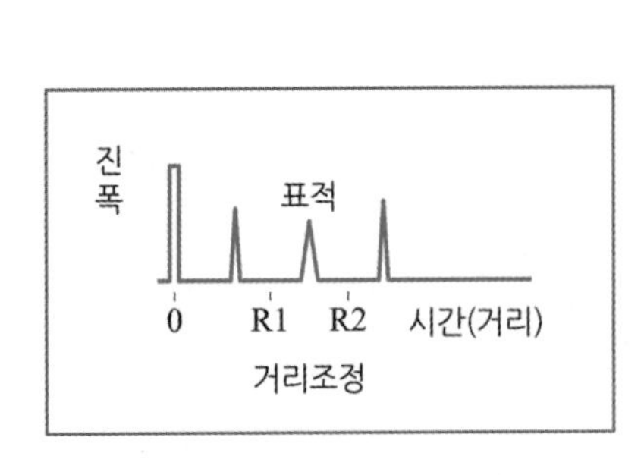

그림 3.50 A/R-Scope 화면

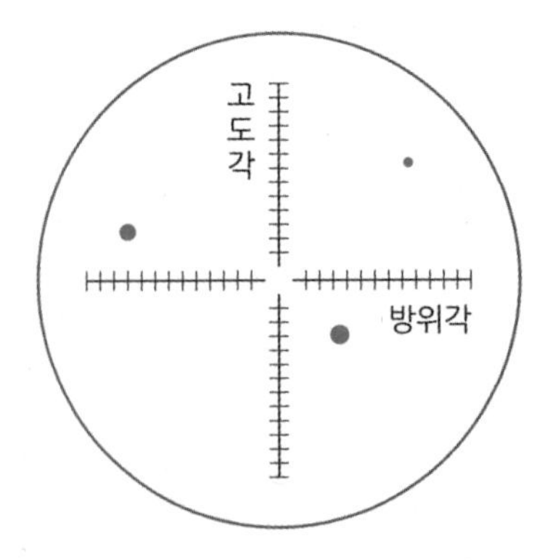

그림 3.51 C-Scope 화면

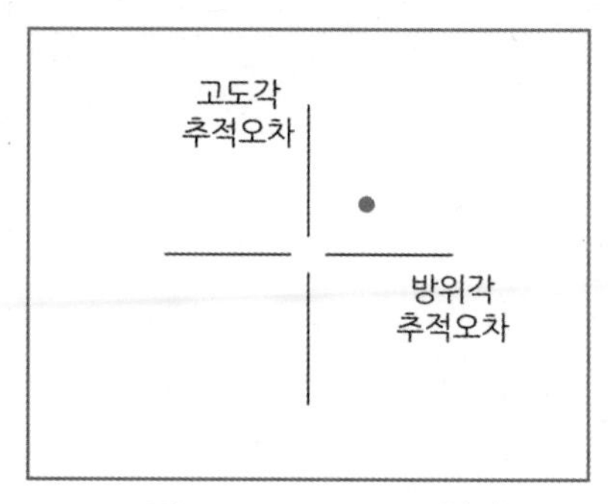

그림 3.52 F-Scope 화면

이와 다른 점은 그림 3.52와 같이 표적과 안테나의 중심이 이루는 오차 각도를 표시한다. 추적 레이다에서 주로 사용하며 추적 각도가 안테나 중심에서 벗어난 정도를 표시한다.

(6) E-Scope

E 스코프는 사각형 디스플레이에 수평축에는 거리를, 수직축에는 고도 각도를 표시한다. B 스코프와 유사하지만 수평축에 방위 대신 고도를 표시한다. E 스코프는 현재는 잘 사용하지 않지만 RHI (*Range-Height Indicator*)와 유사하다.

(7) P-Scope, PPI

PPI는 *Plan-Position Indicator*의 약어로서 P 스코프라고도 한다. 그림 3.53과 같이 원형 디스플레이 화면의 중심에 레이다의 위치를 표시하고 이를 중심으로 레이다가 방위 방향으로 360도 회전하면서 거리와 방위 각도별 위치에서 수신되는 에코 신호를 맵 지도처럼 연속적으로 표시하는 방식이다. 레이다는 시계 방향으로 회전하며 디스플레이가 지향하는 방위 각도는 정북 (Truth North)을 기준으로 정한다. 항공기의 지상 관제 등과 같이 레이다의 위치를 중심으로 표적을 표시할 경우에는 PPI 방식이 편리하다. 그러나 선박과 같이 항행 이동하면서 전방 방향을 기준으로 표적을 표시할 경우에는 그림 3.54와 같이 디스플레이의 중심을 옆으로 옮겨서 거리와 방위각을 표시할 수 있다. 이러한 방식을 '구간 (Sector) PPI' 또는 'Offset PPI'라고 한다.

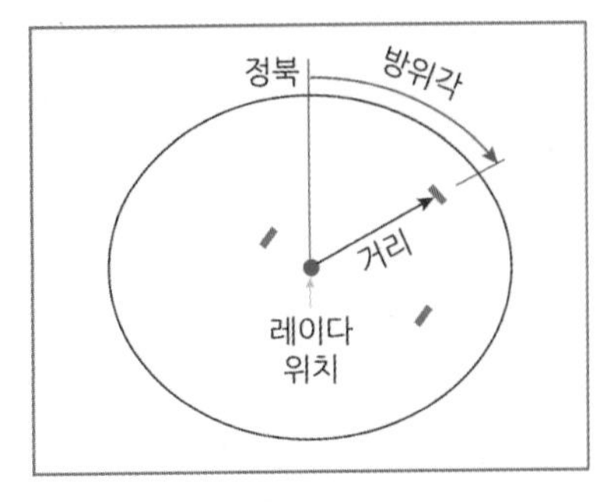

그림 3.53 PPI 화면

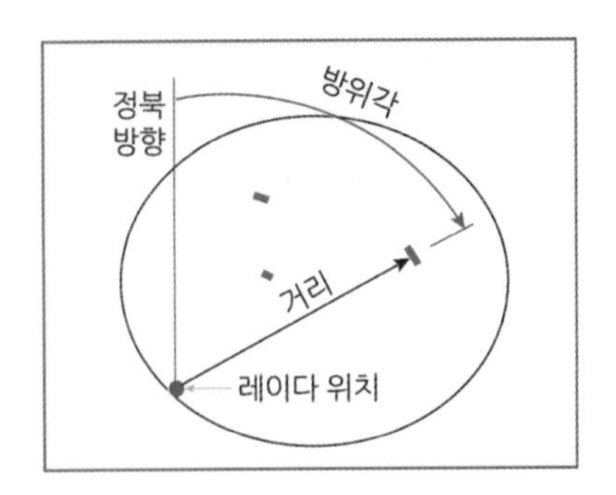

그림 3.54 Offset PPI 화면

(8) RHI

RHI는 *Range-Height Indicator*의 약어로서 거리와 고도를 동시에 표시해주는 방식이다. 그림 3.55와 같이 레이다로부터 직선 거리와 수평으로부터 시계 반대 방향으로 벗어난 고도 각도를 표시해준다. 마치 구간 PPI와 유사하지만 방위각 대신에 고도각을 표시한다. 이러한 방식은 항공기의 이착륙에 사용되는 PAR (*Precision Approach Radar*)의 정밀 접근 고도 디스플레이에 주로 사용된다. PPI와 RHI 방식을 이용하면 3차원의 거리, 방위, 고도 정보를 동시에 얻을 수 있다.

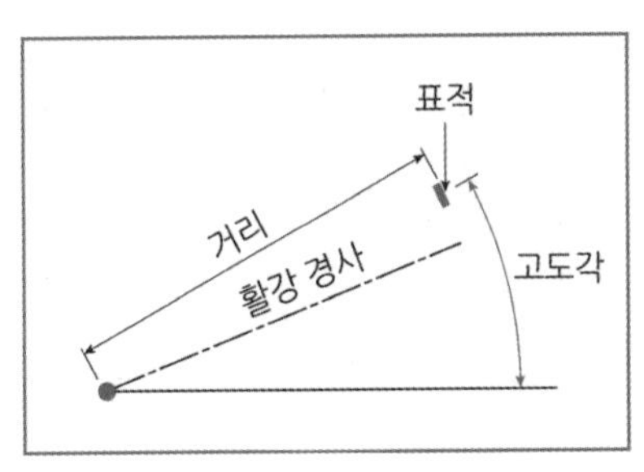

그림 3.55 RHI 화면

CHAPTER 4

레이다 방정식

4 레이다 방정식

4.1 개요

레이다 방정식은 레이다 시스템의 탐지거리와 신호 대 잡음비 (SNR)의 관계를 이용하여 레이다의 탐지거리 성능을 예측할 수 있는 기본적인 공식이다. 레이다 표적 정보를 추출하기 위해서 레이다 송신 출력은 표적이 존재하는 거리까지 에너지가 도달한 후 표적에 의한 반사 신호 에너지가 다시 레이다로 되돌아올 수 있도록 충분해야 한다. 전파 공간에 방사된 에너지는 전파 매질의 특성에 따라 외부의 전파 경로나 시스템 내부에서 많은 에너지 감쇄가 일어난다. 또한 레이다 방향으로 되돌아오는 반사 신호의 크기도 손실되는 에너지에 비하여 매우 작다. 실제 레이다 환경에서는 표적에 의한 미약한 반사 신호뿐만 아니라 표적보다 훨씬 큰 주변의 클러터나 시스템의 열잡음이 동시에 들어온다. 미약한 표적 신호의 레벨은 적어도 시스템의 열잡음보다는 큰 '최소 탐지 신호 레벨 (MDS)'이 들어와야 한다. 레이다 방정식은 이와 같이 복잡한 레이다 주변 환경에서의 탐지거리와 수신 전력과의 관계를 정립한 기본적인 공식이다. 레이다 방정식은 최대 탐지거리를 SNR의 관계 함수로 표현한 식이므로 이를 특별히 '레이다 거리 방정식'이라고도 한다. 레이다 방정식은 레이다 시스템의 주요 구성품인 안테나, 송수신기, 신호처리기, 표적의 반사 특성, 전파 공간의 매질 특성 등 모든 레이다 시스템의 주요 변수들이 서로 어떻게 작용하여 최적의 레이다 성능을 얻을 수 있는지를 하나의 식으로 보여준다. 레이다 방정식의 주요 특징은 다음과 같다.

- 레이다 시스템의 탐지 성능에 관한 설계 변수와의 관계를 제공한다.

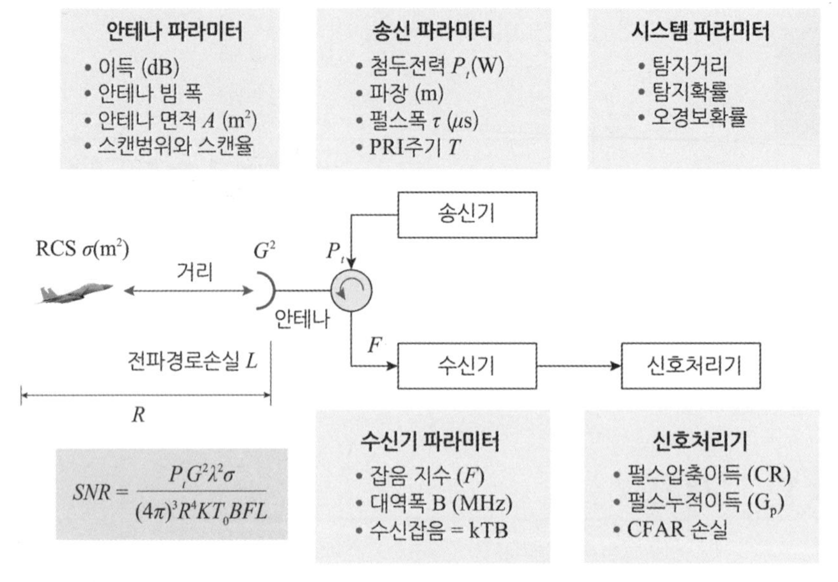

그림 4.1 레이다 시스템 파라미터와 레이다 방정식 관계

- 반사 신호의 수신 전력과 레이다 표적 변수와의 관계를 제공한다.
- 다양한 열잡음, 클러터 등에 대한 최소한의 수신 전력의 관계를 제공한다.
- 표적의 크기에 대한 최대 탐지거리와 요구되는 SNR을 제공한다.

레이다 방정식에 사용하는 주요 파라미터는 그림 4.1과 같이 시스템 내부 파라미터와 시스템 외부 파라미터로 분류할 수 있다. 시스템 내부 파라미터는 하드웨어의 조정으로 설계 변수를 가변할 수 있지만, 외부 파라미터는 레이다의 주변 환경에 의하여 주어지는 물리적인 특성들이므로 임의로 조정할 수 없으며, 이들의 특성을 레이다 방정식에 정확하게 반영하는 것이 중요하다.

(1) 시스템 내부 파라미터

- 송신 출력, 송신 에너지, 송신 파형
- 안테나 이득, 안테나 유효 면적
- 수신기 잡음 지수
- 시스템 최소 SNR (MDS)
- 시스템 내부 전력 손실

(2) 시스템 외부 파라미터

- RCS 크기와 변동
- 표적의 거리
- 클러터, 재밍 간섭의 크기
- 전파 매질 흡수, 산란 특성
- 전파 매질 에너지 손실

레이다 방정식은 레이다 설계 사양을 도출하는 데 매우 유용한 도구로 사용할 수 있다. 그러나 레이다 시스템이나 표적 및 전파 경로의 요소에 대한 불확정 요소들을 정확하게 반영할 수 없기 때문에 시스템을 개발하면서 발생할 수 있는 변수들의 조정을 통하여 초기 성능을 예측하고 최종 시스템의 최소·최대 성능의 범위를 최적화하는 데 사용할 수 있다.

4.2 레이다 방정식의 유도

레이다 방정식은 표적의 종류나 시스템의 종류에 따라서 다양하게 표현할 수 있다. 가장 기본적인 레이다 방정식은 그림 4.2와 같이 하나의 점 표적에 대하여 한 개의 단일 펄스 에너지를 송신하고 수신하는 경우에 대한 SNR 방정식으로 식 (4.1)과 같다.

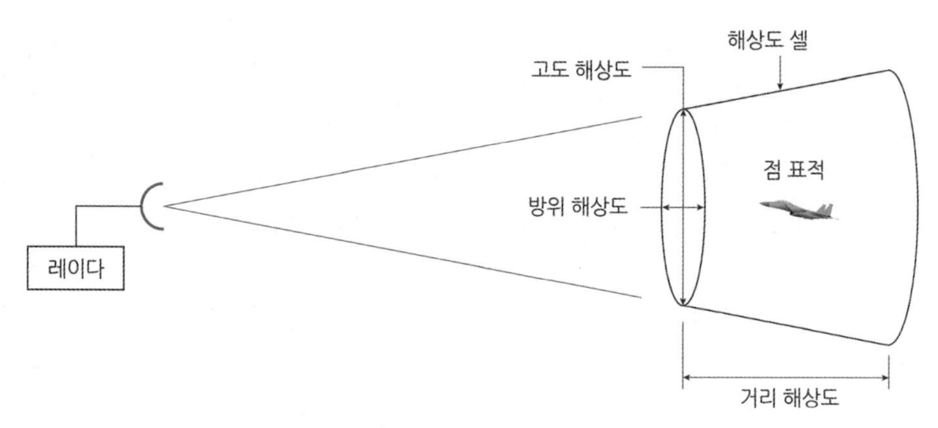

그림 4.2 점 표적의 정의

$$SNR = \frac{P_t G^2 \lambda^2 \sigma}{(4\pi)^3 R^4 k T_0 BFL} \tag{4.1}$$

여기서 P_t는 첨두 송신 출력 (Watt), G^2은 안테나의 양방향 이득, λ는 송신 주파수의 파장 (m), σ는 표적의 반사 단면적, R은 표적과 레이다 사이의 거리 (m), k는 볼츠만 상수 (1.38×10^{-23}), T_0는 290°K, B는 대역폭 (Hz), F는 잡음 지수, $(4\pi)^3$은 레이다 탐색 공간과 안테나 구면의 체적에 의하여 발생되는 상수이다. 식 (4.1)에서 보이는 바와 같이 레이다 방정식에는 레이다 체계 및 부체계의 주요 변수들로 구성되어 있다. 레이다 시스템 변수는 신호 대 잡음비 (SNR), 탐지거리 (R), 주파수 파장 (λ)이 있으며, 안테나 변수는 안테나 이득 (G), 송신기 변수는 첨두 전력 (P_t) 및 송신 펄스의 폭에 해당하는 송신 대역폭 (B_t), 수신기 변수는 수신기 잡음 지수 (F)와 수신 대역폭 (B_r) 등으로 구성된다. 또한 시스템 외적인 변수로서 표적의 반사 단면적의 크기 (σ), 전파 경로상의 손실 (L)로 시스템 내부 손실과 외부 전파 전송 손실 등이 포함된다.

기본적인 레이다 방정식은 레이다의 동작 원리에 따라 송신 출력이 안테나를 통하여 공간상에 방사되고 표적에 반사된 신호가 수신 안테나를 거쳐서 수신기에 들어오는 전력의 크기를 수식으로 표현함으로써 탐지거리와 수신 신호의 SNR의 함수로 유도할

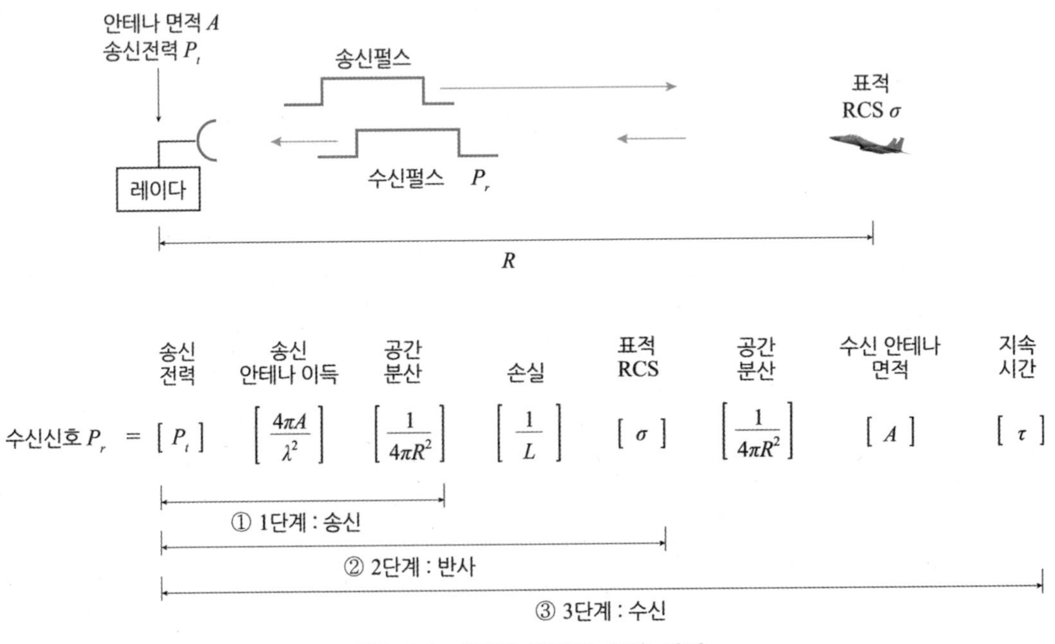

그림 4.3 레이다 방정식 유도 과정

수 있다. 레이다 방정식을 유도하기 위하여 그림 4.3과 같이 3단계로 나누어볼 수 있다. 첫째, 레이다 송신 안테나로부터 전파가 표적을 향하여 전방으로 방사하는 경우에 거리 R 지점의 전방 전파 전력밀도를 구한다. 둘째, 표적의 반사도와 크기 등에 의하여 산란 반사되어 나오는 표적 반사 전력밀도를 구한다. 셋째, 송신했던 레이다 방향으로 되돌아 오는 후방 전력 성분에 의한 레이다 수신 안테나에서의 전력밀도를 구한다. 그리고 레이다 수신기에 입력되는 수신 전력과 열잡음과의 관계에 의한 SNR을 구하고, 마지막으로 탐지거리와 SNR과의 관계식을 정리한다. 각 단계별 유도 과정을 설명하면 다음과 같다.

4.2.1 전방 전파 전력밀도

먼저 레이다의 송신 첨두 출력을 모든 방향의 공간에 방사하는 경우에 공간상 임의의 점에서 단위 면적당 전력의 크기를 전력밀도 (Power Density) P_D로 정의하며 이는 식 (4.2)와 같다.

$$P_D = \frac{\text{첨두 송신 전력}}{\text{공간상의 구의 표면적}} (\text{Watts/m}^2) \tag{4.2}$$

전파 공간 손실이 없다고 가정할 때 레이다로부터 거리 R만큼 떨어진 지점에서의 전력 밀도는 식 (4.3)과 같으며 그림 4.4와 같이 전방향에 대하여 동일한 전력밀도를 가지고 있다.

$$P_D = \frac{P_t}{4\pi R^2} \tag{4.3}$$

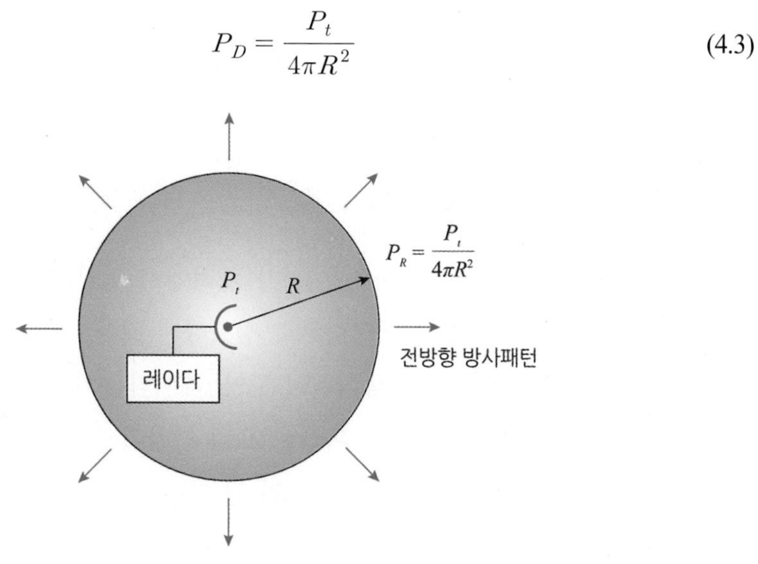

그림 4.4 전방향 안테나의 전력밀도

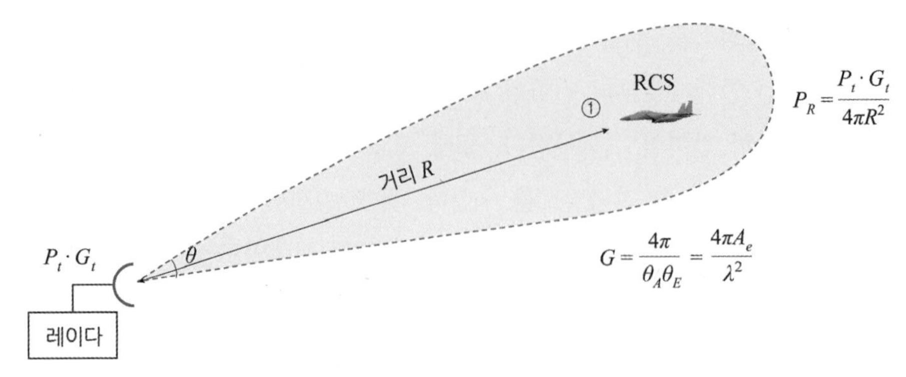

그림 4.5 방향성 안테나에 의한 전방 전력밀도

여기서 P_t는 첨두 송신 출력, $4\pi R^2$은 반경 R인 구의 표면적이다. 레이다에서는 특정 전방 방향으로 전력밀도를 높이기 위하여 방향성 안테나를 사용한다. 방향성 안테나의 이득은 식 (4.4)와 같이 안테나 면적에 비례하고 파장의 제곱에 반비례하는 관계를 가지고 있다.

$$A_e = \frac{G\lambda^2}{4\pi}, \qquad G = 4\pi A_e / \lambda^2 \tag{4.4}$$

여기서 A_e는 안테나의 유효 반사면적, G는 안테나 이득, λ는 파장이다. 안테나 이득이 G인 안테나를 통하여 그림 4.5와 같이 레이다로부터 거리 R 떨어진 지점에서 전력 밀도는 식 (4.3)을 이용하여 다음 식 (4.5)와 같이 주어진다.

$$P_D = \frac{P_t G}{4\pi R^2} \tag{4.5}$$

4.2.2 표적 반사 전력밀도

레이다로부터 방사된 전자기파 에너지가 표적에 부딪칠 때 표적에서 유도된 표면 전류는 전자계파를 발생시켜 모든 방향으로 방사하게 된다. 표적으로부터 방사되는 에너지의 양은 표적 단면적의 크기, 물리적인 모양, 레이다를 바라보는 각도, 유전체의 재질 특성 등에 따라 달라지는데, 이와 관련된 표적 파라미터를 표적 단면적 또는 레이다 단면적 RCS라고 한다. RCS는 표적에 입사된 전력밀도에 비하여 표적에 반사되어 레이다로 되돌아가는 전력밀도의 비로서 그림 4.6과 같이 σ로 표기하며, 식 (4.6)과 같다.

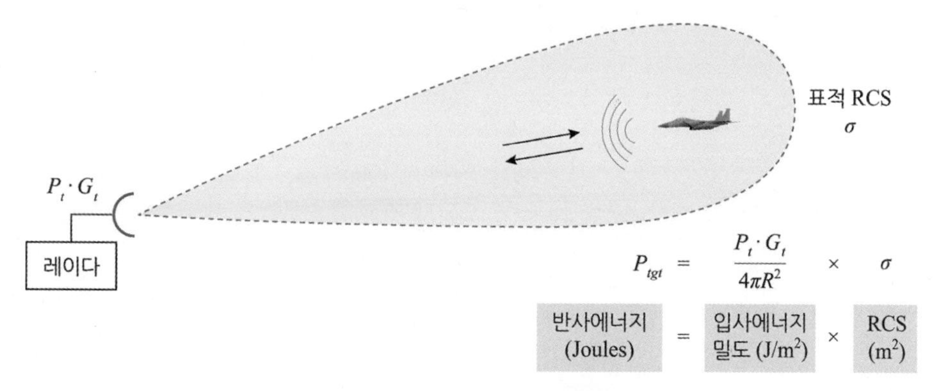

그림 4.6 표적 반사 전력밀도

$$\sigma = \frac{P_{tgt}}{P_D} \tag{4.6}$$

여기서 P_{tgt}는 표적에 반사되어 레이다로 되돌아가는 전력밀도이며 식 (4.6)으로부터 식 (4.7)과 같이 표현할 수 있다.

$$P_{tgt} = \frac{P_t G \sigma}{4\pi R^2} \tag{4.7}$$

표적 반사 단면적 σ는 물리적인 단면적의 크기를 의미하는 것이 아니며 레이다 파장이 반사 단면적을 보는 크기를 의미하므로 송신 파장과 표적의 형체에 영향을 받는다. 표적에서 반사되어 2차적으로 방사되는 에너지는 표적의 형체와 입사 각도와 반사 각도에 따라 전방향 또는 특정한 방향으로 산란하여 방사된다. 이러한 다양한 방향의 산란 신호 중에서 레이다 방향으로 되돌아가는 신호만이 표적 탐지에 유효하므로 이를 후방 산란 (Back Scattering)이라고 한다.

4.2.3 후방 전파 전력밀도

표적에서 반사되어 수신 안테나로 들어오는 전력밀도 크기는 표적 반사 전력의 크기를 구의 표면적의 크기로 나누어주면 식 (4.8)과 같이 구할 수 있으며, 식 (4.7)을 대입하여 정리하면 식 (4.9)와 같이 표현할 수 있다.

$$P_r = \frac{P_{tgt}}{4\pi R^2} \tag{4.8}$$

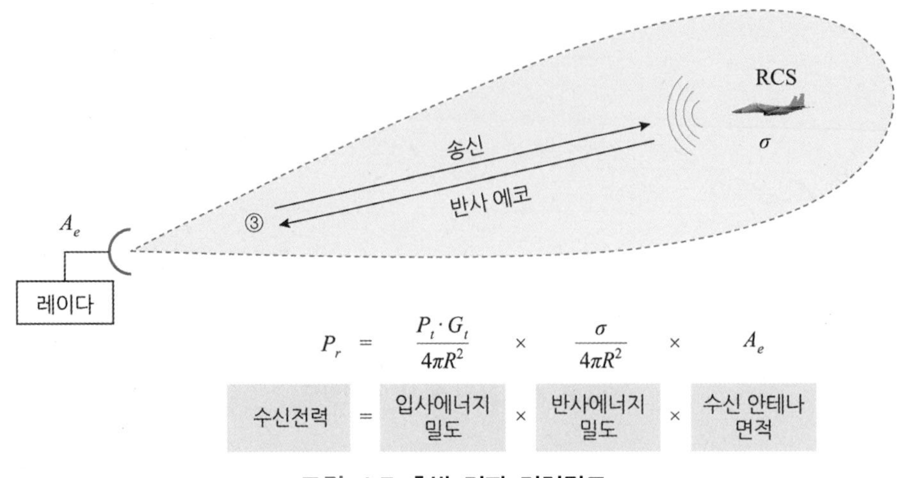

그림 4.7 후방 전파 전력밀도

$$P_r = \frac{P_t G \sigma}{4\pi R^2} \frac{1}{4\pi R^2} \tag{4.9}$$

여기서 P_r은 표적에서 반사되어 레이다로 되돌아온 수신 전력밀도이다. 후방 산란 전파의 경우에는 표적을 등방성 반사체로 가정하기 때문에 특별히 이득이 포함되지는 않는다. 또한 모노 스태틱 레이다에서는 송신기와 수신기의 안테나가 모두 동일한 위치에 있으므로 표적으로부터의 거리는 동일하다고 본다. 레이다 수신 안테나로 되돌아온 반사 전력 성분은 그림 4.7과 같이 수신 안테나의 면에 부딪쳐서 전류가 유기되고 그렇지 않은 반사 신호는 에너지가 소진할 때까지 계속 전파하여 사라진다. 따라서 수신 전력의 크기는 수신 전력밀도와 유효 안테나 면적의 곱으로 식 (4.10)과 같이 주어지며, 식 (4.9)를 대입하여 정리하면 식 (4.11)과 같이 표현할 수 있다.

$$P_r = \frac{P_t G \sigma}{(4\pi R^2)^2} A_e \tag{4.10}$$

$$P_r = \frac{P_t G^2 \lambda^2 \sigma}{(4\pi)^3 R^4} \tag{4.11}$$

여기서 유효 안테나 면적 A_e는 안테나의 효율을 적용한 경우로서 보통 실제 안테나 크기의 0.5 정도를 적용한다. 식 (4.11)은 레이다 시스템과 전파 경로상의 손실과 수신기 잡음의 영향 등을 고려하고 있지 않으므로 가장 이상적인 레이다 환경에서 기본적인 레이다 거리 방정식이라고 할 수 있다. 이 경우의 수신 전력은 잡음 손실이 없는 이상적인 경우이므로 최소 수신 전력 (MDS)이라고 하며, 이때 탐지할 수 있는 거리를 최대 탐지거리라고 한다. 그러나 여기서 정의하는 최소 수신 전력은 실제로 전파 경로상의 잡음 손실을 포함하고 있지 않으므로 최대 탐지거리는 실제 표적을 탐지할 수 있는 거리보다 훨씬 멀다. 만약 수신 전력 P_r을 최소 수신 전력 $S_{\min}$으로 가정한다면 이때 최대 탐지거리는 식 (4.12)와 같이 표현할 수 있다.

$$R_{\max} = \left[\frac{P_t G A_e \sigma}{(4\pi)^2 S_{\min}} \right]^{1/4} \tag{4.12}$$

이 식을 기본적인 레이다 거리 방정식이라고 한다. 이 식에서 최대 탐지거리를 2배 늘리기 위해서는 송신 전력을 16배 증가시켜야 하고 안테나의 크기는 4배 증가시켜야 함을 알 수 있다. 레이다의 송신 및 수신 안테나를 동일하게 사용하는 경우에 송신 안테나의 이득과 수신 안테나 유효 단면적과의 관계는 식 (4.4)를 이용하여 다음 식 (4.13)과 같이 다시 표현할 수 있다.

$$R_{\max} = \left[\frac{P_t G^2 \lambda^2 \sigma}{(4\pi)^3 S_{\min}} \right]^{1/4} \tag{4.13}$$

여기서 파장은 $\lambda = c/f$이며 c는 전파의 속도, f는 주파수이다. 최대 탐지거리 방정식을 안테나 면적 함수로 표현하기 위하여 식 (4.4)를 식 (4.12)에 대입하여 정리하면 식 (4.14)와 같이 재정리할 수 있다.

$$R_{\max} = \left[\frac{P_t A^2 \sigma}{(4\pi) \lambda^2 S_{\min}} \right]^{1/4} \tag{4.14}$$

여기에 소개한 세 가지 형태의 거리 방정식은 형태는 다르지만 동일하다. 식 (4.13)은 파장의 제곱과 비례 관계에 있으나 식 (4.14)는 파장의 제곱에 반비례하고, 식 (4.12)는 파장과 아무 관계가 없는 것처럼 보인다. 여기서 주의해야 할 것은 식 (4.13)은 안테나 유효 단면적이 일정하다는 조건이며, 식 (4.14)는 안테나의 이득이 일정하다는 조건에서 주어진 식이라는 점이다. 식 (4.12)에서 주파수나 파장과 관계가 없다는 의미는 두 개의 송수신 안테나를 사용하는 데 있어서 송신 안테나는 파장과 무관한 이득을 가지고 있어야 하며, 수신 안테나는 파장과 무관한 유효 단면적을 가지고 있어야 함을 말한다.

이러한 이상적인 레이다 거리 방정식은 실제 레이다의 성능을 적절하게 반영할 수 없지만 레이다 성능의 거리 상한 한계를 예측하는 데 도움이 될 것이다.

4.2.4 수신기 잡음 전력 관계

레이다 수신기 잡음은 시스템 내부 잡음과 외부 잡음으로 구분한다. 그림 4.8과 같이 외부 잡음은 태양의 활동에 의한 태양계 잡음 (Solar Noise)으로부터 대기 잡음, 인공간섭 잡음, 지상 잡음 등이 안테나의 주빔과 부엽빔을 통하여 수신된다. 이들 잡음과 함께 안테나를 통하여 수신된 반사 신호 전력은 수신기에서 증폭된다. 레이다 내부 잡음은 안테나와 수신기 도파관 잡음 등이 외부 잡음과 같이 증폭된다. 이 과정에서 잡음은 수신기 입력에서 대부분의 열잡음으로 나타나는데, 이는 불규칙한 잡음으로 수신 신호를 방해한다. 수신기 열잡음은 대부분 랜덤 신호이므로 전력 스펙트럼 밀도 (Power Spectral Density) 함수로 표현된다. 따라서 수신 잡음 전력은 레이다의 대역에 비례 관계로 식 (4.15)와 같다.

$$N = N_{PSD}B \tag{4.15}$$

여기서 N은 수신기 잡음 전력, N_{PSD}는 잡음 대역 밀도, B는 수신기 대역폭이다. 그리고 안테나 입력단에서 잡음 전력은 식 (4.16)과 같다.

$$N_i = kT_0B \tag{4.16}$$

이 잡음 전력은 수신기의 최소 탐지 신호 (MDS)의 레벨을 결정하는 기준으로 사용

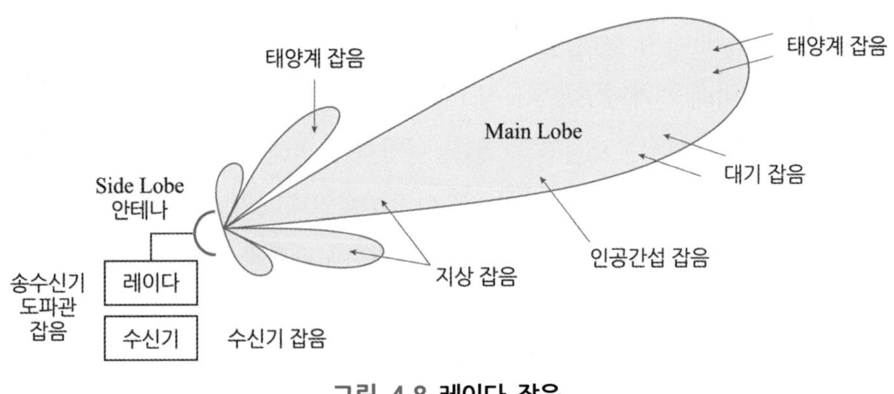

그림 4.8 레이다 잡음

되는데 수신 신호는 최소한 수신기 입력 잡음 전력보다 커야 표적을 탐지할 수 있다. 수신기의 성능을 결정하는 지수로서 잡음 지수 (Noise Figure)를 정의하면 식 (4.17)과 같다.

$$F = (S/N)_i / (S/N)_o \tag{4.17}$$

여기서 F는 수신기 잡음 지수, $(SNR)_i$와 $(SNR)_o$는 각각 수신기 입력 및 출력 신호 대 잡음비, S_i와 S_o는 수신기 입력과 출력 신호, N_i와 N_o는 수신기 입력과 출력의 잡음을 나타낸다. 입력 신호 전력을 잡음 지수로 표현하기 위하여 식 (4.16)을 식 (4.17)에 대입하면 다음 식 (4.18)과 같다.

$$S_i = kT_0BF(SNR)_o \tag{4.18}$$

여기서 최소 탐지 신호 MDS는 출력 SNR이 최소가 될 때의 입력 전력이므로 다음 식 (4.19)와 같이 표현할 수 있다.

$$S_{\min} = kT_0BF(SNR)_{o\ \min} \tag{4.19}$$

최소 탐지 신호를 이용하여 레이다 거리 방정식을 정리하기 위하여 식 (4.19)를 식 (4.13)에 대입하면 식 (4.20)과 같은 거리 방정식과 식 (4.21)과 같은 SNR 방정식을 유도할 수 있다.

$$R_{\max} = \left[\frac{P_t G^2 \lambda^2 \sigma}{(4\pi)^3 k T_e BF(SNR)_{o\ \min}} \right]^{1/4} \tag{4.20}$$

$$SNR_o = \left[\frac{P_t G^2 \lambda^2 \sigma}{(4\pi)^3 R^4 k T_e BF} \right] \tag{4.21}$$

실제 레이다의 내부 및 외부에서 발생하는 전력 손실은 전체적인 SNR이나 탐지거리를 낮추게 되므로 레이다 방정식의 분모에 손실 성분을 적용하면 식 (4.22)와 같이 최대 거리 방정식으로 표현할 수 있고, 식 (4.23)과 같이 SNR 방정식으로 정리할 수 있다.

$$R_{\max} = \left[\frac{P_t G^2 \lambda^2 \sigma}{(4\pi)^3 k T_e BFL(SNR)_{o\ \min}} \right]^{1/4} \tag{4.22}$$

$$SNR_o = \left[\frac{P_t G^2 \lambda^2 \sigma}{(4\pi)^3 R^4 k T_e BFL} \right] \tag{4.23}$$

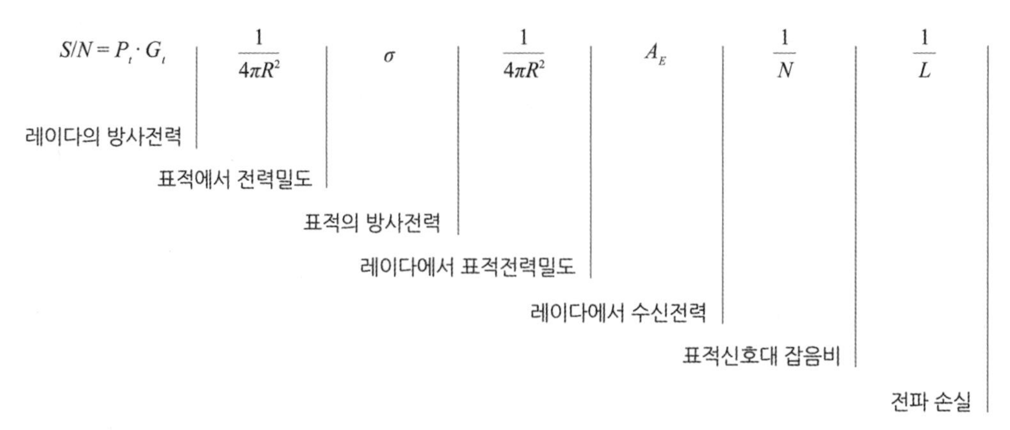

그림 4.9 레이다 방정식의 거리와 SNR 관계

앞의 두 식은 단일 점 표적에 대하여 단일 펄스를 송수신하는 신호 전력을 기준으로 유도된 가장 기본적인 레이다 거리 및 SNR 방정식이다. 레이다 방정식을 단계별 유도과정을 종합적으로 정리하면 그림 4.9와 같다.

설계 예제

펄스 레이다 시스템의 파라미터는 출력이 1.5 KW, 주파수는 5.6 GHz, 안테나 이득은 45 dB, 유효 온도는 290°K, 펄스폭은 0.2 μsec, 확장 펄스폭은 펄스압축 모드에서 1.6 μsec으로 주어진다. 주어진 $SNR_{\min}$이 20 dB일 때 RCS 0.1 m^2 표적을 탐지할 수 있는 최대 탐지 거리를 설계해보자.

(1) 레이다 파라미터 환산

레이다 방정식의 파라미터에 적합한 변수를 구한다. 대역폭은 펄스폭의 역수이므로 5 MHz가 되며, 파장은 $\lambda = c/f$를 이용하여 구하면 0.054 m가 된다.

(2) 단위 통일

레이다 방정식 양변을 로그로 변환하고 각 파라미터의 dB 값을 분자에는 +항으로, 분모는 -항으로 대입하여 dB 단위로 통일한다.

$$(R)^4 = (P_t + G^2 + \lambda^2 + \sigma) - (4\pi^3 + kT_eB + F + (SNR)_o)$$

$$(R)^4 = (31.761 + 90 - 25.421 - 10) - (32.976 - 136.987 + 3 + 20) = 167.420$$

(3) 탐지 거리 계산

dB를 산술 값으로 변환하고 양변에 1/4 승을 취하여 R을 구한다.

$$(R)^4 = 10^{167.420/10} = 5.5208 \times 10^{16}$$

$$R = (5.5208 \times 10^{16})^{1/4} = 15.326 \text{ Km}$$

따라서 최대 탐지거리는 SNR이 20 dB일 때 15.326 km가 된다.

(4) 펄스 압축 이득

확장 펄스폭이 1.6 $\mu \sec$이므로 펄스 압축비는 8이 된다. 따라서 압축 이득의 $8^{1/4}$만큼 거리가 확장된다. $R = (5.5208 \times 10^{16})^{1/4} \times 8^{1/4} = 25.78\,km$

레이다 방정식을 Matlab 프로그램으로 작성하여 출력과 RCS, 펄스폭 등을 가변시키면서 원하는 탐지거리와 SNR을 다양하게 설계할 수 있다.

4.2.5 레이다 방정식과 탐지 성능

레이다 방정식은 원하는 표적에 대한 탐지 확률을 최대화하고 원하지 않는 클러터나 간섭 잡음에 대한 오경보율을 최소화하는 레이다 탐지 프로세서를 최적화하기 위하여 그림 4.10과 같이 레이다 SNR을 최대화하는 과정이다. 레이다 탐지 프로세서에 영향을 주는 중요한 요소들은 시스템 내부 파라미터와 외부 파라미터로 구분할 수 있으며 대표적인 요소들로는 표적 변화에 대한 통계적 특성, 클러터나 간섭 잡음의 통계적 특

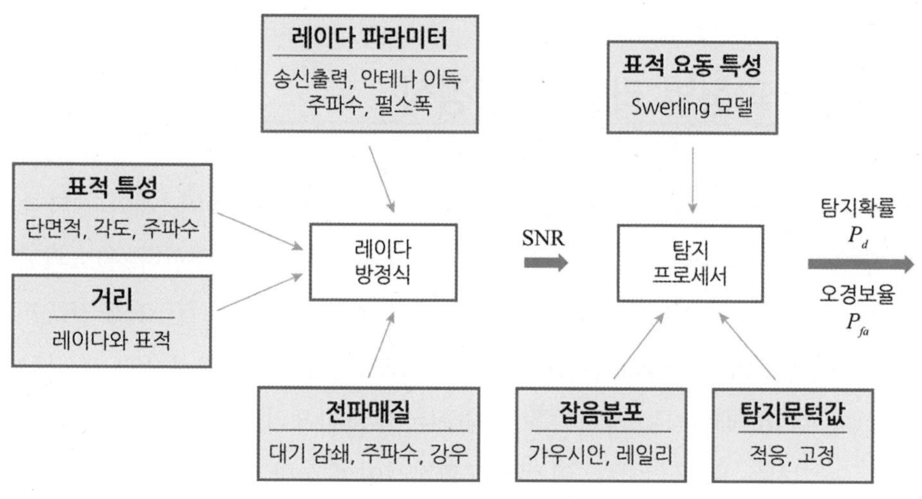

그림 4.10 레이다 방정식과 탐지 프로세스 관계

성, 레이다 환경에 따른 탐지기의 문턱값 특성, 수신 신호의 SNR 특성 등이 있다. 이들 중에서 레이다 방정식과 직접 관련 있는 요소는 시스템의 SNR이며 다양한 시스템 내부 및 외부의 파라미터들로 구성된다. 레이다 내부 시스템 파라미터로는 송신기 출력이나 안테나 파형과 스펙트럼 성분들이 있으며, 표적의 특성에는 반사 단면적과 표적의 모양과 입사 각도 및 주파수 등이 포함된다. 전파 매질 특성으로는 주파수 파장에 따라 대기 상태에 의한 감쇄 특성 등이 있다.

레이다 탐지 프로세서에서 필요한 표적 변화에 대한 통계적 특성은 5장에서 다루며, 클러터나 간섭 잡음의 통계적 특성에 대해서는 6장에서 다룬다. 또한 레이다 환경에 따른 탐지기의 문턱값 설정 기준과 탐지 확률에 대해서는 7장에서 각각 상세하게 설명한다.

레이다 표적은 레이다의 임무와 주변 환경에 따라서 점 표적, 면 표적, 체적 표적의 다양한 형태를 가지고 있다. 송수신 펄스도 하나만 보내고 받는 것이 아니라 지속 시간 동안에 다수의 펄스 에너지를 누적하여 표적을 탐지하게 된다. 또한 레이다 파형과 신호처리 방식에 따라서 펄스파와 CW파 방식과 낮은 PRF 및 높은 PRF의 펄스 방식과 펄스 압축을 사용할 수도 있다. 또한 레이다의 기능에 따라 탐색 레이다 또는 추적 레이다로 사용할 수도 있다. 레이다 주변 환경에 따라 재밍 간섭이 있는 경우의 전자전 상황의 레이다 방정식도 고려한다. 레이다의 종류도 일체형 또는 분리형 레이다 등이 있다. 따라서 레이다 방정식은 위와 같은 다양한 목적과 파형과 환경에 따라 설계 변수들이 달라지기 때문에 이들에 대한 레이다 방정식들을 다음 절에서 유도하여 정리한다.

4.3 파형별 레이다 방정식

레이다 파형에 따라서 레이다 방정식이 어떻게 다른지 살펴보자. 레이다 파형은 펄스파와 연속파로 구분하며 펄스파는 펄스의 주기와 펄스폭으로 구분한다. 펄스의 주기에 따라서 느린 펄스 주기를 LPRF (*Low PRF*)라 하고 빠른 펄스 주기를 HPRF (*High PRF*)라고 한다. 레이다 PRF에 따라서 거리나 도플러 모호성이 달라지므로 용도에 따라 다르게 적용한다. LPRF 레이다는 장거리를 탐지하는 경우에 유리하고, HPRF 레이다는 도플러 속도를 탐지하는 데 유리하다. 펄스폭을 확장하여 송신하고 압축하여 수신하는 레이다를 펄스 압축 레이다라고 하며 탐지거리 및 거리 해상도 성능을 향상시킬 수 있다. CW 레이다는 연속파를 사용하는 레이다로서 비교적 간단하게 도플러 속도를 측정하기에 편리하다.

4.3.1 LPRF 레이다

펄스 파형을 사용하는 펄스 레이다는 PRF 주기에 따라 LPRF (Low), HPRF (High), MPRF (Medium)로 구분한다. 그림 4.11과 같이 느린 펄스 주기를 갖는 LPRF 레이다의 경우에 주기는 펄스폭에 비하여 매우 길다. 펄스폭을 τ, 펄스 주기를 T라고 할 경우 송신 평균 전력 P_{avg}는 송신 첨두 전력 P_t와 가동 지수 (Duty Factor) d_t의 곱으로 다음 식 (4.24)와 같다.

$$P_{avg} = P_t d_t = P_t \tau / T = P_t \tau f_r \tag{4.24}$$

여기서 f_r은 펄스의 반복 주기인 PRF이며, d_r은 수신 가동 지수라고 하며 송신 가동지수가 매우 적을 경우에 수신 지수는 거의 같으므로 다음 식 (4.25)와 같이 표현된다.

$$d_r = \frac{T-\tau}{T} = 1 - \tau f_r \simeq 1 \tag{4.25}$$

낮은 PRF 레이다에서는 주기가 펄스폭에 비하여 매우 길어서 수신 가동 지수는 거의 1과 같다. 다음에는 레이다 안테나의 빔이 표적에 머무르는 시간을 지속 시간이라 하는데 이 시간에 송신하고 수신하는 펄스의 수로 식 (4.26)과 같이 표현할 수 있다.

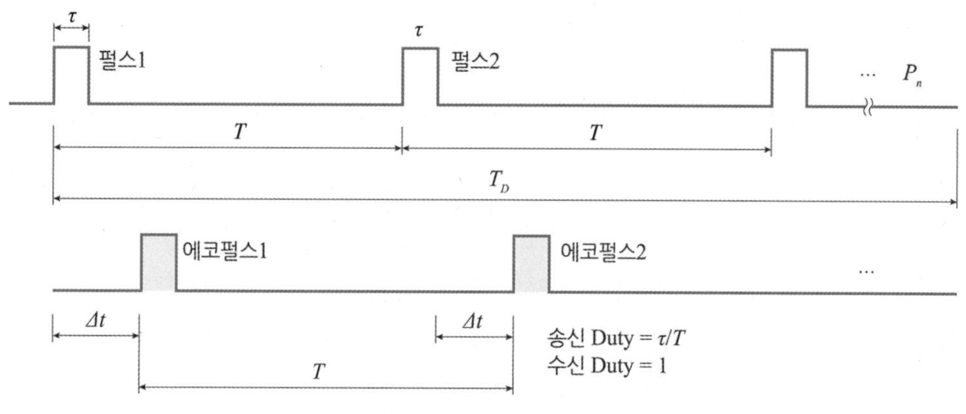

그림 4.11 LPRF 펄스 구조

$$T_D = \frac{n_p}{f_r} \qquad n_p = T_D f_r \tag{4.26}$$

여기서 n_p는 표적에 부딪치는 전체 펄스의 수이다.

LPRF 레이다 방정식을 유도하기 위하여 먼저 단일 펄스를 송수신하는 경우의 레이다 SNR 방정식 (4.23)를 이용하여 식 (4.27)과 같이 표현한다.

$$(SNR)_1 = \frac{P_t G^2 \lambda^2 \sigma}{(4\pi)^3 R^4 k T_e BFL} \tag{4.27}$$

지속 시간 동안에 펄스가 위상 동기 (코히런트) 방식으로 누적되는 수 n_p를 고려하여 식 (4.27)을 다시 정리하면 식 (4.28)과 같이 표현할 수 있다.

$$(SNR)_{n_p} = \frac{P_t G^2 \lambda^2 \sigma n_p}{(4\pi)^3 R^4 k T_e BFL} \tag{4.28}$$

대역폭을 펄스폭으로 변환하여 다시 정리하면 식 (4.29)와 같다.

$$(SNR)_{n_p} = \frac{P_t G^2 \lambda^2 \sigma T_D f_r \tau}{(4\pi)^3 R^4 k T_e FL} \tag{4.29}$$

LPRF 레이다 방정식은 평균 전력을 이용하여 변형하면 식 (4.30)과 같이 최종적으로 표현할 수 있다.

$$(SNR)_{n_p} = \frac{P_{avg} G^2 \lambda^2 \sigma T_D}{(4\pi)^3 R^4 k T_e FL} \tag{4.30}$$

결론적으로 낮은 주기의 펄스를 사용하는 레이다의 SNR은 송신 평균 출력에 비례하고 펄스 수를 많이 누적할 수 있는 지속 시간에 비례하여 좋아진다는 것을 알 수 있다. 레이다 안테나의 크기나 주파수가 고정되고 표적의 크기도 일정하다고 가정하는 경우에 탐지거리를 늘리거나, SNR을 향상시키는 기법으로 지속 시간을 조정하거나, 펄스의 개수를 증가시키거나, 펄스의 PRF를 증가시키는 방법이 있다. 이들 경우 모두 펄스의 수를 증가시켜서 펄스 누적 이득을 높이고자 하는 것이다. 펄스 누적을 하는 방법에는 위상 동기의 코히런트 누적과 비동기 방식의 넌 코히런트 방법이 있다.

4.3.2 HPRF 레이다

펄스 도플러 레이다에서 HPRF의 펄스는 그림 4.12와 같이 짧은 주기 펄스열이 지속 시간 동안 반복된다. HPRF는 펄스 주기가 짧아서 각 스펙트럼 라인의 전력 스펙트럼 에너지는 매우 가깝게 밀집되어 DC 성분에 집속된다. 이 경우에 푸리에 급수의 스펙트럼 신호 전력 성분 값은 $(\tau/T)^2$으로 주어진다. HPRF에서 송신 펄스 주기는 짧아서 펄스 폭의 길이와 거의 같다. 따라서 가동지수는 펄스폭 τ와 펄스 주기 T의 관계를 이용하여 식 (4.31)과 같고 송신 지수와 수신 지수가 거의 같음을 알 수 있다.

$$d_t = \tau f_r , \qquad d_r = d_t \tag{4.31}$$

HPRF 파형의 단일 펄스 레이다 방정식은 식 (4.32), (4.33)과 같이 표현할 수 있다.

$$SNR = \frac{P_t G^2 \lambda^2 \sigma (d_t)^2}{(4\pi)^3 R^4 k T_e BFL d_r} \tag{4.32}$$

$$SNR = \frac{P_t \tau f_r T_D G^2 \lambda^2 \sigma}{(4\pi)^3 R^4 k T_e FL} \tag{4.33}$$

여기서 송신 가동지수는 신호처리 이득으로 작용하며 수신 가동지수는 손실로 작용한다. LPRF 레이다와 마찬가지로 펄스를 누적을 이용하면 시스템 대역폭은 지속 시간의 역수이므로 식 (4.33)을 다시 정리하면 식 (4.34)와 같이 표현할 수 있다.

$$SNR = \frac{P_{avg} T_D G^2 \lambda^2 \sigma}{(4\pi)^3 R^4 k T_e FL} \tag{4.34}$$

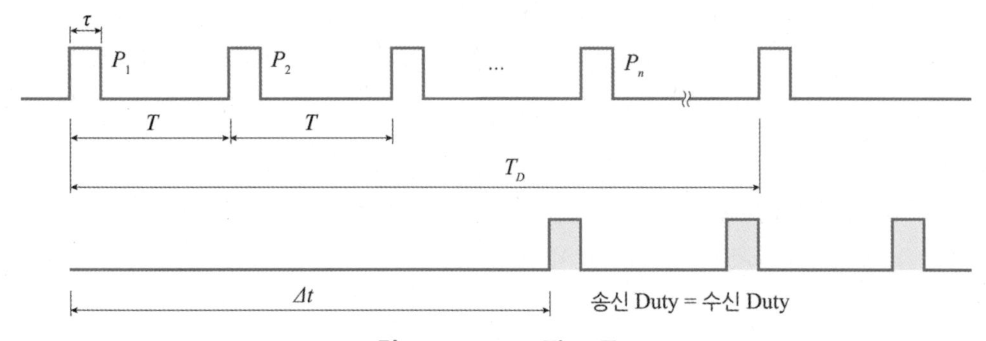

그림 4.12 HPRF 펄스 구조

여기서 $P_{avg}T_D$를 에너지 시간 지수라고 하며, HPRF 레이다에서는 비교적 낮은 평균 전력으로도 펄스 누적 시간을 길게 하면 SNR을 높일 수 있다는 것을 알 수 있다.

설계 예제

다중 모드 항공기가 RCS 2.0 m^2 비행 표적을 55 nmi 거리에서 탐지하고자 한다. 항공 탑재 레이다 시스템의 파라미터는 다음과 같이 출력 10 kW, 주파수 10.5 GHz, 펄스폭 1.2 μsec, PRF 250 kHz, 안테나 이득 35 dB, 수신기 잡음지수 3.5 dB, 시스템 손실 1.4 dB, 전파 손실 1.6 dB, 지면 다중경로 손실 0 dB, 유효 온도는 290°K 등으로 주어진다. 단일 펄스와 누적 펄스를 사용하는 경우 각각 SNR을 비교해 보자.

(1) 레이다 파라미터

레이다 방정식에서 모든 dB 파라미터를 십진 값으로 환산하면 안테나 이득은 3,160, 대역폭은 0.83×10^6, 잡음지수는 2.24, 시스템 손실은 1.38, 전파 손실은 1.45, 다중경로 손실은 1, 거리는 $55 \times 1852 = 101{,}860$ m가 된다.

(2) 단일 펄스 SNR

단일 펄스의 레이다 방정식 (4.27)을 이용하여 정리하면 다음과 같다.

$$
\begin{aligned}
(SNR)_1 &= \frac{P_t G^2 \lambda^2 \sigma}{(4\pi)^3 R^4 k T_e B F L_s L_p L_g} \\
&= \frac{(10\times 10^3)(3162.27)^2(0.028)^2(2)}{(4\pi)^3(55\times 1852)^4(1.32\times 10^{-23})(290)(0.83\times 10^6)(2.24)(1.38)(1.45)(1)} \\
&= 0.05128
\end{aligned}
$$

레이다 방정식을 로그 단위로 계산하면 분자 항은 +, 분모 항은 −로 계산된다.

$$
\begin{aligned}
(SNR)_{1(dB)} &= (P_t G^2 \lambda^2 \sigma) - [(4\pi)^3 R^4 k T_e B F L_s L_p L_g] \\
&= (40 + 70 - 30.88 - 59.2 + 3) - (32.97 - 203.977 + 3.5 + 200.32 + 3) \\
&= -12.8 dB
\end{aligned}
$$

따라서 SNR은 0.051 또는 $10Log(0.051) = -12.9$ dB로 동일하게 계산된다.
일반적인 표적 탐지에 필요한 SNR은 12 ~ 15 dB 필요하므로 단일 펄스 에너지로는 표적을 탐지하는데 충분하지 않다는 것을 알 수 있다.

(3) 다중 펄스 SNR

위상 동기 처리 시간 (CPI) 동안에 2048개의 펄스 누적할 경우 SNR을 구해보자.

단, 누적 손실은 1.6 dB로 주어진다. 먼저 2048을 dB로 환산하면 $10\log 2048 = 33.1133$ dB가 되며 손실 1.6 dB를 차감하면 31.5133 dB가 된다. 또는 신호처리 이득은 $G_p = N_L / L_i = 2048/10^{0.16} = 1416.86 \Rightarrow 31.51$ dB로 동일한 값이 된다. 따라서 단일 펄스의 SNR에 비하여 누적 펄스의 이득에 의한 SNR은 −12.9 dB+31.5 dB=18.4 dB (72배)로 향상된다.

4.3.3 펄스 압축 레이다

펄스 압축 레이다는 송수신 과정에서 펄스폭을 조정하여 레이다 탐지거리 및 해상도 성능을 향상시킬 수 있다. 펄스 압축 레이다의 개념은 그림 4.13과 같이 송신할 때는 펄스폭을 확장하고, 수신할 때는 펄스폭을 압축하여 좁은 펄스폭을 만들어줌으로써 송신 시에도 높은 송신 출력을 유지하면서 원래의 거리 해상도를 유지하는 것이다. 펄스 압축의 원리는 확장된 송신 파형을 기준으로 표적에 반사되어 들어오는 수신 신호와 상관 처리 (Correlation)하여 두 파형의 최대 정합이 일어나는 시점에서 최대 SNR을 얻고 또한 압축된 펄스폭을 얻어서 높은 해상도를 유지한다. 단일 펄스의 레이다 방정식을 압축 펄스폭 τ_c를 기준으로 표현하면 식 (4.35)와 같다.

$$(SNR)_1 = \frac{P_t G^2 \lambda^2 \sigma}{(4\pi)^3 R^4 k T_e BFL} = \frac{P_t G^2 \lambda^2 \sigma \tau_c}{(4\pi)^3 R^4 k T_e FL} \tag{4.35}$$

송신할 때 펄스폭을 확장하면 식 (4.36)과 같고, 펄스 압축비를 적용하여 표현하면 식 (4.37)과 같다.

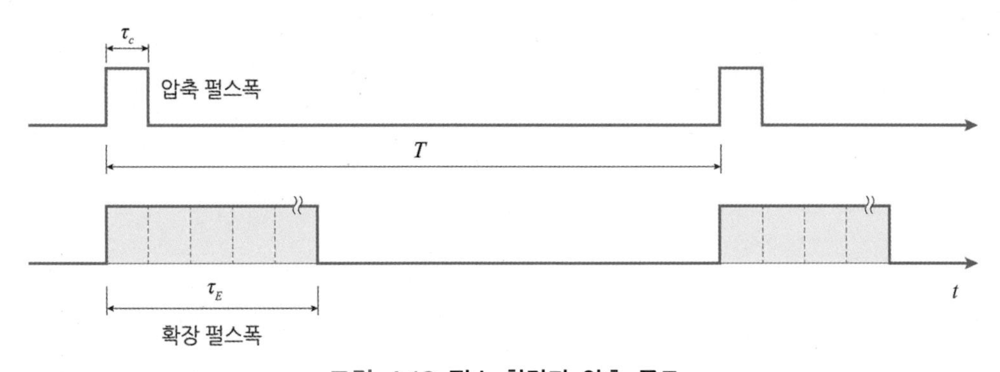

그림 4.13 펄스 확장과 압축 구조

$$(SNR)_1 = \frac{P_t G^2 \lambda^2 \sigma \tau_E}{(4\pi)^3 R^4 k T_e F L} \tag{4.36}$$

$$(SNR)_1 = \frac{P_t G^2 \lambda^2 \sigma \tau_c CR}{(4\pi)^3 R^4 k T_e F L} \tag{4.37}$$

여기서 τ_E는 확장 펄스폭이고, CR은 확장 펄스폭과 압축 펄스폭의 비로서 펄스 압축비라고 한다. 지속 시간 동안의 다중 펄스의 개수를 n_p라고 할 때 총 SNR은 누적 이득을 고려하여 식 (4.38)과 같이 표현한다.

$$(SNR)_{n_p} = \frac{P_t G^2 \lambda^2 \sigma \ \tau_E \ n_p}{(4\pi)^3 R^4 k T_e F L} \tag{4.38}$$

마지막으로 대역폭 $B_c = 1/\tau_c$을 적용하면 펄스 압축 레이다 방정식은 식 (4.39)와 같다. 방정식의 분모에 대역폭과 펄스 압축비에 대한 파라미터가 포함된다.

$$(SNR)_{n_p} = \frac{P_t G^2 \lambda^2 \sigma \ n_p \tau_c CR}{(4\pi)^3 R^4 k T_e F L} = \frac{P_t G^2 \lambda^2 \sigma \ n_p}{(4\pi)^3 R^4 k T_e (B_c / CR) F L} \tag{4.39}$$

결론적으로 펄스 압축 레이다에서는 일반 펄스 레이다처럼 동일한 송신 펄스폭을 사용하는 경우에는 동일한 SNR을 갖지만 펄스 압축을 하면 거리 해상도가 좋아지며 이로 인하여 실제 대역폭이 증가하게 된다. 또는 거리 해상도는 일정하게 유지하면서 펄스폭을 확장하여 탐지거리를 늘릴 수 있고 이 경우에는 대역폭도 동일하게 유지할 수 있다. 따라서 펄스폭이 늘어나면 해상도가 나빠진다는 기존의 한계를 극복할 수 있는 기법이다. 왜냐하면 펄스 압축 레이다에서는 거리 해상도는 송신 펄스의 대역폭과 관련이 있고 펄스폭에는 무관하기 때문이다. 물론 펄스 확장과 압축을 위한 부가적인 신호처리 기능들과 처리 지연 시간이 필요하지만 디지털 신호처리기에서는 이 기능을 쉽게 구현할 수 있다.

설계 예제

다중 모드 항공기 레이다의 파라미터가 앞의 설계예제와 동일하게 주어진다. 누적펄스는 128개, 펄스 압축비는 100으로 주어지는 경우 SNR을 비교해보자. 단, 누적 손실은 0.6 dB,

압축 손실은 0.2 dB이다.

(1) 누적 펄스 효과

누적 펄스 128개의 신호처리 이득 $G_p = 10\log(128) - 0.6 = 20.5\,\text{dB}$.

(2) 펄스 압축 효과

펄스 압축에 의한 신호처리 이득 $G_{pc} = 10\log(100) - 0.2 = 19.8\,\text{dB}$.

단일 펄스에 비하여 결과적인 SNR은 $-12.8+20.5+19.8$ dB=27.5 dB

따라서 펄스 압축효과를 이용하면 펄스 개수를 적게 조정할 수 있다.

4.3.4 CW 레이다

연속파를 사용하는 CW 레이다는 단일 스펙트럼 성분의 매우 좁은 대역폭을 사용한다. CW 레이다는 송수신 안테나를 충분히 이격시켜서 누설 신호가 수신기에 들어오지 않는다면 표적 신호와 간섭 잡음을 도플러 스펙트럼 영역에서 쉽게 구분할 수 있다. 도플러 셀의 대역폭은 도플러 샘플 속도를 셀의 개수로 나눈 것인데, 위상의 규칙성이 있는 도플러 성분은 해당 도플러 셀에 에너지가 집속되어 강하게 나타나고 불규칙한 간섭 성분은 전체 도플러 셀에 분산되어 약해진다. CW 레이다의 SNR에 관한 레이다 방정식은 식 (4.40)과 같이 주어진다.

$$(SNR)_{cw} = \frac{P_{cw} T_{D_{cell}} G^2 \lambda^2 \sigma}{(4\pi)^3 R^4 k T_e F L} \tag{4.40}$$

여기서 P_{cw}는 CW 첨두 출력, $T_{D_{cell}}$은 표적 도플러 셀이 나타나는 지속 시간이다. 펄스 레이다 방정식과 비교하면 분모에 신호 대역폭의 파라미터가 생략된 것을 알 수 있다. 이는 CW 대역폭이 이론적으로 거의 제로에 가깝기 때문이다. 만약 고속 푸리에 변환(Fast Fourier Transform) 방법으로 도플러 필터를 구성하는 경우에 실효적인 지속 시간은 식 (4.41)과 같이 주어진다. 즉, 특정 셀에서 지속 시간은 샘플 수와 각 샘플 간의 시간의 곱으로 주어지므로 샘플링 주파수를 이용하여 시간의 역수로 표현할 수 있다.

$$T_{D_{cell}} = N_D T = N_D / f_s \tag{4.41}$$

여기서 N_D는 샘플 수, T는 샘플 간의 시간, f_s는 샘플링 주파수이다.

식 (4.41)을 (4.40)에 대입하면 식 (4.42)와 같이 연속파의 레이다 방정식을 유도할 수 있다.

$$(SNR)_{cw} = \frac{P_{cw}G^2\lambda^2\sigma}{(4\pi)^3R^4kT_eFL}\frac{N_D}{f_s} \tag{4.42}$$

CW 레이다의 SNR 방정식은 연속파의 출력과 데이터 샘플 수에 비례하며 샘플링 주파수와 반비례하는 관계이다. 따라서 샘플링 주파수를 높이면 도플러 해상도는 좋아지지만 결과적으로 SNR에는 부담이 된다는 것을 알 수 있다.

연속파를 사용하는 일체형 레이다에서는 송신 파형이 연속적으로 나오기 때문에 송신 출력이 안테나로 들어가는 동시에 일부는 바로 수신기로 흘러들어오는 현상이 생긴다. CW 레이다에서는 이러한 현상을 최소화하기 위하여 송신 안테나와 수신 안테나의 간격을 충분히 분리하여 설치한다. 그러나 송수신 안테나 사이의 이격이 충분하지 않거나 차폐가 안 되면 여전히 일부 누설 현상은 발생할 수 있는데 이를 '누설 잡음 (Spillover Noise)'이라고 한다. 이러한 누설 잡음은 수신기의 열잡음이나 클러터 잡음보다도 매우 크기 때문에 SNR에 영향을 미칠 수 있다. 또한 송신 출력이 레이다 수신 안테나 가까이에 있는 타워나 건물 같은 큰 물체에서 반사되어 들어오는 강한 신호도 누설 잡음처럼 SNR에 영향을 미친다.

4.3.5 FMCW 레이다

FMCW 파형을 이용하는 레이다 방정식은 CW 레이다와 달리 그림 4.14와 같이 FMCW의 대역폭과 스위프 (Sweep) 주기를 고려해야 한다. 일반적으로 수신기의 SNR을 탐지 지수 (Detectable Factor) D로 정의하는데 수신기 출력의 크기는 12 ~ 16 dB을 기준으로 탐지거리를 예측한다. FMCW 레이다의 수신기 입출력 SNR의 비를 이득 비 PGR (*Processing Gain Ratio*)로 정의하면 $PGR = (SNR)_{ro}/(SNR)_{ri}$로 주어지므로 FMCW 레이다의 방정식은 식 (4.43)과 같이 표현할 수 있다.

$$R_{\max} = \left(\frac{P_{cw}G_TG_R\lambda^2\sigma}{(4\pi)^3R^4kT_eFLB_{ro}(SNR)_{ro}/(PGR)}\right)^{1/4} \tag{4.43}$$

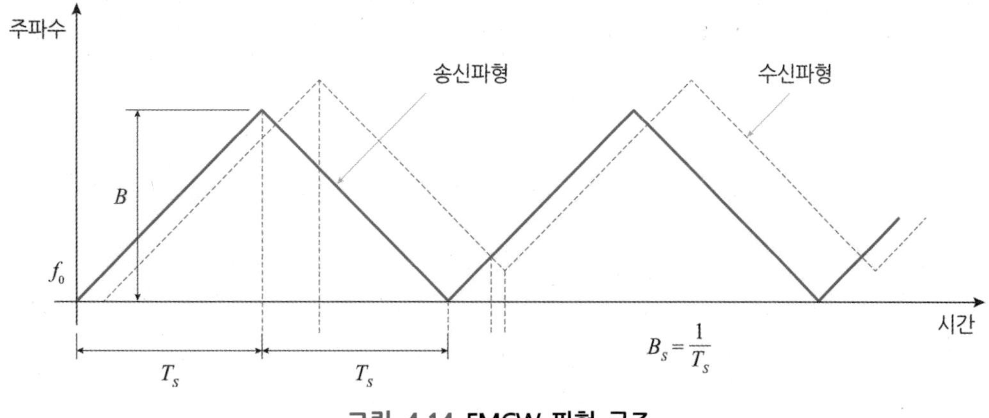

그림 4.14 FMCW 파형 구조

여기서 B_{ro}는 출력 대역폭이다. 또한 신호처리 이득 PGR은 시간과 대역폭의 곱으로 표현할 수 있으므로 식 (4.44)와 같다.

$$PGR = B_{ro} T_s \tag{4.44}$$

식 (4.44)를 (4.43)에 대입하면 식 (4.45)와 같이 표현할 수 있다.

$$R_{\max} = \left(\frac{P_{cw} G_T G_R \lambda^2 \sigma T_s}{(4\pi)^3 R^4 k T_e FL (SNR)_{ro}} \right)^{1/4} \tag{4.45}$$

식 (4.45)에서 보이는 바와 같이 FMCW 레이다의 거리 방정식은 스위프 시간의 함수로 주어지며 첩 대역폭에 무관하다는 것을 알 수 있다. 마지막으로 FMCW 레이다 방정식을 스위프 반복 주파수 $B_s = 1/T_s$로 표현하면 식 (4.46)과 같다.

$$R_{\max} = \left(\frac{P_{cw} G_T G_R \lambda^2 \sigma}{(4\pi)^3 R^4 k T_e FL B_s (SNR)_{ro}} \right)^{1/4} \tag{4.46}$$

결론적으로 FMCW 레이다의 거리 방정식은 스위프 반복 주기에 비례하고, 반복 주파수가 낮을수록 최대 탐지거리는 길어진다. 펄스 레이다에서는 최대 탐지거리는 펄스의 대역폭에 반비례하지만 FMCW 레이다에서는 파형의 반복 주파수에 반비례하므로 동일한 첨두 출력으로 훨씬 더 먼 거리를 탐지할 수 있다는 것을 알 수 있다. 왜냐하면 FMCW의 스위프 반복 주파수 대역폭은 수 kHz 정도이지만, 펄스 또는 LFM의 대역폭은 해상도에 따라 수 MHz에서 수백 MHz로 매우 높기 때문이다. 반면에 FMCW 레이다는 탐지거리나 도플러 모호성이 크다는 단점이 있다.

4.3.6 펄스 도플러 레이다 방정식

펄스 도플러 레이다는 이동 표적의 도플러 정보를 추출할 수 있다. 표적의 도플러 성분은 지속 시간 또는 위상 동기 처리 시간 (CPI: *Coherent Processing Interval*) 동안 누적된 펄스 개수를 협대역의 필터를 구성하여 추출할 수 있다. 여기서 지속 시간은 주어진 펄스의 개수와 펄스 주기 또는 PRF의 함수로서 식 (4.47)로 나타낸다.

$$T_D = n_p T = n_p / f_r \tag{4.47}$$

따라서 펄스 도플러 레이다의 방정식은 누적시간을 고려하면 식 (4.48)과 같다.

$$(SNR)_{PD} = \frac{P_{avg} G^2 \lambda^2 \sigma T_D}{(4\pi)^3 R^4 k T_e F L} = \frac{P_{avg} G^2 \lambda^2 \sigma}{(4\pi)^3 R^4 k T_e F L} \frac{n_p}{f_r} \tag{4.48}$$

설계 예제

LPRF 펄스 도플러 레이다의 빔폭이 그림 4.15와 같이 3.6도이고 분당 회전수 RPM (*Rotation Per Minute*)이 15, 대역폭은 1 MHz, PRF는 1 KHz일 경우 지속 시간과 펄스 누적 개수를 설계해보자.

(1) 지속 시간

RPM이 15이면 방위 방향으로 360도 일회전하는 데 4초가 걸린다. 따라서 지속 시간 (Dwell Time)은 다음과 같이 구해진다.

$$T_d = 60/RPM \times (\theta^o_{3dB}/360°) = 60/15 \times (3.6/360) \times 1ms = 40ms$$

(2) 펄스 누적 수

지속 시간 동안에 누적되는 펄스의 개수는 펄스 주기가 1 ms이므로 40 ms /1 ms=40개가 된다.

(3) 해상도와 탐지 거리

거리 분해능은 대역폭의 역수이므로 해상도는 150 m가 되며, 펄스 주기에 의하여 최대 탐지 가능 거리는 150 km가 된다.

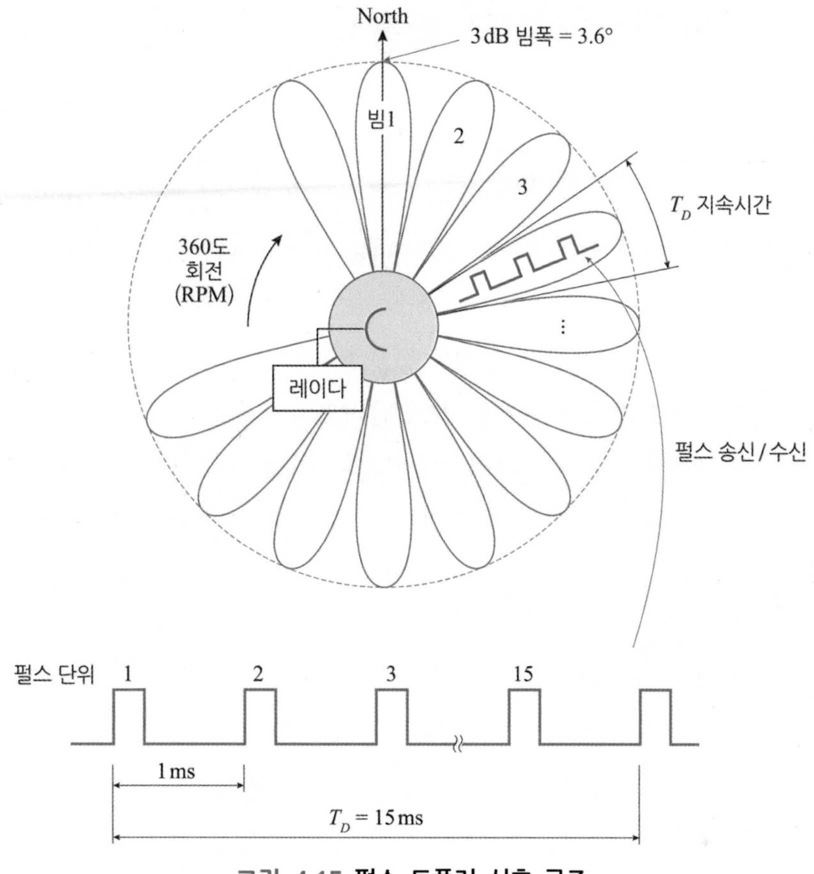

그림 4.15 펄스 도플러 신호 구조

펄스 도플러 레이다 방정식에서 SNR 성능은 평균 전력에 비례하며 지속 시간이 길거나 누적 펄스의 개수가 많을수록 좋다는 것을 알 수 있다. 펄스 누적 방식에 따라서 위상 동기 및 비동기 방식으로 구분한다.

이러한 펄스 도플러 레이다는 주로 LPRF를 사용하는 중장거리 감시 레이다에 많이 사용된다. 공항 감시 레이다는 항공 관제를 위하여 주기적으로 회전하면서 공항 주변을 감시한다.

4.4 임무별 레이다 방정식

레이다는 임무에 따라 탐색, 추적, 통제 레이다로 구분한다. 탐색 레이다는 360도 방위 및 고도 공간상을 일정한 속도 주기로 돌면서 스캔하여 표적의 거리와 방위, 고도 상의 위치와 속도 정보를 얻는다. 추적 레이다는 이미 주어진 표적의 위치나 속도 정보를 이용하여 표적의 이동을 지속적으로 추적하여 현재나 미래의 이동 표적의 위치 정보를 제공한다. 통제 레이다는 미사일 요격 등을 위하여 표적의 정밀한 추적 정보를 이용하여 미사일이나 사격 장치를 통제한다. 일반적으로 가장 많이 사용하는 탐색 레이다(Search)는 주로 3차원 공간을 주기적으로 스캔하여 감시하는 용도로 사용되므로 감시(Surveillance) 레이다라고 한다. 감시 레이다의 스캔 패턴은 다양하지만 빔의 종류에 따라 2차원 레이다는 고도 빔폭이 부채처럼 넓어서 팬 빔 (Fan Beam)이라고 하며 거리와 방위각 정보만을 얻을 수 있다. 3차원 레이다는 고도 빔폭이 연필처럼 좁아서 펜슬 빔(Pencil Beam)이라고 하며 거리, 방위 및 고도각 정보를 동시에 얻을 수 있다. 여기에서는 탐색 레이다와 추적 레이다의 방정식을 살펴본다.

4.4.1 탐색 레이다

탐색 레이다는 탐색하고자 하는 일정한 입체 공간 영역을 지정하여 그림 4.16과 같

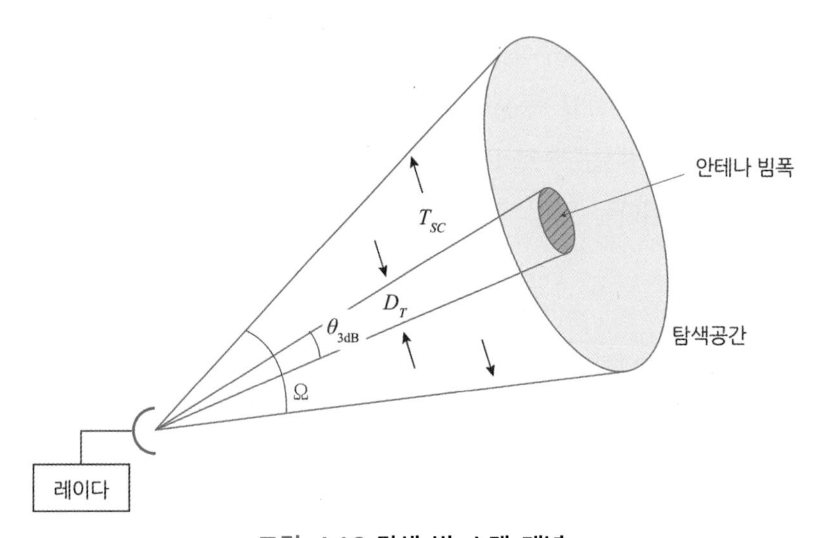

그림 4.16 탐색 빔 스캔 개념

이 일정한 주기로 전체 공간을 스캔하여 표적을 탐지한다. 레이다의 빔폭은 일정하게 주어져 있으므로 전체 공간을 스캔하기 위해서는 빠른 속도의 스캔이 요구된다. 이러한 경우에는 지속 시간이 짧아져서 충분한 펄스 개수를 누적하는 시간이 제한적일 수 있다. 그리고 연속적으로 쉬지 않고 360도 방위각 스캔을 하게 되므로 안테나 빔의 최대 이득점이 항상 표적을 지향하지 못할 수도 있다. 탐색 레이다 방정식은 안테나 스캔 속도, 빔폭, PRF, 펄스의 개수 등의 함수로 주어진다. 방위 빔폭이 일정한 경우에 주어진 표적 공간을 스캔하는 시간에 누적할 수 있는 펄스의 개수는 식 (4.49)와 같이 주어진다.

$$n_{ps} = T_D f_{r} = (\theta_{3(AZ)}/w_{sr}) f_r \tag{4.49}$$

여기서 n_{ps}는 지속 시간 동안에 스캔 속도에 의한 누적 펄스의 개수, T_D는 빔이 표적에 머무르는 시간, f_r은 PRF, $\theta_{3(AZ)}$는 방위각 방향의 3 dB 빔폭, w_{sr}은 초당 스캔율 (Scan Rate)이다. 따라서 탐색 레이다 방정식은 스캔율을 적용하여 식 (4.50)과 같이 표현할 수 있다.

$$(SNR)_1 = \frac{P_t G^2 \lambda^2 \sigma}{(4\pi)^3 R^4 k T_e BFL} \frac{\theta_{3(AZ)} f_r}{w_{sr} L_i} \tag{4.50}$$

여기서 L_i는 안테나 스캔에 의해 이득 변동으로 인한 손실을 의미한다. 위의 방정식에서 보는 바와 같이 안테나 빔폭이 고정되어 있는 경우에 안테나 스캔율이 빠르면 빔이 표적에 머무르는 시간이 줄어들기 때문에 결과적으로 누적 펄스 개수가 줄어들어 SNR이 저하되는 것을 알 수 있다. 반면에 스캔 속도를 느리게 하면 SNR은 증가하지만 표적 공간을 스캔하는 데 많은 시간이 걸릴 수 있다. 따라서 탐색 공간의 범위와 스캔 속도에 따라서 SNR이 영향을 받는다는 것을 알 수 있다. 실제 탐색 레이다의 안테나 빔은 입체 빔이므로 방위 빔뿐만 아니라 고도 빔도 고려해야 한다. 공간상의 특정 구역을 스캔하는 경우에 요구되는 안테나 빔의 개수는 식 (4.51)과 같이 주어진다.

$$n_B = \frac{\Omega}{\theta_a \theta_e} \tag{4.51}$$

여기서 Ω는 탐색 구역의 각도 범위 (Steradian), θ_a는 방위각 빔폭, θ_e는 고도각 빔폭이다. 만약 안테나의 크기를 D라고 하면 안테나의 빔폭은 식 (4.52)와 같으며 안테나 빔의 개수는 식 (4.52)를 대입하면 (4.53)과 같이 구할 수 있다.

$$\theta_{3dB} \approx \frac{\lambda}{D} \tag{4.52}$$

$$n_B = \frac{D^2}{\lambda^2}\Omega \tag{4.53}$$

특정 탐색 구역의 각도 범위를 스캔하는 데 걸리는 시간이 주어진다면 빔폭이 표적에 머무르는 지속 시간은 다음 식 (4.54)와 같다. 여기서 T_{sc}는 스캔 시간이다.

$$T_D = \frac{T_{sc}}{n_B} = \frac{T_{sc}\lambda^2}{D^2\Omega} \tag{4.54}$$

식 (4.54)를 이용하여 스캔 시간, 스캔 범위, 안테나 크기의 함수로 다중 펄스의 탐색 레이다 방정식으로 표현하면 식 (4.55)와 (4.56)과 같이 표현된다.

$$(SNR)_{n_p} = \frac{P_t \tau f_r T_D G^2 \lambda^2 \sigma}{(4\pi)^3 R^4 k T_e F L} = \frac{P_{avg} T_D G^2 \lambda^2 \sigma}{(4\pi)^3 R^4 k T_e F L} \tag{4.55}$$

$$= \frac{P_{avg} G^2 \lambda^2 \sigma}{(4\pi)^3 R^4 k T_e F L} \frac{T_{sc}\lambda^2}{D^2\Omega} \tag{4.56}$$

원형 안테나 직경이 D인 경우 안테나 면적은 $\pi D^2/4$이므로 이 경우에 탐색 레이다 방정식은 식 (4.57)과 같이 정리할 수 있다.

$$(SNR)_{n_p} = \frac{P_{avg} A \sigma}{16 R^4 k T_e F L} \frac{T_{sc}}{\Omega} \tag{4.57}$$

여기서 $P_{avg}A$는 평균 전력과 안테나 면적의 곱 (Power Aperture Product)으로 EIRP 지수로 나타낼 수 있다. 결론적으로 탐색 레이다 방정식은 주어진 탐색 범위를 스캔하는 데 필요한 SNR과 대상 표적을 탐지하는 데 필요한 송신 전력을 결정하는 데 유용한 파라미터로 사용할 수 있다.

설계 예제

탐색 레이다 방정식의 주어진 탐지거리와 SNR을 이용하여 유효방사전력 ERP (*Effective Radiation Power*)를 설계해 보자. 레이다의 파라미터는 X 밴드의 SNR이 15 dB, 탐지거리는 250 km, 손실은 8 dB, 탐색 볼륨은 $\Omega = 2°$, 스캔 시간 T_{sc}는 2.5 sec, 잡음 지수 F는 5 dB, 유효 온도는 900°K, 레이다 RCS −10 dBsm로 주어진다.

(1) 탐색 공간

탐색 볼륨을 구하기 위해 $360/2\pi = 57.23$이므로 2도 각도의 방위 및 고도의 탐색 공간의 체적은 $\Omega = (2 \times 2)/(57.23)^2 = -29.132$ dB이 된다.

(2) 레이다 파라미터 단위 통일

레이다 방정식을 로그 형태로 바꾸어 단위를 dB로 통일하여 파라미터를 대입한다.

$$SNR_{dB} = (P_{avg} + A + \sigma + T_{sc}) - (16 + R^4 + k + T_e + F + L + \Omega)$$

$$15 = P_{avg} + A - 10 + 3.979 - 12.041 - 215.978 + 1999.054 - 5 - 8 + 29.113$$

(3) 유효 방사 전력

ERP는 Power Aperture Product이므로 $P_{avg} + A = 33.797$ dB이다.

탐색 레이다 방정식을 Matlab 프로그램으로 작성하여 평균 전력과 스캔 속도 등의 변화에 따라 탐지 거리와 SNR이 어떻게 변하는지 다양하게 설계해보자.

4.4.2 추적 레이다

추적 레이다는 탐색 레이다로부터 제공받은 표적의 초기 위치정보를 이용하여 표적을 지속적으로 추적한다. 이론적으로 추적 레이다에서 지속 시간은 무한대로 볼 수 있지만 실제 펄스를 누적하는 시간은 추적 안테나의 서보 모터의 대역폭에 제한을 받는다. 추적 적분은 알고리즘이나 프로세서에 의하여 정해지지만 추적 채널에서 받는 누적 펄스의 개수는 앞에서 설명한 것처럼 다음 식 (4.58)과 같이 주어진다.

$$n_{pt} = f_r T_D = \frac{f_r}{B_s} \tag{4.58}$$

여기서 n_{pt}는 오차 채널에서 추적 펄스의 개수, B_s는 추적 서보 모터의 대역폭이며 지속 시간의 역수로 주어진다. 따라서 추적 레이다의 SNR 방정식은 추적 펄스의 개수에 비례적이므로 식 (4.59)와 같이 표현할 수 있다.

$$SNR = \frac{P_t G^2 \lambda^2 \sigma}{(4\pi)^3 R^4 k T_e BFL} \frac{f_r}{B_s L_i} \tag{4.59}$$

추적 레이다는 안테나의 빔폭이 비교적 좁기 때문에 표적을 놓치지 않고 추적할 수 있는 안테나의 빔 주시 정확도 (Beam Pointing Accuracy)가 매우 중요하다. 따라서 추적 레이다 방정식은 식 (4.60)과 같이 안테나의 면적 함수로 표현하는 것이 편리하다.

$$SNR = \frac{P_t A_e^2 \sigma}{4\pi \lambda^2 R^4 k T_e BFL} \frac{f_r}{B_s L_i} \tag{4.60}$$

위 식에서 보는 바와 같이 추적 레이다에서는 파장에 반비례하여 SNR이 높아진다는 것을 알 수 있다. 그러나 실제로 기상이나 표적 종류에 따라 달라질 수도 있다. 또한 표적 추적을 빠르게 하기 위해서는 안테나 서버 모터의 신호 대역폭이 넓어야 하며, 이 경우에 SNR은 상대적으로 낮아지게 된다.

4.5 표적별 레이다 방정식

레이다 표적은 다양한 물리적인 형태를 가지고 있다. 실제로 사람의 눈으로 보는 광학적인 물체의 크기는 레이다를 이용하여 측정하는 물체의 크기와는 다르다. 레이다의 표적 크기 (RCS: *Radar Cross Section*)는 레이다가 바라보는 빔폭과 반사가 일어나는 면적과 주어진 레이다의 해상도 셀의 크기에 의하여 결정된다. 레이다 표적은 반사하는 단면적의 크기에 따라 점 표적, 면 표적, 입체 표적으로 분류한다. 점 표적 (Point Target)은 정면에서 바라보는 항공기나 미사일의 크기와 같이 반사 단면적이 레이다의 해상도 셀의 크기에 해당하며, 면 표적 (Area Target)은 지표면이나 해수면과 같이 반사 단면적이 레이다 해상도 셀의 크기보다 매우 큰 경우이고, 입체 표적 (Volume Target)은 구름이나 비와 같이 공간상에 떠 있는 입체적인 형태가 레이다의 입체적인 해상도 셀 크기보다 매우 큰 반사 물체를 말한다.

이제까지 소개한 레이다 방정식은 점 표적을 가정하였으나, 지금부터는 면 표적과 입체 표적에 의한 레이다 방정식을 구하고 점 표적의 경우와 비교하여 차이점을 살펴보기로 한다.

4.5.1 면 표적 탐지 레이다

레이다 면 표적은 거리 및 방위의 2차원 해상도 셀의 크기에 비하여 매우 큰 표적을 의미한다. 이 경우의 레이다 반사 단면적은 그림 4.17과 같이 빔폭이 지면을 조사하는 면적에 비례한다. 일반적으로 마이크로파 대역에서 레이다 안테나 빔폭은 넓기 때문에 넓은 범위의 지표면이나 해수면에서 반사되는 경우가 모두 면 표적에 해당한다. 면 표적에 대한 RCS는 식 (4.61)과 같이 표면의 면적과 반사도에 의해 주어진다.

$$\sigma_A = \sigma^o A_s \tag{4.61}$$

여기서 σ_A는 면 표적의 총 RCS 크기, σ^o는 단위 면적당 면 표적의 RCS로서 물체의 재질에 따른 고유 반사도를 의미한다. 단위는 m^2/m^2이며 dB로 표시한다. A_s는 해상도 셀 내에 조사되는 면적으로서 각도방향 해상도 셀과 거리방향 해상도 셀의 곱으로 식 (4.62)와 같다.

$$A_s = \Delta R \Delta X_{az} \text{ 또는 } A_s = \Delta R \Delta Y_{el} \tag{4.62}$$

여기서 ΔR은 거리방향 해상도, ΔX_{az}는 방위각 방향 해상도, ΔY_{el}은 고도각 방향 해상도이다. 레이다 빔폭이 지표면에 접촉하는 조사 면적은 그림 4.18과 같이 지표면에서 레이다를 올려 바라보는 앙각 (Grazing Angle)에 따라서 달라진다. 앙각이 낮은 경우는 레이다가 비교적 낮은 고도에 설치되어 있는 경우로 앙각이 낮기 때문에 지표면과 이루는 해상도 셀은 주로 방위 빔폭에 의하여 식 (4.63)과 같이 표현된다.

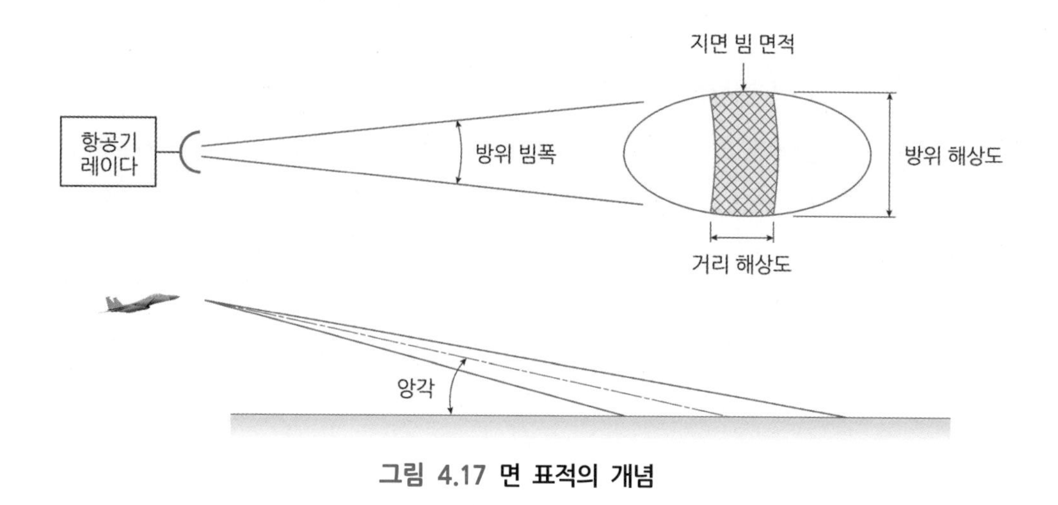

그림 4.17 면 표적의 개념

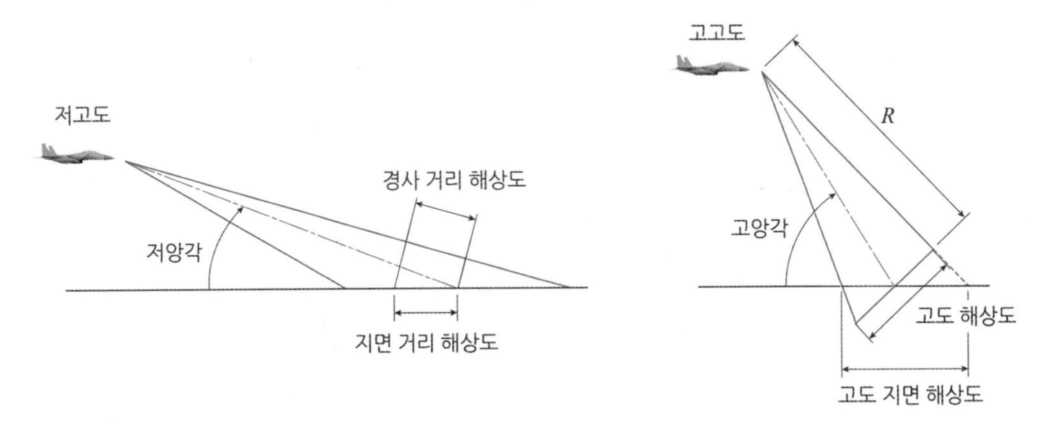

그림 4.18 고도별 앙각에 따른 면 표적

$$\Delta X_{az} = R\frac{\lambda}{D_{e,az}} \tag{4.63}$$

여기서 $D_{e,az}$는 방위방향 실효 안테나 크기이다. 항공기처럼 고도가 높은 경우에는 앙각이 매우 높기 때문에 해상도 셀의 크기는 고도 빔폭과 앙각의 영향으로 인하여 식 (4.64)와 같이 표현된다.

$$\Delta Y_{el} = R\frac{\lambda}{D_{e,az}\cos\alpha_g} \tag{4.64}$$

여기서 $D_{e,el}$은 고도방향 실효 안테나 크기이다. 레이다 지표면에서 거리 해상도는 앙각에 의하여 투사되므로 식 (4.65)로 주어진다.

$$\Delta R_g = \frac{c}{2B\ \cos\alpha_g} \tag{4.65}$$

여기서 ΔR_g는 지표면 해상도, α_g는 앙각이다. 식 (4.61)에서 (4.65)를 이용하여 낮은 앙각의 RCS는 식 (4.66)과 같고, 높은 앙각의 RCS는 식 (4.67)로 주어진다. 여기서 $\pi/4$는 반사 면적의 형태가 고도와 방위 빔폭에 의하여 타원 모양으로 주어지는 계수이다.

$$\sigma_{A,low} = \sigma^o\frac{\lambda R}{D_{e,az}}\frac{c}{2B\ \cos\alpha_g} \tag{4.66}$$

$$\sigma_{A,high} = \sigma^o\frac{\lambda R}{D_{e,az}}\frac{\lambda R}{D_{e,el}\cos\alpha_g}\frac{\pi}{4} \tag{4.67}$$

따라서 면 표적에 대한 레이다 방정식은 낮은 앙각과 높은 앙각의 경우에 식 (4.68)과 (4.69)로 각각 주어진다.

$$SNR_{low} = \frac{P_t G^2 \lambda^3}{(4\pi)^3 R^3 k T_e BFL} \frac{c}{2B\cos\alpha_g D_{e,az}} \tag{4.68}$$

$$SNR_{high} = \frac{P_t G^2 \lambda^4}{(4\pi)^3 R^2 k T_e BFL} \frac{\pi}{4D_{e,az} D_{e,el} \cos\alpha_g} \tag{4.69}$$

점 표적의 경우는 SNR이 거리의 네제곱에 반비례하는 관계식이 주어졌지만 면 표적 레이다 방정식에서는 앙각이 낮을 경우 거리의 세제곱에 반비례하고 높은 앙각일 경우 거리의 제곱에 반비례하는 관계가 있다는 것을 알 수 있다. 따라서 면 표적에 의한 반사도는 거리에 의한 영향을 적게 받으며 파장이 길수록 수신 전력 특성이 좋다는 것을 알 수 있다. 레이다에서 면 표적은 영상 레이다처럼 지표면의 반사 면적을 의미하며 이러한 수신 전력의 특성을 이용하면 낮은 출력으로도 원 거리의 레이다 영상을 얻을 수 있다. 일반 레이다의 면 표적은 대부분 지표면이나 해수면의 클러터 성분에 해당하므로 실제로 면 클러터에 의한 신호 대 클러터 비 SCR (*Signal-to-Clutter Ratio*)로서 표현한다. 즉 낮은 앙각의 경우 SCR은 점 표적에 대한 수신 전력을 면 표적의 수신 전력으로 나누어 주면 식 (4.70)과 같다.

$$SCR_{low} = \frac{2\sigma B\cos\alpha_g}{\sigma^o c\theta_{3(az)} R} \tag{4.70}$$

여기서 SCR은 일반적인 레이다 방정식과 달리 송신 출력, 안테나 이득, 주파수, 손실 등과 같은 파라미터와 무관하다는 것을 알 수 있다. SCR은 오히려 표적과 클러터의 반사도 자체가 중요한 영향을 미치며 빔폭이 좁을수록 유리하며 거리의 네제곱이 아니라 거리에 직접 반비례하는 관계가 있다는 것을 알 수 있다.

4.5.2 SAR 영상 레이다

영상 레이다는 항공기나 위상에서 지표면에 대한 영상을 얻는 레이다이므로 대상 표적은 면 표적 (Surface Target)이 된다. 따라서 표적에 대한 레이다 반사 단면적 (RCS)은 레이다 해상도 셀과 지표면의 반사도의 함수로 식 (4.71)과 같이 표현된다.

$$\sigma = \sigma_0 \Delta R_g \Delta A_g = \sigma_0 \Delta A_g \frac{c\tau}{2} \sec \Psi_g \tag{4.71}$$

여기서 σ_0는 클러터 산란계수, ΔA_g는 방위각 해상도, ΔR_g는 거리 해상도, Ψ_g는 앙각이다. SAR의 관측 구간 내에 누적할 수 있는 펄스의 수는 식 (4.72)와 같다.

$$n = f_r T_{ob} = \frac{f_r L}{v} \tag{4.72}$$

여기서 L은 SAR의 합성 배열 안테나 길이, v는 비행체의 속도, f_r은 펄스 반복 주파수에 해당한다. 관계식 $\Delta A_g = R\theta = R\lambda/2L$에 의하여 $L = R\lambda/\Delta A_g$로 주어진다. 따라서 식 (4.72)는 다음 식 (4.73)으로 정리된다.

$$n = (\lambda R f_r / 2\Delta A_g v) \csc \beta_k \tag{4.73}$$

여기서 β_k는 k번째 거리 셀에서 고도각이다. 또한 관측 구간 동안 평균 전력은 식 (4.74)와 같이 표현된다.

$$P_{avg} = P_t f_r / B \tag{4.74}$$

따라서 SAR의 관측 구간 동안의 n개의 펄스를 누적하는 경우의 SNR은 식 (4.75)와 같이 주어진다.

$$(SNR)_n = nSNR = n \frac{P_t G^2 \lambda^2 \sigma}{(4\pi)^3 R^4 k T_0 B L} \tag{4.75}$$

위의 식 (4.71), (4.73), (4.74)를 식 (4.75)에 대입하면 결과적인 SAR 레이다 방정식은 식 (4.76)과 같이 표현된다.

$$(SNR)_n = \frac{P_{avg} G^2 \lambda^3 \sigma^0}{(4\pi)^3 R^3 k T_0 L} \frac{\Delta R_g}{2v} \csc \beta_k \tag{4.76}$$

결론적으로 SAR 레이다의 표적은 면 표적이므로 식 (4.76)에서 보는 바와 같이 SNR은 거리의 세제곱에 반비례하며 파장의 세제곱과 비례 관계이다. 또한 방위 해상도에 무관하고 거리 해상도에 의해서만 영향을 받으며 속도와 반비례 관계라는 것을 알 수 있다. 영상 레이다는 11장에서 상세하게 설명한다.

4.5.3 체적 표적 탐지 레이다

레이다 체적 표적은 거리, 방위, 고도의 3차원 해상도 셀의 크기에 비하여 매우 큰 표적으로 기상이나 채프와 같이 공간상에 부유하는 입체 표적을 의미한다. 레이다 반사 단면적은 그림 4.19와 같이 빔폭이 입체 면을 조사하는 면적에 비례한다. 레이다 안테나 빔폭은 거리에 비례하여 넓어지므로 구름, 비, 새떼 등과 같이 3차원 공간상에 광범위하게 분포되어 있다. 체적 표적에 대한 RCS는 식 (4.77)과 같이 빔이 조사되는 단위 체적당 반사 단면적으로 주어지므로 단위는 m^2/m^3이다.

$$\sigma_V = \Sigma \sigma V_i \tag{4.77}$$

여기서 $\Sigma\sigma$는 단위 체적당 체적 표적의 반사 단면적의 합 (m^2/m^3), V_i는 레이다 빔이 조사하는 체적의 크기이다. 따라서 V_i는 입체 해상도 셀 내에 조사되는 체적으로서 방위, 고도, 거리 방향의 해상도 셀의 곱으로 식 (4.78)과 같이 표현된다.

$$V_i = (\pi/4)\Delta R \Delta X_{az} \Delta Y_{el} \tag{4.78}$$

여기서 ΔR은 거리 방향 해상도, ΔX_{az}는 방위각 방향 해상도, ΔY_{el}은 고도 방향 해상도, $\pi/4$는 타원형 입체에 의한 계수이다. 레이다 빔폭이 입체 면에 조사하는 체적은 그림 4.20과 같다. 체적 표적은 대부분 지면에서 위로 올려보는 위치에 있으므로 거리, 방위, 고도 해상도 셀은 식 (4.79), (4.80), (4.81)과 같이 각각 주어진다.

$$\Delta R = \frac{c}{2B} \tag{4.79}$$

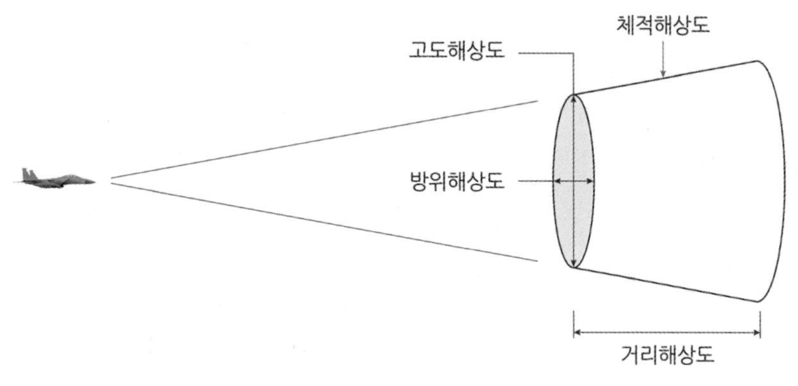

그림 4.19 체적 표적 개념

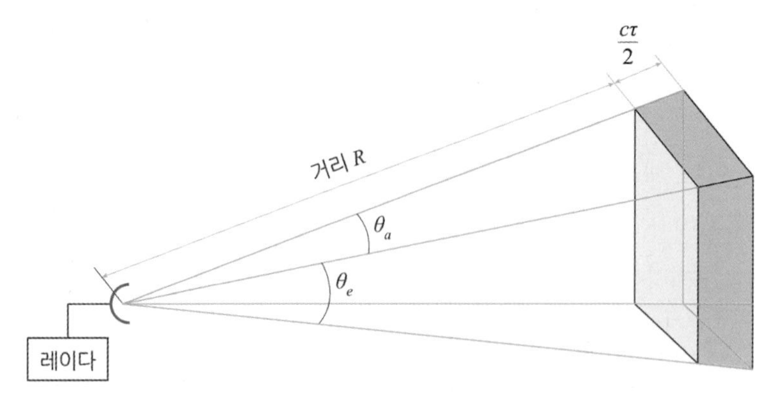

그림 4.20 체적 단면적

$$\Delta X_{az} = R\frac{\lambda}{D_{e,az}} \tag{4.80}$$

$$\Delta Y_{el} = R\frac{\lambda}{D_{e,el}} \tag{4.81}$$

체적 표적의 크기는 식 (4.82)와 같고, 체적 표적의 RCS는 식 (4.83)으로 주어진다.

$$V_i = \frac{c\pi\lambda^2 R^2}{8BD_{e,az}D_{e,el}} \tag{4.82}$$

$$\sigma_v = \frac{\Sigma\sigma c\pi\lambda^2 R^2}{8BA_e} \tag{4.83}$$

따라서 단일 펄스가 체적 표적에 반사되어 수신되는 전력의 크기는 체적 표적에 비례하므로 결과적인 레이다 방정식은 식 (4.84)로 주어진다.

$$SNR_v = \frac{P_t G^2 \lambda^4 \Sigma\sigma c}{32(4\pi)^2 R^2 A_e k T_e BFL} \tag{4.84}$$

체적 표적의 레이다 방정식에서 보는 바와 같이 SNR은 체적 RCS와 파장의 네제곱에 비례하므로 주파수가 낮을수록 수신에 유리하며, 거리의 제곱에 반비례하므로 먼 거리에 있는 체적 표적이라도 수신 감도가 급격하게 떨어지지 않는다. 또한 주어진 안테나 이득 조건에서 안테나 실효면적이 커지면 빔이 좁아져서 결국 표적 체적의 RCS가 감소한다는 것을 알 수 있다.

일반적인 레이다에서 체적 표적은 대부분 기상 구름이나 채프와 같은 입체 클러터 성분에 해당하므로 바람에 의한 이동으로 인하여 도플러 성분을 가지고 있다. 기상 레이다는 기상에 의한 구름이나 비 같은 입체 물체가 실제 표적이 되므로 탐지의 대상이지만, 항공기 등과 같은 점 표적을 탐지하는 일반 레이다에서 구름이나 비 같은 물체는 기상 클러터에 해당되므로 제거 대상이다. 일반 레이다에서 실제 점 표적과 체적 클러터에 의한 신호 대 클러터 비 (SCR: *Signal-to-Clutter Ratio*)는 점 표적에 대한 수신 전력을 체적 표적의 수신 전력으로 나누면 구할 수 있다. 단일 펄스의 경우 SCR은 식 (4.85)와 같이 표현된다.

$$SCR_v = \frac{2\pi B\sigma A_e}{4\sum \sigma c\lambda^2 R^2} \tag{4.85}$$

면 표적의 경우와 같이 체적 표적에 대한 SCR도 송신 출력, 안테나 이득, 주파수, 손실 등과 같은 레이다 파라미터와 무관하다는 것을 알 수 있다. SCR은 점 표적과 체적 클러터의 반사가 중요한 영향을 미치며, 안테나 면적에 비례하며 거리의 제곱에 반비례하는 관계라는 것을 알 수 있다.

4.5.4 기상 레이다

기상 레이다는 구름이나 강우와 같이 공중에 부유하는 체적 표적에 대한 반사 단면적에 대한 특성을 이용한다. 레이다가 기상 표적을 탐지할 때는 레이다 빔 속에 부딪치는 많은 수분 입자의 특성을 고려하여 반사 단면적을 식 (4.86)과 같이 표현할 수 있다.

$$\sigma = \eta V \tag{4.86}$$

여기서 η는 단위 체적당 반사 단면적에 대한 단위 반사도를 의미하며 식 (4.87)로 주어진다.

$$\eta = \sum_{i=1}^{N} \sigma_i \tag{4.87}$$

σ_i는 i번째의 반사 단면적, N은 단위 체적당 산란 입자의 수이다. 기상 산란체들은 빗방울이나 얼음 조각, 우박, 눈과 같은 다양한 혼합체로 구성되어 있다. 이들 산란 입자의 크기는 기상 레이다의 파장에 비하여 매우 작기 때문에 반사도가 매우 작은 Rayleigh

반사 특성을 가지게 된다. 이 경우 i번째 산란 입자에 의한 반사도는 식 (4.88)과 같다.

$$\sigma_i = \frac{\pi^5}{\lambda^4}|k|^2 D_i^2 \tag{4.88}$$

여기에서 D_i는 i번째 강우의 직경이고 λ는 파장이다. 그리고 상수 k는 다음 식 (4.89)로 주어진다.

$$|k|^2 = \left|\frac{m^2-1}{m^2+1}\right|^2 \tag{4.89}$$

여기서 m은 굴절 계수로서 상온에서 빗방울의 $|k|^2$은 0.93, 얼음은 0.2로 주어진다. 따라서 식 (4.88)을 (4.87)에 대입하면 식 (4.90)과 같다.

$$\eta = \frac{\pi^5}{\lambda^4}|k|^2 \sum_{i=1}^{N} D_i^6 \tag{4.90}$$

특별히 강우의 크기를 고려하여 기상 레이다의 반사도를 Z로 정의하면 식 (4.91)과 같다.

$$Z = \sum_{i=1}^{N} D_i^6 \tag{4.91}$$

여기서 Z의 단위는 단위 입방 체적당 강우의 입자 부피로서 $\mathrm{mm}^6/\mathrm{m}^3$로 주어진다. 체적의 크기 V는 주어진 $\pi/4$ 방향으로 레이다의 방위, 고도, 거리의 해상도의 곱으로서 식 (4.92)와 같다.

$$V = (\pi/4)(R\theta)(R\phi)(c\tau/2) = \pi\theta\phi R^2 c\tau/8 \tag{4.92}$$

여기서 θ, ϕ, τ, c는 각각 방위각, 고도각, 펄스폭, 빛의 속도를 나타낸다. 실제 안테나 패턴의 빔폭은 평탄하지 않고 양단에서 오차가 있으므로 이를 보정하기 위하여 가우시안 빔폭으로 체적을 Probert Jones에 의한 모델을 이용하여 정리하면 식 (4.93)과 같다.

$$V = \pi\theta\phi R^2 c\tau/16\ln 2 \tag{4.93}$$

기상 레이다의 방정식을 유도하기 위하여 위에서 구한 반사도와 체적의 크기를 점 표적의 수신 전력 방정식에 대입하면 식 (4.94)와 같다.

$$
\begin{aligned}
P_r &= \frac{P_t G^2 \lambda^2}{(4\pi)^3 R^4} \eta V \\
&= \frac{P_t G^2 \lambda^2}{(4\pi)^3 R^4} \frac{\pi^5}{\lambda^4} \frac{\pi\theta\phi R^2 c\tau}{8} |k|^2 \sum_{i=1}^{N} D_i^6 \\
&= \frac{P_t G^2 \pi^6 \theta\phi c\tau}{8(4\pi)^3 R^2 \lambda^2} |k|^2 Z = \frac{P_t G^2 \pi^3 \theta\phi c\tau |k|^2 Z}{512 R^2 \lambda^2}
\end{aligned} \tag{4.94}
$$

기상 레이다 방정식은 식 (4.93)의 가우시안 체적 모델을 식 (4.94)에 대입하여 정리하면 최종적으로 식 (4.95)와 같다.

$$
P_r = \frac{P_t G^2 \pi^3 \theta\phi c\tau |k|^2 Z}{1024(\ln 2) R^2 \lambda^2} \tag{4.95}
$$

결론적으로 기상 레이다의 수신 전력은 거리와 파장의 제곱에 각각 반비례한다. 미세 강우입자의 반사도는 Z의 함수로 표현되며 반사도 $Z = \sum D_i^6$ $(\mathrm{mm}^6/\mathrm{m}^3)$는 1 m^3 체적에 포함된 물입자의 직경 D를 6제곱하여 합산한 계수이다. $\mathrm{dBZ} = 10\log Z$의 관계식에 의하여 표시하며 반사도와 강우량과는 밀접한 관계가 있다. 통계적으로는 $Z\ (\mathrm{mm}^6/\mathrm{m}^3) = \alpha R^\beta$의 관계가 있다. 여기서 R은 지상 강수량을 나타내며 α, β는 경험에 의한 통계 수치 모델이다.

일반적인 비의 반사도와 강우량의 관계 모델은 $Z = 200R^{1.6}$으로 주어진다. 이 모델을 이용하면 1 mm/h 비의 반사도는 23 dBZ, 10 mm/h는 39 dBZ, 100 mm/h는 55 dBZ가 된다. 즉, 비가 없는 일반 구름의 경우는 −40 dBZ 정도로 매우 낮으며 보통 맑은 날은 −20 dBZ에서 +10 dBZ 범위이다. 그러나 비가 1 ~ 10 mm/h 오는 경우에는 20 ~ 40 dBZ 범위로 반사도가 높아진다. 특히 폭우가 내리는 경우에는 55 ~ 60 dBZ로서 100 mm/h 이상 되며, 해일 폭풍이 치는 경우 70 dBZ가 넘는 때도 있다.

4.6 특수한 레이다 방정식

4.6.1 전자전 환경에서 레이다 방정식

전자전 EW (*Electronic Warfare*)와 레이다의 관계는 창과 방패 같다. EW는 레이다의 동작을 방해하는 것이 목적이고, 레이다는 EW의 방해가 있더라도 본연의 레이다 탐지 성능을 유지하기 위해 방어하는 것이 목적이다. 전자전은 그림 4.21과 같이 전자전 지원 ES (*Electronic Support*)와 전자전 공격 EA (*Electronic Attack*), 그리고 전자전 보호 EP (*Electronic Protection*)로 구분한다.

레이다는 전파를 이용하므로 전자파 간섭의 영향에 항상 노출되어 있다. 의도적인 전파의 방해는 정상적인 레이다의 표적 탐지를 어렵게 만드는데 이러한 고의적인 전파 간섭을 재밍 (Jamming) 또는 전자기 방해 ECM (*Electronic Countermeasures*)이라고 한다. 전자기 방해에 대응하여 레이다가 방어하는 대전자전 기술은 전자기 방해 방어 ECCM (*Electronic Counter-Countermeasures*)이라고 한다. 의도적인 ECM의 종류는 그림 4.22와 같이 재밍과 채프, 디코이 (Decoy) 등이 있다. 재머는 크게 광대역 재머와 기만적인 재머로 구분할 수 있다. 광대역 재머 (Barrage Jammer)는 강한 잡음 전력을 레이다 전 대역에 걸쳐 분산시켜서 레이다 신호 탐지가 어렵도록 방해한다. 기만적인 재머는 레이다 신호를 분석하고 표적과 유사한 거짓 표적을 만들어서 레이다로 다시 보내주므로 표적 신호를 혼동하게 하여 구분하기 어렵도록 만든다. 전자전과 대전자전에 대해서

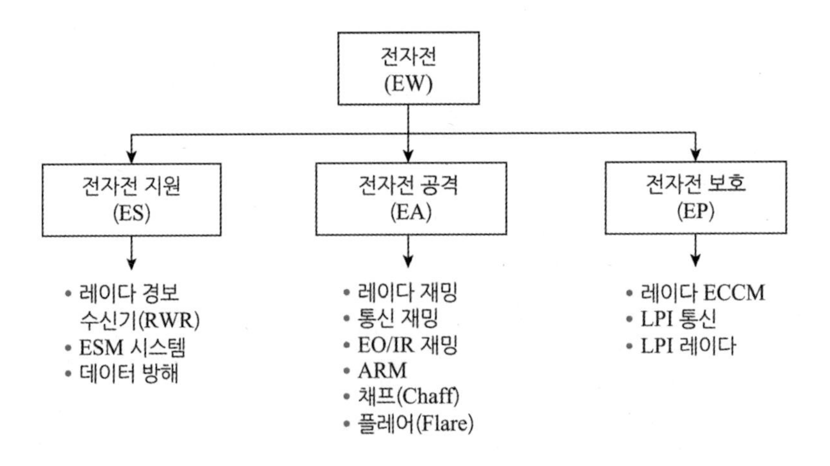

그림 4.21 전자전 (EW) 분류

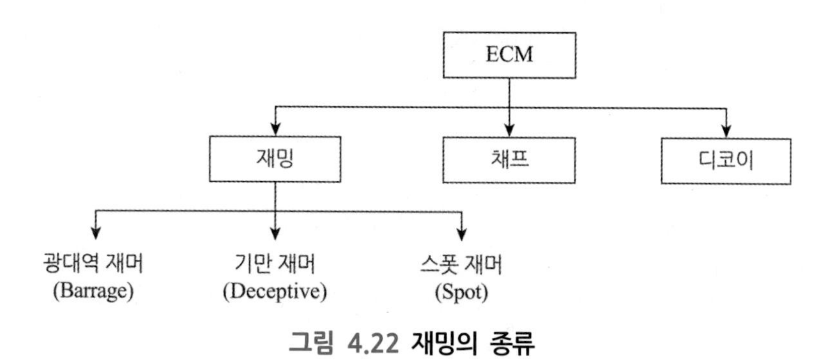

그림 4.22 재밍의 종류

는 12장에서 상세히 설명한다.

(1) Self-Screen Jamming 환경

SSJ (*Self-Screen Jammer*)는 호신 방어용 재머 (Self-Protecting Jammer)라고 하는데 재머가 실제 표적의 거리와 같은 위치에서 있는 환경을 고려한다. 점 표적에 대한 단일 펄스의 레이다 방정식은 이미 유도한 바와 같이 다음 식 (4.96)과 같다.

$$P_r = \frac{P_t G^2 \lambda^2 \sigma}{(4\pi)^3 R^4 L} \tag{4.96}$$

여기서 P_r은 표적에 의한 레이다의 수신 전력이다. 동일한 거리에 있는 SSJ로부터 레이다의 수신 전력은 단방향 통신과 같은 개념이므로 수신 전력은 식 (4.97)과 같이 거리의 제곱에 반비례하는 관계이다.

$$P_{ssj} = \frac{P_j G_j}{4\pi R^2} \frac{\lambda^2 G}{4\pi} \frac{B_r}{B_j L_j} \tag{4.97}$$

여기서 P_{ssj}는 SSJ로 인한 레이다 수신 전력, P_j는 재머의 송신 전력, G_j는 재머 안테나의 이득, L_j 재머의 손실 전력이다. 식 (4.97)에서 첫째 항은 레이다 안테나에서 재머에 의한 전력밀도이고, 둘째 항은 레이다 수신 안테나의 실효 크기이고, 셋째 항 (B_r/B_j)은 재머 대역폭에 대한 레이다 수신기 대역폭의 비로서 1보다 작다. 일반적으로 재머의 대역폭은 레이다의 대역폭보다 매우 넓게 방사하여 인접 대역에 있는 다수의 레이다를 방해한다. 이 경우에 레이다는 주파수 대역을 바꾸어 주파수 민첩 (Frequency-Agile) 기능을 작동하여 재머를 회피하게 된다. 레이다 표적 신호와 재머 신호에 의한 관계를 레이다 방정식으로 유도하기 위하여 식 (4.96)과 (4.97)을 이용하여 표적 신호 전력과 재머 신호 전력의 비를 식 (4.98)과 같이 S/S_{ssj}로 표현할 수 있다.

$$S/S_{ssj} = \frac{P_t G \sigma B_j L_j}{4\pi P_j G_j R^2 B_r L} G_p \tag{4.98}$$

여기서 G_p는 재머의 종류에 따른 처리 이득이다. 재머에 의한 수신 전력은 간섭 잡음과 같이 작용하므로 식 (4.98)은 단일 재머가 존재하는 전자파 환경에서 신호 대 재밍 간섭 잡음비로 표현되는 레이다 방정식이다. 재머와 표적이 레이다로부터 먼 거리에 있을 때는 재머에 의한 수신 전력이 우세하므로 SJR은 1보다 작지만 근거리에서는 표적 반사 신호가 우세하므로 1보다 크다. 이와 같이 표적 수신 전력과 재머 수신 전력이 동일한 경우의 특정 거리를 분기점 거리 (Crossover Range) 또는 방해유효 탐지가능 거리 (Burn-Through Range)라고 하며 SJR이 1인 경우에 해당한다. 따라서 분기점 거리는 식 (4.98)의 좌변을 1로 놓고 거리에 대한 식으로 정리하면 식 (4.99)와 같이 주어진다.

$$R_c = \left(\frac{P_t G \sigma B_j L_j}{4\pi P_j G_j B_r L} G_p \right)^{1/2} \tag{4.99}$$

재밍 환경에서 탐지거리는 SJR이 충분히 큰 경우에 가능하므로 실제 탐지 거리는 식 (4.100)과 같다.

$$R_{Dssj} = R_{cssj} / \sqrt{SJR_{ssj}} \tag{4.100}$$

여기서 R_D는 레이다 탐지 가능 거리이다. 따라서 탐지 거리는 SJR이 충분히 큰 경우에 가능하므로 실제 탐지 거리는 교차 거리보다 짧아진다는 것을 알 수 있다.

(2) Stand-Off Jamming 환경

원격 재밍 환경은 재머가 표적보다 훨씬 먼 거리에 위치하여 레이다의 측방향에서 레이다 안테나의 부엽을 통하여 재밍 신호가 수신되는 경우이다. 이 경우에 재밍 신호는 레이다의 표적 방향의 주빔에 큰 영향을 미치지 않는다고 가정하므로 단일 점 표적에 대한 레이다 수신 전력은 식 (4.101)과 같이 표현할 수 있다.

$$P_r = \frac{P_t G^2 \lambda^2 \sigma}{(4\pi)^3 R_r^4 L} \tag{4.101}$$

여기서 R_r은 레이다와 표적 간의 거리이다. 재머가 레이다 표적보다 먼 거리에 위치하는 경우에 재머에 의하여 레이다에 수신되는 전력은 식 (4.102)와 같이 주어진다.

$$P_{soj} = \frac{P_j G_j}{4\pi R_j^2} \frac{\lambda^2 G_{rj}}{4\pi} \frac{B_r}{B_j} G_p \tag{4.102}$$

여기서 P_{soj}는 원격 재머에 의한 레이다 수신 전력, R_j는 레이다와 재머 간의 거리, G_{rj}는 재머 방향의 레이다 수신 안테나의 이득이다. 위 식에서 첫째 항은 레이다 안테나에서 재머에 의한 수신 전력밀도이고, 둘째 항은 레이다 수신 안테나의 실효 안테나 크기, 셋째 항은 레이다 수신기의 대역폭과 재머의 방사 대역폭의 비를 나타낸다. SSJ와 달리 SOJ에서는 재머가 레이다의 수신 안테나의 측방향으로부터 부엽을 통하여 들어간다. SOJ 환경에서 레이다 방정식은 앞에서 유도한 바와 같은 방법으로 식 (4.101)을 (4.102)로 나누어주면 다음 식 (4.103)과 같이 주어진다.

$$S/S_{soj} = \frac{P_t G^2 R_j^2 \sigma B_j L_j}{4\pi P_j G_j G_{rj} R_r^4 B_r L} G_p \tag{4.103}$$

원격 재머에 의한 SJR 관련 레이다 방정식은 SSJ의 경우와 달리 표적 거리의 네제곱에 반비례하며 레이다와 재머 간의 거리의 제곱에 비례 관계가 주어진다. 여기에서도 분기점 거리 (Crossover Range)는 재머와 레이다 표적의 수신 전력이 같아지는 거리를 식 (4.104)로 표현할 수 있다.

$$R_{c(soj)} = \left(\frac{P_t G^2 R_j^2 \sigma B_j L_j}{4\pi P_j G_j G_{rj} B_r L} G_p \right)^{1/4} \tag{4.104}$$

이 경우의 탐지 거리는 다음 식 (4.105)와 같이 주어진다.

$$R_{Dsoj} = R_{csoj} / \sqrt[4]{SJR_{soj}} \tag{4.105}$$

탐지 거리는 SJR이 충분히 큰 경우에 표적 탐지가 가능하므로 실제 탐지 거리는 분기점 거리보다 짧아진다는 것을 알 수 있다. 그러나 식 (4.100)과 (4.105)를 비교해보면

SOJ 환경이 SSJ 환경보다 탐지 거리가 좋다는 것을 알 수 있다.

4.6.2 송수신 분리형 레이다 방정식

레이다는 송수신 장치가 동일한 위치에 있는지 또는 분리되어 있는지에 따라서 일체형 레이다와 분리형 레이다로 구분된다. 분리형 레이다는 송신기와 수신기의 설치 위치가 분리되어 있으므로 특정 레이다 위치에 의도적인 전자파 방해 등을 회피할 수 있는 장점이 있어서 공간적인 대전자전 기술로 많이 활용되고 있다. 이와 비슷한 개념으로 수동 레이다 (Passive Radar)는 자신의 송신 장치가 없이도 기존의 무선 전파 송신 장치에서 방사하는 전자파 에너지를 특정 위치에서 수신기만 설치하여 표적 정보를 얻을 수 있다. 분리형 레이다의 경우에는 레이다의 송신기와 수신기 사이에 기준 동기 시간이 필수적이므로 가시광선 거리의 통신 링크를 구성하거나 이것이 어려울 경우에는 동기 유지를 위하여 고안정 기준 신호 발진 장치를 이용한다. 분리형 레이다는 송신기와 수신기의 설치 위치에 따라 표적 간의 거리가 서로 달라지며, 또한 레이다 송수신기가 표적을 바라보는 분리 각도 (Bi-Static Angle)가 서로 달라지므로 표적의 RCS도 달라진다. 그림 4.23과 같이 분리 각도가 제로에 가까우면 일체형 레이다가 되지만 180도로 격리될수록 RCS는 점점 증가하게 된다. 분리형 레이다 방정식을 유도하기 위하여 먼저 레이다 송신기 안테나에서 방사한 전자파 에너지에 의하여 표적의 거리에서 얻을 수 있는 전력밀도 P_D는 식 (4.106)과 같다.

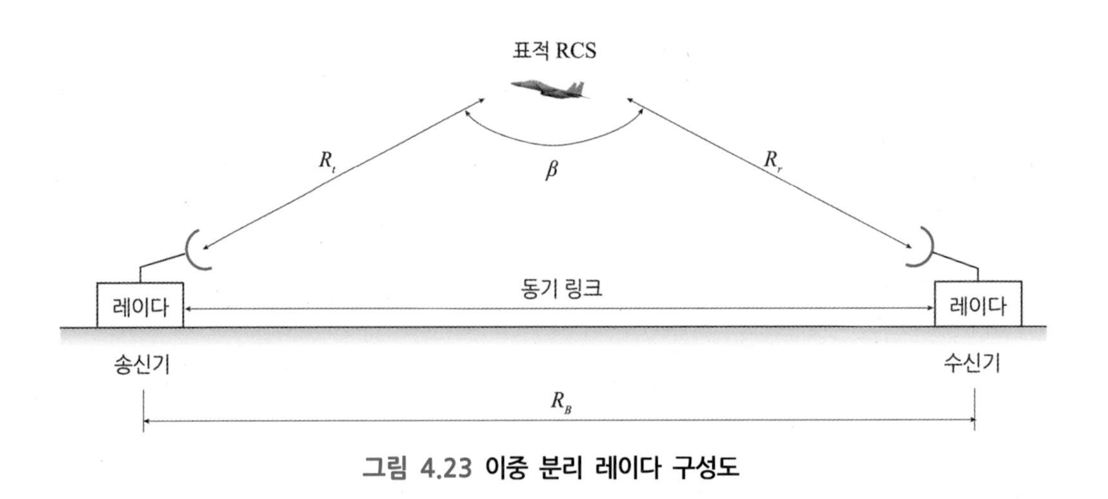

그림 4.23 이중 분리 레이다 구성도

$$P_D = \frac{P_t G_t}{4\pi R_t^2} \tag{4.106}$$

여기서 P_t는 송신기의 출력, G_t는 송신 안테나의 이득, R_t는 레이다에서의 표적 간 거리이다. 표적으로부터 반사되는 성분 중에서 레이다 수신 안테나에서의 전력밀도는 식 (4.107)로 주어진다.

$$P_g = \frac{P_D \sigma_B}{4\pi R_r^2} \tag{4.107}$$

여기서 P_g는 표적에 반사되어 레이다 수신기 방향의 전력밀도이고, σ_B는 분리형 레이다의 표적 RCS이다. 최종적으로 레이다 수신기에서 수신 전력은 식 (4.108)로 주어진다.

$$P_r = P_g A_e = \frac{P_t G_t G_r \lambda^2 \sigma_B}{(4\pi)^3 R_t^2 R_r^2 L} \tag{4.108}$$

여기에서 L은 손실로서 송신기 및 수신기 손실과 전파 매질 손실 등이 포함된다. 분리형 레이다 방정식에서 보이는 바와 같이 수신 전력은 송신기 및 수신기와 표적 간의 거리의 제곱에 각각 반비례하며 표적의 입사 각도에 따른 RCS에 영향을 많이 받는다. 분리형 레이다에 대해서는 12장에서 상세하게 설명한다.

4.7 레이다 손실

레이다 방정식에서 수신 SNR은 레이다의 종류와 관계없이 레이다 손실에 반비례하는 관계이다. 레이다 손실이 커지면 SNR이 저하되고 결과적으로 탐지 거리가 줄어들고 탐지 확률이 낮아진다. 레이다의 성능 차이는 결국 시스템 마진으로 레이다 손실을 설계에서 얼마나 고려하는가에 달려 있다. 레이다 주변 환경에 따라서 예측 손실을 설계에서 충분히 고려해주지 않으면 송신 출력이 부족하여 원하는 표적의 위치까지 전파가 왕복할 수 없고 탐지 성능도 얻을 수 없다. 이러한 레이다 전력 손실 성분은 크게 1) 레이다 시스템 내부의 소자에 의한 시스템 손실과, 2) 대기에서 전파 공간 매질을 통과하는 과정에서 발생하는 외부 전파 매질 손실, 3) 지표면이나 해면에서 반사되는 다중 경로 손실 등으로 구분할 수 있다.

4.7.1 시스템 내부 손실

시스템 손실은 레이다 자체의 내부 손실 성분으로 레이다 신호가 경유하는 모든 안테나, 송수신기, 신호처리기 등을 통과할 때 발생하는 전력 손실 성분이다. 송신 경로에서 손실은 주로 안테나 레이돔, 안테나 효율, 스캔 패턴, 로터리 조인트, 서큘레이터, 도파관, 급전기, 필터 등에서 발생한다. 수신경로에서 손실은 역시 안테나 레이돔, 로터리 조인트, 서큘레이터, 도파관, 급전기, 송수신 스위치, 수신기 필터 등 송신기 경로와 유사한 손실이 발생하며, 신호처리 경로에서 샘플링 양자화 손실을 비롯하여 거리와 도플러 필터와 가중치 손실, 그리고 CFAR 탐지 손실 등이 발생한다.

(1) 송수신 배관 손실

레이다 송신기와 듀플렉스, 듀플렉스와 안테나 입력단 사이의 손실과 안테나 출력단과 듀플렉스, 듀플렉스와 수신기 입력단 사이의 손실로 배관 손실 (Plumbing Loss)이라고 한다. 보통 1 ~ 2 dB 정도를 고려한다.

(2) 편파 손실

수신 편파가 송신 편파와 다를 경우에는 수신 안테나에 의하여 완전히 흡수되지 않는 송신 편파에 의하여 차이가 발생하는데 이를 편파 손실 (Polarization Loss)이라고 한다. 이는 송수신 장치의 급전기나 안테나의 편파 특성의 차이로 인하여 발생한다.

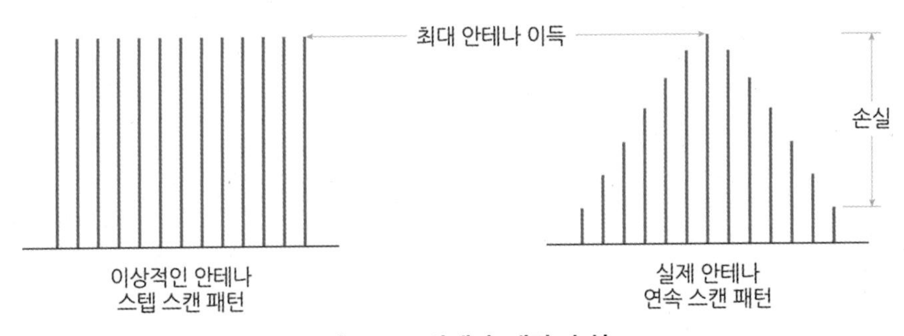

그림 4.24 안테나 패턴 손실

(3) 안테나 패턴 손실

레이다 방정식에서 안테나 이득은 최대 이득을 가정하였다. 그러나 실제 탐색 레이다에서는 그림 4.24와 같이 안테나 빔이 표적을 바라보는 방향이 항상 최대 이득이 되지는 않는다. 이처럼 안테나 최대 이득과 실제 이득의 차이가 발생하는데 이를 안테나 패턴 손실 (Pattern Loss)이라고 한다. 또한 안테나가 빠른 속도로 표적을 스캔하는 경우에는 송신 빔과 수신 빔의 이득이 달라진다. 이러한 펄스를 누적하면 양방향 안테나 패턴으로 인하여 누적 펄스의 진폭이 변하게 된다. 이러한 손실을 빔 스캔 손실이라고 한다.

(4) 펄스폭 손실

펄스폭 손실 (Pulse Width Loss)은 안테나 면에 전력을 분배하는 전송 선로 구조가 안테나 자체보다 훨씬 길어서 나타난다. 긴 전송 선로 구조는 그림 4.25와 같이 안테나에 방사하는 펄스의 단속 시간에 영향을 준다. 이와 같이 필링 시간 동안 안테나에는 효율적으로 방사를 하지 못하는 현상이 나타나는데, 이를 펄스폭 손실 또는 안테나 필링 손실이라고 한다.

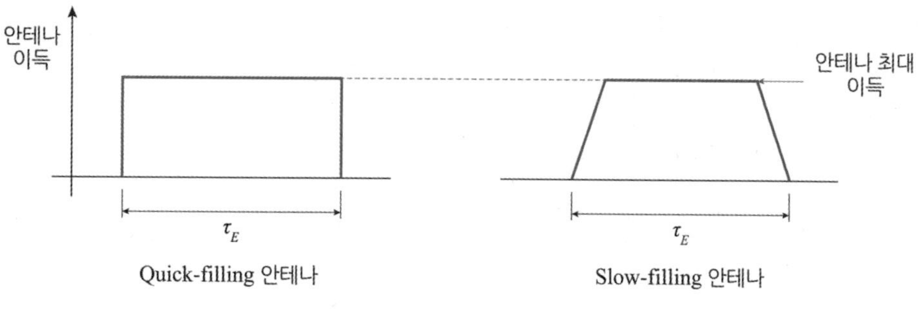

그림 4.25 안테나 펄스폭 손실

(5) 경사각 손실

추적 레이다에서 안테나의 축이 표적 중앙에서 벗어나 그림 4.26과 같이 표적 방향의 안테나 빔의 최대 이득에 차이가 나타나는 경우를 경사각 손실 (Squint Loss)이라고 한다. 원추형 빔 스캔 방식에서 주로 나타나며 일반적으로 3~9 dB 정도 범위에 있다.

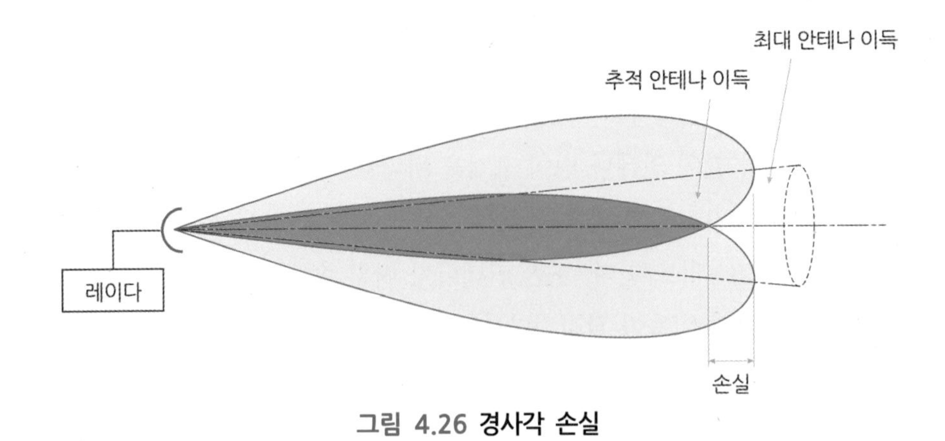

그림 4.26 경사각 손실

(6) 리미터 손실

수신기에 과도한 신호가 수신되어 포화상태가 될 경우 수신기를 보호하고자 리미터를 이용하여 의도적으로 일정한 신호 기준 이상을 초과하는 신호를 차단하게 한다. 이 경우에 파형의 크기와 위상이 그림 4.27과 같이 차단되는 손실을 리미터 손실 (Limiting Loss)이라고 한다.

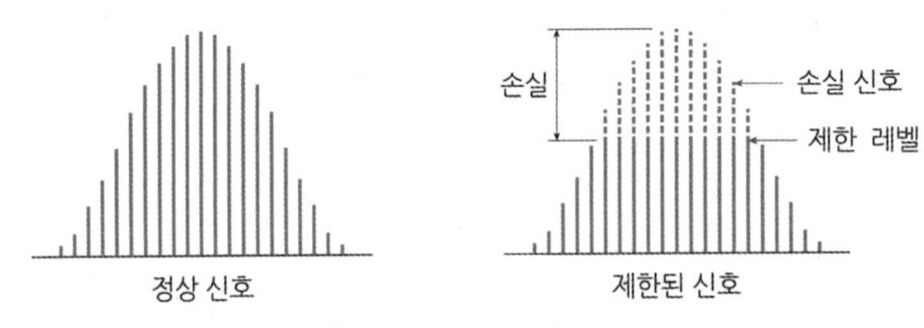

그림 4.27 리미터 손실

(7) 붕괴 손실

레이다의 표적 정보는 거리, 방위, 고도, 속도 등의 여러 형태의 해상도로 제공된다. 방사한 에너지 펄스 수가 표적에 의한 반사 수신된 펄스 수보다 많은 경우에는 에너지의 낭비와 SNR의 감소를 가져오는데 이를 붕괴 손실 (Collapsing Loss)이라고 한다. 예를 들어 화면상에 나타나는 표적 정보는 그림 4.28과 같이 특정 방위 또는 고도에서의 거리 정보로서 실제로 다른 방위, 고도, 각도에 에너지를 방사하여 들어오는 성분들은 화면상에 나타내지 못하므로 모두 에너지 손실이 된 것을 의미한다.

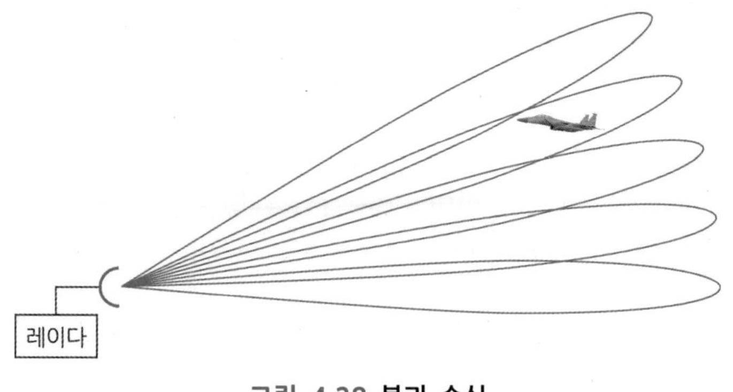

그림 4.28 붕괴 손실

(8) 운용자 손실 (Operator Loss)

자동 표적 탐지 장치가 없는 레이다 시스템에서는 운용자의 능력과 경험에 의하여 표적 정보에 대한 판단으로 결정될 수 있다. 이 경우 숙달 정도에 따라 운영자의 판단이 탐지 성능에 영향을 미칠 수 있으므로 이를 휴먼 오류 손실로 고려한다.

(9) 신호처리 손실 (Signal Processing Loss)

① A/D 변환 손실

펄스를 샘플링할 때 펄스의 중심에서 하면 최대 진폭을 얻을 수 있다. 그러나 샘플링 횟수가 낮거나 펄스 신호의 가장자리에서 샘플이 되면 신호성분이 낮아서 SNR이 떨어지고 탐지 확률이 낮아진다. 보통 샘플링 횟수가 펄스당 두 번 이상 되는 경우에는 0.5 dB 손실을 고려한다. 펄스당 한 번 하는 경우에는 2 dB 정도의 손실을 고려한다.

② 양자화 변환 손실

아날로그를 디지털로 변환할 때 제한된 비트의 수에 의하여 양자화 잡음의 레벨이 결정된다. A/D 변환기의 잡음 레벨은 양자화 레벨을 12로 나눈 값으로 정해진다.

③ Square Law 탐지 손실

레이다 탐지기는 선형 탐지기를 사용하는 것이 이상적이지만 실제로는 Square Law 탐지기를 사용하는데 이때 발생하는 신호전력의 손실 성분으로 0.5 ~ 1 dB 정도 고려한다.

④ CFAR 손실

레이다 탐지기의 문턱값은 수신기 잡음 레벨에 따라 조정한다. CFAR 탐지기에서는 외부 클러터나 간섭의 변화에 따라 오경보 수를 일정하게 유지하도록 설계한다. 이 경우에 주변 셀들의 제한된 수를 이용하여 기준 잡음 레벨을 산정하므로 신호처리 손실이 발생한다. 보통 1 dB 정도를 고려한다.

⑤ 거리 셀 손실 (Range Cell Straddling Loss)

레이다 수신기에서 연속적인 각 거리 셀의 크기 값을 결정할 때 정합 필터를 이용하여 송신 펄스를 기준으로 수신 펄스와의 상관성 처리를 수행한다. 이러한 처리 과정에서 각 거리 셀에 존재하는 표적 성분의 에너지는 그림 4.29와 같이 거리 셀 벌어짐 현상으로 인하여 인접 셀로 퍼지는 현상이 발생한다. 이로 인하여 표적의 셀 구간 내에서 샘플링하는 지점이 최댓값을 갖지 못할 경우 SNR의 손실을 야기한다. 이 경우 손실은 보통 2~3 dB 고려한다.

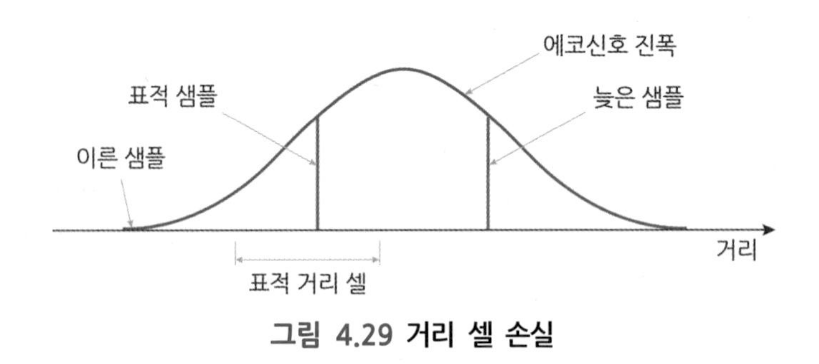

그림 4.29 거리 셀 손실

⑥ 도플러 셀 손실 (Doppler Cell Straddling Loss)

도플러 필터의 벌림 손실은 거리 셀의 경우와 유사하다. 그러나 도플러 필터의 스펙트럼 퍼짐현상은 그림 4.30과 같이 필터의 부엽 레벨을 낮추기 위하여 가중치 함수를 적용할 때 발생한다. 표적 도플러 주파수 성분은 인접 도플러 필터의 대역 사이에 존재하는데 이 경우에도 샘플링하는 순간 지점에서 필터 이득이 최댓값을 갖지 못하는 경우에 SNR의 손실을 야기한다.

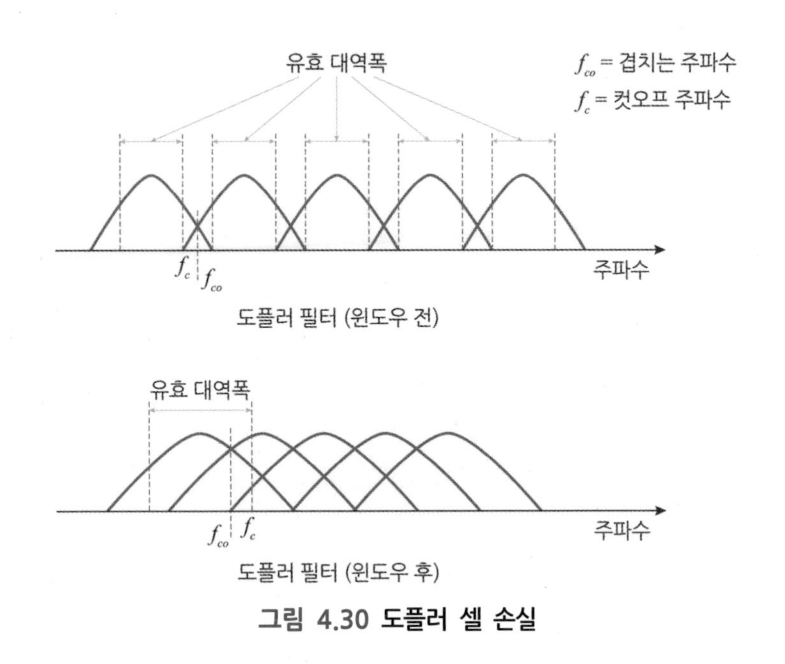

그림 4.30 도플러 셀 손실

4.7.2 전파 대기 손실

(1) 강우 손실

레이다 신호의 전자파가 대기층의 자유공간에 전파되면 전파 경로의 대기 환경 특성에 따라 대기층의 가스와 입자에 의하여 전자파 에너지가 흡수되거나 산란이 일어난다. 대기층에서 가스는 공진이 발생하는 주파수에 따라 마이크로웨이브 출력을 흡수하여 감쇄가 일어난다. 그림 4.31에서 보는 바와 같이 대기 감쇄는 지표면 고도가 높은 위치보다 지면 높이가 낮은 해수면 레벨에서 많이 일어난다. 대기층에서의 신호 감쇄는 주로 기상에 의한 강우나 강설에 의하여 발생한다. 강우 손실은 식 (4.109), (4.110)과 같이 표현된다.

$$L_{rain} = K_{rain} rR \ (\mathrm{dB}) \tag{4.109}$$

$$K_{rain} = 0.0013 f_{\mathrm{GHz}}^2 \tag{4.110}$$

여기서 L_{rain}은 강우에 의한 손실, K_{rain}은 강우 감쇄 인자 (dB/km/mm/hr), r은 강수량 (mm/hr), R은 거리를 나타낸다. 강우 손실은 파장의 크기보다 매우 작은 빗방울과 같은 입자에 의한 산란은 주파수에 매우 민감하다는 것을 알 수 있다. 단일 입자의 산란에 효과는 주파수의 네제곱에 비례하여 증가하므로 산란으로 인한 반사 신호는 주파수가

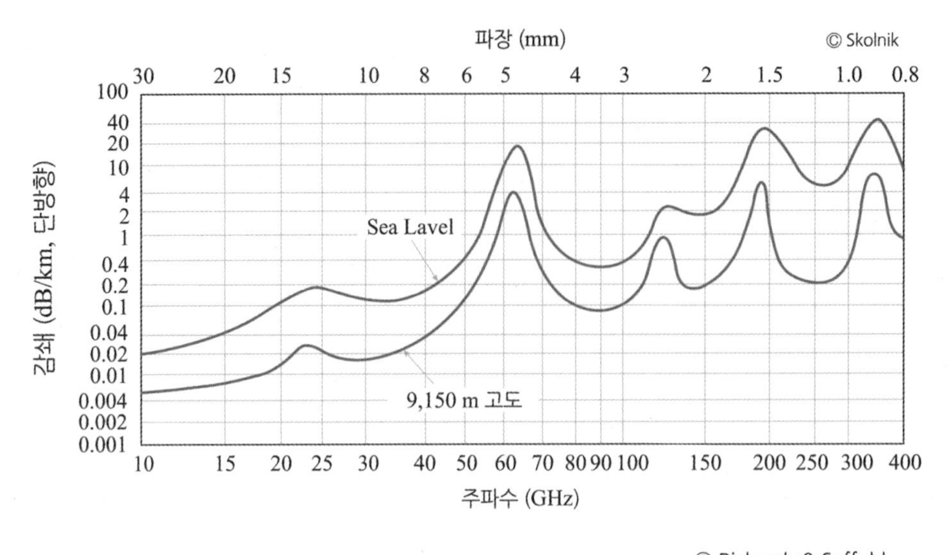

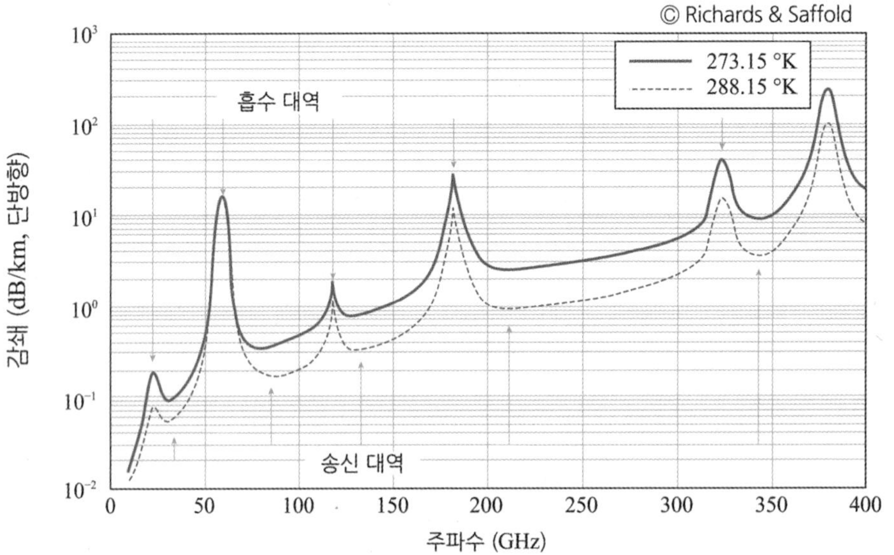

그림 4.31 주파수에 따른 대기 흡수

높을수록 파장이 짧으므로 유리하다. 이러한 강우의 영향은 표적 탐지를 매우 어렵게 한다. 이는 강우에 의한 감쇄 영향뿐만 아니라 강우 클러터로 작용하기 때문이다. 주파수의 변화에 따라 강우에 의한 신호 감쇄는 그림 4.32와 같이 높은 주파수의 Ka 밴드나 X 밴드에서 매우 심각하지만 C 밴드나 S 밴드에서 훨씬 유리하다. 따라서 기상 레이다의 경우는 산란 효과에 의한 낮은 강우 RCS의 영향보다 강우에 의한 감쇄 영향이 더욱 중요하므로 주파수가 낮은 C 밴드나 S 밴드를 많이 사용한다.

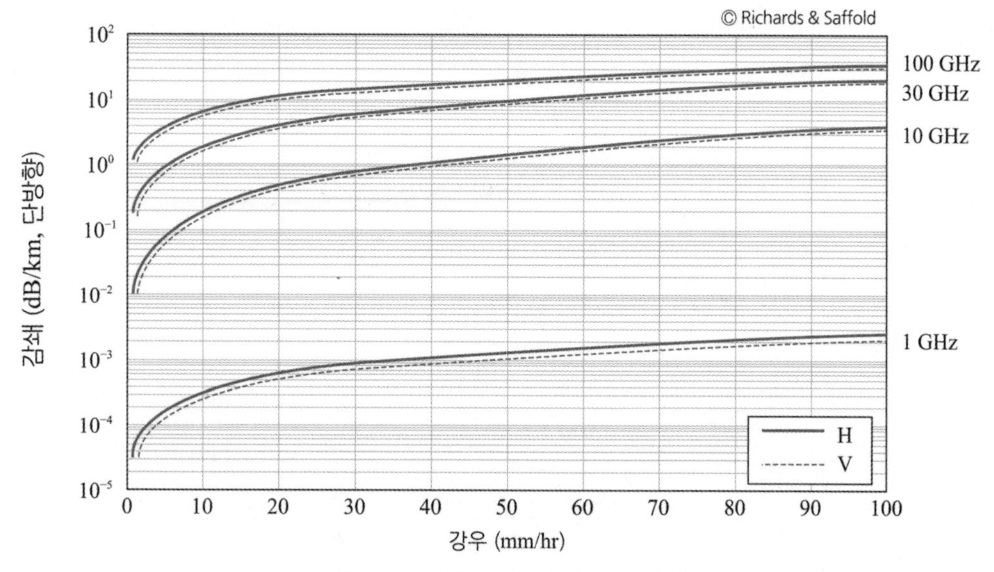

그림 4.32 주파수에 따른 강우 감쇄

(2) 강설 손실

눈이 오는 경우의 감쇄 모델은 식 (4.111)과 같이 주어진다.

$$\alpha_{snow} \approx \frac{0.00188 r^{1.6}}{\lambda^4} + \frac{0.00119 r}{\lambda} \quad (\text{dB/nmi}) \tag{4.111}$$

여기서 α_{snow}는 눈에 의한 감쇄, r은 눈이 내리는 속도로서 강우와 같이 수분 함량이 mm/hr 단위로 주어진다. 보통 눈과 비의 비율은 10 : 1로 본다. 즉, 눈이 10 mm/hr 오면 비는 1mm/hr 오는 것으로 간주한다.

(3) 안개 손실

안개는 주로 지표면 근처에서 발생하는 수분의 포화 응축현상으로 발생하거나 저층 구름이 지면과 만나 발생한다. 따라서 안개는 물방울의 입자에 의하여 형성되므로 습도가 95~100% 되면 안개로 발전한다. 안개로 인한 단일 방향의 감쇄 모델은 식 (4.112)와 같다.

$$\alpha_{fog} = M\left(-1.37 + 0.66 f + \frac{11.152}{f} - 0.022\,T\right) \tag{4.112}$$

여기서 M은 수분의 응축량으로서 단위는 g/m³이고, f는 주파수가 5 GHz 이상의 경우

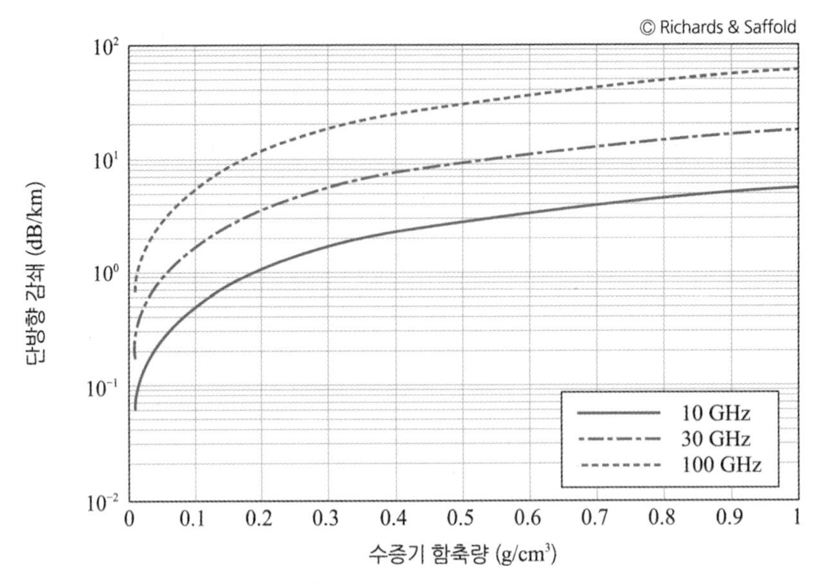

그림 4.33 안개의 감쇄 특성

이며, T는 섭씨온도 단위이다. 5 GHz보다 낮은 주파수에서 안개 감쇄는 일반적으로 무시할 정도이며, 10 GHz 이상의 주파수에서는 약 0.02 ~ 3 dB/km 정도로 본다. 수증기에 함유량에 따른 안개에 의한 감쇄는 3개의 주파수에서 그림 4.33과 같다.

(4) 먼지 손실

대부분의 건조한 토양에서 바람에 의해 발생되는 먼지의 입자 크기가 300 μm 이내일 경우 10 GHz 주파수 대역에서 무시할 수 있다. 일반적인 먼지에 의한 단방향 감쇄 크기는 식 (4.113)과 같다.

$$\alpha_{dust} = 4343 \cdot \eta M \text{ (dB/km)} \tag{4.113}$$

여기서 η는 효율값으로서 레이다 전파에 의한 흡수와 산란의 정도를 나타내는 지수이며, M은 먼지 입자 응축 정도로서 단위는 g/m^{3}이다. 먼지 손실은 거의 무시할 수준이지만 사막의 모래먼지 폭풍이나 미세먼지의 농도가 0.1 g/m^3 이상일 경우에는 레이다 전파의 감쇄요인으로 작용할 수 있다.

(5) 다중 경로 손실

레이다 빔이 표적을 향하여 전파할 때 거리가 멀수록 빔폭이 넓게 퍼지므로 지표면이나 다른 경로에 부딪히는 현상이 나타난다. 이 경우 레이다 송신 신호는 표적에 직접 반사되어 들어오는 성분과 지표면에 반사되어 들어오는 다중 경로 성분으로 구분된다. 그림 4.34와 같이 지표면 전파 경로는 주로 4가지 성분으로 나타난다. 즉, 직접 송신과 수신 경로, 직접 송신과 지표면 반사 수신 경로, 지표면 반사 송신과 직접 수신 경로, 지표면 반사 경로를 통한 송수신으로 구분된다. 이러한 다중 전파 경로에 따라서 표적의 반사 신호의 크기는 0과 1 사이에 존재하며, 전파 경로의 거리 차이에 의한 위상의 지연으로 인하여 서로 신호의 크기가 변화한다. 수평 도체면에서 반사되는 경우는 180도 수평 편파로 위상 반전이 일어나거나 0도 수직 편파로 위상이 변하게 된다. 그러나 지표면이나 수면과 같은 반사면에서 5도 이내의 작은 앙각 (Grazing Angle)에서는 180도 위상 반전이 일어나며 편파 특성과는 무관하다.

지표면에 의한 반사 신호의 크기는 4가지 경우의 반사 경로에 따라 증가하거나 감소하게 된다. 따라서 지표면에 의한 반사 전력의 크기는 0에서 16배 정도로 변화하는 반면, 지표면 손실은 1/16에서 무한대 범위로 매우 크다. 지표면의 반사 영향을 줄이기 위해서는 안테나 고도 빔폭을 좁히는 것이 좋다. 왜냐하면 빔폭이 좁기 때문에 지표면 반사 지점에서 수신 빔으로 들어오는 경로를 미리 차단할 수 있기 때문이다. 특히 저고도 추적 레이다의 경우 고도 빔폭이 넓으면 지표면의 반사 신호가 저고도 비행 표적 신호에 포함되어 수신되기 때문에 표적을 추적하기 어렵게 만든다. 따라서 가능한 빔폭을 좁게 하여 지표면의 다중 경로에 의한 반사 영향을 줄이는 것이 바람직하다.

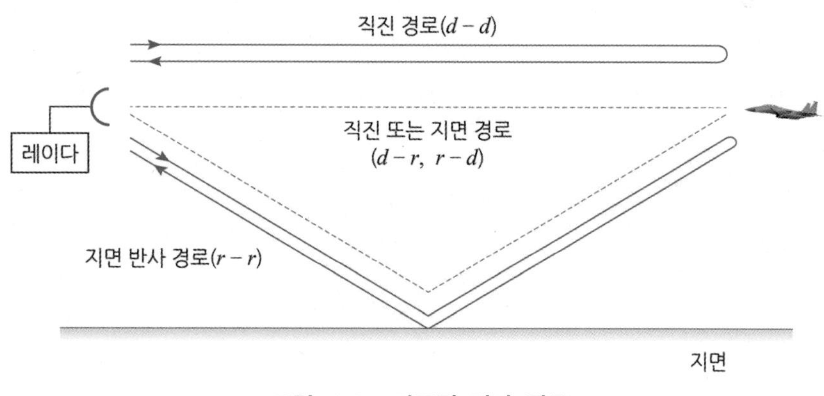

그림 4.34 지표면 전파 경로

4.8 레이다 전파 특성

4.8.1 전파 대기 특성

레이다 방정식에서 사용한 레이다 전파 모델은 자유 공간에서 전파가 표적에 직진하고 반사되는 매우 이상적인 전파 환경을 가정하였다. 그러나 실제 레이다 전파 환경에서는 지구의 곡률과 대기의 특성을 고려한 지표면의 반사, 전파의 굴절과 회절, 대기의 전파 흡수 등의 전자기파의 전파 대기 특성을 적용해야 한다. 레이다 전파의 대기 특성을 살펴보기 위해서는 먼저 지구 대기층의 구조를 이해하는 것이 중요하다.

지구 대기층은 그림 4.35와 같이 지면으로부터 고도에 따라 몇 개의 층으로 구성되어 있다. 지표면에서 가까운 첫 번째 대기층은 대류권으로서 지상에서 약 20 km 범위에서는 전자기파가 굴절을 하는데, 이는 대류권의 유전상수가 압력과 온도, 수증기, 가스 등의 함수에 의하여 영향을 받기 때문이다. 또한 수증기와 가스 성분은 레이다 에너지를 흡수하므로 감쇄가 발생한다. 이러한 대기 손실은 앞 절에서 설명한 바와 같이 비, 구름, 안개, 먼지 등에 주로 기인한다. 두 번째 대기층은 지표면에서 약 10 ~ 50 km 범위의 성층권이다. 이 층은 수증기 함유량이 매우 낮아 전파 감쇄나 굴절의 영향이 거의 없는 그야말로 자유 공간이라고 볼 수 있는 대기층이다. 세 번째 대기층은 지상에서 약 50 ~ 600 km 범위의 이온층이다. 이온층은 고도에 따라서 D층과 E층, 그리고 F1층과 F2층으로 구분한다. 이온층에서는 가스 밀도가 매우 낮은 대신에 이온화된 자유전자가 많아서 태양의 자외선이나 X선의 영향으로 이온이 활성화된다. 밤에는 태양광이 없어 이온

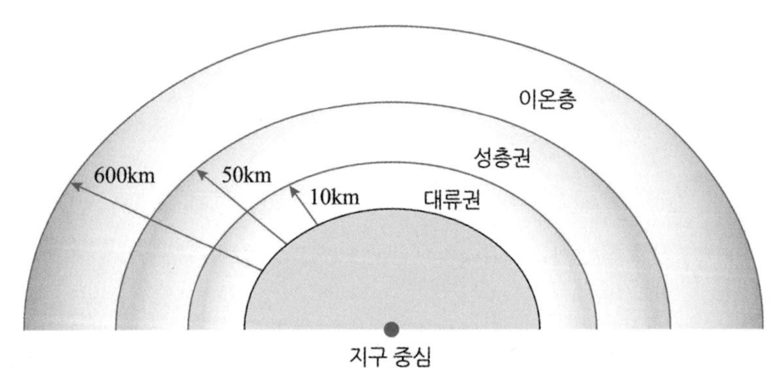

그림 4.35 지구 대기층 분류

활동이 없어지므로 D층이 없어지고 F1과 F2층은 하나의 F층으로 합쳐진다. 주로 F1과 F2층에서는 자유전자의 영향으로 전자기파의 진행을 방해하며 굴절이나 흡수, 잡음 발생, 편파 회전 같은 현상이 발생한다. 이러한 현상은 전자기파의 주파수와 입사각에 영향을 많이 받는데, 주파수가 낮은 4 ~ 6 MHz HF 대역에서는 이온층의 하부에서 굴절이 주로 많이 일어나며, 주파수 대역이 30 MHz 이상으로 높은 경우에는 이온층을 직진하지만 약간의 감쇄는 발생한다. 일반적으로 레이다 주파수가 높아지면 이온층에서 큰 영향은 받지 않는다. 지표면에 가장 밀접한 수평선 아래 지역은 회절 구역이라고 한다. 회절은 물체의 주변에서 레이다 전자기파가 굴절하는 현상이다.

4.8.2 전파 굴절 특성

이상적인 자유 공간에서 전파는 직진한다. 그러나 지구 대류권과 이온층에서는 전파가 굴절되어 굽어진다. 굴절은 직진 전파 경로에서 벗어남을 의미하므로 이를 고려하지 않으면 원래 표적의 위치와 다른 위치에 전파될 수 있다. 이러한 굴절은 대기 중의 유전체 굴절률에 의하여 나타나는 현상으로서 굴절률은 식 (4.114)와 같다.

$$n = c/v \tag{4.114}$$

여기서 n은 굴절률, c는 자유 공간에서의 전자기파 속도, v는 매질에서의 전자기파 속도이다. 지표면에서의 굴절률은 거의 1이므로 레이다 전파는 거의 직진을 한다. 그러나 고도가 증가하면 굴절률이 점진적으로 감소한다. 이러한 고도에 의한 굴절률 변화는 굴절 경사도 dn/dh으로 표현할 수 있다. 대류권 상층에서는 굴절률 변화율이 음의 수를 갖게 되는데, 이는 전자기파의 속도가 낮은 층에 비하여 더 빠르다는 것을 의미한다. 따라서 대류층에서 전파는 수평에서 아래로 굽어져서 진행된다. 일반적으로 전파 거리가 아주 장거리가 아니고, 굴절 변화율이 매우 작으면 전파는 거의 직진한다고 본다.

레이다 전파 굴절 현상은 그림 4.36과 같이 실 표적의 위치와 현상적인 표적 위치가 다르게 나타나게 한다. 보통 지상 100 m 상공 이상에 있는 표적은 굴절 영향을 받게 되는데 이는 실 표적과의 고도각의 오차를 유발하며 레이다 표적 위치 정보의 한계로 작용한다. 지표면 부근에서 굴절 변화율은 거의 일정하다. 그러나 지표면의 갑작스러운 온도와 습도의 변화로 인하여 굴절 변화율이 크게 변하면 전파가 지표면의 수평선 이하

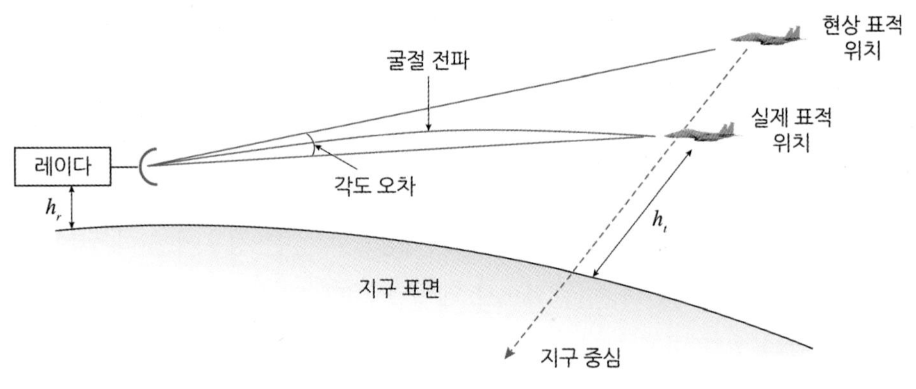

그림 4.36 레이다 전파의 고도 굴절 현상

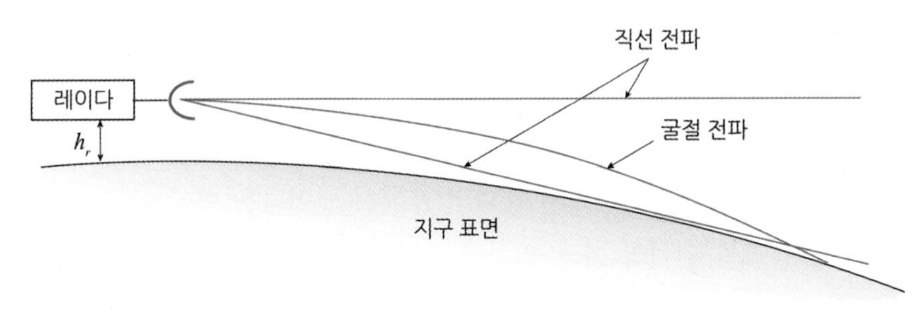

그림 4.37 저고도 레이다의 덕트 굴절 현상

로 굴절되어 그림 4.37과 같이 탐지 거리가 매우 길게 확장되는 통로가 형성된다. 이러한 경우를 '통로 (Duct) 현상'이라고 하며 매우 더운 여름날에 나타날 수 있다.

탐지 거리와 표적의 고도 관계에서 대류층의 굴절을 고려하여 고도각을 결정할 수는 있지만 계산이 복잡하므로 대부분 지상 고도 3 km 이상에서는 룩업 테이블 (Look-Up Table)이나 고도 차트 (Chart)를 사용한다. 3 km 이하의 고도에서 표적 고도를 계산할 때는 지구 곡률을 고려한 지구 모델을 사용한다. 이 경우에 유효 지구반경은 $r_e = kr_0$로 주어진다. 여기서 r_0는 실제 지구 반경, k는 보정 지수이며 식 (4.115)와 같이 주어진다.

$$k = \frac{1}{1 + r_0(dn/dh)} \tag{4.115}$$

굴절 변화율은 저고도에서 일정하다고 가정하면 39×10^{-9}/m로 주어지는데 이 경우 k는 4/3이 된다. 따라서 유효 지구 반경은 $r_e = (4/3)r_0$이 되며, 이를 '4/3 지구 모델'이라고 한다. 유효 지구 반경을 식 (4.116)과 같이 선택하면 전파가 직선으로 전파되는

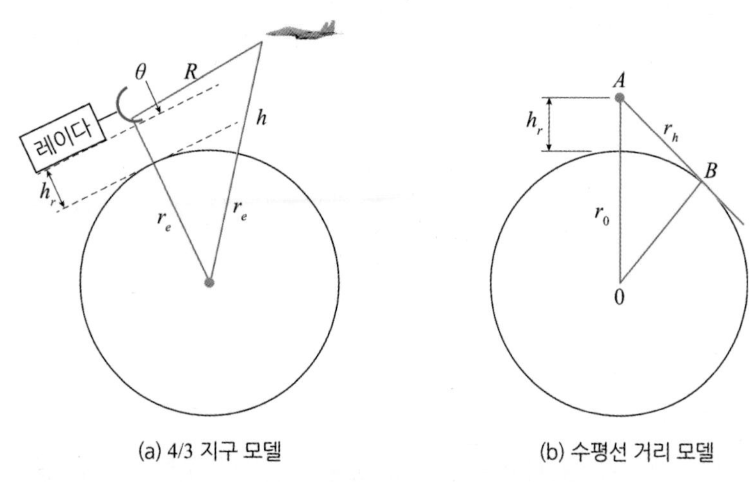

(a) 4/3 지구 모델　　　(b) 수평선 거리 모델

그림 4.38 지구곡률 고도 보정과 수평 거리

모델로 그림 4.38(a)와 같이 표현할 수 있고, 이때 실제 표적 고도는 레이다 탐지 거리의 함수로서 식 (4.117)로 주어진다.

$$r_e = r_0(1 + 6.37 \times 10^{-3}(dn/dh)) \tag{4.116}$$

$$h = h_r + 6076R\sin\theta + 0.6625R^2(\cos\theta)^2 \tag{4.117}$$

여기서 h와 h_r은 피트 단위이고 거리 R은 노티칼 마일 (nautical mile)이다.

지표면에서 고도 h_r에 있는 레이다의 경우 지구 수평면까지의 표적 간 탐지 거리는 그림 4.38(b)와 같이 지구 유효반경과 레이다 고도의 함수로서 식 (4.118)과 같이 표현할 수 있다.

$$R_h = \sqrt{(r_0 + h_r)^2 - r_0^2} \approx \sqrt{2r_e h_r} \tag{4.118}$$

여기서 $r_0 \gg h_r$이고 고도에 의한 굴절 변화율을 고려한 경우이다.

4.8.3 전파 반사 특성

지표면에서 레이다 전파가 반사되는 경우 진폭과 위상의 손실을 가져온다. 이러한 현상은 평탄한 지표면이나 거친 지표면 또는 지구 곡률에 의한 발산 현상 등에 기인한다. 평탄한 지표면에 의한 반사 계수는 주파수와 지표면의 유전율 계수, 레이다의 앙각 등에 의하여 영향을 받는다. 수직 편파와 수평 편파에 대한 반사계수는 식 (4.119), (4.120)과 같이 주어진다.

$$\Gamma_v = \frac{\epsilon \sin\Psi_g - \sqrt{\epsilon - (\cos\Psi_g)^2}}{\epsilon \sin\Psi_g + \sqrt{\epsilon - (\cos\Psi_g)^2}} \tag{4.119}$$

$$\Gamma_h = \frac{\sin\Psi_g - \sqrt{\epsilon - (\cos\Psi_g)^2}}{\sin\Psi_g + \sqrt{\epsilon - (\cos\Psi_g)^2}} \tag{4.120}$$

여기서 Ψ_g는 입사각 (앙각과 동일)이며 ϵ는 지표면의 유전율 상수이다. 입사각이 90도가 되면 수평 편파는 식 (4.121)과 같고, 수직 편파의 반사계수는 식 (4.122)와 같다.

$$\Gamma_h = \frac{1 - \sqrt{\epsilon}}{1 + \sqrt{\epsilon}} \tag{4.121}$$

$$\Gamma_v = \frac{\epsilon - \sqrt{\epsilon}}{\epsilon + \sqrt{\epsilon}} \tag{4.122}$$

그러나 입사각이 거의 0도 근방이라면 수직 편파와 수평 편파의 반사계수는 -1로 동일해진다.

지표면 반사에 관한 특성을 종합해보면 1) 수평 편파의 반사계수 크기는 매우 낮은 입사각에서는 거의 1과 같고 각도가 증가할수록 비례적으로 감소한다. 2) 수직 편파의 크기가 최소가 되는 입사각도가 존재하는데 이를 Brewster 편파 각도라고 한다. 3) 수평 편파의 경우에 위상은 거의 180도가 되지만 수직 편파의 위상은 Brewster 각도 주변에서 0이 된다. 4) 입사 각도 2도 이하에서는 수직 및 수평 편파의 절댓값 크기는 거의 1과 같고 각도는 모두 180도이다.

4.8.4 전파 발산 특성

전자기파가 곡면의 지구 표면에 입사되면 반사파는 지구의 곡면으로 인하여 발산을 하게 된다. 이러한 발산 현상으로 인하여 레이다 반사파 에너지는 그림 4.39와 같이 퍼지며 레이다 전력밀도는 줄어든다. 이러한 발산 지수는 그림 4.39를 이용하여 식 (4.123)과 같이 근사적으로 표현할 수 있다.

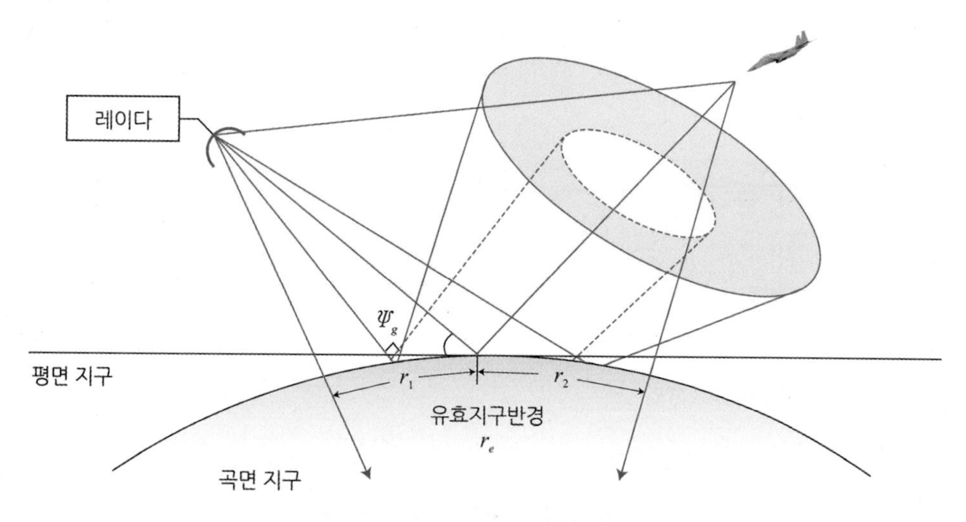

그림 4.39 지표면 곡률에 의한 발산 현상

$$D \approx \frac{1}{\sqrt{1+\frac{2r_1r_2}{r_e r \sin\Psi_g}}} \tag{4.123}$$

거친 지표면에 대한 전체 프레넬 반사계수는 평탄한 지구 반사성분과 곡면 발산성분의 조합으로 주어지고 또한 거친 지면 중에서 거울 같은 반사성분 (Specular)과 분산성분 (Diffuse)의 합으로 주어진다. 지면의 거친 정도는 식 (4.124)와 같이 주어진다.

$$S_r = \exp\left[-2\left(\frac{2\pi h_{rms}\sin\Psi_g}{\lambda}\right)^2\right] \tag{4.124}$$

여기서 h_{rms}는 지표면 굴곡의 평균 높이다. 거친 지표면의 반사파는 진폭과 위상의 변화를 가져오고 결국 위상 비동기 분산 성분을 갖게 된다. 결국 지표면에 의한 총 반사계수는 수직 및 수평 편파의 반사계수와 발산 반사계수, 그리고 거친 표면의 반사계수 등 세 종류의 합으로 주어진다.

4.8.5 다중 경로 특성

전파의 지표면에 의한 다중 경로 현상은 레이다에서 피할 수 없다. 예를 들어 레이다가 지표면에서 고도 h_r에 위치하고 전파가 입사각 Ψ_g로 반사되어 고도 h_t에 있는 표적에 도달하는 경로는 그림 4.40과 같이 두 가지 경우가 있다. 직접경로 XY 간의 거리는

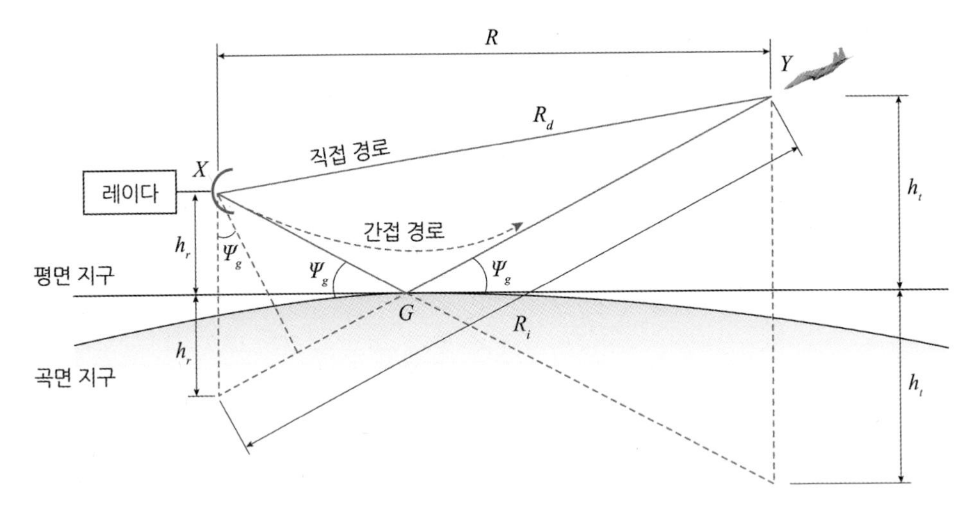

그림 4.40 지표면의 다중 경로 모델

R_d가 되며 간접경로 XGY 간의 거리는 R_i가 된다. 두 경로의 차이는 실제로 크지 않지만 거리 차이는 $\Delta R = R_i - R_d$가 되며 위상의 차이는 $\Delta\Phi = (2\pi/\lambda)\Delta R$로 주어진다. 따라서 두 경로에 의한 송신 신호가 표적에 반사되어 수신되므로 표적에 의한 수신신호는 식 (4.125)로 표현할 수 있다.

$$E = E_d + E_i = e^{j\frac{2\pi}{\lambda}R_d} + \rho e^{j\phi} e^{j\frac{2\pi}{\lambda}R_i} \tag{4.125}$$

여기서 E_d와 E_i는 직접 및 간접신호, $\rho e^{j\phi}$는 간접 경로상에 있는 지표면 반사계수이다. 두 경로의 위상 차이와 지표면 반사계수를 이용하여 전파지수 (Propagation Factor)를 식 (4.126)과 같이 정의할 수 있다.

$$F = \left| \frac{E_d}{E_d + E_i} \right| = \left| 1 + \rho e^{j\phi} e^{j\Delta\Phi} \right| = \left| 1 + \rho e^{j\alpha} \right| \tag{4.126}$$

여기서 $\alpha = \Delta\Phi + \phi$로 주어진다. 오일러 공식을 이용하여 $\rho e^{j\alpha}$를 전개하면 F는 식 (4.127)과 같이 표현할 수 있다.

$$F = \sqrt{1 + \rho^2 + 2\rho\cos\alpha} \tag{4.127}$$

표적에서 신호전력은 전파지수 F^2으로 보정되며 레이다 위치에서 전파지수는 레이다 방정식에 의하여 F^4으로 주어진다. 전파지수에 의한 탐지 거리는 그림 4.41과 같이

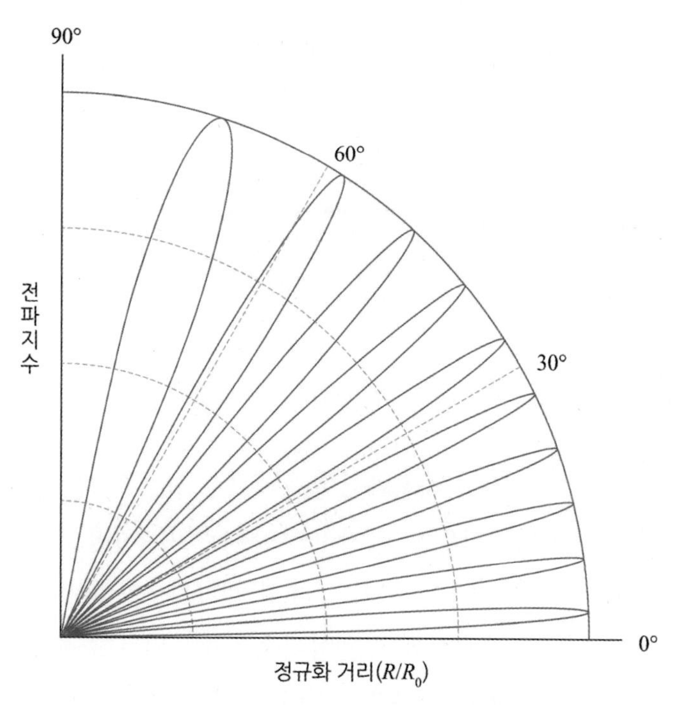

그림 4.41 지표반사에 인한 고도 빔 패턴의 널 형상

$R = R_0F$가 된다.

평탄한 지구 모델의 경우에 직접 거리와 간접 거리는 그림 4.40을 이용하여 식 (4.128), (4.129)와 같이 표현할 수 있다.

$$R_d = \sqrt{R^2 + (h_t - h_r)^2} \tag{4.128}$$

$$R_i = \sqrt{R^2 + (h_t + h_r)^2} \tag{4.129}$$

표적 간의 직간접 거리 차이는 식 (4.130)과 같고 이때 위상 차이는 식 (4.131)과 같다.

$$\Delta R = R_i - R_d \approx \frac{2h_t h_r}{R} \tag{4.130}$$

$$\Delta \Phi = \frac{2\pi}{\lambda}\Delta R \approx \frac{4\pi h_t h_r}{\lambda R} \tag{4.131}$$

평탄한 지표면의 반사계수를 $\rho = -1$이라고 가정하고 식 (4.127)을 이용하여 전파지수를 정리하면 $F^2 = 2 - 2\cos\Delta\Phi = 4(\sin(\Delta\Phi/2))^2$으로 표현된다. 따라서 표적 위치에서 전파지수는 식 (4.132)와 같이 주어지고 레이다 위치에서 전파지수는 식 (4.133)과 같이 주어진다.

$$F^2 = 4\left(\sin\frac{2\pi h_t h_r}{\lambda R}\right)^2 \tag{4.132}$$

$$F^4 = 16\left(\sin\frac{2\pi h_t h_r}{\lambda R}\right)^4 \tag{4.133}$$

따라서 레이다 위치에서 수신되는 전력은 레이다 방정식과 전파지수를 이용하면 식 (4.134)와 같이 주어진다.

$$P_r = \frac{P_t G^2 \lambda^2 \sigma}{(4\pi)^3 R^4} 16\left(\sin\frac{2\pi h_t h_r}{\lambda R}\right)^4 \tag{4.134}$$

전파지수의 사인함수는 0과 1 사이에서 변동하므로 신호전력은 0과 16 사이에서 변동할 것이다. 한편 레이다 방정식을 탐지 거리의 함수로 표현하면 표적 간의 거리는 0에서 실제 거리의 2배 사이에서 변동할 것이다. 또한 전파지수가 0이 되는 순간에는 레이다에서 수신 전계 강도도 0이 될 것이다. 전파지수가 0이 되는 조건은 사인함수가 최소인 0이 되는 조건으로서 π의 배수로 나타날 것이며, 전파지수가 1이 되는 조건은 사인함수가 최대가 되는 조건으로 $\pi/2$가 된다. 따라서 전파지수에서 0 (Null)을 만드는 표적의 고도는 $h_t = n(\lambda R/2h)$의 경우가 되며, 여기서 n은 0, 1, 2 등의 정수가 된다. 또한 전파지수가 최대가 되는 표적의 고도는 $h_t = n(\lambda R/4h)$가 되며, 여기서 n은 1, 2 등의 정수가 된다. 결론적으로 지표면 반사로 인하여 안테나의 고도 빔 탐지 범위는 그림 4.42와 같이 빔폭 사이에 블라인드 구역이 나타나는 빔 패턴으로 나타난다.

4.8.6 전파 회절 특성

전파 회절은 전자기파가 표적 물체 주변에 부딪칠 때 반사되지 않고 굴절되어 굽어지는 현상을 의미한다. 회절은 주로 저고도에서 운영되는 레이다에 잘 나타나는 현상으로 산 언덕이나 철탑의 뾰쪽한 끝에 전파가 부딪치면 전파 에너지를 회절시켜서 장애물 표적 뒤에서도 물리적으로 탐지가 일어나는 현상이 생긴다. 송신 파장에 따라서 회절 물체의 가장자리는 평탄하거나 굴곡이 있거나 또는 날카로운 칼과 같은 나이프 에지나 쐐기 모양일 수 있다. 나이프 에지의 예를 들면 그림 4.43과 같이 표적과 고도의 높이가 각각 h_t, h_r이고 중간 장애물의 가장자리 높이는 h_e라고 하면 전파의 경로상에서 에지와의 간격 δ가 물체 높이보다 높거나 낮음에 따라 전파가 장애물 에지 위로 직진을 할 수도 있고, 전파가 중간 장애물의 에지를 넘어서 음영 지역까지 굴절되어 도달할 수도 있다.

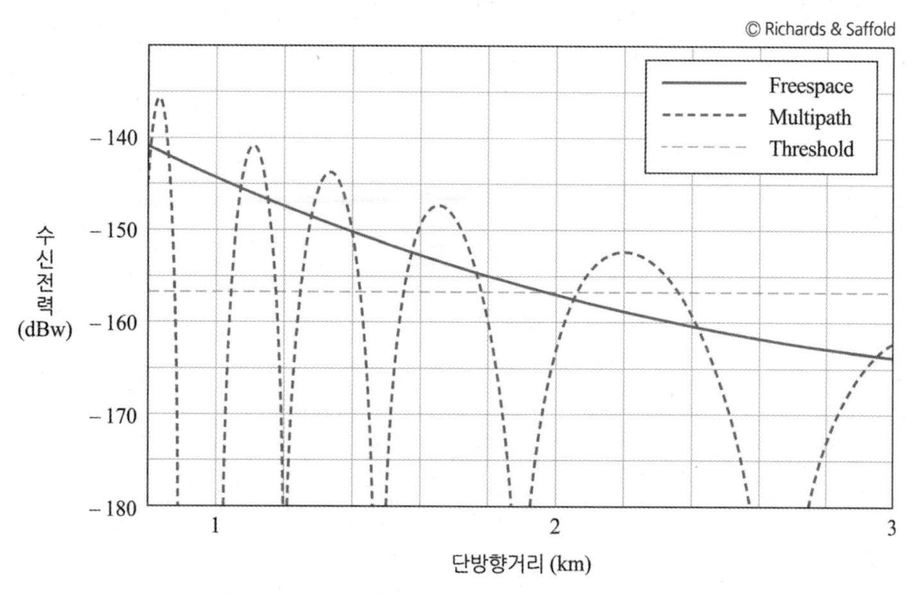

그림 4.42 다중 경로에 의한 거리별 수신 전력 변화

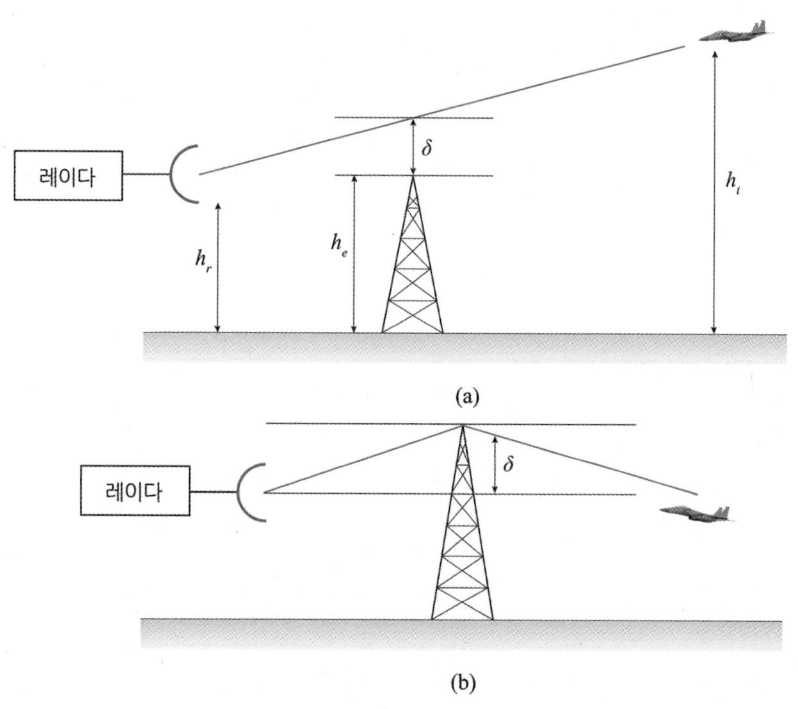

그림 4.43 레이다 전파의 회절 현상

CHAPTER 5

레이다 반사 표적

5 레이다 반사 표적

5.1 개요

레이다 표적의 반사 특성은 레이다에 수신되는 전력의 크기를 결정하는 중요한 요소로 작용한다. 레이다 표적은 매우 다양하기 때문에 표적의 종류에 따라 다양한 산란 특성과 반사 특성을 가지고 있다. 레이다 반사 단면적 RCS (*Radar Cross Section*)는 레이다에서 표적을 바라보는 방향에 따라서 유효 면적의 크기가 달라지기 때문에 반사 신호는 표적의 움직임에 따라 크기와 위상이 항상 변할 수 있다. 4장의 레이다 방정식에서 언급한 바와 같이 레이다 표적은 탐지하고자 하는 목표 대상이므로 표적의 반사 특성을 가능한 정확하게 예측하여야 한다. 표적의 반사 단면적은 송신 출력이나 수신 감도나 표적과 레이다 사이의 거리나 위치에 무관하며 표적 자체의 특성에 국한된다. 대부분의 레이다 설계 변수들은 레이다 시스템 내부에서 송신 전력을 크게 한다든지 큰 안테나를 사용하여 이득을 크게 조정할 수 있지만 RCS는 레이다 시스템 외부에 독립적으로 존재하므로 의도적으로 통제할 수 없는 설계 변수이다. 그러므로 원하는 대상 표적을 잘 탐지하기 위해서는 대상 표적의 특성을 잘 이해하고 표적의 반사 특성을 잘 예측하여 레이다 시스템 내부 변수들을 잘 조정해야 한다. 레이다 방정식에서 레이다 시스템 파라미터로서 S/N에 영향을 미치는 변수들은 표적의 RCS 크기와 요동뿐만 아니라 표적 이외의 원하지 않는 반사 신호로 작용하는 클러터 및 간섭 잡음의 영향 등이 포함된다.

5.2 레이다 표적 반사

5.2.1 RCS 정의

레이다 반사 단면적 (RCS)은 레이다 수신 안테나 각도 방향으로 들어오는 표적의 반사 신호의 크기이다. 표적에 동일한 방향으로 입사되는 평면파에 의한 입력 전력밀도의 크기에 대하여 표적으로부터 레이다 방향으로 산란되는 반사 전력밀도의 비율로서 IEEE의 정의에 의하면 식 (5.1)과 같이 주어진다.

$$\sigma = \lim_{R \to \infty} 4\pi R^2 \frac{|E_s|^2}{|E_i|^2} \tag{5.1}$$

여기서 σ는 레이다 반사 단면적, E_s는 표적에 의하여 산란되는 전계, E_i는 표적에 입사하는 전계이다. 표적에 부딪치는 입사 에너지는 산란되거나 흡수되거나 또는 다른 방향으로 사라지는데 레이다 방향으로 되돌아오는 총 에너지의 크기를 반사 단면적으로 표현한다. 실제적으로 RCS는 그림 5.1과 같이 전력밀도의 함수로 식 (5.2)와 같이 표현하는 것이 편리하다.

$$\sigma = \lim_{R \to \infty} 4\pi R^2 \frac{P_s}{P_i} \tag{5.2}$$

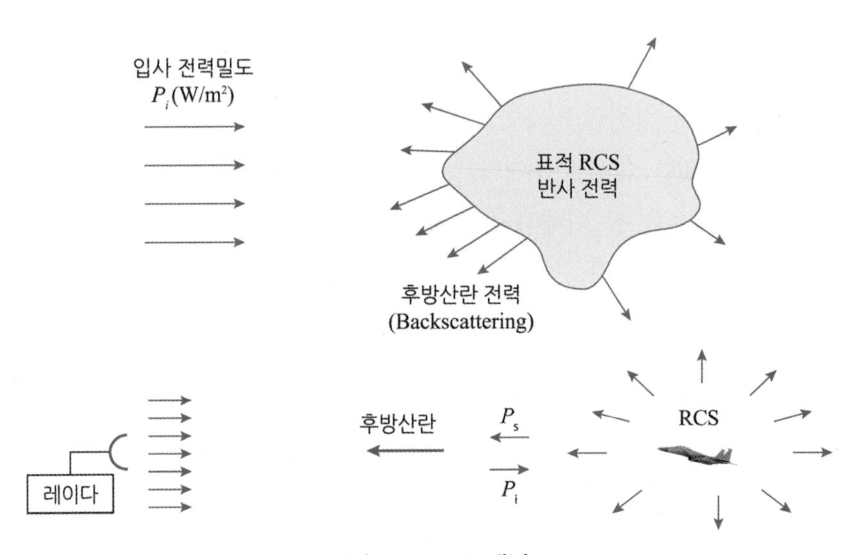

그림 5.1 RCS 개념

여기서 P_s W/m^{2}는 산란되는 전력밀도로서 $P_s = \sigma P_i / 4\pi R^2$ W/m^{2}로 주어진다. 레이다 표적에 의한 반사 신호는 동등한 방향으로 여러 각도에서 산란이 일어나지만 오직 레이다 수신 안테나 방향으로 되돌아오는 성분을 레이다 반사 단면적이라고 한다.

설계 예제

레이다로부터 5 Km 거리에 있는 표적에서 반사된 신호가 수신 안테나의 출력단에서 −58 dBm으로 측정되었다. 표적에 입사되는 전력밀도는 20 mW/m^2이며 수신 안테나의 유효 단면적은 10 m^2로 주어진다. 표적의 RCS를 구해보자.

(1) 수신 안테나 전력밀도

반경 5 Km의 구 표면적은 $4\pi R^2 = 3.142 \times 10^8\ m^2$이 되며, 수신 안테나에서 전력밀도는 수신 전력을 안테나 단면적으로 나누면 $1.58 \times 10^{-10}\ W/m^2$이 된다.

(2) 표적 전력밀도

표적으로부터 반사되는 유효 전력은 수신 전력밀도와 구의 면적을 곱하면 되므로 위의 결과를 이용하면 0.0498 W가 된다. 단위 스테라디안 4π 각도에 대한 전력밀도는 0.00396 W/steradian이 된다.

(3) RCS 계산

표적에서 단위 면적당 주사 전력은 0.020 mW/m^2로 주어졌으므로 최종 RCS는 위의 표현식을 이용하면 다음과 같이 2.49 m^2로 구해진다.

$$\sigma = 4\pi \frac{\text{반사 전력/단위 입체각}}{\text{입사 전력/단위 면적}} = 4\pi \frac{0.00396}{0.020} = 2.49\, m^2$$

5.2.2 표적 RCS 특성

RCS는 식 (5.3)과 같이 표적의 면적 크기, 특정 편파에서 표적의 반사도, 표적 반사 각도에 따른 이득 등 세 가지 성분의 영향을 많이 받는다.

$$\sigma = |A_{tgt} \cdot \Gamma_{tgt} \cdot G_{tgt}| \tag{5.3}$$

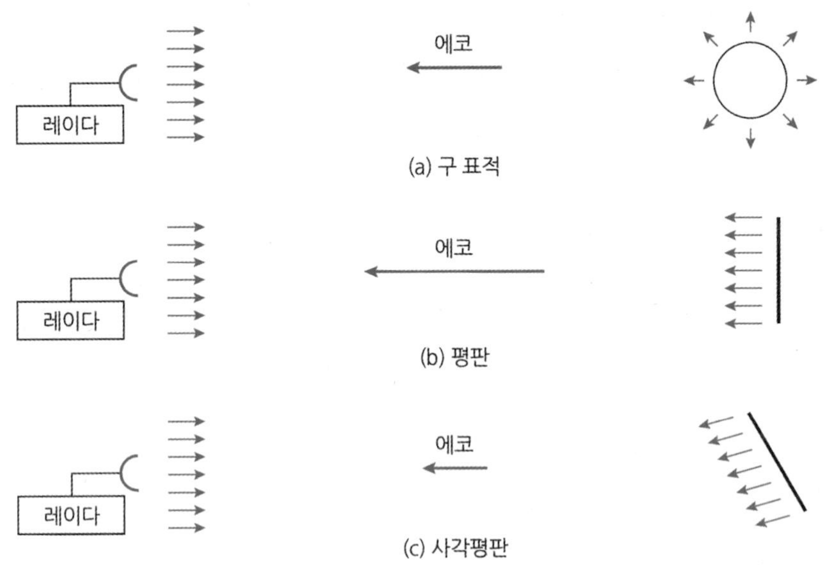

그림 5.2 물체 모양과 각도에 따른 RCS 비교

여기서 A_{tgt}는 레이다에서 바라보는 표적의 면적, Γ_{tgt}는 편파 성분을 포함한 표적의 반사도, G_{tgt}는 레이다 방향에서 안테나와 같은 표적의 이득을 나타낸다. 따라서 RCS에 영향을 미치는 요소는 표적의 면적과 반사도나 이득뿐만 아니라 그림 5.2와 같이 표적의 기하 구조적 모양과 재질, 표적을 바라보는 송신기와 수신기의 상대적인 위치와 각도, 송신 주파수와 파장, 송신기 및 수신기 편파 특성 등이 있다. RCS 단위는 제곱미터를 사용하며 상대적인 신호 레벨인 dB로 환산할 경우 dBm^2로 표현된다. 표적은 입사 전력을 받아서 안테나처럼 반사하게 되므로 반사되는 위치가 레이다로부터 충분히 멀어지는 경우에는 평면파가 반사되지만 근접전계 거리에서 반사되는 경우에는 곡면파로 반사된다. 표적과 레이다의 간격은 식 (5.4)와 같이 원 전계의 조건을 만족해야 한다.

$$R_{FF} > \frac{2D^2}{\lambda} \tag{5.4}$$

여기서 R_{FF}는 원 전계의 거리, D는 레이다 안테나 축으로부터 직교하는 표적의 선형 길이, λ는 파장이다. 일반적으로 원 전계에서는 파장의 1/8 정도의 거리 오차 범위의 평면파로 작용하며, 왕복하는 경우에 각각 최대 1/16 파장 정도의 위상 오차를 가지게 된다.

레이다 방정식을 이용하여 RCS의 관계를 식 (5.5)와 같이 표현할 수 있는데, 수신 전력은 송신 전력 성분과 표적에 산란된 성분으로 구분할 수 있다.

$$P_r = \frac{(P_t G^2 / 4\pi R^2)\sigma}{4\pi R^2} A_r \tag{5.5}$$

위 식에서 분자 항은 표적의 위치에서 전력밀도이고, 분모 항은 반사된 신호가 레이다에 도달하는 경로에 의해 주어지는 구의 표면적을 의미하며, 최종적으로 수신 안테나의 면적에 의하여 비례적으로 들어오는 전력밀도를 의미한다. 송신기와 수신기가 다른 위치에 있을 경우에는 분리형 RCS라고 하며 이 경우에는 송신기와 수신기가 표적과 이루는 각도 위치의 영향을 많이 받는다. 일반적으로 송수신기의 위치가 같은 일체형 레이다 방식을 많이 사용하며, 이 경우에는 단일 각도 방향의 위치에 의하여 정해진다. 또한 표적의 RCS는 입사하는 펄스폭의 영향을 받는다. 표적의 크기에 비하여 펄스폭이 매우 클 경우에는 펄스는 한 번에 표적 전체에 빔이 조사되므로 연속파가 비추는 것과 같은 현상이 생긴다. 이 경우에는 표적으로부터 모든 산란 구조가 동위상 (Coherent Phase)으로 작용하므로 하나의 반사 신호 형태로 증대되는 효과가 생긴다. 그러나 펄스폭이 나노 정도로 매우 좁을 경우에는 대역폭이 매우 넓어지며 표적의 각 산란 점들이 시간적으로 각각 독립적으로 나타나므로 복잡한 표적의 경우 산란 중심점을 식별하는 데 사용한다. 따라서 RCS는 매우 복합적인 산란 특성의 벡터 합으로 표현되므로 일률적으로 고정된 값을 대표하기는 어렵다. 그러나 레이다 시스템을 설계할 때 기준으로 삼는 대표적인 표적의 RCS의 크기를 비교하면 표 5.1과 같다. 즉, 사람의 RCS를 1 m^2 기준으로 보면 자동차와 여객기는 100 ~ 200 m^2, 전투기는 1 ~ 2 m^2, 골프공이나 미사일은 0.1 m^2, 드론

표 5.1 물체의 RCS 비교 [© Skolnik]

표적	RCS (m^2)	RCS (dBsm)
대형선박	10,000>	40>
대형트럭	200	23
점보제트기	100	20
자동차	100	20
제트항공기	40>	16>
전투기	1~2	0~3
작은 보트	2	3
자전거	2	3
사람	1	0
무인기	0.5<	-3<
드론	0.01<	-20<
새, 곤충	0.001~0.00001	-30~-50

비행체는 0.1 ~ 0.001 m^2, 새 종류는 0.001 m^2 정도로 추정한다. 특히 스텔스 전투기의 RCS는 －20 ~ －40 dBm 정도로서 새나 곤충의 RCS 정도로 매우 작아 레이다로 하여금 탐지를 어렵게 만든다.

5.3 레이다 반사 특성

5.3.1 RCS 진폭 및 위상 변동

레이다 반사 신호는 진폭과 위상이 동시에 변동한다. 진폭 변동 (Scintillation)은 표적으로부터 반사하는 수신 신호의 전력 변화를 가져온다. 그러나 위상 변동 (Glint)은 반사하는 파면 (Wave Front)에 영향을 주므로 수신 신호의 위상 변화를 가져온다. 일반적으로 표적의 위치가 파장에 비하여 매우 멀리 떨어져 있는 경우에는 원 전계 모델의 반사 특성을 가지고 있으므로 반사 신호는 거의 평면파가 되며, 파면이 평행하므로 위상의 변동이 거의 없이 일정하다. 그러나 표적의 위치가 가까울 경우에는 근접 전계 모델의 반사 특성을 가지고 있으므로 반사 신호는 곡면파가 되며, 파면이 곡면이므로 위상이 일정하지 않고 표적의 도플러 신호 오차를 유발하게 된다. 이와 같이 표적에 의한 레이다 반사 신호는 진폭과 위상이 동시 다발적으로 변하며, 변화하는 속도도 일정하지 않고 느리거나 빠르게 변동한다. 레이다 시간 단위에서 반사 신호의 변동이 빠르고 늦다는 의미는 레이다의 펄스 시간 단위와 비교하여 설명할 수 있다. 즉, 레이다는 마치 사람의 심장 박동과 호흡 주기 단위와 비슷하게 송수신 펄스 단위를 기준으로 살펴보면 펄스폭과 펄스 반복 주기 (PRI)는 매우 짧은 시간으로 보며, 안테나 빔이 표적에 머무르는 지속시간 (Dwell Time) 또는 여러 펄스 군을 모아서 누적하여 표적을 바라보는 시간 (Look Time)과 레이다가 스캔을 반복하는 시간 (Scan Time)은 긴 시간으로 본다. 그림 5.3과 같이 표적의 반사 신호가 펄스 단위로 진폭과 위상이 변동하는 경우를 '빠른 변동'이라고 하며, 룩 타임 단위로 변동하는 경우를 '느린 변동'이라고 정의한다.

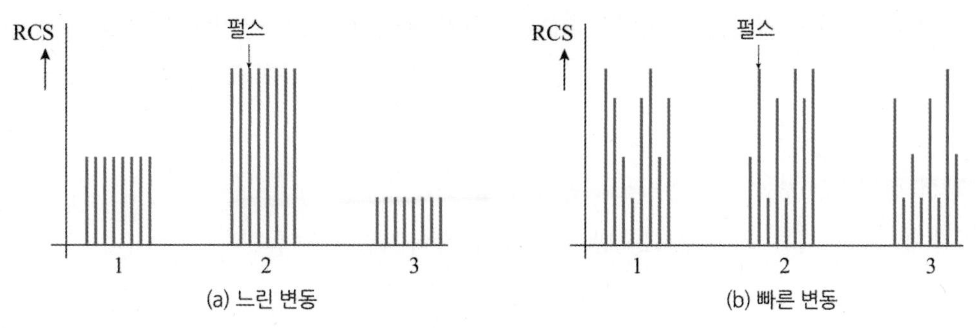

그림 5.3 느린 변동과 빠른 변동의 RCS 비교

5.3.2 단일 산란체의 RCS 변동

일반적인 저해상도의 레이다 분해능은 점 표적에 비하여 매우 크므로 표적에 의한 반사 신호의 전계는 레이다 분해능 범위 내에서 산란하는 모든 산란체들의 벡터 합으로 주어진다. 물론 반사체들이 분해능에 비하여 매우 큰 지면 클러터나 해면 및 구름과 같은 거대한 반사체의 특성에 대해서는 6장에서 다루기로 한다. 표적에 의한 반사 신호의 변동 요인을 이해하기 위하여 그림 5.4와 같이 얇은 실린더와 같은 반사판이 여러 개의 단위 산란체로 구성되어 있다면 총 반사 신호의 RCS 크기는 모든 단위 산란체의 벡터 합으로 표현할 수 있다. 이 경우 레이다가 표적을 바라보는 각도에 의하여 반사 신호의 크기가 매번 달라진다는 것을 알 수 있다. 실린더 모양의 점 표적을 제로 각도에서 바라보는 경우는 모든 반사되는 요소 산란체들이 레이다에서 동일한 거리에서 반사되므로 반사 신호는 모두 동 위상을 유지하며, 이때 최대 RCS의 크기 값을 갖는다. 그러나 바라보는 각도가 변하는 경우는 요소 산란체들로부터 반사되는 상대적인 거리가 변하게 되

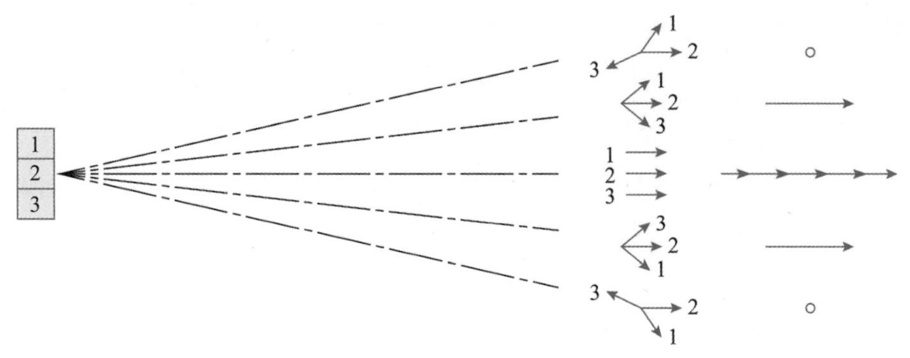

그림 5.4 단일 산란체의 RCS 요동 현상

므로 벡터 합의 크기가 달라지면서 RCS 크기가 변하게 된다. 심지어 동일한 산란체에 의한 반사 신호라 하더라도 각 요소 산란체들의 벡터 값이 서로 다른 위상을 가지고 있는 경우 그림 5.4의 첫 번째 경우와 같이 벡터 누적 합이 제로가 되는 경우가 발생한다. 따라서 결과적인 반사 신호는 제로 향각 방향으로 표적을 바라보는 경우에는 최대 RCS를 갖게 되며, 다른 각도에서는 반사 크기가 작아지면서 변동한다.

5.3.3 다수 산란체의 RCS 변동

항공기와 같이 복잡한 모양의 표적인 경우에는 다양한 각도에서 다수의 산란체들을 바라보게 되므로 수많은 단일 산란체들의 중심점에서 보면 각각의 벡터 합으로 표현되는데 이것이 주로 RCS의 변동 요인이 된다. 수평면에서 바라보는 각도를 향각 (Aspect Angle)이라고 하며, 수직면에서 바라보는 각도를 경사각 (Tilt Angle)이라고 한다. 항공기의 경우 앞쪽에서 바라보는 경우를 제로 향각이라고 하며, 롤/피치 면에서 바라보는 각도는 제로 경사도라고 한다. 이러한 산란체의 중심점은 바라보는 각도에 따라서 다르고, 산란체들이 파장의 길이보다 멀리 떨어져 있으면 더욱 그렇다. 제로 향각 방향에서 각 산란체들로부터 반사되는 신호는 동위상으로 레이다에 도달하므로 총 RCS의 크기는 최대가 된다. 하나의 산란체에 대한 RCS를 전력 단위를 기준으로 총 RCS 크기를 표현하면 식 (5.6)과 같이 주어진다.

$$RCS_{Total} = |[\sqrt{RCS_1} + \sqrt{RCS_2} + \cdots]|^2 \tag{5.6}$$

여기서 RCS_{Total}은 모든 산란체의 복합적인 RCS 값, RCS_i는 각 단위 산란체의 벡터 RCS 성분이다.

RCS 변동은 레이다가 두 개의 산란 표적을 바라보는 각도에 따라 파장의 진동 개수가 달라지므로 두 표적 간의 거리가 달라져서 나타나는 현상이다. 또한 두 표적 간의 거리가 동일한 경우라도 다른 주파수를 사용하면 파장의 진동 개수가 달라져서 위상의 차이가 생겨 반사 신호의 크기가 변하게 된다. 따라서 반사체의 공간 거리와 주파수의 파장 길이는 RCS 크기를 결정하는 함수로 작용한다. 공간 거리가 넓을수록 작은 주파수 변화에 대하여 RCS 변동은 더욱 커지게 된다.

5.3.4 물체의 입사각과 주파수에 의한 변동

레이다 RCS는 반사하는 물체의 입사각에 의한 파장 단위의 공간 위치에 따라서 반사 전력이 변동한다. 그림 5.5와 같이 레이다로부터 일정한 거리에 있는 두 개의 물체를 0도 각도로 바라보는 경우에는 두 물체 간의 거리가 파장의 정수배로 분리되어 있으나 다른 각도로 입사하는 경우에는 파장의 정수배가 되지 않아서 반사 신호의 요동이 발생한다. 또한 동일한 간격의 두 산란체의 위치에서 그림 5.6과 같이 주파수를 바꾸어보면 파장이 정수배가 되는 경우와 그렇지 않은 경우에 따라 반사 신호의 차이가 발생한다. 따라서 산란하는 물체 간의 간격과 파장은 RCS의 변동에 직접 영향을 준다. 예를 들어 두 산란체의 RCS가 동일하게 1 m^2이고 X 대역의 파장을 사용할 경우에 두 물체 간의

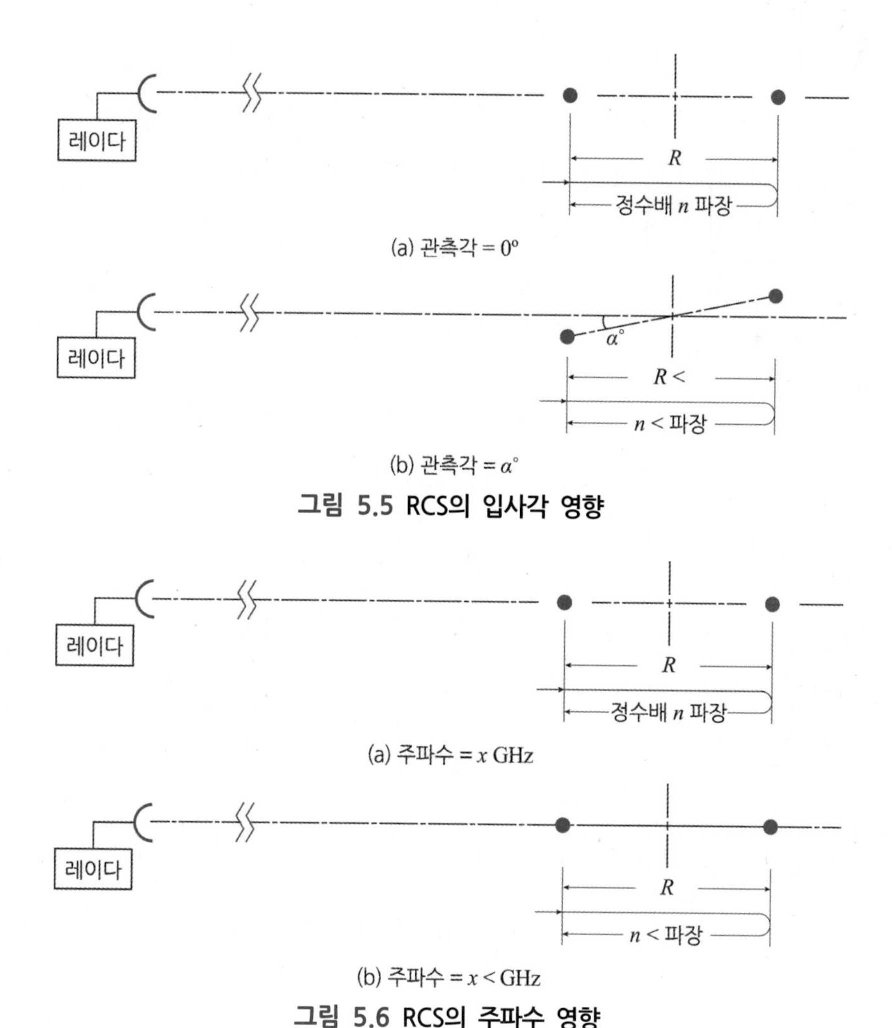

그림 5.5 RCS의 입사각 영향

그림 5.6 RCS의 주파수 영향

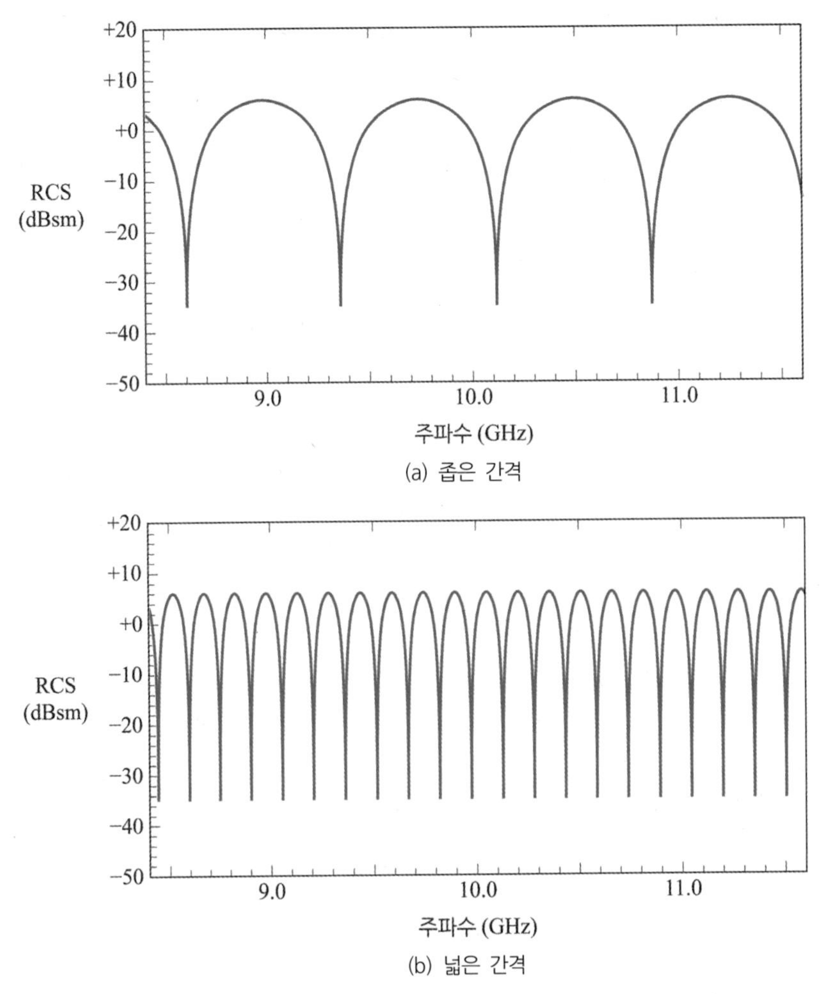

그림 5.7 산란체 간격의 RCS 영향

간격을 0.2 m 정도 가깝게 격리시키면 그림 5.7(a)와 같이 주파수에 대한 RCS의 변화가 심하게 나타나고, 1 m 정도 멀리 격리시키면 그림 5.7(b)와 같이 RCS의 요동이 적어진다는 것을 비교해볼 수 있다.

설계 예제

두 반사 물체의 사이의 거리가 2.2 m이고 레이다 주파수는 3.05 GHz이다. 물체 A의 RCS는 1.0 m^2이고 B는 2.0 m^2일 때 그림 5.5를 참고하여 최대 RCS와 최소 RCS가 되는 관측 각도를 구해보자. 두 물체는 서로 레이다에서 가시선에 있다고 가정한다.

(1) 주파수에 의한 파장은 0.09836 m이므로 관측각 0도에서는 단 방향으로 22.367 (= 2.2/0.09836) 파장 길이만큼 떨어져 있다. 그러므로 최대 RCS가 일어나는 가장 작은 관측각도는 파장거리가 22.00이 될 것이다. 따라서 $\theta_{\min} = \cos^{-1}(22.000/22.367)$는 10.39도가 된다.

(2) 두 표적에 의한 RCS는 개별 반사체의 자승 제곱근의 합이므로 $RCS_{Total} = |\sqrt{1} + \sqrt{2}| = 2.414$ 으로 주어지고, RCS 전력은 5.83 m^2이 된다.

5.3.5 다중 경로에 의한 RCS 변동

레이다 안테나에서 방사된 전자파 에너지는 표적뿐만 아니라 전파 경로상의 다양한 산란 표적들에 의하여 여러 경로로 반사되어 레이다로 수신된다. 레이다로부터 일정한 거리에 떨어져 있는 표적의 반사 신호는 그림 5.8과 같이 직간접의 4가지 경로를 통하여 레이다로 수신된다. 첫째, 직진 신호가 표적에만 반사되어 수신되는 신호, 둘째, 직진 신호가 지표면에 반사되는 신호, 셋째, 지표면 경로 신호가 표적에 반사되어 수신되는 경우, 넷째, 지표면 경로 신호가 표적에 반사되어 지표면 경로를 통하여 수신되는 경우 등이다. 각각의 경우 전파 경로상의 길이가 달라지므로 수신되는 신호의 크기와 위상이 변하여 RCS 크기는 거의 16배 정도로 변동된다. 즉 4배 정도의 전압 크기가 16배 정도의 전력 크기 변화로 나타나므로 다중 경로에 의한 RCS 변동을 최소화하기 위하여 안테나 빔을 좁게 한다거나 안테나의 설치 위치를 다중 경로를 고려하여 최소 경로가 되도록 해야 한다.

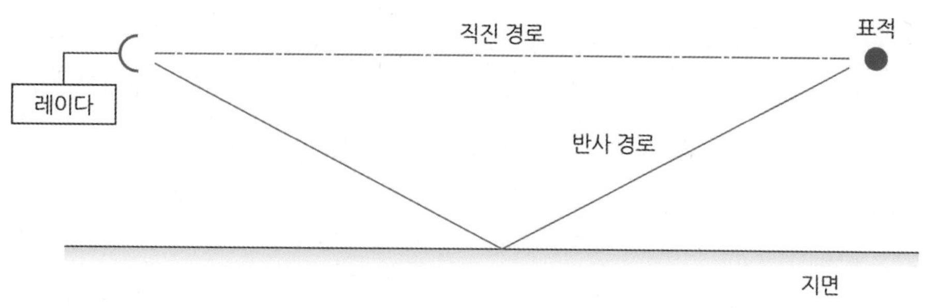

그림 5.8 다중 경로의 RCS 변동

설계 예제

레이다와 표적이 모두 지표면에서 15 m 높이에 있고 표적과의 거리가 3 Km일 때 다중 경로에 의한 반사 신호의 영향을 알아보자. 단, 주파수는 3 GHz이다.

(1) 직선 경로의 왕복 거리는 파장이 0.1 m이므로 60,000 파장 길이에 해당하며 위상은 $2\pi \times 60{,}000 \Rightarrow 21{,}600{,}000°$이다.

(2) 반사 경로는 3000.15 m로 계산되므로 반사 경로만 왕복하는 파장 거리는 $6000.3/0.1 = 60{,}003$, 위상은 두 번 180도 위상 반전을 고려하면 21,601,440°이다.

(3) 직선 경로와 반사 경로 또는 반사 경로와 직선 경로를 왕복하는 2가지 경우는 모두 파장 거리가 $6000.15/0.1 = 60{,}001.5$로 동일하며, 이 경우에는 위상이 한 번 반전되므로 21,600,720°가 된다. 위의 4가지 경우 모두 동 위상으로 반사되면 전압이 4배 커지므로 전력은 16배 증가한다.

5.4 RCS 통계적 모델

5.4.1 통계적 모델

레이다 표적에 반사되는 RCS는 표적의 속도와 크기에 따라 다양하게 변동한다. 그러나 레이다 표적 변동을 모두 정의하기는 매우 어렵기 때문에 확률 통계적인 방법으로 표적의 크기와 움직임의 속도에 따라 표적의 반사표적 모델을 설정한다. 대표적인 레이다 반사표적 모델은 마큠 (Marcum) 모델과 스월링 (Swerling) 모델이다. 이들 레이다 표적 모델은 우연하게도 1960년 4월 IRE 논문지에 동시 발표되었는데, 마큠의 논문 제목은 〈펄스 레이다에 의한 표적 탐지를 위한 통계적 이론〉이었고, 스월링의 논문 제목은 〈변하는 표적의 탐지 확률〉이었다. 표적의 스월링 모델은 일반적인 카이 제곱 (Chi-square) 확률밀도 함수로 식 (5.7)과 같이 모델링된다.

$$f(\sigma) = \frac{m}{\Gamma(m)\sigma_{avg}}\left(\frac{m\sigma}{\sigma_{avg}}\right)^{m-1} e^{-m\sigma/\sigma_{avg}}, \quad \sigma \geq 0 \tag{5.7}$$

여기서 $\Gamma(m)$은 감마 함수, σ_{avg}는 평균 표준편차이다. 차수가 높아지면 분포 범위는 좁아진다. 즉, 차수 m이 무한대가 되면 RCS는 일정한 RCS 값을 갖는다. Swerling Case 1과 2에서는 동일하게 카이 제곱의 Degree 2로서 $m=1$의 경우에 해당하는 식 (5.8)로 모델링된다.

$$f(\sigma)=\frac{1}{\sigma_{avg}}\exp\left(-\frac{\sigma}{\sigma_{avg}}\right),\quad \sigma\geq 0 \tag{5.8}$$

Swerling Case 1에서는 샘플링된 RCS 값은 스캔 단위로 느린 표적에 대하여 상호 상관성이 많다고 보지만 스캔 단위로 변하는 신호 간에는 상관성이 없다고 가정한다. 반면에 Swerling Case 2에서는 표적이 Case 1보다는 빨리 요동하므로 펄스 내에서는 상관성이 있지만 펄스와 펄스 사이에는 상관성이 없다고 가정한다. 그러나 Case 1 & 2 모델의 크기는 동시에 많은 독립적인 산란체들로 구성되어 있다고 가정한다. Swerling Case 3 & 4는 카이 제곱의 Degree 4로서 동일한 확률 밀도 함수를 갖는데 $m=2$의 경우에 식 (5.9)와 같이 모델링된다.

$$f(\sigma)=\frac{4\sigma}{\sigma_{avg}^2}\exp\left(-\frac{2\sigma}{\sigma_{avg}}\right),\quad \sigma\geq 0 \tag{5.9}$$

표적 요동 속도는 Swerling Case 3과 Case 1이 유사하며, Case 2는 Case 4와 유사하게 표현된다. 그러나 두 가지 모두 동일한 진폭 특성 모델로서 큰 산란체와 주변에 많은 작은 군소 산란체들의 집합으로 표현되므로 상대적인 진폭의 크기는 Case 1 & 2보다 크게 나타난다. 스월링 모델은 레이다 탐지 확률을 예측하는 데 많이 사용되고 있다.

5.4.2 Swelring Case 1 & Case 2 모델

(1) Swelring Case 0

스월링 모델 0은 움직임이 없는 고정된 표적에 대한 통계 모델로서, 단일 등방성의 산란체를 표적으로 하는 구와 같은 입체 표적이며, 크기는 파장에 비하여 상당히 작은 경우에 해당한다. 그림 5.9(a)와 같이 시간에 따라서 진폭의 변화가 없는 경우에 해당하며, Swelring Case 5라고도 한다.

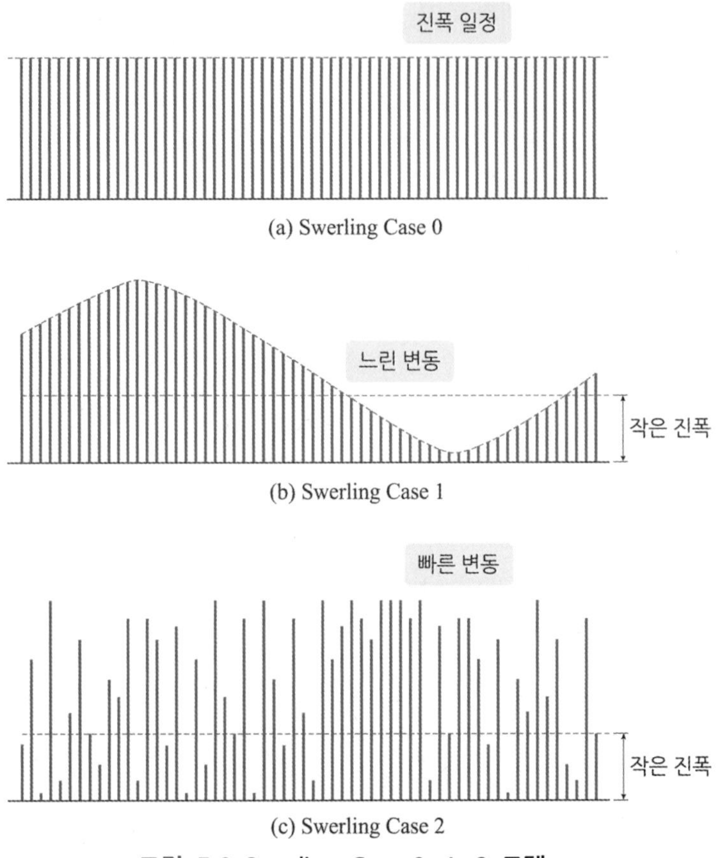

(a) Swerling Case 0

(b) Swerling Case 1

(c) Swerling Case 2

그림 5.9 Swerling Case 0, 1, 2 모델

(2) Swelring Case 1

스웰링 모델 1은 반사 크기는 비교적 크지 않지만 천천히 움직이는 표적에 대한 통계 모델이다. 이 경우는 표적 모델은 동일한 크기의 RCS를 갖는 여러 개의 산란체 집합으로 표현되며, 대표적으로 복잡한 구조물로 구성된 항공기와 같은 표적이 레이다에 접근하거나 멀어지는 경우에 해당된다. 레이다를 바라보는 표적의 각도 변화가 적으므로 펄스 시간에 따른 진폭의 변화가 비교적 느린 경우에 해당한다. 그림 5.9(b)와 같이 시간에 따라서 진폭의 변화가 느린 경우에 해당한다.

(3) Swelring Case 2

스웰링 모델 2는 반사 크기는 Swelring Case 1과 같으나 표적의 변동이 크고 빠르게 변화하는 표적에 대한 통계적 모델이다. 항공기와 같은 복합적인 표적 산란체가 레이다를 바라보는 각도 변화가 빨라서 시간에 따른 진폭 크기의 변화가 매우 빠르다. 펄스 시간 간격으로 표적의 진폭 크기가 매번 변하는 경우에 해당한다. 그림 5.9(c)와 같이 시간에 따라서 진폭의 변화가 빠른 경우에 해당한다.

5.4.3 Swelring Case 3 & Case 4 모델

(1) Swelring Case 3

스웰링 모델 3은 반사 크기는 상당히 크면서 표적의 변동은 아주 적은 경우의 통계 모델이다. 이 경우의 표적 모델은 아주 큰 반사 산란체가 중심에 존재하고 주변에 작은 크기의 RCS를 갖는 여러 개의 산란체로 구성되는 경우이다. 단순한 구조물로 구성된 미사일과 같은 큰 반사체 표적이 작은 각도 변화를 유지하면서 레이다에 접근하는 경우나, 복잡한 구조의 무인 항공기와 같은 작은 표적에 인위적으로 큰 RCS를 가지도록 만든 경우에 해당한다. 레이다를 바라보는 표적의 각도 변화가 적으므로 그림 5.10(a)와 같이 펄스 시간에 따른 진폭의 변화가 비교적 느린 경우에 해당한다.

(2) Swelring Case 4

스웰링 모델 4는 반사 크기는 Swelring Case 3과 같이 상당히 크지만 표적의 변동이

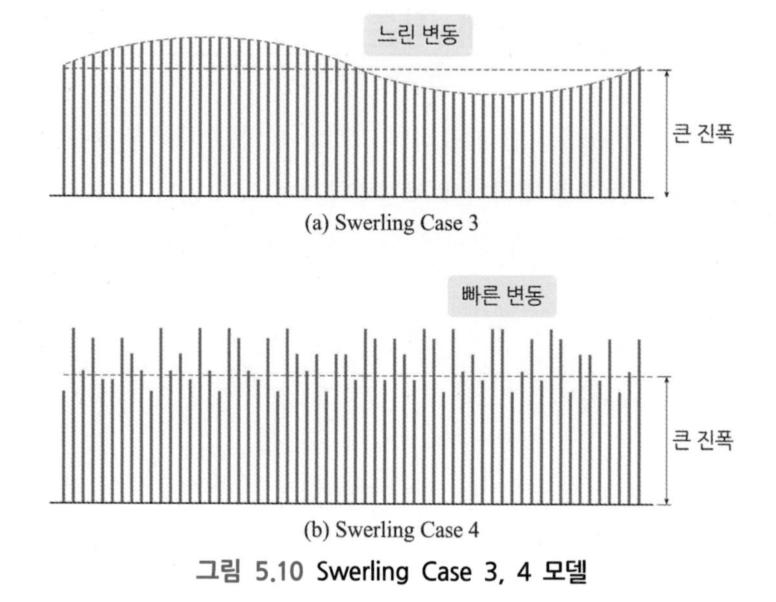

그림 5.10 Swerling Case 3, 4 모델

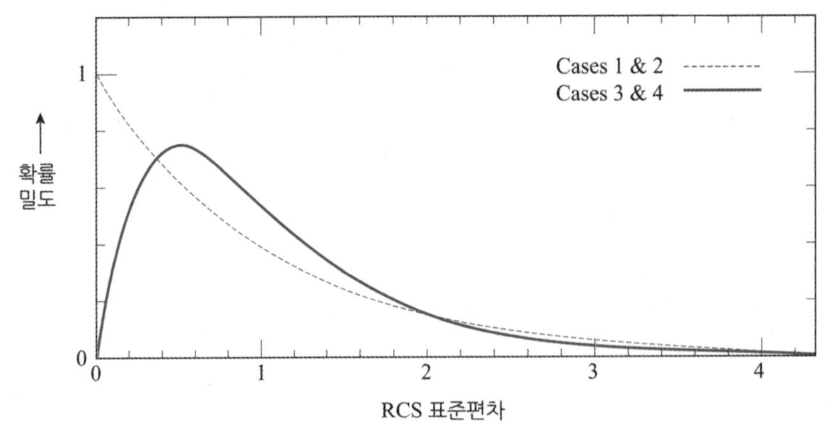

그림 5.11 Swerling 모델의 확률밀도 함수

크고 빠르게 변화하는 표적에 대한 통계적 모델이다. 복합적인 표적 산란체가 레이다를 바라보는 각도 변화가 매우 빠르거나, 주파수 기민성을 갖는 레이다의 경우처럼 주파수의 변화가 빠른 경우의 모델이다. 펄스 시간 간격으로 표적의 진폭 크기가 그림 5.10(b)와 같이 빠르게 변하는 경우에 해당한다. 스웰링 모델 1, 2와 3, 4에 대한 확률밀도 함수는 각각 식 (5.8) 및 (5.9)에 나타나 있고, 그림 5.11에는 통계적인 확률밀도 함수를 비교하여 도시하였다.

5.5 표적의 모양에 따른 RCS

레이다 반사 신호의 크기는 반사 표적의 크기와 외형에 따라 달라진다. 다양한 모양의 레이다 표적에 대한 RCS를 정확하게 모델링하기는 쉽지 않다. 일반적으로 많이 사용하는 구 입체, 원통형, 평판, 코너 반사기 등의 형상에 따른 RCS를 요약하면 표 5.2와 같다.

5.5.1 구 입체의 RCS

구는 전방향의 등방성 반사체이다. 따라서 파장에 비하여 원주의 길이가 매우 길다면 구는 안테나와 같이 균일하게 1의 이득을 가지게 된다. 따라서 구의 RCS는 식 (5.10)

표 5.2 물체 모양에 따른 RCS

물체 모양	RCS (최대)	단위
구 (Sphere)	$\pi d^2/4$	d=원의 직경
평판 (Flat plate)	$4\pi A^2/\lambda^2$	A=평판 면적
원통 (Cylinder)	$\pi dL^2/\lambda$	d=직경, L=길이
2각 코너 반사기 (Dihedral)	$8\pi a^2b^2/\lambda^2$	a, b=평판 길이
3각 코너 반사기 (Triangular Trihedral)	$4\pi a^4/3\lambda^2$	a=삼각판 길이
직각 코너 반사기 (Square Trihedral)	$12\pi a^4/\lambda^2$	a=사각판 길이
루네버그 렌즈 (Luneburg Lens)	$4\pi^3 a^4/\lambda^2$	a=직경
다이폴 (Dipole)	$0.88\lambda^2$	λ=파장

과 같이 주어진다.

$$\sigma = \pi d^2/4 \tag{5.10}$$

여기서 d는 구의 직경이다. 파장이 원주보다 매우 작다면 구의 RCS는 일정한 반사 단면적을 가지게 된다. 파장이 원주와 같거나 좀 더 커진다면 RCS는 변동하게 된다. 원주 길이가 반파장에서 5배 큰 파장의 원주 길이인 경우에 대부분 변동하는데, RCS 크기의 변동은 광학반사 크기의 0.3배에서 3.5배 사이에서 주로 나타난다. 그림 5.12에 주파수에 따른 구의 RCS 관계를 도시하였다. 원주의 길이가 파장에 비하여 매우 큰 경우에는 RCS

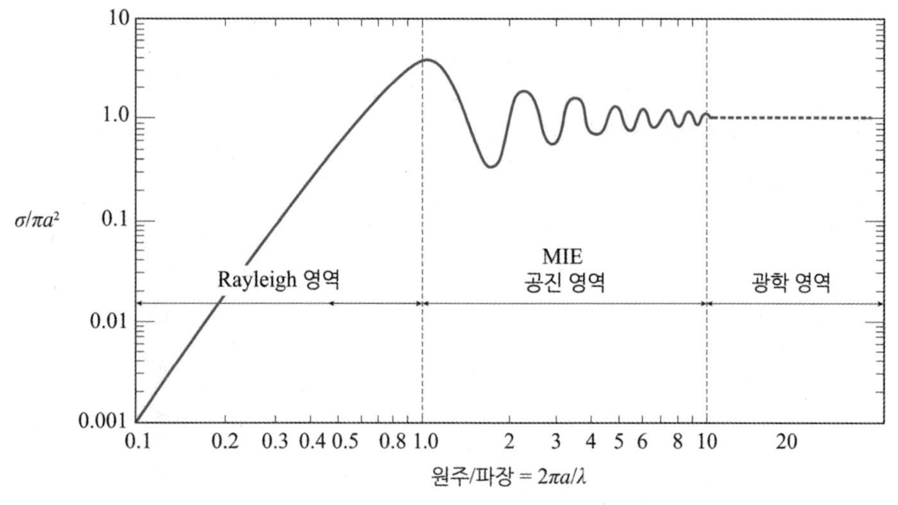

그림 5.12 파장에 따른 구 입체의 RCS

의 변화가 거의 일어나지 않으므로 광학적인 영역이 된다. 원주의 길이가 반파장에서 10배 정도 되는 영역에서는 RCS의 진동이 일어나는데 이 영역을 공진영역 또는 MIE 영역이라고 한다. 그러나 원주의 길이가 파장에 비하여 매우 작을 경우에는 RCS의 반사 크기가 거의 일어나지 않다가 파장의 길이와 같은 공진 영역에 가까이 오면서 $(2\pi r/\lambda)^4$에 비례하여 RCS의 크기가 증가하는데 이 부분을 Rayleigh 영역이라고 한다. 여기서 r은 구의 직경이고 λ는 파장이다.

Rayleigh 산란영역에서는 빗방울과 같이 파장에 비하여 매우 작은 구 표적의 RCS는 원주 길이가 아니라 직경의 네제곱에 비례하는 관계를 가지고 있다. 이것은 주로 기상 레이다에서 빗방울의 RCS에 적용된다. 일반적으로 가장 큰 빗방울의 직경을 1/4인치로 보면 X 대역 주파수까지 Rayleigh 산란현상이 나타나며 높은 주파수 대역에서는 RCS가 주파수의 네제곱에 비례하는 관계가 나타난다. 따라서 L 밴드보다는 X 밴드에서는 파장이 1/8 작아지므로 더 많은 반사전력을 얻을 수 있다. 광학영역에서는 레이다가 바라보는 각도에 따라 RCS의 변동이 없으므로 Swerling Case 0에 해당한다. 이러한 이유로 표적을 검보정할 경우에 이미 알고 있는 RCS의 구 표적을 풍선에 부착하여 항공기를 이용하여 구를 이동시키면서 표준 RCS를 측정하는 데 사용한다.

5.5.2 평판과 원통형 RCS

(1) 평판 RCS

평판 모양의 안테나 길이가 파장에 비하여 매우 큰 경우에 평판에 의한 이득은 다음과 같이 주어진다. 즉 안테나 이득은 $G = 4\pi A_E/\lambda^2$으로 주어지며 여기서 A_E는 안테나의 유효면적, λ는 파장이다. 평판의 유효면적은 실제 안테나 면적과 같으므로 전체 평판에 의한 RCS는 이득과 면적의 곱으로 다음과 같이 주어진다. 즉 평판 RCS는 식 (5.11)과 같이 주어진다.

$$\sigma = 4\pi A^2/\lambda^2 \tag{5.11}$$

여기서 A는 평판의 면적이다. 평판의 RCS 경우에도 레이다가 바라보는 각도에 따라 변동이 매우 민감하다. 주파수에 의한 평판 RCS는 $\sigma = 4\pi f^2 A^2/c^2$으로 주어지므로 주파수 제곱의 비례 관계이다. 여기서 f는 주파수이고 c는 빛의 속도이다.

(2) 원통형 RCS

원통 모양의 표적 RCS는 원주와 원통의 길이가 파장에 비하여 매우 큰 경우에 안테나와 같이 원통의 길이에 비례하여 이득이 커진다. 원통 모양의 안테나 이득은 $G=\pi L/\lambda$로 주어지며 여기서 L은 원통의 길이, λ는 파장이다. 원통 측면의 면적은 $A=dL$로 주어지며 여기서 d는 원통의 직경이다. 따라서 최대 RCS는 이득과 면적의 곱으로 나타낼 수 있으므로 원통의 RCS는 식 (5.12)와 같다.

$$\sigma = \pi d L^2/\lambda \tag{5.12}$$

원통 RCS는 레이다가 바라보는 각도에 따라 매우 변동이 심하다. 예를 들면 중심 0도에서 13.5 dB이라면 +90도와 −90도에서 원형의 평판에 의한 부엽의 RCS는 거의 17 dB 이상이 나타난다. 주파수에 의한 원통형 RCS는 $\sigma = \pi f d L^2/c$로 주어지므로 주파수에 비례적인 관계이다. 여기서 f는 주파수이고 c는 빛의 속도이다.

5.5.3 코너 반사기 RCS

(1) 기본 코너 반사기

코너 반사기는 입사된 전자파를 대부분 입사한 방향으로 반사시키는 특별한 반사판 구조로 되어 있다. 기본적인 코너 반사기는 그림 5.13(a)과 같이 특정 입사 각도로 들어온 평면파가 코너의 다른 면에서 반사되어 동일한 방향으로 100% 되돌아나간다. 코너 반사기의 반사 단면적은 다음 식 (5.13)과 같이 주어진다.

$$\sigma \approx 4\pi A_{eff}^2/\lambda^2 \tag{5.13}$$

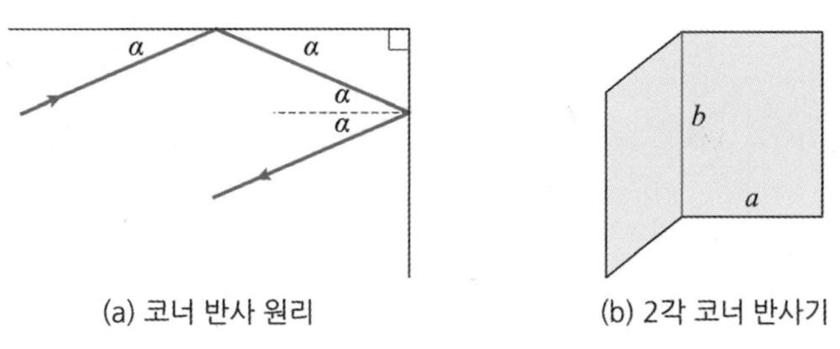

(a) 코너 반사 원리　　(b) 2각 코너 반사기

그림 5.13 기본 코너 반사기

여기서 A는 유효 반사 단면적이다.

(2) 2각 코너 반사기

그림 5.13(b)와 같이 두 면의 평판의 길이가 각각 a, b인 판을 접속하여 만든 2각 코너 반사기 (Dihedral)의 반사 단면적은 식 (5.14)와 같다.

$$\sigma = \frac{16\pi a^2 b^2}{\lambda^2}\sin^2\alpha \tag{5.14}$$

여기서 $45° < \alpha < 90°$이다. $\alpha = 45$인 경우의 반사 단면적은 식 (5.15)와 같다.

$$\sigma = \frac{8\pi a^2 b^2}{\lambda^2} \tag{5.15}$$

(3) 3각 코너 반사기

3각 코너 반사기는 그림 5.14(a)와 같이 3개의 동일한 길이의 삼각 반사판을 접속하여 만든다. 3각 코너 반사기 (Triangular Trihedral)의 반사 단면적은 식 (5.16)과 같이 주어진다.

$$\sigma = \frac{4\pi a^4}{3\lambda^2} \tag{5.16}$$

여기서 a는 삼각판의 한 변의 길이이다.

(4) 직각 코너 반사기

4각형 그림 5.14(b)와 같이 단면의 길이가 a인 3개의 사각형 판을 접속하여 만든다.

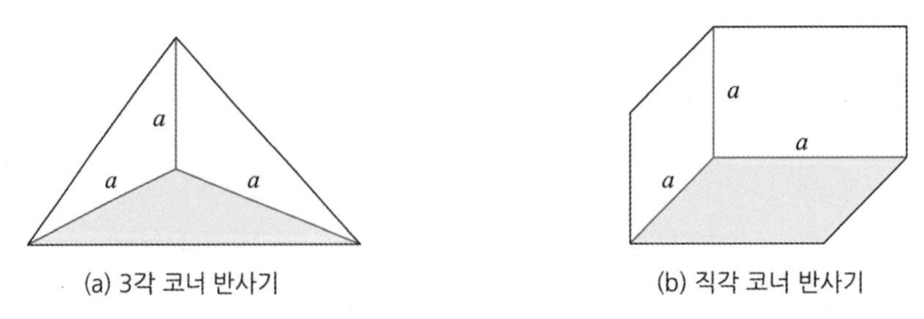

그림 5.14 3각 & 직각 코너 반사기의 구조

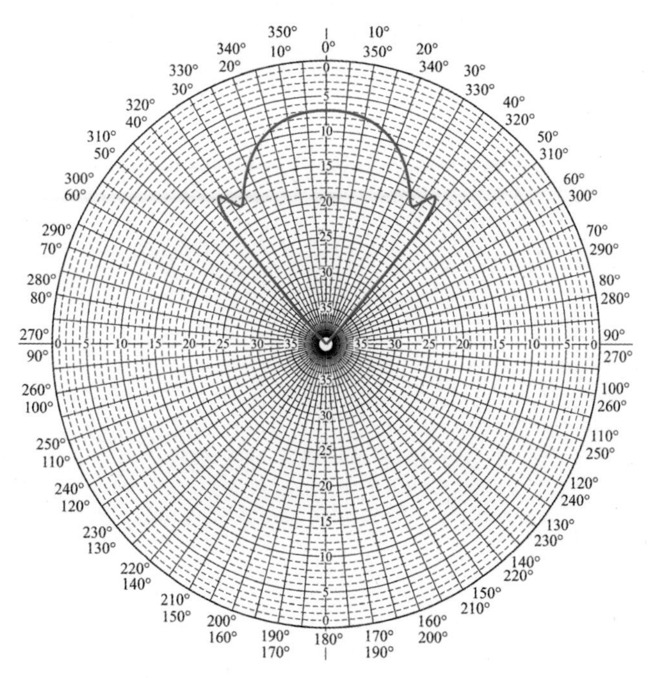

그림 5.15 3각 코너 반사기의 반사 패턴

직각 코너 반사기 (Square Trihedral)의 반사 단면적은 식 (5.17)과 같이 주어진다.

$$\sigma = \frac{12\pi a^4}{\lambda^2} \tag{5.17}$$

3각 또는 직각 코너 반사기의 최대 RCS는 이음 평판의 길이의 네제곱에 비례하고 파장의 제곱에 반비례하는 관계이다. 항공기와 같은 복합 표적의 경우에는 날개와 동체의 구조물에 의하여 만들어지는 2각 또는 3각 코너 반사기 형태가 높은 표적 RCS로 작용할 수 있다. 3각 반사기의 RCS 패턴은 그림 5.15와 같다. 코너 반사기의 반사 패턴은 주빔의 폭이 단순 평판에 비하여 넓고 최대 RCS가 매우 크다는 특징이 있다. 따라서 레이다 표적을 시험할 경우에 외부의 기준 표적으로 많이 사용한다.

(5) 루네버그 렌즈의 RCS

루네버그 렌즈 (Luneburg Lens)는 구 모양의 반사 표적이며, 코너 반사기와 같은 원리로서 입사하는 방향으로 동일하게 반사하는 특징이 있다. 코너 반사기보다 더 넓은 주빔 폭을 갖고 있다. 루네버그 렌즈의 반사 단면적은 식 (5.18)과 같이 주어진다.

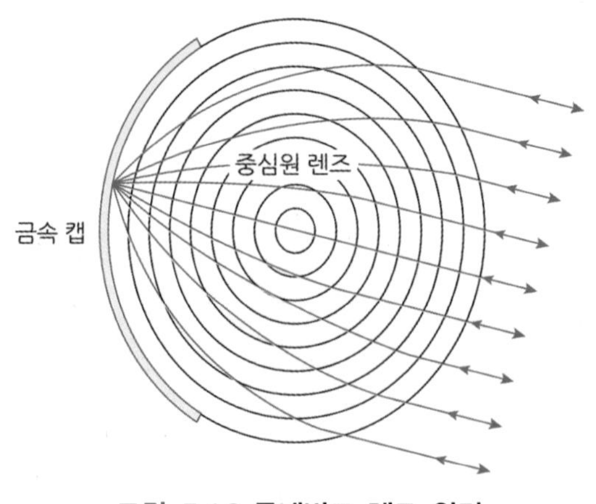

그림 5.16 루네버그 렌즈 원리

$$\sigma = \frac{4\pi^3 a^4}{\lambda^2} \tag{5.18}$$

여기서 a는 지름의 길이이다.

렌즈의 유전체 물질은 그림 5.16과 같이 서로 다른 굴절률을 가지고 있어서 특정 방향으로부터 들어오는 입사 전자기파가 렌즈 후면의 한 점에 초점이 모인 후에 후면 내부의 도체판에서 반사하므로 입사 방향으로 다시 나가게 된다. 원리는 평판에 의한 반사와 같지만 빔을 한 방향으로 집속하여 넓은 범위로 반사하므로 훨씬 넓은 반사 특성을 가지고 있어서 레이다 RCS 측정 시에 표준 표적으로 사용한다.

5.3.4 복합 물체 RCS

(1) 복합 물체 RCS

복합 표적은 다양한 모양의 구조를 갖는 산란체들의 집합체로 구성된 표적을 말하며, 개별 산란체들의 배열 구조로 모델링할 수 있다. 어떤 복합 산란체는 등방성의 반사점 모델로 표현할 수도 있고, 어떤 산란체는 비등방성의 다양한 모양의 반사체로 모델링할 수도 있다. 개별 산란체들이 거의 같은 상태라면 스월링 Case 1 또는 2로 모델링할 수 있고, 특별히 한 산란체가 주 반사체 역할을 한다면 스월링 Case 3 또는 4로 모델링할 수 있다. 산란체 간의 간격은 파장에 따라서 반사하는 신호의 RCS 패턴 변화로 주어진다. 표적 RCS는 진폭의 크기 변화와 위상의 크기 변화로 나타난다.

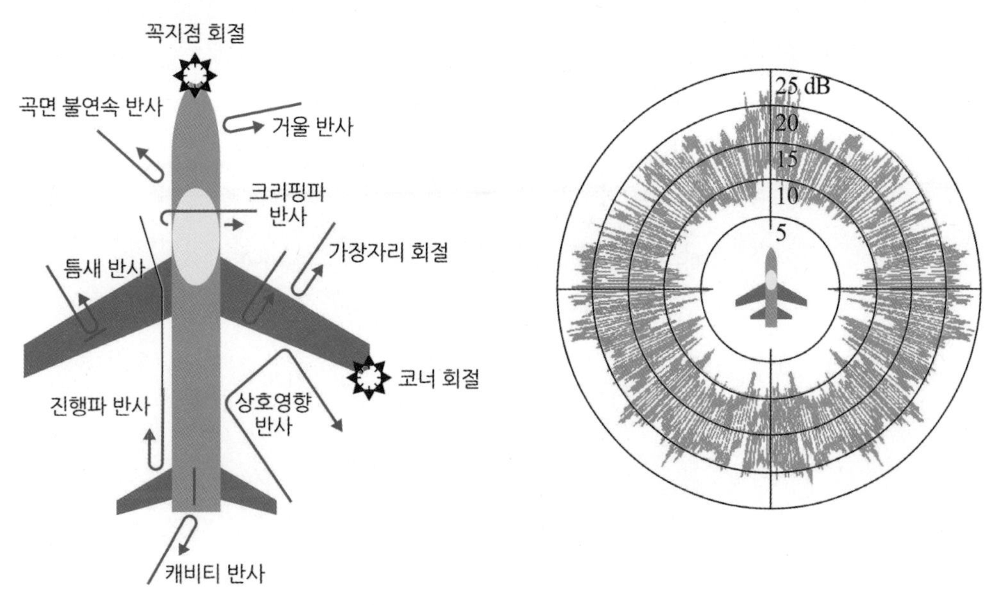

그림 5.17 복합 기체구조의 반사 특성 [© Aversel]

항공기와 같은 복합 표적의 구조는 그림 5.17과 같이 다양한 길이의 동체와 날개 및 꼬리 형상으로 주어지므로 특정 방향에서 바라보는 각도에 따라 표적 RCS가 달라진다. 또한 항공기 기체의 길이는 사용하는 주파수의 파장에 따라 위상 공진점이 달라지므로 RCS 패턴이 복잡하게 나타난다. 항공기의 RCS 패턴은 그림 5.18(a)와 같이 주로 항공기의 조종석 앞면과 꼬리 엔진 부위에서 반사가 강하며 또한 기체 양면의 넓이에 따라 반사 크기가 강해지며 날개와 동체 사이 등의 코너에서는 상대적으로 반사 신호가 상쇄되어 약해진다. 관측 입사 각도에 따른 RCS 반사도는 그림 5.18(b)와 같이 변화한다. 파장에 따라서 코너 반사점들에 의한 RCS의 크기와 변화가 다르며 높은 주파수에서 파장이 짧아지므로 산란 특성이 좋아서 RCS 패턴의 해상도가 좋아진다.

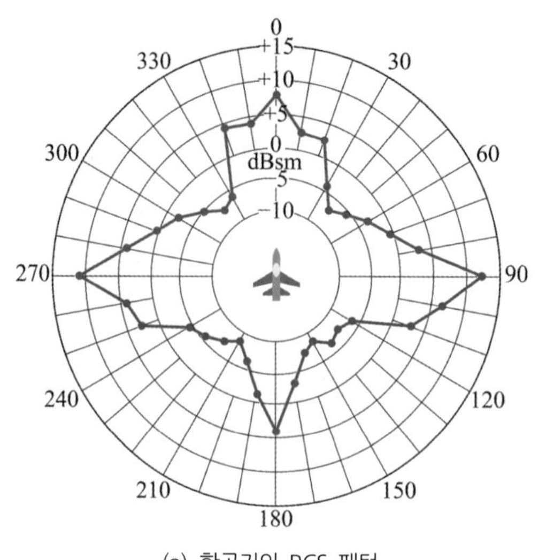

(a) 항공기의 RCS 패턴

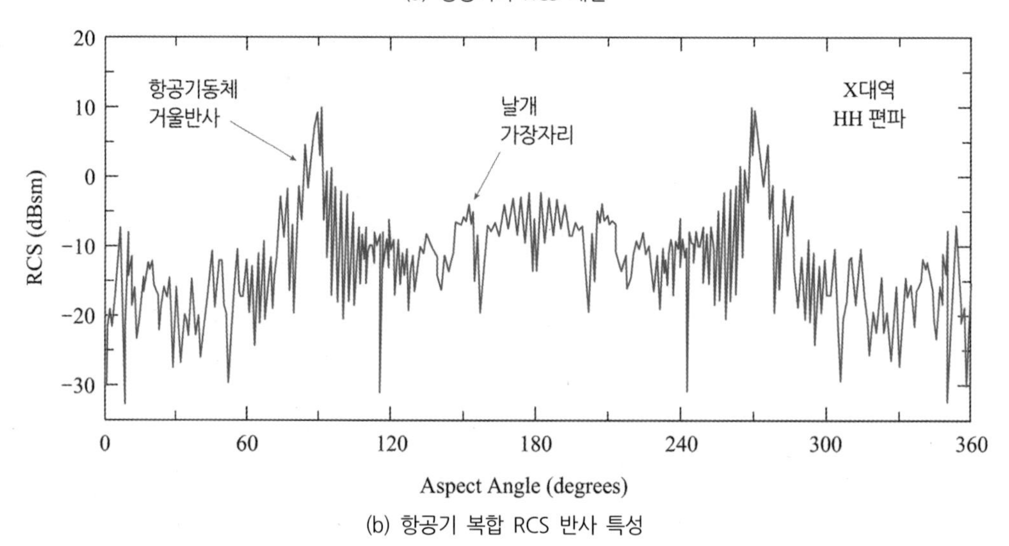

(b) 항공기 복합 RCS 반사 특성

그림 5.18 항공기의 RCS 패턴 [© Atkins, MIT Lincoln Lab]

(2) RCS 감소 스텔스 기법

전자전 환경에서 상대 레이다에게 탐지될 확률을 줄이는 목적으로 표적의 RCS를 감소시키는 스텔스 기법을 사용한다. RCS를 줄이는 방법은 레이다 방사에 대하여 후방 산란을 줄이기 위해 표적의 형상을 변형하거나 전자파를 잘 흡수하는 재질을 사용하는 것이다. 예를 들어서 복합 비행체의 엔진 흡입구 부분은 전자파 후방 반사가 많이 일어나는 부위이므로 모양과 위치를 변형하는 특수한 설계를 하거나 입사파의 에너지를 흡수하여 최소반사가 되도록 특수한 전파흡수체 RAM (Radar-Absorbing Material)를 사용

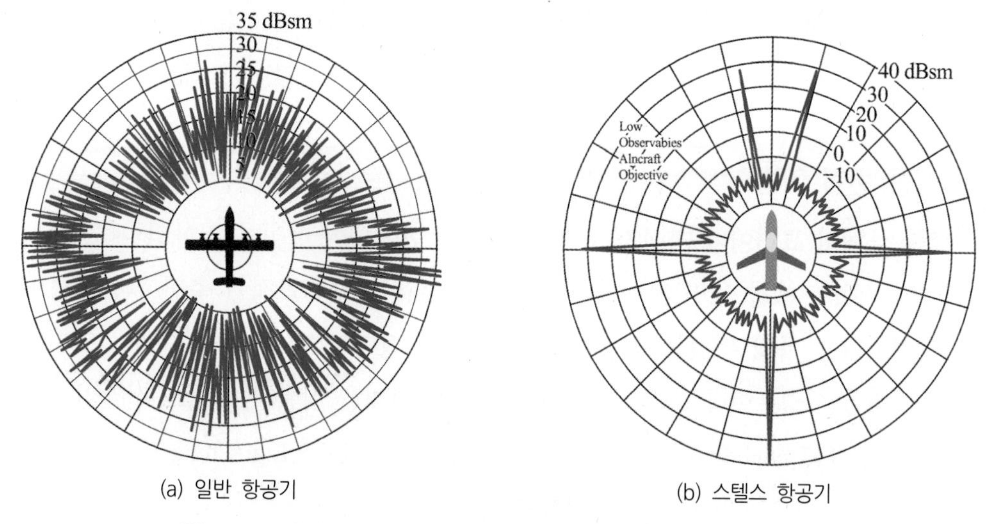

(a) 일반 항공기 (b) 스텔스 항공기

그림 5.19 비행체의 스텔스 적용 전(a)과 후(b)의 RCS 패턴 비교

한다. 일반 항공기와 스텔스 전투기에 대한 스텔스 적용 전후의 RCS 패턴은 그림 5.19에 비교하였다.

① 전파 흡수체 기법

일반적으로 전파흡수체는 금속 표면으로부터 수직 거울반사 (Specular Reflection)를 줄이기 위하여 사용하지만, 스텔스 기술은 표면 진행파로 인한 에코를 억제하기 위하여 주로 비수직반사 전파흡수체를 사용한다. 가장 간단한 수직반사 전파흡수체를 Salisbury Screen이라고 하는데, 금속 표면 위에 1/4 파장 두께로 장착된 얇은 저항 판을 가지고 있다. 입사전력이 저항 판에 수직으로 입사되면 거의 반사되지 않는다. 이 얇은 판은 대역폭이 낮고 약해서 파손되기 쉽고 입사각도가 기울어지면 점차 성능이 나빠진다는 문제가 있다. 그래서 이 판을 몇 장씩 층으로 쌓으면 대역폭도 적층에 비례하여 향상되고 좋아진다. 그러나 적층이 되면 두꺼워지고 무게와 부피도 커져서 전술 비행체에 사용하기에는 한계가 있다. 이와 유사하게 Dallenbach Layer라는 전파흡수체는 전체 부피에 균질하게 특정 굴절률을 갖는 복합체로 구성한다. 이 원리는 자기손실 물질과 전기손실을 갖는 탄소 입자 물질을 이용하여 전자기 서셉턴스의 허상성분이 굴절률을 만들도록 하면 전파상수의 허상성분이 진행파를 감쇄시킨다. 이외에도 실내 챔버의 벽면 반사를 억제하는데 사용하는 피라미드 전파흡수체는 입사파에 의한 유효 임피던스의 변화를 주는데 효율적이다. 비수직거울반사 전파흡수체는 수직반사 흡수체에 비하여 두꺼울 필요가 없으므로 표면 진행파 에코를 억제하는 용도로 가장 손쉽게 쓰이는 소재이다. 그러나 소재를 이용한 스텔스 기법은 무겁고 대역폭이 좁고 비용이 많이 든다는 한계가 있다.

② 형상 변형 기법

복합 물체의 표면이나 가장자리 등의 형상을 변형하여 레이다 전파의 에코를 최소화하는 기법이다. 예를 들면 항공기나 함정의 모양을 비행역학적인 측면이나 해상역학적인 측면보다는 특정 위협의 방향에 따라 레이다 전파의 반사 특성을 우선 고려하여 형상을 변형하는 경우이다. 그림 5.20에 RCS 감소 기법을 적용한 스텔스 정찰기 SR-71 Blackbird와 F-117 Nighthawk 전투기, B-2 Spirit 폭격기, F-35 Lightening II 전투기의 기체 형상을 비교 예시하였다. 기체의 형상에 따라 특정 방향의 RCS를 감소시키기 위해서는 적절한 표면 프로파일을 선정해야 한다. 관측 각도 범위에 따라 특정 각도에서는 낮은 에코를 얻을 수 있지만 다른 각도에서는 높은 에코가 발생하기 때문이다. 따라서 최적의 형상을 선택하기 위해서는 예상되는 위협의 방향을 모두 커버하기 위한 관측각도 범위에 대하여 RCS의 변동을 예측하고 평가해야 한다.

기본적으로 형상 설계는 두 가지 접근방법이 있다. 첫 번째는 기체의 평판 표면을 곡면 표면으로 변형하여 좁고 강한 수직반사 부분을 제거하는 것이다. 이 기법도 관측 각도에 따라서는 에코가 증가할 수 있으므로 그렇게 효과적이지는 않다. 두 번째는 비록 강한 반사가 발생할 수 있지만 수직반사를 좁히기 위하여 평평한 곡면을 확장하는 것이다. 반사 에코의 폭은 넓어지지만 평균 RCS에 기여하는 정도를 낮추어서 탐지 확률을 낮추는 개념이다. 이와 같이 표적의 형상을 RCS 감소 목적으로 조정하는 것은 이미 특정 임무에 최적화된 형상을 변경하는 작업이므로 비용이 매우 많이 든다. 따라서 RCS 감소를 위한 형상은 새로운 제품 개발 초기에 고려되어야 한다.

(3) 분리형 레이다 RCS

분리형 (Bistatic) 레이다는 송신기와 수신기 안테나가 분리되어 다른 각도에서 송신과 수신이 이루어진다. 분리형 레이다는 12장에서 상세히 설명한다. 동일한 평판 표적이 레이다를 사각에서 바라보면 일체형에서는 RCS가 매우 작지만 분리 수신기에서 바라보는 상대적인 RCS는 매우 커지게 된다. 분리형 레이다의 송수신기 각도가 180도가 되는 경우에는 모든 표적이 평판 RCS와 같은 최대의 크기를 갖는다. 예를 들어서 그림 5.21

과 같이 위치 A에서 전방 스텔스 표적의 RCS는 −30 dBm로 매우 작지만 거리 공간에서 분리된 B 위치에서 후방 표적의 RCS는 0 dBm으로 매우 높게 나타난다.

(a) SR-71 Blackbird 정찰기

전체 구조

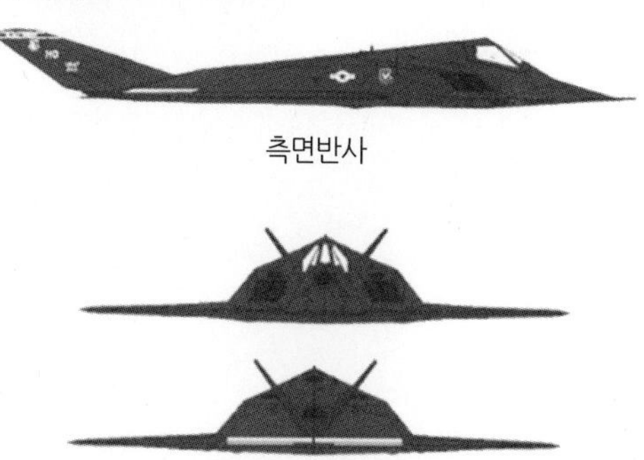

측면반사

전방반사

(b) F-117 Nighthawk 폭격기

전체 구조

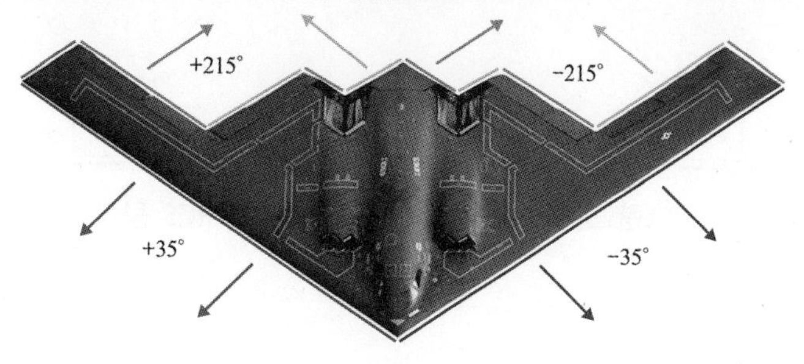

전후방반사

(c) B-2 Spirit Bomber 폭격기

(d) F-35 Lightening II 폭격기

그림 5.20 스텔스 비행체 형상

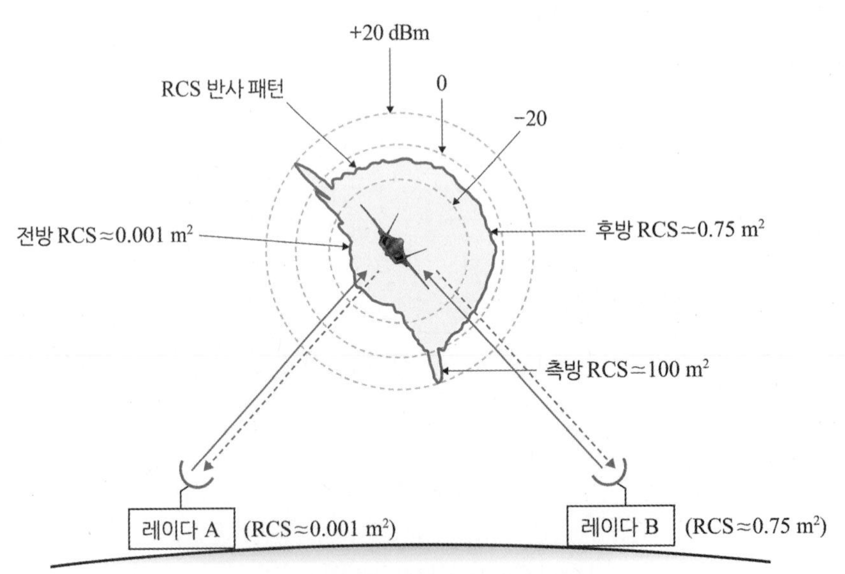

그림 5.21 분리형 레이다의 스텔스 RCS 탐지

5.6 편파 산란 RCS 특성

표적의 종류에 따라서 반사되는 산란체의 편파 특성이 달라질 수 있다. 일반적으로 입체 구와 같은 표적의 반사파는 입사파와 동일 편파 특성 (Co-Polarization)을 가지고 있지만, 항공기와 같이 복잡한 구조물로 구성된 표적의 반사파 특성은 입사파의 편파 특성과 다른 편파를 가지고 반사된다. 따라서 표적의 산란 특성은 입사파와 산란파의 비를 특정한 산란계수로 표현할 수 있으며, 각각의 산란계수는 입사 편파와 반사 편파의 조합으로 구성된다. 이를 편파 산란 매트릭스 (Polarization Scattering Matrix)라고 하며 다음 식 (5.19)로 표현할 수 있다.

$$\begin{bmatrix} E_{SH} \\ E_{SV} \end{bmatrix} = \begin{bmatrix} S_{HH} & S_{HV} \\ S_{VH} & S_{VV} \end{bmatrix} \begin{bmatrix} E_{IH} \\ E_{IV} \end{bmatrix} \quad (5.19)$$

여기서 E_{SH}는 표적으로부터 산란된 수평성분의 전계, E_{SV}는 표적으로부터 산란된 수직성분의 전계, E_{IH}는 표적으로 들어간 수평성분의 전계, E_{IV}는 표적으로 들어간 수직성분의 전계, S_{HH}는 수평 편파로 송신하고 수평 편파로 수신하는 표적의 산란계수, S_{VH}는 수평 편파로 송신하고 수직 편파로 수신하는 표적의 산란계수, S_{HV}는 수직 편파로 송신하고 수평 편파로 수신하는 표적의 산란계수, S_{VV}는 수직 편파로 송신하고 수직 편파로 수신하는 표적의 산란계수이다. 주어진 산란계수는 수평축과 수직축을 기준으로 하며, 두 성분은 서로 수직으로 교차하는 관계이다. 입사파의 편파는 산란 매트릭스에 의한 산란 편파로 각각 식 (5.20) ~ (5.23)으로 표현할 수 있다.

$$\sigma_{VV} = 4\pi |S_{VV}|^2 \quad (5.20)$$

$$\sigma_{HH} = 4\pi |S_{HH}|^2 \quad (5.21)$$

$$\sigma_{VH} = 4\pi |S_{VH}|^2 \quad (5.22)$$

$$\sigma_{HV} = 4\pi |S_{HV}|^2 \quad (5.23)$$

편파 산란 매트릭스는 어떤 교차 편파 특성이 어떤 특정 표적을 탐지하기에 효율적이고 또한 간섭과 클러터를 억제하기에 유리한 것인지 예측하는 데 이용할 수 있다. 즉, 송수신 편파 특성에 따라 항공기나 선박을 탐지하거나 비와 같은 간섭을 억제하는 데 유리한지 예측할 수 있다. 예를 들면, 빗방울은 선형 편파보다는 원형 편파에서 높은 RCS 특성을 가지고 있으므로 기상 클러터의 억제에 편파 특성을 이용한다. 구름이나 강수와 같은 기상 표적 RCS의 경우에는 항공기와 같은 복합구조의 표적에 비하여 편파 특성에 영향을 더 많이 받는다. 특정 레이다들은 강우에도 표적을 잘 탐지할 수 있도록 원형 편파를 사용한다. 그러나 항공기나 선박 같은 일반 표적에는 동일 편파를 사용하는 것이 원형 편파나 교차 편파보다는 높은 RCS 특성을 얻을 수 있다.

5.7 RCS 예측과 측정 분석

5.7.1 RCS 예측 기법

표적의 RCS는 표적에 따라 다양하므로 일률적으로 반사도를 예측하기는 어렵고 실제로 많은 측정 데이터를 기반으로 하여 정립하는 것이 좋다. 구의 RCS 산란 모델은 앞 절에서 설명한 바와 같이 표적의 크기와 파장에 따라 Rayleigh 영역과 MIE 공진 영역, 광학 영역 등의 3개로 나누어진다. RCS 예측 모델로는 정밀 방법 (Exact Method)과 근사 방법 (Approximate Method)이 있다. 정밀 방법은 상대적으로 단순하고 작은 물체를 대상으로 Rayleigh 영역과 공진 영역에 적합하다. 근사 방법은 물체의 크기가 파장에 비하여 상당히 큰 광학 영역에서 예측하는 모델이다.

(1) 정밀 방법

정밀 방법 (Exact Method)은 맥스웰 방정식의 미분과 적분 형태를 기반으로 정립한 모델이다. 정밀 방법은 미분 방정식과 적분 방정식의 2가지로 분류한다. 먼저 미분 방법은 맥스웰 방정식의 4개의 미분 방정식을 이용하여 서로 전류와 전하에 의한 전계와 자계의 관계를 정립한다. 이를 전계와 자계의 벡터로 표현한 파동 방정식으로 정의하면 2차 미분 방정식이 되며 물체의 표면의 경계조건에 대한 전자계가 주어지면 FD-TD (*Finite Difference-Time Domain*) 기법으로 해를 구할 수 있다. 전계나 자계는 입사와 산란 전계의 기지수와 미지수로 표현될 수 있으며, 경계 조건은 물체 표면의 내부와 외부의 전자계를 충족하는 관계식으로 정의된다. 따라서 입사 전계에 대하여 산란 전계에 대한 파동 방정식의 해를 구하면 공간상의 어느 지점에서든 전자계를 알 수 있으므로 식 (5.1)을 이용하여 RCS를 구할 수 있다. 정밀 방법은 도체성의 금속 구에 적합하다.

적분을 이용한 방법은 맥스웰 미분 방정식을 적분 방정식으로 변형하여 MOM (*Method of Moment*) 기법으로 해를 구하는 기법이다. 적분 방정식을 동차 선형 방정식으로 변형하면 매트릭스로 해를 구하기 용이하다. 일단 경계조건이 주어지면 물체의 표면은 작은 패치 조각으로 구성한다. 각 패치에 걸리는 미지의 전류와 전하의 크기가 일정하도록 패치의 크기는 파장의 1/5 정도로 작아야 한다. 각 패치에 가해진 입사 전계에 대한 칼럼 매트릭스를 구하고 이를 역 변환한 후에 미지의 산란 전계를 구하여 모든 패치를 더하면 최종 표면 전계가 나온다. MOM 방법은 전자기 산란 특성의 예측과 분석에 매우 좋은 도구로 사용된다. 그러나 표면적을 작은 패치로 나누므로 많은 계산이 요구되며 메모리 용량과 처리 시간에 제약이 있을 수 있고, 또한 특정 물체에 따라서 각 패치의 해가 주변 패치의 불필요한 공진으로 인하여 부정확할 수 있다는 한계가 있다.

(2) 근사 방법

근사 방법 (Approximate Method)은 Rayleigh 영역과 광학 영역에 적합한 모델이다. Rayleigh 영역의 근사는 파동 방정식을 파동지수의 급수로 전개하여 유도하는 기법이다. Rayleigh 산란체의 RCS 패턴은 매우 넓고 반사 크기는 물체 부피의 제곱에 비례하며 입사파 주파수의 1/4승에 비례하여 변동한다. 광학 영역의 근사 방법으로는 기하광학 기법 GO (*Geometric Optics*)과 물리광학 기법 PO (*Physical Optics*)이 있다. 기하광학 기법 (GO)은 가상적인 가느다란 튜브 내의 에너지 보존을 기반으로 정의한다. 한 끝단 방향으로 튜브에 들어가는 모든 에너지는 다른 끝단 방향으로 모두 나와야 한다. 광선이 표면에 부딪칠 때 에너지의 일부는 반사되고 일부는 표면을 통하여 전송된다. 반사되거나 전송되는 광선의 진폭과 위상은 표면상의 물체의 특성에 따라 달라진다. 에너지가 표면을 따라 통과할 때 전송 광선은 물체의 전기 밀도 매질에 따라 표면에 수직 방향으로 굴절된다. 따라서 물체 곡면과 재질에 따라서 반사되며, 전송되는 광선에는 서로 발산하거나 수렴하는 현상이 발생한다. RSC는 표면 반사 성분과 다른 내부 반사 성분들의 합으로 구해진다.

물리광학 기법 (PO)은 평판이나 단일한 곡면을 갖는 물체의 RCS를 예측하는 데 적

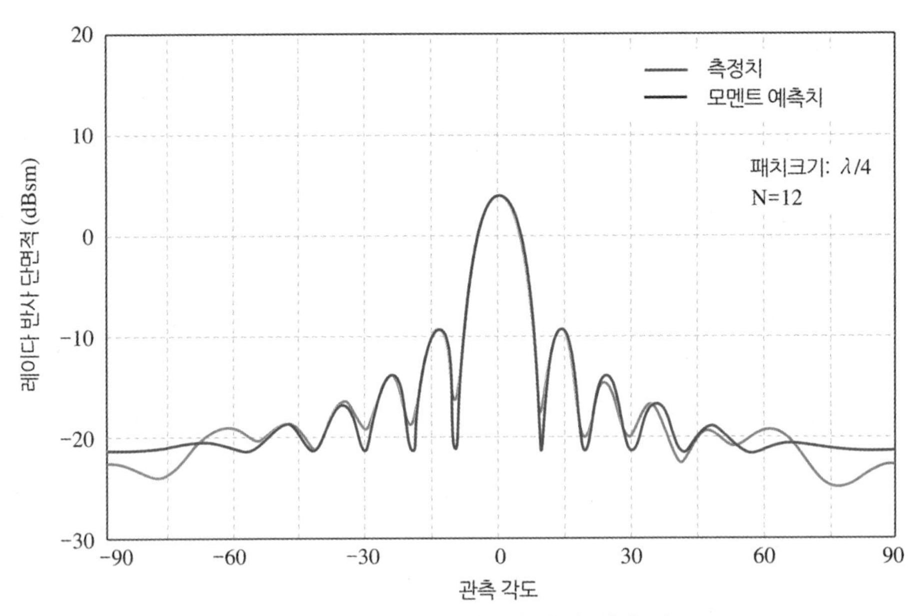

그림 5.22 RCS 예측 패턴과 측정 패턴 비교

합하다. 이 이론은 맥스웰 방정식의 적분 근사식을 기반으로 정의한다. 종류로는 원 전계 근사 방법 (Far-Field Approximation)과 탄젠트 평면 근사 방법 (Tangent Plane Approximation)이 있다. 원 전계 근사 방법은 산란 물체의 거리가 물체의 크기에 비하여 매우 큰 경우에 적용되며 탄젠트 평면 근사 방법은 탄젠트 전계 성분이 기하광학 값으로 근사되는 경우에 적용된다. 그 밖에도 GO 기법을 보완한 회절의 기하 이론 GTD (*Geometric Theory of Diffraction*)와 PO 기법을 보완한 PTD (*Physical Theory of Diffraction*) 기법 등이 있다. 그림 5.22는 RCS 예측 모델과 측정 패턴을 비교한 것이다. 구체적인 예측 기법은 본 교재의 범위를 벗어나므로 생략한다.

5.7.2 RCS 측정 분석

RCS 측정은 예측 모델을 기반으로 주어진 레이다 표적 사양을 검증하는 데 매우 중요하다. 특히 스텔스 표적의 경우에는 레이다가 탐지되지 않도록 반사 특성을 최소화시키는 것이 목적이므로 정확한 RCS 예측과 측정이 레이다 탐지 성능을 결정하는 데 매우 중요하다. 레이다 RCS의 측정은 모든 관측 방향에 대한 반사 특성을 포함해야 하므로 표적의 크기와 주파수에 따라 실내 측정과 실외 측정으로 구분할 수 있다.

(1) 일반적인 고려 사항

RCS 측정에서 시험 대상 물체는 반드시 균등한 진폭과 위상을 갖는 레이다 입사 전파로 주사되어야 한다. 원 전계 기준 거리에 따른 위상의 조건에 요구되는 테스트 물체와 레이다 계측기 사이의 거리 R은 식 (5.24)와 같이 주어진다.

$$R > 2D^2/\lambda \tag{5.24}$$

여기서 D는 가시선과 직각 방향으로 최대 표적의 길이이다. RCS 측정 전에는 반드시 표준 물체를 이용하여 수신 장치의 교정을 해야 한다. 교정을 위한 표준 물체로는 금속 구, 원통, 평판, 코너 반사기 등을 이용한다. 표적 반사파가 배경 반사 잡음의 영향이 없도록 실내 챔버의 내부 벽은 고품질의 레이다 전파 흡수체로 처리하고, 실외 챔버의 지면은 나무나 풀잎 등의 영향이 없도록 부드럽게 처리한다. 왜냐하면 배경 반사 잡음에 의한 위상이 표적 물체의 반사 신호와 동위상과 역 위상에 따라 수신 전력이 커지거나 작아지는 현상이 나타나기 때문이다. 또한 표적 물체의 지지대는 반사 영향이 최소가 되도록 한다. 물체 지지대의 구조에는 저밀도 플라스틱 폼 기둥이나 끈 지지대 또는 가느다란 금속 파일론을 사용한다. 실내 챔버는 끈 지지대 방식이 좋으며 주로 가벼운 물체를 낮은 주파수로 측정하는 데 효율적이다.

(2) 실내 테스트 레인지

실내 테스트 레인지는 무반향 챔버로 구성한다. 대상 표적의 크기는 수십 피트 이내로 제한되며 대형 물체는 축소된 모형을 이용하여 날씨에 관계없이 시험을 할 수 있다는 장점이 있다. 무반향 챔버 내의 표적과 레이다 사이의 거리가 가까우므로 지면이나 벽, 천정 등의 모든 반사면을 고품질의 전파 흡수체로 씌워야 한다. 전파 흡수체의 반사율은 −50 dB 정도이며 동작 주파수가 낮을수록 전파 흡수체의 비용이 올라간다. 무반사 챔버의 가장 민감한 부분은 후면 벽인데 레이다에서 방사된 전력의 95~99%를 받으므로 후면 벽에는 가장 좋은 품질의 전파 흡수체를 사용해야 한다. 물론 바닥이나 천정, 벽 모서리 등에도 오차를 발생시킨다. 실내 챔버의 길이는 200피트 정도로 비교적 짧으므로 중간 크기의 표적이라도 원 전계 거리가 나오지 않기 때문에 그림 5.23과 같이 콤팩트 레인지 (Compact Range) 구조를 이용한다. 또한 전파 경로의 길이를 길게 하면서 빔

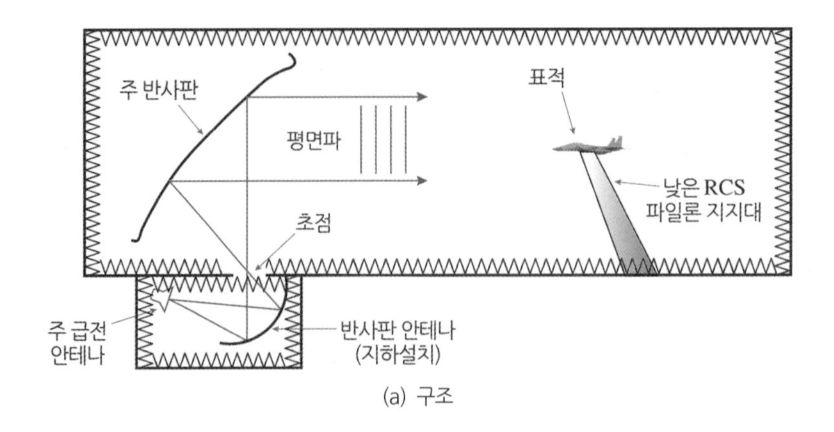

(a) 구조

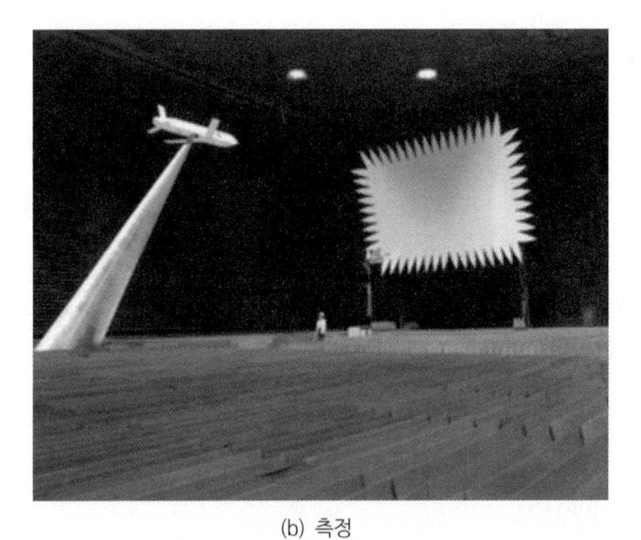

(b) 측정

그림 5.23 콤팩트 레인지 구조

그림 5.24 실외 테스트 레인지

을 평행하게 만들어줌으로써 균등한 방사가 되도록 레이다와 표적 물체 사이에 렌즈를 삽입하거나 평행 반사판 (Collimating Reflector)을 이용한다.

(3) 실외 테스트 레인지

실외 테스트 레인지는 그림 5.24와 같이 실내 챔버에서 측정하기 어려운 큰 물체의 RCS 측정에 사용한다. 테스트 물체와 레이다 계측기와의 거리는 충분한 원 전계 거리를 확보해야 하며, 표적의 설치 높이는 지면에서 수십 피트 이내이고 레이다에서 표적을 바라보는 앙각은 1도 이내가 좋다. 앙각이 낮기 때문에 지표면의 반사 영향이 크므로 이를 적절히 억제하지 않으면 다중 경로 영향을 받을 수 있다. 다중 경로의 반사 영향을 줄이기 위해서는 지면을 자연 상태의 흙으로 덮거나 또는 지면에 도체 판을 집어넣고 아스팔트를 한다. 표적 물체와 레이다 안테나의 높이는 지표면의 반사파가 표적 물체에 동 위상으로 들어오도록 식 (5.25)와 같이 조정한다.

$$h_a h_t = \lambda R/4 \tag{5.25}$$

여기서 h_a, h_t는 각각 안테나와 표적 물체의 높이이고 R은 표적 물체와 안테나의 거리이다. 대부분의 테스트 레인지는 회전판이나 표적 파일론이 고정되어 있으므로 거리를 임의로 조정하는 데 제한이 있다. 표적 물체가 한 번 회전하는 동안 Multi-Sweep/Multi-Step 누적 방식을 이용하여 스텝 주파수로 수백 개 주파수의 RCS 패턴을 얻을 수 있는 계측 시스템을 이용하면 측정이 편리하다.

CHAPTER 6

레이다 클러터

6

레이다 클러터

6.1 개요

레이다 클러터는 원하지 않는 물체에 의하여 반사된 잡음 신호를 말한다. 원래 '클러터 (Clutter)'의 의미는 '잡동사니'를 뜻하는데, 레이다에서 클러터는 쓰레기처럼 제거해야 할 반사 신호를 의미한다. 레이다 안테나를 통하여 방사하는 전파 공간상에는 다양한 반사 물체들이 존재한다. 예를 들면 탐색 레이다를 이용하여 멀리 있는 항공기 표적을 탐지한다고 할 때, 레이다 안테나가 회전하면서 전파 빔은 거리가 멀어지고 사방에 넓게 퍼지기 때문에 원하는 항공기 표적뿐만 아니라 주변의 원하지 않는 물체에 의하여 반사되는 신호를 피할 수가 없다. 이처럼 원하지 않는 반사 신호는 그림 6.1과 같이 산이

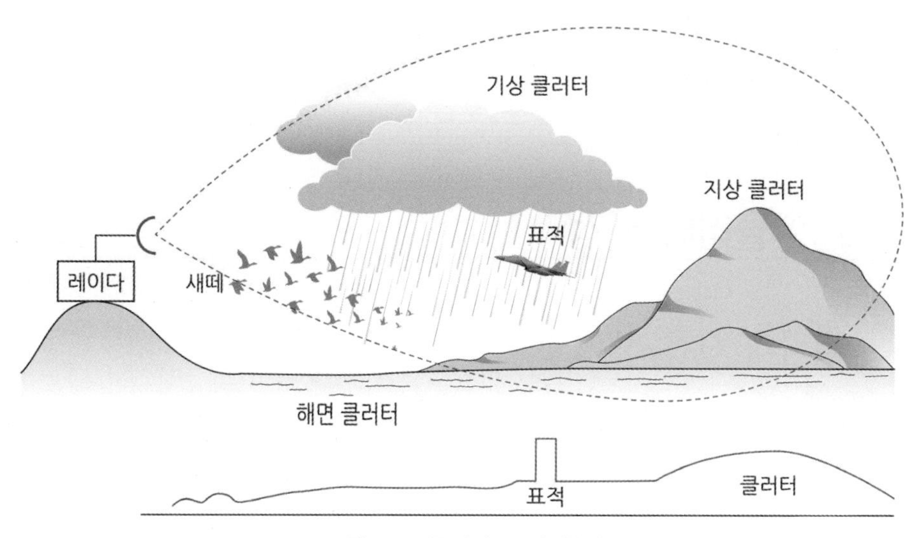

그림 6.1 클러터 주변 환경

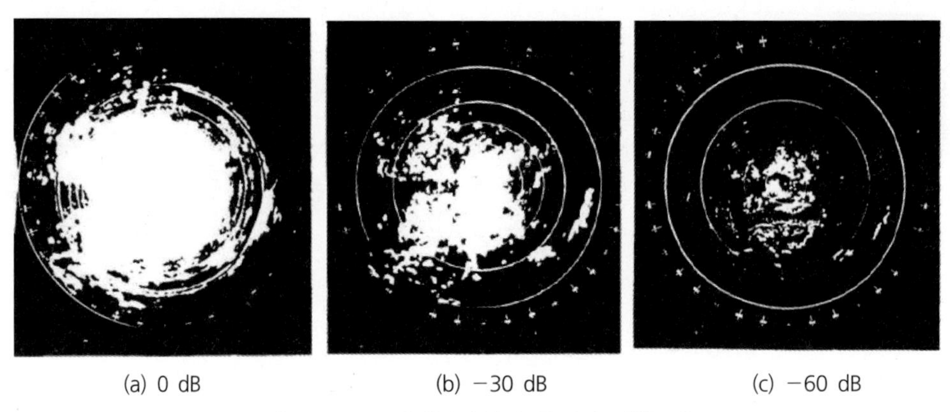

(a) 0 dB　　(b) −30 dB　　(c) −60 dB

그림 6.2 PPI 전시화면에서 클러터 영향 비교

나 언덕, 건물과 같은 지면에서 반사되기도 하고, 바다나 호수와 같이 수면에서 반사되기도 하며, 심지어 공중에 떠다니는 구름이나 다른 비행 물체에 의하여 반사되기도 한다. 원하지 않는 강한 클러터 간섭 신호들은 미약한 표적 신호와 함께 모두 레이다 안테나를 통하여 들어와서 표적 탐지를 어렵게 한다. 한 예로 산악 지역의 클러터 영향을 그림 6.2에서 비교하였다. 클러터가 강한 경우에는 미약한 표적이 클러터에 묻혀서 구분할 수 없지만 클러터를 30~60 dB 정도 제거하면 PPI 전시 화면에서 점차 클러터가 사라지는 현상을 볼 수 있다. 이러한 클러터가 처음부터 공간상에서 레이다 안테나에 들어오지 못하도록 하면 좋겠지만 안테나 자체는 벌어진 입과 같은 개구면 (Aperture)이므로 모든 신호를 받아들일 수밖에 없다. 레이다에서 피할 수 없는 장애물인 클러터를 효율적으로 제거하고 미약한 표적 신호를 잘 탐지하기 위해서는 이들 클러터 신호의 발생 원리와 특성을 정확하게 이해하는 것이 무엇보다 중요하다.

6.2 클러터 특성

6.2.1 클러터 반사 특성

레이다 클러터는 불규칙하며 개별 클러터 산란체는 랜덤 위상과 크기를 가지고 있으므로 열잡음과 같은 특성을 지닌다. 대부분의 클러터 잡음신호의 크기는 수신기 열잡음이나 표적 신호보다 매우 큰 경우가 많다. 따라서 클러터 환경에서 표적 탐지 능력은

SNR 대신에 신호 대 클러터 비 (SCR: *Signal-to-Clutter Ratio*)로 표현한다. 백색 잡음 (White Noise) 성분은 레이다 탐지 거리 셀 전체에 걸쳐서 거의 같은 크기로 분포되지만 클러터 전력은 특정 거리 셀을 중심으로 집중적으로 분포된다. 또한 클러터 반사 신호는 클러터 영역에서 반사되는 전력이므로 평균 클러터 반사 신호는 식 (6.1)과 같이 클러터 반사계수와 클러터 영역의 면적에 비례하는 관계이다.

$$\sigma_c = \sigma_0 A_c \tag{6.1}$$

여기서 σ_0 $(\mathrm{m}^2/\mathrm{m}^2)$는 클러터 산란계수로서 dB로 표현되며, A_c는 클러터 면적이다. 클러터 면에 송신된 전자기파의 에너지는 일부는 레이다를 향하여 반사되고 나머지는 다른 방향으로 산란되어 없어진다. 이와 같은 전파지수 (Propagation Factor)를 이용하여 SCR을 표현하면 식 (6.2)와 같이 정의할 수 있다.

$$\mathrm{SCR} = \frac{\sigma_t F_t^2 F_r^2}{\sigma_c F_c^2} \tag{6.2}$$

여기서 F_c는 클러터 전파지수, F_t, F_r은 각각 송신 및 수신 전파지수이며, 일반적으로 송신 전파지수는 수신 전파지수와 같다.

6.2.2 신호 대 클러터 비

클러터 환경에서는 클러터가 열잡음보다 매우 크기 때문에 SNR 개념보다는 신호 대 클러터 비율이 더 의미가 있다. 그림 6.3과 같이 지면을 내려다보는 경우에 레이다 안테나 빔이 타원형의 지표면에 부딪쳐서 반사되는 클러터 면적을 살펴보자. 안테나 빔의 조사면 (Footprint) 크기는 그림 6.4와 같이 앙각과 안테나의 3 dB 빔폭과 거리 해상도 셀의 함수로 주어지며, 실제 조사면은 많은 거리 해상도 셀로 구성되어 있다. 따라서 클러터 면적은 거리와 방위 빔폭에 의하여 만들어지는 조사면 호의 길이와 거리 해상도 셀의 곱으로 식 (6.3)과 같이 주어진다.

$$A_c \simeq R\theta_{3dB}\frac{c\tau}{2}\sec\psi_g \tag{6.3}$$

여기서 τ는 펄스폭이며, $\theta_{3\mathrm{dB}}$는 안테나의 3 dB 빔폭이다.

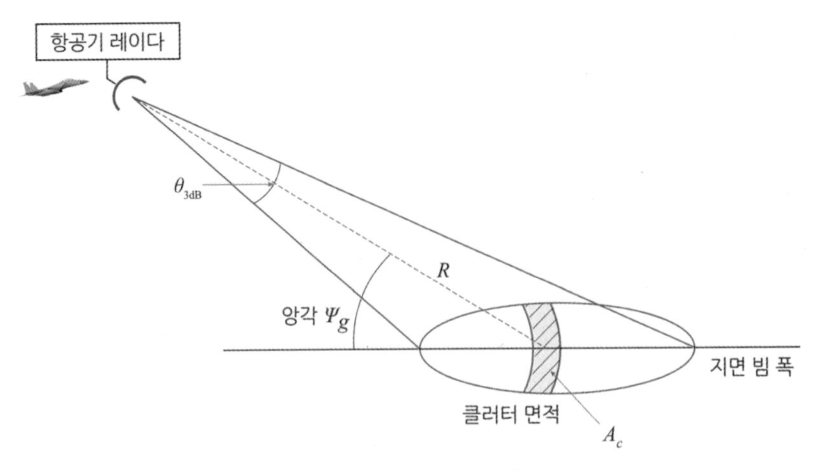

그림 6.3 면 클러터 개념

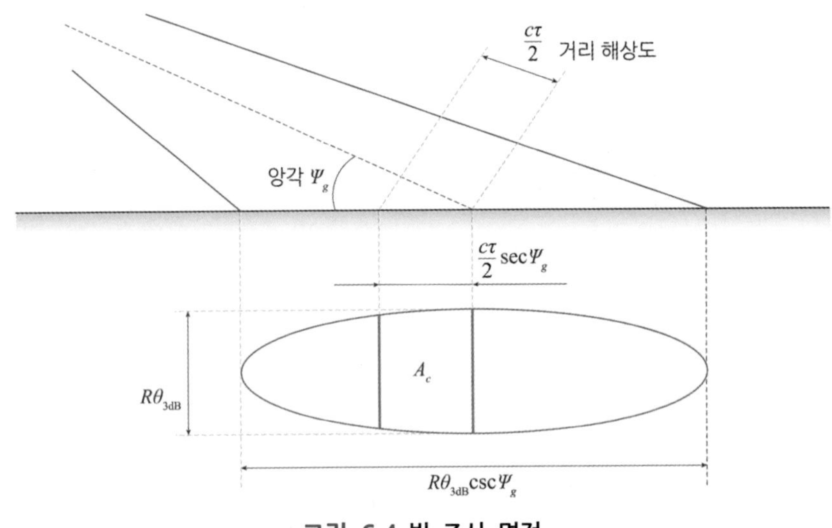

그림 6.4 빔 조사 면적

클러터 면적 A_c 내에서 표적 성분이 산란되어 레이다에 수신되는 표적의 전력 크기는 레이다 방정식을 이용하여 식 (6.4)로 표현된다.

$$S_t = \frac{P_t G^2 \lambda^2 \sigma_t}{(4\pi)^3 R^4} \tag{6.4}$$

여기서 S_t는 클러터 면적 내에서 표적에 의하여 반사되는 전력의 크기, σ_t는 표적의 RCS이다. 마찬가지로 클러터 성분에 의하여 수신되는 클러터 전력 크기는 식 (6.5)와 같이 주어진다.

$$S_{Ac} = \frac{P_t G^2 \lambda^2 \sigma_c}{(4\pi)^3 R^4} = \frac{P_t G^2 \lambda^2 \sigma_0 Ac}{(4\pi)^3 R^4} \tag{6.5}$$

여기서 S_{Ac}는 클러터 면적에 의하여 반사되는 전력의 크기, σ_c는 클러터의 RCS이다. 이제 클러터에 대한 표적 신호 비를 구하기 위하여 식 (6.4)를 식 (6.5)로 나누어주고 A_c를 식 (6.3)으로 대입하여 정리하면 식 (6.6)이 얻어진다.

$$(\mathrm{SCR})_{Ac} = \frac{2\sigma_t \cos\psi_g}{\sigma^0 \theta_{3dB} Rc\tau} \tag{6.6}$$

면 클러터가 존재할 경우 SCR은 표적의 RCS에 비례하고 클러터 반사도와 거리에 반비례하는 관계식으로 주어진다.

설계 예제

항공기 탑재 레이다의 파라미터는 안테나 빔폭 0.02 rad, 펄스폭 $2\mu s$, 탐지 거리 20 Km, 앙각 20°, RCS $1m^2$, 클러터 반사계수 0.0136 m^2/m^2 등으로 주어진다. 신호 대 클러터 비를 구해보자.

(1) SCR은 식 (6.6)을 이용하여 계수를 대입하면 다음과 같다.

$$(\mathrm{SCR})_{Ac} = \frac{2\sigma_t \cos\psi_g}{\sigma^0 \theta_{3dB} Rc\tau} = \frac{(2)(1)(\cos 20)}{(0.0136)(0.02)(20000)(3\times 10^8)(2\times 10^{-6})} = 2.48\times 10^{-4}$$

(2) SCR은 dB로 환산하면 -36.06 dB 된다. 이 값은 너무 작기 때문에 표적을 탐지하기 위해서는 적어도 46 dB 이상 SCR을 증가시켜야 한다.

6.2.3 클러터의 종류

클러터는 면 클러터 (Surface Clutter)와 체적 클러터 (Volume Clutter)로 크게 분류하며, 면 클러터는 그림 6.5와 같이 지상에서 반사되는 지면 클러터 (Ground Clutter)와 수면에서 반사되는 해면 클러터 (Sea Clutter)로 구분한다. 대표적인 지면 클러터는 지상의 나무나 수풀, 산이나 언덕 지형, 인공 구조물 등이며 대부분 지상 레이다의 경우 광범위하게 분포되어 있는 클러터 성분이다. 지면 클러터는 지표면의 반사도, 앙각, 진폭 분포,

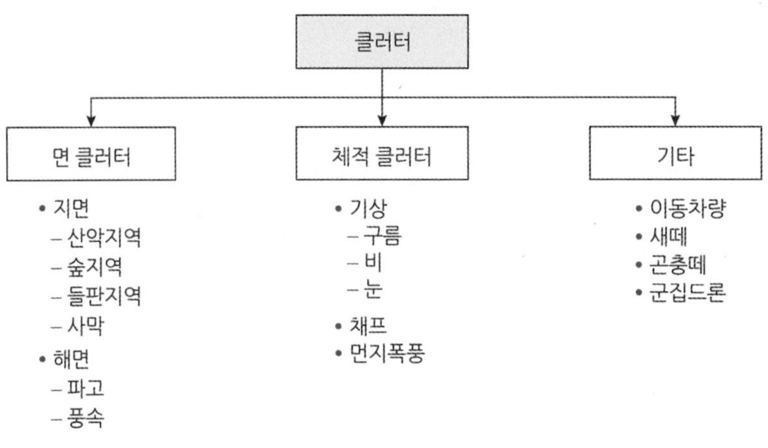

그림 6.5 클러터 분류

도플러 확산 등의 함수로 모델링된다. 해면 클러터는 바다나 호수와 같은 넓은 수면에서 반사되는 경우에 해당하며 선박이나 함정 레이다의 경우 풍속과 파도의 높이에 따라 넓게 분포되어 있는 클러터 성분이다. 해면 클러터는 바다 상태, 앙각, 파고와 속도, 빔 편파, 진폭 분포 등의 함수로 모델링된다.

체적 클러터는 공중에 떠 있는 부유물에 의하여 반사되는 원하지 않는 레이다 잡음 신호를 말한다. 체적 클러터에는 주로 광범위한 공간에 떠서 바람을 타고 움직이는 비구름 등과 같은 기상 클러터, 전투기를 기만하기 위하여 공중에 분사하는 채프 (Chaff) 클러터 등이 있다. 또는 새떼나 곤충떼와 같이 넓은 공간을 군집으로 이동하는 부유물에 의한 잡음 신호를 특히 엔젤 클러터 (Angel Clutter) 또는 생체 클러터라고 한다. 체적 클러터 계수는 단위 체적당 입방미터 (RCS m^2/m^3) 단위를 사용한다. 체적 클러터는 대표적으로 기상 클러터에 해당한다. 항공기 이동 클러터는 지표면의 상대적인 도플러 속도에 기인한다.

레이다 주변 환경에 분포하는 클러터의 도플러 스펙트럼은 그림 6.6에 3차원으로 예시하였다. 거리축으로는 클러터가 분포하는 위치에 따라 지상 클러터와 기상 클러터 등이 분포하고, 도플러 속도축에는 클러터와 표적의 속도에 비례적인 스펙트럼 성분이 분포한다. 이와 같이 레이다 주변 환경의 클러터 분포를 3차원 입체 지도처럼 도시하면 클러터 맵이 되며, 이를 통해 거리와 도플러 정보를 동시에 파악할 수 있다.

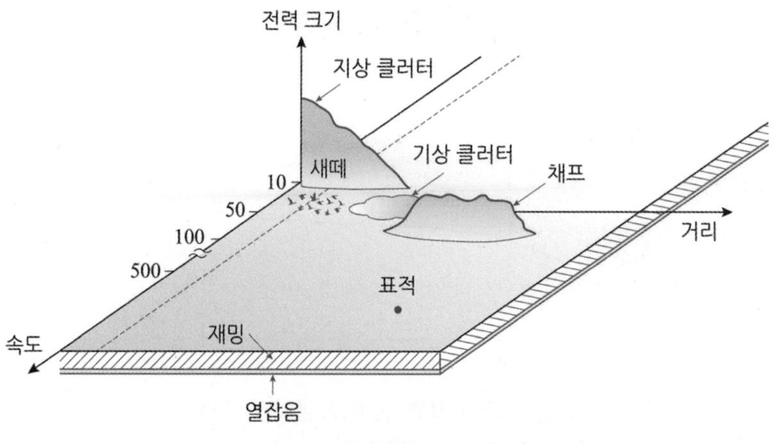

그림 6.6 3차원 클러터 스펙트럼 맵

6.3 면 클러터

6.3.1 지면 클러터

표면 클러터 (Surface Clutter)는 지상과 해상의 클러터를 포함하며 면 (Area) 클러터라고도 한다. 이러한 면 클러터는 레이다의 해상도 구간보다 훨씬 큰 영역에서 반사되는 신호이다. 지면 클러터의 레이다 단면적 크기는 식 (6.1)에 주어진 바와 같이 주어진 클러터의 반사 특성과 레이다의 해상도 구간 내에서 클러터 영역의 크기에 비례한다. 이 경우에는 클러터가 해상도 면적에 걸쳐서 균일하게 분포한 경우로 가정한다. 지면 클러터의 크기는 그림 6.7에 보이는 바와 같이 주로 지면에서 레이다를 바라보는 앙각 (Grazing Angle)과 지표면의 거칠기 및 레이다의 파장에 의하여 영향을 받는다. 클러터

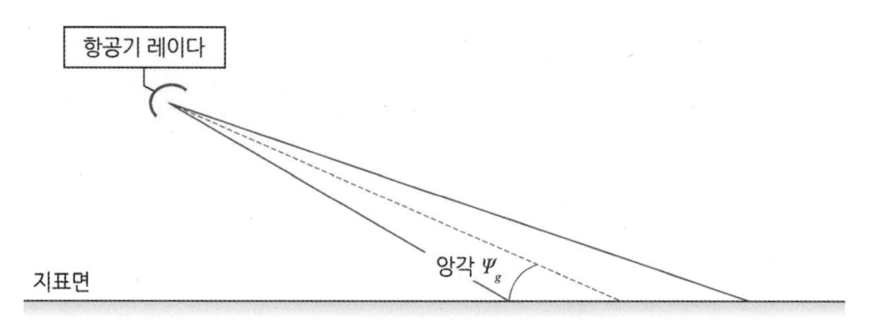

그림 6.7 지면 클러터 반사각도

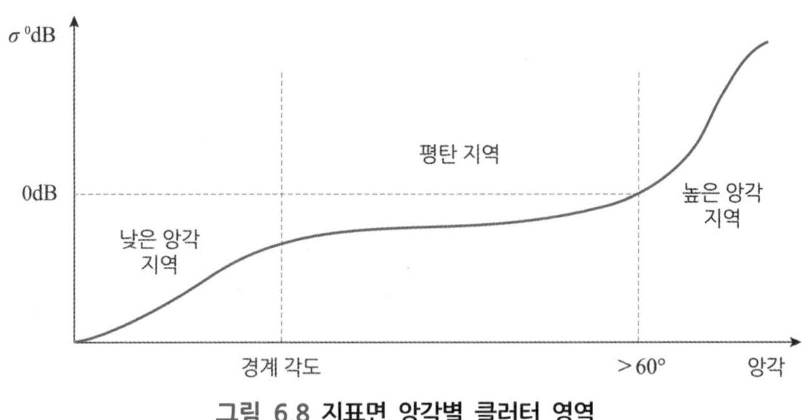

그림 6.8 지표면 앙각별 클러터 영역

의 산란계수는 파장이 작을수록 커지며, 평탄한 지면에서는 앙각이 커질수록 산란계수도 커진다. 또한 낮은 앙각에서는 평탄한 지표면보다는 거친 지표면에서 반사 특성이 좋으나 높은 앙각에서는 반대로 거친 표면보다는 평탄한 지표면에서 반사 특성이 더욱 좋다. 지면 클러터는 그림 6.8에 보이는 바와 같이 앙각에 따라 낮은 앙각 영역과 평탄한 고원 영역과 높은 앙각의 3가지 영역으로 구분하여 모델링한다. 앙각이 60도 이상인 지면을 높은 앙각 영역이라고 하며, 낮은 앙각 영역에서 평탄한 고원 영역으로 변화되는 지점의 각도를 임계 각도라고 하는데, 이는 평균 고도에 따라 지면이 평탄한 지점의 고원 각도보다 낮고 거친 지점보다 높은 경계 각도를 의미한다. 지표면의 불규칙한 높이에 따라 이들을 제곱 평균한 실효값으로 고도를 정의하는데 Rayleigh가 정의한 기준에 따르면, 식 (6.7)에 보이는 바와 같이, 앙각에 따라 제곱 평균한 높이 (h_{rms})를 갖는 지표면에서 반사하는 신호의 위상이 90도보다 작으면 평탄한 (Smooth) 지면으로 간주한다.

$$\frac{4\pi h_{rms}}{\lambda}\sin\psi_g < \frac{\pi}{2} \tag{6.7}$$

여기서 ψ_g는 앙각, h_{rms}는 제곱 평균한 지표면의 높이, λ는 레이다의 파장이다.

그림 6.9와 같이 거친 지표면에 전파가 입사하는 경우에는 지표면 높이의 불규칙성으로 인하여 전파가 평탄한 경로를 지날 때보다 긴 전파 경로를 가지게 되므로 위상 지연이 많이 일어난다. 지표면 높이에 따른 위상의 차이는 식 (6.8)과 같고, 식 (6.9)와 같이 위상 차이가 π일 때 앙각은 곧 식 (6.10)과 같이 임계각도 ψ_{gc}가 된다.

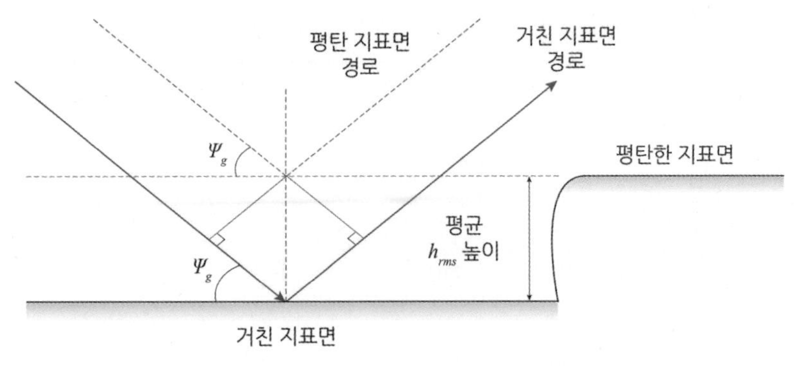

그림 6.9 거친 지면 클러터 모델

$$\Delta\psi = \frac{2\pi}{\lambda} 2h_{rms} \sin\psi_g \tag{6.8}$$

$$\frac{4\pi h_{rms}}{\lambda} \sin\psi_{gc} = \pi \tag{6.9}$$

$$\psi_{gc} = a\sin^{-1}\frac{\lambda}{4h_s} \tag{6.10}$$

일반적으로 지면 클러터는 높은 주파수에서 높은 클러터 반사계수를 가지고 있고, 해면 클러터보다는 지역 특성의 영향을 많이 받는다. 지면 클러터는 해면 클러터보다 특정 형태의 통계적인 클러터의 분포를 정의하기 어렵다. 동일한 농장 지역이라고 하더라도 지역에 따라서 반사 특성이 매우 달라진다. 즉, 지면 클러터의 진폭 분포 특성은 다양한 산악 지역과 나무 종류, 인공 지형지물 등의 영향으로 특정한 Rayleigh 분포로 정의하기 어렵다. 또한 지면 클러터의 반사계수는 토양의 습도나 눈 덮인 지역에 의하여 변동될 수 있다. 지면 클러터의 측정 방법도 지상 레이다는 시간적인 평균 크기 정보를 이용하는 반면, 항공기 레이다에서는 공간상의 평균 크기를 기준으로 클러터 분포를 정의한다.

6.3.2 해면 클러터

해면 클러터 (Sea Clutter)는 지면 클러터와 달리 바다나 강과 같이 넓은 수면에서 반사되는 클러터 성분으로 수면파이고 상태에 따라 달라진다. 바다의 상태를 나타내는 바다 상태 지수 (Sea State)는 파고의 높이나 주기 및 길이에 따라 달라지며, 입자의 속도나 풍속에 의하여 반사 특성이 달라진다. 해면 클러터의 경우에 불규칙한 수면의 파도 높이는 식 (6.11)로 주어진다.

표 6.1 바다 상태 지수 [© Barton]

Sea State	파고 (ft)	파 주기 (s)	파 길이 (ft)	파 속도 (kt)	입자속도 (ft/s)	풍속 (kt)
1 Smooth	0-1	0-2	0-20	0-6	0-1.5	0-7
2 Slight	1-3	2-3.5	20-65	6-11	1.5-2.8	7-12
3 Moder	3.5-4.5	3-4	65-110	11-14	2.8-3.5	12-16
4 Rough	5-8	4.5-6	110-180	14-17	3.5-4.2	16-19
5 V.R	8-12	6-7	180-250	17-21	4.2-5.2	19-23
6 High	12-20	7-9	250-400	21-26	5.2-6.7	23-30
7 V.H	20-40	9-12	400-750	26-35	6.7-10.5	30-45
8 Precipi	40+	12+	750+	35+	10.5+	45+

$$h_{\mathrm{s}} \simeq 0.025 + 0.046\, S_{state}^{1.72} \tag{6.11}$$

여기서 S_{state}는 바다의 상태를 나타내는 수면 상태 지수로 대표적인 바다 상태 지수는 표 6.1과 같다. 풍속과 해면 지수의 관계는 Nathanson에 의하여 (6.12)와 같이 주어진다.

$$W_s = 10^{(B + 0.14 S_{state})} \tag{6.12}$$

여기서 B는 풍속에 따라 0.36 m 또는 0.65 knots의 상수이다. 예를 들어서 상태 지수가 3인 경우는 파고가 보통 상태의 경우로서, 파고의 높이는 0.9 ~ 1.2 m, 파도의 주기는 약 3.5 ~ 4.5초, 파도의 길이는 2 ~ 33 m, 파도의 속도는 20 ~ 25 km/hr, 풍속은 22 ~ 30 km/hr 등으로 정의한다.

낮은 앙각에서 반사되는 클러터는 넓은 지면에서 많은 반사가 일어나므로 난반사 클러터 (Diffused Clutter)라고 하며, 이 경우에는 산란체에 의한 위상이 일정하지 않으므로 위상의 비연속성 (Non-Coherent)을 갖는다. 반면에 높은 앙각 지역에 있는 클러터는 거울과 같은 정반사 특성을 갖기 때문에 위상의 연속성 (Coherent)을 가지게 되며, 난반사 성분은 사라지게 된다. 이러한 지역에서는 평탄한 지면이 거친 지면보다 훨씬 큰 반사 성분을 가지게 되며, 낮은 앙각에서는 이와 반대의 현상이 생기게 된다. 해면 클러터의 반사계수는 많은 해수면의 조건에 따라서 다양하게 나타난다. 주파수 대역과 수평 및 수직 편파 특성에 따라서 반사 특성이 다양하며 지면에서와 같이 앙각과 해면 상태 지수에 따라서 다르다. 일반적으로 낮은 주파수 대역에서는 파장이 길기 때문에 클러터 반사 계수가 비교적 낮고 높은 주파수에서 높게 나타난다.

또한 앙각 10도 이하에서는 반사 특성이 낮지만 앙각이 90도에 가까울수록 주파수에 관계없이 반사 특성이 높다. 낮은 앙각에서는 주파수가 낮은 L 또는 S 대역보다는 X 대역이나 K 또는 Ka 대역에서 반사도가 해면 상태 지수당 10 dB 정도 높아진다. 또한 파고에 의한 영향으로 인하여 수직 편파가 수평 편파보다 클러터 반사 영향이 비교적 높게 나타난다. 해면 클러터는 레이다 수평면보다 짧은 가시거리에서 나타나지만, 지구 곡률 반경에 의하여 수평면보다 먼 거리에서는 회절을 통하여 적은 영향을 미치게 된다. 레이다 수평면보다 짧은 거리에서는 클러터의 영향은 거리의 세제곱에 반비례하여 작아지므로 신호 대 클러터 비 (SCR)는 거리에 반비례하는 영향을 받는다. 레이다 수평면보다 먼 거리에서는 거리의 7제곱에 반비례 관계이므로 클러터의 영향이 상대적으로 적어지고 결과적으로 SCR은 거리가 멀어질수록 좋아진다.

6.4 체적 클러터

6.4.1 기상 클러터

기상 클러터 (Weather Clutter)는 체적 클러터 (Volume Clutter)의 일종이며, 이것은 주로 비 클러터여서 빗방울은 아주 작은 완전한 구로 모델링할 수 있다. 빗방울의 RCS를 예측하기 위하여 구의 원주 길이가 파장에 비하여 매우 작은 경우 RCS를 Rayleigh 근사법을 이용하여 식 (6.13)과 같이 모델링할 수 있다.

$$\sigma = 9\pi r^2 (kr)^4 \quad r \ll \lambda \tag{6.13}$$

여기서 $k = 2\pi/\lambda$이고 r은 빗방울의 반지름이다. 완전한 구로부터 반사되는 전자기파는 동상 편파를 이루므로 입사파와 반사파의 편파 특성이 동일하다. 따라서 레이다가 오른손 방향으로 돌아가는 편파 (RHC)를 송신하면 반사된 수신 전파는 반대 방향으로 전파하기 때문에 왼손 방향으로 돌아가는 편파 (LHC)가 된다. 그러므로 빗방울에 의한 후방 산란 에너지는 입사파와 동일한 편파를 가지게 되지만 전파하는 방향은 반대가 된다. 따라서 레이다의 송수신 안테나가 동일한 편파 (Co-Pol)를 갖도록 하여 비 클러터를 억

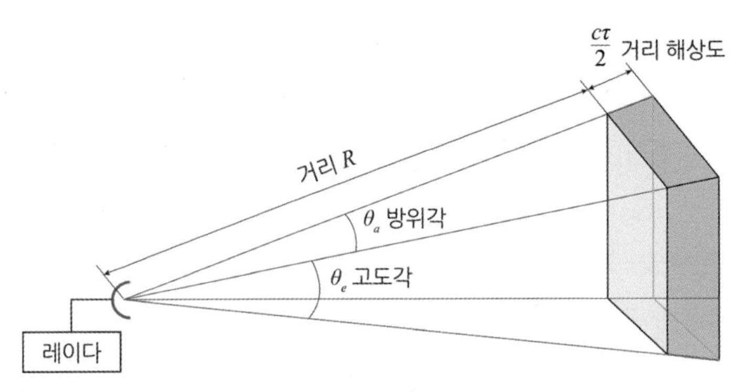

그림 6.10 체적 클러터 해상도

제할 수 있다. 기상 클러터를 정의하기 위하여 단위 해상도의 체적당 RCS의 크기는 단위 체적 내에 존재하는 모든 개별 산란체의 합으로 표현할 수 있다. 따라서 단일 해상도 체적에 포함된 총 RCS의 크기는 식 (6.14)와 같다.

$$\sigma_w = \sum_{i=1}^{N} \sigma_i V_w \tag{6.14}$$

여기서 V_w는 단위 해상도 체적이고, 그림 6.10을 이용하여 거리, 방위, 고도 방향의 해상도 셀을 각각 곱하여 $\pi/4$ 공간에 대한 체적을 구하면 식 (6.15)와 같이 표현할 수 있다.

$$V_w \approx \frac{\pi}{8} \theta_a \theta_e R^2 c\tau \tag{6.15}$$

여기서 θ_a, θ_e는 안테나의 방위 및 고도 빔폭이고, τ는 펄스폭이며, c는 빛의 속도, R은 거리이다. 공기 중 전파 매질의 굴절률이 m인 경우 i번째 빗방울의 RCS를 구하면 식 (6.16)과 같다.

$$\sigma_i \approx \frac{\pi^2}{\lambda^4} k^2 D_i^6 \tag{6.16}$$

여기서 k^2은 매질의 굴절률에 따른 상수이며, D_i는 i번째 빗방울의 직경이다.

따라서 체적당 RCS η는 해상도 체적 내에 포함된 빗방울의 총수를 누적하면 식 (6.17)과 같이 표현되며, 기상 레이다에서 사용하는 Z 변수를 사용하여 표현하면 식 (6.18)과 같다.

$$\eta = \frac{\pi^5}{\lambda^4} k^2 Z \tag{6.17}$$

$$Z = \sum_{i=1}^{N} D_i^6 \tag{6.18}$$

일반적으로 빗방울의 직경 단위는 밀리미터를 사용하며. 레이다 해상도 체적은 입방미터를 사용하므로 Z의 단위는 $\mathrm{mm}^6/\mathrm{m}^3$로 표시한다.

기상 클러터가 존재할 경우에 표적 신호 전력의 영향을 살펴보자. 표적으로부터 일정 거리에 있는 레이다로부터 수신되는 전력은 식 (6.4)에서와 같이 주어지고, 기상 클러터에 의하여 반사되는 전력은 레이다 방정식을 이용하여 다음 식 (6.19)와 같이 주어진다.

$$S_w = \frac{P_t G^2 \lambda^2 \sigma_w}{(4\pi)^3 R^4} \tag{6.19}$$

여기서 σ_w에 대하여 식 (6.14)와 (6.15)를 식 (6.19)에 대입하여 정리하면 식 (6.20)으로 주어진다.

$$S_w = \frac{P_t G^2 \lambda^2}{(4\pi)^3 R^4} \frac{\pi}{8} R^2 \theta_a \theta_e c\tau \sum_{i=1}^{N} \sigma_i \tag{6.20}$$

기상 체적 클러터에 대한 SCR은 식 (6.4)를 식 (6.20)으로 나누어주면 식 (6.21)과 같이 구할 수 있다.

$$(\mathrm{SCR})_v = \frac{S_t}{S_w} = \frac{8\sigma_t}{\pi \theta_a \theta_e c\tau R^2 \sum_{i=1}^{N} \sigma_i} \tag{6.21}$$

6.4.2 채프 클러터

채프 클러터 (Chaff Clutter)는 일종의 ECCM 기술로서 적의 위협에 대한 방어용으로 사용한다. 채프는 큰 RCS를 갖는 많은 다이폴 반사체를 공중에 분산하여 레이다에 탐지되지 않도록 자신의 위치를 위장하기 위하여 사용하는 대전자전 기법이다. 초기에는 주로 알루미늄 박편을 사용하였으나 최근에는 도체로 코팅된 가볍고 견고한 파이버 글라스를 재료로 사용한다. 섬유 유리로도 불리는 파이버 글라스 (Fiber Glass)는 가볍고 견

고하므로 반파장의 공진을 얻기가 용이하여 큰 RCS를 유도할 수 있기 때문이다. 최대 채프 RCS는 다이폴의 길이가 레이다 파장의 반이 될 때 일어난다. 단일 다이폴의 평균 RCS는 평균적인 관측 각도에서 볼 경우에 식 (6.22)와 같고, 레이다 해상도 단위의 체적에서 총 채프 RCS는 식 (6.23)과 같다.

$$\sigma_{chaff1} \approx 0.15\lambda^2 \tag{6.22}$$

$$\sigma_{chaff} \approx 0.15\lambda^2 N_D \tag{6.23}$$

여기서 N_D는 해상도 체적 내에 들어 있는 총 다이폴의 개수를 나타낸다. 공기 중에 방사된 채프는 주변 바람에 따라 속도가 급격하게 느려지면서 도플러 신호를 야기한다.

6.4.3 엔젤 클러터

조류나 곤충떼, 사막의 모래 먼지와 같이 넓은 공간을 군집으로 날아다니는 부유물에 의한 원하지 않는 반사 신호를 엔젤 클러터 (Angel Clutter) 또는 생체 클러터라고 한다. 철새 떼는 대단히 큰 무리를 지어 공중에서 이동하여 레이다의 탐지를 방해한다. 새떼나 곤충떼의 평균 RCS는 새나 곤충의 개별 무게의 함수로서 식 (6.24)와 같이 주어진다고 알려져 있다.

$$(\sigma_b)_{\mathrm{dBsm}} \approx -46 + 5.8\log W_b \tag{6.24}$$

여기서 W_b는 개별적인 새나 곤충의 무게다. 엔젤 클러터는 주파수 함수로 주어진다. 예를 들어 비둘기의 평균 RCS는 S 대역에서 −26 dBsm, X 대역에서 −27 dBsm으로 알려져 있다. 최근에는 공항 주변에 빈번하게 나타나는 새떼가 항공기의 이착륙을 방해하거나, 철새 떼의 이동 경로를 따라 전염병들이 전파되는 사례들이 많이 나타나므로 레이다를 이용한 조류 탐지에 대한 연구에도 활용되고 있다.

6.5 클러터의 진폭 특성

클러터에서 잡음과 같이 통계적인 분포 특성은 클러터의 종류, 주파수, 클러터 지면이나 해면에서 레이다를 바라보는 앙각에 의하여 달라진다. 레이다 탐지에서 클러터의 분포 특성은 매우 중요하며, 실험적인 데이터를 근거로 맞춤 (Fitting) 기법으로 모델링한 해면이나 지면 클러터의 분포 모델은 주로 Rayleigh 분포, Log-Normal 분포, K 분포, Weibull 분포 등으로 분류한다.

6.5.1 Rayleigh 분포

Rayleigh 분포는 실험적으로 해면이나 지면에 적합한 모델로서, 해상도 셀 내가 매우 많은 작은 산란체들로 구성되었다고 본다. 잘 알려진 Rayleigh 분포 모델은 식 (6.25)에 주어진다.

$$P(x) = (x/2x_0^2)\exp(-x^2/2x_0^2) \qquad x \geq 0 \tag{6.25}$$

여기서 x는 RMS 클러터 전압에 정규화된 독립변수, $2x_0^2$는 x^2의 평균값이다.

6.5.2 Log-Normal 분포

이 분포 모델은 식 (6.26)에 주어져 있으며, 실험적으로 낮은 각도의 지면 클러터에 적합하다. 해면 클러터의 고해상도 샘플에 적합하다고 알려져 있다.

$$P(x) = x\sigma(2\pi)^{0.5}\exp\left[\frac{(\ln x - \ln x_m)^2}{2\sigma^2}\right] \qquad x \geq 0 \tag{6.26}$$

여기서 x는 독립변수, x_m은 x의 평균값, σ는 $\ln x$의 표준편차이다.

6.5.3 K 분포

이 분포 모델은 해면 클러터에 적합한 모델로서 식 (6.27)로 주어진다.

$$P(x) = [2b/\Gamma(v)](bx/2)vK_{v-1}(b\sigma) \qquad (6.27)$$

여기서 x는 클러터 전력, K_v는 3종 변형된 Bessel 함수, b는 크기 변수, v는 클러터의 스파이크 특성을 나타내는 모양 변수로 주어진다.

6.5.4 Weibull 분포

이 분포는 식 (6.28)에 주어지며, 아주 낮은 0.5 ~ 5.0도 사이에서 반사되는 지면 클러터 성분에 적합하고 주파수는 1 ~ 10 GHz에 적합한 모델로 알려져 있다.

$$P(\sigma_1) = (b\sigma_1^{b-1}/a)\exp(-\sigma_1^b/a) \qquad \sigma_1 > 0 \qquad (6.28)$$

여기서 $a = \sigma_m^b/\ln 2$, $\sigma_m = [x/(\ln 2)^b\Gamma(1+1/b)$, σ_1은 정규화된 클러터 후방 산란 크기, b는 모양의 변수, x는 평균 클러터의 단면으로 주어진다.

6.6 클러터의 스펙트럼 특성

클러터의 도플러 스펙트럼 성분이 발생하는 원인은 다양하다. 정적인 클러터의 스펙트럼은 제로에 가깝지만 바람의 속도나 레이다 안테나의 회전으로 인하여 움직이는 클러터는 대부분 도플러 성분을 가지고 있다. 클러터 스펙트럼의 중심은 제로에 있지만 클러터의 스펙트럼 분포는 PRF 라인을 따라서 중복하여 분산되어 나타난다. 특히 낮은 PRF를 사용하는 레이다에서는 클러터의 대역폭이 매우 좁기 때문에 이들을 제거하는 데 어려움이 있다. 클러터 도플러 스펙트럼이 첫 번째 PRF 대역폭 내에서 충분히 제거되지 않으면 원하지 않는 클러터 성분이 많이 남게 되어 표적 탐지를 어렵게 한다.

6.6.1 지면 클러터의 도플러

지면 클러터의 도플러 성분은 파도가 심한 해면 클러터에 비하여 크게 심각하지는 않다. 지상에서는 주로 바람의 속도에 따라 농작물, 수풀이나 나무의 흔들림이나 모래 먼지의 움직임, 지면 가까이에서 움직이는 새나 곤충떼들의 움직임, 지상의 차량이나 동물 집단 움직임 등으로 야기되는 도플러 성분들이 클러터의 스펙트럼을 만들어낸다. 삼림 지역의 지면 클러터 스펙트럼은 식 (6.29)로 모델링되고, 속도의 표준편차는 식 (6.30)과 같다.

$$f_c = 1.33\exp(0.0272\,W_s) \tag{6.29}$$

$$\sigma_v = a\,W_s^b \tag{6.30}$$

여기서 f_c는 클러터 도플러 주파수, W_s는 바람의 속도, a는 수풀 지역에서 0.007, 삼림 지역에서는 0.045이며, b는 수풀 지역에서는 1.28, 삼림 지역에서는 1.4로 주어진다. 일반적으로 지면 클러터는 가우시안 (Gaussian) 분포 모델로 잘 표현된다. 클러터 전력 스펙트럼은 고정된 클러터 성분과 불규칙하게 움직이는 클러터 성분의 합으로 주어진다. 클러터의 스펙트럼 주파수와 표준편차를 알면 가우시안 확률분포 모델로 식 (6.31)로 주어진다.

$$S_c(w) = \frac{P_c}{\sqrt{2\pi\sigma_v^2}}\exp\left[-\frac{(w-w_0)^2}{2\sigma_v^2}\right] \tag{6.31}$$

여기서 P_c는 총 클러터 전력의 크기, σ_v는 rms 주파수 분산 성분, $w_0 = 2\pi f$ 레이다 동작 주파수이다. 표적과 클러터가 동시에 존재할 경우에 레이다 반사 신호 스펙트럼을 도시하면 그림 6.11과 같다. 클러터 전력의 스펙트럼은 DC 성분과 PRF 라인에 걸쳐서 확산되어 분포하며, 표적 도플러는 PRF 대역폭 내에 f_d 주파수가 위치함을 볼 수 있다. 이러한 클러터 도플러 성분은 MTI (*Moving Target Indicator*) 필터에 의하여 쉽게 제거될 수 있다.

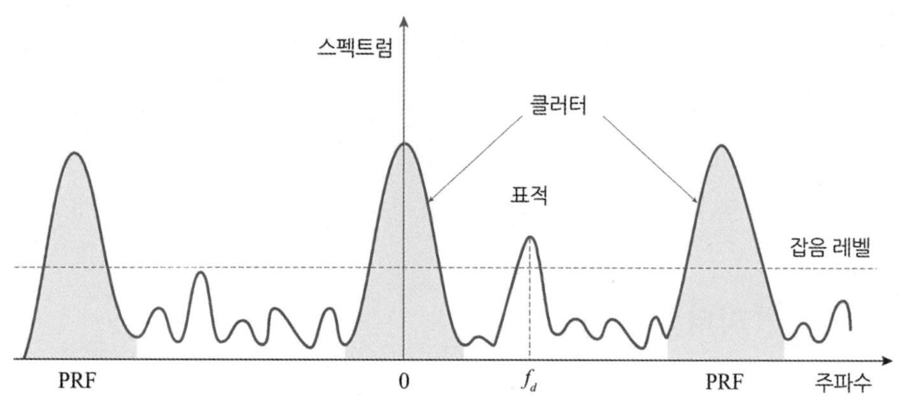

그림 6.11 클러터 전력 스펙트럼 분포

6.6.2 해면 클러터의 도플러

해면 클러터 스펙트럼은 순수한 속도 성분과 스펙트럼 폭의 두 가지 속도 성분으로 구성된다. 순수한 속도에 의한 해면 클러터의 도플러 변이 성분은 파도의 높이와 물의 깊이 등과 같은 요소들에 의하여 결정된다. 강한 풍속은 파도의 높이 변화를 통하여 도플러를 넓게 분산시키므로 이것을 바로 MTI 필터로 제거시키기는 어렵다. 따라서 클러터 록킹 방법을 이용하여 제로 도플러로 이동시켜야 MTI 필터로 제거가 가능하다. 해면 클러터의 스펙트럼 폭은 도플러 처리를 이용하여 제거할 수 있는데 특히 낮은 PRF에서는 도플러 모호성이 스펙트럼 전체에 퍼져 있으므로 쉽지가 않다. 해면 클러터 스펙트럼은 국부적으로 발생된 작은 파도와 국부적인 바람의 영향에 달려 있다. 해면 클러터의 도플러 속도에 대한 통계적인 분포는 일반적으로 가우시안 분포를 따른다. 클러터 움직임에 따른 속도에 대한 표준편차는 식 (6.32)와 같이 주어진다.

$$\sigma_v = 0.101\, W_s \tag{6.32}$$

바다 상태 지수에 따른 풍속에 대한 식 (6.12)를 식 (6.32)에 대입하면 바다 파고 상태에 따른 도플러 표준편차를 식 (6.33)과 같이 유도할 수 있다.

$$\sigma_v = 0.101 \times 10^{B+0.14SS} \tag{6.33}$$

여기서 B는 노트 단위에서는 0.65, m/s 단위에서는 0.36이다. 가끔 해면이나 지면의 클러터의 스펙트럼 분포는 다음 식 (6.34)와 같이 사용한다.

$$P(f) = 1/[1+(f/f_c)^n] \tag{6.34}$$

여기서 f는 클러터 스펙트럼 주파수, f_c는 반 전력 주파수, n은 상수로서 보통 3을 사용한다. 해면 클러터 에코 신호는 주기적으로 나타나며 파도의 주기에 따라서 정해진다. 해상 레이다는 파도에 의한 에코를 누적 시간으로 적분하면 긴 시간 동안 누적된 클러터 신호는 불규칙하므로 마치 잡음과 같아져서 표적 신호 에코보다 작아지는 효과가 있다.

6.6.3 기상 클러터의 도플러

기상 클러터나 채프는 공기 중에서 바람에 따라 움직이므로 도플러 주파수 성분이 나타난다. 이러한 도플러 성분은 고도에 따라 바람의 속도가 변하고 (Wind Shear), 사각 속도로 인하여 빔이 넓어지는 현상이 생길 수 있고, 또한 빗방울의 크기가 변하여 낙하 속도의 분포가 달라질 수 있다. 기상 클러터의 총 스펙트럼 분산은 식 (6.35)와 같이 예측모델로 주어진다.

$$\sigma_v^2 = \tau_{shear}^2 + \tau_{turb}^2 + \tau_{beam}^2 + \tau_{fall}^2 \tag{6.35}$$

여기서 τ_{shear}는 바람 진행 방향의 수직 및 수평 방향의 풍속 변화 속도로 보통 6 m/s 범위이다. τ_{turb}는 난기류에 의한 도플러 변화 속도, τ_{beam}은 빔 중심에서 풍속에 의한 빔 넓어짐 현상으로 인한 속도 변화, τ_{fall}은 빗방울 굵기의 변화로 인한 도플러 속도 변화 성분이다.

6.6.4 클러터의 스펙트럼 분포

클러터의 도플러 성분은 표적의 도플러 변이를 탐지하는 데 방해 요소로 작용하므로 클러터의 종류에 따라 클러터의 도플러 변이 현상을 잘 예측하는 것이 중요하다. 바람의 속도에 따라 수풀 지역과 삼림 지역의 지상 클러터 도플러 표준편차와 바람의 속도에 의한 해면 클러터 및 채프, 기상 클러터의 표준편차를 표 6.2에 요약하였다.

표 6.2 클러터 스펙트럼의 표준편차 [© Barton]

클러터 종류	풍속 (knots)	속도 표준편차 (m/s)
삼림 지역 언덕	10	0.04
삼림 지역 언덕	20	0.22
삼림 지역 언덕	40	0.32
해면 에코	8~20	0.46~1.1
해면 에코	약풍	0.89
채프	약	0.3~0.9
채프	25	1.2
비구름	보통	1.8~4.0
비구름	약풍	2.0

6.7 항공기 이동 클러터

항공기 레이다는 항공기의 이동 속도에 따라 고정된 지면 클러터에 의하여 상대적인 이동 클러터 도플러 현상이 나타나기 때문에 움직이는 표적과 지면의 이동 클러터와 구분하기 어려운 문제가 발생한다. 또한 사용하는 PRF에 따라서 거리 모호성을 갖는 경우에는 표적과 클러터를 분리하여 실제 거리를 찾기가 어렵고, 도플러 모호성을 갖는 경우에는 표적과 클러터의 실제 속도를 찾기가 어렵다. 더구나 항공기가 이동하면서 지면을 주사할 경우 표적이 안테나의 주빔으로 들어오고 클러터는 부엽으로 동시에 들어올 경우 동일한 각도에서 나타나기 때문에 클러터 스펙트럼은 분해하기 어렵다. 이와 같이 거리와 도플러가 동시에 모호성을 띤다면 어떤 종류의 PRF를 사용하든지 항공기 레이다에서는 피할 수 없는 현상이다.

6.7.1 이동 클러터 분산

항공기 레이다는 움직이는 표적뿐만 아니라 항공기의 이동 속도에 의하여 안테나 빔이 지면에 부딪쳐서 반사되는 고정 클러터 성분도 상대적인 도플러 성분을 갖게 된다. 더구나 이들 이동 클러터 성분은 레이다의 주빔 폭 내에 들어와서 도플러 분산을 야기하므로 이동 표적의 도플러 성분과 분리하기 어렵게 만든다. 그림 6.12에서 보이는 바와 같이 이동하는 항공기 레이다가 3 dB의 주빔 폭에 의하여 지면에 부딪치는 클러터 면(Clutter Patch)에서 발생하는 도플러 스펙트럼은 항공기 속도와 항공기 진행 방향과 지면이 이루는 경사 각도에 의하여 식 (6.36)과 같이 표현된다.

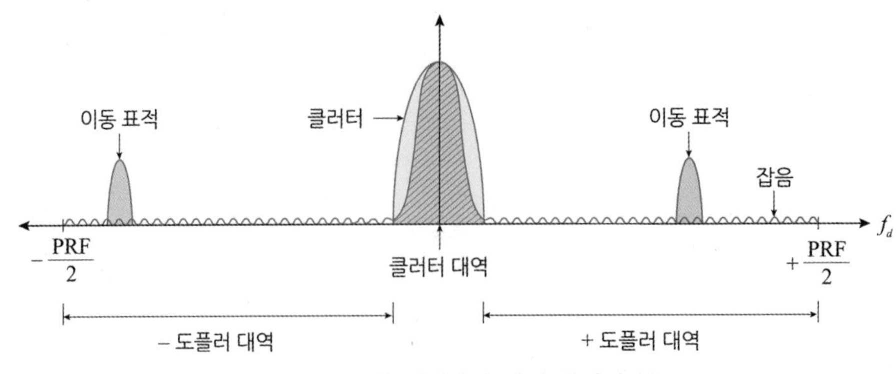

그림 6.12 고정 레이다의 지면 클러터 분포

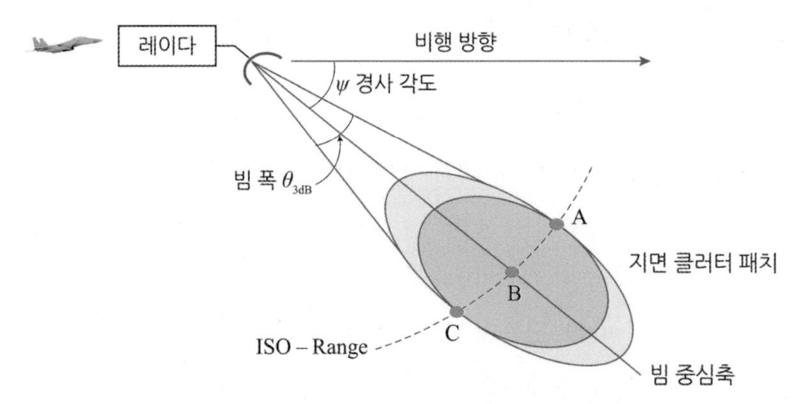

그림 6.13 이동 레이다에 의한 지면 클러터의 도플러 분산

$$f_{dc} = \frac{2v_a}{\lambda}\cos\psi \tag{6.36}$$

여기서 f_{dc}는 클러터에 의한 도플러 주파수, v_a는 항공기의 속도, ψ는 경사 각도이다. 항공기 이동에 의한 클러터 패치의 도플러 분산 대역폭을 예측하기 위하여 그림 6.13에서 보이는 바와 같이 레이다로부터 동일한 거리상에 3개의 점 표적 A, B, C가 있다고 가정한다. 점 표적 B는 빔의 중심축에 위치하고 항공기 진행 방향과 ψ 경사각을 유지하며, 점 표적 A와 C는 3 dB 빔 θ_{3dB}의 가장자리에 위치하며 경사 각도가 $\psi \pm \theta/2$이다. 이 경우에 두 점인 표적 A와 C의 도플러 변이 차이는 식 (6.37)과 같다.

$$\Delta f_{dc} = \frac{2v_a}{\lambda}[\cos(\psi - \theta_{3dB}/2) - \cos(\psi + \theta_{3dB}/2)] \tag{6.37}$$

여기서 항공기 탑재 레이다의 빔폭은 5도 이내로 비교적 작으므로 근사적으로 표현할 수 있고, 또한 $\theta_{3dB}/2$를 다시 근사화하면 식 (6.38)과 같다.

$$\Delta f_{dc} = \frac{4v_a}{\lambda}\sin\left(\frac{\theta_{3dB}}{2}\right)\sin\psi \tag{6.38}$$

전체 도플러 대역폭은 위 식에서 보는 바와 같이 이동 항공기의 움직임에 의한 성분과 안테나 빔폭과 경사 각도의 함수로 주어진다. 물론 여기서는 경사 각도가 안테나 빔폭보다 훨씬 큰 경우를 가정한다. 이러한 클러터 스펙트럼의 분산은 항공기 탑재 레이다가 지상의 느린 이동 표적을 탐지하는 경우에는 매우 불리하다. 그러나 영상 레이다(SAR)에서는 고해상도의 방위각 해상도를 위해서 유리하게 작용한다.

6.7.2 이동 클러터 특성

지상 레이다의 클러터 스펙트럼은 그림 6.12와 같이 PRF 라인을 중심으로 고정 클러터가 분포하고 이동 표적은 통과 대역 내에 위치한다. 그러나 항공기 탑재 레이다와 같이 레이다가 이동하는 경우에는 클러터 스펙트럼이 사용하는 PRF에 따라 거리와 도플러 상에서 모호성이 나타날 뿐만 아니라 레이다 빔이 지면과 이루는 클러터 패치의 위치와 항공기의 속도에 따라 도플러 스펙트럼이 분산된다. 항공기 레이다가 그림 6.14와 같이 이동하면서 레이다 안테나의 빔으로 지면을 주사하게 되면 주빔에서 들어오는 클러터 성분 MLC (*Mainlobe Clutter*)와 부엽에서 들어는 클러터 성분 SLC (*Sidelobe Clutter*), 항공기의 고도 직하 방향 (Nadir)에서 부엽을 타고 들어오는 클러터 성분 AL (*Altitude Line Clutter*)들이 그림 6.15와 같이 동일 거리상의 도플러 스펙트럼 영역에 분포하게 된다.

전체 도플러 스펙트럼 성분은 항공기의 속도와 지면 사각에 따라 나타나는 주빔의 도플러 변이 성분 $f_{dc} = (2v_a/\lambda)\cos\psi$가 가장 강하게 나타나며, 주엽 도플러의 대역폭은 중심 주파수에서 식 (6.38)과 같은 스펙트럼으로 분산되어 나타난다. 부엽 클러터 성분은 주빔의 강도보다는 약하지만 부엽이 항공기 진행 방향의 전후좌우로 향하고 있으므로 부엽 클러터는 항공기 속도에 비례적으로 전방 방향은 높은 스펙트럼 $(+v_a)$으로, 후방 방향은 낮은 스펙트럼 $(-v_a)$으로 넓게 분포되어 있다. 다른 방향의 부엽은 최고와 최저 속도에 의한 도플러 스펙트럼 범위에 존재한다. 지상의 고정 레이다의 부엽 클러터는 따로 나타나지 않는 이유는 부엽 클러터는 존재하지만 고정 클러터의 제로 도플러 성분이

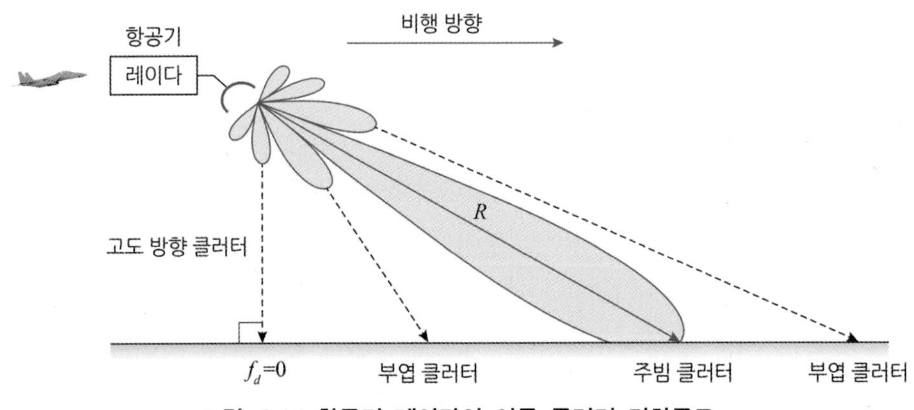

그림 6.14 항공기 레이다의 이동 클러터 기하구조

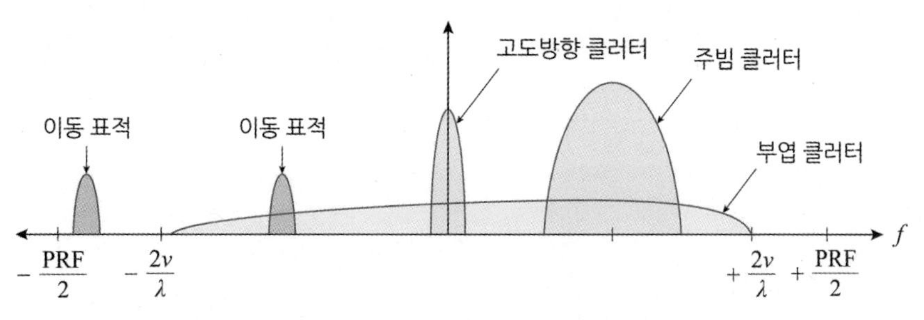

그림 6.15 항공기 레이다의 이동 클러터 스펙트럼

나타나므로 모두 주빔 클러터에 포함되어 있어서 분리되지 않는다. 고도 방향으로 항공기의 직하 라인에서 부엽을 통하여 들어오는 클러터 성분은 비행 방향과 직각을 이루기 때문에 도플러 성분은 제로가 되며 대신에 지상과의 거리가 가깝기 때문에 강한 반사 클러터 신호가 DC 라인을 따라서 스펙트럼 영역에 존재한다. 또한 고도 방향의 클러터 스펙트럼은 주빔의 스펙트럼과 동일한 거리상에 존재하지 않는다. 왜냐하면 항공기 레이다는 대부분 경사각으로 주빔을 전방 상향 또는 하향으로 주사하기 때문에 주빔의 클러터 패치 간의 거리가 매우 길고 항공기 고도에서 직하 방향의 거리는 가깝기 때문이다.

6.7.3 거리-도플러 등고선

항공기 레이다에서 관측하는 지면의 클러터 성분은 항공기가 이동하면서 주사하는 빔폭과 주사 거리에 의하여 주어지는 모든 지면 클러터 패치로부터 반사하는 성분을 거리별로 거리 해상도 셀에서 추출한 도플러 클러터 스펙트럼 성분을 모두 반영하여야 한다. 앞 절에서 소개한 클러터 스펙트럼은 하나의 거리와 도플러 패치 성분에 의한 스펙트럼 성분이다. 항공기 레이다의 주어진 거리와 속도에서 수신하는 총 클러터 전력은 동일한 거리 셀과 항공기의 속도 벡터와 동일한 경사 각도를 갖는 모든 정적인 클러터 산란체 들로부터 수신되는 전력 성분이 된다. 고정된 클러터의 도플러 변이는 속도 벡터와 클러터 산란체와의 코사인 각도에 비례하므로 이를 콘 각도 (Cone Angle)라고 하며, 항공기 플랫폼 속도의 중심에서 코사인 반각의 콘에 위치하는 모든 고정 클러터 성분은 동일한 도플러 변이 (Doppler Shift)를 가지게 된다.

지표면과 콘이 이루는 교차점은 항공기의 비행 자세에 따라서 콘의 구역이 달라진다. 즉 레이다가 지면과 평행 비행을 하면 콘 구역은 쌍곡선 콘이 되고, 얕은 다이브

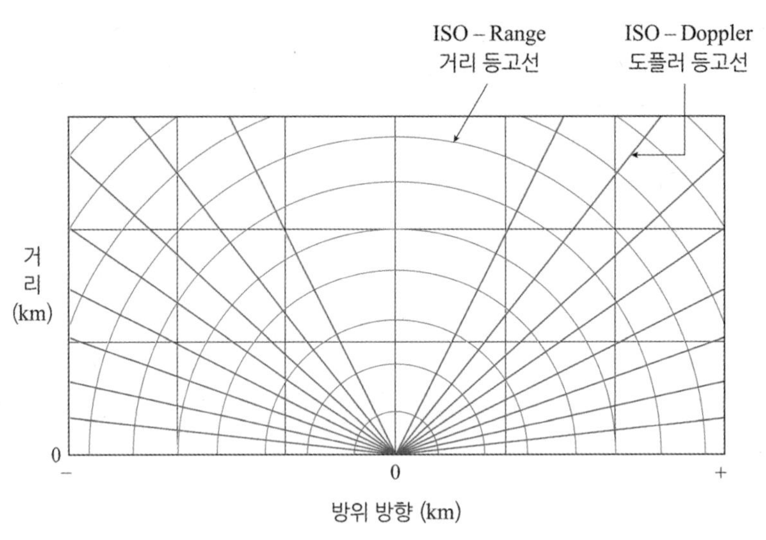

그림 6.16 동일 거리-도플러 라인 등고선

(Shallow Dive)를 하면 포물선 콘이 되며, 급격한 다이브 (Steep Dive)를 하면 타원 콘이 된다. 이러한 콘이 어떤 모양이 되든지 도플러 라인은 모두 동일한 속도 라인에서 형성되는 등고선이므로 이를 동일 속도 (Iso-Velocity) 또는 동일 도플러 (Iso-Doppler)라고 하며, 간단하게는 *Isodop*이라고 한다.

항공기 레이다로부터 특정한 거리에 있는 지면 클러터 패치의 산란체들도 레이다를 중심으로 반경 R인 거리 라인을 따라서 동일한 구의 표면에 위치하여 지면과 교차하는 원형 라인을 이루게 되는데 이를 동일 거리 (Iso-Range) 등고선이라고 한다. 따라서 주어진 동일 도플러와 동일 거리의 등고선상에 교차하는 모든 산란체들 (클러터 및 표적)은 동일한 거리-도플러 셀 (Range-Doppler Cell)의 전력으로 나타난다. 항공기 레이다가 일정한 고도에서 전방에 빔을 주사하며 직진하는 경우에는 그림 6.16과 같이 원형의 동일 거리 라인과 쌍곡선의 동일 속도 라인의 등고선을 나타낸다.

낮은 PRF (LPRF)를 사용하는 이동 레이다는 그림 6.17과 같이 거리 모호성은 없지만 도플러 모호성은 매우 많이 나타난다. 중간 PRF (MPRF)를 사용하는 레이다에서는 그림 6.18과 같이 거리 모호성과 동시에 도플러 모호성이 나타난다. 높은 PRF (HPRF)를 갖는 항공기 레이다는 그림 6.19와 같이 거리 모호성은 많이 나타나지만 도플러 모호성은 나타나지 않는다. 공간상에서 이러한 이동 클러터나 간섭을 효율적으로 제거하는 방법으로는 시간-공간 적응 빔 처리 STAP (*Space-Time Adaptive Processing*) 기법이 있다.

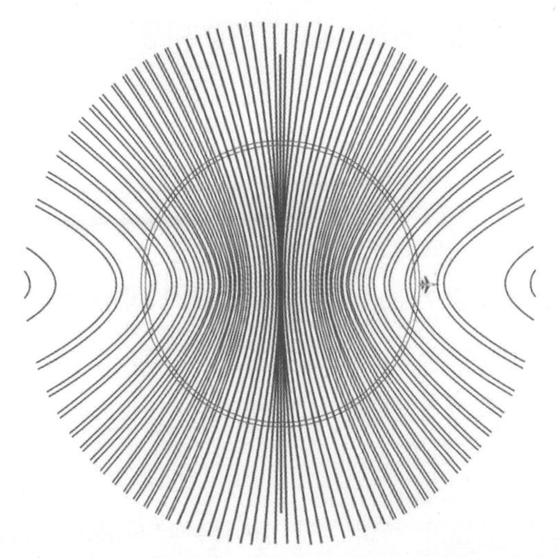

그림 6.17 항공기 레이다의 LPRF 모드에서 거리-도플러 모호성

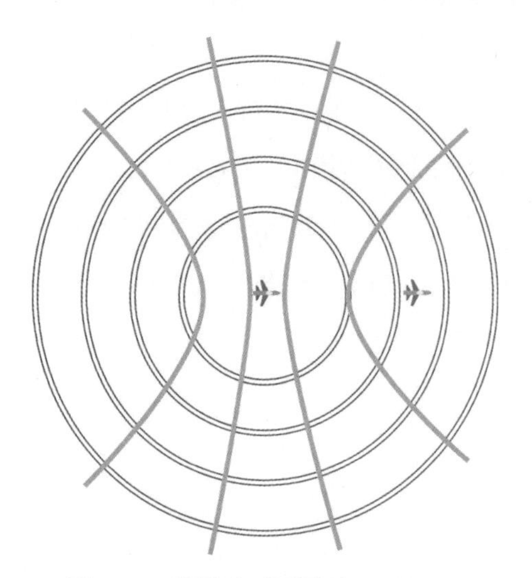

그림 6.18 항공기 레이다의 MPRF 모드에서 거리-도플러 모호성

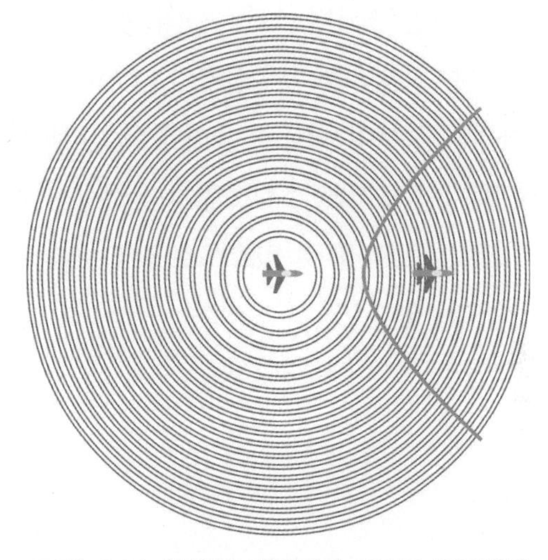

그림 6.19 항공기 레이다의 HPRF 모드에서 거리-도플러 모호성

이 부분은 본 교재의 범위를 벗어나므로 생략한다.

6.7.4 이동 도플러의 추정 보상

지상 고정 레이다와 달리 항공기 탑재 레이다에서는 항공기 이동에 의한 도플러 현상이 항상 발생한다. 이러한 도플러 현상은 지면 클러터 스펙트럼의 중심 주파수인 제로 Hz에 있지 않고, 비행체 속도에 의해 발생된 도플러 주파수만큼 이동되어 나타난다. 이 도플러 주파수는 식 (6.39)와 같이 레이다 (비행체) 이동속도와 안테나 주사 방향의 관계식으로 주어진다.

$$f_c = \frac{2v_a}{\lambda}\cos\phi\cos\theta \tag{6.39}$$

여기서 v_a는 비행체의 이동속도이고, ϕ는 안테나 주사 방향의 하강각 (Depression angle), θ는 안테나 주사 방향의 방위각이다. 이렇게 도플러 주파수만큼 이동한 지면 클러터 스펙트럼은 고정 MTI 필터를 사용하여도 제거할 수 없으므로, 일반적인 클러터 필터를 바로 사용할 수 없다.

항공기 이동에 의한 도플러 주파수의 변이를 보상하기 위한 기법으로 TACCAR (*Time Averaged Clutter Coherent Airborne Radar*) 방법이 있다. 이 방법은 항공기 속도에 의한 지면 클러터 스펙트럼의 중심 주파수 변이를 평균적으로 추정하여 변이된 도플러 주파수 성분만큼 송수신기의 COHO 주파수와 믹서를 통하여 주파수를 변이시킴으로써 클러터 성분이 제로 도플러에 위치하도록 보상해주는 방법이다. TACCAR 기법을 적용하면 지면 클러터 스펙트럼처럼 항공기 이동에 의한 지면 클러터의 중심 주파수를 제로 Hz로 이동시킬 수 있으므로 MTI 필터를 이용하여 클러터 도플러 스펙트럼 성분을 제거할 수 있다.

CHAPTER 7

레이다 표적 탐지

7

레이다 표적 탐지

7.1 개요

레이다 시스템에서 표적 탐지는 가장 중요한 임무로서 레이다의 최종 목적은 탐지 확률을 최대로 하고 오경보 확률을 최소화하는 것이다. 표적 탐지는 복합적인 잡음 속에서 원하는 표적을 찾아내는 처리 과정이다. 레이다 주변 환경은 그림 7.1과 같이 지표면이나 인공 구조물 등으로부터 강한 지면 클러터 잡음이나 공중의 부유물과 같은 체적 클러터, 다른 무선국으로부터 들어오는 전자기 간섭 (EMI: *Electromagnetic Interference*)이나 의도적인 방해 재밍 (ECM: *Electromagnetic Countermeasures*) 신호들이 레이다 주변

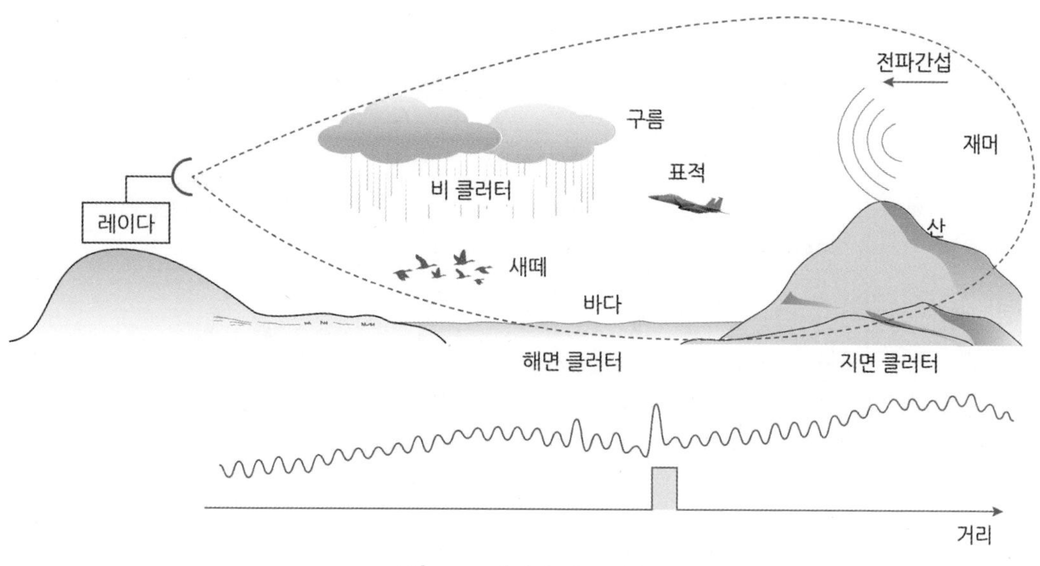

그림 7.1 레이다 탐지 환경

에 산재하여 미약한 표적 신호와 함께 들어와 표적의 탐지를 방해한다. 표적 탐지는 레이다 신호처리 과정을 통하여 원하지 않는 강한 클러터나 간섭 잡음을 필터링한 후에 잔유 클러터 잡음 속에 남아있는 복합신호의 레벨을 기준 문턱 신호와 비교하여 표적의 존재 유무를 판단한다. 따라서 레이다의 탐지 성능은 주변에서 들어오는 클러터 간섭 잡음의 분포 특성과 설정된 비교 문턱값의 레벨의 영향을 받는다. 만약 주변의 간섭 잡음에 대한 분포 특성을 미리 알 수 있다면 문턱값 설정이 가능하지만 일반적으로 주변 잡음 환경은 일정하지 않고 수시로 변동한다. 따라서 문턱값을 항상 고정값으로 설정하면 주변 환경의 간섭 잡음의 변화에 따라 탐지 오류가 많이 발생할 수 있다. 그러므로 레이다 주변의 변화에 따라 주변 셀의 평균값을 자동적으로 예측하여 문턱값을 가변적으로 설정한다면 오경보율을 일정하게 유지할 수 있다. 이와 같은 적응 문턱값 설정 방법을 이용하여 오경보율을 일정하게 유지하는 탐지 방법을 'CFAR (*Constant False Alarm Rate*) 탐지'라고 한다. 문턱값 설정 방법에 대해서는 뒤에서 설명하기로 하고 여기서는 탐지의 판단 조건에 대한 개념을 살펴본다.

레이다의 수신 신호가 그림 7.2와 같이 문턱값을 통과하면 탐지라고 판단하고 그렇지 못하면 오류라고 판단한다. 일반적으로 표적을 탐지하는 조건은 다음의 4가지 경우가 있다. 첫 번째, 표적 자체가 존재하지 않을 때 문턱값을 넘지 못하면 탐지가 이루어지지 않는데 이것은 정상적인 경우이다. 두 번째, 표적이 존재할 때 문턱값을 넘어서면 표적이 탐지되는데 이것도 정상 탐지가 된다. 첫 번째 및 두 번째 경우는 모두 정상이고 옳은 판단에 해당된다. 세 번째, 표적이 존재하지 않음에도 불구하고 강한 간섭이나 클러터 신호가 문턱값을 통과하게 되어도 탐지가 된 것으로 판단하게 되는 경우인데, 이 경우

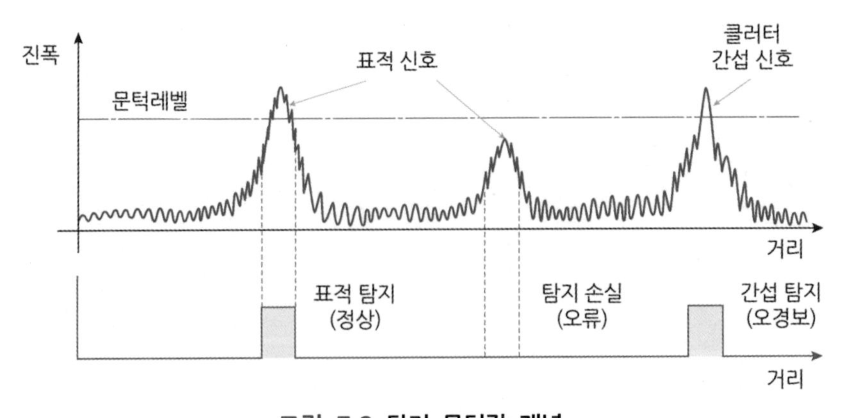

그림 7.2 탐지 문턱값 개념

탐지는 되었지만 원하지 않는 잡음 신호가 탐지된 것이므로 이를 '오경보 (False Alarm)' 라고 한다. 네 번째, 표적은 존재하지만 표적 신호가 문턱값보다 작아서 문턱값을 통과하지 못하게 되어 표적을 놓치게 된다. 이 경우를 '탐지 손실 (Miss Detection)'이라고 한다. 이와 같이 탐지는 조건에 따라 '정상 탐지'가 될 수도 있고 또는 '오류 탐지'가 될 수도 있다.

표적 탐지는 문턱값 설정 레벨에 따라 판단 결과가 다르게 나올 수 있다. 표적 신호의 크기가 간섭 잡음에 비하여 충분히 크다면 문턱값을 높게 설정하여도 높은 표적 탐지율을 유지하면서 동시에 오경보율을 낮게 할 수 있다. 그러나 일반적으로 표적 신호의 크기는 간섭 잡음이나 클러터에 비하여 매우 작으므로 표적 탐지율을 높이기 위해 문턱값을 낮게 설정하는 경우가 많다. 문턱값이 낮으면 원하지 않는 많은 간섭 잡음이 통과하므로 오경보율이 높아질 뿐만 아니라 과다한 데이터가 입력되어 시스템의 처리 장치에 과부하가 걸리는 문제가 발생할 수도 있다. 반면에 문턱값이 높으면 미약한 표적 신호가 문턱값을 잘 통과하지 못하여 표적을 놓치는 결과를 초래할 수 있다. 예를 들어 고공에서 비행하는 경우에 비해서 저공으로 비행하는 항공기 표적을 탐지하는 것이 어려운 이유는 낮은 고도의 지표면이나 해면 클러터 신호가 미약한 표적의 탐지를 방해하기 때문이다.

레이다에서는 표적을 놓치는 경우가 있더라도 오경보율이 낮아지도록 문턱치를 설정하는 경우가 많다. 실제로 표적의 유무를 판단하려는 시도는 1초에 수백만 번 이상 이루어진다. 초당 오경보 횟수가 많아지면 레이다 운용 컴퓨터의 과부하를 불러와서 표적 탐지 자체를 어렵게 만들 수 있다. 한편 표적이 문턱값을 통과하지 못하여 탐지 손실이 발생하는 오류의 경우는 오경보 문제보다는 덜 심각하게 본다. 왜냐하면 처음에 표적을 한 번 놓친다 하더라도 일정 시간 후에 다시 표적의 존재 유무를 판단할 기회가 있기 때문이다. 예를 들어 아주 먼 거리에 있는 항공기 표적을 처음에는 신호가 낮아서 탐지

표 7.1 탐지와 오류 조건

표적 존재 여부	탐지 여부	탐지 결과
No	No	정상 탐지 (Correct)
Yes	Yes	정상 탐지 (Correct)
Yes	No	탐지 손실 (Miss) 오류
No	Yes	오경보 (False Alarm) 오류

하지 못했다 하더라도 레이다가 몇 번 스캔 회전한 후에 표적 항공기가 레이다에 좀 더 가까이 접근하게 되면 표적 신호가 커지게 되므로 신호 대 간섭 잡음비가 높아져서 탐지 가능성이 높아지게 된다. 이러한 누적 탐지 방법을 이용한 탐지 확률을 누적 탐지 확률(Probability of Cumulative Detection)이라고 한다. 레이다는 주변 클러터나 간섭 환경이 변하고 표적의 RCS도 요동하기 때문에 실제로 어떤 환경에서도 표적의 탐지 확률을 100% 달성하기는 어렵다. 그러므로 레이다 주변 환경의 표적이나 클러터 간섭 잡음의 분포 특성을 확률 통계적으로 정확하게 모델링하고 예측하여 탐지 확률을 원하는 범위로 유지하는 것이 중요하다.

7.2 레이다 탐지 모델

7.2.1 최적 탐지 모델

레이다 표적 탐지 모델은 표적의 존재 유무에 대하여 다음과 같이 2가지 가설(Hypothesis)을 설정한다. 즉, Case I에서는 잡음만 존재하는 경우와 Case II에서는 표적 신호와 잡음이 같이 존재하는 경우에 단일 에코 신호를 측정한다고 가정한다. 두 가지 신호에 대한 확률밀도 함수 (PDF: *Probability Density Function*)는 조건부 밀도 함수 $p_v(v|H_0)$와 $p_v(v|H_1)$으로 표현할 수 있다.

Case I : $p_v(v|H_0)$ = 표적이 존재하지 않는 조건에서 신호 v의 PDF

Case II : $p_v(v|H_1)$ = 표적이 존재하는 조건에서 신호 v의 PDF

여기서 H_0와 H_1은 표적의 존재 유무에 대한 가설을 의미한다. 두 가지 경우에서 수신 신호의 크기가 제로보다 크다고 가정하면, 첫 번째는 표적 신호가 없으므로 잡음만 존재하는 경우이며, 두 번째는 표적 신호가 있으므로 신호와 잡음이 같이 존재하는 경우에 해당한다. 두 가지 경우의 탐지 오류는 아래와 같이 오경보와 손실 탐지로 구분된다.

Case I : 표적이 존재하지 않는데 표적이라고 판단하는 경우 (오경보)

Case II : 표적이 존재하는데도 표적이 없다고 판단하는 경우 (탐지 손실)

레이다 성능을 결정하는 탐지 알고리즘의 설계는 이들 PDF의 설정과 깊은 관계가 있으며 레이다 시스템에서 2개의 PDF를 잘 설정하면 최적의 탐지 성능을 얻을 수 있다. 시스템에서 가설 H_0가 최적이라고 판단하면 레이다 거리와 각도와 도플러 축의 어디에도 표적은 존재하지 않는다는 것을 의미하며, 반면에 가설 H_1이 최적이라면 표적이 존재한다는 것을 선언하는 것이다. 따라서 신호와 잡음 데이터의 분포 특성에 따라 최적의 결정을 내릴 수 있다. 레이다 탐지 알고리즘은 주로 'NPC (*Neyman-Pearson Criterion*)'라는 최적화 방법을 이용한다. 이 방법은 오경보 확률을 고정시키고 주어진 SNR에 대하여 표적 탐지 확률을 최대로 만드는 전략이다. 이러한 방법을 이용하는 경우에는 레이다 데이터의 통계적인 특성에 맞추어 탐지 문턱값을 조정하는 방향으로 결정된다. NPC 방법에서는 탐지 문턱값을 설정하기 위하여 두 개의 조건부 PDF를 문턱값과 비교하는데 식 (7.1)과 같이 유사성비 시험 (LRT: *Likelihood Ratio Test*)으로 표현할 수 있다.

$$\frac{p_v(v|H_1)}{p_v(v|H_0)} = \Lambda(V) \tag{7.1}$$

여기서 $\Lambda(V)$는 LRT의 값이다. 문턱값 판단은 식 (7.2)와 같이 LRT의 값이 문턱값 V_T보다 크면 H_1을 선언하여 표적이 있다고 판단하며, 문턱값보다 작으면 H_0를 선언하며 표적이 없다고 판단한다.

$$\Lambda(V) > V_T \rightarrow H_1,\ \Lambda(V) < V_T \rightarrow H_0 \tag{7.2}$$

LRT 계산을 자연 로그를 취하여 구하면 식 (7.3)과 같이 Log LRT로 표현할 수 있다.

$$\ln\Lambda(V) > \ln V_T \rightarrow H_1,\ \ln\Lambda(V) < \ln V_T \rightarrow H_0 \tag{7.3}$$

일반적인 탐지 원리에서 보면 두 랜덤 함수는 각각 확률밀도 함수를 가지고 있으므로 그림 7.3과 같이 조건부 PDF와 LRT와 문턱값 등으로 도시할 수 있다. 그림에서 음영부분은 탐지 확률에 해당하고 짙은 음영부분은 오경보 확률에 해당한다.

레이다 탐지에서 주로 많이 사용하는 확률밀도 함수를 그려보면 그림 7.4와 같이 잡음만 존재하는 경우의 Rayleigh PDF $p_0(V)$와 신호와 잡음이 같이 존재하는 경우의 Rice PDF $p_1(V)$로 도시할 수 있다. 문턱값 설정을 위한 측정 전압을 V_T라고 하면 입력 신호의 레벨에 따라 판단 기준은 다음과 같이 2가지 경우로 결정된다.

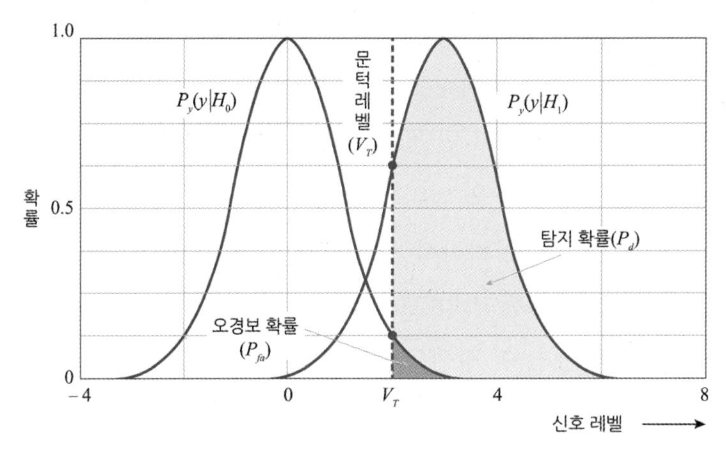

그림 7.3 확률분포 함수

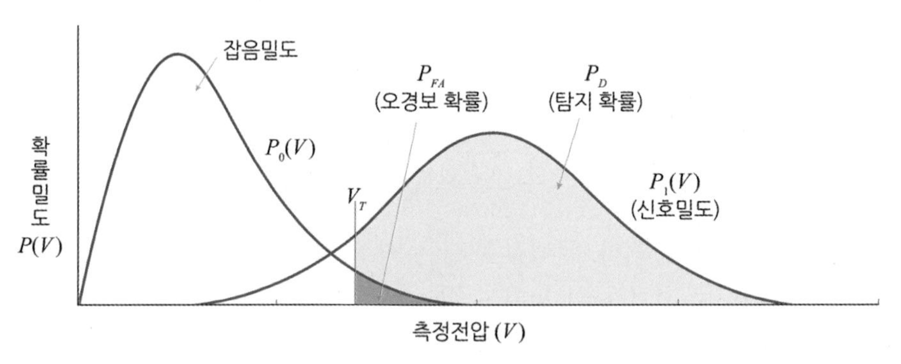

그림 7.4 표적 탐지 확률밀도 함수

Case Ⅰ: $V > V_T$ 표적 유 (present) 결정

Case Ⅱ: $V < V_T$ 표적 무 (absent) 결정

이와 같이 입력 신호가 문턱값을 넘으면 표적 탐지를 선언하게 되고 넘지 못하면 표적이 없다고 결정하게 된다. 여기서 오경보 탐지 확률 (P_{fa})은 잡음밀도 함수 $p_0(V)$를 이용하여 문턱값 V_T에서 무한대까지 적분하면 구할 수 있다. 마찬가지로 표적 탐지 확률 (P_D)도 신호와 잡음의 확률밀도 함수 $p_1(V)$를 이용하여 문턱값 V_T에서 무한대까지 적분하면 구할 수 있다. 잡음과 신호의 확률밀도 함수에서 보는 바와 같이 현실적으로 오경보 확률이 제로 ($P_{fa}=0$)가 되고 표적 탐지 확률 ($P_D=1$)이 100%가 되는 경우는 존재하지 않는다. 왜냐하면 신호와 잡음 레벨은 제로에서 일정한 레벨 사이에 존재하기 때문이다. 만약 문턱값 V_T를 증가시키면 오경보율이 낮아져서 바람직하게 보이지만 동

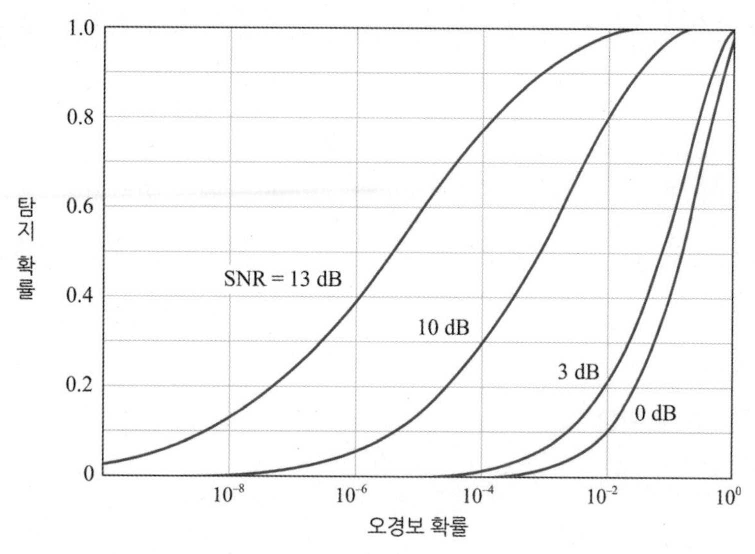

그림 7.5 수신기 동작 특성 (ROC) 커브

시에 표적 탐지 확률도 감소시키는 결과를 초래하게 된다. 따라서 문턱값이 변함에 따라 P_D와 P_{fa}의 커브가 그림 7.5와 같이 SNR에 따라서 동시에 변하는 현상이 생기는데 이 것을 수신기 동작 특성 (ROC: *Receiver Operating Characteristic*)이라고 한다. 두 개의 커브가 가까워질수록 탐지 성능이 좋아지며 이론적으로 $P_D = 1$, $P_{fa} = 0$이 된다. 그러나 실제로 탐지 확률이 100%가 되는 경우에는 오경보율도 거의 100%가 되기 때문에 표적 탐지의 의미가 없다.

탐지기의 문턱값은 오경보 (제1종 오류-Type 1 Errors)와 탐지 손실 (제2종 오류-Type II Errors)에 의하여 다음과 같이 2가지의 대가 (Cost)를 통하여 결정된다.

Cost I : 표적을 놓칠 탐지 손실의 대가 (C_{MD}: Cost of Miss Detection)는 표적이 존재하는 경우 (가설 H_1)에도 불구하고 표적이 없다고 하는 경우 (가설 H_0)라고 판단하는 것이다.

Cost II : 오경보의 대가 (C_{FA}: Cost of False Alarm)는 표적이 없는 것이 사실임에도 불구하고 (즉 H_0 = True), 표적이 존재한다고 판단 (H_1 = True)하는 경우의 대가 손실이다.

이러한 경우의 위험 부담 (Risk)은 $RISK = C_{MD}(1 - P_D)N_T + C_{FA}P_{FA}N_A$와 같이

주어진다. 여기서 N_T와 N_A는 각각 표적과 잡음 오경보 기회의 수이다. 실제로 C_{MD}와 C_{FA}를 구하기는 어렵다. 따라서 일반적으로는 ROC 커브를 이용하여 특정한 P_D와 P_{fa}를 설정하여 동작점을 찾는 방법을 사용한다. 결론적으로 레이다 탐지 문제는 레이다 주변의 확률밀도 모델인 $p_0(V)$와 $p_1(V)$를 정확하게 알기는 어렵지만, 통계적인 PDF 모델을 안다면 탐지 문제는 SNR과 문턱값과 탐지 확률과 오경보율의 관계를 정립하는 문제로 볼 수 있다.

7.2.2 확률 분포 정의

레이다 표적 탐지를 위한 전제 정보 (Priori Information)로서 레이다 표적 신호와 주변의 간섭 잡음에 대한 분포 특성과 관련된 확률을 정의한다.

(1) 표적 신호의 확률 (P_S) : 표적 신호가 존재할 경우에 주어진 SNR 조건에서 단일 시험 (Single Test)으로 문턱값과 비교하여 표적이 문턱값을 통과할 확률을 정의한다.

(2) 탐지 확률 (P_D) : 표적 신호가 존재할 경우에 주어진 SNR에서 다수의 연속시험 (Multiple Consecutive Test)으로 문턱값과 비교하여 표적이 문턱값을 통과할 확률을 정의한다. 즉, N번 시도하여 M번 탐지할 확률을 의미한다.

(3) 잡음의 확률 (P_n) : 간섭 잡음만 존재할 경우에 일회 시험으로 잡음이 문턱값을 통과할 확률을 정의한다.

(4) 오경보 확률 (P_{FA}) : 간섭 잡음만 존재할 경우에 다수의 복합시험으로 잡음이 문턱값을 통과할 확률을 정의한다.

(5) 오경보 횟수 (FAN: *False Alarm Number*) : 오경보당 시험한 횟수를 의미하며 오경보 확률의 역수와 같다. 즉, $FAN = 1/P_{FA}$이다.

(6) 오경보 시간 (FAT: *False Alarm Time*) : 오경보 신호가 문턱값을 통과하는 평균 시간을 의미한다.

(7) 오경보율 (FAR: False Alarm Rate) : 오경보의 1초당 평균 빈도로 오경보 시간의 역수와 같다. 즉, $FAR = 1/FAT$이다.

7.2.3 신호와 잡음의 확률밀도 함수

모든 잡음은 불규칙한 특성을 가지고 있으며 표적 관점에서는 항상 방해가 되는 성분이다. 전기를 사용하는 모든 시스템에서는 전하의 불규칙 운동으로 발생되는 잡음을 피할 수 없다. 잡음은 분명히 방해되는 존재이지만 피할 수 없으므로 이들 잡음을 잘 다루기 위해서는 불규칙한 잡음 신호의 특성을 잘 이해하고 잡음의 확률분포 함수를 정립할 필요가 있다. 수신기 잡음 특성을 알아야 미약한 표적 신호가 수신될 때 잡음으로부터 표적을 잘 분리할 수 있다. 일반적으로 수신기의 고주파 (RF) 단이나 중간 주파수 (IF) 단에 나타나는 잡음은 가우시안 분포 잡음 (Gaussian Distributed Noise)으로 정의한다. 그러나 수신기의 I/Q (*In-Phase/Quadrature-Phase*) 복조기 후단에 나타나는 잡음 분포는 Rayleigh 함수로 유도된다.

수신기의 잡음 분포 모델을 유도하기 위하여 먼저 IF 단에 평균이 제로이고 분산이 ψ^2인 백색 가우시안 잡음 신호 $n(t)$와 표적 신호 $s(t)$가 존재한다고 가정한다. 물론 잡음 성분은 공간적으로 위상이 불규칙하며 표적 신호와 상관관계가 없다고 본다. 그림 7.6에서 보는 바와 같이 IF 필터의 출력에 나타나는 신호 $v(t)$는 식 (7.4)와 같이 표현할 수 있다.

$$v(t) = v_I(t)\cos w_0 t + v_Q(t)\sin w_0 t = r(t)\cos(w_0 t - \phi(t)) \tag{7.4}$$

여기서 $r(t)$는 $v(t)$의 포락선 검파 신호이며, $v_I(t)$, $v_Q(t)$는 각각 동위상과 90도 차이 위상 성분으로 식 (7.5)와 같다.

$$v_I(t) = r(t)\cos\phi(t), \quad v_Q(t) = r(t)\sin\phi(t) \tag{7.5}$$

여기서 $\phi(t) = a\tan(v_I/v_Q)$는 위상 성분이다.

수신 신호의 포락선 크기 $r(t)$ 값이 주어진 문턱값 V_T를 넘어서면 표적이 존재한다고 보는데, 아래와 같이 두 가지 판단 가설을 이용하여 결정한다. 즉,

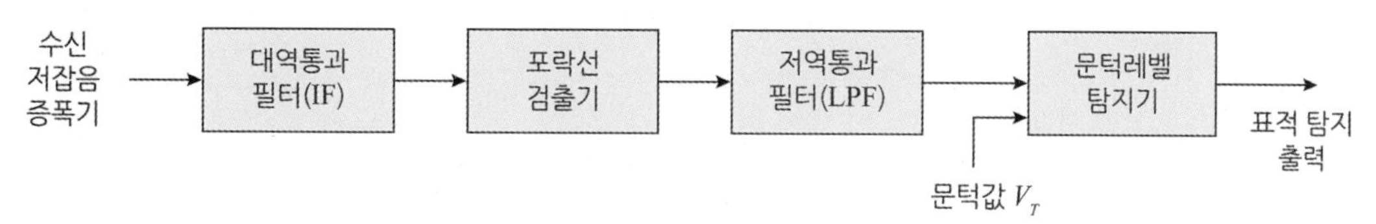

그림 7.6 포락선 탐지기의 문턱값 결정

$$s(t)+n(t) > V : \text{표적 탐지 판정}$$
$$n(t) > V_T \quad : \text{오경보 판정}$$
$$r(t) < V_T \quad : \text{탐지 손실 (단, 표적이 존재할 때)}$$

다시 강조하지만 레이다의 설계 목적은 주어진 오경보 확률 조건하에서 최대의 탐지 확률을 얻는 것이다. IF 필터의 출력은 복소수 랜덤 변수로서 잡음이 홀로 존재할 경우와 표적 신호에 잡음이 더해져 있을 경우의 두 가지가 있다. 표적 신호와 잡음이 I 채널에 존재할 경우에 위상 성분 관계를 정리하면 식 (7.6)과 같고 Q 채널에 잡음만 있을 경우는 식 (7.7)과 같다.

$$v_I(t) = A + n_I(t) = r(t)\cos\phi(t) \Rightarrow n_I(t) = r(t)\cos\phi(t) - A \tag{7.6}$$

$$v_Q(t) = n_Q(t) = r(t)\sin\phi(t) \tag{7.7}$$

잡음의 위상 성분은 서로 상관관계가 없고, 평균이 제로이며 분산이 동일한 가우시안 잡음이라고 가정한다. 여기서 두 개의 랜덤 잡음 변수에 대한 공동 확률밀도 함수(Joint Probability Density Function)는 식 (7.8)과 같이 주어진다.

$$\begin{aligned} f(n_I, n_Q) &= \frac{1}{2\pi\psi^2}\exp\left[\frac{n_I^2+n_Q^2}{2\psi^2}\right] \\ &= \frac{1}{2\pi\psi^2}\exp\left[-\frac{(r\cos\phi - A)^2+(r\sin\phi)^2}{2\psi^2}\right] \end{aligned} \tag{7.8}$$

두 개의 랜덤 변수 $r(t)$와 $\psi(t)$에 대한 공동 확률밀도 함수는 식 (7.9)와 같이 주어진다.

$$f(r, \phi) = f(n_I,\ n_Q)|J| \tag{7.9}$$

여기서 $|J|$는 Jacobian이라 부르며, 식 (7.10)과 같이 미분 매트릭스의 디터미넌트(Matrix Determinant)로 주어진다.

$$|J| = |J| = \begin{bmatrix} \frac{\delta n_I}{\delta r} & \frac{\delta n_I}{\delta \phi} \\ \frac{\delta n_Q}{\delta r} & \frac{\delta n_Q}{\delta \phi} \end{bmatrix} = \begin{pmatrix} \cos\phi & -r\sin\phi \\ \sin\phi & r\cos\phi \end{pmatrix} = r(t) \tag{7.10}$$

따라서 식 (7.8)과 (7.10)을 식 (7.9)에 대입하면 식 (7.11)과 같이 pdf를 정리할 수 있다.

$$f(r,\ \phi) = \frac{r}{2\pi\psi^2}\exp\left(\frac{r^2 + A^2}{2\psi^2}\right)\exp\left(\frac{rA\cos\phi}{\psi^2}\right) \tag{7.11}$$

이제 r에 대한 pdf는 식 (7.11)의 위상 ϕ를 0에서 2π까지 적분하면 식 (7.12)와 같이 구할 수 있다.

$$f(r) = \int_0^{2\pi} f(r,\ \phi)d\phi = \frac{r}{\psi^2}\exp\left(-\frac{r^2 + A^2}{2\psi^2}\right)\frac{1}{2\pi}\int_0^{2\pi}\exp\left(\frac{rA\cos\phi}{\psi^2}\right)d\phi \tag{7.12}$$

식 (7.12)에서 오른쪽 끝 적분 식은 제로 차수의 변형된 Bessel 함수로 식 (7.13)과 같이 표현할 수 있으므로 r에 대한 pdf는 식 (7.14)와 같이 간단하게 정리할 수 있다.

$$I_0(\beta) = \frac{1}{2\pi}\int_0^{2\pi} e^{\beta\cos\theta}d\theta \tag{7.13}$$

$$f(r) = \frac{r}{\psi^2}I_0\left(\frac{rA}{\psi^2}\right)\exp\left(-\frac{r^2 + A^2}{2\psi^2}\right) \tag{7.14}$$

위의 식 (7.14)의 pdf는 표적 신호와 잡음이 동시에 존재하는 경우로서 특별히 Rice 확률밀도 함수라고 정의한다. 또한 표적 신호가 없이 잡음만 있는 경우 $A/\psi^2 = 0$이므로 식 (7.15)와 같이 주어지는데 이를 Rayleigh 확률밀도 함수라고 정의한다.

$$f(r) = \frac{r}{\psi^2}\exp\left(-\frac{r^2}{2\psi^2}\right) \tag{7.15}$$

또한 A/ψ^2의 값이 매우 크면 식 (7.14)는 평균이 A이고 분산이 ψ^2인 가우시안 확률밀도 함수로 식 (7.16)과 같이 바뀐다.

$$f(r) = \frac{1}{\sqrt{2\pi\psi^2}}\exp\left(-\frac{(r-A)^2}{2\psi^2}\right) \tag{7.16}$$

위에서 유도한 바와 같이, IF 대역에서 가우시안 분포의 잡음은 포락선 검파가 된 후에는 Rayleigh 분포의 잡음으로 변화되며, 표적 신호와 잡음이 같이 포함된 신호에 대한 포락선 검파 후의 확률밀도 함수는 Rice 확률밀도 함수가 된다는 것이 증명되었다. 그림 7.7에는 Gaussian과 Rayleigh 확률밀도 함수를 비교 도시하였다.

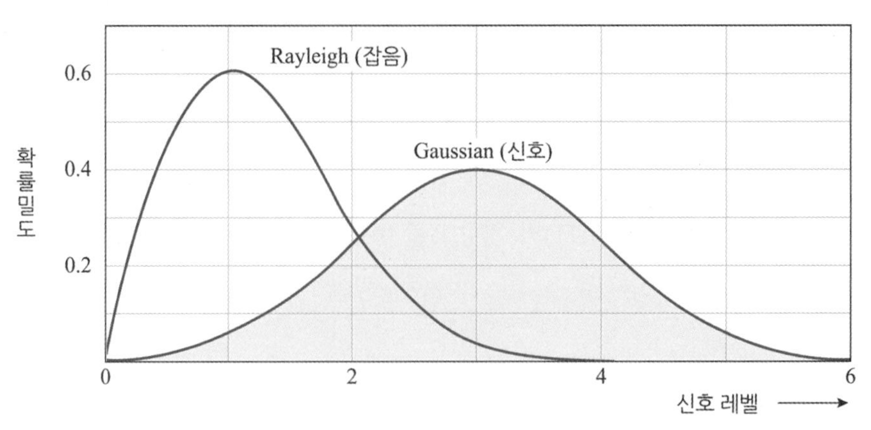

그림 7.7 Gaussian 및 Rayleigh 확률밀도 함수 비교

7.2.4 레이다 오경보 확률

표적과 잡음에 대하여 정의한 확률밀도 함수를 이용하여 설정된 문턱값을 기준으로 표적과 잡음을 구분하는 중요한 지표로서 오경보 확률을 정의한다. 오경보 확률 P_{fa}는 레이다 신호에 잡음만 존재할 때 출력 신호의 크기 $r(t)$가 설정된 문턱값 V_T보다 클 확률을 의미한다. 따라서 잡음만 존재할 경우에 식 (7.15)에서 유도한 Rayleigh 확률밀도 함수를 이용하여 적분 구간을 문턱값보다 크고 무한대보다 작은 구간의 밀도 함수를 적분하면 전체 오경보 확률을 식 (7.17)과 같이 구할 수 있다.

$$P_{fa} = \int_{V_T}^{\infty} \frac{r}{\psi^2} \exp\left(-\frac{r^2}{2\psi^2}\right) dr = \exp\left(\frac{-V_T}{2\psi^2}\right) \tag{7.17}$$

따라서 주어진 오경보 확률을 유지하기 위하여 설정할 문턱값은 식 (7.17)을 V_T에 관하여 풀어서 정리하면 식 (7.18)과 같이 원하는 문턱값을 구할 수 있다.

$$V_T = \sqrt{2\psi^2 \ln\left(\frac{1}{P_{fa}}\right)} \tag{7.18}$$

오경보 확률은 문턱값이 조금만 변하여도 매우 민감하게 작용한다. 그림 7.8에서 보는 바와 같이 Rayleigh 확률밀도 함수에서 문턱값 전압을 낮게 설정하면 적분 구간이 넓어지므로 오경보 확률이 증가하고, 문턱값을 높이면 오경보 확률이 낮아지는 현상을 볼 수 있다.

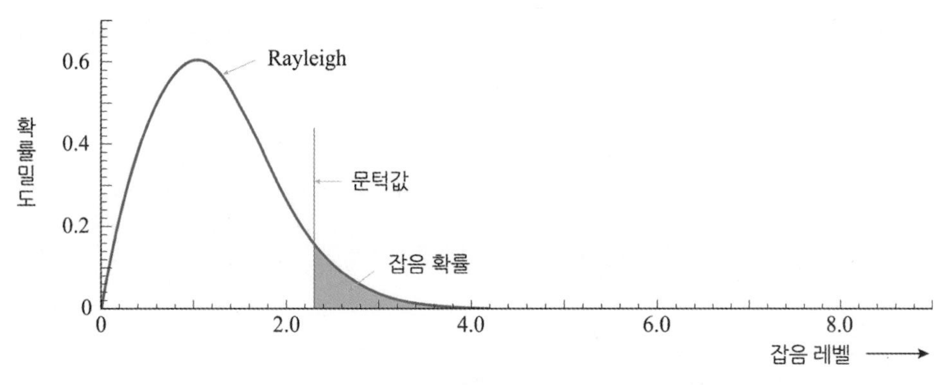

그림 7.8 Rayleigh 잡음밀도 함수와 문턱값 관계

7.2.5 레이다 탐지 확률

탐지 확률 P_D는 레이다 표적 신호와 잡음이 같이 존재할 때 출력 신호의 크기 $r(t)$가 설정된 문턱값 V_T보다 클 확률을 의미한다. 따라서 신호와 잡음이 동시에 존재할 경우에 식 (7.14)에서 유도한 Rice 확률밀도 함수를 이용하여 탐지 확률을 구할 수 있다. 그림 7.9에서 보는 바와 같이 Rice 함수에서 SNR이 제로인 경우 잡음만 존재하므로 Rayleigh 밀도 함수로 표현되며, SNR이 커지면 Rice 밀도 함수는 가우시안 함수로 접근하고, SNR이 증가할수록 전압이 높아지는 오른쪽 방향으로 분포하는 것을 알 수 있다. 여기서 설정된 문턱값을 중심으로 Rice 밀도 함수의 적분 구간을 문턱값보다는 크고 무한대보다 작은 구간에서 적분하면 전체 탐지 확률을 식 (7.19)와 같이 구할 수 있다.

$$P_D = \int_{V_T}^{\infty} \frac{r}{\psi^2} I_0\left(\frac{rA}{\psi^2}\right) \exp\left(-\frac{r^2 + A^2}{2\psi^2}\right) dr \qquad (7.19)$$

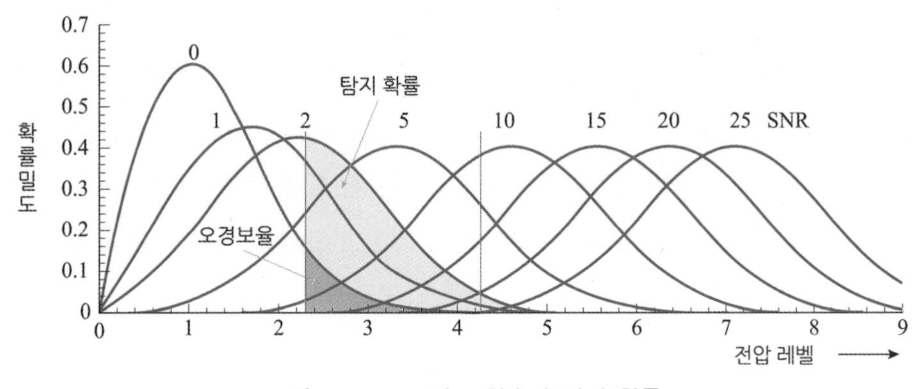

그림 7.9 Rice 밀도 함수와 탐지 확률

레이다 신호가 진폭 A인 사인파인 경우의 신호 전력은 $A^2/2$로 주어지므로 $SNR = A^2/2\psi^2$이 된다. 또한 식 (7.18)로부터 $V_T^2/2\psi^2 = \ln(1/P_{fa})$이다. 이러한 관계를 이용하여 탐지 확률을 Marcum's Q 함수를 이용하여 표현하면 식 (7.20)과 같다.

$$P_D = \int_{\sqrt{2\psi^2 \ln(1/P_{fa})}}^{\infty} \frac{r}{\psi^2} I_0\left(\frac{rA}{\psi^2}\right) \exp\left(-\frac{r^2 + A^2}{2\psi^2}\right) dr$$

$$= Q\left[\sqrt{\frac{A^2}{\psi^2}},\ \sqrt{2\ln\left(\frac{1}{P_{fa}}\right)}\right] \tag{7.20}$$

위의 식을 적분하여 Q 함수를 이용하여 정확하게 구하기는 쉽지 않으므로 근삿값으로 계산하는 방법을 인용하면 식 (7.21)과 같다.

$$P_D \approx 0.5\,x\ erfc\left(\sqrt{-\ln P_{fa}} - \sqrt{SNR + 0.5}\right) \tag{7.21}$$

여기서 $erfc$는 오차함수로서 다음 식 (7.22)와 같이 주어진다.

$$erfc(z) = 1 - \frac{2}{\sqrt{\pi}} \int_0^z e^{-v^2} dv \tag{7.22}$$

이상에서 살펴본 바와 같이, 표적 탐지 확률은 주어진 SNR에서 허용된 오경보 확률 조건하에서 설정된 문턱값을 통과하는 신호에 대한 확률을 의미한다. 잡음에 대한 확률을 낮추려면 문턱값을 높여주어야 한다. 그러나 신호 대 잡음비가 충분히 높지 않은데 문턱값만 높일 경우에는 낮은 신호가 문턱값을 통과하지 못하므로 탐지에 실패하게 된다. 따라서 레이다의 탐지 확률을 높이기 위해서는 무엇보다도 표적 신호에 비하여 간섭 잡음이나 클러터의 영향을 최소화하여 충분한 SNR을 유지하여야 한다.

지금까지 살펴본 오경보 확률이나 탐지 확률은 가장 단순한 조건에서 표적이 움직이지 않고 단 하나의 펄스를 송신하여 반사된 신호를 수신하여 처리하는 경우를 가정하였다. 단일 펄스로 오경보율을 10^{-9}, 표적 탐지율을 99% 달성하기 위하여 요구되는 SNR은 식 (7.21)을 이용하여 구하면 16.12 dB이 된다. 실제 레이다에서는 단일 펄스 대신에 많은 수의 펄스를 보내고 수신된 펄스를 누적하여 SNR을 높여서 탐지 확률을 향상시킨다. 표 7.2는 식 (7.21)을 이용하여 주어진 SNR과 Pfa에 따른 탐지 확률 P_D를 도표화한 것이다.

표 7.2 단일 펄스의 SNR (dB) [© Mahafza]

P_D	P_{fa}									
	10^{-3}	10^{-4}	10^{-5}	10^{-6}	10^{-7}	10^{-8}	10^{-9}	10^{-10}	10^{-11}	10^{-12}
.1	4.00	6.19	7.85	8.95	9.94	10.44	11.12	11.62	12.16	12.65
.2	5.57	7.35	8.75	9.81	10.50	11.19	11.87	12.31	12.85	13.25
.3	6.75	8.25	9.50	10.44	11.10	11.75	12.37	12.81	13.25	13.65
.4	7.87	8.85	10.18	10.87	11.56	12.18	12.75	13.25	13.65	14.00
.5	8.44	9.45	10.62	11.25	11.95	12.60	13.11	13.52	14.00	14.35
.6	8.75	9.95	11.00	11.75	12.37	12.88	13.50	13.87	14.25	14.62
.7	9.56	10.50	11.50	12.31	12.75	13.31	13.87	14.20	14.59	14.95
.8	10.18	11.12	12.05	12.62	13.25	13.75	14.25	14.55	14.87	15.25
.9	10.95	11.85	12.65	13.31	13.85	14.25	14.62	15.00	15.45	15.75
.95	11.50	12.40	13.12	13.65	14.25	14.64	15.10	15.45	15.75	16.12
.98	12.18	13.00	13.62	14.25	14.62	15.12	15.47	15.85	16.25	16.50
.99	12.62	13.37	14.05	14.50	15.00	15.38	15.75	16.12	16.47	16.75
.995	12.85	13.65	14.31	14.75	15.25	15.71	16.06	16.37	16.65	17.00
.998	13.31	14.05	14.62	15.06	15.53	16.05	16.37	16.7	16.89	17.25
.999	13.62	14.25	14.88	15.25	15.85	16.13	16.50	16.85	17.12	17.44
.9995	13.84	14.50	15.06	15.55	15.99	16.35	16.70	16.98	17.35	17.55
.9999	14.38	14.94	15.44	16.12	16.50	16.87	17.12	17.35	17.62	17.87

7.3 펄스 누적 탐지

7.3.1 펄스 누적의 원리

실제 레이다 탐지 환경에서는 주변의 클러터나 간섭이 존재하며 표적도 시간에 따라 변동한다. 또한 하나의 펄스에 의하여 반사된 에코 신호를 이용하여 표적의 탐지 여부를 결정하는 것은 매우 불확실하다. 실제 레이다에서는 다수의 펄스에 대한 반사 신호를 누적하여 충분한 SNR을 갖도록 한 다음 설정된 문턱값과 비교함으로써 탐지 확률을 높일 수 있다. 높은 SNR의 경우에는 확률밀도 함수가 가우시안으로 변동하게 되며 SNR에 따라서 확률밀도 함수의 중심은 전력이 높은 쪽으로 이동한다. 또한 표적이 요동함에 따라 표적의 확률밀도 함수도 변하게 되고, 신호 대 간섭 잡음의 경우에도 이상적인 열잡음의 분포 함수와 다른 분포를 하게 된다. 따라서 실제 레이다에서 탐지를 하기 위해서는 적어도 다음 6가지의 중요한 변동 요인을 고려해야 한다. 즉 1) 허용 오경보 확률 조건, 2) 원하는 탐지 확률 조건, 3) 신호 대 간섭 잡음비, 4) 간섭 및 클러터의 종류와 통계적

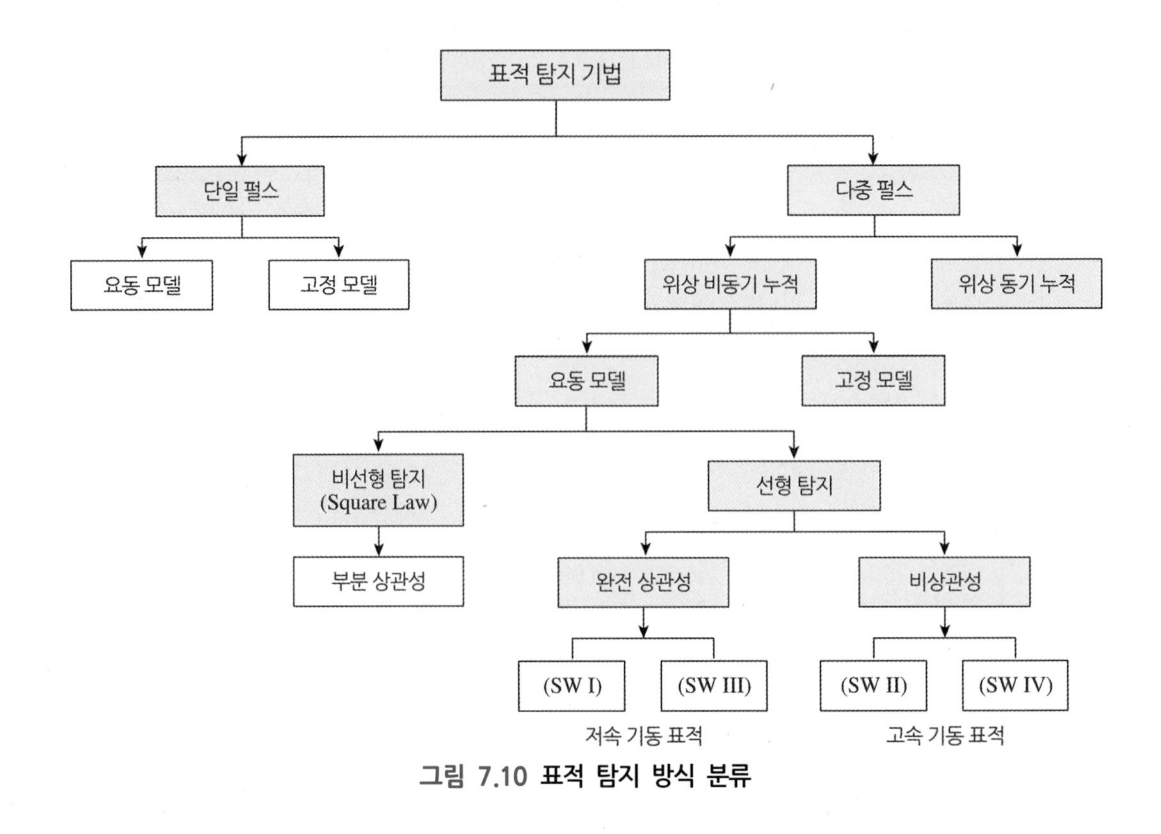

그림 7.10 표적 탐지 방식 분류

특성, 5) 표적의 요동에 대한 통계적 특성, 6) 지속 시간 동안의 누적 펄스 수 등이다.

펄스 레이다에서 표적 탐지 방식 분류는 그림 7.10과 같이 단일 펄스 방식과 다중 펄스 방식으로 나누고, 다중 펄스 방식은 신호 누적 방법에 따라 위상 동기와 위상 비동기로 구분한다. 또한 표적의 요동 모델에 따라서 요동 모델 (Fluctuation Model)과 비요동 모델 (Non-Fluctuation Model)로 구분하고, 신호 탐지 방법에 따라 선형 탐지와 비선형 자승 탐지 (Square-Law Detector)로, 신호의 상관성 정도에 따라 부분 상관과 전체 상관성으로 구분한다.

먼저 펄스 신호 누적은 동일한 거리 셀에서 다수의 펄스에 의하여 반사된 샘플 신호를 합치는 과정이다. 신호 누적 방식은 위상의 연속성이 없는 신호를 누적하는 위상 비동기 방식과 위상의 연속성이 있는 신호를 누적하는 위상 동기 방식이 있다. 위상 비동기 방식은 시간에 따라 위상이 변하므로 신호의 위상은 무시하고 크기 성분만 누적하는 방식이며, 반면에 위상 동기 방식은 시간의 변화에 관계없이 신호의 위상이 일정하게 연속성을 갖고 있으므로 신호의 진폭 크기와 위상을 모두 이용하여 신호를 누적하는 방식이다. 위상 동기 누적 방식은 잡음이나 클러터 등의 신호 성분을 억제하는 데 효과적이다. 표적 에코 신호는 위상의 규칙성이 있고 잡음은 불규칙한 특성이 있으므로 이들을 누적하면 신호 대 잡음비 (SNR)를 향상시킬 수 있다. 왜냐하면 잡음은 불규칙 위상 성분을 누적하면 잡음 성분끼리 서로 상쇄되어 잡음이 낮아지기 때문이다. 신호의 누적 개수 (Integration Number)가 많으면 동위상의 누적 신호는 증가하고 불규칙 누적 잡음의 크기는 감소하므로 결과적인 SNR은 펄스 누적 개수에 따라 향상된다. 그러나 이때 산술적인 합으로 누적되지는 않고 누적 처리 과정에서 일부 손실이 발생한다. 따라서 실효 누적 개수는 식 (7.23)과 같이 표현된다.

$$N_{eff} = N_L / L_i \tag{7.23}$$

여기서 N_{eff}는 실효 누적 개수로서, 한 개의 펄스에 의한 SNR이 유효 누적 개수만큼 곱해지면 그만큼 향상된다. N_L는 실제 누적 개수이고 L_i는 누적 손실이다.

규칙성이 있는 표적이나 클러터 신호는 전압으로 누적되지만, 불규칙한 잡음이나 잡음 같은 방해 전파는 평균적인 전력으로 누적된다. 누적 신호 대 잡음비는 한 개의 펄스에 의한 신호 대 잡음비를 실효 누적 개수로 곱한 것으로서 식 (7.24)와 같이 표현된다.

$$(S/N)_L = (S/N)_1 (N_L / L_i) = N_{eff} (S/N)_1 \tag{7.24}$$

만약 표적이 일정하지 않고 샘플 순간마다 변동한다면 개별 샘플 신호를 누적한 형태로 식 (7.25)와 같이 표현된다.

$$(S/N)_L = (1/L_i) \sum_{k=0}^{N_L - 1} (S/N)_k \tag{7.25}$$

아날로그 수신 방식에서 위상 동기 누적은 사전 탐지 (Pre-Detection) 개념으로 사용하며, 위상 비동기 누적은 사후 탐지 (Post Detection) 개념으로 적용한다. 그러나 현대 레이다의 수신기는 대부분 I/Q 복조기를 사용하고 디지털 신호처리기에서 펄스 누적을 처리하므로 별도로 신호 누적을 분리하지 않고 도플러 처리 과정에서 동시에 수행된다.

7.3.2 위상 동기 펄스 누적

위상이 시간에 따라 변동하지 않고 규칙적으로 연속성이 있는 신호를 누적하는 위상 동기 방식이 위상 비동기 방식에 비하여 SNR 관점에서 훨씬 효과적이다. 위상 동기 누적에서는 샘플 단위마다 신호의 위상 변화를 고려하여 누적한다. 그러나 실제로 샘플 단위의 위상을 잘 모르기 때문에 누적 처리하기 전 위상에 대한 정보가 반드시 필요하다. 위상 동기 누적 과정에서는 표적의 움직임에 대한 위상의 보상을 한 후에 합해진다. 따라서 위상 동기 누적된 신호는 식 (7.26)과 같이 표현된다.

$$(S)_{N_{L}c} = (1/L_i)\sum_{k=0}^{N_L-1} S(k)e^{-j\phi(k)} \tag{7.26}$$

여기서 $S_{N_{L}c}$는 위상 동기 누적의 개수가 N_L일 때의 누적 신호이고, $S(k)$, $\phi(k)$는 k번째 신호의 크기와 위상이다. 위상 동기 누적은 먼저 개별 펄스의 전압 크기와 위상을 모두 합한 다음 식 (7.27)과 같이 전체 크기를 절대치 제곱을 취한 크기와 문턱치 크기를 비교하여 탐지 여부를 결정한다.

$$(1/N_L)\left|\sum_{k=0}^{N_L-1} S_N\right|^2 > T_h \tag{7.27}$$

여기서 T_h는 탐지 문턱치이다. 예를 들어서 움직임이 없는 정지 표적에 대한 신호 누적 효과를 살펴보자. 그림 7.11과 같이 동일 거리 셀에 나타나는 4개의 도플러 샘플 신호의 위상을 살펴보면, 첫 번째 열에는 특정 거리 셀에서 반사된 위상 신호를 나타낸다. 두 번째 열에서는 위상을 보상하여 합친 신호이고, 세 번째 열은 최종 신호의 크기 값을 나타낸다. 여기에서 보는 바와 같이 정지 표적은 도플러 성분이 없으므로 가장 낮은 첫 번째 도플러 필터 셀에만 누적 신호의 합이 나타난다. 나머지 필터 셀에서는 모두 누적 신호가 제로를 나타낸다.

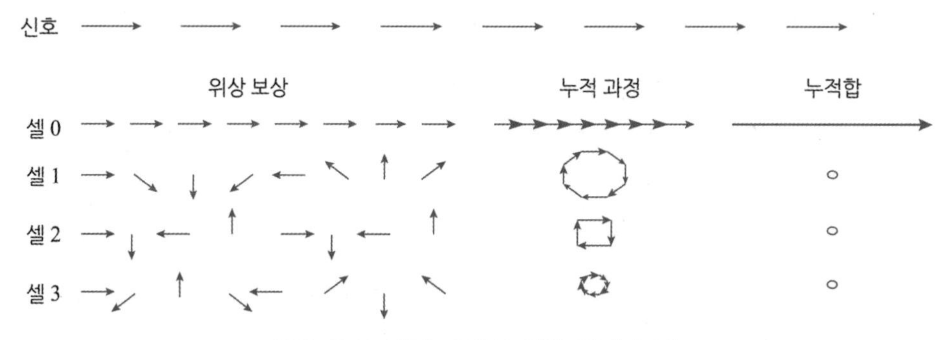

그림 7.11 정지 표적의 위상 동기 누적

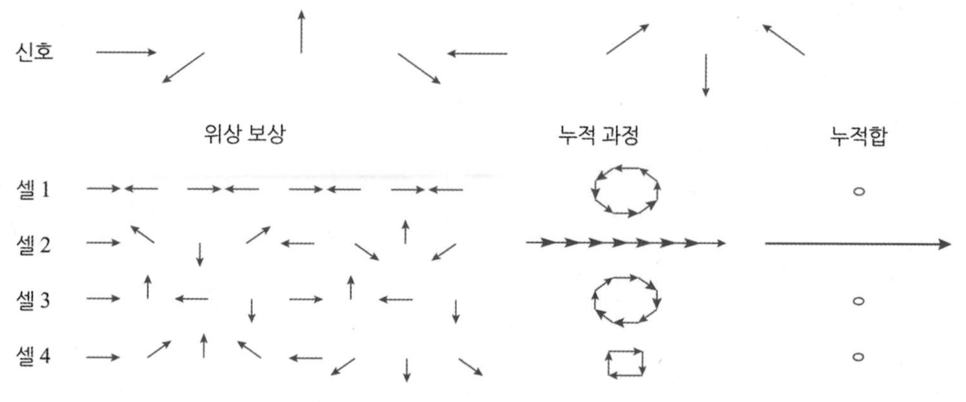

그림 7.12 이동 표적의 위상 동기 누적

이번에는 움직임이 있는 이동 표적이 그림 7.12와 같이 도플러 필터 2번에 나타나는 경우를 살펴보자. 신호가 나이퀴스트 샘플링 (Nyquist Sampling)되었다면 표적이 레이다에 가까이 접근하거나 멀어지는 속도에 따라 신호의 도플러는 특정 필터 대역에 나타나게 된다. 신호의 크기와 위상을 충분히 알고 있다면 위상 동기 누적 결과는 정합 필터처럼 해당 도플러 필터에 나타나게 된다. 만약 표적의 도플러 변이가 모호성을 가지고 있다면, 실제 표적 움직임에 일치하는 필터에 나타나지 않는다.

마지막으로 잡음을 누적하는 경우를 살펴보자. 잡음은 불규칙한 특성이 있으므로 모든 도플러 필터 셀에 균등하게 나타난다. 그림 7.13과 같이 잡음을 누적하면 신호를 누적하는 경우에 비하여 매우 작은 누적 합의 크기가 모든 도플러 셀에 나타난다. 위상 비동기 누적의 경우에 비하여 훨씬 작은 크기로 나타난다. 샘플 수가 많아지면 모든 도플러 셀에 나타나는 잡음의 분포는 점점 균질하게 일정해진다.

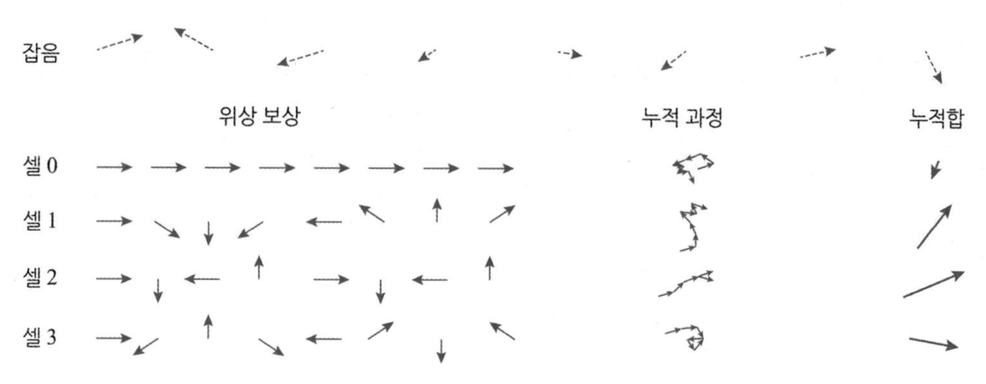

그림 7.13 잡음의 위상 동기 누적

7.3.3 위상 비동기 펄스 누적

위상이 시간에 따라 변동하므로 연속성이 없이 위상이 불규칙하게 변한다. 위상 비동기 누적에서는 샘플 단위마다 신호의 위상이 일정하지 않으므로 위상을 고려하지 않고 진폭의 크기 값을 단순하게 합산한다. 따라서 위상 비동기 누적 신호는 식 (7.28)과 같이 표현된다.

$$(S)_{N_L nc} = (1/L_i) \sum_{k=0}^{N_L - 1} S(k) \tag{7.28}$$

여기서 $S_{N_L nc}$는 위상 비동기 누적의 개수가 N_L일 때의 누적 신호이고, $S(k)$는 k번째 신호의 진폭 크기이다. 위상 비동기 누적은 위상에 관계없이 먼저 개별 펄스의 크기 성분을 절대치 제곱을 취한 후에 모두 합하여 식 (7.29)와 같이 전체 크기를 문턱치와 비교하여 탐지 여부를 결정한다.

$$(1/N_L) \sum_{k=0}^{N_L - 1} \left| S_N^2 \right| > T_h \tag{7.29}$$

여기서 T_h는 탐지 문턱치이다. 위상 비동기 누적에서는 위상 정보를 이용하지 못하므로 표적 신호나 잡음의 진폭 크기만 합산하여 누적 크기를 결정한다. 따라서 단순히 누적 크기만으로 문턱값을 비교하게 되므로 신호가 커서 표적으로 탐지된 것인지, 아니면 잡음이 커서 문턱값을 통과한 것인지 구분하기 어렵다. 표적 신호와 잡음이 동시에 존재할 때 위상 비동기 누적의 예를 그림 7.14에 도시하였다. 그림에서 보이는 바와 같이 불규칙 위상에 의한 잡음과 신호의 누적 크기는 각각 다르며, 결과적으로 총 누적 신호와 잡음의 크기도 위상 동기 누적의 경우와 비교하면 훨씬 작아진다. 따라서 위상 비동기 누적은 신호 대 잡음비를 향상시키지 못한다. 클러터가 표적 신호와 같이 존재할 때 위상 비동기 누적을 하는 과정을 그림 7.15에 도시하였다. 클러터는 도플러 성분이 없으므로 단순한 진폭의 크기로 누적되며, 표적 신호는 위상 비동기 위상 성분을 가지고 있으므로 진폭의 크기 성분만 누적된다. 결과적인 위상 비동기 클러터 및 표적 신호에 대한 누적 신호도 크게 향상되지 않는다는 것을 알 수 있다.

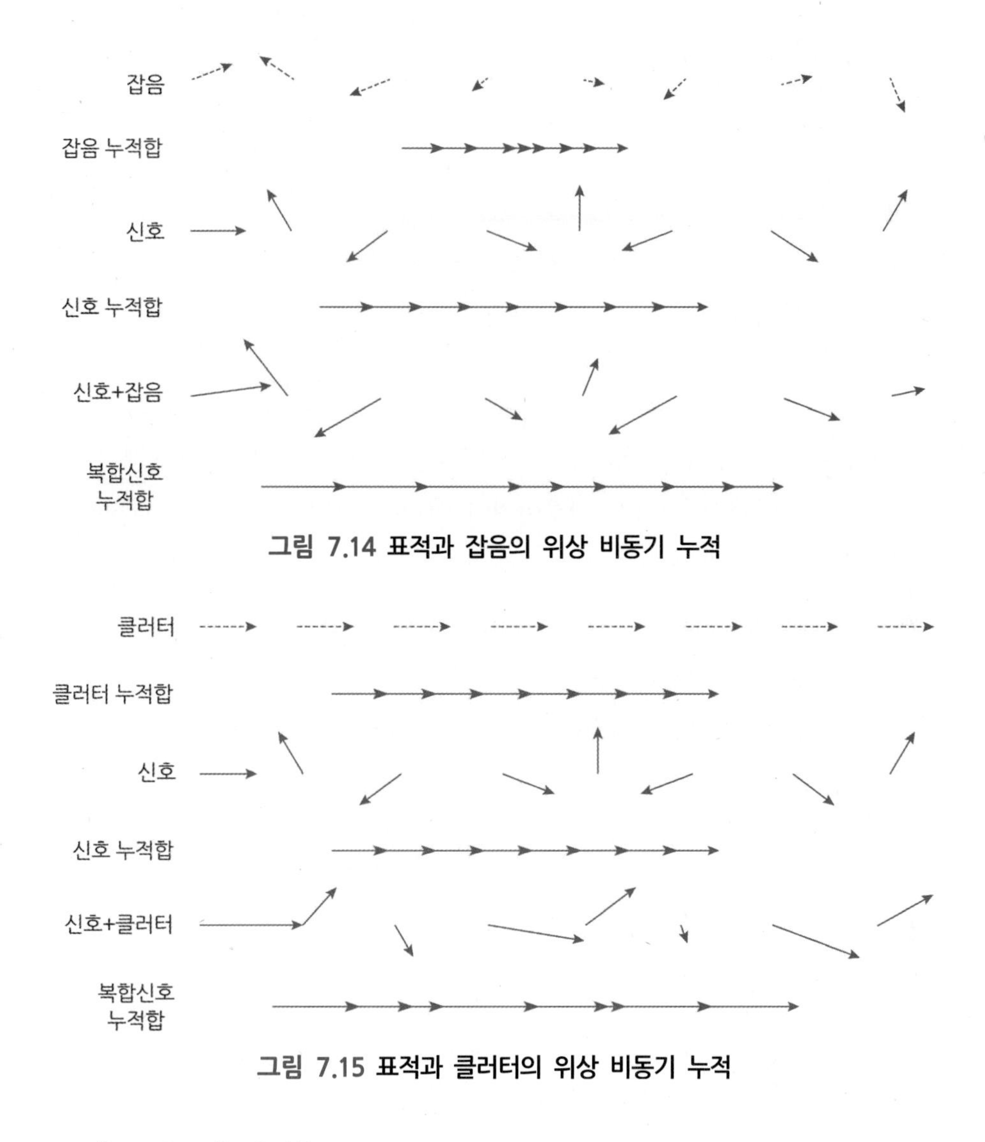

그림 7.14 표적과 잡음의 위상 비동기 누적

그림 7.15 표적과 클러터의 위상 비동기 누적

7.3.4 펄스 누적 손실

신호를 누적하는 과정에서 발생하는 이득의 감소를 누적 손실이라고 한다. 누적 손실은 주로 다음과 같은 요인에 의하여 발생한다. 1) 누적 방식에 의한 손실 (위상 동기, 위상 비동기), 2) 펄스 누적 개수, 3) 탐지 확률과 오경보 확률, 4) 표적 요동에 대한 통계적 특성, 5) 적용 윈도우 함수의 종류 등에 의하여 영향을 받는다. 위상 동기 누적 손실은 위상 비동기에 비하여 작다. 위상 동기 누적에서 가장 중요한 요소는 적용 윈도우 손실과 위상 보상 손실이다. 위상 동기 누적은 주로 푸리에 변환 (Fourier Transform)이나 상관관계 (Correlation)를 이용하여 처리된다. 이 과정에서 그림 7.16과 같이 특정 도

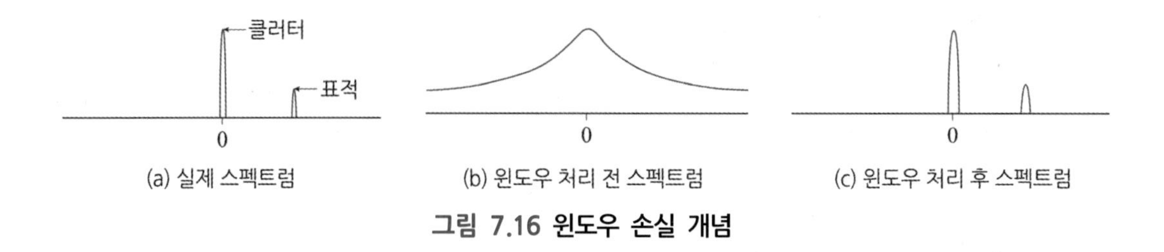

(a) 실제 스펙트럼 (b) 윈도우 처리 전 스펙트럼 (c) 윈도우 처리 후 스펙트럼

그림 7.16 윈도우 손실 개념

플러 성분이 나타나는 필터 셀에서 다른 필터 셀로 확산되지 않도록 신호의 손실을 방지하기 위하여 윈도우 함수를 적용한다. 이때 윈도우 손실은 누적 손실 요소로 작용하며, 일반적으로 2 dB 이내이다. 또한 위상 동기 방식은 합산 누적하기 전에 반드시 이동 표적의 움직임에 대한 보상 처리가 이루어져야 한다는 단점이 있다. 이 과정에서 그림 7.17과 같이 매 샘플 표적 신호의 움직임과 동일한 위상 성분을 제거해주어야 각 위상 성분의 선형 합산을 할 수 있다. 그렇지 못하면 실제 위상에 대한 벡터 합산을 하게 되므로 스캘럽 손실 (Scalloping Loss)이 발생하여 최대 누적 이득을 얻을 수 없다.

현대에 대부분의 레이다는 디지털 도플러 처리 기능이 있기 때문에 별도의 누적 처리를 분리하지 않는다. 위상 동기 경우의 누적 손실은 보통 1.0 ~ 1.7 dB 정도 되지만 위상 비동기의 경우는 2.0 dB보다 크며, 누적 펄스가 매우 많을 경우에는 누적 펄스 개수의 제곱근에 비례한다.

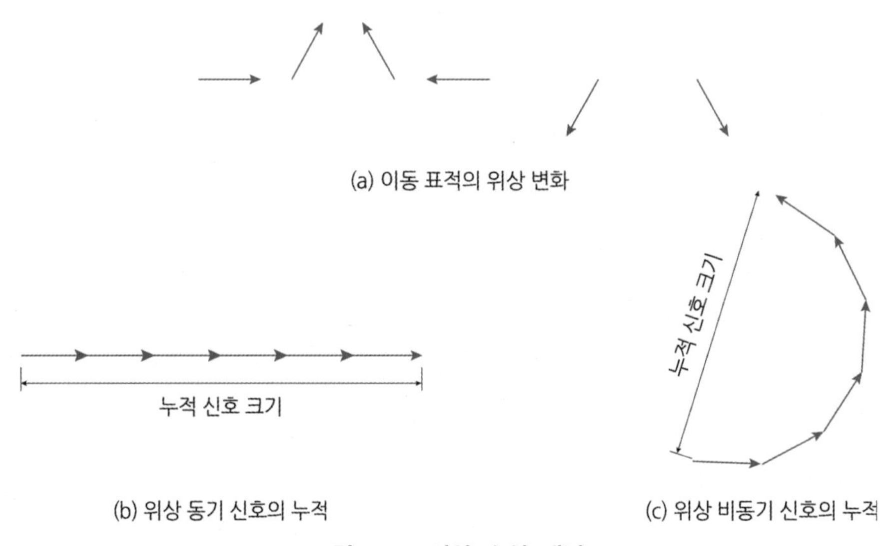

(a) 이동 표적의 위상 변화

(b) 위상 동기 신호의 누적 (c) 위상 비동기 신호의 누적

그림 7.17 위상 손실 개념

7.4 표적 탐지 확률

7.4.1 표적의 SNR과 탐지 확률

레이다 방정식에서 얻어진 단일 펄스의 신호 대 잡음비와 다수의 펄스를 누적하여 얻는 평균적인 신호 대 잡음비를 이용하면 표적의 탐지 확률을 예측할 수 있다. 표적 탐지 확률을 구하기 위해서는 SNR이 주어질 경우 Meyer & Mayer Chart를 이용하여 표적의 통계적인 모델과 주어진 오경보율을 정의해야 한다. 예를 들어서 8개의 펄스를 위상 동기 누적 방식으로 탐지 확률을 구하는 방법을 Meyer & Mayer 도표로 그림 7.18에 예시하였다. 먼저 SNR은 반사 신호의 요동에 따라 변하는 함수이므로 8개의 펄스에 의하여 각각 수신되는 SNR을 산술 평균을 구한다. 표적의 통계적인 모델은 Swerling Case 1, 2, 3, 4, 5 중에서 선택하며, 허용 가능한 오경보율은 레이다 시스템에 따라 다르지만 일반적으로 10^{-4}에서 10^{-9} 정도 범위에서 선택한다. SNR이 높아지면 주어진 확률밀도 함수에서 오경보율이 낮아지고 또한 표적 탐지 확률은 좋아진다. 이러한 경우는 주로 낮은 펄스 반복 주파수 (Low PRF)를 사용하는 탐색 레이다에 적용한 경우이다.

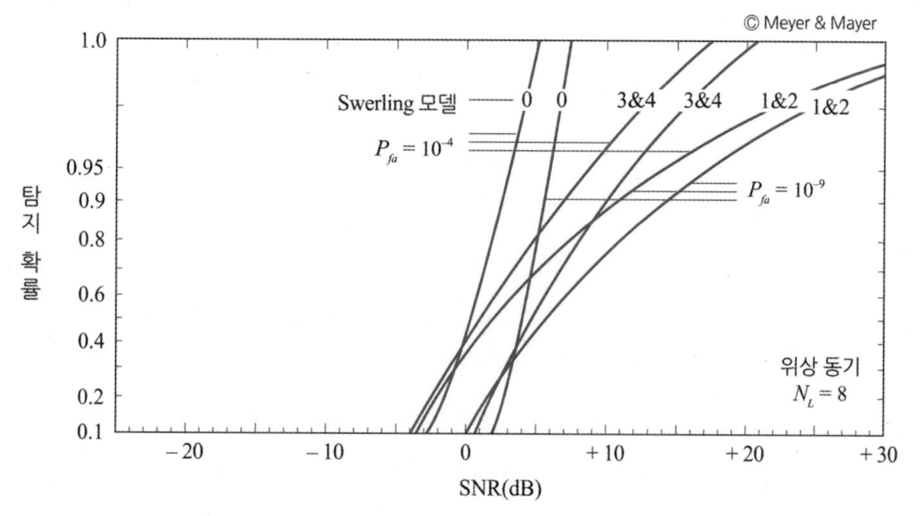

그림 7.18 8 펄스 위상 동기 누적의 탐지 확률

설계 예제

그림 7.18에서 항공기 표적 모델을 Swerling Case 3으로 선정하고, 8개의 누적 펄스를 순차적으로 송신하고, 수신되는 펄스의 SNR이 각각 +9.0 dB, +8.0 dB, +12.4 dB, 10.0 dB, +9.8 dB, +11.9 dB, +8.9 dB, +10.4 dB이라고 하자. 여기서 Dolph-Chebyshev (알파 = 3) 윈도우를 사용하며, 오경보율은 10^{-9}으로 허용한다. 이 경우 표적의 탐지 확률을 구해보자.

(1) 먼저 평균 SNR을 구하기 위하여 dB 값을 전력 값으로 환산하여 합산하면 85.4가 되며 평균은 10.67이 된다. 따라서 평균 SNR은 다시 역환산하면 10.28 dB이 된다.

(2) 윈도우 함수에 대한 누적 손실과 스캘럽 손실을 합산하면 2.51 dB이다. 따라서 전체 평균 SNR은 7.77 dB이 된다.

(3) Meyer & Mayer 도표를 이용하여 표적 모델이 Swerling Case 3 & 4, 오경보율이 10^{-9}인 그래프를 찾은 후에, X축에서 SNR이 7.77 dB일 때 커브와 만나는 점에서 Y축의 탐지 확률값을 찾으면 그 값이 0.65가 된다. 즉, 표적의 탐지 확률은 약 65%가 된다. 이 경우에는 SNR이 7.7 dB 정도로 낮기 때문에 탐지 확률이 낮게 나타난다.

(4) 만약 오경보 허용을 10^{-4} 정도로 높인다면 동일한 SNR 7.77 dB에서도 탐지 확률은 옆의 커브를 이용하여 만나는 점이 0.9이므로 탐지 확률이 90% 정도 높아지는 것을 알 수 있다. 따라서 표적 탐지 확률은 SNR과 허용 오경보율에 따라 달라지며, 또한 표적의 속도와 반사 크기 정도에 따른 요동 모델에 따라서 SNR의 변화가 많음을 알 수 있다.

64개 펄스 누적의 경우는 그림 7.19에서 살펴본다. 이 경우 주어진 지속 시간 동안의 누적 펄스 수가 많아져서 SNR이 높아지므로 Meyer & Mayer 도표의 전체적인 중심이 왼쪽으로 많이 이동한 것을 볼 수 있다. 따라서 단일 펄스 기준으로 낮은 SNR을 갖는 표적 신호라 하더라도 비교적 높은 탐지 확률을 얻을 수 있다는 것을 알 수 있다. 펄스 누적을 많이 하는 경우는 주로 중간 펄스 반복 주파수 (Medium PRF)나 높은 펄스 반복 주파수 (High PRF) 파형을 사용하는 탐색 레이다에 해당한다. 여기에서는 탐색 시간을 몇 개의 작은 지속 시간으로 나누어서 1차적으로 'M out of N' 탐지기 원리를 적용하여 중간 탐지 과정을 거친 뒤에 최종 탐지 여부를 결정한다. 이 과정에서 거리와 도플러의 모호성을 분해하여 처리한다.

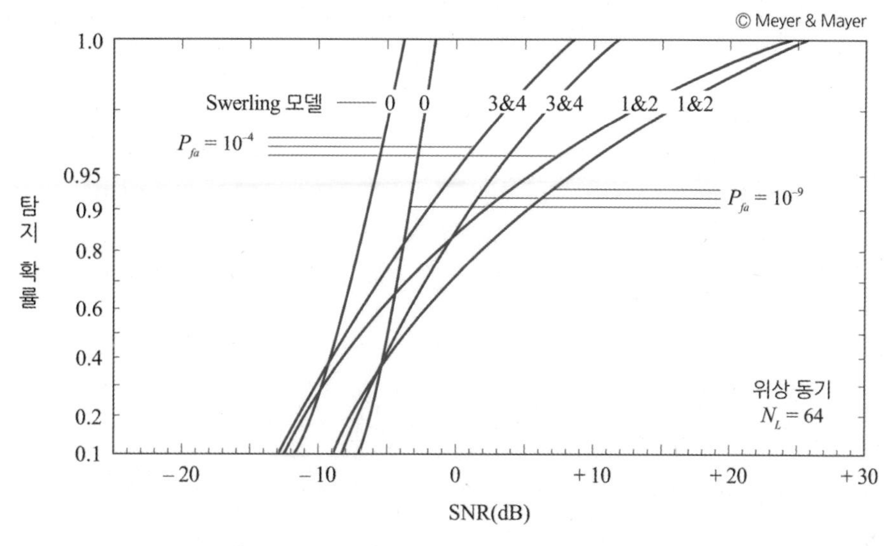

그림 7.19 64 펄스 위상 동기 누적의 탐지 확률

7.4.2 Swerling 요동 모델 탐지 확률

표적의 움직임으로 인하여 진폭과 위상이 매번 펄스를 보내고 받을 때마다 변동하는 경우에는 SNR이 변동하게 되므로 표적 탐지 확률이 낮아질 수 있다. 이제까지 설명한 표적 탐지 확률은 고정된 표적에 대하여 단일 펄스를 보내는 경우나 다수의 펄스를 누적하는 경우에 대한 비교적 단순한 표적 탐지 확률을 고려하였다. 그러나 실제로 표적은 매 샘플 시간 단위로 느리고 빠르게 변동하고 있으며 이동 표적의 반사 단면적과 레이다가 이루는 각도가 매번 변동하므로 진폭의 크기도 변동한다. 이와 같이 요동 표적에 대한 탐지 확률을 정의하기 위해서 그림 7.20과 같이 표적의 Swerling 모델에 대한 확률밀도 함수를 이용하여 표적의 탐지 확률을 먼저 구하고, 표적의 요동 속도에 따라 누적 방법을 구분한다. 즉, 스캔 단위로 변하는 느린 표적 (Swerling 1 & 3)은 N개의 펄스를 먼저 누적한 후에 평균하며, 펄스 단위로 변하는 빠른 표적 (Swerling 2 & 4)은 먼저 요동 신호를 평균한 후에 N개의 펄스를 누적해야 한다. 요동 표적에 대한 탐지 확률과 오경보 확률은 문턱값을 기준으로 적분 구간을 선택하여 요구되는 SNR에 따라 계산할 수 있다.

요동 표적에 대한 모델은 일반적인 카이 제곱 확률밀도 함수가 적합한 것으로 알려져 있다. Swerling Case 1과 2에서는 카이 제곱의 Degree 2 모델로서 식 (7.30)과 같이 표현된다.

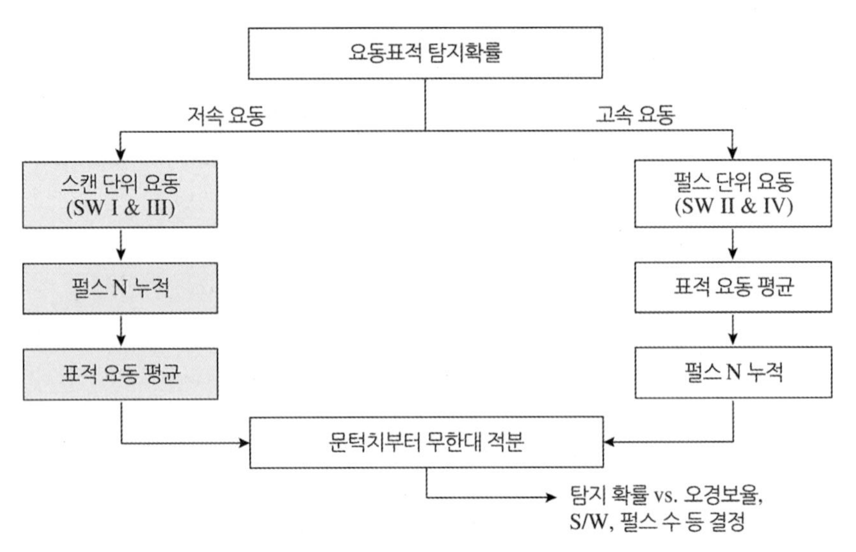

그림 7.20 요동표적 탐지 확률 계산 절차

$$f(A) = \frac{1}{A_{avg}} \exp\left(-\frac{A}{A_{avg}}\right) \quad \sigma \geq 0 \tag{7.30}$$

여기서 A_{avg}는 평균 표준편차이다. Swerling Case 1 & 2 모델의 크기는 작고 독립적인 산란체들로 구성되어 있다고 가정하며, Swerling Case 1에서는 느린 표적, Case 2에서는 좀 더 빠른 표적에 대한 모델이다. Swerling Case 3 & 4는 카이 제곱의 Degree 4 모델로서 식 (7.31)과 같이 표현된다.

$$f(A) = \frac{4A}{A_{avg}^2} \exp\left(-\frac{2A}{A_{avg}}\right) \quad \sigma \geq 0 \tag{7.31}$$

Swerling Case 3 & 4는 큰 산란체를 중심으로 작은 군소 산란체들의 집합으로 구성되어 있다고 가정하며, 표적 요동 속도는 Swerling Case 3은 Case 1과 유사하며, Case 2는 Case 4와 유사하게 표현된다.

위에서 설명한 요동 표적 모델을 이용하여 표적 탐지 확률을 구하기 위해서 조건부 확률밀도 함수 $f(r/A)$는 식 (7.32)와 같이 정의한다.

$$f(z/A) = \left(\frac{2z}{n_p A^2/\Psi^2}\right)^{(n_p-1)/2} \exp\left(-z - \frac{1}{2} n_p \frac{A^2}{\Psi^2}\right) I_{n_p-1}\left(\sqrt{2n_p z \frac{A^2}{\Psi^2}}\right) \tag{7.32}$$

요동 표적 모델에 따라 주어진 식 (7.30)과 (7.31)의 $f(A)$를 이용하여 적분 구간을 문턱값에서 무한대까지 계산하면 원하는 표적에 대한 탐지 확률을 식 (7.33)과 같이 구할 수 있다.

$$f(z) = \int_{V_T}^{\infty} f(z/A) f(A) dA \tag{7.33}$$

식 (7.32)의 적분 결과 식은 Incomplete Gamma 함수로 주어진다. 여기서 탐지 확률에 필요한 적분 구간의 문턱값은 주어진 오경보 확률의 함수로서 식 (7.34)와 같이 주어진다.

$$P_{fa} = 1 - \Gamma_I\left(\frac{V_T}{\sqrt{n_p}},\ n_p - 1\right) \tag{7.34}$$

여기서 일반적인 Incomplete Gamma 함수는 식 (7.35)와 같이 주어진다.

$$\Gamma_I(x,\ N) = \int_0^x \frac{e^{-v} v^{N-1}}{(N-1)!} dv \tag{7.35}$$

식 (7.35)로부터 문턱값은 반복적인 수치 해석 방법을 이용하여 근사적으로 구할 수 있으며, 그 초기값은 다음 식 (7.36)과 같이 주어진다.

$$V_{T,0} = n_p - \sqrt{n_p} + 2.3\sqrt{-\log P_{fa}}\left(-\sqrt{P_{fa}} + \sqrt{n_p} - 1\right) \tag{7.36}$$

결론적으로 고정 표적 및 4가지 요동 표적 모델에 따른 탐지 확률 계산은 수식적으로 각각 표현할 수 있지만, 계산이 복잡하므로 자세한 설명은 생략한다. 다만, 표적의 Swerling 모델에 따라 요동 손실이 발생하는데 단일 펄스와 다중 펄스 누적을 비교하면 그림 7.21과 같다.

7.4.3 Meyer & Mayer에 의한 탐지 확률

다양한 요동 표적 모델에 대하여 400개 이상의 Meyer & Mayer 도표를 이용하면 근사적인 탐지 확률을 구할 수 있다. Meyer & Mayer 도표는 위상 동기 및 위상 비동기 누적 방식을 구분하여 5가지 Swerling 표적 모델과 다양한 오경보확률 값에 따라 SNR 크기의 함수로 다양한 그래프를 제공한다. 사용자는 먼저 펄스 누적 방식을 선정하고 원하는 표적 모델과 오경보율에 맞는 탐지 확률 그래프를 선정한다. 그리고 누적 펄스의

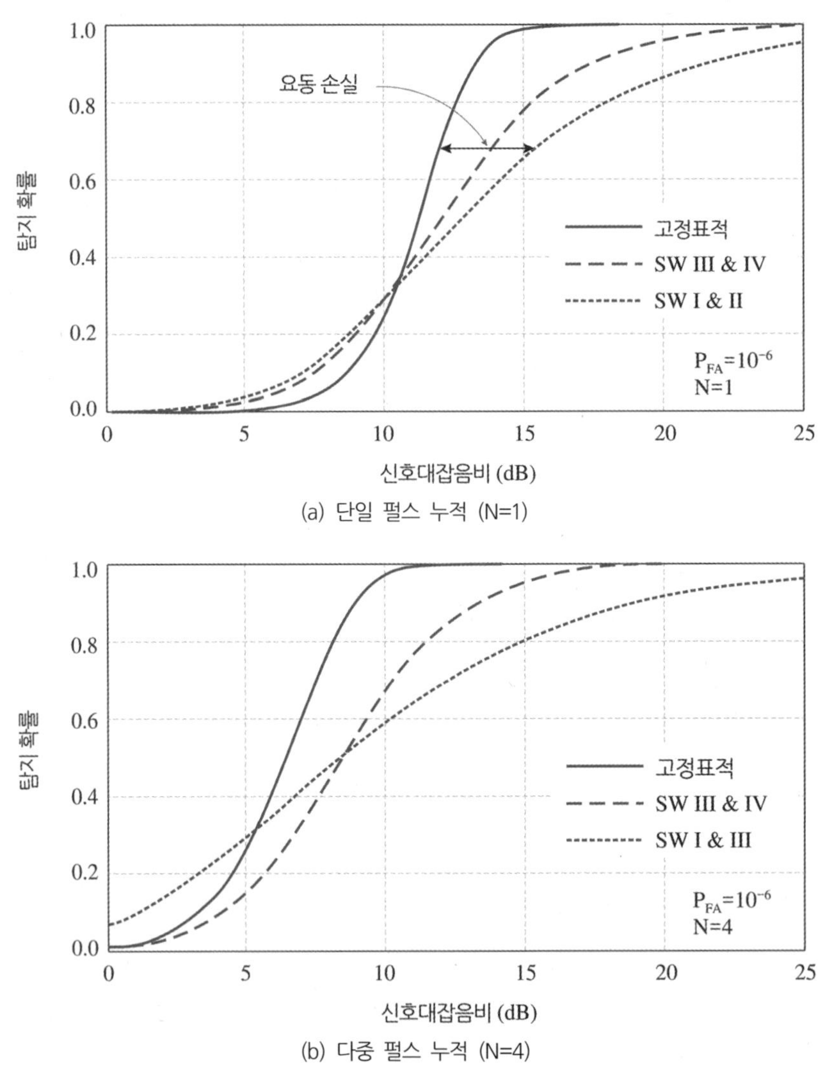

그림 7.21 펄스 누적에 따른 요동표적의 탐지 확률 비교

SNR 값에 해당하는 확률 그래프와 만나는 점의 탐지 확률값을 찾음으로써 원하는 표적 확률을 근사적으로 구할 수 있다.

(1) 위상 동기 탐지 확률

먼저 위상 동기 누적 방식으로 계산된 SNR에 대하여 요동 표적의 탐지 확률을 Meyer & Mayer 도표로 구하는 방법을 살펴본다. 요구되는 SNR은 주로 표적의 크기와 요동의 함수로 주어지며, 느리거나 빠른 표적의 누적 개수에 따라 달라진다. 표적의

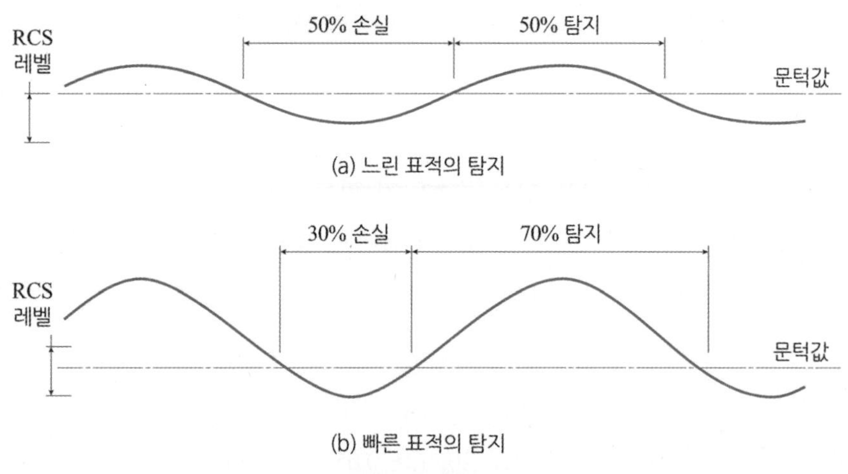

그림 7.22 표적의 요동에 따른 탐지 비교

RCS는 평균적인 요동을 고려하여 정해지며, 레이다 방정식을 이용하여 단일 펄스의 SNR을 구할 수 있다. 그러나 표적의 종류에 따라 정확한 확률밀도 함수를 모델링하기는 어려우므로 대표적인 표적의 요동 성향과 크기 성향을 기준으로 근사적으로 판단하여 사용한다. 앞 절에 있는 그림 7.18과 그림 7.19에 8 펄스와 64 펄스에 대한 위상 동기 누적의 탐지 확률을 도표로 소개하였다.

펄스 신호 누적 방식은 합산 과정에서 여러 펄스 수신값의 중간값을 사용하는 것이 아니라 각 펄스의 개별 평균값을 이용한다. 빠른 요동 표적은 지속 시간 동안에 RCS의 크기 변화가 많지만 지속적으로 누적하면 유효 RCS의 크기는 증가하여 탐지 확률에 기여하게 된다. 그러나 느린 요동 표적은 빠른 표적보다는 탐지하기가 비교적 어렵다. 예를 들어서 그림 7.22에서 보이는 바와 같이 느린 표적은 탐지율이 50%인 데 반하여 빠른 표적은 70% 이상 탐지할 수 있다. 따라서 요동의 진폭 크기는 요동의 속도에 대한 변화보다 표적 탐지에 영향을 더 미치게 된다. 반면에 빠른 요동 표적의 경우에는 신호를 누적할 때 도플러 스펙트럼이 넓게 분산되므로 표적의 도플러 셀에 원하는 표적 신호 성분이 줄어드는 현상이 생긴다. 그러나 이러한 문제는 표적의 진폭 크기에 대한 평균값과 중간값에 따른 영향보다는 덜 민감하다.

(2) 위상 비동기 탐지 확률

위상 비동기 누적의 탐지 확률 계산은 위상 동기 경우에 비하여 훨씬 복잡하고 어렵다. 위상 동기 누적과 마찬가지로 표적 탐지 확률에 영향을 주는 요인들은 주로 단일 펄스에 대한 SNR, 누적 개수, 오경보율, 요동 표적 모델 등이다. 오경보율은 10^{-1}에서 10^{-10} 범위로 주어진다. Meyer & Mayer 도표에서는 표적의 중간치 (Median) RCS에 대하여 계산한 단일 펄스의 SNR을 이용하여 탐지 확률을 구한다. 위상 동기 누적에서는 각 펄스의 평균치를 사용하지만 위상 비동기에서는 유효 SNR을 따로 구하지 않는다. 위상 동기 누적에서는 누적 손실이 펄스의 개수에 크게 영향을 미치지 않았지만, 위상 비동기 누적 손실은 펄스의 개수 N의 제곱근에 직접 비례적인 $\sqrt{N}$ 관계가 있다.

매우 빠른 표적의 경우에는 지속 시간 동안 평균 RCS는 중간치 RCS보다 상당히 클 수 있다. 예를 들어 RCS가 연속으로 20, 1.0, 0.05 m^2의 3개의 펄스 신호에 대한 중간치는 1.0 m^2가 되지만, 평균치는 10.5 m^2가 되므로 SNR이 평균치가 중간치보다 훨씬 크다는 것을 알 수 있다. 위상 비동기 누적의 탐지 확률을 계산하는 그림 7.23은 8개의 펄스를 누적하는 경우이며, 그림 7.24는 64개의 펄스를 누적하는 경우이다. 동일한 펄스 개수에 대하여 위상 동기 누적에 대한 그림 7.18과 그림 7.19를 위상 비동기 누적에 대한 결과와 비교하면 동일한 누적 SNR에 대하여 위상 비동기 누적의 탐지 확률이 현저히 낮아지는 것을 알 수 있다.

앞에서 살펴본 바와 같이 요동 표적 모델과 신호 누적 방식은 표적 탐지에 가장 큰 영향을 미친다. 그리고 단일 펄스의 탐지 확률을 구하는 경우에는 요동의 진폭 크기에 따라서 추가적인 SNR을 고려해주어야 표적 탐지율을 유지할 수 있다. 즉, Swerling 모델

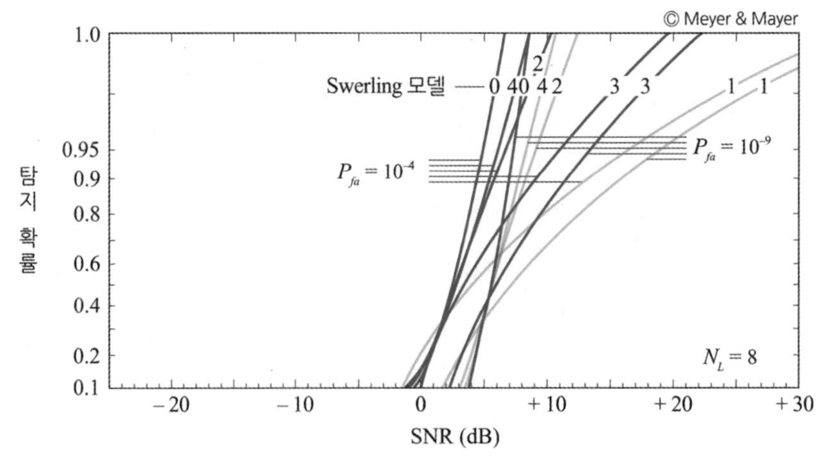

그림 7.23 8개 펄스 위상 비동기 누적의 탐지 확률

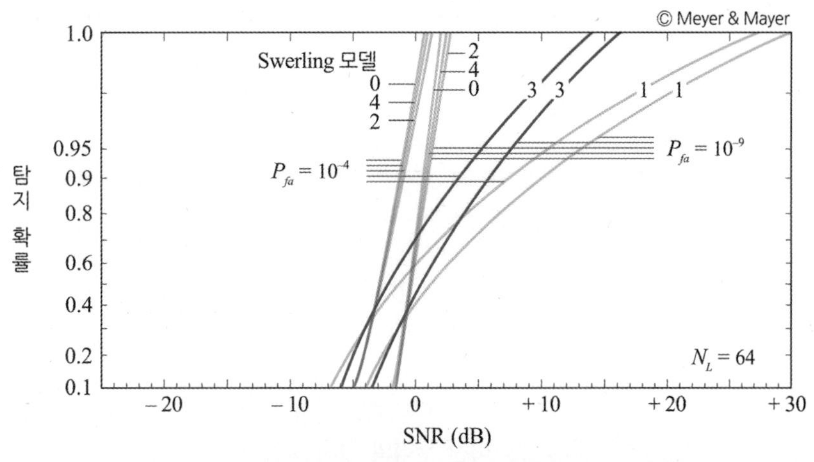

그림 7.24 64개 펄스 위상 비동기 누적의 탐지 확률

1, 2의 표적에서는 Swerling 모델 3, 4의 표적에서보다 더 큰 신호 크기가 요구된다. 누적 펄스의 탐지 확률을 구하는 경우에는 요동의 변화 속도가 훨씬 더 영향을 크게 미친다. 즉, 속도가 느린 Swerling 모델 1, 3이나 요동이 없는 경우에는 거의 비슷하지만, 요동이 빠른 Swerling 모델 2, 4 경우에는 누적 방식에 따라 차이가 크다. 중간치 RCS를 적용하는 경우와 평균치 RCS를 적용하는 유효 누적의 경우에 차이가 발생한다.

7.4.4 M of N 탐지 확률

레이다는 표적을 탐지할 때 동일한 공간의 표적을 PRF나 주파수를 변경하면서 여러 번 보게 된다. 항공기 탑재 레이다는 대상 표적이 빠르기 때문에 표적을 매우 자주 봐야 한다. 이런 레이다는 높은 PRF나 중간 PRF를 사용하므로 표적은 자주 볼 수 있는 반면에 거리나 도플러의 모호성이 많이 발생한다. 표적의 탐지율을 높이고 오경보를 낮추기 위해서는 제한된 지속 시간 동안에 표적을 여러 번 테스트하여 탐지 여부를 판단하는 것이 좋다. 한 번 보고 표적을 판단하는 것보다는 여러 번 탐지를 시도하면 탐지 확률을 높일 수 있다. 이와 같이 N번 탐지를 시도한 표적 중에서 M번 탐지가 되었다면 이를 'M of N 이진 누적 (Binary Integration)' 탐지라고 한다. 예를 들어서 표적을 8번 바라본 신호 중에서 3번의 표적이 문턱값을 넘었다면 '3 of 8 탐지'라고 한다. 이러한 탐지 방식에서 탐지 확률을 통계적으로 표현하면 Binomial 이론을 이용하여 다음 식 (7.37)과 같이 표현할 수 있다.

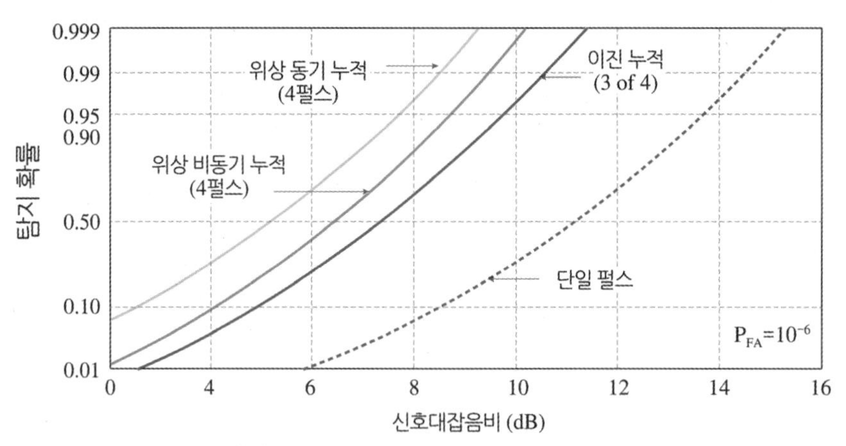

그림 7.25 이진 누적의 탐지 확률 비교

$$P_D = \sum_{J=M}^{N} \frac{N!}{J!(N-J)!} P_S^J (1-P_S)^{N-J} \tag{7.37}$$

여기서 P_D는 탐지 확률 (M of N), M은 성공한 탐지 횟수, N은 탐지를 시도한 횟수, P_S는 한 번 시도할 때마다 표적 탐지를 성공할 확률이다. 또한 오경보 확률은 다음 식 (7.38)과 같이 주어진다.

$$P_{FA} = \sum_{J=M}^{N} \frac{N!}{J!(N-J)!} P_n^J (1-P_n)^{N-J} \tag{7.38}$$

여기서 P_{FA}는 오경보 확률 (M of N), P_n은 한 번 시도할 때마다 잡음을 탐지할 확률, M과 N은 위와 같이 성공 탐지 횟수와 시도 횟수이다. M of N 탐지 방식에 오경보 확률은 잡음의 확률보다는 거의 작게 나타난다. 또한 신호 확률과 탐지 확률 관계를 살펴보면 신호 확률이 적절한 경우에는 탐지 확률이 향상되는 것으로 나타난다. 이와 같은 M of N 탐지 방식은 주로 모호성이 있는 신호를 여러 번 판단하여 탐지 성공률을 높이는 데 효과적이다. 그림 7.25에 이진 누적의 탐지 확률을 비교하였다.

7.4.5 누적 탐지 확률

표적의 탐지 확률은 특정 거리에서 주어지는 SNR에 의해 결정되는 순시 탐지 확률과 일정 스캔시간 동안 순시 탐지 확률을 모아서 계산하는 누적 탐지 확률 (Cumulative Detection Probability)로 구분한다. 만약 레이다가 일정한 주기로 회전하면서 레이다를 향하여 일정한 속도로 접근하는 이동 표적을 탐지한다고 생각해보자. 이 경우에는 레이다가 회전할 때마다 한 번씩만 표적을 바라보게 되므로 먼 거리에서 표적을 바라 볼 때는 SNR이 작아서 표적 탐지 확률이 작거나 신호가 미약하여 탐지되지 않을 수도 있을 것이다. 그러나 시간이 지남에 따라 항공기 표적이 레이다에 가까워져 SNR이 증가하게 되므로 표적 탐지 가능성은 스캔 횟수에 따라 점진적으로 증가하게 된다. 이와 같이 먼 거리에서부터 가까운 거리까지 스캔 횟수에 따라 각각의 탐지 확률을 누적하여 표적의 최종 탐지 확률을 계산할 수 있다. 특정 거리에서의 n^{th} 스캔의 탐지 확률을 P_{D_n}이라고 하면 전체 n 스캔 시간 동안 누적된 탐지 확률은 다음 식 (7.39)와 같이 주어진다.

$$P_{C_n} = 1 - \prod_{i=1}^{n}(1 - P_{D_i}) \tag{7.39}$$

여기서 P_{D_1}은 시작점의 탐지 확률이므로 거리가 멀다고 보면 매우 작은 값이 될 것이다. 또한 n 스캔 시간 동안 표적을 탐지하지 못할 확률은 $1 - P_{C_n}$이 된다.

다음에는 레이다 방정식의 탐지 거리와 SNR의 관계를 이용하여 거리 R_0에서 단일 펄스에 의한 SNR을 0 dB이라고 할 때 식 (7.40)으로 표현할 수 있다.

$$(SNR)_{R_0} = \frac{P_t G^2 \lambda^2 \sigma}{(4\pi)^3 R_0^4 k T_0 BFL} = 1 \tag{7.40}$$

임의의 거리에서 단일 펄스에 의한 SNR은 식 (7.41)과 같이 주어진다.

$$SNR = \frac{P_t G^2 \lambda^2 \sigma}{(4\pi)^3 R^4 k T_0 BFL} \tag{7.41}$$

위의 식 (7.41)을 (7.40)으로 나누면 기준 거리에서 SNR의 비를 식 (7.42)와 같이 구할 수 있다.

$$\frac{SNR}{(SNR)_{R_0}} = \left(\frac{R_0}{R}\right)^4 \tag{7.42}$$

특정 거리 R_0를 알 경우 임의의 거리에서 SNR을 dB로 표현하면 식 (7.43)과 같이 주어진다.

$$(SNR)_{dB} = 40\log\left(\frac{R_0}{R}\right) \tag{7.43}$$

예를 들어 거리 10 km에서 기준 SNR이 주어져 있으므로 임의의 거리 R에서 SNR은 식 (7.44)와 같이 구할 수 있다.

$$(SNR)_R = (SNR)_{10} + 40\log\left(\frac{10}{R}\right) = 52 - 40\log R \tag{7.44}$$

설계 예제

레이다가 10 km의 거리에서 접근하는 비행체를 탐지한다고 할 때 10 km에서 주어진 탐지 확률은 50%이고 오경보율은 10^{-7}이라고 가정한다. 비행체가 20 km 거리에서 1 km 간격으로 접근하여 최종 2 km 거리까지 올 때까지 탐지 확률의 변화를 계산해보자.

(1) 비행체가 레이다로부터 10 km 위치에서 주어진 50% 탐지 확률과 10^{-7} 오경보율을 이용하여 SNR을 표 7.2를 이용하여 구하면 약 12 dB가 된다.

(2) 임의의 거리에서 SNR은 식 (7.43)을 이용하면 다음과 같다.

$$(SNR)_R = (SNR)_{10} + 40\log(10/R) = 52 - 40\log R$$

따라서 거리가 16 Km에서 2 Km까지 SNR의 변화에 따른 탐지 확률은 다음과 같이 구할 수 있다.

거리 (km)	SNR (dB)	탐지 확률 (P_d)
16	3.8	0.001
14	6.1	0.01
12	8.8	0.07
11	10.3	0.25
10	12	0.5
9	13.8	0.9
8	15.9	0.999

(3) 따라서 8 Km에서 누적 탐지 확률은 각 프레임의 오경보율을 누적하여 구한다.

$$\begin{aligned} P_c &= 1-(1-0.999)(1-0.9)(1-0.5)(1-0.25) \\ &\quad (1-0.07)(1-0.01)(1-0.001) \\ &\approx 0.9998 \end{aligned}$$

7.5 일정한 오경보의 CFAR 탐지

7.5.1 일정한 오경보율의 개념

표적 탐지는 수신 신호의 문턱값을 어떻게 설정하는가에 달려 있다. 고정된 문턱값을 그림 7.26과 같이 설정하고 수신 신호의 레벨이 문턱값을 넘어서면 탐지가 되고 표적 신호라도 문턱값을 넘지 못하면 탐지가 안 되는 간단한 판단 방식이다. 탐지 문턱값은 이론적으로 미리 설정한 일정한 오경보율을 유지하도록 정할 수 있다. 앞 절에서 언급한 바와 같이 문턱값 V_T와 오경보율 P_{fa}와의 관계식을 이용하면 식 (7.45)와 같이 주어진다.

$$V_T = \sqrt{2\psi^2 \ln\left(\frac{1}{P_{fa}}\right)} \tag{7.45}$$

여기서 잡음 전력 ψ^2가 일정하다고 가정하면 고정된 문턱값이 구해진다. 그러나 외부 잡음 환경에 따라 간섭 잡음의 변화가 많을 때는 효과적이지 못하다. 따라서 일정한 오경보율을 얻기 위해서는 그림 7.27과 같이 주변 잡음의 변화에 따라 문턱값을 가변적으로 갱신할 수 있어야 한다. 일반적으로 문턱값 설정 방식은 평균적인 외부 간섭 잡음의 레벨에 따라 문턱값을 자동으로 가변할 수 있고, 오경보의 발생 빈도를 일정하게 유지할 수 있는 'CFAR (*Constant False Alarm Rate*)' 탐지 방법을 많이 사용한다.

CFAR 탐지 방식의 종류에는 적응 (Adaptive) CFAR 방식과 미지 인자 추정 (Non-parametric CFAR) 방식, 그리고 비선형 (Nonlinear CFAR) 방식들이 있다. 적응 CFAR 방식에서는 레이다 주변 환경의 간섭 잡음의 변화 분포를 통계적으로 안다고 가정하고

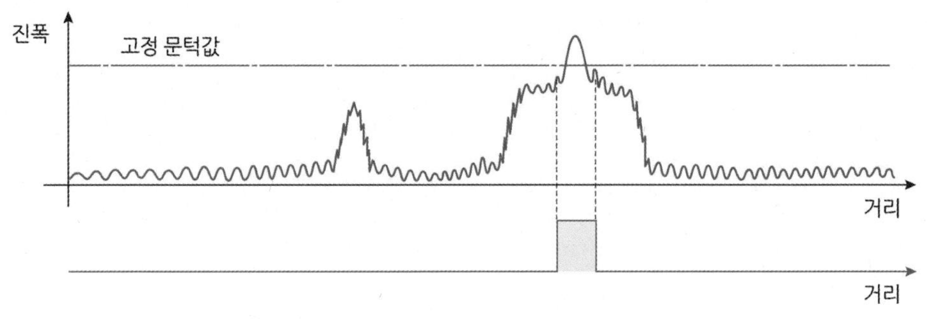

그림 7.26 고정 문턱값 탐지

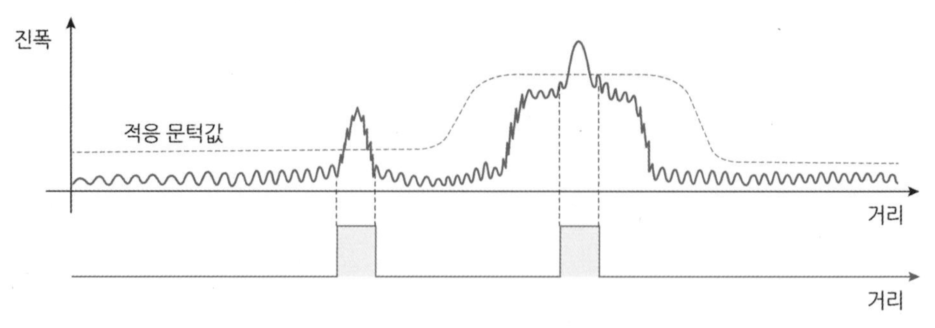

그림 7.27 적응 문턱값 탐지

이들 분포로부터 미지의 파라미터들을 추정한다. 미지 인자 추정 방식은 모르는 간섭 잡음의 분포에 부합되도록 프로세서를 작동시키며, 비선형 방식은 간섭 잡음의 RMS 진폭의 크기를 정규화한다. 여기서는 가장 많이 사용하는 셀 평균 적응 방식의 CA-CFAR (*Cell Averaging CFAR*) 기법을 중심으로 소개한다.

7.5.2 CA-CFAR 탐지

CA-CFAR은 특정 표적 셀을 중심으로 주변의 거리 셀의 평균적인 분포를 이용하여 문턱값 레벨을 설정하는 방식이다. 디지털 탐지 프로세서를 통하여 연속으로 들어오는 거리 셀별로 샘플된 진폭값이 시간 지연에 따라 분포되어 있다. 이러한 지연 셀은 지연소자 (Tapped Delay Line)를 이용하면 쉽게 구현할 수 있다. 그림 7.28에 보이는 바와 같이 한가운데 있는 셀은 탐지 문턱값과 비교할 테스트 셀 (CUT: *Cell Under Test*)이다. 탐지 기준이 되는 문턱값 V_T는 전체 거리 또는 도플러 셀의 길이가 N이라고 할 때 $N/2$의 중심 셀의 앞과 뒤에 있는 $N/2$ 길이의 주변 셀들의 평균 크기를 계산한 후에 일정한 오경보율에 필요한 이론적인 문턱값을 스케일값으로 곱하여 식 (7.46)과 같이 구하게 된다.

$$V_T = K_0\left[\frac{1}{N-1}\right]\left[\sum_{n=-N/2+1}^{N/2-1} v(n)\right] \tag{7.46}$$

이때 중심에 있는 테스트 셀에 바로 인접한 셀은 주변 셀의 평균을 계산할 때 포함시키지 않는다. 왜냐하면 바로 인접한 셀은 테스트 셀의 부엽 크기가 넘어가서 영향을 미칠 수 있기 때문에 제거한다. 셀 평균 CFAR 방식은 간섭의 확률 분포를 안다고 가정

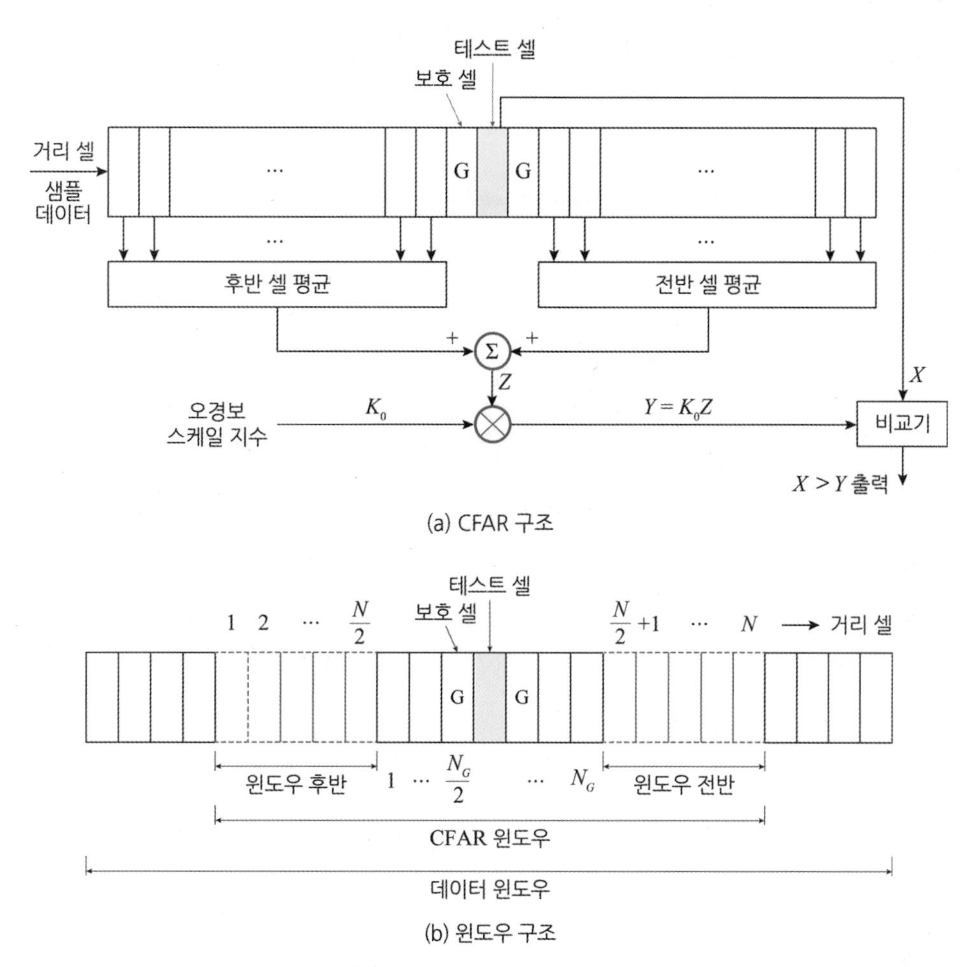

그림 7.28 거리 셀 CA-CFAR

하였다. 기준 셀의 탐지 출력 Y_1은 모든 테스트 셀들이 해당 테스트 셀의 평균치 Z와 스케일값 K_0의 곱으로 주어지는 최종 문턱값과 비교하여 식 (7.47)과 같이 그 값이 크면 탐지된 것으로 1로 출력하고 작으면 탐지되지 않으므로 0이 된다.

$$Y_1 > K_0 Z \tag{7.47}$$

셀 평균 CFAR 방식에서 모든 기준 셀의 잡음 분포는 평균이 제로이고 셀 간에는 서로 독립적인 가우시안 분포를 가진다고 가정한 것이다. 이론적으로 기준 셀의 출력은 불규칙 변수이고 감마 밀도 함수를 갖는다고 보며, 오경보 확률은 고정 문턱값을 기준으로 계산된 것이다. 실제 CA-CFAR를 구현하게 되면 '무조건적인' 오경보 확률 (Unconditional Probability)을 유지하기 위하여 가능한 셀별 문턱값을 모두 평균하여 얻어진 '조건적인'

오경보 확률 (Conditional Probability)을 적용해서 구하게 된다. 신호 레벨이 문턱값과 같을 때, 즉 $y=V_T$일 때의 조건적 오경보 확률은 식 (7.48)과 같이 주어진다.

$$P_{fa}(V_T=y)=e^{-y/2\psi^2} \tag{7.48}$$

또한 무조건적 오경보 확률은 식 (7.49)와 같이 주어진다.

$$P_{fa}=\int_0^{\infty} P_{fa}(V_T=y)f(y)dy \tag{7.49}$$

여기서 문턱값의 확률 밀도함수는 감마 함수로서 식 (7.50)과 같이 주어진다.

$$f(y)=\frac{y^{N-1}e^{(-y/2K_0\psi^2)}}{(2K_0\psi^2)^N\Gamma(N)}, \quad y\geq 0 \tag{7.50}$$

따라서 식 (7.48)과 (7.50)을 (7.49)에 대입하여 정리하면 무조건적인 오경보 탐지 확률은 다음 식 (7.51)과 같이 주어진다.

$$P_{fa}=\frac{1}{(1+K_0)^N} \tag{7.51}$$

식 (7.51)에서 보이는 바와 같이, 오경보 확률은 주변의 간섭 잡음 크기 변동에 관계없이 일정하게 주어진다는 것을 확인할 수 있으며, 오경보에 영향을 주는 요소는 이론적인 오경보 확률에 의하여 주어지는 기준 문턱값의 크기와 테스트 셀을 중심으로 전후 윈도우 셀의 길이에 영향받음을 알 수 있다. 적응 CFAR의 장점은 레이다 주변의 잡음 분포와 무관하게 오경보의 빈도를 일정하게 유지할 수 있다는 것이다. 그러나 주변 클러터나 간섭의 변화가 심할 경우에는 전후 셀의 윈도우에 의하여 주어지는 평균 문턱값이 실제 변화를 따라가지 못할 수 있다. 특히 실제 클러터나 ECM 같은 경우는 주변의 확률 분포를 미리 알 수 없고 이론적인 가우시안이나 Rayleigh 분포가 아니므로 일정한 오경보 빈도를 유지하기 어렵다.

CA-CFAR는 거리 CA-CFAR로써 시간 영역에서 주어진 PRI 시간 동안 반복해서 단위 펄스의 거리 해상도 셀 단위로 샘플링된 전체 거리 셀에 대하여 테스트 셀과 주변 평균치와 비교하여 탐지 문턱값을 결정한다. 마찬가지로 주파수 영역에서도 도플러 필터 뱅크를 통하여 들어오는 신호를 거리 셀에서와 동일한 방법으로 주변 필터 대역의

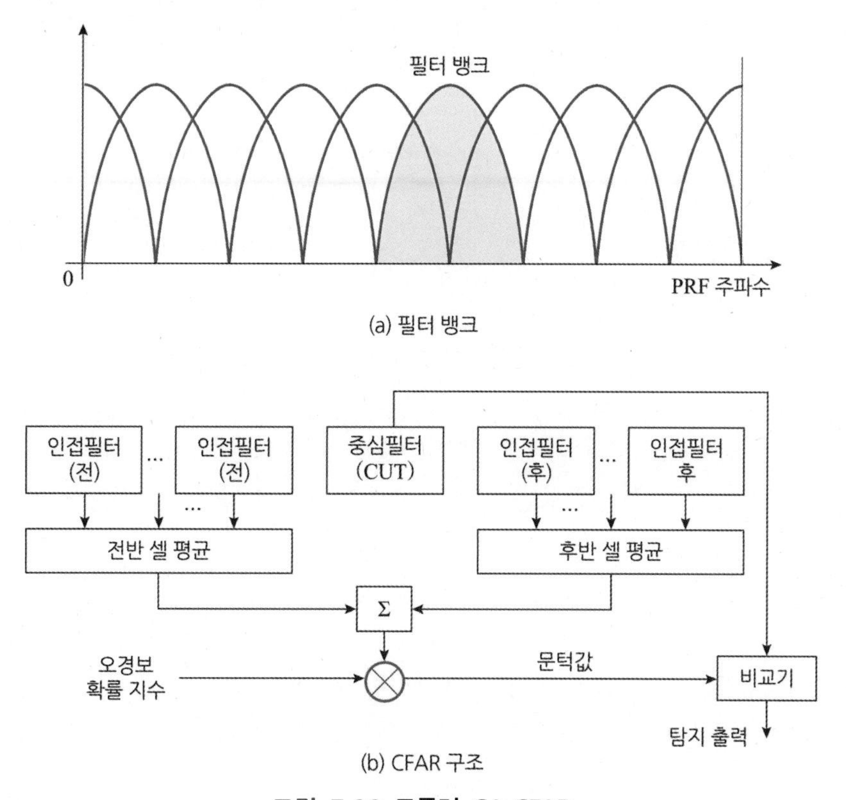

그림 7.29 도플러 CA-CFAR

잡음 레벨과 비교하여 문턱값을 결정하여 순차적으로 표적의 유무를 판단할 수 있다. 주파수 대역에서 도플러 CA-CFAR는 그림 7.29와 같다. 이 경우는 신호가 포함된 대역 주변에 광대역으로 분포하는 광대역 재밍과 같은 간섭 잡음에 효과적이지만 클러터나 특정 대역의 스폿 재밍에는 효과적이지 못하다.

7.5.3 클러터 맵 CFAR

항공기 탐지 레이다는 클러터 환경 속에서 방위 방향으로 회전하면서 거리와 도플러를 측정할 뿐만 아니라 레이다로부터 직각 방향으로 선회 비행하는 표적들도 탐지할 수 있어야 한다. 그러나 일반적인 MTI 레이다에서는 직각 방향으로 선회 비행하는 물체의 도플러 성분은 거의 제로이므로 MTI (*Moving Target Indicator*) 필터를 통과시키게 되면 표적도 클러터와 함께 제거되는 문제가 발생한다. MTI 필터의 문제점을 개선하여 클러터 속에서도 제로 도플러 표적을 탐지할 수 있는 클러터 맵 (Clutter Map) 기능을

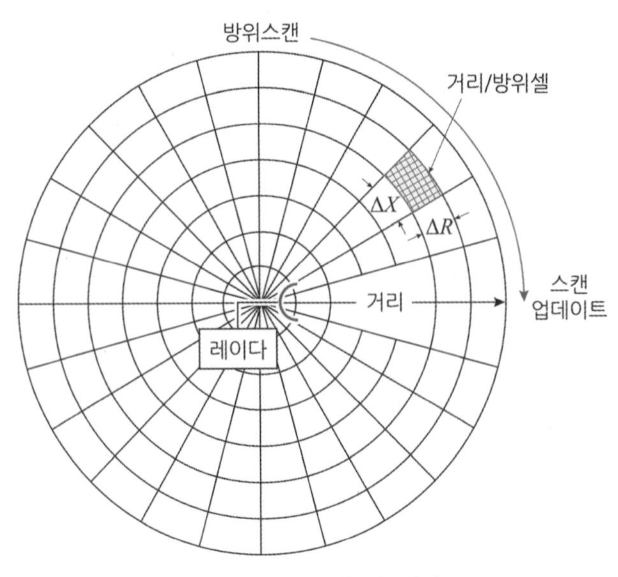

그림 7.30 클러터 맵 개념도

가진 탐지기를 '이동 표적 탐지기' MTD (*Moving Target Detector*)라고 한다. 클러터 맵은 2차원의 거리와 방위각으로 나누어진 구간 셀을 기본적인 단위로 하며 개념도는 그림 7.30과 같다.

CA-CFAR에서는 비교적 정적인 클러터 환경에서 PRI 축의 거리 셀 단위로 문턱값을 설정하지만, 클러터 맵 CFAR에서는 정적이지 않은 주변 클러터 환경에서 2차원의 거리/방위 셀 단위 공간에 분포하는 클러터의 이동 평균 (Moving Average) 전력을 구하여 문턱값을 설정한다. 2차원 공간 셀에 표적의 존재 여부는 현재 스캔 단위로 들어오는 거리/방위 셀의 입력 전력을 전 스캔에서 구한 누적 평균 전력을 기준 문턱값으로 비교하여 표적 셀의 변화를 탐지한다. 연속적인 스캔 도중에 특정 거리 및 방위 셀에 갑작스러운 신호 변화가 나타나면 이동 표적으로 판단한다. 이 경우에 평균을 구하는 시정수가 스캔 시간에 따라 길어지고 이동 표적이 발생한 셀에서는 이전 스캔에서 구한 문턱값과 현재 스캔에서 구한 신호 크기가 달라지므로 변화된 탐지 결과를 얻을 수 있다. 따라서 클러터 맵을 일명 '변화 탐지기 (Change Detector)'라고도 한다. CA-CFAR은 단일 스캔 동안에 거리 셀 단위로 테스트 셀을 중심으로 인접 셀은 제외하고 주변 셀들을 평균한 문턱값과 비교하는 반면, 클러터 맵 (C-Map) CFAR은 스캔 단위로 거리와 방위 해상도에 해당하는 2차원 공간 셀의 이동 평균을 구하여 전 스캔의 누적 평균 전력과 현재 스캔의 전력을 비교하는 방식이 다르다. 따라서 클러터 맵을 일명 'Scan-to-Scan CFAR'이

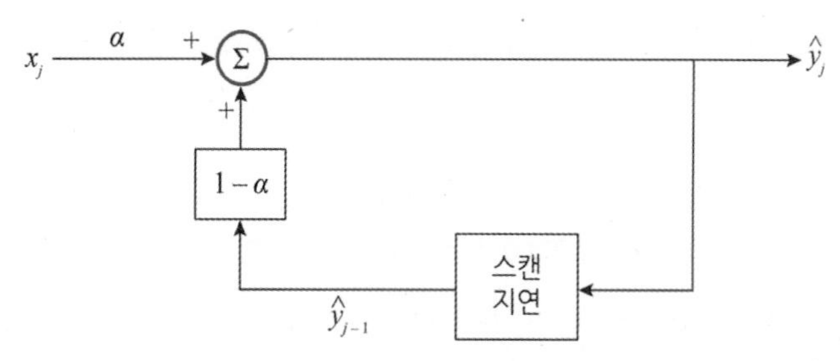

그림 7.31 클러터 맵 순환필터 구조

라고도 한다.

클러터 맵 CFAR는 1차원 순환 필터 (Recursive Filter)로서 그림 7.31과 같이 평균 클러터 맵을 추정하는 구조로 되어 있다. 클러터 맵의 모델은 1차 순환 필터의 상태 방정식으로 식 (7.52)와 같이 주어진다.

$$\hat{y_j} = (1-\alpha)\hat{y}_{j-1} + \alpha x_j \tag{7.52}$$

여기서 필터의 계수 α는 필터의 이득 계수로서 현재 샘플의 가중치를 나타내고, $1-\alpha$는 새로운 샘플에 대한 이전 추정치를 위한 가중치이다. $\hat{y_j}$는 j번째 스캔의 출력 전력 추정치이고 $\hat{x_j}$는 클러터 간섭 전력의 추정치이다. 전력 추정치의 기대치는 식 (7.53)과 같이 주어진다.

$$E(\hat{y_j}) = P_c[1-(1-\alpha)^j] \tag{7.53}$$

여기서 j가 커지면 기대치는 곧 전력의 크기가 된다. 따라서 각 셀의 클러터 전력은 공간적으로 정적이지 않은 클러터의 후방 산란 계수에 비례한다. 즉 클러터 맵 CFAR은 스캔 단위의 공간 셀의 후방 산란 계수를 추정함으로써 공간적으로 균질한 클러터나 균질하지 않은 클러터 분포에 대해서도 모두 잘 적용하게 된다.

클러터 맵 CFAR 손실은 주로 순환필터 계수 α 값에 따라 발생한다. α가 커지면 클러터 전력을 추정하는 데 시간이 많이 걸리는 반면에 맵 안정도 시간은 줄어든다. 따라서 CFAR 손실을 낮게 하는 것과 맵 안정도 시간 간의 절충을 통하여 정할 수 있다. 보통 $\alpha = 0.125$를 사용한다. 이러한 1차 순환 필터 구조의 클러터 맵 해상도 셀에 대하여 각각 하나의 메모리 저장기가 필요하다.

클러터가 존재하더라도 표적이 클러터에 포함되어 제거되지 않고 탐지되는 기능을 내부 클러터 시정도 ICV (*Inter Clutter Visibility*)라고 한다. SCV (*Sub-Clutter Visibility*)는 클러터 신호 성분 위에 중첩된 큰 이동 표적을 탐지하는 기능을 말한다. 클러터 맵 필터는 정적이거나 비정적인 클러터 셀 분포 중에 존재하는 매우 큰 표적을 찾을 수 있는 SCV (*Super Clutter Visibility*) 기능도 제공한다. 예를 들어 항공기가 선회 비행을 하는 경우에 약한 지상 클러터 위에 직각 방향으로 매우 큰 제로 도플러 성분의 표적이 클러터와 같이 나타나는 것을 탐지할 수 있다. MTD 처리기에서 클러터 맵 CFAR은 '제로 속도 탐지기 (Zero-Velocity Detector)'라고 한다. 클러터 맵 CFAR은 주변 클러터의 통계적 분포가 정적이라고 가정하므로 변화가 많은 비구름이나 다른 레이다의 펄스 잡음 등과 같이 클러터 환경의 변화가 많은 경우에는 오경보가 많이 발생할 수 있다. 반면에 클러터 맵은 강한 클러터 반향이 일어나는 공간을 알 수 있으므로 해당 공간만 도플러 필터로 강한 클러터를 제거할 수 있다.

7.5.4 강인한 CFAR 알고리즘

레이다의 탐지 성능은 탐지 확률을 높이고 가능한 오경보 확률을 낮추는 것이다. 앞에서 설명한 CA-CFAR은 1968년대에 소개된 기법으로 주변 간섭 잡음이 비교적 균질한 경우에 대한 간단한 탐지 방식이다. 그러나 레이다 주변의 간섭 잡음과 클러터의 특성이 일정하지 않고 클러터 경계 부분에서 급격하게 변하는 경우에는 CA-CAFR의 성능이 잘 동작하지 않는다. 따라서 비균질 클러터 및 간섭 잡음 환경에서도 오경보 빈도를 줄일 수 있는 강인한 CFAR 탐지 기술에 대한 연구가 많이 진행되어 왔다. 그러나 대부분의 강인한 CFAR 기술은 처리 손실을 증가시키거나 구조가 복잡하고 반복적인 계수 산정에 계산시간이 오래 걸리는 문제들이 있다. 또한 특정 알고리즘들은 표적과 클러터에 대한 사전 지식을 요구하기도 한다.

CA-CFAR의 구조가 유사하면서 특정 클러터 환경에 대하여 개선된 대표적인 CFAR 종류로는 GO-CFAR (Greast of CA-CFAR), SO-CFAR (Smallest of CA-CFAR) 등이 있다. 이들은 CA-CFAR 구조를 가지면서 급격한 클러터가 존재하는 경우 전방 셀의 구간과 후방 셀 구간의 평균 크기 중에서 평균 문턱값이 높은 것을 선택하거나 낮은 것을 선택할 수 있는 기능을 가지고 있다.

GO-CFAR은 클러터 경계에서 급격한 변화에 의한 오경보를 줄이는 데 효과적이다.

SO-CFAR, TM (Trimmed)-CFAR, CS (Censored)-CFAR, OS (Ordered Statistics)-CFAR 등은 상대적으로 약한 표적 신호가 제거되는 것을 방지하기 위하여 제안된 기법들이다. TM-CFAR은 문턱값을 계산할 때 기준 윈도우 내에서 샘플값을 정렬한 뒤에 가장 큰 샘플값을 먼저 제거하고 나서 나머지 셀들의 평균값을 구하여 최종 문턱값으로 사용하는 방법이다. 이렇게 함으로써 큰 간섭 잡음에 의하여 미세한 표적 신호가 제거되는 것을 방지한다.

OS-CFAR은 기준 구간에 있는 모든 샘플값을 크기 순서로 정렬하고 통계적인 분포 특성을 고려하여 특정한 k번째 샘플값을 문턱값으로 선정하는 방식이다. 이 경우에는 주변의 간섭이나 클러터의 통계적인 특성을 미리 안다고 가정하고 비교적 합리적으로 적절한 문턱값을 선택함으로써 클러터 경계에서 급격한 오경보 발생을 줄일 수 있고 미약한 표적 신호가 제거되는 현상을 방지할 수 있다는 장점이 있다. 또한 비슷한 구조의 TM-CFAR 또는 CS-CFAR을 결합하거나 GO-CFAR을 결합하여 더 효과적으로 비균질 클러터 환경에서 오경보를 줄이고 미약한 표적 신호를 탐지할 수 있다. SO/GO CFAR의 구조 및 더 강인한 TM-CFAR과 OS-CFAR 구조는 9장의 신호처리 알고리즘에서 좀 더 다루기로 한다.

CHAPTER

8 레이다 파형

8 레이다 파형

8.1 개요

레이다에서 사용하는 송신 파형은 레이다의 용도와 신호처리 방식에 따라 그림 8.1과 같이 연속파와 펄스파로 구분한다. CW 레이다는 무변조 방식과 주파수 변조 방식이 있는데 주로 FMCW (*Fequency Modulated CW*) 변조 파형을 많이 사용한다. 펄스 레이다는 주로 주파수 변조형 LFM (*Linera Frequency Modulation*) 파형과 위상 변조 파형을 사용한다. 펄스파는 평균 출력이 낮고 송수신 펄스 시간 차이로 인하여 신호 누설이 없고 거리나 도플러 모호성이 적다. 그러나 펄스폭에 의한 근거리 블라인드 구역이 발생하며 신호처리가 복잡하다. 연속파는 시스템의 구조가 간단하고 도플러 감지가 용이하며 신호처리가 간편하다. 반면에 연속파는 거리 및 속도의 모호성이 높아서 다중 표적 탐지에 제한적이며, 송수신 안테나를 따로 사용해야 하며 연속파를 사용하므로 소모 전력이

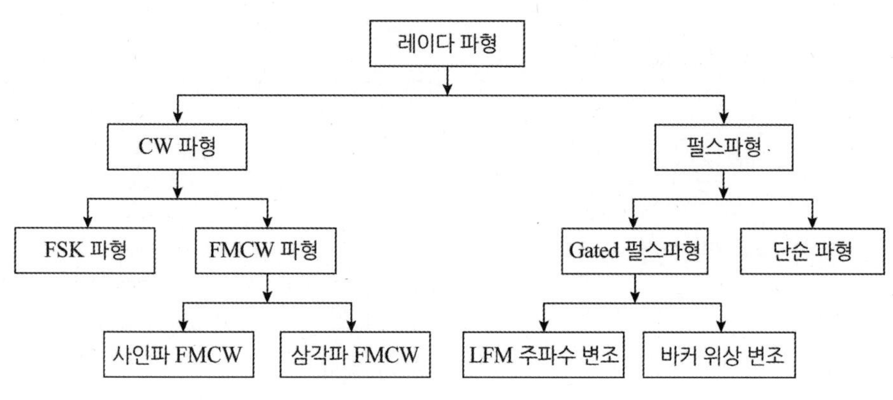

그림 8.1 레이다 파형 분류

표 8.1 펄스와 CW 파형의 비교

방식	장점	단점
Pulsed	• 높은 거리 해상도 (cm급) • 저전력 동작 • 높은 Tx / Rx 격리도 • Range / Velocity 분해능	• 복잡한 신호처리 • CW 대비 비싼 제조원가 • Blind zone 존재 • 시스템 구조 복잡
CW	• 간단한 시스템 구조 • 저가 구현 가능 • 움직이는 물체 감지 용이 • 신호처리 간편	• Tx / Rx 안테나 격리 문제 • 높은 전력 소모 • 거리/속도 Ambiguity • 다중 표적 구분 불가

많다. 파형에 따른 장단점은 표 8.1에 요약하였다.

반도체 송수신기를 사용하는 펄스 압축 레이다에서는 확장 펄스폭 구간에 레이다 파형 코드를 변조하여 보내고 신호처리기에서 원래의 압축 펄스폭으로 해상도를 얻을 수 있다. 레이다 파형의 전력 스펙트럼의 분포는 시간 영역에서 자기상관 (Autocorrelation) 함수의 푸리에 변환으로 구해진다. 시간 영역에서 자기상관 함수는 레이다의 거리 해상도를 결정하는 데 매우 중요하다. 즉 펄스폭이 좁은 자기상관 함수는 넓은 대역폭으로 표현되므로 결과적으로 거리 해상도가 좋다. 대역폭과 자기상관 함수의 관계는 주어진 펄스폭 동안에 사용하는 변조 파형에 의하여 결정된다. 이러한 레이다 파형의 거리 및 도플러 분해능은 모호성 함수 (Ambiguity Function)를 이용하여 분석할 수 있다. 여기서는 기본적인 CW 레이다 파형과 펄스파형에 대한 수학적인 표현과 LFM 및 FMCW 파형의 특징을 설명한다.

8.2 파형의 종류

8.2.1 Gated 펄스파형

(1) 펄스파의 푸리에 변환

펄스폭 τ이고 주기가 T인 펄스파가 그림 8.2와 같이 무한대의 양의 시간 동안 지속되는 경우 시간 영역에서 푸리에 급수로 표현하면 식 (8.1)과 같고, 삼각함수 형식의 푸

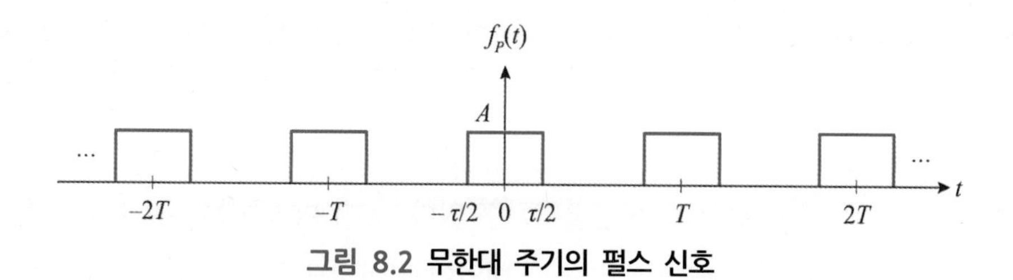

그림 8.2 무한대 주기의 펄스 신호

리에 계수는 식 (8.2)와 같다.

$$f_p(t) = a_o + \sum_{n=1}^{\infty} a_n \cos n\omega_o t \tag{8.1}$$

$$a_n = 2\frac{A\tau}{T} Sinc(n\pi\tau/T) \tag{8.2}$$

주기 펄스가 음의 무한대에서 양의 무한대 시간 동안 지속되는 경우에는 복소수 지수함수의 푸리에 급수와 푸리에 계수로 표현하면 식 (8.3), (8.4)와 같다.

$$f_p(t) = \sum_{n=-\infty}^{\infty} F_n e^{-jn\omega t} \tag{8.3}$$

$$F_p(\omega) = \frac{A\tau}{T} \sum_{n=-\infty}^{\infty} Sinc(n\pi\tau/T)\delta[\omega - 2\pi n/T] \tag{8.4}$$

주기 펄스의 스펙트럼선은 식 (8.2)와 (8.4)를 비교해보면 삼각함수형의 푸리에 계수는 양수의 스펙트럼 성분을 가지며, 지수함수형의 스펙트럼 성분은 그림 8.3에서 양수와 음수 값을 모두 포함한다. 따라서 스펙트럼선의 진폭의 크기는 지수함수형에 비하여 삼각함수형이 2배가 된다.

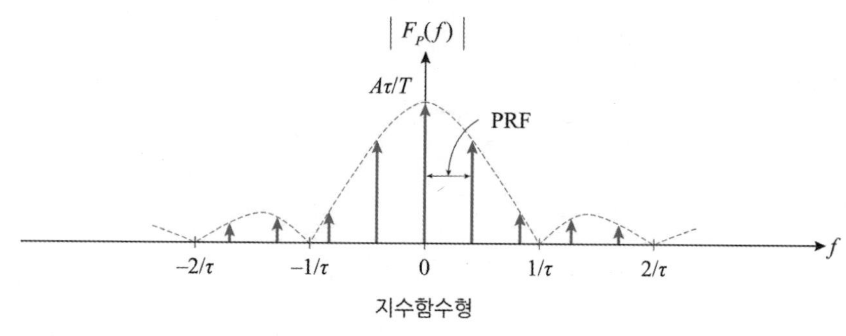

그림 8.3 펄스 신호의 스펙트럼

펄스파의 스펙트럼은 이론적으로 펄스폭에 반비례하는 대역폭을 가지고 있으므로 레이다의 거리 해상도를 쉽게 얻을 수 있을 뿐만 아니라, 매 펄스 주기로 이동 표적에 반사되어 수신되는 신호의 도플러 변이 성분이 PRF 주파수 대역 속에 반복적으로 나타나므로 표적의 속도를 측정할 수 있음을 알 수 있다. 높은 PRF (짧은 주기 펄스)를 사용하면 PRF 간격이 넓어서 도플러 신호 통과 대역이 넓어지므로 고속의 표적 탐지에 유리하고 낮은 PRF (긴 주기 펄스)에서는 신호 통과 대역이 좁아지므로 이동 표적의 모호성이 나타나는 이유가 여기에 있다.

(2) Gate 파형

실제 레이다에서는 무한대의 시간 길이로 펄스를 송신할 수 없으므로 주어진 안테나 빔폭이 표적에 머무르는 시간 동안에 주기 T의 펄스를 N개로 한정하여 송신하고 수신하게 된다. 따라서 그림 8.4(a)와 같이 NT 시간 (Dwell Time) 동안 Gate 함수를 이용하여 한정된 펄스를 송신할 경우 펄스폭 NT의 길이에 해당하는 $-NT/2 \sim +NT/2$ 시간 동안 펄스파를 N개씩 블록 단위로 보낼 수 있다. 시간 영역 Gate 함수는 식 (8.5)와 같고 이에 푸리에 변환을 취하면 식 (8.6)과 같이 비주기 펄스에 대한 스펙트럼으로 표현할 수 있다. 주파수 영역의 Gate 함수에 대한 스펙트럼 파형은 그림 8.4(b)와 같다.

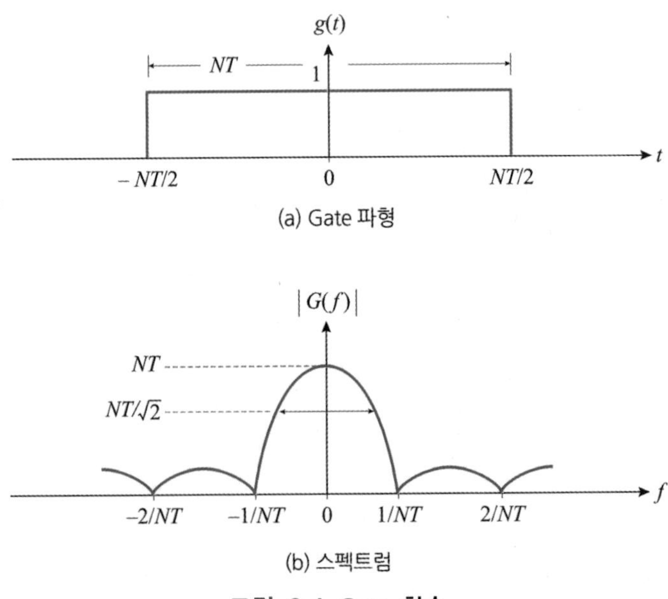

그림 8.4 Gate 함수

$$g(t) = Rect\left(\frac{t}{NT}\right) \qquad \text{for} \quad -NT/2 \sim +NT/2 \tag{8.5}$$

$$G(\omega) = NT\, Sinc\left(\omega \frac{NT}{2}\right) \tag{8.6}$$

레이다 파형에서 Gate 시간은 안테나 빔폭에 해당하는 지속 시간 단위로 펄스 신호를 단속하는 작용을 한다.

(3) Gated 펄스파형

시간 영역에서 변조된 Gated 펄스파형은 식 (8.7)과 같이 두 신호를 곱하여 만들 수 있다. 즉, 무한개의 펄스열 신호 $f_p(t)$를 유한개의 펄스로 만들기 위하여 그림 8.5(a)와 같이 Gate 함수 $g(t)$와 곱하여 1차 변조 신호를 만든다.

$$f_{gp}(t) = f_p(t) \cdot g(t) \tag{8.7}$$

이 경우 NT 시간 동안 Gated 펄스 함수에 대한 푸리에 급수는 식 (8.8)과 같고 스펙트럼은 식 (8.9)와 같이 주어진다.

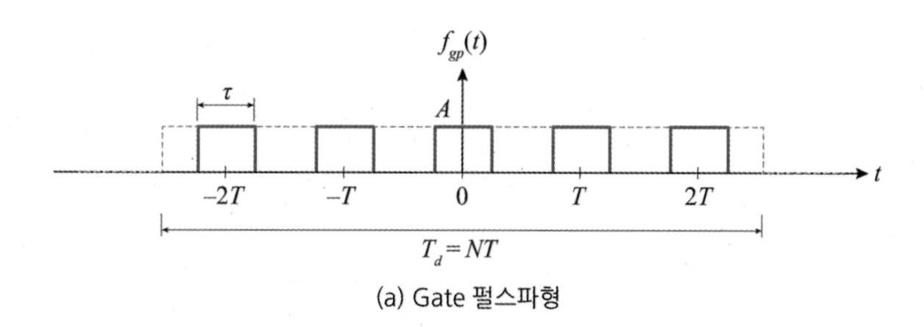

(a) Gate 펄스파형

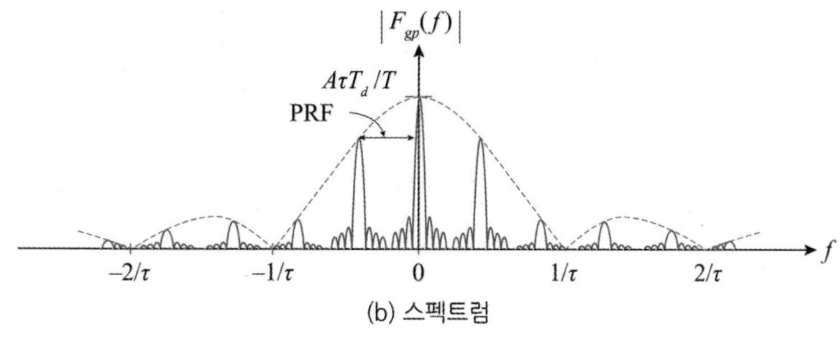

(b) 스펙트럼

그림 8.5 Gated 펄스와 스펙트럼

$$f_{gp}(t) = A \sum_{n=-N/2}^{N/2} Sinc\left(\frac{t}{\tau}\right)[t - nT] \tag{8.8}$$

$$F_{gp}(\omega) = A\tau N\, Sinc\left(\omega\frac{NT}{2}\right)\sum_{n=-T/\tau}^{T/\tau} Sinc\left(\frac{n\pi\tau}{T}\right)\delta[\omega - 2\pi n / T] \tag{8.9}$$

Gated 펄스의 스펙트럼은 그림 8.5(b)와 같다.

만약 Gate 시간이 길면 빔이 표적에 머무르는 시간도 길어 많은 펄스를 보내고 받을 수 있으므로 펄스 누적 이득이 높아진다. 스펙트럼에서 보이는 바와 같이 Gate 시간은 스펙트럼상에서는 대역폭과 반비례 관계가 있다. Gate 시간이 길면 에너지가 PRF 라인에 밀집되어 신호 통과 대역폭이 넓게 되지만, Gate 시간이 짧으면 에너지가 분산되어 신호 통과 대역폭에 부담을 주게 되고 펄스 누적 이득도 낮아지게 된다.

(4) Gated CW 변조 파형

Gated 펄스 신호를 그림 8.6과 같이 송신 주파수 $\cos\omega_o t$에 2차 변조시키면 시간 영역에서는 식 (8.10)과 같이 세 신호를 곱해주는 것과 같다.

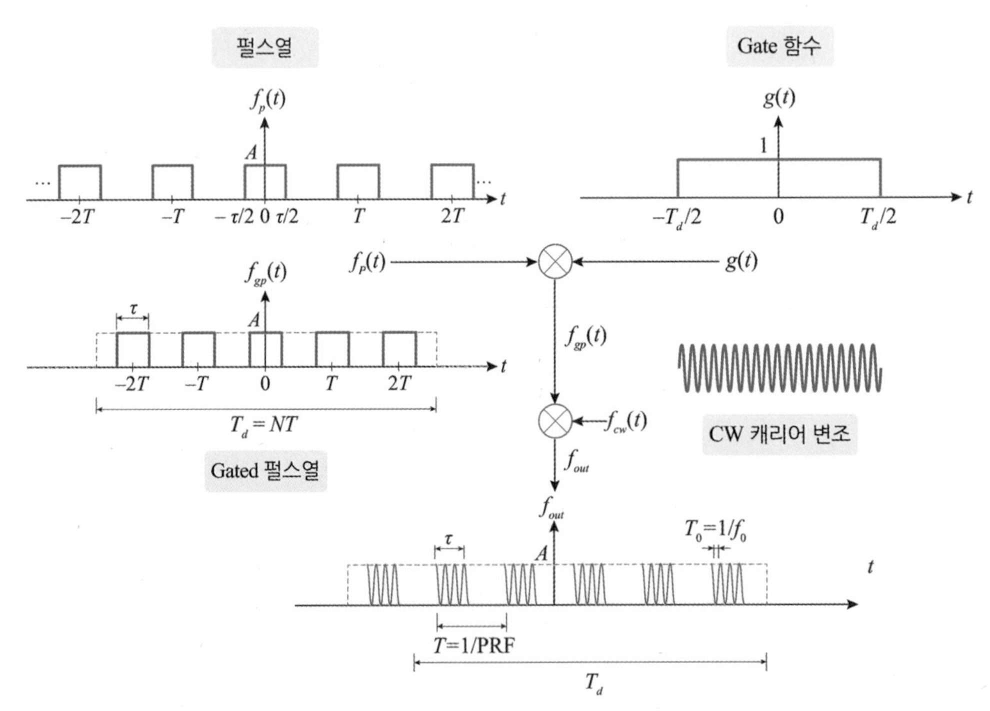

그림 8.6 Gated 펄스 변조 파형 과정

$$f_{out}(t) = f_p(t) \cdot g(t) \cdot f_{cw}(t) = f_{gp}(t) \cdot f_{cw}(t) \tag{8.10}$$

시간 영역에서 곱은 주파수 영역에서는 식 (8.11)과 같이 각각의 스펙트럼을 컨볼루션하는 것과 같게 되므로 Gated 펄스와 송신 주파수의 CW 변조된 스펙트럼은 두 개의 측파 (Sideband) 대역으로 나누어진다.

$$F_{out}(w) = F_{gp}(\omega) \diamond F_{cw}(w) = \frac{1}{2}F_{gp}(\omega - \omega_o) + \frac{1}{2}F_{gp}(\omega + \omega_o) \tag{8.11}$$

따라서 송신 주파수는 식 (8.12), (8.13)과 같이 상위 측파대 (Upper Sideband)와 하위 측파대 (Lower Sideband)로 각각 나누어진다.

$$F_{upper}(\omega) = \frac{A\tau N}{2} Sinc\left(\omega \frac{NT}{2}\right) \sum_{n=-T/\tau}^{T/\tau} Sinc\left(\frac{n\pi\tau}{T}\right) \delta[w - \omega_o - 2\pi n / T] \tag{8.12}$$

$$F_{lower}(\omega) = \frac{A\tau N}{2} Sinc\left(\omega \frac{NT}{2}\right) \sum_{n=-T/\tau}^{T/\tau} Sinc\left(\frac{n\pi\tau}{T}\right) \delta[w + \omega_o - 2\pi n / T] \tag{8.13}$$

결과적인 Gated CW 펄스의 스펙트럼은 그림 8.7과 같다. 양측파대 스펙트럼은 양과 음의 송신 주파수를 중심으로 펄스의 대역폭인 Null-to-Null 구간으로 나타난다. 이 대역폭 구간 내에는 $n = (T/\tau) + 1$개의 스펙트럼 라인이 PRF 간격으로 나타난다. 또한 각각의 스펙트럼 라인의 크기 값은 싱크 함수의 가중치에 따라 작아진다. 이와 같이 무한개의 펄스에 대한 스펙트럼과 비교해볼 때 NT 시간 동안의 펄스에 의한 스펙트럼은 PRF 간격의 스펙트럼 라인에 집중된 에너지가 제한된 펄스폭에 의한 싱크 함수의 가중치만큼 대역폭으로 퍼지는 현상이 나타난다. 이러한 현상은 무한대의 펄스를 보낼 경우 스펙트럼 라인 중심에 에너지가 델타함수 형태로 밀집되어 있었지만, 지속 시간 동안 한정된 펄스 수를 보낼 경우 NT의 역수에 비례하는 좁은 대역폭 ($1/NT$)이 양쪽으로 분산되기 때문이다. 이 경우 최소 단위의 도플러 변이 성분이 분산된 대역폭보다 크면 표적의 속도를 더 이상 정밀하게 측정할 수 없으므로 $1/NT$ 대역폭을 도플러 해상도라고 한다.

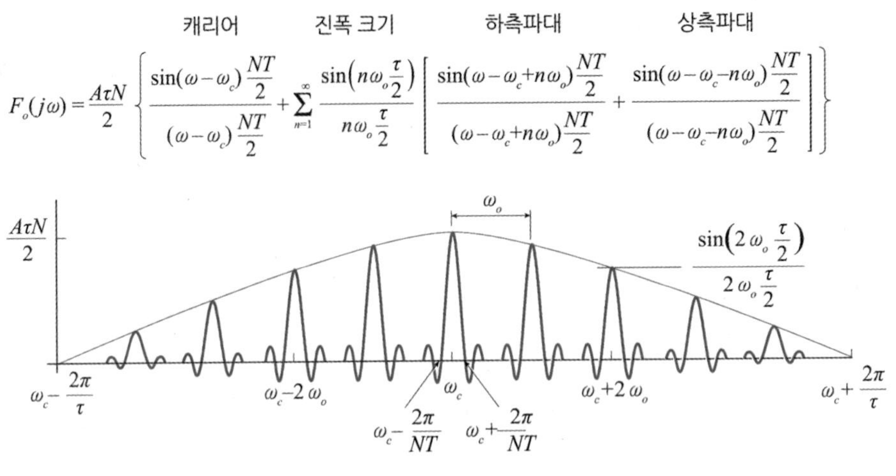

(a) 상측파대의 상세 스펙트럼

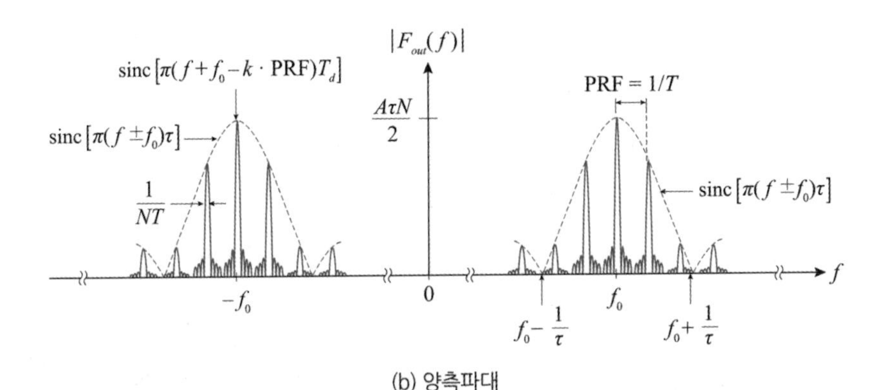

(b) 양측파대

그림 8.7 Gated CW 펄스 스펙트럼

8.2.2 LFM 주파수 변조 파형

(1) 선형 주파수 변조 파형

펄스폭 내에는 CW 대신에 선형 주파수 변조된 LFM (*Linear Frequency Modulation*)을 사용한다. 주어진 레이다 펄스의 폭이 확장된 시간 동안에 그림 8.8과 같이 주파수가 선형적이고 비례적으로 증가하거나 감소하도록 파형을 생성한다. 일명 첩 (Chirp) 신호라고도 하는데, 이는 선형 주파수 변조된 신호의 소리가 마치 박쥐가 어두운 동굴에서 초음파를 방사하여 레이다 원리로 길을 찾아갈 때 내는 '첩' 소리와 같다고 하여 붙은 애칭이다.

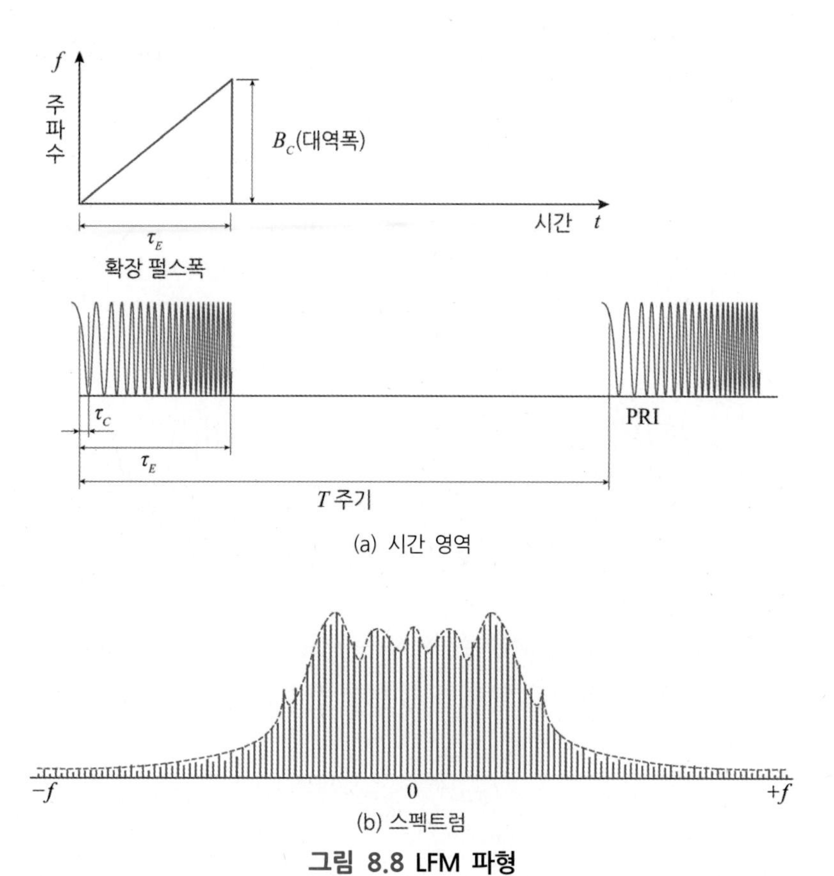

그림 8.8 LFM 파형

첩 주파수가 증가할 때는 그림 8.9와 같이 상향 첩 (Up-Chirp), 내려갈 때는 하향 첩 (Down-Chirp)이라고 한다.

그림 8.8에서 보이는 바와 같이 확장 펄스폭 τ_E 시간 동안에 선형적으로 대역폭 B_c 범위에서 변하는 순간 주파수 함수를 식 (8.14)와 같이 표현할 수 있다.

$$f(t) = \frac{B_c}{\tau_E}t = \mu t, \quad -\frac{\tau_E}{2} \le t \le \frac{\tau_E}{2} \tag{8.14}$$

여기서 펄스폭 시간 동안 대역폭의 변화로 주어지는 B_c/τ_E는 순시 주파수의 기울기 μ인데, 이를 Sweep Rate 또는 Ramp Rate라고 한다. 순시 선형 주파수 변조 신호의 위상을 구하기 위해 양변을 시간의 함수로 적분하면 식 (8.15)와 같다.

$$\phi(t) = \pi\mu t^2 + c, \quad -\frac{\tau_E}{2} \le t \le \frac{\tau_E}{2} \tag{8.15}$$

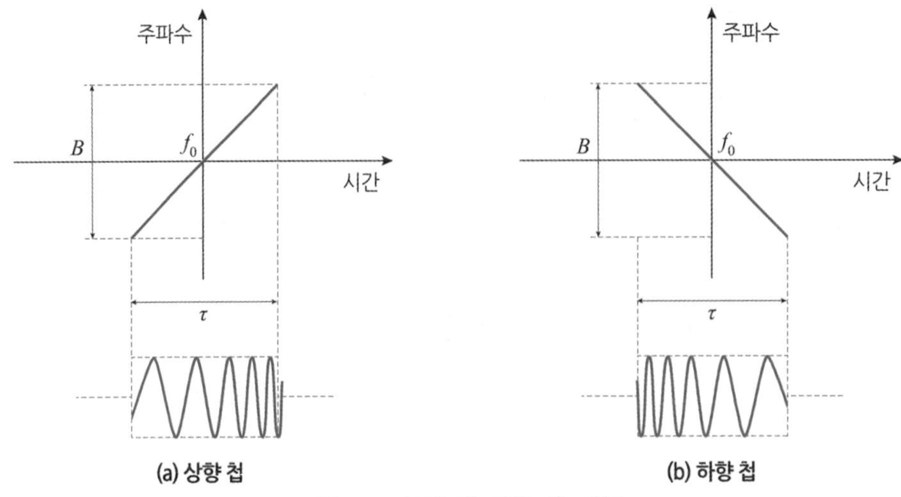

그림 8.9 상향 및 하향 첩 파형

여기서 적분 상수를 무시하고 LFM을 실수 성분의 코사인 신호로 표현하면 식 (8.16)과 같고, 레이다 송신 주파수에 상향 변조된 복소수 함수는 각각 식 (8.17)로 표현된다.

$$f(t) = Rect\left(\frac{t}{\tau_E}\right)\cos(\pi\mu t^2), \quad -\frac{\tau_E}{2} \leq t \leq \frac{\tau_E}{2} \tag{8.16}$$

$$f(t) = Rect\left(\frac{t}{\tau_E}\right)\exp\left[j2\pi\left(f_0 t + \frac{\mu}{2}t^2\right)\right], \quad -\frac{\tau_E}{2} \leq t \leq \frac{\tau_E}{2} \tag{8.17}$$

여기서 $Rect(t/\tau_E)$는 확장 펄스폭을 갖는 사각형 함수이다. LFM 파형의 스펙트럼과 펄스 압축의 출력을 구하는 방법에 대해서는 9장 레이다 신호처리의 9.4.3절에서 설명한다.

(2) 비선형 주파수 변조 파형

비선형 주파수 변조 (Non-Linear Frequency Modulation) 파형이란 시간의 변화에 따른 주파수가 비선형으로 변하는 파형이다. 비선형 파형은 선형 파형과 유사하지만 특별히 거리 셀 주변의 부엽을 낮추는 데 효과적이다. 비선형 주파수 변조 파형은 그림 8.10과 같이 펄스 시작 시간과 끝나는 시간 사이를 두 구간으로 나누어 양 끝단에 2차 함수 파라볼라 형태로 식 (8.18)과 같이 주어진다.

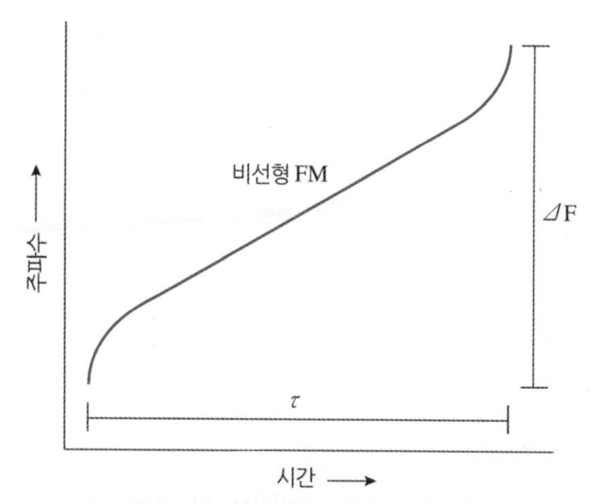

그림 8.10 비선형 주파수 변조 파형

$$f_{NFM}(t) = [\frac{4(f_H - f_0)}{\tau_E^2}t^2 + f_0][u(0) - u(\tau_E/2)]$$

$$+ [\frac{4(f_L - f_0)}{\tau_E^2}t^2 + f_0][u(\tau_E/2) - u(0)] \tag{8.18}$$

여기서 $u(t)$는 단위계단 함수, τ_E는 확장 펄스, f_H는 시작 주파수, f_L은 종료 주파수이고 f_0는 시작과 종료 주파수의 중심 주파수로서 $f_0 = (f_H - f_L)/2$로 주어진다.

비선형 파형은 펄스압축처리에서 윈도우 처리가 불필요하며 그림 8.11(a)와 같이 거리 셀 부엽이 선형 방식에 비해서 매우 낮다. 이 경우 압축 폭은 다소 넓어지는 문제가

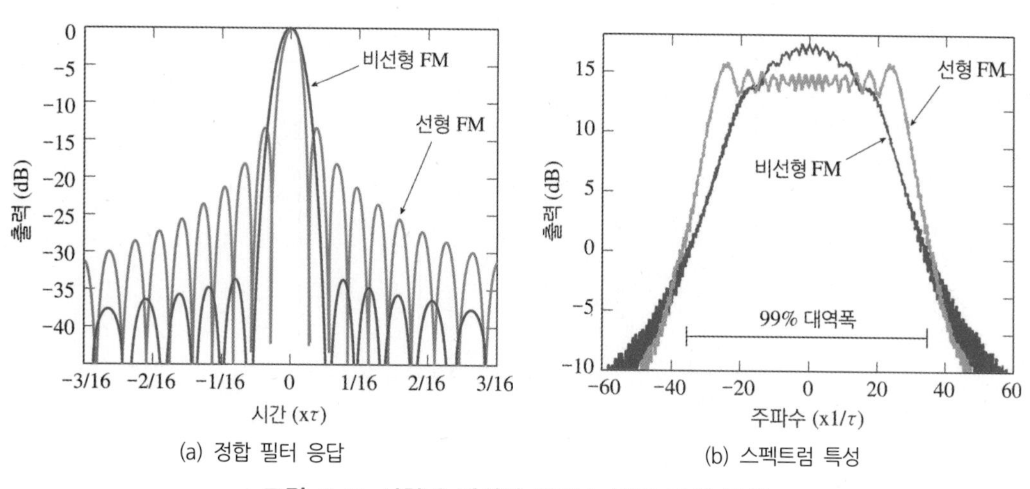

그림 8.11 선형과 비선형 주파수 변조 파형 특성

있다. 또한 비선형 파형의 스펙트럼 대역폭은 펄스폭에 무관하고 주파수와 시간 함수의 스위프 대역폭에 의해 결정된다. 비선형 파형의 시작과 끝 부근의 주파수 특성이 비선형적인 파라볼라 형태이므로 선형 파형에 비하여 스팩트럼 에너지가 그림 8.11(b)와 같이 대역 중심에 밀집하게 된다. 따라서 비선형 주파수 변조 파형의 주엽이 넓어지므로 분해능은 선형 주파수 변조에 비하여 좀 나빠지는 현상이 생긴다.

(3) 계단 주파수 파형

계단 주파수 (Stepped Frequency) 파형은 고해상도의 거리 분해능을 제공할 수 있는 파형으로, 디지털 고속 후리어 역변환으로 처리한다. 계단 주파수 파형은 그림 8.12와 같이 먼저 n개의 좁은 대역폭의 펄스를 블록으로 나누고 펄스 주기 T 간격마다 일정한 대역폭 Δf 만큼 선형적으로 증가시키면서 $n-1$개의 주파수를 발생시킨다. 임의의 스텝 i에서 중심 주파수를 f_0라고 하면 계단 주파수는 식 (8.19)와 같이 주어진다.

$$f_i = f_0 + i\Delta f \quad ;i = 0,\ 1,\ \dots\ n-1 \tag{8.19}$$

계단 주파수 파형에서 거리 해상도는 전체 대역폭에 반비례하므로 식 (8.20)으로 주어진다.

$$\Delta R = \frac{c}{2n\Delta f} \tag{8.20}$$

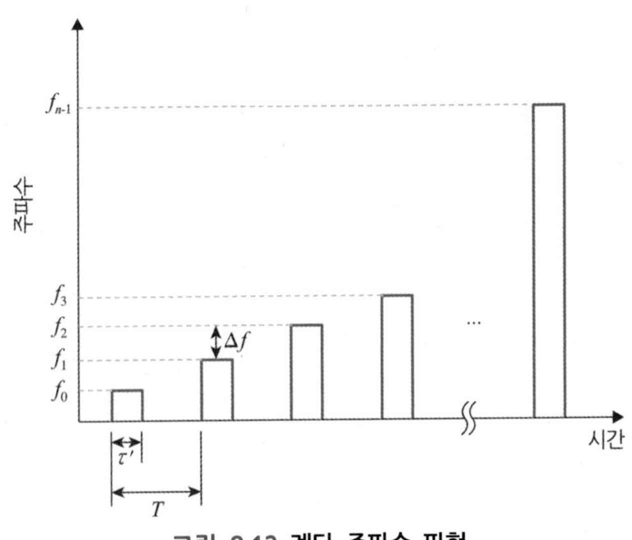

그림 8.12 계단 주파수 파형

수신 신호는 각 펄스의 중심과 일치하게 샘플링하고 각 블록마다 상한 (Quadrant) 성분을 저장한다. 거리 셀마다 부엽을 낮추기 위하여 특정 가중치를 가하고 필요시 표적의 속도와 위상, 진폭을 수정한 후에 IDFT (*Inverse Discrete Fourier Transform*)를 취하여 블록별로 거리 프로파일을 합성한다.

(4) 주파수 코딩 Costas 파형

주파수 코딩 (Frequency Coding) 파형은 일명 코스타스 코드 (Costas Code)로 잘 알려져 있다. 기본 원리는 계단 주파수 파형과 유사하지만 펄스 블록 내의 개별 펄스를 선정하는 방식이 랜덤하다는 점이 다르다. 그림 8.13과 같이 $N \times N$ 매트릭스에서 행의 번호는 개별 펄스 $i = 1, 2, ..., N$으로 주어지고 열의 번호는 주파수 $j = 0, 1, 2, ..., (N-1)$로 주어진다. 그림 8.13(a)는 선형 규칙의 계단 주파수 파형이며 그림 8.13(b)는 코스타스 코드 파형으로서 펄스마다 주파수가 랜덤하게 선택된다. 따라서 매트릭스 $N \times N$에서 선택 가능한 주파수 개수는 $N!$만큼 많다. 그러나 코드의 모호성이 이상적이 되도록 코드 순서를 정하는데, 한 주파수 열과 한 시간 행마다 오직 하나의 주파수만 선정하도록 규칙을 정하여 순서를 정한 코드를 코스타스 코드라고 한다. 이 규칙에 따르면 선택 가능한 주파수는 $N!$보다 훨씬 줄어든다.

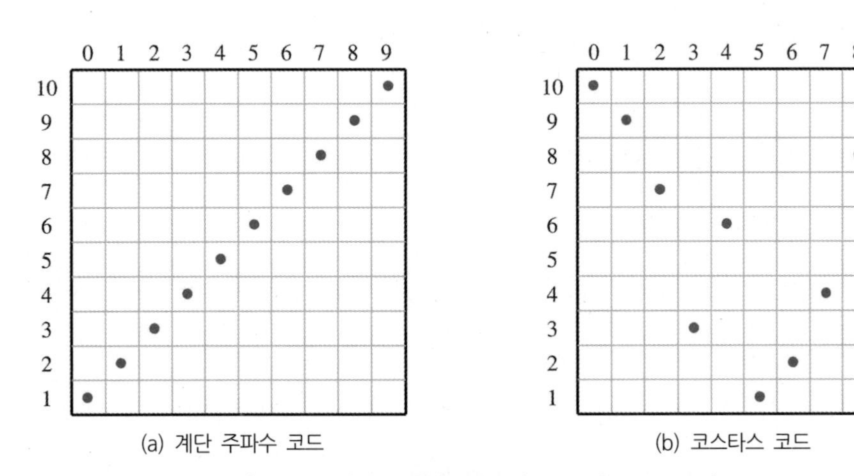

그림 8.13 계단 주파수 코드와 코스타스 코드 비교

8.2.3 위상 변조 파형

(1) 2진 위상 변조 파형

위상 변조 방식은 디지털 펄스 레이다에 주로 사용하는 파형으로서 확장된 펄스폭 내에 다수의 기본 단위의 펄스폭으로 나누어 각 펄스마다 위상의 변화를 준다. 대표적인 이진 위상 변조 방식은 그림 8.14와 같이 단위 펄스폭 단위로 +인 경우의 위상은 0도, −인 경우의 위상은 180도로 위상 변화를 준다. 대표적인 이진 위상 변조 파형은 바커 (Barker) 코드인데 길이에 따라 표 8.2와 같이 7가지가 있으며 각 코드 길이마다 부엽 감소 레벨이 다르다. 바커 코드의 최대 길이는 13비트이며 주엽과 부엽의 비가 1/13로 우수한 자기상관 특성을 가지고 있다. 그러나 바커 코드가 13비트일 때 부엽 감소는 −22.3 dB 정도로 충분하지는 않다. 바커 코드는 단위 코드를 조합하여 긴 코드를 구성할 수 있다. 예를 들면 5비트의 바커 코드를 4비트의 긴 코드와 조합하여 연결하면 $B_{54} = 11101, 11101, 00010, 11101$과 같이 코드 길이를 20개 확장할 수 있고 전체 조합된 파형은 그림 8.15와 같다. 위상 변조 파형의 특징은 스펙트럼의 진폭 변화가 코드의

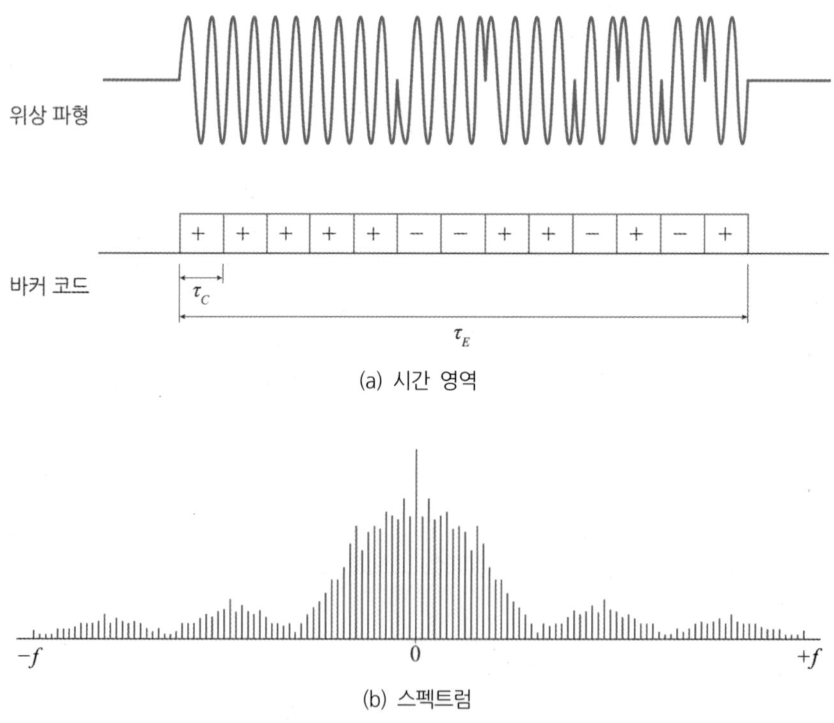

(a) 시간 영역

(b) 스펙트럼

그림 8.14 이진 위상변조 파형

표 8.2 바커 코드

코드 기호	코드 길이	코드 부호	부엽감소 (dB)
B_2	2	+−	6.0
		++	
B_3	3	++−	9.5
B_4	4	++−+	12.0
		+++−	
B_5	5	+++−+	14.0
B_7	7	+++−−+−	16.9
B_{11}	11	+++−−−+−−+−	20.8
B_{13}	13	+++++−−++−+−+	22.3

종류에 따라 다르며, 중심 주파수는 위상 변조된 파형의 주파수가 된다. 정합 필터의 대역폭은 단위 펄스폭의 역수에 비례하여 확장된 펄스폭의 길이와 무관하다.

(2) 다중 위상 Frank 코드

다중 위상 코드 (Poly-Phase Code)는 특정 기준 위상을 중심으로 일정하게 위상을 증가시켜서 코드를 확장할 수 있는데 이를 프랭크 코드 (Frank Code)라고 한다. 이 방법은 단위 펄스폭 τ를 N개의 큰 그룹으로 나누고 각 그룹은 각 $\Delta\tau$ 펄스폭의 작은 펄스 그룹으로 나눈다. 따라서 큰 펄스 그룹 내에 작은 펄스의 개수는 N^2이며 이는 펄스 압축비가 된다. N^2개의 작은 펄스의 코드는 N개 위상의 프랭크 코드가 된다. 프랭크 코드를 계산할 때는 먼저 위상 360도를 N으로 나누면 기본 위상 단위 $\Delta\phi$는 식 (8.21)과 같다.

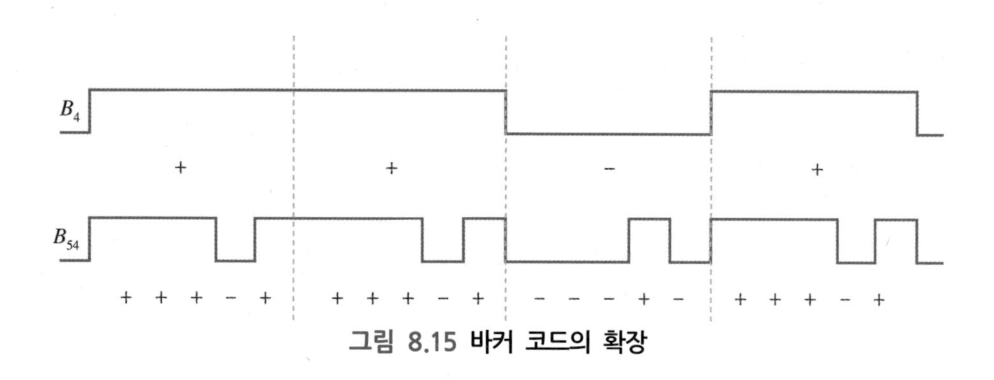

그림 8.15 바커 코드의 확장

$$\Delta\phi = \frac{360°}{N} \tag{8.21}$$

예를 들어서 N이 4일 경우 프랭크 코드의 단위 위상은 $\Delta\phi = (360°/4) = 90°$이므로 식 (8.22)와 같이 구성된다.

$$\begin{pmatrix} 0 & 0 & 0 & 0 \\ 0 & 90° & 180° & 270° \\ 0 & 180° & 0 & 180° \\ 0 & 270° & 180° & 90° \end{pmatrix} \Rightarrow \begin{pmatrix} 1 & 1 & 0 & 0 \\ 1 & j & -1 & -j \\ 1 & -1 & 1 & -1 \\ 1 & -j & -1 & j \end{pmatrix} \tag{8.22}$$

그러므로 16 소자의 프랭크 코드의 순서는 다음과 같이 구성된다.

$$F_{16} = [1\,1\,1\,1\,1\,j-1-j\,1-1\,1-1\,1-j-1\,j] \tag{8.23}$$

프랭크 코드도 선형 계단 주파수 코드와 같이 각 매트릭스 행의 위상 증가분은 계단 함수와 같이 근사할 수 있으며 시간에 따라 선형적으로 비례하는 관계가 있다.

(3) 의사 랜덤 코드

의사 랜덤 코드 (Pseudo-Random Code)는 최대 길이 순차 MLS (Maximal Length Sequence) 코드로 알려져 있다. 이 코드의 빈도와 관련된 통계적 특성은 마치 동전을 던지는 순차와 유사하다. MLS는 주기가 L이고 코드값은 2개의 이진수로 표시된다. 이 코드는 압축비가 매우 높고 인접 부엽의 간격이 떨어져 있는 특징이 있다. MLS는 모든 정수 m에 대하여 존재하고 주기는 $2^m - 1$이다. 코드 발생기 구조는 그림 8.16과 같이 피드백으로 연결되어 합은 모듈로 2 단위로 동작한다. 코드는 $m = 4$인 경우에 $L = 15$가 되며 다항식은 $x^4 + x + 1$로 주어진다. 레지스터의 초기 값은 모두 0이 아닌 다른 값이어야 한다.

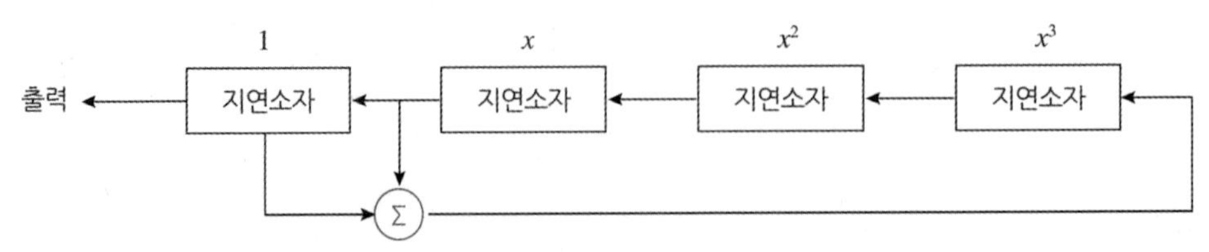

그림 8.16 의사 랜덤 코드 발생기 구조

8.2.4 CW와 FMCW 파형

(1) CW 기본 파형

무한대의 시간 동안 지속되는 연속파 $\cos\omega_o t$에 대한 시간 및 스펙트럼은 식 (8.24), (8.25)와 같이 단일 주파수 성분을 갖는 델타 함수로 간단하게 표현되며, CW 신호와 스펙트럼은 그림 8.17과 같다.

$$f_{cw}(t) = A\cos\omega_o t \tag{8.24}$$

$$F_{cw}(\omega) = A\pi[\delta(\omega-\omega_o)+\delta(\omega+\omega_o)] \tag{8.25}$$

여기서 A는 진폭의 크기, ω_o는 각도 주파수이다. 변조되지 않은 연속파의 스펙트럼은 단일 주파수를 사용하므로 이론적으로 대역폭이 거의 제로에 가까워서 레이다 거리와 거리 해상도를 얻을 수 없다. 그러나 송신 주파수와 이동 표적에 의한 수신 주파수를 비교하여 도플러 변이를 측정하면 속도를 측정할 수 있다. 이러한 무변조 CW 레이다는 비교적 간단하게 이동 속도 측정이 가능하지만 거리 정보를 얻을 수 없다. 그러나 CW 파를 주파수 변조한 FMCW (*Frequency Modulated CW*) 파형을 사용하면 송신 파형과 수신 파형의 주파수 차이를 구할 수 있으므로 거리 정보와 도플러 주파수 정보를 동시에 얻을 수 있다.

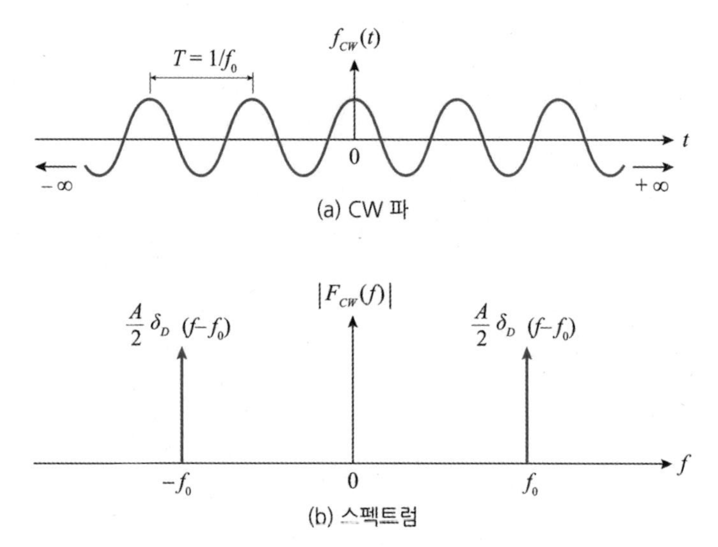

그림 8.17 CW 신호와 스펙트럼

(2) FMCW 파형

CW 파형은 변조되지 않은 파형이므로 표적의 도플러 변이는 구할 수 있지만 시간 지연을 구할 수 없기 때문에 거리 정보를 얻을 수 없다. 이에 반하여 FMCW 파형은 CW 파형이 특정 시간 주기 단위로 주파수가 변조되는데, 그림 8.18(a)와 같이 사인파 형태의 주기 신호나 그림 8.18(b)와 같이 삼각파 형태의 주기신호를 이용한다. 이 경우에는 송신 파형과 수신 파형의 차이 주파수 (Beat Frequency)를 이용하여 표적의 거리와 도플러 속도 정보를 동시에 얻을 수 있다.

사인파 형태의 FMCW에 대한 시간함수는 다음 식 (8.26)과 (8.27)로 주어진다.

$$v(t) = A\sin\left[2\pi f_c t + m_F \sin\left(2\pi f_m t\right)\right] \tag{8.26}$$

$$m_F = \delta f_c / f_M \tag{8.27}$$

여기서 f_c는 캐리어 송신 주파수, f_m은 변조 주파수, f_M은 사인파 변조 주파수, δf_c는 변조에 의하여 캐리어 중심 주파수로부터 최대 주파수 변이, m_F는 주파수 변조 지수이다. FM 파형의 스펙트럼은 캐리어 주파수와 사이드 밴드의 스펙트럼 조합으로 구성되며 잘 알려진 1종 Bessel 함수 형태로 주어지며 사인파형의 CW 변조파의 대역폭은 다음

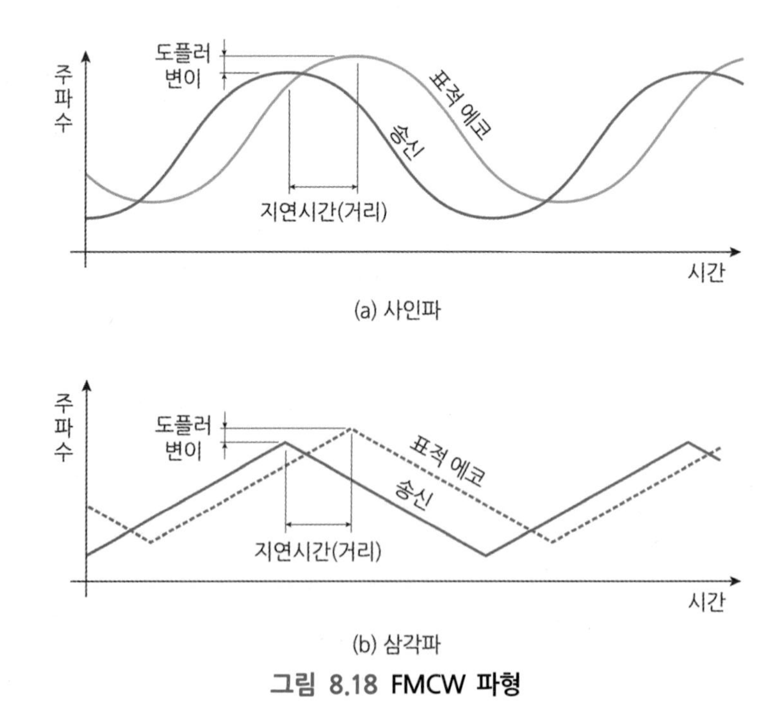

그림 8.18 FMCW 파형

식 (8.28)로 주어진다.

$$B \approx 2(m_F + 1)f_M \qquad (8.28)$$

FMCW 파형을 이용하여 표적의 거리와 도플러 속도를 구하는 방법은 8.5절에서 설명하겠다.

8.3 레이다 파형의 모호성

8.3.1 모호성 함수의 정의

레이다의 모호성 함수 (Ambiguity Function)는 레이다에서 사용하는 파형에 대한 표적의 거리와 도플러 성분 모호성을 정의하는 함수로서 정합 필터 (Matched Filter) 출력으로 판단한다. 정합 필터의 출력이 거리와 도플러 변수로 주어질 때 모호성 함수 $\chi(\tau, f_d) = (0, 0)$이면 반사 표적의 거리와 도플러 오차가 제로가 되며, 가장 이상적인 경우에 해당한다. 실제적으로 모호성 함수는 거리와 도플러 성분이 이상적인 경우에 비하여 오차가 발생할 수 있는데 이를 표현하는 방법으로 모호성 함수를 사용한다. 모호성 함수는 레이다를 설계할 때 어떤 파형이 어떤 레이다 주변 환경에 적합한지 다양한 파형의 성능을 분석하는 데 활용된다. 또한 특정 파형에 대한 레이다의 거리와 도플러 해상도를 결정하는 데 사용된다. 특별히 주파수와 시간 지연에 대하여 모호성 함수를 3차원으로 표시하는 것을 '레이다 모호성 다이어그램'이라고 한다. 임의의 레이다 신호 $s(t)$에 대하여 모호성 함수는 식 (8.29)와 같이 2차원 상관관계 함수의 모듈러 제곱으로 정의된다.

$$|\chi(\tau, f_d)|^2 = \left| \int_{-\infty}^{\infty} s(t)s^*(t+\tau)e^{j2\pi f_d t}dt \right|^2 \qquad (8.29)$$

관심 표적의 거리 및 도플러 지연 요소가 없다면 $\chi(\tau, f_d) = (0, 0)$이 되며 모호성 다이어그램은 $(0, 0)$ 중심에 위치하게 된다. 모호성 함수는 정의하는 기준에 따라서 어떤 경우는 $|\chi(\tau, f_d)|$로 표기하기도 하지만 여기에서는 절대치 기호로 표기한 경우는 '불확정 함수'로 정의한다. 신호 $s(t)$에 대한 에너지 E를 다음 식 (8.30)과 같이 정의한 후에 레이다 모호성 함수에 대한 성질을 몇 가지 살펴본다.

$$E = \int_{-\infty}^{\infty} |s(t)|^2 dt \tag{8.30}$$

레이다 모호성 함수의 성질은 4가지로 구분한다.

1) 모호성 함수의 최댓값은 $\chi(\tau,\ f_d) = (0,\ 0)$에서 일어나며 이때 최댓값은 $4E^2$이다.

$$\max[|\chi(\tau,\ f_d)|^2] = |\chi(0,\ 0)|^2 = (2E)^2 \tag{8.31}$$

$$|\chi(\tau,\ f_d)|^2 \leq |\chi(0,\ 0)|^2 \tag{8.32}$$

2) 모호성 함수는 대칭식이다.

$$|\chi(\tau,\ f_d)|^2 = |\chi(-\tau,\ -f_d)|^2 \tag{8.33}$$

3) 모호성 함수의 총 부피는 일정하다.

$$\iint |\chi(\tau,\ f_d)|^2 d\tau df_d = (2E)^2 \tag{8.34}$$

4) 시간 영역의 에너지와 주파수 영역의 에너지는 동일하다(Parseval 이론).

$$|\chi(\tau,\ f_d)|^2 = \left| \int_{-\infty}^{\infty} S^*(f) S(f - f_d) e^{-j2\pi f\tau} df \right|^2 \tag{8.35}$$

위에서 살펴본 바와 같이 이상적인 모호성 함수는 그림 8.19와 같이 제로 위치에서 폭은 무한히 좁은 임펄스이고 그 외에는 모두 제로인 함수이다. 이상적인 모호성 함수는 완벽한 해상도를 제공해준다. 그러나 현실적으로 이상적인 모호성 함수는 존재할 수 없

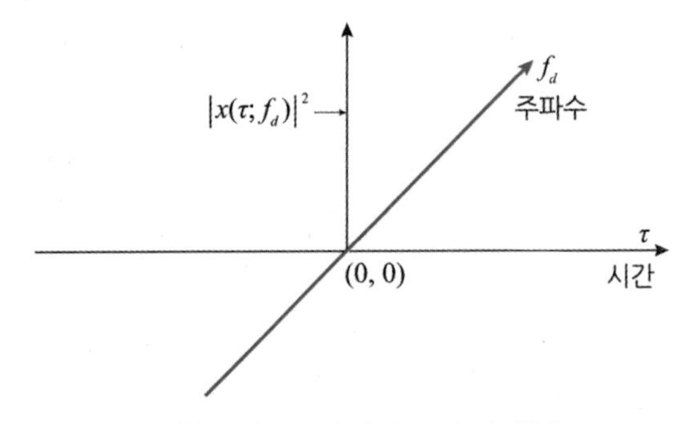

그림 8.19 이상적인 모호성 함수

다. 왜냐하면 첨두치는 유한한 값을 가지고 있으며 총 부피의 크기는 $(2E)^2$으로 유한하기 때문이다.

8.3.2 단일 펄스의 모호성 함수

사각형 펄스 신호 $s(t)$를 식 (8.36)과 같이 표현할 수 있다.

$$s(t) = \frac{1}{\sqrt{\tau_d}} Rect\left(\frac{t}{\tau_d}\right) \tag{8.36}$$

펄스파에 대한 2차원 상관함수는 정합 필터의 정의에 의하여 식 (8.37)과 같다.

$$\chi(\tau,\ f_d) = \int_{-\infty}^{\infty} s(t)s^*(t+\tau)e^{j2\pi f_d t}dt \tag{8.37}$$

펄스파에 대한 모호성 함수를 구하기 위하여 식 (8.36)을 (8.37)에 대입하여 적분하고 정리하면 식 (8.38)과 같다.

$$|\chi(\tau,\ f_d)|^2 = \left|\left(1 - \frac{|\tau|}{\tau_d}\right)\frac{\sin\pi f_d(\tau_d - \tau)}{\pi f_d(\tau_d - \tau)}\right|^2, \quad |\tau| \le \tau_d \tag{8.38}$$

그림 8.20에는 펄스파에 대한 모호성 함수를 도시하였다.

시간 축에서 모호성 함수를 분석하기 위해서는 $f_d = 0$으로 설정하면 모호성 함수는

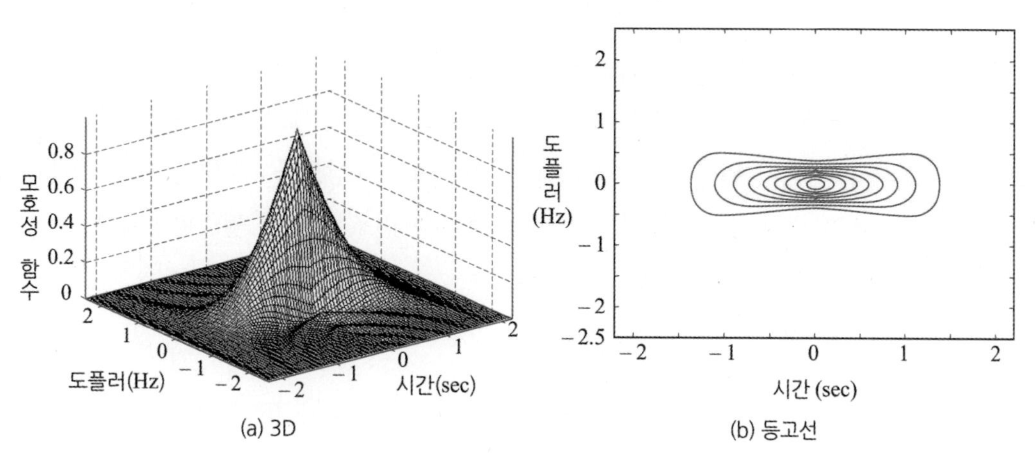

그림 8.20 펄스파의 모호성 함수

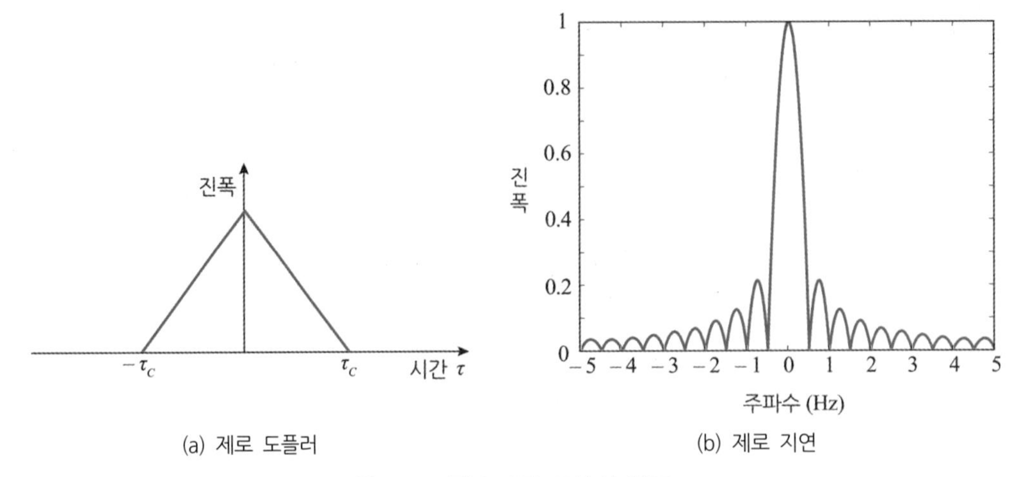

그림 8.21 펄스파의 모호성 비교

간단하게 식 (8.39)와 같이 표시되며, 그림 8.21(a)에 도시하였다.

$$|\chi(\tau,\ 0)|^2 = \left(1 - \frac{|\tau|}{\tau_d}\right)^2, \quad |\tau \leq \tau_d| \tag{8.39}$$

주파수 축에서 모호성 함수를 살펴보기 위해서 $\tau = 0$으로 설정하면 도플러 축에서 모호성 함수를 식 (8.40)과 같이 표현되며, 그림 8.21(b)에 도시하였다.

$$|\chi(0,\ f_d)|^2 = \left|\frac{\sin\pi f_d \tau_d}{\pi f_d \tau_d}\right|^2, \quad |\tau| \leq \tau_d \tag{8.40}$$

이상에서 보이는 바와 같이 단일 펄스의 거리와 도플러 해상도는 펄스폭에 의하여 제한된다는 것을 알 수 있다. 정교한 고해상도는 매우 좁은 펄스를 요구하며 이는 매우 넓은 대역폭을 필요로 한다. 또한 좁은 펄스는 레이다의 평균 송신 출력을 제한하는 문제가 발생한다. 따라서 변조하지 않은 매우 좁은 펄스파형은 실제로 사용에 제한이 많다. 이러한 문제를 개선하기 위하여 펄스폭에 관계없이 높은 해상도를 유지하면서 동시에 높은 송신 출력을 유지할 수 있는 방법이 선형 주파수 변조 방식의 펄스파형이다.

8.3.3 LFM 파형의 모호성 함수

선형 주파수 변조 방식의 펄스파형은 확장된 펄스폭 시간 동안 선형 주파수 변조 파형을 이용하면 확장 펄스폭에 관계없이 높은 거리 해상도와 동시에 높은 송신 출력을 보낼 수 있어서 펄스 도플러 레이다에 가장 많이 사용된다. 선형 주파수 변조 (LFM) 파형의 복소수 크기는 식 (8.41)과 같이 표현할 수 있다.

$$s(t) = \frac{1}{\sqrt{\tau_d}} Rect\left(\frac{t}{\tau_d}\right) e^{j\pi\mu t^2} \tag{8.41}$$

LFM의 모호성 함수를 구하기 위하여 식 (8.37)의 정의에 의하여 적분하면 식 (8.42)와 같다.

$$\chi(\tau,\ f_d) = \frac{1}{\tau_d}\int_{-\infty}^{\infty} Rect\left(\frac{1}{\tau_d}\right) Rect\left(\frac{t+\tau}{\tau_d}\right) e^{j\pi\mu t^2} e^{-j\pi\mu(t+\tau_d)^2} \tag{8.42}$$

식 (8.42)를 다시 정리하면 식 (8.43)과 같고, 최종 적분을 하면 식 (8.44)와 같다.

$$\chi(\tau,\ f_d) = \frac{e^{-j\pi\mu t^2}}{\tau_d}\int_{-\frac{\tau_d}{2}}^{\frac{\tau_d}{2}-\tau} e^{-j2\pi(\mu\tau - f_d)t} dt \tag{8.43}$$

$$\chi(\tau,\ f_d) = e^{j\pi\tau f_d}\left(1 - \frac{|\tau|}{\tau_d}\right)\frac{\sin\left[\pi\tau_d(\mu\tau + f_d)\left(1 - \frac{|\tau|}{\tau_d}\right)\right]}{\pi\tau_d(\mu\tau + f_d)\left(1 - \frac{|\tau|}{\tau_d}\right)}, \quad |\tau| \le \tau_d \tag{8.44}$$

따라서 LFM의 상향 첩의 모호성 함수는 최종 식 (8.45)와 같고, 하향 첩의 모호성 함수는 식 (8.46)과 같다.

$$|\chi(\tau,\ f_d)|^2 = \left| e^{j\pi\tau f_d}\left(1 - \frac{|\tau|}{\tau_d}\right)\frac{\sin\left[\pi\tau_d(\mu\tau + f_d)\left(1 - \frac{|\tau|}{\tau_d}\right)\right]}{\pi\tau_d(\mu\tau + f_d)\left(1 - \frac{|\tau|}{\tau_d}\right)} \right|^2, \quad |\tau| \le \tau_d \tag{8.45}$$

$$|\chi(\tau,\ f_d)|^2 = \left| e^{j\pi\tau f_d}\left(1 - \frac{|\tau|}{\tau_d}\right)\frac{\sin\left[\pi\tau_d(\mu\tau - f_d)\left(1 - \frac{|\tau|}{\tau_d}\right)\right]}{\pi\tau_d(\mu\tau - f_d)\left(1 - \frac{|\tau|}{\tau_d}\right)} \right|^2, \quad |\tau| \le \tau_d \tag{8.46}$$

LFM 파형에 대한 모호성 함수와 불확정성 함수에 대한 3-D 및 등고선은 그림 8.22에 도시하였다.

도플러 축 LFM 파형의 모호성 함수는 단일 펄스의 경우와 유사하다. 펄스 모양은

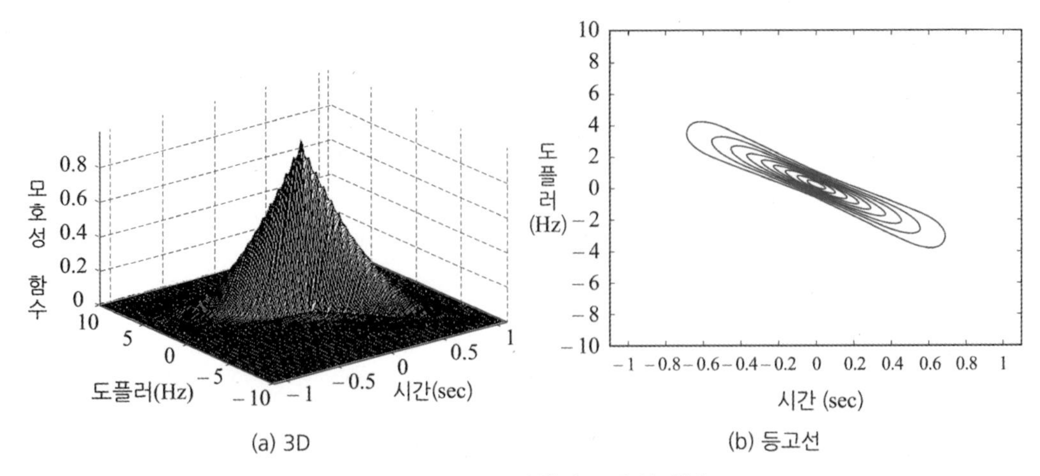

그림 8.22 LFM 파형의 모호성 함수

변하지 않았기 때문이다. 그러나 거리 축의 시간 지연에 따른 LFM 파형의 모호성 함수는 완전히 다르다. 이는 변조되지 않은 펄스파형에 비하여 LFM 파형의 압축 펄스폭이 대역폭에 반비례 관계로 매우 좁기 때문이다. LFM 파형의 경우 정합 필터의 출력은 압축 펄스의 폭에 비례적으로 나타나며 무변조 단일 펄스에 비하여 압축비는 식 (8.47)과 같이 확장 펄스폭에 대한 압축 펄스폭의 비로 주어진다.

$$CR = \tau_E / \tau_c = \tau_E B \tag{8.47}$$

따라서 LFM 파형의 대역폭이 넓을수록 압축비는 좋아지고 결국 신호처리 이득으로 작용한다.

8.3.4 모호성 함수의 등고선

모호성 함수에서는 모호성 정도를 분석하기 쉽도록 등고선 다이어그램 (Contour Diagram)을 이용한다. 주어진 파형에 대한 모호성 함수는 표적의 해상도 능력이나 시간 및 주파수 측정의 정확도, 그리고 주변 클러터에 대한 응답 특성을 볼 수 있다. 모호성 함수를 3차원으로 그리는 것은 좀 복잡하지만 3차원의 특정 주파수/시간 축을 잘라서 2차원의 등고선 형태로 표시하면 단면을 볼 수 있다. 그림 8.23에는 Gated CW 파형에 대한 모호성 등고선을 도시하였다. 그림에서 보이는 바와 같이 좁은 펄스폭은 긴 펄스폭보다 거리 정확도가 좋고, 도플러 정확도는 긴 펄스폭이 유리하다는 것을 알 수 있다.

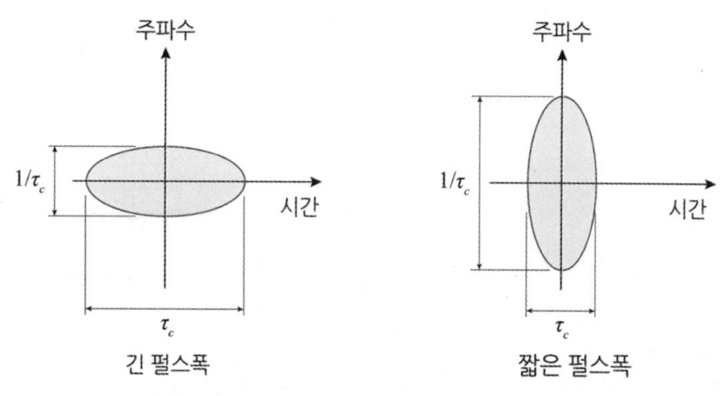

그림 8.23 Gated CW 펄스파의 모호성 등고선

단순한 CW 펄스의 시간-대역폭의 곱 (Time-Bandwidth Product)은 1보다 작을 수 없다.

LFM 파형에 대한 모호성 함수를 등고선으로 나타내면 그림 8.24와 같다. 여기서 확장 펄스폭과 주어진 대역폭의 관계가 상향 첩의 변조로 인하여 기울어진 것을 알 수 있다. 마지막으로 PRF의 주기에 따라 모호성 함수의 등고선이 달라진다. 높은 PRF (HPRF)를 갖는 펄스열과 낮은 PRF (LPRF)의 경우를 비교하면 그림 8.25와 같이 HPRF는 거리 모호성이 높고, 반면에 LPRF는 도플러 모호성이 높다는 것을 알 수 있다. 거리와 도플러 모호성 해소 기법은 8.4절에서 다중 PRF 기법을 이용하여 설명하겠다.

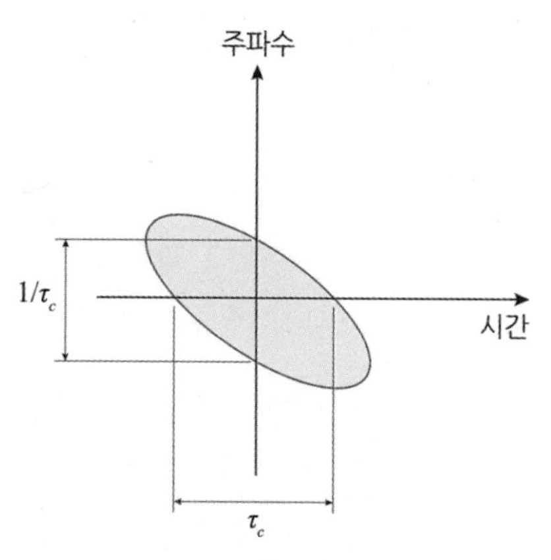

그림 8.24 LFM 파의 모호성 등고선

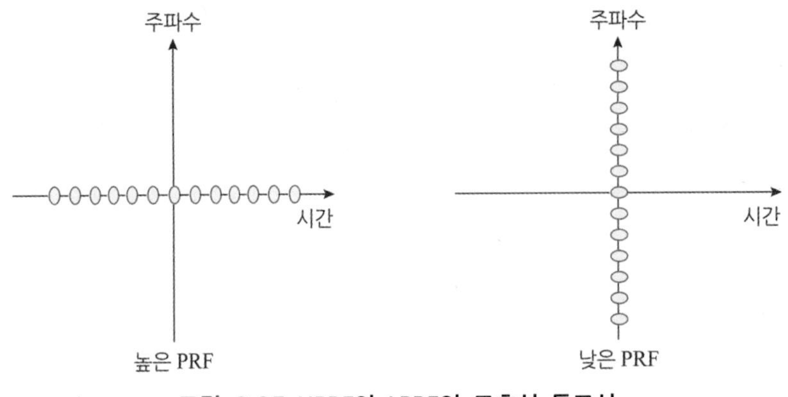

그림 8.25 HPRF와 LPRF의 모호성 등고선

8.4 레이다 PRF

8.4.1 PRF 종류

레이다의 펄스 반복 주파수 (PRF)는 레이다가 이동 표적을 샘플링하는 속도를 의미한다. 느린 표적은 천천히 바라봐도 움직임을 따라갈 수 있지만 빠른 표적은 자주 바라보아야 움직임을 따라갈 수 있다. 펄스 반복 주파수는 속도에 따라 낮은 PRF (Low PRF), 중간 PRF (Medium PRF), 높은 PRF (High PRF)로 구분한다. 레이다마다 사용하는 PRF에 따라 거리와 속도에 대한 모호성이 존재한다. 즉 느린 펄스 반복 주파수를 사용하면 펄스 주기가 길어서 대부분 주어진 펄스 시간 이내에 표적이 나타나 거리 모호성은 없다. 반면에 반복 주파수가 느리므로 표적의 샘플링 횟수가 낮아서 빠른 표적을 분해할 수 없게 되어 속도 모호성이 나타난다. 빠른 펄스 반복 주파수를 사용하면 반대로 거리 모호성이 나타나는 반면 속도 모호성은 없어진다. 이러한 레이다 모호성은 사용하는 파형과 PRF, PRI, 펄스폭 등에 의하여 거리와 속도 및 각 분해능에 영향을 미친다. PRF의 종류별로 거리 및 도플러 모호성을 도시한 것은 그림 8.26과 같다.

(1) 낮은 PRF (LPRF)

낮은 PRF를 사용하는 레이다에서는 송신 펄스의 주기가 매우 긴 것을 사용하는데 마지막으로 보낸 송신 펄스에 의하여 반사된 모든 표적들이 모두 수신된 후에 다음 펄스를 보내기 때문에 거리 모호성이 없는 경우이다. 그러나 도플러 변이는 표준 샘플링 속

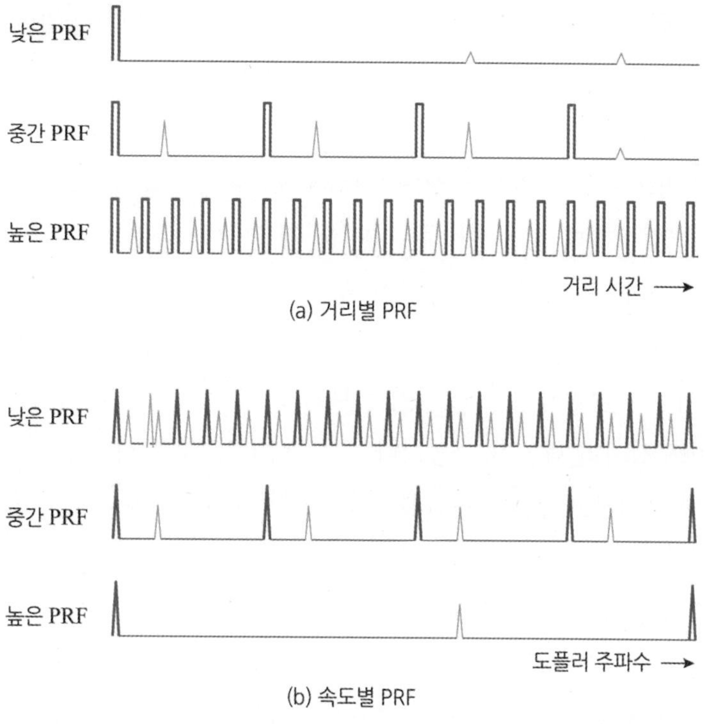

그림 8.26 레이다 PRF 분류

도보다 낮은 샘플링을 하게 되므로 파형 중첩현상 (Aliasing)이 나타나서 도플러 표적을 분해하기 어렵다. 일반적으로 LPRF는 장거리 레이다에서 주로 사용하며, 레이다의 PRF 범위는 UHF 주파수에서 수백 Hz에서 500 Hz 정도이며 X 대역에서는 1 ~ 3 KHz 범위이다. 탐지 거리는 500 Hz에서 300 km이므로 이 정도 거리 범위에서는 모호성이 없다. 반면에 도플러 신호는 X 대역에서 최대 250 Hz 정도이므로 이동 표적의 속도가 3.75 m/s 이상의 빠른 표적은 분해할 수 없게 된다. 결론적으로 LPRF는 거리 탐지에는 유리하지만 도플러 탐지는 불리하다. 또한 LPRF는 가동지수가 낮기 때문에 평균 전력이 낮아진다. 장거리 탐지에는 첨두 출력을 높게 하거나 펄스 압축 이득을 높게 하여 충분한 에너지를 전송한다.

(2) 높은 PRF (HPRF)

높은 PRF를 사용하는 레이다에서는 높은 반복 주파수로 표적을 샘플링하므로 빠른 표적을 모호성 없이 분해하는 데 용이하다. 즉 PRF는 표적의 최대 도플러 주파수보다

2배 이상 빠른 것을 사용하므로 나이퀴스트 샘플링 이론에 의한 중첩현상이 나타나지 않는다. 그러나 펄스 반복 주기가 짧아서 거리 모호성이 매우 심각하게 나타므로 이를 해결하는 다중 PRF 방법을 사용한다. 일반적으로 HPRF는 100 KHz ~ 300 KHz를 사용하는데 표적의 접근 속도는 마하 5 정도의 빠른 표적을 탐지할 수 있다. 그러나 이 경우 거리 모호성이 없는 최대 탐지 거리는 500 m 정도밖에 되지 않는다.

결론적으로 HPRF는 도플러 모호성이 없으므로 표적의 속도를 추출하는 데 유리하지만, 펄스 주기가 매우 짧아서 거리 모호성이 높아 거리를 추출하는 데 불리하다. HPRF는 가동지수가 짧아서 높은 에너지를 보낼 수 있으므로 첨두 출력은 낮은 중간 정도를 사용하여도 장거리 탐지가 가능하다. 특히 항공기 탑재 레이다에서 HPRF는 장거리 표적 탐지에 유리하고, 표적 도플러가 지상 클러터 도플러보다 매우 높기 때문에 부엽 클러터의 영향이 적은 이점이 있다. 반면에 높은 거리 모호성으로 인하여 다수의 표적을 거리상에서 분해하는 것이 복잡하다.

(3) 중간 PRF (MPRF)

중간 PRF를 사용하는 레이다에서는 거리와 도플러 속도 모두에 모호성이 존재하게 된다. MPRF는 LPRF보다 높고 HPRF보다는 낮은 범위를 사용한다. 이 경우에는 사용이 제한적이기는 하지만 두 가지 모호성을 동시에 해결할 수 있다면 많은 펄스를 누적하여 생기는 신호 전력의 이득을 얻을 수 있다. 펄스 압축 방법과 같이 사용한다면 긴 펄스폭과 높은 PRF를 통하여 탐지 거리를 확장할 수 있다. MPRF는 대부분 표적의 속도가 빠르고 탐지 거리가 긴 군용 전투기에 적용하고 있다. X 대역에서 대표적인 MPRF는 10 kHz ~ 30 kHz 범위이며 15 kHz일 때 최대 탐지 거리는 10 km, 최대 표적 속도는 112 m/s로 주어진다. 이 모드에서는 표적의 거리와 도플러 모호성을 동시에 제거할 수 있는 다중 PRF 기법을 적용하여 해결할 수 있다. 결론적으로 MPRF는 거리와 도플러 동시에 모호성이 존재하지만 모호성 문제를 해결하면 중간 정도의 전력과 PRF로 중거리 및 단거리의 많은 표적을 동시에 탐지할 수 있다. 항공기 레이다에서 MPRF는 주빔 클러터, 부엽 클러터, 고도방향 클러터 등의 영향을 동시에 받을 수 있다. 따라서 STC, 보호 안테나, 수신기 등으로 강한 지상의 부엽 클러터를 제거하도록 해야 한다.

8.4.2 거리 모호성 해소

(1) 거리 모호성 현상

레이다의 탐지 거리는 이론적으로, 레이다와 표적 간에 전파의 속도로 펄스 에너지가 전달될 때 반사되어 되돌아오는 데 걸리는 시간을 측정하여 식 (8.48)과 같이 구할 수 있다.

$$R = cT_p/2 \tag{8.48}$$

여기서 c는 빛의 속도, T_p는 왕복 시간이다. 펄스파형에서 기준 시간은 일반적으로 송신 펄스 진폭의 중심을 기준으로 산정한다.

레이다 표적의 거리 정보를 얻는 과정에서 나타날 수 있는 모호성의 경우에 대하여도 살펴본다. 송신 펄스파형을 주기적으로 특정 거리의 표적에 송신하여 시간 지연에 따라 수신되는 표적 신호는 그림 8.27과 같은 3가지 경우가 존재할 수 있다.

첫 번째는 정상적인 경우로서 송신 펄스에 의하여 반사된 수신 신호가 다음 펄스가 송신되기 전에 주어진 수신 거리 구간에 들어오는 경우이다. 이 경우에는 거리의 모호성 없이 송신 펄스에 의하여 에코 신호가 펄스 지연 시간만큼 거리 위치에 수신되므로 정상적이다. 대부분의 레이다의 정상 동작에 해당한다.

두 번째는 수신되는 에코 신호가 공교롭게도 송신 펄스폭의 시간 구간에 정확하게

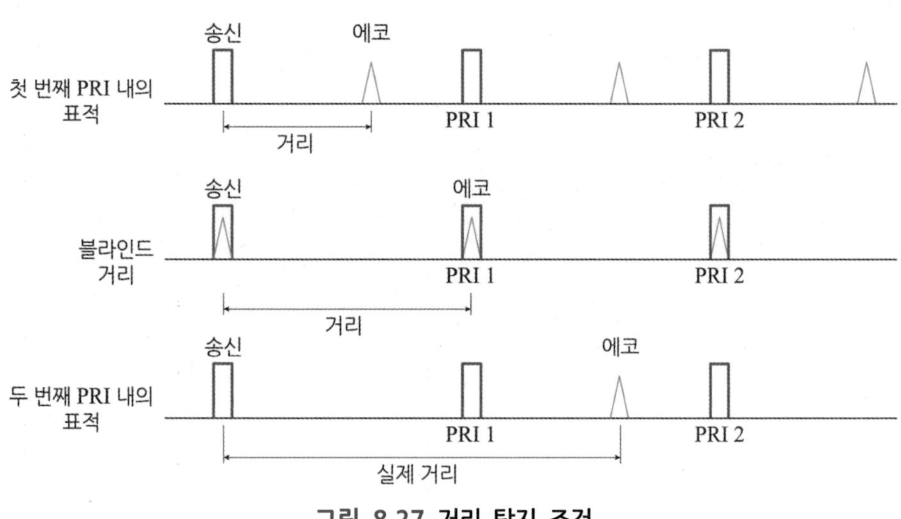

그림 8.27 거리 탐지 조건

나타나는 경우로서 일종의 블라인드 구간에 속한다. 대부분의 모노 스태틱 레이다에서는 이러한 경우 표적의 거리 정보를 놓치게 된다. 이 경우에는 레이다로부터 동일한 위치에서 반사되는 표적의 거리가 송신하는 PRI와 일치하기 때문에 발생하는데, 이는 앞을 못 보는 맹인과 같으므로 '블라인드 (맹인) 거리'라고 한다.

세 번째는 표적이 송신하는 펄스의 PRI 최대 거리보다 멀리 존재하는 경우에 첫 번째 펄스에 의하여 반사 신호가 들어오지 못하고 두 번째, 세 번째 펄스에 의하여 순차적으로 수신되는 경우이다. 매번 송신하는 펄스의 주기 내에 수신 신호가 존재하기는 하지만 반복 주기에 의하여 나타나는 현상이며 실제 표적의 거리가 아니므로 모호성이 존재하게 된다. 모호성 거리 구간에 따라 3가지 경우로 구분하여 그림 8.28과 같이 예시하였다. 모두 동일한 PRI를 사용하는 경우에 첫 번째 거리 구간은 정상적이며, 두 번째 구간은 실제 거리가 두 번째 펄스에 의하여 첫 번째 PRI 구간에 허상 표적이 나타난 경우이며, 세 번째 구간은 세 번째 펄스에 의하여 첫 번째와 두 번째의 PRI 구간에 표적이 허상으로 나타난 경우이다. 동일한 PRI를 사용하는 레이다의 경우에 허상 표적 거리와 실제 표적 거리 간의 관계식을 식 (8.49), (8.50)과 같이 표현할 수 있다.

$$R_A = R \mod [(cPRI)/2] \tag{8.49}$$

$$R = R_A + (c/2)[(n_R - 1)/PRF] \tag{8.50}$$

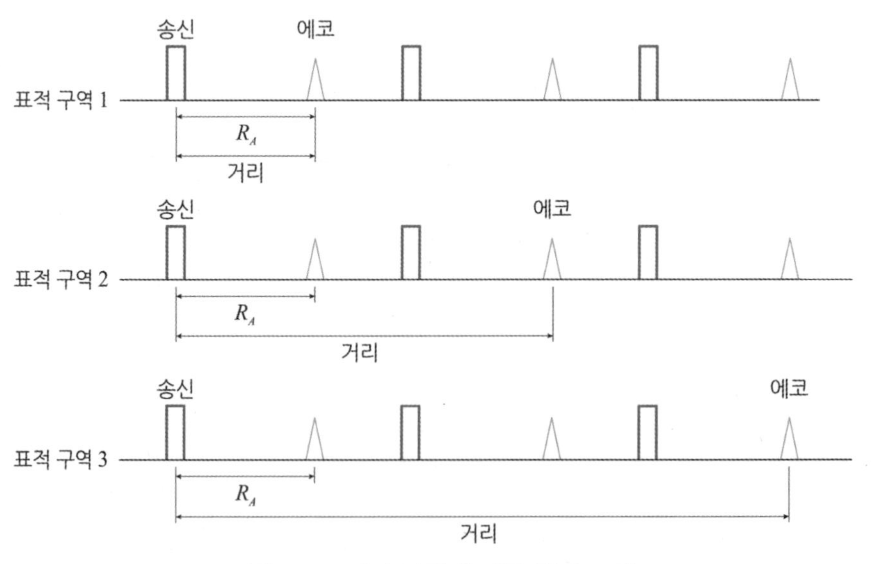

그림 8.28 거리 구간에 따른 탐지 조건

여기서 R은 실제 거리, R_A는 허상 표적의 거리, n_R은 거리 구간의 수, mod는 PRI 단위의 반복을 modulo로 표현한 것이다.

(2) 거리 모호성 해소 기법

거리 모호성을 해소하는 기법은 허상 표적이 나타나는 거리 위치를 다른 PRF를 사용하여 서로 다른 거리에 나타나도록 해줌으로써 실제 표적과의 거리를 분별하도록 해주는 것이다. 식 (8.49)에서 보이는 바와 같이 특정 거리 구간에서 나타나는 허상 표적이 실제는 다른 PRF를 사용하면 다른 거리에 나타난다. 이러한 허상 표적을 '고스트(Ghost) 표적'이라고 한다. 3개의 서로 다른 PRF를 사용하여 동일한 표적 거리에 대한 에코 신호를 도시하면 그림 8.29와 같다. 여기서 PRF #1을 기준으로 PRF #2와 #3은 각각 기준 PRF에 비하여 거리 셀 1개 정도로 높거나 낮은 PRF를 사용한다. 실제 표적 거리는 3번째 펄스와 4번째 펄스 사이의 중간에 존재한다고 가정한다. PRF #1을 이용하여 수신된 신호는 첫 번째 PRI 구간에서 송신 펄스 시간을 기준으로 중간에 나타난다. 그러나 PRF #2를 사용하는 경우에는 PRI 구간이 짧으므로 수신된 신호는 기준 신호를 중심으로 볼 때 멀리 나타나고, PRF #3을 사용한 경우에는 상대적으로 짧게 나타난다. 이와 같은 현상은 첫 번째 PRI 구간과 두 번째 구간에서 서로 다르게 나타나지만 세 번째

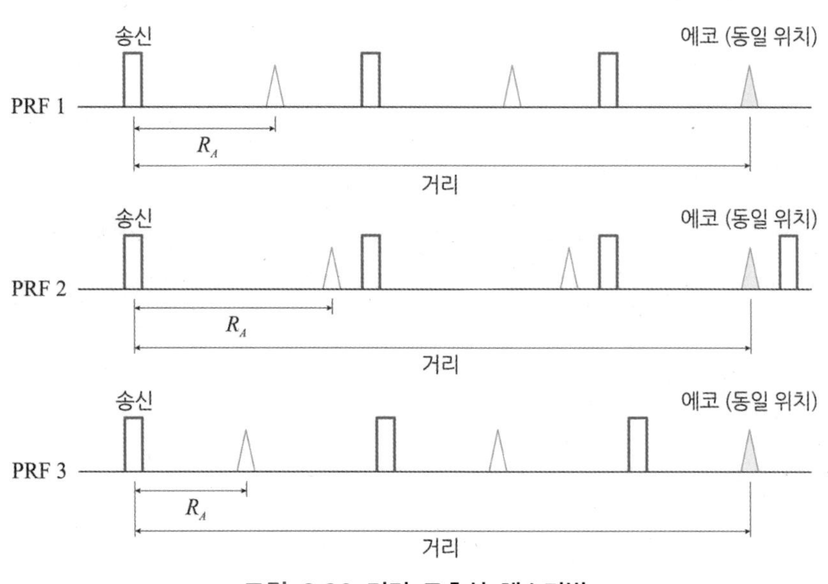

그림 8.29 거리 모호성 해소기법

구간에서는 3개의 서로 다른 PRF를 사용한 경우에도 동일한 거리 위치에 표적이 나타남을 알 수 있다. 이와 같이 실제 표적의 거리는 다중 PRF를 사용하여 수신된 구간을 비교해보면 표적의 위치가 모두 동일하게 나타나는 PRF 구간 위치가 실제 표적의 거리가 됨을 알 수 있다.

다중 PRF를 사용하는 레이다 시스템은 일정한 CPI (*Coherent Processing Interval*) 시간 단위로 매번 PRF를 바꾸어 가면서 펄스를 보내고 받아야 하므로 신호처리가 복잡할 수 있다. 또한 모호한 허상 표적이 많이 존재할 가능성이 있다면 미지의 표적 수만큼 다중 PRF의 수를 증가시켜주어야 한다. 이론적으로 모호성 분해를 위하여 식 (8.50)을 이용하여 구할 수 있다. 주어진 식에서 알고 있는 항목은 각 PRF에 의하여 측정된 허상 표적의 거리 정보와 PRF, 그리고 전파의 속도이다. 이 식으로부터 실제 거리와 거리 구간을 미지수로 구해야 한다. 그러나 하나의 PRF에 대해서는 하나의 방정식과 2개의 미지수가 존재한다. 마찬가지로 2개의 PRF를 사용하여도 2개의 방정식과 3개의 미지수가 존재한다. 따라서 아무리 다중 PRF를 사용해도 방정식의 수보다도 하나 더 많은 미지수가 존재하므로 해를 구하기 어렵다. 그러나 실제 거리 구간은 영보다 큰 실수이고, 실제 거리는 PRI에 의해 주어지는 계측 거리 (Instrumented Range) 구간 내에 존재한다. 따라서 이러한 조건하에서 합리적인 표적의 수에 맞도록 거리 구간의 오차 확률이 적은 적절한 다중 PRF 세트를 구할 수 있다. 효율적인 다중 PRF의 주파수는 개별 PRF의 최대 공배수 (Greatest Common Factor)를 갖는 PRF를 선정하면 최대 탐지 거리를 확보할 수 있다.

(3) PRF 제한 사항

① 블라인드 거리 제한

수신 에코 신호가 송신 펄스 시간에 일치하여 들어오는 경우에 표적의 거리는 영으로 주어지므로 실제 표적 거리를 측정할 수 없는데 이를 '블라인드 (맹인) 거리'라고 한다. 펄스 레이다에서 송신 신호에 의하여 수신 신호가 잠식되는 현상으로서 블라인드 거리는 다음 식 (8.51)로 주어진다.

$$R_B = n_R cPRI/2 \tag{8.51}$$

여기서 R_B는 블라인드 거리, n_R은 거리 구간이다.

② 최소 탐지 거리 제한

표적의 최소 탐지 거리는 송신 펄스폭과 레이다 송신단의 소자에 의한 시간 지연의 영향을 받는다. 펄스 압축을 사용하는 레이다에서는 대부분 송신 확장 펄스폭에 의하여 수신 구간이 제한되므로 최소 탐지 거리가 제한받는다. 최소 탐지 거리는 식 (8.52)와 같다.

$$R_{\min} = c(\tau_E + \tau_D + \tau_M) \tag{8.52}$$

여기서 τ_E는 송신 펄스의 확장 시간, τ_D는 송신기와 안테나를 연결하는 듀플렉스의 스위칭 회복 시간, τ_M은 기타 송수신 회로에 의하여 발생하는 지연 시간이다.

8.4.3 도플러 모호성 해소

(1) 도플러 주파수 유도

이동하는 표적이 레이다로부터 가까워지거나 멀어질 때 반사되는 전파신호는 주파수의 변이가 일어나서 송신 주파수와 약간 다른 주파수로 에코 신호가 수신된다. 이러한 현상을 도플러 변이라고 하며 표적의 속도는 도플러 변이의 크기와 방향을 측정하여 구할 수 있다. 도플러 변이에 따른 위상의 변화는 식 (8.53)과 같다.

$$\phi_T = 2\pi R / \lambda_T \tag{8.53}$$

여기서 ϕ_T는 레이다와 표적 간의 한 방향의 위상을 나타내며, λ_T는 레이다 송신 파장이다. 표적의 주파수 f_{tgt}는 레이다의 송신 주파수 f_T와 이동 표적에 의하여 발생된 주파수 변화량 Δf_{tgt}의 합으로 식 (8.54)와 같다.

$$f_{tgt} = f_T + \Delta f_{tgt} \tag{8.54}$$

이동 표적의 주파수 변화량은 전체 위상의 변화량으로 식 (8.55)와 같다.

$$\Delta f_{tgt} = (1/2\pi) d\phi / dt \tag{8.55}$$

여기서 $d\phi_T/dt = (2\pi/\lambda_T) dR/dt$로 주어지고, dR/dt는 도플러 변이에 의한 표적의 속도 성분 v_R로 표현되므로 결과적인 도플러 주파수 변이는 식 (8.56)으로 주어진다.

$$f_{tgt} = f_T + f_T \frac{v_R}{c} \tag{8.56}$$

이동 표적의 도플러 주파수 변이는 레이다의 수신 주파수로 표현하면 식 (8.57)로 주어진다.

$$f_R = f_{tgt} + \Delta f_{tgt} = f_{tgt} + (1/2\pi)d\phi/dt = f_T + 2v_R/\lambda_T \tag{8.57}$$

따라서 수신 주파수와 도플러 변이 주파수는 각각 식 (8.58)와 (8.59)으로 정리할 수 있다.

$$f_R = f_T \frac{1 + v_{R/c}}{1 - v_{R/c}} \approx f_T(1 + 2v_R/c) \tag{8.58}$$

$$f_d = f_T \left[\frac{1 + v_{R/c}}{1 - v_{R/c}} - 1 \right] \approx 2f_T v_R/c = 2v_R/\lambda_T \tag{8.59}$$

(2) 도플러 모호성 현상

이동 표적에 대한 도플러 측정은 도플러 변이량에 따라 표적을 샘플링하는 속도의 함수로 주어진다. CW 레이다의 경우에는 단순하게 송신 주파수 스펙트럼 성분이 하나의 주파수 성분으로 주어지므로 표적에 의한 에코 주파수 스펙트럼과의 차이 주파수 성분을 직접 추출하면 된다. 그러나 펄스 레이다의 경우에 펄스파형은 이론적으로 PRF 샘플링 간격으로 무한개의 스펙트럼 라인 성분이 존재한다.

펄스파형에 대한 스펙트럼 조건은 그림 8.30과 같이 4가지 모호한 경우가 발생할 수 있다. 첫 번째 조건은 표적이 움직이지 않는 경우에 도플러 변이가 발생하지 않으므로 송신 주파수 라인에 동일하게 수신 주파수가 겹치는 경우이다. 표적이 레이다와 동일한 속도로 움직이거나, 표적이 클러터처럼 PRF 라인에 나타나거나 또는 표적이 레이다와 수직 방향으로 이동함으로써 제로 도플러의 DC 성분이 송신 주파수 라인에 나타나는 경우에 해당한다. 두 번째의 경우는 수신 도플러가 송신 주파수 라인으로부터 PRF 주파수 라인의 절반 이내의 스펙트럼으로 나타나는 정상적인 경우이다. 나이퀴스트 샘플링 기준에 따라서 샘플링되었으므로 모호성 없이 이동 표적의 도플러 성분을 추출할 수 있다. 세 번째 경우는 이동 표적의 도플러 변이가 송신 주파수 스펙트럼 라인과 동일한 주파수에 나타나는 현상으로 PRF와 정수배로 나타난다. 대부분의 경우에는 클러터의 제로 도플러 성분이 PRF 라인에 다중으로 나타나는 현상이다. 그러나 도플러 주파수가 동일한 PRF 라인에 다중으로 나타나면 표적의 도플러가 필터에 의하여 제거되므로 표적의 속도 성분을 추출할 수 없게 된다. 이러한 현상을 '블라인드 (맹인) 도플러'라고 한다. 블라인드 도플러는 표적의 속도가 PRF 주파수와 일치하는 경우에 나타나며 식 (8.60)과 같다.

$$f_B = nPRF, \quad v_B = (c\ nPRF)/(2f_T) \tag{8.60}$$

여기서 f_B와 v_B는 각각 블라인드 주파수와 속도이다. 마지막으로 네 번째 경우는 이동 표적의 도플러 주파수가 PRF의 절반보다 큰 경우이다. 이 경우에는 허상 표적 도플러 값이 가장 가까운 송신 주파수 라인 부근에 나타나므로 실제 도플러 주파수는 모호한 상태가 된다. 허상 도플러 값과 실제 도플러 값 사이에는 다음 식 (8.61)과 같은 관계식이 주어진다.

$$f_A = [(f_d \bmod PRF) \pm PRF]\ \bmod PRF \tag{8.61}$$

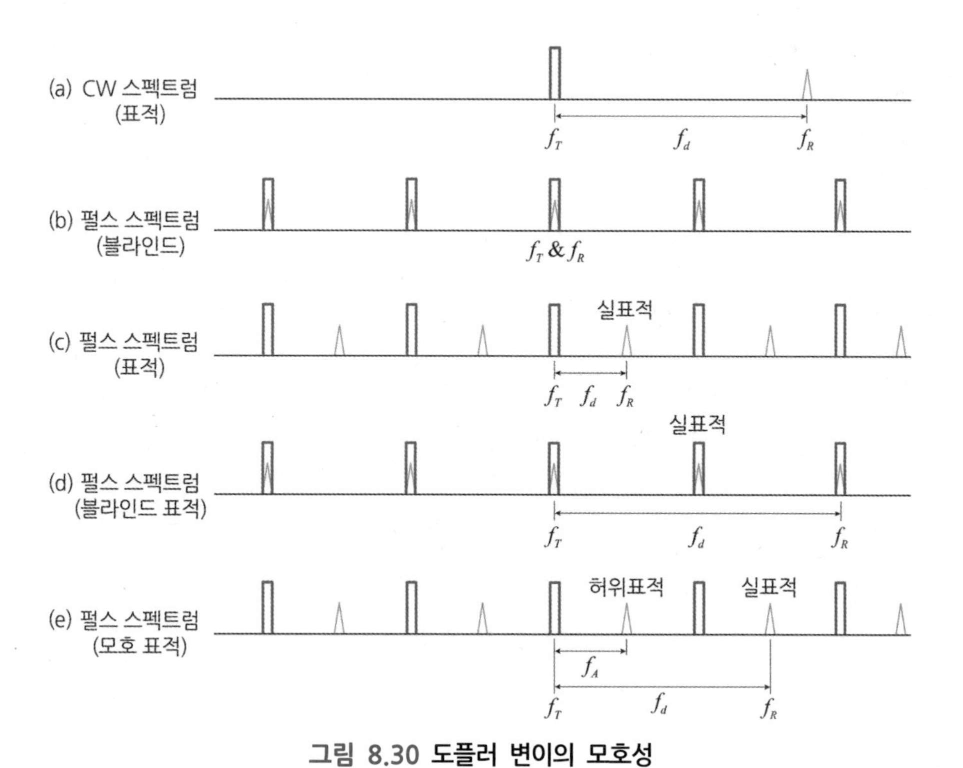

그림 8.30 도플러 변이의 모호성

여기서 f_A는 중첩으로 인한 현상적인 도플러 변이 주파수이고 f_d는 실제 도플러 주파수 값이다. 이러한 허상 도플러의 모호성을 해결하는 방법도 거리 모호성에서 사용한 다중 PRF 방법으로 해결할 수 있다.

(3) 도플러 모호성 해소

도플러 모호성은 표적의 속도보다 2배 이상 높은 나이퀴스트 속도로 샘플링하지 않을 때 발생한다. 보통 낮은 PRF나 중간 PRF를 사용하는 경우에 도플러 모호성이 발생한다. 거리 모호성 해소 기법과 유사하게 도플러 모호성은 여러 개의 서로 다른 PRF를 다중으로 사용하여 해소할 수 있다. 도플러 구간이 주어질 때 실제 도플러 주파수는 식 (8.62)와 같이 주어진다.

$$f_d = f_A + n_D PRF \tag{8.62}$$

여기서 n_D는 도플러 구간으로 양의 정수, 음의 정수, 제로가 될 수 있다. 도플러 모호성을 해소하는 데는 거리 모호성과 마찬가지로 동일한 문제가 있다. 즉, 주어진 방정식의 개수보다 미지수가 반드시 한 개 더 존재하므로 모든 모호성을 해소하기는 어렵다. 그러나 실제적으로 표적이 너무 많지 않고 적합한 PRF의 세트 조합을 잘 이용하면 실제 도플러를 찾아내는 데 큰 문제는 없다.

8.5 FMCW 파형

8.5.1 사인파 FMCW

레이다의 송신 파형에 CW 형태를 사용하는 경우는 펄스파형과 완전히 다른 구조를 가진다. 일반적으로 CW 파형은 도플러 속도 변이를 찾기는 용이하지만 연속파의 신호 주기가 매우 짧아서 거리를 탐지하기 위한 지연 시간을 찾을 수가 없다. 따라서 CW 파형을 이용하여 거리를 추출하기 위해서는 적절한 변조 파형이 필요하다. 대표적인 CW의 변조 형태는 사인파를 갖는 캐리어에 주파수 변조를 하는 방법과 삼각파를 갖는 캐리어에 주파수 변조를 시키는 방법, 경우에 따라 캐리어에 위상 변조 코딩을 시키는 방법

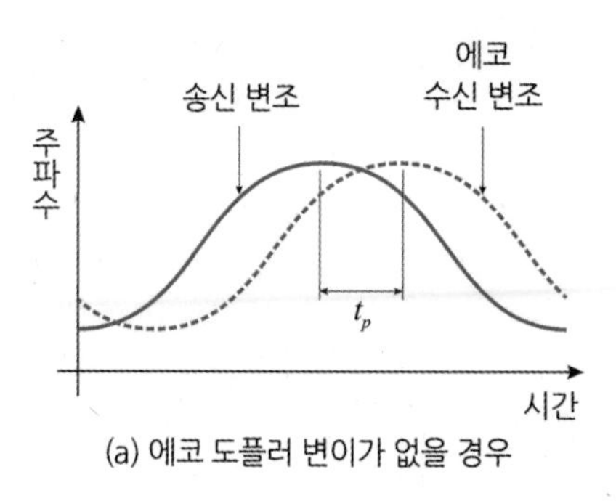

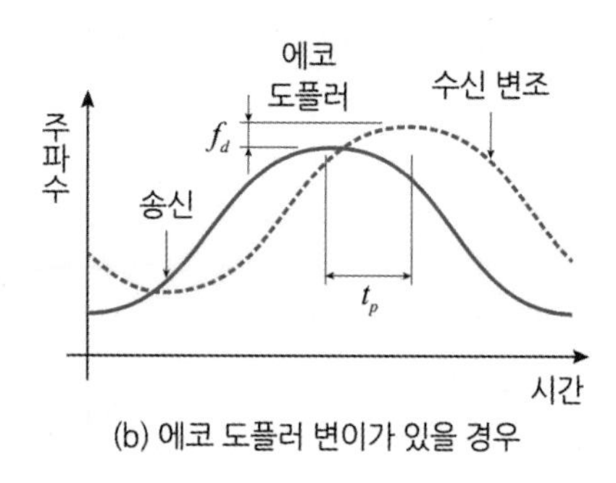

그림 8.31 사인파 FMCW 파형

등이 있다.

사인파 FMCW 파형은 가장 간단한 형태이며 그림 8.31과 같이 RF 캐리어가 사인파로 주파수 변조된 형태이다. 표적 간의 거리는 송신 파형과 반사 에코 신호의 변조파와의 위상 변이를 측정하여 구할 수 있다. 즉 전파 시간은 식 (8.63)과 같다.

$$t_p = \frac{\delta\phi}{360 f_M} \tag{8.63}$$

여기서 t_p는 송신에서 에코까지의 전파 시간, $\delta\phi$는 송신 파형을 기준으로 에코 변조된 신호의 위상 변이, f_M은 변조 주파수이다. 그림 8.31(a)에서 보이는 바와 같이 도플러 변이가 없는 경우에 송신 파형과 에코 수신 파형 간의 거리 시간 지연을 알 수 있다. 그러나 도플러 변이가 있을 경우에는 그림 8.31(b)와 같이 송신 파형과 에코 수신 파형의 거리 시간지연뿐만 아니라 도플러 변이 성분을 알 수 있다. 이러한 사인파 FMCW는 2개 이상의 다수의 표적이 있을 경우에는 직접 구분할 수 없다는 단점이 있다. 왜냐하면 두 표적에 대한 도플러 성분이 더해져서 하나의 도플러 성분으로 나타나기 때문이다. 사인파 FM 거리 측정기는 비교적 구조가 간단한 이점이 있으므로 단일 표적이 존재할 경우에 단일 표적 추적기 등으로 사용한다.

8.5.2 삼각파 FMCW

삼각파 FMCW 파형은 가장 일반적인 형태이며 그림 8.32와 같이 단일 표적이 거리의 변화는 있지만 도플러 변이가 없는 경우의 송수신 파형을 도시하였다. 여기서 삼각파 FMCW의 주기는 T이며 Sweep 대역폭은 B로 주어진다. 거리 정보는 송신 파형의 기준

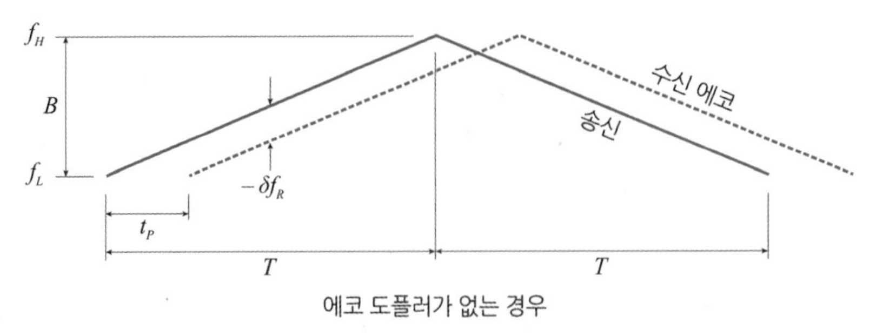

그림 8.32 삼각파 FMCW의 거리 측정

시간에서부터 수신 파형의 지연 시간과의 차이로 구할 수 있으며, 도플러 변이 성분이 없으므로 주파수의 차이는 상향 첩이나 하향 첩이 동일하며 시간 지연에 비례한다. 이때 거리지연으로 인한 도플러 변이는 송신 주파수에 비하여 도플러 변이 성분에 해당하는 크기로 줄어든다. 이와 같이 송신 주파수와 대역폭, 송수신 주파수 차이, 주파수와 표적 거리와의 관계는 식 (8.64), (8.65)로 주어진다.

$$t_p = \frac{T\delta f_R}{B} \tag{8.64}$$

$$R = c\frac{T\delta f_R}{2B} \tag{8.65}$$

여기서 t_p는 왕복 지연 시간, T는 변조 파형의 주기, δf_R은 표적 거리에 의한 송수신 주파수 차이, R은 거리, c는 빛의 속도, B는 대역폭으로 $B = f_H - f_L$로 주어지며 f_H는 송신 파형의 높은 주파수, f_L은 송신 파형의 낮은 주파수이다. 여기서 변조 주파수는 식 (8.66)으로 주어진다.

$$f_m = 1/T \tag{8.66}$$

변조파의 주기 동안 대역폭의 변화로 주어지는 FM 변화율 f_{rate}는 식 (8.67)로 주어진다.

$$f_{rate} = B/T = B/(1/f_m) = f_m B \tag{8.67}$$

거리에 의한 비트 주파수 (Beat Frequency) δf_R은 식 (8.68)로 주어진다.

$$\delta f_R = t_p f_{rate} = (2R/c) f_{rate} \tag{8.68}$$

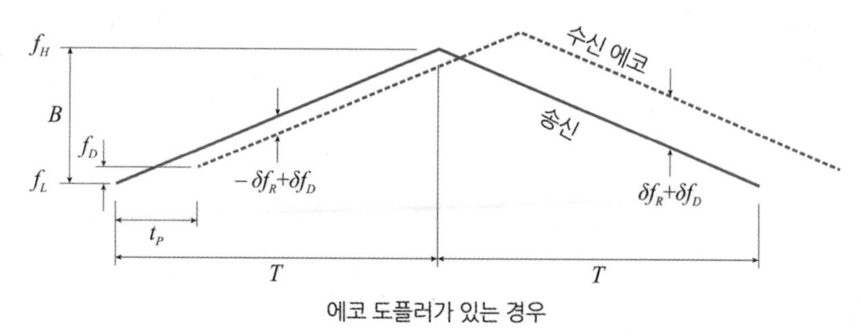

그림 8.33 삼각파 FMCW의 거리 및 속도 측정

또한 FM 변화율은 식 (8.68)을 이용하여 식 (8.69)와 같이 표현할 수 있다.

$$f_{rate} = (c/2R)\delta f_R \tag{8.69}$$

따라서 거리의 변화 성분에 의한 도플러 비트 주파수는 식 (8.70)으로 주어진다.

$$\delta f_R = 2Rf_m B/c \tag{8.70}$$

다음에는 삼각파 FMCW 파형에서 단일 표적이 거리의 변화와 동시에 도플러 변이가 존재하는 경우의 송수신 파형을 그림 8.33에 도시하였다. 이 경우에는 거리 시간 지연에 따른 송수신 주파수의 차이 δf_R 성분과 도플러 변이에 의한 f_D 성분이 각각 비트 주파수 (Beat Frequency)로 나타난다. 여기에서 비트 주파수는 송신 주파수에서 수신 주파수를 빼는 것으로 정의한다. 그림 8.34에서 보이는 바와 같이 첫 번째는 상향 첩 주파수에서 δf_{US} 성분으로 나타나고 두 번째는 하향 주파수에서 δf_{DS} 성분으로 나타난다. 식 (8.71), (8.72)와 같이 도플러 변이가 거리 변이보다 큰 경우 상향 첩 시간 동안에는 δf_{US}는 두 성분의 비트 주파수로 주어지고, δf_{DS}는 두 성분의 합의 주파수로 나타난다.

$$\delta f_{US} = f_D - \delta f_R \tag{8.71}$$

$$\delta f_{DS} = f_D + \delta f_R \tag{8.72}$$

위 두 식을 이용하여 도플러 속도와 거리에 대한 비트 주파수를 구하면 식 (8.73)과 (8.74)로 주어진다.

$$f_D = (\delta f_{DS} + \delta f_{US})/2 \tag{8.73}$$

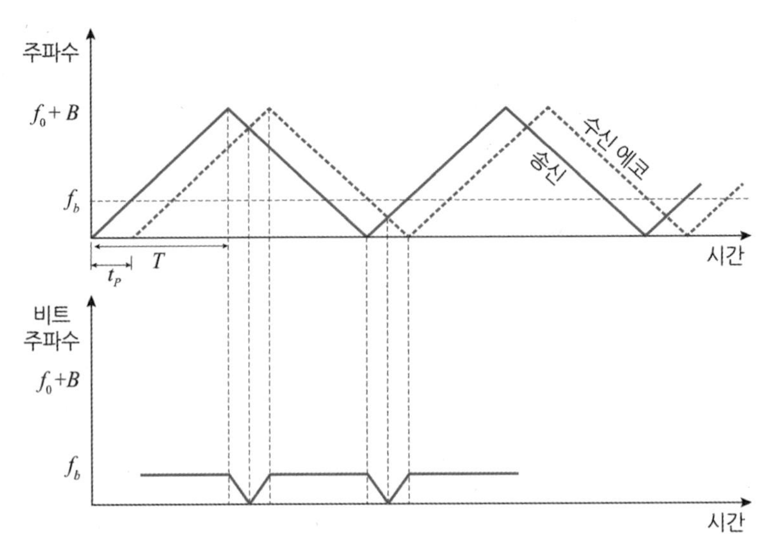

그림 8.34 삼각파 FMCW의 비트 주파수

$$\delta f_R = (\delta f_{DS} - \delta f_{US})/2 \tag{8.74}$$

따라서 삼각파 FMCW 파형을 이용하여 속도는 식 (8.73)으로 구할 수 있고, 거리는 식 (8.74)를 (8.65)에 대입하면 식 (8.75)와 같이 쉽게 구할 수 있다.

$$R = c\frac{T\delta f_R}{2B} = cT(\delta f_{DS} - \delta f_{US})/4B \tag{8.75}$$

마지막으로 비트 주파수를 설정할 때 만약 수신 신호에서 송신 신호를 뺀 비트 주파수를 구하면 위에서 유도한 도플러 변이에 대한 부호가 반대로 된다는 것에 주의해야 한다. 즉, 이 경우 업다운 주파수는 $\delta f_{US} = \delta f_R - f_D$, $\delta f_{DS} = \delta f_R + f_D$로 주어지며, 이때 거리와 속도는 각각 $\delta f_R = (\delta f_{DS} - \delta f_{US})/2$와 $f_D = (\delta f_{DS} + \delta f_{US})/2$로 주어진다. 또한 가지 고려 사항은 최대 탐지 거리를 정할 때 Sweep 주기 시간을 결정하는 문제인데, 보통 최대 지연 시간은 상향 및 하향 첩의 주기 T의 10% 정도로 정한다. 이때 최대 탐지 거리를 구하면 식 (8.76)과 같이 표현된다.

$$R_{\max} = 0.1cT/2 = 0.1c/2f_m \tag{8.76}$$

FMCW에서 모호성이 없는 최대 탐지 거리는 T로 주어진다. 예를 들어 1 kHz의 Sweep 주기에 대한 최대 탐지 거리는 펄스 레이다의 경우 150 km가 되지만 FMCW 레

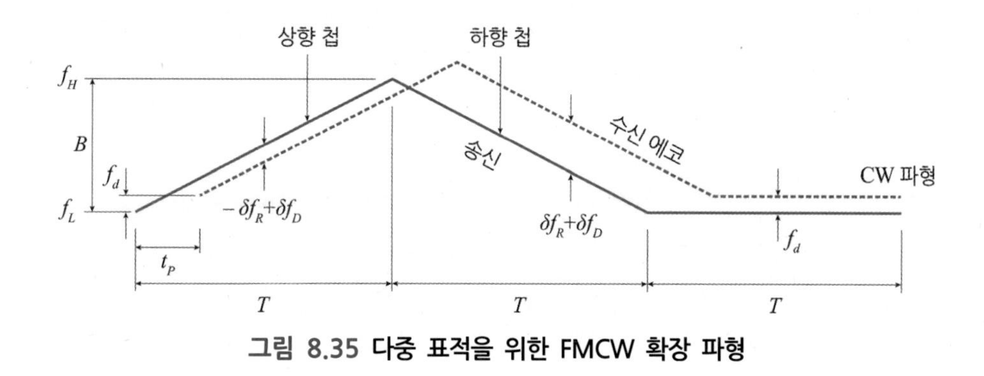

그림 8.35 다중 표적을 위한 FMCW 확장 파형

이다에서는 15 km가 된다.

8.5.3 FMCW의 다중 표적 모호성

FMCW 파형을 이용한 레이다는 송수신 모듈의 구조가 간단하고 저전력으로 소형을 저가로 사용할 수 있는 장점이 있다. 가장 취약한 단점은 다중 표적이 존재할 때 모호성이 존재하여 표적을 분해하는 데 한계가 있다는 점이다. 단일 표적을 탐지할 경우에는 표적의 고유한 위치와 속도 변이를 구분하여 나타나므로 문제가 없지만, 두 개의 표적이 동시에 존재할 경우에는 두 개의 서로 다른 주파수의 에코 신호를 받지만 복합 도플러 신호는 이들 각 에코 주파수의 합으로 나타난다. 따라서 상향 첩, 하향 첩의 스펙트럼을 분석해도 완전히 다른 주파수의 위치에 도플러 주파수 성분이 나타난다. 이 경우에는 상향 첩 비트 주파수와 하향 첩 비트 주파수가 마구 섞여서 구분할 수가 없다. 이러한 모호성을 해결하기 위한 한 방법으로 기본적인 삼각파 FMCW의 한 주기 바로 뒤를 이어서, 변조시키지 않은 CW 파형을 한 주기 추가하여 그림 8.35와 같이 하나의 파형 세트를 구성하는 것이다. 이렇게 하면 다수의 표적이 존재하더라도 순수한 도플러 변이에 대한 성분이 서로 섞이지 않아 구분할 수 있다.

따라서 상향 첩과 하향 첩에서 각각 구한 비트 주파수와 짝을 지어 고유한 도플러 성분과 일대일로 매칭이 되는 경우의 주파수를 찾아서 서로 다른 표적의 거리와 도플러를 구분할 수 있다. 또 다른 방법은 서로 경사도가 다른 삼각파를 여러 개 묶어서 다중의 삼각파 FMCW 파형을 만들어 해결하는 것이다.

설계 예제

FMCW 파형의 다중 표적 모호성 해소 방법에 대한 예시로서 항공기 레이다 파라미터를 다음과 같이 설정한다. 즉, 삼각파의 주기는 10 ms, 캐리어 주파수는 10 GHz에서 시작하여 2 MHz 대역폭으로 삼각파의 상향 및 하향 기울기 구간을 주사한다. 예제로서 상향 첩에 의한 스펙트럼은 1) −38,665 Hz, 2) −50,872 Hz, 3) −85,487 Hz이고 하향 첩에 의한 스펙트럼은 a) +74,713 Hz, b) +86,665 Hz, c) +95,802 Hz라고 가정한다. 또한 CW 파형에 대한 주파수는 24,005 Hz, 22,462 Hz, −35,487 Hz로 주어진다. 이 경우에 3개의 표적에 대한 거리와 속도를 구해보자.
시행착오에 의한 방법으로 각 상향 및 하향 첩에서 주어진 각 주파수를 짝을 지어 차례로 도플러 주파수를 찾아본다.

(1) 1)번 주파수와 a)번 주파수를 짝으로 구한 도플러 주파수는 17,929 Hz로 주어진다. 따라서 이 주파수는 CW 파형으로 구한 고유한 도플러 주파수와 일치하지 않으므로 무시한다.
(2) 1)번 주파수와 b)번 주파수와 짝으로 구한 도플러 주파수는 24,005 Hz로 CW에서 구한 주파수와 일치하므로 선택하며, 이때 거리를 구하면 하나의 표적에 대한 모호성은 해결된다. 이와 같은 방법으로 계속해서 상향 및 하향 주파수를 짝으로 구하면 1)번과 c)번의 도플러 주파수는 28.574 Hz이므로 틀린 경우이며 1)번과 b)번의 도플러 주파수는 짝을 이루며, 이때 거리 비트 주파수는 62,660 Hz로서 도플러 속도는 360 m/s이며 거리는 47 km로 환산된다.
(3) 마찬가지로 두 번째 상향 주파수 2)번에 대한 짝을 찾아서 정리하면 속도 도플러는 95,802 Hz가 되며, 이때 속도는 337 m/s이며 거리는 55 km로 주어진다.
(4) 마지막으로 3)번 주파수에 대한 짝은 하향 첩에서 74,513 Hz로 주어지며 속도는 −82.3 m/s이므로 항공기에서 멀어지는 표적이며 거리는 60 km로 환산된다.

8.5.4 FMCW의 주파수 분해능

FMCW 파의 분해능은 펄스파형과 마찬가지로 식 (8.77)과 같이 지속 시간의 역수로 주어진다.

$$\Delta f_s = 1/T \tag{8.77}$$

여기서 Δf_s는 주파수 해상도, T는 파형의 주기이다. 도플러 해상도는 주파수 해상도와 직접 관련이 있으므로 식 (8.78)과 같다.

$$\Delta f_d = \Delta f_s \tag{8.78}$$

그러나 FMCW의 거리 해상도 ΔR는 주어진 FM 파형의 대역폭과 관계가 있으므로 식 (8.79)와 같다.

$$\Delta R = cT(1/T)/2B \tag{8.79}$$

거리 해상도는 Sweep 대역폭이 넓을수록 좋아진다. 반면에 대역폭이 넓어지면 도플러 해상도는 어떻게 되는지 살펴보자. 도플러 변이는 주사한 주파수의 함수이므로 만약 도플러 주파수에 Sweep 범위를 벗어날 정도로 변이가 생기면 문제가 될 수 있으므로 일반적으로 Sweep 대역폭은 충분히 좁을수록 도플러 해상도에 유리하다.

설계 예제

만약 10 GHz의 캐리어에 실린 Sweep 대역폭이 2 MHz (±1 MHz)이고 표적이 5.5마하일 경우에 Sweep당 도플러 주파수와 도플러 해상도가 어느 정도인지 알아보자.

(1) 낮은 캐리어 주파수 (9.9990 GHz)에서 도플러는 123,921 Hz이며, 높은 캐리어 주파수 (10.0010 GHz)에서 도플러 주파수는 123,946 Hz가 된다.

(2) 총 도플러 주파수를 300 Hz 셀 간격으로 1024 셀로 나누면 도플러 변이는 Sweep당 겨우 0.08 셀 정도 차이가 난다. 즉, 주어진 주파수 분해능으로는 도플러를 분해하기 어렵게 된다.

따라서 표적이 빠르거나 Sweep 대역폭이 넓어질수록 이러한 현상이 생긴다. 극단적인 경우에 도플러 변이가 없다면 (제로 도플러), 단일 스펙트럼 성분만 주어지므로 거리 정보만 얻게 된다.

CHAPTER 9

레이다 신호처리

9 레이다 신호처리

9.1 개요

레이다 시스템에서 레이다 신호처리기는 정보를 처리하는 두뇌와 같은 역할을 한다. 레이다 송신기는 파형을 송신 주파수에 실어서 증폭하여 안테나로 보내고 표적에 반사된 신호는 주변 클러터 잡음과 함께 수신기를 통하여 들어온다. 안테나와 송수신기가 하는 주요 역할이 단순히 파형을 표적에 보내고 받는 통로 역할이라고 보면, 레이다 신호처리기는 수신된 복합신호 속에 묻혀 있는 미약한 표적 신호를 찾아내어 레이다 표적 정보를 추출하는 두뇌와 같은 역할을 한다고 볼 수 있다. 레이다 주변 환경은 항상 클러터와 재밍과 같은 간섭 잡음 속에 매우 복잡하고 강한 신호들이 요동치고 있다. 그림 9.1과 같이 표적 신호도 RCS가 항상 일정하지 않고 Swerling 모델에 따라 크기와 위

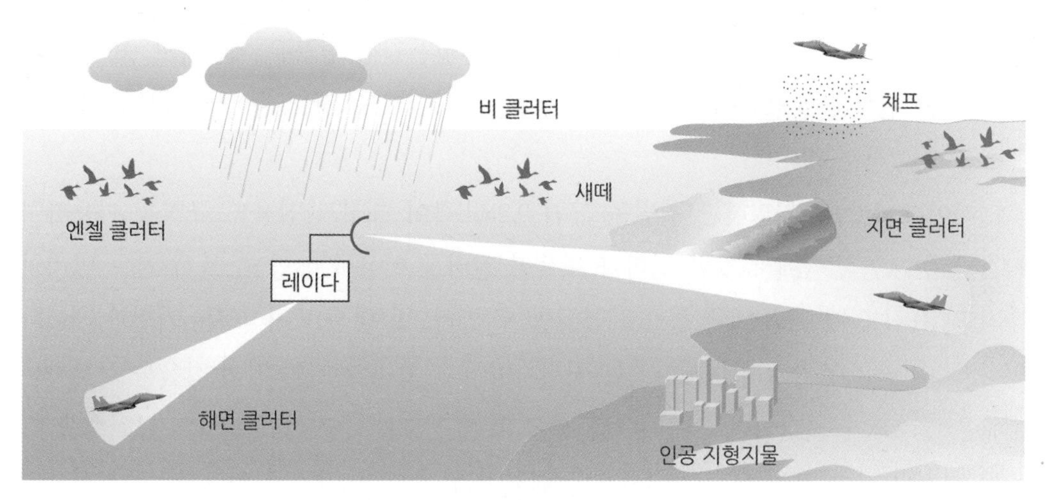

그림 9.1 레이다 환경과 신호처리

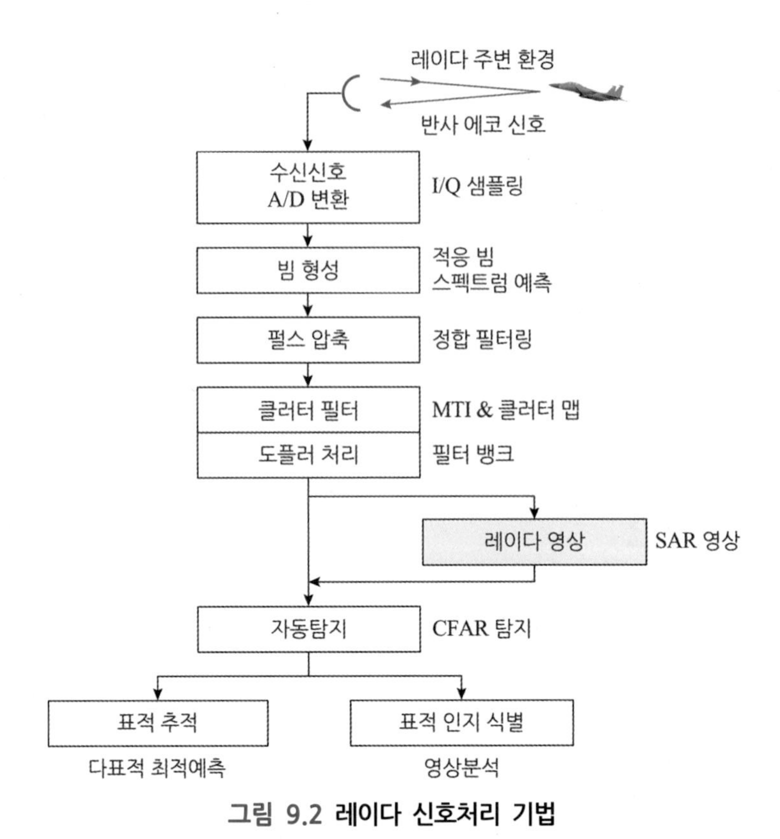

그림 9.2 레이다 신호처리 기법

상이 변하고 있다. 이러한 복합적인 전파 환경 속에서 표적 신호를 항상 일정하게 탐지하는 것은 쉬운 일이 아니다. 레이다 신호를 잘 탐지하기 위해서는 무엇보다도 표적 신호 대 클러터 잡음비 (SCNR)를 높게 만들어야 하며, 주변 클러터나 간섭 재밍 속에 묻혀 있는 레이다 표적 신호를 잘 찾아낼 수 있는 다양한 신호처리 알고리즘을 적용해야 한다. 레이다 신호처리의 목적은 원하지 않는 클러터나 간섭 잡음은 제거하고, 표적의 존재 유무를 판단하여 표적이 존재하면 표적의 거리와 속도 정보 등을 추출하고 표적의 종류를 식별하는 것이다.

레이다 신호를 처리하는 기법은 그림 9.2와 같이 표적과 잡음의 규칙을 이용하여 시간과 주파수 영역에서 정합 필터와 도플러 필터를 이용하는 방법, 표적 자동 탐지와 추적 및 표적 인지 식별 방법 등으로 분류할 수 있다. 빔 형성을 처리하는 기법과 레이다 영상처리기법은 고차원의 레이다 신호처리기법이다. 표적 신호와 간섭 잡음을 구분하는 기준은 신호의 규칙성이다. 그림 9.3과 같이 표적 신호는 주기적인 위상의 규칙성을 가지고 있지만 간섭 잡음 신호는 불규칙한 랜덤 위상 특성을 가지고 있다. 레이다 신호의

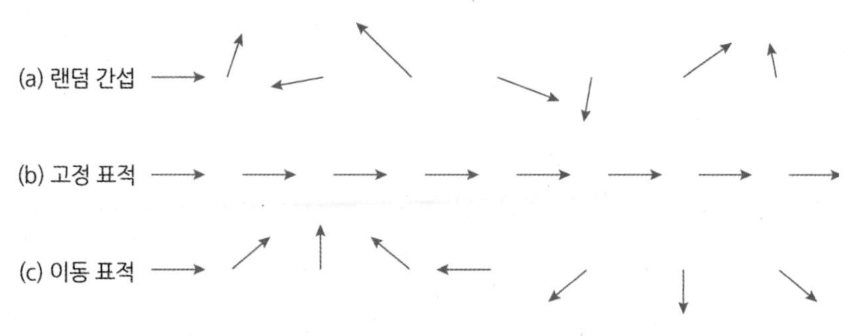

그림 9.3 레이다 신호와 잡음의 규칙성과 불규칙성

진폭은 표적의 반사 단면적이 변하므로 불규칙하지만 송신 신호의 위상을 기준으로 수신되는 신호의 위상 변화는 일정한 규칙성을 가지고 있다. 그러나 잡음은 진폭과 위상이 동시에 불규칙적으로 변하게 된다. 따라서 이러한 차별성을 이용하여 표적 신호와 잡음을 쉽게 구분할 수 있다. 이동하는 표적 신호는 고정된 표적이나 클러터에 비하여 펄스마다 위상의 변화율이 달라지는 특성이 있다. 따라서 위상의 변화율을 통하여 이동 표적을 클러터로부터 구별할 수 있다. 레이다 신호처리의 핵심은 '어떻게 원하는 표적 신호는 강화시키고 원하지 않는 클러터 신호는 억제시키는가' 하는 것이다.

레이다 신호를 처리하는 기법은 시간 영역과 주파수 영역에서 각각 이루어진다. 시간 영역에서 레이다 신호를 처리하는 한 가지 방법은 '신호 누적 (Signal Integration)'이다. 이 방법은 특정 거리에 있는 동일한 표적에 대하여 여러 번 펄스를 보내고 받는다고 할 때 규칙성이 있는 표적 신호는 누적하여 합산하면 신호가 커지고 불규칙적인 잡음은 상대적으로 작아지므로 표적을 쉽게 잡음으로부터 구분할 수 있다. 또 한 가지 방법은 '상관성 (Correlation)' 특성을 이용하는 방법이다. 이 방법은 두 신호 간의 상관성을 측정하여 처리한다. 즉, 송신하는 신호 파형을 기준 신호로 복합적인 신호 속에 포함된 표적 신호와 상관성 정도를 정합 필터를 이용하여 측정할 수 있다. 펄스 레이다 시스템에서는 펄스 압축이라는 방법으로 시간 영역에서 상관성 처리를 하게 된다.

주파수 영역에서 레이다 신호를 처리하는 방법은 스펙트럼을 분석하여 표적과 클러터를 처리하는 것이다. 이동 표적은 도플러 주파수 성분을 가지고 있지만 고정된 클러터는 도플러 성분이 거의 나타나지 않는다. 고정된 클러터 성분은 MTI 필터를 이용하여 제로 도플러 주변의 주파수 성분을 쉽게 제거할 수 있다. 이동 표적 성분은 도플러 필터 뱅크를 이용하여 이동 표적에 상응하는 도플러 주파수 부근의 필터 채널에만 강하게 나타나는 도플러 신호를 찾아서 표적을 탐지할 수 있다. 반면에 간섭 잡음의 스펙트럼 성분은 규칙성이 없으므로 전체 필터 뱅크 채널에 넓게 분산되어 사라지게 된다.

표적과 클러터 잡음의 특성을 이용하여 잡음 성분을 최대한 제거한 후에 최종적으로 표적 탐지 처리를 한다. 표적 탐지의 기준은 잔유 클러터 및 간섭 잡음의 레벨이 CFAR 탐지기에 설정된 문턱값을 통과하면 오류 탐지가 되며, 표적이 문턱값을 통과하면 정상 탐지라고 판단한다. 탐지된 표적은 표적 추적과 표적 식별처리를 통하여 표적 정보를 추출한다. 이러한 신호처리 알고리즘을 이용하여 '레이다 표적 탐지 확률을 최대로 만들면서 동시에 표적이 아닌 오표적을 탐지할 확률은 최소화시키는 것'이 레이다 신호처리의 궁극적인 최종 목표이다.

9.2 신호처리기 구성

9.2.1 구성도

레이다 신호처리기 (RSP: *Radar Signal Processor*)는 레이다 시스템에서 두뇌와 같은 역할을 한다. 레이다 신호처리는 디지털 신호처리를 위한 하드웨어와 레이다 표적을 처리하는 신호처리 알고리즘 소프트웨어로 구분할 수 있다. 레이다 신호처리기의 구성은 그림 9.4와 같이 아날로그 신호의 디지털 변환기, 정합 필터, 클러터 필터, 도플러 필터, 표적 탐지기 등의 기능적인 모듈로 구성할 수 있다. 디지털 레이다 신호처리기는 고속의 디지털 신호처리 프로세서 DSP (*Digital Signal Processor*) 칩과 FPGA (*Field Programmable Gate Array*) 칩 등을 이용하여 고성능의 배열 (Array) 구조로 구

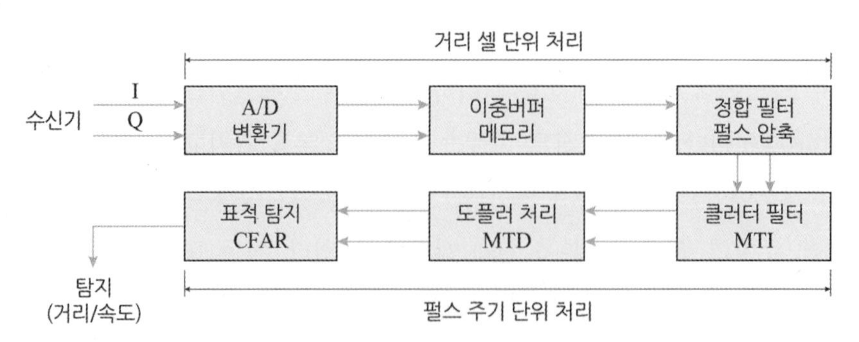

그림 9.4 레이다 신호처리기 (RSP) 구성도

현할 수 있으므로 개별 신호처리 모듈을 구분하지 않고 해당 신호처리 알고리즘을 소프트웨어 프로그램으로 통합적으로 구현할 수 있다. 또한 레이다 파형 발생은 DDS (*Direct Digital Synthesis*) 칩을 이용하여 다양하게 할 수 있다. 레이다 신호처리기의 기능별 동작을 요약하면 다음과 같다. 첫째, 아날로그 신호를 디지털 변환기를 거쳐서 샘플링된 초기 데이터를 버퍼 메모리에 저장한다. 둘째, 저장된 초기 데이터를 펄스 압축기를 거쳐서 SNR을 향상시킨다. 셋째, 클러터 성분을 제거하기 위한 MTI 필터링 과정을 거친다. 넷째, 표적의 도플러 성분을 추출하기 위한 MTD 처리 과정을 거친다. 다섯째, 표적을 탐지하기 위한 CFAR 탐지기를 거친다.

레이다 주변 환경에 반사되어 수신기에서 들어오는 복합적인 잡음 신호 속에 묻힌 미약한 표적 신호는 레이다 신호처리 알고리즘 처리 과정을 거쳐야 찾아낼 수 있다. 레

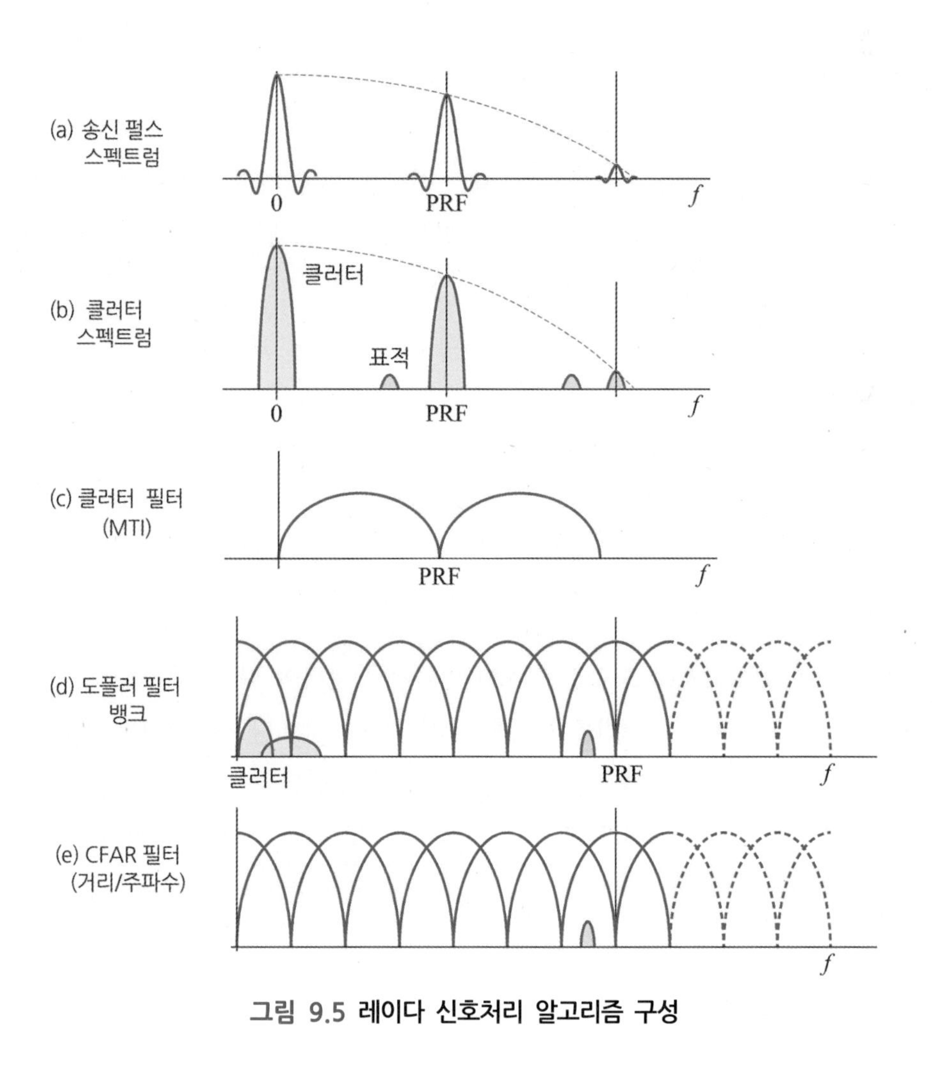

그림 9.5 레이다 신호처리 알고리즘 구성

이다 신호처리 알고리즘 과정을 스펙트럼 영역에서 순차적으로 도시하면 그림 9.5와 같다. 첫 번째는 펄스 도플러 레이다에서 파형을 송신할 경우에 PRF를 중심으로 나타나는 스펙트럼이며, 두 번째는 수신된 레이다 신호가 DC와 첫 번째 PRF 스펙트럼 라인 사이에 존재하는 표적과 클러터 신호의 분포를 나타낸다. 세 번째는 클러터 성분을 제거하기 위한 MTI 필터의 특성을 나타낸다. 네 번째는 도플러 필터 뱅크를 이용하여 표적 도플러를 추출하는 과정이며, 마지막은 표적의 거리 셀 또는 도플러 셀 성분을 추출하기 위하여 CFAR 표적 탐지 과정을 나타낸다. 이러한 알고리즘 처리 과정을 통하여 표적을 탐지하고 표적의 위치와 속도를 추출한다.

9.2.2 신호처리기 기능

(1) ADC 변환기

ADC (*Analog-to-Digital Converter*)는 레이다의 수신기에서 들어오는 아날로그 신호를 디지털 데이터로 변환하는 기능으로, 펄스 시간 단위의 거리 샘플링에 해당한다. 레이다 신호의 샘플링 간격은 송신 펄스폭에 해당하는 거리 해상도의 셀 단위가 된다. 복소함수로 레이다 신호를 처리하기 위해서는 I/Q 두 채널을 각각 샘플링하여 진폭과 위상이 구분되도록 한다. 펄스 레이다 신호를 거리 셀 간격으로 샘플링하는 것은 원래의 파형을 복원하는 것이 목적이 아니므로 나이퀴스트 샘플링을 할 필요는 없다. 샘플 간격을 거리 해상도 간격의 중심에서 할 수 있다면 샘플링하는 순간에 최대의 진폭 크기 값을 취할 수 있다.

(2) Raw 신호 저장기

레이다 초기 신호 (Raw Signal)는 A/D 변환기를 통하여 디지털을 신호로 샘플링한 후에 일정한 시간 단위의 데이터를 블록으로 저장한다. 레이다 신호의 대역폭은 일반적으로 수십에서 수백 MHz 범위로 넓다. 고속으로 샘플링된 초기 데이터는 실시간으로 들어온다. 이러한 고속의 레이다 데이터는 실시간으로 바로 처리하기 어려우므로 우선적으로 샘플링된 I/Q 초기 데이터를 고속으로 저장하는 중간 버퍼 메모리 장치가 필요하다.

(3) 정합 필터

레이다 표적 신호는 매우 미약하므로 클러터 필터를 거치기 전에 S/N 크기를 강화하는 처리가 필요하다. 정합 필터는 수신 신호와 위상 지연된 송신 파형과의 정합 정도에 따라 두 신호가 일치하면 주어진 파형의 샘플 시간에 최대의 SNR 이득을 얻을 수 있는 필터이다. 정합 필터는 거리 시간 단위의 데이터를 받아서 각 거리 셀 단위로 처리한다. 이 방법은 송신할 때에는 일정한 길이만큼 전체 송신 펄스폭을 확장하여 코드를 실어서 보내고, 수신할 때에는 송신 파형에 실린 코드와 동일한 수신 신호와 상관 처리를 통하여 원래의 펄스폭으로 압축함으로써 확장 펄스 길이에 비례적인 신호처리 이득을 얻고, 동시에 원래 해상도를 유지할 수 있다.

(4) 클러터 제거 필터

복합적인 레이다 신호는 이동 표적에 의한 도플러 성분과 정적인 클러터에 의한 DC 성분으로 구성되어 있다. 움직임이 없는 물체에 의하여 반사된 제로 도플러 성분은 제거하고 이동 표적에 의한 도플러 성분은 통과시킴으로써 이동 표적의 존재 유무를 판단하는 역할을 하므로 '이동 표적 지시기 MTI (*Moving Target Indicator*)'라고 한다. 만약 이동 표적의 도플러 주파수 성분이 매우 낮아서 제로 도플러 부근에 존재하는 경우에는 클러터 필터에 의하여 표적 도플러가 제거될 수도 있다. 특히 기상 클러터처럼 매우 낮은 도플러 성분을 가지고 있는 클러터의 경우에는 클러터 필터에 의하여 모두 제거되지 않고 잔유 성분이 남아서 표적 도플러 대역으로 넘어갈 수 있다. MTI 필터는 사용하는 지연 소자와 펄스의 개수에 따라 단일 지연 MTI 또는 이중 지연 MTI 등이 있다.

(5) 도플러 필터 뱅크

MTI 필터에서는 제로 도플러 성분을 제거할 수 있지만 표적의 주파수 성분은 구할 수 없다. 잔유 클러터에 남아있는 표적의 도플러 주파수 성분은 도플러 필터 뱅크인 MTD (*Moving Target Detector*)를 이용하여 탐지한다. 잔유 클러터 성분은 대부분 제로 도플러 채널에 분포하지만 표적의 성분은 위상의 연속성이 있으므로 특정 도플러 채널에 위치하게 된다. 이러한 과정에서 불규칙한 잡음 성분은 위상이 전체 필터 채널에 넓게 분산되어 잡음 전력 성분이 낮아지고 위상의 연속성이 있는 표적의 성분은 특정 주파수에 집속된다. 이러한 특성을 이용하면 이동 표적의 동위상 벡터 성분은 강화되고 클러터와 잡음 성분은 불규칙한 위상 벡터 합으로 약화되어 결과적으로 표적과 잡음에 대한 S/N이 강화된다.

(6) CFAR 탐지기

표적 탐지기는 수신 신호의 크기가 특정 문턱값을 통과하는 정도에 따라 표적 탐지 유무를 판단하게 된다. 특별히 일정한 오경보율을 갖는 표적 탐지기를 CFAR (*Constant False Alarm Rate*) 탐지기라고 한다. CFAR 탐지기는 거리 영역에서 처리될 수도 있고 도플러 주파수 영역에서 처리될 수도 있다. 거리 셀 주변 신호와의 크기를 비교하여 표적을 탐지하는 것을 '거리 셀 CFAR 탐지기'라고 하며, 도플러 셀 주변의 신호와 비교하여 탐지하는 것을 '도플러 셀 CFAR 탐지기'라고 한다. CFAR 탐지기는 주변 거리 셀의 평균 전력을 기준으로 설정된 문턱값 테스트를 통하여 표적 유무를 판단한다. CA-CFAR (*Cell-Averaging CFAR*)가 대표적이며 이는 거리 셀별로 도플러 주파수 셀에서 주변과 비교하는 도플러 CFAR 기능으로 사용할 수 있다. CFAR 탐지기에서 최종적으로 표적 여부를 판단한 후에는 사후처리기 (Post Processor)가 필요한 표적 정보를 추출한다.

9.3 레이다 신호 샘플링

9.3.1 샘플링 구조

레이다 샘플링은 탐지 정보의 종류에 따라 서로 다른 구조의 샘플링 속도를 요구한다. 일반적으로 개별 표적에 대한 샘플링은 표적의 정보를 복원할 수 있는 속도로 샘플링하며, 공간상의 원하는 표적을 모두 탐지하기 위해서는 거리와 방위, 고도·각도에 따라 모든 표적 정보를 복원할 수 있도록 적절한 샘플링 방법을 사용해야 한다. 펄스 레이다의 경우 도플러 변이는 펄스가 표적에 부딪쳐 반사될 때 표적의 반사 신호 속에 위상의 정보 변화로 나타난다. 이러한 도플러 변이를 잘 복원하기 위해서는 충분한 샘플링 속도로 표적을 샘플링하고 매 펄스 단위로 수신되는 각 에코 신호의 위상을 측정하고 저장하여야 한다.

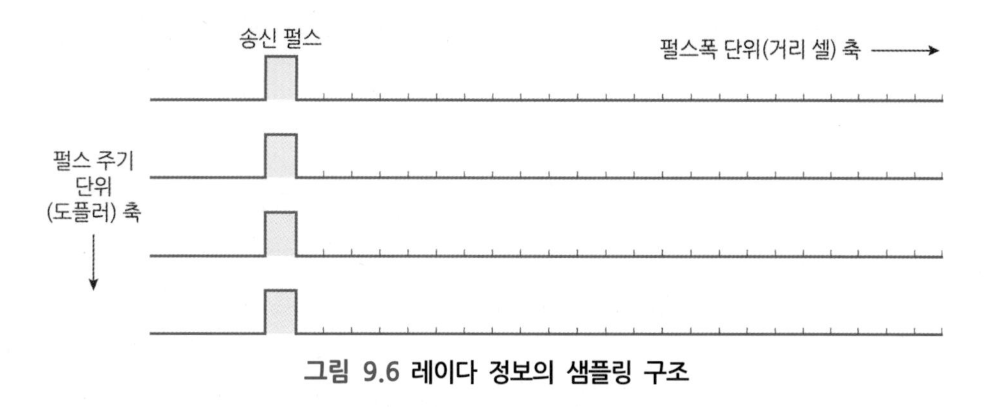

그림 9.6 레이다 정보의 샘플링 구조

신호에서 샘플링은 그림 9.6과 같이 거리 샘플링과 도플러 샘플링의 2차원 구조로 되어 있다. 첫째, 거리 정보를 얻기 위한 거리 샘플링은 아날로그 신호를 디지털로 변환하는 ADC를 통하여 이루어진다. 레이다 신호의 샘플링 간격은 송신 펄스폭에 해당하는 거리 해상도 셀 단위로 주어지며 해당 셀의 중심에서 샘플링이 이루어진다. 둘째, 표적의 도플러 속도 정보를 얻기 위한 도플러 샘플링은 특정 거리 셀에서 펄스의 반복 주파수 (PRF) 단위로 표적을 샘플링한다. 도플러 표적 정보를 복원하기 위해서는 표적의 최대 도플러 속도에 해당하는 도플러 주파수와 같거나 또는 적어도 2배 이상 빠른 PRF를 사용하여 나이퀴스트 샘플링 속도로 표적을 샘플링한다.

9.3.2 거리 샘플링

레이다 신호의 거리 샘플링 (Range Sampling)은 거리상의 에코 신호 정보를 찾아내기 위한 것이다. 탐색 레이다 등에서 사용하는 샘플링 간격은 일반적으로 송신 펄스폭에 해당하는 거리 해상도 셀 단위로 샘플링된다. ADC 거리 샘플링은 그림 9.7과 같이 첫째, 일정한 시간 간격으로 아날로그 신호를 잘라내는 기능, 둘째, 잘라낸 샘플 순간의 진폭 크기를 양자화하여 크기를 주어진 디지털 비트로 표현하는 과정이다. 샘플 간격은 원래의 신호를 복원할 수 있는 최소한의 샘플링 주파수가 요구된다.

나이퀴스트 샘플링 이론은 입력 신호의 주기 내에 적어도 2번 이상의 샘플을 해야 원래 신호를 복원할 수 있다는 이론으로써 샘플링 주파수는 적어도 입력 신호의 최대 주파수의 2배 이상이어야 한다. 다양한 샘플링 주파수에 따른 결과를 그림 9.7에 예시한다. 한편 샘플된 진폭 크기는 ADC의 제한된 디지털 비트로서 2^b 크기로 표현하는데, 여기서 b는 비트 (Bit)이며, '제한된 워드 길이 (Finite Word Length)'에 의한 손실이 발생

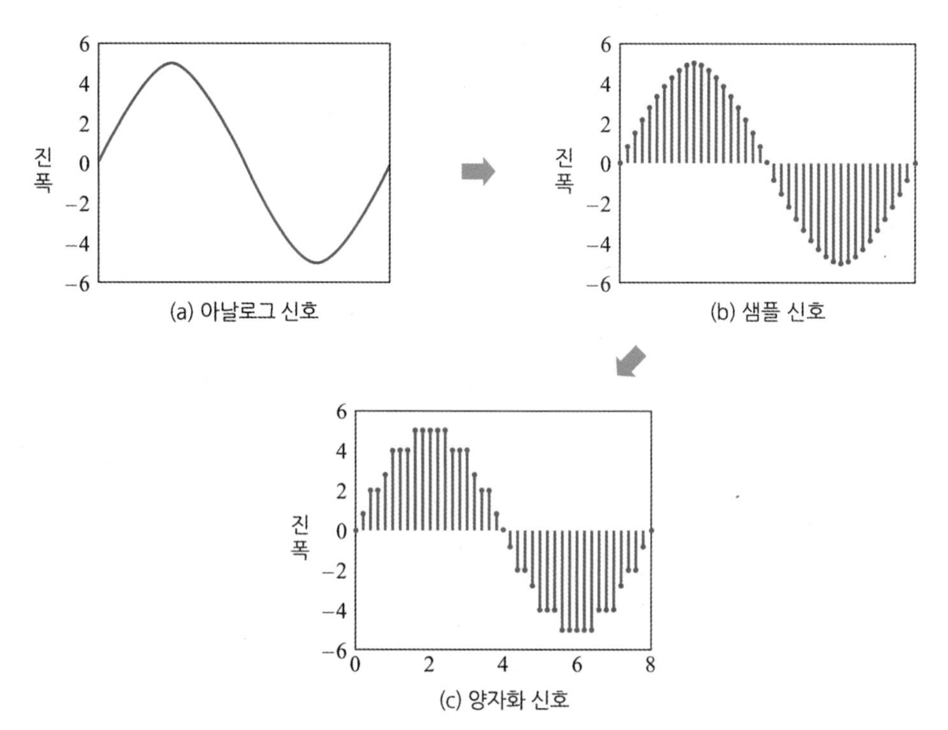

그림 9.7 신호의 샘플링과 양자화

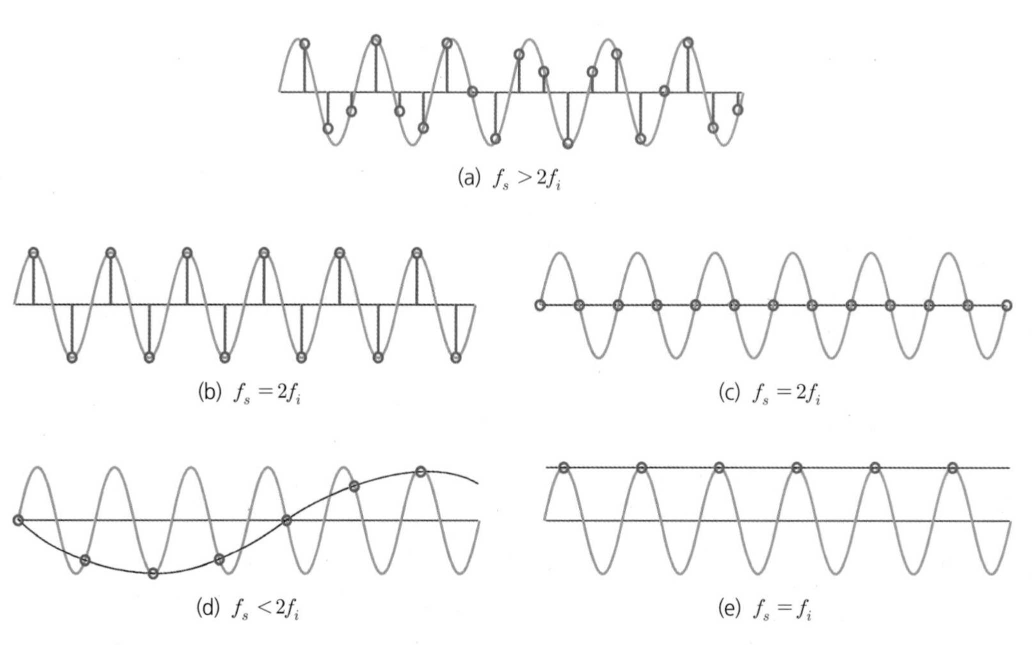

그림 9.8 다양한 나이퀴스트 샘플링 주파수 현상

한다. 양자화 오차 (Quantization Error)는 어떤 샘플 순간의 원래 아날로그 신호 크기와 샘플된 크기를 양자화한 크기와의 차이가 된다. 이러한 양자화 오차는 양자화 구간 레벨을 Δ라고 할 때 오차 범위는 $\pm\Delta/2$가 되며, 양자화 잡음이 유니폼 랜덤 잡음이라고 하면 양자화 잡음 전력은 $\Delta^2/12$가 된다. 당연히 양자화 비트 수가 많으면 잡음은 줄어들지만 샘플당 비트 수의 증가로 인하여 전체 레이다 신호 데이터가 증가하게 되어 신호처리기의 부담으로 작용한다. 주어진 펄스 반복 주기 (PRI) 내에서 거리 샘플링의 개수는 전체 거리 셀의 개수를 결정한다.

설계 예제

송신 펄스의 PRI가 1 KHz이고 펄스폭이 20 nsec인 경우 거리 셀의 개수를 구해보자.

(1) 송신 펄스폭이 20 nsec이므로 대역폭은 50 MHz가 되며, 이때 거리 해상도는 3 m이다. A/D 변환기의 샘플링 주파수는 나이퀴스트 이론을 적용하면 최소 100 MHz 이상이 된다. 그러나 거리 샘플링은 파형을 복원하는 것이 아니므로 수신기 대역폭의 20% 정도 고려하여 60 MHz로 가능하다.

(2) PRI가 1 kHz인 경우에 최대 탐지 거리 (Unambiguous Range) 구간은 150 km가 되므로 거리 해상도 단위의 전체 거리 셀의 개수는 50,000개가 된다. 그러나 낮은 PRF를 사용하는 레이다에서 유효 탐지 거리는 가드 타임을 고려하여 최대 거리의 1/3 정도로 사용한다면 실제 거리 셀의 개수도 같은 비례로 줄어든다.

9.3.3 레이다 데이터 구조

레이다 데이터는 레이다의 신호 구조에 따라 블록 단위로 I/Q 데이터가 저장되는데, 레이다 신호의 저장 시간 단위는 그림 9.9와 같이 구성된다. 즉, 그림의 레이다 시간 단위 중에서 가장 빠른 시간은 거리 셀에 해당하는 펄스폭 (ΔR)과 주기 시간 (T)이다. 다음으로 레이다 빔이 표적을 조사하는 시간 동안 일정한 펄스 개수 (P)를 모아서 처리 구간 (CPI: *Coherent Processing Interval*)를 구성하며, 또한 몇 개의 CPI를 묶어서 지속 시간 (DT)을 구성한다. 레이다에서 가장 긴 시간 단위는 탐색 구간 스캔 시간 (ST)이다. 이러한 시간 단위를 하나의 데이터 입체 구조 (Data Cube) 형태로 그림 9.10과 같이 나타낼 수 있다. 이 구조를 이용하면 360도를 스캔하는 탐색 레이다의 경우 1 회전에서 처리해야 하는 전체 데이터의 용량을 쉽게 계산할 수 있다. 즉, 전체 데이터량 D_{cube}는 거리 셀의 수와 펄스 누적 개수와 360도 방위각 동안의 안테나 빔의 개수에 의하여 다음 식 (9.1)과 같이 표현할 수 있다.

$$D_{cube} = M \cdot N \cdot K \tag{9.1}$$

여기서 M은 거리 셀 수, N은 누적 펄스 개수, K는 스캔 범위의 빔의 개수로서 다음 식 (9.2), (9.3) (9.4)와 같이 주어진다.

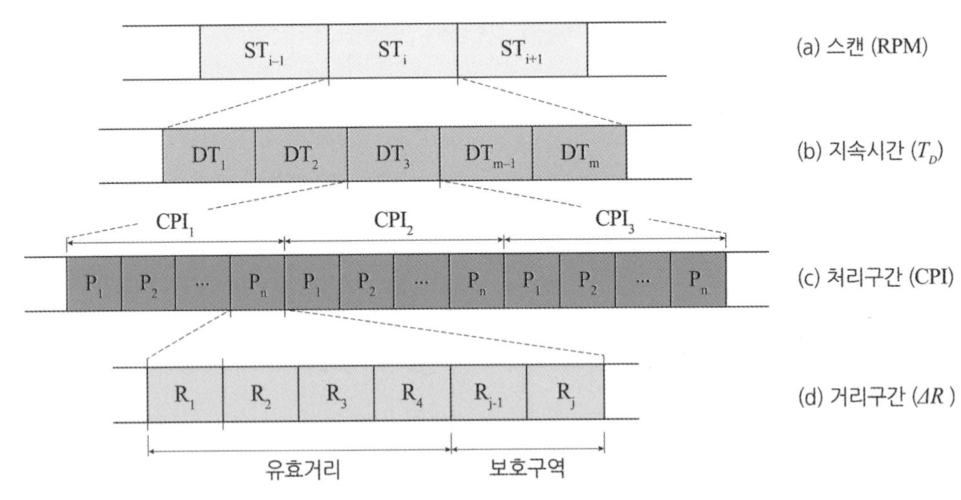

그림 9.9 레이다 시간 단위 구조

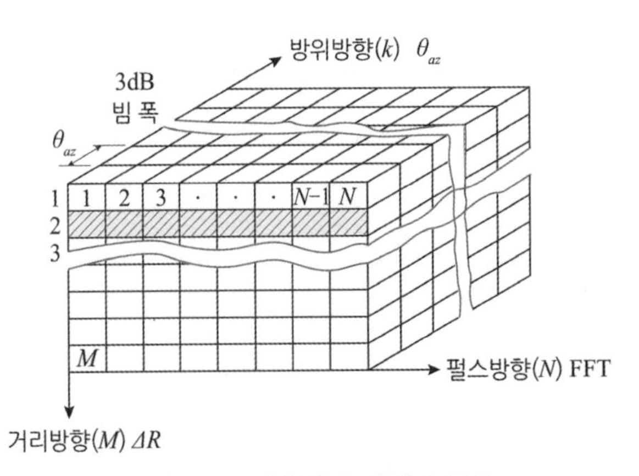

그림 9.10 신호처리 데이터 구조

$$M = R/\Delta R \tag{9.2}$$

$$N = T_d/T \tag{9.3}$$

$$K = \Omega/\theta_{3dB} \tag{9.4}$$

여기서 T는 펄스의 주기이고 거리 해상도 $\Delta R = c\tau/2$로 주어진다. T_d는 지속 시간이고 Ω는 스캔 범위, θ_{3dB}은 안테나의 3 dB 빔폭이다.

데이터 큐브의 구조는 2차원의 거리 셀과 펄스 개수로 구분할 수도 있고, 또는 수신 채널이 많은 구조에서는 수신기별 펄스의 개수와 거리 셀로 구분할 수도 있다. 적용하는 신호처리 알고리즘에 따라서 그림 9.11과 같이 3차원 구조의 시간-공간 적응 처리 구조나 또는 2차원의 영상 레이다 데이터 구조 등으로 다양하게 구성할 수도 있다.

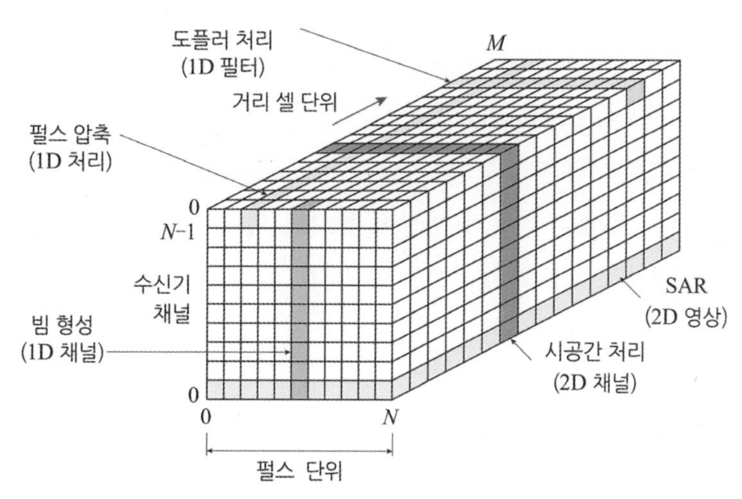

그림 9.11 신호처리 알고리즘별 데이터 구조

설계 예제

펄스 도플러 레이다 파라미터가 다음과 같이 주어질 때 스캔당 데이터 용량은 얼마인지 구해보자. PRF는 10 KHz, Dwell Time은 40 ms, RPM은 15, 대역폭은 15 MHz, 탐지 거리는 10 Km, 방위 빔폭은 3.6도, 샘플링은 20% Over Sampling, 데이터 해상도는 10 Bit/Sample이다.

(1) 대역폭이 15 MHz이므로 거리 분해능은 10 m가 된다.
따라서 거리 셀의 수는 10 Km/10m = 10,000

(2) PRF가 10 KHz이므로 펄스 반복 주파수는 0.1 ms이다. 따라서 드웰 시간 단위의 펄스

개수는 40 ms/0.1 ms = 400

(3) 방위 빔폭이 3.6이므로 한바퀴 회전하는 빔의 개수는 360도/3.6도 = 100

(4) 샘플링 데이터 수는 1.5 MHz×1.2×10 bit = 18 Mbit

(5) 안테나가 1회전하는 동안 발생하는 총 데이터량은 10,000×400×100×18 Mbit = 72× 10^8 Mbits $\Rightarrow 72 \times 10^5\ Terra\,Bits$

또한 드웰 시간 동안 실시간으로 처리해야 할 데이터량은 10,000×400×18 Mbit = $72 \times 10^6\ Mbits = 72 \times 10^3\ Terra\,Bits$

9.3.4 I/Q 샘플링

수신 신호를 단일 채널로 샘플링하는 경우로는 위상 정보 없이 진폭의 크기 성분만을 샘플링하는 '포락선 샘플링 (Envelope Sampling)' 방식과 진폭 및 위상을 동시에 샘플링하는 '동기 샘플링 (Sync Sampling)' 방식이 있다. 복소함수로 I/Q 두 채널을 각각 샘플링하여 진폭과 위상을 구분하는 'I/Q (In-Phase/Quadrature-Phase) 샘플링' 방식도 있다. 동기 샘플링의 경우에는 진폭과 위상이 동시에 얻어지며 스펙트럼상에서 식 (9.5), (9.6)과 같이 대칭적인 스펙트럼 성분으로 주어지므로, 그림 9.12와 같이 양수와 음수의 주파수 성분을 동시에 가지고 있다.

$$\cos\omega_0 t = \frac{1}{2}[e^{j\omega_0 t} + e^{-j\omega_0 t}] \quad \Rightarrow \quad \Im[\cos\omega_0 t] = \pi[\delta(\omega - \omega_0) + \delta(\omega + \omega_0)] \tag{9.5}$$

$$\sin\omega_0 t = \frac{1}{j2}[e^{j\omega_0 t} - e^{-j\omega_0 t}] \quad \Rightarrow \quad \Im[\sin\omega_0 t] = \pi j[\delta(\omega + \omega_0) - \delta(\omega - \omega_0)] \tag{9.6}$$

이 경우에는 벡터의 회전 방향을 알 수 없기 때문에 표적의 이동 방향을 구분할 수

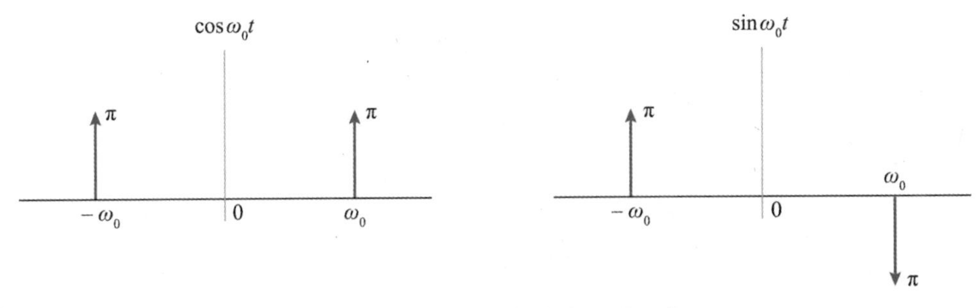

그림 9.12 동기 샘플링의 스펙트럼

없다. 즉, 레이다 표적이 가까워지는 표적 (Closing Target)은 양의 주파수 성분으로 나타나며 멀어지는 표적 (Opening Target)은 음의 성분으로 나타나는데 이 경우에는 동시에 대칭 주파수가 나타나므로 표적의 이동 방향을 구분하기 어렵다.

I/Q 샘플링은 단일 채널로 수신되는 신호를 동위상 (In-Phase)과 90도 차이 위상 (Quadrature-Phase)으로 그림 9.13과 같이 분리하여 두 개의 채널로 각각 샘플링한다. 채널 I에서는 COHO (Coherent Oscillator) 신호를 바로 곱한 후에 저역 필터를 통과시켜 얻고, 채널 Q에서는 90도로 위상 반전시켜서 입력 신호와 곱하여 저역 필터를 통하여 얻는다. 이론적으로 동위상 신호를 유도하기 위하여 채널 I와 곱의 신호를 다음 식 (9.7)과 같이 표현할 수 있다.

$$v_I(t) = v_s \cos[\omega t + \omega_d t] \cdot v_c \cos[\omega t] \tag{9.7}$$

여기서 v_s는 입력 신호의 진폭, v_c는 COHO의 진폭, ω_d는 입력 신호의 도플러 각도 주파수이다.

식 (9.7)을 코사인 곱의 공식을 이용하여 정리하면 합과 차의 신호가 다음 식 (9.8)과 같이 얻어진다.

$$v_I(t) = v_s \cos[2\omega t + \omega_d t] + v_s \cos[\omega_d t] \tag{9.8}$$

위 식의 첫 번째 항은 입력 신호의 2배 주파수 성분이므로 저역 필터를 통하여 제거하면 동위상 I 채널에는 두 번째 항의 위상 성분 $v_s \cos\omega_d t$만 남게 된다. 마찬가지로 채널 Q에서도 동일한 방법으로 90도 위상차의 코사인 신호, 즉 $\sin(-\omega t)$를 입력 신호인 $v_s \cos(\omega t + \omega_d t)$와 곱하여 정리하면 식 (9.9)와 같이 I와 Q 신호가 얻어진다.

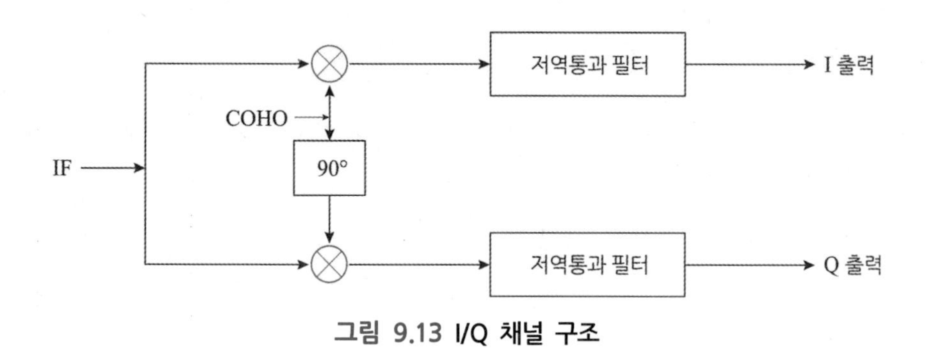

그림 9.13 I/Q 채널 구조

$$v_I(t) = v_s \cos[\omega_d t], \quad v_Q(t) = v_s \sin[\omega_d t] \tag{9.9}$$

위의 두 신호는 실수와 허수 항으로 구분하여 I 채널은 실수 성분의 신호로, Q 채널은 허수 성분의 신호로 표현되므로 진폭의 크기와 위상은 다음 식 (9.10)과 같이 주어진다.

$$v_s^2(t) = v_I^2 + v_Q^2, \quad \phi = \tan^{-1}(v_Q/v_I) \tag{9.10}$$

그림 9.14에는 I/Q 신호의 스펙트럼을 도시하였다. $+f_d$는 접근하는 표적의 도플러 주파수이고, $-f_d$는 멀어지는 표적의 주파수를 나타내므로 I/Q 처리를 하면 표적의 이동 방향을 알 수 있다.

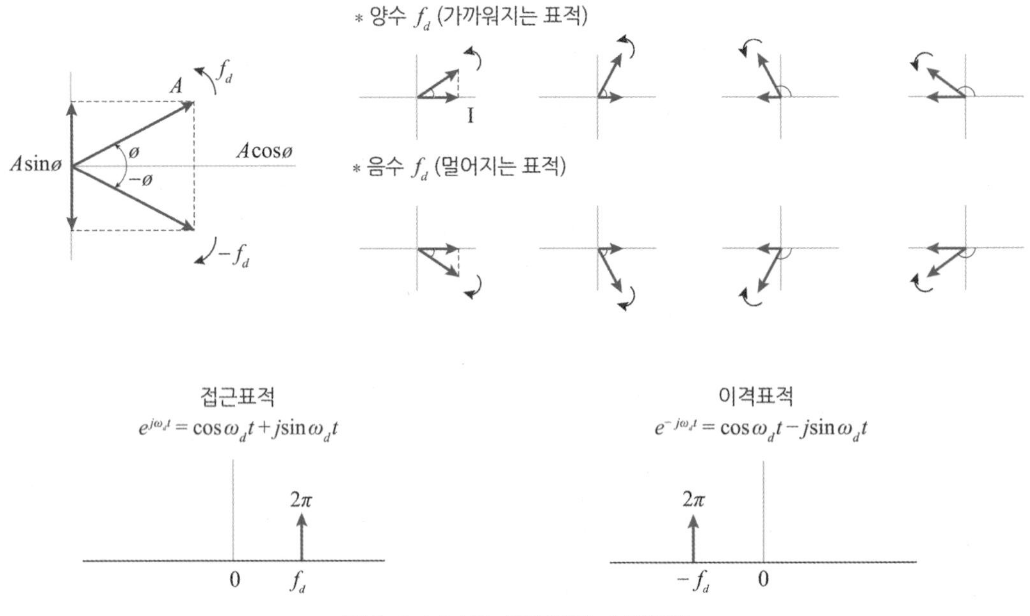

그림 9.14 I/Q 샘플링의 스펙트럼

9.3.5 도플러 PRF 샘플링

이동 표적의 도플러 정보를 얻기 위해서는 표적의 속도보다 충분히 빠른 속도로 펄스를 보내고 매 펄스마다 반사되는 도플러 변이 정보를 일정 시간 동안 받아서 위상 변이를 분석한다. 그림 9.6에서 본 바와 같이 도플러 PRF 샘플링은 세로 방향으로 펄스 주기 단위로 각 거리 셀별로 처리한다. 따라서 펄스 반복 주파수 (PRF)는 표적의 도플러 성분을 샘플링하는 단위가 된다. 나이퀴스트 샘플링 이론에 의해 표적의 도플러 정보를 손실 없이 복원하기 위해서는 표적의 최대 도플러 속도에 해당하는 도플러 주파수보다 적어도 2배 이상 빠른 PRF를 사용하여 표적을 샘플링해주어야 한다. 그러나 레이다 종류에 따라서 PRF를 임의로 높이는 것에 한계가 있으므로 낮은 샘플링 PRF를 사용하는 경우에는 도플러 모호성이 존재한다. 탐지 레이다에서 전체 탐지 거리 영역에 걸친 모든 표적의 도플러 성분을 추출하기 위해서는 모든 거리 셀마다 도플러 변이 성분을 추출하기 위한 도플러 필터링 처리를 해주어야 한다. 예를 들어서 거리 셀이 5,000개가 존재하는 경우에 각 거리 셀에 도플러 성분이 존재하는지 확인하기 위해서는 지속 시간 단위로 거리 셀별로 도플러 처리를 5,000번 해주어야 한다.

9.4 펄스 압축 처리

9.4.1 최적 정합 필터

정합 필터의 개념은 두 개의 파형이 시간 영역에서 상호 정합하는 정도를 상관관계로 나타낼 수 있는데, 최대 상관 계수가 일어나는 시간에 최고의 신호 대 잡음비 (SNR)의 정합 이득을 얻을 수 있다. 정합 필터의 개념은 그림 9.15에 도시하였다. 수신 표적 신호가 기준 파형과 일치하지 않거나 다수 표적이 인접하여 존재하면 정합 필터의 출력은 넓게 분산된다. 이 원리를 이용하면 표적 신호는 강화시킬 수 있고, 표적이 아닌 잡음이나 클러터 신호는 분산시키는 효과를 얻을 수 있다. 일반적으로 정합 필터는 주파수 변조 파형이나 위상 변조 파형을 사용하여 펄스 압축 방법으로 구현한다.

정합 필터의 출력은 그림 9.16과 같이 필터의 출력 SNR이 샘플 순간에 최대가 되는 원리이다. 정합 필터 이론은 출력에서 평균 잡음에 대한 최대 순시 전력의 비가 입력 잡음에 대한 입력 신호 에너지의 두 배가 된다는 이론이다. 정합 필터의 출력 SNR이 최대가 되는 것을 증명하기 위하여 정합 필터의 입력 신호를 식 (9.11)과 같이 정의한다.

$$x(t) = \alpha s_i(t - t_1) + n_i(t) \tag{9.11}$$

여기서 C는 상수이고 $s_i(t)$는 입력 신호, t_1은 거리에 의한 지연 시간, $n_i(t)$는 입력 백색 잡음이다. 정합 필터의 출력은 입력 신호와 필터의 임펄스 응답을 컨볼루션하는 관계

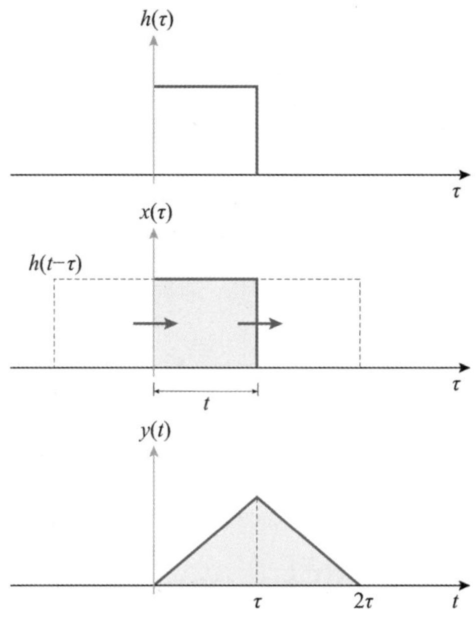

그림 9.15 정합 필터의 컨볼루션

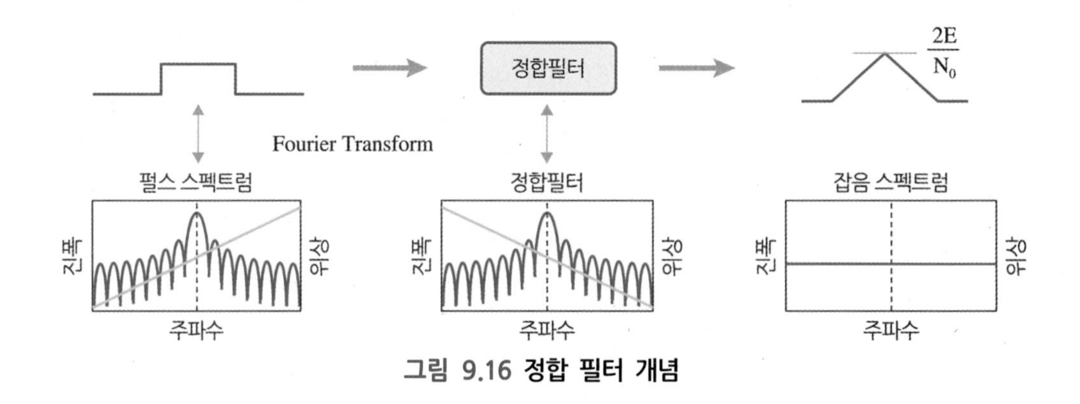

그림 9.16 정합 필터 개념

로 식 (9.12)와 같이 표현할 수 있다.

$$y(t) = \alpha s_i(t) * h(t) = \alpha s_o(t - t_1) + n_0(t) \tag{9.12}$$

여기서 출력 신호 전력 s_o는 시간 t에서 식 (9.13)과 같이 주어진다.

$$s_o = |\alpha s_o(t - t_1)|^2 \tag{9.13}$$

여기서 출력 신호는 입력 신호와 임펄스 응답과의 컨볼루션으로 식 (9.14)와 같이 주어진다.

$$s_o(t-t_1)=\int_{-\infty}^{\infty}s_i(t-t_1-u)h(u)du \tag{9.14}$$

한편 출력의 잡음 자기상관 함수와 PSD (*Power Spectral Density*)는 식 (9.13)과 (9.15)로 주어진다.

$$\begin{aligned}\overline{R_{n0}}(t)&=\overline{R}_{ni}(t)^*R_h(t)\\&=\frac{N_0}{2}\delta(t)^*R_h(t)=\frac{N_0}{2}R_h(t)=\frac{N_0}{2}\int_{-\infty}^{\infty}|h(u)|^2du\end{aligned} \tag{9.15}$$

$$\overline{S}_{no}(w)=\overline{S}_{ni}(w)|H(w)|^2 \tag{9.16}$$

따라서 정합 필터의 출력 SNR은 식 (9.13)과 (9.15)를 이용하여 식 (9.17)과 같이 정리할 수 있다.

$$SNR(t)=\frac{|\alpha s_o(t-t_1)|^2}{\overline{R_{no}}(0)}=\frac{\alpha^2\left|\int_{-\infty}^{\infty}s_i(t-t_1-u)h(u)du\right|^2}{\frac{N_0}{2}\int_{-\infty}^{\infty}|h(u)|^2du} \tag{9.17}$$

Schwartz 부등식 정리를 이용하여 식 (9.17)을 정리하면 식 (9.18)과 같이 정리된다.

$$\begin{aligned}SNR(t)&\le\frac{\alpha^2\int_{-\infty}^{\infty}|s_i(t-t_1-u)|^2du\int_{-\infty}^{\infty}|h(u)|^2du}{\frac{N_0}{2}\int_{-\infty}^{\infty}|h(u)|^2du}\\&=\frac{2\alpha^2\int_{-\infty}^{\infty}|s_i(t-t_1-u)|^2du}{N_0}\end{aligned} \tag{9.18}$$

정합 필터의 임펄스 응답은 입력 신호의 공액복소수와 같으므로 식 (9.19)와 같이 주어지고, Parseval 이론을 이용하면 입력 신호의 에너지는 식 (9.20)으로 표현할 수 있다.

$$h(u)=s_i^*(t_0-t_1-u) \tag{9.19}$$

$$E=\alpha^2\int_{-\infty}^{\infty}|s_i(t-t_1-u)|^2du \tag{9.20}$$

따라서 최대 SNR은 식 (9.20)을 (9.18)에 대입하여 정리한 식 (9.21)과 같다.

$$SNR(t_0) = \frac{2E}{N_0} \tag{9.21}$$

이상의 증명을 통하여 여기서 E는 정합필터 출력, N_0는 잡음전력이다. 식 (9.21)을 통해 정합 필터의 출력 최대 순간 SNR은 오직 입력 신호의 에너지와 입력 잡음 전력에만 관련이 있고 레이다에서 사용하는 파형에는 직접 관련이 없다는 것을 알 수 있다.

9.4.2 상관 처리기

정합 필터의 상관 처리에서 기본적으로 상관성이 높은 위상 동기 신호 성분은 짧은 시간 간격으로 압축되면서 신호 이득을 강화시키는 반면, 상관성이 약한 잡음과 같은 성분은 긴 시간 간격으로 여러 거리 셀로 분산되어 표적 신호와 상관성이 적은 잡음 성분을 약화시키는 효과를 얻을 수 있다. 즉, 복합적인 레이다 신호는 대부분 표적과 잡음으로 이루어져 있으므로 표적 성분은 펄스폭과 같은 짧은 시간 내에 집속하여 강화시키고, 반면에 잡음 성분은 넓은 시간 범위로 분산시키게 된다. 이러한 상관 처리 과정에서 입력 신호의 길이에 대한 상관 처리된 출력 신호 길이의 비율만큼 신호처리 이득이 발생한다. 상관관계는 비주기적인 연속함수의 경우에 수학적인 표현으로 다음 식 (9.22)와 같이 정의한다.

$$y(t) = \int_{-\infty}^{+\infty} x(\tau)h(t+\tau)d\tau \tag{9.22}$$

여기서 $x(\tau)$는 입력 신호 또는 하나의 신호로 정의하며, $h(t+\tau)$는 시스템의 임펄스 함수 또는 다른 하나의 신호로 정의하며, 두 신호의 상관관계의 출력 함수는 $y(t)$로 주어진다. 상관관계는 그림 9.17과 같이 한 신호가 고정될 경우 다른 신호는 $+\tau$ 시간 변위를 유지하면서 오른쪽에서 왼쪽 방향으로 슬라이딩 프로세스를 거치게 되면 상관관계의 적분 면적을 누적함으로써 구할 수 있다. 이 경우에는 누적 중심이 시간 지연 없이 제로 위치가 된다. 만약 두 신호의 파형이 동일하다면 '자기 상관관계 (Autocorrelation)'라고 하며, 두 신호의 파형이 서로 다르다면 '교차 상관관계 (Cross-Correlation)'라고 한다. 마찬가지로 샘플링된 불연속 신호에 대한 상관관계는 다음 식 (9.23)과 같이 표현할 수 있다.

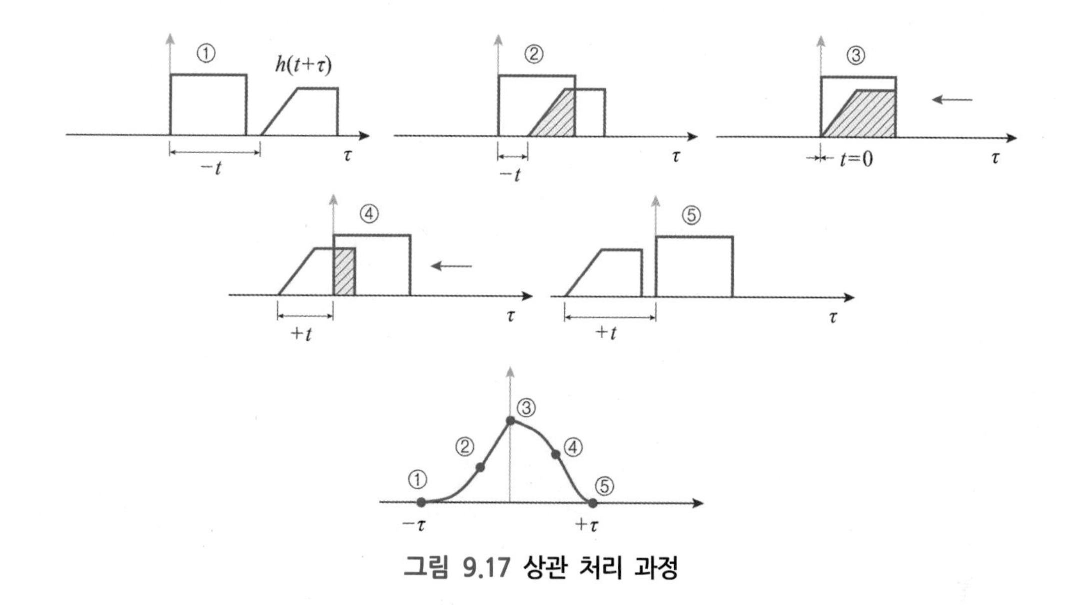

그림 9.17 상관 처리 과정

$$y(k) = \sum_{n=0}^{N-1} x(n)h(k+n) \tag{9.23}$$

여기서 $x(k)$는 k 샘플 시간에서 입력 신호 또는 하나의 신호로 정의하고, $h(k+n)$은 시스템의 임펄스 함수 또는 다른 하나의 신호로 정의하며, 두 신호의 상관관계 출력 함수는 $y(k)$로 주어진다. N은 신호의 한 주기 동안의 총 샘플 개수이며, 불연속 상관관계는 주기함수인 경우에 적용한다. 만약 주기함수가 아니라면 제로 패딩을 통하여 주기를 만들어주어야 한다.

컨볼루션 처리는 그림 9.18과 같이 어느 한 신호가 고정될 경우 다른 신호가 $-\tau$ 시간 변위를 유지하면서 왼쪽에서 오른쪽 방향으로 슬라이딩을 하며 겹치는 면적을 누적함으로써 구한다. 이 경우에 누적 중심은 신호폭만큼 시간이 지연된다. 이산 신호에 대한 컨볼루션 처리 과정은 그림 9.19에 예시하였다. 컨볼루션 처리는 식 (9.24)와 같이 상관 처리와 비교하면 부호가 $-n$으로 바뀐 것 외에 차이가 없다는 것을 알 수 있다.

$$y(k) = \sum_{n=0}^{N-1} x(n)h(k-n) \tag{9.24}$$

시간 영역에서 상관 처리된 펄스 압축의 결과, 일반적으로 주변 거리 셀의 부엽이 높게 나타나는 현상이 생기므로 이들 부엽 (Side Lobe)의 크기를 낮추어주기 위하여 윈도

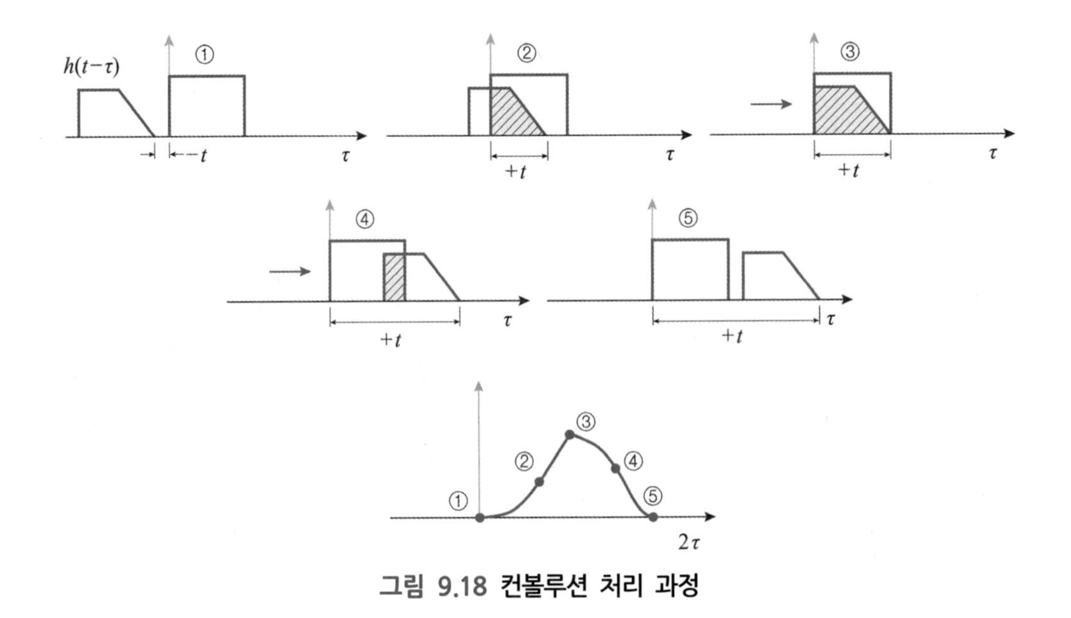

그림 9.18 컨볼루션 처리 과정

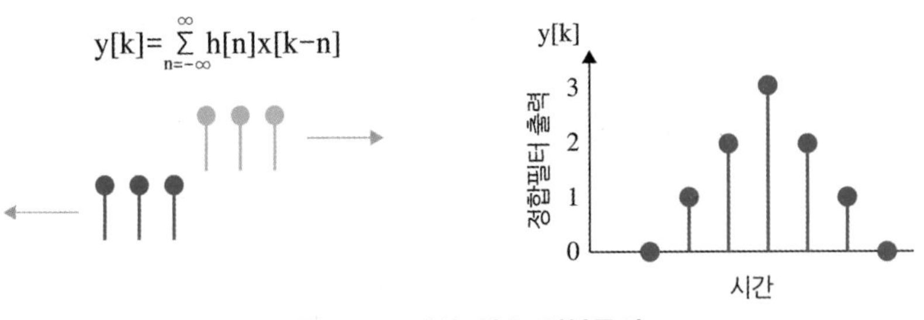

그림 9.19 이산 신호 컨볼루션

우 함수를 적용한다.

윈도우 함수는 시간 영역에서는 곱하기의 관계로 주어지고, 주파수 영역에서는 컨볼루션 관계로 주어진다. 이와 유사하게 시간 영역에서 두 신호함수가 컨볼루션 관계이면 주파수 영역에서는 곱하기 관계로 간단하게 처리한다. 이러한 원리를 이용하면 두 신호의 상관관계를 주파수 영역에서 처리할 수가 있는데, 차이점은 컨볼루션과 상관관계의 시간 지연 요소인 N의 부호가 반대가 된 부분을 보정해주어야 한다는 것이다. 따라서 시간 영역에서 부호를 반대로 한다는 것은 주파수 영역에서는 스펙트럼의 공액복소수를 취한다는 것과 같으므로 이 부분을 보정해주면 된다.

시간 영역에서 상관 처리를 할 때는 많은 거리 셀 데이터를 슬라이딩하면서 실시간으로 적분과 합산을 연속 처리해야 하므로 처리시간이 많이 요구된다. 따라서 시간 영역에서 처리시간을 줄이기 위하여 주파수 영역에서 상관 처리를 하는 방법을 쓴다.

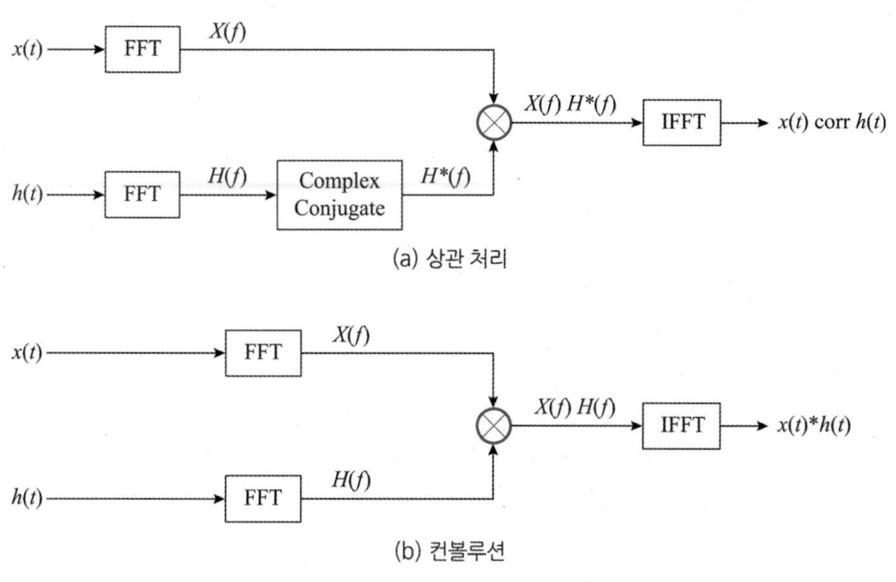

그림 9.20 고속 FTT 정합 필터

주파수 영역에서 상관관계를 처리하기 위해서는 그림 9.20과 같이 먼저 두 신호를 각각 FFT (*Fast Fourier Transform*)로 취한 다음에 부호가 반대가 된 시간 지연 요소가 있는 $h(-k)$ 신호에 대해서만 공액복소함수로 변환시킨 다음 주파수 영역에서 두 함수를 곱하고 FFT의 역함수를 구하면 시간 영역으로 변환할 수 있다. 이렇게 펄스 압축도 송신 기준 파형과 수신 반사 신호 파형을 주파수 영역으로 변환하여 두 함수를 간단하게 곱하면 쉽게 상관관계를 구할 수 있고, 시간 영역의 펄스 압축의 결과를 얻기 위해서 마지막에 주파수 역변환을 하면 펄스 압축을 고속으로 처리할 수 있다.

9.4.3 펄스 압축

(1) 원리

레이다에서 좁은 펄스폭을 사용하는 이유는 거리 해상도가 좋아지므로 표적 탐지 및 식별 능력이 향상되기 때문이다. 그러나 좁은 펄스폭은 대역이 넓어져서 잡음 전력을 증가시키며, 장거리 탐지를 위하여 높은 첨두 전력을 요구한다. 송신기 출력이 높아지면 아크 문제가 발생하고 열이 높아지므로 연속 가동시간이 제한되는 문제가 발생하는데, 이러한 문제의 대안으로 펄스 압축 기법이 도입되었다. 펄스 압축 기법은 높은 첨두 전력을 낮추는 대신에 펄스폭을 길게하여 전체적인 송신 출력을 유지하는 동시에 수신기에서 정합필터 기법을 이용하여 높은 거리해상도를 유지하는 기법이다.

정합 필터 또는 상관기 원리를 펄스 압축 처리에 적용하면 송신 펄스의 확장된 길이와 수신 펄스의 압축된 펄스의 길이의 비율로서 신호처리 이득이 다음 식 (9.25)와 같이 주어진다.

$$G_p = \tau_E / \tau_C \tag{9.25}$$

여기서 τ_E는 송신 시 확장된 펄스폭이고, τ_C는 압축된 펄스폭이다. 디지털 펄스 압축의 종류는 위상 코드 압축과 주파수 코드 압축으로 크게 나눌 수 있다. 위상 코드 압축 방식은 송신 파형의 확장된 펄스폭에 해당하는 시간 동안 이진 코드에 해당하는 위상값에 따라 코드를 발생시켜서 보내고 수신 파형의 위상을 송신 파형을 기준으로 상관관계를 구하여 압축하는 방식으로, 대표적으로 이진 위상 (Bi-Phase)을 사용하는 바커 (Barker) 코드 방식과 다중 위상 코드를 사용하는 Poly Phase 코드 방식이 있다. 주파수 코드 압축 방식은 확장된 펄스폭 동안 압축 펄스 대역폭으로 주파수 변조된 파형을 송신하고 수신 파형과 송신 파형을 기준으로 상관관계를 구하여 압축하는 방식으로, 대표적으로 선형 주파수 변조 (Linear Frequency Modulation) 코드 방식이 있다.

(2) 위상 변조 바커 코드

바커 코드는 대표적인 위상 변조 코드이다. 바커 코드는 이진 위상을 갖는다. 코드가 0 또는 +이면 위상을 0도, 코드가 1 또는 −이면 180도로 위상 변조시킨다. 대표적으로 13비트의 바커 코드와 이에 대응하는 위상 파형을 그림 9.21에 도시하였다.

바커 코드는 비록 코드의 길이가 길지 않고 한정되어 있지만 자기상관 함수를 구하면 아주 이상적으로 코드 중앙 셀에서 최대 코드 길이 N에 비례하는 최대 이득을 얻을 수 있고 나머지 거리 셀에서는 $N/10$ 정도의 아주 낮은 부엽 특징이 있다. 부엽을 낮추기 위한 별도의 윈도우 함수를 적용할 필요가 없는 것이다. 그러나 제한된 코드의 길이가 최대 13개로 실제 레이다에 적용하기에는 상대적으로 짧고 너무 잘 알려진 코드이므로 보안성이 없다는 단점이 있다.

예를 들어 5비트 바커 코드를 갖는 송신 파형을 기준으로 수신 파형과 상관관계를 구하여 펄스 압축하는 과정을 그림 9.22에 도시하였다. 여기서 + 기호는 위상이 0도이

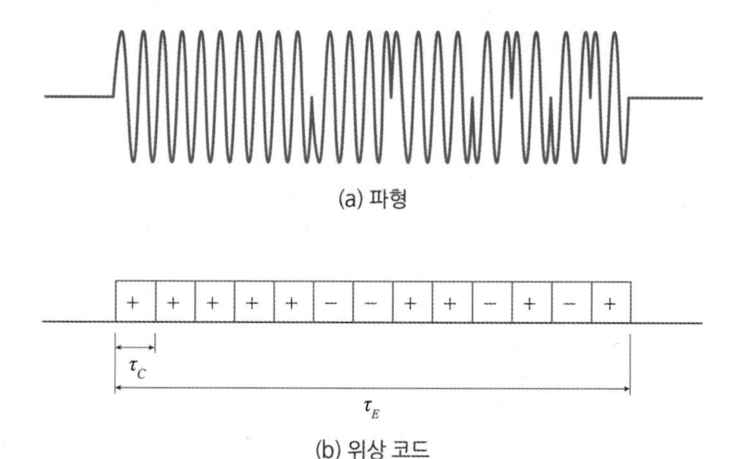

그림 9.21 13비트 바커 코드

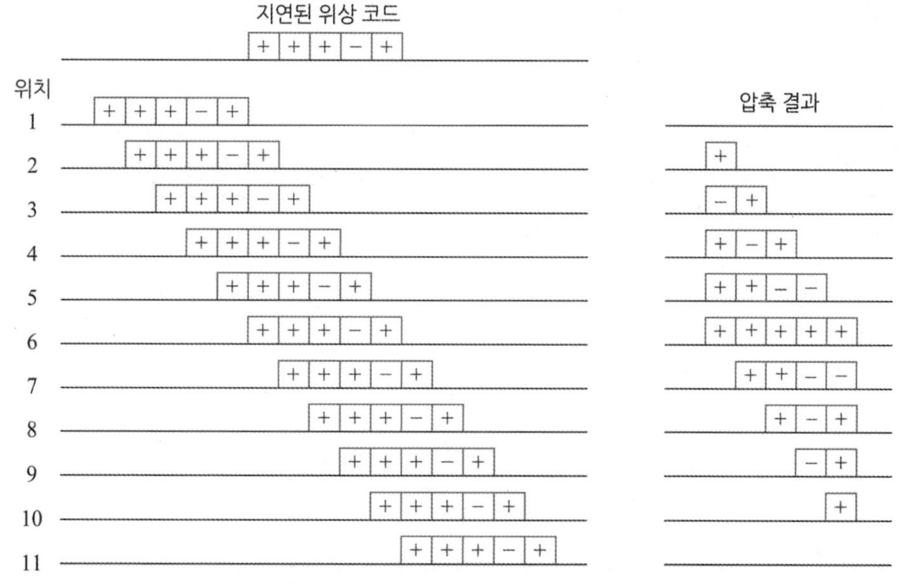

그림 9.22 5비트 바커 코드 압축 과정

며 – 기호는 위상이 180도이다. 시간 지연된 송신 파형을 기준으로 수신 파형이 시간 단위로 슬라이딩하면서 겹치는 부분을 곱하여 합산하면 그림 9.23(a)와 같이 확장된 펄스가 압축되어 상관관계의 결과로 펄스 압축 신호를 얻을 수 있다. 이상적인 바커 코드의 길이는 제한되어 있지만 필요에 따라서 바커 코드의 길이를 조합하여 긴 코드를 만들 수 있다. 그러나 이 경우에는 이상적인 코드와 달리 손실이 발생한다. 예를 들면 35개의 코드 길이를 갖는 바커 코드는 7비트 바커 코드를 5개 조합하여 만들 수 있다. 이 경우에

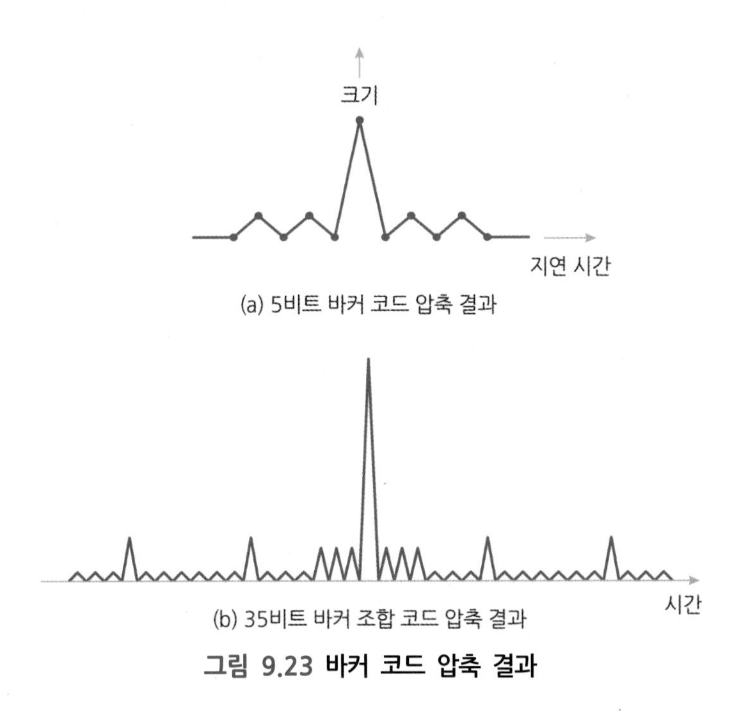

(a) 5비트 바커 코드 압축 결과

(b) 35비트 바커 조합 코드 압축 결과

그림 9.23 바커 코드 압축 결과

상관관계의 압축 결과는 그림 9.23(b)와 같이 이상적인 압축 이득을 얻지는 못하지만 긴 압축 코드가 필요하면 조합으로 사용할 수 있음을 보여준다.

(3) 주파수 변조 LFM 코드

LFM (*Linear Frequency Modulation*) 코드는 선형 주파수 변조를 의미하며, 주어진 레이다 펄스폭을 확장하여 그 시간 동안 증가하거나 감소하도록 한다. 주파수가 증가할 때는 상향 첩, 내려갈 때는 하향 첩이라고 한다. LFM 코드는 위상 코드에 비하여 도플러 변이 위상 오차에 강인하므로 디지털 레이다 시스템에서 많이 사용한다.

그림 9.24에서 보이는 바와 같이 확장 펄스폭 τ_E 시간 동안에 선형적으로 압축 펄스폭에 해당하는 대역폭 B_c 범위에서 변한다. 순시 선형 주파수 변조 신호의 위상은 식 (9.26)과 같다.

$$\phi(t) = \pi\mu t^2 + c, \qquad -\frac{\tau_E}{2} \le t \le \frac{\tau_E}{2} \tag{9.26}$$

또한 레이다 송신 주파수에 상향 변조된 코사인 실수 및 복소수 첩 함수는 식 (9.27)과 (9.28)로 표현한다.

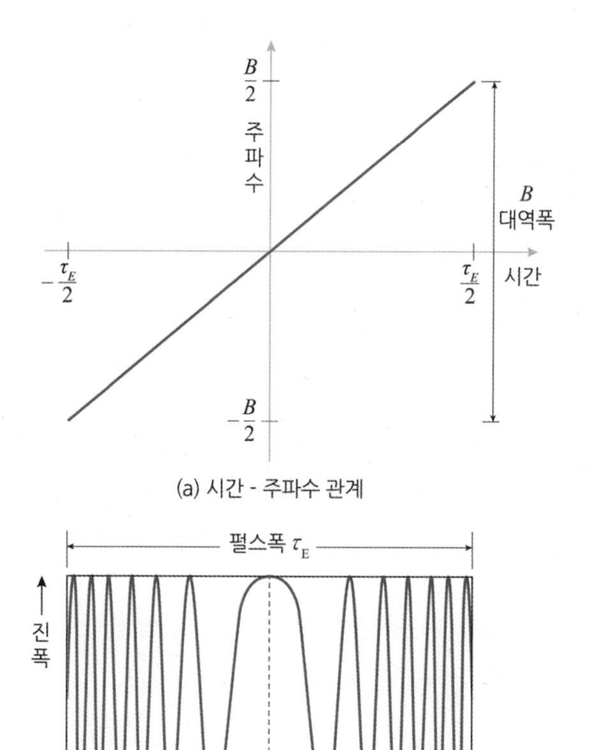

그림 9.24 LFM 파형

$$f(t) = Rect\left(\frac{t}{\tau_E}\right)\cos(\pi\mu t^2), \qquad -\frac{\tau_E}{2} \le t \le \frac{\tau_E}{2} \tag{9.27}$$

$$f(t) = Rect\left(\frac{t}{\tau_E}\right)\exp\left[j2\pi\left(f_0 t + \frac{\mu}{2}t^2\right)\right], \qquad -\frac{\tau_E}{2} \le t \le \frac{\tau_E}{2} \tag{9.28}$$

여기서 $Rect\left(\frac{t}{\tau_E}\right)$는 확장 펄스폭을 갖는 사각형 함수이다.

위 식에서 본 바와 같이 LFM 신호는 위상 함수가 시간의 제곱으로 나타나며, 파형 변화는 확장 펄스폭 동안 반복률 (Sweep Rate)에 따라 시스템의 주어진 대역폭 범위까지 상하로 반복한다. 앞의 식에서 LFM 파형의 스펙트럼은 진폭의 모양 성분 (Envelope)을 푸리에 변환하면 구할 수 있다. 그러나 프레넬 사인과 코사인 적분 함수로 주어지므로 복잡하다. 따라서 일반적으로 코드 길이가 10 이상일 경우, 즉 $\tau_E B_c > 10$이면 LFM

스펙트럼을 근사적으로 표현하면 식 (9.29)와 같이 주어진다.

$$X(w) \approx |X(w)| \exp\left(-j\frac{1}{4\pi}\mu w^2\right) \exp\left(j\frac{\pi}{4}\right), \quad -\frac{\pi}{2} \le f \le \frac{\pi}{2} \tag{9.29}$$

여기서 $|X(w)| \approx 1$이고 대역폭 구간 이외에서는 제로이다. LFM의 근사적 스펙트럼은 그림 9.25와 같다.

복소함수 형태의 LFM 파형을 송신 파형의 기준 신호와 반사 수신 신호와 펄스 압축을 하면 정합 필터를 이용한 상관관계의 출력으로서 다음 식 (9.30)과 같이 표현할 수 있다.

$$y(t) = \frac{1}{\tau_E}\int_{-\infty}^{\infty} Rect\left(\frac{t}{\tau_E}\right) Rect\left(\frac{t+\tau}{\tau_E}\right) e^{[j\pi\mu t^2]} e^{[-j\pi\mu(t+\tau)]^2} dt \tag{9.30}$$

여기서 적분 구간은 확장 펄스폭을 중심으로 $-\tau_E/2$에서 $+\tau_E/2$로 주어진다. 적분 결과는 펄스 압축의 출력으로 다음 식 (9.31)로 주어진다.

$$y(t) = \left(1 - \frac{|t|}{\tau_E}\right) \frac{\sin\left[\left(1 - \frac{|t|}{\tau_E}\right)\pi\mu\tau_E\right]}{\left(1 - \frac{|t|}{\tau_E}\right)\pi\mu\tau_E}, \quad -\frac{\tau_E}{2} \le t \le \frac{\tau_E}{2} \tag{9.31}$$

식 (9.31)은 싱크 함수 (Sinc Function)와 삼각함수를 곱하는 것과 같다. LFM 파형에 대한 펄스 압축의 응답 특성은 그림 9.26과 같은 모양으로 나타나며, 부엽의 크기는 -13.2 dB로 싱크 함수와 비슷하다. 펄스 압축의 결과 식에서 싱크 함수 부분의 시간 대

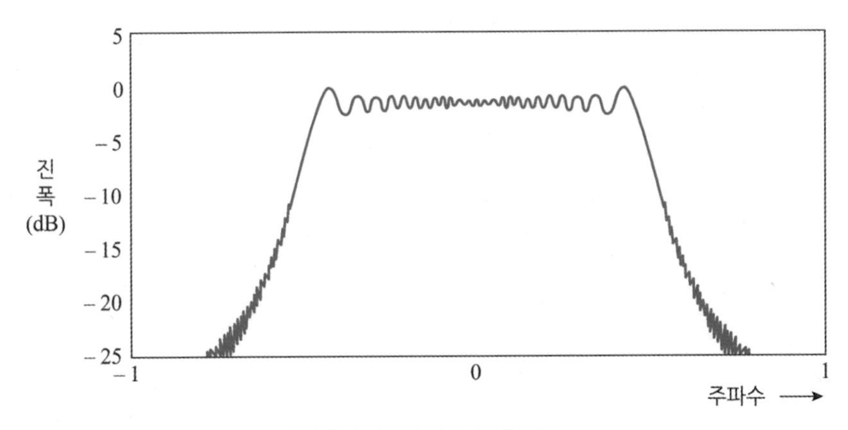

그림 9.25 LFM 스펙트럼

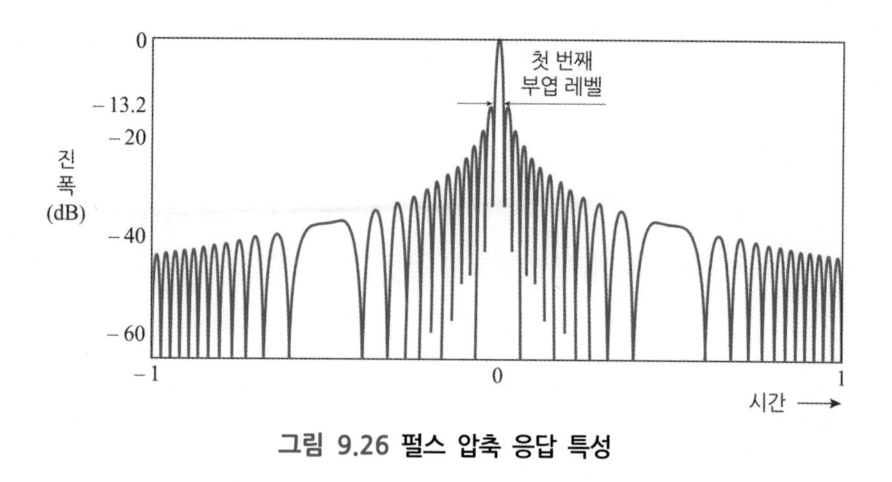

그림 9.26 펄스 압축 응답 특성

역을 풀어보면 다음 식 (9.32)와 같다.

$$\left(1-\frac{|t|}{\tau_E}\right)\pi\mu\tau_E\ t=\pi\mu t-\pi\mu t^2/\tau_E^2 \tag{9.32}$$

여기서 본 바와 같이 싱크 함수는 시간의 선형 부분과 비선형 2차식으로 구성된다. 즉, 시간이 확장 펄스폭에 비하여 매우 작은 구간에서는 주파수에 비례적인 선형 특성을 가지며, 첨두치 부근에서는 삼각파에 의한 가중치를 갖는 싱크 함수와 비슷한 특성을 보인다. 일반적으로 시간과 대역폭의 곱 TBP (*Time Bandwidth Product*)가 20보다 크면 정합 필터의 특성은 거의 싱크 함수와 비슷해진다.

9.4.4 윈도우 함수

레이다 탐지에서 주변 거리 셀이나 도플러 필터 셀 주변의 부엽이 높으면 표적 탐지에 오류가 나타날 수 있다. 일반적으로 신호처리 과정에서 연속적으로 들어오는 수신 신호의 시간 데이터를 일정한 구간으로 잘라서 처리하는 윈도우 현상에 의하여 스펙트럼상에서 손실이 나타나는 현상이 생긴다. 이러한 데이터 잘림 (Data Truncation) 현상은 시간 영역에서 펄스 압축을 처리할 때 제한된 데이터 블록으로 상관처리를 함으로써 인접 거리 셀에 부엽의 상승을 초래한다. 주파수 영역에서 도플러 처리를 위한 푸리에 변환 (FFT)을 할 때도 제한된 데이터 블록으로 인하여 도플러 필터 주변 대역의 부엽이 상승하여 에너지 누설 오류 (Leakage Error) 현상이 나타난다. 이러한 에너지 누설을 줄이기 위하여 시간 영역에서 다양한 윈도우 함수 (Weighting)를 적용한다. 직사각형 모양의 윈도우 함수는 단순히 원하는 구간의 데이터를 직사각형 모양으로 잘라내므로 기본적인 싱크 함수 형태로 나타나며, 부엽의 크기는 −13.7 dB로 주어진다. 이러한 부엽을 좀 더 줄이기 위해서 시간 영역의 데이터를 코사인 또는 사인 형태의 함수를 적용하여 데이터 양끝의 가중치를 부드럽게 만들거나 특별한 가중치를 갖는 윈도우 함수들을 사용한다.

(1) Hanning Window

해닝 윈도우 함수는 코사인 계열로 다음 식 (9.33)과 같다.

$$w(k) = \sin^2[\pi k/N] = 0.5[1 - \cos(2\pi k/N)] \tag{9.33}$$

여기서 k는 0에서 $N-1$까지 범위이고, N은 윈도우 내의 신호 데이터의 크기이다. 최대 부엽의 크기는 −32 dB이다.

(2) Hamming Window

해밍 윈도우 함수는 Hanning Window와 비슷하며, 식 (9.34)와 같다.

$$w(k) = 0.54 - 0.46\cos(2\pi k/N) \tag{9.34}$$

해밍 윈도우는 끝부분이 영으로 떨어지지 않는 특징이 있어 부엽이 해닝에 비하여 −10 dB 좋아지므로 최대 부엽의 크기는 −43 dB이다. 그러나 부엽이 해닝처럼 빨리 떨어지지 않으므로 대역폭은 1.3배 넓어진다.

(3) Kaiser-Bessel Window

Kaiser-Bessel 윈도우 함수는 다음 식 (9.35)와 같다.

$$w(k) = \frac{I_0[\pi\alpha(1.0 - (2k/N)^2)^{1/2}]}{I_0[\pi\alpha]} \tag{9.35}$$

여기서 I_0는 영 차수의 변형된 1종 Bessel 함수로 식 (9.36)과 같다.

$$I_0(A) = \sum_{i=0}^{\infty}[(A/2)^i/i!]^2 \tag{9.36}$$

이 윈도우 함수는 부엽 크기가 매우 낮고 부엽이 빨리 떨어지므로 동시에 대역폭이 넓어지지 않는 장점이 있다. 따라서 간섭 잡음이 매우 큰 신호가 작은 도플러 근방에 나타날 때 적용하면 유리하다. 단 계산 시간이 상대적으로 많이 걸리는 단점이 있다. α가 2.5일 때는 최대 부엽이 -57 dB, 대역폭은 1.57배 넓어진다. α가 3.0일 때는 부엽이 -69 dB, 대역폭은 1.71배 넓어진다.

(4) Dolph-Chebyshev Window

Dolph-Chebyshev 윈도우 함수는 다음 식 (9.37)과 같다. 이 윈도우 함수는 안테나 가중치나 레이다 신호처리 필터에서 많이 사용하는 것으로, 컨볼루션으로 곱셈을 처리할 경우에 사용하거나 부엽은 낮은데 중심에서 낮게 떨어지지 않는 경우에 주로 사용한다.

$$w(k) = IFT(-1)^n \frac{\cos[N\cos^{-1}[\beta\cos(\pi n/N)]}{\cosh[N\cosh-1(\beta)]} \tag{9.37}$$

여기서 IFT는 푸리에 역변환, n은 주파수 샘플 수, N은 주파수당 시간의 수, β는 다음 식으로 주어지는 계수, 즉 $\beta = \cosh[(1/N)\cosh^{-1}(10\alpha)]$이며, 여기서 α는 윈도우 계수로서 $-2.5 \sim 3.0$ 값이다. 이 윈도우의 최대 부엽은 α가 2.5, 3.0일 때 각각 -50, 60 dB을 나타내며, 대역폭도 1.33, 1.44 정도로 매우 좋은 특성을 갖는다. 다만 IFT의 계산 시간이 많이 소요되는 단점이 있다.

(5) Taylor Window

테일러 윈도우 함수는 식 (9.38)과 같다. Dolph-Chevyshev 계열과 유사하며 아날로그 펄스 압축에 주로 많이 사용된다.

$$w(t) = 1 + 2\sum_{m=1}^{n-1} F_m \cos[2\pi m(k/N)] \tag{9.38}$$

여기서 n은 윈도우 파라미터, F_m은 테일러 계수, m은 계수기, N은 윈도우의 총 데이터 수이다. 주어진 부엽의 폭이 좁은 편이며, 최대 부엽의 크기는 $n=10$일 때 50 dB 정도의

표 9.1 윈도우 함수의 특성 [© Harris]

윈도우	최고 부엽 크기 (dB)	Roll-off (dB/oct.)	이득	잡음 대역폭 (bins)	3dB 대역폭 (bins)	스캘럽 손실 (dB)	처리 손실 (dB)
Rectangle	-13.4	-6	1.00	1.00	0.89	3.92	3.92
Triangle	-26.8	-12	0.50	1.33	1.28	1.82	3.07
Cosine	-23	-12	0.64	1.23	1.20	2.10	3.01
Hann	-32	-18	0.50	1.50	1.44	1.42	3.18
Hamming	-43	-6	0.54	1.36	1.30	1.78	3.10
K-B 2.5	-57	-6	0.44	1.65	1.57	1.20	3.38
K-B 3.0	-69	-6	0.40	1.80	1.71	1.02	3.56
D-C 2.5	-50	0	0.53	1.39	1.33	1.70	3.12
D-C 3.0	-60	0	0.48	1.51	1.44	1.44	3.23

성능을 가진다.

윈도우 함수의 종류에 따른 특징을 표 9.1에 요약하였다. 윈도우 함수의 파라미터는 최대 부엽 레벨 (dB), 부엽 감소율 (dB/oct), 이득, 잡음 대역폭, 3 dB 대역폭, 스캘러핑(Scalloping) 손실 등으로 나누어진다. 특히 스캘러핑 손실이란 윈도우에 의한 진폭의 불확정성을 의미하며, 출력 셀에서 신호와 윈도우의 이득의 비율로서 그림 9.27과 같이 가장 큰 진폭에 대한 가장 작은 진폭의 비를 의미한다. 인접하는 작은 표적에 하나의 큰 간섭 신호가 존재하는 경우에 부엽으로 인하여 두 표적을 구분하기 어렵다. 윈도우 함수에 의한 대역 특성을 예시한 그림 9.28과 같이 부엽 폭이 넓어지는 Rectangular, Hamming 윈도우 등을 사용하면 두 개의 표적을 구분할 수 없다. 그러나 Kaiser 윈도우나 Dolph-Chevyshev 윈도우 함수를 적용하면 해상도의 대역폭이 좁으므로 작은 표적도 쉽게 구별할 수 있다.

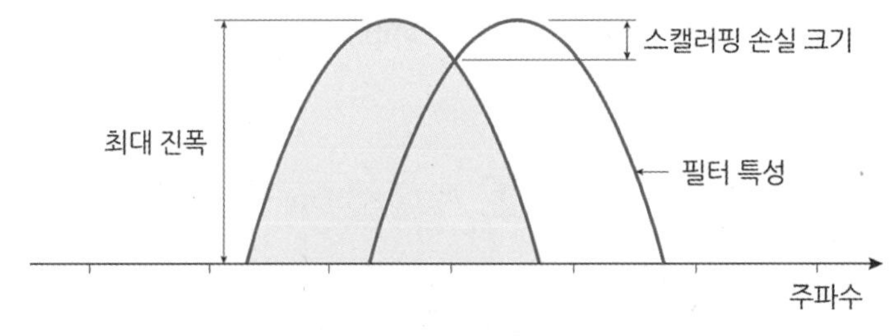

그림 9.27 스캘러핑 손실

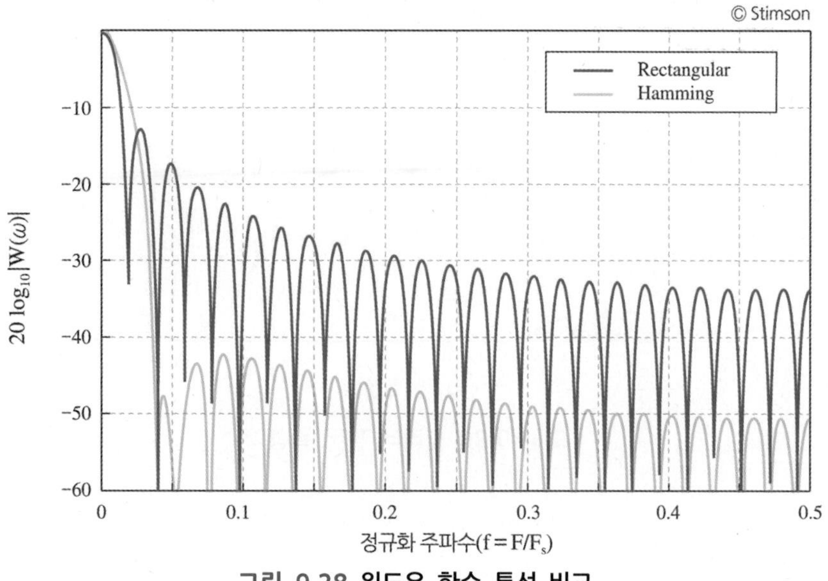

그림 9.28 윈도우 함수 특성 비교

9.5 클러터 제거 MTI 필터

9.5.1 MTI 필터 원리

일반적으로 클러터 성분은 시간 영역에서 표적에 비하여 매우 큰 진폭 성분을 가지나 도플러 주파수 영역에서는 주기적인 PRF 스펙트럼 라인을 중심으로 거의 제로 도플러 영역에 나타난다. 클러터 스펙트럼은 그림 9.29와 같이 거의 도플러 성분이 낮기 때

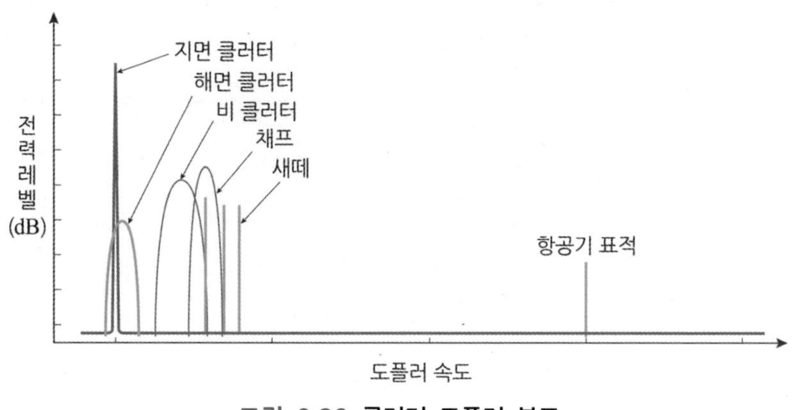

그림 9.29 클러터 도플러 분포

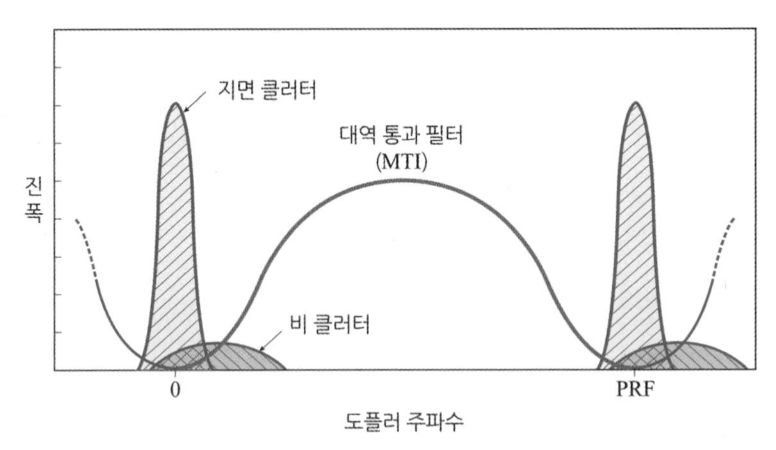

그림 9.30 클러터 필터 특성

문에 $f=0$인 DC 주변에 나타나며 PRF의 정수배의 주파수에 규칙적으로 나타난다. CW 레이다에서는 제로 주파수 주변의 신호를 무시하거나 억제함으로써 클러터를 쉽게 제거할 수 있다. 펄스 도플러 레이다에서는 이동 표적의 도플러와 움직임이 없는 정적인 클러터 신호를 표적과 구분하기 위한 필터가 필요하다. MTI (*Moving Target Indicator*) 필터는 그림 9.30과 같이 이동 표적의 도플러 주파수 성분은 통과시키고 움직임이 없는 클러터 성분은 제거하는 기능을 한다. 이와 같이 클러터 성분을 효율적으로 제거하기 위해서 MTI 필터는 DC와 PRF 주파수에서는 매우 깊은 널 필터를 가지도록 하여 클러터를 충분히 제거한다. 앞에서 설명한 바와 같이 이동 표적의 도플러 주파수는 $f_d \approx (2v_t/\lambda)\cos\phi$로 주어지므로 표적의 속도가 높을 때는 PRF 크기의 대역폭을 갖는 통과 대역으로 표적이 통과하지만 표적의 속도가 매우 느리거나 또는 레이다가 표적을 바라보는 각도가 90도 근방이 되면 표적의 도플러 주파수는 매우 낮아서 거의 DC 근방에 위치하게 된다. 이러한 경우에는 MTI 필터 특성에 따라서 클러터와 함께 낮은 속도의 표적 성분도 동시에 제거될 수 있다.

펄스 레이다에서 MTI 필터의 개념은 매우 간단하지만, 획기적인 발상이었다. 1900년대 초기에는 전자소자와 필터 기술이 발달되기 전이어서 단순히 케이블의 지연소자를 이용하여 클러터를 제거할 수 있다는 아이디어는 매우 흥미롭다. MTI 필터의 원리는 특정 거리 셀에서 전 펄스의 반사 신호값은 지연소자를 이용하여 PRI만큼 지연시키고 현재 펄스에서 들어오는 반사 신호값에서 지연시킨 신호 값과 차이를 구하면 된다. 따라서 MTI 필터의 처리 구조는 그림 9.31과 같다. 주어진 거리 셀을 중심으로 펄스의 PRI

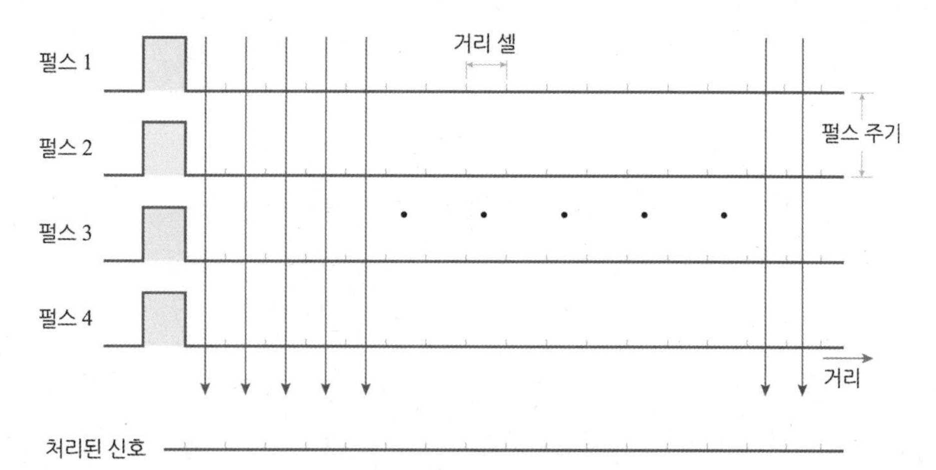

그림 9.31 MTI 필터의 처리 구조

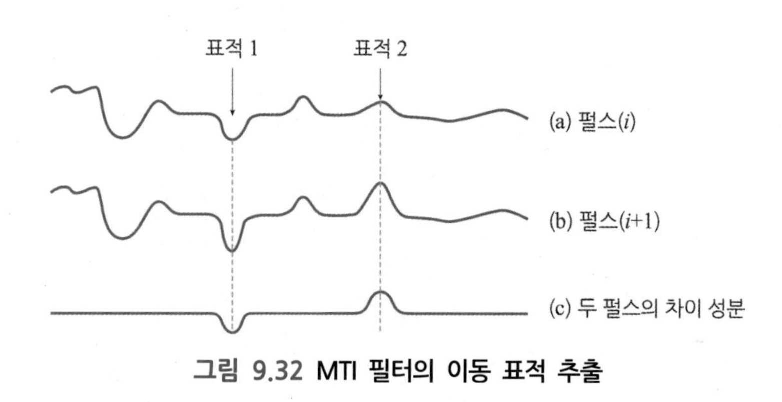

그림 9.32 MTI 필터의 이동 표적 추출

주기 단위로 전 펄스와 후 펄스의 차이를 구해나가면 각 펄스 단위로 수신되는 정적인 신호 크기는 서로 상쇄되고, 이동 표적과 같이 진폭 변화가 있는 거리 셀에서는 그림 9.32와 같이 차이 신호가 남게 된다. 이러한 원리를 이용한 MTI 필터는 지연소자 개수에 따라 필터의 주파수 특성이 달라진다.

9.5.2 단일 지연 상쇄기

하나의 지연소자를 이용하여 클러터를 상쇄하므로 '단일 지연 상쇄기 (*Single Delay Line Canceller*)'라고 한다. SDL Cancelle의 구조는 그림 9.33과 같다. 이 경우에는 펄스를 2개 사용하여 전후 값의 차이를 구하므로 '이중 펄스 상쇄기 (Two-Pulse Canceller)'라고 부르기도 한다. 그림에서 보이는 바와 같이 $h(t)$는 필터의 임펄스 응답 함수, $x(t)$, $y(t)$

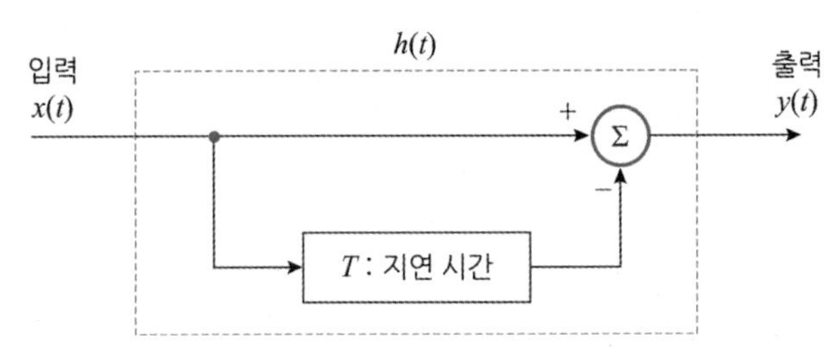

그림 9.33 단일 지연 상쇄기 구조

는 각각 입력과 출력이다. 여기서 지연 시간 T는 펄스의 반복 주기, 즉 PRI이며 PRF의 역수이다. MTI 필터의 주파수 응답 특성을 유도하기 위하여 먼저 시간 영역에서 시간 지연에 의한 입력과 출력의 관계를 정의하면 식 (9.39)와 같다.

$$y(t) = x(t) - x(t - T) \tag{9.39}$$

필터의 임펄스 응답은 입력에 델타 함수를 가할 경우 출력은 곧 시스템 임펄스 함수로 주어지므로 식 (9.40)과 같다.

$$h(t) = \delta(t) - \delta(t - T) \tag{9.40}$$

위의 식을 푸리에 변환하면 필터의 주파수 특성은 다음 식 (9.41)과 같다.

$$H(w) = 1 - e^{-jwT} \tag{9.41}$$

따라서 MTI 필터의 전력 이득은 주파수 영역에서 공액복소수를 곱하여 구해지므로 식 (9.42), (9.43)과 같다.

$$|H(w)|^2 = (1 - e^{-jwT})(1 - e^{jwT}) \tag{9.42}$$

$$|H(w)|^2 = 2(1 + e^{jwT} + e^{-jwT}) = 2(1 - \cos wT) \tag{9.43}$$

삼각함수에 의하여 코사인 2배각 공식을 이용하면 사인 함수 형태로 식 (9.44)와 같이 MTI 필터를 표현할 수 있다.

$$|H(w)|^2 = 4(\sin(wT/2))^2 \tag{9.44}$$

따라서 지연소자를 이용하여 전후 입력 펄스의 지연 시차를 이용하면 그림 9.34와 같이 사인 필터의 특성을 얻을 수 있다. 즉, 주파수 $f = 0$에서 대역 특성은 제로이며,

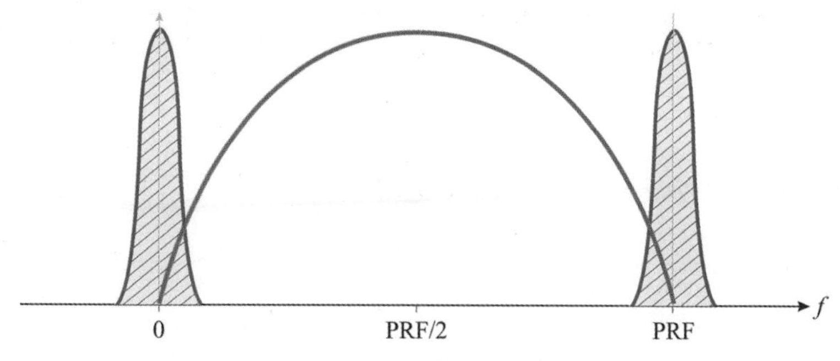

그림 9.34 MTI 필터의 주파수 특성

$f = \mathrm{PRF} = 1/T$에서는 $\sin(\pi)$가 되므로 역시 제로가 되어 클러터 성분을 제거할 수 있음을 알 수 있다. 또한 $f = \mathrm{PRF}/2 = 1/2T$일 때는 필터 특성이 $\sin(\pi/2)$가 되므로 1이 되어 대역의 중심에서는 대역 통과가 되는 것을 알 수 있다.

9.5.3 이중 지연 상쇄기

이중 지연 상쇄기는 그림 9.35와 같이 지연소자가 2개 있다. 이 경우 입력에 최소 3개의 펄스가 필요하므로 '3중 펄스 상쇄기 (Three-Pulse Canceller)'라고도 한다. 필터의 특성을 구하기 위한 유도는 단일 상쇄기와 유사하다. 2개의 지연소자가 있는 경우의 임펄스 응답을 구하면 식 (9.45)와 같다.

$$h(t) = \delta(t) - 2\delta(t - T) + \delta(t - 2T) \tag{9.45}$$

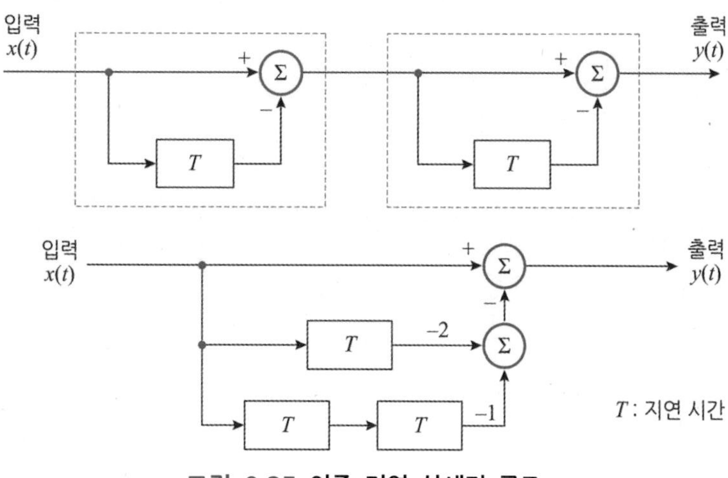

그림 9.35 이중 지연 상쇄기 구조

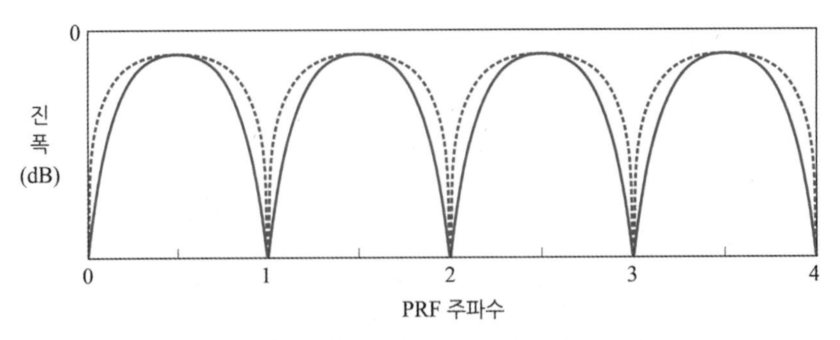

그림 9.36 이중 지연 MTI 상쇄기 필터 특성

이중 상쇄기의 주파수 특성은 단일 상쇄기를 직렬로 2개 연결한 것으로 볼 수 있으므로 단일 상쇄기의 주파수 특성을 두 번 곱하면 식 (9.46)과 같다.

$$|H(w)|^2 = |H_1(w)||H_1(w)| = 16(\sin(wT/2))^4 \tag{9.46}$$

이중 지연 상쇄기의 주파수 특성을 단일 상쇄기와 비교하면 그림 9.36과 같다. 그림에서 보이는 바와 같이 두 상쇄기의 특성은 유사한 MTI 필터의 특성을 나타내지만, 이중 지연 상쇄기가 제로 주파수 부근에서 깊은 감쇄 특성을 가지므로 낮은 클러터 도플러 성분들을 제거하는 데 더 유리하다. MTI 필터에 사용된 펄스의 개수가 너무 많아지면 제로 주파수 부근의 감쇄 특성은 좋아지지만 실제 도플러 필터 뱅크에 사용될 펄스 수가 그만큼 줄어들기 때문에 신호 이득 손실을 야기할 수 있다.

지연소자를 사용하는 상쇄기는 일반적인 디지털 필터로 잘 알려진 'TDL (*Tapped Delay Line*)'을 이용한 FIR (*Finite Impulse Response*) 필터를 이용하여 그림 9.37과 같이 구성할 수 있다. 여기서 지연소자 T의 개수가 N이라고 하면 FIR 필터의 계수는 Binomial 계수와 같이 전개되므로 식 (9.47)과 같이 주어진다.

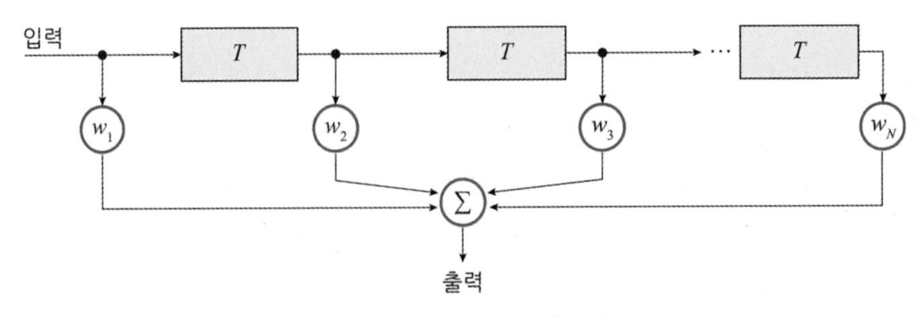

그림 9.37 N단 FIR 필터 구조

$$\omega_i = (-1)^{i-1} \frac{N!}{(N-i+1)!\ (i-1)!}, \qquad i = 1,\ \cdots,\ N+1 \tag{9.47}$$

N단 지연 상쇄기의 평균 전력 이득은 식 (9.48)과 같이 주어진다.

$$E_P = \frac{s_o}{s_i} = \prod_{i=1}^{N} |H_1(f)|^2 = \prod_{i=1}^{N} 4\left(\sin\left(\frac{\pi f}{f_r}\right)\right)^2 \tag{9.48}$$

여기서 $|H_1(f)|$는 단일 지연 감쇄기의 주파수 특성이다. 위 식을 간단하게 다시 정리하면 식 (9.49)와 같다.

$$\frac{s_o}{s_i} = |H_1(f)|^{2N} = 2^{2N}\left(\sin\left(\frac{\pi f}{f_r}\right)\right)^{2N} \tag{9.49}$$

9.5.4 피드백 지연 상쇄기

피드백 지연소자 상쇄기 (Feedback Delay Line Canceller)는 피드백을 통하여 반복적으로 필터의 주파수 특성을 다르게 만들 수 있다는 특징이 있다. DC에서는 깊은 감쇄 특성을 얻을 수 있다. 그림 9.38에 피드백 지연을 이용한 MTI 필터 구성도가 도시되어 있다. 그림과 같이 주어진 입력 신호를 이용하여 필터의 임펄스 특성을 구하면 식 (9.50), (9.51)과 같다.

$$y(t) = x(t) - (1-K)w(t) \tag{9.50}$$

$$v(t) = y(t) + w(t), \quad w(t) = v(t-T) \tag{9.51}$$

필터의 주파수 특성을 구하기 위하여 Z 변환을 이용하여 정리하면 식 (9.52), (9.53)과 같다.

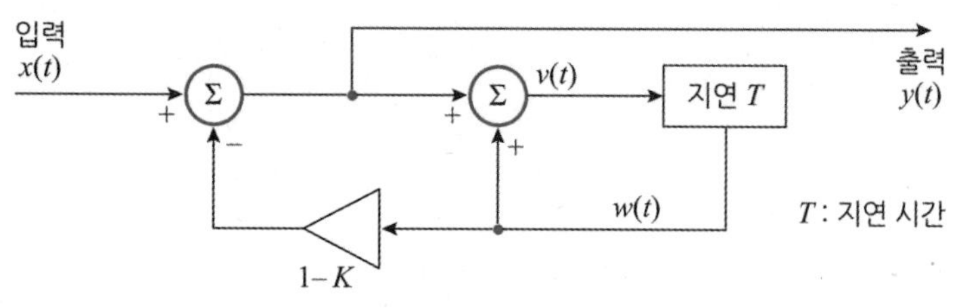

그림 9.38 피드백 MTI 상쇄기 구조

$$Y(z) = X(z) - (1-K)W(z) \tag{9.52}$$

$$V(z) = Y(z) + W(z), \quad W(z) = Z^{-1}V(z) \tag{9.53}$$

위 식을 이용하여 전달함수 $H(z) = Y(z)/X(z)$와 $|H(z)|^2$을 구하면 식 (9.54), (9.55)와 같다.

$$H(z) = \frac{1-z^{-1}}{1-Kz^{-1}} \tag{9.54}$$

$$|H(z)|^2 = \left[\frac{(1-z^{-1})(1-z)}{(1-Kz^{-1})(1-Kz)}\right] = \frac{2-(z+z^{-1})}{(1+K^2)-K(z+z^{-1})} \tag{9.55}$$

여기서 $z = e^{j\omega T}$이다. 따라서 $|H(e^{j\omega T})|^2$의 주파수 특성은 식 (9.56)과 같다.

$$|H(e^{j\omega T})|^2 = \frac{2(1-\cos\omega T)}{(1+K^2)-2K\cos(\omega T)} \tag{9.56}$$

여기서 $K=0$이면 식 (9.43)과 같이 단일 지연소자 상쇄기가 된다. K 값은 1보다 크면 발진을 하여 필터의 특성이 불안정하므로 반드시 1보다 작은 값을 가져야 한다. K 값에 따라 그림 9.39와 같이 $K=0.25$, 0.7, 0.9 등의 다양한 MTI 필터의 특성을 얻을 수 있다. 여기서 $(1-K)^{-1}$의 값은 수신하는 펄스 수를 의미하는데, $K=0.9$이면 펄스가 10개가 된다는 의미이다.

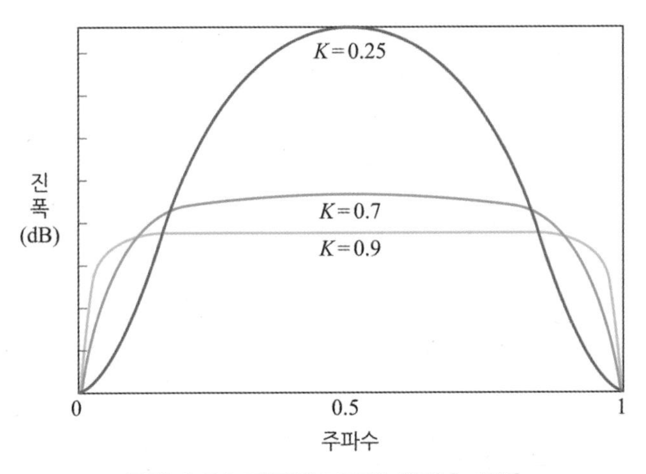

그림 9.39 피드백 MTI의 주파수 특성

9.5.5 PRF 스태거링

표적의 속도를 모호성 없이 추출하기 위해서는 PRF를 충분히 높여서 최대 도플러 속도의 두 배 이상으로 샘플링해주어야 한다. 낮은 PRF를 사용하는 레이다에서는 대부분 도플러 모호성이 존재한다. 특히 표적의 도플러 속도가 샘플링 속도에 해당하는 PRF의 정수배에 나타날 경우에는 MTI 필터에 의하여 클러터는 물론 표적 성분도 동시에 제거된다. 이러한 현상을 블라인드 속도라고 하며, 이를 해소하는 방법이 PRF 스태거링(Staggering)이다. 이 방식은 고정된 PRF에서 나타나는 표적 성분이 제거되지 않도록 몇 개의 PRF를 사용하여 번갈아 가면서 변경해줌으로써 표적 속도 위치가 원래 PRF 라인에 나타나지 않도록 해준다. PRF 스태거링은 펄스 단위 또는 지속 시간 단위, 또는 스캔 단위로 매번 다른 PRF 세트로 변경해준다. 이렇게 PRF를 바꾸어주면 한 PRF에서 제거되던 표적 신호는 다른 PRF에서 제거되지 않고 통과 대역에 나타나게 된다. PRF의 세트는 기준 PRF를 중심으로 조금 낮거나 높은 주파수의 PRF를 여러 개 사용한다.

예를 들어서 그림 9.40(a)는 고정된 600 Hz의 PRF를 사용할 경우에 MTI 필터의 특성을 보여주고 있다. 공교롭게도 표적의 도플러 주파수가 600 Hz의 PRF 주파수와 동일

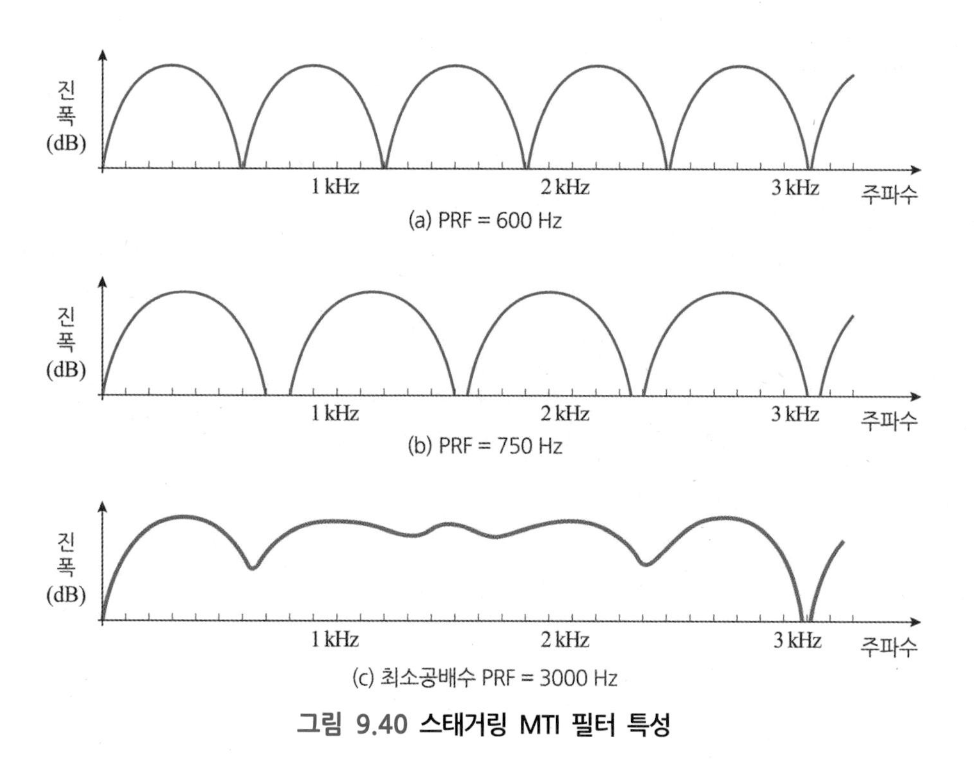

그림 9.40 스태거링 MTI 필터 특성

한 성분이 PRF 라인에 나타나게 되면 클러터와 함께 모두 제거된다. 그러나 그림 9.40(b)와 같이 PRF를 750 Hz로 바꾸어주면 600 Hz의 PRF에서 제거되던 도플러 성분이 제거되지 않고 MTI 필터를 통과하게 된다. 또한 750 Hz의 PRF 라인에서 제거될 수 있는 도플러 성분은 600 Hz PRF에서는 제거되지 않고 MTI 필터를 통과하는 것을 알 수 있다. 이와 같이 서로 다른 PRF를 세트로 보냄으로써 고정된 PRF에 의해 나타나는 블라인드 도플러를 효과적으로 해결할 수 있다. 이 경우 두 개의 PRF를 조합하여 만들어진 MTI 필터는 그림 9.40(c)와 같다. 각 PRF에 의한 블라인드 주파수는 주어진 PRF의 정수배에 매번 나타난다. 이 경우에는 첫 번째 겹치는 블라인드 PRF는 3000 Hz에 존재하고 두 번째 정수배의 PRF는 6000 Hz에 나타난다. 이와 같이 두 PRF의 조합에 의한 블라인드 PRF를 고려하여 PRF 세트를 결정한다. 만약 PRF를 하나 더 추가하여 세 번째 PRF를 1000 Hz라고 하면, 이때 첫 번째 정수배의 PRF는 3000 Hz에 나타난다. 이와 같이 PRF 조합에 의한 최초의 블라인드 PRF는 각 PRF의 최소공배수 지점에 나타난다. PRF 스태거링을 이용하면 고정된 PRF에 의한 블라인드 도플러를 회피할 수 있을 뿐만 아니라 동시에 PRF 조합에 의한 최소공배수 PRF 시간 단위로 클러터를 제거할 수 있음을 알 수 있다.

9.5.6 MTI 성능 향상 지수

MTI 성능 향상 지수는 MTI 필터의 입력과 출력 클러터 성분의 비로서 식 (9.57)과 같이 표현할 수 있다.

$$I = \left(\frac{S_o}{C_o}\right) / \left(\frac{S_i}{C_i}\right) = \frac{S_o}{S_i} CA \tag{9.57}$$

여기서 S_o/S_i는 MTI 필터의 평균 전력 비율로서 필터의 주파수 특성 $|H(w)|^2$이며 $CA = C_i/C_o$로서 클러터 감쇄비이다. 클러터 전력을 가우시안 스펙트럼으로 표현하면 식 (9.58)과 같다.

$$W(f) = \frac{P_c}{\sqrt{2\pi}\,\sigma_c} \exp\left(-f^2/2\sigma_c^2\right) \tag{9.58}$$

여기서 P_c는 클러터 전력 크기, σ_c는 클러터 평균 주파수이며 $\sigma_c = 2\sigma_v/\lambda$로 주어지는데

λ는 파장이고 σ_v는 평균 풍속이다. 따라서 식 (9.58)을 정리하면 식 (9.59)와 같이 정리된다.

$$W(f) = \frac{\lambda P_c}{2\sqrt{2\pi}\,\sigma_v} \exp(-f^2\lambda^2/8\sigma_v^2) \tag{9.59}$$

MTI 필터 입력 단에서 클러터 전력은 식 (9.58)을 이용하여 적분하면 식 (9.60)과 같이 나타난다.

$$C_i = \int_{-\infty}^{\infty} \frac{P_c}{\sqrt{2\pi}\,\sigma_c} \exp\left(\frac{f^2}{2\sigma_c^2}\right) df = P_c\left[\int_{-\infty}^{\infty} \frac{1}{\sqrt{2\pi}\,\sigma_c} \exp\left(\frac{f^2}{2\sigma_c^2}\right) df\right] \tag{9.60}$$

따라서 괄호 내의 가우시안 확률 밀도 함수를 적분하면 1이므로 $C_i = P_c$가 된다. 한편 MTI 필터의 출력 단에서 클러터 전력은 식 (9.61)과 같이 표현된다.

$$C_o = \int_{-\infty}^{\infty} W(f)\,|H(f)|^2 df \tag{9.61}$$

단일 지연 상쇄기의 주파수 특성을 이용하여 정리하면 식 (9.62)와 같다.

$$C_o = \int_{-\infty}^{\infty} \frac{P_c}{\sqrt{2\pi}\,\sigma_c} \exp\left(-\frac{f^2}{2\sigma_c^2}\right) 4\left(\sin\left(\frac{\pi f}{f_r}\right)\right)^2 df \tag{9.62}$$

클러터는 매우 낮은 주파수 대역에만 존재하므로 f/f_r은 매우 작고 근사적으로 정리하면 식 (9.63)과 같다.

$$C_o = \frac{4P_c\pi^2}{f_r^2} \int_{-\infty}^{\infty} \frac{P_c}{\sqrt{2\pi}\,\sigma_c} \exp\left(-\frac{f^2}{2\sigma_c^2}\right) df = \frac{4P_c\pi^2}{f_r^2}\sigma_c^2 \tag{9.63}$$

위 식에서 적분 항은 제로 평균 가우시안 분포함수의 분산이 σ_c^2인 2차 모멘트 함수이므로 $C_o = (4P_c\pi^2/f_r^2)\sigma_c^2$로 간략하게 정리된다. 클러터 감쇄비는 식 (9.64)와 같다.

$$CA = \frac{C_i}{C_o} = \left(\frac{f_r}{2\pi\sigma_c}\right)^2 \tag{9.64}$$

따라서 MTI 향상지수는 식 (9.57)의 정의에 의하여 식 (9.65)과 같이 정리된다.

$$I = \left(\frac{f_r}{2\pi\sigma_c}\right)^2 \frac{S_o}{S_i} \tag{9.65}$$

여기서 단일 지연 상쇄기의 경우 주파수 특성은 펄스 반복 주파수 f_r의 주기로 표현되므로 $S_o/S_i = |H(f)|^2 = 2$와 같이 주어진다. 따라서 최종 MTI 성능향상 지수는 식 (9.66)으로 주어진다.

$$I = 2\left(\frac{f_r}{2\pi\sigma_c}\right)^2 \tag{9.66}$$

설계 예제

지상 레이다의 클러터 평균 도플러 변이가 6.4 Hz이고 PRF가 800 Hz로 주어진다. 단일 지연 감쇄기를 사용하는 MTI 필터의 성능향상 지수를 구해보자.

(1) 클러터 감쇄 비

$$CA = \frac{C_i}{C_o} = \left(\frac{f_r}{2\pi\sigma_c}\right)^2 = \left(\frac{800}{(2\pi)(6.4)}\right)^2 = 395.77 = 25.97\ \mathrm{dB}$$

(2) MTI 성능 지수

$S_o/S_i = 2 = 3\ \mathrm{dB}$이므로 성능 지수는 $25.97 + 3 = 28.97\ \mathrm{dB}$이다.

9.6 펄스 도플러 MTD 처리

9.6.1 도플러 필터 뱅크

펄스 도플러 처리는 도플러 필터 뱅크를 이용하여 이동 표적의 도플러 주파수 성분을 찾아내는 기능을 하므로 '이동 표적 탐지기 MTD (*Moving Target Detector*)' 필터라고 한다. MTI 필터는 단순히 제로 도플러 성분의 클러터를 제거하고 이동 표적의 존재 유무를 판단하는 데 반하여, MTD 필터는 거리 셀별로 구성된 필터 뱅크를 이용하여 그

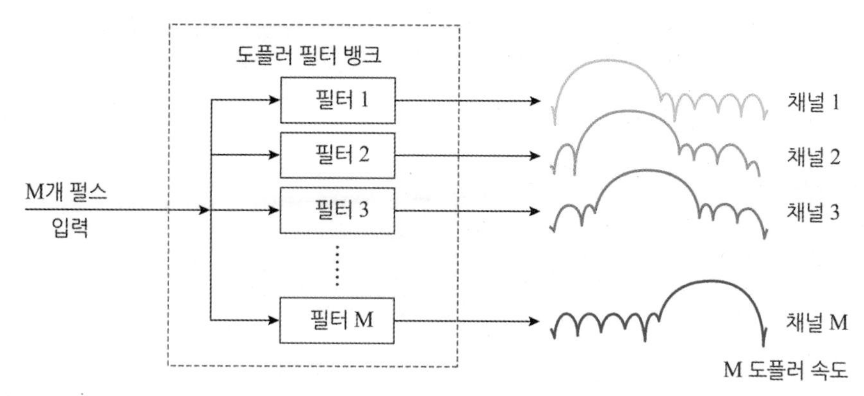

그림 9.41 도플러 필터 뱅크 구조

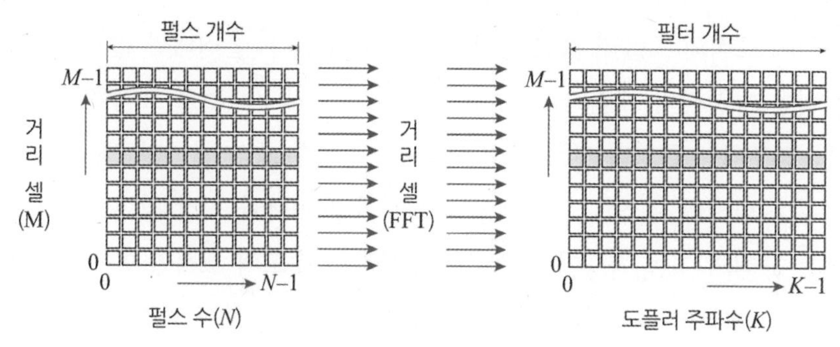

그림 9.42 거리/도플러 신호처리 구조

림 9.41과 같이 이동 표적의 도플러 성분을 탐지한다. MTD 프로세스는 표적이 존재하는 모든 거리/도플러 셀에서 이동 속도를 찾아낼 수 있다. 펄스 도플러 처리를 위한 지속시간 동안의 시간 영역 데이터 구조는 그림 9.42와 같이 가로축에는 PRI 단위의 펄스 개수로 표시하고 세로축에는 거리 해상도 단위의 거리 셀 개수를 나타내는 거리-펄스의 2차원 데이터 구조를 갖는다. 그리고 각 거리 셀별로 독립적으로 DFT (*Discrete Fourier Transform*)를 취하여 스펙트럼을 구한 후에 거리-주파수의 2차원 구조의 표적 탐지 결과를 얻을 수 있다.

펄스 도플러 스펙트럼 분포는 그림 9.43과 같이 제로 PRF 라인과 첫 번째 PRF 라인 부근을 중심으로 클러터의 제로 도플러 성분이 분포한다. 표적의 도플러 성분은 제로에서 첫 번째 PRF 라인 사이에 존재하며 최대 표적의 도플러 주파수 성분은 PRF/2의 위치에 나타난다. 반면에 각 도플러 샘플에 포함된 간섭 잡음은 전체 대역에 분포한다. 각 거리 셀별로 구한 도플러 스펙트럼 샘플 성분은 기준 도플러 크기의 문턱값과 비교하여

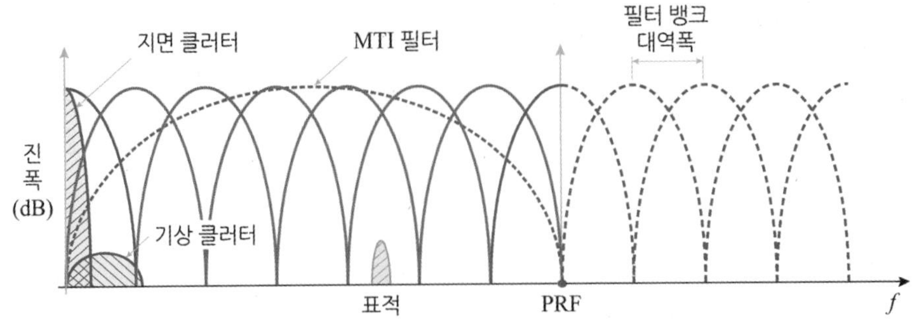

그림 9.43 펄스 도플러 스펙트럼

표적 신호를 탐지하게 된다. 도플러 샘플 값이 문턱값을 넘어서면 특정 표적의 거리 셀 정보와 동시에 표적의 도플러 속도 정보를 탐지하게 된다. 클러터가 많이 포함된 영역에 존재하는 낮은 도플러의 표적 신호는 클러터와 함께 제거되므로 표적을 탐지하기 어렵다. 이러한 경우에는 클러터 맵 방법을 이용하여 기존 클러터와 비교하여 변화된 표적 도플러 성분을 탐지할 수 있다. 특히 이동 표적이 레이다와 직각 방향으로 선회 비행하는 경우에는 표적의 이동 속도가 아무리 빠르더라도 속도의 코사인 90도 성분으로 인하여 제로 도플러 성분이 나타난다. 이러한 경우에는 제로 도플러 필터를 별도로 구성하여 클러터 맵을 이용하여 특정 거리-도플러 셀에 존재하는 기존 클러터 성분과 비교하여 이동 표적에 의한 제로 도플러 변화 성분을 업데이트하고 스캔 단위로 비교하여 제로 또는 저속의 이동 표적을 탐지할 수 있다.

원래 MTD 프로세서는 지면 클러터나 기상 클러터의 영향이 많은 저고도로 비행하는 소형 항공기를 탐지하는 목적으로 ASR-9 공항 감시 레이다를 위하여 개발되었다. ASR-9 레이다는 낮은 PRF를 사용하며 2차원 공항 감시 터미널 레이다로서 탐지 거리는 60 nmi이다. MTD 프로세서의 주요 구성은 그림 9.44와 같이, 1) MTI 프로세서, 2) FFT 도플러 필터 뱅크, 3) 디지털 클러터 맵, 4) CFAR 프로세서, 5) 블록 PRF 스태거링 등이다. 특징으로는 클러터 맵을 이용하여 레이다와 직각 방향으로 비행하는 항공기를 탐지할 수 있는 제로 속도 탐지 기능이 있으며, 거리/방위/속도 셀을 구성하여 전체 스캔 공간을 탐지할 수 있다. ASR-9 레이다의 MTD 프로세서는 365,000개의 거리/방위 셀과 각 셀마다 8개의 속도 필터 셀을 두고 있으므로 전체 2,920,000개 셀을 스캔 단위로 실시간 처리할 수 있는 고속 디지털 프로세서이다.

펄스 도플러 처리 방식의 장점은 표적의 이동 속도를 제공할 뿐만 아니라 I/Q 처리

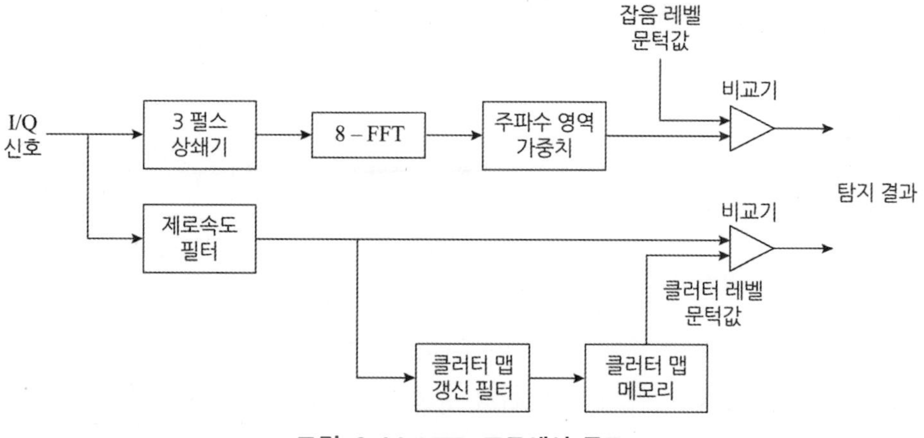

그림 9.44 MTD 프로세서 구조

를 통하여 표적의 이동 방향, 즉 표적이 레이다에 접근하는지 멀어지는지와 같은 표적의 이동 방향을 예측할 수 있다. 또한 다수의 이동 표적이 존재할 때 각 표적의 고유한 도플러 주파수를 분리하여 제공하므로 다중 표적 처리에 유리하다. 그러나 MTI 처리 방식에 비하여 계산 시간이 많이 소요된다는 단점이 있다. 왜냐하면 지속 시간 단위로 모든 거리 셀별로 많은 펄스를 모아서 도플러 주파수 변환을 위한 계산 시간이 필요하기 때문이다. 펄스의 수를 많이 누적할수록 지속 시간이 길어지는 대신 펄스 누적 이득을 얻을 수 있는 장점이 있지만 반면에 처리 시간이 오래 걸리는 제약이 있다.

9.6.2 도플러 푸리에 변환 분석

레이다에서 스펙트럼 분석은 이동 표적의 도플러 주파수를 예측하고 주변의 클러터와 간섭 잡음으로부터 표적을 분리하기 위하여 사용한다. 기본적인 주파수 스펙트럼 분석 도구는 시간 영역의 데이터를 주파수 영역으로 변환하는 FT (*Fourier Transform*) 변환을 이용한다. 푸리에 변환은 아날로그 시간 영역에서 비주기 연속신호를 주파수로 변환하는 CFT (*Continuous Fourier Transform*)가 있다. 이 경우에는 스펙트럼이 비주기의 연속함수로 나타난다. 그러나 샘플링된 불연속 신호를 주파수로 변환하는 DFT (*Discrete Fourier Transform*) 방법은 시간 영역 신호가 주기 신호이든 비주기 신호이든 관계없이 스펙트럼은 불연속의 주기적인 반복 신호로 나타난다. 이와 달리 FS (*Fourier Series*) 방식은 시간 영역에서 주기적인 연속신호를 스펙트럼 라인으로 변환한다. 스펙트럼 라인은 샘플링 주파수에 따라서 불연속의 하모닉스 주파수 성분값으로 나타난다. DFT의 계산 속도를 구할 때는 $N \times N$의 곱하기와 $N(N-1)$번의 더하기 계산이 필요한데, 데이터의 샘플 수가 많을 경우에는 계산 시간이 문제가 된다. DFT의 계산을 고속으로 처리하는 방법으로 FFT 방법을 이용한다.

(1) 연속 푸리에 변환 (CFT)

CFT 방식은 시간 영역에서 연속적이고 비주기 신호에 대한 스펙트럼을 구하는 데 사용하며 결과적인 스펙트럼은 연속적이며 비주기 형태로 나타난다. CFT는 식 (9.67)과 같다.

$$X(f) = \int_{-\infty}^{\infty} x(t) e^{-j2\pi ft} dt \tag{9.67}$$

여기서 $X(f)$는 $x(t)$의 스펙트럼이며, f는 주파수, t는 시간을 의미한다. 주파수 스펙트럼을 시간으로 역변환하는 경우에는 ICFT (*Inverse Continuous Fourier Transform*)를 이용하여 다음 식 (9.68)과 같이 구한다.

$$x(t) = \int_{-\infty}^{\infty} X(f) e^{+j2\pi ft} df \tag{9.68}$$

대표적인 직사각형 펄스 함수를 푸리에 변환하면 그림 9.45와 같이 싱크 함수로 나타난다. 싱크 함수는 정의에 의하여 $Sinc(x) = Sin(\pi x)/\pi x$로 주어진다. 여기서 시간 영역의 펄스폭은 τ이고 크기는 A인 경우에 주파수 성분 제로에서 싱크 함수의 최대 진폭값 (Main Lobe)은 A로 주어지며 대부분의 에너지는 주엽에 분포한다. 각 스펙트럼의

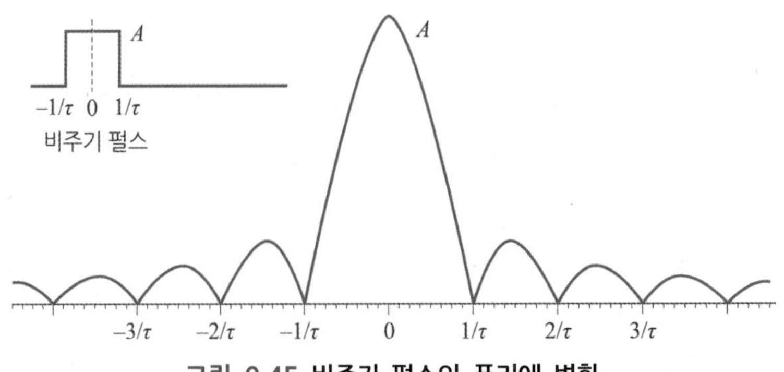

그림 9.45 비주기 펄스의 푸리에 변환

값은 펄스폭의 역수에 해당하는 $1/\tau$의 정수배의 주파수에서 0 (Null)이 된다. 여기서 스펙트럼 대역폭은 첫 번째 null이 나타나는 주파수 폭으로 $B=1/\tau$로 주어진다. 부엽은 두 번째 스펙트럼 성분이 주엽에 영향을 가장 많이 미치며 스펙트럼 주파수 값이 증가할수록 싱크 함수 형태로 스펙트럼 크기는 점차 감소한다.

(2) 푸리에 급수 변환

푸리에 급수는 연속적인 주기함수를 스펙트럼으로 변환한다. 시간 영역에서 주기성은 스펙트럼 영역에서는 주파수 임펄스와 같은 스펙트럼 라인을 구성한다. 이론적으로 주파수 영역에서 주기함수는 시간 영역에서는 임펄스 함수의 연속으로 표현되며 그 역도 마찬가지로 성립한다. 시간 영역에서 샘플링은 임펄스의 연속으로 표현되므로 샘플링된 신호의 중첩 (Aliasing 현상)을 주의해야 한다. 시간 영역에서 주기함수의 스펙트럼은 사인과 코사인 또는 지수함수의 하모닉스 함수의 합으로 주어진다. 임의의 함수 $y(t)$는 푸리에 급수 형태로 식 (9.69)와 같이 푸리에 계수의 합으로 표현할 수 있다.

$$y(t)=\sum_{-\infty}^{\infty}c(n)e^{j2\pi f_0 t} \tag{9.69}$$

여기서 $y(t)$는 임의의 복소수 사인함수 시리즈로 구성된 신호, $c(n)$은 지수함수 형태의 푸리에 계수, f_0는 기본 주파수 성분, n은 임의의 정수이다. 위 식에서 각 스펙트럼 라인은 주파수 영역의 임펄스 나열로 구성된다. 즉 n번째 임펄스는 nf_0의 주파수 성분과 진폭의 크기는 $c(n)$을 가진다. 이러한 스펙트럼은 기본 주파수 f_0의 정수배의 불연속 주파수 성분으로 구성된다. 지수함수 형태의 푸리에 계수는 시간 영역의 신호 $y(t)$ 정보를 이용하여 식 (9.70)과 같이 주어진다.

$$c(n)=1/T\int_{-T/2}^{T/2}y(t)e^{-j2\pi n f_0 t}dt \tag{9.70}$$

푸리에 급수는 삼각함수 형태로 식 (9.71)과 같이 표현할 수 있고 각 계수는 식 (9.72), (9.73), (9.74)와 같이 주어진다.

$$y(t)=\frac{a_0}{2}+\sum_{n=0}^{\infty}[a_m\cos(2\pi m f_0 t)+b_m\sin(2\pi m f_0 t)] \tag{9.71}$$

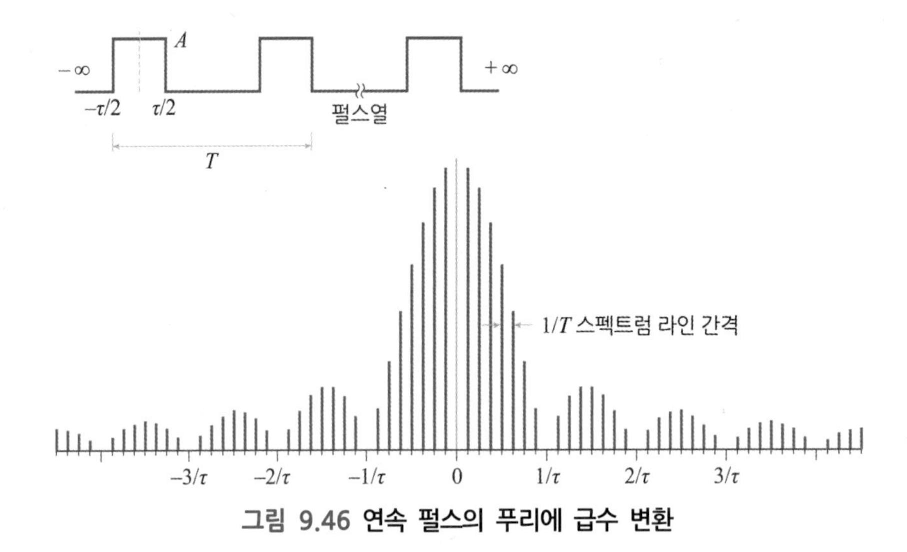

그림 9.46 연속 펄스의 푸리에 급수 변환

$$a_0 = 2/T\int_{-T/2}^{T/2} y(t)dt \tag{9.72}$$

$$a_m = 2/T\int_{-T/2}^{T/2} y(t)\cos(2\pi m f_0 t)dt \tag{9.73}$$

$$b_m = 2/T\int_{-T/2}^{T/2} y(t)\sin(2\pi m f_0 t)dt \tag{9.74}$$

예를 들어서 무한 주기의 연속적인 펄스파형의 폭이 τ이고 주기가 T인 경우에 대한 푸리에 급수의 변환 결과는 그림 9.46과 같다. 여기서 스펙트럼 라인의 주파수 영역의 간격은 펄스 주기의 역수로 주어지며 전체적인 진폭의 변화는 싱크 함수 형태로 변한다. 푸리에 변환과 마찬가지로 중심 주파수 DC를 기준으로 첫 번째 제로 진폭으로 떨어지는 주파수 대역폭은 $1/\tau$로 나타난다.

9.6.3 디지털 푸리에 분석

(1) DFT 변환 분석

레이다 신호는 A/D 변환기를 통하여 아날로그 신호를 디지털로 샘플링 변환하여 처리하게 된다. 아날로그 신호에 대하여 설명한 푸리에 변환을 디지털 방식으로 처리하기 위해서는 시간 영역에서 샘플링된 이산신호를 DFT 방식으로 처리한다. DFT 변환 식은 (9.75)로 주어지고 역변환 IDFT (*Inverse Discrete Fourier Transform*)는 식 (9.76)으로 주어진다.

$$X(n/NT) = 1/N\sum_{k=0}^{N-1} x(kT)\exp(-j2\pi nk/N) \tag{9.75}$$

$$x(kT) = \sum_{k=0}^{N-1} X(n/NT)\exp(j2\pi nk/N) \tag{9.76}$$

여기서 $X(n/NT)$는 시간 영역의 샘플링된 신호 $x(kT)$에 대한 스펙트럼, n은 주파수 샘플 지수, n/NT는 샘플 n에서의 주파수, N은 전체 시간 영역 샘플 수, T는 샘플 간격 시간, k는 시간 영역 샘플 지수, kT는 시간 함수의 누적 시간이다. 샘플링된 시간 영역의 비주기 신호는 DFT 변환을 하게 되면 주파수 영역에서 원래의 연속 스펙트럼이 반복적으로 나타난다. 그러나 주기신호의 주파수 스펙트럼은 이산 스펙트럼이 되고 또한 샘플링된 신호의 주파수 스펙트럼은 주기적인 이산 스펙트럼으로 나타난다. 샘플링된 펄스 신호의 DFT는 그림 9.47과 같이 샘플 수의 반을 중심으로 대칭으로 나타난다. 그림에서 보는 바와 같이 양의 주파수 성분은 주파수 제로에서부터 증가하여 $N/2-1$까지이고 음의 주파수 성분은 $N-1$에서부터 감소하여 $N/2+1$까지 범위이다. 따라서 대칭적으로 나타나는 주파수 성분의 반복 중심은 $N/2$가 되고 주파수의 시작은 0과 N이 되므로 표현상 혼동을 줄 수가 있다. 따라서 자연스럽게 표현하기 위하여 음의 주파수 영역의 끝을 양의 주파수의 처음으로 연결시켜 주파수의 위치를 SWAP하면 그림 9.48과 같이 도시할 수 있다. 즉, 제로 주파수가 중심에 위치하고 주파수를 양의 최대 주파수와 음의 최대 주파수가 양 끝단에 위치하도록 한다. $N/2$ $(n=32)$는 나이퀴스트 주파수를 의미하는 것은 아니다.

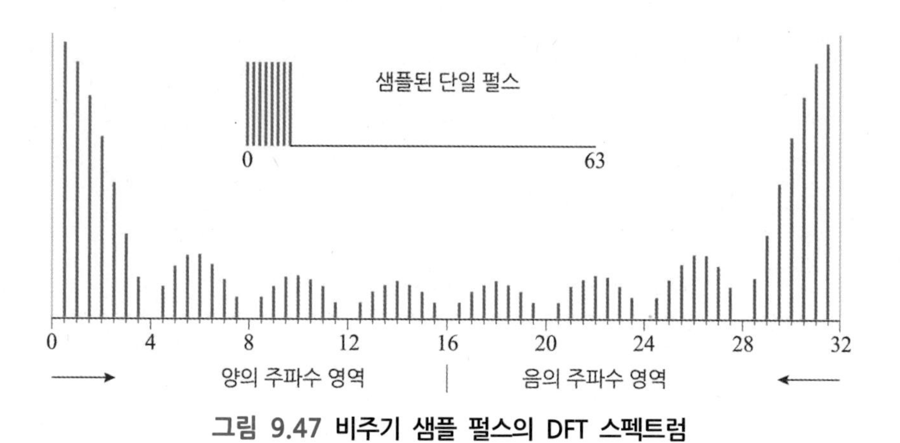

그림 9.47 비주기 샘플 펄스의 DFT 스펙트럼

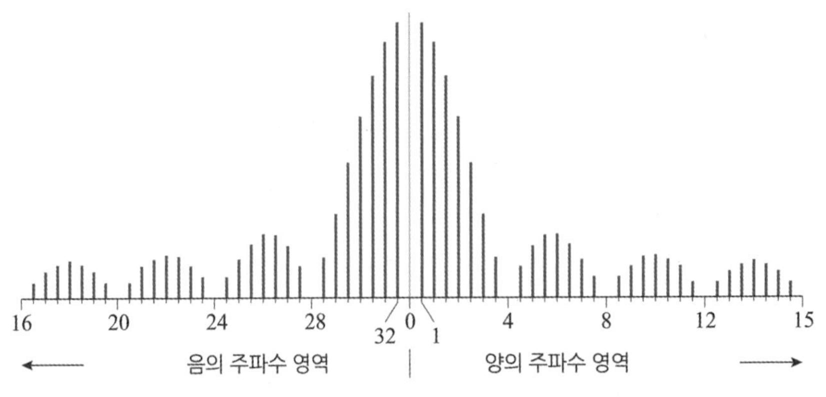

그림 9.48 비주기 샘플 펄스의 DFT SWAP 스펙트럼

(2) FFT 변환 분석

DFT의 계산식에서 보면 연산처리에는 곱하기와 더하기가 필요하다. 데이터 샘플 수가 N일 경우 N^2의 곱하기와 $N(N-1)$번의 더하기 계산이 요구된다. 샘플 데이터 수가 많을 경우에는 계산 시간에 부담이 커지므로 빠른 계산 방법이 필요하다. FFT는 DFT를 고속으로 처리하는 알고리즘이다. FFT 알고리즘의 원리는 1961년에 Cooley와 Tukey가 발표한 논문에서 최초로 소개되었다. 주어진 데이터 샘플 수 N을 $N/2$로 나누어 짝수군과 홀수군으로 분류하고, 다시 반복하여 첫 번째 짝수군과 홀수군을 $N/2$로 나누어 두 번째 짝수군과 홀수군으로 분류하며 최종적으로 단위 짝수와 홀수군으로 분류될 때까지 나누어서 DFT를 처리하면 매번 곱하기와 더하기 계산량이 $N^2/2$로 감소하게 된다. Two-Point FFT의 경우 버터플라이 (Butterfly) 구조로 주어지며 그림 9.49와 같다. FFT 연산시간은 곱하기의 경우 $N/2\ \log_2 N$, 더하기는 $N\ \log_2 N$으로 줄어든다. 예를 들어 데이터 수가 1024 (= 2^{10})일 경우 DFT 곱하기 계산량은 1,048,576인 데 반하여 FFT 계산량은 5,120으로 200배 줄어든다. FFT 알고리즘은 일반적인 공학계산 Matlab 등의 소프트웨어 Subroutine 프로그램으로 제공되므로 쉽게 이용할 수 있다.

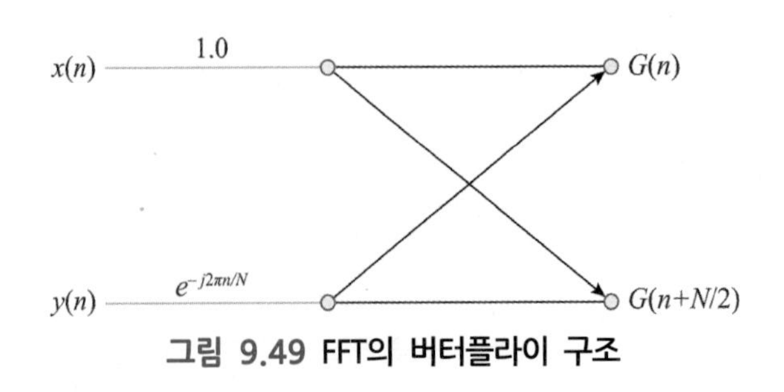

그림 9.49 FFT의 버터플라이 구조

9.7 표적 탐지 CFAR 처리

9.7.1 CA-CFAR

표적 탐지기는 신호처리기의 마지막 처리 단계로서 표적이 존재하는 주변의 평균 전력과 비교하여 표적의 존재 여부를 탐지한다. 일반적인 CFAR (*Constant False Alarm Rate*) 구조는 그림 9.50에 도시하였다. 표적 탐지는 레이다 주변의 간섭 잡음의 분포를 고려하여 수신 신호의 문턱값을 설정하는 문제이다. 탐지 문턱값은 7장에서 설명한 바와 같이 이론적으로 문턱값 V_T와 오경보율 P_{fa}와의 관계식을 이용하여 다음 식 (9.77)과 같이 나타난다.

$$V_T = \sqrt{2\psi^2 \ln\left(\frac{1}{P_{fa}}\right)} \tag{9.77}$$

여기서 잡음 전력 ψ^2가 일정하다고 가정하면 고정된 문턱값이 구해진다. 고정 문턱값은 외부 잡음 환경에 따라 간섭 잡음의 변화가 많을 때는 효과적이지 못하다. 일반적으로 레이다에서 많이 사용하는 방식은 CA-CFAR (*Cell Averaging CFAR*) 방법이다. 평균적인 외부 간섭 잡음의 레벨에 따라 문턱값의 높이를 자동으로 가변할 수 있어서 오경보의 발생 빈도를 일정하게 유지하는 데 편리하다. 일종의 적응 CFAR 방식으로 레이다 주변 환경의 간섭 잡음의 변화 분포를 통계적으로 안다고 가정하고 이들 분포로부터 미지 파라미터들을 추정하는 방식이다.

거리별 CA-CFAR 구조는 그림 9.51에서 보는 바와 같이 연속해서 거리 셀별로 샘플

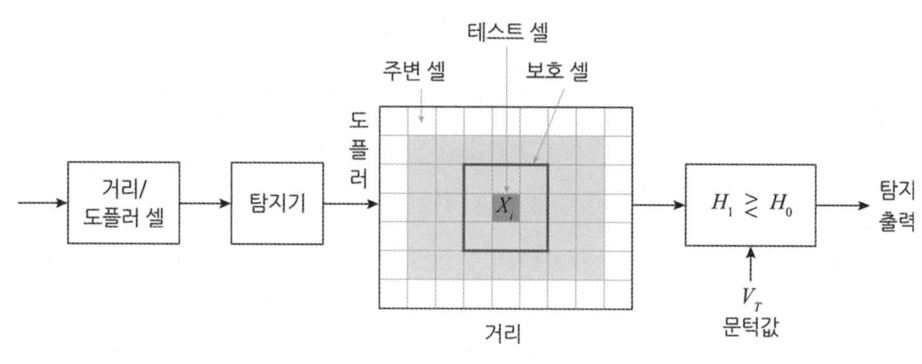

그림 9.50 CFAR 구조 개념

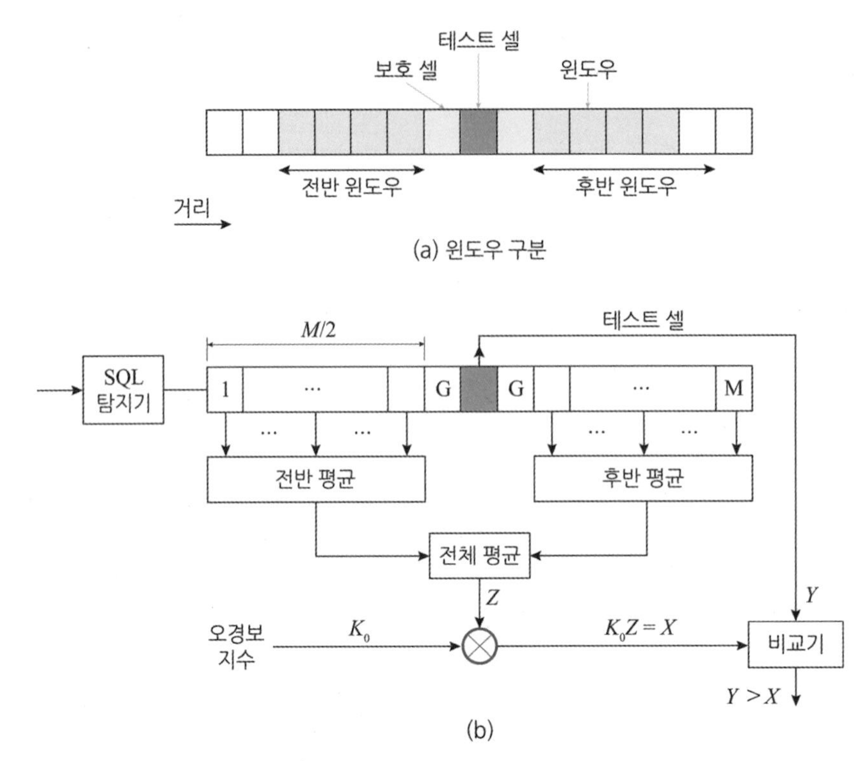

그림 9.51 거리별 CA-CFAR 구조

된 진폭값이 시간 지연에 따라 들어온다. 한가운데 있는 셀은 탐지 문턱값과 비교할 테스트 셀 CUT (*Cell Under Test*)이다. 탐지 기준이 되는 문턱값 V_T는 전체 거리 또는 도플러 셀의 길이가 M이라고 할 때 $M/2$의 중심 셀의 앞과 뒤에 있는 $M/2$ 길이의 주변 셀들의 평균 크기를 계산한 후에 일정한 오경보율에 필요한 이론적인 문턱값을 스케일 값으로 곱하여 식 (9.78)과 같이 구한다.

$$V_T = K_0\left[\frac{1}{M-1}\right]\left[\sum_{n=-M/2+1}^{M/2-1} v(n)\right] \tag{9.78}$$

이때 중심에 있는 테스트 셀에 바로 인접한 셀은 주변 셀의 평균을 계산할 때 포함시키지 않는다. 기준 셀의 탐지 출력 Y_1은 모든 테스트 셀들이 해당 테스트 셀의 평균값 Z와 스케일값 K_0의 곱으로 주어지는 최종 문턱값과 비교하여 식 (9.79)와 같이 그 값이 크면 탐지된 것으로 1을 출력하고 작다면 표적이 없는 것으로 판단하여 0을 출력한다.

$$Y_1 > K_0 Z \tag{9.79}$$

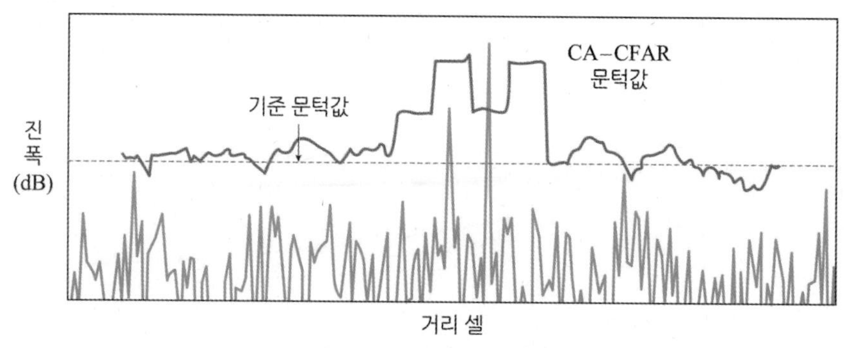

그림 9.52 CA-CFAR 탐지

셀 평균 CFAR 방식에서 모든 기준 셀의 잡음 분포는 평균이 제로이고 셀 간에는 서로 독립적인 가우시안 분포를 가진다고 가정한 것이다. 무조건적인 오경보 탐지 확률을 스케일 값과 윈도우 수와 비교하면 식 (9.80)과 같이 주어진다.

$$P_{fa} = \frac{1}{(1+K_0)^M} \tag{9.80}$$

위의 식에서 보이는 바와 같이 오경보 확률은 주변의 간섭 잡음의 크기 변동에 관계없이 일정하게 유지할 수 있으며, 오경보에 영향을 주는 요소는 기준 문턱값의 크기와 테스트 셀을 중심으로 전후 윈도우 셀의 구간 길이에 의해 영향을 받는다는 것을 알 수 있다.

CA-CFAR의 손실은 식 (9.81)과 같이 정의한다.

$$L_{CA-CFAR} = \frac{SINR_{CA}}{SINR_{NP}} \tag{9.81}$$

여기서 SINR은 신호대 간섭 잡음비를 의미하며 이상적인 Neyman-Pearson CFAR 탐지기와 비교하여 손실을 정의한다. Swerling 모델 1의 다중 표적에 대한 CA-CFAR의 문턱값과 NP (*Neyman-Pearson*) 문턱값을 기준으로 표적 탐지 결과를 그림 9.52에 예시하였다. CFAR 손실을 오경보 확률에 따라 그림 9.53에서 비교하였다.

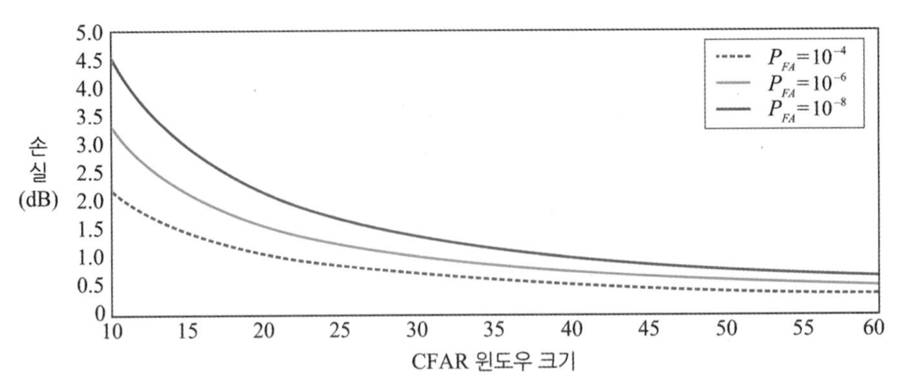

그림 9.53 CA-CFAR 손실 비교

9.7.2 C-Map CFAR

클러터 맵 (Clutter Map 또는 C-Map)은 2차원의 거리와 방위각으로 나누어진 구간 셀을 기본적인 단위로 한다. 클러터 맵 CFAR에서는 정적이지 않은 주변 클러터 환경에서 그림 9.54와 같이 2차원의 거리-방위 셀 단위 공간에 분포하는 클러터의 이동 평균 (Moving Average) 전력을 구하여 문턱값을 설정한다. 7장에서 설명한 바와 같이 클러터 맵 CFAR는 1차원 순환 필터 (Recursive Filter)로써 그림 9.55와 같이 평균 클러터 맵을 추정하는 구조이다. 클러터 맵의 모델은 1차 피드백 구조로 되어 있고 식 (9.82)와 같이 주어진다.

$$\hat{y_j} = (1-\alpha)\hat{y}_{j-1} + \alpha x_j \tag{9.82}$$

여기서 필터의 계수 α는 필터의 이득 계수로서 현재 샘플의 가중치를 나타내고, $1-\alpha$

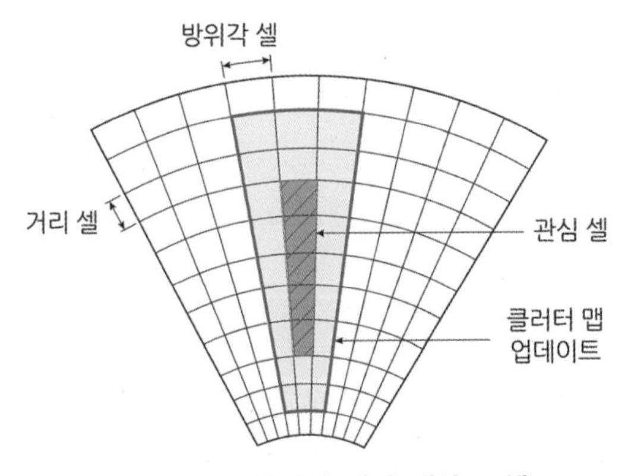

그림 9.54 클러터 맵의 해상도 셀

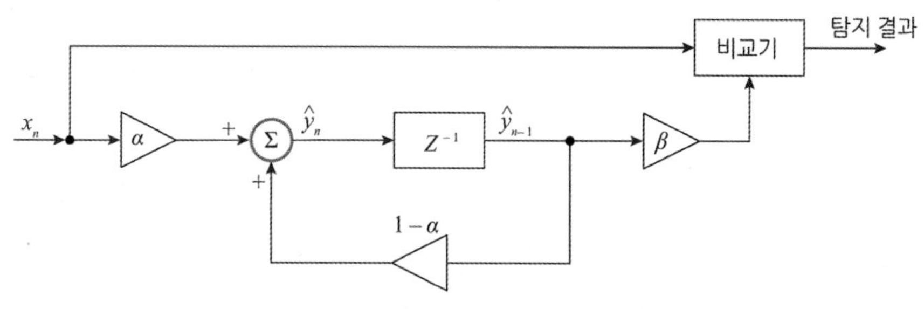

그림 9.55 디지털 클러터 맵 구조

는 새로운 샘플에 대한 이전 추정치를 위한 가중치이다. $\hat{y}_j$는 j번째 스캔의 출력전력 추정치이고 $\hat{x}_j$는 클러터 간섭 전력의 추정치이다. 그림 9.55에서 Z^{-1}은 지연 표시이며, 문턱값은 전 스캔값으로 $V_{Tj} = \beta\hat{y}_{j-1}$로 주어진다.

2차원 공간 셀에 표적의 존재 여부는 현재 스캔 단위로 들어오는 거리-방위 셀의 입력 전력을 전 스캔에서 구한 누적 평균 전력을 기준 문턱값과 비교하여 표적 셀의 변화를 탐지한다. 클러터 맵 CFAR는 거리-방위 셀의 공간상의 변화를 스캔 단위로 판단할 수 있어서 변화 탐지용으로 사용할 수 있다. 클러터 맵 CFAR (C-Map)은 스캔 단위로 거리와 방위 해상도에 해당하는 2차원 공간 셀의 이동 평균을 구하여 전 스캔의 누적 평균 전력과 현재 스캔의 전력을 비교하는 방식이므로 'Scan-to-Scan CFAR'라고 한다.

9.7.3 SO/GO CFAR 기법

클러터 환경의 변화가 크거나 작을 때에 따라 선택할 수 있는 CFAR 종류로서 GO-CFAR와 SO-CFAR 구조는 그림 9.56과 같다. GO-CFAR (*Greast of CA-CFAR*)는 Hansen & Sawyer이 제안한 CFAR로 CA-CFAR 구조와 유사하며 급격한 클러터가 존재하는 경우 전방 셀의 윈도우와 후방 셀의 윈도우 평균 크기 중에서 식 (9.83)과 같이 평균값의 최대치를 문턱값으로 선택한다.

$$V_{T(GO-CFAR)} = \max(\widehat{f_{GO-before}}, \widehat{f_{GO-after}}) \tag{9.83}$$

여기서 $\hat{f}_{GO-before}$는 GO-CFAR의 중심 셀로부터 앞쪽에 있는 윈도우 셀의 평균값이고 $\hat{f}_{GO-after}$는 셀의 뒤쪽에 있는 윈도우 셀의 평균값이다. 반면에 SO-CFAR (*Smallest of CA-CFAR*)는 Trunk가 제안한 방법으로 평균 문턱값은 식 (9.84)와 같이 전후 윈도우 셀

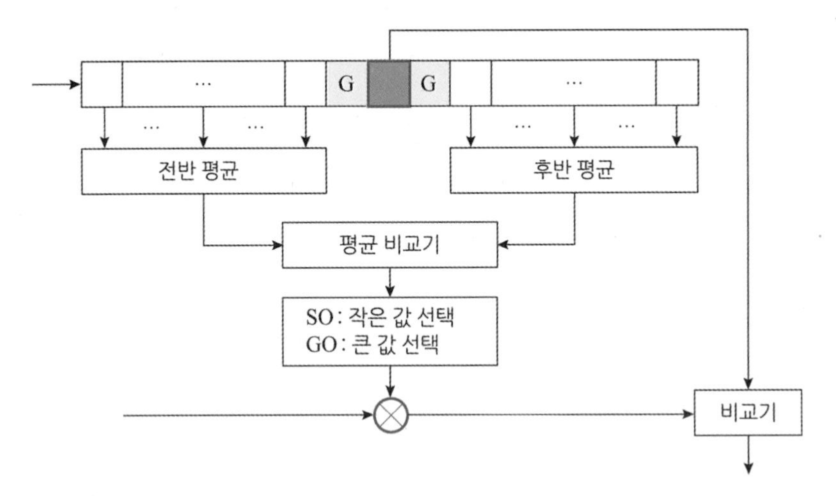

그림 9.56 SO/GO CFAR 구조

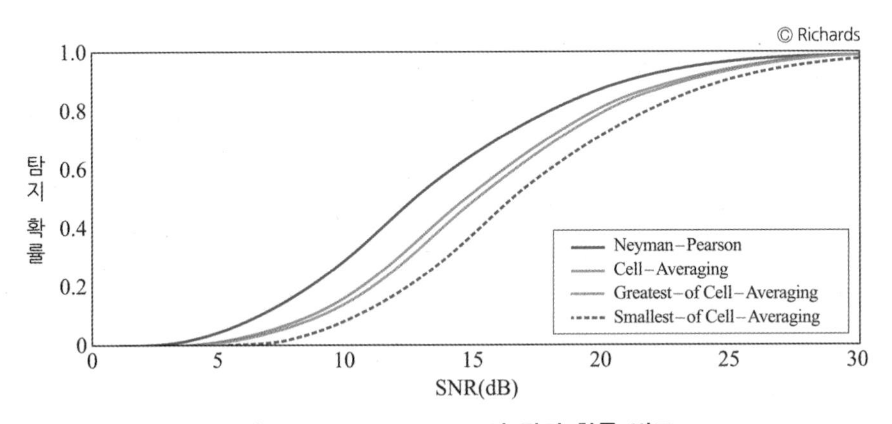

그림 9.57 SO/GO CFAR의 탐지 확률 비교

의 평균값 중에서 최소치를 문턱값으로 선택한다.

$$V_{T(SO-CFAR)} = \min(\hat{f}_{SO-before}, \hat{f}_{SO-after}) \tag{9.84}$$

여기서 $\hat{f}_{SO-before}$는 GO-CFAR의 중심 셀로부터 앞쪽에 있는 윈도우 셀의 평균값이고 $\hat{f}_{SO-after}$는 셀의 뒤쪽에 있는 윈도우 셀의 평균값이다. GO-CFAR와 SO-CFAR의 탐지 확률은 그림 9.57과 같고 GO-CFAR의 문턱값을 CA-CFAR와 비교하여 그림 9.58에 인용하였다. GO-CFAR는 그림에서 보는 바와 같이 클러터 경계에서처럼 급격한 변화에 의한 오경보를 줄이는 데 효과적이다.

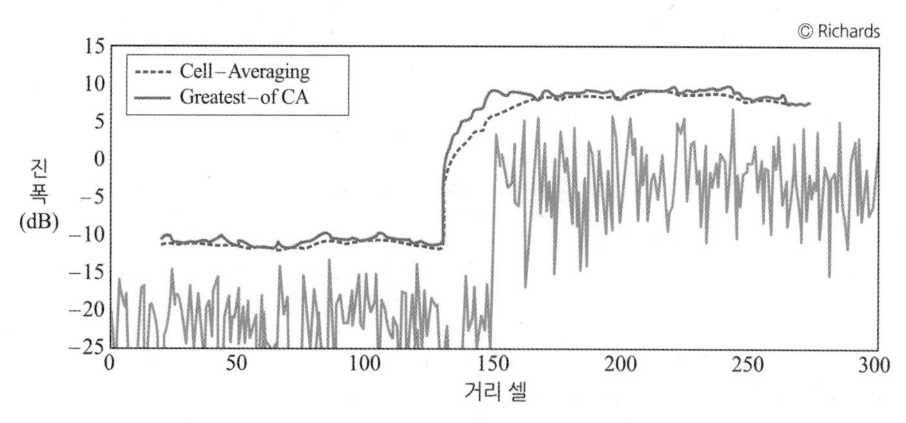

그림 9.58 GO CFAR의 문턱값 비교

9.7.4 TM-CFAR 기법

TM (Trimmed)-CFAR, CS (Censored) CFAR은 상대적으로 약한 표적 신호가 제거되는 것을 방지하기 위하여 사용한다. TM-CFAR은 그림 9.59와 같이 문턱값을 계산할 때 기준 윈도우 내에서 샘플값을 정렬한 뒤에 가장 큰 샘플값을 먼저 제거하고 나서 나머지 셀들의 평균값을 구하여 최종 문턱값으로 사용하는 방법이다. 이렇게 함으로써 큰 간섭 잡음에 의하여 미세한 표적 신호가 제거되는 것을 방지한다. Rickard & Dillard가 CS CFAR를 제안하였으나 Gandhi & Kassam가 CS CFAR의 일반적인 형태인 TM-CFAR을 제안하였다. TM-CFAR은 평균 간섭 전력을 크기 순으로 배열하여 주변 환경에 따라 가장 큰 값과 가장 작은 값을 사전에 제거하고 평균 전력을 구하여 문턱값을 설정한다. 일반적으로 가장 큰 값은 간섭 신호를 제거하기 위하여 선택하며, 가장 작은 값은 클러터 가장자리에서 오경보율을 억제하기 위하여 선택한다.

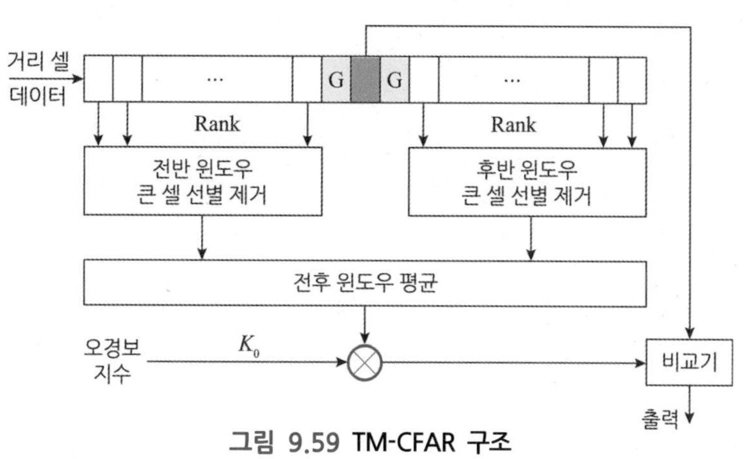

그림 9.59 TM-CFAR 구조

9.7.5 OS-CFAR

OS (Ordered Statistics)-CFAR은 Rolling이 제안하였으며 그림 9.60과 같이 기준 윈도우에 있는 모든 N 샘플값을 크기 순서로 정렬하고 통계적인 분포 특성을 고려하여 특정한 k번째 샘플값을 문턱값으로 선정하는 방식이다. OS-CFAR은 $N-k$개의 간섭 신호를 제거할 수 있으며, $k > N/2$인 경우에는 클러터 가장자리 오경보율을 억제할 수 있다. 이 경우에는 주변의 간섭이나 클러터의 통계적인 특성을 미리 안다고 가정하고 비교적 합리적으로 적절한 문턱값을 선택함으로써 클러터 경계에서 급격한 오경보의 발생을 줄이고 미약한 표적 신호가 제거되는 현상을 방지할 수 있다는 장점이 있다. 그림 9.61에는 CA-CFAR과 OS-CFAR, CS-CFAR의 문턱값과 표적 탐지 성능을 예시하였다.

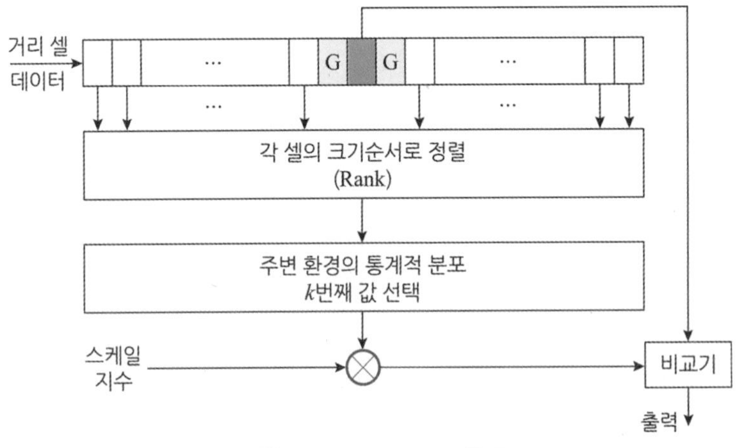

그림 9.60 OS-CFAR 구조

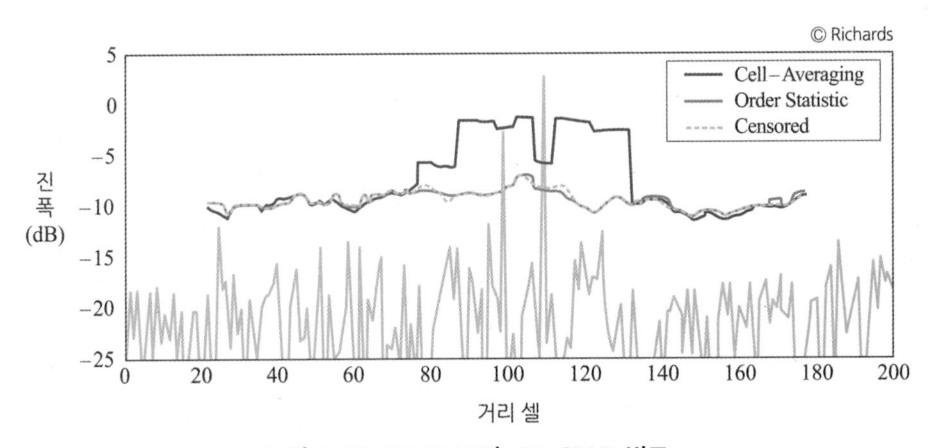

그림 9.61 OS-CFAR과 CA-CFAR 비교

9.7.6 CFAR 알고리즘 비교

CFAR 프로세서의 선택은 주변 간섭 환경의 비균질 특성에 따라 달라진다. CA CFAR는 균질한 환경에서 주어진 기준 윈도우 크기에 대하여 최대 탐지 확률을 보장한다. 그러나 비균질 간섭 환경에서는 더 강인한 CFAR 알고리즘이 필요하다. 특히 급격한 클러터 가장자리 (Edge)에서 오경보가 많이 발생하므로 환경에 따라 기준 문턱값을 조정할 수 있도록 한다. 표 9.2에는 레이다 주변 환경에 따라 다양한 CFAR의 종류를 선택할 수 있도록 비교하였다. CFAR를 선택할 때는 반드시 CFAR 손실도 고려해야 한다. 그림 9.62에는 다양한 CFAR의 종류별로 SINR에 따라 탐지 확률을 비교할 수 있도록 ROC를 예시하였다.

표 9.2 CFAR 알고리즘 비교

	레이다 환경			
CFAR	균질	인접 간섭 표적	클러터 경계	인접 간섭 표적과 클러터 경계
CA	O			
GOCA			O	
SOCA		O		
CS		O		
TM		O	O	O
OS		O	O	O
GO-OS		O	O	O
GO-CS		O	O	O

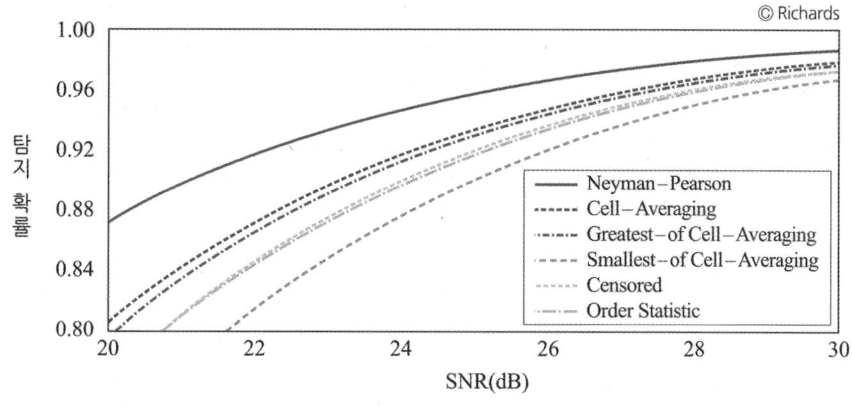

그림 9.62 CFAR의 ROC 특성 비교

CHAPTER 10

레이다 추적

10

레이다 추적

10.1 개요

레이다 추적은 탐색 공간상에 존재하는 하나 또는 다수 표적의 정밀한 위치를 일정한 임무 시간 동안 연속적으로 쫓아가는 처리 과정을 말한다. 따라서 추적 레이다는 공간상에서 표적의 존재 유무나 다수 표적에 대한 개별 위치 정보를 제공해주는 탐색 레이다에 비하여 관심이 높은 표적에 집중하여 훨씬 정밀한 위치정보를 제공한다. 추적 레이다는 표적의 동적 기동 변화가 있더라도 연속적으로 표적을 정밀하게 감시할 수 있는 반면, 탐색 레이다는 탐색 스캔 주기 동안 일어난 표적의 동적 변화에 대한 사전 지식과 관계없이 단순히 매 샘플 순간의 표적 위치만을 제공해준다. 여기서는 먼저 추적의 기본 원리에 대하여 설명하고 각도와 거리, 그리고 속도 추적과 서보 필터에 대하여 설명한다. 그리고 탐색 추적 방식의 순서와 TWS 추적 방식에 대하여 설명한다. 또한 표적의 거리와 속도의 변화를 추적하는 $\alpha\beta$, $\alpha\beta\gamma$ 필터를 소개하고, 마지막으로 표적의 거리와 속도 변화뿐만 아니라 가속도의 변화가 있는 동적 기동 모델에 대한 추적 방식으로 칼만 필터 원리와 상태 방정식을 소개한다.

10.1.1 추적 방식

레이다 표적 추적의 형태는 일반적으로 네 가지 방식으로 구분된다. 첫째, 단일 표적 추적 STT (*Single Target Tracking*) 방식은 특정 단일 표적을 추적하므로 다른 표적은 모두 무시한다. 추적률은 표적 탐지에 사용하는 PRF가 된다.

둘째, 집중 표적 추적 SLT (Spotlight Target Tracking) 방식은 주어진 시간 주기 동안 한 표적만 추적하는 방식이므로 처음 주기에는 첫 번째 표적을 추적하고, 그다음 주기 동안에는 두 번째 표적을 추적하며 주어진 시간 주기가 끝나면 다시 처음 표적으로 돌아와서 추적을 반복한다. 이 방법은 SST 방식에 비하여 표적의 위치 정보가 덜 정확한데, 그 이유는 한 표적을 추적하는 동안에는 다른 표적의 위치를 알지 못하기 때문이다.

셋째, 다수 표적 추적 MTT (*Multi-Target Tracking*) 방식은 다수의 표적의 위치를 연속적으로 감시하는 방법으로 개별 표적을 샘플링하는 횟수가 훨씬 많다. 따라서 하나의 레이다로 많은 표적을 동시에 추적할 수 있다. 다수의 표적을 추적하기 위해서는 안테나 빔의 위치를 순간적으로 바꿀 수 있어야 하므로 사실상 전자빔 조향 안테나 ESA (*Electronically Scanned Antenna*)를 사용하는 레이다에서 가능한 방식이다.

넷째, 스캔 동안 추적 TWS (Track-While-Scan) 방식은 탐색 레이다를 이용하여 다수의 표적을 추적하는 방법으로, 한 번 스캔하는 동안 다수의 표적 위치를 샘플링하고 스캔 샘플 간에 표적들의 위치를 예측하기 위하여 다양하고 정교한 알고리즘을 사용한다. 엄밀하게 말하면 이 방식은 레이다 추적의 기동이나 안테나 서보의 대역폭에 해당하는 나이퀴스트 샘플링 기준을 적용하지 않기 때문에 추적 레이다라고 할 수 없다. 따라서 이 경우에 레이다 위치 갱신율은 많으면 15초에 한 번 정도가 된다. 그래서 스캔 단위로 표적의 기동 변화를 쫓아가므로 실제 추적 레이다의 나이키스트율로 표적을 샘플링하는 경우에 비하면 표적의 위치 정확도는 상당히 낮아진다는 단점이 있다. 그러나 표적의 기동 변화가 심하지 않은 느린 표적의 경우에는 스캔 단위로 많은 표적 위치를 거의 동시에 추적할 수 있으므로 항공관제 레이다 등에 많이 활용된다.

10.1.2 추적 모드

추적 레이다 모드는 표적 획득 (Acquisition)과 추적 (Track)의 두 가지로 이루어진다. 획득 모드에서는 레이다가 표적의 예상 위치를 가장 잘 예측할 수 있는 탐색 공간에 추적 빔을 위치시킨다. 이를 위하여 다른 추적 레이다를 이용하여 방위, 고도, 거리 데이터를 제공받거나, 3차원 탐색 레이다를 이용한다. 또는 2차원 탐색 레이다를 이용하는 경우에는 방위와 거리 정보만을 사용하고 고도 정보는 다른 추적 레이다를 이용하여 제공받는다. 광학 추적기를 이용하는 경우에는 방위와 고도 정보는 제공받지만 거리 정보는 추적 레이다로 스캔하여 받는다. 또한 표적의 예상 위치를 컴퓨터 예측을 이용하여 예측하거나 탐색 레이다에서 제공하는 데이터를 이용할 수 있다. 자동 추적 모드에서는 레이다 안테나의 빔 축이 표적의 방향을 지시하도록 수신기와 안테나 및 추적 서보에서 제공하는 정보를 이용하여 이루어진다. 또한 거리 추적과 같이 시간 지연된 대상 표적을 쫓아가기 위한 타이밍 회로와 추적 속도 등을 이용할 수 있다. 추적 레이다의 기본 개념은 그림 10.1과 같다.

각도 오차는 어떤 특정 시간에 하나의 표적에 대해 의미가 있다. 그러나 안테나 빔에 조사되는 표적이 다수일 경우에는 하나의 표적만을 선택하고 다른 표적은 일정한 기준을 정하여 배제시킨다. 이러한 처리 과정을 게이팅 (Gating)이라고 하며 개념도는 그림 10.2와 같다. 이와 같이 표적 선별을 위한 게이팅 작업은 표적 신호의 도착 시간 (Range Gating) 또는 도플러 변이 (Velocity Gating)에 근거하여 이루어진다. 표적 신호에 대한 게이팅은 시간 선택에 의한 거리 추적기와 주파수 선택에 의한 도플러 추적기를 이용한다. 추적 방법은 각도 오차를 유도하는 방법에 따라 원추형 스캔, 로빙, 또는 모노펄스의 진폭이나 위상을 비교하는 다양한 방식으로 분류할 수 있다. 또한 TWS 방식은 표적 중심점 탐지를 기준으로 하므로 오차를 유도할 수 있다.

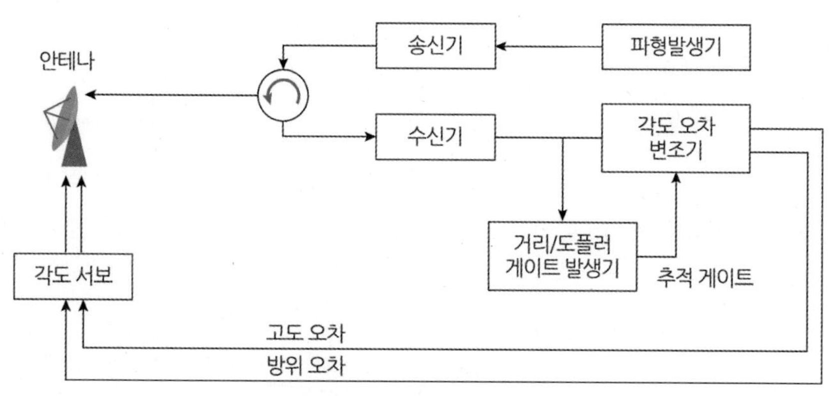

그림 10.1 추적 레이다 개념

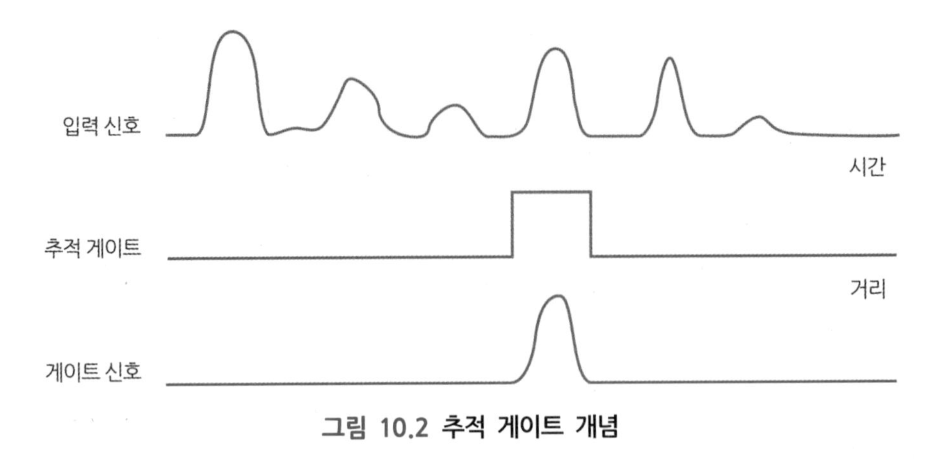

그림 10.2 추적 게이트 개념

10.2 각도 추적

10.2.1 각도 추적 파라미터

대부분의 레이다 추적은 각도 추적 방식을 주로 사용하며, 추적 성능을 결정하는 파라미터는 크게 두 가지로 오차 경사도 (Error Gradient)와 오차 널의 깊이 (Depth-of-Null)로 구분한다. 이들은 각도 추적 장치의 성능을 결정하는 중요한 요소로서 각도 추적 오차의 크기를 측정하여 서보 제어 신호로 변환시켜서 안테나의 빔을 표적에 정밀하게 위치시키는 능력을 말한다. 먼저 일반 안테나의 빔 패턴은 그림 10.3과 같이 주엽과 부엽으로 형성된다. 추적 빔은 안테나 패턴 합 (Sum Beam)과 차이 빔 (Difference Beam)으로 구성되며, 차이 빔은 조향 방향에 따라 방위 오차 (Azimuth Error)와 고도 오차 (Elevation Error) 패턴으로 구성된다. 합 패턴은 보통 안테나 빔과 같은 모양이지만 오차 빔 패턴은

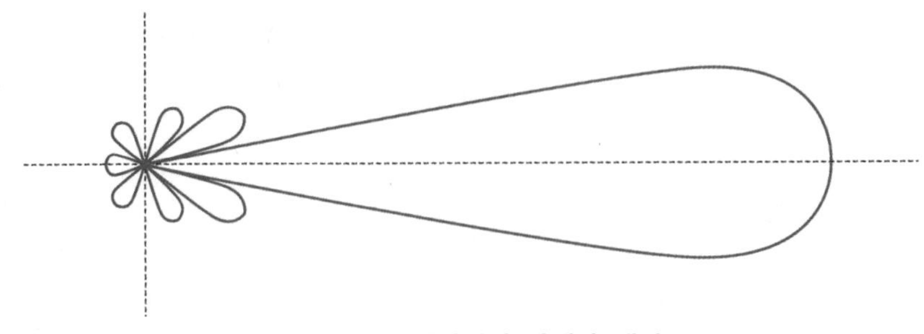
그림 10.3 일반적인 안테나 패턴

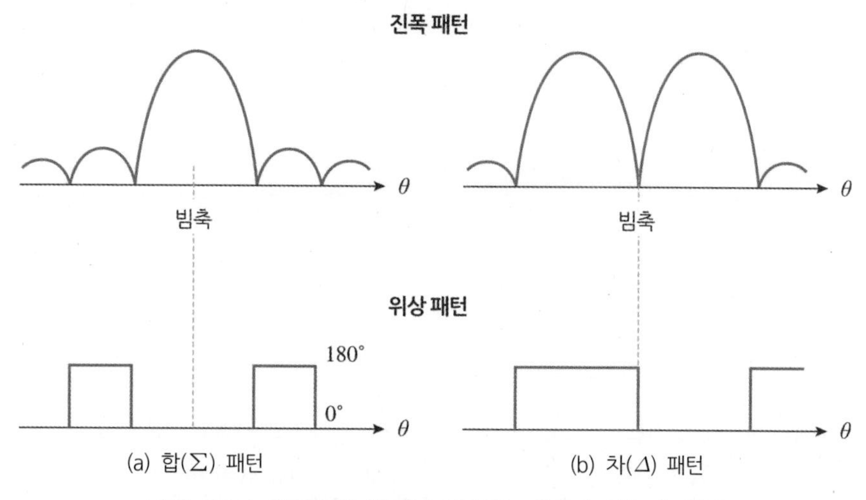

그림 10.4 이상적인 안테나 합(Σ) 패턴과 차(Δ) 패턴

각도 오차와 오차 신호의 진폭 관계로 만들어진다. 동일한 각도에서 합 패턴은 최대 이득을 나타내지만 오차 패턴은 응답이 없는 제로 이득을 나타낸다. 오차 패턴에서 나타나는 두 개의 주엽 중에서 하나는 합 패턴과 동 위상을 나타내지만 다른 하나는 180도 역 위상을 나타낸다. 이상적인 합 패턴과 차 패턴은 그림 10.4와 같다.

추적 각도 측정 파라미터로서 먼저 오차 경사도는 그림 10.5에서 보는 바와 같이 서보 오차 신호의 기울기와 각도 오차와의 관계로 정의한다. 이 각도 오차는 표준 시험 관점에서 설정되는 성분이며 각도 오차에 대한 오차 신호의 전압 크기로 측정된다. 오차 경사도는 고정된 위치에서 가상의 표적을 설정하는데 일반적으로 안테나 가시 방향 타워를 기준으로 정한다. 오차 경사도 측정은 통상적인 추적의 경우보다 훨씬 큰 각도 오차가 발생하는 경우에 측정하게 된다. 다음으로 추적 각도 파라미터로서 오차 널 깊이

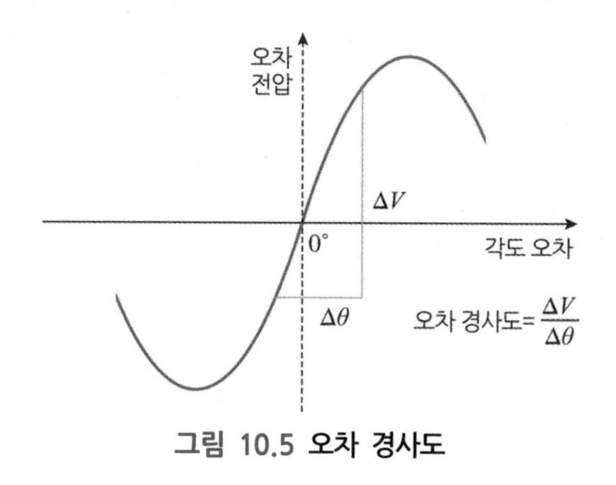

그림 10.5 오차 경사도

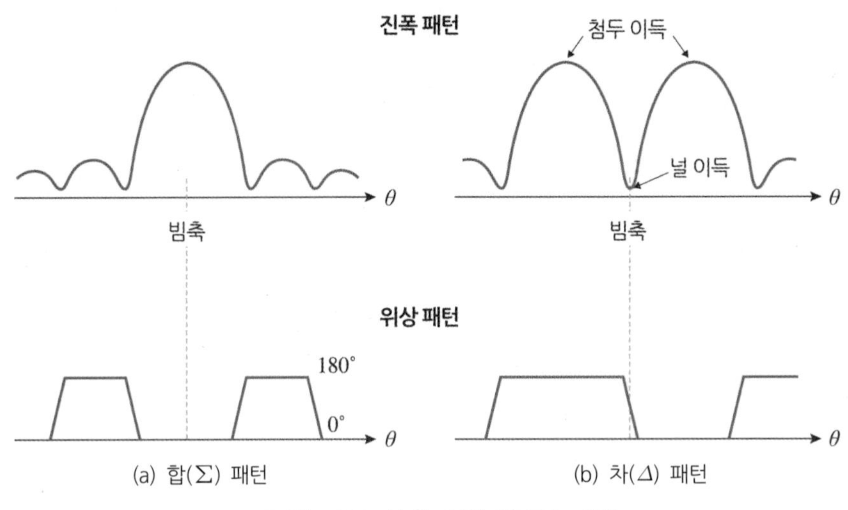

그림 10.6 실제 추적 안테나 패턴

(Depth-of-Null)를 측정하는 것이다. 만약 각도 추적 오차가 제로이면 오차 채널은 제로가 되어 신호가 서로 상쇄된다. 따라서 이론적으로 추적 오차가 제로가 되면 오차 전압도 제로가 된다. 이 경우에 방위 및 고도 방향의 각도의 안테나 오차 경사도는 그림 10.5와 같이 영점에서 완전한 상쇄가 이루어져서 오차의 극성이 +에서 −로 급격하게 변화하며 결과적으로 오차 안테나 패턴은 0도와 180도의 위상이 나타나게 된다. 그러나 실제 레이다 안테나에서는 안테나 패턴이 그림 10.6과 같이 제로 점 부근에서 낮아지거나 원형이 되며 오차 위상도 점차적으로 0도에서 180도로 변화되는 것을 볼 수 있다. 여기서 널의 깊이는 오차 채널 패턴의 최대 이득에 대한 널 점에서 이득 비율로 정의된다.

예를 들어 널의 깊이와 안테나 패턴의 관계는 그림 10.7에서 보이는 바와 같다. 만약 널의 깊이가 깊으면 (Deep Null) 작은 각도 오차에서도 널 오차 경사도가 크므로 오차 전압이 많이 발생하게 된다. 반면에 널의 깊이가 얕으면 (Shallow Null) 동일한 오차

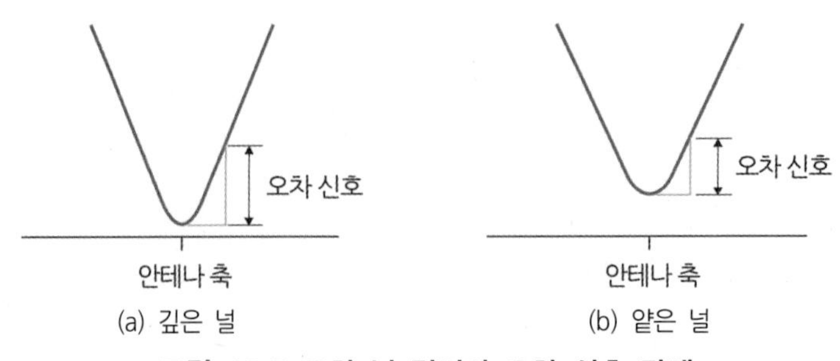

그림 10.7 오차 널 깊이와 오차 신호 관계

각도에서도 오차 전압이 적게 발생한다.

10.2.2 순차 로빙 추적

순차 로빙 (Sequential Lobing) 추적 방식은 초기 레이다에 적용된 가장 오래된 추적 기법의 하나이다. 순차 추적 방식은 로빙 스위칭 또는 순차 스위칭이라는 용어로 사용되기도 한다. 추적 정확도는 안테나 빔폭에 제한되며 기계적 또는 전자적 스위치 장치에 의한 잡음에 직접 영향을 받는다. 그러나 기술적으로 이 방식은 매우 간단하여 적용이 용이하다. 다만 순차 로빙에 사용되는 좁은 펜슬 빔은 반드시 방위 빔과 고도 빔의 폭이 모두 대칭이어야 한다. 이 추적 방식은 안테나 가시선 LOS (*Line of Sight*) 근방에 두 개의 사전 설정된 대칭각도 위치 사이를 기울어진 펜슬 빔으로 연속적이고 순차적으로 스위칭하면서 이루어진다. 순차 로빙 추적 개념은 그림 10.8과 같다. 추적 레이다 안테나의 가시선은 레이다 추적 서보의 중심축이 되며 이 축을 기준으로 두 개의 설정 위치 사이를 펜슬 빔이 연속적으로 스위칭 하면서 표적 반사 신호의 크기를 각각 측정한다. 따라서 두 개의 측정 신호의 차이가 곧 각도 오차 신호가 된다.

그림 10.8(a)에서 보이는 바와 같이 표적이 추적 중심축과 일치하면 반사 신호의 전압 진폭 차이는 제로가 되므로 오차 신호는 없어진다. 그러나 그림 10.8(b)와 같이 표적이 중심축에서 벗어나 있으면 전압진폭 차이는 제로가 되지 않고 오차 신호가 존재하게 된다. 이러한 전압 차이만큼 안테나는 그 오차 방향으로 움직여주어야 표적을 추적하게 된다. 이와 같이 오차 신호가 제로가 되도록 안테나 빔을 움직여서 표적이 중심축에서 벗어나지 않도록 추적하는 것이다.

현대의 로빙 추적 방식은 보통 전자적으로 빔을 기울일 수 있어 빔의 위치를 매우 빠르게 변화시킬 수 있다. 즉 빔의 위치를 매우 빠르게 위치시킬 수 있으므로 송신 빔을 스캔하지 않고 수신 빔만으로 로빙 LORO (*Lobe on Receive Only*)를 만들 수 있다. 또한 가상 스캔 패턴을 만들어 그림 10.9와 같이 A, B, C, D 위치로 스캔할 수 있는데, 매번 동일한 패턴을 유지할 필요는 없다.

따라서 이 방식은 다음에 설명할 원추형의 고정된 스캔 방식에 비하여 진폭 재밍에 대하여 영향을 덜 받는다. LORO 방식은 다중 모드 레이다의 추적에 많이 사용되어 왔지만 점차 모노 펄스 형태의 추적 방식으로 대치되었다. 대부분의 로빙 안테나는 평판

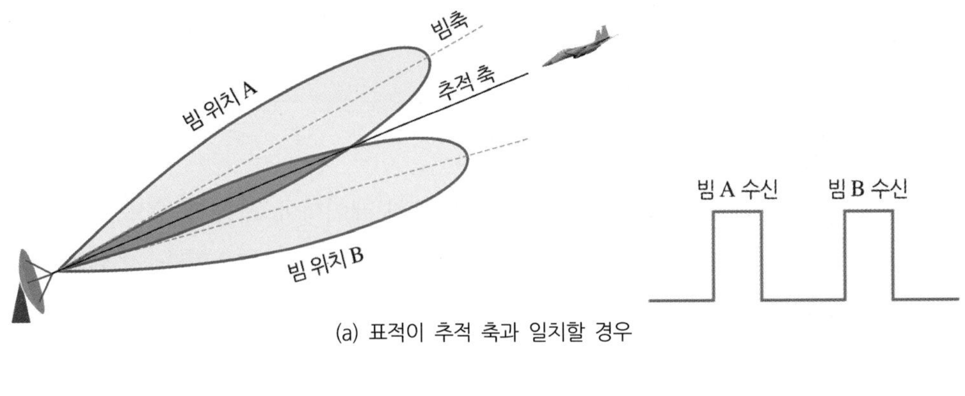

(a) 표적이 추적 축과 일치할 경우

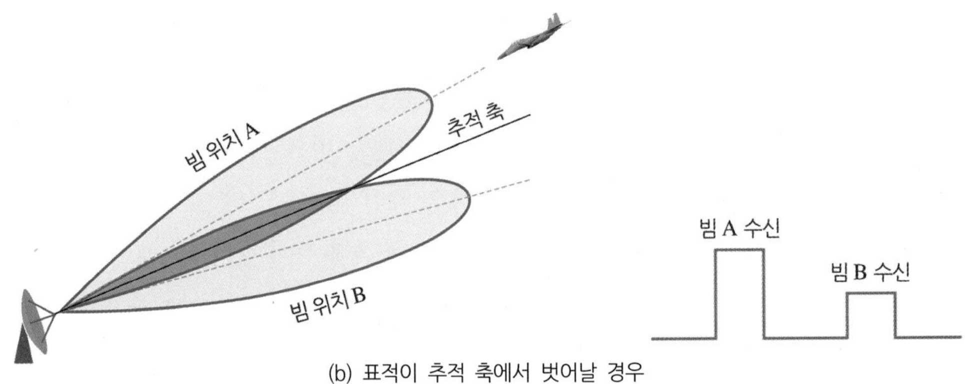

(b) 표적이 추적 축에서 벗어날 경우

그림 10.8 순차 로빙 추적 개념

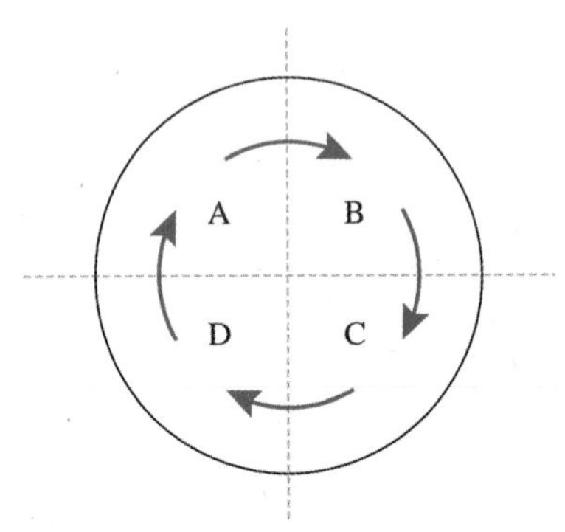

그림 10.9 순차 로빙 안테나 빔 패턴

슬롯 배열 안테나를 사용한다. 이 경우 배열 소자 간의 4분면 사이의 위상 차이는 식 (10.1)과 같이 주어진다.

$$\Delta\theta = \frac{2\pi}{\lambda} d \sin\phi \tag{10.1}$$

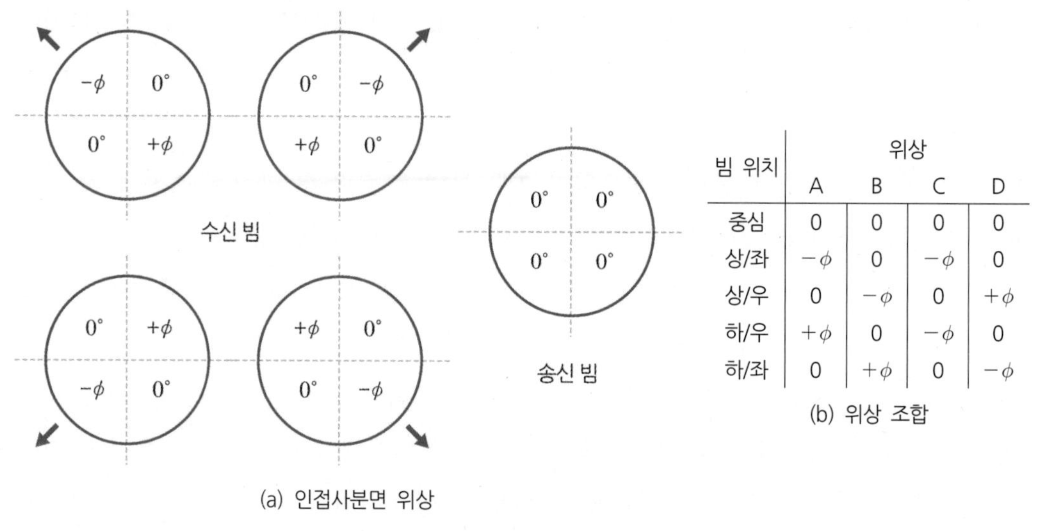

빔 위치	위상 A	위상 B	위상 C	위상 D
중심	0	0	0	0
상/좌	$-\phi$	0	$-\phi$	0
상/우	0	$-\phi$	0	$+\phi$
하/우	$+\phi$	0	$-\phi$	0
하/좌	0	$+\phi$	0	$-\phi$

(a) 인접사분면 위상

(b) 위상 조합

그림 10.10 순차 로빙 빔의 위상 조합

여기서 $\Delta\theta$는 소자 간의 위상 차이, d는 인접 안테나 소자 간의 거리, ϕ는 빔 조향 각도, λ는 파장이다. 위상 변위기를 갖는 안테나 소자의 구성과 로빙에 필요한 4개의 위상 조합은 그림 10.10과 같다. 그림 10.10(a)에서 보이는 바와 같이 빔의 인접사분면의 위상 조합은 상/좌·상/우·하/우·하/좌로 구분되며, 그때의 빔 위치는 A, B, C, D의 위상 조합에 따라 10.10(b)와 같다. 이러한 각도 오차를 직교좌표 축에서도 사용하기 위해서는 두 개의 스위칭 위치가 필요하다. 따라서 다수의 표적을 추적하기에는 한계가 있다.

10.2.3 원추 스캔 추적

원추 스캔 (Conical Scan) 추적 방식은 앞에서 살펴본 순차 스캔 방식의 연장선에서 확장된 개념이다. 이 방식은 안테나 축이 약간 기울어진 사각을 갖는 안테나 빔을 이용하여 표적의 중심 축 부근을 원형으로 빠르게 돌면서 스캔한다. 이 방식에서는 일정한 사각을 가진 안테나가 중심 회전축을 중심으로 연속해서 회전하는 급전기를 가지고 있는데, 여기서 안테나 가시선과 회전 축 사이의 각도가 사각 (Squint Angle)이 된다. 따라서 안테나 빔의 위치가 표적이 항상 추적 축에 위치하도록 연속적으로 변하게 된다.

만약 표적이 안테나축 상에 위치하지 않으면 반사 신호의 진폭은 안테나의 스캔 위치에 따라 변동하게 된다. 왜냐하면 스캔 위치상 다른 위치에 있는 표적을 지시하는 경우 이득의 차이가 발생하기 때문이다. 이러한 추적 방식은 스캔 위치의 함수에 따라 감지하는 반사 신호의 진폭을 이용하여 표적의 위치로 스캔 중심축을 움직여준다. 이러한 추적 오차는 안테나축을 표적의 위치와 일치하도록 자동으로 안테나 축을 위치시킨다. 이 경우 표적의 위치는 순차적으로 유도되므로 정확한 표적의 위치를 알기 위해서는 적어도 몇 개의 표적 반사 신호가 필요하다. 대부분의 원추 스캔 방식은 송신 빔과 수신 빔을 둘 다 이용한다. 그러나 수신 빔만 사용하는 시스템도 있다.

원추 스캔 방식에서 각도 추정은 안테나 스캔에 의한 반사 신호의 진폭변조 성분을 이용한다. 추적이 진행 중인 표적은 관심 표적 신호 성분만이 추적 회로에 인가되도록 거리 게이트나 도플러 게이트를 이용한다. 원추 스캔 추적의 개념도는 그림 10.11과 같다. 원추 스캔 추적에서 스캔율은 스캔을 만드는 구조와 샘플링에 의해 결정된다. 정상적인 추적을 위해 샘플 빈도는 나이키스트율보다 커야 하지만 스캔의 메커니즘 관점에서는 적어도 4개의 표적 반사 신호가 매 스캔 사이클 단위로 수신되어야 한다. 이때 2개는 방위각 오차 결정에 필요하고, 나머지 두 개는 고도각 오차 결정에 사용된다. 따라서 최대 스캔율은 PRF의 1/4이 되어야 한다. 펄스 레이다의 경우 적어도 방위 방향과 고도 방향을 각각 2번 이상 해주어야 하므로 스캔당 총 4번의 샘플이 필요하다. 기계적인 스캔은 전자적 스캔 방식보다 더 많은 시간이 필요하다. 적어도 초당 30회 이상의 스캔율이 일반적으로 적용된다.

사각 빔 생성과 스캔 방법은 기계적으로 피더에 사각을 주어 회전시키거나 또는 위상 변위기를 이용하여 전자적으로 할 수 있다. 원추 스캔의 사각의 크기는 충분한 오차 신호를 만들 수 있을 정도로 커야 한다. 그러나 사각으로 인하여 표적 추적축 방향의 안테나 이득을 최대로 할 수 없다. 따라서 표적이 추적 상태에 있을 때 SNR은 안테나 이득만큼 낮아지는 것은 피할 수 없다. 이러한 이득 손실을 사각 손실 (Squint Loss) 또는 교차 손실 (Crossover Loss)이라고 한다. 일반적으로 추적 빔의 사각 크기는 안테나축상

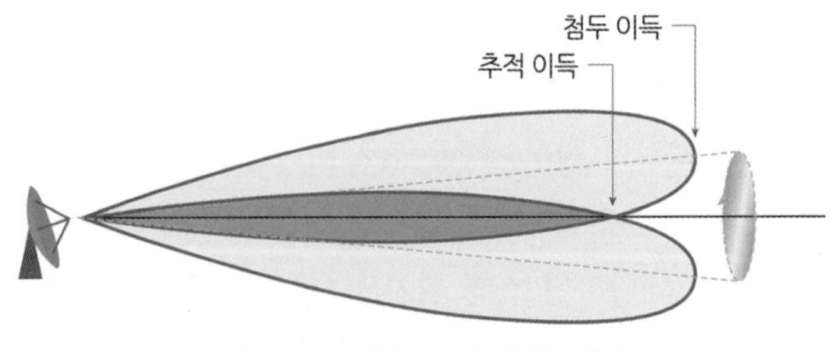

그림 10.11 원추 스캔 추적 개념도

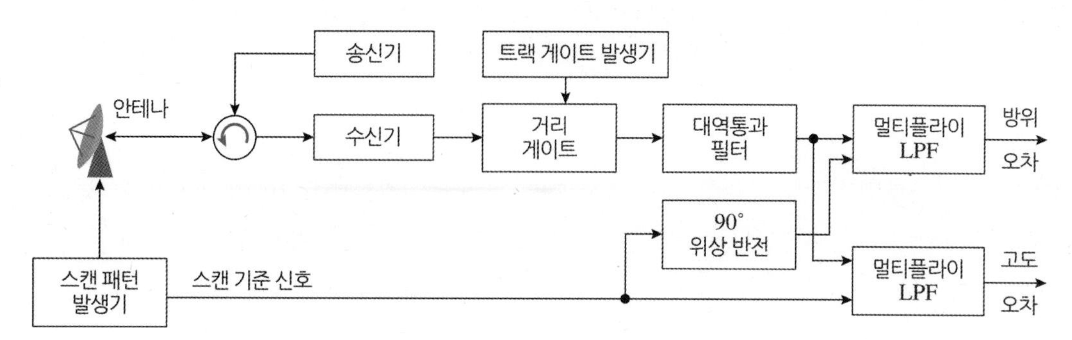

그림 10.12 원추 스캔 오차 시스템 개념도

에서 빔의 이득이 최대치로부터 약 3 ~ 6 dB 정도 낮은 범위를 사용한다. 송수신 빔을 모두 스캔에 사용한다면 교차점 (Crossover)에서 두 방향 이득 손실은 단일 방향 손실의 두 배가 된다. 3-dB 교차점을 얻기 위해서는 안테나 3-dB 빔폭의 반 정도가 되어야 한다. 그림 10.11은 3-dB 사각을 예시한 개념도이다. 사각 추적 방식은 안테나의 최대 이득으로 추적하지 못하므로 사각 손실이 발생한다.

원추 스캔 오차 시스템에 대한 개념도는 그림 10.12와 같다. 스캔 발생기는 사각 빔을 원형 패턴으로 스캔하면서 동시에 스캔 기준신호로 스캔율과 그의 위상이 스캔에 따라 일정하게 변하는 사인 신호를 만들어낸다. 스캔 기준신호의 플러스 첨두치는 사각 빔이 축의 상부에 위치할 때 일어나며, 스캔 빔이 오른쪽에 위치하면 음의 제로 점을 교차한다. 사각 빔의 축이 하부에 위치하면 마이너스 첨두치가 되며 빔이 왼쪽에 위치하면 양의 제로 점을 교차한다.

추적 각도 오차 신호는 그림 10.13(a)와 같이 안테나가 추적축과 일치하여 표적에 위치하면 동일한 진폭 크기로 제로 오차 신호가 나타난다. 반면에 그림 10.13(b)와 같이 표적이 B의 위치에 있는 동안 안테나 빔이 B 방향을 지시하면 표적 반사 신호는 최대가 되지만, 안테나가 A 위치로 가면 반사 신호 크기는 최소가 된다. 이와 같이 두 위치에 따라 표적의 반사 신호 크기는 B에서 최대가 되고 A에서 최소가 되므로, 이렇게 만들어진 진폭 변조된 신호가 추적 축의 중심에 표적을 위치시키기 위한 서보 제어 시스템 구동에 사용된다.

그림 10.14는 스캔 단면과 표적의 위치를 나타내며, 스캔 기준은 추적 오차를 변조하는 데 사용된다. 표적의 위치가 A에 있을 경우 고도 빔 오차는 신호 이력과 스캔 기준 신호의 곱으로 나타난다. 두 신호 간의 주파수는 같으므로 두 신호의 곱은 두 배의 주파

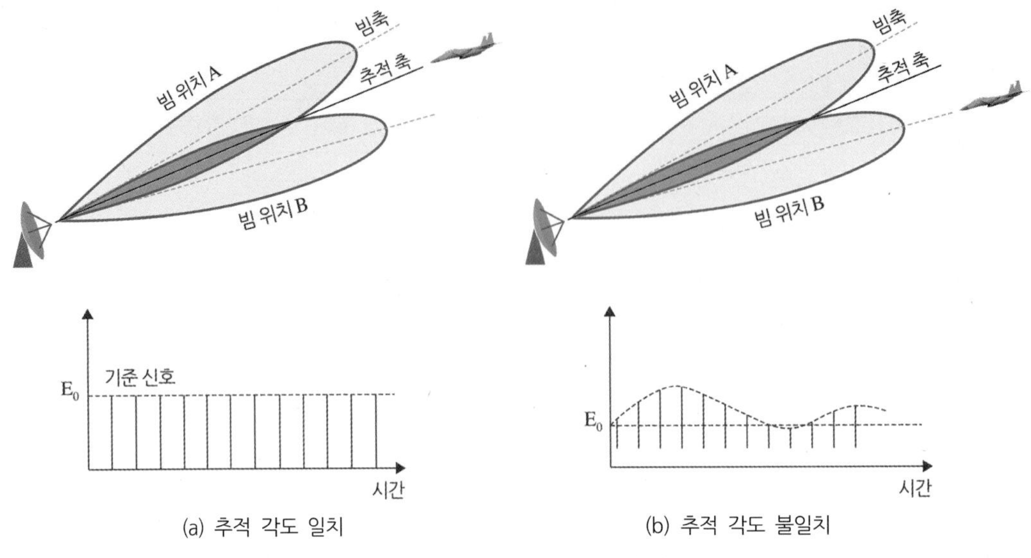

그림 10.13 오차 신호 생성

수 성분과 DC 성분으로 나타나는데 신호의 진폭 성분과 위상 차이로 식 (10.2)와 같이 표현할 수 있다.

$$V_{el} = V_{se}\cos(2\pi f_{sc}t + \phi_{se})V_{se}\cos(2\pi f_{sc}t) \tag{10.2}$$

여기서 V_{el}은 고도 각 오차 전압, V_{se}는 신호 이력 전압의 진폭, f_{sc}는 스캔 주파수, ϕ_{se}는 스캔 기준에 대한 신호 이력 크기의 위상, V_{sc}는 스캔 기준 전압을 각각 나타낸다. 식 (10.2)의 코사인 신호의 곱을 전개하면 식 (10.3)과 같이 코사인 신호의 합과 차로 나누어진다.

$$V_{el} = 1/2\,V_{se}V_{sc}[\cos(\phi_{se}) + \cos(4\pi f_{sc}t + \phi_{se})] \tag{10.3}$$

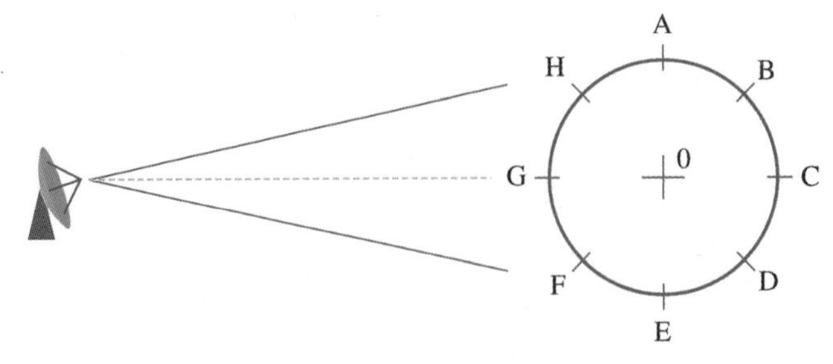

그림 10.14 원추 스캔 단면과 표적의 위치

위 식의 두 번째 항은 저역통과 필터를 통과시키면 제거되고 첫 번째 항의 위상 성분 $V_{el} = 1/2\,V_{se}V_{sc}\cos(\phi_{se})$이 남게 된다. 따라서 표적 위치가 A에 있으면 고도 각 오차 신호가 가장 큰 양의 값을 갖게 됨을 알 수 있다. 반대로 표적의 위치가 E에 있으면 스캔 기준 신호와 180도 위상 차이에서 변조된 신호 이력과 곱으로 나타나므로 음의 DC 성분이 나타날 것이다. 따라서 이러한 추적 시스템에서 양의 고도 오차 신호는 빔을 위쪽으로 지향시키고, 음의 고도 오차 신호는 아래쪽으로 지향시킨다는 것을 알 수 있다.

다음으로 방위각 오차 신호를 살펴보면 90도 위상 변이된 스캔 기준 신호와 이력 신호와의 곱으로 식 (10.4)와 같이 표현할 수 있다.

$$V_{az} = V_{se}\cos(2\pi f_{sc}t + \phi_{se})\,V_{se}\sin(2\pi f_{sc}t) \tag{10.4}$$

여기서 V_{az}은 방위 각 오차 전압, V_{se}는 신호 이력 전압의 진폭, f_{sc}는 스캔 주파수, ϕ_{se}는 스캔 기준에 대한 신호 이력 크기의 위상, V_{sc}는 스캔 기준 전압을 각각 나타낸다. 식 (10.4)의 코사인과 사인 신호의 곱을 전개하면 식 (10.5)와 같이 사인 신호의 합과 차로 나누어진다.

$$V_{az} = 1/2\,V_{se}V_{sc}[\sin(\phi_{se}) + \sin(4\pi f_{sc}t)] \tag{10.5}$$

위 식의 2번째 항은 저역통과 필터를 통과시키면 제거되고 첫 번째 항의 위상 성분 $V_{az} = 1/2\,V_{se}V_{sc}\sin(\phi_{se})$이 방위각 오차 신호가 된다.

10.2.4 진폭비교 모노 펄스 추적

진폭비교 모노 펄스 (Amplitude Comparison Monopulse) 추적 방식은 네 개의 사각 빔이 표적의 각도 위치를 측정하는 로빙 추적 원리와 유사하다. 순차 로빙과 크게 다른 점은 네 개의 빔이 순차적으로 만들어지지 않고 동시에 만들어진다는 것이다. 특별한 안테나 피더를 이용하여 네 개의 빔이 단일 펄스 동안에 만들어지므로 '모노 펄스'라고 부른다. 이 방식은 로빙 방식에 비하여 훨씬 정확하며 진폭 변조형 재밍에 덜 취약하다. 순차 로빙이나 원추 로빙의 빔 회전 과정에서 추적 정확도가 손상되는 현상이 발생하지만 모노 펄스 방식에서는 단일 펄스로 오차신호를 만들어내므로 이러한 문제가 발생하지 않는다. 안테나는 반사경 형태나 위상 배열 안테나를 사용할 수 있다.

모노 펄스 안테나 패턴은 그림 10.15와 같다. 네 개의 빔 A, B, C, D는 원추 스캔 빔 위치와 동일하다. 네 개의 피더나 혼을 이용하여 모노 펄스 안테나 패턴을 만들어 낸다. 진폭 비교형 모노 펄스 처리는 네 개의 신호의 위상이 동일하고 진폭의 크기가 다른 조건을 갖추어야 한다.

동작 원리는 그림 10.16과 같이 안테나 추적 축의 중심으로부터 4개의 빔의 위치가 사분면에 표시된다. 그림 10.16(a)의 경우는 네 개의 혼 안테나가 동일한 크기의 에너지를 수신하며 표적은 안테나 추적 중심축상에 위치하는 경우이다. 그러나 표적이 추적 중심축에서 벗어날 경우에는 그림 10.16(b) ~ (d)에서 보이는 바와 같이 서로 다른 빔의 수신 에너지가 서로 불균형하며, 이러한 불균형 에너지는 서보 제어 장치를 구동하는 오차신호를 생성하는 데 사용된다. 모노 펄스 처리는 합 채널 (Sum Σ)과 두 개의 차 채널 (Difference Δ)의 방위 및 고도 안테나 패턴을 계산하는 것이다. 그리고 합 채널을 차 채널로 나누어줌으로써 신호의 각도가 결정된다.

레이다는 연속적으로 모든 빔의 진폭과 위상을 비교하여 표적이 추적축의 중심에서 떨어져 있는 정도를 찾아낸다. 네 개 신호의 위상은 송수신 모드에서 반드시 동일해야 한다. 이를 위하여 디지털 회로나 마이크로파 비교기를 사용한다. 모노 펄스 비교기는

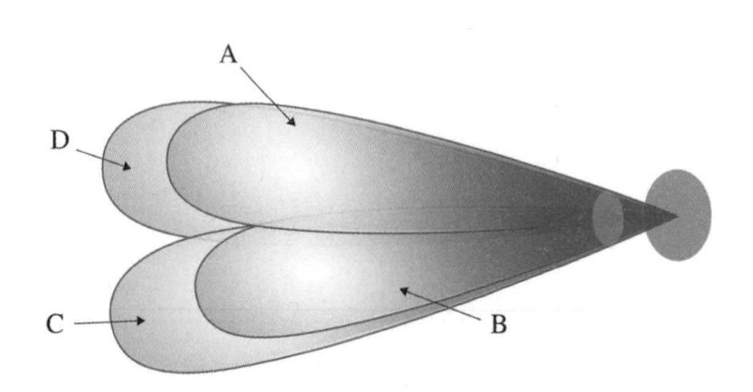

그림 10.15 모노 펄스 안테나 빔 패턴

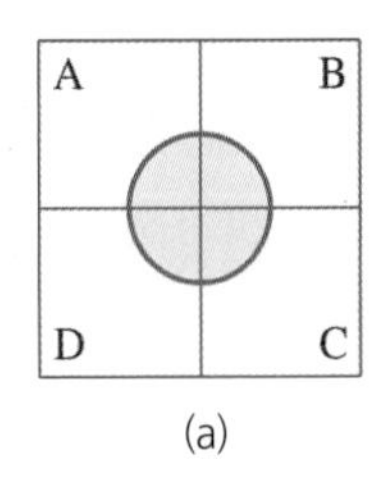

(a)

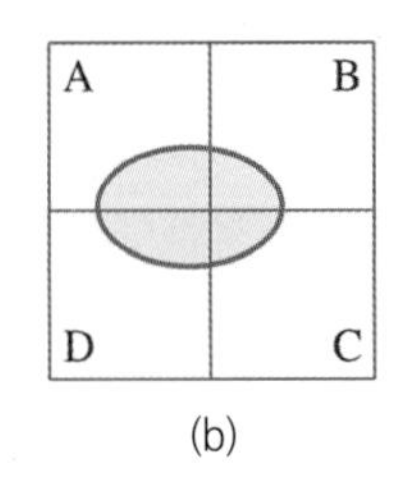

(b)

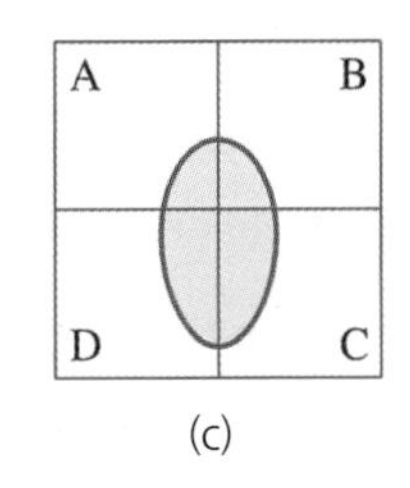

(c)

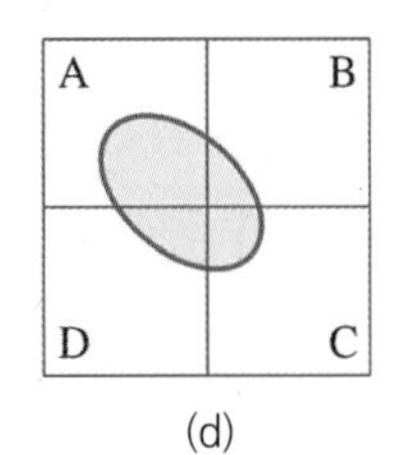

(d)

그림 10.16 모노 펄스 동작 개념

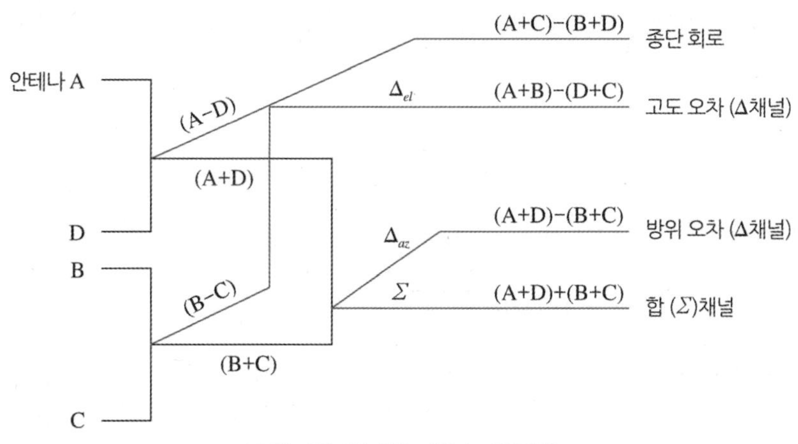

그림 10.17 모노 펄스 비교기

그림 10.17과 같이 합 (Sum) 채널과 고도각 및 방위각 차 (Difference) 채널의 3가지로 구성되어 있다. 고도 차 빔을 만들기 위해서는 간단하게 (A−D) 또는 (B−D)와 같이 빔 차이를 구할 수 있다. 그러나 먼저 합 패턴을 (A+B), (D+C)와 같이 구하고 나서 전체적인 차이 (A+B)−(D+C)를 구하면 훨씬 더 강한 고도 차 신호 Δ_{el}을 얻을 수 있다. 방위 차 신호도 이와 같은 방법으로 먼저 합 패턴 (A+D)와 (B+C)를 구한 다음 차 패턴 (A+D)−(B+C)를 구하면 훨씬 더 강한 방위 방향 차 신호를 얻을 수 있다.

모노 펄스 레이다의 구성도는 그림 10.18과 같다. 합 채널은 송수신 둘 다 사용된다. 수신 모드에서 합 채널은 다른 두 개의 차 채널에 대한 위상 기준을 제공한다. 거리 측정은 합 채널로부터 얻어진다. 안테나의 합과 차 패턴을 얻는 원리는 다음과 같다. 먼저 단일 안테나의 패턴을 싱크함수 $\sin\phi/\phi$로 표현하면 한 좌표축에서 합 신호 $\Sigma(\phi)$와 차

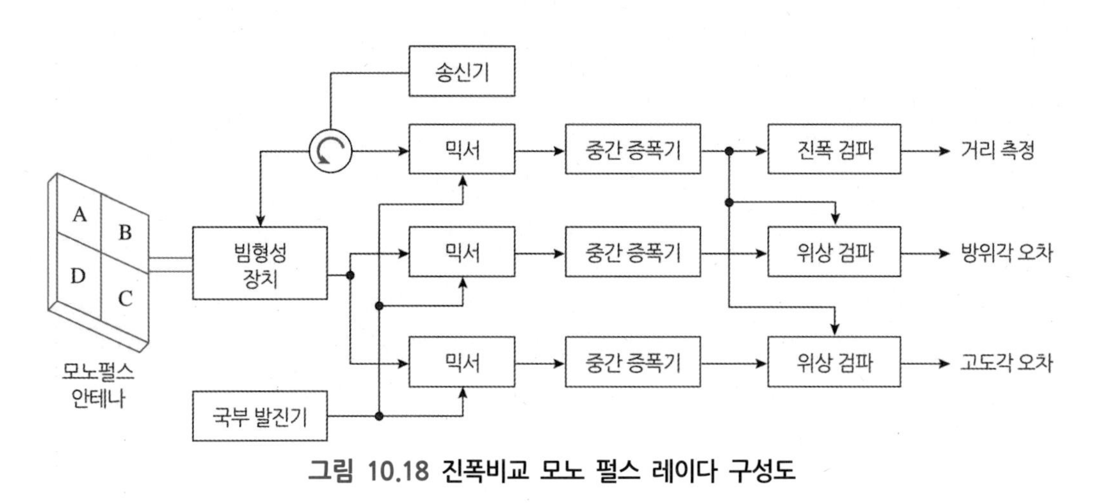

그림 10.18 진폭비교 모노 펄스 레이다 구성도

신호 $\Delta(\phi)$는 식 (10.6), (10.7)과 같이 각각 표현할 수 있다.

$$\Sigma(\phi) = \frac{\sin(\phi - \phi_0)}{(\phi - \phi_0)} + \frac{\sin(\phi + \phi_0)}{(\phi + \phi_0)} \tag{10.6}$$

$$\Delta(\phi) = \frac{\sin(\phi - \phi_0)}{(\phi - \phi_0)} - \frac{\sin(\phi + \phi_0)}{(\phi + \phi_0)} \tag{10.7}$$

여기서 ϕ_0는 기울어진 각도 (사각)이다.

모노 펄스 추적에서 사각의 크기에 따른 합과 차 신호에 대한 패턴을 비교하기 위하여 먼저 작은 사각 ($\phi_0 = 0.15$)에 대한 패턴인 그림 10.19와 큰 사각 ($\phi_0 = 0.75$)에 대한 패턴인 그림 10.20을 비교해보자. 작은 사각일 경우에 그림 10.19(a)와 같은 합 패턴은 그림 10.21(a)와 같은 큰 사각의 경우 합 패턴보다 훨씬 좋고, 그림 10.19(b)와 같은 차 패턴의 경사도는 그림 10.20(b)와 같은 작은 사각의 차 패턴에서 훨씬 가파르다는 것을 알 수 있다.

단순히 차 채널의 신호만 보면 표적이 추적 중심축에서 벗어났는지 아닌지 정도만 알 수 있고 신호의 크기는 표적의 각도 위치뿐만 아니라 표적의 거리와 RCS에도 영향을 받는다. 따라서 합과 차 신호의 비율 (Δ/Σ)을 이용하면 보다 더 정확한 오차 각도와 표적의 각도 위치를 추정할 수 있다. 이 경우 방위 오차 신호를 추정하기 위해 먼저 신호 $S_1 = \mathrm{A+D}$, $S_2 = \mathrm{B+C}$로 정의하면 합 신호는 $\Sigma = S_1 + S_2$로 주어지고, 차 신호는 $\Delta_{az} = S_1 - S_2$로 주어진다. 합 채널의 위상을 기준으로 볼 경우 $S_1 \geq S_2$이면 두 채널의 위상은 0이 된다. 그러나 $S_1 \leq S_2$이면 두 채널의 위상은 반대로 180도가 된다. 마찬가지로 고도 오차 신호에 대해서도 $S_1 = \mathrm{A+B}$, $S_2 = \mathrm{D+C}$로 정의하면 같은 결과를 얻을 수 있다. 따라서 전체 오차 신호의 출력은 합과 차의 신호에 대한 절대치와 상호 위상차에 대한 항목으로 식 (10.8)과 같이 정의할 수 있다.

$$\epsilon_\phi = \frac{|\Delta|}{|\Sigma|}\cos\theta \tag{10.8}$$

여기서 θ는 합과 차 채널 간의 위상이며 0도 아니면 180도가 된다. 만약 위상 차이가 0도라면 표적은 추적 중심축에 위치하게 되고 그렇지 않으면 벗어난 상태가 된다. 합과 차의 비율 (Δ/Σ)에 대한 결과는 작은 사각과 큰 사각에 대하여 그림 10.21(a)와 (b)에 각각 도시되어 있다.

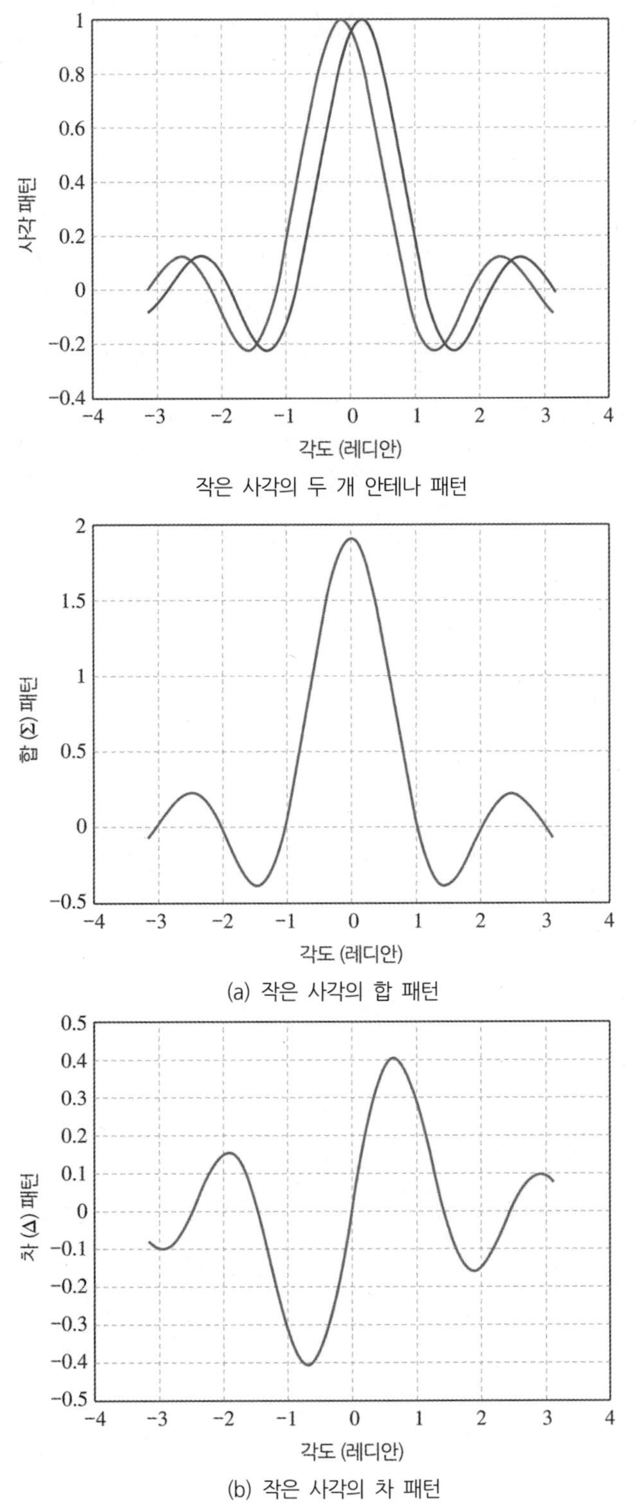

(a) 작은 사각의 합 패턴

(b) 작은 사각의 차 패턴

그림 10.19 작은 사각의 두 개 안테나 패턴과 합 패턴 및 차 패턴

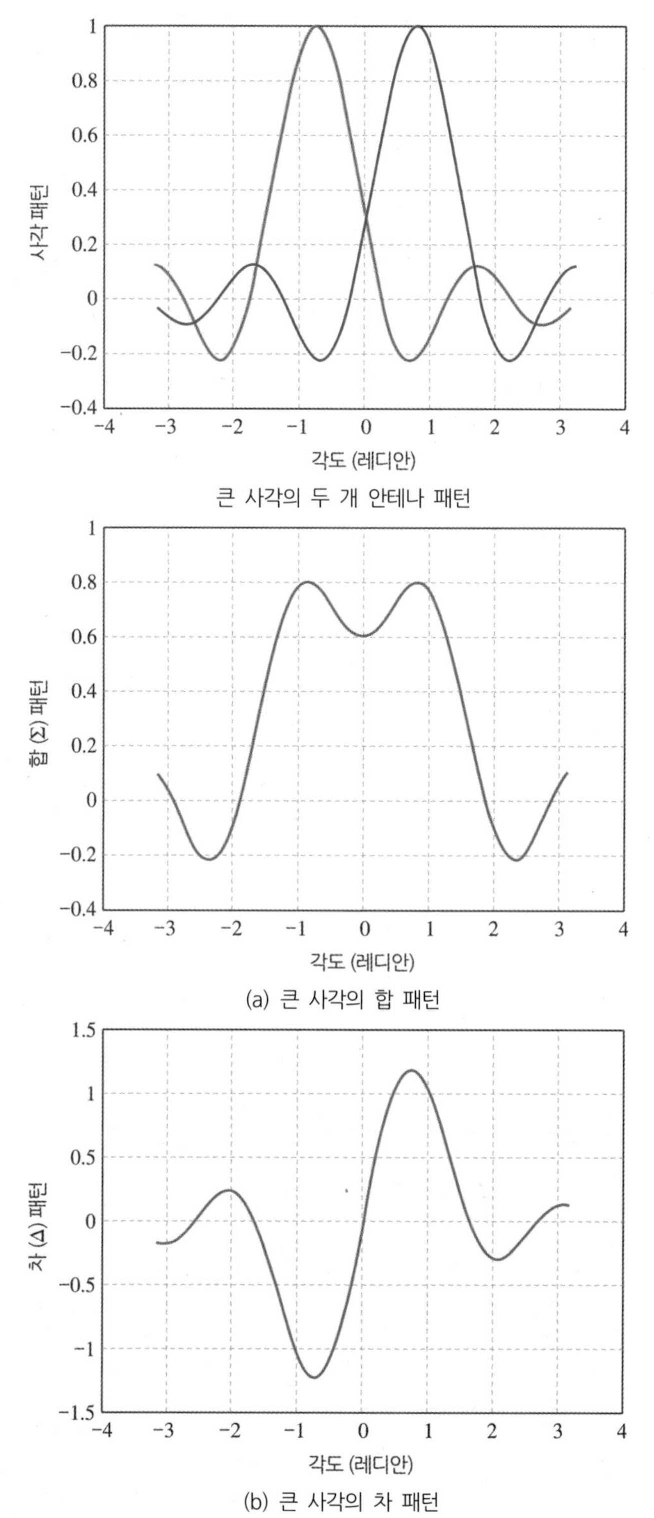

그림 10.20 큰 사각의 두 개 안테나 패턴과 합 패턴 및 차 패턴

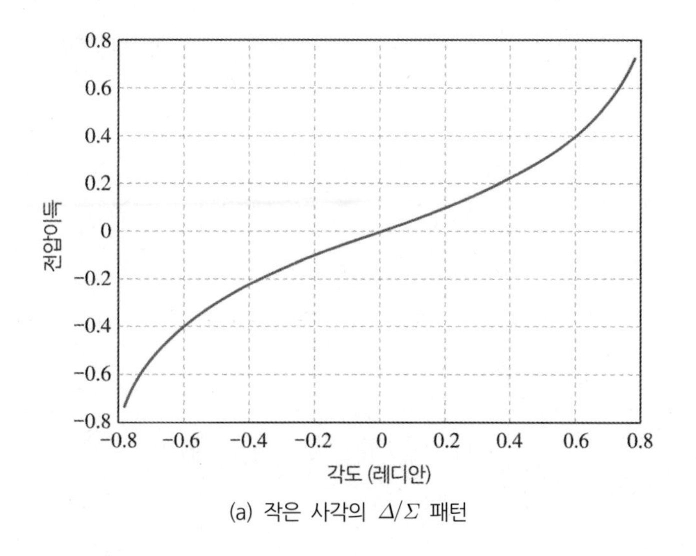

(a) 작은 사각의 Δ/Σ 패턴

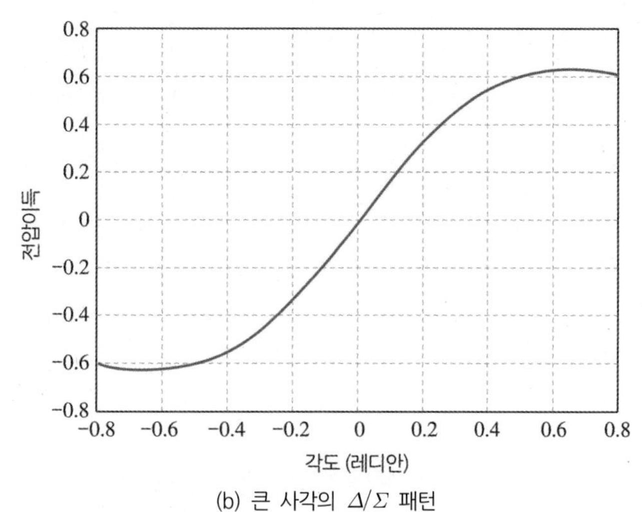

(b) 큰 사각의 Δ/Σ 패턴

그림 10.21 작은 사각과 큰 사각의 Δ/Σ 패턴

10.2.5 위상비교 모노 펄스 추적

위상비교 모노 펄스 추적의 원리는 표적 각도 좌표가 하나의 합과 두 개의 차 채널에서 추출된다는 관점에서 진폭비교 모노 펄스와 유사하다. 주된 차이점은 진폭비교 모노 펄스에서는 네 개의 신호가 진폭은 다르지만 위상은 비슷하였다면, 위상비교 모노 펄스에서는 진폭은 같지만 위상이 다르다는 점이다. 이 방식에서는 적어도 두 개 소자의 배열 안테나가 방위 및 고도 방향축에 각각 필요하다. 위상비교 모노 펄스 안테나의 구

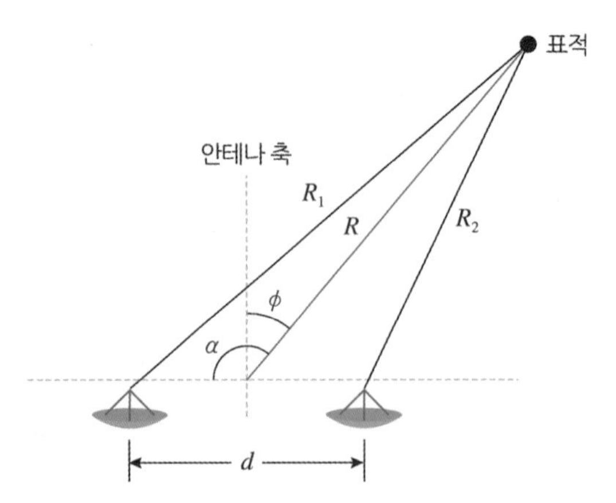

그림 10.22 위상비교 모노 펄스 개념도

성도는 그림 10.22와 같다.

여기에서 각 방향별 위상 차 신호는 각 안테나 소자에서 들어오는 위상차에 의하여 결정된다. 안테나가 표적을 바라보는 각도 α는 안테나 축 방향과 이루는 사각 ϕ에 의하여 $\phi+\pi/2$로 주어지므로 안테나 소자 간격 d에 의한 위상 차이를 주어진 기하구조를 이용하여 구하면 다음 식과 같이 유도할 수 있다.

$$R_1^2 = R^2 + (\frac{d}{2})^2 - 2(\frac{d}{2})R\cos(\phi + \frac{\pi}{2}) \tag{10.9}$$

$$= R^2 + \frac{d^2}{4} - dR\sin\phi$$

여기서 $d \ll R$이므로 이항식 급수 전개를 이용하면 식 (10.9)를 다음과 같이 간략하게 표현할 수 있다.

$$R_1 \approx R(1 + \frac{d}{2R}\sin\phi) \tag{10.10}$$

$$R_2 \approx R(1 - \frac{d}{2R}\sin\phi) \tag{10.11}$$

따라서 두 개의 안테나 소자간의 위상 차이는 식 (10.12)와 같이 주어진다.

$$\Omega = \frac{2\pi}{\lambda}(R_1 - R_2) = \frac{2\pi}{\lambda}d\sin\phi \tag{10.12}$$

여기서 λ는 파장이며, 위상 차 Ω는 각도상의 표적 위치를 결정하는 데 사용된다는 것을

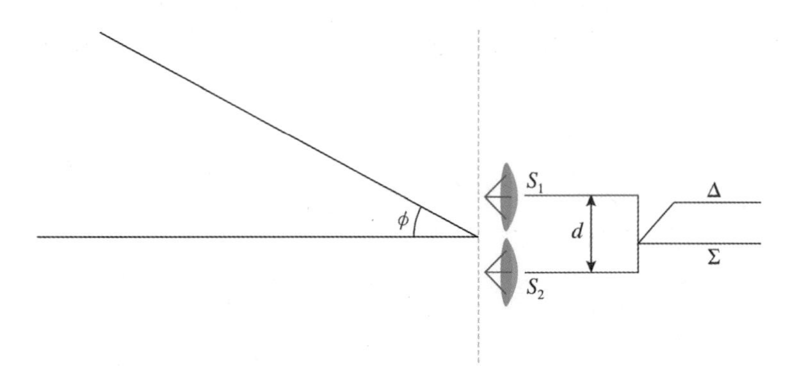

그림 10.23 합 차 채널을 갖는 위상 모노 펄스 안테나 구조

알 수 있다. 즉 $\Omega = 0$이면 표적은 안테나 중심축에 위치하게 된다. 위상비교 모노 펄스는 안테나축으로부터 떨어진 사각 ϕ를 항상 안정적으로 측정하지 못하면 심각한 성능 저하를 감수하게 되는 어려움이 발생한다. 이러한 문제는 그림 10.23과 같은 구조를 이용하여 합과 차의 신호비율 방법으로 해결할 수 있다.

그림 10.23에서 합과 차의 신호는 각각 다음 식 (10.13)과 (10.14)와 같이 주어진다.

$$\Sigma(\phi) = S_1 + S_2 \tag{10.13}$$

$$\Lambda(\phi) = S_1 - S_2 \tag{10.14}$$

여기서 S_1, S_2는 각각 두 안테나 소자에서의 신호성분이다. 두 신호의 진폭 크기는 비슷하고 위상 차이가 Ω인 경우 다음 식 (10.15)와 같이 표현할 수 있다.

$$S_1 = S_2 e^{-j\Omega} \tag{10.15}$$

이러한 관계식을 이용하여 합의 신호와 차의 신호를 구하면 각각 식 (10.16)과 식 (10.17)로 주어진다.

$$\Sigma(\phi) = S_2(1 + e^{-j\Omega}) \tag{10.16}$$

$$\Lambda(\phi) = S_2(1 - e^{-j\Omega}) \tag{10.17}$$

따라서 위상 오차 신호는 합에 대한 차 신호의 비율 Δ/Σ로 주어진다.

$$\frac{\Lambda}{\Sigma} = \frac{1 - e^{-j\Omega}}{1 + e^{-j\Omega}} = j\tan\left(\frac{\Omega}{2}\right) \tag{10.18}$$

식 (10.18)은 허수항으로 나타나므로 오차 신호의 크기값은 절대치로 식 (10.19)와 같이 표현할 수 있다.

$$\frac{|\Delta|}{|\Sigma|} = \tan\left(\frac{\Omega}{2}\right) \qquad (10.19)$$

이러한 종류의 위상 비교 모노 펄스 추적기를 반각 추적기라고 한다.

10.3 거리와 속도 추적

10.3.1 거리 추적

거리 추적은 이동 표적의 거리를 연속적으로 추정하여 정확한 거리 정보를 얻고 또한 추적 대상이 아닌 표적 신호는 배제하기 위한 추적 방식이다. 표적의 거리는 송신 펄스가 표적 간의 거리를 왕복하는 시간 지연을 측정하여 구한다. 그런데 이동 표적 간의 거리는 표적의 위치가 시간에 따라 변하므로, 거리 추적기는 반드시 거리상에서 이동 표적이 연동되도록 일정하게 조정되어야 한다. 이를 위하여 두 개의 전후방 거리 게이트 (Early and Late Gate)를 갖는 분리 게이트 (Split Gate)를 이용하게 된다. 분리 게이트 추적 방식의 개념은 그림 10.24에 도시되어 있다. 전방 게이트는 레이다 반사 신호의 예상 출발 시간에 연 다음 지속 시간의 절반 시간 동안 지속한다. 후방 게이트는 반사 신호가 중앙에 왔을 때 열고 신호가 끝날 때 닫는다. 이를 위하여 반사 신호의 지속 시간과 펄스의 중심 시간은 전후방 게이트가 예상 반사 신호의 시작과 중심 시간에 적절히 위치하도록 거리 추적 장치에게 반드시 알려야 한다.

오차 신호를 만드는 동작 원리는 다음과 같다. 전방 게이트는 양의 전압 출력을 발생시키고 후방 게이트는 음의 전압 출력을 발생시킨다. 전방 게이트와 후방 게이트의 출력을 서로 차감하여 만들어진 차 신호 (Different Signal)는 추적 오차 신호를 발생시키기 위하여 적분기에 주입된다. 두 개의 게이트가 시간상으로 적절하게 위치한다면 적분기 출력은 제로가 될 것이다. 그러나 게이트의 시간이 서로 일치하지 않으면 적분기 출력은 제로가 되지 않는다. 이는 게이트가 시간적으로 적분기의 출력 부호에 따라서 좌우

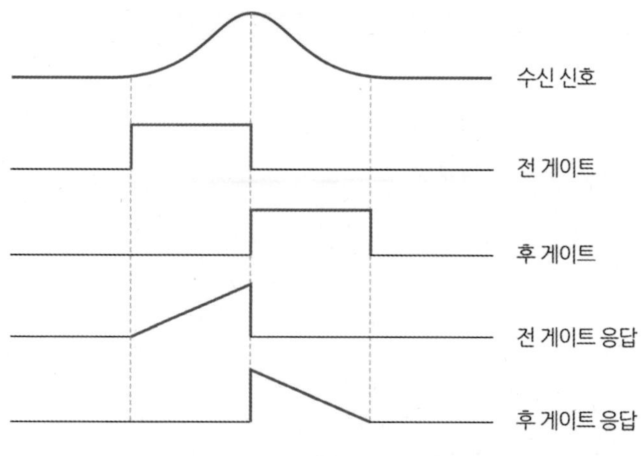

그림 10.24 거리 추적의 분리 게이트 개념

로 적절히 움직여주어야 한다는 것을 뜻한다.

디지털 거리 추적기에서 게이트의 시간 움직임은 연속적이지 못하므로 작은 스텝 구간으로 나누어 처리한다. 스텝으로 인한 잡음은 기준 카운트에 의한 클록 주파수의 함수로 주어진다. 즉 게이트의 시간 스텝 간격 (granularity)의 크기 Δt는 클록 주파수 f_{cl}의 역수이므로 $\Delta t = 1/f_{cl}$이 되고, 스텝 크기에 따른 거리 간격 ΔR_g는 식 (10.20)으로 주어진다.

$$\Delta R_g = c\Delta t/2 = c/(2f_{cl}) \tag{10.20}$$

거리 추적을 위해 거리 추적기는 미리 표적의 거리에 적절히 게이트를 준비시켜야 추적 게이트 내에서 거리 추적이 용이해진다.

10.3.2 속도 추적

속도 추적 레이다는 표적의 도플러를 추적하는 장치로서 각도 오차 데이터가 도플러 속도 성분일 경우 각도 추적 게이트를 통하여 도플러 추적 서보를 구동시킬 수 있다. 그림 10.25는 도플러 추적 장치의 구성도이다. 도플러 오차는 판별기 또는 분리 필터 (Split-Filter)의 중간 주파수에서 생성되며 분리 게이트 거리 오차 판별기와 유사하다. 분리 필터 오차는 그림 10.26과 같다. 도플러 추적 오차는 표적 중간 주파수와 추적 장치의 통상적인 중간 주파수와의 차이 성분으로 정의한다. 오차 신호가 서보에서 필터링되고

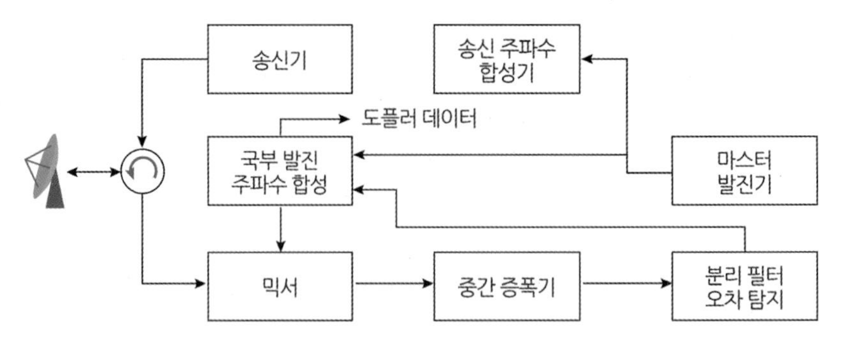

그림 10.25 도플러 추적 장치 구성도

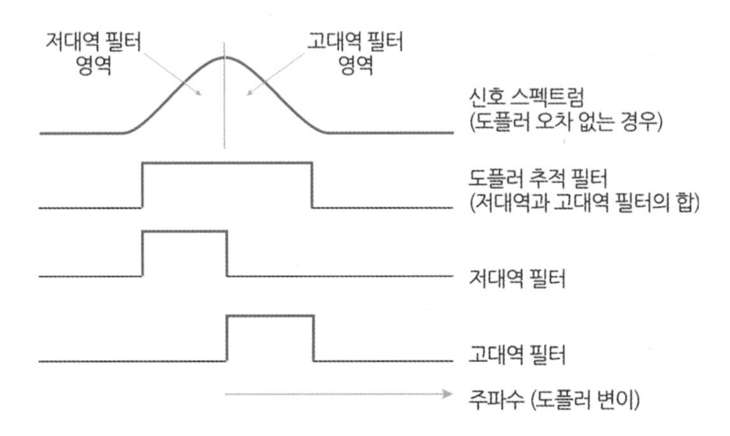

그림 10.26 도플러 분리 필터의 오차

증폭된 후에 도플러 변이된 신호가 명목상 IF 주파수에 이르기까지 수신기 국부 발진 주파수를 변화시키는 데 사용된다. 도플러 변이는 국부 발진기가 명목상의 값으로부터 뽑아내야 하는 크기이다. 국부 발진기가 송신 주파수보다 낮은 주파수이면 도플러 변이는 송신 주파수에서 국부 발진기 주파수와 중간 주파수를 뺀 주파수가 되는데, 이는 식 (10.21)과 같이 표현할 수 있다.

$$f_d = f_T - f_c - f_{LO} \tag{10.21}$$

여기서 f_d는 도플러 주파수, f_T는 송신 주파수, f_c는 IF 주파수, f_{LO}는 추적 오차가 제로일 때 국부 발진기 주파수이다.

10.3.3 추적 서보

레이다의 모터 서보 (Servo)는 추적 오차에 따라 기계적으로 회전하는 안테나 빔의 중심이 표적을 향하도록 방위와 고도 페데스탈의 움직임을 제어하는 장치이다. 위상 배열 안테나에서도 마찬가지로 서보 개념은 추적 오차에 따라 빔이 표적의 중심을 향하도록 위상 변이기를 이용하여 전자적으로 제어하는 기능을 말한다. 전자 기계적인 서보의 개념은 그림 10.27에 보이는 바와 같이 추적 오차 신호는 필터링과 증폭을 거쳐서 모터에 인가되어 안테나를 기계적으로 움직인다.

원하는 동작과 피드백되는 실제 서보의 동작 크기와의 차이는 오차값이 제로가 될 때까지 반복한다. 실제로 레이다는 두 개의 전기 기계적인 서보가 피드백하는 기능을 가지고 있는데, 하나는 전체 시스템을 제어하는 피드백 루프이고 다른 하나는 속도를 제어하는 루프이다. 속도 피드백 루프는 그림 10.28과 같이 원하는 속도로 페데스탈을 계속 움직여주어야 한다. 서보 장치는 입력 신호를 출력으로 전달하는 방식에 따라 분류된다. 아날로그 서보는 형식 번호 (Type Number)가 있는데 이 번호는 입력과 출력 사이에 적분이 몇 번 수행하는지를 의미한다. 형식 번호 제로는 별로 사용하지 않는데 출력이 위치값이면 입력은 위치값이 된다.

일반적으로 그림 10.29와 같이 형식 I과 II를 스위치로 선택할 수 있다. 형식 I은 속

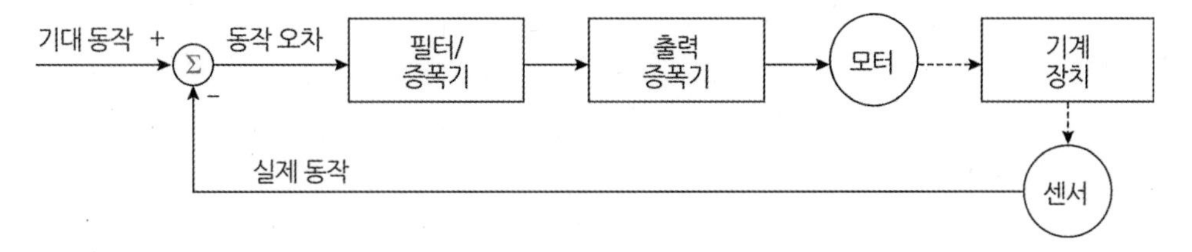

그림 10.27 추적 서보 장치 구성도

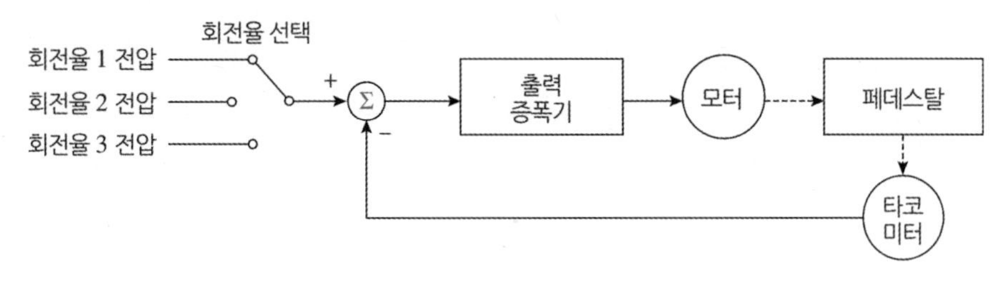

그림 10.28 추적 속도 서보 개념도

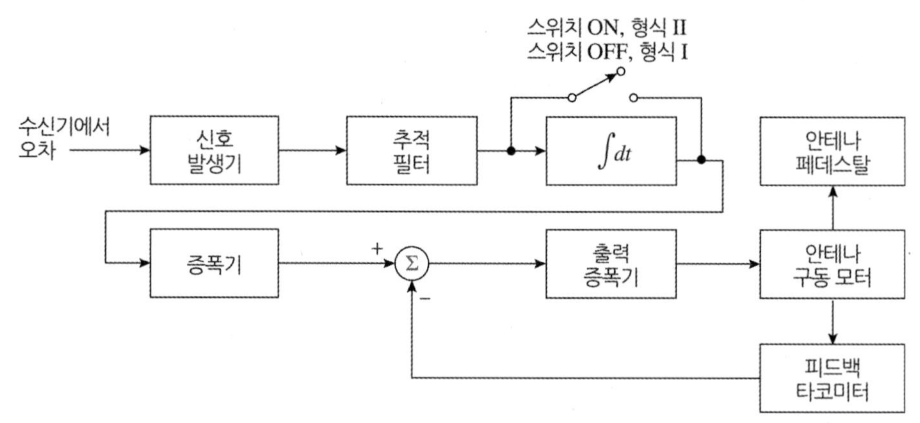

그림 10.29 추적 형태 선택 기능도

도 피드백 루프에서 하나의 적분기를 가지고 있으므로 입력에 속도값이 들어오면 출력은 일정하게 변하는 페데스탈 위치값으로 변환되며 식 (10.22)로 표현할 수 있다. 속도가 제로이면 출력은 일정한 위치 값을 제공한다.

$$p_I(t) = \int v_I(t)dt + p(0) \tag{10.22}$$

여기서 $p_I(t)$는 형식 I의 위치 출력, $v_I(t)$는 입력 속도, $p(0)$는 시제 시간에서의 위치값으로 적분 상수에 해당한다. 형식 I의 단점은 이동 표적을 추적하면 계속 오차가 발생하게 된다. 이 문제는 식 (10.23)과 같이 형식 II 서보를 이용하여 해소할 수 있다. 여기서 입력에 가속도값이 들어가면 출력은 위치값이 나온다. 따라서 형식 I보다 좀 더 정교한 추적을 할 수 있다.

$$p_{II}(t) = \iint v_I(t)dtdt + \int V(0)dt + p(0) \tag{10.23}$$

여기서 $p_{II}(t)$는 형식 II의 위치 출력, $v_I(t)$는 입력 속도, $V(0)$는 제로 시간에서 속도(첫 번째 적분상수), $p(0)$는 제로 시간에서 위치 (두 번째 적분상수)에 해당한다.

디지털 서보 장치는 그림 10.30에 보이는 바와 같이 아날로그를 디지털로 바꾸어 컴퓨터로 처리하는 서보로 구성되어 있다. 추적 오차와 피드백 타코미터값은 디지털로 변환하여 구동 신호를 계산한다. 그리고 구동 신호는 아날로그 신호로 변환하여 페데스탈에 전달하여 안테나를 작동시킨다.

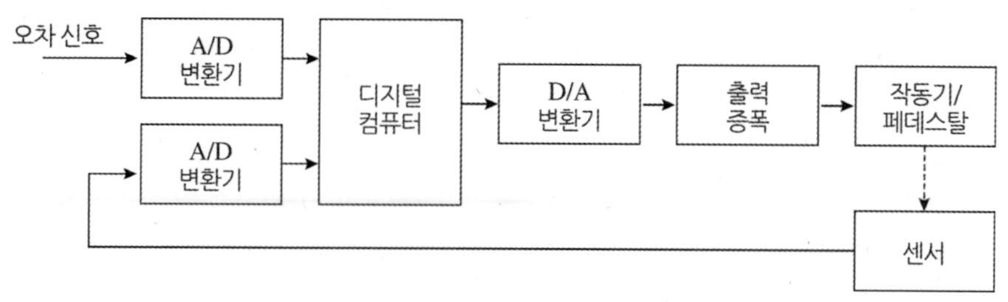

그림 10.30 디지털 서보 기능도

10.3.4 서보 필터

구동 신호를 발생시키는 방법은 여러 가지이며 목적은 단 두 가지로 요약할 수 있다. 하나는 데이터를 가공하여 오차 샘플신호 사이를 부드럽게 연결시키는 것이고, 다른 하나는 표적이 다음 샘플 시간에 이동할 위치를 추정하는 것이다. 위에서 설명한 바와 같이 입력 신호에 대하여 컴퓨터로 매번 계산하여 서보 신호를 만드는 것은 표적의 위치 샘플률이 매우 느린 TWS와 같은 추적 방식에서는 사용할 수 있다. 그러나 표적이 빠르게 가속도를 가지고 기동하는 경우에는 추적 오차가 크게 발생하여 사용하기 어려우므로 칼만 필터 (Kalman Filter)와 같은 알고리즘을 사용한다.

서보 구동을 위한 계산 방법은 현재 값에 대한 더 좋은 추정치를 찾아서 $(n+1)$ 관측 시점에서 예측 위치에 잘 연결되도록 이전 샘플값으로부터 현재 값을 계산하고 미래 값을 예측할 수 있는 베이스 (Bayes) 식 (10.24)를 이용할 수 있다.

$$x(n) = x(n-1) + [z(n) - x(n-1)]/n \tag{10.24}$$

여기서 $x(n)$은 n번 관측 후의 평균값, $x(n-1)$은 $n-1$번 관측 후의 평균값, $z(n)$은 n번 관측값이다. 현재 값의 추정치를 업그레이드하는 평활 방법 (Smoothing)은 식 (10.25)와 같은 관계식으로 정리한다.

$$x_s(n) = x_p(n-1) + \alpha[z(n) - x_p(n)] \tag{10.25}$$

여기서 $x_s(n)$은 n번 관측 후 평활 처리된 어림치, $x_p(n)$은 $n-1$번 관측 후 예측값, $z(n)$은 n번째 관측값, α는 가중치이다. 가중치 함수는 n번 관측에 대한 정확도의 추정치가 된다. 측정이 완전하게 정확하다면 가중치는 1이 되고 평활값은 관측값이 된다. 그러나 관측값이 전적으로 신뢰할 정도가 되지 않는다면 $n-1$번 관측값으로부터 예측된 값과 같다.

관측값이 위치값이면 평활값 산출에 적용한 식을 위치의 변화인 속도값에도 그대로 식 (10.26)과 같이 적용할 수 있다.

$$v_s(n) = v_s(n-1) + \beta[z(n) - x_p(n)]/T \tag{10.26}$$

여기서 $V_S(n)$은 n번 관측 후 평활한 속도값, $V_S(n-1)$은 $n-1$번 관측 후 평활한 속도값, β는 다른 가중치, T는 측정 간격 시간이다. 현재 관측값의 정확도 추정치가 높으면 β는 1로 정하고 평활화한 속도는 예측으로부터 관측 위치에서 변화를 수정한다. 측정값을 신뢰할 수 없다면 β는 0이 되고, 현재 관측값은 버리고 이전 평활 처리된 속도값이 현재 속도가 된다. 현재 평활 처리된 위치값과 속도값은 다음 예측 위치값이 되며 식 (10.27)로 표현할 수 있다.

$$X_P(n+1) = X_S(n) + V_S(n)T \tag{10.27}$$

여기서 $x_p(n+1)$은 $n+1$ 시간의 예측 위치이다. 위의 식 (10.25), 식 (10.26), 그리고 식 (10.27)은 잘 알려진 $\alpha\beta$ 필터이다. 칼만 필터는 $\alpha\beta$ 필터를 직선 운동에서 최적화한 경우이므로 다음 식 (10.28)의 조건을 만족하면 $\alpha\beta$ 필터가 바로 칼만 필터가 된다.

$$\alpha = \frac{2(2n-1)}{n(n+1)} \quad \beta = \frac{6}{n(n+1)} \tag{10.28}$$

위 식에서 보이듯 가중치 알파와 베타는 관측 수가 많아지면 점점 제로에 접근한다. 이러한 경우 직선 운동에는 최적이지만 시간에 따라 레이다 표적의 기동이 많아서 예측할 수 없이 움직임의 변화가 많은 경우에는 만족한 결과를 기대하기 어렵다.

레이다 표적은 가끔 직선 운동을 하므로 칼만 필터를 사용하는 것이 바람직하지만 가중치를 정하는 데 필요한 관측 수에 제한이 있다. 그러나 표적의 비행 경로가 굽어 있는 경우에도 충분히 예측할 수 있다. 만약 기동이 급격하여 가속도 g가 높아 완전히 예측하기 어려운 경우에는 표적의 조건에 맞추어 추적 필터를 조정해야 한다. 예를 들어 TWS 방식에서 다중 표적 추적 게이트를 사용하는 경우, 가속도가 낮은 표적에 대해서는 내부의 비기동 게이트 내에 표적을 유지시키므로 필터 이득은 낮고 게이트 움직임도 부드럽게 된다. 외부의 게이트는 예측 불가한 표적의 기동을 탐지하므로 필터 이득을 증가시키며 이 경우 추적 장치는 높은 가속도 g로 기동하므로 추적 성능이 떨어진다.

10.4 다중 표적 스캔 처리

다기능 레이다는 위상배열 안테나를 이용하여 좁은 빔을 전자적으로 방위나 고도 방향으로 조향 가능하므로 하나의 레이다로 탐지와 추적과 식별을 동시에 수행할 수 있다. 일반적인 2차원 탐색 레이다의 경우에도 비교적 넓은 빔을 방위각 방향으로 스캔하는 동안에 탐지된 표적을 동시에 추적할 수 있다. 일반적으로 레이다는 스캔 단위로 다수의 표적을 탐지하여 진짜 표적 가능성이 높은 데이터를 추적기에 보낸다. 추적기는 새로운 표적 데이터를 추적 개시하기 전에 먼저 기존 추적 데이터와 연관성을 확인하여 연관성이 없으면 신규 추적을 개시하고 연관성이 있으면 기존 추적 데이터를 업데이트한다. 단일 레이다 시스템으로 탐지와 동시에 표적을 추적하는 기법으로는 '스캔 중 추적 (Track-While-Scan)'이 주로 많이 사용된다. 입력 신호 데이터가 매우 약한 경우에는 추적 효율을 높이기 위하여 탐지 전에 미리 추적하는 '탐지 전 추적 (Track-Before Detect)' 방식 등이 쓰인다.

10.4.1 다중 표적 처리

레이다 추적기는 탐색 구역을 스캔하면서 스캔할 때마다 다수의 새로운 데이터를 받아서 추적을 초기화하고 기존의 추적 데이터를 업데이트하며 쓸모없는 추적 데이터는 삭제한다. 새로운 관측을 통하여 탐지된 추적 데이터에는 거리, 거리 변화율, 방위각, 고도각 정보 등이 포함된다. 새로운 관측 데이터가 들어오면 그림 10.31과 같은 순서로 추적을 업데이트한다.

첫째, 추적 연관성 처리에서는 기존 추적 데이터와의 연관성을 확인하는 절차를 거친다. 둘째, 추적 초기화 처리에서는 기존 추적 데이터와 연관성이 없는 데이터를 새로운 추적으로 판단하여 초기화한 후에 추적을 개시하고 번호를 부여하며 추적 파일에 등록시킨다. 셋째, 추적 유지 처리에서는 새로운 데이터가 기존 데이터와 연관성이 높으면 현재 표적의 상태값들을 평활 처리하여 업데이트하고 다음 스캔에서 새로운 표적의 상태를 추정하여 예측한다. 마지막으로 추적 종료 처리에서 몇 번의 스캔 동안 새로운 데이터가 관측되지 않아서 표적을 놓친 경우에는 기존 추적을 종료시킨다. 추적 프로세서는 CFAR를 통하여 탐지된 각 표적 데이터를 입력으로 사용하여 다음 스캔에서 표적의

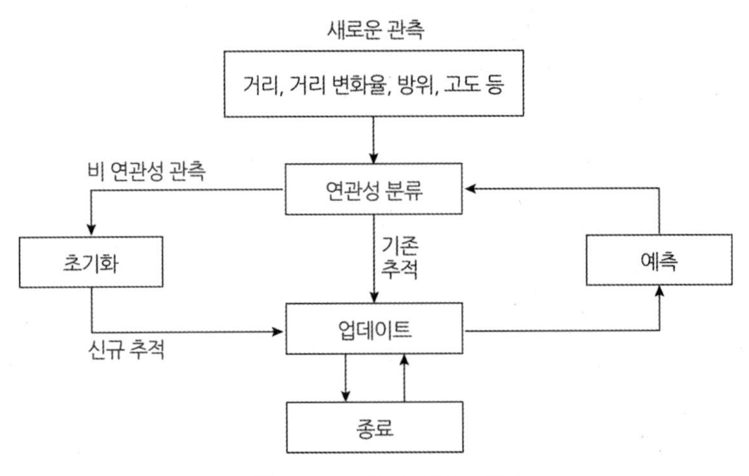

그림 10.31 추적 처리 개념

위치 변화에 따른 예측 상태 벡터 (Predictive State Vector)를 만들어내는 것이 목적이다. 실제 상황에서는 CFAR 문턱치를 넘는 인접한 탐지 잡음들이 다수 존재하므로 이들을 군집으로 클러스터링 처리하여 각 측정치가 보다 정확한 데이터를 갖도록 평균 가중치 또는 기대치를 구하여 데이터 맞춤처리 등의 보간법을 적용해주어야 한다. 세부적인 추적 처리 흐름도는 그림 10.32와 같고 상세한 설명은 다음과 같다.

(1) 추적 초기화

추적 초기화 단계에서는 과도한 가짜 표적 추적을 방지하기 위하여 보통 3번 이상

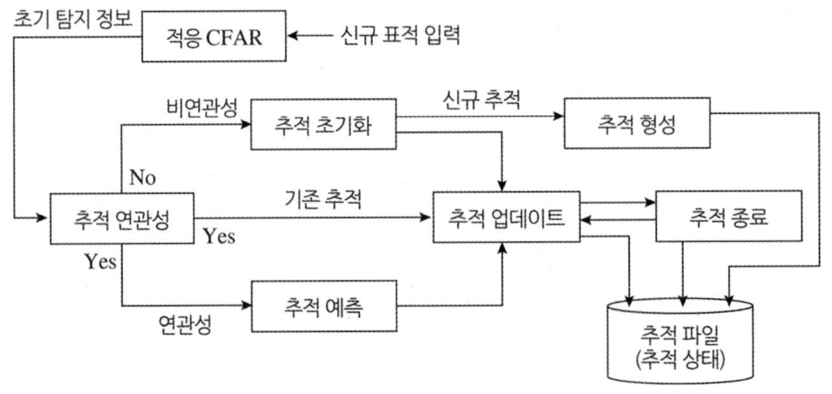

그림 10.32 추적 처리 흐름도

스캔하여 계속 탐지가 확인되면 개시가 이루어진다. 즉, 관심 표적의 속도와 궤적이 일관성 있는 이동을 하는지를 체크한다. 클러터가 심한 환경에서는 클러터 맵을 이용하여 클러터에 의한 추적 개시를 방지한다. 특히 큰 새와 같은 이동 클러터는 표적으로 추적되지 않도록 클러터 맵이 이들을 계속 추적하여 진짜 표적과 구별되도록 한다. 이와 같은 이유로 클러터가 많은 지역에서는 추적 초기화를 하는데 컴퓨터 용량과 소프트웨어 성능이 충분히 따라갈 수 있는지를 고려해야 한다.

(2) 추적 연관성 처리

추적 연관성 처리 단계에서는 새로운 탐지 데이터와 기존 추적 데이터의 예상 위치 간의 연관성을 확인한다. 예상 위치가 새로운 추적 데이터의 속도와 일치하는지 확인한 후 비로소 추적 게이트를 형성한다. 추적 게이트는 주변의 잡음 추정치들과 일치 여부를 확인하기 위하여 충분히 크게 잡되 게이트 내에서 오경보를 최소화하기 위하여 가능한 작게 잡아야 한다. 이 경우 표적이 빠른 기동을 하게 되면 상당히 어려운 문제가 발생한다. 표적 연관성 처리가 완료되면 새로운 표적 탐지 데이터가 추적 파일에 업데이트된다. 두 개의 표적들이 서로 가로질러 이동하면 추적 연관성 처리가 어려워진다. 이러한 경우에는 중복 게이트에서 다중표적 가설 테스트 (Hypothesis Test)를 통하여 인접한 두 표적이 예상 위치에서 탐지되는지, 두 표적의 RCS와 속도, 그리고 표적의 길이 등의 유사성을 확인한다. 추적 필터링 중에서 비교적 가장 간단한 기법이 $\alpha\beta$ 추적 필터인데 여기서는 현재의 평활처리된 표적의 위치와 속도를 구하여 다음 스캔의 표적 위치를 예측한다. 표적이 기동하면 속도의 변화로 추적 오차가 크게 발생하므로 필터의 계수를 적절히 조정하여야 한다. 표적의 기동이 많을 경우에는 고정계수의 필터에 한계가 있으므로 칼만 필터를 이용하여 표적을 효과적으로 추적할 수 있다.

(3) 추적 파일 생성 및 업데이트

추적 파일 생성과 추적 데이터 업데이트는 추적이 개시된 모든 표적에 대하여 지속되어야 한다. 추적 파일에는 1) 개별 탐지 측정된 표적의 위치와 진폭, 도플러 속도 정보, 2) 평활 처리된 위치와 속도 정보, 3) 다음 추적 업데이트 시점에서의 예측 위치와 속도 정보, 4) 탐지 품질에 대한 측정지수로서 추적에 대한 확고한 신뢰 정보 등이 포함된다.

(4) 추적 종료

마지막으로 다음 스캔 시간에 표적으로부터 들어오는 데이터가 없거나 몇 번의 스캔이 지나도록 전연 데이터가 들어오지 않으면 추적을 자동으로 종료한다. 추적 종료 기준은 레이다의 종류별로 다를 수 있다. 일반적으로 3번의 스캔 시간 동안을 기준으로 데이터가 들어오면 추적을 유지하지만, 연속으로 5번의 스캔 시간 동안 탐지 데이터를 받지 못하면 추적을 종료한다. 그러나 위협이 큰 표적을 추적할 경우에는 기준을 다르게 정할 수 있다.

10.4.2 TWS 추적

탐색 레이다를 이용하여 동시에 다수의 표적을 추적할 수 있는 방식으로서 '스캔 중 추적' TWS (*Track-While-Scan*)가 있다. 이 방식은 스캔 간격으로 개별 표적을 샘플하고 스캔 시간 간격 사이에 이동한 표적의 위치를 예측하기 위하여 정교한 예측 필터를 이용하여 다수의 표적을 추적하는 기법이다. 오늘날 대부분의 레이다는 하나의 레이다 플랫폼으로 탐지와 추적 및 식별까지 수행할 수 있는 다기능을 가지고 있다. 다기능 레이다는 동시에 많은 표적을 추적할 수 있는데 기본 원리는 스캔 시간 (Scan) 간격 또는 지속 시간 (Dwell) 간격으로 개별 표적의 거리와 각도 위치를 한 번씩 샘플하고 예측 기법을 이용하여 다음 표적의 위치를 예측하는 것이다. 따라서 TWS 용어는 '스캔을 하는 동안 추적'을 한다는 의미로 사용된다. 표적의 위치가 연속적이지 않고 스캔 간격으로 떨어져서 업데이트되는 관계로 TWS 방식은 엄밀하게 말하면 추적이라고 볼 수 없다. 또한 나이키스트 속도로 표적의 비행 경로상의 기동을 샘플하는 실제 추적 레이다와 비교하면 이 방식의 추적 정확도는 훨씬 낮다. 그러나 하나의 탐색 레이다로 다수의 표적을 동시에 감시할 수 있는 능력이 큰 장점이다.

TWS 데이터 처리 개념은 그림 10.33과 같다. TWS 레이다가 새로운 표적을 탐지하면 별도의 추적 파일을 생성한다. 이것은 순차적으로 탐지된 표적의 미래 위치를 예측하기 위하여 필요하다. 추적 파일은 표적의 위치와 속도, 그리고 가속도 정보로 구성된다. 추적 파일을 생성하기 전에는 반드시 탐지된 표적을 재확인해야 한다. 단일 표적의 추적과 달리 TWS 레이다는 먼저 개별 표적이 새로운 표적인지 아니면 이전 스캔에서 탐지된 표적인지 구분하여 결정해야 한다. 이러한 처리를 위하여 TWS 레이다는 상관성

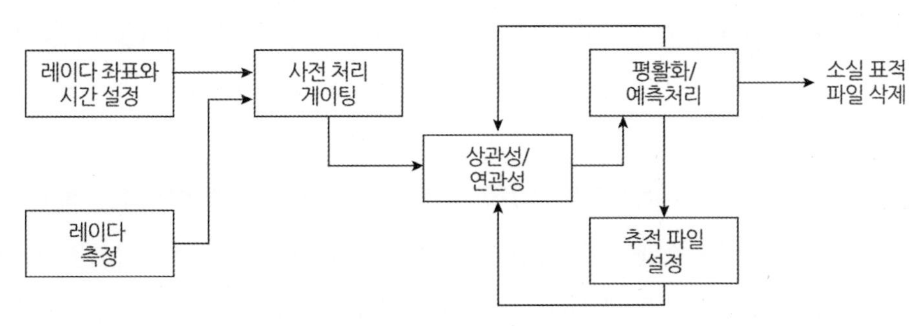

그림 10.33 TWS 데이터 처리 개념

(Correlation)과 연관성 (Association) 알고리즘을 이용한다. 상관성 처리 과정에서는 탐지된 개별 표적에 대한 부가적인 추적 파일 생성을 피하기 위하여 이전 스캔에서 탐지된 모든 표적들과 상관성이 있는지 판단하도록 한다. 새로 탐지된 표적이 하나 이상의 추적과 상관성이 있다면 사전 결정된 세트와의 연관성을 확인하여 탐지가 적절한 추적 파일에 배정되도록 한다. 예를 들어 공항감시 레이다와 같이 넓은 고도 빔과 좁은 방위 빔을 갖는 2차원 레이다의 경우, 360도 방위각을 분당 15 RPM으로 안테나가 회전한다면 4초에 한 번씩 방위각 단위로 스캔하면서 표적을 탐지하고 추적하게 된다.

레이다 데이터 측정은 표적의 거리, 속도, 방위각, 고도각으로 구성된다. 이러한 데이터는 적절한 레이다 좌표계로 표시해야 하는데 주로 관성 좌표를 고정 기준으로 사용한다. TWS에서도 그림 10.34와 같이 표적 위치 주변에 게이트를 설정하여 추적 신호가

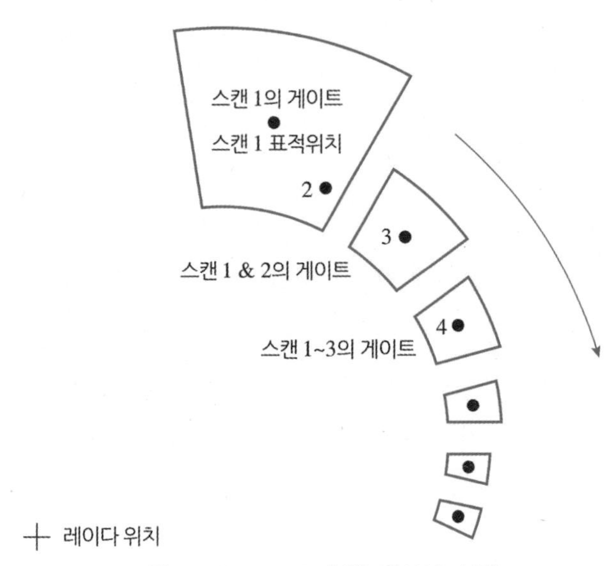

그림 10.34 TWS 추적 게이트 설정

이 게이트 내에 들어오도록 추적한다. 게이트는 방위, 고도, 거리 게이트를 이용한다. 탐지 초기에는 표적의 방향과 속도를 알 수 없기 때문에 게이트는 어떤 표적도 다음 스캔 동안 머물러 있을 수 있도록 충분히 커야 한다. 즉 초기 탐지 시간 동안에는 정확한 표적 위치에 대한 불확실성이 높기 때문에 표적이 스캔과 스캔 사이에 게이트를 빠져나가지 않도록 표적이 연속적인 스캔 시간 동안 게이트 경계 내에 머물도록 해야 한다. 그리고 표적이 수차례 스캔되는 동안 관측되는 것이 확인되면 게이트 크기를 레이다 측정 오차와 표적의 기동 범위를 고려하여 서서히 줄여준다.

이와 같이 추적 게이트는 탐지된 표적을 기존 추적 파일에 배정할지, 아니면 새로운 추적 파일에 배정할지를 결정하는 데 사용된다. 게이트 알고리즘은 측정된 값과 예측된 값 사이의 통계적인 거리 오차를 계산한다. 만약 어떤 레이다 관측에 대한 계산 결과 차이가 주어진 추적 파일의 최대 오차 거리보다 적다면 관측 결과를 그 추적 파일에 배정한다. 주어진 추적의 최대 거리보다 오차 거리가 적은 모든 관측에 대해서 추적 상관성이 높다고 말할 수 있다. 기존 추적과 상관성을 갖지 않는 개별 관측에 대해서만 새로운 추적 파일을 생성하게 된다. 새로운 탐지 또는 관측 결과는 기존 추적 파일과 비교되므로 추적 파일은 관측 결과가 없는 경우나 하나 또는 다수의 관측 결과가 있는 경우 등과 상관성을 가질 수도 있다. 관측 결과와 기존 추적 파일과의 상관성은 상관 매트릭스를 이용하여 식별한다. 상관 매트릭스의 열 (Row)은 레이다 관측을 의미하고 행 (Column)은 추적 파일을 나타낸다. 몇 개의 관측 결과가 하나 이상의 추적 파일과 상관성이 있는 경우에 단일 관측이 단일 추적 파일에 배정되도록 사전에 결정된 연관성 규칙 조합이 이용될 수 있다.

10.4.3 탐색 추적

기계식으로 회전하는 2차원 레이다에 비하여 3차원 위상 배열 레이다를 이용하면 임의의 방위 및 고도 각 위치에 전자적으로 다수의 빔을 빠르게 조향할 수 있으므로 다수의 표적을 동시에 탐지하고 추적하여 식별할 수 있다는 장점이 있다. '탐색 추적 방식 (Search and Track)'은 레이다가 탐색할 전체 체적 공간을 고려하여 탐색 시간 간격이나 우선 탐색 구역 등의 탐색 파라미터에 따라 탐색 기능이 최대가 되도록 탐색 패턴을 먼저 설정하는 기법이다. 따라서 표적이 탐색 공간에서 탐지된다면 바로 추적이 개시된다.

이때 추적 갱신 시간은 빔이 표적에 머무르는 지속 시간을 고려하여 할당된다. 추적 시스템은 빔이 임의의 표적 위치를 빠르게 조향해야 하기 때문에 전자적인 빔을 이용한다. 그러나 기계식 조향 안테나를 사용하는 레이다의 경우에는 탐색 모드에서 추적 모드로 전환하는 데 소요되는 시간의 관계로 전체 탐색 시간이 길어지게 된다. 이러한 탐색 추적 방식에서는 레이다 자원이 한정되어 효과적으로 연속 탐색하기가 어렵고 동시에 추적할 수 있는 표적의 수가 제한된다. 탐색 시간 간격 단위가 너무 길어지면 관심 표적이 빔이 조향하는 동안에 탐색 범위를 벗어날 수 있다. 따라서 탐색 시간과 추적할 표적 수의 관계를 적절히 조정·관리할 소프트웨어 알고리즘이 필요해진다. 보통 2차원 레이다 시스템에서는 '탐색 추적 방식'과 '스캔 중 추적' 방식을 모두 적용하여 사용하고 있다. 속도와 가속도의 변화가 많은 기동 표적의 경우에는 정확한 표적 추적을 위하여 빠른 추적 갱신이 필요하기 때문이다. 예를 들어 미사일과 같이 빠르고 낮은 RCS를 갖는 표적이 낮은 고도로 들어온다면 매우 위협적이다. 이러한 경우에는 표적의 위협 정도를 알기 위하여 표적의 고도와 도플러 속도를 미리 분석하여 확인하는 기능을 갖추는 것이 좋다.

10.4.4 TBD 추적

'탐지 전 추적 (Track-Before Detect)' 개념은 탐지 신호가 표적이라고 선언하기 전에 미리 추적이 이루어지는 방식으로 부여된 명칭이다. 어떤 특정 시간대에 들어온 신호가 일정한 시간 동안 누적하여 탐지된 표적이라고 등록하기에는 클러터에 비해 너무 약하여 SNR이 낮은 경우에도 잠재적인 표적 데이터로 가정하여 추적하는 방식이다. 이 방식은 미약한 신호에 대한 표적 손실을 줄이기 위하여 사용되지만 몇 가지 고려 사항이 있다. 대부분의 추적기에서는 표적을 놓치거나 가짜 표적을 탐지하는 경우에 공간적으로 시간적으로 상관성이 없다고 가정하지만 실제는 대부분의 경우 상관성이 많다. 가짜 표적을 탐지하는 경우에는 대부분 표적과 유사한 큰 새떼, 스파이크 해면 클러터, 비 클러터 등과 상관성이 많다. 표적을 탐지하지 못하는 경우는 이동 표적의 경로 각도가 변하여 도플러 속도가 갑자기 제로가 되거나 펄스 반복 주파수가 표적의 속도와 일치하여 발생하는 블라인드 속도 등에 기인하는 경우가 많다. 먼 거리의 표적을 연장하여 탐지하는 경우에는 표적 신호가 미약하므로 스캔 중에 추적하기가 어렵다. 이러한 경우에는 스캔을 여러 번 반복하여 에코 신호를 누적함으로써 탐지 확률을 향상시킬 수 있다. 그러나 긴 스캔 누적 시간 동안에 표적이 여러 개의 해상도 셀을 지나가서 벗어날 수도 있으므로 모든 미지의 표적에 대한 다양한 항적을 염두에 두어야 한다. 올바른 항적이란 실제적으로 관측하고 있는 표적의 종류에 맞는 적절한 속도와 방향을 가진 경우이다. 그러나 예상하지 못한 갑작스러운 기동이 발생할 경우에는 항적을 유지하기 어려워진다.

'탐지 전 추적 (Track-Before-Detect)' 기법은 글자 그대로 표적이 탐지되기 전에 반드시 추적이 이루어져야 한다는 것이다. 다른 표현으로는 '소급 적용된 탐지 (Retrospective Detection)' 기법이라고 한다. 이 기법에서는 추적을 시작하기 전에 N번 스캔하여 얻어진 데이터를 모두 합당한 항적 데이터로 가정한다. 이 경우에는 스캔 횟수가 많아지면 엄청난 가상 표적을 처리하는 계산 부담이 크게 늘어난다는 문제점이 있다. 또한 단일 스캔의 오경보 확률이 10^{-6}에서 적어도 10^{-3} 정도로 높아지는 문제도 허용해야 한다. 이 기법은 미약한 신호를 미리 관측하므로 보다 먼 거리의 추적이 가능하지만 표적을 관측하는 시간이 길어지므로 추적 개시 전까지 긴 시간 지연이 발생하고 데이터 처리 용량이 크게 부담될 수 있다.

10.5 $\alpha\beta$, $\alpha\beta\gamma$ 추적 필터

$\alpha\beta$ 필터와 $\alpha\beta\gamma$ 필터는 고정 계수를 갖는 추적 필터이다. 이들 필터는 1차원의 2차 또는 3차수의 필터로서 1차원 칼만 필터의 특수한 경우에 해당한다. 따라서 일반적인 필터 구조는 칼만 필터와 유사하다. 기본적으로 $\alpha\beta\gamma$ 필터는 표적의 위치와 도플러 속도, 그리고 가속도에 대하여 평활처리된 예측 데이터를 제공한다. 이는 다항식의 선형 순환 필터의 구조를 가지고 있으며, 위치 측정 데이터에 기반하여 재구성된 위치와 속도 및 등가속도 정보를 제공한다. 또한 표적 사격 통제에 사용할 수 있도록 현재 위치에 대한 보정된 추정치를 제공한다.

10.5.1 $\alpha\beta$ 필터

$\alpha\beta$ 필터를 갖는 추적기는 n 번째 관측 시점에서 위치와 속도에 대한 평활처리 한

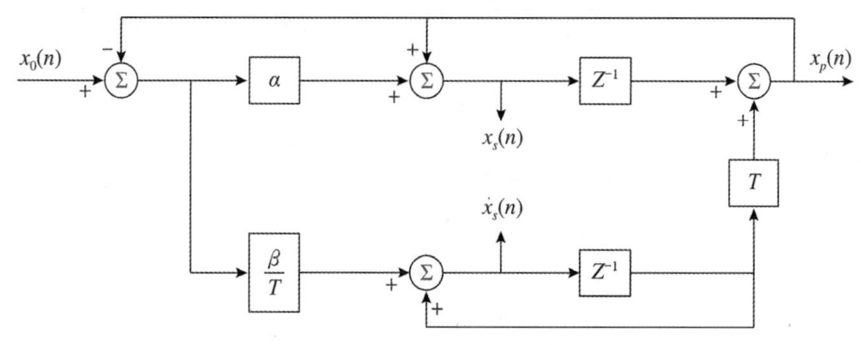

그림 10.35 $\alpha\beta$ 추적 필터

추정치를 제공하고, $(n+1)$ 번째 관측 시점에 예측된 위치 정보를 제공한다. $\alpha\beta$ 필터를 갖는 추적기는 정상 상태에서 오차 없이 일정한 속도를 갖는 램프 입력을 추적한다. 그러나 입력에 일정한 가속도가 존재하면 정상 상태의 오차는 누적될 수 있다. 그러나 예측된 위치값에 포함된 이러한 오차는 측정치와 예측치 간의 가중치 차이를 고려해 줌으로서 평활처리를 통하여 줄일 수 있다. $\alpha\beta$ 추적 필터의 구조는 그림 10.35와 같고 추적식은 (10.29) ~ (10.31)과 같이 표현할 수 있다.

$$x(n) = x_p(n) + \alpha[y(n) - x_p(n)] \tag{10.29}$$

$$\hat{v}(n) = \hat{v}(n-1) + \frac{\beta}{T}[y(n) - x_p(n)] \tag{10.30}$$

$$x_p(n) = \hat{x}(n-1) + T\hat{v}(n-1) \tag{10.31}$$

여기서 α는 위치 계수, β는 속도 계수, $\hat{x}(n)$는 위치 추정치 (estimated), $x_p(n)$는 위치 예측치 (predicted), $\hat{v}(n)$는 속도 추정치, $y(n)$는 위치 측정치, α는 샘플링 주기 또는 데이터 간격이다. 위의 식 (10.29)와 (10.30)을 운동역학 벡터 $X(n)$을 추정하는 필터 모델로 표시하면 식 (10.32)와 같다.

$$\hat{X}(n+1) = X_p(n) + W\tilde{y}(n) \tag{10.32a}$$

$$x_p(n) = \hat{x}(n-1) + T\hat{v}(n-1) \tag{10.32b}$$

여기서 $\tilde{y}(n)$은 측정치와 추정치의 차이를 나타내는 벡터이고, W는 가중치 또는 필터 이득을 나타내는 벡터로서 식 (10.33)과 같이 표현된다.

$$W = \begin{bmatrix} \alpha \\ \beta \\ \frac{}{T} \end{bmatrix} \tag{10.33}$$

$\alpha\beta$ 필터의 초기 조건은 다음 식 (10.34)~(10.36)과 같이 구한다.

$$x(1) = x_p(2) = y(1) \tag{10.34}$$

$$\hat{v}(1) = 0 \tag{10.35}$$

$$\hat{v}(2) = \frac{y(2) - y(1)}{T} \tag{10.36}$$

실제적으로 필터 계수 α, β는 경험적인 데이터를 기준으로 조정하여 선택한다. 데이터의 샘플링 시간 간격 T에 대한 시간변수 n은 정수이다. 레이다 스캔 동안 위치 측정값이 탐지되지 않거나 없을 경우에는 $\hat{x}(n) = x_p(n)$이 될 것이다. 속도 부분은 변하지 않고 그대로 유지되며 다음 스캔의 예측치는 식 (10.31)과 같이 동일한 순서로 구해진다.

10.5.2 $\alpha\beta\gamma$ 필터

$\alpha\beta\gamma$ 추적기는 관측자 입장에서 위치와 속도, 그리고 가속도의 평활 처리된 추정치를 제공한다. 예측된 위치와 속도 정보를 제공하는 추적 필터는 그림 10.36과 같다.

이 추적 필터는 처음에는 가속도가 일정하고 정적인 오차가 없는 상태에서 동작한다. 추적기의 출력 단에서 오차를 줄이기 위하여 측정치와 예측치 간의 오차의 가중치를

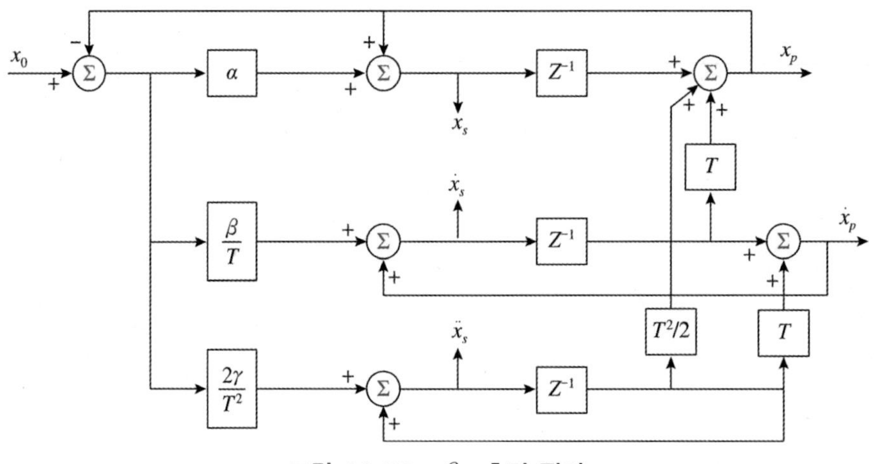

그림 10.36 $\alpha\beta\gamma$ 추적 필터

이용하여 평활처리된 위치, 속도 그리고 가속도를 예측하는 데 사용한다. $\alpha\beta\gamma$ 추적기의 관계식은 (10.37) ~ (10.40)과 같다.

$$\hat{x}(n) = x_p(n) + \alpha[y(n) - x_p(n)] \tag{10.37}$$

$$\hat{v}(n) = \hat{v}(n-1) + \frac{\beta}{T}[y(n) - x_p(n)] \tag{10.38}$$

$$\hat{a}(n) = \hat{a}(n-1) + \frac{\gamma}{T^2}[y(n) - x_p(n)] \tag{10.39}$$

$$x_p(n) = \hat{x}(n-1) + T\hat{v}(n-1) + \frac{1}{2}T^2\hat{a}(n-1) \tag{10.40}$$

여기서 $\hat{a}(n)$은 평활처리된 가속도 성분 (m/s^2)이고, γ는 가속도 성분의 감쇠지수이다. 다른 항들은 $\alpha\beta$ 필터에서와 같은 의미이다. 위의 식들을 시 불변 선형시스템으로 정리하면 다음 식 (10.41), (10.42)와 같다.

$$\hat{X}(n+1) = X_p(n) + W\tilde{y}(n) \tag{10.41}$$

$$x_p(n) = \hat{x}(n-1) + T\hat{v}(n-1) + \frac{1}{2}T^2\hat{a}(n-1) \tag{10.42}$$

여기서 $X(n)$는 운동역학 벡터이고 W는 가중치 또는 필터이득으로 다음 식 (10.43)과 같다.

$$W = \begin{bmatrix} \alpha \\ \dfrac{\beta}{T} \\ \dfrac{\gamma}{T^2} \end{bmatrix} \tag{10.43}$$

추적 필터의 초기 조건은 다음 식 (10.44) ~ (10.48)과 같이 구한다.

$$\hat{x}(1) = x_p(1) = y(1) \tag{10.44}$$

$$\hat{v}(1) = 0 \tag{10.45}$$

$$\hat{a}(2) = \hat{a}(1) = 0 \tag{10.46}$$

$$\hat{v}(2) = \frac{y(2) - y(1)}{T} \tag{10.47}$$

$$\hat{a}(3) = \frac{y(3) - 2y(2) + y(1)}{T^2} \tag{10.48}$$

고정계수 추적 필터의 성능을 판단하는 기준으로는 VRR (*Variance Reduction Ratio*)을 사용한다. 이것은 추적기의 입력에 잡음이 측정될 경우에만 정의하는 지수이다. VRR은 정상 상태에서 입력 잡음 측정 분산값과 출력 분산값의 비율을 의미한다.

$\alpha\beta\gamma$ 추적기에서 VRR은 다음 식 (10.49) ~ (10.51)과 같이 주어진다[Simpson].

$$(VRR)_x = \frac{2\beta(2\alpha^2+2\beta-3\alpha\beta)-\alpha\gamma(4-2\alpha-\beta)}{(4-2\alpha-\beta)(2\alpha\beta+\alpha\gamma-2\gamma)} \tag{10.49}$$

$$(VRR)_v = \frac{4\beta^3-4\beta^2\gamma+2\gamma^2(2-\alpha)}{T^2(4-2\alpha-\beta)(2\alpha\beta+\alpha\gamma-2\gamma)} \tag{10.50}$$

$$(VRR)_a = \frac{4\beta\gamma^2}{T^4(4-2\alpha-\beta)(2\alpha\beta+\alpha\gamma-2\gamma)} \tag{10.51}$$

여기서 $\alpha\beta$의 계수는 다음 식 (10.52), (10.53)과 같다.

$$\alpha = \frac{3(3n^2-3n-2)}{n(n+1)(n+2)} \tag{10.52}$$

$$\beta = \frac{18(2n-1)}{n(n+1)(n+2)} \tag{10.53}$$

$\alpha\beta\gamma$ 추적기는 항상 일정한 기동을 하는 경우에는 충분히 잘 동작한다. 그러나 실제 표적의 이동이 항상 일정하지 않고 불규칙한 경우가 있으므로 스캔의 최대 범위를 제한해서는 안 된다. 예를 들어 항공기나 함정과 같이 레이다 표적 위치나 속도, 가속도 데이터가 빠르게 변하면 고정된 필터 이득을 갖는 $\alpha\beta$ 필터나 $\alpha\beta\gamma$ 필터는 정확한 추적을 하는 데 한계가 있다.

10.6 칼만 추적 필터

칼만 필터링 이론은 동적인 표적 모델에 대하여 표적 데이터를 측정하여 필터 상태 변수 추정을 가변적으로 업데이트할 수 있는 추적 기법이다. 그러나 표적 추적 데이터는 항상 잡음 환경에서 제공되고 표적의 탐지 확률이 100%가 되는 경우가 없으므로 이러한 표적 측정 조건을 항상 충족하기는 어렵다. 레이다 측정 데이터로 주어지는 거리, 방위와 고도 각, 속도 성분의 표준 편차는 레이다의 해상도 셀과 SNR의 함수로 주어진다. 칼만 필터링 알고리즘은 일반적으로 이러한 잡음 환경에서 기동이 없는 경우와 기동하는 경우를 모두 포함하여 표적을 예측하는 데 활용할 수 있다는 장점이 있다. 칼만 필터를 수학적으로 모델링하기 위해서 먼저 일반적인 표적의 동적 운동 모델을 시 불변 선형 시스템으로 정리해보자.

10.6.1 상태변수 선형모델

추적기에 사용하는 시간불변 선형 시스템은 연속 또는 이산 시스템에 관계없이 수학적으로 입력, 출력, 상태변수 등 3가지 변수로 표현할 수 있다. 선형 시스템은 관측 가능하고 또한 측정 가능한 대상이 주어진다. 예를 들어 레이다 시스템에서 거리는 추적 필터에 의해 관측되고 측정되는 대상이다. 이 경우 상태 변수는 여러 방법으로 표현될 수 있지만 일반적으로 표적 대상에 대한 거리 벡터 성분과 시간에 대한 1차 미분 성분인 속도, 그리고 2차 미분 성분인 가속도로 표현할 수 있다. 레이다의 거리에 대한 3가지 상태변수를 1차원 벡터 $\underline{x}$로 표현하면 식 (10.54)와 같다.

$$\underline{x} = \begin{bmatrix} R \\ \dot{R} \\ \ddot{R} \end{bmatrix} \tag{10.54}$$

여기서 R, $\dot{R}$, $\ddot{R}$은 각각 거리, 거리 변화율 (속도), 속도 변화율 (가속도)을 나타낸다. 상태 벡터는 연속 선형 시스템이나 이산 선형 시스템으로 표현할 수 있다. 그러나 현대에는 대부분 디지털 컴퓨터를 이용하여 레이다 신호처리를 하므로 이산 시스템으로 상태 방정식을 표시하기로 한다. n차원 상태 벡터는 일반적으로 다음 식 (10.55)로 표시할 수 있다.

$$\underline{x} = [x_1,\ \dot{x}_1,\ x_2,\ \dot{x}_2,\ \ldots\ldots\ldots\ldots x_n,\ \dot{x}_n]^t \tag{10.55}$$

여기서 위첨자 t는 벡터의 트랜스포즈 기호이다. 레이다 추적과 관련 있는 선형 시스템은 다음 식 (10.56), (10.57)과 같이 상태 변수 방정식으로 표현할 수 있다.

$$\dot{\underline{x}}(t) = \underline{A}\,\underline{x}(t) + \underline{B}\,\underline{w}(t) \tag{10.56}$$

$$\underline{y}(t) = \underline{C}\underline{x}(t) + \underline{D}\underline{w}(t) \tag{10.57}$$

여기서 $\dot{\underline{x}}(t)$는 $n \times 1$ 상태 벡터, y는 $p \times 1$ 출력 벡터, w는 $m \times 1$ 입력 벡터, $\underline{A}$는 $n \times n$ 매트릭스, $\underline{B}$는 $n \times m$ 매트릭스, $\underline{C}$는 $p \times n$, $\underline{D}$는 $p \times m$ 매트릭스이다. 위의 상태변수 선형 시스템의 해는 t_0에서 초기조건을 $x(0)$, $w = 0$으로 두면 식 (10.58)로 구해진다.

$$\underline{x} = \underline{\Phi}(t - t_0)\underline{x}(t - t_0) \tag{10.58}$$

여기서 Φ는 상태전이 매트릭스 또는 기본 매트릭스라고 한다. 이를 초기 조건을 이용하여 표현하면 다음 식 (10.59), (10.60)과 같다.

$$\underline{\Phi}(t - t_0) = e^{\underline{A}(t - t_0)} \tag{10.59}$$

$$\underline{\Phi}(t - t_0)_{t_0 = 0} = e^{\underline{A}(t)} = I + \underline{A}t + \underline{A}^2\frac{t^2}{2!} + \ldots = \sum \underline{A}^k \frac{t^k}{k!} \tag{10.60}$$

이제 식 (10.56)에 주어진 1차 선형 미분방정식의 해를 구하면 식 (10.61)과 같다.

$$\underline{x} = \underline{\Phi}(t - t_0)\underline{x}(t_0) + \int_{t_0}^{t} \underline{\Phi}(t - t_0)\underline{B}\underline{w}(\tau)d\tau \tag{10.61}$$

여기서 식 (10.61)의 첫 번째 항은 초기 조건에 의한 응답이고, 두 번째 항은 입력 $\underline{w}$에 대한 응답이다. 식 (10.58)과 (10.61)을 이용하여 출력 응답이 다음 식 (10.62)와 같이 주어지며 임펄스 응답은 식 (10.63)과 같다.

$$\underline{y}(t) = \underline{C}e^{\underline{A}(t - t_0)}\underline{x}(t_0) + \int_{t_0}^{t} [\underline{C}e^{\underline{A}(t - \tau)}\underline{B} - \underline{D}\delta(t - \tau)]\underline{w}(\tau)d\tau \tag{10.62}$$

$$\underline{h}(t) = \underline{C}e^{\underline{A}(t)}\underline{B} - \underline{D}\delta(t) \tag{10.63}$$

한편 디지털 컴퓨터 모델로 동적 운동 모델을 표현하기 위하여 식 (10.56)과 (10.57)의 연속 선형 시스템을 이산 시스템으로 변환하면 식 (10.64)와 (10.65)와 같이 표현할 수 있다.

$$\underline{x}(n+1) = \underline{A}\underline{x}(n) + \underline{B}\underline{w}(n) \tag{10.64}$$

$$\underline{y}(n) = \underline{C}\underline{x}(n) + \underline{D}\underline{w}(n) \tag{10.65}$$

여기서 n은 불연속 시간 단위이고 nT는 이산 시간단위, T는 샘플링 간격이다. 식 (10.63)의 동차 미분방정식의 응답은 초기 조건이 $x(n_0)$일 때 식 (10.66)과 같이 주어진다.

$$\underline{x}(n) = \underline{A}^{n-n_0}\underline{x}(n_0) \tag{10.66}$$

여기서 상태전이 매트릭스 $n \times n$는 식 (10.67)과 같다.

$$\underline{\Phi}(n-n_0) = \underline{\Phi}(n-n_0) = \underline{A}^{n-n_0} \tag{10.67}$$

다음에는 식 (10.63)의 비 동차 선형미분 방정식에 대한 응답은 식 (10.68)과 같다.

$$\underline{x}(n) = \underline{\Phi}(n-n_0)\underline{x}(n_0) + \sum_{m=n_0}^{n-1}\underline{\Phi}(n-m-1)\underline{B}\underline{w}(m) \tag{10.68}$$

출력응답은 식 (10.69)로 주어지고 임펄스 응답은 식 (10.70)과 같다.

$$\underline{y}(n) = \underline{C}\underline{\Phi}(n-n_0)\underline{x}(n_0) + \sum_{m=n_0}^{n-1}\underline{C}\underline{\Phi}(n-m-1)\underline{B}\underline{w}(m) + \underline{D}\underline{w}(n) \tag{10.69}$$

$$\underline{h}(n) = \sum_{m=n_0}^{n-1}\underline{C}\underline{\Phi}(n-m-1)\underline{B}\underline{\delta}(m) + \underline{D}\underline{\delta}(n) \tag{10.70}$$

여기까지 기본적인 상태변수 선형방정식에 대한 응답 특성을 연속 시스템과 이산 시스템에 대하여 알아보았다.

이제는 표적 추적을 위한 칼만 필터 모델을 정립하기 위하여 앞에서 정리한 일반식 (10.56)과 (10.57)을 이용하여 1차 선형 미분 벡터 방정식으로 간단하게 식 (10.71), (10.72) 같이 정리한다.

$$\dot{\underline{x}}(t) = \underline{A}\underline{x}(t) + u(t) \tag{10.71}$$

$$\underline{y}(t) = \underline{G}\underline{x}(t) + \underline{v}(t) \tag{10.72}$$

여기서 $\underline{y}$는 시스템의 출력이며 관측 부분에 해당하며, $\underline{u}$는 외부 입력이다. $\underline{v}$는 측정된 입력 잡음이며 서로 상관성이 없다고 가정한다. $\underline{A}$와 $\underline{G}$는 시스템에 따라 변하는 매트릭스이다. 위의 두 방정식의 구성을 도시하면 그림 10.37과 같다. 초기 조건 벡터가 $\underline{x}(t_0)$

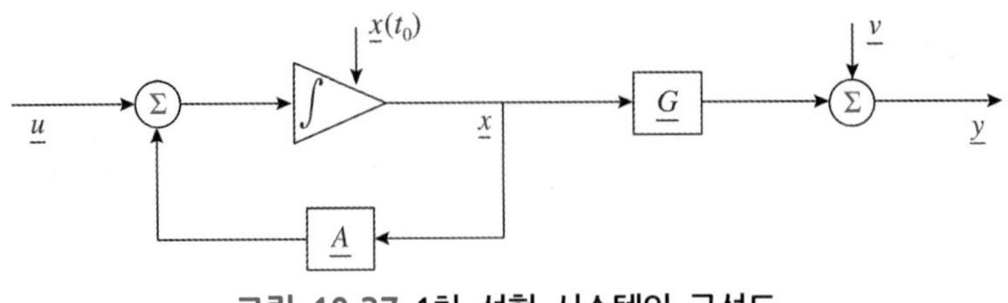

그림 10.37 1차 선형 시스템의 구성도

이라면 식 (10.72)의 해는 다음 식과 같다.

$$\underline{x}=\underline{\Phi}(t-t_0)\underline{x}(t_0)+\int_{t_0}^{t}\underline{\Phi}(t-\tau)\underline{u}(\tau)d\tau \tag{10.73}$$

이산 시스템으로 변환하면 다음 식 (10.74)와 (10.75) 같이 표현할 수 있다.

$$\underline{x}(n)=\underline{A}\,\underline{x}(n-1)+\underline{u}(n) \tag{10.74}$$

$$\underline{y}(n)=\underline{G}\underline{x}(n)+\underline{v}(n) \tag{10.75}$$

여기서 n은 불연속 시간 단위이고 T는 샘플링 간격이다.

10.6.2 칼만 필터

칼만 필터는 표적의 동적운동 모델에 따라 평균자승오차를 최소화하는 선형 예측 필터이다. 앞 절에서 설명한 $\alpha\beta$, $\alpha\beta\gamma$ 필터는 평균자승 예측문제를 다루는 칼만 필터의 응답에 대한 특수한 경우에 해당한다. 칼만 필터는 표적 추적에서 많은 이점을 가지고 있는데 이를 열거하면 다음과 같다. 첫째, 필터의 이득 계수가 고정되지 않고 동적으로 계산되므로 기동하며 움직이는 표적 환경에 적용하기에 편리하다. 둘째, 칼만 필터 이득 계산은 손실된 표적을 포함하여 변동하는 표적탐지 이력에 잘 적응한다. 셋째, 칼만 필터는 정확한 측정 공분산 매트릭스를 제공하므로 게이팅 처리와 결합 처리가 용이하다. 넷째, 칼만 필터는 미 결합 처리문제나 잘못된 상관처리의 영향을 부분적으로 보상하는데 유리하다. 이와 같은 주요 특징과 장점이 있어 칼만 필터는 복잡한 동적 기동을 하는 표적 추적에 많이 이용되고 있다.

먼저 m^{th} 샘플링 간격을 포함한 모든 데이터를 이용하여 n^{th} 샘플링 간격 동안의 추정치를 의미하는 새로운 기호 $\underline{x}(n|m)$을 도입하여 $\alpha\beta$, $\alpha\beta\gamma$ 고정이득 필터 방정식을

표현하면 식 (10.76)과 같이 주어진다.

$$\underline{x}(n|n) = \underline{\Phi}(n-1|n-1) + K[\underline{y}(n) - \underline{G\Phi x}(n-1|n-1)] \tag{10.76}$$

여기서 상태전이 매트릭스는 식 (10.77)과 같이 표현될 수 있다.

$$\underline{x}(n+1|n) = \underline{\Phi x}(n|n) \tag{10.77}$$

따라서 식 (10.77)을 (10.54)에 대입하여 고정이득 필터 방정식을 정리하면 식 (10.78)과 같다.

$$\underline{x}(n|n) = \underline{x}(n|n-1) + K[\underline{y}(n) - \underline{Gx}(n|n-1)] \tag{10.78}$$

그러나 칼만 필터는 샘플 간격마다 추정치가 변동하는 모델이므로 필터 이득계수는 시간의 함수로 표현하면 필터 방정식은 식 (10.79), (10.80)과 같이 주어진다.

$$\underline{x}(n|n) = \underline{x}(n|n-1) + K(n)[\underline{y}(n) - \underline{Gx}(n|n-1)] \tag{10.79}$$

$$\underline{y}(n) = \underline{Gx}(n) + \underline{v}(n) \tag{10.80}$$

여기서 $\underline{y}(n)$은 측정 벡터이고 $\underline{v}(n)$은 평균이 제로이고 공분산 R_c을 갖는 백색 가우시안 잡음이다.

$$R_c = E[\underline{y}(n)\underline{y}^t(n)] \tag{10.81}$$

그러면 필터 이득 가중치 벡터는 식 (10.82)로 주어진다.

$$\underline{K}(n) = \underline{P}(n|n-1)\underline{G}^t[\underline{GP}(n|n-1)\underline{G}^t + R_c]^{-1} \tag{10.82}$$

여기서 측정 잡음 매트릭스 $\underline{P}$는 추정 공분산 매트릭스로서 식 (10.83)과 (10.84)와 같이 표현된다.

$$\underline{P}(n+1|n) = E[\underline{x}_s(n+1)\underline{x}_s^*(n)] = \underline{\Phi}\,\underline{P}(n|n)\underline{\Phi}^t + \underline{Q} \tag{10.83}$$

$$\underline{Q} = E[\underline{u}(n)\underline{u}^t(n)] \tag{10.84}$$

여기서 $\underline{Q}$는 입력 $\underline{u}$의 공분산 매트릭스이다. 따라서 평활 처리된 추정치의 공분산으로 식을 정리하면 다음 식 (10.85)와 같다.

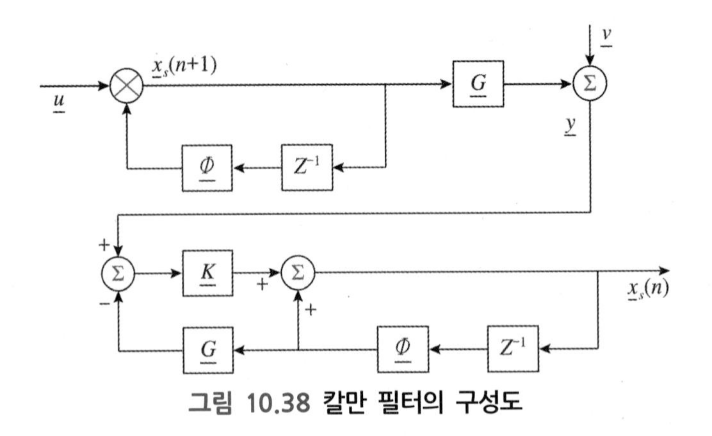

그림 10.38 칼만 필터의 구성도

$$\underline{P}(n|n) = [\underline{I} - \underline{K}(n)\underline{G}]\underline{P}(n|n-1) \tag{10.85}$$

마지막으로 추정 방정식은 식 (10.86)과 같이 정리할 수 있다.

$$\underline{x}(n+1|n) = \underline{\Phi}\underline{x}(n|n) \tag{10.86}$$

칼만 필터의 구성도는 그림 10.38과 같다.

10.6.3 칼만 필터와 $\alpha\beta\gamma$ 필터 관계

칼만 필터와 $\alpha\beta\gamma$ 필터의 관계는 상태전이 매트릭스 $\underline{\Phi}$와 필터 이득벡터 $\underline{K}$을 이용하여 쉽게 비교할 수 있다.

$$\begin{bmatrix} x(n|n) \\ \dot{x}(n|n) \\ \ddot{x}(n|n) \end{bmatrix} = \begin{bmatrix} x(n|n-1) \\ \dot{x}(n|n-1) \\ \ddot{x}(n|n-1) \end{bmatrix} + \begin{bmatrix} k_1(n) \\ k_2(n) \\ k_3(n) \end{bmatrix} [x_0(n) - x(n|n-1)] \tag{10.87}$$

상태 전이 방정식은 $\underline{x}$의 Taylor series를 이용하여 다음과 같이 전개할 수 있다.

$$x = x + T\dot{x} + \frac{T^2}{2!}\ddot{x} + \dots \tag{10.88}$$

$$\dot{x} = \dot{x} + T\ddot{x} + \dots \tag{10.89}$$

$$\ddot{x} = \ddot{x} + \dots \tag{10.90}$$

따라서 식 (10.87)을 식 (10.88)~(10.90)과 같이 전개하면 다음과 같다.

$$x(n|n-1) = x_s(n-1) + T\dot{x}_s(n-1) + \frac{T^2}{2}\ddot{x}_s(n-1) \tag{10.91}$$

$$\dot{x}(n|n-1) = \dot{x}_s(n-1) + T\ddot{x}_s(n-1) \tag{10.92}$$

$$\ddot{x}(n|n-1) = \ddot{x}_s(n-1) \tag{10.93}$$

이제 위의 식을 $\alpha\beta\gamma$의 계수와 비교하면 다음과 같이 정리할 수 있다.

$$\begin{bmatrix} \alpha \\ \dfrac{\beta}{T} \\ \dfrac{\gamma}{T^2} \end{bmatrix} = \begin{bmatrix} k_1 \\ k_2 \\ k_3 \end{bmatrix} \tag{10.94}$$

추가적으로 공분산 매트릭스의 항들은 필터의 이득계수와 직접 관련이 있다는 것을 식 (10.95)에서 확인할 수 있다.

$$\begin{bmatrix} k_1 \\ k_2 \\ k_3 \end{bmatrix} = \frac{1}{C_{11} + \sigma_v^2} \begin{bmatrix} C_{11} \\ C_{12} \\ C_{13} \end{bmatrix} \tag{10.95}$$

식 (10.95)에서 첫 번째 이득계수는 총 잔유분산에 대한 추정오차 분산과 관련이 있다는 의미이고, 나머지 두 개의 이득계수는 첫 번째 관측 상태와 둘째와 셋째 간의 공분산을 통하여 계산된다는 것을 확인할 수 있다.

CHAPTER 11

영상 레이다

11

영상 레이다

11.1 개요

일반적으로 표적은 4차원의 거리, 방위, 고도, 도플러 해상도로 분해할 수 있다. 레이다 분해능으로 디지털 카메라와 같이 2차원의 픽셀 영상을 얻기 위해서는 높은 거리 해상도와 방위 해상도의 정보가 필요하다. 레이다의 거리/방위 해상도가 매우 높으면 표적을 미세한 픽셀 단위로 나누어 각각의 산란 특성을 모아서 사진과 같은 지표면의 영상 지도를 만들 수 있다. 그림 11.1과 같이 낮은 해상도에서 표적은 점으로 보이지만 고해상도에서는 각 산란 점들의 분포를 이미지로 형성할 수 있다. 거리 해상도는 레이다의 신호 대역폭을 매우 넓게 하면 수 m에서 수 cm 단위로 해상도를 높게 만들 수 있다. 그러나 방위각 해상도는 실제 안테나의 크기 제한 때문에 빔폭을 좁게 만드는 것은 한계가 있다. 그림 11.2(a)와 같이 실제 안테나 빔폭을 이용하여 표적을 보는 레이다를 RAR (*Real Aperture Radar*)라고 하는데, 해상도가 낮아서 점 표적으로 보인다. 지상에서는 물리적으로 안테나를 매우 길게 만들기 어려우므로 안테나를 비행체에 탑재하여 이동하면

(a) 저해상도 레이다

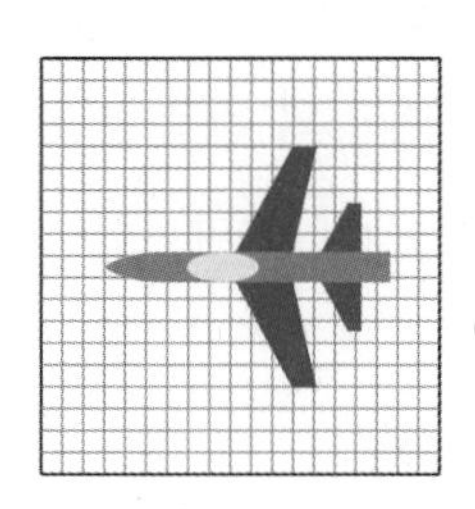
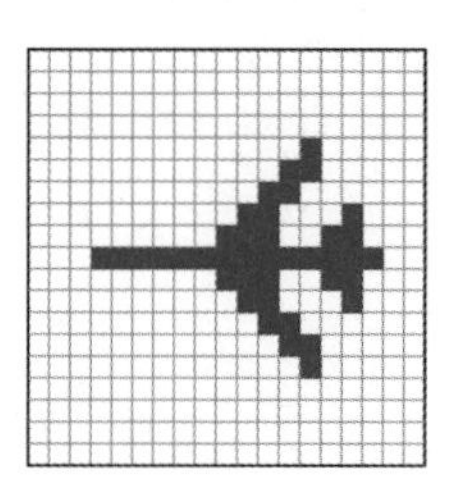

(b) 고해상도 레이다

그림 11.1 레이다의 영상 해상도 개념

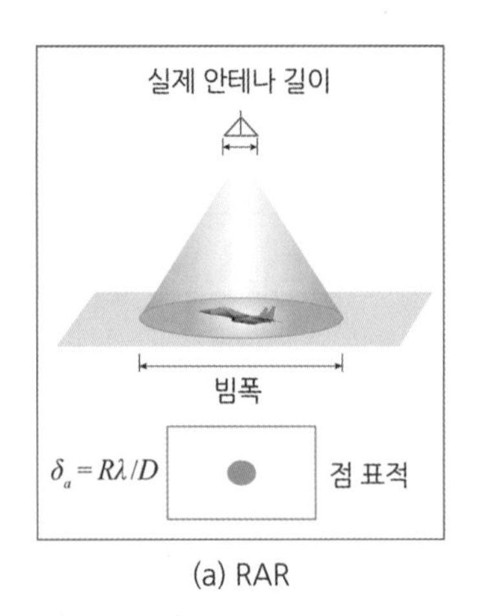

(a) RAR

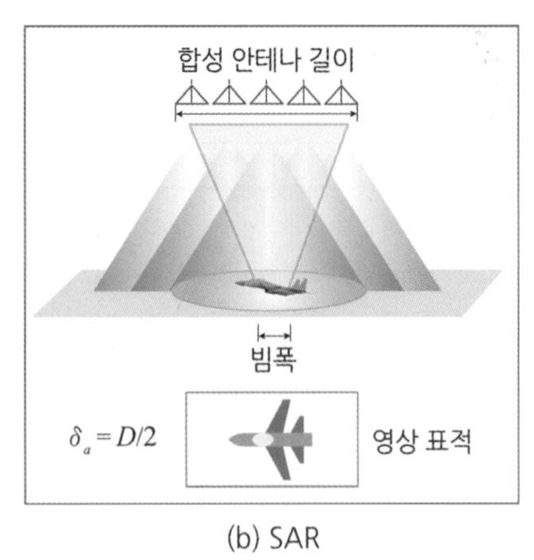

(b) SAR

그림 11.2 RAR과 SAR 비교

서 공간상에 단위 시간 단위로 배열시킨 합성적인 안테나를 만들 수 있다. 그림 11.2(b)와 같이 합성적인 안테나를 이용하여 방위각 해상도를 향상시키는 레이다를 영상 레이다 SAR (*Synthetic Aperture Radar*)라고 하는데, 해상도가 높아서 표적의 형체를 영상으로 볼 수 있다.

11.1.1 영상 레이다 특징

SAR는 사람의 눈으로 물체를 보듯이 전파로 영상 사진을 찍는 장치이므로 전자 눈이라고 할 수 있다. 영상 레이다는 전자파를 이용하는 능동 센서이므로 비, 구름, 안개 등 기상조건이나 주야간, 역광 등 일조현상에 관계없이 전천후로 지표면의 반사 특성을 이용하여 표적 영상을 얻을 수 있다. 반면에 전자 광학 EO (*Electro-Optical*) 카메라는 수동 센서이므로 빛을 이용하여 정밀한 고해상도 영상을 얻을 수 있지만 야간이나 기상에 취약하다. 또한, SAR는 사각관측이 가능하므로 관측범위가 넓고 고해상도 영상을 얻을 수 있지만, EO는 전방 또는 직하 방향으로만 고해상도 관측이 가능하다. 그림 11.3에 SAR 레이다와 광학 카메라의 관측 기하구조와 공항 활주로 지역의 영상을 비교하였다. 표 11.1에는 SAR 레이다와 광학 및 적외선 카메라의 특징을 비교하였다.

11.1.2 SAR 플랫폼

영상 레이다는 레이다를 비행 플랫폼에 탑재하여 고해상도의 지표면 전파 영상을

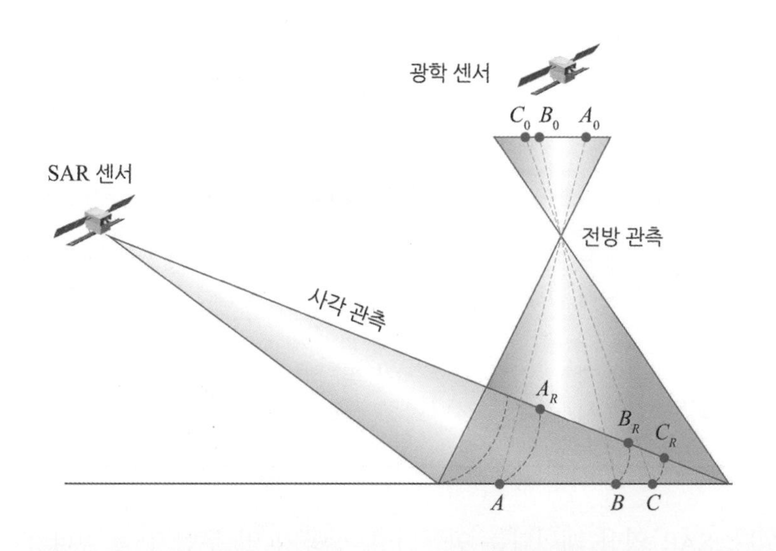

광학 영상

SAR 영상

그림 11.3 SAR 레이다와 광학 카메라 비교

표 11.1 광학 센서와 SAR 센서 비교

	광학 카메라 EO	적외선 카메라 IR	영상 레이다 SAR
원리	태양 반사광 이용	열 적외선 이용	레이다 반사파 이용
장점	주간 관측 가능 고화질, 고해상도 고정표적 탐지 전파 간섭 유리	주야간 관측 가능 열 영상 획득 가능 고정표적 탐지 전파 간섭에 유리	주야간 관측 가능 전천후 관측 가능 은폐물 투과 탐지 가능 이동 표적(GMTI) 영상
단점	야간촬영 불가 기상 변화에 취약	구름 안개 취약 저해상도	저해상도 영상 전파 간섭에 취약

표 11.2 SAR 플랫폼 비교

플랫폼	인공위성	항공기	무인기 드론
고도범위	500 ~ 800 Km	1 ~ 20 Km	1 Km 이하
장점	전 지구 광역 관측 궤도 주기 단위로 관측 수년 장기 비행 국경 침해 문제 없음	광범위 지역 관측 수시 관측 가능 수 시간 비행 제한 국경 비행 제한	국지 협소 관측 수시 관측 가능 수십 분 비행 제한 제한지역 비행 금지
단점	재방문 주기 늦음 수시 관측 제한 시스템 복잡(발사, 지상) 주기적 검 보정	관측 범위 제한 수 시간단위 비행 제한 시스템 단순 (이착륙) 필요시 검 보정	관측 범위 매우 제한 수십 분 단위 비행 제한 시스템 매우 단순 (이착륙) 비행 필요시

얻는 시스템이다. SAR 영상 레이다는 인공위성, 항공기 및 무인기 등의 다양한 플랫폼에 탑재하여 원하는 관심지역을 상시 관측 및 정찰할 수 있다. 레이다를 실을 수 있는 비행 플랫폼의 종류에 따라 인공위성 탑재 SAR, 항공기 탑재 SAR, 무인 항공기 탑재 SAR 등으로 SAR 시스템을 구분할 수 있다. SAR 시스템은 탑재 항공기의 비행고도에 따라 10 ~ 20 km의 고고도와 5 ~ 10 km의 중고도 및 5 km 이하의 저고도로 구분할 수 있다. 인공위성은 대부분 지상 500 ~ 800 km 고도의 저궤도 (Low Earth Orbit) 위성에 SAR를 탑재한다. 무인 항공기 UAV (*Un-manned Aerial Vehicle*)는 항공기와 같이 고고도 장기체공이나 중고도 무인기에 주로 SAR를 탑재한다. 최근 드론 (Drone)과 같은 소형 플랫폼이 등장하면서 SAR 탑재체도 소형 경량으로 미니 SAR 시스템을 탑재하고 있다. 상용이나 과학기술 위성에 탑재하는 SAR의 해상도는 보통 수 m에서 수십 m 정도로 낮지만, 군사 정찰용 SAR는 표적 식별을 위해서 1 m 이하 수십 cm 급으로 고해상도로 운용하고 있다.

11.1.3 SAR 발전 역사

SAR 기술은 1951년 Carl Wiley가 DBS (*Doppler Beam Sharpening*)라는 초기 SAR 개념의 방위 해상도 향상 원리를 발명한 이래 50여 년 동안 많은 발전을 하였다. 1978년 미국 최초의 SAR 위성인 SEASAT을 시작으로, NASA의 우주왕복선 SIR-A/B/C/X와 2000년 SRTM (*Shuttle Radar Tomography Mission*)에 이르기까지 많은 위성 SAR 영상을 획득하였다. 유럽 우주국 (ESA)의 ERS-1/2, ENVISAT, 캐나다 우주국 (CSA)의

표 11.3 국제적인 SAR 위성 현황

개발국	위성	발사시기	주파수	해상도 (m)	관측폭 (km)	편파	고도 (km)
유럽	ERS-1	1991. 7	C band	30	5 ~ 100	VV	785
	ERS-2	1995. 4	C band	30	5 ~ 100	VV	785
	ENVISAT	2002. 3	C band	30 ~ 1000	100 ~ 400	Full	800
일본	JERS-1	1992. 2	L band	18	75	HH	568
	ALOS	2006. 1	L band	7 ~ 100	20 ~ 350	Full	692
캐나다	Radarsat-1	1995. 11	C band	8 ~ 100	50 ~ 500	HH	798
	Radarsat-2	2007. 12	C band	3 ~ 100	20 ~ 500	Full	798
독일	SAR-Lupe	2006. 12(1st) 2007. 7(2nd) 2007. 11(3rd) 2008. 3(4th) 2008. 7(5th)	X band	0.5, 1	5.5, 8	Single	500
	Terra SAR-X	2007. 6	X band	1, 3, 16	5 ~ 150	Full	514
이탈리아	Cosmo SkyMed	2007. 6(1st) 2007. 12(2nd) 2008. 10(3rd) 2009. 10(4th)	X band	1, 3, ~ 100	10 ~ 200	Full	619
이스라엘	TecSAR	2008. 1	X band	1, ≤3, 8	5 ~ 51	HH, VV, HV, VH	550
인도	RISAT	2009	C band	3 ~ 50	30 ~ 240	Dual	608
한국	KOMPSAT-5	2013. 8	X band	1 ~ 20	5 ~ 100	Quad	550

RADARSAT-1, 일본 우주국 (JAXA)의 JERS-1 등은 1990년대의 대표적인 SAR 과학 및 환경 탐사 위성이다. 특히 2000년대 들어 유럽 여러 국가에서는 독일의 Terra SAR-X, SAR-Lupe, 이스라엘의 TecSAR, 이탈리아의 Cosmo Skymed 등 소형 경량의 군용 및 민수용의 저궤도·고해상도 원격탐사 위성을 경쟁적으로 개발하였다. 우리나라에서는 최초로 인공위성에 SAR 영상 레이다를 탑재한 아리랑 위성 5호 (다목적 실용 위성)를 2013년 8월에 발사하여 운용하고 있다. 국제적인 SAR 위성 현황은 표 11.3에 정리하였다.

SAR 영상은 최근 지구 온난화와 기상 이변으로 인한 극지방 빙하 소실, 홍수, 가뭄, 산불 관측은 물론 화산 폭발, 지진 피해, 기름 유출 등과 같은 자연재해 및 환경 감시 분야에 필수적인 관측 수단이 되고 있다. 특히 최근 초고해상도의 표적 영상 형성과 표적 식별기술이 발전함에 따라 군사 목적으로 국경 감시나 군사시설 및 테러 위협에 대한 필수적인 감시정찰 수단으로서 활용도가 높아지고 있다.

11.2 레이다 해상도

11.2.1 해상도 분류

레이다 표적은 거리, 방위, 고도, 도플러 등의 4차원의 해상도로 나눌 수 있다. 거리 해상도는 송신 압축 펄스폭과 관계되지만 방위각 및 고도각 분해능은 안테나의 길이와 연관되어 있다. 도플러 분해능은 펄스 누적 시간의 함수로 주어진다. 표적에 대한 2차원 레이다 영상을 얻기 위해 필요한 픽셀 정보는 거리 해상도와 방위 해상도이다.

(1) 거리 해상도

거리 해상도는 송신 파형의 압축 펄스폭과 대역폭 및 자기상관 함수로 식 (11.1)과 같이 주어진다.

$$\begin{aligned} \Delta R &\approx c\tau_c/2 \approx c/2B \\ \Delta R &\approx c\tau_A/2 \end{aligned} \tag{11.1}$$

여기서 ΔR은 거리 해상도, τ_c는 압축 펄스폭, τ_A는 자기상관 함수의 폭, B는 파형의 정합 대역폭이다. 파형의 특성은 모호성 함수로 주어진다. 거리 해상도를 향상시키면서 동시에 송신 에너지를 높여주는 펄스 압축 방법을 이용한다. 파형을 송신할 때는 펄스폭을 확장하여 파형 코드를 삽입하고 수신할 때는 원래의 기준 펄스폭으로 압축하기 위하여 기준 파형 코드를 이용하여 정합 필터를 사용한다.

(2) 방위 해상도

방위 해상도는 거리와 수직 방향을 의미하므로 Cross-Range Resolution이라고 한다. 방위 해상도는 안테나 빔폭의 함수로 식 (11.2)와 같이 주어진다.

$$\begin{aligned} \Delta X &\approx R\theta_{3\mathrm{dB}} \ \text{(radian)} \\ \Delta X &\approx R\theta_{3\mathrm{dB}}(\pi/180) \ \text{(degree)} \end{aligned} \tag{11.2}$$

여기서 ΔX는 방위 해상도 (m), R은 레이다로부터 표적까지의 거리, $\theta_{3\mathrm{dB}}$는 방위 방향의

3 dB 빔폭이다. 방위 해상도를 향상시키는 방법은 큰 안테나를 사용하여 빔폭을 좁게 만드는 것이다. 물리적으로 매우 큰 안테나는 만들기 어려우므로 작은 안테나를 여러 지점에 배열하여 전체적으로 큰 안테나와 같은 효과를 만들 수 있는데, 이를 합성 안테나(Synthetic Antenna or Synthetic Aperture)라고 한다.

(3) 도플러 해상도

도플러 해상도는 레이다 표적 신호를 수집하는 지속 시간의 함수로 식 (11.3)과 같이 주어진다.

$$f_d \approx 1/T_D \tag{11.3}$$

여기서 f_d는 도플러 해상도이고 T_D는 데이터 수집 시간으로 지속 시간에 해당한다.

지속 시간은 샘플 주기와 펄스 수의 곱으로 식 (11.4)와 같이 주어진다.

$$T_D \approx N_L/f_s \tag{11.4}$$

여기서 N_L은 지속 시간 동안 샘플 수, f_s는 샘플링 주파수로서 펄스 레이다에서는 PRF에 해당한다.

11.2.2 방위 해상도 향상

(1) 방위 해상도 원리

레이다 영상의 2차원 픽셀의 구성 단위는 거리 해상도와 방위 해상도이다. 앞에서 설명한 대로 거리 해상도는 펄스의 대역폭을 넓게 하면 높일 수 있지만 방위 해상도를 좋게 하는 것은 간단하지 않다. 이론적으로 방위 해상도는 안테나 빔폭을 좁게 만들어 향상시킬 수 있는데, 실제 안테나 길이를 길게 만들면 방위 빔폭은 좁아지는 효과가 있지만 물리적으로 안테나의 길이를 무한히 크게 만드는 것은 불가능하다. 그러나 작은 실제 안테나를 일정한 간격으로 배열시키면 전체 안테나의 길이가 긴 것과 동일한 효과를 얻을 수 있다. 이와 유사한 방식으로 비행체에 탑재된 작은 안테나를 이용하여 실제로 안테나를 이동시키면서 합성적으로 일정한 간격의 긴 안테나 배열을 만들면 동일한 효과를 얻을 수 있다. 이와 같이 물리적이든 합성적이든 전체 안테나 길이를 길게 만들면 빔폭이 좁아져서 방위각 해상도를 높일 수 있다. 실제 안테나와 합성 안테나의 방위각 해상도와 안테나의 길이와의 관계식은 각각 식 (11.5), (11.6)과 같다.

$$\Delta X_R \approx R\lambda / D_{eff} \text{ (radian)} \tag{11.5}$$

$$\Delta X_S \approx R\lambda / 2L_{eff} \text{ (radian)} \tag{11.6}$$

여기서 ΔX_R은 실제 안테나의 방위각 해상도, ΔX_S는 합성 안테나의 방위각 해상도, R은 표적과 레이다 간의 거리, D_{eff}는 실제 안테나의 유효 길이, L_{eff}는 합성 안테나의 유효 길이, λ는 파장이다.

방위 해상도를 향상시키는 대표적인 방법으로는 1) 도플러 빔 내의 해상도를 찾을 수 있는 DBS 기법, 2) 측면 관측 영상 레이다 SAR 기법, 3) 역 영상 레이다 ISAR 기법 등 3가지가 있다. 방위각 해상도를 높이기 위하여 합성 안테나를 구현하는 방법으로서 표적이 고정되고 레이다와 안테나가 이동하여 배열을 만드는 방법을 영상 레이다 (SAR) 기법이라고 하며, 이와 반대로 레이다가 고정되고 표적이 회전하면서 방위 해상도를 향상시키는 방법을 역 영상 레이다 (ISAR)라고 한다.

(2) DBS 기법

도플러 빔 분해 DBS (*Doppler Beam Sharpening*) 기법은 초기의 영상 레이다 (SAR) 개념으로서, 각도 해상도를 향상시키기 위하여 도플러 필터를 이용하는 기법이다. 이동 비행체에서 바라보는 표적에 대하여 주어진 방위 빔폭 내의 일정한 거리 셀에 존재하는 다수의 표적에 대한 각각의 도플러 변이를 측정함으로써 방위 해상도를 얻는 방법이다. 그림 11.4와 같이 비행 방향을 기준으로 일정한 방위 방향의 각도를 유지하고 있는 다수의 표적이 존재한다고 가정한다. 여기서 표적과 비행체 속도와 이루는 각도에 의하여 결정되는 고유한 도플러 변이 성분이 인접 표적의 도플러 성분과 충분히 구별될 수 있다면 동일한 방위각 빔폭 내에 다수의 표적이 존재하더라도 분해할 수 있다.

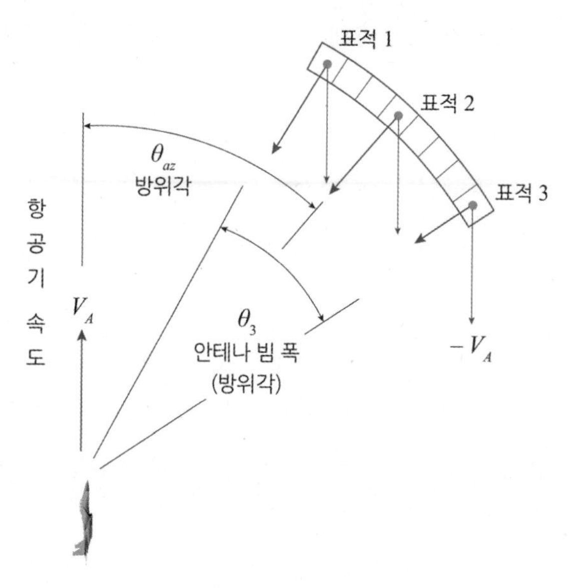

그림 11.4 DBS 개념

(3) SAR 기법

SAR 기법은 방위 방향의 안테나 빔폭을 합성적으로 좁게 만들어 방위 해상도를 향상시킬 수 있는 방법이다. 실제 하나의 안테나의 빔폭은 그림 11.5(a)와 같이 넓은데 반하여, 작은 안테나를 순차적으로 다수의 배열 지점을 형성하면 그림 11.5(b)와 같이 긴 합성 안테나의 효과를 얻게 되어 빔폭은 좁아진다. 그러나 물리적으로 안테나의 길이를 매우 길게 만드는 데는 한계가 있으므로 비행체를 이용하여 안테나를 이동시키면서 합성적으로 일정한 간격의 긴 안테나 배열을 만들면 동일한 효과를 얻을 수 있다. 이와

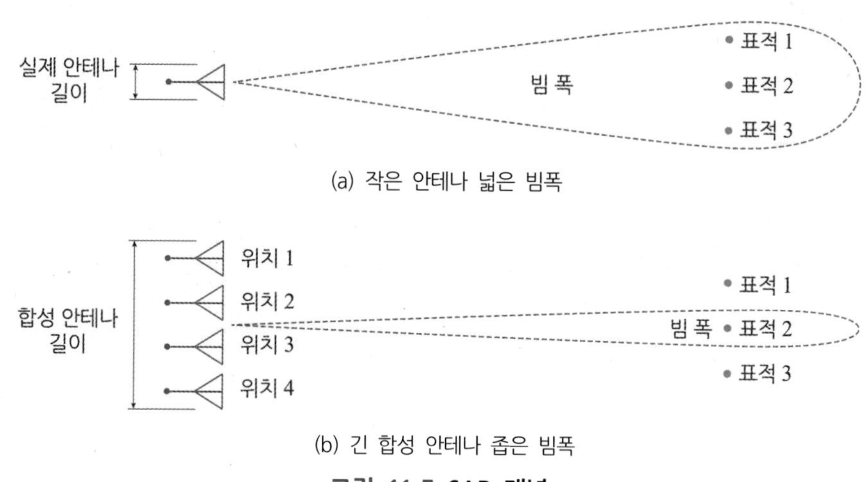

그림 11.5 SAR 개념

같은 방법으로 전체 안테나 길이를 길게 만들어 좁은 빔폭의 방위각 해상도를 높일 수 있는 기법을 이용하면 표적의 영상을 얻을 수 있다.

(4) ISAR 기법

레이다가 고정된 위치에서 그림 11.6과 같이 회전하는 표적을 관측하는 경우에 안테나의 각도 해상도 셀 내에 위치하는 서로 다른 산란점으로부터 들어오는 차별적인 도플러 변이를 이용하여 방위각 해상도를 향상시키는 기법이다. 산란체의 방위각 위치는 표적이 회전함에 따라 발생하는 도플러 위상을 관측함으로써 얻어진다. ISAR 기법은 주로 전술 표적을 식별하기 위하여 전투기, 함정, 지상 레이다에서 이용하며 또한 표적의 산란점 위치를 분석하는 데 활용한다.

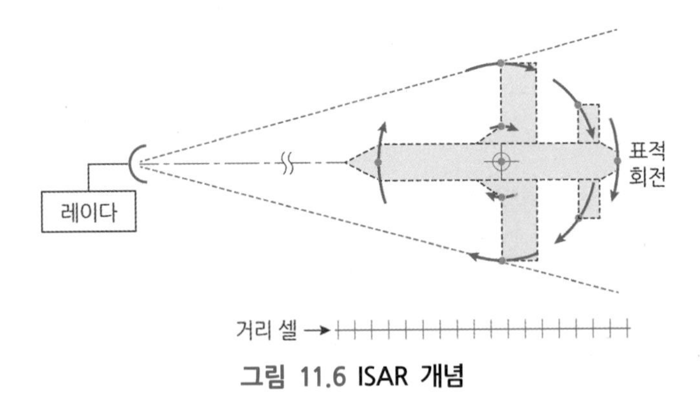

그림 11.6 ISAR 개념

11.3 도플러 빔 분해

11.3.1 DBS 원리

도플러 빔 분해 DBS (*Doppler Beam Sharpening*) 기법은 초기의 영상 레이다 (SAR) 개념으로서, 각도 해상도를 향상시키기 위하여 도플러 필터를 이용하는 기법이다. DBS에서는 표적이 레이다로부터 같은 방향으로 같은 속도로 이동하는 경우에 효과적이다. 특히 항공기 탑재 레이다로부터 지상의 지도 영상의 해상도를 향상시키는 데 매우 유용하다. 도플러 빔 분해 기법의 원리를 이해하기 위하여 앞에서 설명한 그림 11.4와 같이 동일 빔폭 내에 3개의 표적이 동일 거리 셀에 동시에 존재하는 경우를 가정한다. 일반 레이다에서는 3개의 표적이 하나의 점 표적으로 분해되지 않지만 도플러 빔 분해 기법을 이용하면 3개의 표적을 구분할 수 있다.

설계 예제

항공기 탑재 레이다 안테나의 방위 빔폭이 2도이고 항공기 진행 방향으로부터 오른쪽으로 15도 각도에 있는 지표면에 3개의 표적이 존재한다고 가정한다. 지표면은 항공기로부터 10 km 거리에 있고, 항공기는 400 kt (205.78 m) 속도이고 송신 주파수는 10 GHz라고 가정한다. DBS 방법으로 지표면의 표적을 분리하여 탐지해보자.

(1) 일반 레이다에서는 방위각 방향의 해상도는 350 m 정도가 된다. 그러나 DBS 기법에서는 3개 표적에 대한 방위 각도 차이가 존재하므로 도플러 속도 성분이 각도 차이만큼 다르게 나타난다.
(2) 따라서 도플러 속도 성분은 $f_d = (2v_t/\lambda)\cos\phi$로 주어지므로 표 11.4와 같이 표적의 각도 차이에 따라서 도플러 속도가 다르게 나타나는 것을 알 수 있다. 여기에서 표적 간의 도플러 변이의 차이는 45 Hz와 63 Hz이므로 충분한 도플러 스펙트럼 차이가 있다면 쉽게 표적을 구분할 수 있음을 알 수 있다.
(3) 그림 11.4에서 보는 바와 같이 2도의 빔폭 내에 0.24도 간격으로 8개의 셀로 나눌 수 있다. 인접 셀 간의 각도가 0.25도이므로 도플러 변이는 15 Hz 차이가 나며 속도 분해능으로 보면 0.22 m/s가 나타남을 알 수 있다.
(4) 결과적인 도플러 분해능은 그림 11.7과 같다. 여기에서 15 Hz의 도플러 분해능을 얻기 위하여 펄스 누적에 필요한 지속 시간은 67 ms로 주어진다.

결국 도플러 빔 분해 능력은 도플러 변이가 각도 변이로 나타난다. 레이다로 지면 도로 위에서 이동하는 표적을 보면 이동 표적의 도플러 변이는 방위 각도의 변이로 나타날 것이다. 이런 경우에 실제 위치와 다른 곳에 이동 물체가 나타날 수가 있는데, 이는 속도에 따라 전시되기 때문이다. 그러나 충분히 높은 해상도를 가지면 이동 물체의 속도는 바라보는 지형에 맞게 전시될 수 있다.

표 11.4 DBS 표적 분해능 계산

표적번호	각도 ϕ	속도	도플러 변이
1	14.125	199.55 m/s	13,303.9 Hz
2	14.875	198.88 m/s	13,258.9 Hz
3	15.875	197.93 m/s	13,195.4 Hz

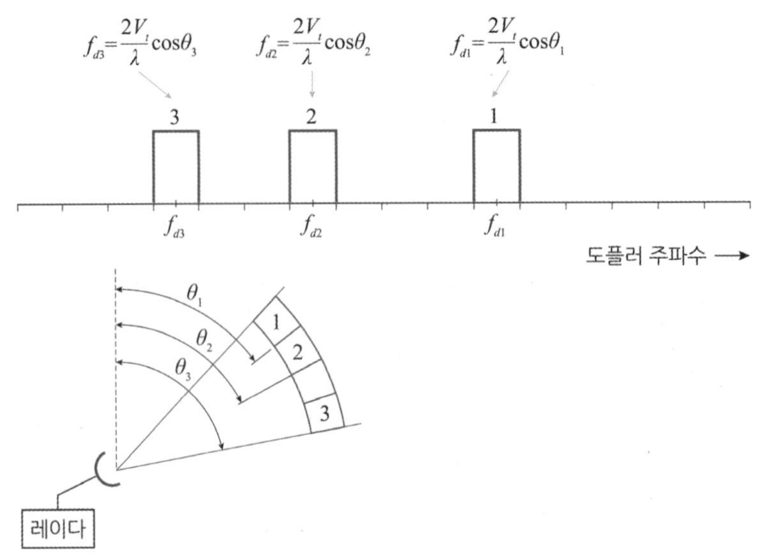

그림 11.7 DBS 도플러 스펙트럼 분해능

11.3.2 DBS 영상 처리

요구되는 도플러 해상도는 레이다의 지상 추적 범위인 방위 각도에 따라 달라진다. 즉, 항공기 이동 방향에서 바라보는 각도가 0도에 가까워지면 도플러 속도는 최대가 되는 반면 바라보는 시간은 무한대가 된다. 90도가 되면 도플러는 제로가 되므로 도플러 해상도는 바라보는 각도에 비례하지 않는다. 따라서 실제적으로 DBS에서는 표적을 바라보는 각도 범위를 5도에서 60도로 둔다. DBS 신호 분석에 필요한 수식으로서 DBS 셀의 각도 폭은 식 (11.7)과 같다.

$$\Delta\theta = \theta_{3dB}/N_X \tag{11.7}$$

여기서 $\Delta\theta$는 각 DBS 셀의 각도 폭, N_X는 빔폭 내에 있는 DBS 해상도 셀의 전체 개수이다. 비행 방향에 가장 가까운 빔의 가장자리로부터 n번째 셀의 각도 위치는 식 (11.8)로 주어진다.

$$\theta_n = \theta_0 - \theta_{3dB}/2 + n\Delta\theta + \Delta\theta/2 \tag{11.8}$$

n번째 셀의 표적의 광선 속도는 식 (11.9)로 주어진다.

$$v_{Rn} = V_A \cos\theta_n \cos\theta_H \tag{11.9}$$

여기서 V_A는 항공기의 속도, θ_H는 안테나가 수평으로부터 기울인 각도이다.

n번째 셀의 표적의 도플러 주파수는 식 (11.10)과 같다.

$$f_{dn} = 2v_{Rn}/\lambda \tag{11.10}$$

인접 셀의 표적을 분리하기 위하여 요구되는 도플러 해상도는 식 (11.11)로 주어진다.

$$\Delta f_X = f_{d1} - f_{d2} \tag{11.11}$$

도플러 해상도를 얻기 위하여 요구되는 지속 시간은 식 (11.12)와 같다.

$$T_d \approx 1/\Delta f_X \tag{11.12}$$

DBS 처리 후에 얻어지는 방위각 해상도와 지속 시간 동안 레이다가 이동한 거리는 식 (11.13)과 (11.14)로 주어진다. 여기서 $\Delta\theta$는 degree 각도이다.

$$\Delta X_{DBS} \approx \Delta\theta(\pi/180)R \tag{11.13}$$

$$R_{Td} \approx V_A T_D \tag{11.14}$$

마지막으로 FFT 알고리즘을 처리하는 데 필요한 펄스 수는 2의 지수 값으로 주어지며 식 (11.15)와 같다.

$$N_p = PRF\ T_D \tag{11.15}$$

DBS에서 지표면의 영상은 레이다가 이동하면서 안테나의 스캔에 의하여 얻어지는데 한 펄스가 DBS에서 만들어내는 기하구조는 그림 11.8과 같다. 그림에서 보는 바와 같이 빔의 조사면 족적은 거리 셀로 나누어지며 이들 거리 셀은 송신 펄스에 맞추어지는 것이 아니라 표적의 지면 기준으로 맞추어져야 한다. 이렇게 몇 개의 펄스가 모아진 후에 각 거리 셀에 대하여 스펙트럼 분석이 이루어진다.

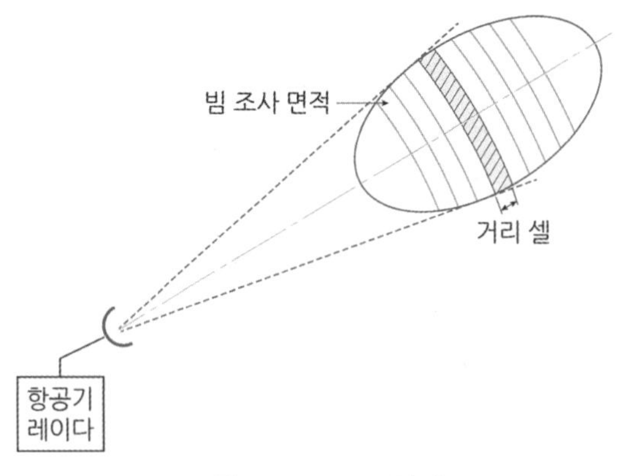

그림 11.8 DBS 처리

11.4 SAR 원리

11.4.1 합성 빔 개념

레이다의 거리 및 방위 해상도가 매우 높은 고해상도의 레이다를 비행체에 탑재하여 비행 방향으로부터 직각 방향의 측면을 관측함으로써 레이다 영상을 얻을 수 있는데, 이러한 레이다를 '측면 관측 SAR (Side-Looking SAR)'이라고 한다. 측면 관측 SAR를 중심으로 레이다의 방위각 방향 해상도를 높이기 위하여 사용하는 합성 빔 방식의 원리를 살펴본다. 실제 배열 안테나의 빔 패턴과 합성 배열 안테나의 빔 합성의 차이는 그림 11.9에서 알 수 있다.

실제 배열 안테나에서는 모든 배열 소자로부터 들어오는 신호가 동시에 합해져서 안테나 위상의 합이 안테나 빔 패턴이 되며 식 (11.16)과 같다.

$$v_{RE} = [\sum_{n=1}^{N} A_n \exp(-j2\pi d_n/\lambda)]^2 \tag{11.16}$$

여기서 A_n은 n번째 소자의 진폭 응답, d_n은 표적으로부터 n번째 소자까지의 거리, N은 전체 안테나 소자의 수이다.

이와 달리 합성 빔의 경우에는 실제 배열 소자처럼 동시에 신호가 들어오지 않고 비행체가 이동하면서 배열 위치에 따라 순차적으로 신호가 들어오게 된다. 따라서 각

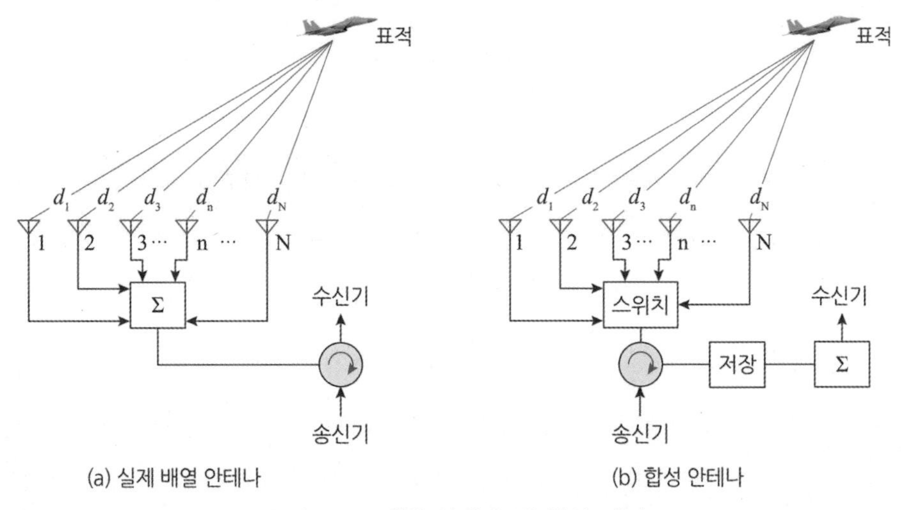

그림 11.9 배열 안테나 빔 합성 개념

배열 위치의 신호값을 저장하여 두었다가 모든 배열이 형성된 후에 최종적으로 합성된 배열 합을 얻을 수 있다. 이 경우에는 표적 신호는 하나의 배열 위치에서 하나의 배열 소자에 의해 신호를 받게 된다. 따라서 합성 빔 안테나의 경우의 빔 패턴은 식 (11.17)과 같이 표현할 수 있다.

$$v_{SY} = \sum_{n=1}^{N} [A_n \exp(-j2\pi d_n/\lambda)]^2 \tag{11.17}$$

실제 배열 안테나와 합성 배열 안테나의 양방향 빔 패턴을 비교하면 그림 11.10과 같다. 두 개의 배열 안테나의 길이가 같을 경우에 빔폭을 비교하면 그림에서 보이는 바와 같이 합성 배열 빔폭이 실제 배열 빔폭에 비하여 반으로 좁아지는 반면 부엽은 높아지는 것을 알 수 있다. 이론적으로 실제 배열 안테나의 빔폭은 식 (11.18)과 같이 주어진다.

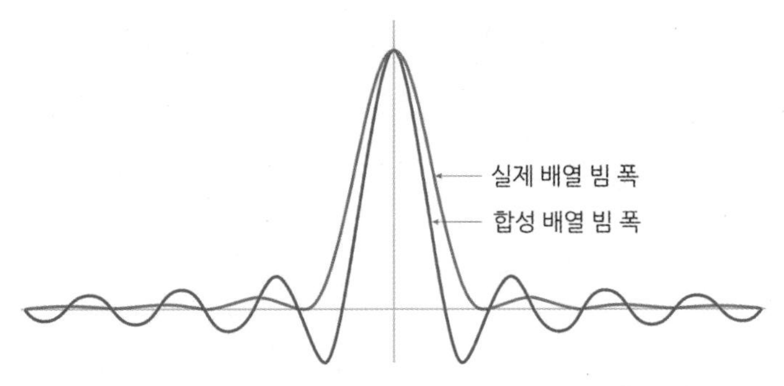

그림 11.10 실제 배열 안테나와 합성 안테나 빔폭 비교

$$\theta_{3R} = \lambda / D_{eff} \tag{11.18}$$

여기서 θ_{3R}은 실제 배열 안테나의 빔폭이며 D_{eff}는 실제 배열 안테나의 길이다. 그러나 합성 배열 안테나의 빔폭은 식 (11.19)와 같이 두 배의 합성 배열 안테나의 길이의 함수로 주어지므로 빔폭이 반으로 좁아진다.

$$\theta_{3R} = \lambda / 2L_{eff} \tag{11.19}$$

여기서 θ_{3R}은 합성 배열 안테나의 빔폭이며 L_{eff}는 합성 배열 안테나의 유효 길이다. 전체 합성 배열 길이가 실제 배열의 길이보다 2배로 작용하는 이유는 합성 배열이 실제 배열의 경우보다 송신과 수신의 양방향을 고려하면 2배로 나타나는 현상을 고려한 것이다.

11.4.2 합성 빔 해상도

SAR 영상 레이다에서 합성 안테나의 유효 길이는 그림 11.11과 같이 반사 신호가 빔 내에 있는 동안 탑재 레이다가 이동한 거리에 해당한다. 이는 실제 안테나에서 방위각 해상도와 같은 길이에 해당한다. 실제 안테나의 빔폭이 좁은 경우에는 식 (11.20)과 같이 주어진다.

$$\Delta X_R = L_{eff} = R\theta_{3R} = R\lambda / D_{eff} \tag{11.20}$$

여기서 ΔX_{3R}은 거리 R 떨어진 지점에서 실제 배열 안테나의 방위각 해상도이다. 반면에 동일한 거리 R에서 합성 배열 안테나의 방위각 해상도는 식 (11.21)로 주어진다.

$$\Delta X_S \approx R\theta_{3s} \approx \lambda R / 2L_{eff} \tag{11.21}$$

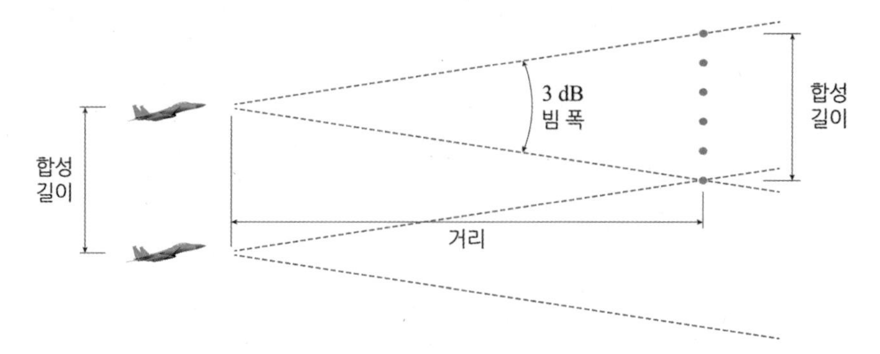

그림 11.11 SAR 합성 빔의 개념

합성 배열 안테나의 해상도는 식 (11.20)에서 주어진 L_{eff}를 식 (11.21)에 대입하여 정리하면 식 (11.22)와 같다.

$$\Delta X_S \approx (\lambda R/2)(D_{eff}/R\lambda) = D_{eff}/2 \qquad (11.22)$$

위 식에서 본 바와 같이 합성 배열 안테나의 방위각 해상도는 이론적으로 레이다의 거리나 파장에 관계없이 오직 실제 배열 안테나의 길이의 함수로 주어진다는 특징이 있다. 이는 이론적으로 영상 레이다의 해상도 성능에 매우 중요한 의미를 갖는다.

첫째, 일반 배열 안테나를 갖는 레이다는 그림 11.12와 같이 거리에 따라서 방위각 해상도가 비례적으로 낮아진다. 그러나 영상 레이다 안테나의 합성 길이는 거리에 선형적인 비례관계인 반면 방위각 해상도는 거리의 함수가 아니므로 거리가 아무리 멀어도 안테나의 빔이 퍼지지 않고 오히려 합성 안테나의 길이가 커지므로 방위각 해상도가 오히려 좋아진다는 역설적인 이론적 근거가 여기에 있다.

둘째, 영상 레이다의 방위각 해상도와 합성 안테나의 빔폭은 파장의 함수가 아니다. 비록 합성 안테나의 빔폭은 긴 파장에서 더 넓어지는데 이는 실제 안테나의 빔폭이 긴 파장에서 넓어지기 때문이다. 합성 안테나는 짧은 파장보다는 긴 파장에서 더 길어지기 때문에 합성 빔폭이 넓어지는 것을 상쇄하는 효과를 가져온다.

셋째, 합성 빔 해상도는 실제 안테나의 크기가 작을수록 더욱 좋아진다. 이러한 현상은 실제 안테나의 길이가 작을수록 빔폭이 넓어지므로 합성 안테나의 길이가 넓어진다. 그러나 안테나가 너무 작아지면 안테나 이득이 낮아지고 결과적으로 영상의 신호대 잡음비가 나빠지므로 탐지 거리를 고려하여 충분한 이득과 해상도를 고려해야 한다.

이상적인 SAR 영상 레이다에서 합성 안테나의 유효 길이는 각 반사점이 레이다로부터 동일한 거리에 있는 경우를 가정한 것이다. 그러나 실제 합성 안테나의 유효 길이

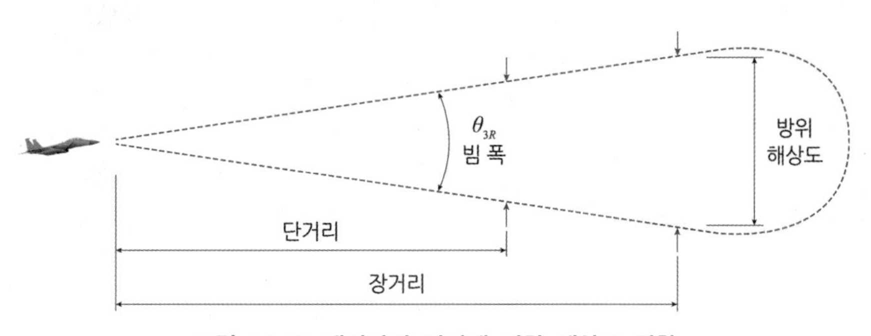

그림 11.12 레이다의 거리에 의한 해상도 영향

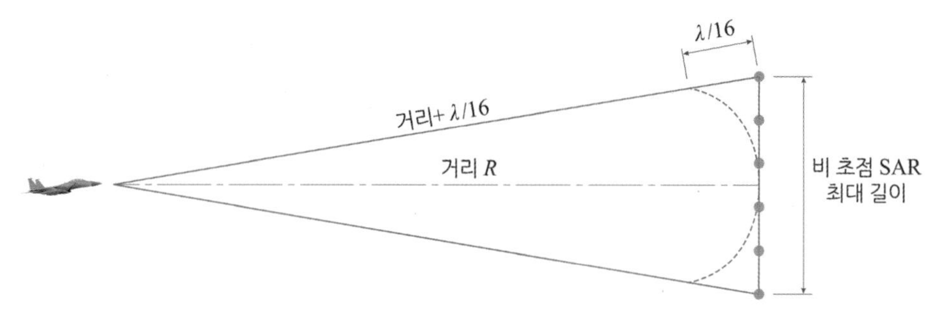

그림 11.13 SAR 합성 안테나의 Un-Focused 영향

는 그림 11.13과 같이 반사점은 중심 초점으로부터 멀어질수록 조금씩 거리가 길어지므로 모든 반사점이 동일한 거리에 위치하지 않는다. 이 경우에 중심 초점에 맞지 않게 Un-Focused 처리를 한다면 모든 반사점은 합성 안테나의 원 전계 (Far Field) 내에 위치하게 되며, 결과적으로 합성 안테나의 길이는 식 (11.23)과 같이 원 전계 유효 범위의 길이 함수로 주어진다.

$$L_{eff}^2 < \lambda R/2 \tag{11.23}$$

이 경우 합성 배열 빔의 방위 해상도를 구하기 위하여 식 (11.23)을 (11.21)에 대입하여 정리하면 다음 식 (11.24)와 같이 Un-Focused SAR의 최대 방위 해상도를 구할 수 있다.

$$\Delta X_{S(U)} \approx (\lambda R/2)(2/\lambda R)^{1/2} = (R\lambda/2)^{1/2} \tag{11.24}$$

즉 초점이 맞지 않은 경우의 SAR 방위 해상도는 거리와 파장의 함수로 주어지므로 이상적인 SAR의 해상도보다 레이다 파라미터의 영향을 많이 받게 된다. 따라서 모든 SAR 영상 처리는 중심 반사점을 중심으로 초점을 맞추는 후속 처리를 해주어야 한다.

11.4.3 측면 관측 SAR

일반적인 SAR는 전방으로부터 직각 방향의 측면을 관측함으로써 레이다 영상을 얻는 '측면 관측 SAR (Side-Looking SAR)'이다. 측면 관측 SAR는 그림 11.14와 같이 플랫폼의 고도가 h이고 속도가 v인 영상 레이다가 3차원 공간에서 지상의 측면을 바라보면서 지상과 직각 방향으로 비행한다고 가정한다. 안테나의 3 dB 빔폭이 θ이고 안테나

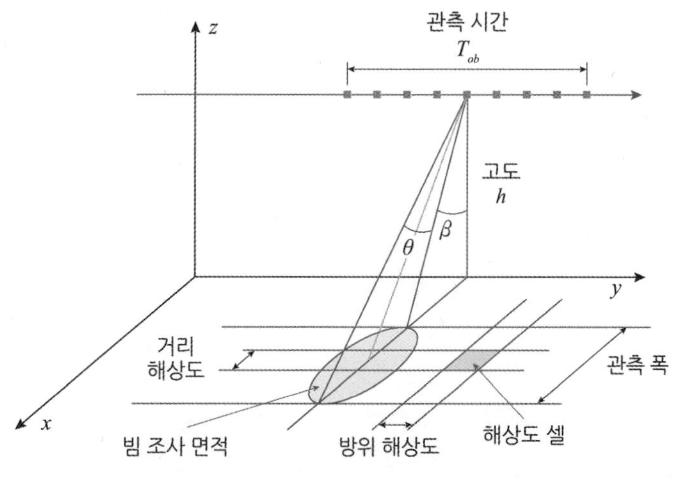

그림 11.14 측면 관측 SAR 기하구조

축으로부터 고도 각도가 β라고 하면 안테나 빔폭이 지면에 부딪치는 면적을 풋프린트(Footprint)라 하고 이러한 빔폭의 면적이 전체 관측 지역을 스캔하면서 지나간다. 이 경우에 관측 구역은 가시거리 $|\vec{R}(t_c)|$의 중심 시간 t_c로부터 양쪽에 위치하므로 관측 간격을 T_{ob}라고 하면 관측 시간은 $-T_{ob}/2 \le t \le T_{ob}/2$ 범위 내에 있다. SAR에서 지상 관측 폭까지의 경사거리는 그림 11.15와 같이 관측 빔폭에 의하여 근거리와 원거리를 식 (11.25)와 같이 표현할 수 있다.

$$
\begin{aligned}
R_{\min} &= h/\cos(\beta - \theta/2) \\
R_{\max} &= h/\cos(\beta + \theta/2) \qquad (11.25) \\
|\vec{R}(t_c)| &= h/\cos\beta
\end{aligned}
$$

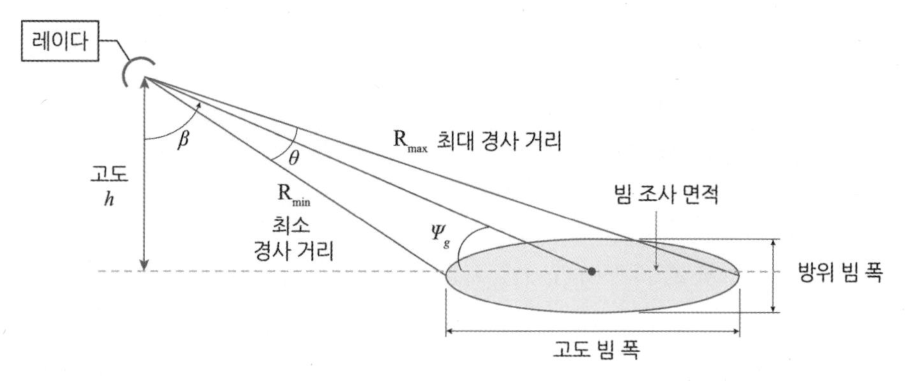

그림 11.15 측면 관측 최소 및 최대 거리

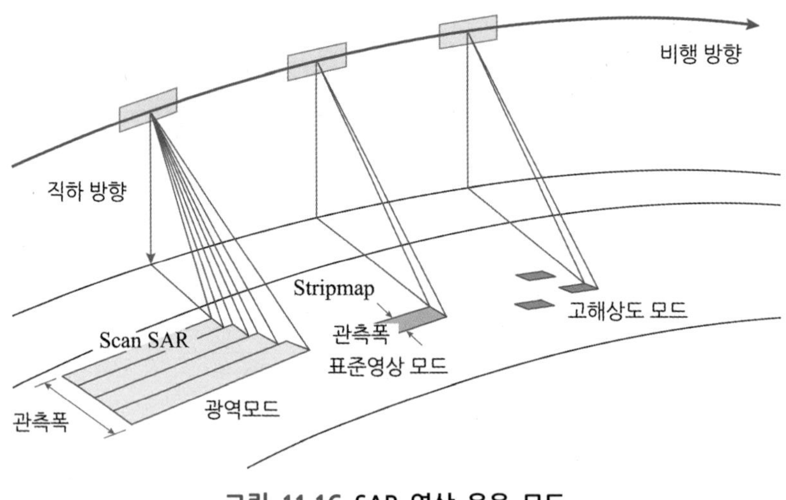

그림 11.16 SAR 영상 운용 모드

기하구조에서 고도 각도는 $\beta = 90 - \psi_g$로 주어지며 ψ_g는 앙각이다.

지면에서 빔폭의 면적 (Footprint)은 지면에서 레이다를 바라보는 앙각과 안테나 빔폭에 의하여 결정된다. SAR 영상 레이다는 빔폭의 운용 형태에 따라 그림 11.16과 같이 다양한 영상 모드가 있다. SAR 레이다가 이동하면서 측면으로 바라보는 지면의 영상을 마치 좁고 긴 띠처럼 연속적으로 얻는 경우를 '스트립 모드 (Strip Mode)'라고 하며 '표준 영상 모드'로 사용한다. 이 모드에서는 약 수십 km의 지면 영상을 방위 방향으로 연속적으로 얻을 수 있으며 해상도는 중간 정도이다. 이와 달리 특별히 좁은 관심 구역을 고해상도로 세밀하게 관측하고자 할 경우에는 해당 관심 구역만 일정한 시간 동안 안테나 빔을 조향하여 지속적으로 조사함으로써 고해상도의 영상을 얻을 수 있는데, 이를 '스폿 모드 (Spotlight Mode)'라고 한다. 또한 수백 km의 광범위한 지역의 영상을 사각으로 스캔하면서 영상을 얻을 수 있는 방법을 '스캔 모드 (Scan Mode)'라고 하며 이 경우 상대적인 해상도는 낮아진다.

11.4.4 전방 관측 SAR

비행체에서 비행 방향과 근접한 전방의 지역을 관측하고자 할 경우의 사각 (Squint) 기하구조를 특별히 '전방 관측 SAR (Forward-Looking SAR)'이라고 한다. 이 경우에는 이상적인 직각 측면 관측의 경우에 비하여 방위 해상도 성능이 떨어지고 각도 변화에 대한 보정을 해주어야 한다. 이 경우에는 안테나 빔이 직각 방향보다 비행 방향 앞쪽으로

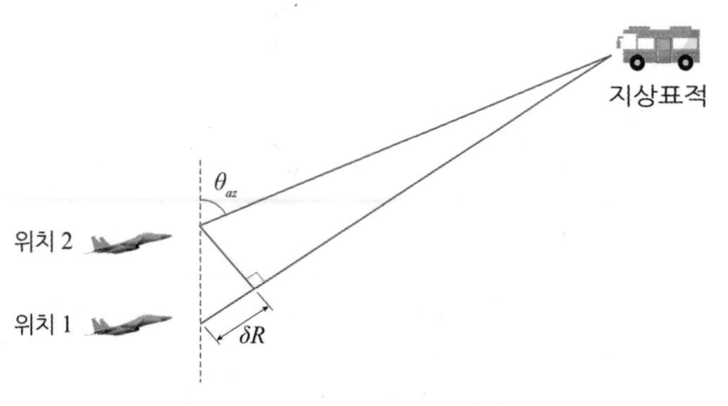

그림 11.17 전방 SAR의 기하구조

이동하였으므로 합성 배열 안테나의 길이는 이동 각도의 함수로 식 (11.26)과 같이 주어진다.

$$L_{FP} \simeq L_{eff}/\sin\theta_{az} \tag{11.26}$$

여기서 L_{FP}는 비행 방향의 유효 SAR 길이, θ_{az}는 비행 방향과 안테나 빔 방향이 이루는 방위 각도이다. 여기서 방위 각도가 0도에 가까우면 비행 방향의 길이가 무한대가 되어 구현이 불가능하며 일정한 각도 범위를 유지해야 한다. 또한 방위각이 90도보다 작을 경우에는 각 반사 신호 샘플 값들은 실제 레이다와 다른 거리에서 얻어지므로 각 신호의 위상을 모션 변환 보상해주어야 한다. 이러한 기하구조에서 위상 보정은 그림 11.17과 같이 개념적으로 식 (11.27)과 같이 주어지고, 이때 보정된 신호는 식 (11.28)과 같다.

$$\delta R = S\ \sin\theta_{az} \tag{11.27}$$

$$V_{FL} = V_{Si}\exp[-j2\pi\delta R/\lambda] \tag{11.28}$$

여기서 V_{FL}은 전방 SAR의 보정된 수신 신호, V_{Si}는 보정 전 신호, δR은 샘플 신호 간의 거리 변화를 나타낸다.

11.4.5 초점 처리 SAR

이론적으로 '측면 관측 SAR'의 경우 중심 반사점은 직각 방향에서 주어지지만 반사점 주변의 거리 차이가 존재하므로 이를 보상하는 초점 보정 (Focused SAR)의 처리가 필요하다. 그림 11.18의 개념도와 같이 일차적으로 샘플 데이터를 구성하고 거리 차이에

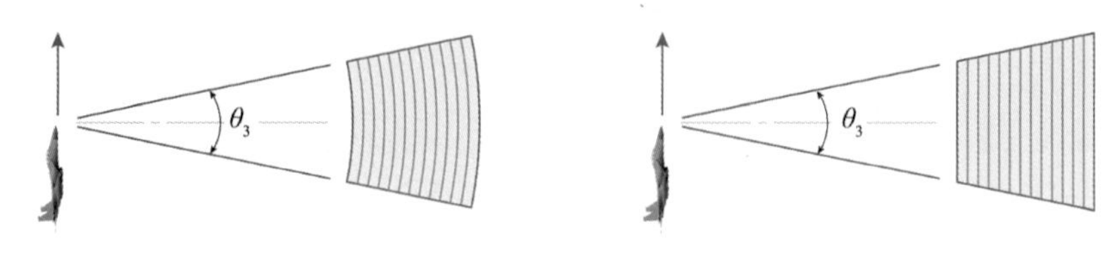

그림 11.18 Focused SAR 개념

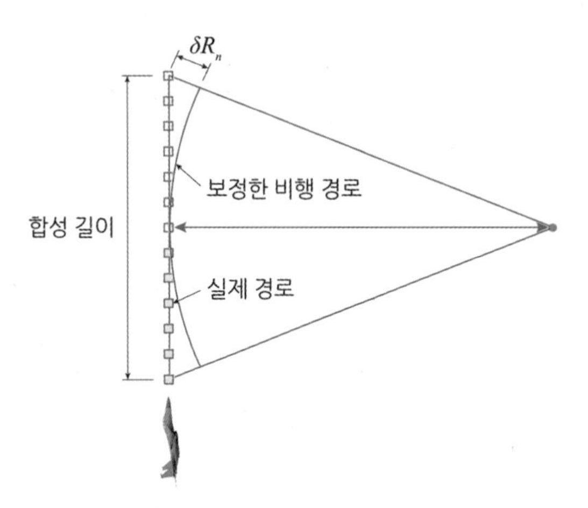

그림 11.19 SAR 초점 보정 원리

따른 위상을 보정한 데이터를 재구성한다. 특정 샘플 신호의 방위/거리 셀의 위상 보정은 그림 11.19와 같이 중심 셀의 중심으로부터 원형의 비행 경로를 따라 서로 다른 경로 거리에 대한 보정을 수행한다. 이러한 보정은 n번째 배열 소자에 대하여, 모든 셀에 대해 모든 보정이 이루질 때까지 수행하며, 움직인 거리에 따른 위상 변화 값은 식 (11.29)와 같이 피타고라스 정리를 이용하여 쉽게 유도할 수 있다.

$$(\delta R_n + R)^2 = R^2 + (nS)^2 \tag{11.29}$$

여기서 S는 비행 경로상의 배열 간격, n은 보정할 위치의 수, R은 레이다와 산란체 간의 거리, δR_n은 n번째 위치의 거리 오차이다.

식 (11.29)를 거리 변화 오차에 대하여 정리하면 식 (11.30)과 같다.

$$\delta R_n = n^2 S^2 / 2R \tag{11.30}$$

결과적인 거리 오차에 대한 위상 변화 성분은 식 (11.31)과 같이 주어진다.

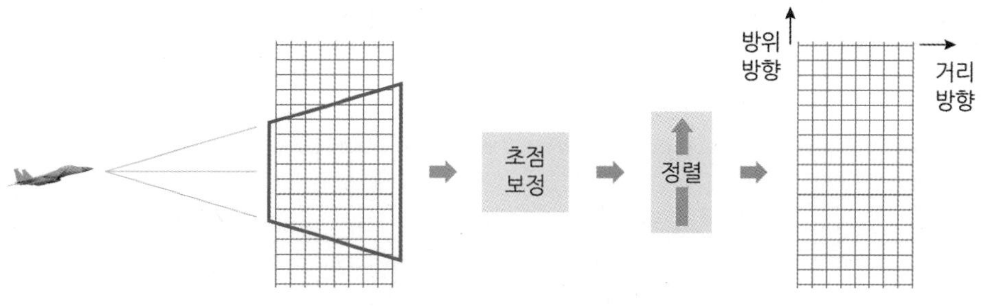

그림 11.20 SAR 초점 처리 과정

$$\delta\phi_n = 2\pi(2\delta R_n)/\lambda = 2\pi n^2 S^2/R\lambda \tag{11.31}$$

여기서 $\delta\phi_n$은 n번째 위상 오차이며 식 (11.31)에서 괄호 안의 2는 양방향의 위상을 고려한 것이다.

개념적으로 영상을 얻는 과정은 그림 11.20과 같이 데이터 배열은 각 배열 행 (Row)에 대하여 거리 열(Column)을 조합한 I/Q 신호로 구성된다. 먼저 방위 방향 보정을 한 후에 데이터 배열은 그림과 같이 마스크를 씌우고 하나의 SAR 처리를 위하여 수집 데이터 (보정 전)에서 처리 데이터 (보정 후)로 방위 방향에 따라 거리 방향으로 합하여 재정리한다. 이와 같이 처리된 데이터는 거리와 방위 방향의 거리/도플러 압축 기법을 이용하여 하나의 영상 픽셀을 형성하며, 비행 방향으로 진행하면서 계속 반복한다. 거리/도플러 영상 형성 기법은 11.6절에서 소개한다.

11.5 SAR 성능 파라미터

11.5.1 영상 해상도

SAR 영상의 품질은 영상을 수집하는 SAR 플랫폼과 지면이 이루는 기하구조, 영상의 거리 및 방위 해상도에 달려 있다. 그림 11.21에 보이는 바와 같이 영상의 해상도 셀은 지면 거리 해상도 (Ground Range Resolution)와 직각 거리 해상도 (Cross-Range Resolution)로 구분한다. 지면 거리 해상도는 그림 11.22와 같이 경사 거리 해상도를 지표면에 투사하면 식 (11.32)와 같다.

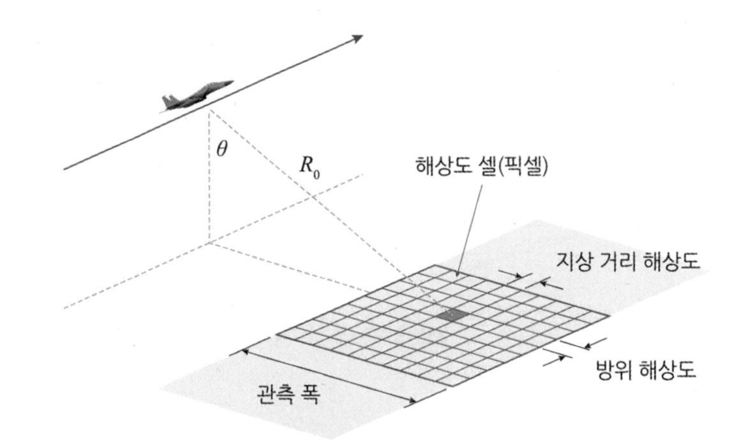

그림 11.21 SAR 영상 해상도 기하구조

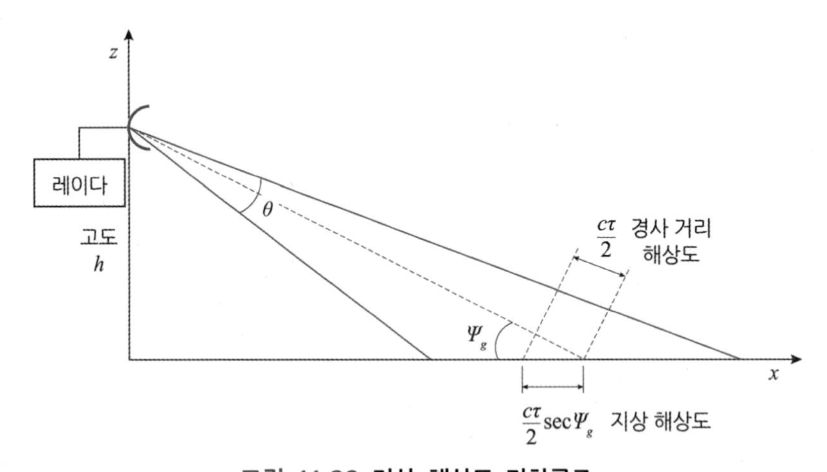

그림 11.22 지상 해상도 기하구조

$$\Delta R_g = \frac{c\tau}{2}\sec\psi_g \tag{11.32}$$

방위 해상도는 직각 거리 해상도라고도 하는데 거리 R에서 식 (11.33)과 같이 주어진다.

$$\Delta X_r = \theta R = \lambda R / L \tag{11.33}$$

여기서 L은 안테나 면의 길이이다. 합성 배열 안테나의 길이는 실제 배열 안테나 길이의 2배이므로 방위 해상도는 식 (11.34)와 같다.

$$\Delta X_r = \theta R = \lambda R / 2L \tag{11.34}$$

합성 안테나의 길이는 관측 시간과 속도에 비례하므로 $L = T_{ob}v$로 주어지므로 방위 해상도는 식 (11.35)와 같다.

$$\Delta X_r = \lambda R / 2v\, T_{ob} \tag{11.35}$$

위 식에서 보이는 바와 같이 방위 해상도는 지면의 빔폭 내에서 속도에 의한 도플러의 변화율과 관련이 있다.

11.5.2 도플러 주파수 변이

SAR 비행체가 일정한 속도로 이동하면 반사 산란체의 이동 속도는 도플러 변화로 나타난다. 특정 산란체의 도플러 주파수의 변화를 'Doppler History'라고 한다. SAR에서 지면 표적 산란체와의 거리를 수식으로 $R(t)$라고 하면 도플러 주파수는 거리의 시간 변화율의 정의에 의하여 식 (11.36)과 같이 주어진다.

$$f_d = \frac{2\acute{R}(t)}{\lambda} = \frac{2v_r}{\lambda} \tag{11.36}$$

여기서 $\acute{R}(t)$는 거리 변화율이다. 관측 시간의 중심 시간 t_c를 기준으로 초기 시간 t_1에는 표적의 산란체가 빔폭에 들어가다가 그림 11.23과 같이 비행체가 이동하면서 t_2에는 빔폭의 바깥으로 나가는데, 이때 중심 시간 t_c에서는 표적과 레이다 사이의 거리가 최소가 된다. 거리의 변화율은 속도가 되므로 그림 11.24와 같이 속도의 변화는 도플러의 변화로 나타나게 된다. 즉 도플러 주파수는 $f_d = (2v/\lambda)\cos\phi$에 의하여 비행 방향과 일치하

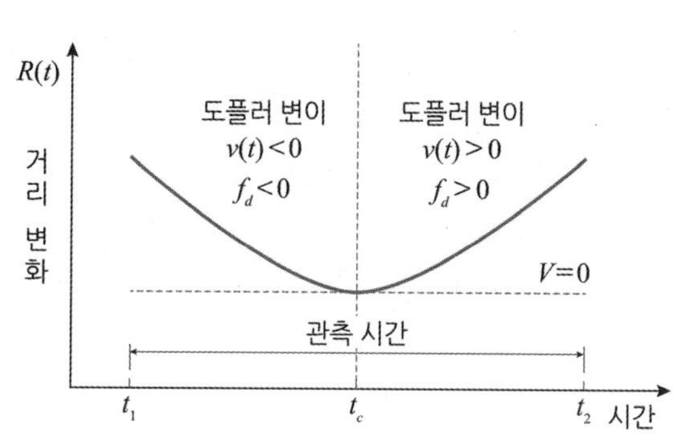

그림 11.23 SAR 관측 시간과 표적 간 거리 변화

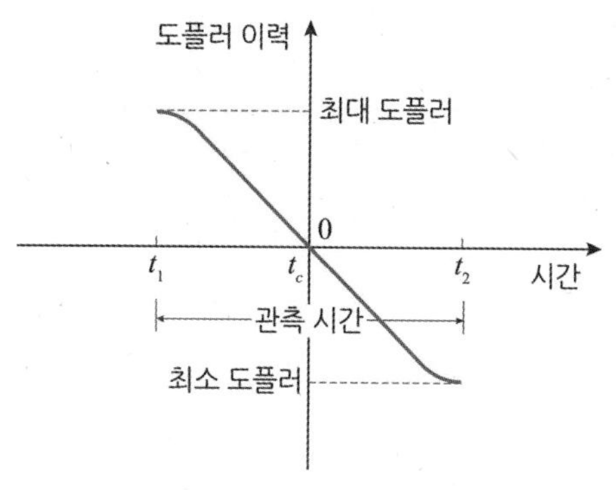

그림 11.24 점 표적의 도플러 궤적

는 제로 각도 시점 t_1에서 최대가 되고, 비행 방향과 표적이 직각인 90도 시점 t_c에서 제로가 되며, 그 이후 시점 t_2에서는 최소가 된다.

11.5.3 PRF 범위

일반적으로 레이다의 최대 PRF는 거리 모호성을 피할 수 있도록 지정한다. 또한 최소 PRF는 도플러 모호성을 피할 수 있도록 선정한다. SAR 설계에서 비모호성 탐지 거리는 적어도 지면의 빔폭 면적보다 넓게 선정해야 한다. 첫 번째 펄스에 의한 표적 신호는 최대 탐지 거리에서 반사되며 다음 펄스가 송신되기 전에 수신되어야 한다. SAR에서는 최대 탐지 거리가 중요한 것이 아니라 탐지 거리 폭이 중요하므로 비모호성 거리는 최대 탐지 거리와 최소 탐지 거리의 사이에 식 (11.37)과 같이 주어진다.

$$R_u = R_{\max} - R_{\min} \tag{11.37}$$

따라서 SAR의 최대 PRF는 식 (11.38)과 같다.

$$f_{r_{\max}} = \frac{c}{2f_r} \leq \frac{c}{2(R_{\max} - R_{\min})} \tag{11.38}$$

또한 최소 PRF의 범위는 도플러 모호성이 없도록 선택해야 한다. 즉 $f_{r_{\min}}$은 적어도 표적 산란체에 의한 최대 도플러 분산 범위보다는 커야 한다. 그림 11.25와 같은 기하구조로부터 t_1에서 최대 도플러가 되고, t_2에서 최소 도플러가 나타나므로 도플러의 범위는 식 (11.39), (11.40)과 같이 주어진다.

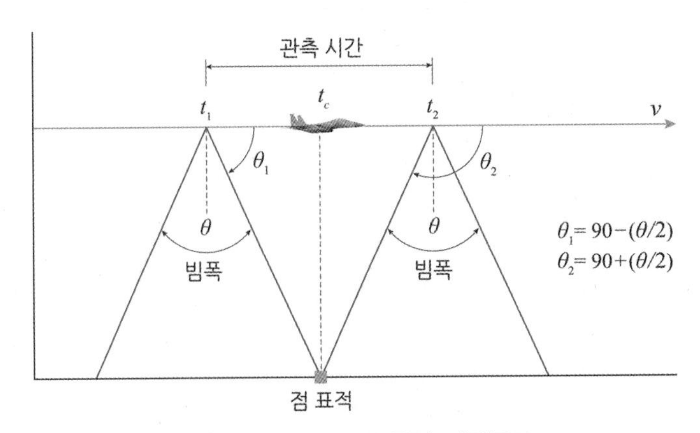

그림 11.25 SAR 도플러 기하구조

$$f_{d_{max}} = \frac{2v}{\lambda}\cos(90-\theta/2)\sin\beta \tag{11.39}$$

$$f_{d_{min}} = \frac{2v}{\lambda}\cos(90+\theta/2)\sin\beta \tag{11.40}$$

여기서 θ는 빔폭, β는 고도축과 이루는 각도이다.

따라서 최대 도플러 변이 차이는 $\Delta f_d = f_{d_{max}} - f_{d_{min}}$으로 주어지며, 식 (11.39)와 (11.40)을 대입하여 삼각함수 정리를 이용하면 식 (11.41)과 같이 주어진다.

$$\Delta f_d = \frac{4v}{\lambda}\sin\frac{\theta}{2}\sin\beta \approx \frac{2v}{\lambda}\theta\sin\beta \tag{11.41}$$

여기서 최대 도플러를 얻기 위한 최소 PRF의 범위는 식 (11.42)와 같다.

$$f_{r_{min}} = \frac{2v}{\lambda}\theta\sin\beta \tag{11.42}$$

따라서 SAR의 최소 및 최대 PRF 범위는 식 (11.43)과 같다.

$$\frac{c}{2(R_{max}-R_{min})} \geq f_r \geq \frac{2v}{\lambda}\theta\sin\beta \tag{11.43}$$

마지막으로 식 (11.43)으로부터 작은 안테나 각도 변화를 $\Delta\theta$라고 하면 k번째 거리 셀에서 두 산란체 간의 최소 도플러 분산은 두 개의 도플러 주파수의 변이로 나타나므로 식 (11.44)와 같이 주어질 것이다.

$$\Delta f_{d_{min}} = \frac{2v}{\lambda}\Delta\theta\sin\beta_k \tag{11.44}$$

여기서 β_k는 k번째 거리 셀에서 고도각이다. 최소 도플러는 관측 시간의 역수 관계이고 합성 배열 안테나 길이 $L = vT_{ob}$이므로 $\Delta\theta$는 식 (11.45)와 같이 표현할 수 있다.

$$\Delta\theta = \frac{\lambda}{2vT_{ob}\sin\beta_k} = \frac{\lambda}{2L\sin\beta_k} \tag{11.45}$$

따라서 SAR의 방위각 해상도는 도플러 변이를 이용하며 식 (11.46)과 같다.

$$\Delta X_g = \Delta\theta R_k = R_k\frac{\lambda}{2L\sin\beta_k} \tag{11.46}$$

위 식에서 $\beta_k = 90°$ 이면 식 (11.46)은 앞 절에서 유도한 SAR의 방위 해상도 식 (11.34)와 같다는 것이 증명된다.

11.5.4 SAR 거리 방정식

영상 레이다는 항공기나 인공위성에서 지표면에 대한 영상을 얻는 레이다이므로 대상 표적은 면 표적 (Surface Target)이 된다. 따라서 표적에 대한 레이다 반사 단면적 (RCS)은 레이다 해상도 셀과 지표면의 반사도의 함수로 식 (11.47)과 같이 표현된다.

$$\sigma = \sigma_0 \Delta R_g \Delta A_g = \sigma_0 \Delta A_g \frac{c\tau}{2} \sec\Psi_g \tag{11.47}$$

여기서 σ^0는 클러터 산란계수, ΔA_g는 방위각 해상도, ΔR_g는 거리 해상도, Ψ_g는 앙각이다. SAR의 관측 구간 내에 누적할 수 있는 펄스의 수는 식 (11.48)과 같다.

$$n = f_r T_{ob} = \frac{f_r L}{v} \tag{11.48}$$

여기서 L은 SAR의 합성 배열 안테나 길이, v는 비행체의 속도, f_r은 펄스 반복 주파수에 해당한다. 관계식 $\Delta A_g = R\theta = R\lambda/2L$에 의하여 $L = R\lambda/\Delta A_g$로 주어진다. 따라서 식 (11.48)은 다음 식 (11.49)로 정리된다.

$$n = (\lambda R f_r / 2\Delta A_g v)\csc\beta_k \tag{11.49}$$

여기서 β_k는 k번째 거리 셀에서 고도각이다. 또한 관측 구간 동안 평균 전력은 식 (11.50)과 같이 표현된다.

$$P_{avg} = P_t f_r / B \tag{11.50}$$

따라서 SAR의 관측 구간 동안의 n개의 펄스를 누적하는 경우의 SNR은 식 (11.51)과 같이 주어진다.

$$(SNR)_n = nSNR = n\frac{P_t G^2 \lambda^2 \sigma}{(4\pi)^3 R^4 k T_0 BL} \tag{11.51}$$

위의 식 (11.48), (11.49), (11.50)을 식 (11.51)에 대입하면 결과적인 SAR 레이다 방

정식은 식 (11.52)와 같이 표현된다.

$$(SNR)_n = \frac{P_{avg} G^2 \lambda^3 \sigma^0}{(4\pi)^3 R^3 k T_0 L} \frac{\Delta R_g}{2v} \csc \beta_k \tag{11.52}$$

결론적으로 SAR 레이다의 표적은 면 표적이므로 식 (11.52)에서 보이는 바와 같이 SNR은 거리의 세제곱에 반비례하며 파장의 세제곱에 비례관계이다. 또한 방위 해상도에 무관하고 거리 해상도에만 영향을 받으며 속도에 반비례 관계가 있다는 것을 알 수 있다.

11.5.5 잡음 등가 반사 감도

잡음 등가 반사 감도 (NESZ: *Noise-Equivalent Sigma Zero*)는 영상의 화질을 결정하는 중요한 시스템 변수로 주어진 관측 폭에서 반사되는 신호의 크기가 수신기의 잡음과 동등하게 되는 표적의 반사 감도로 정의된다. NESZ가 낮을수록 잡음에 대한 민감도 성능이 우수하여 반사도가 작은 표적을 영상화할 수 있음을 의미한다. 송신출력, 수신 감도, 대역폭, 표적의 거리 등의 전체 체계 변수와 직접적으로 연관되어 있다. NESZ는 수식적으로 식 (11.53)과 같이 시스템 성능 파라미터로 정의한다.

$$\text{NESZ} = \frac{4^4 \pi^3 R^3 v \, \sin(\theta_i - \alpha) k TBFL}{P_t G_t G_r \lambda^3 c_0 \tau_E PRF} \tag{11.53}$$

여기서 수식의 파라미터는 레이다 방정식과 동일하며, 여기서 R은 SAR 비행체 플랫폼과 지표면 간의 경사거리, v는 플랫폼 속도, θ_i는 입사각, α는 지상 경사각, c_o는 빛의 속도이다. 표적이 분산되어 있는 경우에 레이다 방정식은 분산표적으로부터 수신된 평균전력을 근사화하여 표현된다. 실제 분산표적 영상에서 각 펄스의 수신신호는 스페클 잡음 등에 의해 불규칙한 특성을 가지므로 각 수신신호는 랜덤 변수인 σ_0로 표현된다. 따라서 수신신호의 통계적 특성을 확인하기 위해 분산표적은 반사계수가 균질한 지역을 선정하여 평균 후방 반사계수인 σ_0을 상수로 고려한다. 그러므로 NESZ는 신호의 크기가 수신기의 잡음과 동등하게 되는 표적의 반사도로 정의되기 때문에 SNR = NESZ/σ_0로 표현할 수 있으며, 반사도가 낮은 해양이나 호수 등의 후방반사계수를 측정함으로써 실제 영상의 NESZ를 추정할 수 있다.

11.6 SAR 영상 형성

11.6.1 SAR 기하 모델

레이다 영상을 형성하기 위해서는 비행체가 이동하면서 탑재 SAR 레이다의 빔 방향과 지구 표면상에 도달한 방위/고도 빔폭이 조사되어 만드는 2차원 면적 (Footprint)과의 관계를 정의하는 기하구조를 먼저 이해할 필요가 있다. 일체형 (Mono-Static) 형태의 탑재 SAR가 비행 방향과 수직을 이루는 SAR의 기하구조는 그림 11.26과 같다. 여기서 비행체 SAR에서 직각 방향으로 지표면 위의 점 표적과의 기준 거리는 R_0이며 거리 R은 임의의 사각 거리를 나타낸다. R_0는 제로 도플러를 형성하는 사각 거리이고 점 P_1과 P_2는 비행체가 이동하면서 이루는 방위각 방향의 이동 거리이며, X는 지구 곡률을 고려하여 지상에서 이동한 방위 거리이다. 네이더 (Nadir)는 SAR로부터 직하 방향의 지면을 의미하며, 이 점이 지표면을 따라 이동하면서 레이다 트랙을 형성한다. 이때 탑재체가 비행 궤적을 따라 이동하는 속도를 비행 속도라고 하며, 지표면을 따라서 제로 도플러 라인을 반복하며 이동하는 속도를 지표면 빔 속도라고 한다. 제로 도플러 평면은 플랫폼과 방위각 방향으로 직각을 이루면서 만들어지는 평면이며, 레이다로부터 가장 가까운 지표면과의 거리는 제로 도플러 라인이 표적을 지날 때 나타난다.

비행체 탑재 SAR가 비행 방향으로 이동할 때 방위각 방향과 거리 방향에 의하여 주

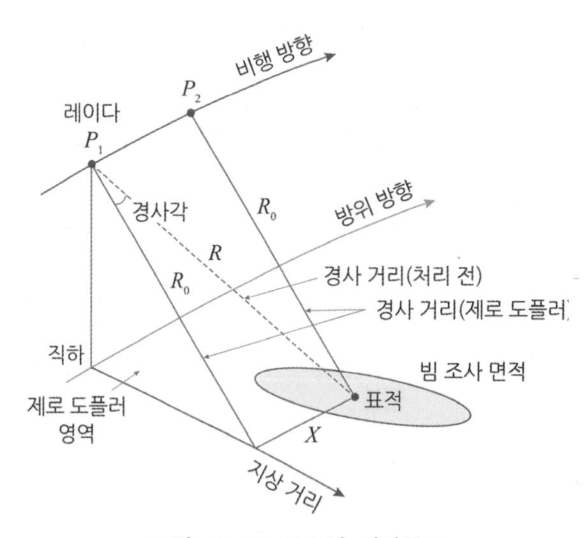

그림 11.26 SAR의 기하구조

어지는 거리 변화에 의하여 거리 방정식이 주어진다. 레이다가 이동하여 특정 점 표적에 접근할 경우에는 송수신 펄스에 의한 거리값은 감소하지만 반대로 레이다가 점 표적을 통과한 후에는 거리값이 증가한다. 이러한 거리 변화는 펄스가 변하면서 위상의 변화를 야기하는데, 이는 SAR의 방위각 해상도를 얻는 데 사용된다. 그러나 이 경우에도 거리 셀 이동 (Range Cell Migration) 현상이 생기므로 추후 보상이 필요하다. 이러한 관계를 고려하여 정확한 거리 방정식을 구하기 위해서는 레이다 이동과 표적의 이동에 대한 2차원 모델을 고려해야 한다. 그림 11.27에서 이동 속도를 V_r, 방위각 이동 시간 단위를 η로 가정하면, 지상 이동 거리 X는 $V_r\eta$로 주어진다. SAR의 표적과 거리와의 관계를 방정식으로 정의하기 위하여 피타고라스 정리를 이용하면 식 (11.54)와 같이 주어진다.

$$R(\eta)^2 = R_0^2 + V_r^2\eta^2 \tag{11.54}$$

여기서 R_0는 레이다와 표적 간의 가장 가까운 거리이다. 항공기의 경우에는 비행 방향에 대하여 빔이 안정적이므로 V_r은 항공기의 이동 속도이며 지표면의 빔의 속도와 같다고 본다. 그러나 인공위성의 경우 비행궤도가 굽어 있고 또한 지구 표면이 곡면이며 지구가 위성의 궤도와 관계없이 회전하고 있으므로 동일하게 간주할 수 없다. 여기서는 항공기의 경우처럼 간단한 기하구조를 고려하여 비행체와 지상의 속도와 거리가 동일한 경우를 가정하면 지표면의 거리 R_0와 레이다와 이루는 사각 (Squint) θ_r 각도를 식 (11.55), (11.56), (11.57)과 같이 표현할 수 있다.

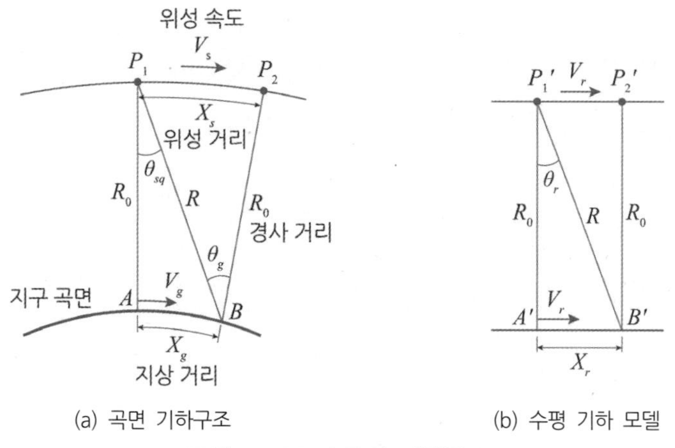

그림 11.27 속도의 기하구조

$$\sin\theta_r = X_r / R(\eta) = - V_r\eta / R(\eta) \tag{11.55}$$

$$\cos\theta_r = \sqrt{1 - [V_r\eta / R(\eta)]^2} \tag{11.56}$$

$$R_0 = R(\eta)\cos\theta_r \tag{11.57}$$

따라서 SAR의 기하구조에 대한 거리 방정식은 식 (11.54)와 (11.57)을 이용하여 다음 식 (11.58)과 같이 주어진다.

$$R_0 = \sqrt{R(\eta)^2 - V_r^2\eta^2} = R(\eta)\sqrt{1 - (V_r\eta / R(\eta)^2} \tag{11.58}$$

위 식에서 본 바와 같이 레이다와 표적 사이의 거리는 비행 방향의 방위각 이동 거리와 속도 시간의 함수로 주어진다는 것을 알 수 있다.

11.6.2 거리 방향 SAR 신호

SAR 레이다 영상을 형성하기 위해서는 2차원의 거리/방위 해상도의 픽셀 정보가 필요하다. 거리 방향의 SAR 신호는 LFM 변조된 펄스를 이용하여 거리 해상도를 구할 수 있으며, 방위 방향의 SAR 신호는 비행체의 이동에 의한 방위 방향의 도플러 신호에 의한 LFM 변조 신호를 이용하여 구할 수 있다.

거리 방향 SAR 신호를 이해하기 위하여 먼저 연속적인 펄스를 식 (11.59)와 같이 송신한다.

$$S_t(t) = w_r(t)\cos(2\pi\sum_{n=0}^{N} P_n t^n) \tag{11.59}$$

여기서 P_n은 위상 계수이며 파워 수열로 전개되는 함수이고, t는 시간 지수이다. $w_r(\eta)$는 식 (11.60)과 같이 폭이 T_r이고 사각 형태 펄스의 함수로 주어진다.

$$w_r(\eta) = rect(t / T_r) \tag{11.60}$$

대부분의 SAR에서 사용하는 파형은 LFM을 사용하며 주어진 확장 펄스폭 시간 동안에 식 (11.61)과 같이 주어진다.

$$S_t(t) = w_r(t)\cos(2\pi f_0 t + \pi K_r t^2) \tag{11.61}$$

여기서 K_r은 거리 펄스의 FM 변화율이며 t는 펄스의 중심 시간이라고 가정한다. 주어진 선형 FM 펄스에 대하여, 순시 주파수 f_i는 $f_i = f_0 + K_r t$로 주어진다. 여기서 괄호 안의 부호가 +이면 상향 첩이라고 하며, – 부호이면 하향 첩이라고 한다. 첩 신호의 방향은 SAR 신호처리 구조나 영상의 질에 영향을 주지 않는다. 그러나 첩 신호의 대역폭은 거리 해상도와 샘플링에 영향을 주므로 매우 중요하다. 펄스의 대역폭은 $B_r = |K_r| T_r$로 주어지며 펄스폭 단위로 FM 변화율이 높을수록 대역폭은 넓어진다. 대역폭에 대한 샘플링률은 신호 중첩을 피하기 위해서는 신호 대역폭에 비하여 최소한 1.1 ~ 1.2배 정도를 사용한다. SAR의 첩 신호를 거리 방향으로 압축하는 과정은 그림 11.28에 도시하였다. 거리 방향의 첩 신호 압축 결과를 '임펄스 응답 함수 IRF (*Impulse Response Function*)'라고 하며, IRF의 응답폭이 거리 해상도를 결정한다. SAR 레이다의 거리 해상도는 식 (11.62)로 주어진다.

$$\Delta R_{sar} = c/2B_r = c/(2|K_r| T_r) \tag{11.62}$$

이 경우 펄스 압축비는 시간과 대역폭의 곱으로 식 (11.63)으로 주어진다.

$$CR = T_r B_r = |K_r| T_r^2 \tag{11.63}$$

이제 수신 신호를 살펴보면, 레이다로부터 거리 R_a에 있는 점 표적에 의하여 반사되는 수신 지연 시간은 $2R_a/c$로 주어지므로 첩 수신 신호는 식 (11.64)와 같이 표현할 수 있다.

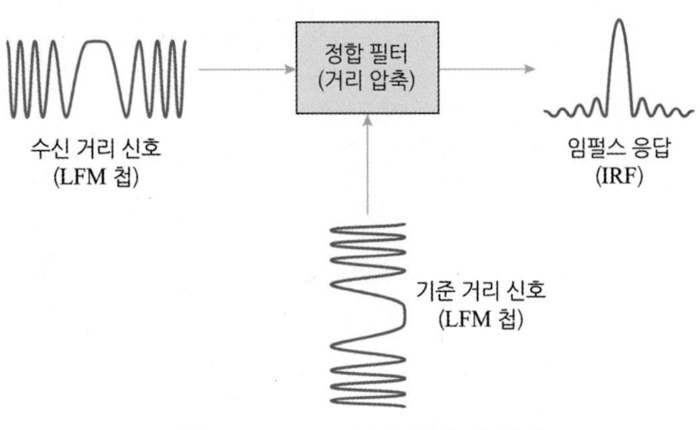

그림 11.28 SAR 거리 방향 첩 압축

$$S_r(t) = A_0 S_t(t - 2R_a/c)$$
$$= A_0 w_r(t - 2R_a/c) \cdot \cos[2\pi f_0(t - 2R_a/c) + \pi K_r(t - 2R_a/c)^2 + \phi] \quad (11.64)$$

이 식에서 수신 신호의 앞부분은 고주파 부분이며 뒷부분은 첩 파형에 의한 시간지연 성분이다. 따라서 수신 믹서처리를 통하여 고주파 부분은 제거되고 결국 신호의 대역폭에 해당하는 신호 성분이 남게 된다. 이러한 데이터는 거리 방향으로 방사 변화(Radiometric Variation)를 줄 수 있다. 즉 반사 수신 전력은 경사 거리의 네제곱에 반비례 관계이고 고도 빔은 방향에 따라 균질하지 않고, 지상 반사 특성은 입사각의 함수로 주어지며 지상 반사 지면은 레이다 빔과 항상 수직이 아닌 경우가 있다. 이들 영향을 충분히 보정하지 않으면 영상 처리 영역에 영상 픽셀 강도 변화에 영향을 미칠 수 있다.

11.6.3 방위 방향 SAR 신호

방위 방향 SAR 신호를 이해하기 위해서 먼저 비행체 이동에 의한 도플러 변동 현상을 이해하는 것이 중요하다. SAR 레이다가 비행 방향으로 진행하면서 펄스를 1/PRF 주기로 송신과 수신을 반복한다고 생각해보자. 수신 신호는 기본적인 송신 파형과 동일하다고 가정하면 레이다 센서가 이동하면서 지상 산란체의 상대적인 속도에 의하여 주파수 변이가 발생한다. 만약 안테나와 반사점 간의 거리가 가까워지면 수신 신호의 주파수는 증가하며, 반면에 거리가 멀어지면 수신 신호의 주파수는 감소한다. 이러한 도플러 현상은 앰뷸런스가 가까이 닿아오면 사이렌의 고주파 소리가 높게 나고 멀어지면 저주파 소리가 낮게 나는 현상과 같다. 이와 같이 센서와 표적의 상대적인 속도에 의하여 주파수의 변화가 생기는데 이를 SAR 도플러 주파수라고 한다. 송신 펄스는 시작 시간 간격이 일정한 위상 동기 펄스를 사용하여 각 펄스마다 동일한 위상을 유지하도록 해주어야 높은 방위각 해상도를 얻을 수 있다.

항공기 SAR의 경우는 반사 에코 신호는 송신 펄스를 보내고 나서 바로 수신되지만 위성의 경우는 거리가 멀어서 보통 6~10개 정도의 펄스를 보낸 후에 에코 신호가 수신된다. 연속적인 펄스 사이에 레이다 플랫폼이 방위각 방향으로 조금씩 이동한다. 이때 각 펄스의 지면 반사 면적 사이의 간격을 방위각 방향의 샘플 간격이라고 하는데 이는 지면 속도를 PRF로 나눈 것과 같다. 보통 항공기의 경우는 지면 빔폭의 속도가 항공기 플랫폼의 속도와 거의 같다.

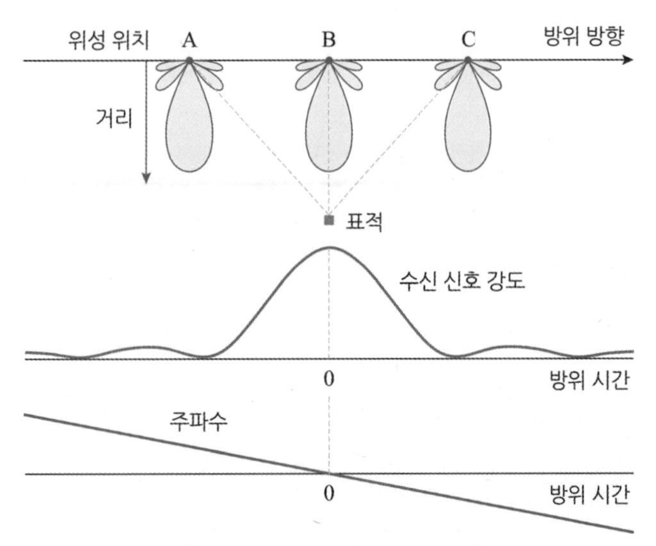

그림 11.29 방위 빔 이동에 의한 신호 강도와 도플러 영향

SAR 센서 플랫폼이 이동함에 따라 지상의 표적은 수백 개의 펄스에 의하여 반사된다. 각 펄스에 대하여 신호의 강도가 달라지는데 이는 방위각 방향의 안테나 빔 패턴 때문이다. 제로 사각에 대한 방위 빔 패턴은 경사 거리에 따라서 그림 11.29와 같이 3가지 위치로 접근한다. SAR의 위치가 A에 있을 경우에는 표적이 주빔으로 막 들어가는 중이며 반사 신호의 크기는 B의 위치에 왔을 때 가장 강하다. 그리고 빔의 중앙을 벗어나서 빔 패턴의 첫 번째 부엽에 위치하게 되면 신호의 강도는 약해진다.

다음으로 표적의 도플러 주파수 변이를 살펴보면 표적의 광선 속도에 비례한다. 즉 표적이 레이다에 가까워지면 도플러 주파수는 양의 값을 가지고 표적이 멀어지면 음의 값을 가지므로 시간에 따른 도플러 주파수는 음의 기울기를 갖는 선형 함수로 나타나는데, 이는 방위 시간 변화에 따라 선형 주파수 변조된 LFM 신호와 같은 형태로 보인다. 그림 11.30과 같이 SAR가 방위 방향으로 이동하면서 관측 시간 동안 수신된 첩 신호를 이용하여 방위 압축을 하게 되면 거리 압축과 마찬가지로 임펄스 응답을 얻게 되는데, 이를 '방위 해상도'라고 한다. 거리 해상도의 기준 신호는 송신한 첩 신호를 이용하므로 쉽게 예측이 가능하지만, 방위 해상도의 기준 신호는 실제 비행체의 이동에 의하여 발생하는 도플러 이력을 예측해야 하므로 플랫폼의 안정도가 많은 영향을 미칠 수 있다.

이제 방위각 수신 신호를 정의하기 위하여 먼저 방위각이 지면과 90도를 이루는 지점을 레이다가 통과하는 경우에 빔 중심을 지나게 된다. 이때 수신 신호의 강도는 최대

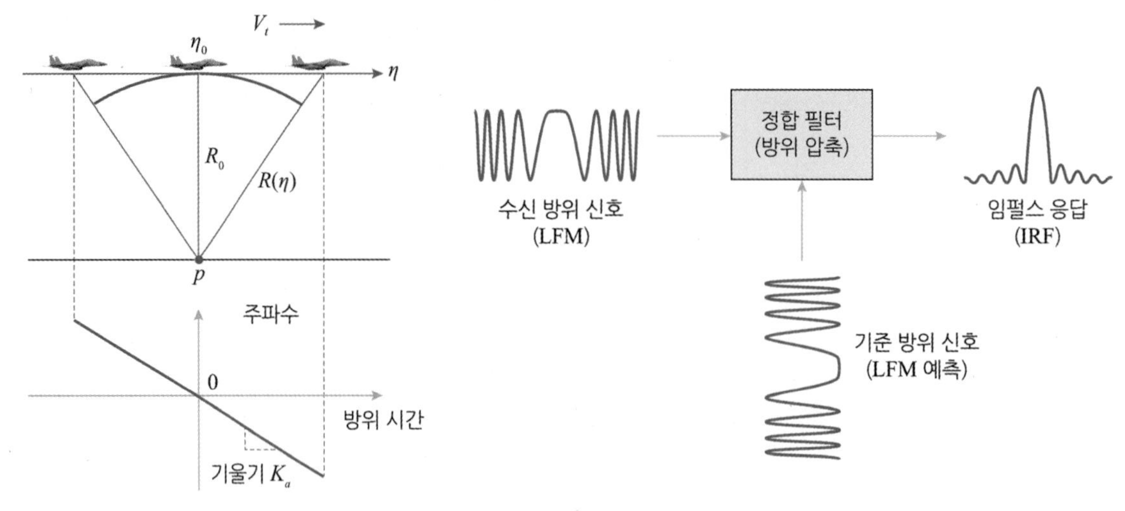

그림 11.30 방위 방향의 첩 압축

가 되며 빔 중심은 제로 사각 (Squint)이 된다. 그러나 실제로 빔은 중심에서 일부 벗어나 있는 경우가 많은데 이유는 주로 플랫폼이나 안테나의 자세, 빔 조정 정도, 지구의 곡률 반경, 지구의 회전, 항공기의 경우에는 바람의 영향 등에 기인한다. 따라서 사각이 제로가 아닌 경우에 표적이 빔의 중앙을 비추고 있는 제로 도플러 시간을 η_c라고 할 때, 빔이 전방으로 기울어져 있으면 η_c는 음의 값을 갖게 되고, 안테나 빔이 후방으로 기울어져 있으면 양의 값을 갖는다. 빔의 중앙을 통과하는 제로 도플러 시간을 식 (11.65)와 같이 표현할 수 있다.

$$\eta_c = -R_0 \tan\theta_c / V_g = -R(\eta_c)\sin\theta_c / V_g \tag{11.65}$$

여기서 $R(\eta_c)$는 빔이 중심을 조사하는 시간에 레이다가 표적 간의 경사 거리 간이며, θ_c는 빔 중심 각도이다. 방위 빔 이동에 의한 수신 신호는 방위각 방향으로 물리적인 LFM 첩 신호를 발생하며 이동하는 시간의 함수로써 식 (11.66)과 같이 첩 파형으로 주어진다.

$$S_r(t, \eta) = A_0 w_r(t - 2R(\eta)/c) \cdot w_a(\eta - \eta_c)\cos[2\pi f_0(t - 2R(\eta)/c) + \pi K_r(t - 2R(\eta)/c)^2 + \phi] \tag{11.66}$$

11.6.4 제로 도플러 중심

도플러 중심 (Doppler Centroid) 주파수는 식 (11.67)과 같이 방위 방향의 거리 변화율에 비례적인 관계식이다.

$$f_{\eta_c} = -(2/\lambda)\frac{dR(\eta)}{d\eta}\bigg|_{\eta=\eta_c} = -\frac{2V_r^2\eta_c}{\lambda R(\eta_c)} = 2V_r \sin\theta_c/\lambda \tag{11.67}$$

표적의 방위각 도플러 대역폭은 위의 식으로부터 다음 식 (11.68)과 같이 주어진다.

$$\Delta f_d = \frac{2V_s\cos\theta_c}{\lambda}\theta_{bw} \approx \frac{2V_s\cos\theta_c}{L_a} \tag{11.68}$$

여기서 θ가 90도가 되면 도플러 대역폭은 제로가 되며 표적과 SAR가 직각 방향으로 최소 거리에 위치함을 의미한다. 대역폭은 샘플링의 요구 조건이 되므로 PRF의 최소 범위를 결정하게 된다. 방위각 스펙트럼의 샘플은 방위각 모호성을 줄이기 위하여 보통 1.1 ~ 1.4 범위에서 선정한다. 또한 표적이 3 dB 빔폭 내에 존재하는 시간을 표적 노출시간이라고 하며 식 (11.69)와 같이 주어진다.

$$T_a = \frac{\lambda R(\eta_c)}{L_a V_g \cos\theta_c} \tag{11.69}$$

마지막으로 방위각 FM 변화율은 방위각의 변화율 또는 도플러 주파수의 변화율로 식 (11.70)과 같이 주어진다.

$$K_a = (2/\lambda)\frac{d^2R(\eta)}{d\eta^2}\bigg|_{\eta=\eta_c} = \frac{2V_r^2\cos^2\theta_c}{\lambda R(\eta_c)} \tag{11.70}$$

방위각 FM 변화율은 거리의 2차 미분에 반파장의 역수를 곱한 것과 같다. 이와 같이 방위각 FM 변화율은 방위 방향으로 이동하는 비행체의 거리 변화율 및 속도 변화율과 관련이 있다.

11.6.5 SAR 영상 형성

(1) 2차원 SAR 신호 모델

SAR 영상 형성은 앞 절에서 설명한 거리 방향과 방위 방향의 SAR 신호를 2차원으로 모델링하고 거리 압축과 방위 압축을 통하여 2차원의 SAR 영상을 형성할 수 있다. SAR 비행체가 이동하면서 그림 11.31과 같이 거리 방향으로는 매 펄스마다 첩 신호를 보내고 방위각 방향으로는 도플러 변이를 갖는 LFM 신호를 예측하여 2차원의 영상을 그림 11.32와 같이 거리 시간 방향과 방위 시간 방향으로 메모리에 저장할 수 있다. 단일 표적에 대한 상세한 2차원 영상 형성 과정을 그림 11.33에 도시하였다. 그림에서 보이는

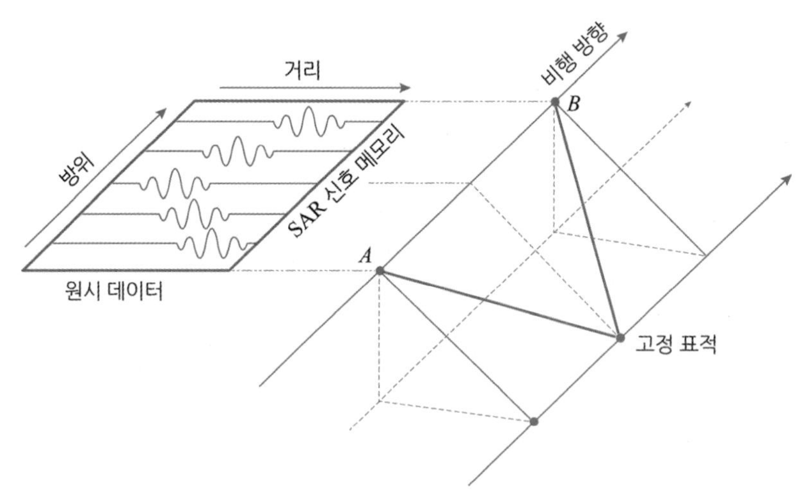

그림 11.31 SAR 신호의 2차원 수신구조

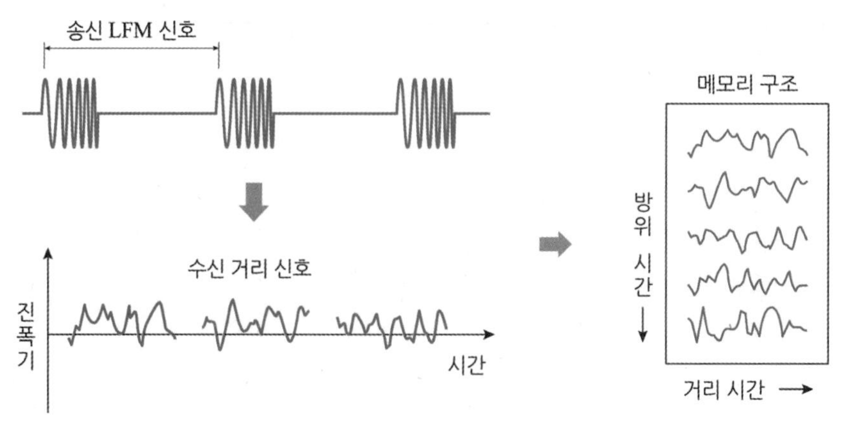

그림 11.32 SAR 신호의 2차원 메모리 구조

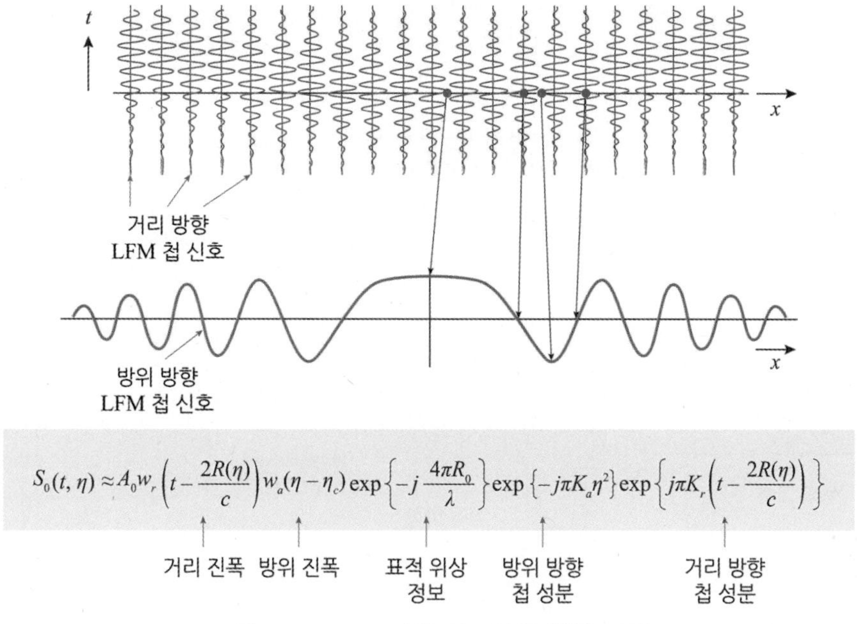

그림 11.33 SAR 신호의 2차원 형성 과정

바와 같이 SAR의 관측 시간 동안 매 펄스 단위로 거리 방향으로는 LFM 첩 신호를 송신하고 수신하며, 방위 방향으로는 도플러 변이에 대한 LFM 첩 신호를 수신하여 거리-방위 셀의 메모리에 저장한 후에 거리-도플러 압축처리를 함으로써 영상을 형성하게 된다.

(2) SAR 영상 형성 알고리즘

대표적인 SAR 영상 형성 알고리즘은 거리-도플러 알고리즘 RDA (*Range-Doppler Algorithm*)이며 알고리즘의 흐름도는 그림 11.34에 도시하였다. 임의의 점 표적으로부터 거리 방향과 방위 방향의 SAR 신호를 수신하면 식 (11.71)과 같이 모델링함으로써 2차원의 SAR 영상을 구성할 수 있다.

$$s_0(t,\ \eta) = A_0 w_r(t-2R(\eta)/c) \cdot w_a(\eta-\eta_c)$$
$$\exp[-j4\pi f_0 R(\eta)/c]\exp(-j\pi K_a\eta^2)\exp[j\pi K_r(t-2R(\eta)/c)^2] \quad (11.71)$$

여기서 사용한 기호는 앞 절에서의 정의와 같고 거리 방향과 방위 방향의 신호 모델을 2차원으로 표현한 것이다. 물론 선형 LFM 파형을 이용하였다. 순간적인 경사 거리 $R(\eta)$는 기하구조를 기준으로 다음 식 (11.72)와 같이 주어진다.

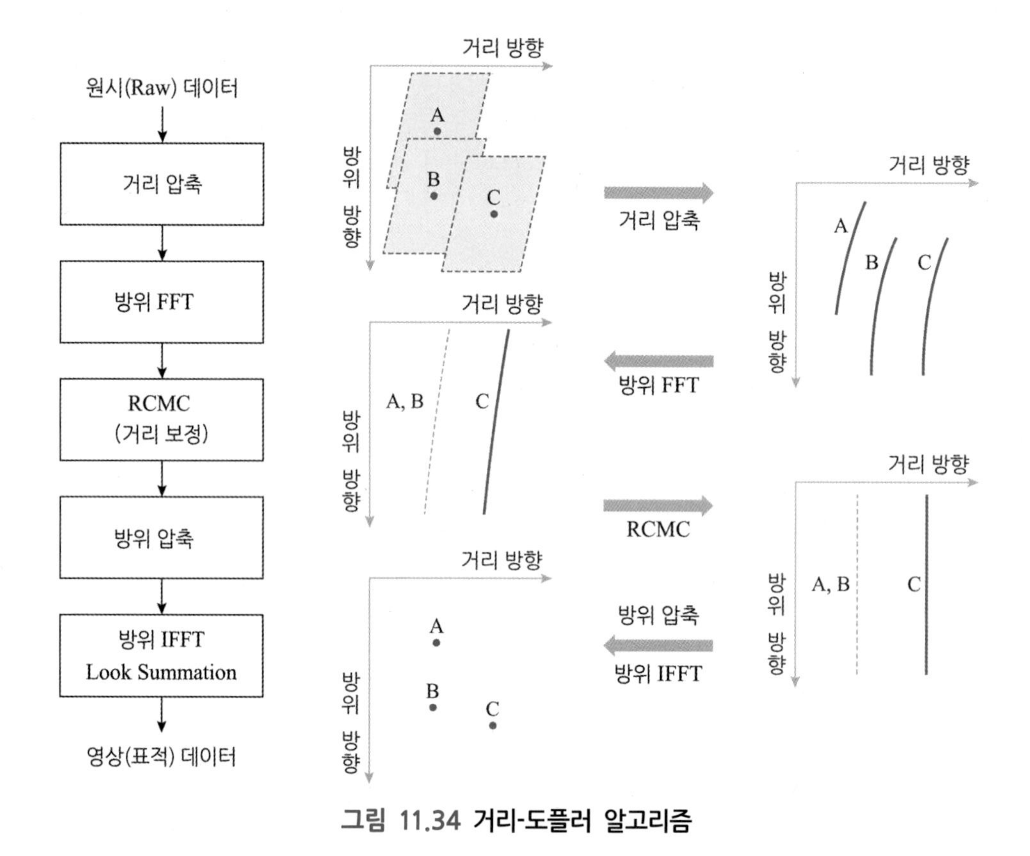

그림 11.34 거리-도플러 알고리즘

$$R(\eta) = \sqrt{R_0^2 + V_r^2 \eta^2} \tag{11.72}$$

여기서 R_0는 가장 근접한 경사 거리 (Slant Range)이다.

RAD의 알고리즘 순서에 따라 먼저 거리 방향의 압축은 펄스 압축 기법을 이용하여 정합 필터의 출력으로 구할 수 있다. SAR와 같이 데이터량이 많은 경우에는 고속으로 처리하기 위하여 식 (11.71)을 FFT를 취하여 주파수 영역으로 변환하고 기준 파형 신호를 곱하여 다시 역 IFFT를 취하면 정합 필터의 출력을 식 (11.73)과 같이 표현할 수 있다.

$$\begin{aligned} s_{rc}(t, \eta) &= IFFT_t[(S_0(f_t, \eta)G(f_t)] \\ &= A_0 p_r(t - 2R(\eta)/c) \cdot w_a(\eta - \eta_c)\exp[-j4\pi f_0 R(\eta)/c] \end{aligned} \tag{11.73}$$

여기서 p_r은 압축 펄스의 크기 포락선이며 $W_r(f_r)$ 윈도우 함수의 IFFT와 같다.

방위 방향의 압축은 제로 도플러 방향으로 접근하는 안테나 빔폭이 표적에 접근하는 경우 거리 방정식은 식 (11.74)와 같이 주어진다.

$$R(\eta) = \sqrt{R_0^2 + V_r^2\eta^2} \approx R_0^2 + \frac{V_r^2\eta^2}{2R_0} \tag{11.74}$$

식 (11.73)과 (11.74)를 이용하여 방위 압축을 하면 방위 시간에 따라 선형적으로 비례하는 도플러 변화 항이 식 (11.75)와 같이 나타난다.

$$\begin{aligned} s_{rc}(t,\ \eta) &= A_0 p_r(t - 2R(\eta)/c) w_a(\eta - \eta_c) \\ &= \exp\left[-j\frac{4\pi f_0 R_0}{c}\right]\exp\left[-j\pi\frac{2V_r^2}{\lambda R_0}\eta^2\right] \end{aligned} \tag{11.75}$$

위 식에서 보이는 바와 같이 방위 방향 위상 변조는 두 번째 위상 항에서 나타난다. 위상은 방위 방향의 시간 η^2의 함수이고 계수는 선형 FM 변화율 $K_a \approx 2V_r/\lambda R_0$와 같이 작용한다. 마지막으로 방위 FFT를 취하여 각 거리 셀 단위로 거리/도플러 영역의 함수로 변환한다. 여기서는 방위 방향의 압축이므로 식 (11.75)의 첫째 항은 고정된 표적 거리에 의한 상수이므로 두 번째 방위 시간에 대한 위상 항이 중요하다. 방위 시간과 주파수의 관계는 $f_\eta = -K_a\eta$로 주어지므로 η 대신에 $\eta = -f_\eta/K_a$를 대입하면 식 (11.76)과 같다.

$$\begin{aligned} S_{rac}(t,\ f_\eta) &= FFT[s_{rc}(t,\ \eta)] \\ &= \underbrace{A_0 p_r(t - 2R_{rd}(f_\eta)/c) W_a(f_\eta - f_{\eta_c})}_{\text{영상 진폭 성분}} \times \underbrace{\exp\left[-j\frac{4\pi f_0 R_0}{c}\right]}_{\text{거리 위상 성분}} \underbrace{\exp\left[-j\pi\frac{f_{\eta^2}}{K_a}\right]}_{\text{방위 위상 성분}} \end{aligned} \tag{11.76}$$

위 식에서 첫째 위상 항은 표적에 대한 위상 항으로서 입체 위상 영상을 형성하는 인터페로메트리 (Interferometry)에 이용하거나 편파 영상 형성 (Plorarimetry)에 매우 중요한 성분이다. 두 번째 항은 방위 방향 변조 신호로서 선형 FM 변조와 동일한 특성을 나타난다. 거리 방향의 LFM 변조 신호는 송신기에서 의도적으로 발생시켜 보내는 신호로서 펄스 압축을 통하여 거리 셀을 압축하지만, 방위 방향의 LFM 신호는 SAR 플랫폼이 지나가면서 표적과 이루는 입사각에 따라 물리적인 현상으로 나타나는 도플러 신호의 변화가 우연하게도 동일한 LFM 파형의 형태를 가지고 있다는 것은 놀라운 일이다. 이렇게 거리 방향의 압축과 방위 방향의 압축을 통하여 분산된 표적 신호의 에너지를 임펄스 함수의 해상도 셀에 집속시켜서 영상을 형성하게 된다.

점 표적에 대한 거리 샘플 데이터와 방위 샘플 데이터를 시간축의 크기와 위상으로

그림 11.35에 2차원 초기 영상으로 예시하였다. 시뮬레이션 결과로서 거리 압축 결과는 거리와 방위 축으로 그림 11.36에 예시하였고, 방위 FFT 결과는 거리와 방위 주파수 축으로 그림 11.37에 예시하였다. 결과적인 표적의 영상은 그림 11.38과 같이 점 표적에

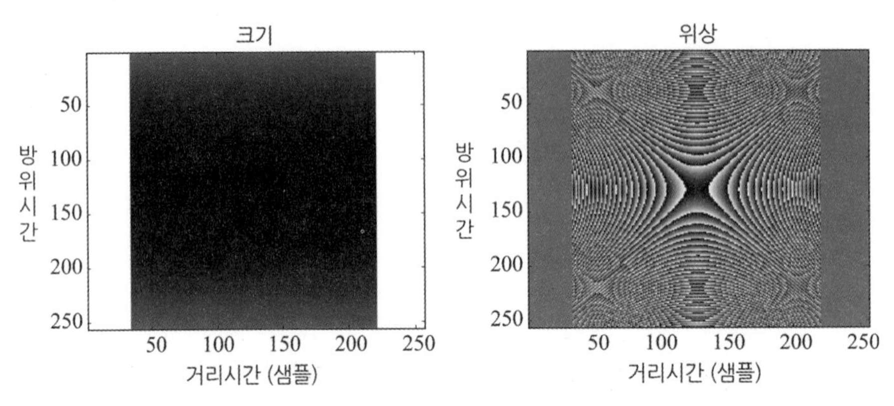

그림 11.35 SAR 거리/방위 시간 데이터 영상

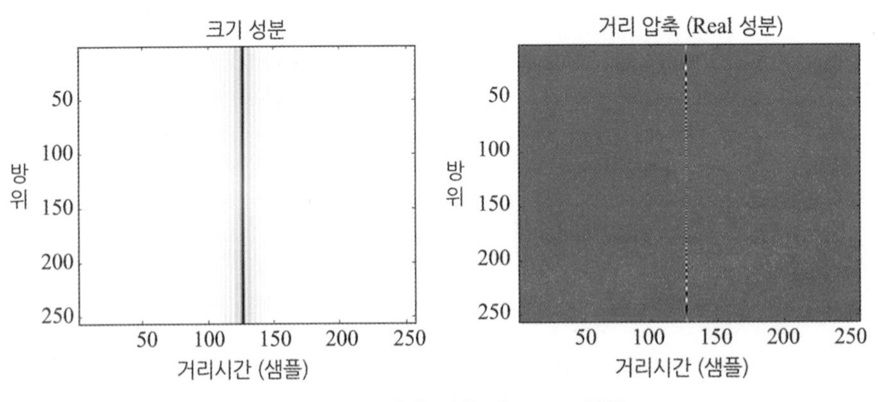

그림 11.36 거리 압축 후 SAR 영상

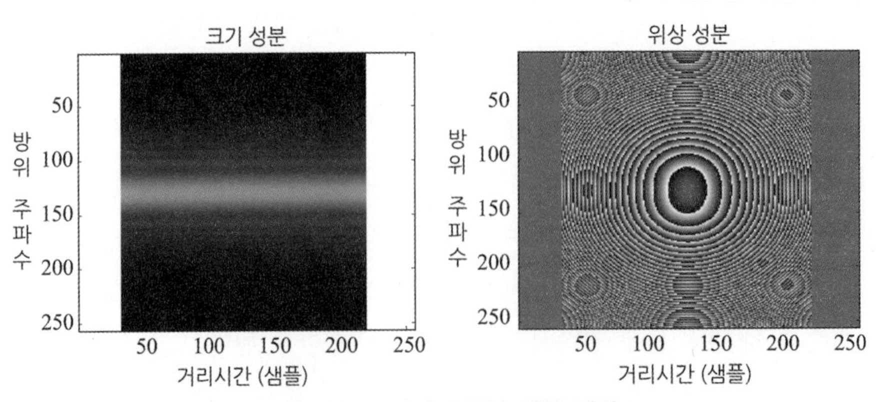

그림 11.37 거리/도플러 영상 처리

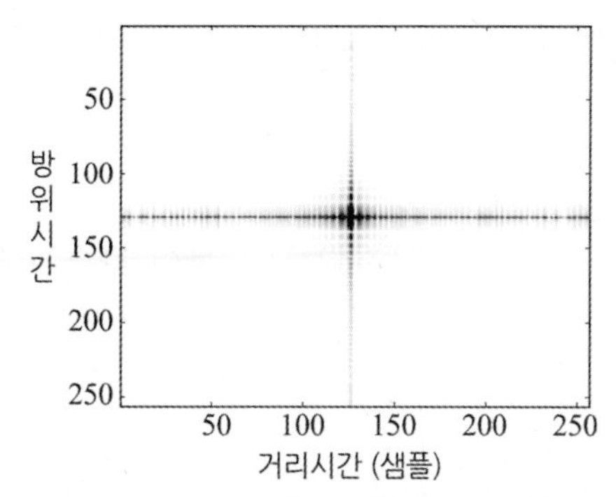

그림 11.38 최종 방위 압축 후 SAR 영상

그림 11.39 스트립 모드 SAR 영상 (서울 지역)

대한 거리와 방위 방향의 해상도로 볼 수 있다.

RDA 알고리즘을 이용한 SAR 영상 형성 시뮬레이션 결과 점 표적의 분해능을 살펴보면 거리와 방위 방향으로 부엽에 의한 영향이 있는 것을 알 수 있다. 마지막으로 이와 같은 점 표적에 대한 SAR 영상 형성 과정을 확대하여 지표면에 많은 해상도 셀의 수만큼 각각 거리 방향과 방위 방향의 영상 형성을 처리하면 일정한 관측 영역의 SAR 영상을 얻을 수 있다. 그림 11.39에 스트립 모드로 형성한 해상도 10 m의 RadarSat의 SAR 영상을 예시하였다.

11.6.6 SAR 영상 품질

(1) SAR 품질 파라미터

SAR 영상의 품질은 IRF (Impulse Response Function)를 추출하여 그 특성을 이용하

는 점표적 분석과 방사 해상도와 모호성, NESZ 등을 추정하기 위한 분산표적 분석으로 평가한다. SAR 영상의 원하는 품질을 얻기 위해서는 탑재체 및 플랫폼의 설계 파라미터를 분석하고 영상 품질에 대한 성능 평가 통하여 설계 변수들에 대한 정립이 필요하다. SAR 영상 레이다의 성능 변수로서 공간 해상도, 부엽 수준, 방사 성능, 모호성 특성 등이 있다.

(2) 임펄스 응답 함수

SAR 시스템을 선형 시스템으로 가정함으로써 그 성능을 임펄스 응답을 통하여 특성화시킬 수 있다. 임펄스 응답이란 시스템에 입력으로 임펄스를 가함으로써 얻을 수 있는 응답으로, SAR 시스템에서는 이 임펄스 입력을 지상의 수동/능동 검보정 장치를 통하여 얻을 수 있으며 이 응답을 통하여 시스템 응답을 측정할 수 있다. 공간 해상도, 최대 부엽레벨, 누적 부엽레벨 등의 많은 SAR 영상 품질 파라미터를 이런 점 표적(point target) 응답으로부터 측정할 수 있다.

(3) 공간 해상도

공간 해상도 (Spatial Resolution)는 그림 11.40과 같이 영상의 공간 해상도를 나타내는 성능 파라미터로 SAR 영상의 임펄스 응답에서 주엽의 최대치 3 dB 낮은 지점의 폭으로 정의되며, IRW (Impulse Response Width)로 표현된다. IRW의 −3 dB 지점은 식 (11.77)과 같이 표현할 수 있다.

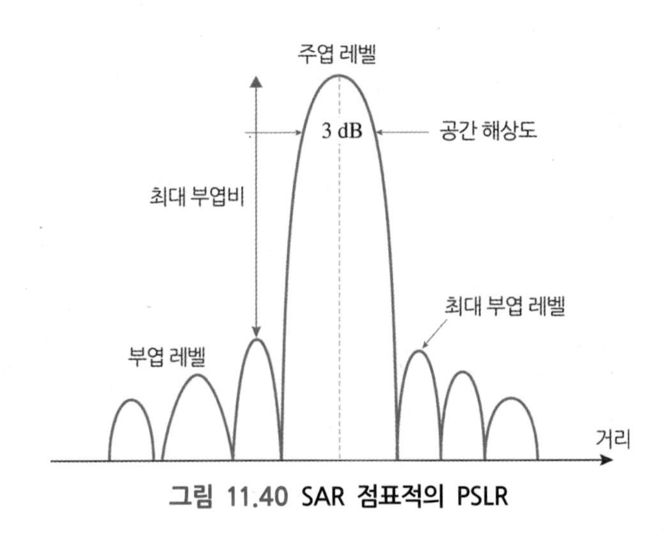

그림 11.40 SAR 점표적의 PSLR

$$[I_{\max}]_{dB} = [I_{3dB}]_{dB} + 3 \Rightarrow 10\log I_{3dB} + 3 \tag{11.77}$$

여기서 −3 dB 지점은 주엽의 최대치에서 에너지의 반에 해당하는 지점으로 이 지점의 주엽 폭을 측정함으로써 픽셀 또는 미터 단위의 공간 해상도가 결정된다.

(4) 최대 부엽 레벨

최대 부엽 레벨 (PSLR: *Peak SideLobe Ratio*)은 주엽의 최대치와 부엽의 최대치 비로 정의되며 dB 단위로 표현된다. 이론적으로 푸리에 변환에 의한 균일 분포의 스펙트럼 영역에서 싱크 함수는 그림 11.40과 같이 −13.3 dB의 PSLR를 가진다. SAR 시스템에서는 표적이 인접한 표적에 의해 영향을 받지 않도록 −13.3 dB보다 낮은 PSLR을 요구한다. 최신 SAR의 PSLR 레벨은 대략 −20 dB를 요구하며 이 레벨은 윈도우 처리를 통해 얻을 수 있다. 윈도우 처리는 PSLR 성능을 높일 수 있지만 반면에 IRW가 넓어지므로 공간해상도의 성능 저하가 발생한다.

(5) 누적 부엽비

부엽들의 전체적인 특성이 높은 경우에는 PSLR만으로 영상 성능을 판단하기는 부족하다. 임의의 구간 내에 있는 부엽 레벨이 누적된 ISLR (Integrated Sidelobe Ratio)을 통하여 성능을 평가한다. ISLR은 그림 11.41과 같이 주엽의 에너지 누적값과 부엽의 에너지 누적값의 비로 정의되며 식 (11.78)과 같이 표현할 수 있다.

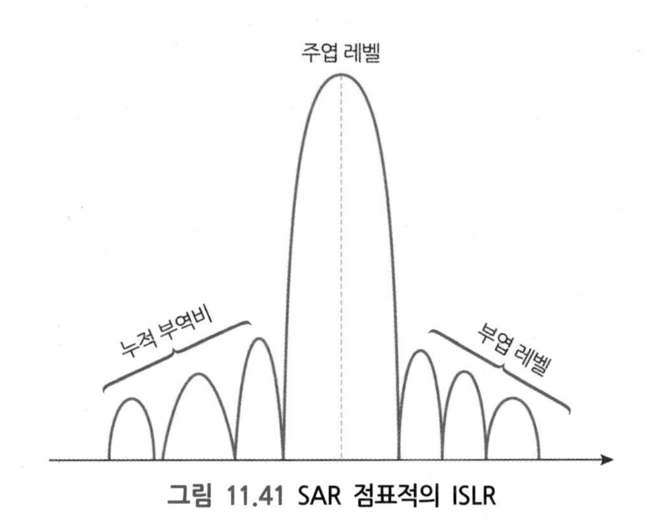

그림 11.41 SAR 점표적의 ISLR

$$ISLR = 10\log_{10}\left\{\frac{P_{total} - P_{main}}{P_{main}}\right\} \quad (11.78)$$

여기서 P_{total}은 전체 에너지, P_{main}은 주엽에 집중되어 있는 에너지이다.

(6) 방사 해상도

방사 해상도는 표적들을 픽셀 밝기 레벨로 구별할 수 있는 정도를 나타내는 지수로서 여러 종류의 후방 산란체를 구분하는 중요 파라미터이다. 특히 편파 특성을 이용하거나 표적 분류와 같은 표적 탐사에서 중요하다. 우수한 방사 해상도는 영상의 분석 정밀도 향상을 의미한다. 방사해상도는 영상에서 각 셀에 대한 신호 밝기 또는 반사도의 기대치를 통해 추정된다.

(7) 방사 정확도

방사 정확도 (Radiometric Accuracy)란 지상에서 반사된 신호를 영상화할 때 SAR 장비의 특성에 의해 본래 반사된 값이 변화될 수 있는데, 변화되는 값이 얼마나 정확하게 유지되는 정도를 나타내는 성능지수이다. 방사 특성을 분석하기 위해서 균질하고 방대한 지역 내에서 임의의 두 개 샘플 영역을 추출하고, 추출된 부분 영역의 후방산란계수에 대한 평균치와 표준편차를 비교함으로써 방사 정확도를 측정한다.

(8) 방사 안정도

방사 안정도(Radiometric Stability)란 방사 정확도와 유사하게 정의되며 측정 방식도 유사하다. 다른 시간대에 획득한 균질한 동일 지역에 대해 후방산란계수의 평균치와 표준편차를 통해 측정한다. 영상이 동일 지역에서 일정한 특성을 유지한다는 것은 플랫폼의 방사 성능이 안정적임을 의미한다.

11.7 위성 SAR 시스템

11.7.1 위성 SAR 시스템

위성 영상 레이다는 SAR를 위성에 탑재하여 궤도를 따라 비행하면서 고해상도의 지표면 전파 영상을 얻는 시스템이다. 위성 SAR 시스템은 그림 11.42와 같이 위성체, 발사체, 지상체로 나눌 수 있다. 위성체는 위성 본체와 탑재체, SAR 안테나, 태양전지판 등으로 구성된다. 발사체는 위성을 우주 궤도에 진입시키는 로켓으로 추진체와 탑재체로 구성되어 있다. 지상체는 위성 관제소와 수신 처리소로 구성된다. 위성 SAR 시스템의 운영은 위성이 궤도를 따라 운행하면서 지상 임무 관제소의 명령을 받아 SAR 레이다로부터 영상을 획득하고, 지상 수신 처리소로 자료를 전송한다. 이는 사용자의 운용개념에 따라 긴급, 우선, 평시 임무로 나뉘어 긴급도에 따라 영상을 직접 사용자에게 영상을 제공하거나 지상 수신 처리장치에서 저장한다. 영상 획득 모드는 그림 11.43과 같이 중해상도의 표준영상을 위한 스트립 모드, 저해상도의 광역 관측을 위한 스캔 모드, 그리

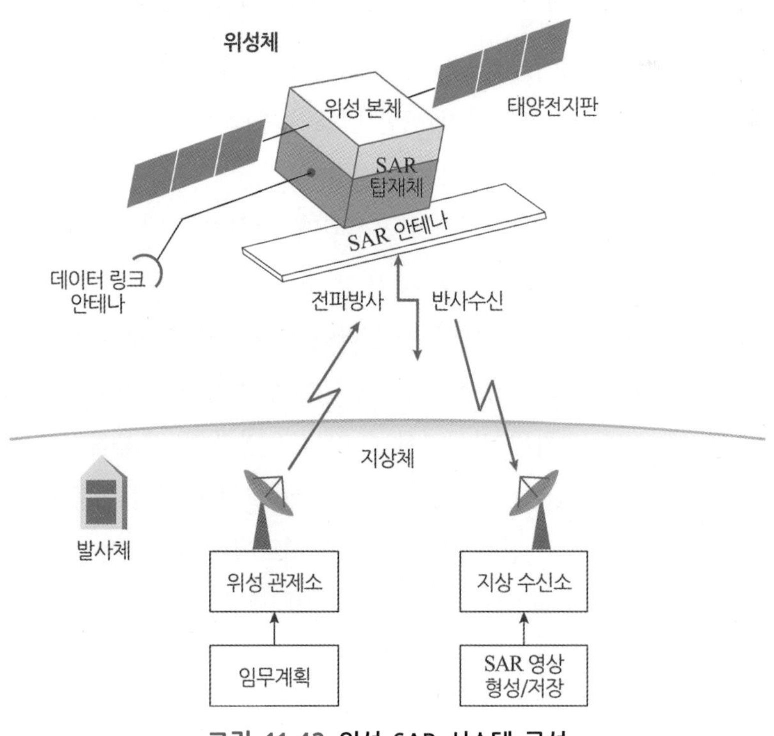

그림 11.42 위성 SAR 시스템 구성

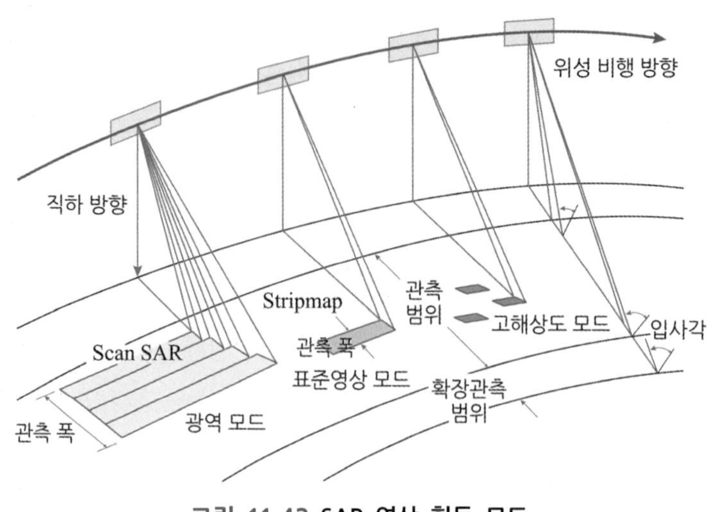

그림 11.43 SAR 영상 획득 모드

고 좁은 지역이지만 고해상도의 영상을 획득하는 스폿 모드 등으로 구분한다.

SAR 탑재체는 탑재 레이다 부분과 데이터 링크부로 나눌 수 있다. 레이다 부분은 안테나부, 초고주파 송수신부, 중앙 전자부로 구성된다. 안테나부는 위상배열 방사기, 급전기로 세분화할 수 있으며, 초고주파 송수신부는 송신기, 수신기, 그리고 주파수 발생기와 합성기로 이루어진다. 중앙 전자부에서는 탑재체를 제어하고 송신 신호를 생성하며, 데이터 송신에 필요한 데이터의 압축을 수행한다. 데이터 링크부에서는 데이터를 저장하고, 지상국으로 데이터를 송신하기 위한 변조와 증폭의 과정이 수행되며 최종적으로 데이터 링크 안테나를 통해 데이터를 송신한다.

지상체는 수신처리소와 임무관제소로 구성되며, 수신처리소는 지상 수신 안테나부, 데이터 수집, 전처리부, SAR영상 형성부, 영상 응용부로 구성된다. 영상 형성부에서 SAR 원시 데이터의 진폭과 위상 정보를 이용하여 신호를 압축함으로써 레벨 1의 기본 영상을 형성하게 된다. 이 기본 영상은 전파경로상의 보정이나 지구 기하적인 보정을 거친 다음, 스테레오 영상, 3차원 간섭영상, 모자이크 영상 등 활용목적에 따라 다양한 정보를 추출할 수 있게 된다. SAR 반사 신호의 진폭 크기 정보를 이용하면 표적 인식, 변화 감지, 스테레오 지도 등을 만들 수 있고, 인터페로메트리를 이용한 위상 정보를 이용하면 DEM (*Digital Elevation Map*) 정밀 고도 정보 추출은 물론 더욱 정밀한 변화 탐지, 분류 등에 이용할 수 있다.

11.7.2 주요 위성 SAR 현황

(1) 미국 NASA JPL

미국은 1978년에 세계 최초로 고도 800 km, 해상도 25 m, 관측 폭 100 km의 특성을 갖는 SEASAT을 개발하였다. 이후 1981년과 1984년에 개발된 SIR-A/B를 우주왕복선에 탑재하여 기술을 검증하였으며, C 밴드의 SAR (미국 개발)와 X 밴드의 SAR (유럽 개발)를 동시에 탑재한 SIR-C/XSAR를 개발하였다. 2000년에 그림 11.44와 같이 우주왕복선에 SAR를 탑재하여 SRTM 프로젝트를 통하여 세계 최초로 지구 남북반구 ±60° 지역에 대한 지표고도맵 DEM을 생성하였다.

그림 11.44 우주 왕복선 SAR (SRTM-NASA)

(2) 유럽 우주국 ESA

1991년에 유럽에서는 유럽 우주국 (ESA)이 주축이 되어 ERS-1 위성을 처음으로 개발하였다. 이 위성에는 C 밴드 SAR 센서인 AMI (*Active Microwave Instrument*)가 탑재되었으며 수평 편파 기술을 적용하였다. ERS-1의 후속 위성으로 거의 동일한 기능, 성능, 궤도 특성을 갖는 ERS-2를 1995년에 발사하였으며, 지구 환경 탐사 목적의 대형 ENVISAT 위성에 ASAR를 탑재하여 2002년에 발사하여 현재 운용 중이다. ENVISAT 위성은 T/R 모듈 및 능동형 안테나를 채택하여 다중 모드, 다중 편파 영상 및 광대역

(a) ERS-2

(b) ENVISAT

그림 11.45 ERS-2와 ENVISAT 위성 SAR (유럽)

관측이 가능하다. ERS-2 위성과 ENVISAT 위성 형상은 그림 11.45(a), (b)와 같다.

(3) 캐나다 위성 SAR

캐나다는 자국의 SAR 영상 수요와 해외 판매를 목적으로 최초의 상용 SAR 위성인 RADARSAT-1을 1995년에 발사하여 운용하였다. RADARSAT-1은 10 m 급 해상도, 500 km까지의 넓은 관측 폭, 17~50도의 넓은 입사각 범위 등 우수한 성능을 보유하고 있다. 또한 후속 모델인 RADARSAT-2는 그림 11.46과 같이 RADARSAT-1의 수명이 끝나던

그림 11.46 RADARSAT-2 (캐나다)

1998년 이후부터 개발을 시작하였으나 개발 과정에서 미국과의 역할 분담 및 사업자 변경 등으로 인해 10여 년 가까이 지연되었다가, 2007년 12월에 성공적으로 발사되었다. 이 위성은 대표적인 상용 SAR 위성으로 3 m 급 영상 해상도와 완전 다중 편파 기능을 제공하며 스캔 방식의 광역 관측 기능을 가지고 있다.

(4) 독일 위성 SAR

독일은 과거 SIR-series 기술 개발 경험을 토대로 SAR-Lupe는 독일 국방부에서 주도하여 1 m 이하의 초고해상도의 목표물 식별 목적으로 5개의 소형 SAR 위성을 위성군 형태로 운용함으로써 짧은 재방문 주기 특성을 가진다. 현재까지 SAR-Lupe 시리즈의 첫 번째 위성이 2006년 12월에 발사되었으며, 2008년 7월 22일까지 모두 5개의 소형 SAR 위성을 궤도에 올려 성단으로 운용하고 있다. 또한 독일은 2007년 6월 15일에 그림 11.47과 같이 1 m 급의 고해상도 상용 위성인 Terra SAR-X를 발사하여 운용하고 있다. 전자빔 조향 기능을 보유하여 넓은 관측 영역과 빠른 전자빔 조향이 가능하고 다중 편파, GMTI 기능 등을 시험 모드로 보유하고 있다. 2010년 6월 21일 발사한 TanDEM-X는 Terra SAR-X의 후속 모델로 인터페로메트릭 SAR를 사용하여 지표고도맵 DEM 정보를 제공하고 있다.

그림 11.47 Terra SAR-X (독일)

(5) 이탈리아와 이스라엘 위성 SAR

이탈리아에서는 이탈리아 우주국과 국방부가 주관하여 COSMO-SkyMed 위성 4개를 개발하였으며, 2007년 6월 7일에 첫 번째 시리즈를 발사하였고 2호기는 2007년 12월, 3호기는 2008년 10월, 마지막 4호기는 2010년 11월 6일에 각각 발사되어 운용하고 있다. 이탈리아 최초의 고해상도 군사위성으로 그림 11.48과 같이 능동배열 안테나를 적용한 다중편파 레이다로 1 m 급의 고해상도 영상을 획득할 수 있다. 이스라엘은 2000년 중반부터 SAR 위성인 TecSAR를 개발하여 2008년 1월에 발사 성공하였다. TecSAR는 1 m 이하의 고해상도 영상을 제공하며, 소형 경량 목적으로 우산 형태의 반사경 안테나를 사용하고 위상배열 안테나를 사용하는 다른 위성과 달리 제한된 빔 조향 범위를 갖고 있다.

그림 11.48 COSMO-SkyMed (이탈리아)

(6) 러시아 위성 SAR

러시아에서는 1991년에 Almaz-1을 발사하였으며, 이는 우주정거장 MIR와 비슷한 고도인 275 km에서 태양 비동기 궤도로 운용되었다. 전자빔 조향 방식을 이용하여 입사각 범위를 가변할 수 있다. S 밴드로 1 ~ 2 m 급 해상도를 갖는 KONDOR 위성과 2개의 SAR 탑재 위성과 2개의 광학센서 탑재 위성을 위성군으로 운용하는 SMOTR 사업을 추진하고 있다. SMOTR은 X 밴드와 C 밴드에서 멀티 모드로 동작하며, 해상도는 1 ~ 15 m 정도이다.

(7) 일본 위성 SAR

일본은 1992년 단일 플랫폼에 SAR와 전자광학센서를 탑재한 JERS-1을 개발하였으며, 2006년 1월 그림 11.49와 같이 ALOS 위성을 발사하여 운용 중이다. ALOS의 SAR 탑재체인 PALSAR (*Phased Array L-band SAR*)는 L 밴드로서 다중 편파를 적용하였으며, 광역 감시 모드일 경우 350 km의 관측폭을 가지며, 최대 해상도는 7 m이다.

그림 11.49 ALOS-PALSAR (일본)

(8) 인도와 중국 위성 SAR

인도 우주국은 다중 모드 SAR 위성인 RISAT을 개발하여 2009년 4월에 발사 운용 중이다. C 밴드 주파수로 다중 편파를 적용하였으며, 스폿라이트 모드일 경우 2 m 이내의 해상도를 제공한다. 중국은 첫 번째 위성 SAR인 RRS-1을 2006년에 개발하였으며, 2006년부터 2010년까지 계획에 따라 2번째로 SAR 위성을 개발하였다.

(9) 한국 위성 SAR

국내에서는 1990년대 중반부터 주로 광학 카메라 탑재체를 다목적 실용 위성에 탑재하는 아리랑 위성 1, 2, 3호 시리즈를 개발하여 왔다. SAR 탑재체는 국가적인 SAR 위성 개발 필요성이 대두되어 1990년대 중반부터 위성 SAR 프로젝트를 시작하여 해외 기술협력을 통하여 상당한 수준의 위성 SAR 기술을 확보하였으나 1990년대 말 IMF 사태 등으로 중지되었다. 2000년 중반에 다시 개발을 추진하여 2013년 8월 22일에 아리랑

그림 11.50 아리랑 위성 5호 (KOMPSAT-5)

위성 KOPMSAT 5호에 국내 최초로 영상 레이다 SAR 탑재체를 싣고 그림 11.50과 같이 위성을 성공적으로 발사하였다. 위성의 고도는 550 km에서 태양동기궤도로 운용된다. SAR 탑재체의 주파수는 X 밴드이며, 능동위상배열안테나와 다중 편파를 적용하고 있다. 영상 관측폭은 5 ~ 100 km 범위에서 영상모드에 따라 1 ~ 20 m의 해상도를 가지고 GOLDEN* 활용 임무를 수행한다.

이상에서 살펴본 바와 같이 2010년을 기점으로 유사 이래 가장 많은 SAR 위성들이 저궤도에 진입함으로써 SAR 전성 시대를 맞고 있다. 전 세계적인 기상 이변으로 지구 자연 재해 감시는 물론 지구 자원 탐사 등의 활용에 SAR가 점차 확대되고 있다.

11.8 SAR 영상 활용

11.8.1 활용 분야

SAR는 구름이나 비와 같은 기상 조건이나 일조 현상에 관계없이 전천후로 고해상도 영상을 제공하므로 위성, 항공기 및 무인기에 탑재하여 응용 분야에 따라 광범위하게

* GOLDEN의 약어 : G = GIS(Geographic Information System), O = Ocean Management, L = Land Management, D = Disaster Monitoring, EN = ENvironment Monitoring

활용되고 있다. 활용 분야는 크게 과학기술, 민수 및 군사 응용 분야로 나누어진다. 과학기술 분야에서는 지표면 탐사, 지도 제작, 생태계 연구, 산림 황폐화 연구, 해양 연구 등에 활용되며, 민수용으로는 지진, 화산, 산불, 홍수 등 자연 재해 감시와 기름 유출, 공해감시, 자원관리, 농업, 산림 분포 등에 많이 활용된다. 특히 군사 응용 분야는 국경 감시, 군사 시설 탐지, 군사 표적물 이동, 군함 탐지, 표적 식별, 군사 입체지도 작성, 공격성과 분석 등에 활용된다. SAR의 활용 분야는 표 11.5에 요약하였다. 대표적인 SAR 영상 활용은 분야별로 그림 11.51 ~ 11.53에 예시하였다.

SAR 영상은 사용 목적에 따라 환경 감시, 입체영상, 지도 제작, 숲 및 지표면 투과 탐지, 변화 탐지, 적 탐지 식별, 적 동태 및 침투 감시, 항법 및 유도 등의 응용분야에 주로 활용된다. 환경 감시 분야에서 SAR 영상은 산림 벌목, 훼손 및 산불 피해조사, 해양 기름 유출 탐지, 자연재해 감시, 해류 흐름 관측, 빙하지역의 눈, 얼음 분포와 특성

표 11.5 SAR 활용 분야

민수 분야	군사 분야	과학기술 분야
• 선박/해안경비 감시 • 환경/공해 감시 • 농업/산림 분포 • 국토 개발/빙하 관측 • 산불 감시/지진 피해 • 원격 탐사 • 인체 의료 사진	• 국경 지상/해역 감시 • 군사 표적 정찰 • 군사 표적 이동 • 함정/선박 탐지 • 위성/전투기 탑재 • 정밀 표적 식별 • 군사 입체지도 작성	• 항공/위성 관측 • 지표면 탐사 • 해양 관측 • 생태계 연구 • 산림 황폐하 연구 • 빙하 관측 • 지진 관측

(a) 쓰나미 전 영상　　　　(b) 쓰나미 후 영상

그림 11.51 SAR 과학기술 활용 (천재지변, 일본 센다이 지역)

그림 11.52 SAR 민수 활용 (산불 감시, 미국 캘리포니아 지역)

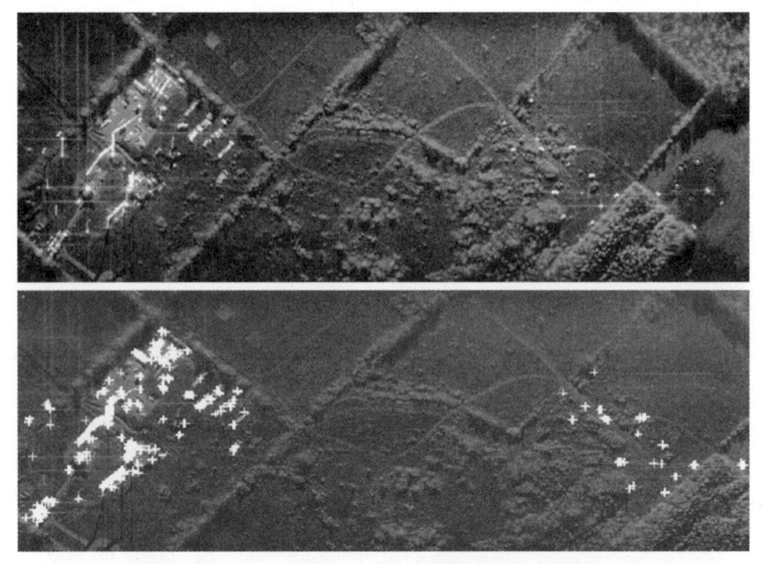

그림 11.53 SAR 군사 활용 (표적 식별)

분석, 농작물의 종류, 발육 상태, 토양 수분 및 재배면적 탐지 등에 사용되고 있다. 고해상도 위성 영상을 이용한 수치지도 제작 및 갱신은 종래의 지상측량 및 항공 사진 측량에 비해 광역 지역을 빠른 시간에 효과적으로 처리할 수 있으며 그래픽 시뮬레이션 수행을 통해 임의 방향의 3차원 조감도를 제작할 수 있다.

이를 바탕으로 도심지 각종 인공 구조물 지도화, 인터페로메트리를 이용한 3차원 입체 영상, 지도 제작 등에 사용되고 있다. 또한 숲 또는 지표면에 대한 투과 탐사를 통해 지하 고대 유적 및 지하수 매장 탐지, 위장 또는 은폐되어 있는 표적 탐지, 지하매설 전기선 등에서도 영상 활용이 가능하다. 이 밖에도 트럭, 탱크, 미사일 등 표적 이동 탐지와 고정 표적 변화 및 군부대 이동 변화 탐지 등에 활용되는 변화 탐지 분야와 특수 표적물 탐지, 분류, 식별, 작전 지역의 공격 성과도 판별, 자연 지형과 군사적인 인공구조물 식별 등에 활용되는 표적 탐지, 식별 분야, 그리고 국제 규범에 위반하는 밀수선박 감시, 국경 및 해안선 항구 감시, 적의 핵무기 및 생화학 무기 동태 감시 등 다양한 분야에 활용될 수 있다.

11.8.2 활용 기술

(1) 고도 정보 추출 (Interferometry)

SAR 활용을 위한 최신 기술로 정밀 고도 정보를 얻을 수 있는 인터페로메트리 기술이 있다. 이 기술은 두 장 이상의 복소수 SAR 자료에서 위상차 정보를 이용하는 기술로써 고해상도의 고도 정보를 추출할 수 있으며 지표면의 지각 변동, 해수면 및 빙하의 이동검

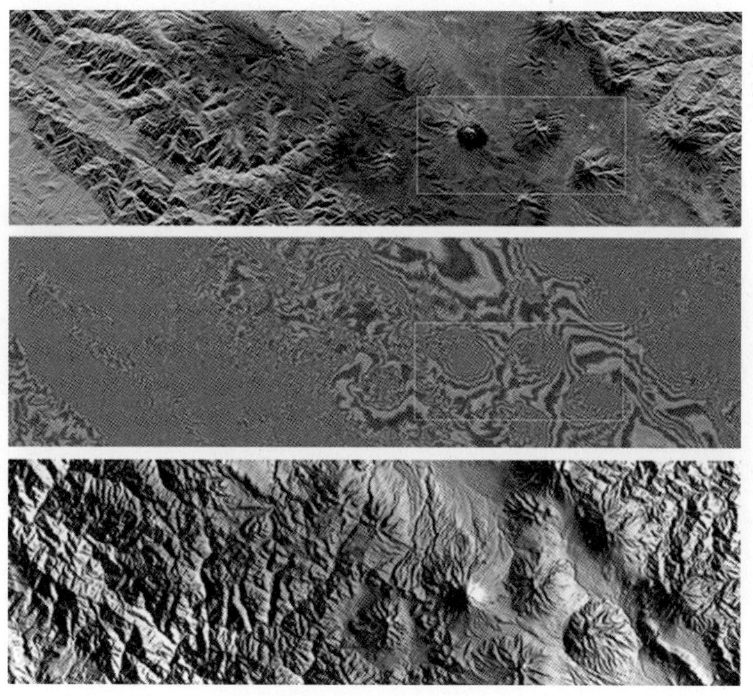

그림 11.54 SAR 인터페로미터 활용 (DEM, 디지털 고도 지도)

출, 선박 및 지표면 이동 표적의 속도 정보를 추출할 수 있다. 이를 위해서는 그림 11.54와 같이 두 개의 SAR 센서를 운용하여 두 장의 SAR 영상 자료를 획득해야 하며 두 개의 안테나를 동시에 비행체에 탑재하여 한 안테나는 송수신을, 다른 하나는 수신만을 담당하는 형태로 운영할 수 있으며, 하나의 시스템을 시간적인 차이를 두고 비슷한 비행 궤도를 재현하여 두 장의 SAR 영상 자료를 획득할 수 있는 방법 등이 있다. 지표고 도맵 DEM을 생성할 수 있으며 SRTM에서 획득한 지구 주요 지역의 고도 자료는 미국에서 2000년도에 우주 왕복선을 이용하여 수행하였다.

(2) 지상 이동 표적 탐지 (GMTI)

GMTI (*Ground Moving Target Indicator*) 기술은 위성에서 지상의 이동 물체를 탐지하는 기술로 일반적인 SAR 영상은 고정된 지형 형상을 영상화하지만 GMTI는 그림 11.55와 같이 도로상의 이동 물체나 해상의 선박과 같이 이동하는 물체를 탐지하여 식별하는 데 매우 유용하다. 어느 한 지역을 비행체의 속도에 따라 시간차를 달리하여 SAR 자료를 얻고, 위상차를 이용하여 물체의 속도를 구할 수 있다. ATI (*Along Track Interferometry*) 기술은 주로 해류의 속도 벡터를 구하거나 지상의 이동 표적을 탐지 하는 GMTI 기술에 적용되고 있다. 이동 표적 탐지를 위한 GMTI 기술은 위성 SAR의 플랫폼 이동으로 인해 고정 클러터가 도플러 변위를 가지므로 저속의 이동 표적을 탐지할 경우 제한적일 수 있다.

그림 11.55 SAR GMTI 활용 (자동차 교통 이동 속도 모니터링)

(3) 다중 편파 식별 (Polarimetry)

다중 편파 기법은 전자파의 편파에 따른 산란 특성을 이용하여 입사파의 편파와 산란되어 수신되는 편파의 순서에 따라 HH, HV, VH, VV의 네 가지 편파 모드로 표현된다. 기존의 위성 SAR들은 HH 또는 VV 중에서 한 가지 편파로 고정되었으나 ENVISAT을 비롯한 RADARSAT-2, PALSAR, Terra SAR-X, COSMO-Skymed와 같이 최신 위성에서는 대부분 다양한 편파 특성을 가지는 영상을 획득할 수 있는 기능이 있다. 네 가지 편파 모드 중에서 HH, VV 두 개를 선택할 수 있는 이중 편파 (Dual Polarization) 또는 모든 교차 편파를 얻을 수 있는 Quadrature-Polarization 기술을 적용하고 있다. 지표면의 매질에 따라 편파에 의한 산란 특성이 다르기 때문에 다중 편파 SAR 기술은 주로 지표 분류 기술에 많이 응용되고 있다. 또한 다중 편파 SAR 영상은 그림 11.56과 같이 각 편파 밴드에 따라 색상을 할당하여 단조로운 그레이 레벨의 SAR 영상에서 광학 영상과 같은 컬러 정보를 제공할 수 있다.

(a) X 밴드 HH 편파 (b) X 밴드 HH, VV, HV

그림 11.56 SAR 편파 활용 (지형지물의 반사 특성 식별)

(4) 저피탐 영상 (Bistatic SAR)

다중 분리형 레이다는 수신용 레이다를 분리하여 서로 다른 지역에서 송수신을 하게 함으로써 일체형에서 확보하지 못하는 정보를 획득하거나 송신기의 위치를 공격하는 전자파 방해에 대한 저피탐 회피 기술로 활용할 수 있다. 그러나 기술적으로 다중 분리형 레이다는 다양한 각도의 정보를 얻을 수 있다는 장점이 있는 반면에 레이다 시스템의

그림 11.57 SAR Bi-Static 영상 (항공기 탑재 SAR)

정밀 동기화 문제가 있으며, SAR 영상 형성 처리를 위하여 송신 레이다의 움직임과 수신 레이다의 움직임을 각각 기록한 후 영상 처리해야 하므로 정밀한 SAR 영상 형성 과정이 복잡하다. 여러 가지 해결해야 할 운용 요소들이 많기 때문에 현재 연구 개발 단계에서 진행되고 있다. 그림 11.57에 분리형 SAR 영상을 예시하였다.

(5) SAR 기술 발전

최근 개발 중인 위성 SAR에 적용되고 있는 기술 추세는 능동위상 배열 안테나를 이용한 다중 영상 모드와 디지털 빔 형성 (Beam forming) 기술, 정밀 표적 식별 및 이동 표적 탐지 등이다. 주요 기술은 정밀 표적 식별을 위한 초고해상도 기술과 이동 표적 탐지 기술, 다양한 주파수와 편파를 이용한 표적 분류 기술, 입체영상 제작과 정밀 고도 정보를 위한 인터페로메트리 기술, 짧은 재방문 주기를 위한 다수 위성의 성단 (Constellation) 운영 기술, Bi-Static 또는 Multi-Static SAR 기술 등으로 발전하고 있다. 시스템 개발 측면에서는 저가의 소형 위성을 단기간에 개발하는 저궤도 위성 방향으로 추진되고 있다.

다중 모드 기법은 원하는 지역 및 표적의 영상을 빔 조향 안테나를 이용하여 표준영상 모드, 광역감시 모드 및 고해상도 모드 등의 다양한 모드별 영상을 획득할 수 있는 기술이다. 전자광학 센서의 경우 고해상도 영상은 획득할 수 있지만 광역감시 및 고해상도 모드를 동시에 운용하기 어렵다. 그러나 SAR 센서는 전자적으로 빔을 조향하고 송수신 파형을 적절하게 변형시켜 응용 목적에 적합하도록 해상도와 관측폭을 조정할 수 있기 때문에 활용 분야에 다양성이 있어 영상 수요나 활용이 더욱 증가될 것이다. 다중 편파 기법은 전자파의 편파에 따른 산란 특성을 이용하여 입사파의 편파와 산란되어 수신되는 편파를 HH, HV, VH, VV의 4가지 조합으로 Quadrature-Polarization 기술을 적용하는 추세이다. 인터페로메트릭 SAR 기술로서 최근 발사된 TanDEM-X는 듀얼 위성으로 인터페로메트리 영상을 얻을 수 있다. 또한 탑재체의 진행 방향에 수직으로 두 개의 안테나를 동시에 탑재하여 XTI (*Across-Track Interferometry*) 기술과 진행 방향에 따라 ATI를 이용한 이동 표적의 속도 측정 기술은 최근에 개발되어 시험적으로 적용하고 있다.

지상의 이동 표적을 탐지하는 GMTI 기술은 위성 SAR에서 중요하며 상용으로 광범위한 지역의 고속도로 교통량 감시에 활용할 수 있다. 최근에는 다중 채널 안테나를 통해 시간과 공간적인 처리를 동시에 수행하여 표적의 탐지 확률을 향상시킬 수 있는 STAP (*Space-Time Adaptive Processing*) SAR 기법이 디지털 배열 안테나와 디지털 빔 형성 기술과 함께 발전하고 있다.

현대에는 기후 변화로 인한 기상 이변으로 세계에 지진과 화산 폭발, 홍수, 가뭄 등과 같은 자연재해가 급증하고 있다. 따라서 재난이 빈번한 지역에 대한 신속하고 정밀한 전천후 고해상도 SAR 역할이 더욱 중요해지고 있다.

그림 출처

- 그림 11.44 우주 왕복선 SAR (SRTM-NASA) [출처: Wikimedia & http://www.jpl.nasa.gov]
- 그림 11.45 ERS-2와 ENVISAT 위성 SAR (유럽) [출처: Wikimedia Commons Images]
- 그림 11.46 RADARSAT-2 (캐나다) [출처: Google Image]
- 그림 11.47 Terra SAR-X (독일) [출처: Google Image & DLR Homepage]
- 그림 11.48 COSMO-SkyMed (이탈리아) [출처: Google Images]
- 그림 11.49 ALOS-PALSAR (일본) [출처: Google Images]
- 그림 11.50 아리랑 위성 5호 (KOMPSAT-5) [출처: KARI 공공누리 허가]
- 그림 11.51 SAR 과학기술 활용 (천재지변, 일본 센다이 지역) [출처: Terra SAR-X영상]
- 그림 11.52 SAR 민수 활용 (산불 감시, 미국 캘리포니아 지역) [출처: NASA JPL UAVSAR 영상]
- 그림 11.53 SAR 군사 활용 (표적 식별) [출처: IEEE SAR Tutorial]
- 그림 11.54 SAR 인터페로미터 활용(DEM, 디지털 고도 지도) [출처: SRTM-SAR 영상]
- 그림 11.55 SAR GMTI 활용 (자동차 교통 이동 속도 모니터링) [출처: IEEE SAR Tutorial]
- 그림 11.56 SAR 편파 활용 (지형지물의 반사 특성 식별) [출처: ASF Tutorial]
- 그림 11.57 SAR Bi-Static 영상 (항공기 탑재 SAR) [출처: MetaSensing Image]

CHAPTER 12

레이다 대전자전

12

레이다 대전자전

12.1 개요

레이다는 전파 에너지를 방사하고 수신하는 능동 센서이므로 주변 무선국의 전자파 간섭이나 재밍과 같은 의도적인 전파 방해에 취약하다. 레이다는 전파를 방사하여 표적에서 반사되는 에코를 탐지하고 식별하는 고유한 기능을 가지고 있는 반면, 전자전은 레이다의 표적 탐지를 방해하기 위하여 의도적으로 재밍 전파를 방사하여 레이다가 정상적으로 동작하지 못하도록 하는 기능을 가지고 있다. 따라서 레이다와 전자전 EW (*Electronic Warfare*)는 창과 방패의 관계이다. 전자전의 ECM (*Electronic Countermeasures*)은 전자기파로 레이다를 방해하거나 공격하는 기술이며, 레이다의 대전자전 ECCM (*Electronic Counter-Countermeasures*)은 전자전에 의한 레이다의 방해나 공격을 방어하는 기술이다. 레이다와 전자전은 모두 동일한 전자기파 도메인에서 시간, 공간, 주파수, 편파 등의 4차원 정보를 공유하면서, 레이다는 가능한 상대에게 노출되지 않도록 정보를 가변시키며, 전자전은 레이다 정보를 식별하여 의도적으로 레이다에게 재밍을 가하여 방해하려고 서로 경쟁하고 있다. 이와 같은 의도적인 전자파 방해와는 달리 전자파 간섭 EMI (*Electromagnetic Interference*)는 의도적이지 않게 레이다 주변에서 방사하는 레이다나 통신 중계국과 같은 무선통신기기에 의하여 운용 중인 레이다에게 전자파 방해를 주는 현상을 의미한다. 또한 전자파 적합성 EMC (*Electromagnetic Compatability*)는 전자 통신 기기가 주변의 의도하지 않은 전자기파의 방사로 인하여 주어진 성능이 허용 범위를 벗어나지 않고 동작하는 능력을 의미한다. 12장에서는 레이다를 방해하는 전파 간섭과 전자전 재밍을 먼저 설명하고, 전자전에 대응한 레이다의 대전자전 방어 기법과 최신 저피탐 (LPI) 레이다와 분산형 레이다 등에 대한 기술을 소개한다.

12.1.1 전자전과 대전자전 분류

전자전과 대전자전 기술은 그림 12.1과 같이 전자 지원 (ES: *Electronic Support*)과 전자 공격 (EA: *Electronic Attack*), 그리고 전자 방어 (EP: *Electronic Protection*)로 분류한다. 종전에는 전자전 지원을 ESM (*Electronic Support Measure*), 전자전 공격을 ECM, 전자전 방어를 ECCM이라는 용어로 사용하였다. 원래 전자전 공격 (ECM)에는 대 방사 미사일 (ARM: *Anti-Radiation Missile*)이나 고출력 마이크로웨이브 또는 고출력 레이저가 포함되지 않았으나 최근에 고출력 전자기 펄스 (EMP: *Electromagnetic Pulse*)의 위협이 증가하면서 새로운 전자 공격의 수단으로 포함되었다. 전자 지원은 전자기파를 사용하는 레이다나 통신장비 등의 신호를 수집하여 상대 장비의 형식과 운용 모드 등에 관한 세부 정보를 식별하는 수단을 의미한다. 이와 유사하게 상대방의 정보를 수집하는 신호정보 (SIGINT: *Signal Intelligence*)는 신호의 종류에 따라 전자정보 (ELINT: *Electronic Intelligence*)와 통신정보 (COMINT: *Communications Intelligence*)로 분류한다. 전자 공격은 상대의 레이다 또는 통신장비에게 전파를 이용하여 방해를 하는 재밍, 알루미늄 박막이나 금속 섬유유리 등을 이용하여 거짓 표적으로 유인하는 채프, 적외선 탐지기 (IR Seeker)를 교란하는 적외선 화염, 대 방사 유도탄, 고출력 초고주파 또는 레이저 등이

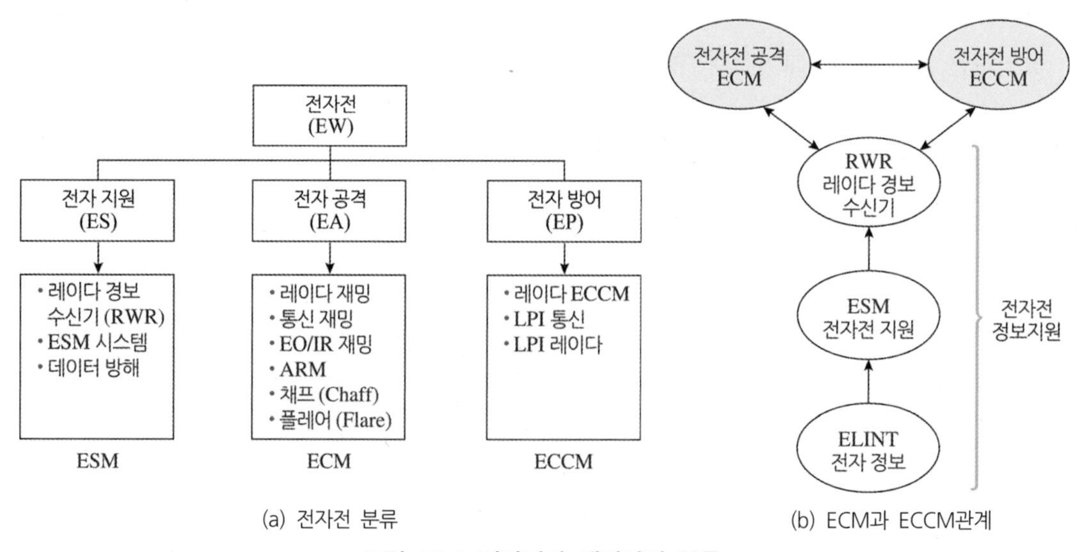

(a) 전자전 분류 (b) ECM과 ECCM관계

그림 12.1 전자전과 대전자전 분류

모두 전자 공격 범위에 포함된다. 마지막으로 전자전 방어는 ECCM으로 잘 알려진 기능으로서 대부분 레이다를 보호하기 위한 수단으로 레이다 자체의 안테나, 송수신기, 파형, 신호처리 방법 등을 이용하여 스펙트럼이나, 시간, 공간에서 전자파 공격에 대한 방어와 회피를 하는 모든 수단을 의미한다. 대전자전 방어 전용의 특수한 레이다는 저피탐 (LPI) 레이다, 다중 분리형 (Bi & Multi-Static) 레이다, 수동형 (Passive) 레이다, 다중입출력 (MIMO) 레이다, 소프트웨어 기반 레이다 (SDR) 등이 있다.

12.1.2 전자기파 스펙트럼 분류

자연계에 존재하는 전체 주파수 스펙트럼 대역은 1장 4절에서 설명한 바와 같이 초저주파 (VLF), 저주파 (LF), 고주파 (HF, VHF), 초고주파 (UHF), 극초고주파 (SHF), 적외선 (IR), 가시광선 (Visible), 자외선 (UV), X-선 (X-Ray), 우주선 (Cosmic Ray) 등으로 구분한다. 이 중에서 전자기파 영역의 주파수 스펙트럼은 전체 주파수 대역 중에서 주로 마이크로 및 밀리미터 파장 대역이다. 최근 주파수 대역이 고갈됨에 따라 100 GHz 이상 수백 GHz의 테라 대역 (Tera Hertz)으로 활용이 확장되고 있다. 전자전에서 관심있는 주파수 대역은 대부분 항공기나 전투기 탑재 레이다와 지상 대공 탐색 레이다와 미사일 방어 레이다 대역이다. 레이다 주파수 대역은 3 MHz (HF)에서 300 GHz에 이르기까지 매우 광범위한 스펙트럼 영역에 분포되어 있으나 대부분 군용으로 사용하는 대역은 주로 30 MHz에서 35 GHz 범위이다. 주요 주파수 대역은 표 1.3과 같이 HF, VHF, UHF, L, S, C, X, Ku, K, Ka, V, W로 분류한다. 파장 단위로 구분하면 미터 파, 센티미터 파, 밀리미터 파 등으로 구분할 수 있다. 레이다 주파수는 ITU-R에서 국제 표준 레이다 주파수와 사용 대역폭을 규정하고 있다. 일반적으로 통신에서 대역폭이 넓으면 정보를 보낼 수 있는 능력이 높다는 의미로 사용하지만 레이다에서 대역폭이 넓으면 거리 해상도를 높일 수 있는 능력으로 사용한다. 일반적으로 용도가 많은 낮은 주파수 대역은 허용 대역폭이 비교적 좁고 사용자가 많아서 점점 포화되고 있다. X 밴드와 같이 높은 주파수 대역은 대부분 레이다에 할당되어 있으며 약 2.2 GHz의 허용 대역폭을 점유하고 있다. 최근에는 근거리 활용으로 40 ~ 75 GHz의 V 대역과 75 GHz ~ 110 GHz의 W 대역의 사용이 증가하고 있다. W 대역은 파장이 짧아 감쇄가 심하므로 근거리의 자동차나 선박, 공항 노면 등 물체 간의 충돌 방지 용도로 활용된다. 레이다는 대부분이 군용으로 많이 개발되어 왔기 때문에 지상 무기, 함정, 전투기 등의 고해상도 레이다에서 대부분 광대역의 주파수를 사용하고 있으며, 최근에는 인공위성이나 항공기, 무인 항공기에 탑재하는 영상 레이다 (SAR)에서 초고해상도의 영상 요구가 증가함에 따라 500 ~ 700 MHz의 제한 대역폭을 1 GHz 이상으로 확장하고 있다.

12.1.3 주요 레이다 주파수 대역

레이다에서 주로 많이 사용하는 주요 주파수 대역은 UHF에서 Ka 대역이며 대역별 업무 용도는 표 12.1과 같다. ITU-R에서 지정하는 레이다의 업무 용도는 무선측위 (Radio-Location), 무선표정 (Radio-Determination), 무선항행 (Radio-Navigation), 기상보조 (Meteorological Aids), 항공업무 (Aeronautical) 용도 등으로 구분된다.

표 12.1 주요 레이다 주파수 대역 [© ITU-R]

구분	주파수 대역	ITU-R 대역별 업무 용도
UHF	420~450 MHz	무선측위
L	1215~1400 MHz	무선표정
S	2700~2900 MHz	무선항행, 기상보조
S	2900~3100 MHz	무선표정, 기상보조
S	3100~3700 MHz	무선표정
C	5250~5850 MHz	무선측위, 항공무선항행, 기상보조
X	8500~10500 MHz	무선표정
Ku	13.75~14 GHz	무선측위, 무선항행
Ku	15.7~1.73 GHz	무선측위
Ka	31.8~33.4 GHz	무선항행
Ka	33.4~36 GHz	무선표정

12.2 전파 간섭 EMI

전파 간섭 (EMI)은 레이다 주변에서 무선 통신기기를 운용하면서 의도하지 않게 인접 레이다나 무선 통신기기에게 전파 방해를 주는 현상으로 이를 통칭하여 전파 간섭이라고 한다. 이 장에서는 전파 간섭의 정의와 특성에 대하여 설명하고 간섭 영향을 분석할 수 있는 간섭 신호 모델을 정립한다. 그리고 전파 간섭 보호 기준과 레이다 종류별 간섭 보호 레벨을 제시한다. 마지막으로 레이다 시스템 상호간에 일으킬 수 있는 간섭 신호 영향을 예측할 수 있는 간섭 보호 모델을 설명한다.

12.2.1 전파 간섭 정의

간섭 (Interference)이란 하나 또는 여러 개의 전파 방사나 통신시스템의 전기적 유도에 의해 성능 저하나 오차 또는 정보의 손실을 가져오게 하는 원하지 않는 신호에 의한 효과를 말한다.

(1) 전파 간섭의 종류

전파 간섭은 다음과 같이 세부 간섭으로 나눌 수 있다.

① 허용 가능한 간섭

허용 가능한 간섭 (Permissible Interference)이란 국제전기통신연합 (ITU-R)의 권고 규정에 명시되어 있는 간섭량과 공유 기준을 만족하며 관찰할 수 있고 예측 가능한 간섭을 의미한다.

② 수용된 간섭

수용된 간섭 (Accepted Interference)는 둘 이상의 무선전파를 담당하는 관청에서 동의한 허용 가능 간섭보다 좀 더 높은 레벨의 간섭을 말한다.

③ 유해한 간섭

유해한 간섭 (Harmful Interference)란 무선항행 시스템 또는 타 안전 업무의 운용에 큰 장애를 주거나 규정에 따라 운용되는 무선통신 시스템에 큰 성능 감소 또는 반복적인 장애를 유발하는 간섭을 말한다.

(2) 간섭 신호의 종류

ITU-R에서 규정한 간섭 보호 기준에 따른 간섭 신호는 연속신호 (CW), 유사 잡음,

펄스, 임펄스, 원하는 파형 등으로 구분한다.

① CW 신호

CW 신호는 수신기 대역폭보다 훨씬 작은 대역폭을 가지는 연속된 신호이며, 유사 잡음이란 수신기 RF 대역폭의 백색 가우시안 잡음과 유사하거나 동일한 영향을 주는 연속된 신호로 정의된다.

② 펄스 신호

펄스 신호는 일정 시간 동안 On-Off를 반복하는 신호이며 펄스폭과 펄스 반복 주기로 표현되며 반복주기는 일정하거나 변할 수 있는 신호 파형이다.

③ 임펄스 신호

임펄스는 매우 작은 펄스폭을 가지는 펄스 신호로서 일반적으로 수신기의 임펄스 응답보다 더 작은 대역폭을 가지는 신호는 임펄스 신호로 고려할 수 있다.

④ 원하는 파형

원하는 파형이란 모든 변조 신호의 파라미터가 주어진 표적신호와 동일할 때의 신호이다.

이러한 간섭 신호는 수신기의 열잡음에 더해져서 레이다와 통신기기의 감도를 현저히 저하시켜 결국 원하는 정보를 얻을 수 없게 만든다. 전파 간섭에 의한 성능 저하 현상은 수신 감도의 저하를 비롯하여 탐지 거리 감소, 오경보율 증가, 표적 갱신율 감소 등으로 나타날 수 있다.

12.2.2 전파 간섭 모델

전파 간섭 신호가 거리 R 떨어진 레이다 수신기에 들어오는 간섭 전력은 다음과 같이 펄스 주기에 대한 펄스 송신 시간에 대한 평균 간섭 전력으로 식 (12.1)과 같이 표현할 수 있다.

$$I_{avg} = I_{peak} + 10\log(\tau PRF) \quad (12.1)$$

여기서 I_{avg}는 평균 간섭전력, I_{peak}는 첨두 간섭전력, λ는 송수신 주파수의 파장, PRF는 펄스 반복주파수이다. 따라서 가동시간 (Duty Cycle)은 τPRF로 주어진다. 첨두 간섭전력은 간섭원의 송신 전력과 안테나 이득 및 피 간섭 레이다의 수신 안테나 면적으로 식 (12.2)과 같이 표현할 수 있다.

$$I_{peak} = \frac{P_t G_t}{4\pi R^2} A_r \quad (12.2)$$

여기서 A_r은 유효 수신 안테나 면적 (m^2)이고 수신 안테나의 이득은 $G_r = 4\pi A_r / \lambda^2$으로 주어진다. 따라서 첨두 간섭 전력은 식 (12.3)과 같다.

$$I_{peak} = \frac{P_t G_t}{4\pi R^2} \frac{G_r \lambda^2}{4\pi} \quad (12.3)$$

여기에 수신기의 대역폭과 송신 대역폭의 비율, 그리고 중심 주파수의 차이를 고려한 FDR (*Frequency Dependent Rejection*)과 처리 이득을 고려하여 최종적으로 평균 간섭 신호를 식 (12.4)과 같이 정리할 수 있다.

$$I_{avg} = 10\log P_t + 10\log(\tau PRF) + G_t + G_r + 20\log(\lambda/4\pi R) + FDR + PG \quad (12.4)$$

여기서 사용한 단위는 각각 안테나 이득은 dB_i, 주파수는 MHz, 평균전력은 dBw, P_t는 $Watt$, R은 미터이다. FDR은 주파수 차이와 송수신 대역폭의 차이에 의해서 간섭의 영향을 줄이는 지수로서, OTR (*On-Tune Rejection*)로 표현된다. PG (*Processing Gain*)는 수신기의 신호처리 과정에서 원하지 않는 신호 제거로 인한 이득을 나타낸다. 최종 간섭신호 모델은 식 (12.5)과 같이 정리할 수 있으며 간섭 신호 모델은 그림 12.2와 같다.

$$P_{peak} = P_t + (\tau PRF) + G_t - L_s - L_a + OTR + G_r - PG \quad (12.5)$$

여기서 L_s, L_a는 각각 전파 경로상의 공간 손실과 기상 감쇠를 나타낸다.

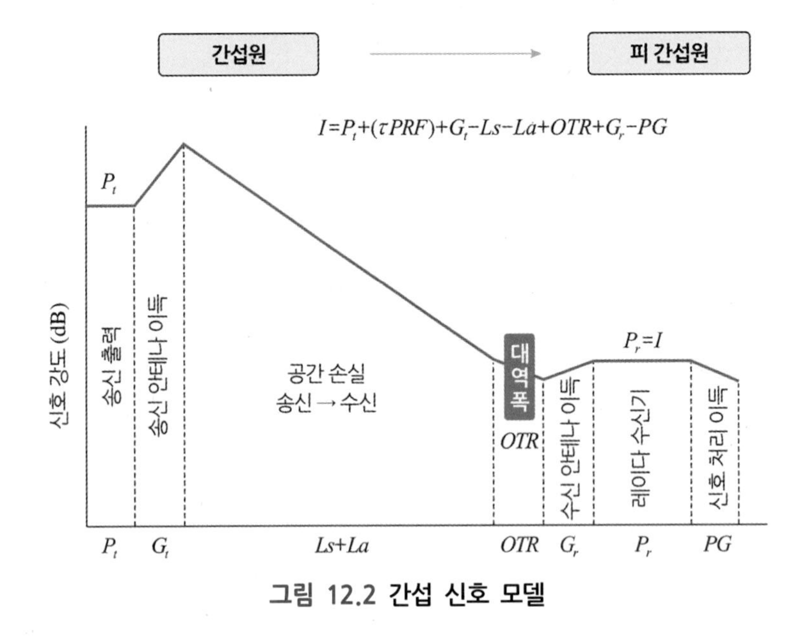

그림 12.2 간섭 신호 모델

12.2.3 레이다 간섭 보호 기준

레이다 간섭 보호 기준은 ITU-R에 의하면 레이다가 허용할 수 있는 간섭 레벨은 잡음에 비하여 1 dB 증가하는 범위로 제한하고 있다. 이를 기준으로 상대적인 간섭과 잡음의 비를 정의하면 식 (12.6)과 같다.

$$\frac{I+N}{N} = 1\,dB \tag{12.6}$$

여기서 I는 간섭전력 레벨, N은 잡음전력의 레벨이다. 1 dB를 환산하면 약 1.26이 되므로 잡음에 대한 간섭의 비를 구하면 식 (12.7)과 같다.

$$\frac{I+N}{N} = 1.26 = \frac{I}{N} + 1 \tag{12.7}$$

식을 정리하여 I/N을 구하면 식 (12.8)과 같다.

$$\frac{I}{N} \simeq 0.26 \simeq -6\,dB \tag{12.8}$$

따라서 레이다에서 간섭 레벨이 1 dB 증가한다는 의미는 간섭에 대한 잡음의 비가 −6 dB가 되는 것을 의미한다. 간섭 레벨의 1 dB 증가가 얼마나 탐지 거리의 감소를 가져오는지 알아보기 위하여 자유공간에서 레이다 방정식을 식 (12.9)와 같이 표현할 수 있다. 여기서 표적의 RCS, 탐지 확률과 오경보율은 일정하다고 가정한다.

$$\frac{S_N}{N} = \frac{P_t G_t}{4\pi R_N^2} \frac{\sigma}{4\pi R_N^2} \frac{G_r \lambda^2}{4\pi} \frac{1}{L_r} \frac{1}{N} \tag{12.9}$$

여기서 N은 평균 잡음전력, L_r은 수신기 손실, R_N은 잡음전력하에서 최대 탐지 거리이다. I/N에 의한 표적의 탐지 거리 영향을 분석하기 위하여 식 (12.9)를 정리하여 잡음만 존재할 때와 간섭이 추가되었을 때의 탐지 거리를 각각 구하면 식 (12.10), (12.11)과 같이 정리할 수 있다.

$$R_N^4 = \frac{P_t G_t G_r \lambda^2}{(4\pi)^3} \sigma \frac{1}{L_r N} \frac{1}{(S_N / N)} \tag{12.10}$$

$$R_{N+I}^4 = \frac{P_t G_t G_r \lambda^2}{(4\pi)^3} \sigma \frac{1}{L_r (N+I)} \frac{1}{(S_{N+I} / N+I)} \tag{12.11}$$

따라서 간섭에 의한 탐지 거리의 영향을 거리의 비율로 표현하기 위하여 식 (12.11)을 식 (12.10)으로 나누면 결과적으로 식 (12.12)와 같이 표현된다.

$$\frac{R_{N+I}^4}{R_N^4} = \frac{S_N / N}{S_{N+I} / (N+I)} \frac{N}{N+I} \tag{12.12}$$

여기서 동일 표적에 대한 탐지 확률과 오경보율이 동일하다고 가정하면 식 (12.12)의 첫 항은 상쇄되어 결과적으로 간섭에 의한 거리 감소 영향은 식 (12.13)과 같이 간략하게 정리할 수 있다.

$$\frac{R_{N+I}}{R_N} = \left[\frac{N}{N+I} \right]^{1/4} \tag{12.13}$$

따라서 간섭 레벨이 1 dB 증가하면 $(N+I)/N$은 1.26이 되며 식 (12.13)을 이용하여 거리 비율을 구하면 0.946이 얻어진다. 따라서 탐지 거리 감소는 5.4% 줄어드는 영향으로 나타난다.

탐지 거리 감소에 따른 탐지 영역 (Coverage) 감소를 비교하기 위하여 간섭이 존재하지 않는 경우의 탐지 거리 반경과 간섭이 존재할 경우의 탐지 거리 감소에 의한 반경을 비교하면 식 (12.14)와 (12.15)로 각각 표현할 수 있다.

$$C_N = \pi R_N^2 \tag{12.14}$$

$$C_{N+I} = \pi R_{N+I}^2 \tag{12.15}$$

따라서 탐지 영역 감소 비율을 계산하면 다음 식 (12.16)과 같다.

$$C_{Loss} = (1 - \frac{C_{N+I}}{C_N}) \times 100\% \tag{12.16}$$

이러한 간섭 영향에 의한 거리 감소를 원래 거리로 회복시키는 데 필요한 전력은 RCS가 일정할 때 송신 전력의 비를 이용하여 다음 식 (12.17)과 같이 구할 수 있다.

$$\frac{P_{t,\,N+I}}{P_{t,\,N}} = \left[\frac{N}{N+I}\right] \tag{12.17}$$

따라서 잡음 레벨이 1 dB 증가하면 평균 전력은 25% 증가해야 원래 탐지 거리로 회복할 수 있다는 것을 알 수 있다. 또한 RCS도 같은 비율로 25% 증가해야 동일한 효과를 얻을 수 있다. 결론적으로 상대적인 간섭 레벨에 따라 레이다의 거리와 탐지 영역이 감소되는 영향과 이를 보상하기 위하여 요구되는 송신 전력 등을 표 12.2에 비교하였다.

표 12.2 간섭 레벨에 따른 레이다 성능감소 영향 비교

I/N (dB)	-10	-6	0	3.22
I/N	0.1	0.26	1.0	2.148
(I+N)/N	1.1	1.26	2.0	3.148
$R_{N+I}/R_N = [N/N+I]^{1/4}$	0.976	0.946	0.841	0.751
탐지 거리 감소 (%)	2.4	5.4	15.9	24.9
탐지 영역 감소 (%)	4.74	10.51	29.27	43.6
P_{N+I}/P_N	1.1	1.2512	2.0	3.148
송신 전력 감소 (%)	10	25.1	100	215

다음 표 12.3은 레이다 대역별 간섭 보호 기준과 요구되는 I/N 기준이다.

표 12.3 레이다 대역별 간섭 보호 기준 [© ITU-R 권고문]

대역	레이다 주파수 대역	연속 잡음 간섭	ITU-R 권고문
UHF	420~450 MHz	I/N ≤ -6dB	M. 1462
L	1215~1400 MHz	I/N ≤ -6dB	M. 1463
S	2700~2900 MHz	I/N ≤ -10dB	M. 1464
S	2900~3100 MHz	I/N ≤ -6dB	M. 1460
S	3100~3700 MHz	I/N ≤ -6dB	M. 1465
C	5250~5850 MHz	I/N ≤ -6dB	M. 1638
X	8500~10500 MHz	I/N ≤ -6dB	M. 1796
Ku	13.75~14 GHz	I/N ≤ -6dB	M. 1644
Ku	15.7~1.73 GHz	I/N ≤ -6dB	M. 1730
Ka	31.8~33.4 GHz	I/N ≤ -6dB	M. 1466
Ka	33.4~36 GHz	I/N ≤ -6dB	M. 1640

12.2.4 간섭 해소 기법

현재 레이다 스펙트럼 대역은 사용자 증가뿐만 아니라 고해상도에 대한 필요성이 높아지면서 광대역을 요구하는 추세에 따라 점차 사용 가능한 주파수 대역이 고갈되고 있다. 따라서 한 장비가 한 주파수를 독점 사용하는 개념의 배타적인 주파수 사용 개념으로부터 동일 대역의 주파수를 여러 장비가 함께 사용하는 개념으로 발전되면서 주파수 공유에 대한 기술 연구에 관심이 높아지고 있다.

주파수 공유 기술에는 매우 넓은 초 광대역에 걸쳐 낮은 출력 신호를 송수신하는 UWB (*Ultra Wide Band*) 기술과 RF 전단을 디지털화하여 소프트웨어에 의해 시간과 공간에 따라 주파수를 유연하게 이동할 수 있는 SDR (*Software Defined Radio*) 기술이 있다. 그리고 지역, 공간, 시간, 주파수 등의 무선 환경에서 주파수 이용 상황을 실시간으로 감지한 후 지능적으로 판단하고 적절한 주파수, 변조 방식, 출력 등을 선택할 수 있는 CR (*Cognitive Radio*) 기술 등이 있다. 주파수 공유를 위한 기술 발전 추세는 그림 12.3과 같다.

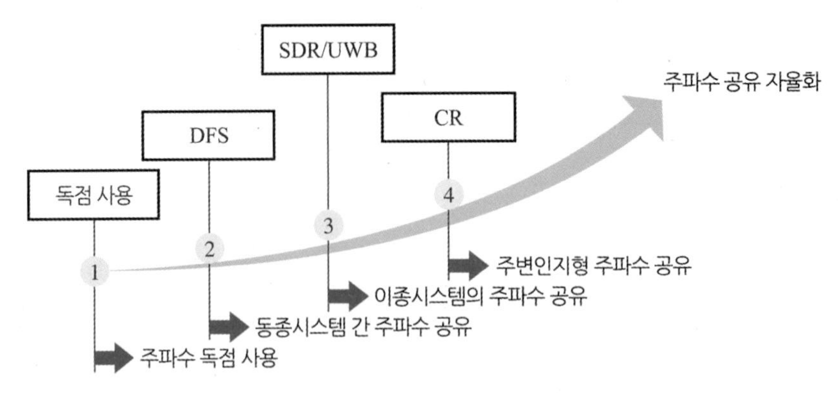

(주) DFS: Dynamic Frequency Selection
UWB: Ultra Wide Band
SDR: Software Defined Radio
CR: Cognitive Radio

그림 12.3 주파수 공유 기술 추세

(1) UWB 기술

초광대역 기술은 소위 Underlay 기법을 적용하여 잡음 수준의 낮은 전력밀도를 가진 확산신호를 이용하므로 간섭을 최소화시킬 수 있는 기법이다. 송신신호 파형을 코드화하고 전력 레벨은 잡음 수준으로 매우 낮게 광대역으로 분산하여 송신하고 수신은 잡음 수준의 광대역 코드파형을 정합 필터를 통하여 복원하는 방법으로 여러 주파수를 공유하여 사용할 수 있다는 장점이 있다. 잡음 수준의 스펙트럼 레벨에 대한 규정을 정비하여 통신 체계, 영상 레이다, 차량용 레이다 등의 광대역 고해상도 분야에 활용되고 있다.

(2) Cognitive Radio 기술

인지무선 기술은 소위 Overlay 기법을 적용하여 주파수 이용 상황을 실시간으로 감지한 후 인지적으로 주변 주파수를 분석·판단하여 간섭 없이 적절한 주파수를 선택할 수 있다. 다른 무선기기와의 주파수 공유 시 주파수를 효율적으로 이용할 수 있다는 장점이 있다. 현재 CR을 이용하여 신호 검출, 주파수 분석, 적응 송신출력 제어 등에 활용하고 있다.

(3) SDR 기술

소프트웨어 기반 무선 기술은 RF 단을 고속의 디지털 변환기로 디지털화하여 아날로그 송수신 장치를 디지털 소프트웨어로 처리할 수 있다. SDR을 이용하여 주파수를 소프트웨어로 쉽게 변경할 수 있으므로 하드웨어 변경 없이 다중 주파수를 선택하거나 대역폭을 쉽게 변경할 수 있기 때문에 다수의 사용자가 전파 간섭 없이 주파수를 이용할 수 있다는 장점이 있다. 현재는 레이다에도 적용하여 Software Defined Radar로 사용되고 있다.

12.2.5 간섭 경감 기술

주파수 재할당 등의 주파수 공유 기술은 간섭에 의한 혼신을 최소화하는 기술이지만 실제로 레이다에 혼신이 발생하였을 때는 전파 간섭 발생 원인과 간섭원의 위치를 파악하고 간섭의 특성을 분석하여 간섭을 경감할 수 있는 기능이 필요하다. 이를 위하여 레이다 장비 간의 전파 간섭 감소 기술에 대한 유형을 안테나와 송수신기 및 신호처리 장치 등을 중심으로 표 12.4와 같이 정리한다.

표 12.4 전파 간섭 경감 기술 분류

적용 구분	경감 기법	
안테나	스마트 안테나	위상배열 안테나의 위상과 이득을 조정하여 간섭 방향의 이득을 영으로 빔 형성하여 간섭을 제거하고 원하는 표적 신호는 증폭
	마스크 스크린	안테나의 부엽 방사를 감소시키기 위하여 특수 스크린을 부착하거나, 특정 방향으로 전파 방사 차단을 위하여 방위별 송신출력을 정지.
	교차 편파	안테나 빔의 송수신 편파 형태를 변경하여 수평 편파와 수직 편파를 교대로 전송함으로서 상호 간섭의 영향을 경감.
송수신기	주파수 조정	주파수 채널별 간섭의 강도에 따라 캐리어 주파수를 불규칙하게 변경하여 주파수 호핑으로 간섭의 영향을 감소. 필요시 주파수 조정을 권고
	방사 전력 조정	송신 전력을 적정하게 조정하여 간섭 잡음을 가능한 야기하지 않으며, 수신단의 대역폭 내 간섭 잡음을 경감하여 영향을 최소화
	대역폭 확산	광대역으로 잡음신호와 유사하게 확산시켜서 간섭의 영향을 최소화할 수 있는 기술로 송수신 채널의 확산파형 정합필터 필요
신호처리	간섭 분석	전파 간섭의 종류별로 특성을 분석하여 데이터베이스를 확보하고 복제 간섭 파형을 만들어서 간섭을 식별하고 간섭을 회피
	적응 제거	전파 간섭의 주변 환경 변화에 따라 적응적으로 학습하여 간섭 신호를 자동으로 제거하거나 억제하여 원하는 신호 탐지
	신호 코딩	표적 신호를 코딩하거나 채널 코딩을 통하여 간섭이 개입하더라도 코딩을 알지 못하면 영향이 없도록 보호하며 오차 검출 및 보정

12.3 전자전 ECM

전자전 ECM (*Electronic Countermeasures*)은 적의 전자파 위협을 무력화하기 위한 전자파 공격 (ECM)과 지원 (ESM)을 포함한다. 적의 레이다와 같은 전파 센서를 방해하기 위하여 재밍 전파를 방사하거나 채프와 같은 재밍 수단을 이용한다. 전자전에서는 원거리에 있는 재머에서 레이다를 방해하기 위해 전파 에너지를 방사하거나 또는 상대방 레이다가 방사하는 전파 에너지를 수신하여 레이다 파라미터를 추출함으로써 레이다를 기만하는 용도로 사용한다. 전자전 재밍의 종류와 기법들은 다양하며 대상 레이다의 특성이나 임무 목적에 따라 효율적인 방법을 선택할 수 있다. 최근 전자전 기술이 발전함에 따라 적의 레이다뿐만 아니라 전자무기 체계를 일시에 무력화시킬 수 있는 고출력 펄스와 같은 기법들이 관심을 끌고 있다.

12.3.1 전파 방사와 수신 잡음

(1) 단방향 방사

전파 방사 공간에서 레이다와 전자전의 가장 큰 차이는 레이다는 전파 에너지를 방사하고 표적에서 반사되는 에너지를 수신하는 양방향 전파 방식이지만, 전자전은 원격지의 재머에서 레이다를 방해하기 위한 전파를 방사하거나 레이다의 방사 에너지를 수신하는 단방향 전파 방식이다. 단방향 전파방사 링크에서 수신신호 전력은 식 (12.18)과 같이 기본적인 전파 링크 공식으로 표현할 수 있다.

$$P_r = P_t + G_t - L_p + G_r \qquad (12.18)$$

여기서 P_r은 수신 신호 전력, P_t는 송신 전력, G_t 송신 안테나 이득, L_p는 송신 안테나와 수신 안테나 사이의 전송 손실, G_r은 수신 안테나 이득이다. 위 식을 유효방사 전력 ERP (*Effective Radiation Power*)로 표현하면 식 (12.19)와 같다.

$$P_r = ERP - L_p + G_r \qquad (12.19)$$

전자전에서는 송신 안테나 이득은 반드시 원거리의 수신 안테나 방향을 보고 있는 것을 전제로 하며, 마찬가지로 수신 안테나 이득도 송신 안테나 방향을 보고 있어야 한다. 그렇지 않으면 수신 전력은 전송 경로에서 최대 안테나 이득을 얻을 수 없기 때문이다. 그러나 실제로는 적의 레이다 위치를 정확하게 알기 어렵기 때문에 안테나의 부엽을 통하여 전파가 이루어질 수 있다. 공간에서 전파방사 손실에 대한 모델은 여러 가지가 있지만 주로 가시선 (Line of Sight)상의 자유공간 전파모델을 사용한다. 자유공간 전파모델은 대부분 전파감쇄나 굴절과 같은 전파현상을 무시하지만 실제로는 밀리미터파 방사를 하는 경우에는 이들의 전파 손실 영향을 고려해야 한다. 자유공간 손실은 잘 알려진 Friis의 공식을 이용하여 식 (12.20)과 같이 표현된다.

$$P_r = (\frac{P_t}{4\pi d^2})A_{eff} = (\frac{P_t}{4\pi d^2})(\frac{\lambda^2}{4\pi}) \tag{12.20}$$

여기서 d는 두 안테나 사이의 거리, λ는 송신 주파수의 파장, A_{eff}는 안테나 유효면적이다. 전파 손실은 송신전력과 수신전력의 비율이므로 식 (12.21)과 같이 주어진다.

$$L_p = \frac{P_t}{P_r} = (\frac{4\pi d}{\lambda})^2 = \frac{(4\pi)^2 d^2}{\lambda^2} \tag{12.21}$$

위 식을 로그 형태로 식 (12.22)와 같이 표현하면 전파 손실을 dB값으로 구할 수 있다.

$$L_p = 32.44 + 20\log_{10}(d) + 20\log_{10}(F) \tag{12.22}$$

여기서 d는 두 안테나 사이의 거리를 Km 단위로, F는 송신 주파수를 MHz 단위로 표현한 것이다. 위식에서 전송 거리와 주파수만 주어지면 전파 경로 손실을 쉽게 구할 수 있다.

(2) 수신 레벨

전자전 수신기의 감도는 수신기가 받을 수 있는 최소신호 레벨을 나타내는 지수로 정의한다. 전자전에서 수신 감도는 위협신호를 수신하여 정체를 식별하여 적절한 전파공격을 결정하는 데 매우 중요한 요소이다. 수신기의 수신 감도는 안테나 입력 단에서 수신기에 들어오는 모든 잡음 레벨이 포함된 신호 레벨의 크기를 의미하며 식 (12.23)과 같이 표현될 수 있다.

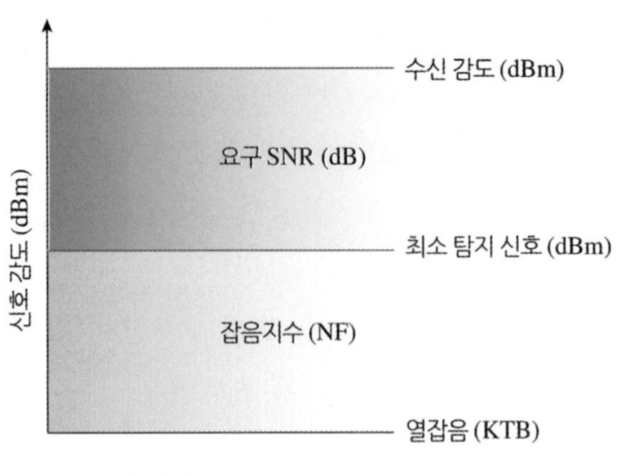

그림 12.4 수신기 감도 레벨

$$S = kTB + NF + SNR_{RF} \tag{12.23}$$

여기서 S는 dBm 단위의 수신 감도, kTB는 시스템의 잡음, NF는 수신 시스템의 잡음지수, SNR_{RF}는 시스템의 성능을 보장하는데 필요한 신호 대 잡음비 SNR로서 보통 잡음 레벨보다 적어도 10 ~ 15 dB 이상 큰 신호를 요구한다. 수신 감도는 그림 12.4와 같이 시스템의 수신 성능을 결정하는 신호 레벨이다. 최소 신호 레벨 MDS (*Minimum Discernible Signal*)은 신호 입력 단에서 잡음 레벨과 안테나로부터 들어오는 수신 신호의 레벨이 동일한 경우를 의미한다. 수신기의 잡음을 결정하는 중요한 요소로서 kTB는 도체의 분자운동 등에 의한 열잡음을 의미하며, k는 볼츠만 상수로서 절대온도에서 대역폭 1 Hz에서 열잡음 레벨로 정의하며, T는 Kelvin 온도, B는 대역폭이다. 지구 대기권에서 열잡음은 보통 상온 290°K (17°C)에서 $-174\ dBm/Hz$로 주어진다. 따라서 시스템 대역폭은 직접적으로 수신 감도에 영향을 미친다. 수신기 잡음지수는 열잡음 위에 더해지는 수신기 잡음의 크기를 의미한다. 일반적인 탐지분석에 필요한 SNR 수준은 8 ~ 15 dB이며 특수한 미세 송출 장치의 식별에 필요한 수준은 25 ~ 35 dB을 요구한다.

12.3.2 재밍 종류

재밍은 적의 레이다 수신을 방해하기 위하여 방사하는 고출력 전자파이며 이는 수신기가 작동을 하지 못하도록 충분히 넓은 스펙트럼과 큰 출력 강도를 가지고 있어야 한다. 재머는 일반적으로 레이다의 표적 주변에 위치하거나 다른 곳에 위치할 수 있다.

만약 재머가 레이다의 표적 위치에서 방사된다면 이를 자기방어 재밍 또는 자기 보호 재머 (Self-Screen Jammer)라고 한다. 만약 재머가 표적의 위치와 다른 곳에서 방사한다면 이를 원격 재밍 (Stand-Off Jamming)이라고 한다. 에스코트 재밍 (Escort Jamming)은 재머가 같은 방향으로 이동하면서 적의 레이다로부터 자신을 보호해주는 방식이다.

(1) 자기 보호 재밍

자기 보호 재밍 (Self-Screen Jamming)은 그림 12.5와 같이 재머가 표적의 위치에서 재밍을 가하는 경우이다. 여기서 레이다는 표적을 향하여 전파를 방사하고 표적에 반사된 신호를 수신하는데 동일한 안테나를 통하여 재밍 신호도 레이다 반사 신호와 함께 수신된다. 수신된 재밍 신호의 강도는 레이다 안테나의 이득에 비례하여 강해지므로 더욱 효과적이다. 레이다는 표적과 양방향 전파를 하므로 거리 손실이 거리의 4제곱에 반비례하지만 재머는 표적에서 레이다로 단방향 전송만 하므로 전파 손실은 거리의 제곱에 반비례하는 관계여서 재머 수신신호와 레이다 수신신호의 J/S 비율은 재머가 훨씬 유리하다. 동일 거리에서는 항상 J/S가 높으므로 재머는 레이다의 표적 탐지나 추적을 쉽게 방해할 수 있다.

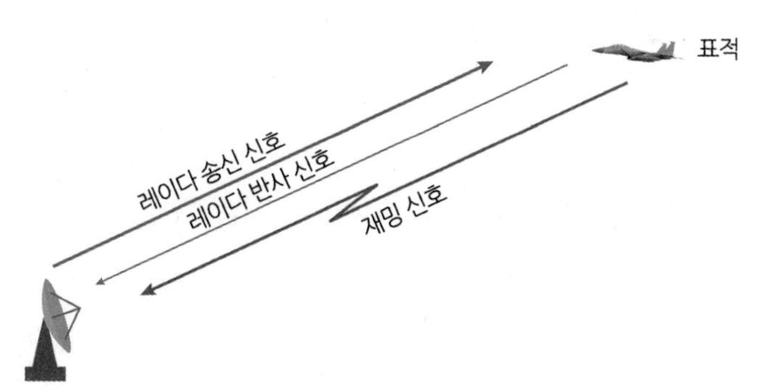

그림 12.5 자기 보호 (Self-Screen) 재밍 개념

(2) 원격 재밍

원격 재밍 (Stand-Off Jamming)은 그림 12.6와 같이 표적 항공기가 치명적인 거리 내에 있을 때 재머가 위협적인 거리 바깥에서 원격으로 재밍을 방사하는 경우이다. 원격 재밍의 출력은 자기방어 재밍의 경우보다 훨씬 높은 전력을 방사한다. 이러한 재밍 항공기는 RCS가 매우 커서 적의 미사일 레이다에 노출될 위협이 매우 높기 때문에 가능한

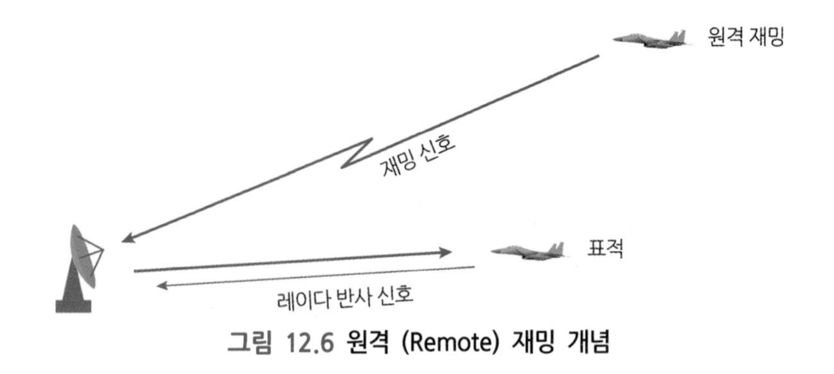

그림 12.6 원격 (Remote) 재밍 개념

노출을 최소화해야 한다. 원격 재머는 표적 항공기가 아니므로 레이다 안테나가 재머를 향하는 방향은 최대 이득 방향이 아니다. 따라서 원격 재머가 레이다 수신기에 방사하는 재밍신호는 안테나 주변 빔을 통하여 미약하게 수신될 수 있다. 원격 재머는 일반적으로 넓은 안테나 빔을 가지고 각도범위에 들어있는 다수의 레이다를 부엽을 통하여 방해할 수 있다. 따라서 원격 재머는 높은 자기 보호 재머에 비하여 높은 J/S (*Jammer-to-Signal Ratio*)를 얻기 어렵기 때문에 레이다의 표적 수신을 방해하는 역할을 한다. 최신 능동 전자조향 배열 안테나 AESA (*Active Electronically Steered Array*)를 사용하는 재머는 더 강한 재밍 출력을 다수의 적 레이다 방향으로 조향하여 방사할 수 있기 때문에 J/S를 획기적으로 향상시켜 적 레이다에 치명적인 방해를 가할 수 있다. Stand-Off Jammer는 적 레이다의 표적 위치보다 원격지에 위치하는 데 비하여 Stand-In Jammer는 레이다 표적보다 더 가까운 근거리에서 재밍을 방사한다. 이 경우에는 적 레이다와 가까우므로 전파 손실도 적고 매우 높은 J/S를 얻을 수 있어서 매우 효과적이지만 적에게 쉽게 노출될 수 있으므로 주로 무인 항공기를 재머로 사용한다. 근거리 재머의 위치에 따라 적 레이다의 주엽이나 부엽을 공격할 수 있다.

(3) 에스코트 재밍

에스코트 재밍 (Escort Jamming)은 그림 12.7과 같이 편대 비행으로 적진을 비행할 때 이들 비행기와 같은 방향으로 비행하면서 적 레이다를 향하여 재밍을 방사하는 방식이다. 이 경우에는 아군 전투기 편대와 같이 비행하기 때문에 높은 재밍 출력으로 적 레이다의 주빔을 방해할 수 있으므로 아군 전투기를 동시에 보호할 수 있는 장점이 있다. 그러나 원격 재밍과 마찬가지로 고가의 재머 자산에 대한 안전에 위험부담이 크다.

그림 12.7 에스코트 재밍 개념

따라서 재머 전투기가 편대비행과 같이 이동하는 것이 아니라 적의 치명적인 타격 거리 바깥에서 적의 레이다 주빔 방향으로 동일한 속도로 비행하면서 원격으로 재밍을 방사하다가 치명적인 거리에 도달하면 다시 돌아가는 수정 방법을 적용하기도 한다. 이 방법은 일반적인 원격 재밍과 유사하지만 수정된 에스코트 재밍은 레이다의 주빔 방향을 공격하는 데 비하여, 단순 원격 재밍은 레이다 안테나의 부엽으로 공격하는 점이 다르다. 이들 재밍 전투기 자산은 매우 고가이므로 공격을 받으면 매우 치명적이다. 그래서 비교적 비용이 저렴하게 전투기에서 살포하는 디코이 (Decoy) 재머를 이용하여 적의 레이다를 가짜 표적으로 유인시키는 방법을 사용하는 경우가 많다.

12.3.3 재밍 기법

(1) 차폐 재밍

차폐 재밍 (Cover Jamming)은 레이다가 표적을 수신할 때 반사 에코신호의 처리를 방해하는 신호를 전송하는 기법이다. 일반적으로 커브 재밍은 잡음을 변조시켜서 클러터와 함께 전시 화면의 스크린을 배경 클러터로 채워서 표적 정보를 추출하지 못하도록 한다.

(2) 연막 재밍

연막 재밍 (Barrage Jamming)은 차폐 재밍의 가장 간단한 형태로서 적 레이다의 주파수를 포함하는 광범위한 주파수 대역을 갖는 재밍 신호이다. 이 방법은 상대 레이다의 파라미터를 정확하게 알지 않아도 사용할 수 있는 반면 재밍 효율은 상대적으로 낮다. 왜냐하면 레이다 대역 이외의 재밍 스펙트럼 에너지는 거의 낭비되고 오직 운용 레이다 대역에만 재밍 효과가 일부분 적용되기 때문이다. 재밍 효율은 레이다에 의하여 수신되는 재밍 전력의 비율을 의미한다.

(3) 집중 재밍

집중 재밍 (Spot Jamming)은 넓은 잡음 재밍이 특정한 주파수 대역의 좁은 표적 범위에 방사하는 기법이다. 이 방식은 재밍 효율은 매우 좋지만 정확한 레이다 주파수를 사전에 알고 있어야 하며, 또한 그 주파수가 재밍 시점에 변경되지 않는 경우에 가능하다는 제약이 있다. 또한 재밍 주파수 대역폭은 레이다 주파수 대역폭보다 조금 넓은 것이 좋다. 이와 유사한 기법으로 Swept Spot Jamming이 있다. 이 방법은 적 레이다 주파수가 포함되었을지 모르는 전 주파수 대역을 협대역의 잡음 재밍으로 쓸어가는 방법이다. 이 방식은 레이다의 주파수 대역폭을 포함할 때 당연히 재밍 효율은 높아지지만 어떤 경우의 펄스에서는 재밍이 되지 않을 수도 있다.

(4) 기만 재밍

기만 재밍 (Deceptive Jamming)은 적 레이다에게 마치도 진짜 레이다 표적으로부터 들어온 신호처럼 보이게 하여 실제 표적의 위치와 속도를 속여서 기만하는 지능적인 재밍 기법이다. 기만 재밍은 적 레이다 신호를 분석하여 가짜 표적을 진짜 표적으로 가장하여 재밍을 방사할 수 있는 장치가 필요하다. 이 기법은 레이다의 거리, 각도, 도플러 속도가 실제 표적 위치에 있는 것처럼 재밍을 가하므로 Self-Screen Jamming 기법에 적용되어야 한다. 이 기법은 사전에 적의 레이다 표적을 모사할 수 있는 정보를 알아야 하는 어려움이 있지만 일단 기만 재밍이 작동하면 레이다의 대전자전 기법에 가장 위협이 될 수 있다.

(5) 채프

채프 (Chaff)는 적의 레이다를 간섭하기 위하여 반 파장 크기의 다이폴 뭉치를 공중에서 넓게 살포하는 재밍 기법이다. 채프는 아군의 전투기를 적으로부터 숨기기 위하여 클러터를 형성하거나 적 레이다가 의도한 표적을 오인하도록 가짜 표적을 형성하는 기법을 사용한다. 채프 뭉치 내에 있는 수많은 다이폴 조각들은 넓은 범위에 퍼져서 반 파장 크기의 다이폴 안테나 역할을 하므로 큰 반사 단면적을 형성하므로 적 레이다가 표적으로 오인할 수 있다. 채프는 로켓으로 발사하거나 발사대에서 채프 뭉치를 공중으로 던진다.

12.3.4 재밍 방정식

(1) 재머 대 신호비

재머대 신호의 비 (Jammer-to-Signal Ratio)는 레이다 안테나가 표적과 재머 방향을 향하여 본다고 가정할 때 레이다 수신기로 들어온 재머의 전력 크기와 표적 반사 전력의 크기 비율을 의미한다. 수신된 재머의 주파수 범위는 레이다 수신기의 대역폭 이내로 제한되지만 재머는 가능한 레이다 수신대역 내에 최대의 재밍 전력을 가하도록 한다. 총 재밍 전력이 레이다 대역 내에 있는 비율이 재밍 효율을 결정한다. 재밍은 레이다가 표적을 주사하고 있을 때 작동한다. 레이다의 형태나 재밍의 형태에 따라 재머가 아군을 방호하는 데 필요한 최소한의 레벨을 고려하여 J/S가 정해진다.

(2) 자기 보호 재머

자기 보호 재머 (Self-Protecting Jammer)는 재머가 레이다 표적의 위치에 있기 때문에 레이다 안테나는 직접 재머를 향하고 있다. 따라서 재밍 신호는 레이다 안테나의 주빔에서 수신된다. 이 경우에 J/S는 다음 식 (12.24)와 같이 주어진다.

$$J/S = \frac{ERP_J 4\pi R^2}{ERP_S\, \sigma} \tag{12.24}$$

여기서 J/S는 레이다 반사전력에 대한 재밍전력의 비, ERP_J는 재머의 유효방사 전력 (Watt), ERP_S는 레이다의 유효방사 전력 (Watt), R은 레이다와 표적간의 거리 (m), σ는 표적의 반사단면적 (m^2)이다. 식 (12.24)를 dB 형태로 표현하면 식 (12.25)와 같다.

$$J/S = ERP_J - ERP_S + 71 + 20\log_{10}R - 10\log_{10}\sigma \tag{12.25}$$

(3) 원격 재밍

원격 재밍 (Remote Jamming)은 재머의 위치가 표적으로부터 원거리에 있거나 또는 근거리에 있으므로 레이다와 재머의 거리가 레이다와 표적 사이의 거리와는 달라진다. 따라서 레이다와 재머의 각도 방향과 레이다와 표적과 이루는 각도가 서로 달라진다. 원격 재밍 방정식에서는 레이다 안테나의 주사 방향이 표적을 향하고 재머는 레이다 안테나 부엽의 평균적인 이득을 통하여 수신된다고 가정한다.

이 경우에 J/S은 다음 식 (12.26)과 같이 주어진다.

$$J/S = \frac{ERP_J 4\pi R_T^4 G_S}{ERP_S \sigma R_J^2 G_M} \tag{12.26}$$

여기서 R_T는 레이다와 표적 사이의 거리, G_S는 레이다 안테나의 평균 부엽의 이득, G_M은 레이다 안테나의 조준 방향 이득, R_J는 레이다와 재머 사이의 거리를 각각 나타낸다.

(4) 방해유효 한계거리

방해유효 한계거리 BTR (*Burn-Through Range*)은 재머가 존재할 때 레이다가 표적을 탐지할 수 있는 거리를 의미하지만 실제는 재머가 레이다 표적을 방해할 수 있는 최소의 J/S 비로 표현되기도 한다. 따라서 최소한의 J/S가 방해유효 한계거리 산정에 적용된다.

① Self-Screen Jamming

Self-Screen Jamming에서 BTR은 표적 전투기에 재머가 탑재되어 레이다에 접근한다고 가정하면 레이다 수신기에서 재머 신호는 감소하는 거리의 제곱에 비례하여 증가할 것이다. 그러나 표적이 레이다에 접근함에 따라 레이다 수신기에서 표적반사 신호는 줄어드는 거리의 4승에 비례하여 증가할 것이다. 결과적으로 J/S는 줄어드는 표적과 레이다 사이 거리의 제곱에 비례하여 감소할 것이다. 자기 보호 재머의 경우 방해유효 한계거리는 식 (12.27)과 같이 주어진다.

$$R_{BT} = \sqrt{\frac{ERP_S \, \sigma \, J/S_{RQD}}{ERP_J \, (4\pi)}} \tag{12.27}$$

여기서 R_{BT}는 방해유효 한계거리에서 레이다와 표적 간의 거리, J/S_{RQD}는 재머가 더 이상 레이다로 하여금 표적을 탐지하지 못하도록 가정하는 조건으로 재밍과 레이다 반사 신호의 비를 나타낸다.

② Stand-Off Jamming

Stand-Off Jamming에서 BTR은 레이다 수신기에서 재밍 신호는 레이다에서 표적까지의 줄어든 거리의 4승에 비례하여 증가한다. 레이다 수신기에서 재밍은 교전상태에서 일정하게 유지되는데, 이는 원격 재머가 움직이지 않는다는 것을 가정한 경우이다. J/S는 줄어드는 레이다와 표적 간의 거리의 4승에 비례하여 감소한다. BTR에서 레이다와 표적 간의 거리는 식 (12.28)과 같이 표현된다.

$$R_{BT} = \sqrt[4]{\frac{ERP_S\,\sigma\,R_J G_M J/S_{RQD}}{ERP_J\,(4\pi)\,G_S}} \tag{12.28}$$

여기서 R_J는 레이다와 재머 사이의 거리이다.

(5) 채프

채프 (Chaff)는 적 레이다가 의도한 표적을 오인하도록 클러터를 형성하거나 가짜 표적을 형성한다. 반 파장 크기의 수많은 다이폴 조각들을 넓은 공간에 퍼지게 하여 다이폴 안테나 역할을 하게 하면 큰 반사 단면적을 형성할 수 있다. 각 채프 조각들은 서로 다른 길이를 가지고 있어서 적 레이다의 다양한 위협 주파수에서 큰 RCS로 잘 공진하게끔 되어 있다. 하나의 다이폴에 대한 평균 RCS는 식 (12.29)와 같이 주어진다.

$$RCS = 0.15\lambda^2\,(m^2) \tag{12.29}$$

여기서 λ는 공진 주파수에 대한 파장이다. 개별 채프를 랜덤하게 N개 뭉쳐서 하나의 구름 덩어리처럼 만드는 경우에 총 RCS는 식 (12.30)과 같이 주어진다.

$$RCS = 0.15\,N\lambda^2\,(m^2) \tag{12.30}$$

여기서 N은 다이폴의 개수이다. 수많은 다이폴이 레이다의 공간 해상도 셀 안에 분포할 경우에 총 RCS는 다이폴의 개수와 다이폴 사이의 간격에 의하여 결정된다. 채프가 레이다 탐지 셀 주변에서 바람을 타고 이동하면 도플러 변이가 발생한다. 특히 전투기에서 채프를 방사하면 대기 드래그 때문에 속도가 느려지며 전투기 속도와 다른 도플러 주파수 퍼짐이 발생한다. 최신 펄스 도플러 레이다는 이러한 채프 구름을 구별할 수 있는 능력을 가지고 있다.

12.3.5 능동 재밍 기술

(1) 디지털 RF 메모리

펄스 도플러 레이다와 같은 최신 레이다에서 사용하는 특수한 변조 파형에서는 상대 레이다의 파라미터를 충분히 알지 못하는 경우에 재밍 효율이 떨어진다. 이러한 레이다에 효율적으로 대응하기 위해서는 재밍 신호를 생성할 때 레이다의 변조신호에 맞추어야 한다. 이를 위하여 최신 재머에 많이 사용하는 디지털 파형 합성기나 디지털 RF 메모리 DRFM (*Digital RF Memory*)에 대한 이해가 필요하다. 펄스 압축 기술은 광대역의 주파수 대역에 특수한 주파수 코드 (Chirp Code)나 위상 코드 (Barker Code)를 넣어서 변조하기 때문에 수신기에 이러한 특수 코드에 대한 정확한 사전 정보가 없으면 정합 필터로 펄스압축 처리를 해도 신호를 탐지하기 어렵다. 디지털 RF 메모리 (DRFM)는 이러한 복잡한 레이다 파형을 빠르게 분석하여 공격용 파형을 만드는 데 매우 효율적인 장치이다. 그림 12.8과 같이 DRFM은 RF 신호 파형을 받아서 중간 주파수 대역 (IF)으로 디지털 신호로 변환하여 디지털 컴퓨터의 메모리로 전송한다.

디지털 컴퓨터는 레이다 수신파형을 분석하여 재밍에 사용할 적절한 파형을 만들어서 다시 중간 주파수 대역에서 변조하여 아날로그 RF 주파수로 변환한다. 이 과정에서 수신 RF를 하향 변조할 때 사용한 동일 국부 발진기를 사용하므로 코히런트하게 동일한 위상을 유지하면서 원래의 주파수로 상향 변조할 수 있다. RF 주파수는 매우 높기 때문에 초고속 A/D 변환기가 필요하며 샘플은 적어도 2.5배 이상으로 해주어야 복잡한 파형을 디지털 메모리에서 복원할 수 있다. 디지털 컴퓨터는 첫 번째로 수신한 레이다 펄스 파형을 분석하여 변조 방식이나 펄스 주기 등의 파라미터를 결정한 뒤에 후속적인 두

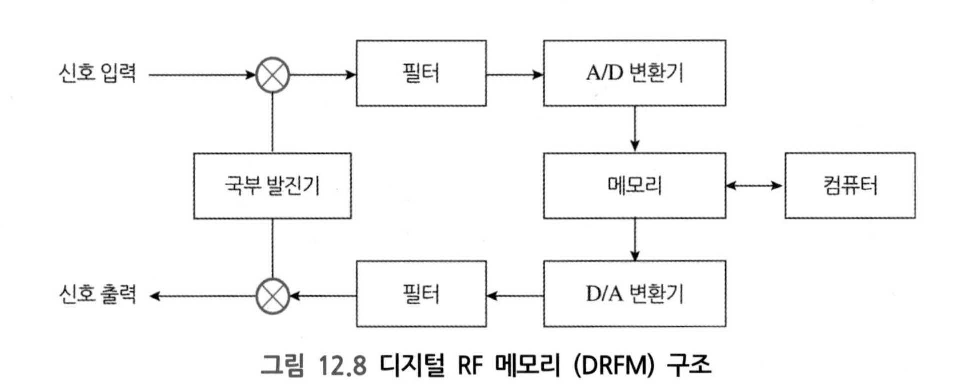

그림 12.8 디지털 RF 메모리 (DRFM) 구조

번째 펄스에서 생성한 파형을 보낸다. D/A 변환기는 A/D 변환기보다 더 많은 비트로 디지털 파형신호를 아날로그 RF 신호로 변환하여 재생한 RF 신호의 질이 나빠지지 않도록 해야 한다. 광대역 DRFM은 다중 신호를 포함하여 넓은 주파수 범위에서 동작하는 장치이다. 따라서 광대역 주파수 대역을 처리할 초고속 A/D 변환기가 필요하며 또한 다중 신호를 변환하는 과정에서 대역 주변에 기생 신호가 발생할 수 있으므로 주의해야 한다. 협대역 DRFM 기술은 다중 신호 각각에 대하여 다수의 협대역 필터를 구성하여 다수의 개별 DRFM으로 구성하는 방식이다. 개별 DRFM은 별개로 처리하지만 RF 신호를 수신할 때는 전력 분배기로 나누고 송신할 때는 전력 합성기로 하나로 모아서 아날로그 RF로 변환한다.

(2) 대방사유도탄

대방사유도탄 ARM (*Anti-Radiation Missile*)은 미사일이 지상 레이다를 공격할 때 특정 위치에 있는 레이다 안테나의 부엽에서 방사하는 특정 신호를 추적하도록 프로그래밍되어 있다. 미사일이 표적 레이다에 접근할수록 미사일 지령 정확도는 점점 높아진다. 일반적으로 ARM은 대상 레이다의 특징을 따라가도록 사전 프로그램이 장착되어 있어서 전투기에서 지상 레이다에게 발사하거나 또는 지상에서 전투기나 정찰기에 탑재된 레이다를 홈으로 설정하여 날아갈 수 있도록 되어 있다. 이러한 공격적인 ARM은 앞장에서 설명한 전파방사에 의한 소프트 킬 (Soft-Kill) 재밍 기법보다는 매우 강력한 파괴력을 가지고 있으므로 하드 킬 (Hard-Kill)이라고 한다.

(3) 고출력 레이저와 마이크로파

고출력 레이저 (High Power Laser)는 상당히 먼 거리에서 전투기를 공격할 수 있는 강력한 전자전 공격무기이다. 레이저가 충분한 출력을 낼 수 있다면 전투기 기체에 손상도 줄 수 있지만 보통 소출력으로 작동하므로 전투기에 탑재된 레이다와 같은 센서에 손상을 줄 수 있는 정도이다. 이 방식도 직접 대상 레이다를 손상시키는 방식이므로 하드 킬에 해당한다. 공격 거리는 보통 사용하는 레이저의 파장이나 기상 또는 대상 전투기 레이다의 고도 등에 따라 달라진다. 또한 강한 마이크로파 전력 (Microwave Power) 신호도 대상 레이다 센서의 안테나와 수신 장치에 손상을 줄 수 있다. 일시적인 손상을 주는 데 필요한 재밍 전력은 보통 3~4배 큰 출력을 가져야 하며, 영구적인 손상을 주려면 그보다 3배 이상 되는 큰 출력을 가해야 한다. 그러나 대부분의 레이다는 일시적인 전자전 공격에 대비하여 충분한 대전자전 기술을 갖추고 있다. 따라서 고출력 마이크로파를 이용한 전자전 공격을 고려한다면 적어도 레이다가 최대 수용 가능한 수신전력 레벨과 망가질 정도의 전력 레벨 사이의 높은 전력을 사용해야 한다. 최근에는 고출력 충격파 (EMP: *Electromagnetic Pulse*)를 이용하여 레이다를 포함한 적의 전자 장비를 일시에 무력화시킬 수 있는 기술이 개발되어 기존의 여러 가지 전자전 재밍의 효력이 상대적으로 비교가 되는 상황이다. EMP는 매우 좁은 임펄스를 고출력으로 폭발시키므로 모든 주파수 스펙트럼 대역을 포함하는 강력한 크기의 고출력을 발생시킨다. 따라서 EMP는 군사적으로 전자 폭탄 개념으로 사용되며 레이다를 포함한 모든 전자장치에 매우 큰 충격파를 가하여 직접 파손시키므로 대단히 위협적인 전자전 수단으로 부각되고 있다. EMP 기술은 본 저서의 기술 범위를 벗어나므로 여기서는 생략한다.

12.4 전자전 지원

전자전 지원 (Electronic Support)은 적의 레이다 방사 에너지를 감지하고 분석하여 재머가 레이다를 효율적으로 방해하기 위한 정보를 찾아내는 기술이다. 전자전 지원 장비는 적의 레이다 전파 방사를 수신하여 다양한 파라미터를 분석한 후에 유효한 정보를 제공해준다. 레이다 안테나 빔의 방사 방향과 위치를 정밀하게 알기 위하여 도래 각도 AOA (*Angle of Arrival*), 도래 시간 차이 TDOA (*Time difference of Arrival*), 도래 주파수 차이 FDOA (*Frequency Difference of Arrival*) 방식 등을 이용한다. 그리고 레이다 경보 수신기 RWR (*Radar Warning Receiver*)는 레이다의 방사 위치는 물론 레이다의 주파수와 펄스 형식 등 위협 정보를 종합하여 위협 상태를 경보한다.

전자전 지원 장비의 가장 중요한 임무는 비협조적인 불특정 방사원의 위치를 탐지하는 것이다. 전자전 지원은 방사원의 위치를 전 방향으로 높은 정확도의 식별 정보를 신속하게 제공할 수 있어야 한다. 대표적인 기법들은 삼각예측 기법과 다중 위치 교차기법 등이 있다. 삼각예측 기법은 신호의 도래 각도를 이미 알고 있는 여러 지점으로부터 계산하는 방식이다. 이상적인 방사원의 위치는 90도가 될 것이므로 여러 위치로 이동하면서 측정하여 삼각 공식으로 예측할 수 있다. 그러나 측정 시간이 많이 걸리고 정확도가 떨어지는 문제가 있다. 전자전 지원 장비에서 방사원의 거리를 찾아내는 것은 정확도가 매우 떨어진다. 왜냐하면 레이다는 저피탐 (LPI)을 위하여 첨두 출력을 접근 거리에 따라 가변하므로 유효 방사 전력을 정확하게 예측하기 어렵고, 또한 레이다가 방사하는 펄스의 송신 기준시점을 알지 못하므로 수신 신호의 강도를 측정하여 레이다 방정식으로 거리를 예측하는 간접적인 방법을 사용하기 때문이다.

12.4.1 도래 각도 탐지기법

(1) 안테나 이동 방향 탐지기법

안테나 이동 방향 탐지기법은 안테나를 각도 탐색 방향으로 이동하면서 수신되는 신호의 도달 시간을 측정하여 도래 방향을 결정한다. 그러나 탐색 각도를 따라 도래 시간을 측정하는 데 측정 지연 시간이 많이 걸리기 때문에 위협 상황에 대응이 취약하다.

(2) 진폭 비교 방향 탐지기법

진폭 비교 방향 탐지기법은 여러 개의 안테나를 이용하여 수신되는 신호의 진폭을 비교하여 도래 방향을 결정하는 방법이다. 두 개의 안테나 이득 패턴과 설치 각도에 따라 들어오는 신호의 진폭 크기를 매번 펄스 단위로 계산하면 바로 도래 방향을 측정할 수 있다. 각도 정확도는 일반적인 전파 환경에서는 평균적으로 3 ~ 5°가 되며 매우 복잡한 전장 환경에서는 10° 정도로 나빠질 수 있다.

(3) Watson-Watt 방향 탐지기법

Watson-Watt 방향 탐지기법은 그림 12.9와 같이 원형으로 4개의 다이폴 안테나를 직경으로 1/4 파장 간격으로 배치하여 360도 방향을 커버한다. 수신기는 3개를 사용하며 원형 배열 안테나 중에서 2개는 서로 반대편 안테나에서 받고 하나는 배열 중간에 있는 기준 안테나에서 받는다. 배열 안테나의 출력과 기준 안테나 신호의 강도를 비교하면 하나의 안테나 패턴을 얻을 수 있다. 또 다른 반대편 안테나를 전환하여 비교하면 두 개의 안테나 패턴을 얻을 수 있다. 이러한 방식으로 몇 번에 걸쳐서 배열 안테나를 돌려

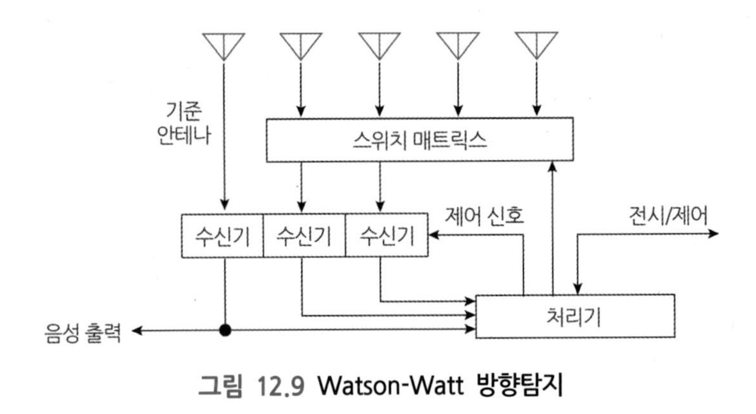

그림 12.9 Watson-Watt 방향탐지

수신 패턴을 비교 측정하면 심장모양의 완전한 안테나 패턴을 통하여 수신 신호의 도래 방향을 찾을 수 있다.

(4) 도플러 방향 탐지기법

도플러 방향 탐지기법은 360도 전 방향으로 회전하는 안테나를 이용하여 도플러 주파수를 측정하여 방향을 예측하는 기법이다. 움직이는 안테나를 레이다 방사 방향으로 접근하거나 멀어지게 이동하면 수신 주파수의 도플러 변이의 증감을 얻을 수 있다. 움직이는 안테나가 원형 궤적을 그리면 도플러 변이가 사인파 형태로 변하게 된다. 이때 도플러 변화 곡선이 음의 방향으로 넘어서는 순간이 신호의 도래 방향이 된다.

(5) 위상 비교 방식

위상 비교 방식 (Interferometer)은 높은 방향 탐지 기법으로서 두 안테나에 들어오는 신호의 위상을 비교하는 방식이다. 그림 12.10과 같이 2개의 안테나를 기준으로 들어오는 신호의 도래 각도는 인터페로메타 삼각 기법으로 결정된다. 파면과 기준선이 이루는 각도는 arc $\sin(BC/AB)$이 되며 이것은 기준선과 수직인 방향과 표적 방향 사이의 각도와 같다. 따라서 표적 방향의 각도는 매우 정교하게 측정될 수 있다. 전후방 모호성을 피하기 위해서는 기준선은 반 파장 길이 이내가 되어야 하며 보다 정밀한 각도를 위해서는 심지어 1/10 파장 이내가 되어야 한다. 따라서 단일 배열 안테나가 주파수 파장 관점에서 유용하다.

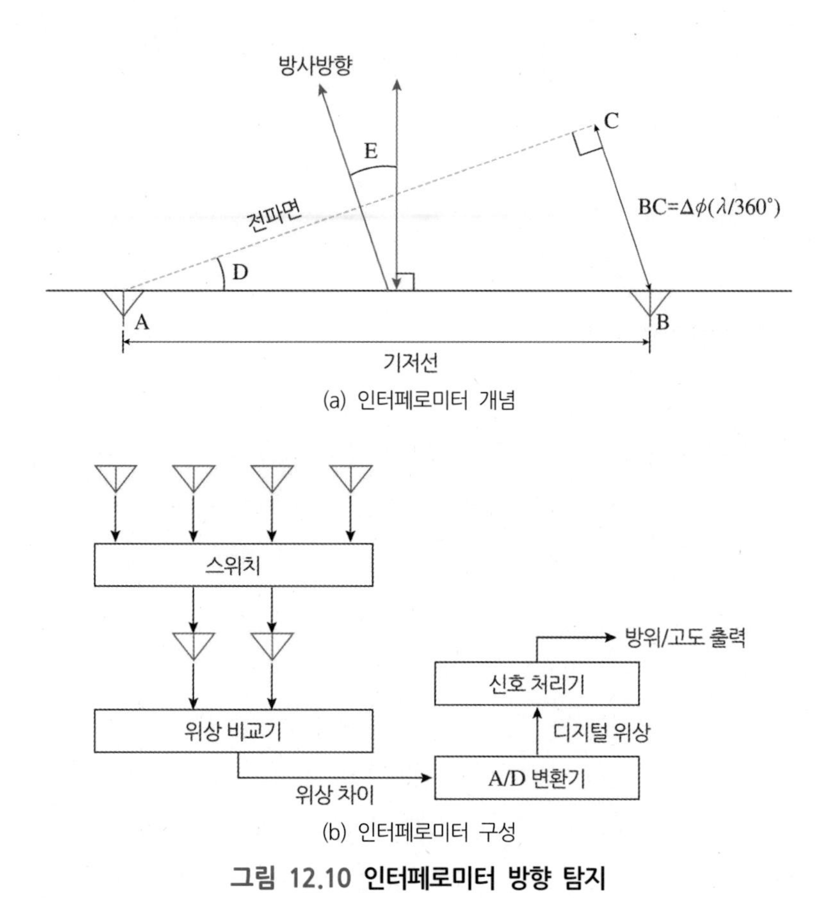

(a) 인터페로미터 개념

(b) 인터페로미터 구성

그림 12.10 인터페로미터 방향 탐지

12.4.2 정밀 방향 탐지기법

정밀 방향 탐지는 보다 정확한 대상 표적의 위치를 위하여 도래 시간차 (TDOA)와 도래 주파수 차 (FDOA) 기법이 있다.

(1) 도래 시간차기법

도래 시간차 (TDOA)는 서로 넓게 떨어진 두세 개의 수신기에서 동일한 방사원에서 들어오는 시간을 측정한다. 도래 시간의 차이는 두 신호의 전파 경로의 길이의 차이를 결정하며 이는 여러 개의 쌍곡선면을 결정한다. 이러한 지표면상의 여러 쌍곡선면들의 교차점 간격은 좁은 시간 차이를 나타내며 나노 초 단위로 측정된다. 정밀한 시간 측정은 수신기 위치에서 정밀한 클록이 필요한데 GPS 기반의 시간 기준이 가능하므로 매우 편리해졌다. 펄스 신호의 선두 끝이 기준시점이 되며 몇 개의 펄스만으로 시간 정보가 얻어진다. 아날로그 신호는 디지털 신호로 변환하여 상관성 처리를 위하여 한 지점에 데이터를 전해주어야 한다. 다수의 수신기에서 연속적인 시간 지연이 나타나므로 상관성 결과가 최고점이 되는 시간 변화 차이를 도래 시간차로 선택한다.

(2) 도래 주파수차기법

도래 주파수차 (FDOA)는 일명 도플러 미분법이라고 하며, 서로 떨어진 두 개의 이동 수신기에서 하나의 신호에 대한 수신 주파수를 측정한다. 두 개의 이동 수신기에 도달하는 신호는 전파 경로와 이동 플랫폼의 속도 방향에 따라 서로 다르게 기울어진 각도를 갖게 된다. 이것이 서로 다른 도플러 변이의 원인이 된다. 이렇게 수신된 주파수는 각각의 수신기에서 측정되어 한 지점에 보내져 상관성을 처리한다. 따라서 신호 전송을 위한 협 대역 데이터 링크가 필요하다. 각각의 도래 주파수 차이는 방사원의 위치를 포함하는 공간상의 면을 나타내며, 이들 면의 교차점이 동일 주파수 또는 동일 도플러 면의 커브로 나타난다. TDOA와 마찬가지로 방사원의 위치를 알기 위해서는 3개의 수신기가 필요하다. 3개의 수신기는 3개의 기준선을 형성하며 결과적으로 방사원의 위치를 통과하는 3개의 동일 주파수를 형성하게 된다. 고정 위치에서는 TDOA만 적용 가능하지만 이동 플랫폼에서는 TDOA와 FDOA 모두 사용할 수 있다. 이들 방법은 앞에서 설명한 진폭비교나 위상비교 방식보다 훨씬 높은 정확도를 제공한다.

12.4.3 레이다 경보 수신기

(1) 레이다 경보 수신기 구조

레이다 경보 수신기 (RWR)는 레이다의 제어로 동작하는 무기의 공격을 방어하고 회피하기 위하여 위협 레이다 신호를 즉시에 탐지하고 경보하는 기술이다. 따라서 RWR은 이상적으로 모든 방향에서 도달하는 모든 주파수의 위협 레이다 신호를 언제든지 모두 받을 수 있어야 한다. 또한 경보 수신기의 감도는 레이다가 탐지하고 공격할 수 있는 거리에서 모든 신호를 받을 수 있는 정도로 충분해야 한다. 또한 위협의 형태를 식별할 수 있을 정도로 신호 파라미터로부터 레이다 동작 모드를 식별할 수 있을 정도로 정확해야 한다. 대표적인 경보 수신기의 구성은 그림 12.11과 같이 전 방향에서 들어오는 광대

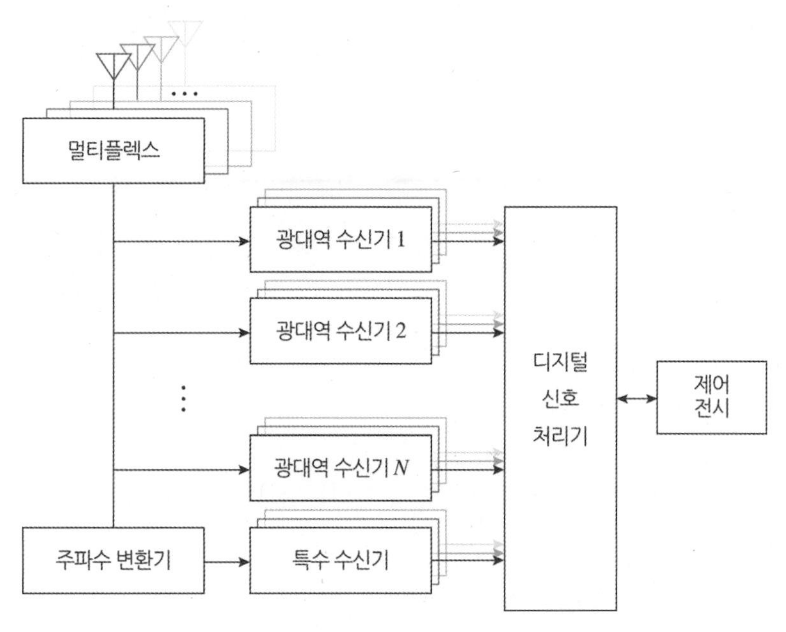

그림 12.11 레이다 경보 수신기의 구성도

역의 다양한 주파수를 처리할 수 있도록 4개 이상의 수신 안테나를 반 파장 간격으로 각도방향에 따라 배치하고 안테나별로 연결된 수신기에는 적어도 광대역 신호를 처리할 수 있는 4개 이상의 수신기를 장착한다. 안테나의 주파수 범위는 보통 2 ~ 18 GHz이고 각 안테나 출력은 2 ~ 6 GHz, 6 ~ 10 GHz, 10 ~ 14 GHz, 14 ~ 18 GHz로 나누어 다중 처리된다. 각 수신단에 들어온 신호는 채널별로 고속 디지털 변환기를 거쳐서 디지털 프로세서에 전달된다. CW 신호나 가동지수 (Duty Factor)가 큰 펄스 신호 등을 처리하는 별도 수신 채널도 가지고 있다. 디지털 프로세서는 크게 신호 분석과 방사원의 위치를 찾아내는 두 가지 기능을 가지고 있다. 초당 수백만 개의 펄스가 들어오면 각 펄스를 식별해야 한다. 신호 파라미터는 주로 안테나 패턴, 주파수, 변조 방식 등을 분석하여 레이다의 주파수와 도래 방향과 펄스 타이밍 정보를 저장한다. 이러한 데이터는 사전에 저장된 위협 식별정보 파일이라고 불리는 위협 신호 형식과 비교하여 일치되는 파라미터가 식별되면 경보 수신기의 전시 화면에 지시된다.

(2) 경보 위치 식별

레이다의 위치를 알아내기 위하여 4개의 안테나 각각으로부터 들어오는 신호의 크

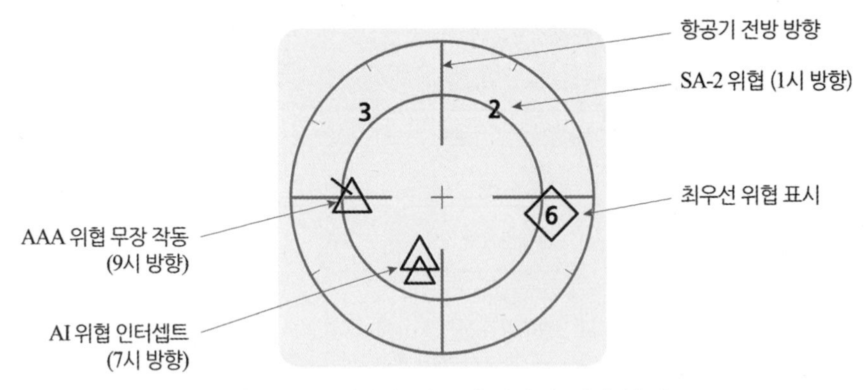

그림 12.12 레이다 경보 수신기의 전시 화면

기를 비교한다. 이들 중 2개의 안테나에서 수신되는 신호의 진폭 크기를 계산하여 도래 방향을 계산하고, 거리는 경보 수신기의 신호 레벨을 기준으로 거리 계산식에 의하여 알아낸다. 정밀한 레이다의 방향 위치를 찾기 위해서는 진폭비교 방식보다는 위상에 의한 방향 탐지 (Interferometric Direction Finding) 방식을 사용한다. 최종 처리된 위협 정보는 조종사의 전시화면에 그림 12.12와 같이 지시된다. 위협 형식에 따라 삼각형 기호로 표기되며 AAA (*Automatic Anti-Aircraft*)는 레이다 작동 무장을 의미하며, AI (*Airborne Intercept*)는 인터셉트를 나타낸다. 동작 모드와 위협 위치 등에 따라 위협이 가까워지면 위험 기호가 깜빡이고 경보를 알린다.

12.5 대전자전 ECCM

대전자전 ECCM (*Electronic Counter-Countermeasures*)은 전자전 공격에 대응하여 레이다가 간섭이나 재밍 신호를 억제하여 레이다의 표적 탐지 성능을 보호하기 위한 기술이다. 레이다 방향으로 공격하는 재밍 신호는 일차적으로 공간상에서 안테나 빔을 통하여 레이다에 들어와서 수신 주파수 대역에 강한 잡음 혼신을 야기하여 원하는 표적신호를 방해한다. 레이다에 대전자전 장치를 갖추는 목적은 1) 재밍에 의해 레이다 신호가 포화되는 것을 방지하고, 2) 표적 신호와 재밍 전력의 비를 향상시키며, 3) 방향성을 갖는 간섭이나 재밍을 구별할 수 있고, 4) 가짜 표적을 제거하여, 5) 표적의 추적을 유지할 수 있고, 6) 결과적으로 레이다의 생존성을 높일 수 있다. 반도체 송수신기를 사용하여 긴 펄스 압축 코드를 적용한 최신 펄스 도플러 레이다와 3차원 전자빔 조향이 가능한 능동 전자조향 배열 안테나 (AESA)를 적용하는 다기능 레이다는 기계식 회전 스캔 방식의 2차원 펄스 레이다에 비하여 매우 우수한 대전자전 대응 능력을 가지고 있다.

12.5.1 대전자전 기법 분류

전자전 공격에 대응하는 대표적인 대전자전 기법으로 공간 기법과 주파수 및 시간 기법, 그리고 신호처리 기법, 진폭, 위상, 편파 등 다차원 영역에 따라 다양한 기법 등으로 분류한다. 대전자전 기법은 표 12.5에 정리한다. 효율적인 재밍 억제 수단은 주로 공

표 12.5 레이다 ECCM과 ECM 기법 비교 [© Skolnik]

레이다 부체계	대전자전 기법 (ECCM)	전자전 공격 기법 (ECM)				
		잡음재밍	기만재밍	거리 게이트	속도 게이트	각도
안테나 관련	초 저부엽 안테나	X	X			
	모노 펄스 각도추적					X
	낮은 교차편파					X
	부엽 제거기	X	X			
	부엽 상쇄기	X				
	전자 스캔		X	X		X
	적응 수신 편파					X
	교차 편파 상쇄기					X
송신기 관련	고출력	X				
	펄스 압축	X				
	주파수 다양화	X				
	주파수 기민성	X	X			
	PRF 지터		X	X		
수신기 관련	거리게이트 메모리			X		
	대역폭 확장		X		X	
	비트 주파수 탐지	X		X		
	엄폐 펄스 채널처리		X			
	펄스 엣지 추적			X		
	협대역 도플러 잡음	X	X			
	속도 보호 게이트		X			
신호처리기 관련	거리 게이트 리셋		X		X	
	가속도 제한		X	X	X	
	Censored CFAR	X	X			
	도플러/거리율 비교			X	X	
	시간 평균 CFAR	X				
	총 에너지 테스트	X				

간 영역과 주파수 영역에서 이루어진다. 예를 들면 원격 재밍 (Stand-Off Jamming)은 레이다 안테나의 부엽을 통하여 들어오고, 자기 보호 재밍 (Self-Screen Jamming)은 안테나의 주 빔을 통하여 들어와서 수신기의 주파수 대역에서 혼신을 야기하여 표적 탐지를 방해한다. 공간상에서 간섭 재밍을 억제하는 방법은 저부엽 안테나를 이용하여 간섭 재밍의 영향을 최소화하거나 부엽방향으로 들어오는 재밍을 억제하는 기법 등이다.

주파수 스펙트럼 영역에서 재밍을 회피하는 방법은 재밍이 감지되면 송신 주파수를 민첩하게 바꾸어주거나 펄스 반복주파수를 바꾸는 등 주파수와 시간의 불규칙한 변화로 대응한다. 또는 시간적으로 표적과 재밍의 수신 도달시간 차를 이용하여 이들을 분리하는 방법도 있고, 갑자기 큰 진폭의 임펄스 재밍은 수신 진폭의 특성을 분석하여 제거하는 기법도 있다. 또한 신호의 통계적 모양이나 코드의 특성을 이용하여 분리하는 기법들도 있다.

이와 같이 대전자전 기법은 다양한 방법으로 레이다를 보호할 수 있으나 주로 안테나, 송신기, 수신기, 신호처리기와 같은 레이다 부체계에 대전자전 기법을 적용하거나 또는 레이다 시스템 운용 기법을 통하여 적용할 수도 있다.

12.5.2 공간적 안테나 기법

전파 공간상에서 재밍을 억제하는 방법은 직접 방법과 간접 방법으로 나눌 수 있다. 직접적인 공간 재밍 억제하는 방법은 초저부엽 안테나를 이용하여 부엽의 이득을 매우 낮게 만드는 기법이며, 간접적인 재밍 억제 방법은 부엽 상쇄기 (Sidelobe Canceller) 및 부엽 제거기 (Sidelobe Blanking)와 같이 부엽 방향의 안테나 이득을 거의 0으로 만드는 적응 기법 등이 있다.

(1) 초저부엽 안테나

초저부엽 안테나 (Ultra Low Sidelobe Antenna)는 부엽으로 침투하는 재밍 신호의 안테나 이득을 최소화하여 재밍의 영향을 억제하는 기법이다. 수신 안테나의 부엽을 매우 낮게 만들면 원격 재밍뿐만 아니라 기만 재밍에도 매우 유리하며, 송신 안테나의 부엽을 최소화하면 ARM과 같은 미사일 공격이나 적의 전자지원 장치의 감도를 낮추어 전자전 공격으로부터 레이다를 보호하는 데 매우 유리하다. 그림 12.13(a)는 일반 안테

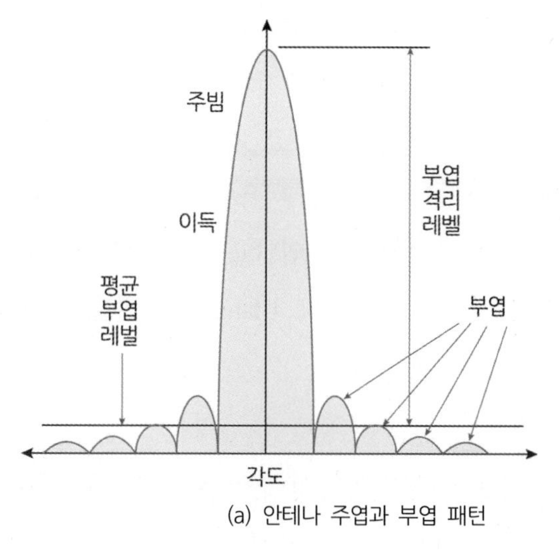

(a) 안테나 주엽과 부엽 패턴

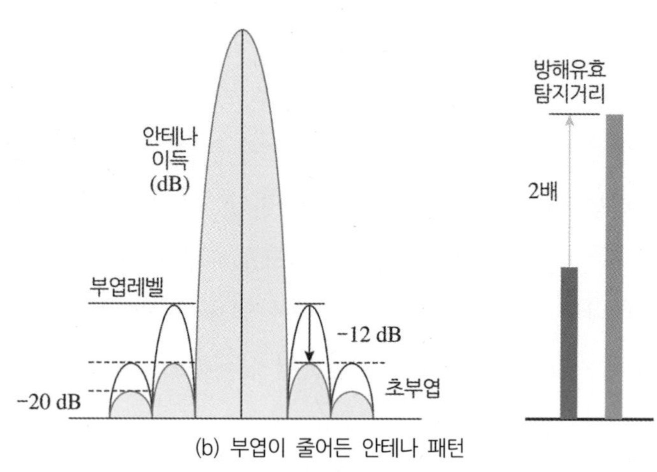

(b) 부엽이 줄어든 안테나 패턴

그림 12.13 초저부엽 안테나 패턴

나의 주엽과 부엽을 보여주고 있다. 여기서 평균 부엽 레벨은 모든 부엽의 평균 레벨이며, 부엽이격 레벨은 주엽의 이득에 대한 평균 부엽 레벨과의 차이를 의미한다. 그림 12.13(b)는 부엽 레벨을 −12 dB 낮춘 안테나 패턴을 보여준다. 그러면 결과적으로 재밍 신호와 표적신호가 같아지는 거리 (Burn-Through Range)가 2배로 늘어난다. 안테나별로 평균 부엽 레벨과 부엽 이격 레벨을 비교해보면, 일반적인 안테나의 평균 부엽이득은 −3 dBi, 부엽 이격은 30 dB 정도인 데 비하여 초저부엽 안테나의 경우 평균 부엽이득이 −20 dBi, 부엽 이격 레벨이 55 dB 이상으로 큰 차이가 있다.

초저부엽 안테나의 주요 장점은 무수히 많은 재밍이 어떤 부엽 방향으로 들어오더라도 이들을 억제할 수 있으며 이들이 레이다 수신기에 들어가기 전에 공간상에서 간섭 재밍을 억제할 수 있다. 그러나 이러한 안테나는 전체 이득이 낮아서 특별히 안테나를 크게 만들지 않으면 탐지 거리가 상당히 감소하므로 기존 레이다 시스템에 바로 적용하기는 쉽지 않다. 따라서 초저부엽 안테나는 기술 비용이 많이 들기 때문에 기존의 안테나를 이용하여 재밍이 들어오는 특정 방향의 부엽만을 낮추거나 제거하는 부엽 상쇄기 (Sidelobe Canceller) 또는 부엽 차단기 (Sidelobe Blanker) 기법을 많이 사용한다.

(2) 부엽 상쇄기

부엽 상쇄기는 재밍이 들어오는 특정 방향의 부엽을 상쇄시키는 기능을 가지고 있다. 일반적으로 부엽 상쇄기는 협대역의 부엽 재밍 변조신호에 효과적이다. 각 부엽 신호를 상쇄시키기 위해서는 그림 12.14와 같이 주빔 안테나 이외에 별도의 보조 안테나가 필요하다. 이 경우 보조 안테나의 부엽 이득은 주 레이다 안테나의 부엽 이득보다 좀 더 커야 한다. 만약 보조 안테나로 들어오는 신호가 주 레이다 안테나로부터 들어온 신호보다 훨씬 강하다면 이를 재밍 신호라고 판단한다. 이러한 재밍 신호는 주 안테나의 신호보다 반 파장 또는 180도 위상 지연이 있으므로 이를 주 안테나의 신호와 더해주면 자동적으로 주 안테나의 부엽이 상쇄되는 효과를 얻을 수 있다. 따라서 주 안테나의 부엽 방향으로 들어오는 재밍 신호를 0으로 만들어 상쇄하므로 효과적으로 재밍의 영향을

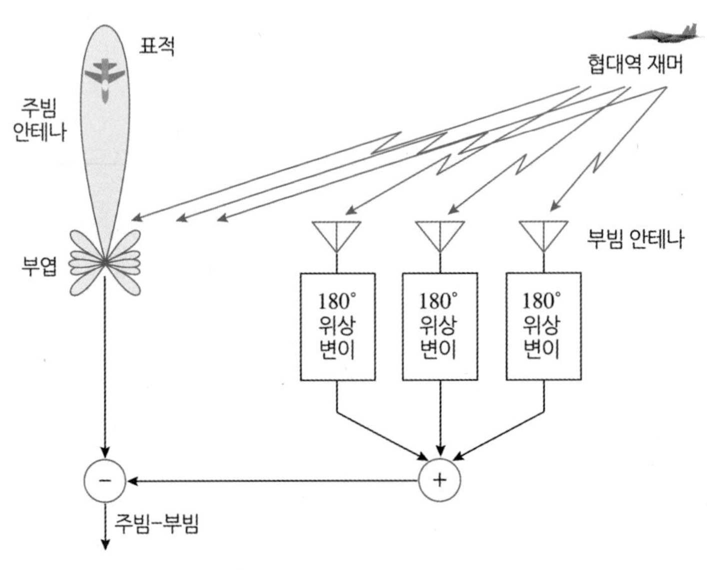

그림 12.14 부엽 상쇄기 구조

억제할 수 있다.

(3) 주엽 상쇄기

안테나의 주빔 방향으로 들어오는 재머는 큰 안테나 이득을 가지므로 부엽으로 들어오는 재머보다 더 큰 영향을 줄 수 있다. 이러한 주빔 방향의 재머는 GMTI (*Ground Moving Target Indicator*) 널링 기법을 적용하여 상쇄시킬 수 있다. 이 기법의 개념은 반파장 간격으로 좌우에 위치하는 두 안테나 소자의 위상을 조정할 수 있는 적응 빔 형성(Adaptive Beam Forming) 기법을 이용하여 모노 펄스 레이다의 출력 위상을 적응적으로 변이함으로써 특정 재머 방향의 안테나 이득을 0으로 만들어서 재머를 상쇄시킨다. 이러한 위상의 변이와 신호의 합성은 레이다의 디지털 신호 처리를 통하여 이루어진다. 최근 전자빔 조향 배열안테나 (ESA)를 이용한 디지털 빔 형성 기술이 발전하면서 별개의 보조 안테나 없이 레이다의 주 안테나 내에서 모두 처리할 수 있게 되었다.

(4) 부엽 차단기

부엽 차단기는 별도의 부엽 안테나를 통하여 들어오는 신호를 비교하여 재머를 스위치로 차단하여 수신기에 들어오는 펄스 재밍 신호를 사전에 제거하는 기능을 가지고 있다. 부엽 제거기의 개념과 유사하지만 주요 차이점은 다중 재머를 차단하는데 효과적이다. 부엽 차단기 동작원리는 그림 12.15와 같이 보조 안테나에 들어오는 신호의 레벨이 주 안테나의 신호보다 크면 재밍 신호로 식별하여 주 안테나로부터 들어오는 입력

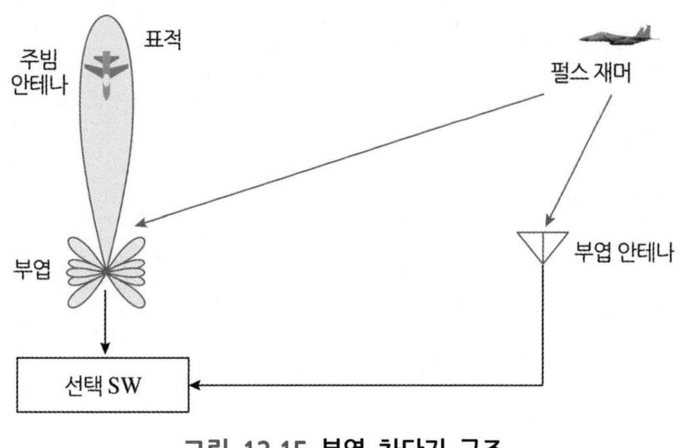

그림 12.15 부엽 차단기 구조

단을 해당 펄스가 발생하는 동안에 차단시킨다. 만약 여러 방향에서 부엽으로 들어오는 다수의 펄스 신호가 있다면 부엽 차단기 하나로 이들을 모두 처리할 수 있다.

그러나 재머가 레이다의 펄스와 유사한 엄폐 펄스를 보내는 경우에는 레이다 펄스도 재머로 오인하여 차단시킬 수 있다. 이 경우 재머가 표적으로부터 멀리 떨어져 있으면 재밍 펄스의 타이밍이나 레이다에 위협적인 엄폐 펄스를 잘 추적해두어야 한다. 만약 엄폐 펄스가 아주 광범위하게 들어온다면 위상의 연속성을 갖는 부엽 차단기를 가동시켜야 한다.

(5) 적응 배열 기법

초기의 부엽 상쇄기 개념은 70년대 중반 Applebaum의 Adaptive Sidelobe Canceller를 소개하면서 시작되었다. 적응 부엽 상쇄기는 그림 12.16과 같이 안테나 부엽을 통해 들어온 재밍 신호의 추정치를 얻기 위하여 보조 안테나를 이용하여 적절한 가중치를 갖는 공간 필터에서 합쳐진 신호를 수신기의 출력 신호에서 상쇄시킴으로써 재밍 신호를 제거하는 효과를 얻는 기법이다.

최근 위상배열 안테나를 이용한 AESA 레이다 기술이 발전하면서 적응 배열을 이용

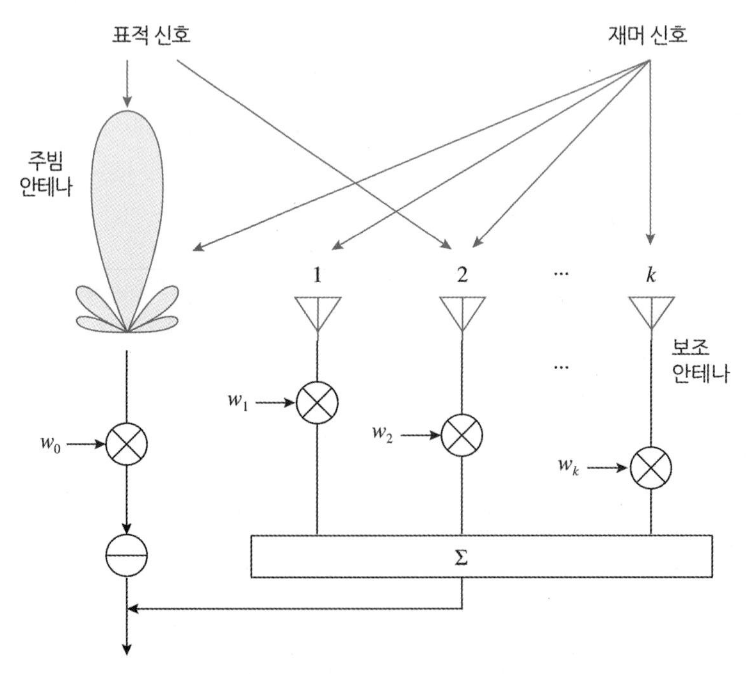

그림 12.16 적응 부엽 상쇄기 구조

한 간섭 재밍 제거 기법이 가능해졌다. 적응 배열 레이다는 개별 안테나 소자별로 위상 변이를 조정할 수 있으므로 특정 표적 방향으로 별개의 전자빔을 형성할 수 있다. 따라서 다중 표적 방향을 향하여 다수의 빔을 형성할 수 있다. 이러한 표적 방향의 빔 형성에 부가적으로 특정 방향의 신호에 대하여 동일 방향으로 들어오는 간섭 재머 신호를 서로 상쇄하여 0이 되도록 만들어서 J/S의 영향이 감소하도록 만들 수 있다. 만약 재밍 신호가 다수의 레이다에게 수신된다면 적응 배열 기법으로 개별 레이다에서 재밍 신호의 도달 방향을 찾을 수 있다. 따라서 적응 배열기술을 적용한 통합 방공 시스템에서는 삼각 기법으로 먼 거리의 재머 위치를 찾아낼 수 있다.

12.5.3 주파수 가변 기법

공간적인 안테나 기법은 주로 원격 재밍에 유리하지만 재머와 표적이 동일 위치에 있는 자기 보호 재밍의 경우에는 효율적이지 않다. 이러한 경우에는 주파수 가변 기법이 훨씬 유리하다. 주파수 가변 기법은 주파수 대역 변경과 펄스 반복주파수 주기 변경, 그리고 주파수 코드 변경 등과 같이 주파수와 반복주기의 불규칙성을 이용한다.

(1) 주파수 대역 기민성

주파수 기민성 (Frequency Agility) 기법은 그림 12.17과 같이 재밍 주파수를 회피하기 위하여 레이다의 송신 주파수를 펄스 단위 또는 펄스 군 단위로 바꾸어서 표적 탐지에 영향이 없도록 하는 기법이다. 재머는 일반적으로 레이다 송신 캐리어 주파수에 맞추어져 있으며 레이다가 주파수를 변경하는 빈도를 빠르게 하면 재머를 회피할 수 있다.

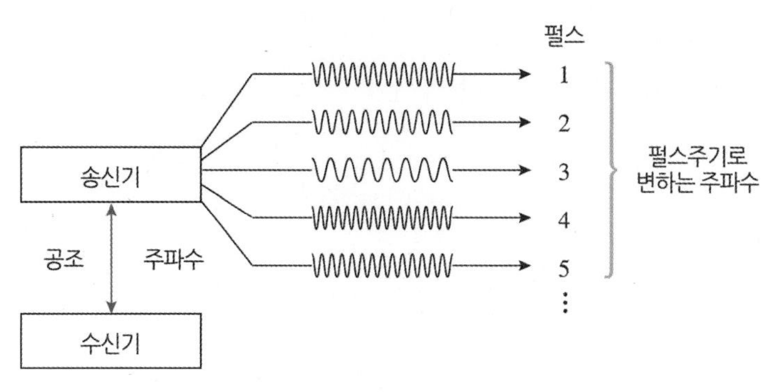

그림 12.17 주파수 기민성 개념도

레이다가 변경된 주파수와 함께 펄스 단위로 의사 랜덤 코드 패턴을 동시에 변경시키면 재머는 다음 펄스의 주파수를 식별하기 어렵다. 재머도 이러한 경우에는 재밍 출력을 레이다가 사용하는 전 주파수 대역으로 확장한다.

그러나 레이다가 매 펄스마다 주파수를 변경하면 사용하는 주파수의 개수나 레이다 대역폭에 대한 주파수 범위의 비율로 인하여 재머의 J/S 효율은 감소하게 될 것이다. 또한 은폐 재머나 기만 재머의 경우에도 다음 레이다 주파수를 모르기 때문에 레이다의 펄스 정보를 사전에 예측하기 어렵다. 이러한 주파수 기민성 기법은 레이다가 주파수를 매 펄스 단위로 매우 빠르게 송신하고 복잡하게 수신 처리해야 하는 부담이 커지게 된다. 재밍 주파수에 대응하기 위하여 주파수를 기민성 있게 변경하기 위해서는 레이다가 사용하는 전체 주파수 대역의 주파수를 펄스 단위로 변경할 수 있는 튜닝 스피드가 매우 중요하다.

과거에 주파수 가변 기법은 재밍 상황에 관계없이 가능한 랜덤하게 송신 주파수를 변경하는 방식이었다. 이는 전자전 인터셉트를 줄이는 데는 효과적이지만 레이다 입장에서 가장 좋은 방법은 재밍이 최소화되도록 송신 주파수를 선택하는 것이다. 그림 12.18과 같이 광대역 ESM 수신기와 재밍 스펙트럼 분석기를 이용하여 재밍이 있는지 확인하여 스펙트럼을 분석한다. 이러한 재밍 정보는 레이다가 최소한의 재밍 주파수에 대응하여 송신 주파수를 선별적으로 송신하도록 조정한다. 이 경우에 재머는 광대역으로 방해를 시도하겠지만 다중 반사의 영향으로 공백이 생길 수 있다. 그러나 효율적인 대전자전 기법은 적응 주파수 기민성과 공간적인 적응 안테나 기법을 모두 적용하는 것이다.

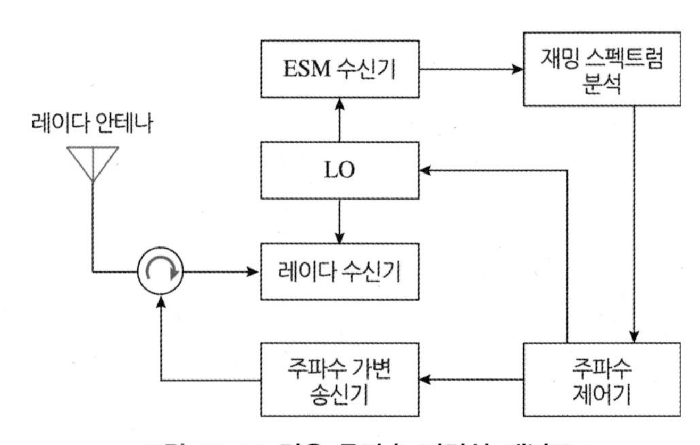

그림 12.18 적응 주파수 기민성 개념도

(2) PRF 주기 기민성

펄스 반복 주파수 기민성은 펄스 반복 주파수를 무작위로 바꾸거나 흔들어서 재머가 레이다 펄스 반복 주기를 식별하지 못하도록 하며 동시에 재머가 PRF를 방해하여도 영향을 받지 않도록 하는 기법이다. 펄스 반복주파수 지터 (PRF Jitter)는 레이다의 송신 펄스의 반복 주기를 시간적으로 불규칙하게 변경하여 재머로 하여금 다음 펄스의 반복 주기를 알아내지 못하도록 하는 기법이다. 이 방법은 재머가 거리 게이트에 방해하는 것을 보호하며, 만약 엄폐 펄스로 방해한다면 펄스를 전 거리 구역에 걸쳐 확장해야 한다. 이러한 파형 코딩 방법으로 펄스 반복 주파수 스태그 (PRF Stagger) 방식으로 주파수를 불규칙하게 바꾸면 기만 재밍이 작동하기 어렵게 만들 수 있다.

(3) 주파수 코드 기민성

주파수 자체 변화뿐만 아니라 확장된 펄스폭 시간 동안 주파수 변조 코드를 변경하는 펄스 압축 기법을 이용하면 재머가 쉽게 레이다 파형을 식별하기 어렵다. 펄스 압축 기법의 장점은 펄스 구간 코딩 기법을 이용하여 첨두 출력을 높게 증가시키지 않고도 탐지 거리에 필요한 평균 출력을 증가시킬 수 있기 때문에 재머에게 레이다 정보 노출을 줄일 수 있다. 동시에 높은 거리 해상도를 얻을 수 있기 때문에 거리 셀 주변의 광범위하게 분포된 채프와 같은 재밍 신호를 회피하기에 용이하다.

펄스 압축 코드는 선형 주파수변조 방식과 이진 위상변조 방식으로 나눈다. 펄스 압축 코드로 상관처리된 출력은 두 파형의 코드가 일치하면 그 샘플 시점에 최대 SNR을 얻을 수 있지만 만약 코드가 일치하지 않으면 수신 신호는 잡음처럼 분산되어 수신 이득을 얻을 수 없다. 시간-대역폭의 곱은 펄스 압축 코드의 길이를 결정한다. 통상적인 펄스 압축 코드는 100 ~ 1,000 정도를 사용하므로 20 ~ 30 dB의 이득을 얻을 수 있다. 따라서 실질적인 J/S 비는 압축 코드의 크기에 반비례하므로 재머의 영향을 크게 약화시킬 수 있다.

재머가 이러한 펄스 압축에 의한 손실을 감당하기 위해서는 정확한 압축 코드를 알아내야 한다. 펄스 압축은 평균 전력을 늘리는 대신 첨두 전력을 매우 낮추기 때문에 재머가 레이다 파형 코드를 감지하기 어렵게 만든다. 레이다의 파형 코드의 불규칙한 변화를 알지 못하는 재머는 레이다를 방해하기 어렵기 때문에 펄스 압축과 같은 주파수 코드의 기민성은 매우 효과적인 대전자전 기법이라고 할 수 있다.

(4) 적응 파형 기법

전자지원 시스템은 레이다의 형식을 알아내기 위하여 레이다로부터 수신된 파형을 분석한다. 반면에 레이다 입장에서는 적절한 방어를 위하여 어떤 형식의 공격 무기가 사용될 것인지 알아내는 전장 승무원이나 자동 방어 장비가 필요하다. 레이다 신호 파형을 바꿈으로써 전자지원 장비가 레이다를 제대로 식별하지 못하도록 할 수 있다. 또한 스캔 단위로 재밍에 의하여 나타난 거짓표적 추적을 식별할 수 있다. 이러한 거짓 추적은 레이다 전시화면에서 삭제하여 보다 더 효율적인 표적 추적이 가능하도록 만들어준다.

12.5.4 거리-도플러 신호처리 기법

(1) 펄스 도플러 레이다

펄스 도플러 레이다는 9장 레이다 신호처리에서 설명한 바와 같이 위상의 연속성이 있는 펄스 군 단위로 모든 거리 셀별로 펄스를 모아서 도플러 필터를 처리할 수 있는 최신 기술이다. 따라서 레이다 수신 신호를 디지털 영역에서 펄스 도플러 처리하면 거리와 도플러 속도 성분을 갖는 어떤 표적이나 간섭 재머 신호는 모두 하나의 거리-도플러 맵에 특성이 노출되어 비교 판단 및 식별이 가능해진다. 거리-도플러 2차원 맵의 도플러 셀은 누적된 펄스를 고속 퓨리에 변환 (FFT)하여 협대역 도플러 필터 뱅크를 형성하며, 거리 셀은 각 수신 펄스 반복 주파수를 샘플링하여 거리 해상도 셀을 형성한다.

거리-도플러 맵은 재밍을 방어하기에 몇 가지 좋은 장점이 있다. 원래 펄스 도플러 레이다는 표적의 속도에 따라 분리하여 탐지할 수 있는 기능이 있기 때문에 표적은 물론 거리 게이트에 잠입하여 인위적으로 지연시킨 펄스 재머에 대해서도 똑같이 분리할 수 있다. 따라서 펄스 도플러 레이다는 쉽게 각 표적에 대하여 도플러 변위를 계산하여 어떤 표적이 가짜인지를 구분하여 제거시킨다. 또한 펄스 도플러 레이다의 송신 신호는 위상의 연속성이 있기 때문에 단일 주파수 대역에 나타난다. 하지만 위상 동기가 맞지 않는 재머 신호는 여러 도플러 채널에 넓게 분산되기 때문에 전체적인 채널의 잡음 신호가 증가하여 레이다가 쉽게 재머의 방해를 받고 있는지 알게 해준다.

채프와 같은 반사 신호는 특성상 다양한 주파수 채널에 다양한 진폭의 크기로 분산되어 나타난다. 펄스 도플러 레이다가 여러 채널의 잡음이 일시에 증가한 것을 확인하여 이를 가짜 표적이라고 판단하여 제거한다. 디코이 거짓 표적이 진짜 표적 비행기와 분리되어 있고 또한 표적 항공기의 속도와 유사한 변조파형으로 위장하지 않았다면 펄스 도플러 레이다는 항공 역학적으로 디코이의 느린 속도를 쉽게 간파하여 거짓 표적을 제거할 수 있다.

(2) 적응 CFAR

표적을 탐지할 때 주변 잡음 전력의 크기 변화에 적응하여 탐지 문턱치를 조정할 수 있는 탐지기를 적응 탐지기 (Adaptive CFAR)라고 한다. 거리-도플러 맵에서 관심 표적의 거리와 속도 셀 주변의 잡음 전력의 크기가 주변의 원하지 않는 클러나 간섭 재밍에 의하여 높아질 수 있다. 관심 표적 셀 주변에 재밍에 의하여 잡음 신호가 급격히 증가하면 CFAR 처리를 하기 전에 우선적으로 특이한 거리/도플러 셀을 제거한 후에 너머지 인접 셀들의 평균 에너지를 기준으로 문턱치를 조정하여 표적을 탐지하는 기법을 Censored CFAR라고 한다. 이와 같이 거리-도플러 맵을 이용하면 거리 셀 주변의 다양한 재밍 잡음 크기 분포와 도플러 속도 셀 주변의 재밍 속도 크기 분포를 비교하여 다양한 종류의 대전자전 CFAR을 구성할 수 있다. 7장과 9장의 CFAR에서 설명한 바와 같이 CFAR의 종류는 시간적 거리 영역과 도플러 주파수 영역에 따라 다양한 구조를 가지고 있으며 종류에 따라 특정한 클러터나 간섭, 그리고 특수한 재밍에 따른 장단점이 있다.

12.6 최신 대전자전 레이다

대부분의 대전자전 기법은 레이다의 기본 구조를 유지하면서 안테나, 송수신부, 신호처리부 등 부 체계의 기술 특성에 적합한 재밍 방어 기능을 이용해 왔다. 최근에는 레이다 플랫폼 구조가 위상배열 안테나를 적용하는 디지털 다기능 레이다 개념으로 전환되면서 자체적으로 우수한 대전자전 기능을 갖게 되었다. 능동 위상 배열 구조의 AESA (*Active Electronically Scanned Array*) 레이다는 원하는 방향으로 빔을 전자적으로 조향할 수 있으며 동시에 주파수와 시간, 편파 등을 변화시킬 수 있다는 특징이 있다. 따라서 넓은 탐색 공간에서 매우 빠르게 움직이는 좁은 레이다 빔과 불규칙하게 변화하는 주파수와 펄스 주기를 쉽게 감지하기 어렵다. 다양한 대전자전 기법을 적용한 레이다 시스템들은 다음과 같다. 1) 레이다의 탐지를 어렵게 하는 기술을 이용하여 재머를 회피할 수 있는 저피탐 (LPI) 레이다, 2) 송신 장치와 수신 장치를 분리하여 재머가 레이다의 수신 장치의 위치와 정보를 알지 못하게 하는 이중 분리 (Bi-Static) 또는 다중 분리 (Multi-Static) 레이다, 3) 레이다 자체는 송신을 하지 않고 다른 무선장치의 전파원을 이용하여 은밀하게 재머를 회피하는 수동형 레이다 (Passive Radar), 4) 다중 송수신 채널을 이용하여 공간상의 빔 해상도를 높여 재밍의 영향을 최소화하는 다중입출력 (MIMO) 레이다, 5) 주파수와 시간을 기민성 있게 가변하기 용이하도록 RF 전단을 디지털화하고 대부분 소프트웨어를 이용하여 레이다의 주요 기능을 환경에 용이하도록 가변할 수 있는 소프트웨어 기반 레이다 (Software Defined Radar), 6) 레이다 주변의 클러터와 간섭 재머를 인간의 두뇌와 같이 스마트하게 인지하여 빅데이터로 저장하고 주변 상황의 변화에 따라 인공지능을 이용하여 레이다의 송신과 수신 파라미터를 적응적으로 조정할 수 있는 인지 레이다 (Cognitive Radar) 등이 있다.

12.6.1 AESA 레이다

AESA 레이다는 능동 전자조향 위상배열 안테나 (Active Electronically Scanned Array)를 이용하여 주어진 탐색 공간에서 원하는 대로 빔을 형성하고 원하는 방향으로 전자적으로 조향할 수 있는 기능을 가지고 있다. 능동 위상배열 안테나는 3.4절에서 설명한 바와 같이 모든 배열 소자마다 위상과 이득을 조정할 수 있는 송수신 모듈로 구성되어 있기 때문에 각 모듈별로 별개의 주파수를 사용하여 다수의 부수 빔을 원하는 대로 조향할 수 있고 동시에 많은 표적을 능동적으로 탐지 추적할 수 있다. 따라서 능동 위상배열 레이다 (AESA)는 동시에 다수의 빔을 다양한 주파수로 동시에 광범위한 대역에 확산하여 보낼 수 있으므로 재밍 등의 방어에 매우 유리하다. AESA 레이다는 안테나 빔의 기민성이 높고 관측 범위를 확장할 수 있으며 동시 다기능을 부여할 수 있다. 또한 자기 은폐나 은닉이 가능하여 대전자전 성능이 뛰어나다. 그리고 배열소자가 일부 손상되어도 일시에 성능이 저하되지 않고 시스템의 성능을 유지할 수 있어서 고 신뢰도의 임무 수행이 가능하다. AESA 레이다의 우수한 대전자전 (ECCM) 능력은 다음과 같다.

(1) 우수한 LPI 능력

일반적으로 레이다는 거리의 4승에 반비례하므로 장거리의 작은 표적 탐지 환경에서는 출력을 매우 높이는 경향이 있다. 레이다 경보 수신기는 거리의 제곱에 반비례하는 작은 출력으로도 레이다가 표적을 탐지하기 전에 은밀하게 레이다 위치를 찾아낸다. AESA 레이다의 위치 노출은 전투기나 함정에 매우 위험하므로 치명적인 위협의 순간에는 레이다의 전파 방사를 단속적으로 중지시킨다. AESA 레이다는 매 펄스마다 주파수를 바꾸고 에너지를 광대역의 잡음 수준으로 확산하며 송신 출력을 낮추고 펄스 지속시간을 확장하므로 탐지될 확률이 상당히 낮아진다. 또한 동작 중에 레이다 파라미터를 다양하게 주파수와 파형 등을 시간주기로 변경하므로 저피탐 능력이 우수하다. 주요 특징을 몇 가지 요약하면, 1) 듀티 사이클이 높아서 출력의 조정이 가능하다, 2) 초 광대역 주파수 대역을 사용할 수 있어서 주파수 기민성과 주파수 선택 변경이 가능하다, 3) 불규칙적인 스캔 패턴을 운용할 수 있고 코드화된 파형을 이용하여 높은 신호처리 이득을 얻을 수 있다, 4) 저부엽 안테나를 적용하고 적응 빔 형성으로 재밍 방향을 널링 시킬 수 있으므로 주빔과 부엽 방향의 재밍을 효율적으로 제거할 수 있다.

(2) 우수한 재밍 대응력

AESA 레이다는 재밍에 대한 회피 능력이 우수하다. 일반적으로 재머는 레이다의 주파수를 알아내어 레이다 수신기가 어떤 신호가 진짜이고 재머인지 구분하기 어렵게 만들지만 AESA 레이다가 주파수를 계속해서 변경하는 경우에는 그렇게 되지 않는다. 오늘날 대부분의 레이다는 펄스 단위로 동작 주파수를 변경할 수 있으므로 비록 재머가 전 대역에 백색 잡음을 방사한다고 하더라도 어느 한 동작 주파수에만 영향을 미칠 것이다. AESA 기반의 펄스 도플러 레이다는 한 펄스 주기마다 광대역의 첩 신호를 사용하므로 긴 펄스 확장 시간 동안에 파형 코드를 알지 못하면 재래식 경보 수신기는 레이다 파형을 해독하기 어렵다.

(3) 다양한 부가 능력

AESA 안테나의 각 소자는 각각 훌륭한 수신기 역할을 할 수 있으므로 부가적으로 레이다 경보 수신기로 사용할 수 있다. 또한 이들 송수신 소자를 이용하면 광대역 데이터 링크나 Wi-Fi 단자로 사용할 수도 있다. AESA 레이다는 수동 위상배열 PESA 레이다보다 훨씬 신뢰성이 높은데 이는 각 송수신 모듈이 각각 독립적이므로 한두 개 모듈의 고장이 전체 시스템에 크게 영향을 미치지 않는다. 또한 각 모듈은 독립적으로 저 전력에서 동작하므로 고 전력 전원이 불필요하다. 제약 사항으로는 안테나 소자들이 반 파장 간격으로 배열되어 있으므로 최대 빔폭 각도는 90도 (±45도) 범위로 제한되지만 소자 간격을 좁히면 최대 관측 각도는 약 120도 (±60도) 정도 확장 가능하다.

12.6.2 저피탐 LPI 레이다

(1) LPI 특징

LPI (*Low Probability of Intercept*) 레이다는 전자전 지원 장비가 레이다를 인터셉트할 확률을 낮출 수 있는 레이다를 의미한다. 원래 LPI는 저피탐 LPD (*Low Probability of Detection*) 또는 LPE (*Low Probability of Exploitation*) 용어로도 같이 사용되고 있다. 저피탐 레이다의 목적은 레이다의 송신 출력의 레벨을 전자전 지원용 수신기의 탐지 문턱치 레벨 이하로 낮추어서 인터셉트 당할 확률을 줄여 재머의 방해를 회피하면서 동시에 레이다의 유효 탐지 거리에 있는 표적은 문제 없이 탐지할 수 있는 능력을 갖춘 레이다를 말한다. 저피탐 기술이란 '자신은 보여지지 않으면서 상대는 볼 수 있는 기술 (To see without being seen)'이다. 저피탐 레이다는 비록 표적과 인터셉트 수신기가 레이다 안테나 빔 방향에 일치하여 있더라도 인터셉트 수신기보다 훨씬 먼 거리에 있는 표적을 탐지할 수 있는 능력을 가지고 있다. 전자전을 사용하는 전투기의 공중전에서 LPI는 매우 중요한 역할을 한다. 재래식 항공기에서는 전자전 공격을 회피하기 위한 목적으로 주로 LPI를 사용하였으나 현대의 스텔스 항공기에 탑재된 레이다는 주로 상대의 인터셉트 수신기에 노출되지 않도록 이 기술을 부가적으로 적용한다.

(2) LPI 기능

가장 효과적인 LPI 설계 기법은 사실 레이다가 불필요한 전파 방사를 하지 않는 것이다. 이러한 기법은 레이다의 동작 시간을 제한하고 동시에 임무 수행에 필수적인 출력만 방사한다면 가능하지만 아주 짧은 몇 분 또는 몇 초 내에 임무를 수행할 계획을 면밀하게 세워야 한다. 일반적으로 공대공 상황에서는 지속적인 상황 인지가 매우 중요하지만 레이다의 노출을 최소화하기 위해서 RWR, ESM, IR-ST (*Infra-Red Search-Track*), FLIR (*Forward-Looking IR*)과 같은 수동센서를 이용하여 지속적으로 위협 정보를 파악하고, 레이다는 수동 센서가 탐지하기 어려운 정교한 거리와 각도 정보를 제공하기 위하여 매우 짧은 시간 동안 매우 좁은 탐색공간에 한정하여 가동한다. 레이다가 생존하기 위해서 첨두 전력을 낮게 방사함으로써 얻는 LPI 효과는 다음과 같다.

① 긴 누적시간 효과

레이다의 송신 첨두 전력을 낮게 하는 대신 펄스 길이를 확장하고 수신할 때는 낮은 신호를 긴 시간 동안 누적함으로써 원하는 거리의 표적을 지장 없이 탐지할 수 있다. 그러나 인터셉트는 신호 누적을 하지 못하므로 수신 채널 신호의 레벨이 낮아서 각도 (Angle of Arrival), 주파수, PRF, 펄스폭 등의 레이다 정보를 바로 알아내기 어렵다.

② 넓은 대역폭 효과

첨두 전력을 낮추어 광대역에 걸쳐 파형 코드를 넓게 확산하는 'Spread Spectrum' 기법을 이용하면 인터셉트 수신기에서는 확산 코드를 알지 못하므로 탐지 문턱치 이하로 분산된 신호를 찾아내기 어렵다. 레이다에서는 대역폭이 넓어지면 거리 해상도가 좋아지는 효과가 있지만 주파수에 따라 허용 대역폭이 제한되어 있으므로 표적의 크기에 따른 거리 셀의 범위를 고려하여 대역폭을 확장하는 것이 좋다.

③ 안테나 이득 효과

레이다는 큰 방향성 안테나를 가지므로 송신할 때는 레이다 경보수신기 (RWR)에게 유리해지지만, 수신할 때는 레이다 안테나의 넓은 인터셉트 면적으로 인하여 낮은 첨두 전력으로 수신되어도 동일한 탐지 감도를 유지하도록 만들어준다. 레이다 안테나의 부엽으로 감지하는 인터셉트 수신기는 낮은 첨부 전력이 불리하게 작용한다. 따라서 첨두 출력 감소에 대응하여 인터셉트의 안테나 부엽을 고려해야 한다. LPI 목적의 레이다에서는 최대 부엽 이득을 적어도 55 dB 정도 낮추어주는 것이 좋으나 항공기 부착 안테나의 크기 제한으로 한계가 있다.

(3) LPI 방사 기법

LPI 관점에서 최소의 표적 탐지 거리에 필요한 송신 첨두 출력 감소를 어떻게 관리할 것인지가 가장 중요하다. 비행 표적이 가까이 접근함에 따라 방사출력도 비례적으로 낮추어야 한다. 레이다는 표적 간 거리에 필요한 첨두 전력은 거리 4승에 비례하고 인터셉트 수신기가 표적 거리에 있는 레이다를 탐지하는 데 필요한 첨두 전력은 거리 제곱에 비례한다. 그러나 그림 12.19와 같이 레이다 첨두 방사전력을 두 개의 탐지 거리 커브가 교차하는 거리 지점에서 방사하는 레벨 이하로 낮추면 레이다는 인터셉트로부터 회피할 수 있다. 여기서 두 개의 커브가 만나는 거리 지점을 'LPI 설계 거리'라고 한다. 인터셉트의 단방향 거리방정식과 레이다의 양방향 거리 방정식을 방사 출력에 대하여 관한 식으로 표현하면 각각 (12.31), (12.32)와 같다.

$$P_{ict} = \frac{P_t G_t G_{ict} \lambda^2}{(4\pi)^2 R^2} \tag{12.31}$$

$$P_{\text{det}} = \frac{P_t G_t G_r \lambda^2 \sigma}{(4\pi)^3 R^4} \tag{12.32}$$

여기서 P_{ict}는 레이다 신호를 탐지하는 데 필요한 인터셉트의 수신기에서 출력, P_{det}는 표적을 탐지하는 데 필요한 레이다의 출력, G_{ict}는 인터셉트의 안테나 이득이다.

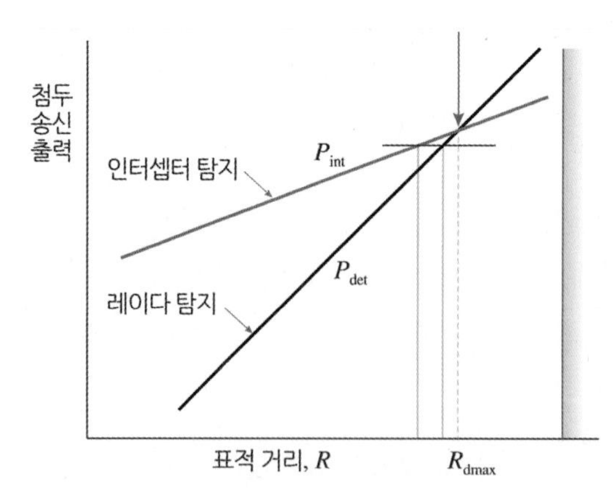

그림 12.19 송신 출력과 표적 간의 거리 관계

위의 각각의 식을 거리에 관하여 정리하고 인터셉트 거리를 표적 탐지 거리와 같게 놓으면 LPI 설계 거리는 식 (12.33)과 같이 표현된다.

$$R = \sqrt{\frac{P_{ict}}{P_{\det}} \frac{G_r \sigma}{4\pi G_{ict}}} \tag{12.33}$$

만약 수신 전력이 최소가 된다면 각각의 수신 감도의 비율은 식 (12.34)와 같다.

$$\frac{P_{ict}}{P_{\det}} = R^2 \frac{4\pi G_{ict}}{G_r \sigma} \tag{12.34}$$

(4) 펄스 압축 기법

매우 짧은 펄스폭으로 레이다 출력을 송신하면 전 주파수 대역으로 에너지를 확산시킬 수 있다. 그러나 LPI 운용 효과를 위하여 매우 낮은 첨두 출력을 사용하면 평균 출력이 너무 낮아서 원하는 표적을 탐지하기가 어려울 수도 있다. 이러한 문제를 해결하기 위하여 주파수나 위상 변조 코드를 송신 펄스에 삽입하는데, 이를 펄스 압축 코딩이라고 한다. 그러나 펄스 압축 시간 간격 동안 표적의 움직임이 발생하면 반사 신호의 특성이 바뀌고 압축 성능이 떨어질 수 있다. 표적 반사 신호가 수신되면 바로 정합필터를 통과하여 펄스 압축이 처리되면 원래의 매우 좁은 펄스폭을 복원할 수 있고 동시에 높은 거리 해상도를 유지할 수 있다.

그러나 인터셉트는 펄스 압축 코드를 알지 못하기 때문에 압축할 수 없고 레이다가 압축펄스 누적 처리하는 시간 동안 단순히 위상의 연속성이 없는 신호를 대충 누적하므로 누적 손실도 발생한다. 대체로 표적 샘플의 수가 많아지면 정규분포를 하게 되며 이때 위상 동기신호의 누적 손실은 누적 손실의 제곱근에 비례한다. 위상 동기 신호의 SNR 향상은 누적하는 펄스의 수 N에 거의 비례하여 $10\log(N)$이 되지만 비동기 누적은 오경보율과 탐지 확률을 기준으로 낮게 계산된다. 그러나 인터셉트가 손실을 감수하면서라도 비동기 누적 방법으로 LPI 레이다 신호를 탐지할 수 있으며 오히려 거리 감소율은 레이다에 비하여 유리한 측면이 있다.

(5) 다중 주파수와 다중 빔 기법

레이다는 주어진 넓은 공간을 주어진 시간 동안 빠르게 탐색하는 운용 모드를 가지고 있어야 한다. 그러나 레이다가 LPI를 위하여 첨두 출력을 낮추고 펄스 압축을 위한 신호누적 시간을 길게 하면 공간 탐색 시간 간격에 제한이 생길 수 있다. 이러한 스캔 시간 문제는 다수의 전자빔을 서로 다른 주파수로 송신하면 스캔 지속 시간을 빠르게 처리할 수 있다. 예를 들어서 탐색 공간을 하나의 빔으로 스캔하는 경우에는 최대 가능한 빔이 표적에 머무를 지속 시간은 스캔 간격 시간에 제한된다. 그러나 동일한 탐색 공간을 N개의 구간으로 나누어서 서로 다른 주파수의 빔으로 각각 스캔하면 N배 빠르게 전체 공간을 탐색할 수 있다. 따라서 주어진 빔 방향으로 방사되는 첨두 출력도 1/N으로 줄 수 있다. 만약 빔 프로세서가 개별 빔으로 전체 탐색 공간을 채울 수 있다면 더 이상 스캔이 필요 없게 되며, 이 경우에는 전체 스캔 간격 시간이 곧 위상동기 누적 시간과 같아진다. 그러나 이 경우에도 인터셉트는 비록 위상 비동기로 누적을 하지만 어느 정도의 누적 이득을 가지고 있으므로 레이다의 이득을 감소시킬 수 있다. 한편 다중 빔과 다중 주파수를 사용하면 빔마다 다른 주파수를 방사하게 되므로 누적시간이 길어지는 효과도 있지만 오히려 주파수 다양성 (Frequency Diversity) 효과로 인하여 탐지 감도를 향상시킬 수 있다는 장점이 있다.

(6) 랜덤 파형 기법

레이다 파형은 진폭, 펄스폭, 펄스 주기, 주파수 변조, 위상변조 등으로 다양하게 가변할 수 있다. 전파 신호 환경이 밀집함에 따라 인터셉트가 레이다 파형을 감지하고 분석하여 식별하기 전까지는 재머가 불규칙적인 레이다 파형을 방해하기 어렵다. 인터셉트 수신기는 신호 감지 단계에서는 누적되지 않은 단일 펄스와 CW 신호를 감지하며 개별 방사원의 펄스를 분리한다. 파라미터 분석 단계에서는 펄스와 펄스열 또는 CW의 파라미터를 분류하며, 마지막으로 방사원의 형태를 식별하는 순서로 동작한다. 그러나 정확한 레이다의 주파수와 파형의 불규칙성을 제대로 알지 못하면 레이다에 치명적인 방해를 하기는 어렵다.

12.6.3 분리형 Bi-Static 레이다

하나의 안테나에 송수신기가 같이 연결되어 있는 레이다를 일체형 레이다 (Mono-Static Radar)라고 하며, 송신기와 수신기가 분리되어 다른 위치에 있는 레이다를 이중 분리형 레이다 (Bi-Static Radar)라고 한다. 분리형 레이다에서는 수신기가 송신 시점을 알지 못하므로 시간동기 문제가 복잡하다. 그럼에도 불구하고 이중 분리형 레이다는 다른 위치 방향으로 반사되는 스텔스 표적 신호도 탐지할 수 있으며, 또한 수신기 자체가 수동형이므로 전자전 지원 장비가 수신기의 위치를 알기 어렵다. 따라서 이중 분리형 레이다는 분리된 수신기 방향으로 재밍을 가하기 어렵고 ARM으로 공격하기도 어렵기 때문에 재밍의 효율을 크게 약화시킬 수 있는 대전자전 기법이 된다. 또한 무거운 송신기와 안테나를 무인 비행체에 탑재하기 어렵기 때문에 가벼운 수동형 수신기만 탑재하여 운용이 가능하다는 장점이 있다. 수동형 레이다는 자체 송신기를 사용하지 않고 다른 방송 통신 무선기기에서 방사하는 출력을 이용하므로 전력 소모를 줄일 수 있고 자신의 위치를 은폐하기에 용이하다.

(1) 분리 레이다 구조

이중 분리형 레이다는 그림 12.20과 같이 송신기와 수신기가 분리되어 있고 그 사이에 기준선 거리를 두고 표적을 마주보는 구조이다. 송신기와 수신기가 각각 표적을 바라보는 사이 각도를 분리 각도라고 한다. 송신된 펄스가 표적에 반사되어 수신기에 들어오는 데 걸리는 시간으로 표적의 거리를 계산하기 위해서는 송신 펄스의 전송 시점과 수신기가 동기되어야 한다. 또한 이중 분리형 레이다는 기본적으로 송수신기의 위치, 각 펄스의 송신 순간 시각, 송신 빔의 방사 방향, 송신 신호의 위상 등을 사전에 알고 있어야 표적 정보를 처리할 수 있다. 정밀한 클락이나 GPS의 도움으로 송수신기 동기와 지리적인 위치를 파악할 수 있다.

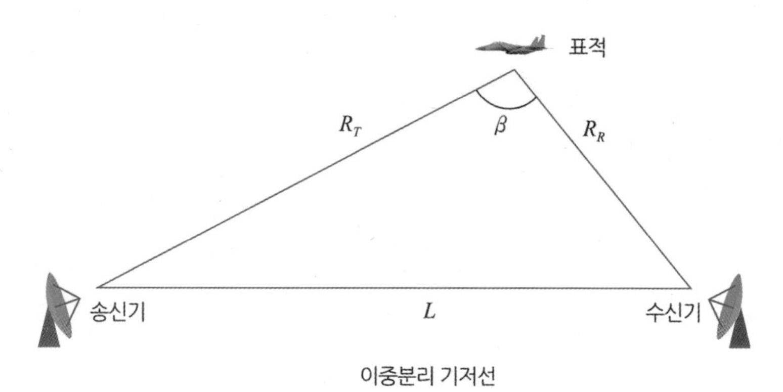

그림 12.20 이중 분리형 레이다 기하구조

4장에서 설명한 일체형 레이다 방정식과 이중 분리형 레이다 방정식을 식 (12.35), 식 (12.36)에서 비교하면 다음과 같다.

$$\frac{S}{N} = \frac{P_{avg} G^2 \lambda^2 \sigma_M T_d}{(4\pi)^3 R^4 k TFL} \tag{12.35}$$

$$\frac{S}{N} = \frac{P_{avg} G_t G_r \lambda^2 \sigma_B T_d}{(4\pi)^3 R_t^2 R_r^2 k TFL_t L_r} \tag{12.36}$$

여기서 σ_M는 일체형 레이다의 RCS, σ_B는 분리형 수신기에서 레이다를 바라보는 방향의 표적 RCS, T_d는 두 경우 모두 빔이 표적에 머무르는 시간이다. 분리형 레이다는 송수신 안테나의 이득이 서로 다르고, 신호 대 잡음비는 송신기와 표적 간의 거리와 수신기와 표적 간의 거리가 분리되어 각각 제곱에 반비례 관계가 있다. 표적이 송수신기와 동일 거리에 있을 때 SNR은 최소가 되고, 표적이 송신기나 수신기 쪽에 가깝게 있을 때 최대가 된다. 이중 분리형과 일체형의 송수신 거리를 기준으로 일정한 표적 탐지 능력을 비교하기 위하여 식 (12.36)으로부터 레이다 상수 파라미터를 식 (12.37)과 같이 정의하고 다시 방정식을 정리하면 식 (12.38)과 같다.

$$K = \frac{P_{avg} G_t G_r \lambda^2 T_d}{(4\pi)^3 k TBFL_t L_r} \tag{12.37}$$

$$R_t^2 R_r^2 = \frac{K \sigma_B}{(S/N)} \tag{12.38}$$

위 식에서 일정한 SNR에 대한 등고선은 표적과 각 송수신 간 거리의 곱이 일정한 $R_t R_r = C$ 조건에 따라 기준선으로 정규화하면 다양한 커브가 만들어진다. 그림 12.21과 같은 등고선을 카시니 타원체 (Ovals of Cassini)라고 하며 표적 탐지 범위로 사용된다. 상수 C가 1보다 매우 크면 일체형 레이다처럼 등고선이 원형이 되고 1보다 작으면 송신기와 수신기가 분리된 위치에서 타원 패턴이 된다. 이 등고선은 송수신 안테나 패턴이 전방향성인 경우이며 만약 방향성을 갖는 안테나의 경우에는 완전히 다른 복잡한 패턴이 된다. 표적이 기준선에 가깝게 있으면 에코 신호는 동시에 수신기에 도달한다. 표적이 기준선을 교차하는 경우에 도플러 변이는 0이 된다. 따라서 거리와 도플러 해상도는 레이다의 파형뿐만 아니라 송수신기와 표적의 위치에 영향을 받는다.

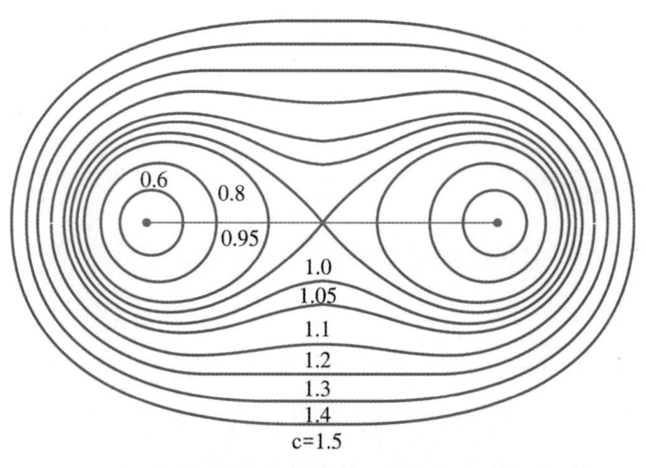

그림 12.21 분리형 레이다의 탐지 범위 (카시니 타원)

(2) 수동형 레이다

이중 분리형 레이다는 시스템 구성상 자체의 송신기를 가지고 있는 반면, 수동형 이중 분리 레이다 (Passive Bistatic Radar)는 별도의 송신기가 없이 수신기만으로 다른 무선장치들의 방사 출력에 의하여 표적으로부터 반사된 신호를 수신하는 레이다이다. 일명 수동 위상 동기 위치 PCL (*Passive Coherent Locator*) 레이다라고 한다. 이렇게 불특정한 전파를 방사하는 무선장치들은 방송통신 전파나 다양한 종류의 인공위성에서 방사하는 전파들로 매우 고출력이며 광범위한 영역을 포함한다. 이러한 외부의 송신 전파 출력을 이용하면 거의 완벽하게 숨길 수 있다. 방송 통신에 사용하는 VHF 또는 UHF 주파수는 레이다에는 많이 사용하지 않지만 스텔스 표적을 탐지하는 데 유리하다. 이는 기존의 송신 장치를 이용하므로 설치비용이나 주파수 허가 등이 필요 없다. 또한 수동형 레이다는 전자파 스펙트럼을 야기하지 않으므로 전력이 적게 들고 전파 간섭을 야기하지 않으므로 Green Radar라고 할 수 있다. 그러나 방송 통신과 무선항행에 사용하는 파형은 레이다 용도로 만들어진 것이 아니기 때문에 레이다 표적 탐지 용도로 최적화되어 있지는 않다. FM 방송용이나 아날로그 TV 변조 방식은 적합하지 않고 디지털 오디오 방송이나 디지털 비디오 방송과 같이 디지털 변조 형식이 훨씬 좋다. 또 다른 문제는 이들 방송 통신 신호가 연속파형이고 대부분 듀티 사이클이 매우 큰 고출력이므로 다중 경로와 동일 채널 간섭 등의 문제가 심각해질 수 있다는 것이다. 그러나 수동형 레이다의 수신기는 지상에 고정된 고출력의 FM 방송국이나 TV 방송국의 방사를 이용하여 비행 표적을 100 Km 이상 탐지할 수 있다. 또한 수신기만 항공기에 장착하여 사용할 수도 있다.

(3) 다중 분리형 레이다

다중 분리형 레이다 (Multi-Static Radar)는 다수의 송신기와 수신기가 서로 다른 위치에 분리되어 있는 구조이다. 개별 수신기는 2개 이상의 송신기와 연동되어 동작한다. 이중 분리형에 비하여 다중 분리형 레이다는 많은 장점을 가지고 있다. 1) 다중 분리형 레이다는 적어도 2개 이상의 거리 측정을 통하여 거리 해상도를 가지므로 훨씬 좋은 표적 위치 정확도를 얻을 수 있다. 2) 이동 표적을 2개 이상의 수신기 위치에서 바라보므로 표적 도플러 변이가 0이 되지 않는다. 3) 이동 표적이 하나의 레이다 수신기 방향에서 접선 방향으로 비행을 하더라도 다른 수신기에서는 비접선 방향이 되므로 도플러 블라인드를 해소할 수 있다. 4) 표적을 여러 방향에서 동시에 볼 수 있으므로 어느 한 방향에 대한 스텔스 RCS도 다른 여러 방향에서는 탐지할 수 있으므로 탐지 확률이 높아지고 또한 스텔스 방어 역할을 할 수 있다. 5) 재머가 전파 방해를 하더라도 송수신기가 여러 곳에 분산되어 있으므로 위험 부담을 획기적으로 줄일 수 있다. 6) 다중 분리의 구조를 삼각형으로 하면 상관처리나 삼각기법을 이용한 수동 탐지기법으로 잡음수준의 신호로 위치를 찾는 데 사용할 수 있다. 7) 다수의 송수신기 조합을 이용하여 복잡하게 전체 시스템을 변경 없이도 위치를 재구성할 수 있다. 8) ARM 공격이 있을 경우 개별 위치의 송신기를 끄고 다른 위치송신기의 조합을 이용하여 전송을 교대로 한다든지 운용을 변경하면 재머와 능동 공격을 회피하기에 용이하다.

이와 같은 장점들을 구현하기 위해서는 여러 위치에 있는 송수신기 사이의 통신과 동기화, 그리고 위치 간의 가시 통달거리 설정 등이 매우 중요하므로 추가 비용과 복잡성에 대한 고려가 필요하다. 그러므로 기존의 레이다들을 서로 네트워킹으로 연결하여 다중 운용한다면 전체적인 효율이 크게 좋아질 것이다.

(4) 대전자전 특징

분리형 수동 레이다는 다양한 전자전 방해를 회피하는 능력과 스텔스 표적을 탐지할 수 있는 다양한 특성을 가지고 있다. 재머는 보통 레이다 방사 방향으로 향하므로 분리형 수신기는 송신기와 멀리 떨어져 있어 전자전 방해에 우수한 능력을 가지고 있다. 비록 수신기의 위치가 노출된다 하더라도 일체형보다는 훨씬 안전하다. 특히 수신기는 다양한 RF 주파수와 파형을 갖는 여러 송신기로부터 신호를 받을 수 있고 수신 안테나도 부엽 상쇄나 제거 기능을 가지고 있으므로 수신기의 위치를 알지 못하는 재머는 효율적으로 레이다를 방해하기 어렵다. 또한 분리형 레이다는 스텔스 표적을 탐지할 수 있는 능력이 있다. 일반적으로 스텔스 표적은 일체형 레이다 방향으로 반사되는 에너지를 최소화하는 개념이다. 따라서 송신기 방향과 다른 방향으로 반사되는 에너지를 수신하는 분리형 레이다는 일체형 레이다가 탐지하지 못하는 스텔스 표적을 탐지할 수 있다. 분리형 RCS는 표적의 크기와 파장에 따른 주파수에 영향을 받는다. 특히 항공기 표면의 엔진 흡입구 등의 기하구조에 따라 HF나 VHF의 파장에서 공진현상이 일어나므로 RCS 반사가 잘 일어난다. 분리형 레이다가 전자전 상황에서 유리한 대전자전 특징은 1) 채프에서 표적 탐지 가능, 2) 능동 전자전 공격에서 표적 탐지 가능, 3) 낮은 RCS 표적에서 표적 탐지 가능, 4) 수신기의 은밀한 위장 가능, 5) ARM 공격의 방어에 유리, 6) ESM, RWR 인터셉트에 유리한 점 등으로 요약할 수 있다.

12.6.4 분산 레이다

(1) 분산 레이다 특징

이중 분리 레이다는 송신기와 수신기가 서로 다른 위치에 있는 방식이지만 분산 레이다는 한 개 이상의 송신기와 수신기가 같은 위치에 있을 수도, 또는 다른 위치에 있을 수도 있는 유연한 시스템 구조를 가지고 있다. 일반적인 분산 레이다의 구성은 한 쪽에는 일체형 레이다가 있고 공간적으로 다른 위치에 수신기들이 분산된 네트워크를 형성하여 서로 위상 동기로 연결되어 있다. 분산 레이다는 개념적으로 지리 공간적으로 서로 분리된 위치에 송신기나 수신기가 위치하며 서로 동일한 시간 동기를 네트워크로 연결되어 있다. 분산 레이다의 장점은 다음과 같다. 1) 레이다 시스템 감도 측면에서 여러 위치에서 반사되는 신호를 수집이 가능하므로 원 거리의 표적 탐지가 유리하다. 2) 일체형 레이다보다는 여러 방향에서 표적을 수신하므로 스텔스 표적을 탐지하는 데 유리하다. 3) 수신기가 송신기와 동일한 위치에 있지 않는 경우에는 전자전 지원 장비가 레이다의 위치를 찾기 어렵다. 4) 분산형 레이다는 시스템이 여러 위치에 분산되어 있으므로 어느 한 곳에 고장이 나더라도 일시에 정지되지 않고 성능이 서서히 감소된다. 5) 표적을 여러 방향에서 바라볼 수 있으므로 표적 식별에 유리하다. 이와 같이 분산 레이다 시스템은 지상이나 해상이나 비행기나 위성에 설치할 수 있으므로 서로 다른 주파수 대역으로 다양한 거리를 탐지할 수 있다. 분산 레이다의 특징은 기하구조에 기인한다.

(2) 분산 레이다 구조

분산 레이다의 구조는 그림 12.22와 같고 송신기와 수신기 사이의 거리를 노드 기저선이라고 한다. 송신 노드와 수신 노드를 각각 m과 n으로 표기하면 각 노드는 일체형으로 한 위치에 있거나 분리되어 있을 수 있다. 송신 노드와 수신 노드가 표적과 이루는 각도를 노드 각도라고 한다. 노드각도가 영이 되면 일체형 레이다 시스템이 된다.

실제로 분산형 레이다는 그림 12.23과 같이 적어도 3가지 종류의 분산 레이다 시스템으로 구성할 수 있다. 첫 번째 구조는 하나의 표적에 대하여 4개의 일체형 레이다가 각각 다른 각도에서 독립적으로 탐지하여 전체적인 탐지 감도를 향상시키기 위해 사후 처리를 통하여 합쳐지는 경우이다. 두 번째 구조는 하나의 송신기와 3개의 수신기가 서로 다른 각도에서 표적을 바라보는 경우로 역시 탐지 성능을 향상시키기 위하여 사후 통합처리를 하거나 또는 네트워크로 동기화되어 있다면 사후 처리하기 전에 통합할 수 있다. 세 번째 구조는 서로 다른 위치에 있는 4개의 일체형 레이다가 서로 연결되고 동기화되어서 각 수신기가 3개의 다른 송신기에 의한 반사 신호도 모두 처리하는 구조이다. 따라서 4개의 일체형 레이다 신호 경로와 12개의 분리형 신호 경로가 모두 위상이 일치하여 처리되므로 시스템의 감도를 최대로 향상시킬 수 있다. 이와 같이 망으로 구성

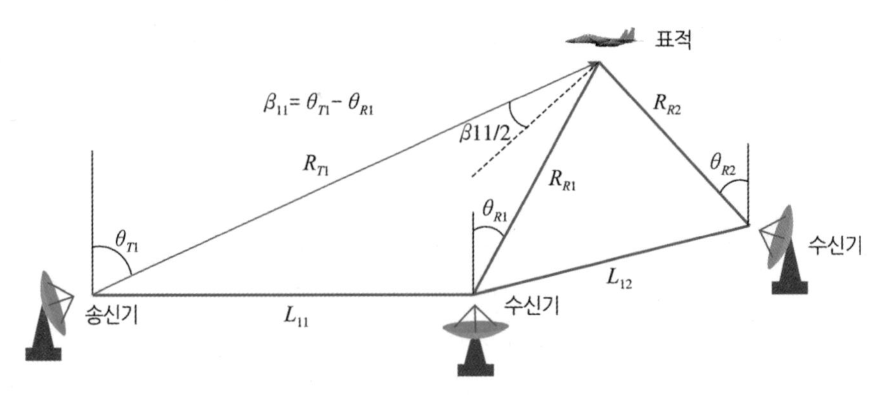

그림 12.22 분산형 레이다의 기하구조

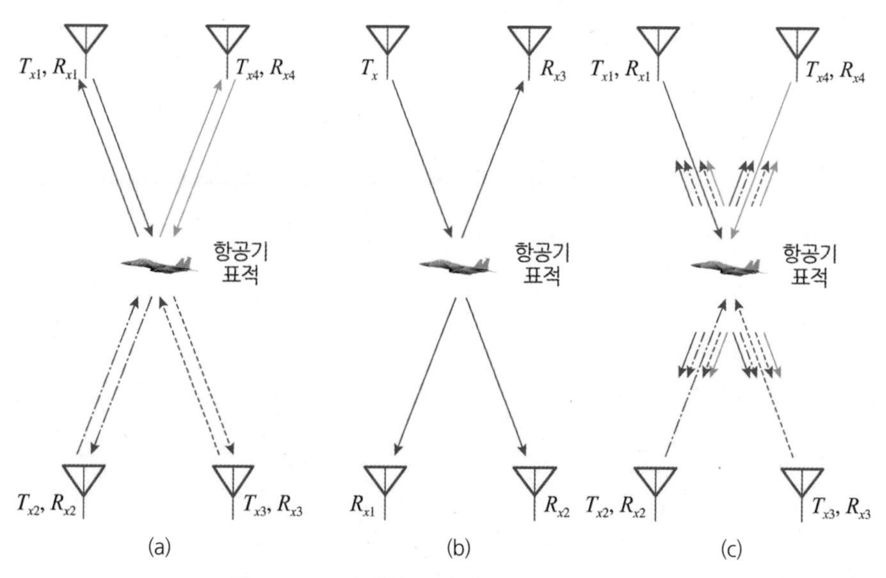

그림 12.23 분산형 레이다의 다양한 기하구조

된 레이다 (Netted Radar)는 공간적·시간적으로 모두 위상의 연속성을 가져야 한다. 이러한 시스템은 구조가 복잡하고 설치비용이 많이 들며, 특히 위상 동기가 네트워크를 통하여 반드시 제공되어야 한다.

분산 레이다 방정식은 기존의 분리형 레이다와 유사하게 식 (12.39)와 같이 표현할 수 있다.

$$\frac{S}{N} = \sum_{i=1}^{M}\sum_{j=1}^{N} \frac{P_{avg\ ti} G_{ti} G_{rj} \lambda_i^2 \sigma_{ij}\ T_{dij}}{(4\pi)^3 R_{ti}^2 R_{rj}^2 k T_0 F_{rj} L_{ij}} \tag{12.39}$$

여기서 i는 i번째 송신기, j는 j번째 수신기, $P_{avg\ ti}$는 i번째 송신기에 의한 평균 출력, G_{ti}는 송신기와 연결된 i번째 안테나의 이득, G_{ti}는 수신기와 연결된 j번째 안테나의 이득, λ_i는 i번째 송신기의 주파수 파장, σ_{ij}는 송신기와 수신기에서 각각 바라보는 RCS, T_{dij}는 i번째 송신 신호에 대하여 j번째 수신기에 대한 빔의 지속 시간, R_{ti}는 i번째 송신기와 표적 간의 거리, R_{tj}는 j번째 수신기와 표적 간의 거리, L_{ij}는 송수신기와 관련된 손실, F_{rj}는 j번째 수신기의 잡음 지수이다. 분산 레이다 방정식에서 보면 총 출력 이득은 모든 송신기의 출력이 동일하고 다른 파라미터도 같을 경우 송수신기의 수와 동일하다.

12.6.5 MIMO 레이다

(1) 미모 원리

다중 입출력 MIMO (*Multiple Input Multiple Output*) 레이다는 분산형 레이다를 좀 더 일반화한 구조로 볼 수 있다. 분산 레이다는 공간적으로 여러 위치에 다수의 송신기와 수신기를 분리하는 기하 구조를 가지고 있는 반면, MIMO 레이다는 하나의 레이다 시스템에 다수의 입력과 출력 구조를 갖는 안테나와 송수신기로 구성되어 있다. 이러한 구조는 다수의 안테나를 배열하여 다중 입력과 출력 구조로 만들어주면 안테나 유효 면적을 키울 수 있으므로 공간상의 빔 분해능을 높일 수 있는 특성이 있다. 따라서 다중경로 반사에 의한 간섭 재밍이나 클러터 영향을 줄일 수 있고 또한 저피탐 레이다로도 활용될 수 있다는 장점이 있다. 미모 시스템은 다수의 송신 노드와 수신 노드를 가지고 있다. 송신 노드에서는 서로 독립적으로 신호를 송신하고 수신 노드에서도 노드별로 동작한다. 분산 레이다 시스템에서 수신 노드는 어떤 송신 노드에서 들어오는 신호든 모두 받아 통합하여 처리하므로 대부분 다중경로 채널에 의한 영향을 받게 된다. 일반적인 분산 미모 시스템을 매트릭스 형태로 표현하면 식 (12.40)과 같다.

$$r_1 = h_{11}x_1 + h_{12}x_2 + h_{13}x_3 \;\ldots\ldots\ldots h_{1N}x_N \tag{12.40a}$$

$$r_2 = h_{21}x_1 + h_{22}x_2 + h_{23}x_3 \;\ldots\ldots\ldots h_{2N}x_N \tag{12.40b}$$

$$\cdots\cdots\cdots\cdots\cdots\cdots\cdots\cdots\cdots\cdots$$

$$r_N = h_{N1}x_1 + h_{N2}x_2 + h_{N3}x_3 \;\ldots\ldots\ldots h_{NN}x_N \tag{12.40c}$$

여기서 h_{ij}는 채널 가중치이고 r_i는 수신 노드의 데이터, x_j는 송신 노드의 데이터를 나타낸다. 이러한 복잡한 구조의 N차 송수신 데이터의 처리는 채널 매트릭스 H를 예측한 후 역 변환하여 개별 수신 벡터 데이터를 구할 수 있다. 이러한 미모 개념을 레이다에 적용하면 많은 장점이 있다. 즉 매트릭스 역변환을 이용하여 원래 신호를 복원하게 되면 다중경로 페이딩을 줄일 수 있고, 표적이 심하게 요동하여 탐지가 어려운 경우에도 페이딩 영향을 줄일 수 있다. 또한 클러터 영향이 큰 환경에서도 표적을 분리하기에 용이한 장점이 있다.

(2) 미모 구조

미모 레이다는 다중 분산 레이다와 같이 공간상에 레이다를 여러 위치에 분산하는 방식과는 달리, 디지털 수신기와 파형 발생기를 분산시키고 다수의 안테나를 서로 가깝게 밀집 배치하여 공간 해상도와 도플러 분해능을 향상 시키면서 거리를 다변화시킬 수 있는 향상된 위상배열 레이다 구조이다. 미모 레이다에서 배열 안테나의 개념을 이해하기 위하여 그림 12.24와 같은 $M \times N$ 배열 구조의 안테나를 가정한다. 미모 레이다 시스템은 다수의 송신 안테나로부터 서로 직교 파형을 송신하고 각 수신 안테나에서는 정합 필터를 이용하여 직교 파형을 추출한다. 예를 들어서 미모 레이다가 3개의 송신 안테나와 4개의 수신 안테나를 가지고 있다면 송신 신호파형의 직교 성질을 이용하면 12개의 신호를 수신기로부터 추출할 수 있다. 즉 7개 소자의 안테나를 이용하여 수신 신호를 디지털 신호처리하면 12 소자의 가상적인 안테나 배열을 형성할 수 있어 훨씬 좋은 공간 분해능을 얻을 수 있다.

표적은 u 위치에 있고, m번째 송신 안테나와 n번째 수신 안테나의 위치를 각각 $x_{T,m}$과 $x_{R,n}$이라고 하면 n번째 수신 안테나에서 받는 신호는 식 (12.41)과 같이 표현할 수 있다.

$$y_n(t) = \sum_{m=1}^{M} x_m(t) e^{j\frac{2\pi}{\lambda} u^T (x_{T,m} + x_{R,n})} \tag{12.41}$$

여기서 $x_m(t)$가 m개의 직교 신호를 보낸다면 수신 안테나에서도 m개의 직교 신호

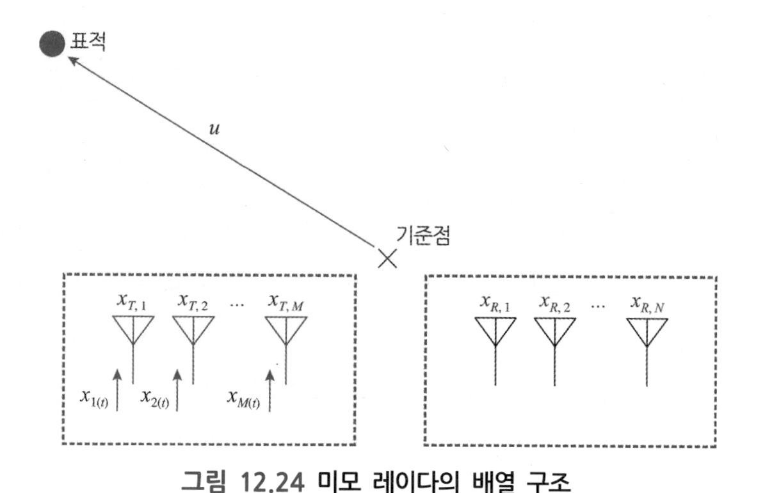

그림 12.24 미모 레이다의 배열 구조

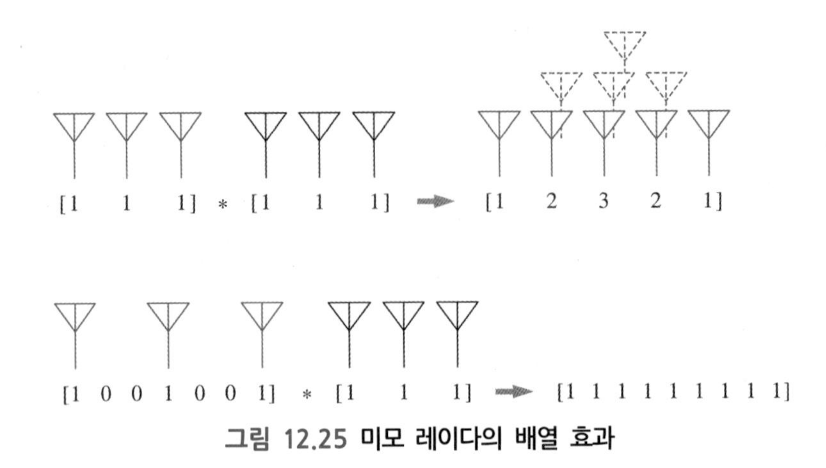

그림 12.25 미모 레이다의 배열 효과

를 수신할 수 있고, 각 수신 정보는 각 송신 경로에 대한 $u^T(x_{T,m}+x_{R,n})$ 정보를 가지고 있다. 여기서 두 개의 송수신 안테나 배열을 각각 h_T, h_R 벡터로 정의하면 가상적인 배열은 두 벡터의 컨볼루션 (Convolution)으로 $h_V = h_T * h_R$로 주어진다. 예를 들어서 그림 12.25의 배열구조에서 가상 배열 효과를 비교해보면, 5개의 소자가 동일한 간격으로 위치할 때는 총 6개 소자의 가상 배열효과를 얻을 수 있는 데 비하여, 송신 안테나 소자의 간격을 넓게 띄우면 총 9개 소자의 배열 효과를 얻을 수 있고, 결과적으로 더 좋은 공간 분해능을 얻을 수 있다.

(3) 미모 직교 파형

미모 방식이나 분산형 레이다 시스템이 모두 분리된 신호경로를 이용하므로 얻게 되는 특징이라고 할 수 있지만, 두 시스템 모두 독립적으로 구분할 수 있는 직교성의 송신파형을 사용해야 하는 복잡성을 가진다. 이를 위해서는 서로 다른 주파수를 사용하여 대역폭이 겹치지 않아야 한다. 따라서 배열 안테나는 반드시 서로 교차되지 않는 직교 신호를 발생시키고 수신할 수 있어야 한다. 직교 신호를 만드는 방법은 다양하지만 그림 12.26과 같이 스펙트럼상에서 다중 캐리어를 사용하여 직교 주파수 분할 다중화 방식 (OFDM)을 많이 사용한다. 또한 직교성을 갖는 선형 주파수 변조 방식의 첩 신호를 사용하기도 한다.

결론적으로 미모 방식이나 분산 레이다 방식은 네트워크 기반의 다중 분리 (Multi-Static) 또는 다중 위치 (Multi-Site)와 같은 개념이며, 궁극적으로 분산 레이다 개

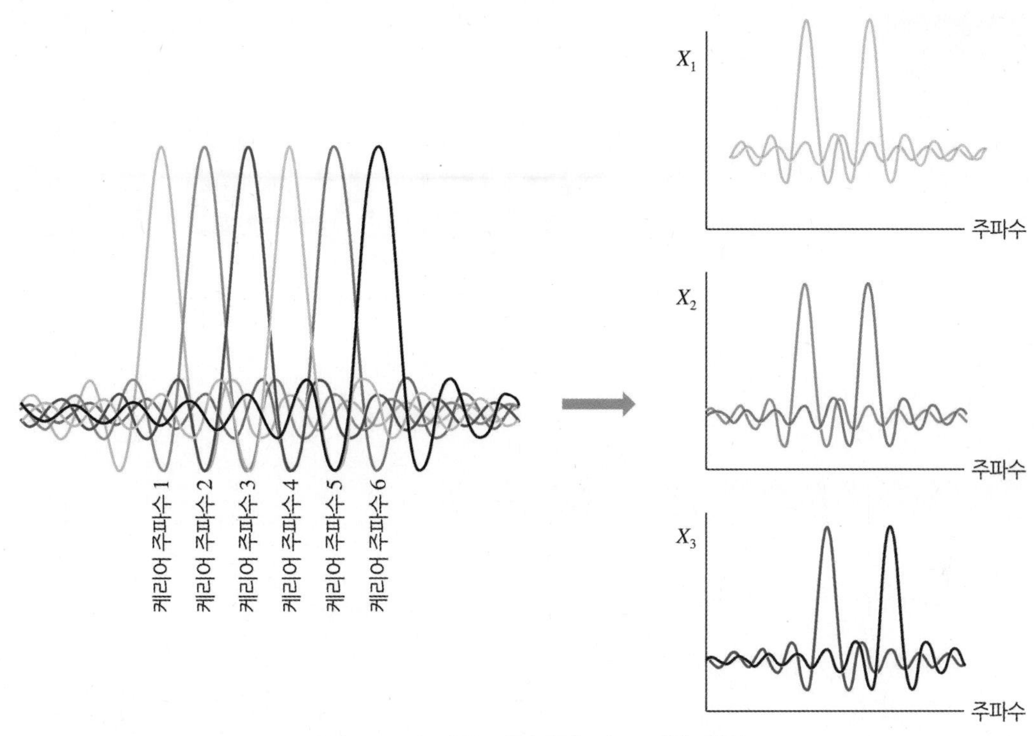

그림 12.26 미모 레이다의 직교 파형 원리

념은 기존의 일체형 레이다의 문제점을 해소할 수 있는 방향으로 발전하고 있다.

부록

1 레이다 시스템 개발

1.1 시스템 공학 개발 단계

사람이 다른 사람과 연결되어 상호 의존적으로 존재하는 것처럼 기술도 서로 다른 기술과 연결되고 융합되어 하나의 새로운 '시스템'의 형태로 만들어지고 존재한다. 레이다 기술은 여러 전문 분야의 기술이 연결되고 통합된 '시스템 공학 기술'이다. 따라서 레이다 시스템을 개발하기 위해서는 여러 전문 분야의 다른 기술들을 통합하여 단계적으로 개념 설계부터 제작 생산에 이르기까지 체계적으로 효율적인 개발 절차를 따라 수행해야 한다.

시스템 공학의 개발 단계는 부록그림 1.1과 같이 개념개발 단계, 공학모델개발 단계, 후속개발 단계의 3단계로 구분한다. 개념개발 단계는 부록그림 1.2와 같고, 공학모델

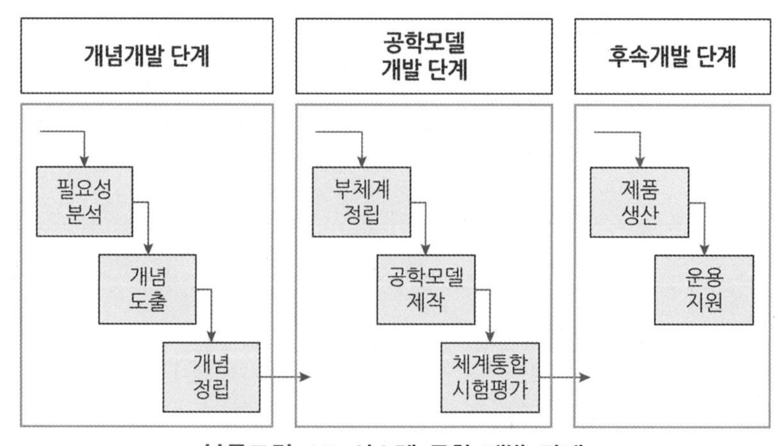

부록그림 1.1 시스템 공학 개발 단계

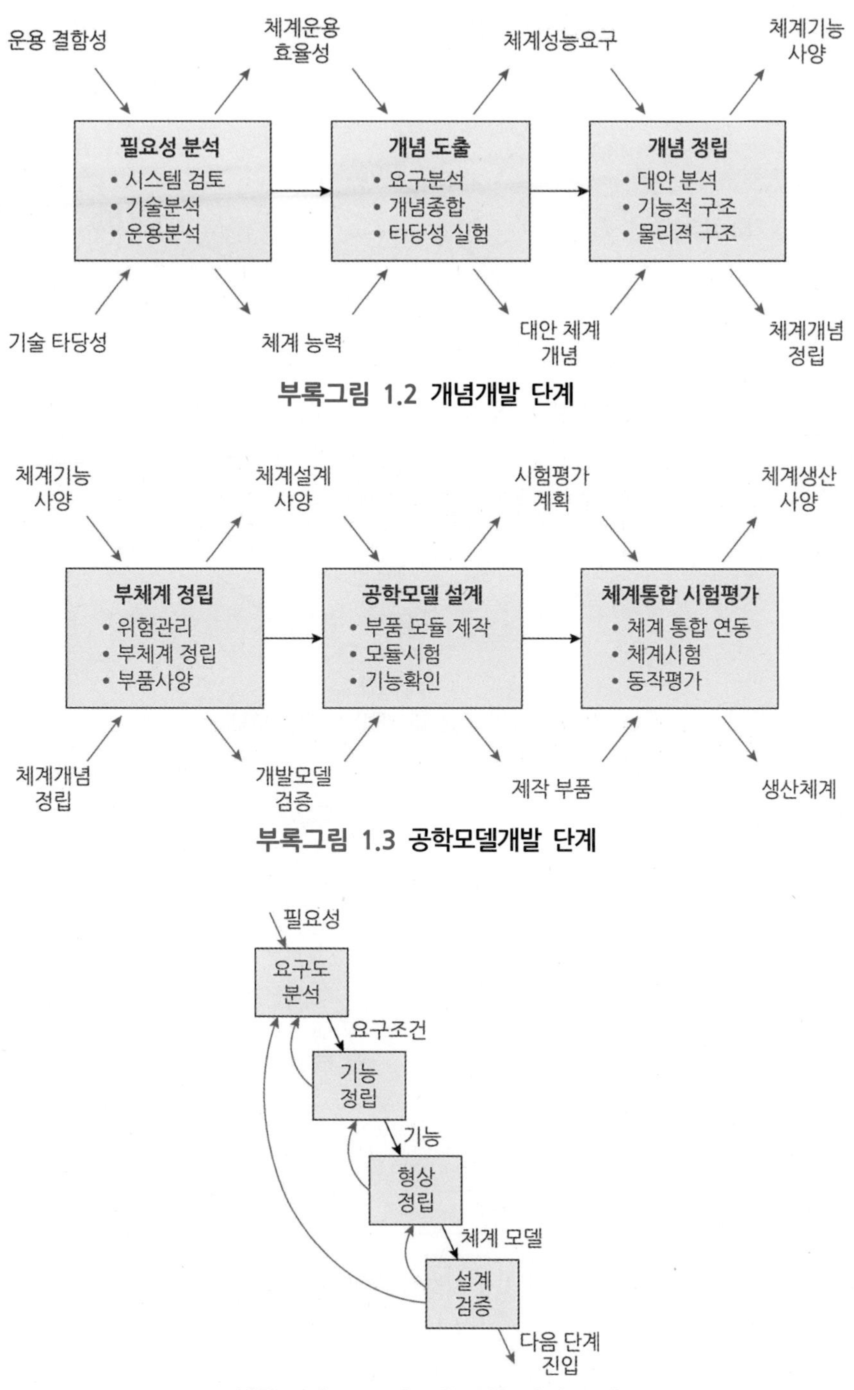

부록그림 1.2 개념개발 단계

부록그림 1.3 공학모델개발 단계

부록그림 1.4 시스템 공학 상위 모델

개발 단계는 부록그림 1.3과 같다. 또한 시스템 공학 기법의 상위 레벨 흐름도는 부록그림 1.4와 같다. 시스템 개발 모델로서 'Spiral 모델'은 부록그림 1.5와 같고, 'Vee' 모델은

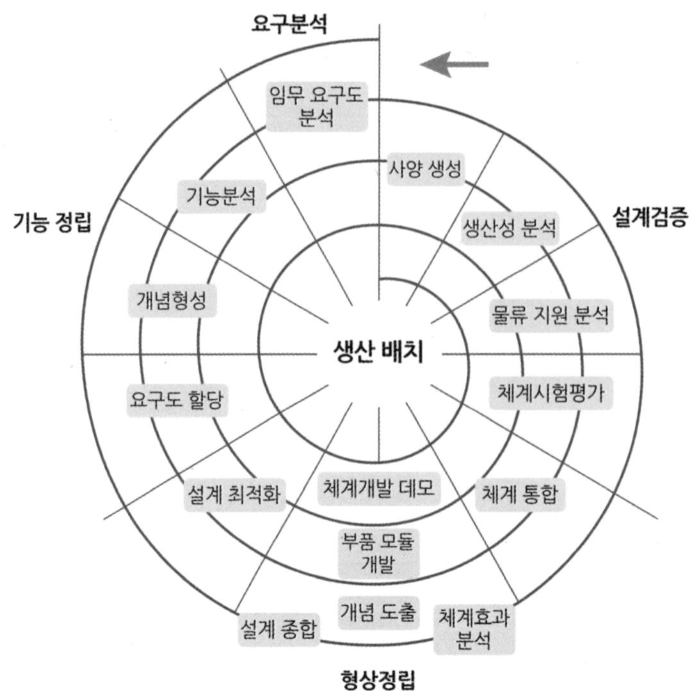

부록그림 1.5 시스템 개발 Spiral 모델

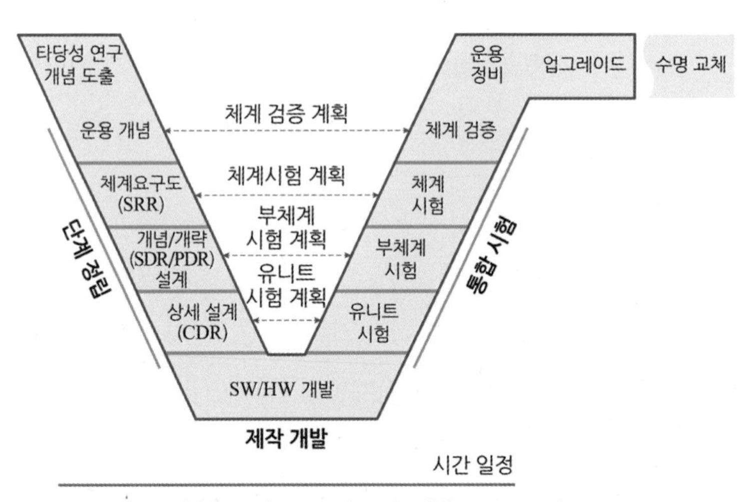

부록그림 1.6 시스템 개발 Vee 모델

부록그림 1.6과 같다. 국제적인 시스템 개발 순기에 대한 표준 모델은 제품 특성에 따라 적용하는 모델이 다양하다. 즉, 미 국방성의 군용무기체계 표준 개발 프로세서는 DoD MIL-STD 499B 모델을 적용하며, 상용 모델로서 ISO 15288, IEEE 1220 모델, EIA-132 모델 등이 있다.

시스템 개발의 프로젝트 관리를 위하여 부록그림 1.7과 같이 시스템 엔지니어링과 프로젝트 기획과 조정 역할이 중요하다. 또한 효율적인 프로젝트 관리를 위한 기술과 업무 분할 도구로서 업무 분할 구조 (WBS : *Work Breakdown Structure*)와 기술 분할 구조 (TBS: *Technology Breakdown Structure*)가 있다. 또한 프로젝트 수행과 비용 분석을

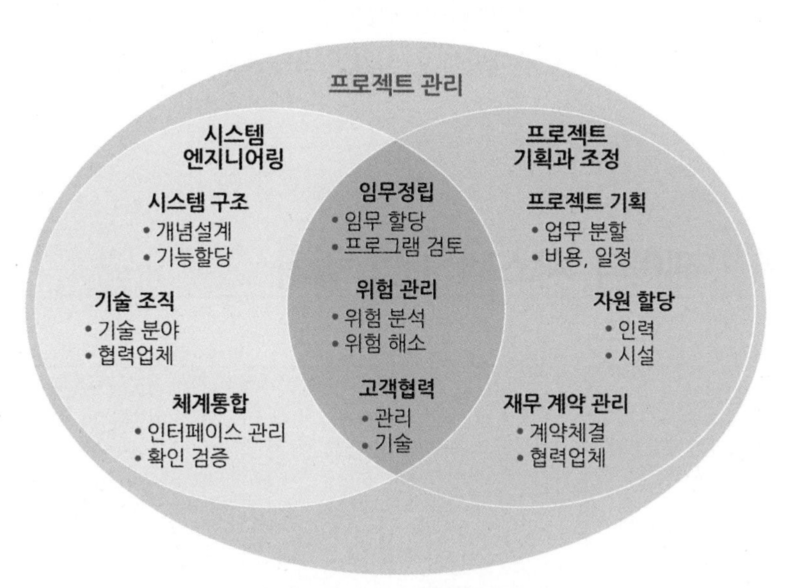

부록그림 1.7 프로젝트 관리

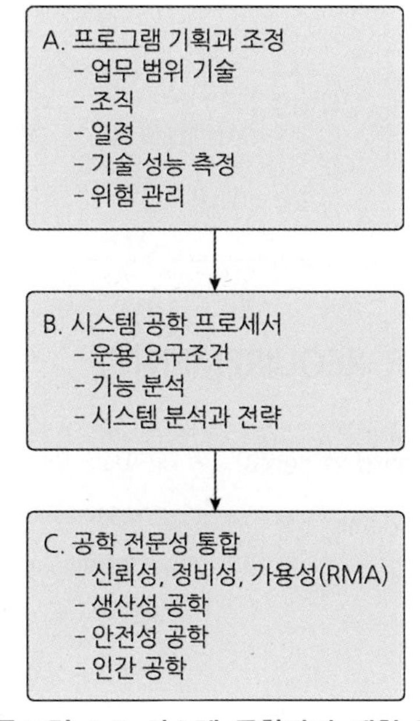

부록그림 1.8 시스템 공학관리 계획 구성

위하여 조직 분할 구조 (OBS: *Organization Breakdown Structure*)와 비용 분할 구조 (CBS: *Cost Breakdown Structure*)가 있다. 대형 복합 시스템을 개발하기 위해서는 개발 기술과 예산과 일정의 상호 Trade-Off를 통하여 세분화된 업무와 기술과 비용을 상호 매트릭스 구조로 연계하여 통합적으로 전체 프로젝트 일정과 위험 요소를 관리한다. 이를 위하여 '시스템 공학 관리 계획 (SEMP: *System Engineering Management Plan*)'은 부록그림 1.8과 같이 기술적인 요구사항과 관리적인 요구사항으로 나누어 단계별 업무 절차를 마련한다.

1.2 레이다 시스템 개발 절차

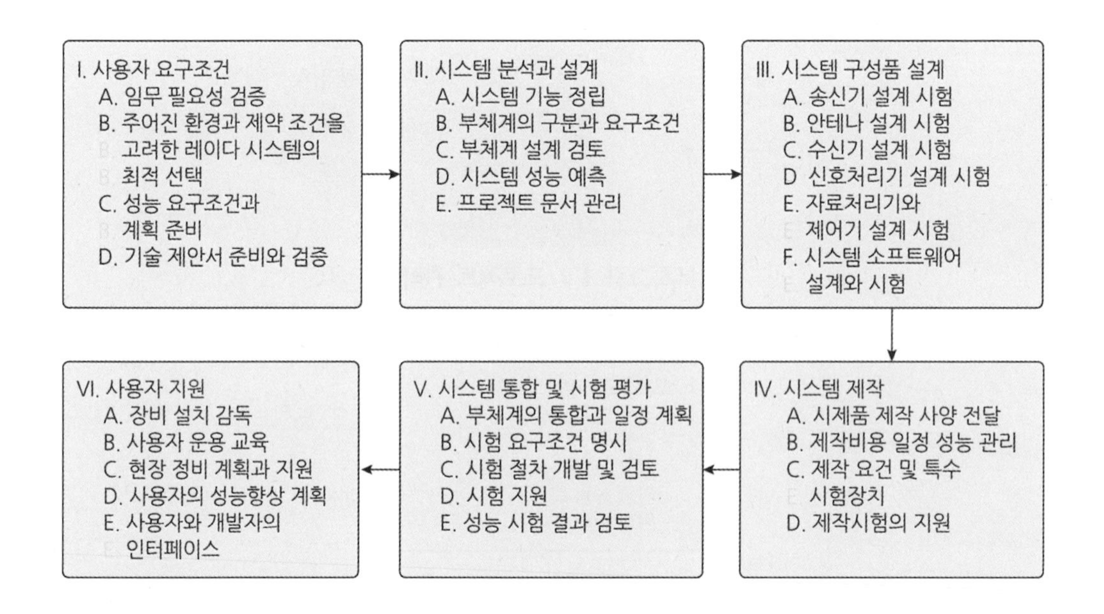

Ⅰ. 사용자 요구조건 (USER REQUIREMENTS)

A. 임무 필요성 검증 (Evaluate mission needs)

1. Understand constraints of application
2. Determine radar target characterization
   – Range, minimum, maximum
   – Accuracies
   – Data Rate
   – Detection probabilities
   – Minimum Radar cross-section
3. Review intended use of equipment
4. Analyze operating environment

(계속)

- Human interface/constraints

5. Determine end use of information
   - Data fusion
   - Surveillance volume
   - Resolution and accuracy
   - Number of targets
   - Target distribution in space
   - Identification
     ※Active Beacon
     ※Non-cooperative

B. 주어진 환경과 제약 조건을 고려한 레이다 시스템의 최적 선택 (Evaluate current and projected radar system alternatives in view of environment and constraints - select optimum system)

1. Analyze specific system configuration
   - Platform or mounting
   - operating frequency band
   - Bandwidth of signals
   - signal coherence
   - Power, size, weight cooling limitations
   - Shock
   - Vibration
   - Temperature, humidity
   - interfering structures
   - Propagation
   - Ground, sea, bird and weather clutter
   - Multipath and ducting
   - Weather
   - Electronic countermeasures (ECM)
   - Electromagnetic interference (EMI)
   - Radiation hazards
   - Reliability, maintainability, supportability
   - Cost
2. Investigate new components techniques, materials, software for applicability
3. Develop configuration management

C. 성능 요구조건과 계획 준비 (Develop performance specifications and plans)

1. Review applicable national regulations, military specifications, and technical standards)
2. Determine technology/cost relationship
3. Determine reliability limits
4. Write performance specification and interface requirements
5. Prepare schedule for development
6. Prepare schedule for production
7. Assess cost/schedule/performance risk

D. 기술 제안서 준비와 검증 (Prepare/evaluate technical proposal)

1. Evaluate performance, feasibility, cost, schedule risk reliability and maintainability
2. Assess typical production time requirements
3. Define critical developments and experiments
4. Summarize statement of work requirements
5. Develop technical approach and alternatives
6. Develop scoring system for proposal evaluation
7. Develop management plan
8. Prepare schedule for implementation

II. 시스템 분석과 설계 (SYSTEMS ANALYSIS AND DESIGN)

A. 시스템 기능 정립 (Establish system functional definition)

1. Radar range equation (Sensitivity)
2. Define functions and measurements required for mission success
3. Define/analyze environment
   - Propagation
   - Temperature, humidity
   - Weather
   - Multipath and ducting
   - Ground, sea, bird and other anomalous clutter
4. Define user interface
5. Analysis and trade off of power aperture product
6. Air, ground and surface surveillance
7. Tracking
8. Short pulse vs pulse compression waveforms
9. Mapping
10. Bistatic
11. CW and FM Radars
12. Moving target indication (MTI)/Airborne MTI (AMTI)
13. Synthetic aperture radar (SAR)-imaging
14. Identification, Discrimination: Active/Passive
15. False alarm rate
16. Target densities maneuverability
17. Data fusion
18. Mathematical design tools needed to accomplish the items listed
    - Probability and Random Processes
    - Transform Techniques-Fourier Transform, Laplace Transform, Z-Transform
    - Statistical Communication Theory
    - Statistical Detection Theory
    - feedback Control System: Analysis methods
    - Optimal Filtering

B. 부체계의 구분과 요구조건 (Develop subsystem partitioning and requirements)

1. Waveform/signal processing design
2. Waveform selection - High, Med and Low Pulse Repetition Frequency (PRF)
3. Waveform scheduling
4. Ambiguity function
5. Obscuration functions
6. Antenna/Radome requirements
7. Transmitter and signal generator requirements/options
8. Receiver requirements
9. Post-processing design
10. Control processing design
    - Algorithms
11. Display requirements
12. Software requirements
13. Electrical interfaces: internal & external
14. Partitioning and trade-offs
    - Antenna size
    - Volume
    - Transmitter peak power and duty factor
    - maximum pulse width, Maximum PRF
    - Weight
    - Size

(계속)

- Optimization of cost function via trade offs

15. Time line definition
    - Update rate
    - Track/surveillance
    - Time budgets
16. Structure design for environment qualification: FCC emission requirements
17. Structure design for reliability requirement
18. System level mechanical configuration and cabling frequency selection
19. FM ranging, coincidence detection
20. Pulse compression
21. Mono pulse radar
22. Pulse Doppler
23. Frequency agility
24. Electronic counter-measures (ECCM)
25. Constant False Alarm Rate (CFAR)
26. Radar Resource Management
    - Distribution of radar energy and time in space and function
    - Surface search
    - Air search Tracking
27. Synthetic aperture, including side-looking
28. Imaging
29. Mapping

C. 부체계 설계 검토 (Monitor and review subsystem design)

1. Review electrical, mechanical designs
2. Track weight, power, volume and performance budgets
3. Monitor design for quality assurance, emissions, reliability and maintainability
4. Review software element designs

D. 시스템 성능 예측 (Predict system performance)

1. System noise figure prediction
2. Signal to-Noise ratio analysis
3. Prediction of clutter environment
   - Clutter rejection characteristics
   - System sub-clutter visibility prediction
4. Imaging and target resolution
5. Dynamic range analysis
6. Effectiveness of jamming rejection
7. Target recognition/classification
8. Statistical detection theory
9. False Alarm, detection probability cumulative detection probability
10. Probability or intercept
11. Acquisition probability
12. Trucking accuracy and probability of acquisition and maintaining tracking

E. 프로젝트 문서 관리 (Maintain project and software documentation)

1. System description document
2. Accuracy and performance control document
3. System segment specifications
4. Test requirements documents
5. Test specification
6. Test reports

III. 시스템 구성품 설계 (SYSTEM COMPONENT DESIGN)

A. 송신기 설계 시험 (Design and test transmitter subsystem)

1. Power Amplifier Tubes
   - Traveling wave (TWT)
   - Klystron
   - Magnetron
   - Cross field amplifier
2. Power Supply efficiencies, weight, regulation, reliability
3. Solid State-T/R modules, Si and GaAs discrete devices or MMIC
4. Power, combining transmissions (waveguides, etc.)
5. Division network design
6. Duplexers
7. Multipacting
8. Circulators
9. Limiters
10. Thermal design/analysis
11. Spectral purity specification

B. 안테나 설계 시험 (Design and test antenna subsystem)

1. Feed/Reflectors and plates
2. Feed/Lenses
3. Arrays
   - Frequency scanning
   - Phase Scanning
   - Time delay scanning
   - Displaced Phase Center Antenna (DPCA)
4. Multi-beam
5. Monopulse
6. Conical scan
7. Radomes
   - Loss
   - Installation/Radome effects
8. Digital beam forming (receive only)
9. Active phased array
10. Pssive phased array
11. Pattern synthesis/measurement
12. Secondary channels: monopulse, guard
13. Sidelobe Canceller, fully or partially adaptive receive array
14. Sidelove blanking
15. Compensation for radome distortion
16. Servo positioning system
    - Servo drive mechanisms
    - Angle sensing mechanisms
17. Microwave rotary joint
18. Low torque cable systems
19. Scan pattern generation

C. 수신기와 신호처리기 설계 시험 (Design and test receiver and signal processor subsystem)

1. Noise figure calculation
2. Dynamic range
3. Matched filtering
4. Frequency synthesis techniques
5. Spectral purity specification
6. Phase detectors
7. Circulators
8. Limiters
9. A/D Converter
10. Stage design: amplifiers, mixers, IF

(계속)

11. FIR, IIR, and moving Target Indicator (MTI) Filters
12. Programmable signal processor
13. Channel, offset and balance calibration
14. Moving Target Indicator (MTI) Cancellation
15. Displaced Phase Center Antenna (DPCA) processing
16. Clutter Cancellation processing
17. Pulse compression
18. Coherent integration/Fast Fourier Transform (FFT)
19. Non-Coherent integration
20. Constant False Alarm Rate (CFAR)
21. Pulse Repetition Frequency (PRF)
22. Medium PRF range ambuiguity resolution
23. Doppler ambiguity resolution
24. Track data extraction
25. Image scan conversion
26. Synthetic aperture high resolution processing
27. Special feature extraction processing
28. Side lobe blanking/sidelobe cancellation

D. 자료처리기와 제어기 설계 시험 (Design and test data processor, control, and interface subsystems)

1. Video scan conversion
2. Symbol generation
3. Video signal format
4. CRT display hardware
5. Interactive Control/Display Techniques
6. Control Panel Hardware and Interface
7. Man/machine interface-human factors
8. Control protocols
9. Serial & parallel digital bus techniques
10. Synchro & resolver interfaces
11. Pulse & video interface considerations
12. Intercabling distortion, reliability
13. Track file formation and maintenance
14. Inertial and navigation system interfaces
15. Data fusion interfaces
16. Real-time embedded computer hardware

E. 시스템 소프트웨어 설계와 시험 (Design and test system software subsystems)

1. Software engineering environment
2. Software test environment
3. Software requirements analysis
4. Software requirements specification
5. Interface requirements specification
6. Software configuration management
7. Qualification testing requirements
8. Software integration & test
9. Hardware-Software integration
10. Performance testing

IV. 시스템 제작 (MANUFACTURING)

A. 시제품 제작 사양 전달 (Transfer product design, construction specification)

1. Classic Manufacturing processes
   - Time lines required
   - Materials choices and compatibility
   - Multilayer boards

(계속)

- Surface mount technology
2. Identify long lead procurement items
3. Develop robotic applications - interactions between CAM&CA tests

B. 제작비용 일정 성능 관리 (Track and solve problems in manufacture for cost, schedule, performance)

1. Participant in manufacturing scheduling to support system integration
2. Develop Quality Control
   - Statistical Quality Control
   - Sampling
   - Yield manufacturing and testing problems for design solutions
3. Analyze manufacturing and testing problems for design solutions

C. 제작 요건 및 특수 시험장치 (Specify manufacturing, special test equipment)

1. Generate requirements
   - Board test equipment
   - Unit test equipment
   - System test equipment
   - Environmental simulation equipment
   - Data monitoring and recording

D. 제작시험의 지원 (Assist with troubling in factory test)

V. 시스템 통합 및 시험 평가 (SYSTEM INTEGRATION, TEST AND EVALUATION)

A. 부체계의 통합과 일정 계획 (Plan and accomplish integration of subsystems)

1. Maintain coordination between software and hardware development
2. Demonstrate compliance with specifications
3. Develop integration and test plans
4. Identify integration site and facility requirements

B. 시험 요구조건 명시 (Specify test requirements)

1. Determine test requirements for equipment specifications
2. Design scope of test
3. Devise required stimuli
   - Emulation Techniques
4. Predict expected responses, tolerances

C. 시험 절차 개발 및 검토 (Develop/review testing procedures)

1. Select optimum test
   - Breadboard concept evaluation
   - Subsystem testing
     *hardware
     *software
   - Laboratory system test
   - Rooftop testing
   - Developmental flight test
   - Operational evaluation

(계속)

- Qualification testing
- Reliability testing

2. Select test equipment and facilities
   - Unit, system test bench
   - Interface simulators
   - Target simulators
   - Special output devices
     (e.g. test bus interface readers)
   - Flight test platform. associated equipment
   - Live target characteristics

D. 시험 지원 (Assist with conduct of test)

E. 성능 시험 결과 검토 (Review test results for impact on performance)

VI. 사용자 지원 (USER SUPPORT)

A. 장비 설치 감독 (Supervise installation)

B. 사용자 운용 교육 (Conduct user training)

C. 현장 정비 계획과 지원 (Plan field maintenance/Logistics)

D. 사용자의 성능향상 계획 (Plan design improvement and upgrades from user feedback)

E. 사용자와 개발자의 인터페이스 (Maintain user/producer interface during project life)

1. Keep customer cognizant of design progress, problems, issues
2. Refinement of requirements/specification during design phase
3. Requirement/specification changes during customer integration, test, deployment

부록

2 레이다 장비 분류 코드

2.1 군용 레이다 분류 기호

미 군사 전자장비는 레이다를 포함하여 JETDS (*Joint Electronics Type Designation System*)의 분류기준에 따라서 장비명을 지정하여 분류한다. AN System (Joint Army-Navy Nomenclature System)을 기준으로 지정하는 장비는 AN 기호를 형식 앞에 부여한다. 군용 레이다의 지정 분류는 AN 기호 부여 방식에 따라 AN/xxx-xx의 3가지 약자로 구성된다. 약자의 첫 글자는 장비의 설치 환경, 두 번째 글자는 장비 종류, 세 번째 글자는 장비 용도를 나타낸다. 그리고 마지막에 부분은 시리얼 번호가 부여된다. 예를 들어서 AN/APG-65 (F-16 Hornet 전투기 탑재 레이다)의 첫 번째 A는 Airborne 설치 환경을 의미하며, 두 번째 P는 장비 종류로서 Radar를 의미한다. 세 번째 G는 Fire Control의 사격통제 용도를 의미한다. 마지막은 제작 번호를 의미한다. AN은 미 군사표준 규격서 MIL-STD-196D의 문서에 근거한다.

(1) 첫 번째 약어 : 설치 환경	(2) 두 번째 약어 : 장비 종류	(3) 세 번째 약어 : 장비 용도
A-Airborne B-Underwater mobile (Submarine) D-Pilotless carrier (Unmanned vehicle) F-Fixed ground G-Ground general K-Amphibious M-Ground mobile P-Portable S-Shipboard (Surface ship) T-Ground transportable U-Utility (more than one class) V-Ground vehicle (tank) W-Water, surface and underwater Z-Airborne vehicle (piloted/ pilotless) combination	A-Infrared, invisible light C-Carrier, wire D-Radiac (Radioactive Detection, Indication and Computation) E-Laser F-Photographic G-Telegraph/Teletype I-Interphone and public address J-Electromechanical (not covered elsewhere) K-Telemetry L-Electronic Countermeasures (Sensing, direction finding and anti-jamming) M-Meteorological N-Sound in air P-Radar Q-Sound in water (Sonar) R-Radio S-Special or combination of types T-Telephone (wire) V-Visible light W-Weapon systems X-Television, facsimile Y-Computer and data processing	A-Auxiliary (part of system) B-Bombing C-Communication D-Direction Finding and reconnaissance E-Ejection G-Fire control H-Recording M-Maintenance and testing N-Navigation Q-Special or combination of functions R-Receiving and passive detecting S-Search and/or detection T-Transmitting W-Control, automated flight or remote X-Identification and recognition Y-Surveillance and control, multi-target tracking, fire control, air control

참고로 일련 번호 뒤에 붙은 약어는 새로운 AN을 부여하지 않고 기존의 모델을 개량한 것을 의미한다. AN/SPS-48A는 AN/SPS-48을 먼저 개발한 후에 48A를 개발한 것을 의미한다.

2.2 상용 레이다의 분류 지정

민간 레이다의 약어는 AN을 따르지 않는다. 공항 레이다에 약어를 부여한 경우를 소개한다.

- ASR-xx: Airport Surveillance Radar (50-100마일 정도의 공항 교통관제 레이다)
- ARSR-xx: Air-Route Surveillance Radar (200마일 정도의 공항 교통관제 레이다)
- ASDE: Airport Surface Detection Equipment (단거리 공항 지면의 항공기 제어)
- TDWR: Terminal Doppler Weather Radar (공항의 기상 레이다)
- WSR: Weather Surveillance Radar - NEXRAD WAR-88D in 1988.

부록

3

레이다 전파의 안전 기준

3.1 레이다 대역별의 안전 기준

전자기파는 눈에 보이지 않지만 일정한 레벨 이상의 에너지가 인체에 장시간 노출되면 위험할 수 있다. 따라서 국제적으로 마이크로파 및 밀리미터파의 방사로 인한 인체 보호에 대한 안전 기준을 정하고 있다. 대표적인 국제기구는 미국 국가표준국 (ANSI)*, 국제방사보호협회 (IRPA)**, ICNIRP***, IEEE**** 등이 있다. 대부분의 국제기구에서 정하는 전자파의 인체 보호 안전 기준은 주파수에 따른 단위 면적당 전력밀도(Power Density: Watt/m^2)가 일정한 레벨 이상 인체에 노출되는 것을 제한하고 있다. 전자기파의 전력밀도는 직진 방사 방향에서 단위 단면적당 방사 전력의 비로 정의한다. CNIRP 기준에 의하면 레이다 주파수 대역별로 전력밀도의 인체 노출 허용 기준은 10 MHz HF 대역에서 400 MHz의 대역까지는 2 mW/m^{2}로 규정되어 있고, UHF의 400 MHz에서 S 대역의 2000 MHz까지는 2 mW/m^2 ~ 10 W/m^{2}로 가변적이다. 레이다 전파 주파수가 2 GHz에서 300 GHz의 전체 대역에서는 모두 10 mW/m^2 레벨로 동일하게 규정하고 있다. 전자파의 안전 기준은 주파수에 따른 제한 전력밀도뿐만 아니라 장시간 전자파에 노출되는 경우 전자파의 인체 흡수율과 관계가 있을 수 있다.

대부분의 레이다 대역에서는 단위 면적당 10 W/m^2 정도의 전력밀도를 안전기준으로 제한하고 있다. 일반적으로 레이다가 고출력의 송신기와 매우 큰 이득의 안테나를

---

* ANSI: American National Standard Institute
** IRPA: International Radiation Protection Association
*** ICNIRP: International Commission on Non-Ionizing Radiation Protection
**** IEEE: International Electrical and Electronics Engineering

통하여 고출력의 에너지를 좁은 빔에 집속하여 방사할 경우에 인접한 거리에서 전자파가 인체에 직접 노출될 때는 안전에 영향을 줄 수 있다. 레이다 빔폭은 거리에 비례하여 탐지 공간에 넓게 확산되는 특성이 있으므로 레이다와 매우 가까운 근접 전계 범위에서는 전력밀도가 높지만 원 전계 이상의 먼 거리에서는 에너지가 넓게 공간에 분산되어 전체 탐지 공간의 체적에 반비례하여 급격하게 낮아진다.

레이다의 전자파 에너지는 사람이나 동식물 등과 같이 수분 성분을 함유한 대상에 직접 노출되면 수분에 흡수되어 열에너지로 변하고 전력밀도가 안전 기준 이상의 레벨을 넘어서면 영향을 줄 수 있다. 이 경우 레이다 전자파의 전파 관점에서는 중간에 에너지의 감쇄로 인하여 레이다 탐지 성능의 손실로 작용한다. 국제적인 ICNIRP와 IEEE에서 규정하는 일반인 기준의 인체 안전 기준은 부록표 3.1과 같다. ICNIRP에서 규정하는 일반인 기준의 주파수에 따른 안전 기준은 부록그림 3.1과 같고, 통제된 환경에서 일하는 직업인의 안전 기준은 부록그림 3.2와 같다.

3.2 레이다 방사 전력밀도 기준

레이다의 안전 기준은 레이다의 주파수에 따른 허용 전력밀도로 규정하고 있다. 따라서 레이다의 종류와 운용하는 파형에 따라 전력밀도 산정 기준이 다를 수 있다. 레이다 파형에 따라서 CW 레이다는 연속파를 방사하므로 첨두 송출 출력을 기준으로 전력밀도를 계산한다. 펄스 레이다는 단속적인 펄스파를 이용하므로 펄스의 주기와 펄스폭에 의한 송신 허용 시간에 따라 송신 출력이 제한되며, 평균 전력밀도는 가동지수 (Duty Cycle)에 비례하여 송신 출력의 크기가 결정된다. 좁은 펄스폭과 긴 주기를 갖는 장거리 레이다의 경우에는 평균적인 전력밀도는 작아진다. 그러나 펄스 압축 기술을 이용하는 현대의 펄스 도플러 레이다에서는 송신할 때 펄스폭을 길게 확장하여 송신 출력을 높게 만들기 때문에 시스템의 펄스 압축 비율을 고려하여 평균 전력밀도를 산정한다. CW 레이다에 비하여 펄스 레이다의 전력밀도는 펄스의 지수에 의하여 상대적으로 낮아지지만, 펄스 압축 레이다의 경우는 펄스 압축 비율에 따라 상대적으로 평균 전력밀도는 높아질 수 있다. 레이다의 전력밀도는 일률적으로 산정할 수 없으며 레이다 주변 환경과 운용하는 주파수와 레이다의 파형과 종류에 따라 달라질 수 있다. 평균 전력밀도를 산정하기 위해서는 레이다 시스템의 주요 제원들이 제공되어야 한다. 기본적인 레이다 시스템의 주요 사양에는 송신 주파수와 대역폭, 송신 첨두 출력, 송신 안테나 이득과 빔폭, 펄스폭과 펄스 주기 또는 임무 사이클, 레이다와 표적 간의 거리, 스캔 속도와 탐지 범위 등의 제원들이 포함된다.

부록표 3.1 레이다 전파의 인체 안전 기준

레이다 대역	주파수 (GHz)	전력밀도 (W/m^2)	평균시간 (분)
HF	0.01 - 0.03	2	6
VHF	0.03 - 0.3	2	6
UHF	0.3 - 1.0	f_M/200	6
L	1.0 - 2.0	f_M/200	6
S	2.0 - 4.0	10	6
C	4.0 - 8.0	10	6
X	8.0 - 12.5	10	6
Ku	12.5 - 18.0	10	6
K, Ka	18.0 - 40.0	10	$68/f_G^{1.05}$
V, W	40.0 - 110.0	10	$68/f_G^{1.05}$
D, G	110.0 - 300.0	10	$68/f_G^{1.05}$

주: f_M는 MHz, f_G는 GHZ 단위임. ICNIRP 일반인 기준

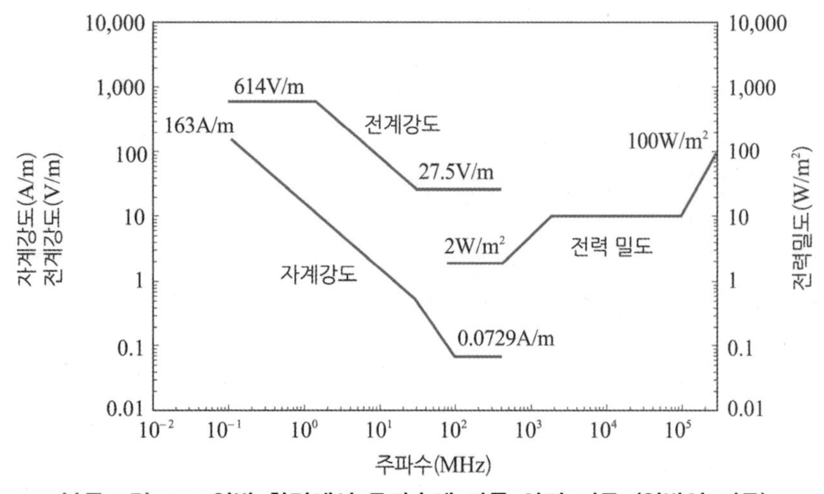

부록그림 3.1 일반 환경에서 주파수에 따른 안전 기준 (일반인 기준)

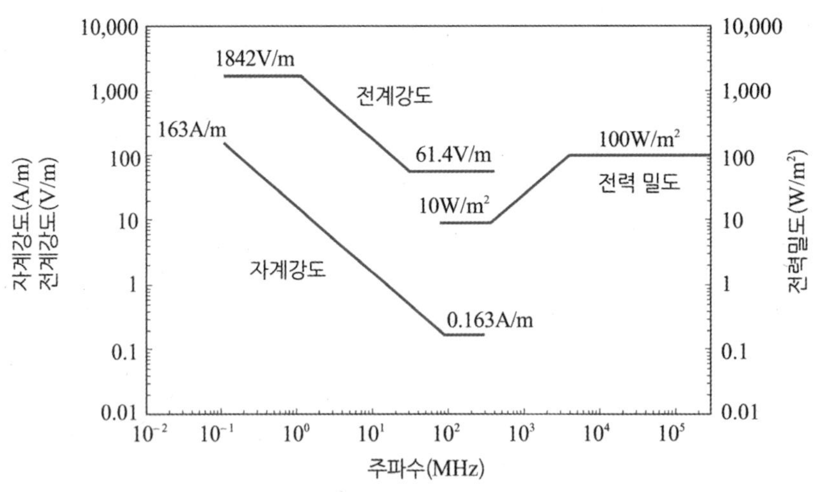

부록그림 3.2 통제된 환경에서 주파수에 따른 안전 기준 (직업인 기준)

3.3 레이다 방사 전력밀도 계산

마이크로파에 의한 전력밀도는 송신기에서 안테나를 통하여 방사된 전력이 레이다와 가까운 근접 전계 (Near Field) 영역과 멀리 떨어진 원 전계 (Far Field) 영역으로 구분하여 고려해야 한다. 안테나 빔에서 전력밀도는 방사 전력의 평균 크기, 안테나의 물리적인 면적, 안테나의 이득, 그리고 안테나로부터 떨어진 거리에 직접 관계가 있다. 따라서 레이다 방사 전력에 의한 위험 구역은 레이다 안테나와 가까운 근접 전계 구역이 될 수 있으므로 부록그림 3.3과 같이 근접 전계와 원 전계 구역으로 구분하여 계산한다. 3장 안테나에서 설명한 바와 같이 근접 전계의 거리는 안테나 길이의 제곱에 비례하고 파장에 반비례하는 관계이다. 이 구역에서는 최대 방사 전력밀도가 존재하며 빔폭도 넓

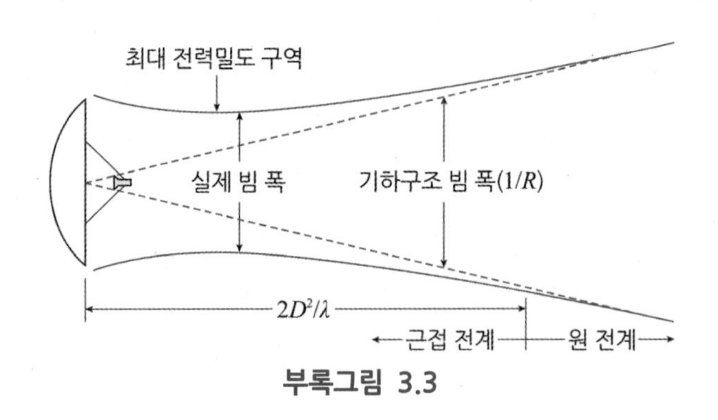

부록그림 3.3

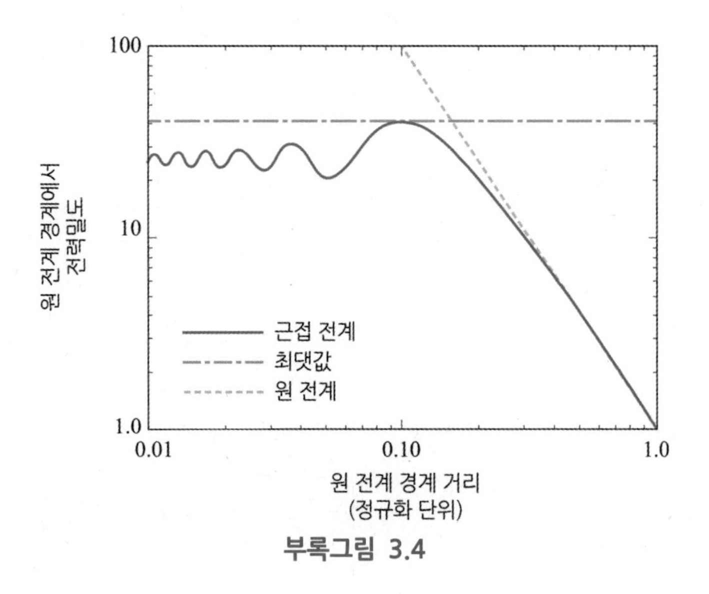

부록그림 3.4

게 퍼지지 않고 실제 안테나의 길이 정도의 폭으로 유지한다. 근접 전계 구역에서 안테나 빔의 단면적은 원 전계에서 빔이 넓게 퍼진 경우와 기하구조가 다르다. 근접 전계 구간에서 전력밀도 계산은 근사적으로 식 (1)과 같이 표현되며 전력밀도를 도시하면 부록그림 3.4와 같다. 이 그림에서 거리는 원 전계 시작 지점의 거리를 기준으로 나누어 준 정규화 거리 (Normalized Range)로 표시한다(Ⓒ Hansen 논문 참조).

$$P_{/A_{N-NF}} = 26.1\left[1 - \frac{16}{X}\sin\left(\frac{\pi}{8X}\right) + \frac{128X^2}{\pi^2}\left(1 - \cos\left(\frac{\pi}{8X}\right)\right)\right] \qquad (1)$$

여기서 X는 안테나로부터 근접 전계 구역 간의 거리로서 $X = R/(2D^2/\lambda)$로 주어진다. R은 전력밀도를 계산하는 지점 간의 거리 (m), D는 안테나 길이 (m), λ는 파장 (m)이다. 부록그림 3.4에서 보는 바와 같이 최대 전력밀도는 원 전계 거리의 약 1/10 거리 지점에서 일어나며 식 (2)와 같이 표현할 수 있다.

$$R_{RFmax} \approx 0.2D^2/\lambda \ \ (\mathrm{W/m^2}) \qquad (2)$$

따라서 이 거리가 레이다 방사 전력이 가장 위험한 위치가 된다.

다음으로 원 전계에서 전력밀도는 4장 레이다 방정식에서 설명한 바와 같이 식 (3)과 같이 표현할 수 있다.

$$P_{/A_{FF}} = \frac{P_{avg} G_T}{4\pi R^2} \tag{3}$$

여기서 $P_{/A_{FF}}$는 레이다 송신 안테나의 원 전계에서 전력밀도, P_{avg}는 평균전력, G_T는 레이다 송신 안테나의 이득, R은 송신 안테나로부터 거리이다.

마지막으로 원 전계 경계 지점 ($R = 2D^2/\lambda$)에서 전력밀도는 식 (4)와 같다.

$$P_{/A_{FFB}} = \frac{P_{avg} G_T \lambda^2}{16\pi D^4} \tag{4}$$

따라서 근접 전계 구간 거리에서 전력밀도는 식 (5)와 같이 구할 수 있다.

$$P_{/A_{NF}} = P_{/A_{FFB}} P_{/A_{N-NF}} \tag{5}$$

결론적으로 원 전계 경계 지점의 전력밀도와 근접 전계 구간의 거리에 따른 가중치를 곱하여 구할 수 있다.

이상에서 설명한 안테나 근접 지역의 전력밀도는 안테나 자체의 빔 분포 가중치를 고려하지 않았다. 일반적으로 안테나는 용도에 따라 빔 에너지를 집속하기 위하여 테이퍼링 (Tapering)을 적용한다. 또한 반사판 안테나의 경우에는 피드 (Feeder)를 통하여 방사를 하므로 이 지점에서 방사 전력밀도는 매우 높기 때문에 주의가 필요하다. 특히 인체의 안구는 방사열에 매우 취약하기 때문에 안전 기준을 넘는 전력의 방사 도중에 도파관이나 피드를 직접 바라보면 위험할 수 있다.

안테나의 주빔 (Main Beam)뿐만 아니라 부엽 (Sidelobe)에 의하여 방사 전력이 안전 기준을 넘을 경우에도 위험할 수 있다. 근접 전계 구역의 전력밀도 계산은 동일하지만 특정 각도에서 부엽의 이득을 계산하여 적용해야 한다. 안테나의 부엽 이득은 주빔의 최대 이득 (dB)과 측정한 부엽 레벨 (dB)의 차이가 된다.

일반적으로 레이다의 방사로부터 안전을 위하여 안테나의 주빔이 지향하는 위험 거리와 각도 범위를 지정한다. 레이다 방사의 허용 노출 레벨은 전력밀도뿐만 아니라 전계강도의 기준을 동시에 적용해야 한다. 부록그림 3.1과 부록그림 3.2에 전력밀도와 함께 전계강도와 자계강도의 기준 레벨도 도시되어 있다.

부록

4 레이다 설계 데이터

4.1 레이다 주파수

A. 레이다 표준 주파수 대역

레이다 대역	주파수 범위	IEEE 분류	ITU 대역
HF	3~30 MHz	A	
VHF	30~300 MHz	B	138~144 MHz
			216~225 MHz
UHF	300 MHz~1 GHz	C	420~450 MHz
			890~942 MHz
L	1~2 GHz	D	1.215~1.400 GHz
S	2~4 GHz	E, F	2.3~2.5 GHz
			2.7~3.7 GHz
C	4~8 GHz	G, H	5.250~5.925 GHz
X	8~12 GHz	I, J	8.500~10.680 GHz
Ku	12~18 GHz	K	13.4~14.0 GHz
			15.7~17.7 GHz
K	18~27 GHz	K	24.05~24.25 GHz
			24.65~24.75 GHz
Ka	27~40 GHz	K	33.4~36.0 GHz
V	40~75 GHz	L	59.0~64.0 GHz
W	75~110 GHz	M	76.0~81.0 GHz
			92.0~100.0 GHz
mm	100~300 GHz		126.0~142.0 GHz
			144.0~149.0 GHz
			231.0~235.0 GHz
			238.0~48.0 GHz

B. 레이다 스펙트럼 대기감쇠 특성 (단방향)

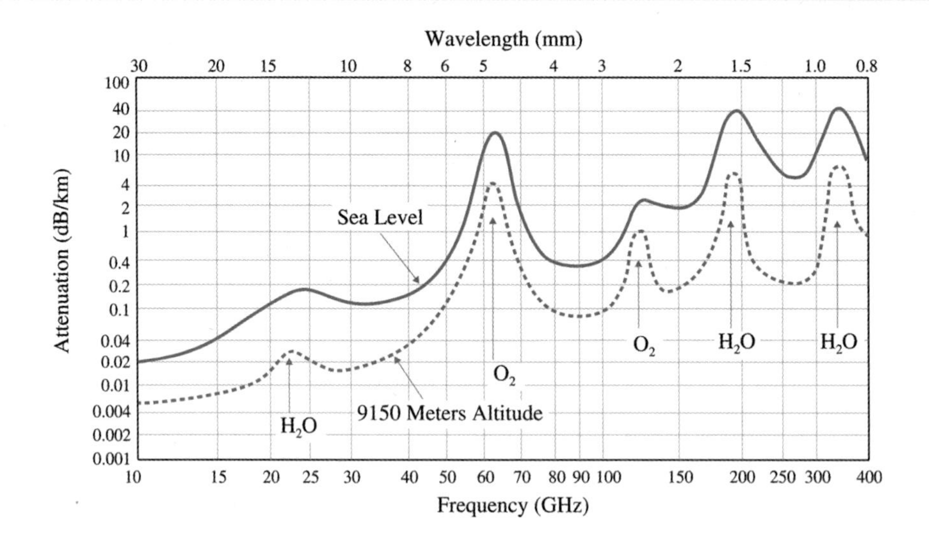

4.2 레이다 설계 파라미터

* 수식 기호는 본문 참조

A. RAR (Real Aperture Radar)

구분	표적 정보	표적 해상도	표적 정확도
거리	$R \simeq c\dfrac{T_p}{2}$	$\Delta R \simeq c\dfrac{\tau_c}{2}$	$\delta\tau = \dfrac{2\tau_c}{\sqrt{2S/N}}$
각도	$\theta \simeq \dfrac{\lambda}{D_{eff}}$	$\Delta X \simeq R\lambda/D_{eff}$	$\delta\theta = \dfrac{2\theta_3}{\sqrt{2S/N}}$
속도	$f_d \simeq \dfrac{2v_R}{\lambda}\cos\gamma$	$\Delta f_d \simeq 1/T_d$	$\delta f_d = \dfrac{2f_d}{\sqrt{2S/N}}$

B. SAR (Synthetic Aperture Radar)

구분	SAR 해상도	RAR 해상도
거리	$\Delta R \simeq \dfrac{c}{2B}$	$\Delta R \simeq c\dfrac{\tau_c}{2}$
각도	$\Delta X \simeq R\lambda/2D_{SAR} = \lambda R/2vT_a$	$\Delta X \simeq R\lambda/D_{eff}$

C. 레이다 설계 파라미터

구분	설계 공식
송신 평균전력	$P_{avg}=P_t\tau/\mathrm{PRI}=P_t\tau\,\mathrm{PRF}$
송신 평균에너지	$W_p=P_t\tau=P_{avg}\,\mathrm{PRI}=P_{avg}/\mathrm{PRF}$
안테나 빔폭	$\theta=\lambda/D_{eff}\,(\mathrm{radian})\Rightarrow(\lambda/D_{eff})(180°/\pi)\,(\mathrm{degree})$
안테나 이득과 면적	$G=4\pi A_e/\lambda^2,\quad A_e=\lambda^2G/4\pi$
수신기 열잡음	$P_N=kT_sB,\ T_S=T_oF$
수신기 잡음지수	$F=(S/N)_i/(S/N)_o,\ F=P_N/kTB_N$
MTI 성능향상 지수	$\mathrm{MTI}_{imp}=(S/C)_o/(S/C)_i$
클러터 가시 지수	$\mathrm{SCV}=\mathrm{MTI}_{imp}/(S/C_{\min})$

D. 레이다 설계 상수

구분	기호	상수
광속	c	$2.99792458\times10^8\approx3\times10^8\,m/s$
각도	k	$1.38\times10^{-23}\,Joule/K$
속도	ϵ_o	$8.85\times10^{-12}\,F/m$
각도	μ_o	$4\pi\times10^{-7}\,H/m$

E. 레이다 설계 모호성 지수 (X-band)

구분	단위	환산 정보 (주파수 10.0 GHz 기준)
펄스폭	1 $ns\,(10^{-9}\mathrm{sec})$	거리 해상도 0.15 m
	1 $\mu s\,(10^{-6}\mathrm{sec})$	거리 해상도 150 m
펄스 주기 (PRF)	1 ms(1 KHz)	최대 계측거리 150 Km, 계측속도 7.5 m/s
	0.1 ms (10 KHz)	최대 계측거리 15 Km, 계측속도 75 m/s
이동 속도	1 m/s (36 Km/h)	도플러 주파수 66.7 Hz
	10 m/s (360 Km/h)	도플러 주파수 660.7 Hz

4.3 레이다 방정식

* 수식 기호는 본문 참조

A. 점표적, 단일 펄스 레이다

$$R_{\max} = \left[\frac{P_t G^2 \lambda^2 \sigma}{(4\pi)^3 k T_e BFL (SNR)_{o\ \min}} \right]^{1/4} \qquad SNR_o = \left[\frac{P_t G^2 \lambda^2 \sigma}{(4\pi)^3 R^4 k T_e BFL} \right]$$

B. 다중 펄스누적 레이다

$$(SNR)_{n_p} = \frac{P_t G^2 \lambda^2 \sigma T_D f_r \tau}{(4\pi)^3 R^4 k T_e FL}$$

C. 펄스 압축 레이다

$$(SNR)_{n_p} = \frac{P_t G^2 \lambda^2 \sigma\, n_p \tau_c CR}{(4\pi)^3 R^4 k T_e FL} = \frac{P_t G^2 \lambda^2 \sigma\, n_p}{(4\pi)^3 R^4 k T_e (B_c / CR) FL}$$

D. Sector Scan 탐색 레이다

$$(SNR)_{np} = \frac{P_{avg} G^2 \lambda^2 \sigma}{(4\pi)^3 R^4 k T_e FL} \frac{T_{sc} \lambda^2}{D^2 \Omega}$$

E. 추적 레이다

$$SNR = \frac{P_t A_e^2 \sigma}{4\pi \lambda^2 R^4 k T_e BFL} \frac{f_r}{B_s L_i}$$

F. 면 표적의 레이다

$$SNR_{low} = \frac{P_t G^2 \lambda^3}{(4\pi)^3 R^3 k T_e BFL} \frac{c}{2B \cos\alpha_g D_{e,az}}$$

F. SAR 영상 레이다

$$(SNR)_n = \frac{P_{avg} G^2 \lambda^3 \sigma^0}{(4\pi)^3 R^3 k T_0 L} \frac{\Delta R_g}{2v} \csc \beta_k$$

G. 체적 표적의 기상 레이다

$$SNR_v = \frac{P_t G^2 \lambda^4 \sum \sigma c}{32(4\pi)^2 R^2 A_e k T_e BFL} \qquad P_r = \frac{P_t G^2 \pi^3 \theta \phi c \tau |k|^2 Z}{1024(\ln 2) R^2 \lambda^2}$$

H. SSJ와 SOJ 재머에 의한 레이다 수신 전력

$$P_{ssj} = \frac{P_j G_j}{4\pi R^2} \frac{\lambda^2 G}{4\pi} \frac{B_r}{B_j L_j} \qquad P_{soj} = \frac{P_j G_j}{4\pi R_j^2} \frac{\lambda^2 G_{rj}}{4\pi} \frac{B_r}{B_j} G_p$$

I. 이중 분리형 레이다 수신 전력

$$P_r = P_g A_e = \frac{P_t G_t G_r \lambda^2 \sigma_B}{(4\pi)^3 R_t^2 R_r^2 L}$$

J. 레이다 전파 손실

강우 손실 : $K_{rain} = 0.0013 f_{\text{GHz}}^2$

강설 손실 : $\alpha_{snow} \approx \frac{0.00188 r^{1.6}}{\lambda^4} + \frac{0.00119 r}{\lambda} \quad (\text{dB/nmi})$

안개 손실 : $\alpha_{fog} = M\left(-1.37 + 0.66f + \frac{11.152}{f} - 0.022T\right)$

먼지 손실 : $\alpha_{dust} = 4343 \cdot \eta M \quad (\text{dB/km})$

다중경로 반사, 굴절, 발산, 회절 손실 등 본문 참조

4.4 레이다 표적 모델

* 수식 기호는 본문 참조

A. 표적의 RCS 모델

RCS 확률 밀도 함수	비상관성 표적요동 기준	
	스캔 단위	펄스 단위
Chi-square degree 2 $f(\sigma)=\frac{1}{\sigma_{avg}}\exp\left(-\frac{\sigma}{\sigma_{avg}}\right)$	Swerling Case I	Swerling Case II
Chi-square degree 4 $f(\sigma)=\frac{4\sigma}{\sigma_{avg}^2}\exp\left(-\frac{2\sigma}{\sigma_{avg}}\right)$	Swerling Case III	Swerling Case IV

B. 물체의 RCS 크기 비교

표적	RCS (m^2)	RCS (dBsm)
대형선박	10,000>	40>
대형트럭	200	23
점보제트기	100	20
자동차	100	20
제트항공기	40>	16>
전투기	1~2	0~3
작은 보트	2	3
자전거	2	3
사람	1	0
무인기	0.5<	-3<
드론	0.01<	-20<
새, 곤충	0.001~0.00001	-20~-50

C. 물체 모양에 따른 RCS 크기

물체 모양	RCS (최대)	단위
구 (Sphere)	$\pi d^2/4$	d=원의 직경
평판 (Flat plate)	$4\pi A^2/\lambda^2$	A=평판 면적
원통 (Cylinder)	$\pi d L^2/\lambda$	d=직경, L=길이
2각 코너 반사기 (Dihedral)	$8\pi a^2 b^2/\lambda^2$	a, b=평판 길이
3각 코너 반사기 (Triangular Trihedral)	$4\pi a^4/3\lambda^2$	a=삼각판 길이
직각 코너 반사기 (Square Trihedral)	$12\pi a^4/\lambda^2$	a=사각판 길이
루네버그 렌즈 (Luneburg Lens)	$4\pi^3 a^4/\lambda^2$	a=직경
다이폴 (Dipole)	$0.88\lambda^2$	λ=파장

4.5 표적 탐지 확률과 오경보율

* 수식 기호는 본문 참조

A. 레이다 탐지 확률 (고정표적 기준)

$$P_D = \int_{V_T}^{\infty} \frac{r}{\psi^2} I_0\left(\frac{rA}{\psi^2}\right) \exp\left(-\frac{r^2 + A^2}{2\psi^2}\right) dr$$

$$P_D = \int_{\sqrt{2\psi^2 \ln(1/P_{fa})}}^{\infty} \frac{r}{\psi^2} I_0\left(\frac{rA}{\psi^2}\right) \exp\left(-\frac{r^2 + A^2}{2\psi^2}\right) dr$$

$$= Q\left[\sqrt{\frac{A^2}{\psi^2}},\ \sqrt{2\ln\left(\frac{1}{P_{fa}}\right)}\right]$$

$$P_D \approx 0.5\ x\ \ erfc\left(\sqrt{-\ln P_{fa}} - \sqrt{SNR + 0.5}\right)$$

B. 레이다 오경보율 (고정표적 기준)

$$P_{fa} = \int_{V_T}^{\infty} \frac{r}{\psi^2} \exp\left(-\frac{r^2}{2\psi^2}\right) dr = \exp\left(\frac{-V_T}{2\psi^2}\right)$$

$$V_T = \sqrt{2\psi^2 \ln\left(\frac{1}{P_{fa}}\right)}$$

C. ⟨M of N⟩ 탐지 확률과 오경보율

$$P_D = \sum_{J=M}^{N} \frac{N!}{J!(N-J)!} P_S^J (1-P_S)^{N-J}$$

$$P_{FA} = \sum_{J=M}^{N} \frac{N!}{J!(N-J)!} P_n^J (1-P_n)^{N-J}$$

D. n 스캔 누적 탐지 확률

$$P_{C_n} = 1 - \prod_{i=1}^{n} (1 - P_{D_i})$$

4.6 레이다 파형과 스펙트럼

* 수식 기호는 본문 참조

A. 펄스 파형

시간 $f_p(t) = \sum_{n=-\infty}^{\infty} F_n e^{-jn\omega t}$

스펙트럼 $F_p(\omega) = \frac{A\tau}{T} \sum_{n=-\infty}^{\infty} Sinc(n\pi\tau/T)\delta[\omega - 2\pi n/T]$

B. Gate 파형

시간 $g(t) = Rect\left(\frac{t}{NT}\right)$ for $-NT/2 \sim +NT/2$

스펙트럼 $G(\omega) = NT\, Sinc\left(\omega \frac{NT}{2}\right)$

C. Gated 펄스 변조 파형

시간 $f_{gp}(t) = A \sum_{n=-N/2}^{N/2} Sinc\left(\frac{t}{\tau}\right)[t - nT]$

스펙트럼 $F_{gp}(\omega) = A\tau N\, Sinc\left(\omega \frac{NT}{2}\right) \sum_{n=-T/\tau}^{T/\tau} Sinc\left(\frac{n\pi\tau}{T}\right) \delta[\omega - 2\pi n/T]$

상측파대 $F_{upper}(\omega) = \frac{A\tau N}{2} Sinc\left(\omega \frac{NT}{2}\right) \sum_{n=-T/\tau}^{T/\tau} Sinc\left(\frac{n\pi\tau}{T}\right) \delta[w - \omega_o - 2\pi n/T]$

하측파대 $F_{lower}(\omega) = \frac{A\tau N}{2} Sinc\left(\omega \frac{NT}{2}\right) \sum_{n=-T/\tau}^{T/\tau} Sinc\left(\frac{n\pi\tau}{T}\right) \delta[w + \omega_o - 2\pi n/T]$

D. 선형 주파수 변조 파형

시간 $f(t) = Rect\left(\frac{t}{\tau_E}\right) \exp\left[j2\pi\left(f_0 t + \frac{\mu}{2} t^2\right)\right], \quad -\frac{\tau_E}{2} \le t \le \frac{\tau_E}{2}$

스펙트럼 $X(w) \approx |X(w)| \exp\left(-j\frac{1}{4\pi}\mu w^2\right) \exp\left(j\frac{\pi}{4}\right)$

E. 선형 주파수 변조 파형의 모호성 함수

$$\chi(\tau, f_d) = e^{j\pi\tau f_d}\left(1 - \frac{|\tau|}{\tau_d}\right) \frac{\sin\left[\pi\tau_d(\mu\tau + f_d)\left(1 - \frac{|\tau|}{\tau_d}\right)\right]}{\pi\tau_d(\mu\tau + f_d)\left(1 - \frac{|\tau|}{\tau_d}\right)}, \quad |\tau| \le \tau_d$$

F. 정합 필터의 펄스압축 파형

$$y(t) = \left(1 - \frac{|t|}{\tau_E}\right) \frac{\sin\left[\left(1 - \frac{|t|}{\tau_E}\right)\pi\mu\tau_E\right]}{\left(1 - \frac{|t|}{\tau_E}\right)\pi\mu\tau_E}, \quad -\frac{\tau_E}{2} \le t \le \frac{\tau_E}{2}$$

G. Discrete Fourier 변환

$$X(n/NT) = 1/N \sum_{k=0}^{N-1} x(kT) \exp(-j2\pi nk/N)$$

$$x(kT) = \sum_{k=0}^{N-1} X(n/NT) \exp(j2\pi nk/N)$$

부록

5 단위 변환

5.1 단위 (Unit) 정의

°	= degree	Kt	= Knot
cm	= centimeter	m	= meter
cm^2	= square centimeter	m^2	= square meter
cm^3	= cubic centimeter	m^3	= cubic meter
deg	= dedgree	m/s	= meter per second
deg^2	= square degree	mil	= mil (1/6400 circle)
fps	= foot per second	mil^2	= square mil
ft	= foot	mph	= statute mile per hour
ft^2	= square foot	nmi	= nautical mile
ft^3	= cubic foot	nmph	= nautical mile per hour (Knot)
grad	= grad (1/400 circle)	rmi	= radar mile
$grad^2$	= square grad	rmph	= radar mile per hour
in	= inch	smi	= statute mile
in^2	= sauare inch	smph	= statute mile per hour
in^3	= cubic inch	steradian	= solid angle in a sphere
ips	= inch per second	rad	= radian

5.2 단위 (Unit) 변환

A. 길이 변환

1 m	= 3.28083989501 ft	1 nmi	= 6076.11548557 ft
1 m	= 39.37007874 in	1 nmi	= 1.150779448 smi
1 m	= 100 cm*	1 nmi	= 1.012685914 rmi
1 ft	= 0.3048 m*	1 smi	= 1609.344 m*
1 ft	= 12 in*	1 smi	= 5280 ft*
1 ft	= 30.48 cm*	1 smi	= 0.868976242 mni
1 in	= 0.0254 m*	1 smi	= 0.88 rmi*
1 in	= 2.54 cm*	1 rmi	= 1828.8 m*
1 cm	= 0.01 m*	1 rmi	= 6000 ft*
1 cm	= 0.0328039895 ft*	1 rmi	= 0.987473002 nmi
1 cm	= 0.393700787402 in	1 rmi	= 1.136$\underline{36}$ smi^{+}
1 nmi	= 1852 m*		

B. 속도 변환

1 Kt	= 1.0 nmph*	1 circle	= 400 grads*
1 Kt	= 0.5144$\underline{4}$ m/s^{+}	1 circle	= 6,400 mils*
1 Kt	= 1.687809857 fps	1 mil	= π/3200 rad*
1 Kt	= 1.150779448 mph	1 mil	= 0.000981747704 rad
1 Kt	= 1.012685914 rmph	1 mil	= 0.0562500 deg*
1 smph	= 0.44704 m/s*	1 mil	= 0.0.062500 grad*
1 smph	= 1.466$\underline{6}$ fps^{+}	1 grad	= π/400 rad*
1 smph	= 0.868976242 Kt	1 grad	= 0.00785398164 rad
1 smph	= 0.88 rmph*	1 grad	= 0.900 deg*
1 rmph	= 0.508 m/s*	1 grad	= 16.000 mils*
1 rmph	= 1.66$\underline{6}$ fps^{+}	1 deg	= π/180 rad*
1 rmph	= 0.987473002 Kt	1 deg	= 0.01745329252 rad
1 rmph	= 1.136$\underline{36}$ mph^{+}	1 deg	= 1.1111$\underline{1}$ grad^{+}
1 m/s	= 3.280839895 fps	1 deg	= 17.77$\underline{7}$ mils^{+}
1 m/s	= 1.943844492 Kt	1 rad	= 3200/π mils*
1 m/s	= 2.236936292 mph	1 rad	= 1,018.591636 mils
1 m/s	= 1.968503937 rmph	1 rad	= 200/π grads*

Mach 1	≈ 338 m/s at sea level	1 rad	= 63.66197723 grads
		1 rad	= 180/π deg*
		1 rad	= 57.29577951 deg

C. 면적 변환

$1\ ft^2$	$= 0.092903040\ m^2$*	$1\ cm^2$	$= 0.0001\ m^2$*
$1\ ft^2$	$= 929.03040\ cm^2$*	$1\ cm^2$	$= 0.001076391\ ft^2$
$1\ ft^2$	$= 144\ in^2$*	$1\ cm^2$	$= 0.155000310\ in^2$
$1\ in^2$	$= 0.00064516\ m^2$*	$1\ m^2$	$= 10000\ cm^2$*
$1\ in^2$	$= 6.4516\ cm^2$	$1\ m^2$	$= 10.763910417\ ft^2$
$1\ in^2$	$= 0.006944\underline{4}\ ft^{2+}$	$1\ m^2$	$= 1550.00310001\ in^2$

D. 체적 변환

$1\ ft^3$	$= 0.028316847\ m^3$	$1\ cm^3$	$= 0.000,001,000\ m^3$*
$1\ ft^3$	$= 28,316.847\ cm^3$	$1\ cm^3$	$= 0.061023744\ in^3$
$1\ ft^3$	$= 1,728\ in^3$*	$1\ cm^3$	$= 0.00003531466672\ ft^3$
$1\ in^3$	$= 0.0000163870600\ m^3$	$1\ m^3$	$= 1,000,000\ cm^3$*
$1\ in^3$	$= 16.3870600\ cm^3$	$1\ m^3$	$= 61,023.74409\ in^3$
$1\ in^3$	$= 0.000578703704\ ft^3$*	$1\ m^3$	$= 35.31466672\ ft^3$

E. 각도 변환

π	= 3.141592654	1 deg	= π/180 rad*
1 circle	= 2π rad*	1 deg	= 0.01745329252 rad
1 circle	= 360°*	1 deg	$= 1.1111\underline{1}$ grad⁺
1 circle	= 400 grads*	1 deg	$= 17.77\underline{7}$ mils⁺
1 circle	= 6,400 mils*	1 rad	= 3200/π mils*
1 mil	= π/3200 rad*	1 rad	= 1,018.591636 mils
1 mil	= 0.000981747704 rad	1 rad	= 200/π grads*
1 mil	= 0.0562500 deg*	1 rad	= 63.66197723 grads
1 mil	= 0.0.062500 grad*	1 rad	= 180/π deg*

1 grad	= π/400 rad*	1 rad	= 57.29577951 deg
1 grad	= 0.00785398164 rad		
1 grad	= 0.900 deg*		
1 grad	= 16.000 mils*		

F. 입체 각도 변환

1 sphere	= 4π steradians*
1 sphere	= 4,252.96125 deg^2
1 sphere	= 50,929.58179 $grad^2$
1 sphere	= 13,037,972.95 mil^2
1 mil^2	= $9.638285543 \times 10^{-7}$ steradian
1 mil^2	= 0.003164062499 deg^2
1 mil^2	= 0.0039062500 $grad^2$*
1 $grad^2$	= 0.0002467401101 steradian
1 $grad^2$	= 0.81000 deg^2*
1 $grad^2$	= 256.000 mil^2*
1 deg^2	= 0.0003046174198 steradian
1 deg^2	= 1.234567901 $grad^2$
1 deg^2	= 316.0493828 mil^2
1 steradian	3,282.806350 deg^2
1 steradian	4,052.847345 $grad^2$
1 steradian	1,037,528.921 mil^2

부록

6 공학 기호

6.1 계량 (Metric) 접두 기호

접두어	약어	곱	접두어	약어	곱
atto	a	10^{-18}	deci	d	10^{-1}
femto	f	10^{-15}	Deka	Da	10^{1}
pico	p	10^{-12}	Hecto	H	10^{2}
nano	n	10^{-9}	kilo	k	10^{3}
micro	m	10^{-6}	Mega	M	10^{6}
milli	m	10^{-3}	Giga	G	10^{9}
centi	c	10^{-2}	Tera	T	10^{12}

6.2 그리스 문자 (Greek Alphabet) 기호

A	α	= alpha	H	η	= eta	P	ρ	= rho
B	β	= beta	Θ	θ	= theta	Σ	σ	= sigma
Γ	γ	= gamma	N	ν	= nu	T	τ	= tau
Δ	δ	= delta	Ξ	ξ	= xi	Y	υ	= upsilon
E	ε	= epsilon	O	o	= omnicron			
Z	ζ	= zeta	Π	π	= pi			

부록

7 데시벨

7.1 데시벨 (Decibel) 정의

레이다 파라미터에서 많이 사용하는 '데시벨' 단위는 상대적인 비율을 로그 변환하여 dB로 표기한다. 데시벨 (dB) 단위의 '벨 (Bel)'은 원래 Alexander Graham Bell이 전화선의 전력 감쇄의 측정 단위로 창안하여 그의 이름을 단위로 사용한 것이 유래가 되었다. '벨'의 단위는 두 개의 전력 레벨의 비율을 다음과 같이 로그로 표현한 단위이다.

$$\text{Bel 이득 비율} = Log_{10}(P_o/P_i) \tag{A6.1}$$

여기서 P_o는 시스템의 출력 전력, P_i는 시스템의 입력 전력으로 정의한다. '벨'을 구하기 위해서 입출력 숫자는 영보다 커야하고 비율 값이어야 한다. 로그의 단위는 의미가 없으며 '데시벨'은 로그의 베이스가 10을 의미한다. 만약 전압이나 전류로 입출력이 주어진다면 '벨'은 전력의 값으로 나타내기 위해 전압이나 전류의 제곱으로 다음과 같이 표현한다.

$$\text{Bell 이득 비율} = Log_{10}[(V_o/V_i)^2] \tag{A6.2}$$

$$\text{Bell 이득 비율} = Log_{10}[(I_o/I_i)^2] \tag{A6.3}$$

여기서 V_o와 I_o는 시스템의 출력 전압과 전류, V_i와 I_i는 시스템의 입력 전압과 전류로 정의한다. 따라서 '벨' 이득 비율은 다음과 같이 나타낸다.

$$\text{Bell 이득 비율} = 2\ Log_{10}[(V_o/V_i)] \tag{A6.4}$$

$$\text{Bell 이득 비율} = 2\ Log_{10}[(I_o/I_i)] \tag{A6.5}$$

7.2 데시벨 단위

데시벨 (deciBel)은 약어로 dB로 표기하며 '벨'의 1/10을 의미한다. 여기서 접두어 '데시 (deci)'는 10^{-1}을 나타낸다.

$$\text{dB 이득} = 10\ Log_{10}(P_o/P_i) \quad \text{(A6.6)}$$

$$\text{dB 이득} = 20\ Log_{10}(V_o/V_i) \quad \text{(A6.7)}$$

$$\text{dB 이득} = 20\ Log_{10}(I_o/I_i) \quad \text{(A6.8)}$$

역 데시벨은 로그의 역수로 구한다.

$$P_o/P_i = 10^{(dB/10)} \quad \text{(A6.9)}$$

$$V_o/V_i = 10^{(dB/20)} \quad \text{(A6.10)}$$

$$I_o/I_i = 10^{(dB/20)} \quad \text{(A6.11)}$$

다음 부록 표 6-1에서 비율과 전력 및 전압 전류의 데시벨 관계를 정리한다.

십진수의 곱하기와 나누기는 데시벨에서는 더하기와 빼기로 쉽게 계산된다. 십진수에서 1보가 작은 수의 로그 값은 음수가 된다. 따라서 1 보다 작은 수의 데시벨은 음수가 된다. 1의 로그 값은 영이지만 영의 로그 값은 음수의 무한대이므로 정의되지 않으며, 음수의 로그 값은 복소수이다. 따라서 데시벨을 구하기 위한 비율 값은 항상 절대치를 취하여 구한다.

전력의 비율을 Watt 단위와 mW 단위에 따라 데시벨로 나타내면 다음과 같다.

$$\text{dB} = 10\,Log[|P_o/P_i|] = 10\,Log\,[|\text{전력비}|] \quad \text{(A6.12)}$$

$$\text{dBW} = 10\,Log[P/1\ Watt] = 10\,Log[P\,(Wats)] \quad \text{(A6.13)}$$

$$\text{dBm} = 10\,Log[P/1\,m\,W] = 10\,Log[P\,(m\,Watts)] \quad \text{(A6.14)}$$

레이다 RCS의 측정 단위는 제곱미터이므로 dBsm으로 표기하며 안테나의 유효면적도 dBsm으로 표기한다.

$$\text{dBsm} = 10\,Log[RCS(m^2)] \qquad \text{(A6.15)}$$

$$\text{dBsm} = 10\,Log[A_E(m^2)] \qquad \text{(A6.16)}$$

부록표 7.1

Ratio	Power Decibels	V, I Decibels	Decibels	Power Ratio	V, I Ratio
1.00	0.00	0.00	0.0	1.00	1.00
1.25	0.97	1.94	0.5	1.12	1.06
1.50	1.76	3.52	1.0	1.26	1.12
2.00	3.01	6.02	1.5	1.41	0.19
2.50	3.98	7.96	2.0	1.58	1.26
3.00	4.77	9.54	2.5	1.78	1.33
4.00	6.02	12.04	3.0	2.00	1.41
5.00	6.99	13.98	4.0	2.51	1.58
6.00	7.78	15.56	5.0	3.16	1.78
7.00	8.45	16.90	6.0	3.98	2.00
8.00	9.03	18.06	7.0	5.01	2.24
9.00	9.54	19.08	8.0	6.31	2.51
10.0	10.0	20.0	9.0	7.94	2.82
20.0	13.0	26.0	10.0	10.0	3.16
50.0	17.0	34.0	13.0	20.0	4.47
100.	20.0	40.0	16.0	39.8	6.31
1,000.	30.0	60.0	20.0	100.	10.0
10,000.	40.0	80.0	23.0	200.	14.1
100,000.	50.0	100.0	30.0	1,000.	31.6
1,000,000.	60.0	120.0	40.0	10,000.	100.
			50.0	100,000.	316.
			60.0	1,000,000.	1,000.

8

부록

Fourier 변환

$x(t)$	$X(\omega)$
$ARect(t/\tau)$; rectangular pluse	$A\tau Sinc(\omega\tau/2)$
$A\Delta(t/\tau)$; triangular plusse	$A\frac{\tau}{2}Sinc^2(\tau\omega/4)$
$\frac{1}{\sqrt{2\pi}\,\sigma}\exp\left(-\frac{t^2}{2\sigma^2}\right)$; Gaussian pluse	$\exp\left(-\frac{\sigma^2\omega^2}{2}\right)$
$e^{-at}u(t)$	$1/(a+j\omega)$
$e^{-a\|t\|}$	$\frac{2a}{a^2+\omega^2}$
$e^{-at}\sin\omega_0 t\ u(t)$	$\frac{\omega_0}{\omega_0^2+(a+j\omega)^2}$
$e^{-at}\cos\omega_0 t\ u(t)$	$\frac{a+j\omega}{\omega_0^2+(a+j\omega)^2}$
$\delta(t)$	1
1	$2\pi\delta(\omega)$
$u(t)$	$\pi\delta(\omega)+\frac{1}{j\omega}$
$\mathrm{sgn}(t)$	$\frac{2}{j\omega}$
$\cos\omega_0 t$	$\pi[\delta(\omega-\omega_0)+\delta(\omega+\omega_0)]$
$\sin\omega_0 t$	$j\pi[\delta(\omega+\omega_0)-\delta(\omega-\omega_0)]$
$u(t)\cos\omega_0 t$	$\frac{\pi}{2}[\delta(\omega-\omega_0)+\delta(\omega+\omega_0)]+\frac{j\omega}{\omega_0^2-\omega^2}$
$u(t)\sin\omega_0 t$	$\frac{\pi}{2j}[\delta(\omega+\omega_0)-\delta(\omega-\omega_0)]+\frac{\omega_0}{\omega_0^2-\omega^2}$
$\|t\|$	$\frac{-2}{\omega^2}$

9

부록

Z 변환

$x(n);\ n \geq 0$	$X(z)$	ROC; $\lvert z \rvert > R$
$\delta(n)$	1	0
1	$\dfrac{z}{z-1}$	1
n	$\dfrac{z}{(z-1)^2}$	1
n^2	$\dfrac{z(z+1)}{(z-1)^3}$	1
a^n	$\dfrac{z}{z-a}$	$\lvert a \rvert$
na^n	$\dfrac{az}{(z-a)^2}$	$\lvert a \rvert$
$\dfrac{a^n}{n!}$	$e^{a/z}$	0
$(n+1)a^n$	$\dfrac{z^2}{(z-a)^2}$	1
$\sin n\omega T$	$\dfrac{z\sin\omega T}{z^2-2z\cos\omega T+1}$	1
$\cos n\omega T$	$\dfrac{z(z-\cos\omega T)}{z^2-2z\cos\omega T+1}$	1
$a^n \sin n\omega T$	$\dfrac{az\sin\omega T}{z^2-2az\cos\omega T+a^2}$	$\dfrac{1}{\lvert a \rvert}$
$a^n \cos n\omega T$	$\dfrac{z(z-a^2\cos\omega T)}{z^2-2az\cos\omega T+a^2}$	$\dfrac{1}{\lvert a \rvert}$
$\dfrac{n(n-1)}{2!}$	$\dfrac{z}{(z-1)^3}$	1
$\dfrac{n(n-1)(n-2)}{3!}$	$\dfrac{z}{(z-1)^4}$	1
$\dfrac{(n+1)(n+2)a^n}{2!}$	$\dfrac{z^3}{(z-a)^3}$	$\lvert a \rvert$
$\dfrac{(n+1)(n+2)\cdots(n+m)a^n}{m!}$	$\dfrac{z^{m+1}}{(z-a)^{m+1}}$	$\lvert a \rvert$

10

부록

확률 분포 함수

Exponential

$$(f_X(x) = a\exp\{-ax\}) \; ; \; x > 0$$

$$\overline{X} = \frac{1}{a} \; ; \; \sigma_X^2 = \frac{1}{a^2}$$

Gaussian

$$f_X(x) = \frac{1}{\sqrt{2\pi}\,\sigma}\exp\left\{-\frac{1}{2}\left(\frac{x-x_m}{\sigma}\right)^2\right\} \; ; \; \overline{X} = x_m \; ; \; \sigma_X^2 = \sigma^2$$

Laplace

$$f_X(x) = \frac{\sigma}{2}\exp\{-\sigma\,|x-x_m|\}$$

$$\overline{X} = x_m \; ; \; \sigma_X^2 = \frac{2}{\sigma^2}$$

Chi-Square with N degrees of freedom

$$f_X(x) = \frac{x^{(N/2)-1}}{2^{N/2}\Gamma(N/2)}\exp\left\{\frac{-x}{2}\right\} \; ; \; x > 0$$

$$\overline{X} = N \; ; \; \sigma_X^2 = 2N$$

$$gamma\ funcion = \Gamma(z) = \int_0^\infty \lambda^{z-1}e^{-\lambda}d\lambda \; ; \; Re\{z\} > 0$$

Log-Normal

$$f_X(x) = \frac{1}{x\sigma\sqrt{2\pi}} \exp\left(-\frac{(\ln x - \ln x_m)^2}{2\sigma^2}\right) \; ; \; x > 0$$

$$\overline{X} = \exp\left\{\ln x_m + \frac{\sigma^2}{2}\right\} \; ; \; \sigma_X^2 = [\exp\{2\ln x_m + \sigma^2\}][\exp\{\sigma^2\} - 1]$$

Rayleigh

$$f_X(x) = \frac{x}{\sigma^2} \exp\left\{\frac{-x^2}{2\sigma^2}\right\} \; ; \; x \geq 0$$

$$\overline{X} = \frac{\sqrt{\pi}}{2}\sigma \; ; \; \sigma_X^2 = \frac{\sigma^2}{2}(4 - \pi)$$

Uniform

$$f_{X)(x)} = \frac{1}{b-a} \; ; \; a < b \; ; \; \overline{X} = \frac{a+b}{2} \; ; \; \sigma_X^2 = \frac{(b-a)^2}{12}$$

Weibull

$$fX(x) = \frac{bx^{b-1}}{\overline{\sigma}_0} \exp\left(-\frac{(x)^b}{\overline{\sigma}_0}\right) \; ; \; (x, \, b, \, \overline{\sigma}_0) \geq 0$$

$$\overline{X} = \frac{\Gamma(1+b^{-1})}{1/(\sqrt[b]{\overline{\sigma}_0})} \; ; \; \sigma_X^2 = \frac{\Gamma(1+2b^{-1}) - [\Gamma(1+b^{-1})]^2}{1/[\sqrt[b]{(\overline{\sigma}_0)^2}]}$$

참고문헌

Radar

Alabaster, C., *Pulse Doppler Radar Principles, Technology, and Applications*, SciTech, 2012.

Allen, B., et al., *Ultra-Wideband Antennas and Propagation*, John WIley and Sons, Inc., 2007.

Barton, D. K., et al, *Radar Evaluation Handbook*, ANRO Engineering, 1991.

Barton, D. K., *Radar System Analysis and Modeling*, Artech House, 2005.

Bhattacharyya, A. K., Sengupta, D. L., *Radar Cross Section Analysis & Control*, Artech House, 1991.

Brandwood, D., *Fourier Transform in Radar and Signal Processing,* Artech House, 2003.

Brooker, G., *Introduction to Sensors for Ranging and Imaging,* SciTech, 2009.

Brookner, E., Editor, *Aspect of Modern Radar,* Artech House, 1988.

Brookner, E., Editor, *Practical Phased Array Antenna System,* Artech House, 1991.

Brookner, E., *Tracking and Kalman Filtering Made Easy*, John Wiley & Sons, Inc., 1998.

Carpentier, M. H., *Principles of Modern Radar Systems,* Artech House, 1988.

Chen, V. C., Tahmoush, D., Miceli, W. J., *Radar Micro-Doppler Signature,* 2014.

Cherniakov, M., Ed., *Bistatic Radar Principles and Practice,* Artech House, 2007.

Currie, N. C., Editor, *Radar Reflectivity Measurement,* Artech House, 1989.

Curry, G. R., *Radar System Performance Modeling,* 2nd Ed., 2005.

Curtis Schleher, D., *MTI and Pulse Doppler Radar with Matlab,* 2nd Ed., Artech House, 2010.

DiFranco, J. V., Rubin, W. L., *Radar Detection,* Artech House, 1980.

Eaves, J. L., Reedy, E. K., *Principles of Modern Radar,* Chapman & Hall, 1987.

Edde, B., *Radar Principles, Technology, and Applications,* Prentice Hall, 1995.

Galati, G. Editor, *Advanced Radar Techniques and Systems*, Peter Peregrinus Ltd., on behalf of IEE, London, UK, 1993.

Guerci, J. R., *Space-Time Adaptive Processing for Radar,* Artech House, 2003.

Holes, P. R., *Smart Antennas and Signal Processing for Communications, Biomedical and Radar Systems,* WIT Press, 2001.

Hovanessian, S. A., *Introduction to Sensor Systems,* Artech House, 1988.

IEEE Aerospace & Electronics Systems Society, *IEEE Standard Letter Designations for Radar Frequency Bands,* IEEE Standard 521-2002, IEEE, 2003.

IEEE Aerospace & Electronics Systems Society, *IEEE Standard Radar Definitions,* IEEE Standard

686-2008, IEEE, 2003.

Jankiraman, M., *Design of Multi-Frequency CW Radars,* SciTech, 2007.

Jeffrey, T. W., *Phased Array Radar Design,* SciTech, 2009.

Klen, L. A., *Millimeter-Wave and Infrared Multi-Sensor Design and Signal Processing,* Artech House, 1997.

Knott, E. F., Shaeffer, J. F., and Tuley, M. T., *Radar Cross Section,* Artech House, 1985.

Komarov, I. V., *Fundamentals of Short-Range FM Radar,* Artech House, 2003.

Leonov, S. A., Leonov, A. I., *Handbook of Computer Simulation in Radio Engineering, Communications, and Radar,* Artech House, 2001.

Levanon, N., Mozeson, E., *Radar Signals,* John Wiley & Sons, Inc., 2004.

Levanon, N., *Radar Principles,* John & Wiley, 1988.

Long, M. W., *Airborne Early Warning System Concepts,* Artech House, 1992.

Mahafza, B. R., *Radar Systems Analysis and Design using Matlab,* Chapman & Hall CRC Press, 2000.

Melvin, W. L., Scheer, J. A., *Principles of Modern Radar Advanced Techniques* (Vol. II), SciTech, 2013.

Melvin, W. L., Scheer, J. A., *Principles of Modern Radar, Vol.II: Radar Applications,* SciTech, 2014.

Meyer, D. P. and Mayer, H. A., *Radar Target Detection: Handbook of Theory and Practice,* New York: Academic Press, 1973.

Minkler, G., Minkler, J., *CFAR,* Magellan Book Co., 1990.

Morris, G., Harkness, L., *Airborne Pused Doppler Radar,* 2nd Ed., Artech House, 1996.

Nathanson, F. E., *Radar Design Principles,* New York, McGraw Hill, 1969.

Nathanson, F. E., Reilly, J. P., Cohen, M. N., *Radar Design Principles,* McGraw Hill, 1991.

Nitzberg, R., *Radar Signal Processing and Adaptive Systems,* Artech House, 1999.

O'Donnel, R. M., *A Course in Radar Systems Engineering,* IEEE Radar Tutorial, 2010.

Peebles, P. Z., *Radar Principles,* John Wiley & Sons, 1998.

Radio Communication Study Group, *Radar Protection Criteria in Perspective*, Report of ITU-R, 2005.

Ramachandra, K.V., *Kalman Filtering Technique for Radar Tracking*, CRC Press, Marcel Dekker, Inc., 2000.

Richards, M. A., *Fundamentals of Radar Signal Processing,* McGraw Hill, 2005.

Richards, M. A., Scheer, J. A., Holm, W. A., *Principles of Modern Radar, Vol. I: Basic Principles,* SciTech, 2010.

Rohling, H., *100 Years of Radar, German Institute of Navigation,* 2005.

Schetzen, M., *Airborne Doppler Radar Applications, Theory, and Philosophy,* AIAA, 2006.

Sekine, M., Mao, Y., *Weibull Radar Clutter,* IEE Press, 1990.

Skolnik, M., Editor, *Radar Handbook,* 3rd Ed., McGraw Hill, 2008.

Skolnik, M., *Introduction to Radar,* 3rd Ed., McGraw Hill, 2003.

Stimpson, G. W., *Introduction to Airborne Radar,* 2nd Ed., SciTech, 1998.

Stimson, G. W., Griffiths, H.D, Baker, C.J, Adamy D., I*ntroduction to Airborne Radar*, 3rd Edition, SciTech, 2014.

Sullivan, R. J., *Radar Foundations for Imaging and Advanced Concepts,* Scitech, 2004.

Toomay, J. C., Hannen, P. J., *Radar Principles for the Non-Specialists,* 3rd, Ed., SciTech, 2004.

Wirth, W. D., *Radar Techniques Using Array Antennas,* IEE Press, 2001.

Synthetic Aperture Radar (SAR)

Carrara, W. G., Goodman, R. S., *Spotlight Synthetic Aperture Radar Signal Processing Algorithms,* 1995.

Cumming, I. G., Wong, F. H., *Digital Processing of Synthetic Aperture Radar Data,* Artech House, 2005.

Curlander, J. C., McDonough, R. N., *Synthetic Aperture Radar,* John Wiley & Sons, Inc., 1991.

Fitch, J. P., *Synthetic Aperture Radar,* Springer-Verlag, 1988.

Hein, A., *Processing of SAR Data,* Springer, 2004.

Hovanessian, S. A., *Introduction to Synthetic Array and Imaging Radars,* Artech House, 1980.

Mensa, D. L., *High Resolution Radar Imaging,* 2nd Ed., Artech House, 1990.

Richards, J. A., Remote Sensing With Imaging Radar, Springer-Verlag,, 2009.

Soumekh, M., *Synthetic Aperture Radar Signal Processing,* John Wiley & Sons, 1999.

General

Garcia, A. L., *Probability, Statistics, and Random Processes for Electrical Engineering*, 3rd Ed., Pearson Prentice Hall, 2009.

Lathi, B. P., *Linear Systems and Signals,* 2nd Ed., Oxford Press, 2005.

Minkoff, J., *Signal Processing Fundamentals and Applications for Communications and Sensing Systems,* Artech House, 2002.

Mitra, S. K., *Digital Signal Processing,* 3rd Ed., McGraw Hill, 2006.

Oppenheim, A. V., Schafer, R. W., *Digital Signal Processing,* Prentice Hall, 1975.

Shanmugan, K. S., Breipohl, A. M., *Random Signals,* John Wiley, 1988.

Sklab, B., *Digital Communications,* 2nd Ed., Prentice Hall, 2001.

Papers

Finn and Johnson, "Adaptive Detection Mode with Threshold Control as a Function of Spatially Sampled Clutter-Level Estimate," RCA Review, pp. 414-416, September 1968.

Hansen and Swayer, "Detectability Loss Due to 'Greatest of' Selection in a Cell-Averaging CFAR," IEEE AESS, vol. 16, no. 1, pp. 115-118, Jan. 1982.

Hansen, R. C., "Axial power Density in the Near Field," in the *Microwave Engineers Handbook*, pp. TD-115, Horizon House, 1962.

ICNIRP, "Guidelines for Limiting Exposure to Time-Varying Electric, Magnetic, and Electromagnetic Fields (up to 300GHz)," pp. 1-32, 1988.

IEEE, "*IEEE Standard for Safety Levels with Respect to Human Exposure to Radio Frequency Electromagnetic Fields, 3 KHz to 300 GHz,*" IEEE International Committee on Electromagnetic Safety (SCC39) IEEE Std C95.1TM-2005, pp. 1-253, (Revision of IEEE Std C95.1-1991), Apr. 19, 2006.

Khoury, E. and Hoyle, J., "Clutter map design and performance," Proc. National Radar Conference, Atlanta, pp. 1-7, March 1984.

Levanon, "Numerically Efficient Calculations of Clutter Map CFAR Performance," IEEE AESS, vol. 23, no. 6, pp. 813-814, Nov. 1987.

Marcum, J. I., "A Statistical Theory of Detection by Pulsed Radar, and Mathematical Appendix," IRE Transactions, Vol IT-6, pp. 59-267, April 1960.

Nitzberg, R., "Clutter Map CFAR Analysis," IEEE AESS, vol. 22, no. 4, pp. 419-421, July 1986.

Ritcey, "Performance Analysis of the Censored Mean-Level Detector," IEEE AESS, vol. 22, no. 4, pp. 443-454, July 1986.

Rolling, "New CFAR Processor Based on the Ordered Statics," Proceedings of the International Radar Conference, pp. 271-275, Arlington, VA, 1985.

Rolling, "Radar CFAR Thresholding in Clutter and Multiple Target Situations," IEEE AESS, vol. 19, no. 4, pp. 608-621, July 1983.

Swerling, P., "Probability of Detection for Fluctuating Targets," IRE Transactions, Vol. IT-6, pp. 269-308, 1960.

Trunk, "Range Resolution of Targets Using Automatic Detectors," IEEE AESS, vol. 4, no. 5, Sept. 1978.

System Engineering

Blanchard, B. S., Fabrycky, W. J., *System Engineering and Analysis*, Pearson Education Inc., 2006.

Kerzner, H., *Project Management*, John Wiley & Sons, Inc., 2009.

Kossiakoff, A., Sweet, W., Seymour, S. J., Biemer, S. M., *System Engineering Principles and Practice*, 2nd Ed., John Wiley and Sons, Inc., 2011.

Kossiakoff, A., Sweet, W., *System Engineering Principles and Practice*, John Wiley and Sons, Inc., 2003.

Robert Hill and et al., *'Field Specific Knowledge Inventory'*, IEEE AESS Magazine, January 20, 1989.

기타

곽영길, 군 무기체계 통합을 위한 간섭보호기준 연구, KAU 레이다연구소 보고서, 2012.

곽영길, '레이다' 표기를 표준어로 개정하면서, 한국전자파학회지, 27권, 1호, pp. 73-80, 2016. 1.

찾아보기

ㄹ

ㅁ

ㅂ

ㅅ

ㅇ

ㅈ

ㅎ

A

U

V

W

X

Z

숫자

저자 소개

곽영길

한국과학기술원 전기전자공학 (석사)
오하이오대학교 전기전자공학 (박사)
국방과학연구소 책임연구원, 레이다/SAR 연구실장
한국항공대학교 항공전자정보공학부 교수
마르코니 스페이스 (영국), 위성SAR 개발팀장
한국과학기술원 전기전자공학과 겸임교수
옥스퍼드대학교 (영국) & 미 해군대학원 (미국) 초빙교수
(사) 국회 한국과학기술정책연구회 회장, 상임고문
대한민국 과학기술훈장 수훈, 국가과학기술심의회 전문위원
KIEES 레이다연구회 & KSAS 항공전자부문회 설립위원장
IEEE AESS Chapter 의장, IEEE Senior Life Member

현재 RADAR INSTITUTE 연구원장
E-mail: radar.inst@gmail.com

개정판

레이다 시스템 공학

원리와 응용

2017년 3월 6일 1판 발행
2020년 11월 1일 개정판 발행

지은이 곽영길
펴낸이 류원식
펴낸곳 **교문사**
편집팀장 모은영
책임진행 이정화
표지디자인 신나리
본문편집 김미진

주소 (10881) 경기도 파주시 문발로 116
전화 031-955-6111
팩스 031-955-0955
홈페이지 www.gyomoon.com
이메일 genie@gyomoon.com
등록 1960. 10. 28. 제406-2006-000035호
ISBN 978-89-363-2090-4(93560)
값 46,000원